运筹与管理科学丛书 16

变分分析与优化

张立卫 吴 佳 张 艺 著

科学出版社

北 京

内 容 简 介

本书系统介绍变分分析的基本理论，讨论变分分析在最优化理论与算法分析中所起的基础性作用. 变分分析部分包括宇宙空间与锥、集值映射、集合的变分几何、函数的广义微分、单值函数的 Lipschitz 性质和集值映射的 Aubin 性质、隐函数定理与系统稳定性. 最优化理论部分包括最优性理论(含有 Lipschitz 函数优化的 Clarke 乘子原则以及均衡约束数学规划问题的最优性条件)、非线性规划的扰动分析、二阶锥的变分分析与二阶锥约束优化问题的扰动分析，以及半正定矩阵锥的变分分析与半定规划问题的扰动分析. 最优化的算法部分包括 Newton 方法和邻近点方法，邻近点方法部分介绍 Moreau 包络、等式约束的非线性规划问题、非线性二阶锥约束优化问题与非线性半定规划问题的增广 Lagrange 方法的收敛速度等.

本书可作为高等院校数学系高年级本科生，运筹学与控制论专业和相关数学专业、管理专业的研究生从事非线性最优化研究的基础教材，也可作为相关专业科研人员的参考用书.

图书在版编目(CIP)数据

变分分析与优化/张立卫，吴佳，张艺著. —北京：科学出版社，2013
(运筹与管理科学丛书；16)
ISBN 978-7-03-038019-7

Ⅰ. ①变… Ⅱ. ①张… ②吴… ③张… Ⅲ. ①变分法-应用-最佳化-研究
Ⅳ. ①O224

中国版本图书馆 CIP 数据核字 (2013) 第 136034 号

责任编辑：李 欣／责任校对：郑金红
责任印制：吴兆东／封面设计：陈 敬

科学出版社出版
北京东黄城根北街 16 号
邮政编码：100717
http://www.sciencep.com
北京建宏印刷有限公司印刷

科学出版社发行 各地新华书店经销
*
2013 年 6 月第 一 版 开本：720 × 1000 1/16
2025 年 6 月第六次印刷 印张：34 1/4
字数：667 000

定价：148.00 元

(如有印装质量问题，我社负责调换)

《运筹与管理科学丛书》序

运筹学是运用数学方法来刻画、分析以及求解决策问题的科学. 运筹学的例子在我国古已有之, 春秋战国时期著名军事家孙膑为田忌赛马所设计的排序就是一个很好的代表. 运筹学的重要性同样在很早就被人们所认识, 汉高祖刘邦在称赞张良时就说道:“运筹帷幄之中, 决胜千里之外.”

运筹学作为一门学科兴起于第二次世界大战期间, 源于对军事行动的研究. 运筹学的英文名字 Operational Research 诞生于 1937 年. 运筹学发展迅速, 目前已有众多的分支, 如线性规划、非线性规划、整数规划、网络规划、图论、组合优化、非光滑优化、锥优化、多目标规划、动态规划、随机规划、决策分析、排队论、对策论、物流、风险管理等.

我国的运筹学研究始于20世纪50年代, 经过半个世纪的发展, 运筹学研究队伍已具相当大的规模. 运筹学的理论和方法在国防、经济、金融、工程、管理等许多重要领域有着广泛应用, 运筹学成果的应用也常常能带来巨大的经济和社会效益. 由于在我国经济快速增长的过程中涌现出了大量迫切需要解决的运筹学问题, 因而进一步提高我国运筹学的研究水平、促进运筹学成果的应用和转化、加快运筹学领域优秀青年人才的培养是我们当今面临的十分重要、光荣, 同时也是十分艰巨的任务. 我相信,《运筹与管理科学丛书》能在这些方面有所作为.

《运筹与管理科学丛书》可作为运筹学、管理科学、应用数学、系统科学、计算机科学等有关专业的高校师生、科研人员、工程技术人员的参考书, 同时也可作为相关专业的高年级本科生和研究生的教材或教学参考书. 希望该丛书能越办越好, 为我国运筹学和管理科学的发展做出贡献.

袁亚湘

2007 年 9 月

前　言

“变分分析” 是关于非凸集合和非凸函数的分析学, 研究的内容包括非凸集合的变分几何、下半连续函数的广义微分学、集值映射的微分学、优化问题的对偶性、系统的稳定性等, 是最优化与最优控制的分析基础. 有限维空间的变分分析的奠基性专著为 Rockafellar, R.T., Wets, R.J.-B.1998 年所著的 *Variational Analysis.* 无穷维空间的变分分析的权威专著当属 Mordukhovich, B.S.2006 年所著的 *Variational Analysis and Generalized Differentiation* I: *Basic theory,* II: *Applications.* 这两本专著因包含的内容多且难度大, 令很多习惯使用数学分析、凸分析作为分析工具的运筹学与控制论专业的研究生接受起来有一定的困难. 我们希望能够为大家提供一本容易阅读的变分分析及其应用的参考书. 本书的目标有二, 其一是以不太长的篇幅介绍专著 [46] 中的变分分析的主要内容, 其二是讨论变分分析在最优化理论与算法分析中所起的基础性作用. 由于作者学识的局限性, 这两个目标, 尤其后一目标是很难达到的, 所述内容甚至可能是挂一漏万的.

本书分为 9 章. 下面简要叙述每一章的内容.

第 1 章为极小化与锥. 主要介绍下半连续函数的等价刻画、参数规划最优值函数与最优解集映射以及在优化问题经典惩罚函数与障碍函数方法中的应用; 为了建立下半连续函数的次微分理论, 本章还阐述了有限维宇宙空间理论, 包括集合的地平锥、函数的地平函数, 以及这些概念对无界集合与函数强制性质的刻画.

第 2 章为集值映射. 内容包括三部分: 集合序列的极限、集值映射的极限与连续性, 以及函数序列和以函数为值映射的上图极限与上图连续性. 集合序列的极限是集值映射的极限与连续性的基础, 通过集值映射的极限建立函数序列的上图极限. 对集值映射序列讨论了逐点收敛、图收敛、连续收敛和一致收敛之间的关系. 对于函数序列讨论了逐点收敛、上图收敛、连续收敛和一致收敛之间的关系.

第 3 章为变分几何与微分. 内容包括集合的变分几何和函数的微分两部分. 集合的变分几何包括切锥、正则切锥、二阶切集、正则法锥、(极限) 法锥, 以及切锥与法锥的对偶关系. 函数的微分部分包括函数的次导数、正则次导数、正则次微分、(极限) 次微分、地平次微分以及次导数与次微分的几何联系. 这一章的内容是各类优化问题最优性理论的基础.

第 4 章为 Lipschitz 性质. 内容包括取自素材文献 [46] 的单值函数的 Lipschitz 性质和集值映射的 Aubin 性质与 Mordukhovich 准则, 以及分布在其他文献中的隐函数定理和系统稳定性, 还包括 Lipschitz 函数的微分性质.

第 5 章为最优性理论. 包括共轭对偶和 Lagrange 对偶、一般函数的优化问题的最优性条件、光滑函数优化的一阶与二阶最优性理论、Lipschitz 函数优化的 Clarke 乘子原则以及均衡约束数学规划问题的最优性条件. 这一部分的光滑优化的最优性的素材取自文献 [4], Clarke 乘子原则取自文献 [49].

第 6~8 章分别介绍非线性规划的扰动分析、二阶锥的变分分析与优化, 以及半正定矩阵锥的变分分析与优化. 这三部分涉及第一卦限、二阶锥、半正定矩阵锥的切锥和二阶切集的计算, 以及到这三个锥上的投影映射的微分性质, 重点叙述三类非线性优化问题的扰动分析. 非线性规划扰动分析的大部分素材取自经典文献 [11]. 非线性半定规划的扰动分析以及对称矩阵函数的方向导数与次微分的刻画完全取材于孙德锋和他的合作者的系统工作.

第 9 章讨论两类算法, 即 Newton 方法和邻近点方法. Newton 方法侧重半光滑方程组的局部 Newton 方法和全局收敛的光滑 Newton 方法, 这一部分素材取自文献 [32,33] 等. 邻近点方法部分我们介绍 Moreau 包络、等式约束的非线性规划问题与非线性半定规划问题的增广 Lagrange 方法的收敛速度、文献 [42] 的求解广义方程的邻近点方法以及近几年被关注的乘子交替方向方法.

本书的大部分内容均来自相关的书籍和论文, 只有二阶锥的投影的变分分析、对称矩阵函数的二阶方向导数的刻画、二阶锥约束优化的扰动分析以及二阶锥优化与半定规划的增广 Lagrange 方法的收敛速度分析选取的是第一作者与合作者的工作. 因此所述内容基本上是经过整理的众多文献成果的罗列, 但我们期望这些分散在众多文献中的素材引起读者的关注.

借此机会, 张立卫对他的硕士论文与博士论文导师 —— 大连理工大学的夏尊铨教授表示感谢, 感谢他的培养与多年来的鼓励和帮助; 感谢大连理工大学的冯恩民教授和施光燕教授多年来的关心与帮助; 感谢新加坡国立大学数学系孙德锋教授, 他一直对作者的研究工作给予热心的引导和指导; 感谢袁亚湘院士、韩继业教授、张建中教授、邓乃扬教授、何炳生教授、修乃华教授、杨新民教授、孙小玲教授、黄正海教授、戴彧虹教授、邢文训教授、郭旭教授等多年来的支持和帮助.

本书得到国家自然科学基金 (11071029, 91130007) 的资助, 特此致谢.

由于作者水平有限, 本书的错误和不妥之处在所难免, 欢迎读者批评和指正.

目　　录

符 号 表

$\overline{\Re}$	$\Re \cup \{+\infty\} \cup \{+\infty\}$ 增广实数
$\Re^n$	n 维欧氏空间
$\mathbf{1}_n$	$\Re^n$ 中所有分量均为1的向量
X, Y	Banach 空间或局部凸的拓扑向量空间
X^*	Banach 空间 X 的对偶空间
$\lvert I\rvert$	集合 I 的元素个数
$\mathbb{B}(x,r), \mathbb{B}_r(x)$	以 x 为中心 $r>0$ 为半径的开球
$\mathbb{B}_X$ $(\mathbb{B})$	X(前文已知空间)中的单位开球
$\mathbf{B}(x,r), \mathbf{B}_r(x)$	以 x 为中心 $r>0$ 为半径的闭球
$\mathbf{B}_X$ $(\mathbf{B})$	X(前文已知空间)中的单位闭球
$\mathcal{N}(x)$	x 的邻域系
$[\lvert x\rvert]$	由 x 生成的线性空间
$\operatorname{dir} x$	向量 x 的方向
$\Re_+ x, \Re_- x$	$\{tx : t \geqslant 0\}, \{tx : t \leqslant 0\}$
$[x]_+$	$\max\{x, 0\}$
$\operatorname{cl} C$	集合 C 的闭包
$\operatorname{int} C$	集合 C 的内部
$\operatorname{rint} C$	集合 C 的相对内部
$\operatorname{bdry} C$	集合 C 的边界
$\operatorname{con} C$	集合 C 的凸包
$\operatorname{aff} C$	集合 C 的仿射包
$C^\perp$	集合 C 的直交补
C^∞	集合 C 的地平锥
$d(x,C), d_C(x)$	点 x 到集合 C 的距离
$T_C(x)$	集合 C 在点 $x \in C$ 处的切锥
$T_C^i(x)$	集合 C 在点 $x \in C$ 处的内切锥
$\widehat{T}_C(x)$	集合 C 在点 $x \in C$ 处的正则切锥
$N_C(x)$	集合 C 在点 $x \in C$ 处的法锥
$\widehat{N}_C(x)$	集合 C 在点 $x \in C$ 处的正则法锥
$T_C^2(x,h)$	集合 C 在点 $x \in C$ 处沿方向 h 的外二阶切集
$T_C^{i,2}(x,h)$	集合 C 在点 $x \in C$ 处沿方向 h 的内二阶切集
$T_C^{i,2,\sigma}(x,h)$	与序列 $\sigma = \{t_n\}, t_n \downarrow 0$ 相联系的序列二阶切集

$\sigma_C(x)$	$\sup_{y\in C}\langle x,y\rangle$, 集合 C 的支撑函数
$\delta_C(x)$	集合 C 的指示函数
$\Pi_C(x), P_C(x)$	点 x 到集合 C 上的度量投影
K^-	锥 K 的极锥
$\operatorname{lin} K$	锥 K 的线空间
$\operatorname{dom} f$	增广实值函数 $f: X \to \overline{\Re}$ 的有效域
$\operatorname{gph} f$	函数 f 的图
$\operatorname{epi} f$	函数 f 的上图
$\operatorname{cl} f$	函数 f 的闭包
$\operatorname{con} f$	函数 f 的凸包
$\operatorname{lev}_{\leqslant\alpha} f$	函数 f 的水平集
f^*	函数 f 的共轭函数
f^∞	函数 f 的地平函数
$\mathrm{d}f(x)$	函数 f 在点 x 处的次导数
$\widehat{\mathrm{d}}f(x)$	函数 f 在点 x 处的正则次导数
$\partial f(x)$	函数 f 在点 x 处的次微分
$\widehat{\partial} f(x)$	函数 f 在点 x 处的正则次微分
$\partial^\infty f(x)$	函数 f 在点 x 处的地平次微分
$e_\lambda f$	函数 f 的 Moreau 包络
$P_\lambda f$	函数 f 的邻近映射
$\mathrm{D}g(x)$	映射 $g: X \to Y$ 在 $x \in X$ 处的导数
$\mathrm{D}^2 g(x)$	映射 $g: X \to Y$ 在 $x \in X$ 处的二阶导数
$\mathrm{D}^2 g(x)(h,h)$	$[\mathrm{D}^2 g(x)h]h$, 对应于 $\mathrm{D}^2 g(x)$ 的二次型
$\mathcal{J}F(x)$	若 X, Y 是有限维 Hilbert 空间, 函数 $F: X \to Y$ 在 $x \in X$ 处的导数 $DF(x)$ 可记为 $\mathcal{J}F(x)$
$\nabla F(x)$	$\mathcal{J}F(x)^*, \mathcal{J}F(x)$ 的伴随
$\nabla^2 F(x)$	$\mathcal{J}(\nabla F)(x)$
$\mathcal{C}^k$	k 次连续可微的函数构成的空间
$\mathcal{C}^{1,1}$	导数是局部 Lipschitz 连续的可微函数构成的空间
$\operatorname{fcns}(\Re^n)$	$\Re^n$ 上的函数空间
$\operatorname{dom} S$	集值映射 S 的定义域
$\operatorname{rge} S$	集值映射 S 的值域
$\operatorname{gph} S$	集值映射 S 的图
S^{-1}	集值映射 S 的逆映射
S^∞	集值映射 S 的地平映射
$\mathrm{D}S(x\|u)$	集值映射 S 在 x 点关于 $u \in S(x)$ 的图导数 (当 S 在 x 处单值时简记为 $\mathrm{D}S(x)$)
$\widehat{\mathrm{D}}S(x\|u)$	集值映射 S 在 x 点关于 $u \in S(x)$ 的正则导数 (当 S 在 x 处单值时简记为 $\widehat{\mathrm{D}}S(x)$)

$\mathrm{D}^*S(x\|u)$	集值映射 S 在 x 点关于 $u\in S(x)$ 的伴同导数 (当 S 在 x 处单值时简记为 $\mathrm{D}^*S(x)$)
$\widehat{\mathrm{D}}^*S(x\|u)$	集值映射 S 在 x 点关于 $u\in S(x)$ 的正则伴同导数 (当 S 在 x 处单值时简记为 $\widehat{\mathrm{D}}^*S(x)$)
$\mathrm{D}_*S(x\|u)$	集值映射 S 在 x 点关于 $u\in S(x)$ 的严格导数 (当 S 在 x 处单值时简记为 $\mathrm{D}_*S(x)$)
$\mathcal{A}^*$	线性算子 $\mathcal{A}$ 的伴随算子
$\ker\mathcal{A}$	线性算子 $\mathcal{A}$ 的零空间
$\mathrm{rge}\,\mathcal{A}$	线性算子 $\mathcal{A}$ 的值域
$\mathbb{S}^n$	$n\times n$ 对称矩阵构成的线性空间
$\mathbb{S}^n_+(\mathbb{S}^n_-)$	$n\times\ n$正 (负) 半定矩阵构成的锥
A^{T}	矩阵 A 的转置
$\mathrm{rank}(A)$	矩阵 A 的秩
$\mathrm{vec}(A)$	矩阵 A 的列拉直得到的向量
$\mathrm{Tr}(A)$	矩阵 A 的迹
$\langle A,B\rangle$	$\mathrm{Tr}(A^{\mathrm{T}}B)$, 矩阵 A,B 的内积
$\\|A\\|,\\|A\\|_F$	由内积诱导的矩阵 A 的范数
$\lambda_{\max}(A)$	对称矩阵 A 的最大特征值
$A\succeq 0(A\preceq 0)$	矩阵 $A\in\mathbb{S}^n$ 是正 (负) 半定的
$\mathrm{Diag}(a)$	以向量 a 的分量作为对角元素的对角矩阵
I_n, I	$n\times n$ 单位矩阵, 已知空间中的单位矩阵
sign	符号函数
w.p.1	以概率 1 with probability 1
a.e.	几乎处处 almost everywhere
val(P)	最优化问题 (P) 的最优值
SOL(P)	最优化问题 (P) 的最优解集

第 1 章　极小化与锥

1.1　极小化问题

1.1.1　优化问题的表述

用 $\overline{\Re} = [-\infty, +\infty]$ 记增广实数轴, 则每一子集合 $E \subset \overline{\Re}$ 都有上确界 (最小的上界), 记为 $\sup E$, 同样具有下确界 (最大的下界), 记为 $\inf E$. 约定 $\inf \varnothing = \infty$, $\sup \varnothing = -\infty$. 如果 $\inf E$ 是集合 E 中的元素, 将 $\inf E$ 记为 $\min E$.

设 $\mathcal{X}$ 是有限维 Hilbert 空间, $C \subset \mathcal{X}$. $f : \mathcal{X} \to \overline{\Re}$ 为一增广实值函数, 如果集合 E 具有形式 $E = \{f(x) : x \in C\} \subset \overline{\Re}$, 引入记号

$$\inf_C f := \inf_{x \in C} f(x) := \inf\{f(x) : x \in C\},$$

如果 $\inf_C f$ 是集合 $\{f(x) : x \in C\}$ 中的一个值, 将 $\inf_C f$ 记为 $\min_C f$. 极小点集合为

$$\begin{aligned}\operatorname{argmin}_C f &:= \operatorname{argmin}_{x \in C} f(x) \\ &:= \begin{cases} \{x \in C : f(x) = \inf_C f\}, & \text{如果 } \inf_C f \neq \infty, \\ \varnothing, & \text{如果 } \inf_C f = \infty. \end{cases}\end{aligned}$$

集合 $\operatorname{argmin}_C f$ 表示 f 在 C 上的全局极小点 (global minimizer) 的集合, 即

$$\operatorname{argmin}_C f = \{x \in C : f(y) \geqslant f(x),\ \forall y \in C\}.$$

相对应的局部极小点 (local minimizer) $\bar{x} \in C$ 定义为: 存在 $\bar{x}$ 的邻域 $V \in \mathcal{N}(\bar{x})$ 满足

$$f(\bar{x}) \leqslant f(x), \quad \forall x \in C \cap V.$$

下面给出几个优化问题的具体例子.

例 1.1　设 $\mathcal{X} = \Re^n$, $C \subset \Re^n$ 为

$$C = \left\{ x \in X \quad \text{且} \quad \begin{array}{ll} f_i(x) \leqslant 0, & \text{若 } i \in I_1 \\ f_i(x) = 0, & \text{若 } i \in I_2 \end{array} \right\},$$

其中 X 是 $\Re^n$ 中的一集合, I_1 与 I_2 是指标集合. 问题 $\min_C f_0$ 表示为

$$
\begin{aligned}
\min\quad & f_0(x) \\
\text{s.t.}\quad & f_i(x) \leqslant 0, \quad i \in I_1, \\
& f_j(x) = 0, \quad j \in I_2, \\
& x \in X.
\end{aligned} \tag{1.1}
$$

它等同于在 $\Re^n$ 上极小化函数 $f:\Re^n \to \overline{\Re}$, 其中

$$
f(x) = \begin{cases} f_0(x), & \text{当 } x \in C, \\ \infty, & \text{否则}. \end{cases}
$$

通常 $X \subset \Re^n$ 是一个箱式约束集合, 即 $X = X_1 \times \cdots \times X_n$ 是 n 个闭区间 X_j, $j = 1, \cdots, n$ 的卡氏积. 比如 $X = \Re^n_+ := \{x = (x_1, \cdots, x_n)^{\mathrm{T}} : x_j \geqslant 0,\ \forall j\} = [0, \infty)^n$; $X = \Re^s_+ \times \Re^{n-s} = [0, \infty)^s \times (-\infty, \infty)^{n-s}$, 其中区间 X_j 可以是退化的单点集合 $[c_j, c_j]$.

例 1.2 设 $\mathcal{X} = \Re^n$. 映射 $G:\Re^n \to \mathbb{S}^p$, $h:\Re^n \to \Re^q$, $C \subset \Re^n$ 为

$$
C = \left\{ x \in X \quad \text{且} \quad \begin{array}{c} h(x) = 0 \\ G(x) \in \mathbb{S}^p_+ \end{array} \right\},
$$

其中 X 是 $\Re^n$ 的一集合, $\mathbb{S}^p_+$ 是对称的半正定的 $p \times p$ 矩阵构成的凸锥. 问题 $\min_C f_0$ 表示为

$$
\begin{aligned}
\min\quad & f_0(x) \\
\text{s.t.}\quad & h(x) = 0, \\
& G(x) \succeq 0, \\
& x \in X,
\end{aligned} \tag{1.2}
$$

其中 $A \succeq 0$ 表示矩阵 A 是半正定的. 问题 (1.2) 是一非线性半定规划问题.

例 1.3 设 $\mathcal{X} = \Re^{m \times n}$, 映射 $\mathcal{A}:\Re^{m \times n} \to \Re^m$ 是一线性算子, $b \in \Re^m$. 下面的问题是压缩感知领域经常遇到的问题

$$
\begin{aligned}
\min\quad & \|X\|_* \\
\text{s.t.}\quad & \mathcal{A}X = b,
\end{aligned} \tag{1.3}
$$

其中 $\|\cdot\|_*$ 表示矩阵的核范数. 问题 (1.3) 是一矩阵优化问题.

例 1.4 设 $\mathcal{X} = \Re^n$, $X \subset \Re^n$ 是一闭凸集合. 下面的问题的约束是由一概率函数定义的

$$
\begin{aligned}
\min\quad & f(x) \\
\text{s.t.}\quad & \Pr\{c_1(x, \xi) \leqslant 0, \cdots, c_m(x, \xi) \leqslant 0\} \geqslant 1 - \alpha, \\
& x \in X,
\end{aligned} \tag{1.4}
$$

其中 x 是决策变量, ξ 是随机变量, $c_i(x, \xi)$, $i = 1, \cdots, m$ 是随机函数, $0 < \alpha < 1$ 是一小的正数. 这一问题被称为联合机会约束优化问题.

例 1.5 设 $\mathcal{X}$, $\mathcal{Y}$, $\mathcal{Z}$ 为有限维 Hilbert 空间. 均衡约束数学规划问题, 简称 MPEC, 是指约束含有参数变分不等式或参数广义方程的优化问题, 通常形式为

$$\begin{array}{ll} \min & f(x,y) \\ \text{s.t.} & (x,y)\in\Phi, \\ & 0\in g(x,y)+Q(x,y), \end{array}$$

其中 $f:\mathcal{X}\times\mathcal{Y}\to\Re$, $g:\mathcal{X}\times\mathcal{Y}\to\mathcal{Z}$, $Q:\mathcal{X}\times\mathcal{Y}\rightrightarrows\mathcal{Z}$ 为集值映射, $\Phi\subset\mathcal{X}\times\mathcal{Y}$.

相对于函数的极小化问题, 对于函数 $f:\mathcal{X}\to\overline{\Re}$, 它的有效域 (effective domain) 定义为

$$\operatorname{dom} f:=\{x\in\mathcal{X}:f(x)<\infty\}.$$

称函数 f 是正常的 (proper), 如果至少存在一点 $x\in\mathcal{X}$ 满足 $f(x)<\infty$, 且对所有的 $y\in\mathcal{X}$, $f(y)>-\infty$; 否则称 f 是非正常的 (improper).

注记 1.1 函数的正常性是一相对的概念, 上述定义是相对于函数的极小化问题定义的. 如果换成相对于函数的极大化问题, 函数 f 是正常的含义是, 如果至少存在一点 $x\in\mathcal{X}$ 满足 $f(x)>-\infty$, 且对所有的 $y\in\mathcal{X}$, $f(y)<\infty$; 否则称 f 是非正常的. 可见相对于极大化问题的函数 f 的正常性等价于相对于极小化问题的函数 $-f$ 的正常性.

集合 $C\subset\mathcal{X}$ 的指示函数 (indicator function), 记为 δ_C, 定义为

$$\delta_C(x)=\begin{cases}0, & \text{如果 } x\in C,\\ \infty, & \text{如果 } x\notin C.\end{cases}$$

约定 $\delta_{\Re^n}=0$ 与 $\delta_\varnothing=\infty$.

借助指示函数, 对约束优化问题

$$\begin{array}{ll} \min & f_0(x) \\ \text{s.t.} & x\in C, \end{array}$$

定义 $f=f_0+\delta_C$, 则点 $\bar{x}$ 是上述问题的局部极小点可以表示为

$$\bar{x}\in\operatorname{argmin}(f+\delta_V),$$

其中 $V\in\mathcal{N}(\bar{x})$ 是 $\bar{x}$ 的一邻域.

1.1.2 上图与下半连续性

对于实值函数, 上图是一重要的几何概念, 可以通过上图来刻画函数的连续性质. 设 $\mathcal{X}=\Re^n$. 对于函数 $f:\Re^n\to\overline{\Re}$, f 的上图 (epigraph) 是集合

$$\operatorname{epi} f:=\{(x,\alpha)\in\Re^n\times\Re:\alpha\geqslant f(x)\}.$$

上图 $\operatorname{epi} f$ 在映射 $(x,\alpha)\to x$ 下的像是有效域 $\operatorname{dom} f$; 满足 $f(x)=\infty$ 的点 x 使得整条竖直直线 $(x,\Re):=\{x\}\times\Re$ 与 $\operatorname{epi} f$ 不交; 满足 $f(x)=-\infty$ 的点 x 使得整条竖直直线 $(x,\Re):=\{x\}\times\Re$ 都包含在 $\operatorname{epi} f$ 中.

定义水平集合:

$$\begin{aligned}
\operatorname{lev}_{\leqslant\alpha} f &:= \{x\in\Re^n : f(x)\leqslant\alpha\},\\
\operatorname{lev}_{<\alpha} f &:= \{x\in\Re^n : f(x)<\alpha\},\\
\operatorname{lev}_{=\alpha} f &:= \{x\in\Re^n : f(x)=\alpha\},\\
\operatorname{lev}_{>\alpha} f &:= \{x\in\Re^n : f(x)>\alpha\},\\
\operatorname{lev}_{\geqslant\alpha} f &:= \{x\in\Re^n : f(x)\geqslant\alpha\}.
\end{aligned}$$

对于 $\overline{\alpha}=\inf f$, 有 $\operatorname{lev}_{\leqslant\overline{\alpha}} f=\operatorname{lev}_{=\overline{\alpha}} f=\operatorname{argmin} f$.

定义 1.1 (下极限)　函数 $f:\Re^n\to\overline{\Re}$ 在 $\bar{x}$ 处的下极限定义为

$$\begin{aligned}
\liminf_{x\to\bar{x}} f(x) &:= \lim_{\delta\searrow 0}\Big[\inf_{x\in\mathbf{B}(\bar{x},\delta)} f(x)\Big]\\
&= \sup_{\delta>0}\Big[\inf_{x\in\mathbf{B}(\bar{x},\delta)} f(x)\Big]\\
&= \sup_{V\in\mathcal{N}(\bar{x})}\Big[\inf_{x\in V} f(x)\Big].
\end{aligned}\tag{1.5}$$

注意, 如果 $\mathcal{X}$ 是无穷维的拓扑向量空间, $f:\mathcal{X}\to\overline{\Re}$ 是实值函数, 则 f 在 $\bar{x}$ 处的下极限可以由 (1.5) 右端的第三式来定义.

下面的引理刻画了函数在一点处的下极限.

引理 1.1　对于函数 $f:\Re^n\to\overline{\Re}$ 与 $\bar{x}\in\Re^n$, 下述等式成立

$$\liminf_{x\to\bar{x}} f(x)=\min\{\alpha\in\overline{\Re}:\exists\, x^\nu\to\bar{x},\ \ f(x^\nu)\to\alpha\}.$$

(这里 $x^\nu\to\bar{x}$ 包含情况 $x^\nu\equiv\bar{x}$, 此时 $\alpha=f(\bar{x})$.)

证明　令 $\bar{\alpha}=\liminf_{x\to\bar{x}} f(x)$. 首先设 $x^\nu\to\bar{x}$ 满足 $f(x^\nu)\to\alpha$, 需证 $\alpha\geqslant\bar{\alpha}$. 对任意 $\delta>0$, 对充分大的 ν, $x^\nu\in\mathbf{B}(\bar{x},\delta)$, 因此 $f(x^\nu)\geqslant\inf\{f(x):x\in\mathbf{B}(\bar{x},\delta)\}$. 对固定的 δ, 对 ν 取极限, 得到不等式 $\alpha\geqslant\inf\{f(x):x\in\mathbf{B}(\bar{x},\delta)\}$ 对任意的 $\delta>0$ 都成立, 因此 $\alpha\geqslant\bar{\alpha}$. 下面只需证明存在序列 $x^\nu\to\bar{x}$ 满足 $f(x^\nu)\to\bar{\alpha}$. 对一实数列 $\delta^\nu\searrow 0$, 令 $\bar{\alpha}^\nu=\inf\{f(x):x\in\mathbf{B}(\bar{x},\delta^\nu)\}$. 由下极限 $\bar{\alpha}$ 的定义, 有 $\bar{\alpha}^\nu\to\bar{\alpha}$. 对每一 ν, 存在 $x^\nu\in\mathbf{B}(\bar{x},\delta^\nu)$ 满足 $f(x^\nu)$ 可以任意程度地接近 $\bar{\alpha}^\nu$, 比如 $f(x^\nu)\in[\bar{\alpha}^\nu,\alpha^\nu]$, 其中 α^ν 满足 $\alpha^\nu>\bar{\alpha}^\nu$ 且 $\alpha^\nu\to\bar{\alpha}$. 如果 $\bar{\alpha}=\infty$, 可自动有 $f(x^\nu)=\bar{\alpha}^\nu=\infty$. 由此构造, 显然可得到 $x^\nu\to\bar{x}$, $f(x^\nu)$ 与 $\bar{\alpha}^\nu$ 具有相同的极限, 即 $\bar{\alpha}$. ■

称函数 $f:\Re^n\to\overline{\Re}$ 在 $\bar{x}$ 处是下半连续的 (lower semicontinuous, lsc), 如果

$$\liminf_{x\to\bar{x}} f(x)\geqslant f(\bar{x})\ \text{或等价地}\ \liminf_{x\to\bar{x}} f(x)=f(\bar{x}).\tag{1.6}$$

如果对于每一 $x \in \Re^n$, f 在 x 处均是下半连续的, 则函数 f 在空间 $\Re^n$ 上是下半连续的. 函数 f 在空间 $\Re^n$ 上的下半连续性可以由它的上图和水平集合来刻画.

定理 1.1 (下半连续性的刻画) 对于函数 $f: \Re^n \to \overline{\Re}$, 下述性质等价:

(a) f 在 $\Re^n$ 上下半连续;

(b) 上图 $\operatorname{epi} f$ 是 $\Re^n \times \Re$ 中的一闭集合;

(c) 对任何 $\alpha \in \Re$, 水平集合 $\operatorname{lev}_{\leqslant \alpha} f$ 均是 $\Re^n$ 中的闭集合.

证明 (a)⇒(b). 设 $(x^\nu, \alpha^\nu) \in \operatorname{epi} f$ 满足 $(x^\nu, \alpha^\nu) \to (\bar{x}, \alpha)$. 即 $x^\nu \to \bar{x}$ 与 $\alpha^\nu \to \alpha$, 其中 $\alpha^\nu \geqslant f(x^\nu)$, 需证 $\alpha \geqslant f(\bar{x})$, 因此有 $(\bar{x}, \alpha) \in \operatorname{epi} f$. 序列 $\{f(x^\nu)\}$ 有聚点 $\beta \in \overline{\Re}$. 不妨设 (如有必要可以用一子列代替 $\{(x^\nu, \alpha^\nu)\}_{\nu \in \mathbf{N}}$)$f(x^\nu) \to \beta$, 可见 $\alpha \geqslant \beta$. 而由引理 1.1 又有 $\beta \geqslant \liminf\limits_{x \to \bar{x}} f(x)$. 由 f 的下半连续性, $\liminf\limits_{x \to \bar{x}} f(x) \geqslant f(\bar{x})$. 因此得到 $\alpha \geqslant f(\bar{x})$.

(b)⇒(c). 当 $\operatorname{epi} f$ 是闭集合时, 对任意 $\alpha \in \Re$, $[\operatorname{epi} f] \cap (\Re^n, \alpha)$ 也是闭集合. 这一在 $\Re^n \times \Re$ 中的交集合几何上对应着 $\Re^n$ 中的集合 $\operatorname{lev}_{\leqslant \alpha} f$, 因此是闭集. 集合 $\operatorname{lev}_{\leqslant -\infty} f = \operatorname{lev}_{=-\infty} f$ 是当 α 取遍 $\Re$ 中的数值时这些闭集合的交集, 因此是一闭集合. 而集合 $\operatorname{lev}_{\leqslant \infty} f$ 即是整个空间 $\Re^n$, 当然是闭集.

(c)⇒(a). 固定 $\bar{x}$, 令 $\bar{\alpha} = \liminf\limits_{x \to \bar{x}} f(x)$. 为证明 f 在 $\bar{x}$ 处是下半连续的, 只需证 $f(\bar{x}) \leqslant \bar{\alpha}$, 因为相反的不等式是自动成立的. 由于 $\bar{\alpha} = \infty$ 时结论平凡成立, 故设 $\bar{\alpha} < \infty$. 由引理 1.1, 存在序列 $x^\nu \to \bar{x}$ 满足 $f(x^\nu) \to \bar{\alpha}$. 对任何 $\alpha > \bar{\alpha}$, ν 充分大时有 $f(x^\nu) \leqslant \alpha$, 或等价地有 $x^\nu \in \operatorname{lev}_{\leqslant \alpha} f$. 因为 $x^\nu \to \bar{x}$, 由假设这一水平集合是闭的, 它必包含 $\bar{x}$. 因此对任意 $\alpha > \bar{\alpha}$, 有 $f(\bar{x}) \leqslant \alpha$. 所以可得到 $f(\bar{x}) \leqslant \bar{\alpha}$. ■

1.1.3 极小点的存在性

如果考虑极小化问题 $\min_{x \in \Re^n} f(x)$, 首先要考虑的是这个问题的最优解的存在性. 所谓最优解, 有全局最优解和局部最优解两种. 称点 $\overline{x} \in \Re^n$ 为 f 的全局极小点, 如果 $f(y) \geqslant f(\overline{x})$, $\forall y \in \Re^n$; 称点 $\overline{x} \in \Re^n$ 为 f 的局部极小点, 如果存在 $V \in \mathcal{N}(\overline{x})$ (即 V 是 $\overline{x}$ 的一个邻域) 满足: $f(y) \geqslant f(\overline{x})$, $\forall y \in V$. 这里我们提出水平有界的概念, 用以讨论解的存在性.

定义 1.2 (水平有界性) 称函数 $f: \Re^n \to \overline{\Re}$ 是 (下) 水平有界的 (lower)(level-bounded), 如果对每一 $\alpha \in \Re$, 水平集合 $\operatorname{lev}_{\leqslant \alpha} f$ 是有界的 (可能是空集).

定理 1.2 (极小点的存在性) 设函数 $f: \Re^n \to \overline{\Re}$ 是下半连续的, (下) 水平有界的, 正常的. 则值 $\inf f$ 是有限的, 解集合 $\operatorname{argmin} f$ 是非空紧致的.

证明 令 $\bar{\alpha} = \inf f$; 由于 f 是正常的, $\bar{\alpha} < \infty$. 对于 $\alpha \in (\bar{\alpha}, \infty)$, 集合 $\operatorname{lev}_{\leqslant \alpha} f$ 是非空的; 因为 f 是下半连续的 (由定理 1.1), 它是闭集合; 由于 f 是水平有界的, 它还是有界的. 因此对 $\alpha \in (\bar{\alpha}, \infty)$, 集合 $\operatorname{lev}_{\leqslant \alpha} f$ 是紧致的; 显然对于 $\alpha < \beta$, 有 $\operatorname{lev}_{\leqslant \alpha} f \subset \operatorname{lev}_{\leqslant \beta} f$. 因此集合族 $\{\operatorname{lev}_{\leqslant \alpha} f : \alpha \in (\bar{\alpha}, \infty)\}$ 的交集合就是

$\text{lev}_{\leqslant \bar{\alpha}} = \operatorname{argmin} f$, 它是非空紧致的. 因为 f 在任何点处都不取 $-\infty$, 可知 $\bar{\alpha}$ 是有限的. 此时 $\inf f$ 可记为 $\min f$. ■

推论 1.1　如果 $f: \Re^n \to \overline{\Re}$ 是下半连续正常函数, 则它在 $\Re^n$ 的每个有界集合上均是下方有界的; 它在任何与 $\operatorname{dom} f$ 相交的 $\Re^n$ 的紧致集合上都能取得极小点.

证明　对任何有界集合 $B \subset \Re^n$, 定义 g 为

$$g(x) = \begin{cases} f(x), & x \in \operatorname{cl} B, \\ \infty, & x \notin \operatorname{cl} B, \end{cases}$$

则 g 是下半连续的, 水平有界的且正常的函数. 将定理 1.2 应用于函数 g 即得结论. ■

后面将介绍的水平强制性质 (参见定义 1.8) 是水平有界的充分条件.

例 1.6　如果函数 f 满足存在 $\gamma \in (0, \infty)$ 与 $\beta \in (-\infty, \infty)$ 使得对任意 x, $f(x) \geqslant \gamma\|x\| + \beta$(这一性质等价于后面要介绍的水平强制性质), 则 f 是水平有界的; 对于凸函数, 水平有界性等价于水平强制性质.

二次连续可微强凸函数极小点的存在性是大家熟知的, 这类函数还有很多好的性质, 在下一例子中讨论它们.

例 1.7　设函数 $f: \Re^n \to \Re$ 是二次连续可微的, 且

$$mI_n \preceq \nabla^2 f(x) \preceq MI_n, \quad \forall x \in \Re^n, \tag{1.7}$$

其中 $0 < m \leqslant M$ 是常数. 则对任何 $x \in \Re^n$,

$$f(x) - f(x^*) \leqslant \frac{M}{2}\|x - x^*\|^2;$$

$$\|x - x^*\|^2 \leqslant \frac{2}{m}[f(x) - f(x^*)];$$

$$\|\nabla f(x)\| \leqslant M\|x - x^*\|;$$

$$\|x - x^*\| \leqslant \frac{1}{m}\|\nabla f(x)\|;$$

$$\|\nabla f(x)\|^2 \geqslant m\left(1 + \frac{m}{M}\right)[f(x) - f(x^*)];$$

$$f(x) - f(x^*) \leqslant \frac{M}{2m^2}\|\nabla f(x)\|^2,$$

其中 x^* 是 f 的唯一极小点. 下面仅给出第 5 个不等式的证明 (也包括了第 1,2,4 不等式的证明). 由 x^* 处的 Taylor 展式有

$$f(x) = f(x^*) + \langle \nabla f(x^*), x - x^* \rangle + \frac{1}{2}\langle x - x^*, \nabla^2 f(\bar{x})(x - x^*) \rangle,$$

其中 $\bar{x}=(1-\theta)x^*+\theta x,\theta\in[0,1]$. 由于 $\nabla f(x^*)=0$, 由条件 (1.7) 可得

$$\frac{m}{2}\|x-x^*\|^2\leqslant f(x)-f(x^*)\leqslant\frac{M}{2}\|x-x^*\|^2. \tag{1.8}$$

由 x 处的 Taylor 展式有

$$f(x^*)=f(x)+\langle\nabla f(x),x^*-x\rangle+\frac{1}{2}\langle x^*-x,\nabla^2 f(\widetilde{x})(x^*-x)\rangle,$$

其中 $\widetilde{x}=(1-\tau)x^*+\tau x$, $\tau\in[0,1]$. 由条件 (1.7) 可得

$$\begin{aligned}f(x)-f(x^*)&=\langle\nabla f(x),x-x^*\rangle-\frac{1}{2}\langle x^*-x,\nabla^2 f(\widetilde{x})(x^*-x)\rangle\\&\leqslant\|\nabla f(x)\|\|x-x^*\|-\frac{m}{2}\|x-x^*\|^2.\end{aligned} \tag{1.9}$$

由 (1.8) 与 (1.9) 可得

$$\frac{m}{2}\|x-x^*\|^2\leqslant\|\nabla f(x)\|\|x-x^*\|-\frac{m}{2}\|x-x^*\|^2,$$

从而有

$$m\|x-x^*\|\leqslant\|\nabla f(x)\|.$$

结合上面的不等式及 (1.8) 与 (1.9), 有

$$f(x)-f(x^*)\leqslant\frac{1}{m}\|\nabla f(x)\|^2-\frac{m}{M}[f(x)-f(x^*)].$$

对于二次连续可微强凸函数的极小化问题, 常步长的负梯度方法是收敛的.

例 1.8 设 f 是 $\Re^n$ 上定义的二次连续可微函数, 满足条件 (1.7), 考虑负梯度方法:

$$\begin{cases}x^1\in\Re^n,\\x^{k+1}=x^k-\alpha_k\nabla f(x^k),\quad k\geqslant 1.\end{cases} \tag{1.10}$$

如果步长取常值 $\alpha_k\equiv\alpha$, 且

$$\alpha\in\left(0,\frac{2}{M}\right),$$

则由 (1.10) 生成的点列 $\{x^k\}$ 满足

$$\|x^{k+1}-x^*\|\leqslant q^k\|x^1-x^*\|,$$

其中 x^* 是 f 的唯一极小点,

$$q=\max\left\{|1-\alpha m|,|1-\alpha M|\right\}<1.$$

证明 由 $\nabla f(x^*) = 0$ 得

$$\nabla f(x^k) = \nabla f(x^k) - \nabla f(x^*) = \int_0^1 \nabla^2 f(x^* + \tau(x^k - x^*))(x^k - x^*)\mathrm{d}\tau.$$

令

$$G^k = \int_0^1 \nabla^2 f(x^* + \tau(x^k - x^*))\mathrm{d}\tau,$$

则

$$x^{k+1} - x^* = x^k - x^* - \alpha G^k(x^k - x^*) = [I_n - \alpha G^k](x^k - x^*).$$

因此

$$\|x^{k+1} - x^*\| \leqslant \|I_n - \alpha G^k\|\|x^k - x^*\|.$$

矩阵 $I_n - \alpha G^k$ 的范数由其特征值的最大绝对值给出. 由条件 (1.7) 有 $mI_n \preceq G^k \preceq MI_n$, 可见 $I_n - \alpha G^k$ 的特征值在区间 $[1-\alpha M, 1-\alpha m]$, 从而证得结论. ■

例 1.9 考虑无约束优化问题

$$\min_{x \in \Re^m} f(x),$$

其中 f 连续可微. 若采用迭代式

$$x^{k+1} = x^k - \alpha \nabla f(x^k), \quad \alpha > 0. \tag{1.11}$$

只要 α 满足一定条件, 对于迭代 (1.11), 有下述全局收敛性结果:

定理 1.3 设 f 是连续可微函数, 且满足条件:

$$f(y) - f(x) - \langle \nabla f(x), y - x \rangle \leqslant L\|y - x\|^2, \quad \forall x, y \in \Re^m, \tag{1.12}$$

其中 $L > 0$ 是常数, 还假设 f 是下有界的, 设 $\alpha \in \left(0, \dfrac{1}{L}\right)$, 则对于任意的初始点 $x^0 \in \Re^m$, 由迭代 (1.11) 生成的点列 $\{x^k\}$ 满足 $\lim\limits_{k\to\infty} \nabla f(x^k) = 0$.

证明 由于

$$f(x^{k+1}) - f(x^k) - \langle \nabla f(x^k), x^{k+1} - x^k \rangle \leqslant L\|x^{k+1} - x^k\|^2,$$

有

$$\begin{aligned} f(x^{k+1}) - f(x^k) &\leqslant -\alpha\|\nabla f(x^k)\|^2 + L\alpha^2\|\nabla f(x^k)\|^2 \\ &= -\alpha(1 - L\alpha)\|\nabla f(x^k)\|^2. \end{aligned} \tag{1.13}$$

注意到 $\alpha(1 - L\alpha) > 0$, 故 $f(x^{k+1}) \leqslant f(x^k)$. 又因为 f 下有界, 所以 $\{f(x^k)\}$ 是收敛的, $f(x^{k+1}) - f(x^k) \to 0$. 再由 (1.13), 得

$$0 \leqslant \alpha(1 - L\alpha)\|\nabla f(x^k)\|^2 \leqslant f(x^k) - f(x^{k+1}) \to 0.$$

结论得证. ■

1.1.4 连续性, 闭包与增长性

函数 f 在 $\bar{x}$ 处的上极限 (upper limit) 定义为

$$\begin{aligned}\limsup_{x\to\bar{x}} f(x) &:= \lim_{\delta\searrow 0}[\sup_{x\in\mathbf{B}(\bar{x},\delta)} f(x)]\\ &= \inf_{\delta>0}[\sup_{x\in\mathbf{B}(\bar{x},\delta)} f(x)] = \inf_{V\in\mathcal{N}(\bar{x})}[\sup_{x\in V} f(x)].\end{aligned} \tag{1.14}$$

函数 $f:\Re^n\to\overline{\Re}$ 在 $\bar{x}$ 处是上半连续的 (upper semicontinuous), 如果 $\limsup\limits_{x\to\bar{x}} f(x) = f(\bar{x})$. 函数 f 的下图 (hypograph) 定义为

$$\operatorname{hypo} f := \{(x,\alpha)\in\Re^n\times\Re : \alpha \leqslant f(x)\}, \tag{1.15}$$

类似于引理 1.1 与定理 1.1, 函数 f 的 (整体) 上半连续性等价于 $\operatorname{hypo} f$ 的闭性与水平集合 $\operatorname{lev}_{\geqslant\alpha} f$ 的闭性. 上极限可由下述公式刻画

$$\limsup_{x\to\bar{x}} f(x) = \max\{\alpha\in\overline{\Re} : \exists x^\nu\to\bar{x},\ \ f(x^\nu)\to\alpha\}.$$

函数 $f:\Re^n\to\overline{\Re}$ 在 $\bar{x}$ 处是连续的当且仅当它在 $\bar{x}$ 处既是下半连续的又是上半连续的

$$\lim_{x\to\bar{x}} f(x) = f(\bar{x}) \Longleftrightarrow \liminf_{x\to\bar{x}} f(x) = \limsup_{x\to\bar{x}} f(x).$$

集合 $C\subset\Re^n$ 的闭包, 内部和边界分别定义为

$$\begin{aligned}\operatorname{cl} C &= \text{closure of } C = \{x : \forall V\in\mathcal{N}(x),\ V\cap C\neq\varnothing\},\\ \operatorname{int} C &= \text{interior of } C = \{x : \exists V\in\mathcal{N}(x),\ V\subset C\},\\ \operatorname{bdry} C &= \text{boundary of } C = \operatorname{cl} C\setminus\operatorname{int} C.\end{aligned}$$

函数 f 的 (下) 闭包 (记为 $\operatorname{cl} f$), 由下式定义

$$\operatorname{epi}(\operatorname{cl} f) := \operatorname{cl}(\operatorname{epi} f). \tag{1.16}$$

闭包 $\operatorname{cl} f$ 在 x 处的值可表示为

$$(\operatorname{cl} f)(x) = \liminf_{x'\to x} f(x'). \tag{1.17}$$

函数的增长性质是由在无穷远处的下极限和上极限来定义的.

练习 1.1 (增长性质) 对函数 $f:\Re^n\to\overline{\Re}$ 与一正数 $p\in(0,\infty)$, 如果 f 是下半连续的且 $f>-\infty$, 则

$$\liminf_{\|x\|\to\infty}\frac{f(x)}{\|x\|^p} = \sup\{\gamma\in\Re : \exists\beta\in\Re,\ \text{满足 } f(x)\geqslant\gamma\|x\|^p+\beta,\ \forall x\},$$

如果 f 是上半连续的且 $f<\infty$, 则

$$\limsup_{\|x\|\to\infty}\frac{f(x)}{\|x\|^p}=\inf\{\gamma\in\Re:\exists\beta\in\Re,\ \text{满足}\ f(x)\leqslant\gamma\|x\|^p+\beta,\ \forall\,x\}.$$

证明 对第一个等式, 记等式左端为 $\bar{\gamma}$, 右端的集合为 Γ. 首先, 对任何 $\gamma\in\Gamma$, 都有 $\gamma\leqslant\bar{\gamma}$. 其次, 对任何有限的 $\gamma<\bar{\gamma}$, 不等式 $f(x)\geqslant\gamma\|x\|^p$ 对某个有界闭集合 B 以外的所有 x 都成立. 对集合 B 中的 x 应用推论 1.1, 我们有 f 在 B 上是有界的, 那么存在常数 β, 使得 $f(x)\geqslant\gamma\|x\|^p+\beta$ 对所有的 $x\in\Re^n$ 成立, 从而 $\gamma\in\Gamma$. 第二个等式同理可证. ■

1.1.5 最优值函数与最优解映射

定理 1.2 讨论了函数的极小化问题的解的存在性, 用到水平有界性这一条件. 如果考虑依赖于参数的极小化问题解的性质, 则需要一致水平有界性的概念.

定义 1.3 (一致水平有界性) 函数 $f:\Re^n\times\Re^m\to\overline{\Re}$ 相对于 u 为局部一致的关于变量 x 水平有界, 如果对每一 $\bar{u}\in\Re^m$ 与 $\alpha\in\Re$, 存在邻域 $V\in\mathcal{N}(\bar{u})$ 与一有界集合 $B\subset\Re^n$, 满足

$$\{x:f(x,u)\leqslant\alpha\}\subset B,\quad\forall\,u\in V;$$

或等价地, $\{(x,u):u\in V,f(x,u)\leqslant\alpha\}$ 是 $\Re^n\times\Re^m$ 的一有界集合.

下面的定理给出关于参数规划的最优值函数与最优解 (集合) 映射连续性的结论. 这一定理在后续的讨论中发挥重要的作用.

定理 1.4 (参数极小化) 考虑

$$p(u):=\inf_x f(x,u),\quad P(u):=\mathrm{argmin}_x\,f(x,u),$$

其中 $f:\Re^n\times\Re^m\to\overline{\Re}$ 是正常的下半连续函数, $f(x,u)$ 是相对于 u 局部一致的关于变量 x 水平有界的.

(a) 函数 p 是 $\Re^m$ 上的正常的下半连续函数, 且对每一 $u\in\mathrm{dom}\,p$, 集合 $P(u)$ 是非空紧致的; 如果 $u\notin\mathrm{dom}\,p$, 则 $P(u)=\varnothing$.

(b) 如果 $x^\nu\in P(u^\nu)$, 其中 $u^\nu\to\bar{u}\in\mathrm{dom}\,p$ 且满足 $p(u^\nu)\to p(\bar{u})$ (比如 p 在 $\bar{u}$ 相对于包含 $\bar{u}$ 与 u^ν 的集合 U 是连续的情形), 则序列 $\{x^\nu\}_{\nu\in\mathbf{N}}$ 是有界的, 它的所有聚点都属于 $P(\bar{u})$.

(c) 如果存在 $\bar{x}\in P(\bar{u})$ 使得 $f(\bar{x},u)$ 关于 u 在 $\bar{u}$ 处相对于包含 $\bar{u}$ 的集合 U 是连续的, 则 p 在 $\bar{u}$ 处相对于 U 是连续的.

证明 对每一 $u\in\Re^m$, 定义 $f_u(x)=f(x,u)$. 作为 $\Re^n$ 上的函数, 或者 $f_u\equiv\infty$, 或者 f_u 是正常的下半连续的水平有界的函数, 因此定理 1.2 可用于极小化函数

f_u. 第一种情况对应着 $p(u)=\infty$, 这对任一 u 都不成立, 原因是 $f\neq\infty$. 因此 $\operatorname{dom} p\neq\varnothing$, 且对每一 $u\in\operatorname{dom} p$, 值 $p(u)=\inf f_u$ 是有限的, 集合 $P(u)=\operatorname{argmin} f_u$ 是非空紧致的. 尤其, $p(u)\leqslant\alpha$ 当且仅当存在一 x 满足 $f(x,u)\leqslant\alpha$. 因此对 $V\subset\Re^m$,

$$(\operatorname{lev}_{\leqslant\alpha}p)\cap V=[(\operatorname{lev}_{\leqslant\alpha}f)\cap(\Re^n\times V)\text{ 在映射}(x,u)\to u\text{ 之下的像}].$$

因为在连续映射作用下, 一紧致集合的像还是紧致的, 可得只要 V 使得 $(\operatorname{lev}_{\leqslant\alpha}f)\cap(\Re^n\times V)$ 是闭有界集合, 则 $(\operatorname{lev}_{\leqslant\alpha}p)\cap V$ 是闭集合. 由一致水平有界性假设, 任何 $\bar{u}\in\Re^m$ 都有一邻域 V 满足集合 $(\operatorname{lev}_{\leqslant\alpha}f)\cap(\Re^n\times V)$ 是有界的; 如有必要可以将 V 用 $\bar{u}$ 的更小的闭邻域代替, 可得 $(\operatorname{lev}_{\leqslant\alpha}f)\cap(\Re^n\times V)$ 也是闭的, 因为 f 是下半连续的. 因此每一 $\bar{u}\in\Re^m$ 都有一邻域, 它同 $\operatorname{lev}_{\leqslant\alpha}p$ 的交集是闭的, 因此 $\operatorname{lev}_{\leqslant\alpha}p$ 本身是闭的. 所以由定理 1.1(c) 可得 p 是下半连续的. 这就证得 (a).

对于 (b), 对任何 $\alpha>p(\bar{u})$, ν 充分大时, $\alpha>p(u^\nu)=f(x^\nu,u^\nu)$. 按定义 1.3 取 V 为 $\bar{u}$ 的一闭邻域, 可得对充分大的 ν, 点 (x^ν,u^ν) 落在紧致集合 $(\operatorname{lev}_{\leqslant\alpha}f)\cap(\Re^n\times V)$ 中. 因为序列 $\{x^\nu\}_{\nu\in N}$ 是有界的, 且对任何聚点 $\bar{x}$, 有 $(\bar{x},\bar{u})\in\operatorname{lev}_{\leqslant\alpha}f$. 这一包含关系对任何 $\alpha>p(\bar{u})$ 均成立, 因此有 $f(\bar{x},\bar{u})\leqslant p(\bar{u})$, 这意味着 $\bar{x}\in P(\bar{u})$.

考虑 (c). 有 $p(u)\leqslant f(\bar{x},u)$ 对所有的 u 成立, 且 $p(\bar{u})=f(\bar{x},\bar{u})$. 函数 $f(\bar{x},\cdot)$ 在 $\bar{u}$ 处相对于包含 $\bar{u}$ 的集合 U 的上半连续性可推出 p 在 $\bar{u}$ 的上半连续性. 注意到 p 在 $\bar{u}$ 处是下半连续, 所以此种情况下 p 在 $\bar{u}$ 相对于 U 是连续的. ■

下述命题给出最优值函数 p 上图的几何表示.

命题 1.1 (上图投影)　对函数 $f:\Re^n\times\Re^m\to\overline{\Re}$, 设 $p(u)=\inf_x f(x,u)$, 集合 E 是 $\operatorname{epi} f$ 在投影 $(x,u,\alpha)\mapsto(u,\alpha)$ 下的像. 如果对每一 $u\in\operatorname{dom} p$, 解集合 $P(u)=\operatorname{argmin}_x f(x,u)$ 可取到, 则 $\operatorname{epi} p=E$.

证明　由定理 1.4 和投影的定义得到 (图 1.1.1). ■

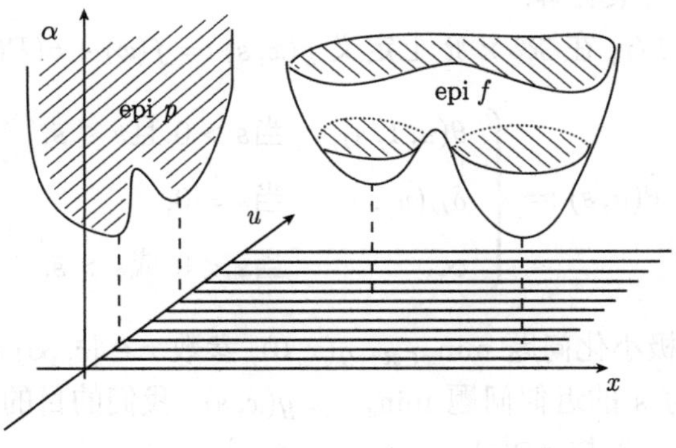

图 1.1.1　参数极小化的上图投影

对任何非空闭集合, 距离函数与投影映射可以放在定理 1.4 的框架下讨论.

例 1.10 (距离函数与投影) 对任何非空闭集合 $C \subset \Re^n$, 从 x 到 C 的距离函数 $d_C(x)$ 连续依赖于 x, 由 C 中距离 x 最近的点构成的投影集合 $P_C(x)$ 是非空紧致的. 对于 $x^\nu \to \bar{x}$, $w^\nu \in P_C(x^\nu)$, 序列 $\{w^\nu\}_{\nu\in\mathbf{N}}$ 是有界的, 它的所有聚点均在 $P(\bar{x})$ 中.

证明 取 $f(w,x) = \|w-x\| + \delta_C(w)$, 可得

$$d_C(x) = \inf_w f(w,x), \quad P_C(x) = \mathrm{argmin}_w f(w,x),$$

应用定理 1.4 即得结论. ■

非常重要的是, 惩罚函数方法的收敛性可以用定理 1.4 得到.

例 1.11 (惩罚函数方法的收敛性) 考虑下述形式的问题

$$\begin{array}{ll} \min\limits_{x\in\Re^n} & f(x) \\ \text{s.t.} & F(x) \in D, \end{array}$$

其中 $f:\Re^n \to \overline{\Re}$ 是正常的下半连续函数, $F:\Re^n \to \Re^m$ 连续, $D \subset \Re^m$ 是一闭集合. 这一问题可通过下述惩罚函数问题来近似,

$$\min_{x\in\Re^n} \; f(x) + \theta(F(x), r),$$

其中参数 $r \in (0,\infty)$, 函数 $\theta: \Re^m \times (0,\infty) \to \overline{\Re}$ 是下半连续的, 满足当 $r \to \infty$ 时, $-\infty < \theta(u,r) \nearrow \delta_D(u)$. 设存在某一 $\bar{r} \in (0,\infty)$ 充分大使得函数 $x \to f(x) + \theta(F(x),\bar{r})$ 的水平集是有界的. 考虑参数序列 $r^\nu \geqslant \bar{r}$ 满足 $r^\nu \to \infty$. 则

(a) 近似问题的最优值收敛到真问题的最优值.

(b) 设 x^ν 是对应于参数 r^ν 的问题的最优解, 则序列 $\{x^\nu\}_{\nu\in\mathbf{N}}$ 有界, 它的任何聚点 $\bar{x}$ 均是真问题的最优解.

证明 置 $\bar{s} = 1/\bar{r}$, 在 $\Re^n \times \Re$ 上定义 $g(x,s) := f(x) + \widetilde{\theta}(F(x),s)$, 其中

$$\widetilde{\theta}(u,s) := \begin{cases} \theta(u,1/s), & \text{当} s > 0 \text{ 且} s \leqslant \bar{s}, \\ \delta_D(u), & \text{当} s = 0, \\ \infty, & \text{当} s < 0 \text{ 或} s > \bar{s}. \end{cases}$$

给定的问题等同于极小化问题 $\min_{x\in\Re^n} g(x,0)$, 参数 $r \in [\bar{r},\infty)$ 的近似问题等同于 $s = 1/r$ 时的参数为 s 的近似问题 $\min_{x\in\Re^n} g(x,s)$. 我们的目的是将定理 1.4 用于 "$p(s) = \inf_{x\in\Re^n} g(x,s)$" 与 "$P(s) = \mathrm{argmin}_{x\in\Re^n} g(x,s)$".

因为 $D \neq \varnothing$, 函数 θ 在 $\Re^m \times \Re$ 上是正常的、下半连续的. 函数 θ 的下半连续性在所有的点 $s \neq 0$ 处是显然的; 在 $s = 0$ 处, 由于 $s \searrow 0$ 时有 $\widetilde{\theta}(u,s) \nearrow \widetilde{\theta}(u,0)$, 故

对任何 $\alpha \in \Re$, 当 s 在 $(0,1]$ 中递减时, 集合 $\mathrm{lev}_{\leqslant\alpha}\widetilde{\theta}(\cdot,s)$ 是 $\Re^m$ 中的递减集合, 水平集合对 $s>0$ 取交即 $\mathrm{lev}_{\leqslant\alpha}\widetilde{\theta}(\cdot,0)$, 它是闭集合, 这就证得 θ 在 $s=0$ 处是下半连续的. 于是 f 下半连续, F 连续与 D 是闭集合这些假设就可保证 g 是下半连续的、正常的.

由 $\bar{s}$ 的选择与 $\widetilde{\theta}(u,s)$ 在 $s\in(0,\bar{s}]$ 中的单调性, 可得 g 为相对于 s 局部一致的变量 x 的水平有界函数, 且 p 在 $[0,\bar{s}]$ 上是单调非增的. 由定理 1.4(a) 可得, 当 $s\searrow 0$ 时, $p(s)\to p(0)$. 定义 $s^\nu:=1/r^\nu$ 可得结论 (a); 由定理 1.4(b), 可得结论 (b). ■

具体到非线性规划问题和非线性半定规划问题, 下面两个例子给出基于二次惩罚函数的惩罚函数问题.

例 1.12 考虑非线性规划问题

$$\begin{array}{ll}\min & f_0(x)\\ \text{s.t.} & f_i(x)\leqslant 0,\quad i\in I_1,\\ & f_j(x)=0,\quad j\in I_2,\\ & x\in X,\end{array}\tag{1.18}$$

其中 $I_1=\{1,\cdots,p\}$, $I_2=\{q+1,\cdots,p+q\}$, $m=p+q$. 定义 $\theta:\Re^m\times R\to\Re$:

$$\theta(u,r)=\frac{r}{2}\Big(\sum_{i\in I_1}[u_i]_+^2+\sum_{i\in I_2}u_i^2\Big),$$

其中 $[u_i]_+=\max\{u_i,0\}$, 则问题 (1.18) 的惩罚函数近似问题为

$$\min_{x\in X} f_0(x)+\frac{r}{2}\Big(\sum_{i\in I_1}[f_i(x)]_+^2+\sum_{i\in I_2}f_i(x)^2\Big).$$

例 1.13 考虑非线性半定规划问题

$$\begin{array}{ll}\min & f_0(x)\\ \text{s.t.} & f_i(x)=0,\quad i=1,\cdots,m,\\ & G(x)\in\mathbb{S}_+^p,\\ & x\in X.\end{array}\tag{1.19}$$

定义 $\theta:\Re^m\times\mathbb{S}^p\times\Re\to\Re$:

$$\theta(u,\Xi,r)=\frac{r}{2}\Big(\sum_{i=1}^m u_i^2+\|\Pi_{\mathbb{S}_-^p}(\Xi)\|^2\Big),$$

则问题 (1.18) 的惩罚函数近似问题为

$$\min_{x\in X} f_0(x)+\frac{r}{2}\Big(\sum_{i=1}^m f_i(x)^2+\|\Pi_{\mathbb{S}_-^p}(G(x))\|^2\Big).$$

1.1.6　惩罚函数方法

这一小节与 1.1.7 小节将详尽地分析例 1.12 所讨论的非线性规划的惩罚函数方法以及障碍函数方法.

考虑如下的非线性规划问题 (NLP)

$$\begin{aligned} \min\ & f(x) \\ \text{s.t.}\ & g_i(x)=0, \quad i=1,\cdots,q, \\ & g_j(x)\leqslant 0, \quad j=q+1,\cdots,p, \end{aligned} \tag{1.20}$$

其中 $f:\Re^n\to\Re$ 是光滑函数, $g_i:\Re^n\to\Re$, $i=1,\cdots,p$ 是光滑函数. 例 1.12 中的惩罚函数具有下述形式

$$f_r(x):=f(x)+\frac{1}{2}r\sum_{i=1}^{q}g_i(x)^2+\frac{1}{2}r\sum_{i=q+1}^{p}[g_i(x)]_+^2,$$

其中 $[\cdot]_+=\max\{0,\cdot\}$. 函数 f_r 具有性质

$$\lim_{r\to\infty}f_r(x)=\begin{cases} f(x), & x\in\Phi, \\ +\infty, & \text{否则}, \end{cases}$$

其中 $\Phi:=\{x\in\Re^n: G(x)\in K\}$ 是可行集, $G(x)=(g_1(x),\cdots,g_p(x))^{\mathrm{T}}$, $K=\{0_q\}\times\Re_-^{p-q}$.

现在讨论惩罚函数方法的收敛性, 为分析方便, 只考虑等式约束的优化问题, 即 $q=p$ 的情况, 此时记 (NLP) 为 P_E. 记 $S^*=\mathrm{SOL}(\mathrm{P}_E)$ 为 P_E 的全局最优解集合, $S_r^*=\mathrm{SOL}(\mathrm{P}_r)$ 为下述无约束问题的全局最优解集合:

$$(\mathrm{P}_r)\qquad \begin{aligned} \min\ & f_r(x) \\ \text{s.t.}\ & x\in\Re^n. \end{aligned} \tag{1.21}$$

定理 1.5　设目标函数 f 具有有界的水平集合:

$$f(x)\to\infty, \quad \|x\|\to\infty,$$

P_E 问题具有可行解. 则对任何正数 r, $S_r^*\neq\varnothing$. 进一步, $\forall\varepsilon>0$, $\exists r(\varepsilon)>0$ 满足

$$S_r^*\subset\mathbb{B}(S^*,\varepsilon), \quad \forall r\geqslant r(\varepsilon), \tag{1.22}$$

其中 $\mathbb{B}(S^*,\varepsilon):=\{x:\exists x^*\in S^*:\|x-x^*\|<\varepsilon\}$.

证明　令 $\alpha_0:=f(x_0)$, 由于 $\mathrm{lev}_{\leqslant\alpha_0}f\cap\Phi$ 是紧致的,

$$\min\{f(x):x\in\Phi\}\Longleftrightarrow\min\{f(x):x\in\mathrm{lev}_{\leqslant\alpha_0}f\cap\Phi\},$$

而由推论 1.1 知后者极小点存在, 因此 $S^* \neq \varnothing$. 同样可以证得 $S_r^* \neq \varnothing$. 很容易得到

$$\mathrm{val}(\mathrm{P}_r) \leqslant \mathrm{val}(\mathrm{P}_E),$$

$$x_r^* \in S_r^* \Longrightarrow f(x_r^*) \leqslant f(S^*),$$

$$S_r^* \subset \mathrm{lev}_{\leqslant \alpha_0} f.$$

用反证法证明 (1.23). 假设存在 $\varepsilon > 0$, $r_i \to \infty$, $x_i^* \in S_{r_i}^*$ 满足 $x_i^* \notin \mathbb{B}(S^*, \varepsilon)$. 由于 $\{x_i^*\} \subset \mathrm{lev}_{\leqslant \alpha_0} f$, $\{x_i^*\}$ 有聚点 $\bar{x}$. 要证明 $\bar{x}$ 是 P_E 的最优解. 记 $G(x) = (g_1(x), \cdots, g_q(x))^{\mathrm{T}}$. 先证明 $\bar{x} \in \Phi$. 假设 $G(\bar{x}) \neq 0$, 则对充分大的 i, 有

$$\|G(x_i^*)\| \geqslant \beta := \frac{1}{2}\|G(\bar{x})\| > 0.$$

于是

$$f_{r_i}(x_i^*) = \frac{1}{2} r_i \|G(x_i^*)\|^2 + f(x_i^*) \geqslant \frac{\beta^2}{2} r_i + f(x_i^*) \to +\infty,$$

这与 $\mathrm{val}(\mathrm{P}_{r_i}) \leqslant \mathrm{val}(\mathrm{P}_E) < \infty$ 矛盾. 从而 $\bar{x} \in \Phi$, 再由 $f(x_i^*) \leqslant f(S^*)$ 可得 $f(\bar{x}) \leqslant f(S^*)$, 有 $\bar{x} \in S^*$. 因此 $\mathrm{d}(x_i^*, S^*) \to 0$, 这与 $x_i^* \notin \mathbb{B}(S^*, \varepsilon)$ 的假设矛盾. ■

定理 1.6 将考虑的是局部极小点的情形, 因而更有价值. 在证明它之前, 需要下述引理.

引理 1.2 设 A 是 $n \times n$ 的对称矩阵, L 是 $\Re^n$ 的一线性子空间, P 是到 L 上的直交投影算子. 设 A 在 L 上是正定的

$$\langle d, Ad \rangle \geqslant \alpha \|d\|^2, \quad \forall d \in L,$$

其中 $\alpha > 0$ 是常数. 则存在 r^* 满足对任何 $r \geqslant r^*$,

$$A + r(I - P)$$

是正定的, 它满足

$$\langle d, (A + r(I - P))d \rangle \geqslant \frac{\alpha}{2}\|d'\|^2 + \frac{r}{2}\|d''\|^2, \quad \forall d \in \Re^n,$$

其中 $d' = Pd, d'' = (I - P)d$ 分别是 d 到 L 及其正交补空间的投影.

进一步, r^* 可以选取只依赖于 α 与矩阵 A 的范数

$$\|A\| = \max_{\{d:\|d\| \leqslant 1\}} \|Ad\|$$

的上界 β.

证明　令 $\beta \geqslant \|A\|, \gamma > 0$, 由于 $|2uv| \leqslant \gamma^{-1}u^2 + \gamma v^2$, 由 Cauchy 不等式, 得到

$$|2\langle d', Ad''\rangle| \leqslant 2\|A\|\|d'\|\|d''\| \leqslant 2\beta\|d'\|\|d''\| \leqslant \frac{\beta}{\gamma}\|d'\|^2 + \beta\gamma\|d''\|^2,$$

有

$$\begin{aligned}\langle d, (A + r(I-P))d\rangle &= \langle d, Ad\rangle + r\|d''\|^2 \\ &= \langle (d'+d''), A(d'+d'')\rangle + r\|d''\|^2 \\ &= \langle d', Ad'\rangle + 2\langle d', Ad''\rangle + \langle d'', Ad''\rangle + r\|d''\|^2 \\ &\geqslant \alpha\|d'\|^2 - \frac{\beta}{\gamma}\|d'\|^2 - \beta\gamma\|d''\|^2 + r\|d''\|^2.\end{aligned}$$

令 $\gamma = 2\beta/\alpha$, 有

$$\langle d, (A + r(I-P))d\rangle \geqslant \frac{\alpha}{2}\|d'\|^2 + \left(r - \frac{2\beta^2}{\alpha}\right)\|d''\|^2;$$

最后定义 $r^* = 4\beta^2/\alpha$, 如果 $r \geqslant r^*$, 从而 $r - 2\beta^2/\alpha \geqslant r/2$, 有对于 $r \geqslant r^*$,

$$\langle d, (A + r(I-P))d\rangle \geqslant \frac{\alpha}{2}\|d'\|^2 + \frac{r}{2}\|d''\|^2, \quad \forall d \in \Re^n.$$ ■

下面证明惩罚函数方法生成的临界点 (即稳定点) 映射到满足二阶充分条件的局部极小点的收敛性.

定理 1.6　*设 x^* 是 P_E 问题的局部极小点, x^* 处线性无关约束规范 (简记为 LICQ) 成立且二阶充分条件成立 (即 $\forall d \in \ker \mathcal{J}G(x^*), d \neq 0, \langle d, \nabla^2_{xx}L(x^*, \lambda^*)d\rangle > 0$). 则存在 x^* 的一个邻域 V 及 $\bar{r} > 0$, 满足对每一 $r \geqslant \bar{r}$, f_r 有唯一的临界点 $x^*(r)$. 这一点是 f_r 的一非退化的 (即该点处 LICQ 成立) 局部极小点且是 f_r 在 V 内的极小点; 当 $r \to \infty$ 时, $x^*(r) \to x^*$.*

证明　由于 x^* 处 LICQ 成立, 根据隐函数存在定理可得: 存在 $V' \in \mathcal{N}(x^*)$, $W' \in \mathcal{N}(0_n)$, 一个一对一的映射 $X: W' \to V'$, 它的逆为 $y = Y(x)$, 满足 $(X(\cdot), Y(\cdot))$ 是二阶可微的 (因为 G 是二阶可微的), $x^* = X(0)$, $g_i(X(y)) = y_i, i = 1, \cdots, p$. 于是在 x^* 附近的 P_E 等价于在原点附近求

$$\mathrm{P}'_E \qquad \min_{y \in \Re^n} \{\phi(y) \equiv f(X(y)) : y_i \equiv g_i(X(y)) = 0, i = 1, \cdots, p\}$$

的局部极小问题. 首先证明 $y^* = 0$ 是 P'_E 的一非退化解. 令 $\mathcal{L}(y, \lambda) = \phi(y) + \sum_{i=1}^{p} \lambda_i y_i$ 是 P'_E 的 Lagrange 函数, $L(x, \lambda) = f(x) + \langle \lambda, G(x)\rangle$ 是 P_E 的 Lagrange 函数. 那么 $\mathcal{L}(y, \lambda) = L(X(y), \lambda)$,

$$\mathcal{J}_y\mathcal{L}(y^*, \lambda^*) = \mathcal{J}_x L(X(y^*), \lambda^*)\mathcal{J}X(y^*) = 0,$$

即 y^* 满足 P'_E 的一阶必要条件. 进一步, 如果令 $\bar{G}(y)=G(X(y))$,

$$\mathcal{J}_y\bar{G}(y)d=\mathcal{J}_xG(X(y))\mathcal{J}X(y)d,$$

可见, $\mathcal{J}_y\bar{G}(y^*)d=0$ 当且仅当 $\mathcal{J}G(X(y^*))\bar{d}=0$, 其中 $\bar{d}=\mathcal{J}X(0)d$. 注意到 $\mathcal{J}X(0)$ 是非奇异的, 有 d 非零当且仅当 $\mathcal{J}X(0)d$ 是非零的, 从而对于 $d\in\ker\mathcal{J}_y\bar{G}(y^*)$, $d\neq 0$,

$$\begin{aligned}\langle d,\nabla^2_{yy}\mathcal{L}(y^*,\lambda^*)d\rangle&=\langle d,[\nabla^2_{yy}]|_{y=y^*}L(X(y),\lambda^*)d\rangle\\&=\langle d,\mathcal{J}X(0)^{\mathrm{T}}\nabla^2_{xx}L(X(y^*),\lambda^*)\mathcal{J}X(0)d\rangle\\&\quad+[\mathcal{J}_xL(x^*,\lambda^*)]\frac{\mathrm{d}^2}{\mathrm{d}t^2}|_{t=0}X(td)\\&=\langle\bar{d},\nabla^2_{xx}\mathcal{L}(x^*,\lambda^*)\bar{d}\rangle>0.\end{aligned}$$

这证得 $y^*=0$ 是 P'_E 的一非退化解.

由于 P'_E 是线性约束的, 此问题的 Lagrange 函数的 Hesse 阵即 $\nabla^2\phi(y)$. 于是 P'_E 的二阶条件可推出 $H:=\nabla^2\phi(y^*)$ 在

$$L:=\{d:d_i=0,i=1,\cdots,p\}$$

上是正定的. 选取以 $y^*=0$ 为中心的半径充分小的含于 W' 的球 W, 充分小的正数 α 与充分大的正数 β 满足

$$\begin{aligned}&\langle d,\nabla^2\phi(y)d\rangle\geqslant\alpha\|d\|^2,\quad\forall y\in W,d\in L,\\&\|\nabla^2\phi(y)\|\leqslant\beta,\quad\forall y\in W.\end{aligned}$$

注意到

$$\begin{aligned}\nabla^2\phi(y)&=\nabla^2_{yy}[\phi(y)+\frac{r}{2}\sum_{i=1}^{p}y_i^2]\\&=\nabla^2\phi(y)+r[I-P],\end{aligned}$$

其中 P 是到 L 的直交投影算子 (矩阵). 根据引理 1.2, 存在 $r^*>0$, 满足对于 $y\in W$, $r\geqslant r^*$, $\nabla^2\phi(y)$ 是正定的, 且满足

$$\langle d,\nabla^2\phi(y)d\rangle\geqslant\frac{\alpha}{2}\|d'\|^2+\frac{r}{2}\|d''\|^2,d'=Pd,d''=(I-P)d.\tag{1.23}$$

因此只要 $r\geqslant r^*$, 函数 ϕ_r 的 Hesse 阵在 W 上是正定的, 因而在 W 上是凸的.

令 $r\geqslant r^*$, 由 (1.23) 可以得到

$$\phi_r(y)\geqslant\phi_r(0)+\langle y,\nabla_y\phi(0)\rangle+\frac{\alpha}{4}\|y'\|^2+\frac{r}{4}\|y''\|^2,y'=Py,y''=(I-P)y.\tag{1.24}$$

首先, ϕ_r 在 $y*=0$ 处的梯度与 r 无关, 它就是 ϕ 在 $y*=0$ 处的梯度; 其次, 由于 y^* 是 P'_E 的非退化解, 这一梯度与 L 直交. 因此, (1.24) 可以表示为

$$\phi_r(y) \geqslant \phi_r(0) + \langle y'', g\rangle + \frac{\alpha}{4}\|y'\|^2 + \frac{r}{4}\|y''\|^2, \tag{1.25}$$

其中 $g = \nabla_y \phi(y^*)$. 由这一关系, 很容易证明:

存在 $\bar{r} \geqslant r^*$ 满足只要 $r \geqslant \bar{r}$, y 在 W 这一球的边界上, 就有 $\phi_r(y) > \phi_r(0)$.①

现在设 $r \geqslant \bar{r}$. 函数 ϕ_r 在 $\mathrm{cl}W$ 上是连续的, 在紧致集合 $\mathrm{cl}W$ 上取得极小点, 由于 ϕ_r 的强凸性, 极小点 $y^*(r)$ 是唯一的. 由于 $(**)$, 这个极小点不可能在 $\mathrm{cl}W$ 的边界上达到. 因为 ϕ_r 是光滑的, $y^*(r) \in \mathrm{int}W$, $y^*(r)$ 是 ϕ_r 的临界点. 函数 ϕ_r 在 W 上没有其他临界点, 由于函数 ϕ_r 是凸的, 它的临界点即在 $\mathrm{cl}W$ 上的极小点, 有这样的极小点是唯一的. 再注意 ϕ_r 具有正的 Hesse 阵, $y^*(r)$ 是 ϕ_r 的非退化极小点.

我们来证明 $y^*(r) \to y^* = 0$, $r \to \infty$. 事实上

$$\phi_r(y^*(r)) \leqslant \phi_r(0),$$

因此, 如果记 $y_L(r) = Py^*(r)$, $y_{L^\perp}(r) = (I-P)y^*(r)$, 用 (1.25), 可得

$$\langle g, y_{L^\perp}(r)\rangle + \frac{\alpha}{4}\|y_L(r)\|^2 + \frac{r}{4}\|y_{L^\perp}(r)\|^2 \leqslant 0.$$

于是, 由 Cauchy 不等式, 得到

$$\|g\|\|y_{L^\perp}(r)\| \geqslant \frac{\alpha}{4}\|y_L(r)\|^2 + \frac{r}{4}\|y_{L^\perp}(r)\|^2.$$

由此不等式可得当 $r \to \infty$ 时, $\|y_{L^\perp}(r)\| \to 0$, 同样地, 也有 $\|y_L(r)\| \to 0$. 因此当 $r \to \infty$ 时, $y^*(r) \to y^* = 0$.

---

① 我们可以证明, 只要 y 在 W 这一球的边界上, r 充分大,

$$\langle y'', g\rangle + \frac{\alpha}{4}\|y'\|^2 + \frac{r}{4}\|y''\|^2 > 0.$$

设 $W = \mathbb{B}(0, r)$, 记 $s = \|y''\|^2$, 有 $\|y'\|^2 = r^2 - s$. 由 Cauchy 不等式, 有 $\langle y'', g\rangle \geqslant -cs^{1/2}$, 其中 $c > 0$ 是一常数. 我们把要考虑的问题变为证明问题: 当 r 充分大时,

$$\min_{0 \leqslant s \leqslant r^2} \theta_r(s)$$

是正的, 其中

$$\theta_r(s) = \left[\frac{\alpha}{4}r^2 + \frac{r-\alpha}{4}s - c\sqrt{s}\right].$$

这是容易说明的, 将 $[0, r^2]$ 分划为 $[0, r^2] = \Delta \cup \Delta'$, 在 Δ 上 $c\sqrt{s} \leqslant \dfrac{\alpha}{8}r^2$, 从而当 $r > \alpha$, $\theta_r(s)$ 是正的, 而在 Δ' 上, s 有正的下界, 因此对于充分大的 r, $\theta_r(s)$ 也是正的.

我们已经证明, P_E 与 P'_E 是局部意义等价的, W 是 y^* 的一邻域, 满足对于充分大的 r, P'_E 的惩罚目标函数 ϕ_r 在此邻域内恰好有一个临界点, 它是 ϕ_r 在此邻域内的非退化极小点, 且 $r \to \infty$ 时, $y^*(r) \to y^* = 0$.

取 $V = X(W)$, 它是 x^* 的一邻域,

$$f_r(x) = \phi_r(Y(x)).$$

由于 Y 是从 V 到 W 的一对一的映上的可微映射, 马上可以得到 x 是 f_r 在 V 内的一临界点 (或极小点) 的充分必要条件是 $Y(x)$ 是 ϕ_r 在 W 内的一临界点 (或极小点). 尤其, 对于 $r \geqslant \bar{r}$, f_r 在 V 中实际上具有唯一的临界点 $x^*(r) = X(y^*(r))$, 它是 f_r 在 V 中的极小点. 当 $r \to \infty$ 时, $y^*(r) \to y^* = 0$, 从而 $x^*(r) \to X(0) = x^*$. 可以验证: 如果 $Y(x)$ 是二次连续可微的映射, 具有可微的逆映射, ψ 满足 $\nabla_y \psi(\bar{y}) = 0$, $\bar{y} = Y(\bar{x})$, 则复合函数 $g(x) := \psi(Y(x))$ 在 $\bar{x}$ 处的 Hesse 阵为

$$\nabla^2 g(\bar{x}) = [Y'(\bar{x})]^{\mathrm{T}} \nabla^2 \psi(\bar{y}) Y'(\bar{x}).$$

因此, $\nabla^2 g(\bar{x})$ 是正定的充分必要条件是 $\nabla^2 \psi(\bar{y})$ 是正定的. 将这一结果用于 $\psi = \phi_r$, $\bar{y} = y^*(r)$, 我们得到 $x^*(r)$ 是 f_r 的一非退化的局部极小点. ■

下面讨论解路径 $x^*(r)$ 的性质. 设 $r \geqslant \bar{r}$, f_r 在 V 中具有唯一的临界点 $x^*(r)$, 它即 f_r 的无约束极小点, 在该邻域 V 中. 我们把 $x^*(r)$ 的性质一一列出, 其证明留给读者.

(1) 令

$$X^+(r) = \{x \in V : \|G(x)\| \leqslant \|G(x^*(r)\|\},$$

则

$$x^*(r) \in \mathrm{argmin}_{x \in X^+(r)} f(x). \tag{1.26}$$

(2) 惩罚目标函数最优值 (在 V 中)$f_r(x^*(r))$ 关于 r 是非减的.

(3) 量 $v(r) := \|G(x^*(r))\|$ 关于 r 是非增的.

(4) 值 $f(x^*(r))$ 关于 r 是非减的. 由

$$f(x^*(r)) = \min_{\{x \in V:\, \|G(x)\| \leqslant v(r)\}} f(x)$$

以及上一款性质容易得到此结论.

(5) 令

$$\lambda_i(r) := r g_i(x^*(r)),$$

则 $\lambda(r) \to \lambda^*, r \to \infty$.

现在分析惩罚目标函数 f_r 在 $x^*(r)$ 的 Hesse 阵. 设惩罚目标函数 f_r 在 $x^*(r)$ 的 Hesse 阵为 H_r, 则

$$H_r = \left[\nabla_{xx}^2 f(x^*(r)) + \sum_{i=1}^{m}[rg_i(x^*(r))]\nabla_{xx}^2 g_i(x^*(r))\right] + r\mathcal{J}_x G(x^*(r))\mathcal{J}_x G(x^*(r))^{\mathrm{T}}. \tag{1.27}$$

令 $L_r := \nabla_{xx}^2 f(x^*(r)) + \sum_{i=1}^{m}[rg_i(x^*(r))]\nabla_{xx}^2 g_i(x^*(r))$, $M_r := \mathcal{J}_x G(x^*(r))\mathcal{J}_x G(x^*(r))^{\mathrm{T}}$, 则

$$L_r \to \nabla_{xx}^2 L(x^*, \lambda^*),\ M_r \to \mathcal{J}G(x^*)\mathcal{J}G(x^*)^{\mathrm{T}}.$$

矩阵 $\mathcal{J}G(x^*)\mathcal{J}G(x^*)^{\mathrm{T}}$ 有 $n-m$ 个零特征值, 它们对应的特征向量张成 $\ker\mathcal{J}G(x^*)$, 有 m 个正的特征值; 在 $\ker\mathcal{J}G(x^*)$ 上, $\nabla_{xx}^2 L(x^*, \lambda^*)$ 有 $n-m$ 个正的特征值. 可见, H_r 的特征值分成两部分, 其中 $n-m$ 个随着 r 的增大接近常值, 另外 m 个随着 r 的增大渐近地与 r 成正比, 因此 H_r 的条件数随着 r 的增大渐近地与 r 成正比, 可见它是病态矩阵.

1.1.7 经典障碍函数方法

对于只含有不等式约束的优化问题, 即 $q=0$ 的情况, 障碍函数具有下述形式

$$F_r(x) := f(x) + \frac{1}{r}F(x),$$

$r>0$ 是一惩罚参数, F 满足下述性质:

(a) F 在 $\mathrm{int}\Phi$ 上是连续可微的;

(b) 若 $\mathrm{int}\Phi \ni x_i \to x \in \mathrm{bdry}\Phi$, 则 $F(x_i) \to +\infty$.

两个经典的例子是

$$F(x) = -\sum_{j=1}^{p}\frac{1}{g_j(x)} \quad (\text{Carrol障碍函数}),$$

$$F(x) = -\sum_{j=1}^{p}\ln[-g_j(x)] \quad (\text{对数障碍函数}).$$

引理 1.3 如果 $f, g_1, \cdots, g_p$ 是连续函数, 则水平集合

$$\{x \in \mathrm{int}\Phi : F_r(x) \leqslant \alpha\}$$

是闭集合, 因而如果 Φ 是有界的, 则它是紧致的.

由上述引理可知

$$\min\{F_r(x) : x \in \mathrm{int}\Phi\}$$

的最优解在 $\mathrm{int}\Phi$ 内达到, 其本质是一无约束最优化问题.

下面考虑不等式约束的问题 (即 $q=0$ 的情况, 记问题为 P_I) 基于求解修正问题

$$(\mathrm{P}_r) \qquad \min_x F_r(x) \tag{1.28}$$

的经典障碍函数方法, 其中 F 是问题 P_I 的可行域的内点惩罚函数. 这一方法也有类似上节所述的惩罚函数方法的收敛性, 即问题 (1.28) 的解收敛到不等式约束的问题 P_I 的解集.

定理 1.7 设 F 是问题 P_I 的可行域 Φ 的一内点惩罚函数, 设可行域是有界的, 且 $\Phi=\mathrm{cl}(\mathrm{int}\Phi)$. 则 F_r 在 $\mathrm{int}\Phi$ 上的极小点集合 $X^*(r)$ 当 $r\to\infty$ 时收敛到 P_I 的极小点集合 X^*: 对每一 $\epsilon>0$, 存在 $\bar{r}$ 满足, 对于 $r\geqslant\bar{r}$,

$$X^*(r)\subset X^*_\epsilon=\Big\{x\in\Phi:\exists x^*\in X^*,\ \text{s.t.}\ \|x-x^*\|<\epsilon\Big\}. \tag{1.29}$$

证明 用反证法, 假设存在序列 $\{x_i\in X^*(r_i)\}$, 其中 $r\to\infty$, 收敛到某点 $x\in\Phi\setminus X^*$. 则存在某一正数 $\delta>0$ 满足 $f(x)>\min_{x\in\Phi}f(x)+\delta$. 设 x^* 是 f 在 Φ 上的全局极小点, 存在 $x'\in\mathrm{int}\Phi$ 满足

$$f(x')\leqslant f(x^*)+\frac{\delta}{2}.$$

我们得到

$$F_{r_i}(x_i)=\min_{x\in\mathrm{int}\Phi}F_{r_i}(x)\leqslant F_{r_i}(x'), \tag{1.30}$$

从而

$$f(x_i)+\frac{1}{r_i}F(x_i)\leqslant f(x')+\frac{1}{r_i}F(x').$$

由于 F 是有界集合 Φ 上的障碍函数, F 在 $\mathrm{int}\Phi$ 是下方有界的. 则存在 $a>-\infty$, $F(x)\geqslant a$ 对任何 $x\in\mathrm{int}\Phi$ 成立, 因此由 (1.30) 可得

$$f(x_i)\leqslant f(x')+\frac{1}{r_i}F(x')-\frac{1}{r_i}a.$$

令 $i\to\infty$, 上式右端收敛到 $f(x')(\leqslant f(x^*)+\delta/2)$, 上式的左端收敛到 $f(x)(\geqslant f(x^*)+\delta)$, 这得到矛盾. ■

1.1.8 线性规划的中心路径

中心路径在线性规划内点方法中起着重要作用, 这一节给出障碍函数方法在中心路径存在性中的应用. 从中可以看出线性规划内点方法中对数障碍函数所起的作用. 本节的内容取自文献 [67].

标准形式的线性规划问题为

$$\begin{aligned} \min \quad & c^{\mathrm{T}} x \\ \text{s.t.} \quad & Ax = b, \quad x \geqslant 0. \end{aligned} \tag{1.31}$$

通过引入辅助变量 s, 它的对偶问题可以表示为

$$\begin{aligned} \max \quad & b^{\mathrm{T}} y \\ \text{s.t.} \quad & A^{\mathrm{T}} y + s = c, \quad s \geqslant 0. \end{aligned} \tag{1.32}$$

原始问题 (1.31) 的可行域与对偶问题 (1.32) 的可行域可表示为

$$\mathcal{F}_p = \{x \in \Re^n_+ : Ax = b\}, \quad \mathcal{F}_d = \{(y, s) \in \Re^m \times \Re^n_+ : A^{\mathrm{T}} y + s = c\};$$

原始变量 x 与对偶变量 (y, s) 联合起来, 变量 (x, y, s) 的可行域为

$$\mathcal{F} = \mathcal{F}_p \times \mathcal{F}_d = \{(x, y, s) \in \Re^n_+ \times \Re^m \times \Re^n_+ : Ax = b, A^{\mathrm{T}} y + s = c\}.$$

两个问题 (1.31) 与 (1.32) 的最优解集为 (这里 “$\circ$” 表示 Hadamard 乘积)

$$\mathcal{S} = \left\{ (x, y, s) \in \Re^n_+ \times \Re^m \times \Re^n_+ \;\middle|\; \begin{array}{c} x \circ s = 0_n \\ Ax = b \\ -A^{\mathrm{T}} y - s = -c \end{array} \right\}.$$

下面的严格互补定理在内点方法的研究中起重要作用, 这里不给出证明.

定理 1.8(严格互补定理)　*设 $\mathcal{F}_p \neq \varnothing, \mathcal{F}_d \neq \varnothing$, 则存在 $x^* \in \mathcal{F}_p$ 与 $(y^*, s^*) \in \mathcal{F}_d$, 满足 $X^* s^* = 0$, $x^* + s^* > 0$, 且 $P^* = \{j : x_j^* > 0\}, Z^* = \{j : s_j^* > 0\}$ 对所有严格互补解是相同的, 其中*

$$X^* = \mathrm{Diag}(x^*).$$

称

$$\{x \in \Re^n : A_{.P^*} x_{P^*} = b, \ x_{P^*} \geqslant 0, x_{Z^*} = 0\}$$

为原始最优面; 称

$$\{y \in \Re^m : s_{Z^*} - A^{\mathrm{T}}_{.Z^*} y \geqslant 0, c_{P^*} - A^{\mathrm{T}}_{.P^*} y = 0\}$$

为对偶最优面.

考虑多面体集合

$$\Omega = \{y \in \Re^m : A^{\mathrm{T}} y \leqslant c\}.$$

集合 Ω 的对偶势函数定义为

$$B(y, \Omega) = \log d(y, \Omega) = \sum_{j=1}^{n} \log(c_j - a_{.j}^{\mathrm{T}} y) = \sum_{j=1}^{n} \log s_j.$$

多面体 Ω 的解析中心定义为

$$y^a = \arg\max B(y, \Omega).$$

置 $s^a = c - A^{\mathrm{T}} y^a > 0$, 令 $x^a = (S^a)^{-1} e$, 其中 $e = (1, 1, \cdots, 1)^{\mathrm{T}} \in \Re^n$, $S^a = \mathrm{Diag}(s^a)$, 则 (s^a, y^a, x^a) 满足

$$\begin{aligned} Xs &= e, \\ Ax &= 0, \\ -A^{\mathrm{T}} y - s &= -c. \end{aligned} \tag{1.33}$$

方程 (1.33) 被称为 Ω 的解析中心方程.

设 $\mu > 0$ 是参数, $x(\mu)$ 是下述 (1.31) 的对数障碍问题

$$\begin{aligned} \min \quad & c^{\mathrm{T}} x - \mu \sum_{j=1}^{n} \log x_j \\ \text{s.t.} \quad & Ax = b, \quad x \geqslant 0 \end{aligned} \tag{1.34}$$

的解. 可以通过 $x(\mu)$ 定义问题 (1.31) 的中心路径. 由于问题 (1.34) 的解在 $\Re^n_{++}$ 上取得, 它本质上是一严格的凸优化问题, 解 $x(\mu)$ 是唯一的. 问题 (1.34) 的 KKT 条件为

$$\begin{aligned} & c - \mu X(\mu)^{-1} e - A^{\mathrm{T}} y(\mu) = 0, \\ & Ax(\mu) = b, \quad x(\mu) > 0, \end{aligned} \tag{1.35}$$

其中 $y(\mu)$ 是对应等式约束 $Ax - b = 0$ 的 Lagrange 乘子. 令 $s(\mu) = \mu X(\mu)^{-1} e$, 则 (1.35) 可以等价地表示为

$$\begin{aligned} & s(\mu) \circ x(\mu) = \mu e, \\ & -A^{\mathrm{T}} y(\mu) - s(\mu) = -c, \\ & Ax(\mu) = b, \quad x(\mu) > 0. \end{aligned} \tag{1.36}$$

满足条件 (1.36) 的 $(x(\mu), y(\mu), s(\mu))$, $\mu > 0$ 定义了线性规划问题 (1.31) 的中心路径:

$$\mathcal{C} = \{(x, y, s) \in \mathcal{F} : Xs = \mu e, \mu > 0\}. \tag{1.37}$$

定理 1.9 设 (LP) 与 (LD) 可行域内部非空, 则对任意 $\mu > 0$, 中心路径点 $(x(\mu), y(\mu), s(\mu))$ 存在且唯一.

定理 1.10 设 $(x(\mu), y(\mu), s(\mu))$ 在中心路径上,

(a) 对 $\mu^0 \in (0, \infty), \forall \mu \in (0, \mu^0]$, 中心路径点 $(x(\mu), s(\mu))$ 有界;

(b) 对 $0<\mu'<\mu$,

$$c^{\mathrm{T}}x(\mu')<c^{\mathrm{T}}x(\mu),\quad b^{\mathrm{T}}y(\mu')>b^{\mathrm{T}}y(\mu);$$

(c) $(x(\mu),s(\mu))$ 当 $\mu\downarrow 0$ 时收敛到 (LP) 与 (LD) 的最优解对, 设极限点用 $x(0)$ 和 $s(0)$ 来标记, 则 $x(0)_{P^*}$ 与 $s(0)_{Z^*}$ 分别是原始最优面和对偶最优面的解析中心, 其中 P^*,Z^* 是指标 $\{1,2,\cdots,n\}$ 的严格互补分划.

证明 由于 $x(\mu^0)-x(\mu)\in\ker A$, $s(\mu^0)-s(\mu)\in\mathrm{rge}\ A^{\mathrm{T}}$, 有

$$(x(\mu^0)-x(\mu))^{\mathrm{T}}(s(\mu^0)-s(\mu))=0.$$

由上式可得

$$\sum_{j=1}^{n}(s_j(\mu^0)x_j(\mu)+x_j(\mu^0)s_j(\mu))=n(\mu^0+\mu)\leqslant 2n\mu^0,$$

或

$$\sum_{j=1}^{n}\left(\frac{x_j(\mu)}{x_j(\mu^0)}+\frac{s_j(\mu)}{s_j(\mu^0)}\right)\leqslant 2n.$$

可见 $x(\mu)$ 与 $s(\mu)$ 均是有界的, 证得 (a).

因为如果 $(x(\mu),y(\mu),s(\mu))$ 在中心路径上, $\mu>0$, 则 $x(\mu)$ 是下述问题的解

$$\begin{aligned}\min\quad & c^{\mathrm{T}}x-\mu\sum_{j=1}^{n}\log x_j\\ \text{s.t.}\quad & Ax=b,\quad x\geqslant 0.\end{aligned}$$

由于上述问题是 (LP) 问题的对数障碍函数的惩罚问题, 由惩罚函数方法的性质可证得 (b).

由于 $x(\mu)$ 与 $s(\mu)$ 均是有界的, 它们至少有聚点 (记为)$x(0)$ 与 $s(0)$. 设 x^* 与 s^* 分别为原始及对偶最优面的最优解满足 $x^*_{P^*}(x^*_{Z^*}=0)$ 与 $s^*_{Z^*}(s^*_{P^*}=0)$ 分别是原始最优面

$$\{x_{P^*}:A_{.P^*}x_{P^*}=b,x_{P^*}\geqslant 0\}$$

与对偶最优面

$$\{s_{Z^*}:c_{Z^*}-A^{\mathrm{T}}_{.Z^*}y\geqslant 0,\ c_{P^*}-A^{\mathrm{T}}_{.P^*}y=0\}$$

的解析中心. 同样可得

$$\sum_{j=1}^{n}(s^*_jx_j(\mu)+x^*_js_j(\mu))=n\mu,$$

或

$$\sum_{j\in P^*}\frac{x_j^*}{x_j(\mu)}+\sum_{j\in Z^*}\frac{s_j^*}{s_j(\mu)}=n.$$

于是

$$x_j(\mu)\geqslant\frac{x_j^*}{n}>0,\quad j\in P^*,\quad s_j(\mu)\geqslant\frac{s_j^*}{n}>0,\quad j\in Z^*.$$

由此推出

$$x_j(\mu)\to 0,\quad j\in Z^*;\quad s_j(\mu)\to 0,\quad j\in P^*.$$

进一步,

$$\left(\prod_{j\in P^*}\frac{x_j^*}{x_j(\mu)}\right)\left(\prod_{j\in Z^*}\frac{s_j^*}{s_j(\mu)}\right)\leqslant 1,$$

或

$$\left(\prod_{j\in P^*}x_j^*\right)\left(\prod_{j\in Z^*}s_j^*\right)\leqslant\left(\prod_{j\in P^*}x_j(\mu)\right)\left(\prod_{j\in Z^*}s_j(\mu)\right).$$

注意

$$\left(\prod_{i\in P^*}x_i^*\right)\left(\prod_{i\in Z^*}s_i^*\right)=\max_{x_{P^*}\in\mathcal{S}_{P^*}}\left(\prod_{i\in P^*}x_i\right)\max_{s_{Z^*}\in\mathcal{S}_{Z^*}}\left(\prod_{i\in Z^*}s_i\right),$$

其中 $\mathcal{S}_{P^*}$ 与 $\mathcal{S}_{Z^*}$ 分别记原始最优面和对偶最优面. 因此必有

$$\left(\prod_{j\in P^*}x_j^*\right)\left(\prod_{j\in Z^*}s_j^*\right)=\left(\prod_{j\in P^*}x_j(0)\right)\left(\prod_{j\in Z^*}s_j(0)\right).$$

因为 $x_{P^*}^*$ 与 $s_{Z^*}^*$ 分别是 $\mathcal{S}_{P^*}$ 与 $\mathcal{S}_{Z^*}$ 的对偶势函数的最大值点, 它们是唯一的, 所以

$$x(0)_{P^*}=x_{P^*}^*,\quad s(0)_{Z^*}=s_{Z^*}^*.$$

再次由 $x_{P^*}^*$ 与 $s_{Z^*}^*$ 唯一性, 可得 $x(\mu)$ 与 $s(\mu)$ 的聚点是唯一的. ■

1.1.9 其他结果

对函数 $f_1:\Re^n\to\overline{\Re}$ 与 $f_2:\Re^n\to\overline{\Re}$, 上图和函数 (epi-sum), 记为 $f_1\#f_2:\Re^n\to\overline{\Re}$, 定义为

$$(f_1\#f_2)(x)=\inf_{x_1+x_2=x}\{f_1(x_1)+f_2(x_2)\}.\tag{1.38}$$

(约定 $\infty-\infty=\infty$.) 可以用上图和表示距离函数与 Moreau 包络 (见第 9 章):

$$d_C=\delta_C\#\|\cdot\|,\quad e_\lambda f=f\#\frac{1}{2\lambda}\|\cdot\|^2.\tag{1.39}$$

上图数乘 (epi-multiplication), 记为 $\lambda\star f$, $\lambda\geqslant 0$, 定义为

$$(\lambda\star f)(x):=\lambda f(\lambda^{-1}x),\quad \text{如果}\lambda>0,$$
$$(0\star f)(x):=\begin{cases}0, & \text{如果}\, x=0, f\neq\infty,\\ \infty, & \text{否则}.\end{cases}\tag{1.40}$$

练习 1.2 (上图的和与数乘)

(a) 对于定义在 $\Re^n$ 上的函数 f_1 与 f_2, 只要定义 $(f_1\# f_2)(x)$ 中的下确界在取有限值的时候是可达到的, 则上图和函数 $f_1\# f_2$ 满足

$$\operatorname{epi}(f_1\# f_2)=\operatorname{epi}f_1+\operatorname{epi}f_2.$$

(b) 对函数 f 与正数 $\lambda>0$, 上图数乘 $\lambda\star f$ 满足

$$\operatorname{epi}(\lambda\star f)=\lambda(\operatorname{epi}f).$$

例 1.14 函数

$$\operatorname{vecmax}(x):=\max\{x_1,\cdots,x_n\},\quad \operatorname{logexp}(x)=\log(\mathrm{e}^{x_1}+\cdots+\mathrm{e}^{x_n})$$

是凸函数, 满足关系

$$\varepsilon\star\operatorname{logexp}-\varepsilon\log n\leqslant\operatorname{vecmax}\leqslant\varepsilon\star\operatorname{logexp},\quad \forall\varepsilon>0.\tag{1.41}$$

证明 令 $\mu=\operatorname{vecmax}(x)$, 有 $\mathrm{e}^{\mu/\varepsilon}\leqslant\sum_{j=1}^{n}\mathrm{e}^{x_j/\varepsilon}\leqslant n\mathrm{e}^{\mu/\varepsilon}$. 两端同时取对数并同时乘 ε 就得到了 (1.41) 式. 由 (1.41) 中的不等式关系, 当 $\varepsilon\searrow 0$ 时, 函数 $\varepsilon\star\operatorname{logexp}$ 一致收敛于函数 vecmax. ■

例 1.15 接着例 1.14, 对于一组定义在 $\Re^n$ 上光滑函数 $f_1,\cdots,f_m$, 以它们为分量构成映射 $F:\Re^n\to\Re^m$, 非光滑函数

$$f_{\max}(x)=\operatorname{vecmax}(F(x))=\max\{f_1(x),\cdots,f_m(x)\}$$

可以被下述光滑函数任意精度地一致逼近

$$f(x,\varepsilon)=(\varepsilon\star\operatorname{logexp})(F(x))=\varepsilon\log(\mathrm{e}^{f_1(x)/\varepsilon}+\cdots+\mathrm{e}^{f_m(x)/\varepsilon}).$$

记 $\lambda(x,\varepsilon)=(\lambda_1(x,\varepsilon),\cdots,\lambda_m(x,\varepsilon))^{\mathrm{T}}$ 与

$$\Lambda=\begin{bmatrix}\lambda_1(x,\varepsilon) & & \\ & \ddots & \\ & & \lambda_m(x,\varepsilon)\end{bmatrix},\quad \text{其中}\,\lambda_i(x,\varepsilon)=\frac{\mathrm{e}^{\varepsilon^{-1}f_i(x)}}{\sum_{j=1}^{m}\mathrm{e}^{\varepsilon^{-1}f_j(x)}},\quad i=1,\cdots,m.$$

有如下观察:

a) 对于 $\varepsilon > 0$, 计算可得

$$\frac{\partial f(x,\varepsilon)}{\partial \varepsilon} = [f(x,\varepsilon) - F(x)^{\mathrm{T}}\lambda(x,\varepsilon)]/\varepsilon.$$

注意 $f_{\max}(x) = \max\{F(x)^{\mathrm{T}}\lambda : \mathbf{1}_m^{\mathrm{T}}\lambda = 1,\ \lambda \geqslant 0\}$, 可得 $f_{\max}(x) \geqslant F(x)^{\mathrm{T}}\lambda(x,\varepsilon)$, 从而

$$f(x,\varepsilon) - F(x)^{\mathrm{T}}\lambda(x,\varepsilon) = \varepsilon \log \left[\sum_{j=1}^{m} \mathrm{e}^{f_i(x) - F(x)^{\mathrm{T}}\lambda(x,\varepsilon)}\right] \geqslant \log \mathrm{e}^{f_{\max}(x) - F(x)^{\mathrm{T}}\lambda(x,\varepsilon)} \geqslant 0.$$

可见 $f(x,\varepsilon)$ 关于 $\varepsilon \in \Re_{++}$ 是单调递增的.

对于 $\varepsilon > 0$, $f(x,\varepsilon)$ 关于 ε 是二次连续可微的, 计算可得

$$\frac{\partial^2 f(x,\varepsilon)}{\partial \varepsilon^2} = \frac{1}{\varepsilon^3} F(x)^{\mathrm{T}}[\Lambda - \Lambda \mathbf{1}_m \mathbf{1}_m^{\mathrm{T}} \Lambda] F(x).$$

注意 $\Lambda - \Lambda \mathbf{1}_m \mathbf{1}_m^{\mathrm{T}} \Lambda$ 满足

$$[\Lambda - \Lambda \mathbf{1}_m \mathbf{1}_m^{\mathrm{T}} \Lambda] = \left([\Lambda - \Lambda \mathbf{1}_m \mathbf{1}_m^{\mathrm{T}} \Lambda]\Lambda^{-1/2}\right)\left([\Lambda - \Lambda \mathbf{1}_m \mathbf{1}_m^{\mathrm{T}} \Lambda]\Lambda^{-1/2}\right)^{\mathrm{T}},$$

因而它是半正定的, 从而有 $\dfrac{\partial^2 f(x,\varepsilon)}{\partial \varepsilon^2} \geqslant 0$, 可见 $f(x,\varepsilon)$ 关于 $\varepsilon \in \Re_{++}$ 是凸函数.

b) 可以验证, 如果 $f_1, \cdots, f_m$ 是凸函数, 则 $f(x,\varepsilon)$ 在 $\Re^n \times \Re_{++}$ 上是关于 (x,ε) 的凸函数.

c) 设 $f_1, \cdots, f_m$ 是二次连续可微函数, 计算得

$$\nabla_x f(x,\varepsilon) = \mathcal{J}F(x)^{\mathrm{T}}\lambda(x,\varepsilon)$$

与

$$\nabla_{xx}^2 f(x,\varepsilon) = \sum_{j=1}^{m} \lambda_j(x,\varepsilon)\nabla^2 f_j(x) + \frac{1}{\varepsilon}\mathcal{J}F(x)^{\mathrm{T}}[\Lambda - \Lambda \mathbf{1}_m \mathbf{1}_m^{\mathrm{T}} \Lambda]\mathcal{J}F(x).$$

用 $\Re^{n\times n}$ 记 $n \times n$ 矩阵构成的度量空间, 内积定义为

$$\langle A, B\rangle := \sum_{i,j=1}^{n,n} a_{ij} b_{ji} = \mathrm{Tr}(A^{\mathrm{T}}B). \tag{1.42}$$

记 $\mathbb{S}^n$ 为 $\Re^{n\times n}$ 中对称矩阵构成的子空间, 它的维数为 $n(n+1)/2$.

练习 1.3 (特征值函数) 对矩阵 $A \in \mathbb{S}^n$, 记 $\mathrm{eig}A = (\lambda_1, \cdots, \lambda_n)$ 为以 A 的特征值为分量的向量, 特征值按降序排列, 并且记重数. 则对 $k = 1, \cdots, n$, 函数

$$\Lambda_k(A) := \mathrm{eig}A \text{ 的前} k \text{ 个元素之和}$$

在 $\mathbb{S}^n$ 上是凸的.

证明 可证 $\Lambda_k(A)=\max_{P\in\mathcal{P}_k}\mathrm{Tr}(PAP)$, 其中 $\mathcal{P}_k$ 是满足 $P^2=P$ 的秩为 k 的矩阵 $P\in\Re^{n\times n}$ 的全体 (这些矩阵是到 $\Re^n$ 的 k 维线性子空间的直交投影阵). 注意到 $\mathrm{Tr}(PAP)=\langle A,P\rangle$, 可得结论.

由于 $\lambda_{\max}(A)=\Lambda_1(A)$, 对 $k=2,\cdots,n$ 有 $\lambda_k(A)=\Lambda_k(A)-\Lambda_{k-1}(A)$, 所以 $\lambda_{\max}$ 是凸函数, $\lambda_2,\cdots,\lambda_n$ 是 DC 函数 (即两个凸函数之差). ■

练习 1.4 在 $\mathbb{S}^n$ 上定义函数

$$j(A):=\begin{cases}\log(\det A), & \text{如果}A\text{是正定矩阵},\\ -\infty, & \text{如果}A\text{不是正定矩阵},\end{cases}$$

则 j 是凹的上半连续函数, 且在有限值点处是可微的, 梯度为 $\nabla j(A)=A^{-1}$.

证明 首先可以验证, 对任何对称正定矩阵 C, 有 $\mathrm{Tr}(C)-\log(\det C)\geqslant n$, 除非 $C=I$ 都是严格不等式; 其次对任意对称正定矩阵 A 与 B, 通过取 $C=B^{1/2}AB^{1/2}$ 可建立

$$\log(\det A)+\log(\det B)\leqslant\langle A,B\rangle-n,$$

上式成等式当且仅当 $B=A^{-1}$. 实际上, 可以证明

$$j(A)=\inf_{B\in\mathcal{S}^n}\left\{\langle A,B\rangle-j(B)-n\right\}\text{ 对所有}A\in\mathbb{S}^n\text{ 成立},$$

其下确界可以取到当且仅当 A 是正定的且 $B=A^{-1}$. 由 j 在这样的 A 处的可微性, 与不等式 $j(A')\leqslant\langle A',A^{-1}\rangle-j(A^{-1})-n$ 对所有的 A' 成立, 可推导出 $\nabla j(A)=A^{-1}$. ■

在 $\Re^n$ 空间上极小化 f, 问题的 ε-最优解集合定义为

$$\varepsilon\text{-argmin}_x f(x):=\{x:f(x)\leqslant\inf f+\varepsilon\}. \tag{1.43}$$

下述命题即著名的 Ekeland 变分原理, 它表明: ε-最优解可以被它附近的小扰动问题的解近似.

命题 1.2 (Ekeland 变分原理) 设 $f:\Re^n\to\overline{\Re}$ 是下半连续的, $\inf f$ 有限, 令 $\bar{x}\in\varepsilon-\mathrm{argmin}f$, 其中 $\varepsilon>0$. 则对任意 $\delta>0$, 存在

$$\widetilde{x}\in\mathbf{B}(\bar{x},\varepsilon/\delta)\text{满足}f(\widetilde{x})\leqslant f(\bar{x}),\quad \mathrm{argmin}_x\{f(x)+\delta\|x-\widetilde{x}\|\}=\{\widetilde{x}\}.$$

证明 令 $\bar{\alpha}=\inf f$ 与 $\bar{f}(x)=f(x)+\delta\|x-\bar{x}\|$. 函数 $\bar{f}$ 是下半连续的、正常的、水平有界的

$$\mathrm{lev}_{\leqslant\alpha}\bar{f}\subset\{x:\bar{\alpha}+\delta\|x-\bar{x}\|\leqslant\alpha\}=\mathbf{B}(\bar{x},(\alpha-\bar{\alpha})/\delta).$$

集合 $C := \operatorname{argmin}\bar{f}$ 是非空的紧致的 (由定理 1.2). 则函数 $\widetilde{f} := f + \delta_C$ 是正常的, 下半连续的, 水平有界的, 集合 $\operatorname{argmin}\widetilde{f}$ 非空 (由定理 1.2). 令 $\widetilde{x} \in \operatorname{argmin}\widetilde{f}$; 这意味着 $\widetilde{x}$ 是 f 在 $\operatorname{argmin}\bar{f}$ 上的极小点. 对任意的 $x \in \operatorname{argmin}\bar{f}$, 有 $f(\widetilde{x}) \leqslant f(x)$, 而对于所有的 $x \notin \operatorname{argmin}\bar{f}$, 有 $\bar{f}(\widetilde{x}) < \bar{f}(x)$, 它可以写为 $f(\widetilde{x}) < f(x) + \delta\|x - \bar{x}\| - \delta\|\widetilde{x} - \bar{x}\|$, 其中 $\|x - \bar{x}\| - \|\widetilde{x} - \bar{x}\| \leqslant \|x - \widetilde{x}\|$. 于是有, 对任何 $x \neq \widetilde{x}$, $f(\widetilde{x}) \leqslant f(x) + \delta\|x - \widetilde{x}\|$, 因此集合 $\operatorname{argmin}_x\{f(x) + \delta\|x - \widetilde{x}\|\}$ 只包含单个点 $\widetilde{x}$. 进一步, $f(\widetilde{x}) \leqslant f(\bar{x}) - \delta\|\widetilde{x} - \bar{x}\|$, $f(\bar{x}) \leqslant \bar{\alpha} + \varepsilon$, 因此有 $\widetilde{x} \in \operatorname{lev}_{\leqslant\alpha} f$, 其中 $\alpha = \bar{\alpha} + \varepsilon$. 所以 $\widetilde{x} \in \mathbf{B}(\bar{x}, \varepsilon/\delta)$. ■

1.2 锥与宇宙包

1.2.1 方向点

增广实数轴 $\overline{\Re}$ 比实数轴 $\Re$ 优越之处在于它具有紧致性, 即它的每一序列都有收敛子序列. 这一性质通过连接 $\Re$ 与 ∞ 和 $-\infty$ 获得, 使得无界点列也具有极限点.

空间 $\Re^n$ 中的每一向量 $x \neq 0$ 都具有长度和方向两个要素, x 的长度是 $\|x\|$. 而方向作为一个数学要素没有被很好地研究和应用, 本节给出一个合适的方式, 把方向视为“无穷大处的点”, 把它们添加到通常的空间上. 为此在 $\Re^n$ 中引入一等价关系 $\sim$, 对于 $x \in \Re^n$ 与 $y \in \Re^n$,

$$x \sim y \text{当且仅当存在} \lambda > 0 \text{满足} y = \lambda x.$$

与向量 $x \in \Re^n$ 等价的等价类记为 $\operatorname{dir} x$, 称为向量 x 的方向. 方向 $\operatorname{dir} x$, 作为与 x 相联系的一个属性, 遵从原则: $\operatorname{dir} x = \operatorname{dir} x'$ 意味着存在 $\lambda > 0$ 使得 $x' = \lambda x \neq 0$. 约定零向量没有方向, $\operatorname{dir} 0$ 没有定义; 由于 $\Re^n$ 中的向量与 $\Re^n$ 中的射线间存在一一对应的关系, 每一方向可以唯一地表示为一射线, 尽管如此还是把方向视为抽象点更好, 把它们记为在 $\Re^n$ 之外的方向点, 构成的集合被称为 $\Re^n$ 的地平 (horizon), 记为 $\operatorname{hzn}\Re^n$, 显然 $\operatorname{hzn}\Re^n = \{\operatorname{dir} x : x \in \Re^n\}$.①

对 $n = 1$, 有两个方向点, 记为 ∞ 与 $-\infty$, 一维宇宙空间 $\overline{\Re}$ 通过把这两个方向点添加到 $\Re$ 得到; 添加 $\operatorname{hzn}\Re^n$ 中的所有方向点到 $\Re^n$, 得到 $\Re^n$ 的宇宙包 (cosmic closure), 或 n 维宇宙空间:

$$\operatorname{csm}\Re^n := \Re^n \cup \operatorname{hzn}\Re^n.$$

有三个几何模型可解释地平集合, 它们是天体模型 (celestial model)、射线模型 (ray space model) 与半球模型 (hemisphere model).

① 约定 $\operatorname{dir} 0$ 表示方向是空集合.

(1) 天体模型

映射 $x \to x/(1+\|x\|)$ 把 $\Re^n$ 映到 n 维空间的单位球 $\mathbf{B}$ 的内部, 在此映射下 $\mathrm{hzn}\Re^n$ 对应球的外表面.

(2) 射线模型

将 $\mathrm{csm}\Re^n$ 在 $\Re^n \times \Re$ 中如图 1.2.1 那样表示. 每一 $x \in \Re^n$ 唯一地对应一 $\Re^n \times \Re$ 中方向朝下的射线, 即从原点出发经过 $(x,-1)$ 的射线. $\mathrm{hzn}\Re^n$ 中的点, 唯一对应 $\Re^n \times \Re$ 中的 "水平" 射线, 这些射线在超平面 $(\Re^n, 0)$ 上; 地平锥 C^∞ 的定义可参看定义 1.4.

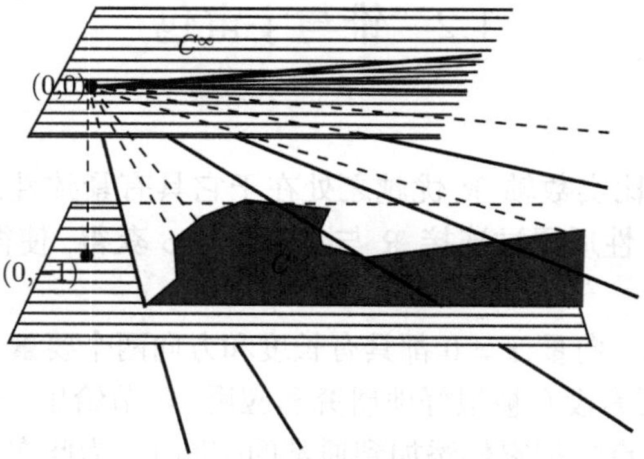

图 1.2.1　n 维宇宙空间的射线模型

与其他两个模型相比, 射线模型直观性差些, 但在广义微分的刻画方面最适合.

(3) 半球模型

空间 $\Re^n \times \Re$ 中的射线, 无论与 $\Re^n$ 中的通常点相联系还是与 hzn $\Re^n$ 中的方向点相联系, 都与下述闭的单位半球面,

$$H_n := \{(x,\beta) \in \Re^n \times \Re : \beta \leqslant 0, \|x\|^2 + \beta^2 = 1\} \tag{1.44}$$

有唯一的交点 (图 1.2.2). 因此, H_n 可以作为 csm $\Re^n$ 的另一个模型, 其中 H_n 的边沿表示 $\Re^n$ 的地平.

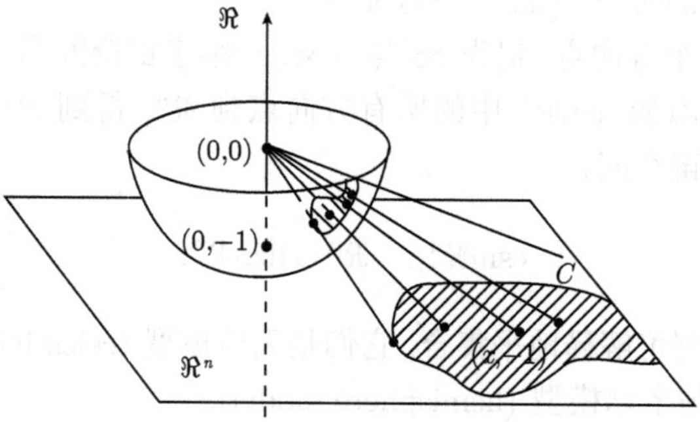

图 1.2.2　n 维宇宙空间的半球模型

下面给出宇宙空间的点列收敛到方向点的定义.

定义 1.4 (宇宙收敛到方向点) *点列 $x^\nu \in \Re^n$ 收敛到方向点 $\operatorname{dir} x \in \operatorname{hzn}\Re^n$, 记为 $x^\nu \to \operatorname{dir} x$(其中 $x \neq 0$), 如果存在 $\lambda^\nu \searrow 0$, 满足 $\lambda^\nu x^\nu \to x$. 类似地, 方向点列 $\operatorname{dir} x^\nu \in \operatorname{hzn}\Re^n$ 收敛到方向点 $\operatorname{dir} x \in \operatorname{hzn}\Re^n$, 记为 $\operatorname{dir} x^\nu \to \operatorname{dir} x$, 如果存在 $\lambda^\nu > 0$, 满足 $\lambda^\nu x^\nu \to x$.*

通常点与方向点的混合点列收敛到 $\operatorname{dir} x$, 如果每一通常点的子列均收敛到 $\operatorname{dir} x$, 对每一方向点子列, 也收敛到 $\operatorname{dir} x$.

下面的定理就解决了 $\Re^n$ 中无界点列的聚点问题.

定理 1.11 (宇宙空间的紧致性) *宇宙空间 $\operatorname{csm}\Re^n$ 中的每一点列 (无论是通常点列, 方向点列, 还是混合点列) 都有一 (以宇宙意义下) 收敛的子列. 在此意义下, $\Re^n$ 中的有界点列刻画为没有方向聚点的通常点序列.*

证明 由于 H_n 是 $\Re^n \times \Re$ 中的紧致集合, 由半球模型的说明可以直接得到结论. ■

集合的宇宙包: 对于集合 $C \subset \Re^n$, 要区分 C 的宇宙包 $\operatorname{csm} C$ 与通常的 $\Re^n$ 中闭包 $\operatorname{cl} C$, 前者允许 $\operatorname{csm} \Re^n$ 中的方向点作为可能的极限点. 所有的 C 的方向极限点的集合被称为 C 的地平, 记为 $\operatorname{hzn} C$. 因此有

$$\operatorname{hzn} C = \operatorname{csm} C \cap \operatorname{hzn} \Re^n, \quad \operatorname{csm} C = \operatorname{cl} C \cup \operatorname{hzn} C. \tag{1.45}$$

1.2.2 地平锥

在凸分析中, 为刻画无界的凸集合, 有回收锥 (recession cone) 的定义, 对一般的集合, 这一概念就对应着这一节介绍的地平锥.

集合 $K \subset \Re^n$ 被称为一锥 (cone), 如果 $0 \in K$, 且对任何 $x \in K$ 与 $\lambda \geqslant 0$, 有 $\lambda x \in K$. 除了零锥 (zero cone)$\{0\}$, $\Re^n$ 中的锥 K 可以由射线的并集合表示. 锥 K 中的射线所表示的方向点集合记为 $\operatorname{dir} K$. 空间 $\Re^n$ 中的锥和 $\Re^n$ 的地平中的子集合是一一对应的

$$K(\Re^n \text{ 中的锥}) \longleftrightarrow \operatorname{dir} K(\operatorname{hzn} \Re^n \text{ 中的方向点集合}),$$

其中 $\Re^n$ 中的锥是闭的当且仅当相联系的方向集合在 $\operatorname{hzn} \Re^n$ 中是闭的. 零锥对应着方向点空集合, $K = \Re^n$ 对应整个地平空间.

宇宙空间 $\operatorname{csm} \Re^n$ 中的子集合可唯一地表示为

$$C \cup \operatorname{dir} K,$$

其中 $C \subset \Re^n$ 是一子集合, $K \subset \Re^n$ 是一锥; C 被称为通常部分 (ordinary part), K 被称为地平部分 (horizon part). 集合 $C \cup \operatorname{dir} K$ 在射线模型下表示为下述的锥

$$\{(\lambda x, -\lambda) : x \in C,\ \lambda > 0\} \cup \{(x, 0) : x \in K\}.$$

定义 1.5 (地平锥)　对集合 $C \subset \Re^n$, 地平锥 (horizon cone) 是闭锥 $C^\infty \subset \Re^n$, 它表示方向集合 hzn C,

$$\operatorname{hzn} C = \operatorname{dir} C^\infty, \quad \operatorname{csm} C = \operatorname{cl} C \cup \operatorname{dir} C^\infty,$$

这一锥由下式给出

$$C^\infty = \begin{cases} \{x : \exists x^\nu \in C, \lambda^\nu \searrow 0, \text{满足} \lambda^\nu x^\nu \to x\}, & \text{当} C \neq \varnothing, \\ \{0\}, & \text{当} C = \varnothing. \end{cases}$$

注意到, 总有 $(\operatorname{cl} C)^\infty = C^\infty$. 如果 C 是锥, C^∞ 与 cl C 重合. $C = \varnothing$ 时, $C^\infty = \{0\}$ 不只是一个约定, 因为方向空集表示为锥 $K = \{0\}$, 使得对任何集合, 都有等式 hzn C = dir C^∞ 与 csm C =cl $C \cup$ dir C^∞ 成立.

练习 1.5　宇宙空间 csm$\Re^n$ 的子集, 记为 $C \cup \operatorname{dir} K$, 是宇宙意义下闭的充分必要条件是 C 与 K 是 $\Re^n$ 的闭集合, 且 $C^\infty \subset K$, 其中 $C \subset \Re^n$ 是一子集合, $K \subset \Re^n$ 是锥. 一般地, 宇宙包是

$$\operatorname{csm}(C \cup \operatorname{dir} K) = \operatorname{cl} C \cup \operatorname{dir}(C^\infty \cup \operatorname{cl} K).$$

现在给出集合有界性的刻画, 它可以用地平锥来表述.

定理 1.12 (有界性的地平准则)　集合 $C \subset \Re^n$ 有界的充分必要条件是它的地平锥为 0 锥: $C^\infty = \{0\}$.

证明　集合是无界的充分必要条件是它含有一无界子序列. 等价地, 由定理 1.11, 集合有界当且仅当 hzn $C = \varnothing$. 因为 C^∞ 为表示 hzn C 的锥, 这意味着 $C^\infty = \{0\}$. ■

下述的定理表明地平锥是凸集合的回收锥这一概念的推广.

定理 1.13 (凸集合的地平锥)　对凸集合 C, 地平锥 C^∞ 是凸的, 且对任何点 $\bar{x} \in C$, 它由满足 $\bar{x} + \tau w \in \operatorname{cl} C, \forall \tau > 0$ 的向量 w 组成.

证明　不妨设 $C \neq \varnothing$, 固定 $\bar{x} \in C$. 如果 w 具有性质 $\bar{x} + \tau w \in \operatorname{cl} C$, $\forall \tau \geqslant 0$, 存在点 $x^\nu \in C$ 满足 $\|(x + \nu w) - x^\nu\| \leqslant 1/\nu$, $\forall v \in \mathbf{N}$. 对于 $\lambda^\nu = 1/\nu$, 有 $\lambda^\nu x^\nu \to w$, 于是得到 $w \in C^\infty$. 另一方面, 假设 $w \in C^\infty$, 任取 $\tau \in (0, \infty)$, 有 $\tau w \in C^\infty$(因为 C^∞ 是锥), 因此存在序列 $x^\nu \in C$ 与数值序列 $\lambda^\nu \in (0,1)$ 满足 $\lambda^\nu \searrow 0$ 及 $\lambda^\nu x^\nu \to \tau w$. 所以, 由 C 的凸性, 点 $(1 - \lambda^\nu)\bar{x} + \lambda^\nu x^\nu$ 属于 C, 且收敛于 $\bar{x} + \tau w$, 因而属于 cl C.

现在来证明 C^∞ 的凸性. 如果对任意的 $\tau > 0$, $\bar{x} + \tau w_0$ 与 $\bar{x} + \tau w_1$ 都属于 cl C, 则对于任何 $\theta \in (0, 1)$,

$$(1 - \theta)[x + \tau w_0] + \theta[\bar{x} + \tau w_1] = \bar{x} + \tau[(1 - \theta)w_0 + \theta w_1]$$

同样属于 cl C, $\forall \tau > 0$, 因此 $(1 - \theta)w_0 + \theta w_1 \in C^\infty$. ■

一个很基本的问题是, 连续映射作用下的闭集合 (可能是无界集合) 的像集合是否为闭集合? 下面给出一个例子说明答案是否定的. 取线性映射 $L:\Re^2\to\Re^2$ 定义为 $L(x_1,x_2)=(x_1,0)$, 集合 $C=\{(x_1,x_2)\in\Re^2:x_1x_2=1\}$. 显然 C 是无界的闭集合, 而 $L(C)=\Re\setminus\{0\}\times\{0\}$, 它不是闭集合. 下面的定理给出用地平锥表示的保证 $L(C)$ 为闭集合的充分条件.

定理 1.14 对于一线性映射 $L:\Re^n\to\Re^m$ 与一闭集合 $C\subset\Re^n$, 集合 $L(C)$ 为闭的充分条件是 $L^{-1}(0)\cap C^\infty=\{0\}$. 在此条件下, $L(C^\infty)=L(C)^\infty$, 而一般情况下仅有 $L(C^\infty)\subset L(C)^\infty$.

证明 首先说明条件 $L^{-1}(0)\cap C^\infty=\{0\}$ 意味着 L 将 C 中的无界序列映到 $\Re^m$ 中的无界序列. 假设不是这样, 由定理 1.11 可知, 存在一序列 $x^\nu\in C$ 收敛到 hzn $\Re^n$ 中的一点, 但这一序列的像 $u^\nu=L(x^\nu)$ 是有界的. 则存在 $\lambda^\nu\searrow 0$ 满足 $\lambda^\nu x^\nu$ 收敛到 $x\neq 0$. 根据定义, 有 $x\in C^\infty$, 由于线性映射是连续的

$$L(x)=\lim_{\nu\to\infty}L(\lambda^\nu x^\nu)=\lim_{\nu\to\infty}\lambda^\nu u^\nu=0,$$

这与条件 $L^{-1}(0)\cap C^\infty=\{0\}$ 矛盾.

设条件 $L^{-1}(0)\cap C^\infty=\{0\}$ 成立, 我们证明 $L(C)$ 是一闭集合. 设 $u^\nu\in L(C)$ 满足 $u^\nu\to u$, 则存在序列 $x^\nu\in C$ 满足 $u^\nu=L(x^\nu)$. 由于序列 $\{L(x^\nu)\}_{\nu\in\mathbf{N}}$ 有界, 序列 $\{x^\nu\}_{\nu\in\mathbf{N}}$ 也是有界的, 存在聚点 x. 由于 C 是闭集合, 有 $x\in C$ 与 $u=L(x)$, 故 $u\in L(C)$.

下面证明 $L(C^\infty)\subset L(C)^\infty$. 当 $C=\varnothing$ 时, 结论显然成立. 不妨设 $C\neq\varnothing$. 对于 $x\in C^\infty$, 存在 $x^\nu\in C$ 与 $\lambda^\nu\searrow 0$ 满足 x 是 $\lambda^\nu x^\nu$ 的极限. $L(C)$ 中的点列 $u^\nu=L(x^\nu)$ 可推出 $\lambda^\nu u^\nu\to L(x)$, 这证得 $L(x)\in L(C)^\infty$.

对于包含关系 $L(C^\infty)\supset L(C)^\infty$, 考虑 $u\in L(C)^\infty$, 将它表示为 $\lim_\nu\lambda^\nu u^\nu$, 其中 $u^\nu\in L(C)$, $\lambda^\nu\searrow 0$. 对于满足 $L(x^\nu)=u^\nu$ 的 $x^\nu\in C$, 有 $L(\lambda^\nu x^\nu)\to u$. 序列 $\{L(\lambda^\nu x^\nu)\}$ 的有界性可推出序列 $\{\lambda^\nu x^\nu\}$ 的有界性, 因此有聚点 x. 则 $x\in C^\infty$ 与 $L(x)=u$, 可得 $u\in L(C^\infty)$. ■

再来看前面的使 $L(C)$ 成为非闭集合的例子, 可以验证定理 1.14 中的条件是不成立的. 在这个例子中,

$$C^\infty=\{\mathrm{dir}\,(-1,0),\mathrm{dir}\,(1,0),\mathrm{dir}\,(0,-1),\mathrm{dir}\,(0,1)\},$$

$L^{-1}(0,0)=\{0\}\times\Re$, 因此 $L^{-1}(0,0)\cap C^\infty=\{\mu_1(0,1),\mu_2(0,-1):\mu_1\geqslant 0,\mu_2\geqslant 0\}$. 可见定理 1.14 中的条件不成立.

1.2.3 地平函数

在凸分析中有凸函数的回收函数的概念, 对一般的函数, 这一概念被推广为下面的地平函数.

定义 1.6 (地平函数)　对函数 $f:\Re^n\to\overline{\Re}$, 它的地平函数 $f^\infty:\Re^n\to\overline{\Re}$ 定义为

$$\operatorname{epi} f^\infty=(\operatorname{epi} f)^\infty, \text{如果} f\not\equiv\infty;\quad f^\infty=\delta_{\{0\}}, \text{如果} f\equiv\infty.$$

由于对于 $f\equiv\infty$, 有 $\operatorname{epi} f=\varnothing$, 故 $(\operatorname{epi} f)^\infty=\{(0,0)\}$. 集合 $(\operatorname{epi} f)^\infty$ 不是任何函数的上图, 因为它不包含连接 $(0,0)$ 的所有的点 $(0,\beta)$, 其中 $0<\beta<\infty$. 把这些点添加到 $(0,0)$, 构成的集合就成为 $\delta_{\{0\}}$ 的上图.

定义 1.7 (正齐次次线性)　函数 $h:\Re^n\to\overline{\Re}$ 是正齐次的, 如果 $0\in\operatorname{dom} h$, 且对于任何的 x 与 $\lambda>0$, $h(\lambda x)=\lambda h(x)$. 它是次线性的, 如果还有对任何 x 与 x',

$$h(x+x')\leqslant h(x)+h(x').$$

范数与线性函数是正齐次的, 还是次线性的. 指示函数 δ_C 是正齐次的当且仅当 C 是一锥.

练习 1.6 (正齐次函数的上图)　函数 h 是正齐次的当且仅当 $\operatorname{epi}h$ 是一锥. 此时或者 $h(0)=0$ 或者 $h(0)=-\infty$. 若 h 是下半连续的且 $h(0)=0$, 则它也是正常的.

函数 h 的次线性性等价于 h 既是正齐次的又是凸的. 函数 h 是次线性的当且仅当 $\operatorname{epi}h$ 是一凸锥.

注意, 如果令 $E=\operatorname{epi} f$, 有 $(\operatorname{cl} E)^\infty=E^\infty$, 且当 E 是一锥时, 有 $E^\infty=\operatorname{cl} E$. 由这些关系可建立: 对每一函数 f, 有 $(\operatorname{cl} f)^\infty=f^\infty$. 如果 f 是正齐次的, 有 $f^\infty=\operatorname{cl} f$.

定理 1.15　对于函数 $f:\Re^n\to\overline{\Re}$, 地平函数 f^∞ 是下半连续的、正齐次的, 且如果 $f\not\equiv\infty$, 由下式计算

$$f^\infty(w)=\liminf_{\lambda\searrow 0,x\to w}(\lambda\star f)(x):=\lim_{\delta\searrow 0}\inf_{\substack{\lambda\in(0,\delta)\\ x\in\mathbf{B}(w,\delta)}}\lambda f(\lambda^{-1}x). \tag{1.46}$$

如果 f 是凸函数, 则 f^∞ 是次线性的, 如果 f 还是下半连续的、正常的, 则地平函数也是下半连续的、正常的, 对任何 $\bar{x}\in\operatorname{dom} f$, 有

$$f^\infty(w)=\lim_{\tau\to\infty}\frac{f(x+\tau w)-f(x)}{\tau}=\sup_{\tau\in(0,\infty)}\frac{f(x+\tau w)-f(x)}{\tau}. \tag{1.47}$$

证明　当 f^∞ 是 $\delta_{\{0\}}$, 它显然是下半连续的与正齐次的, 因此不妨设 $f\not\equiv\infty$. 由定义, f^∞ 的上图是闭集合 $(\operatorname{epi} f)^\infty$, 这意味着 f^∞ 是下半连续的 (由定理 1.1). 因为 $(\operatorname{epi} f)^\infty$ 是一锥, 故 f^∞ 是正齐次的 (由练习 1.6).

由等式 $f^\infty(w)=\inf\{\beta:(w,\beta)\in(\operatorname{epi} f)^\infty\}$, $w\in\Re^n$, 有

$$\begin{aligned}(w,\beta)\in(\operatorname{epi} f)^\infty&\Longleftrightarrow\exists\lambda^\nu\searrow 0,\exists(w^\nu,\alpha^\nu)\in\operatorname{epi} f,\\ &\qquad\lambda^\nu(w^\nu,\alpha^\nu)\to(w,\beta)\\ &\Longleftrightarrow\exists\lambda^\nu\searrow 0,\exists\alpha^\nu,x^\nu\to w,\\ &\qquad\lambda^\nu f(x^\nu/\lambda^\nu)\leqslant\lambda^\nu\alpha^\nu\to\beta\end{aligned}$$

从而

$$\begin{aligned}f^\infty(w) &= \inf\{\beta : (w,\beta) \in (\mathrm{epi}\, f)^\infty\}\\ &= \inf\{\beta : \exists \lambda^\nu \searrow 0, \exists \alpha^\nu, x^\nu \to w, \lambda^\nu f(x^\nu/\lambda^\nu) \leqslant \lambda^\nu \alpha^\nu \to \beta\}\\ &= \inf\{\beta : \exists \lambda^\nu \searrow 0, x^\nu \to w, \lambda^\nu f(x^\nu/\lambda^\nu) \to \beta\}\\ &= \liminf_{\lambda\searrow 0, x\to w} \lambda f(\lambda^{-1}x) = \liminf_{\lambda\searrow 0, x\to w} [\lambda \star f](x).\end{aligned}$$

对于凸的情况, 取 $C = \mathrm{epi}\, f$, 则它是一闭凸集合, 将定理 1.13 关于 C^∞ 的刻画用于 $C = \mathrm{epi}\, f$ 和 $(\bar{x}, f(\bar{x}))$, 可得公式 (1.47). 由凸函数差商的单调性, 关于 τ 的极限等于关于 τ 的上确界. ■

水平集合的地平锥可以用地平函数的水平集合来近似或刻画.

命题 1.3 (水平集合的地平锥) 对函数 $f : \Re^n \to \overline{\Re}$ 与 $\alpha \in \Re$, 有 $(\mathrm{lev}_{\leqslant\alpha} f)^\infty \subset \mathrm{lev}_{\leqslant 0} f^\infty$, 即

$$\{x : f(x) \leqslant \alpha\}^\infty \subset \{x : f^\infty(x) \leqslant 0\}.$$

当 f 是一凸的、下半连续的、正常的函数, 且 $\mathrm{lev}_{\leqslant\alpha} f \neq \varnothing$ 时, 这一包含关系成为等式. 因此对这样的函数 f, 如果某一水平集合 $\mathrm{lev}_{\leqslant\alpha} f$ 非空有界, 比如水平集合 $\mathrm{argmin} f$ 非空有界, 则 f 必为水平有界的.

证明 如果 $\mathrm{lev}_{\leqslant\alpha} f = \varnothing$, 根据定义, 此时 $(\mathrm{lev}_{\leqslant\alpha} f)^\infty = \{0\}$. 因为 f^∞ 是正齐次的, $f^\infty(0) \leqslant 0$ 总是成立的. 可见结论对于 $\mathrm{lev}_{\leqslant\alpha} f = \varnothing$ 的情况是成立的.

设 $\mathrm{lev}_{\leqslant\alpha} f \neq \varnothing$, 取 $x \in (\mathrm{lev}_{\leqslant\alpha} f)^\infty$. 只需要对 $x \neq 0$ 的情况, 证明 $f^\infty(x) \leqslant 0$. 存在 $x^\nu \in \mathrm{lev}_{\leqslant\alpha} f$, $\lambda^\nu \searrow 0$, 满足 $\lambda^\nu x^\nu \to x$. 令 $w^\nu = \lambda^\nu x^\nu$. 则 $\lambda^\nu f(w^\nu/\lambda^\nu) = \lambda^\nu f(x^\nu) \leqslant \lambda^\nu \alpha \to 0$, $w^\nu \to x$. 根据 (1.46), 可得到 $f^\infty(x) \leqslant 0$.

当 f 是凸的正常的下半连续函数时, 等式 (1.47) 对任何 $\bar{x} \in \mathrm{dom} f$ 成立, 进一步的结论自然可以得到. ■

练习 1.7 (约束集合的地平锥) 令

$$C = \{x \in X : f_i(x) \leqslant 0, \forall i \in I\},$$

其中 $X \subset \Re^n$ 是子集合, f_i 是定义在 $\Re^n$ 上的有限函数. 则

$$C^\infty \subset \{x \in X^\infty : f_i^\infty(x) \leqslant 0, \forall i \in I\}.$$

当 X 是一闭凸集合, 每一函数 f_i 都是凸函数, C 是非空集合时, 上述包含关系成等式.

1.2.4 强制性质

函数在无穷远处的性态和下面的强制性质相关, 而强制性质可以用地平函数来刻画.

定义 1.8 (强制性质) 函数 $f:\Re^n \to \overline{\Re}$ 是水平强制的 (level-coercive), 如果它在有界集合上是下有界的, 且满足

$$\liminf_{\|x\|\to\infty} \frac{f(x)}{\|x\|} > 0,$$

函数 f 是强制的 (coercive), 如果它在有界集合上是下有界的, 且满足

$$\liminf_{\|x\|\to\infty} \frac{f(x)}{\|x\|} = \infty.$$

函数 f 是反强制的 (counter-coercive), 如果

$$\liminf_{\|x\|\to\infty} \frac{f(x)}{\|x\|} = -\infty.$$

定理 1.16 设函数 $f:\Re^n \to \overline{\Re}$ 是下半连续的、正常的. 则

$$\liminf_{\|x\|\to\infty} \frac{f(x)}{\|x\|} = \inf_{\|x\|=1} f^\infty(x), \tag{1.48}$$

且有下述结论:

(a) f 是水平强制的当且仅当对任意 $x \neq 0, f^\infty(x) > 0$; 这意味着存在 $\gamma \in (0,\infty)$ 与 $\beta \in (-\infty,\infty)$ 满足对任意 x, $f(x) \geqslant \gamma\|x\| + \beta$;

(b) f 是强制的当且仅当对任意 $x \neq 0, f^\infty(x) = \infty$; 这意味着对每一 $\gamma \in (0,\infty)$, 存在 $\beta \in (-\infty,\infty)$, 满足对任意 x, $f(x) \geqslant \gamma\|x\| + \beta$;

(c) f 是反强制的当且仅当存在 $x \neq 0$, $f^\infty(x) = -\infty$, 或等价地, $f^\infty(0) = -\infty$; 这意味着不存在 $\gamma \in (-\infty,\infty)$, 使得对某一 $\beta \in (-\infty,\infty)$ 满足对任意 x, 都有 $f(x) \geqslant \gamma\|x\| + \beta$ 成立.

证明 引理 1.1 关于下极限的刻画适用于 (1.48) 左端以及由 (1.46) 表达的 $f^\infty(x)$. (1.48) 的右端可以表达为

$$\begin{aligned}
&\inf\{\gamma : \exists x, \lambda^\nu \searrow 0, \alpha^\nu \geqslant f(x^\nu) \text{ 满足} \|x\| = 1, \lambda^\nu\alpha^\nu \to \gamma, \lambda^\nu x^\nu \to x\} \\
&= \inf\{\gamma : \exists \lambda^\nu \searrow 0, x^\nu, \alpha^\nu \geqslant f(x^\nu) \text{ 满足} \lambda^\nu\alpha^\nu \to \gamma, \|\lambda^\nu x^\nu\| \to 1\} \\
&= \inf\{\gamma : \exists \lambda^\nu \searrow 0, x^\nu \text{ 满足} \lambda^\nu f(x^\nu) \to \gamma, \|\lambda^\nu x^\nu\| \to 1\} \\
&= \inf\{\gamma : \exists x^\nu \text{ 满足} \|x^\nu\| \to \infty, f(x^\nu)/\|x^\nu\| \to \gamma\},
\end{aligned}$$

于是得到了 (1.48) 的左端的表达式. 因此 (1.48) 成立. 由练习 1.1 可知, (1.48) 的左端是集合

$$\{\gamma \in \Re : \exists \beta \in \Re \text{ 满足} f(x) \geqslant \gamma\|x\| + \beta, \forall x\}$$

的上确界.

除了 (c) 中的条件等价于 $f^\infty(0)=-\infty$ 之外, (a),(b) 与 (c) 中的结论由上述的结果容易得到. 如果存在 $x\neq 0$ 满足 $f^\infty(x)=-\infty$, 因为 f^∞ 是下半连续的正齐次的 (由定理 1.15), 有 $f^\infty(0)=-\infty$. 另一方面, 如果 $f^\infty(0)=-\infty$, 由 (1.46), 显然有不可能存在 $\gamma\in\Re$ 与 $\beta\in\Re$ 满足 $f(x)\geqslant\gamma\|x\|+\beta,\forall x$. ■

下面的定理说明可以用地平函数给出参数规划的一致水平有界性的一充分条件.

定理 1.17 (参数极小化中的强制性) 对一个正常的下半连续函数 $f:\Re^n\times\Re^m\to\overline{\Re}$, 函数 $f(x,u)$ 相对于 u 局部一致地为 x 的水平有界函数的一个充分条件是

$$f^\infty(x,0)>0,\quad \forall x\neq 0. \tag{1.49}$$

当 f 是凸函数, 上述条件还是必要的. 如果此条件成立, 则对于函数 $p(u):=\inf_x f(x,u)$, 有

$$p^\infty(u)=\inf_x f^\infty(x,u), \text{ 当该下确界有限时, 还是可以达到的}. \tag{1.50}$$

因此, 如果 f 是水平强制的, 则 p 是水平强制的; 如果 f 是强制的, 则 p 是强制的.

证明 函数 $f(x,u)$ 相对于 u 局部一致地为 x 的水平有界函数当且仅当对所有的球 $\mathbf{B}(\bar{u},\varepsilon)$ 与实数 $\alpha\in\Re$, 集合 $C=(\Re^n\times\mathbf{B}(\bar{u},\varepsilon))\cap\operatorname{lev}_{\leqslant\alpha}f$ 如果非空, 则必是有界的. 根据定理 1.12, 这等价于 C 的地平锥是零锥. 由公式 (可以验证)

$$[\cap_{i\in I}C_i]^\infty\subset\cap_{i\in I}C_i^\infty,\quad [\cup_{i\in I}C_i]^\infty\supset\cup_{i\in I}C_i^\infty$$

与命题 1.3, 有

$$\begin{aligned}C^\infty&\subset(\Re^n\times\mathbf{B}(\bar{u},\varepsilon))^\infty\cap(\operatorname{lev}_{\leqslant\alpha}f)^\infty\\&\subset(\Re^n\times\{0\})\cap\{(x,u):f^\infty(x,u)\leqslant 0\}\\&=\{(x,0):f^\infty(x,0)\leqslant 0\}.\end{aligned}$$

如果 f 是凸的, 则上述包含关系成等式. 易知, 条件 (1.49) 总是充分条件, 如果 f 是凸函数, 还是充要的. 由定理 1.4 和命题 1.1 可得, f 的水平有界性推出 p 是 $\Re^n$ 上的一正常的下半连续函数, 它的上图是 f 的上图在线性映射 $L:(x,u,\alpha)\to(u,\alpha)$ 下的像. 因为 $(\operatorname{epi}f)^\infty=\operatorname{epi}f^\infty$, 如果 (1.49) 成立, 则 $L^{-1}(0,0)\cap(\operatorname{epi}f)^\infty=(0,0,0)$. 根据定理 1.14, 这一条件可推出 $L((\operatorname{epi}f)^\infty)=L(\operatorname{epi}f)^\infty$, 这就得到 (1.50). ■

推论 1.2 (凸参数极小化的有界性) 令 $p(u)=\inf_x f(x,u)$, $P(u)=\operatorname{argmin}_x f(x,u)$, 其中 $f:\Re^n\times\Re^m\to\overline{\Re}$ 是正常的下半连续的凸函数, 设存在 $\bar{u}$, 使集合 $P(\bar{u})$ 是非空有界的. 则对所有的 u, $P(u)$ 是有界的, p 是正常的、下半连续的凸函数, 它的地平函数由 (1.50) 给出.

证明　因为 $P(\bar{u})$ 是函数 $g(x) = f(x, \bar{u})$ 的水平集合, 由命题 1.3 与假设条件可知 $g^\infty(x) > 0$ 对任何 $x \neq 0$ 成立. 然而由定理 1.15 中的公式 (1.47), 有 $g^\infty(x) = f^\infty(x, 0)$. 所以定理 1.17 中的假设 (1.49) 在此种情况下成立. 所有的定义在 $\Re^n$ 上的函数 $f(\cdot, u)$ 有地平函数 $f^\infty(\cdot, u)$, 它们都是水平有界的. 进而, 所有的集合 $P(u)$ 必是有界的. ■

第2章　集值映射

2.1　集合列收敛

集合序列的极限在集值分析所起的作用类似数列极限在数学分析中所起的作用. 首先引入记号 (记 $\mathbf{N}$ 为自然数集):

$$\begin{aligned}\mathcal{N}_\infty &:= \{N \subset \mathbf{N} : \mathbf{N} \setminus N \text{ 有限}\}\\ &= \{\text{ 存在某一}\bar{\nu}, \bar{\nu} \text{ 之后的所有}\nu \text{ 都包含在其中的自然数子列}\},\\ \mathcal{N}_\infty^\# &:= \{N \subset \mathbf{N} : N \text{ 是无穷子列}\}\\ &= \{\mathbf{N}\text{中的所有无穷子列}\}.\end{aligned}$$

可以用上述两个指标集合类来定义数列的极限和数列的聚点. 设 $\{a_k\} \subset \Re$ 是实值序列, $a \in \Re$ 是 $\{a_k\}$ 的极限可定义为: 对 $\forall \varepsilon > 0$ 充分小, 存在 $K_\varepsilon \in \mathcal{N}_\infty$ 满足

$$\|a_k - a\| \leqslant \varepsilon, \quad \forall k \in K_\varepsilon.$$

而 $a \in \Re$ 是 $\{a_k\}$ 的聚点可以定义为: 存在 $K \in \mathcal{N}_\infty^\#$, 满足当 $K \ni k \to \infty$ 时 $a_k \to a$, 或子序列 $\{a_k\}_{k \in K}$ 的极限是 a.

2.1.1　内极限与外极限

下面定义的集合序列的外极限与内极限在很多文献中都定义或使用过, 但采用的是其他的称谓, 比如, 有的文献中用上极限和下极限的称谓. 这里采用文献 [46] 中的术语和符号体系.

定义 2.1(内外极限)　对于 $\Re^n$ 中的一集合序列 $\{C^\nu\}_{\nu \in \mathbf{N}}$, 外极限 (outer limit) 定义为

$$\begin{aligned}\limsup_{\nu \to \infty} C^\nu &:= \left\{x : \exists N \in \mathcal{N}_\infty^\#, \exists x^\nu \in C^\nu (\nu \in N),\ \text{满足} x^\nu \xrightarrow{N} x\right\}\\ &= \left\{x : \forall V \in \mathcal{N}(x), \exists N \in \mathcal{N}_\infty^\#, \forall \nu \in N : C^\nu \cap V \neq \varnothing\right\},\end{aligned}$$

内极限 (inner limit) 定义为

$$\begin{aligned}\liminf_{\nu \to \infty} C^\nu &:= \left\{x : \exists N \in \mathcal{N}_\infty, \exists x^\nu \in C^\nu (\nu \in N),\ \text{满足} x^\nu \xrightarrow{N} x\right\}\\ &= \{x : \forall V \in \mathcal{N}(x), \exists N \in \mathcal{N}_\infty, \forall \nu \in N : C^\nu \cap V \neq \varnothing\}.\end{aligned}$$

如果内极限与外极限相等, 则称序列的极限存在, 极限为

$$\lim_{\nu\to\infty} C^\nu = \limsup_{\nu\to\infty} C^\nu = \liminf_{\nu\to\infty} C^\nu.$$

不失一般性, 定义 2.1 中的邻域 V 可取为 $\mathbf{B}(x,\varepsilon)$. 因为条件 $\mathbf{B}(x,\varepsilon)\cap C^\nu \neq \varnothing$ 等价于 $x\in C^\nu+\varepsilon\mathbf{B}$, 内外极限可以表示为

$$\begin{aligned}\liminf_{\nu\to\infty} C^\nu &= \{x : \forall\varepsilon>0, \exists N\in\mathcal{N}_\infty, \forall\nu\in N : x\in C^\nu+\varepsilon\mathbf{B}\}.\\ \limsup_{\nu\to\infty} C^\nu &= \left\{x : \forall\varepsilon>0, \exists N\in\mathcal{N}_\infty^\#, \forall\nu\in N : x\in C^\nu+\varepsilon\mathbf{B}\right\}.\end{aligned} \tag{2.1}$$

当在定义 2.1 的意义下, $\lim_\nu C^\nu$ 存在且等于 C 时, 称序列 $\{C^\nu\}_{\nu\in\mathbf{N}}$ 收敛到 C, 记为

$$C^\nu \to C.$$

下面给出几个简单的例子:

(1) 当 $x^\nu\to x$ 与 $\rho^\nu\to\rho$ 时, 球的序列 $\mathbf{B}(x^\nu,\rho^\nu)$ 收敛到 $\mathbf{B}(x,\rho)$. 当 $\rho^\nu\to\infty$ 时, 这些球收敛到整个空间 $\Re^n$.

(2) 设 D_1 与 D_2 是 $\Re^n$ 中的两个不同的闭集合, 定义

$$C^\nu = \begin{cases} D_1, & \text{当 } \nu \text{ 是奇数},\\ D_2, & \text{当 } \nu \text{ 是偶数}.\end{cases}$$

这样的序列不是收敛的, 它的内极限为 $D_1\cap D_2$, 外极限为 $D_1\cup D_2$.

(3) 对于满足 $\mathrm{cl}\, D=\Re^n$ 但 $D\neq\Re^n$ 的集合 $D\subset\Re^n$, 常值序列 $C^\nu\equiv D$ 收敛到 $C=\Re^n$, 而不是 D.

以包含关系为序, 可以定义单调递减的和单调递增的集合序列, 单调集合序列的极限是存在的; 集合序列的极限也有类似实数序列 "两边夹" 的判别准则.

练习 2.1 (单调序列)

(a) 记号 $C^\nu \nearrow$ 意味着 $C^\nu\subset C^{\nu+1}\subset\cdots$, 对这样的序列有 $\lim_\nu C^\nu = \mathrm{cl}\bigcup_{\nu\in\mathbf{N}} C^\nu$;

(b) 记号 $C^\nu \searrow$ 意味着 $C^\nu\supset C^{\nu+1}\supset\cdots$, 对这样的序列有 $\lim_\nu C^\nu = \bigcap_{\nu\in\mathbf{N}}\mathrm{cl}\, C^\nu$;

(c) 如果 $C_1^\nu\subset C^\nu\subset C_2^\nu$, 且 $C_1^\nu\to C$, $C_2^\nu\to C$, 则 $C^\nu\to C$.

命题 2.1 (极限的闭性)　对任何集合序列 $C^\nu\subset\Re^n$, 内极限 $\liminf_\nu C^\nu$ 与外极限 $\limsup C^\nu$ 都是闭集合. 进一步, 它们只依赖于集合的闭包序列 $\mathrm{cl}\, C^\nu$, 即

$$\mathrm{cl}\, C^\nu = \mathrm{cl}\, D^\nu \Longrightarrow \begin{cases}\liminf_\nu C^\nu = \liminf_\nu D^\nu,\\ \limsup_\nu C^\nu = \limsup_\nu D^\nu.\end{cases}$$

因此, 如果极限 $\lim_\nu C^\nu$ 存在, 则它是闭集合.

下面给出包含关系 $C \subset \liminf\limits_{k\to\infty} C^k$ 与 $C \supset \limsup\limits_{k\to\infty} C^k$ 的等价刻画, 与实数序列的对应结论是如何刻画 $c \leqslant \liminf\limits_{k\to\infty} a_k$ 与 $c \geqslant \limsup\limits_{k\to\infty} a_k$, 其中 $\{a_k\}$ 是实数序列, $c \in \Re$ 是一实数.

定理 2.1 对 $C^k \subset \Re^n$, $C \subset \Re^n$, C 是闭集合, 成立着

(a) $C \subset \liminf\limits_{k\to\infty} C^k$ 当且仅当对任意满足 $C \cap \mathcal{O} \neq \varnothing$ 的开集 $\mathcal{O} \subset \Re^n$, 存在 $N \in \mathcal{N}_\infty$ 使得对任意 $k \in N$, $C^k \cap \mathcal{O} \neq \varnothing$;

(b) $C \supset \limsup\limits_{k\to\infty} C^k$ 当且仅当对任意满足 $C \cap B = \varnothing$ 的紧致集合 $B \subset \Re^n$, 存在 $N \in \mathcal{N}_\infty$ 使得对任意 $k \in N$, $C^k \cap B = \varnothing$;

(a′) $C \subset \liminf\limits_{k\to\infty} C^k$ 当且仅当对任意满足 $C \cap \operatorname{int} \mathbf{B}(x,\rho) \neq \varnothing$ 的球 $\mathbf{B}(x,\rho)$, 存在 $N \in \mathcal{N}_\infty$ 使得对任意 $k \in N$, $C^k \cap \operatorname{int} \mathbf{B}(x,\rho) \neq \varnothing$;

(b′) $C \supset \limsup\limits_{k\to\infty} C^k$ 当且仅当对任意满足 $C \cap \mathbf{B}(x,\rho) = \varnothing$ 的球 $\mathbf{B}(x,\rho)$, 存在 $N \in \mathcal{N}_\infty$ 使得对任意 $k \in N$, $C^k \cap \mathbf{B}(x,\rho) = \varnothing$;

(c) 在结论 (a′), (b′) 中只需考虑有理数的 ρ 与有理数坐标的 x 的球 $\mathbf{B}(x,\rho)$ 即可, 它们构成所有球集合的一可数子集族.

证明 由定义 2.1, (a) 中的必要条件部分是显然的, 当然 (a′) 与 (c) 中相应的必要性也是成立的. 如果证明在 (c) 中所述的, 对任意有理数 ρ 与有理数坐标 x 的满足 $C \cap \operatorname{int} \mathbf{B}(x,\rho) \neq \varnothing$ 的球 $\mathbf{B}(x,\rho)$, 存在 $N \in \mathcal{N}_\infty$ 使得对任意 $k \in N$, $C^k \cap \operatorname{int} \mathbf{B}(x,\rho) \neq \varnothing$, 则 $C \subset \liminf\limits_{k\to\infty} C^k$, 由此就可以建立 (a) 中的等价性与 (a′) 中的等价性.

对任意的 $x \in C$, 任意有理数 $\varepsilon > 0$, 存在坐标为有理数的点 $x' \in \operatorname{int} \mathbf{B}(x, \varepsilon/2)$. 对于这样的 x', 显然有 $C \cap \operatorname{int} \mathbf{B}(x', \varepsilon/2) \neq \varnothing$. 由假设, 存在 $N \in \mathcal{N}_\infty$, 满足对任意 $k \in N$, $C^k \cap \operatorname{int} \mathbf{B}(x', \varepsilon/2) \neq \varnothing$. 注意到 $x' \in C^k + \dfrac{\varepsilon}{2}\mathbf{B}$, 可得到 $x \in C^k + \dfrac{\varepsilon}{2}\mathbf{B} + \dfrac{\varepsilon}{2}\mathbf{B} = C^k + \mathbf{B}$, $\forall k \in N$. 可见 $x \in \liminf\limits_{k\to\infty} C^k$.

同样地, (b) 中的必要条件部分由定义 2.1 可得到, 当然 (b′) 与 (c) 中相应的必要性也是成立的. 只需证明 (c) 中相应结论的充分性部分. 考虑 $x \notin C$, 由 C 是闭集, 存在有理数 $\varepsilon > 0$ 满足 $C \cap \mathbf{B}(x, 2\varepsilon) = \varnothing$. 可从 $\operatorname{int} \mathbf{B}(x,\varepsilon)$ 中选取有理数 x', 从而有 $x \in \operatorname{int} \mathbf{B}(x', \varepsilon)$ 及 $C \cap \mathbf{B}(x', \varepsilon) = \varnothing$. 由假设, 存在 $N \in \mathcal{N}_\infty$, 满足对任意 $k \in N$, $C^k \cap \mathbf{B}(x', \varepsilon) = \varnothing$. 由于 $x \in \operatorname{int} \mathbf{B}(x', \varepsilon)$, x 不可能属于 $\limsup\limits_{k\to\infty} C^k$. ■

可以用距离函数来刻画包含关系 $C \subset \liminf\limits_{k\to\infty} C^k$ 与 $C \supset \limsup\limits_{k\to\infty} C^k$.

推论 2.1 对 $C^k \subset \Re^n$, $C \subset \Re^n$, C 是闭集合, $C^k \to C$ 的充分必要条件是对任意 $x \in \Re^n$, $d(x, C^k) \to d(x, C)$. 实际上,

(a) $C \subset \liminf\limits_{k\to\infty} C^k$ 的充分必要条件是对任意的 $x \in \Re^n$,

$$d(x,C)\geqslant\limsup_{k\to\infty}d(x,C^k);$$

(b) $C\supset\limsup\limits_{k\to\infty}C^k$ 的充分必要条件是对任意的 $x\in\Re^n$,

$$d(x,C)\leqslant\liminf_{k\to\infty}d(x,C^k).$$

证明 不妨设每一 C^k 均是闭集合. 对任何闭集合 C', 有

$$d(x,C')<\alpha\Leftrightarrow C'\cap\operatorname{int}\mathbf{B}(x,\alpha)\neq\varnothing$$

与

$$d(x,C')>\beta\Leftrightarrow C'\cap\mathbf{B}(x,\beta)=\varnothing,$$

于是结论 (a) 与 (b) 即定理 2.1(a′) 与定理 2.1(b′) 的重新描述. ■

练习 2.2 对于 $\Re^n$ 中的集合序列 C^ν, 总有 $\liminf_\nu d(x,C^\nu)=d(x,\limsup_\nu C^\nu)$; 但一般地, $\limsup_\nu d(x,C^\nu)\leqslant d(x,\liminf_\nu C^\nu)$.

证明 由推论 2.1(b) 有 $d(x,\limsup_\nu C^\nu)\leqslant\liminf_\nu d(x,C^\nu)$ 成立.

下面证明 $d(x,\limsup_\nu C^\nu)\geqslant\liminf_\nu d(x,C^\nu)$. 对任何 $\alpha>d(x,\limsup_\nu C^\nu)$, 一定存在序列 $\{x^\nu\}_{\nu\in N}$, $N\in\mathcal{N}_\infty^\#$, $x^\nu\in C^\nu$, $\nu\in N$ 满足 $\|x-x^\nu\|<\alpha$, 从而有 $\alpha>\liminf_\nu d(x,C^\nu)$, 即 $d(x,\limsup_\nu C^\nu)\geqslant\liminf_\nu d(x,C^\nu)$.

由推论 2.1(a) 有 $d(x,\liminf_\nu C^\nu)\geqslant\limsup_\nu d(x,C^\nu)$ 成立, 但反过来的不等式不一定成立. 例如, 当 ν 为偶数时, 取 $C^\nu=(\Re,0)\subset\Re^2$; 当 ν 为奇数时, 取 $C^\nu=(0,\Re)$. 可以验证 $d(x,\liminf_\nu C^\nu)>\limsup_\nu d(x,C^\nu)$. ■

对于集合序列的收敛可以用投影来刻画.

命题 2.2 对 $\Re^n$ 中的非空闭集合序列 C^ν 与闭集合 C, 有 $C^\nu\to C$ 当且仅当

$$\limsup_\nu d(0,C^\nu)<\infty$$

且投影映射 P_{C^ν} 具有下述性质

$$\limsup_\nu P_{C^\nu}(x)\subset P_C(x),\quad \forall x.$$

当集合列 C^ν 与 C 还是凸集合时, 则有 $C^\nu\to C$ 当且仅当 $P_{C^\nu}(x)\to P_C(x)$, $\forall x$.

证明 必要性. 由 $C^\nu\to C$ 有 $d(x,C^\nu)\to d(x,C)<\infty$ 对任意 x 成立 (尤其 $x=0$ 时, 有 $\limsup_\nu d(0,C^\nu)<\infty$). 任取 $\bar{x}\in\limsup_\nu P_{C^\nu}(x)$, 存在 $N\in\mathcal{N}_\infty^\#$ 满足 $\bar{x}=\lim_{\nu\in N}\bar{x}^\nu$, 其中 $\bar{x}^\nu\in C^\nu$ 满足 $\|\bar{x}^\nu-x\|=d(x,C^\nu)$. 对这一等式取极限, 得到 $\|\bar{x}-x\|=d(x,C)$, 还有 $\bar{x}\in C$, 因此 $\bar{x}\in P_C(x)$.

充分性. 任取 $x\in\Re^n$, 只需验证 $d(x,C^\nu)\to d(x,C)$. 因为集合 $P_{C^\nu}(x)$ 非空, 对每一 ν, 可取某一 $\bar{x}^\nu\in P_{C^\nu}(x)$, 即 $\bar{x}^\nu\in C^\nu$ 满足 $\|\bar{x}^\nu-x\|=d(x,C^\nu)$. 由于 $d(x,C^\nu)\leqslant d(0,C^\nu)+\|x\|$ 与 $\limsup_\nu d(0,C^\nu)<\infty$, 这些距离构成一有界序列. 序列 $\{d(x,C^\nu)\}_{\nu\in\mathbf{N}}$ 的任何聚点必有形式 $\|\bar{x}-x\|$, 其中 $\bar{x}$ 是 $\{\bar{x}^\nu\}_{\nu\in\mathbf{N}}$ 的某一聚点.

由假设知, 这样的聚点 $\bar{x}$ 属于 $P_C(x)$, 因而满足 $\|\bar{x}-x\|=d(x,C)$. 所以有界序列 $\{d(x,C^\nu)\}_{\nu\in\mathbf{N}}$ 的唯一聚点为 $d(x,C)$, 结论证得.

对于凸集合的情况, 投影 $P_{C^\nu}(x)$ 与 $P_C(x)$ 是单点集合, 简化的结论可得到. 当然如果 $P_{C^\nu}(0)\to P_C(0)$, 则有 $d(0,C^\nu)\to d(0,C)$. ■

下面给出包含关系 $C\subset\liminf\limits_{k\to\infty}C^k$ 与 $C\supset\limsup\limits_{k\to\infty}C^k$ 的另一等价刻画, 这一刻画和 Pompeiu-Hausdorff 距离的表示有密切关系.

定理 2.2 对 $C^k\subset\Re^n$, $C\subset\Re^n$, C 是闭集合, 下述结论成立

(a) $C\subset\liminf\limits_{k\to\infty}C^k$ 当且仅当对任意 $\rho>0,\varepsilon>0$, 存在 $N\in\mathcal{N}_\infty$,

$$C\cap\rho\mathbf{B}\subset C^k+\varepsilon\mathbf{B},\quad\forall k\in N;$$

(b) $C\supset\limsup\limits_{k\to\infty}C^k$ 当且仅当对任意 $\rho>0,\varepsilon>0$, 存在 $N\in\mathcal{N}_\infty$,

$$C^k\cap\rho\mathbf{B}\subset C+\varepsilon\mathbf{B},\quad\forall k\in N.$$

因此 $C=\lim\limits_{k\to\infty}C^k$ 当且仅当对任意 $\rho>0,\varepsilon>0$, 存在 $N\in\mathcal{N}_\infty$,

$$C\cap\rho\mathbf{B}\subset C^k+\varepsilon\mathbf{B},\ C^k\cap\rho\mathbf{B}\subset C+\varepsilon\mathbf{B},\quad\forall k\in N.$$

证明 (a) 的充分性. 设对某一 $\bar{\rho}>0$, (a) 中的包含关系对所有的 $\rho\geqslant\bar{\rho}$ 成立. 考虑 $x\in C$, 令 $\rho\geqslant\max[\bar{\rho},\|x\|]$, 则 $x\in C\cap\rho\mathbf{B}$, 因此对任意的 $\varepsilon>0$, 存在指标集 $N\in\mathcal{N}_\infty$ 满足

$$x\in C^k+\varepsilon\mathbf{B},\quad\forall k\in N,$$

这意味着 $x\in\liminf\limits_{k\to\infty}C^k$.

(a) 的必要性. 设不然, 存在 $\rho>0,\varepsilon>0$ 及 $N\in\mathcal{N}_\infty^\#$, 存在

$$x^k\in[C\cap\rho\mathbf{B}]\setminus[C^k+2\varepsilon\mathbf{B}],\quad\forall k\in N.$$

不妨设 $x^k\xrightarrow{N}\bar{x}$. 则当 $k\in N$ 充分大时, 有

$$2\varepsilon\leqslant d(x^k,C^k)\leqslant d(\bar{x},C^k)+\|\bar{x}-x^k\|\leqslant d(\bar{x},C^k)+\varepsilon.$$

取 $k\xrightarrow{N}\infty$, 由推论 2.1(a) 得

$$2\varepsilon\leqslant\limsup_{k\to\infty}d(\bar{x},C^k)+\varepsilon\leqslant d(\bar{x},C)+\varepsilon.$$

由于 $\bar{x}\in C\cap\rho\mathbf{B}$, $d(\bar{x},C)=0$, 于是 $2\varepsilon\leqslant\varepsilon$, 这推出矛盾.

(b) 的充分性. 对任意的 $\bar{x}\in\limsup\limits_{k\to\infty}C^k$, 存在 $N\in\mathcal{N}_\infty^\#$, 存在 $x^k\in C^k,k\in N,x^k\xrightarrow{N}\bar{x}$. 设对某一 $\bar{\rho}>0$, (b) 的包含关系对所有的 $\rho\geqslant\bar{\rho}$ 及 $\varepsilon>0$ 成立, 则对于 $\rho>\max[\bar{\rho},\|\bar{x}\|]$,

$$\bar{x}\in C+\varepsilon\mathbf{B},$$

从而 $\bar{x}\in C$.

(b) 的必要性. 假设不然, 存在 $\rho>0$, $\varepsilon>0$ 及 $N\in\mathcal{N}_\infty^\#$, 存在

$$x^k\in[C^k\cap\rho\mathbf{B}]\setminus[C+\varepsilon\mathbf{B}],\quad \forall k\in N.$$

设 $\bar{x}$ 是 $\{x^k\}_{k\in N}$ 的一聚点. 则 $\bar{x}\in\limsup\limits_{k\to\infty}C^k$ 且 $\bar{x}\notin C+\operatorname{int}(\varepsilon\mathbf{B})$, 因此得到 $\limsup\limits_{k\to\infty}C^k$ 不被 C 包含. ■

2.1.2 Pompeiu-Hausdorff 距离

对于包含在 $\Re^n$ 的某一有界集合的子集合类, 可以引入距离使之成为一度量空间, 下面的例子介绍的 Pompeiu-Hausdorff 距离即是这一子集合类的经典距离.

例 2.1 (Pompeiu-Hausdorff 距离) 设 $C,D\subset\Re^n$ 是非空闭集合, C 与 D 间的 Pompeiu-Hausdorff 距离为

$$\mathbf{d}_\infty(C,D):=\sup_{x\in\Re^n}\|\mathrm{d}_C(x)-\mathrm{d}_D(x)\|,$$

上式中的上确界可对 $x\in C\cup D$ 取, 得到另一公式

$$\mathbf{d}_\infty(C,D)=\inf\{\eta\geqslant 0: C\subset D+\eta\mathbf{B}, D\subset C+\eta\mathbf{B}\}. \tag{2.2}$$

证明 由于 C 与 D 都是闭集合, (2.2) 式右端

$$\begin{aligned}&\inf\{\eta\geqslant 0|\ C\subset D+\eta\mathbf{B},\quad D\subset C+\eta\mathbf{B}\}\\ =&\inf\{\eta\geqslant 0|\ \mathrm{d}_D(x)\leqslant\eta,\ \forall x\in C,\quad \mathrm{d}_C(y)\leqslant\eta,\ \forall y\in D\}\\ =&\sup\nolimits_{x\in C\cup D}\|\mathrm{d}_C(x)-\mathrm{d}_D(x)\|\\ \leqslant&\mathbf{d}_\infty(C,D).\end{aligned}$$

另一方面, 若在集合 C 上有 $\mathrm{d}_D\leqslant\eta$, 那么对任何 $x\in\Re^n$ 及 $x'\in C$ 有 $\mathrm{d}_D(x)\leqslant\|x-x'\|+\mathrm{d}_D(x')\leqslant\|x-x'\|+\eta$, 对 $x'\in C$ 取下确界, 则有 $\mathrm{d}_D(x)\leqslant\mathrm{d}_C(x)+\eta$. 同样地, 若在集合 D 上有 $\mathrm{d}_C\leqslant\eta$, 那么对所有的 $x\in\Re^n$ 有 $\mathrm{d}_C(x)\leqslant\mathrm{d}_D(x)+\eta$. 因此对所有的 $x\in\Re^n$, $\|\mathrm{d}_C(x)-\mathrm{d}_D(x)\|\leqslant\eta$, 进而 $\mathbf{d}_\infty(C,D)=\sup\limits_{x\in\Re^n}\|\mathrm{d}_C(x)-\mathrm{d}_D(x)\|$ 成立. ■.

称序列 $\{C^\nu\}_{\nu\in\mathbf{N}}$ 在 Pompeiu-Hausdorff 距离意义下收敛到 C, 如果 $\mathbf{d}_\infty(C^\nu,C)\to 0$.

上述性质可推出按通常意义下的集合收敛 $C^\nu\to C$, 且当存在一有界集合 $X\subset\Re^n$, 满足 $C^\nu,C\subset X$ 时, 是与通常意义下的集合收敛等价的 (这可由定理 2.2 得到). 如果没有有界性假设, Pompeiu-Hausdorff 距离意义下的集合收敛与通常意义下的集合收敛是不等价的. 事实上, 存在序列 $C^\nu\to C$, 但其 Pompeiu-Hausdorff 距

离 $\mathbf{d}_\infty(C^\nu, C) \equiv \infty$. 例如, 集合 C^ν 由一系列旋转收敛到射线 C 的射线构成的集合; 即使对紧致集合 C^ν 与 C, 也可能有 $C^\nu \to C$, 但 $\mathbf{d}_\infty(C^\nu, C) \to \infty$, 例如, 取 $C^\nu = \{a^\nu, b^\nu\}$ 满足 $a^\nu \to a$, $\|b^\nu\| \to \infty$, 而 $C = \{a\}$.

2.1.3 紧致性质

实数系统的 Bolzano-Weierstrass 定理表明: 有界数列必有收敛子列. 集值分析中非空集合序列 C^ν 所对应的 Bolzano-Weierstrass 定理是如何表述的呢? 下面给出解答.

定理 2.3 (抽取收敛子序列) 每一 $\Re^n$ 中的非空集合序列 C^ν 或者逃离到地平, 或者有一收敛到 $\Re^n$ 中的某一非空集合 C 的子序列.

证明 如果序列不逃离到地平, 则在其外极限中存在一点 $\widehat{x} \in \Re^n$, 即存在一指标集合 $N^0 \in \mathcal{N}_\infty^\#$, 对于 $\nu \in N^0$, 存在点 $x^\nu \in C^\nu$ 满足 $x^\nu \overset{N^0}{\to} \widehat{x}$. 考虑定理 2.1(c)(a′) 中的可数开球族, 将它记为 $\{\mathcal{O}^\mu\}_{\mu \in \mathbf{N}}$. 如下构造满足 $N^0 \supset N^1 \supset N^2 \supset \cdots$ 的指标集合序列 $N^\mu \in \mathcal{N}_\infty^\#$:

$$N^\mu = \begin{cases} \{\nu \in N^{\mu-1} : C^\nu \cap \mathcal{O}^\mu \neq \varnothing\}, & \text{如果这一指标集合列是无限的,} \\ \{\nu \in N^{\mu-1} : C^\nu \cap \mathcal{O}^\mu = \varnothing\}, & \text{否则.} \end{cases}$$

如下构造一指标集合 N. 取 N^0 的第一个元素为 N 的第一个元素, 令 N 的第 μ 个元素为 N^μ 中第一个大于以前所有被添加到 N 中的元素. 则 $N \in \mathcal{N}_\infty^\#$, 且对每一 μ 或者除了有限多 $\nu \in N$ 都有 $C^\nu \cap \mathcal{O}^\mu \neq \varnothing$, 或者相反地, 除了有限多 $\nu \in N$ 都有 $C^\nu \cap \mathcal{O}^\mu = \varnothing$. 令 $C = \limsup_{\nu \in N} C^\nu$, 则集合 C 包含 $\widehat{x}$, 因而是非空的. 对每一与 C 相交的球 $\mathcal{O}^\mu$, 不可能只对有限多个 ν, 有 $C^\nu \cap \mathcal{O}^\mu \neq \varnothing$, 因此对这样的球 $\mathcal{O}^\mu$, 除了有限多个 $\nu \in N$ 外, 都有 $C^\nu \cap \mathcal{O}^\mu \neq \varnothing$. 因此由定理 2.1(c)(a′) 有 $C \subset \liminf_{\nu \in N} C^\nu$, 所以可得到 $C^\nu \overset{N}{\to} C$. ■

实数序列的上极限是该序列所有聚点的最大者, 下极限是该序列所有聚点的最小者, 这一结论在集合序列的内、外极限的表示上也有对应.

命题 2.3 (内极限与外极限的极限表示) 对 $\Re^n$ 中的集合序列 C^ν, 定义

$$\mathcal{L} = \{C : \exists N \in \mathcal{N}_\infty^\# \text{ 满足} C^\nu \overset{N}{\to} C\}.$$

则

$$\liminf_{\nu \to \infty} C^\nu = \cap_{C \in \mathcal{L}} C, \quad \limsup_{\nu \to \infty} C^\nu = \cup_{C \in \mathcal{L}} C.$$

证明 任取 $x \in \liminf_\nu C^\nu$, 存在 $N_x \in \mathcal{N}_\infty$, 存在 $x^\nu \in C^\nu$, $\nu \in N_x$, x 是 $\{x^\nu\}_{\nu \in N_x}$ 的极限. 对任何 $N \subset N_x$ 满足 $N \in \mathcal{N}_\infty^\#$, x 是序列 $\{x^\nu\}_{\nu \in N}$ 的极限, 则如果子序列 $\{C^\nu\}_{\nu \in N}$ 的极限存在, x 也属于这一极限. 由定理 2.3, $\{C^\nu\}_{\nu \in \mathbf{N}}$ 存在收敛的子序列. 因此有 $\liminf_{\nu \to \infty} C^\nu \subset \cap_{C \in \mathcal{L}} C$.

现在证明 liminf 的相反的包含关系. 如果 x 不属于 $\liminf_\nu C^\nu$, 存在指标集合 $N_x \in \mathcal{N}_\infty^\#$, 存在 x 的一邻域 V, 满足 $C^\nu \cap V = \varnothing, \forall \nu \in N_x$. 由定理 2.3, 存在 $N \subset N_x, N \in \mathcal{N}_\infty^\#$ 和集合 C, 满足 $C^\nu \xrightarrow{N} C$. 则得到 $C \in \mathcal{L}$, 但 $x \notin C$.

对于 limsup 的情况, 包含关系 $\supset$ 是显然的. 另一方面, 对任何属于 $\limsup_\nu C^\nu$ 的点 x, 存在 $N_x \in \mathcal{N}_\infty^\#$, 存在 $x^\nu \in C^\nu, \nu \in N_x$, x 是 $\{x^\nu\}_{\nu \in N_x}$ 的极限. 由定理 2.3, 存在 $N \subset N_x$, $N \in \mathcal{N}_\infty^\#$, 子序列 $\{C^\nu\}_{\nu \in N}$ 收敛到某一集合 C. 尤其 $x^\nu \xrightarrow{N} x$, 因此 $x \in C$. 这证得相反的包含关系. ■

2.1.4 地平极限

由于宇宙空间 csm $\Re^n$ 中的集合可以唯一地表示为 $C \cup \operatorname{dir} K$, 其中 C 是 $\Re^n$ 中的一子集合, K 是 $\Re^n$ 的一锥, 可以如下表示宇宙意义下的收敛

$$C^\nu \cup \operatorname{dir} K^\nu \xrightarrow{c} C \cup \operatorname{dir} K, \quad \text{或 } C \cup \operatorname{dir} K = \text{c-}\lim_\nu [C^\nu \cup \operatorname{dir} K^\nu].$$

集合列 $C^\nu \subset \Re^n$ 的地平外极限 (horizon outer limit) 与地平内极限 (horizon inner limit) 分别定义为

$$\begin{aligned} \limsup_\nu{}^\infty C^\nu &:= \{0\} \cup \left\{x : \exists N \in \mathcal{N}_\infty^\#, x^\nu \in C^\nu, \lambda^\nu \searrow 0, \lambda^\nu x^\nu \xrightarrow{N} x\right\}, \\ \liminf_\nu{}^\infty C^\nu &:= \{0\} \cup \left\{x : \exists N \in \mathcal{N}_\infty, x^\nu \in C^\nu, \lambda^\nu \searrow 0, \lambda^\nu x^\nu \xrightarrow{N} x\right\}. \end{aligned} \tag{2.3}$$

称集合序列 C^ν 的地平极限 (horizon limit) 存在, 如果它的地平内、外极限相等:

$$\lim_\nu{}^\infty C^\nu = K \Longleftrightarrow \limsup_\nu{}^\infty C^\nu = K = \liminf_\nu{}^\infty C^\nu.$$

练习 2.3 (宇宙内外极限)　对任何集合序列 $C^\nu \subset \Re^n$, 锥 $\limsup_\nu^\infty C^\nu$ 与 $\liminf_\nu^\infty C^\nu$ 是闭的. 集合列 $C^\nu \cup \operatorname{dir} K^\nu$ 的宇宙外极限 (cosmic outer limit) 为

$$(\limsup_\nu C^\nu) \cup \operatorname{dir}\ (\limsup_\nu{}^\infty C^\nu \cup \limsup_\nu K^\nu),$$

宇宙内极限 (cosmic inner limit) 是

$$(\liminf_\nu C^\nu) \cup \operatorname{dir}\ (\liminf_\nu{}^\infty C^\nu \cup \liminf_\nu K^\nu),$$

因此, $C^\nu \cup \operatorname{dir} K^\nu \xrightarrow{c} C \cup \operatorname{dir} K$ 当且仅当 $C^\nu \to C$ 与

$$\limsup_\nu{}^\infty C^\nu \cup \limsup_\nu K^\nu \subset K \subset \liminf_\nu{}^\infty C^\nu \cup \liminf_\nu K^\nu.$$

例 2.2 (最终有界序列)　集合序列 $C^\nu \subset \Re^n$ 具有性质 $\limsup_\nu^\infty C^\nu = \{0\}$ 的充分必要条件是它在下述意义下是最终有界的: 存在指标集合 $N \in \mathcal{N}_\infty$ 满足, 集合 $\cup_{\nu \in N} C^\nu$ 是有界的.

定义 2.2 (集合的全收敛) 称集合序列 $C^\nu \subset \Re^n$ 全收敛于 $C \subset \Re^n$, 记为 $C^\nu \xrightarrow{t} C$, 如果 $\mathrm{csm} C^\nu \xrightarrow{c} \mathrm{csm}\, C$, 或等价地, 在宇宙空间 $\mathrm{csm}\Re^n$ 中 $C^\nu \xrightarrow{c} \mathrm{csm}\, C$.

命题 2.4 (全收敛的地平准则) 对于 $\Re^n$ 中的集合 C^ν 与 C,

$$C^\nu \xrightarrow{t} C \Longleftrightarrow \lim_\nu C^\nu = C, \quad \limsup_\nu^\infty C^\nu \subset C^\infty,$$

此时其实有 $\lim_\nu^\infty C^\nu = C^\infty$.

定理 2.4(自动全收敛的情况) 在下述各种情况之下, 通常意义下的收敛 $C^\nu \to C \neq \varnothing$ 意味着全收敛 $C^\nu \xrightarrow{t} C$:

(a) 对所有的 ν, C^ν 是凸集合;

(b) 对所有的 ν, C^ν 是锥;

(c) 对所有的 ν, $C^\nu \subset C^{\nu+1}$;

(d) 对所有的 ν, $C^\nu \subset B$, 其中 B 是有界集合;

(e) C^ν 在 Pompeiu-Hausdorff 距离意义下收敛到 C.

证明 只需要证明在几种情况下都有 $\limsup_\nu^\infty C^\nu \subset C^\infty$, 则由 $C^\nu \to C$ 可推出 $C^\nu \xrightarrow{t} C$.

情况 (e). 存在 $\varepsilon^k \searrow 0$ 满足 $C^\nu \subset C + \varepsilon^k \mathbf{B}$. 则 $\limsup_\nu^\infty C^\nu \subset \limsup_\nu^\infty (C + \varepsilon^k \mathbf{B}) = C^\infty$.

情况 (d). 有 $\limsup_\nu^\infty C^\nu = \{0\}$ 与 $C^\infty = \{0\}$.

情况 (c). 关系 $C = \mathrm{cl} \cup_\nu C^\nu$ 可推出任何点列 $x^\nu \in C^\nu$ 都在 C 中. 包含关系 $\limsup_\nu^\infty C^\nu \subset C^\infty$ 直接由这两个集合的定义得到.

情况 (b). 很显然有 $\limsup_\nu^\infty C^\nu = \limsup_\nu C^\nu$ 且 C 仍然是一锥, 因此 $C^\infty = C$. 由假设 $C^\nu \to C$, 有 $\limsup_\nu C^\nu = C$.

情况 (a). 考虑 $w \in \limsup_\nu^\infty C^\nu$. 要证 $w \in C^\infty$, 只需要证明: 对于 $\bar{x} \in C$, 有 $C \supset \{\bar{x} + \tau w : \tau \geqslant 0\}$(由定理 1.13). 对任意 $\tau \geqslant 0$, 向量 τw 属于 $\limsup_\nu^\infty C^\nu$, 因此存在 $N \in \mathcal{N}_\infty^\#$, $\lambda^\nu \searrow 0$ 与 $x^\nu \in C^\nu$ 满足 $\lambda^\nu x^\nu \xrightarrow{N} \tau w$. 对于这一指标集合 N 有 $w \in \liminf_{\nu \in N}^\infty C^\nu$ 与 $C = \liminf_{\nu \in N} C^\nu$.

因此对任何 $\bar{x} \in C$, 存在 $\bar{x}^\nu \xrightarrow{N} \bar{x}$, 其中 $\bar{x}^\nu \in C^\nu$. 集合 C^ν 的凸性可推出当 ν 充分大时, $\lambda^\nu \leqslant 1$, 有 $(1-\lambda^\nu)\bar{x}^\nu + \lambda^\nu x^\nu \in C^\nu$; 这些点收敛到 $\bar{x} + \tau w \in \liminf_{\nu \in N} C^\nu = C$. 因此, $\bar{x} + \tau w \in C$ 对任何 $\tau \geqslant 0$ 成立, 结论得证. ■

2.1.5 运算的连续性

连续映射作用收敛集合序列得到的像集合序列是否收敛到映射作用在极限集合得到的像集合, 下面的定理给出答案.

定理 2.5(像的连续性) 对集合序列 $C^\nu \subset \Re^n$ 与一连续映射 $F : \Re^n \to \Re^m$, 总

有

$$F(\liminf_{\nu} C^{\nu}) \subset \liminf_{\nu} F(C^{\nu}),\ F(\limsup_{\nu} C^{\nu}) \subset \limsup_{\nu} F(C^{\nu}). \tag{2.4}$$

如果 $K \cap \limsup_{\nu}^{\infty} C^{\nu} = \{0\}$, 其中 $K = \{0\} \cup \{x \neq 0 : \exists x^{\nu} \to \operatorname{dir} x, F(x^{\nu})$是有界的$\}$, 则第二个包含关系成等式. 因此在此条件下, 有

$$C^{\nu} \to C \Longrightarrow F(C^{\nu}) \to F(C).$$

尤其当序列 $\{C^{\nu}\}_{\nu \in \mathbf{N}}$ 是最终有界的, 或者当 F 满足性质: 当 $\|x\| \to \infty$ 时, $\|F(x)\| \to +\infty$, 条件 (2.4) 成立.

证明　关于内极限与外极限的两个一般的包含关系式是显然成立的. 假设 $K \cap \limsup_{\nu}^{\infty} C^{\nu} = \{0\}$. 考虑 $u \in \limsup_{\nu} F(C^{\nu})$: 存在指标集合 $N_0 \in \mathcal{N}_{\infty}^{\#}$ 与 $x^{\nu} \in C^{\nu}, \nu \in N_0$ 满足 $u = \lim_{\nu \in N_0} F(x^{\nu})$. 现在证明序列 $\{x^{\nu}\}_{\nu \in N_0}$ 是有界的. 假设这一序列不是有界的, 则存在一指标集合 $N \subset N_0$, $N \in \mathcal{N}_{\infty}^{\#}$ 与 $x \neq 0$ 使得 $x^{\nu} \xrightarrow{N} \operatorname{dir} x$. 根据定义有 $x \in \limsup_{\nu}^{\infty} C^{\nu}$, 因为 $F(x^{\nu}) \xrightarrow{N} u$, $\{F(x^{\nu})\}_{\nu \in N}$ 是有界的, 这与条件 $K \cap \limsup_{\nu}^{\infty} C^{\nu} = \{0\}$ 矛盾. 由序列 $x^{\nu}_{\nu \in N_0}$ 的有界性, 存在聚点 x 属于 $\limsup_{\nu} C^{\nu}$, 因为映射 F 是连续的, 可得 $F(x) = u$. 因此, $u \in F(\limsup_{\nu} C^{\nu})$, 外极限的包含关系成为等式. 根据此等式, 在 $C^{\nu} \to C$ 的情况, 可得

$$\limsup_{\nu} F(C^{\nu}) = F(C) \subset \liminf_{\nu} F(C^{\nu}),$$

所以有 $\lim_{\nu} F(C^{\nu}) = F(C)$.

如果集合序列 C^{ν} 是最终有界的, 或者 $K = \{0\}$, 条件 $K \cap \limsup_{\nu}^{\infty} C^{\nu} = \{0\}$ 是平凡成立的. 当然, 如果 $\|x\| \to \infty$ 时有 $\|F(x)\| \to \infty$, $K = \{0\}$ 显然成立. ■

作为特例, 如果上述定理中的 F 是线性映射, 则结论可以加强.

定理 2.6　对于线性映射 $L : \Re^n \to \Re^m$, 如果 $C^{\nu} \xrightarrow{\mathrm{t}} C$, $L^{-1}(0) \cap C^{\infty} = \{0\}$, 则 $L(C^{\nu}) \xrightarrow{\mathrm{t}} L(C)$.

证明　由 $C^{\nu} \xrightarrow{\mathrm{t}} C$ 可得 $\limsup_{\nu}^{\infty} C^{\nu} \subset C^{\infty}$(由命题 2.4). 另一方面, 定理 2.5 中的 $F = L$, 其中的锥 K 是 $L^{-1}(0)$. 由定理 2.5, 条件 $L^{-1}(0) \cap C^{\infty} = \{0\}$ 可推出 $L(C^{\nu}) \to L(C)$. 由定理 1.14, 有 $L(C^{\infty}) \subset L(C)^{\infty}$, 因此为验证 $L(C^{\nu}) \xrightarrow{\mathrm{t}} L(C)$, 只需要 (再次由命题 2.4) 证明 $\limsup_{\nu}^{\infty} L(C^{\nu}) \subset L(C^{\infty})$.

设 $u \in \limsup_{\nu}^{\infty} L(C^{\nu})$, 则存在 $N_0 \in \mathcal{N}_{\infty}^{\#}$, 对于 $\nu \in N_0$, 存在 $x^{\nu} \in C^{\nu}$ 与 $\lambda^{\nu} \searrow 0$ 满足 $\lambda^{\nu} L(x^{\nu}) \xrightarrow{N_0} u$. 因为 L 是线性的, 则 $L(\lambda^{\nu} x^{\nu}) \xrightarrow{N_0} u$. 如果 $\{\lambda^{\nu} x^{\nu}\}_{\nu \in N_0}$ 是无界的, 它有一方向聚点 dir x, 其中 $x \neq 0$, 则存在 $N \subset N_0$, $N \in \mathcal{N}_{\infty}^{\#}$, $\mu^{\nu} \searrow 0$ 满足 $\mu^{\nu} \lambda^{\nu} x^{\nu} \xrightarrow{N} x$. 则得到 $x \in \limsup_{\nu}^{\infty} \subset C^{\infty}$, 由于 $L(\lambda^{\nu} x^{\nu}) \xrightarrow{N} u$, 有 $L(x) = \lim_{\nu \in N} L(\mu^{\nu} \lambda^{\nu} x^{\nu}) = \lim_{\nu \in N} \mu^{\nu} L(\lambda^{\nu} x^{\nu}) = 0$. 因为 $L^{-1}(0) \cap C^{\infty} = \{0\}$, 这是不可能的. 因此, 序列 $\{\lambda^{\nu} x^{\nu}\}_{\nu \in N_0}$ 是有界的, 它具有聚点 x; 存在 $N \subset N_0$, $N \in \mathcal{N}_{\infty}^{\#}$,

有 $\lambda^\nu x^\nu \xrightarrow{N} x$. 于是 $x \in \limsup_\nu^\infty C^\nu \subset C^\infty$ 与 $u = \lim_{\nu\in N} L(\lambda^\nu x^\nu) = L(x)$. 所以, $u \in L(C^\infty)$. ■

如果定理 2.6 中的线性映射具体为到一线性空间的投影映射, 则有下述结论.

例 2.3 (凸集合投影的收敛性) 令 M 是 $\Re^n$ 的一线性子空间, P_M 是到 M 上的投影映射. 对于凸集合 $C^\nu \subset \Re^n$, 如果 $C^\nu \to C$, 且 $M^{-1} \cap C^\infty = \{0\}$, 则 $P_M(C^\nu) \to P_M(C)$.

证明 映射 P_M 是线性的, 且 $P_M^{-1}(0) = M^\perp$. 对凸集合列而言, 收敛即全收敛, 结论由定理 2.6 得到. ■

注记 2.1 设线性空间 M 的一组基是 $z_1, z_2, \cdots, z_r$, 其中 $r = \dim M$. 记 $Z = (z_1, \cdots, z_r) \in \Re^{n\times r}$, 则 $M = \operatorname{rge} Z$, 对任何 $y \in \Re^n$, $P_M(y)$ 是下述问题的解

$$\begin{array}{ll} \min & \frac{1}{2}\|x-y\|^2 \\ \text{s.t.} & x \in M. \end{array}$$

计算可得

$$P_M(y) = Z(Z^{\mathrm T}Z)^{-1}Z^{\mathrm T}y.$$

尤其, 如果 $z_1, \cdots, z_r$ 是彼此标准直交的, 则 $Z^{\mathrm T}Z = I_r$, 此时 $P_M(y) = ZZ^{\mathrm T}y$.

如果 M 定义为 $M = \ker A = \{x \in \Re^n : Ax = 0\}$, 其中 $A \in \Re^{(n-r)\times n}$ 是行满秩的矩阵, 可以验证

$$P_M(y) = [I - A^{\mathrm T}(AA^{\mathrm T})^{-1}A]y.$$

可见, 无论是哪种形式, P_M 都是一线性映射.

如果定理 2.6 中的线性映射 L 被换成线性映射序列 $L^\nu \to L$, 当 $D^\nu \to D$ 时, $(L^\nu)^{-1}(D^\nu)$ 是否收敛到 $L^{-1}(D)$, 下面的定理给出答案.

定理 2.7 (凸系统解集合的收敛性) 令

$$C^\nu = \{x \in X^\nu : L^\nu(x) \in D^\nu\}, \quad C = \{x \in X : L(x) \in D\},$$

其中 $L^\nu, L : \Re^n \to \Re^m$ 是线性映射, X^ν, $X \subset \Re^n$ 与 $D^\nu, D \subset \Re^m$ 是凸集合, 满足 $L(X)$ 不能与 D 分离. 如果 $L^\nu \to L$, $\liminf_\nu X^\nu \supset X$ 且 $\liminf_\nu D^\nu \supset D$, 则 $\liminf_\nu C^\nu \supset C$. 事实上,

$$L^\nu \to L, \quad X^\nu \to X, \quad D^\nu \to D \Longrightarrow C^\nu \to C.$$

下面是一些特殊情况:

(a) 对于线性映射 $L^\nu \to L$ 与凸集合 $D^\nu \to D$, 如果 D 与 $\operatorname{rge} L$ 不能分离, 则 $(L^\nu)^{-1}(D^\nu) \to L^{-1}(D)$.

(b) 对于 $\Re^{m\times n}$ 中的矩阵 $A^\nu \to A$ 与 $\Re^m$ 中的向量 $b^\nu \to b$, 如果 A 具有满秩 m, 则 $\{x : A^\nu x = b^\nu\} \to \{x : Ax = b\}$.

(c) 对于 $\Re^n$ 中的凸集合序列 C_1^ν 与 C_2^ν, 如果凸集合 $\liminf_\nu C_1^\nu$ 与 $\liminf_\nu C_2^\nu$ 不能分离, 则包含关系 $\liminf_\nu(C_1^\nu \cap C_2^\nu) \supset \liminf_\nu C_1^\nu \cap \liminf_\nu C_1^\nu$ 成立. 事实上, 只要 C_1 与 C_2 不能分离,

$$C_1^\nu \to C_1, C_2^\nu \to C_2 \Longrightarrow C_1^\nu \cap C_2^\nu \to C_1 \cap C_2.$$

证明　因为 L^ν, L 是线性映射, $L^\nu \to L$, 易验证, 当 $\limsup_\nu X^\nu \subset X$ 与 $\limsup_\nu D^\nu \subset D$ 时, $C \supset \limsup_\nu C^\nu$. 因此我们侧重证明, 当 $\liminf_\nu X^\nu \supset X$ 与 $\liminf_\nu D^\nu \supset D$ 成立时, $C \subset \liminf_\nu C^\nu$. 取 $\bar{x} \in C$; 我们要生成 $x^\nu \in X^\nu$ 满足 $x^\nu \to \bar{x}$. 显然 $\bar{x} \in X$, 且对于 $\bar{u} := L(\bar{x})$ 有 $\bar{u} \in D$. 因此存在序列 $\bar{x}^\nu \in C^\nu$ 满足 $\bar{x}^\nu \to \bar{x}$, 存在序列 $\bar{u}^\nu \in D^\nu$ 满足 $\bar{u}^\nu \to \bar{u}$. 对 $\bar{z}^\nu := L^\nu(\bar{x}^\nu) - \bar{u}^\nu$, 有 $\bar{z}^\nu \to 0$. $L(X)$ 不能与 D 分离的条件等价于包含关系 $0 \in \operatorname{int}(L(X) - D)$. 则在 $L(X) - D$ 中存在点 0 的一单纯形邻域 S; 设 S 具有形式 $S = \operatorname{con}\{z_0, z_1, \cdots, z_m\}$, 其中 $z_i = L(x_i) - u_i$, $x_i \in X, u_i \in D$. 因为 $0 \in \operatorname{int} S$, 它可以表示为

$$0 = \sum_{i=0}^m \lambda_i z_i, \quad \lambda_i > 0, \quad \sum_{i=0}^m \lambda_i = 1.$$

因为 $X^\nu \to X$, $D^\nu \to D$, 存在 $x_i^\nu \in X^\nu$, $u_i^\nu \in D^\nu$, 满足 $x_i^\nu \to x_i$ 与 $u_i^\nu \to u_i$. 则对 $z_i^\nu = L^\nu(x_i^\nu) - u_i^\nu$, 有 $z_i^\nu \to z_i$, 因此对充分大的 ν, 有下述表达式

$$0 = \sum_{i=0}^m \lambda_i^\nu z_i^\nu = \sum_{i=0}^m \lambda_i^\nu (L^\nu(x_i^\nu) - u_i^\nu), \quad \lambda_i^\nu > 0, \quad \sum_{i=0}^m \lambda_i^\nu = 1,$$

其中 $\lambda_i^\nu \to \lambda_i$. 同时, 由于 $\bar{z}^\nu \to 0$, 对充分大的 ν, 有如下表示

$$\bar{z}^\nu = \sum_{i=0}^m \bar{\lambda}_i^\nu z_i^\nu = \sum_{i=0}^m \bar{\lambda}_i^\nu (L^\nu(x_i^\nu) - u_i^\nu), \quad \bar{\lambda}_i^\nu > 0, \quad \sum_{i=0}^m \bar{\lambda}_i^\nu = 1,$$

其中 $\bar{\lambda}_i^\nu \to \lambda_i$. 对充分大的 ν, 定义 $\theta^\nu = \min\{1, \lambda_0^\nu/\bar{\lambda}_0^\nu, \cdots, \lambda_m^\nu/\bar{\lambda}_m^\nu\}$, 则 $0 \leqslant \theta^\nu \leqslant 1$, $\theta^\nu \to 1$. 令 $\mu_i^\nu = \lambda_i^\nu - \theta^\nu \bar{\lambda}_i^\nu$, 有 $0 \leqslant \mu_i^\nu \to 0$, $\sum_{i=0}^m \mu_i^\nu + \theta^\nu = 1$, 从而向量 $x^\nu := \sum_{i=0}^m \mu_i^\nu x_i^\nu + \theta^\nu \bar{x}^\nu$ 与 $u^\nu := \sum_{i=0}^m \mu_i^\nu u_i^\nu + \theta^\nu \bar{u}^\nu$ 分别属于 X^ν 与 D^ν, 根据集合的凸性, 它们分别收敛到 $\bar{x}$ 与 $\bar{u}$. 于是得到 $0 = L^\nu(x^\nu) - u^\nu$, 从而有 $x^\nu \in C^\nu$.

对于 (a) 中的特殊情况, 取 $X^\nu = \Re^n$, 可得结论. 对于 (b), 在 (a) 中置 $D^\nu = \{b^\nu\}$, $L^\nu(x) = A^\nu x, L(x) = Ax$, 可得结论. 对于 (c), 令 $X^\nu = C_1^\nu, D^\nu = C_2^\nu$ 与 $L^\nu = I$, 可得结论. ■

2.1.6 收敛的量化表示

如果能引入合适的距离使得所有非空闭集合构成的集合类成为一度量空间, 就可以给出集合序列收敛的量化表示. 但我们可以看到, 即使给出的 $\mathbf{d}_\infty, \mathbf{d}_\rho, \widehat{\mathbf{d}}_\rho$ 不能构成这一集合类的度量, 它们还是可以用来刻画集合列的收敛性. 本小节, 我们需要下述关于距离函数关系的结论.

引理 2.1(距离函数的关系) 令 C_1 与 C_2 是 $\Re^n$ 中的闭子集合. 令 $\varepsilon > 0, \rho > 0$, $\rho' \geqslant 2\rho + d_{C_1}(0)$. 则

(a) $C_1 \cap \rho\mathbf{B} \subset C_2 + \varepsilon\mathbf{B} \quad \Longleftarrow \quad d_{C_2} \leqslant d_{C_1} + \varepsilon$ 于 $\rho\mathbf{B}$,

(b) $d_{C_2} \leqslant d_{C_1} + \varepsilon$ 于 $\rho\mathbf{B} \quad \Longleftarrow \quad C_1 \cap \rho'\mathbf{B} \subset C_2 + \varepsilon\mathbf{B}$,

(c) $d_{C_2} \leqslant d_{C_1} + \varepsilon$ 于 $\Re^n \quad \Longleftarrow \quad C_1 \subset C_2 + \varepsilon\mathbf{B}$,

(d) $d_{C_2} \geqslant d_{C_1}$ 于 $\rho\mathbf{B} \quad \Longleftarrow \quad 2\rho + d_{C_1}(0) \leqslant d_{C_2}(0)$.

如果 C_1 是凸的, 题设中的 $\rho' \geqslant 2\rho + d_{C_1}(0)$ 可改为 $\rho' \geqslant \rho + d_{C_1}(0)$. 如果还有 $0 \in C_1$, 则 (b) 中的 ρ' 可被 ρ 代替, 从而结合 (a) 与 (b) 可得

$$C_1 \cap \rho\mathbf{B} \subset C_2 + \varepsilon\mathbf{B} \Longleftrightarrow d_{C_2} \leqslant d_{C_1} + \varepsilon \text{ 在}\rho\mathbf{B}\text{上成立}.$$

若 C_1 是一锥, 则这一等价关系不需要凸性假设也是成立的.

证明 如果 $C_1 = \varnothing$, 所有结论是显然的. 因此不妨设 $C_1 \neq \varnothing$. 如果在 $\rho\mathbf{B}$ 上有 $d_{C_2} \leqslant d_{C_1} + \varepsilon$, 则对每一 $x \in C_1 \cap \rho\mathbf{B}$ 有 $d_{C_2}(x) \leqslant \varepsilon$(因为 $d_{C_1}(x) = 0$). 因为 C_2 是闭集合, 这意味着 $C_1 \cap \rho\mathbf{B} \subset C_2 + \varepsilon\mathbf{B}$, 因此结论 (a) 成立. 对于 (b) 和 (c), 由于对任何 x 与满足 $D \subset C_2 + \varepsilon\mathbf{B}$ 的集合 D, 有

$$\begin{aligned} d(x, D) &\geqslant d(x, C_2 + \varepsilon\mathbf{B}) \\ &= \inf\{\|(y + \varepsilon z) - x\| : y \in C_2, z \in \mathbf{B}\} \\ &\geqslant \inf\{\|y - x\| - \varepsilon\|z\| : y \in C_2, z \in \mathbf{B}\} \\ &= d(x, C_2) - \varepsilon, \end{aligned}$$

因此在整个空间 $\Re^n$ 上有 $d_{C_2} \leqslant d_D + \varepsilon$. 令 $D = C_1$, 可得 (c). 取 $D = C_1 \cap \rho'\mathbf{B}$, 如果能够验证, 当 $x \in \rho\mathbf{B}$, $\rho' \geqslant 2\rho + d_{C_1}(0)$ 时 (当 C_1 是一锥时, $\rho' \geqslant \rho$ 就足够了, 因为任何点 $x \in \rho\mathbf{B}$ 在 C_1 的任何射线上的投影在 $\rho'\mathbf{B}$ 中, 可见本引理最后的结论是成立的), $d(x, C_1 \cap \rho'\mathbf{B}) = d(x, C_1)$, 即可证得 (b).

现在来验证上述论断, 设 $\|x\| \leqslant \rho$, 考虑任意的 $x_1 \in P_{C_1}(x)$, 只需要证明当 ρ' 满足所述不等式时, 有 $x_1 \in \rho'\mathbf{B}$. 因为 $\|x_1\| \leqslant \|x\| + \|x_1 - x\|$, $\|x_1 - x\| = d(x, C_1) \leqslant d(x, 0) + d(0, C_1)$, 得到 $\|x_1\| \leqslant 2\|x\| + d(0, C_1) \leqslant 2\rho + d(0, C_1) \leqslant \rho'$. 在 C_1 为凸集合的情况, 考虑点 $x_0 \in C_1$ 满足 $\|x_0\| = d_{C_1}(0)$. 对任何 $\tau \in (0, 1)$, 有 $x_\tau = (1 - \tau)x_0 + \tau x_1 \in C_1$, 从而

$$0 \leqslant \|x_\tau\|^2 - \|x_0\|^2 = 2\tau\langle x_0, x_1 - x_0\rangle + \tau^2\|x_1 - x_0\|^2.$$

上式两边除以 τ 并取 $\tau \searrow 0$ 时的极限. 可得到 $\langle x_0, x_1 - x_0\rangle \geqslant 0$. 同样, 由 $x_\tau - x = (x_1 - x) - (1-\tau)(x_1 - x_0)$ 可得

$$0 \leqslant \|x_\tau - x\|^2 - \|x_1 - x\|^2 = -2(1-\tau)\langle x_1 - x, x_1 - x_0\rangle + (1-\tau)^2\|x_1 - x_0\|^2,$$

上式两边同时除以 $1-\tau$ 并取 $\tau \nearrow 1$ 时的极限, 得到 $\langle x - x_1, x_1 - x_0\rangle \geqslant 0$. 注意到 $\langle x_0, x_1 - x_0\rangle \geqslant 0$, 可得 $\langle x - x_1 + x_0, x_1 - x_0\rangle \geqslant 0$. 由此得到 $\|x_1 - x_0\|^2 \leqslant \langle x, x_1 - x_0\rangle \leqslant \|x\|\|x_1 - x_0\|$, 有 $\|x_1 - x_0\| \leqslant \|x\| \leqslant \rho$. 于是 $\|x_1\| \leqslant \|x_1 - x_0\| + \|x_0\| \leqslant \rho + d_{C_1}(0)$, 从而为保证 $x_1 \in \rho'\mathbf{B}$, 只需要取 $\rho' \geqslant \rho + d_{C_1}(0)$.

观察到, 对于 $x \in \rho\mathbf{B}$, $d(x, C_2) \geqslant d(0, C_2) - d(x, 0) \geqslant d(0, C_2) - \rho$, 类似地, $d(x, C_1) \leqslant d(x, 0) + d(0, C_1) \leqslant \rho + d(0, C_1)$. 因此当 $\rho + d(0, C_1) \leqslant d(0, C_2) - \rho$ 时, 即 $d(0, C_2) \geqslant 2\rho + d(0, C_1)$ 时, 在 $\rho\mathbf{B}$ 上有 $d_{C_2} \geqslant d_{C_1}$, 这证得 (d). ■

下述定理给出了集合收敛与距离函数列收敛的关系, 其中关于一致收敛与等度连续的概念可参看本书第 2.2 节.

定理 2.8　对于 $\Re^n$ 中的子集合 C^ν 与 C, 其中 C 是非空闭集合, 有 $C^\nu \to C$ 当且仅当距离函数列 d_{C^ν} 在所有的有界集合 $B \subset \Re^n$ 上一致收敛到 d_C. 对于 $B = \rho\mathbf{B}$,

(a) $C \subset \liminf_\nu C^\nu$ 当且仅当对每一 $\rho > 0$ 与 $\varepsilon > 0$, 存在一指标集合 $N \in \mathcal{N}_\infty$, 满足对所有 $x \in \rho\mathbf{B}$, 当 $\nu \in N$ 时, $d(x, C^\nu) \leqslant d(x, C) + \varepsilon$;

(b) $C \supset \limsup_\nu C^\nu$ 当且仅当对每一 $\rho > 0$ 与 $\varepsilon > 0$, 存在一指标集合 $N \in \mathcal{N}_\infty$, 满足对所有 $x \in \rho\mathbf{B}$, 当 $\nu \in N$ 时, $d(x, C^\nu) \geqslant d(x, C) - \varepsilon$.

证明　由推论 2.1, 有 $C^\nu \to C$ 当且仅当对所有的 $x \in \Re^n$, $d_{C^\nu}(x) \to d_C(x)$ 成立. 由于函数 $d_{C^\nu}(\cdot)$ 在任何点处都是等度连续的, $d_{C^\nu}(\cdot)$ 在有界集合上的一致收敛性是自动成立的. 由于不等式 $d_C(x_1) \leqslant d_C(x_2) + \|x_1 - x_2\|$ 对所有的点 x_1 与 x_2 都成立, 同样地, 该不等式对每个函数 d_{C^ν} 也是成立的. 因此, 函数 $\max\{d_{C^\nu}, d_C\}$ 与 $\min\{d_{C^\nu}, d_C\}$ 也满足上述不等式, 即

$$\begin{aligned}
\max\{d_{C^\nu}(x_1), d_C(x_1)\} &\leqslant \max\{d_{C^\nu}(x_2) + \|x_1 - x_2\|, d_C(x_2) + \|x_1 - x_2\|\} \\
&= \max\{d_{C^\nu}(x_2), d_C(x_2)\} + \|x_1 - x_2\|, \\
\min\{d_{C^\nu}(x_2), d_C(x_2)\} &\leqslant \min\{d_{C^\nu}(x_1) - \|x_1 - x_2\|, d_C(x_1) - \|x_1 - x_2\|\} \\
&= \min\{d_{C^\nu}(x_1), d_C(x_1)\} - \|x_1 - x_2\|.
\end{aligned}$$

下面集中验证定理 2.8(a) 与 (b) 中的结论, 该结论主要依赖于引理 2.1 与定理 2.2 中集合收敛的几何性质. 令引理 2.1(a) 中 $C_1 = C$, $C_2 = C^\nu$. 若对任意 $x \in \rho\mathbf{B}$, $d_{C^\nu}(x) \leqslant d_C(x) + \varepsilon$, 有 $C \cap \rho\mathbf{B} \subset C^\nu + \varepsilon\mathbf{B}$. 由定理 2.2(a) 知 $C \subset \liminf_\nu C^\nu$ 成立.

反过来, 若 $C \subset \liminf_\nu C^\nu$, 对任意 ρ, 取 $\rho' = 2\rho + d_C(0)$, 把 ρ' 应用于定理 2.2(a), 有 $C \cap \rho'\mathbf{B} \subset C^\nu + \varepsilon\mathbf{B}$. 由引理 2.1(b) 可以得到, 对任何 $x \in \rho\mathbf{B}$, $d_{C^\nu}(x) \leqslant d_C(x) + \varepsilon$.

令引理 2.1 中 $C_1 = C^\nu$, $C_2 = C$. 结论 (b) 的证明与前面结论 (a) 的证明基本一致. 由 $C \supset \limsup_\nu C^\nu$ 推出对每一 $\rho > 0$ 与 $\varepsilon > 0$, 存在一指标集合 $N \in \mathcal{N}_\infty$, 满足对所有 $x \in \rho\mathbf{B}$, 当 $\nu \in N$ 时, $d(x, C^\nu) \geqslant d(x, C) - \varepsilon$ 时, 要选取 ρ' 满足对所有的 $\nu \in N$, $\rho' > 2\rho + d_{C^\nu}(0)$ 并且 $d_{C^\nu}(0) < 2\rho + d_C(0)$. 此时, 我们选取 $\rho' = 4\rho + d_{C^\nu}(0)$ 即可. ■

引入记号:

$$
\begin{aligned}
\text{sets}(\Re^n) &:= \Re^n\text{中所有子集合构成的空间},\\
\text{cl-sets}(\Re^n) &:= \Re^n\text{中所有闭子集合构成的空间},\\
\text{cl-sets}_{\neq\varnothing}(\Re^n) &:= \Re^n\text{中所有非空闭子集合构成的空间}.
\end{aligned}
\tag{2.5}
$$

定义集合间的两个度量:

$$
\begin{aligned}
\mathbf{d}_\rho(C, D) &:= \max_{\|x\| \leqslant \rho} \|d_C(x) - d_D(x)\|,\\
\widehat{\mathbf{d}}_\rho(C, D) &:= \inf\{\eta \geqslant 0 : C \cap \rho\mathbf{B} \subset D + \eta\mathbf{B}, D \cap \rho\mathbf{B} \subset C + \eta\mathbf{B}\},
\end{aligned}
\tag{2.6}
$$

尤其 $\mathbf{d}_0(C, D) = \|d_C(0) - d_D(0)\|$.

定理 2.9 (集合收敛的量化表示) 对每一 $\rho \geqslant 0$, $\mathbf{d}_\rho$ 是空间 $\text{cl}-\text{sets}_{\neq\varnothing}(\Re^n)$ 的一伪度量 (即两个不同点的距离可以为零), 但 $\widehat{\mathbf{d}}_\rho$ 不是伪度量. $\{\mathbf{d}_\rho\}_{\rho\geqslant 0}$ 与 $\{\widehat{\mathbf{d}}_\rho\}_{\rho\geqslant 0}$ 都可以刻画集合的收敛: 对任何 $\bar{\rho} \in \Re_+$,

$$
\begin{aligned}
C^\nu \to C &\Longleftrightarrow \mathbf{d}_\rho(C^\nu, C) \to 0 \text{ 对}\rho \geqslant \bar{\rho}\\
&\Longleftrightarrow \widehat{\mathbf{d}}_\rho(C^\nu, C) \to 0 \text{ 对}\rho \geqslant \bar{\rho}.
\end{aligned}
$$

证明 定理 2.8 给出了 $\mathbf{d}_\rho$ 形式的集合收敛性特点, 而定理 2.2 给出的是 $\widehat{\mathbf{d}}_\rho$ 形式的集合收敛性特点. 由于 $\mathbf{d}_\rho(C_1, C_2) \in \Re_+$, $\mathbf{d}_\rho(C_1, C_2) = \mathbf{d}_\rho(C_2, C_1)$, 由 (2.6) 及不等式

$$
\|d_{C_1}(x) - d_{C_2}(x)\| \leqslant \|d_{C_1}(x) - d_C(x)\| + \|d_C(x) - d_{C_2}(x)\|.
$$

可以得出三角不等式 $\mathbf{d}_\rho(C_1, C_2) \leqslant \mathbf{d}_\rho(C_1, C) + \mathbf{d}_\rho(C, C_2)$ 成立, 那么 $\mathbf{d}_\rho$ 满足伪度量性质, 即 $\mathbf{d}_\rho$ 是一个伪度量.

若取 $C_1 = \{1\} \subset \Re$, $C_2 = \{-1\}$, $C = \{-6/5, 6/5\}$, $\rho = 1$, 有 $\widehat{\mathbf{d}}_\rho(C_1, C_2) > \widehat{\mathbf{d}}_\rho(C_1, C) + \widehat{\mathbf{d}}_\rho(C, C_2)$. $\widehat{\mathbf{d}}_\rho$ 不满足三角不等式, 即 $\widehat{\mathbf{d}}_\rho$ 不是伪度量. ■

下面的命题给出 $\mathbf{d}_\rho(C_1, C_2)$ 与 $\widehat{\mathbf{d}}_\rho(C_1, C_2)$ 之间的关系.

命题 2.5(距离估计) 距离表示 $\mathbf{d}_\rho(C_1,C_2)$ 与 $\widehat{\mathbf{d}}_\rho(C_1,C_2)$(其中 C_1 与 C_2 是 $\Re^n$ 中的非空闭集合) 是 $\Re_+$ 上的关于 ρ 的非递减函数, $\mathbf{d}_\rho(C_1,C_2)$ 连续依赖于 ρ. 有

(a) $\widehat{\mathbf{d}}_\rho(C_1,C_2)\leqslant \mathbf{d}_\rho(C_1,C_2)\leqslant \widehat{\mathbf{d}}_{\rho'}(C_1,C_2)$, 若 $\rho'\geqslant 2\rho\max\{d_{C_1}(0),d_{C_2}(0)\}$,

(b) $\widehat{\mathbf{d}}_\rho(C_1,C_2)=\mathbf{d}_\rho(C_1,C_2)=\mathbf{d}_{\rho_0}(C_1,C_2)$, 若 $\rho\geqslant\rho_0$, 如果 $C_1\cup C_2\subset\rho_0\mathbf{B}$,

(c) $\mathbf{d}_\rho(C_1,C_2)\leqslant\max\{d_{C_1}(0),d_{C_2}(0)\}+\rho$,

(d) $\|\mathbf{d}_\rho(C_1,C_2)-\mathbf{d}_{\rho_0}(C_1,C_2)\|\leqslant 2\|\rho-\rho_0\|$ 对任何 $\rho_0\geqslant 0$ 成立.

如果 C_1 与 C_2 是凸集合, 则 (a) 中的 2ρ 可由 ρ 代替. 如果它们还包含 0, 则 (a) 中的 ρ' 可由 ρ 代替, 此时

$$\widehat{\mathbf{d}}_\rho(C_1,C_2)=\mathbf{d}_\rho(C_1,C_2)\ \text{对所有}\rho\geqslant 0\text{成立}.$$

证明 由 (2.6), $\mathbf{d}_\rho(C_1,C_2)$ 与 $\widehat{\mathbf{d}}_\rho(C_1,C_2)$ 的单调性显然. 下面利用 $\|d_{C_1}(x')-d_{C_1}(x)\|\leqslant\|x'-x\|$ 来证明 $\mathbf{d}_\rho(C_1,C_2)$ 关于 ρ 的连续性. 记函数 $\phi(x):=\|d_{C_1}(x)-d_{C_2}(x)\|$, 那么

$$\begin{aligned}\|\phi(x')-\phi(x)\|&\leqslant\|[d_{C_1}(x')-d_{C_2}(x')]-[d_{C_1}(x)-d_{C_2}(x)]\|\\&\leqslant\|d_{C_1}(x')-d_{C_1}(x)\|+\|d_{C_2}(x')-d_{C_2}(x)\|\\&\leqslant 2\|x'-x\|.\end{aligned}$$

再由 (2.6), 对任何 $\rho_0\geqslant 0$,

$$\mathbf{d}_\rho(C_1,C_2)=\max_{\|x'\|\leqslant\rho}\phi(x')\leqslant\max_{\|x\|\leqslant\rho_0}\phi(x)+2\|\rho-\rho_0\|=\mathbf{d}_{\rho_0}(C_1,C_2)+2\|\rho-\rho_0\|,$$

因此我们不仅得到了 $\mathbf{d}_\rho(C_1,C_2)$ 关于 ρ 的连续性, 也证明了结论 (d).

(a) 中的不等式可以由引理 2.1(a)(b) 直接得到. 当 C_1 与 C_2 是凸集合时, 应用引理 2.1 最后关于凸集合的结论即可. 对 (b) 中的等式, 如果 $C_1\cup C_2\subset\rho_0\mathbf{B}$, 那么对所有的 $\rho\geqslant\rho_0$, $C_1\cap\rho\mathbf{B}\subset C_2+\eta\mathbf{B}$, $C_2\cap\rho\mathbf{B}\subset C_1+\eta\mathbf{B}$ 与 $C_1\subset C_2+\eta\mathbf{B}$, $C_2\subset C_1+\eta\mathbf{B}$ 等价. 再根据引理 2.1(c), $\|d_{C_1}-d_{C_2}\|\leqslant\eta$ 总是成立的, 因此结论 (b) 成立. 对于每个 $x\in\rho\mathbf{B}$, 三角不等式 $d_{C_1}(x)\leqslant d_{C_1}(0)+\rho$ 与 $d_{C_2}(x)\leqslant d_{C_2}(0)+\rho$ 成立, 因此 $\|d_{C_1}(x)-d_{C_2}(x)\|\leqslant\max\{d_{C_1}(0),d_{C_2}(0)\}+\rho$, 即结论 (c) 成立. ■

推论 2.2 (Pompeiu-Hausdorff 距离作为极限) 当 $\rho\to\infty$ 时, $\mathbf{d}_\rho(C,D)$ 与 $\widehat{\mathbf{d}}_\rho(C,D)$ 收敛到 Pompeiu-Hausdorff 距离 $\mathbf{d}_\infty(C,D)$:

$$\mathbf{d}_\infty(C,D)=\lim_{\rho\to\infty}\mathbf{d}_\rho(C,D)=\lim_{\rho\to\infty}\widehat{\mathbf{d}}_\rho(C,D).$$

证明 由例 2.1 与命题 2.5(a) 中的等式即可得到结论. ■

称序列 $\{C^\nu\}_{\nu\in\mathbf{N}}$ 是有界的, 如果存在一有界集合 B 满足对所有的 ν, $C^\nu\subset B$. 否则, 称集合列是无界的; 如果存在 $N\in\mathcal{N}_\infty$, $\{C^\nu\}_{\nu\in N}$ 有界, 则集合序列是最终有界的 (eventually bounded).

对 $X \subset \Re^n$, 记

$$\text{cl-sets}(X) := X\text{中所有闭子集合构成的空间},$$
$$\text{cl-sets}_{\neq\varnothing}(X) := X\text{中所有非空闭子集合构成的空间}.$$

下面的练习表明, $\mathbf{d}_\infty$ 可以作为由某一有界集合的所有闭子集合组成的集合类的距离函数, 即当 $X \subset \Re^n$ 是一非空有界集合时, $(\text{cl-sets}_{\neq\varnothing}(X), \mathbf{d}_\infty)$ 是一度量空间.

练习 2.4 (Pompeiu-Hausdorff 距离的性质)

(a) 对 $\text{cl-sets}_{\neq\varnothing}(X)$ 中的有界序列 $\{C^\nu\}_{\nu\in\mathbf{N}}$ 与一闭集合 C, 有 $C^\nu \to C$ 当且仅当 $\mathbf{d}_\infty(C^\nu, C) \to 0$.

(b) 对 $\text{cl-sets}_{\neq\varnothing}(\Re^n)$ 中的一无界序列 $\{C^\nu\}_{\nu\in\mathbf{N}}$, 如果 $\mathbf{d}_\infty(C^\nu, C) \to 0$, 则必存在某一指标集合 $N \in \mathcal{N}_\infty$, 满足对所有 $\nu \in N$, $(C^\nu)^\infty = C^\infty$. 事实上, 如果 $C_1^\infty \neq C_2^\infty$, 则 $\mathbf{d}_\infty(C_1, C_2) = \infty$.

(c) 设 X 是 $\Re^n$ 中一非空有界集合, 相对于 $\text{cl-sets}_{\neq\varnothing}(X)$, 距离 $\mathbf{d}_\infty(C_1, C_2)$ 是一度量.

证明 选取 ρ 充分大满足 $\cup_{\nu\in\mathbf{N}} C^\nu \subset \rho\mathbf{B}$, 由命题 2.5(b) 可以得到结论 (a). 由于 $C_1 \subset C_2 + \eta\mathbf{B}$, 有 $C_1^\infty \subset C_2^\infty$, 进而可以证明结论 (b). 集合 $C_1, C_2 \in \text{cl-sets}(X)$, $C_1 \neq C_2$ 当且仅当 $\mathbf{d}_\infty(C_1, C_2) \neq 0$, 再由推论 2.2 可以证得 (c). ■

2.1.7 超空间度量

练习 2.4 表明, 当 $X \subset \Re^n$ 是一非空有界集合时, $(\text{cl-sets}_{\neq\varnothing}(X), \mathbf{d}_\infty)$ 是一度量空间, 即 Pompeiu-Hausdorff 距离是空间 $\text{cl-sets}_{\neq\varnothing}(X)$ 的一个度量. 如果 X 是无界闭集合, 比如是整个空间时, 可采用如下定义的积分距离作为空间 $\text{cl-sets}_{\neq\varnothing}(X)$ 的一个度量.

集合 C 与 D 的 (积分) 距离定义为

$$\mathbf{d}(C, D) := \int_0^\infty \mathbf{d}_\rho(C, D)\mathrm{e}^{-\rho}\mathrm{d}\rho. \tag{2.7}$$

因为对所有的 $\rho, \mathbf{d}_\rho(C, D) \leqslant \mathbf{d}_\infty(C, D)$, $\int_0^\infty \mathrm{e}^{-\rho}\mathrm{d}\rho = 1$, 有

$$\mathbf{d}(C, D) \leqslant \mathbf{d}_\infty(C, D). \tag{2.8}$$

引理 2.2 (积分集合距离的估计) 对 $\Re^n$ 中的任何非空闭子集合 C_1 与 C_2, 对任何 $\rho \in \Re_+$, 有

(a) $\mathbf{d}(C_1, C_2) \geqslant (1 - \mathrm{e}^{-\rho})\|d_{C_1}(0) - d_{C_2}(0)\| + \mathrm{e}^{-\rho}\mathbf{d}_\rho(C_1, C_2)$,

(b) $\mathbf{d}(C_1, C_2) \leqslant (1 - \mathrm{e}^{-\rho})\mathbf{d}_\rho(C_1, C_2) + \mathrm{e}^{-\rho}(\max\{d_{C_1}(0), d_{C_2}(0)\} + \rho + 1)$,

(c) $\|d_{C_1}(0) - d_{C_2}(0)\| \leqslant \mathbf{d}(C_1, C_2) \leqslant \max\{d_{C_1}(0), d_{C_2}(0)\} + 1$.

证明 给出表示

$$\mathbf{d}(C_1, C_2) = \int_0^\rho \mathbf{d}_\tau(C_1, C_2)\mathrm{e}^{-\tau}\mathrm{d}\tau + \int_\rho^\infty \mathbf{d}_\tau(C_1, C_2)\mathrm{e}^{-\tau}\mathrm{d}\tau,$$

由 $\mathbf{d}_\rho(C_1, C_2)$ 关于 ρ 的单调性 (由命题 2.5) 可得

$$\mathbf{d}_0(C_1, C_2)\int_0^\rho \mathrm{e}^{-\tau}\mathrm{d}\tau \leqslant \int_0^\rho \mathbf{d}_\tau(C_1, C_2)\mathrm{e}^{-\tau}\mathrm{d}\tau \leqslant \mathbf{d}_\rho(C_1, C_2)\int_0^\rho \mathrm{e}^{-\tau}\mathrm{d}\tau,$$

$$\begin{aligned}\mathbf{d}_\rho(C_1, C_2)\int_\rho^\infty \mathrm{e}^{-\tau}\mathrm{d}\tau &\leqslant \int_\rho^\infty \mathbf{d}_\tau(C_1, C_2)\mathrm{e}^{-\tau}\mathrm{d}\tau \\ &\leqslant \int_\rho^\infty [\max\{d_{C_1}(0), d_{C_2}(0)\} + \tau]\mathrm{e}^{-\tau}\mathrm{d}\tau,\end{aligned}$$

其中最后一不等式来自命题 2.5(c). 下方估计可推出 (a) 中的不等式, 上方估计可推出 (b) 中的不等式.

现在证 (c). 根据命题 2.5(c), 项 $\mathrm{e}^{-\rho}\mathbf{d}_\rho(C_1, C_2)$ 收敛到 0, 对 (a) 中的不等式取 $\rho \nearrow \infty$ 时的极限, 即得左端的不等式. 在 (b) 中取 $\rho = 0$ 即得右端的不等式. ■

下面的定理表明积分距离是空间 $\text{cl-sets}_{\neq\varnothing}(\Re^n)$ 的度量, 而且 $(\text{cl-sets}_{\neq\varnothing}(\Re^n), \mathbf{d})$ 是一完备的度量空间.

定理 2.10 (集合收敛的度量刻画) **$\mathbf{d}$ 是空间 $\text{cl-sets}_{\neq\varnothing}(\Re^n)$ 的度量, 它可以刻画通常的集合收敛:**

$$C^\nu \to C \iff \mathbf{d}(C^\nu, C) \to 0.$$

进一步, $(\text{cl-sets}_{\neq\varnothing}(\Re^n), \mathbf{d})$ 是一完备的度量空间, 这一空间的序列 $\{C^\nu\}_{\nu\in\mathbf{N}}$ 逃离到地平的充分必要条件是对某一集合 C(对每一集合 C), 有 $\mathbf{d}(C^\nu, C) \to \infty$.

证明 显然有 $\mathbf{d}(C_1, C_2) \geqslant 0$, $\mathbf{d}(C_1, C_2) = \mathbf{d}(C_2, C_1)$. 由于伪度量 $\mathbf{d}_\rho(C_1, C_2)$ 满足三角不等式, 可得 $\mathbf{d}(C_1, C_2) \leqslant \mathbf{d}(C_1, C) + \mathbf{d}(C, C_2)$. 由命题 2.5(c) 中的估计可得 $\mathbf{d}(C_1, C_2) < \infty$. 因为对于闭集合 C_1 与 C_2, 距离函数 d_{C_1} 与 d_{C_2} 是连续函数, 且分别在 C_1 与 C_2 上取 0 值, 如果 $C_1 \neq C_2$, 则 $\|d_{C_1}(x) - d_{C_2}(x)\|$ 在某一开集合上取正值. 因此如果 $C_1 \neq C_2$, 则 $\mathbf{d}(C_1, C_2) > 0$. 这证得 $\mathbf{d}$ 是一度量.

很显然, 由引理 2.2(a), (b) 中的估计, 可得对每一 $\rho \geqslant 0$, $\mathbf{d}(C^\nu, C) \to 0$ 当且仅当 $\mathbf{d}_\rho(C^\nu, C) \to 0$. 由定理 2.9, 可得 $\mathbf{d}$ 是空间 $\text{cl-sets}_{\neq\varnothing}(\Re^n)$ 的度量, 它可以刻画集合的收敛性.

根据定理 2.10, 空间 $\text{cl-sets}_{\neq\varnothing}(\Re^n)$ 中的序列 $\{C^\nu\}$ 逃离到地平当且仅当它最终与每一球 $\rho\mathbf{B}$ 不交, 或等价地, $d_{C^\nu}(0) \to \infty$. 因为在引理 2.2(a), (b) 的不等式中取 $\rho = 0$, 有

$$\|d_{C^\nu}(0) - d_C(0)\| \leqslant \mathbf{d}(C^\nu, C) \leqslant \max\{d_{C^\nu}(0), d_C(0)\} + 1,$$

所以序列逃离到地平当且仅当对每一个 C 或者只对一个 C, 有 $\mathbf{d}(C^\nu, C) \to \infty$.

由于对于任何 Cauchy 序列 $\{C^\nu\}_{\nu\in\mathbf{N}}$, 对任何固定的 ν_0, 距离序列 $\{\mathbf{d}(C^\nu, C^{\nu_0}\}_{\nu\in\mathbf{N}}\}$ 是有界的, 它的任何子序列都不会逃到地平. 因此, 由定理 2.3 的紧致性质, $\text{cl-sets}_{\neq\varnothing}(\Re^n)$ 中的每一 Cauchy 序列都有一子序列, 它收敛到 $\text{cl-sets}_{\neq\varnothing}(\Re^n)$ 中的一元素, 这一元素必是该 Cauchy 序列的极限. 因此, 度量空间 $(\text{cl-sets}_{\neq\varnothing}(\Re^n), d)$ 是完备的. ■

推论 2.3 (集合度量空间的局部紧致性) 度量空间 $(\text{cl-sets}_{\neq\varnothing}(\Re^n), \mathbf{d})$ 具有性质: 对 $(\text{cl-sets}_{\neq\varnothing}(\Re^n), \mathbf{d})$ 中的每一元素 C_0 与每一 $r > 0$, 球 $\{C : \mathbf{d}(C, C_0) \leqslant r\}$ 是紧致的.

证明 由定理 2.3 中的紧致性结论及逃离到地平的刻画可证得该推论. ■

下面的命题表明空间 $(\text{cl-sets}_{\neq\varnothing}(\Re^n), \mathbf{d})$ 是可分的.

命题 2.6 (可分性与有限集合的近似) 空间 $\Re^n$ 中的每一闭集合 C 可以表示为一个序列 C^ν 的极限, 其中每一集合 C^ν 都由有限个点构成.

实际上, 集合 C^ν 中的点可以选取为以有理数为坐标的点. 因此, $\Re^n$ 中坐标为有理数的有限点的集合组成的可数集合族在度量空间 $(\text{cl-sets}_{\neq\varnothing}(\Re^n), \mathbf{d})$ 中是稠密的, 因此 $(\text{cl-sets}_{\neq\varnothing}(\Re^n), \mathbf{d})$ 是可分的.

证明 由于 $\Re^n$ 中坐标为有理数的有限点的集合组成的集合族是可数的, 可以把这个可数集合族记为 $\{C^\nu\}_{\nu\in\mathbf{N}}$. 下面证明对任何集合 $C \in \text{cl-sets}_{\neq\varnothing}(\Re^n)$, C 是某个可数集合族 $\{C^\nu\}_{\nu\in\mathbf{N}}$ 的聚点. 由于 $\mathbf{B}$ 是紧致的, 对每个 $\mu \in \mathbf{N}$, 集合 $C + \mu^{-1}\mathbf{B}$ 是闭集合, 因此 $C + \mu^{-1}\mathbf{B} \in \text{cl-sets}_{\neq\varnothing}(\Re^n)$. 再由集合列 $\{C + \mu^{-1}\mathbf{B}\}_{\mu\in\mathbf{N}}$ 是递减的并且 C 是这个集合列的交集, 那么 $C + \mu^{-1}\mathbf{B} \to C$(参见练习 2.1(b)). 我们只需证明对任何 $\mu \in \mathbf{N}$, $C + \mu^{-1}\mathbf{B}$ 是 $\{C^\nu\}_{\nu\in\mathbf{N}}$ 的一个聚点.

选取 N^μ 由满足 $C^\nu \subset C + \mu^{-1}\mathbf{B}$ 的指标 μ 组成, 这样构造的指标集 $N^\nu \in \mathcal{N}_\infty^\#$ 满足 $C^\nu \overset{N^\mu}{\to} C + \mu^{-1}\mathbf{B}$ 并且 $\limsup_{\nu\in N^\mu} C^\nu \subset C + \mu^{-1}\mathbf{B}$. 另一方面, 由于坐标为有理数的点在 $C + \mu^{-1}\mathbf{B}$ 是稠密的 (集合 $C + \mu^{-1}\mathbf{B}$ 是中心在 C 中, 半径为 μ^{-1} 的所有开球的并集的闭包), 因此 $\liminf_{\nu\in N^\mu} C^\nu \supset C + \mu^{-1}\mathbf{B}$, 从而证得了 $\lim_{\nu\in N^\mu} C^\nu = C + \mu^{-1}\mathbf{B}$. ■

宇宙集合收敛也可以类似地通过度量来量化表示. 对于 csm $\Re^n$ 中的集合 $C \cup \text{dir}K$, 相应的射线模型为

$$\text{pos}\,(C, -1) \cup (K, 0) = \{\lambda(x, -1) : \lambda \geqslant 0, x \in C\} \cup \{(x, 0) : x \in K\}.$$

宇宙集合度量 $\mathbf{d}_{\text{csm}}$ 定义为

$$\begin{aligned} &\mathbf{d}_{\text{csm}}(C_1 \cup \text{dir}K_1, C_2 \cup \text{dir}K_2) \\ &:= \mathbf{d}(\text{pos}\,(C_1, -1) \cup (K_1, 0), \text{pos}\,(C_2, -1) \cup (K_2, 0)), \end{aligned} \tag{2.9}$$

其中 $C_1 \cup \mathrm{dir}K_1$ 与 $C_2 \cup \mathrm{dir}K_2$ 是 $\mathrm{csm}\,\Re^n$ 的两个子集合.

定理 2.11 (宇宙集合收敛的度量刻画) $\mathbf{d}_{\mathrm{csm}}$ 是空间 cl-sets($\mathrm{csm}\,\Re^n$) 的度量, 可刻画宇宙集合列的收敛:

$$C^\nu \cup \mathrm{dir}\, K^\nu \xrightarrow{\mathrm{c}} C \cup \mathrm{dir}\, K \Longleftrightarrow \mathbf{d}_{\mathrm{csm}}(C^\nu \cup \mathrm{dir}\, K^\nu, C \cup \mathrm{dir}\, K) \to 0.$$

度量空间 (cl-sets(csm , $\Re^n$), $\mathbf{d}_{\mathrm{csm}}$) 是可分的紧致空间.

证明 由定义可知, 宇宙集合的收敛性等价于射线模型中相应的锥的收敛, 因此, 对 $\Re^{n+1}$ 中的锥应用定理 2.9, 等价性结论成立. 可分离性与紧致性可由命题 2.6 及定理 2.3 得到. ■

推论 2.4(全集合收敛的度量刻画) $\mathbf{d}_{\mathrm{csm}}$ 是空间 cl-sets($\Re^n$) 的度量, 刻画全集合收敛:

$$C^\nu \xrightarrow{\mathrm{t}} C \Longleftrightarrow \mathbf{d}_{\mathrm{csm}}(C^\nu, C) \to 0.$$

空间 (cl-sets($\Re^n$), $\mathbf{d}_{\mathrm{csm}}$) 是局部紧致的、可分的, 它的完备化空间是 (cl-sets($\mathrm{csm}\,\Re^n$), $\mathbf{d}_{\mathrm{csm}}$); 它是 (cl-sets($\mathrm{csm}\,\Re^n$), $\mathbf{d}_{\mathrm{csm}}$) 的一个开集合.

证明 等价性结论可由定理 2.11 及集合的全收敛定义 2.2 证得. 由宇宙收敛性及空间 cl-sets($\mathrm{hzn}\Re^n$) 是空间 cl-sets(csm $\Re^n$) 的闭子集可得到局部紧致性及闭性 (方向点序列仅仅收敛到方向点). ■

2.2 集 值 映 射

2.2.1 什么是集值映射

设 X 与 U 是两个空间, 定义

$$\mathrm{sets}(U) := U\text{的所有子集合的全体}.$$

$S : X \to \mathrm{sets}(U)$ 是一映射, 它把每一 $x \in X$ 映到一集合 $S(x) \subset U$, 即 $S(x)$ 是空间 sets(U) 的元素, 称 S 为集值映射 (set-valued mapping).

集值映射 S 的图 (graph) 是 $X \times U$ 的子集合, 定义为

$$\mathrm{gph}\, S := \{(x, u) : u \in S(x)\},$$

注意, 我们不把 S 的图看为 $X \times \mathrm{sets}(U)$ 的子集合. 为强调这一点, 记集值映射 $S : X \rightrightarrows U$, 而很少用 $S : X \to \mathrm{sets}(U)$.

显然 S 可以由它的图 gph S 完全刻画, 每一集合 $G \subset X \times U$ 都唯一地被一个集值映射 $S : X \rightrightarrows U$ 刻画:

$$S(x) = \{u : (s, u) \in G\}, \quad G = \mathrm{gph}\, S.$$

简单起见, 把 $S: X \rightrightarrows U$ 称为映射, 如果 $S(x)$ 是空集合、单个点、多于一个点, 分别称 S 在 x 处是空值的、单值的或多值的. 称 S 是紧致值的或者凸值的, 如果 $S(x)$ 是紧致集合或者凸集合.

集值映射 $S: X \rightrightarrows U$ 的定义域和值域分别定义为

$$\mathrm{dom} S := \{x : S(x) \neq \varnothing\}, \quad \mathrm{rge} S := \{u : \exists x \text{ 满足} u \in S(x)\};$$

逆映射 $S^{-1}: U \rightrightarrows X$ 定义为

$$S^{-1}(u) := \{x : u \in S(x)\},$$

显然有 $(S^{-1})^{-1} = S$; 集合 C 在 S 下的像定义为

$$S(C) := \bigcup_{x \in C} S(x) = \{u : S^{-1}(u) \cap C \neq \varnothing\}.$$

集合 D 的逆像是

$$S^{-1}(D) := \bigcup_{u \in D} S^{-1}(u) = \{x : S(x) \cap D \neq \varnothing\}.$$

很显然 $\mathrm{dom}\, S^{-1} = \mathrm{rge} S = S(X)$, $\mathrm{rge}\, S^{-1} = \mathrm{dom} S = S^{-1}(U)$.

2.2.2 连续性与半连续性

借助于集合序列的外极限和内极限, 定义集值映射在某一点处的外极限与内极限. 集值映射 $S: \Re^n \rightrightarrows \Re^m$ 在 $\bar{x}$ 处的外极限定义为

$$\begin{aligned}\limsup_{x \to \bar{x}} S(x) &:= \bigcup_{x^\nu \to \bar{x}} \limsup S(x^\nu) \\ &= \{u : \exists x^\nu \to \bar{x}, \exists u^\nu \in S(x^\nu), u^\nu \to u\};\end{aligned} \tag{2.10}$$

在 $\bar{x}$ 处的内极限定义为

$$\begin{aligned}\liminf_{x \to \bar{x}} S(x) &:= \bigcap_{x^\nu \to \bar{x}} \liminf S(x^\nu) \\ &= \left\{u : \forall x^\nu \to \bar{x}, \exists N \in \mathcal{N}_\infty, \exists u^\nu \in S(x^\nu), \nu \in N, u^\nu \xrightarrow{N} u\right\}.\end{aligned} \tag{2.11}$$

对应实值函数在某点处的上半连续性与下半连续性, 定义集值映射在某点处的外半连续性和内半连续性.

定义 2.3 (连续性与半连续性) 集值映射 $S: \Re^n \rightrightarrows \Re^m$ 在 $\bar{x}$ 处是外半连续的 (outer semicontinuous, osc), 如果

$$\limsup_{x \to \bar{x}} S(x) \subset S(\bar{x}),$$

或等价地, $\limsup_{x\to\bar{x}} S(x) = S(\bar{x})$; 在 $\bar{x}$ 处是内半连续的 (inner semicontinuous, isc), 如果

$$\liminf_{x\to\bar{x}} S(x) \supset S(\bar{x});$$

当 S 是闭值的, 内半连续等价于 $\liminf_{x\to\bar{x}} S(x) = S(\bar{x})$.

如果上述两个条件都成立, 则称 S 在 $\bar{x}$ 处是连续的, 即当 $x \to \bar{x}$ 时, $S(x) \to S(\bar{x})$.

练习 2.5 (一点处的半连续性)　考虑映射 $S : \Re^n \rightrightarrows \Re^m$, 集合 $X \subset \Re^n$ 与一点 $\bar{x} \in X$.

(a) S 在 $\bar{x}$ 处相对于 X 是外半连续的当且仅当对每一 $u \notin S(\bar{x})$, 存在邻域 $W \in \mathcal{N}(u)$ 与 $V \in \mathcal{N}(\bar{x})$ 满足 $X \cap V \cap S^{-1}(W) = \varnothing$.

(b) S 在 $\bar{x}$ 处相对于 X 是内半连续的当且仅当对每一 $u \in S(\bar{x})$ 与 $W \in \mathcal{N}(u)$, 存在一邻域 $V \in \mathcal{N}(\bar{x})$ 满足 $X \cap V \subset S^{-1}(W)$.

(c) S 在 $\bar{x}$ 处相对于 X 是外半连续的当且仅当由 $x^\nu \in X, x^\nu \to \bar{x}$ 与 $S(x^\nu) \to D$ 可推出 $D \subset S(\bar{x})$.

(d) S 在 $\bar{x}$ 处相对于 X 是内半连续的当且仅当由 $x^\nu \in X, x^\nu \to \bar{x}$ 与 $S(x^\nu) \to D$ 可推出 $D \supset S(\bar{x})$.

证明　由定理 2.1 中的关于集合收敛的准则可推出 (a) 与 (b). 由命题 2.3 关于内极限与外极限的聚点描述可得 (c) 与 (d). ■

定理 2.12 (半连续性的刻画)　对集值映射 $S : X \rightrightarrows U$, 有

(a) S 是处处外半连续的充分必要条件是 $\operatorname{gph} S$ 在 $X \times U$ 中是闭集合; 进一步, S 是外半连续的充分必要条件是 S^{-1} 是外半连续的;

(b) S 是外半连续的充分必要条件是对任意紧致集合 $B \subset U$, $S^{-1}(B)$ 是闭集合;

(c) S 是内半连续的充分必要条件是对每一开集 $\mathcal{O} \subset U$, $S^{-1}(\mathcal{O})$ 是一开集.

证明　由外半连续的定义, 可得到结论 (a).

(b) 的证明. 紧致集合 $B \subset U$ 的每一序列均含有一收敛的子列, 另一方面, 包含收敛序列及其极限的集合是一紧致集. 因此, (b) 的像条件等价于只要 $u^k \to \bar{u}, x^k \in S^{-1}(u^k), x^k \to \bar{x}$, 就有 $\bar{x} \in S^{-1}(\bar{u})$ 成立. 由于 $x^k \in S^{-1}(u^k)$ 等价于 $u^k \in S(x^k)$, 这恰好是 S 为外半连续的条件.

(c) 的证明. 用反证法. 假设结论不成立, 则存在一开集合 $\mathcal{O}$ 及一序列 $x^k \to \bar{x}$ 满足 $\bar{x} \in S^{-1}(\mathcal{O})$, 但 $x^k \notin S^{-1}(\mathcal{O})$; 换言之, $S(\bar{x}) \cap \mathcal{O} \neq \varnothing$, 而对任意的 k, $S(x^k) \cap \mathcal{O} = \varnothing$. 这意味着 $\liminf_{k\to\infty} S(x^k) \not\supset S(\bar{x})$. 可见 (c) 不真当且仅当 S 在某一点 $\bar{x}$ 处不是内半连续的. ■

下面的集值映射是由等式和不等式约束定义的参数规划问题的可行域映射, 这一集值映射的外半连续性在参数规划的研究中起着重要的作用.

例 2.4 (可行集映射) 设 $W \subset \Re^d$, 映射 $T : \Re^d \rightrightarrows \Re^n$ 定义为: 如果 $w \notin W$, $T(w) = \varnothing$, 否则

$$T(w) = \{x \in X : f_i(x, w) \leqslant 0, i \in I_1,\ f_i(x, w) = 0,\ i \in I_2\},$$

其中 X 是 $\Re^n$ 的一闭子集合, f_i 是 $X \times W$ 上的连续的实值函数.

如果 W 是闭的, 则 T 是外半连续的. 即使 W 不是闭的, T 在任何点 $\bar{w} \in \mathrm{int}W$ 处都是外半连续的. 进一步, $\mathrm{dom}\,T$ 是使定义 $T(w)$ 的关于 x 的约束函数相容的向量 $w \in W$ 的集合.

证明 由于所有的 f_i, $i \in I_1 \cup I_2$, 都是连续的, 当 W 是闭集合时,

$$\mathrm{gph}\,T = X \times W \cap (\cap_{i\in I_1}\{(x, w)|f_i(x, w) \leqslant 0\}) \cap (\cap_{i\in I_2}\{(x, w)|f_i(x, w) = 0\})$$

是闭集合, 从而 T 是外半连续. 当 W 不是闭集合时, 对任意的 $\bar{w} \in \mathrm{int}W$, 取 $\bar{w}$ 在 W 中的一个闭邻域来代替 W, 这样我们仍然可以证明 T 在 $\bar{w} \in \mathrm{int}W$ 处的外半连续性. ■

对于集值映射, 也有凸性的概念. 称集值映射 $S : \Re^n \rightrightarrows \Re^m$ 是图凸的 (graph-convex), 如果 $\mathrm{gph}\,S$ 是 $\Re^n \times \Re^m$ 中的凸集合, 等价地,

$$S((1-\tau)x_0 + \tau x_1) \supset (1-\tau)S(x_0) + \tau S(x_1), \quad \forall \tau \in (0, 1). \tag{2.12}$$

定理 2.13(由凸性导致的内半连续性) 考虑映射 $S : \Re^n \rightrightarrows \Re^m$ 与一点 $\bar{x} \in \Re^n$.

(a) 如果 S 是凸值的, $\mathrm{int}S(\bar{x}) \neq \varnothing$, 则 S 在 $\bar{x}$ 处相对于 $\mathrm{dom}\,S$ 是内半连续的充分必要条件是, 对所有 $u \in \mathrm{int}S(\bar{x})$, 存在 $W \in \mathcal{N}(\bar{x}, u)$ 满足 $W \cap (\mathrm{dom}\,S \times \Re^m) \subset \mathrm{gph}\,S$; 尤其, S 在 $\bar{x}$ 处内半连续当且仅当对每一 $u \in \mathrm{int}S(\bar{x})$,$(\bar{x}, u) \in \mathrm{int}(\mathrm{gph}\,S)$.

(b) 如果 S 是图凸的且 $\bar{x} \in \mathrm{int}\,(\mathrm{dom}\,S)$, 则 S 在 $\bar{x}$ 处是内半连续的.

(c) 如果 S 在 $\bar{x}$ 处是内半连续的, 则它的凸包映射 $T : x \to \mathrm{con}\,S(x)$ 在 $\bar{x}$ 处也是内半连续的.

证明 在 (a) 中, $\forall \bar{u} \in S(\bar{x})$, 假设条件: 存在 $(V \times U) \in \mathcal{N}(\bar{x}) \times \mathcal{N}(\bar{u})$ 满足 $(V \cap \mathrm{dom}\,S) \times U \subset \mathrm{gph}\,S$, 可推出对每一收敛到 $\bar{x}$ 的序列 $\{x^\nu\}_{\nu\in\mathbf{N}} \subset \mathrm{dom}\,S$ 最终进入 $V \cap \mathrm{dom}\,S$, 对这些点 x^ν, 存在 $u^\nu \in U \subset S(x^\nu)$ 收敛到 $\bar{u}$. 由此可推出 S 相对于 dom S 的内半连续性. 相反的, 设 S 在 $\bar{x}$ 处相对于 dom S 是内半连续的, 令 B 是包含在 int $S(\bar{x})$ 中的 $\bar{u}$ 的一紧致邻域. 对每一在 dom S 中的序列 $x^\nu \to \bar{x}$, 最终有 $B \subset \mathrm{int}S(x^\nu)$. 于是得到存在某一邻域 $V \in \mathcal{N}(\bar{x})$, 有 $B \subset \mathrm{int}S(x)$ 对任何 $x \in V \cap \mathrm{dom}\,S$. 因此 $V \times B$ 是 $(\bar{x}, \bar{u})$ 的一邻域, 满足 $(V \times B \cap \mathrm{dom}S \times \Re^n) \subset \mathrm{gph}\,S$.

在 (b) 中, 用 G 记凸集合 gph S, 用 L 记线性映射 $(x,u)\to x$. 称 $S(x)$ 内半连续地依赖于 x 等于说 $L^{-1}(x)\cap G$ 具有这一性质. 由于凸集合 $\{\bar{x}\}$ 与 $L(G)=\operatorname{dom} S$ 是不可分离的, 这一性质在任何点 $\bar{x}\in\operatorname{int}(\operatorname{dom}S)$ 处均是成立的.

如果 $\bar{u}\in T(\bar{x})=\operatorname{con}S(\bar{x})$, 则存在 $\lambda^k\geqslant 0,\sum_{k=0}^{m}\lambda^k=1$ 与 $u^k\in S(\bar{x})$, 满足 $\bar{u}=\sum_{k=0}^{m}\lambda^k u^k$. S 的内半连续性意味着, 对 $x^\nu\to\bar{x}$, 存在 $u^{k_\nu}\to u^k$ 满足 $u^{k_\nu}\in S(x^\nu)$. 对所有 ν, 序列 $u^\nu=\sum_{k=0}^{m}\lambda^k u^{k_\nu}$ 收敛于 $\bar{u}$, 满足 $u^\nu\in S(x^\nu)$. 这意味着对所有 $x^\nu\to x$, $T(\bar{x})\subset\liminf_\nu T(x^\nu)$, 即如 (c) 中所述, T 在 $\bar{x}$ 处是内半连续的. ■

对于参数凸约束集合, 在一定的条件下, 可以得到它的连续性.

例 2.5 (参数化凸约束)　令

$$T(w)=\{x: f_i(x,w)\leqslant 0, i=1,\cdots,m\},$$

其中 f_i 是定义在 $\Re^n\times\Re^d$ 上的连续函数, 满足对每一 w, $f_i(x,w)$ 均是 x 的凸函数. 如果存在 $\bar{w}$, $\bar{x}$ 满足 $f_i(\bar{x},\bar{w})<0,\forall i=1,\cdots,m$, 则 T 不但在 $\bar{w}$ 处是连续的, 而且在 $\bar{w}$ 的某个邻域内的所有 w 处是连续的.

证明　令 $f(x,w)=\max\{f_1(x,w),\cdots,f_m(x,w)\}$. 则 f 是 (x,w) 的连续函数, 关于 x 是凸的, 且满足 $\operatorname{lev}_{\leqslant 0}f=\operatorname{gph}T$. 水平集合 $\operatorname{lev}_{\leqslant 0}f$ 是 $\Re^n\times\Re^d$ 中的闭集合, 因此 T 是外半连续的. 对每一 w, $T(w)$ 是 $\Re^n$ 中的水平集 $\operatorname{lev}_{\leqslant 0}f(\cdot,w)$, 它是凸集合. 由于 $\bar{x}$ 与 $\bar{w}$ 满足 $f(\bar{x},\bar{w})<0$, 存在包含 $\bar{w}$ 的开集合 $\mathcal{O}$, 满足对 $w\in\mathcal{O}$, $f(\bar{x},w)<0$. 这意味着

$$\operatorname{int}T(w)=\{x: f(x,w)<0\}\neq\varnothing,\quad \forall w\in\mathcal{O}.$$

对任何 $\widetilde{w}\in\mathcal{O}$, 与任何 $\widetilde{x}\in\operatorname{int}T(\widetilde{w})$, 由 f 的连续性及不等式 $f(\widetilde{x},\widetilde{w})<0$, 存在 $(\widetilde{x},\widetilde{w})$ 的一邻域 $W\subset\mathcal{O}\times\operatorname{int}T(\widetilde{w})$, 该邻域包含在 gph T 中, 且在 W 上有 $f<0$. 则显然有 $\widetilde{x}\in\liminf_{w\to\widetilde{w}}T(w)$. 由于内极限是闭集合, 它包含 $\operatorname{int}T(\widetilde{w})$, 也包含 $\operatorname{cl}(\operatorname{int}T(\widetilde{w}))$, 这一闭包即 $T(\widetilde{w})$, 这是由于 $T(\widetilde{w})$ 是闭凸集合且 $\operatorname{int}T(\widetilde{w})\neq\varnothing$. 因此有 T 在 $\widetilde{w}$ 处是内半连续的. 故 T 在 $\widetilde{w}$ 处连续. ■

可以用距离函数来刻画集值映射在某点处的外半连续性和内半连续性.

命题 2.7 (距离的连续性)　对于闭值的集值映射 $S: X\rightrightarrows U$, $\bar{x}\in X$,

(a) S 在 $\bar{x}$ 处是外半连续的充分必要条件是对任意的 $u\in U$, 函数 $x\to d(u,S(x))$ 关于 x 在 $\bar{x}$ 处是下半连续的;

(b) S 在 $\bar{x}$ 处是内半连续的充分必要条件是对任意的 $u\in U$, 函数 $x\to d(u,S(x))$ 关于 x 在 $\bar{x}$ 处是上半连续的;

(c) S 在 $\bar{x}$ 处是连续的充分必要条件是对任意的 $u\in U$, 函数 $x\to d(u,S(x))$ 关于 x 在 $\bar{x}$ 处是连续的.

证明 由推论 2.1 中集合的收敛性可以证得. ■

类似于定理 2.2 中集合序列的情况, 集值映射也有相应的结论.

命题 2.8 对于闭值的集值映射 $S:X\rightrightarrows U, \bar{x}\in X$,

(a) S 在 $\bar{x}$ 处是外半连续的充分必要条件是对任意的 $\rho>0, \varepsilon>0$, 存在 $V\in\mathcal{N}(\bar{x})$ 满足

$$S(x)\cap\rho\mathbf{B}\subset S(\bar{x})+\varepsilon\mathbf{B},\quad \forall x\in V;$$

(b) S 在 $\bar{x}$ 处是内半连续的充分必要条件是对任意的 $\rho>0, \varepsilon>0$, 存在 $V\in\mathcal{N}(\bar{x})$ 满足

$$S(\bar{x})\cap\rho\mathbf{B}\subset S(x)+\varepsilon\mathbf{B},\quad \forall x\in V.$$

证明 本命题就是由定理 2.2 用集值映射的语言来描述而得到的. ■

对在一紧致集合上连续的集值映射, 有下述一致连续性结论.

练习 2.6(一致连续性) 考虑闭值映射 $S:\Re^n\rightrightarrows\Re^m$ 与一紧致集合 $X\subset\operatorname{dom}S$. 如果 S 相对于 X 是连续的, 则对任何 $\rho>0$ 与 $\varepsilon>0$, 存在 $\delta>0$ 满足

$$S(x')\cap\rho\mathbf{B}\subset S(x)+\varepsilon\mathbf{B},\quad \forall x',x\in X,\quad \text{满足}\|x'-x\|\leqslant\delta.$$

证明 对 X 中的每个点 $\bar{x}$ 应用命题 2.8(a) 与 (b), 可以找到 $\bar{x}$ 的开邻域, 使得命题 2.8 中的两个包含关系同时成立. 再利用紧致性, X 可以由有限多个这样的开邻域覆盖. 对 $\tilde{x}\in X$, 选取 δ 充分小使得每个闭集合 $\mathbf{B}(\tilde{x},\delta)\cap X$ 都至少包含在上述覆盖中的一个开邻域内. ■

2.2.3 局部有界性

很多重要的集值映射, 比如连续凸函数的次微分映射, 都满足下面所述的局部有界性.

定义 2.4 (局部有界性) 集值映射 $S:X\rightrightarrows U$ 在 $\bar{x}\in X$ 处是局部有界的, 若存在某一邻域 $V\in\mathcal{N}(\bar{x})$, $S(V)$ 是 U 中的有界集合.

地平映射 (horizon mapping) $S^\infty:\Re^n\rightrightarrows\Re^m$ 定义为

$$\operatorname{gph}S^\infty:=(\operatorname{gph}S)^\infty. \tag{2.13}$$

它在 x 处的值为

$$S^\infty(x)=\{u=\lim_\nu\lambda^\nu u^\nu: u^\nu\in S(x^\nu), \lambda^\nu x^\nu\to x, \lambda^\nu\searrow 0\}. \tag{2.14}$$

可以用地平映射来刻画集值映射的局部有界性.

定理 2.14(局部有界性的地平准则) 映射 $S:\Re^n \rightrightarrows \Re^m$ 为局部有界的一个充分条件为 $S^\infty(0)=\{0\}$, 此时地平映射 S^∞ 也是局部有界的. 当 S 是图凸的、外半连续的, 且存在一点 $\bar{x}$ 满足 $S(\bar{x})$ 是非空有界的, 则这一准则成立.

证明 $\forall x\in\Re^n$, 若 S 在点 $\bar{x}$ 处不是局部有界的, 存在序列 $x^\nu\to\bar{x}$, $u^\nu\in S(x^\nu)$ 满足 $0<\|u^\nu\|\to\infty$, 即存在 $\mathrm{gph}S$ 中的点列 (x^ν,u^ν) 是无界的. 取 $\lambda^\nu=1/\|u^\nu\|$, 点列 $\lambda^\nu(x^\nu,u^\nu)$ 是有界的, 并且有聚点 $(0,u)$, $\|u\|=1$. 那么 $(0,u)\in(\mathrm{gph}\,S)^\infty$ 并且 $0\neq u\in S^\infty(0)$, 这与假设矛盾, 因此 S 在点 $\bar{x}$ 处是局部有界的.

由于 $(\mathrm{gph}\,S)^\infty$ 是闭锥, 有 $((\mathrm{gph}\,S)^\infty)^\infty=(\mathrm{gph}\,S)^\infty$, 进而 $(S^\infty)^\infty=S^\infty$. 所以, 当 $S^\infty(0)=\{0\}$ 时, 映射 $T=S^\infty$ 满足 $T^\infty(0)=\{0\}$, 由前面的证明知 T 也是局部有界的.

当 S 是图凸的、外半连续的, $\mathrm{gph}S$ 是闭凸集. 那么对任何点对 $(\bar{x},\bar{u})\in\mathrm{gph}\,S$, 向量 $u\in S^\infty(0)$ 当且仅当对所有的 $\tau\geqslant 0$, $(\bar{x},\bar{u})+\tau(0,u)\in\mathrm{gph}S$, 或者换句话说 $\bar{u}+\tau u\in S(\bar{x})$(见定理 1.13). 因此, 当 $S(\bar{x})$ 是非空有界集合时, $u=0$. ■

在局部有界条件下, 集值映射的外半连续性可以刻画如下:

定理 2.15(局部有界性下的外半连续性) 设集值映射 $S:X\rightrightarrows U$ 在 $\bar{x}\in X$ 处是局部有界的. 则下述条件与 S 在 $\bar{x}$ 处外半连续是等价的: 集合 $S(\bar{x})$ 是闭的, 对任意开集 $\mathcal{O}\supset S(\bar{x})$, 存在邻域 $V\in\mathcal{N}(\bar{x})$, $S(V)\subset\mathcal{O}$.

证明 必要性. 设 S 在 $\bar{x}$ 处为外半连续的, 则 $S(\bar{x})$ 是闭的. 考虑任意一开集合 $\mathcal{O}\supset S(\bar{x})$, 如果不存在邻域 $V\in\mathcal{N}(\bar{x})$ 使 $S(V)\subset\mathcal{O}$, 则存在一序列 $x^k\to\bar{x}$ 满足 $S(x^k)\not\subset\mathcal{O}$. 则对每一 k, 可选择一 $u^k\in S(x^k)\setminus\mathcal{O}$. 由局部有界性之假设, 可得一有界序列 $\{u^k\}$, 它全部在 $\mathcal{O}$ 的补集合中, 这一补集合是闭的. 序列 $\{u^k\}$ 有一聚点 $\bar{u}$, 它也在 $\mathcal{O}$ 的补集合中. 可见必有 $\bar{u}\notin S(\bar{x})$. 于是建立了: 存在 $N\in\mathcal{N}_\infty^\#$, $x^k\xrightarrow{N}\bar{x}$, $u^k\xrightarrow{N}\bar{u}$, $u^k\in S(x^k)$, 但 $\bar{u}\notin S(\bar{x})$, 这与 S 在 $\bar{x}$ 处的外半连续性矛盾.

充分性. 设条件成立. 考虑任意序列 $x^k\to\bar{x}$, $u^k\in S(x^k)$, $u^k\to\bar{u}$, 下面证明 $\bar{u}\in S(\bar{x})$. 设 $\bar{u}\notin S(\bar{x})$, 由于 $S(\bar{x})$ 是闭集合, 存在一闭球 $\mathbf{B}(\bar{u},\delta)$ 满足 $\mathbf{B}(\bar{u},\delta)\cap S(\bar{x})=\varnothing$. 设 $\mathcal{O}=U\setminus\mathbf{B}(\bar{u},\delta)$, 则 $\mathcal{O}$ 是包含 $S(\bar{x})$ 的开集合, 由 $u^k\to\bar{u}$, k 充分大时, $u^k\notin\mathcal{O}$, 这与假设是矛盾的. 由假设, $x^k\to\bar{x}$, k 充分大时, $S(x^k)\subset\mathcal{O}$. ■

对单值映射, 连续性可以用外半连续与局部有界性刻画, 或者内半连续性刻画.

推论 2.5(单值映射的连续性) 将单值映射 $F:\Re^n\to\Re^m$ 视为一集值映射, 则下述性质是等价的:

(a) F 在 $\bar{x}$ 处是连续的;

(b) F 在 $\bar{x}$ 处是外半连续的, 且在 $\bar{x}$ 处是局部有界的;

(c) F 在 $\bar{x}$ 处是内半连续的.

推论 2.6 设 $S:\Re^n\rightrightarrows\Re^m$ 在 $\bar{x}$ 处局部有界, 对于 $\bar{x}$ 的某一邻域中的所有 x, $S(x)$ 是非空的、闭的. 则 S 在 $\bar{x}$ 处连续的充分必要条件是当 $x\to\bar{x}$ 时,

Pompeiu-Hausdorff 距离 $\mathbf{d}_\infty(S(x), S(\bar{x}))$ 收敛到 0.

用外半连续性和局部有界性这些术语可以把定理 1.4 的结论表述如下：

例 2.6 (最优解映射) 设 $P(u) := \operatorname{argmin}_x f(x, u)$, 其中函数

$$f : \Re^n \times \Re^m \to \overline{\Re}$$

是正常的、下半连续的, 且 $f(x, u)$ 相对于 u 局部一致地, 关于变量 x 水平有界. 令

$$p(u) := \inf_x f(x, u),$$

并考虑一集合 $U \subset \operatorname{dom} p$.

如果 p 相对于 U 是局部上方有界的, 则 P 相对于 U 是局部有界的. 如果 p 相对于 U 连续, 则 P 相对于 U 是外半连续的.

尤其, 如果 p 相对 U 是连续的, P 在 $u \in U$ 处取单值, 则 P 在 u 处相对于 U 是连续的.

例 2.7 (邻近映射与投影映射)

(a) 对于非空集合 $C \subset \Re^n$, 投影映射 P_C 是处处外半连续的且局部有界的.

(b) 对任何正常的下半连续的函数 $f : \Re^n \to \overline{\Re}$, 设它是邻近有界的, 邻近阈值为 λ_f(见后面的定义 9.4), 则对于任何 $\lambda \in (0, \lambda_f)$, 迫近映射 $P_\lambda f$ 是处处外半连续的且局部有界的.

2.2.4 全连续性

考虑下面的集值映射

$$S(x) = \begin{cases} \{1 + x^{-1}, 1\}, & x \neq 0, \\ \{1\}, & x = 0. \end{cases}$$

按定义 2.3, 当 x 趋于 0 时, $S(x)$ 趋于 $S(0)$, 因此 S 在 0 处连续. 但从图 2.2.1 上看, 直观并非如此. 注意 S 在 0 处不是局部有界的.

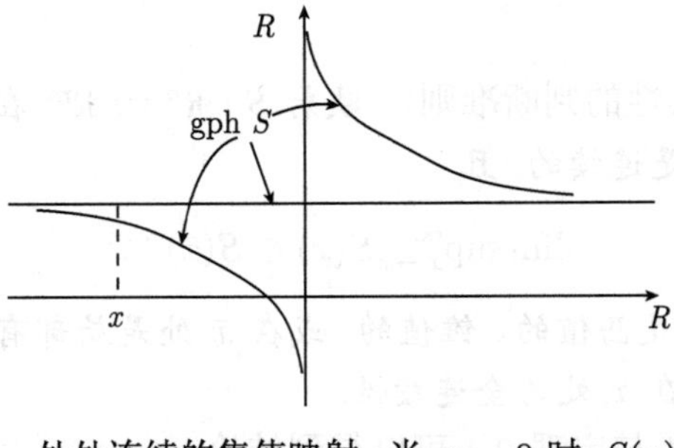

图 2.2.1 处处连续的集值映射: 当 $x \to 0$ 时, $S(x) \to S(0)$

上述例子的原因在于定义 2.3 中没有考虑无界序列到方向点的收敛. 令 $\infty \longleftrightarrow \operatorname{dir} 1$ 与 $-\infty \longleftrightarrow \operatorname{dir}(-1)$, 把 $\operatorname{csm}\Re^1$ 与 $\overline{\Re}$ 等同. 将集合 $S(x)$ 视为一维宇宙空间 $\operatorname{csm}\Re^1$ 中的集合, 则当 x 从右方趋于 0 时, $S(x) \xrightarrow{c} \{0,\infty\}$; 当 x 从左方趋于 0 时, $S(x) \xrightarrow{c} \{0,-\infty\}$, 这两个极限不等.

为了量化无界序列 $u^\nu \in S(x^\nu)$ 收敛到地平空间 $\operatorname{hzn}\Re^m$, 需要映射 $S:\Re^n \rightrightarrows \operatorname{csm}\Re^m$ 的框架下的连续性的概念.

映射 $S:\Re^n \rightrightarrows \operatorname{csm}\Re^m$ 在 $\bar{x}\in\Re^n$ 处是宇宙连续的, 意味着当 $x^\nu \to \bar{x}$ 时, $S(x^\nu) \xrightarrow{c} S(\bar{x})$. 类似地, 可以定义宇宙外半连续性和宇宙内半连续性. 每一点 $\bar{x}$ 的宇宙外连续性等价于 $\operatorname{gph}S$ 在空间 $\Re^n \times \operatorname{csm}\Re^m$ 的闭性.

命题 2.9 (宇宙半连续性)　映射 $S:\Re^n \rightrightarrows \operatorname{csm}\Re^m$ 在 x 处的值, 记为 $S(x) = C(x)\cup \operatorname{dir} K(x)$, 其中 $C(x)$ 是 $\Re^m$ 的子集合, $K(x)$ 是 $\Re^m$ 的一锥. S 在 $\bar{x}$ 处是宇宙外半连续的充分必要条件是

$$C(\bar{x}) \supset \limsup_{x\to\bar{x}} C(x),\ K(\bar{x}) \supset \limsup{}^{\infty}_{x\to\bar{x}} C(x) \cup \limsup_{x\to\bar{x}} K(x),$$

宇宙内半连续的相应条件为

$$C(\bar{x}) \subset \liminf_{x\to\bar{x}} C(x),\ K(\bar{x}) \subset \liminf{}^{\infty}_{x\to\bar{x}} C(x) \cup \liminf_{x\to\bar{x}} K(x).$$

证明　根据练习 2.3 可以直接得到. ■

定义 2.5 (全连续性)　映射 $S:\Re^n \rightrightarrows \Re^m$ 在 $\bar{x}$ 处是全连续的, 如果当 $x\to\bar{x}$ 时, $S(x) \xrightarrow{t} S(\bar{x})$, 或等价地,

$$\lim_{x\to\bar{x}} S(x) = S(\bar{x}),\quad \lim{}^{\infty}_{x\to\bar{x}} S(x) = S(\bar{x})^\infty.$$

如果至少有

$$\limsup_{x\to\bar{x}} S(x) \subset S(\bar{x}),\quad \limsup{}^{\infty}_{x\to\bar{x}} S(x) \subset S(\bar{x})^\infty,$$

则它在 $\bar{x}$ 是全外半连续的. 映射 S 在 $\bar{x}\in\operatorname{dom}S$ 的全内半连续性意味着

$$\liminf_{x\to\bar{x}} S(x) \supset S(\bar{x}),\quad \liminf{}^{\infty}_{x\to\bar{x}} S(x) \supset S(\bar{x})^\infty.$$

内半连续性可推出全内半连续性, 因为上面的第一式可推出第二式. 即全内半连续性不比内半连续性强.

命题 2.10(全连续性的判断准则)　映射 $S:\Re^n \rightrightarrows \Re^m$ 在 $\bar{x}$ 处是全连续的充分必要条件是它在 $\bar{x}$ 处是连续的, 且

$$\limsup{}^{\infty}_{x\to\bar{x}} S(x) \subset S(\bar{x})^\infty.$$

当 S 在 $\bar{x}$ 的一邻域内是凸值的、锥值的, 或在 $\bar{x}$ 处是局部有界的, 则 S 在 $\bar{x}$ 处的连续性可自动推出 S 在 $\bar{x}$ 处的全连续性.

证明　由命题 2.4 与定理 2.4 可以得到结论. ■

2.2.5 逐点收敛与图收敛

对于集值映射序列, 它的某一意义下的极限也是集值映射. 这一节介绍集值映射的逐点极限和图极限.

定义 2.6 (映射的逐点极限) 对映射序列 $S^\nu : \Re^n \rightrightarrows \Re^m$, 逐点外极限 (pointwise outer limit) 与逐点内极限 (pointwise inner limit), 被记为 $\text{p-}\limsup_\nu S^\nu$ 与 $\text{p-}\liminf_\nu S^\nu$, 它们在 x 点处的值定义为

$$(\text{p-}\limsup_\nu S^\nu)(x) := \limsup_\nu S^\nu(x), \quad (\text{p-}\liminf_\nu S^\nu)(x) := \liminf_\nu S^\nu(x).$$

当逐点外极限与逐点内极限相等时, 称逐点极限 $\text{p-}\lim_\nu S^\nu$ 存在; 因此, $S = \text{p-}\lim_\nu S^\nu$ 当且仅当 $S \supset \text{p-}\limsup_\nu S^\nu$ 且 $S \subset \text{p-}\liminf_\nu S^\nu$. 此时用记号 $S^\nu \xrightarrow{\text{p}} S$, 称映射序列 S^ν 逐点收敛到映射 S.

因此,

$$S^\nu \xrightarrow{\text{p}} S \iff S^\nu(x) \to S(x) \text{ 对所有} x \text{成立}.$$

定义 2.6 侧重于整个映射, 如果 $S^\nu(\bar{x}) \to S(\bar{x})$, 则称序列 S^ν 在点 $\bar{x}$ 处收敛到 S.

定义 2.7 (映射的图极限) 对映射序列 $S^\nu : \Re^n \rightrightarrows \Re^m$, 图外极限 (graphical outer limit), 记为 $\text{g-}\limsup_\nu S^\nu$, 是以 $\limsup_\nu(\text{gph}S^\nu)$ 为图的映射:

$$\begin{aligned}
&\text{gph}(\text{g-}\limsup_\nu S^\nu) = \limsup_\nu(\text{gph}S^\nu),\\
&(\text{g-}\limsup_\nu S^\nu)(x) = \{u : \exists N \in \mathcal{N}_\infty^\#, x^\nu \xrightarrow{N} x, u^\nu \xrightarrow{N} u, u^\nu \in S(x^\nu)\}.
\end{aligned}$$

图内极限 (graphical inner limit), 记为 $\text{g-}\liminf_\nu S^\nu$, 是以 $\liminf_\nu(\text{gph}S^\nu)$ 为图的映射:

$$\begin{aligned}
&\text{gph}(\text{g-}\liminf_\nu S^\nu) = \liminf_\nu(\text{gph}S^\nu),\\
&(\text{g-}\liminf_\nu S^\nu)(x) = \{u : \exists N \in \mathcal{N}_\infty, x^\nu \xrightarrow{N} x, u^\nu \xrightarrow{N} u, u^\nu \in S(x^\nu)\}.
\end{aligned}$$

如果图外极限与图内极限相等, 则图极限 (graphical limit) $\text{g-}\lim_\nu S^\nu$ 存在; 因此 $S = \text{g-}\lim_\nu S^\nu$ 当且仅当 $S \supset \text{g-}\limsup_\nu S^\nu$ 且 $S \subset \text{g-}\liminf_\nu S^\nu$. 此时, 可以用记号 $S^\nu \xrightarrow{\text{g}} S$, 称映射序列 S^ν 图收敛到 S.

因此,

$$S^\nu \xrightarrow{\text{g}} S \iff \text{gph}\, S^\nu \to \text{gph}\, S.$$

图极限是由几何定义的, 是一整体的概念, 图极限在一点处的值可由下述命题得到.

命题 2.11 (在一点处的图极限公式) 对于映射序列 $S^\nu : \Re^n \rightrightarrows \Re^m$, 有

$$(\text{g-lim inf}_\nu S^\nu)(x) = \bigcup_{\{x^\nu \to x\}} \liminf S^\nu(x^\nu) = \lim_{\delta \searrow 0} \left[\liminf_{\nu \to \infty} S^\nu(x + \delta \mathbf{B})\right],$$

$$(\text{g-lim sup}_\nu S^\nu)(x) = \bigcup_{\{x^\nu \to x\}} \limsup S^\nu(x^\nu) = \lim_{\delta \searrow 0} \left[\limsup_{\nu \to \infty} S^\nu(x + \delta \mathbf{B})\right],$$

其中的并集合是对所有序列 $x^\nu \to x$ 选取的.

因此, S^ν 图收敛到 S 当且仅当在任何点 $x \in \Re^n$ 处,

$$\bigcup_{\{x^\nu \to x\}} \limsup S^\nu(x^\nu) \subset S(x) \subset \bigcup_{\{x^\nu \to x\}} \liminf S^\nu(x^\nu). \tag{2.15}$$

证明 令 $\overline{S} = \text{g-lim sup}_\nu S^\nu$, $\underline{S} = \text{g-lim inf}_\nu S^\nu$. 由于 $\text{gph}\overline{S} = \limsup_\nu \text{gph} S^\nu$, 由定义 2.1 知 $u \in \overline{S}(x)$ 当且仅当对所有的 $\varepsilon > 0$ 与 $\delta > 0$, 存在 $N \in \mathcal{N}_\infty^\#$ 满足对所有的 $\nu \in N$, $\mathbf{B}(x, \delta) \times \mathbf{B}(u, \varepsilon)$ 与 $\text{gph} S^\nu$ 有交集, 或者换言之,

$$(u + \varepsilon \mathbf{B}) \cap S^\nu(x + \delta \mathbf{B}) \neq \varnothing, \quad \text{对所有的} \nu \in N. \tag{2.16}$$

这意味着对所有的 $\varepsilon > 0$ 与 $\delta > 0$, $u + \varepsilon \mathbf{B}$ 与集合 $\limsup_\nu S^\nu(x + \delta \mathbf{B})$ 有交集. 若 δ 减小, 外极限集合 $\limsup_\nu S^\nu(x + \delta \mathbf{B})$ 也是减小的, 因此我们有 $u \in \overline{S}(x)$ 当且仅当 $u \in \limsup_{\delta \searrow 0} S^\nu(x + \delta \mathbf{B})$.

类似地, 由于 $\text{gph}\underline{S} = \liminf_\nu \text{gph} S^\nu$, 由定义 2.1 知 $u \in \underline{S}(x)$ 当且仅当对所有的 $\varepsilon > 0$ 与 $\delta > 0$, 存在指标集 $N \in \mathcal{N}_\infty$ 使得 (2.16) 成立. 那么对所有的 $\varepsilon > 0$, $\delta > 0$, $u + \varepsilon \mathbf{B}$ 与集合 $\liminf_\nu S^\nu(x + \delta \mathbf{B})$ 相交, 这与 $u \in \liminf_{\delta \searrow 0} S^\nu(x + \delta \mathbf{B})$ 等价. ■

集值映射序列的图收敛性可以用 "ε-ρ-N" 语言来刻画.

练习 2.7 (图收敛的一致性) 设集值映射 $S, S^\nu : \Re^n \rightrightarrows \Re^m$.

(a) 如果映射 S 是闭值的. 则 $\text{g-lim}_\nu S^\nu = S$ 当且仅当对每一 $\varepsilon > 0$ 与每一 $\rho > 0$, 存在 $N \in \mathcal{N}_\infty$, 满足对任意的 $\|x\| \leqslant \rho$ 与 $\nu \in N$, 有

$$S(x) \cap \rho \mathbf{B} \subset S^\nu(\mathbf{B}(x, \varepsilon)) + \varepsilon \mathbf{B},$$
$$S^\nu(x) \cap \rho \mathbf{B} \subset S(\mathbf{B}(x, \varepsilon)) + \varepsilon \mathbf{B}.$$

(b) 设映射 S^ν 是连通值的 (比如是凸值的). $S = \text{g-lim sup}_\nu S^\nu$, $S(\bar{x})$ 是有界的, 且 $\limsup_{\substack{x \to \bar{x} \\ \nu \to \infty}} d(0, S^\nu(x)) < \infty$(当 $S = \text{g-lim}_\nu S^\nu$ 且 $S(\bar{x}) \neq \varnothing$ 时, 后一条件是成立的), 则存在 $N \in \mathcal{N}_\infty$, $V \in \mathcal{N}(\bar{x})$ 和一有界集合 B 满足

$$S(x) \subset B \text{与} S^\nu(x) \subset B \text{对所有有} x \in V, \nu \in N \text{成立}.$$

证明 结论 (a) 可以由定理 2.2 中集合收敛的一致性得到. 注意到, 结论中的 $\rho\mathbf{B}$ 可以用任何闭集合 $B \subset \Re^m$ 代替, 球 $\varepsilon\mathbf{B}$ 可以用 $\Re^m$ 中原点的任何邻域 U 代替.

根据命题 2.11 可以得到图外极限公式

$$(\text{g-}\limsup_{\nu} S^\nu)(\bar{x}) = \limsup_{\substack{x\to\bar{x}\\ \nu\to\infty}} S^\nu(x) = \limsup_{\substack{\delta\searrow 0\\ \nu\to\infty}} S^\nu(\bar{x}+\delta\mathbf{B}),$$

再应用结论: "如果 $C^\nu, C \subset \Re^n$ 是连通的, 设 $\limsup_\nu C^\nu$ 是非空有界的, 则存在一有界集合 $B \subset \Re^n$ 与一指标集合 $N \in \mathcal{N}_\infty$ 满足 $C^\nu \subset B$ 对所有 $\nu \in N$ 成立", 可以证得结论 (b). ■

对于集值映射序列, Bolzano-Weierstrass 定理由图收敛性表述是合适的:

定理 2.16 (抽取图收敛的子序列) *映射序列 $S^\nu : \Re^n \rightrightarrows \Re^m$ 或者逃离到地平或者存在一子序列, 该子序列图收敛到一映射 $S : \Re^n \rightrightarrows \Re^m$, 其中* $\mathrm{dom}\, S \neq \varnothing$.

证明 由定理 2.3 容易得到, 只需要把集合列收敛的紧致性结果用于 $\Re^n \times \Re^m$ 中的集合列 $\mathrm{gph}\, S^\nu$ 即可. ■

2.2.6 序列的等度连续性

为了讨论集值映射序列的逐点收敛与图收敛的关系, 需要集值映射序列的等度连续性的概念.

定义 2.8 (等度连续性) *集值映射序列 $S^\nu : \Re^n \rightrightarrows \Re^m$ 在 $\bar{x}$ 处相对于 X(包含 $\bar{x}$ 的一集合) 为等度外半连续的* (equi-osc), *如果对每一 $\varepsilon > 0$ 与 $\rho > 0$, 存在 $V \in \mathcal{N}(\bar{x})$, 满足*

$$S^\nu(x) \cap \rho\mathbf{B} \subset S^\nu(\bar{x}) + \varepsilon\mathbf{B}, \quad \forall \nu \in \mathbf{N}, \quad x \in V \cap X.$$

序列 S^ν 是渐近等度外半连续的 (asymptotically equi-osc), *如果把 $\nu \in \mathbf{N}$ 替换为 $\nu \in N$, 其中 $N \in \mathcal{N}_\infty$ 是依赖于 ε 与 ρ 的指标集合.*

另一方面, 序列 S^ν 在 $\bar{x}$ 处相对于 X 是等度内半连续的 (equi-isc), *如果对每一 $\varepsilon > 0$ 与 $\rho > 0$, 存在 $V \in \mathcal{N}(\bar{x})$ 满足*

$$S^\nu(x) \cap \rho\mathbf{B} \subset S^\nu(\bar{x}) + \varepsilon\mathbf{B}, \quad \forall \nu \in \mathbf{N}, \quad x \in V \cap X.$$

序列 S^ν 是渐近等度内半连续的 (asymptotically equi-isc), *如果把 $\nu \in \mathbf{N}$ 替换为 $\nu \in N$, 其中 $N \in \mathcal{N}_\infty$ 是依赖于 ε 与 ρ 的指标集合.*

最后, 序列 $S^\nu : \Re^n \rightrightarrows \Re^m$ 在 $\bar{x}$ 处相对于 X 是等度连续的 (equicontinuous), 如果它在 $\bar{x}$ 处相对于 X 既是等度内半连续的又是等度外半连续的. 同样地, 如果既是渐近等度内半连续的, 又是渐近等度外半连续的, 则称为是渐近等度连续的 (asymptotically equicontinuous).

定理 2.17 (图收敛与逐点收敛)　如果闭值映射序列 $S^\nu : \Re^n \rightrightarrows \Re^m$ 在 $\bar{x}$ 处是渐近等度外半连续的, 则

$$(\text{g-lim}\inf_\nu S^\nu)(x) = (\text{p-lim}\inf_\nu S^\nu)(x),$$

$$(\text{g-lim}\sup_\nu S^\nu)(x) = (\text{p-lim}\sup_\nu S^\nu)(x).$$

因此, 如果序列是处处渐近等度外半连续的, 有 $S^\nu \xrightarrow{\text{g}} S$ 当且仅当 $S^\nu \xrightarrow{\text{p}} S$.

更一般地, 对集合 $X \subset \Re^n$ 和一点 $\bar{x} \in X$, 下述中的任何两个条件可推出另一条件:

(a) 序列 S^ν 在 $\bar{x}$ 处相对于 X 是等度外半连续的;

(b) 序列 S^ν 在 $\bar{x}$ 处相对于 X 图收敛到 S;

(c) 序列 S^ν 在 $\bar{x}$ 处相对于 X 逐点收敛到 S.

证明　由于 $\text{p-}\lim\inf_\nu S^\nu(x) \subset \text{g-}\lim\inf_\nu S^\nu(x)$, 为了证明第一个等式, 只需证明 $G := (\text{g-}\lim\inf_\nu S^\nu)(x) \subset (\text{p-}\lim\inf_\nu S^\nu)(x)$. 对任何 $\bar{u} \in G$, 存在序列 $(x^\nu, u^\nu) \to (\bar{x}, \bar{u})$ 满足 $u^\nu \in S(x^\nu)$. 对所有的 ν, 取 $\rho > \|u^\nu\|$, 对任何 $\varepsilon > 0$, 由 $\bar{x}$ 处的等度外半连续性可知, 存在 $V \in \mathcal{N}(\bar{x})$ 及 $N_0 \in \mathcal{N}_\infty$ 使得 $S^\nu(x^\nu) \cap \rho\mathbf{B} \subset S^\nu(\bar{x}) + \varepsilon\mathbf{B}$ 对 $x^\nu \in V$ 及 $\nu \in N_0$ 成立, 或等价地说 (由于 $x^\nu \to \bar{x}$), 存在某个指标集 $N \in \mathcal{N}_\infty$, 对所有的 $\nu \in N \subset N_0$, 当 $\nu \in N$ 时, $x^\nu \in V$. 这意味着对所有的 $\nu \in N$, $u^\nu \in S^\nu(\bar{x}) + \varepsilon\mathbf{B}$. 由于对每个 $\varepsilon > 0$, 这样的 $N \in \mathcal{N}_\infty$ 都存在, 再由 (2.1) 中的内极限公式, 有 $\bar{u} \in \lim\inf_\nu S^\nu(\bar{x})$.

第二个等式的证明与第一个基本相同, 只需把 $N \in \mathcal{N}_\infty$ 换成 $N \in \mathcal{N}_\infty^\#$ 即可.

若 $x \notin X$, 定义 $S^\nu(x) = \varnothing$. 因此只需考虑 $X = \Re^n$ 的情况. (a)+(b)$\Longrightarrow$(c) 与 (a) + (c) $\Longrightarrow$(b) 可以由前面建立的两个等式得到. 我们只证明 (b)+(c) $\Longrightarrow$(a). 假设不成立, 即 (b) 与 (c) 都成立也不能推出 $\bar{x}$ 处的渐近等度外半连续性: 存在 $\varepsilon > 0$, $\rho > 0$, $N \in \mathcal{N}_\infty^\#$, $x^\nu \xrightarrow{N} \bar{x}$ 满足

$$S^\nu(x^\nu) \cap \rho\mathbf{B} \not\subset S^\nu(\bar{x}) + \varepsilon\mathbf{B}, \quad \forall \nu \in N.$$

此时, 对每个 $\nu \in N$, 可以选取 $u^\nu \in S^\nu(x^\nu)$ 满足 $\|u^\nu\| \leqslant \rho$, 但 $u^\nu \notin S^\nu(\bar{x}) + \varepsilon\mathbf{B}$. 那么序列 $\{u^\nu\}_{\nu \in N}$ 有聚点, 不妨记为 $\bar{u}$, 由 (b) 可知 $\bar{u} \in S(\bar{x})$. 然而 $u^\nu + \varepsilon\mathbf{B}$ 与集合 $S^\nu(\bar{x})$ 不相交, 在条件 (c) 下, $S^\nu(\bar{x}) \to S(\bar{x})$, 因此 $\bar{u} \notin S(\bar{x})$, 这就得到了矛盾. ■

2.2.7　连续收敛与一致收敛

集值映射序列还有连续极限和一致极限的概念.

定义 2.9 (映射的连续极限与一致极限)　称映射序列 $S^\nu : \Re^n \rightrightarrows \Re^m$ 在 $\bar{x}$ 处连续收敛到映射 S, 如果对所有的序列 $x^\nu \to \bar{x}$, $S^\nu(x^\nu) \to S(\bar{x})$. 如果在所有的 $\bar{x} \in \Re^n$ 处, S^ν 都连续收敛到 S, 则称序列 S^ν 连续收敛到 S.

映射序列 S^ν 在子集合 X 上一致收敛到 S, 如果对每一 $\varepsilon > 0$ 与 $\rho > 0$, 存在 $N \in \mathcal{N}_\infty$ 满足对所有的 $x \in X$, 当 $\nu \in N$ 时有

$$S^\nu(x) \cap \rho\mathbf{B} \subset S(x) + \varepsilon\mathbf{B},$$
$$S(x) \cap \rho\mathbf{B} \subset S^\nu(x) + \varepsilon\mathbf{B}.$$

集值映射序列的逐点收敛、连续收敛和一致收敛都可以用距离函数来刻画, 下述练习是非常容易证明的.

练习 2.8 (集值映射序列收敛的距离函数描述) 对集值映射 $S, S^\nu : \Re^n \rightrightarrows \Re^m$, 其中 S 是闭值的, 有

(a) S^ν 在点 $\bar{x}$ 处逐点收敛到 S 的充分必要条件是对每一 u, 当 $\nu \to \infty$ 时, $d(u, S^\nu(\bar{x})) \to d(u, S(\bar{x}))$;

(b) S^ν 在点 $\bar{x}$ 处连续收敛到 S 的充分必要条件是对每一 u, 当 $\nu \to \infty$ 与 $x^\nu \to \bar{x}$ 时, $d(u, S^\nu(x^\nu)) \to d(u, S(\bar{x}))$;

(c) S^ν 在集合 X 上一致收敛到 S 的充分必要条件是对每一 $u \in \Re^m$ 与 $\eta > 0$, 函数序列 $h^\nu(x) = \min\{d(u, S^\nu(x)), \eta\}$ 在 X 上一致收敛到 $h(x) = \min\{d(u, S(x)), \eta\}$.

下面的定理揭示了集值映射序列的连续收敛与一致收敛的关系.

定理 2.18 (连续收敛与一致收敛) 对映射 $S, S^\nu : \Re^n \rightrightarrows \Re^m$, 集合 $X \subset \Re^n$, 下述条件是等价的:

(a) S^ν 相对于 X 连续收敛到 S;

(b) S^ν 在 X 的所有紧致子集合上都一致收敛到 S, 且 S 相对于 X 是连续的. 这里, 如果 S^ν 相对于 X 是连续的, 且每一 $x \in X$, 都有相对于 X 的一紧致邻域, 则 S 的连续性由一致收敛性自动得到.

一般地, 当序列 S^ν 在 $\bar{x} \in X$ 处相对于集合 X 连续收敛到 S, 同时在 $\bar{x}$ 的一邻域相对于 X 逐点收敛到 S 时, 则 S 在 $\bar{x}$ 处相对于 X 是连续的.

证明 应用练习 2.8 可以把该定理转化为讨论有界函数序列 h^ν 到函数 h 的收敛情况. 具体地, 应用练习 2.8(c), X 上的函数 S^ν 一致收敛到函数 S 当且仅当对任何 $u \in \Re^m$, $\rho \in \Re_+$, 函数 $h^\nu(x) := \min\{d(u, S^\nu(x)), \rho\}$ 在 X 上一致收敛到函数 $h(x) := \min\{d(u, S(x)), \rho\}$. 另一方面, S^ν 在 $\bar{x}$ 处相对于 X 连续收敛到 S 等价于对任何 $u \in \Re^m$, $\rho \in \Re_+$, 前面定义的函数序列 h^ν 在 $\bar{x}$ 处相对于 X 连续收敛到 h; S 在 $\bar{x}$ 处相对于 X 连续当且仅当对任何 $u \in \Re^m$, $\rho \in \Re_+$, 函数 h 在 $\bar{x}$ 处相对于 X 连续. 最后, S^ν 在集合 $V \cap X$ 上逐点收敛到 S 当且仅当 h^ν 在 $V \cap X$ 逐点收敛到 h.

下面集中考虑函数 $h, h^\nu : X \to [0, \rho]$. 假设 h^ν 在 $\bar{x}$ 处相对于 X 连续收敛到 h, 并且 h^ν 在 $V \cap X$ 上逐点收敛到 h, 这里 $V \in \mathcal{N}(\bar{x})$. 下面证明 h 在 $\bar{x}$ 处连续. 考虑 $\varepsilon > 0$. 由连续收敛的定义, 存在 $V' \in \mathcal{N}(\bar{x})$, $N \in \mathcal{N}_\infty$, 对任何 $x \in V'$, $\nu \in N$, 有

$\|h^\nu(x) - h(\bar{x})\| \leqslant \varepsilon/2$. 由于 $h^\nu(x) \to h(x)$, 其中 $x \in V \cap X, \nu \in N$, 那么对所有的 $x \in V' \cap V \cap X$, $\|h(x) - h(\bar{x})\| \leqslant \varepsilon$. 再由 $V' \cap V \in \mathcal{N}(\bar{x})$, 可以证得 h 在 $\bar{x}$ 处的连续性.

假设 h^ν 相对于 X 连续收敛到 h, 那么 h^ν 在 X 上逐点收敛到 h. 由前面的证明知, h 相对于 X 是连续的. 令 B 是 X 的任意紧致子集. 下面证明 h^ν 在 B 上一致收敛到 h. 若 h^ν 在 B 上不是一致收敛到 h 的, 那么

$$\exists \varepsilon > 0,\ N_0 \in \mathcal{N}_\infty^\#,\ \text{满足}\{x \in B : \|h^\nu(x) - h(x)\| \geqslant \varepsilon\} \neq \varnothing,\ \text{对所有的}\nu \in N_0.$$

对每个 $\nu \in N_0$, 选取上述集合中的元素 x^ν, 可以得到 B 中的一个序列, 由 B 的紧致性, 序列 $\{x^\nu\}$ 有聚点 $\bar{x} \in B$, 即存在 N_0 中的指标集 $N \in \mathcal{N}_\infty^\#$ 满足 $x^\nu \overset{N}{\to} \bar{x}$. 由连续收敛的假设有 $h^\nu(x^\nu) \overset{N}{\to} h(\bar{x})$, 同时由 h 的连续性有 $h(x^\nu) \overset{N}{\to} h(\bar{x})$, 这与 x^ν 的选择满足 $\|h^\nu(x^\nu) - h(x^\nu)\| \geqslant \varepsilon$ 矛盾. 因此, h^ν 在 B 上一致收敛到 h.

反过来, 假设 h 在 X 上连续, 并且 h^ν 在 X 中的每个紧致集合 B 上一致收敛到 h. 下面我们证明 h^ν 相对于 X 连续收敛到 h. 对任何 $\bar{x} \in X$ 及 X 中的序列 $x^\nu \to \bar{x}$. 令 B 是 X 中包含点 $\bar{x}$ 及序列 x^ν 的紧致集合. 考虑 $\varepsilon > 0$, 由 h 相对于 X 的连续性知存在 $V \in \mathcal{N}(\bar{x})$ 满足

$$\|h(x) - h(\bar{x})\| \leqslant \varepsilon/2, \quad \forall x \in V \cap B.$$

再由 h^ν 在 B 上一致收敛到 h 知, 存在 $N \in \mathcal{N}_\infty, \forall \nu \in N$, 有

$$\|h^\nu(x) - h(x)\| \leqslant \varepsilon/2, \quad \forall x \in B.$$

因此, 当 $\nu \in N$ 时, 对所有的 $x \in V \cap B$, 有 $\|h^\nu(x) - h(\bar{x})\| \leqslant \varepsilon$, 这意味着 h^ν 在 B 上连续收敛到 h, 进而 $h^\nu(x^\nu) \to h(\bar{x})$.

最后, 假设函数 h^ν 连续, 并且在 X 的所有紧致子集上一致收敛到 h. 考虑 $\bar{x} \in X$, 假设 $\bar{x}$ 在 X 中有一个紧致邻域 B, 证明 h 在 $\bar{x}$ 处相对于 X 是连续的. 在这样的邻域 B 上, 函数 h^ν 一致收敛到 h, 故对任何 $\varepsilon > 0$, 存在 $\bar{\nu} \in \mathbf{N}$, 满足对所有的 $x \in B$, 有 $\|h^{\bar{\nu}}(x) - h(x)\| \leqslant \varepsilon/3$. 再由 $h^{\bar{\nu}}$ 相对于 X 的连续性, 存在 $\delta > 0$ 使得对所有满足 $\|x - \bar{x}\| \leqslant \delta$ 的 $x \in B$ 有 $\|h^{\bar{\nu}}(x) - h^{\bar{\nu}}(\bar{x})\| \leqslant \varepsilon/3$. 可以选取 δ 充分小使得所有满足 $\|x - \bar{x}\| \leqslant \delta$ 的 x 都属于集合 B. 对这样的点 x, 有

$$\begin{aligned}\|h(x) - h(\bar{x})\| &\leqslant \|h(x) - h^{\bar{\nu}}(x)\| + \|h^{\bar{\nu}}(x) - h^{\bar{\nu}}(\bar{x})\| + \|h^{\bar{\nu}}(\bar{x}) - h(\bar{x})\| \\ &\leqslant (\varepsilon/3) + (\varepsilon/3) + (\varepsilon/3) = \varepsilon.\end{aligned}$$

由于对任何 $\varepsilon > 0$, 都可以选择 $\delta > 0$ 充分小满足上面的不等式, 故 h 在 $\bar{x}$ 处相对于 X 是连续的. ■

下面的定理揭示了集值映射序列的连续收敛与图收敛的关系.

定理 2.19 (图收敛与连续收敛) 对映射 $S, S^\nu : \Re^n \rightrightarrows \Re^m$ 与集合 $X \subset \Re^n$, $\bar{x} \in X$ 处的下述性质是等价的:

(a) S^ν 在 $\bar{x}$ 处相对于 X 连续收敛到 S;

(b) S^ν 在 $\bar{x}$ 处相对于 X 图收敛到 S, 且序列在 $\bar{x}$ 处相对于 X 是渐近等度连续的.

证明 假设 (a) 成立. 显然有 S^ν 在 $\bar{x}$ 处相对于 X 既逐点收敛又图收敛到 S. 由定理 2.17 知序列 S^ν 相对于 X 是渐近等度外半连续的. 下面证明序列 S^ν 相对于 X 是渐近等度内半连续的. 假设 S^ν 不是渐近等度内半连续的, 那么存在 $\varepsilon > 0$, $\rho > 0$, $N \in \mathcal{N}_\infty^\#$, $x^\nu \in X$, $x^\nu \xrightarrow{N} \bar{x}$, 满足

$$S^\nu(\bar{x}) \cap \rho\mathbf{B} \not\subset S^\nu(x^\nu) + \varepsilon\mathbf{B}, \quad \nu \in N.$$

那么对每个 $\nu \in N$, 存在 $u^\nu \in S^\nu(\bar{x})$, $\|u^\nu\| \leqslant \rho$ 并且 $u^\nu \notin S^\nu(x^\nu) + \varepsilon\mathbf{B}$. 由于 $S^\nu(\bar{x}) \to S(\bar{x})$, 序列 $\{u^\nu\}_{\nu \in N}$ 必存在聚点 $\bar{u}$ 满足 $\bar{u} \in S(\bar{x})$. 然而 $u^\nu + \varepsilon\mathbf{B}$ 与 $S^\nu(x^\nu)$ 不相交并且 $S^\nu(x^\nu) \to S(\bar{x})$, 这就产生了矛盾. 因此, 序列 S^ν 相对于 X 是渐近等度内半连续的, 进而是等度连续的.

假设 (b) 成立. 考虑 X 中的任何收敛到 $\bar{x}$ 的序列 x^ν. 由 S^ν 在 $\bar{x}$ 处相对于 X 一致收敛到 S, 有 $\limsup_\nu S^\nu(x^\nu) \subset S(\bar{x})$. 下面证明对任何 $\bar{u} \in S(\bar{x})$ 有 $\bar{u} \in \liminf_\nu S^\nu(x^\nu)$ 成立. 由于映射序列 S^ν 是渐近等度外半连续的, 由定理 2.17, 有 $S^\nu(\bar{x}) \to S(\bar{x})$. 因此, 对 $N_0 \in \mathcal{N}_\infty$ 中的每个指标 ν, 可以找到 $u^\nu \in S^\nu(\bar{x})$ 满足 $u^\nu \xrightarrow{N} \bar{u}$. 取 ρ 充分大使得对所有的 $\nu \in N$ 有 $u^\nu \in \rho\mathbf{B}$. 令 $\varepsilon > 0$. 由于映射序列 S^ν 是渐近等度内半连续的, 存在 $V \in \mathcal{N}(\bar{x})$, $N_1 \in \mathcal{N}_\infty$ 满足当 $\nu \in N_1$ 时,

$$S^\nu(\bar{x}) \cap \rho\mathbf{B} \subset S^\nu(x) + \varepsilon\mathbf{B}, \quad \forall x \in V.$$

那么对某个满足 $N \subset N_0 \cap N_1$ 的 $N \in \mathcal{N}_\infty$, 有对所有的 $\nu \in N$, $u^\nu \in S^\nu(x^\nu) + \varepsilon\mathbf{B}$, 也就是证明了对任何 $\varepsilon > 0$, 存在 $N \in \mathcal{N}_\infty$ 满足 $u^\nu \in S^\nu(x^\nu) + \varepsilon\mathbf{B}$, 由 (2.1) 知 $\bar{u} \in \liminf_\nu S^\nu(x^\nu)$. ■

推论 2.7 (单值映射的图收敛) 对单值映射 $F, F^\nu : \Re^n \to \Re^m$, 下述条件是等价的:

(a) F^ν 在 $\bar{x}$ 处连续收敛到 F;

(b) F^ν 在 $\bar{x}$ 处图收敛到 F, 序列在 $\bar{x}$ 处是最终局部有界的, 即存在 $V \in \mathcal{N}(\bar{x})$, $N \in \mathcal{N}_\infty$ 和一有界集合 B, 满足 $F^\nu(x) \in B, \forall x \in V$, $\forall \nu \in N$.

证明 根据定理 2.19 与连续收敛的定义, 由 (a) 可推出 (b). 另一方面, (b) 中的局部有界性意味着, 对每一 $x^\nu \to \bar{x}$, 序列 $F^\nu(x^\nu)$ 是有界的, 而 (b) 中的图收敛连同 F 的单值性确保这样的序列的唯一可能的聚点是 $F(\bar{x})$. 因此在 (b) 中, 当 $x^\nu \to \bar{x}$ 时, $F^\nu(x^\nu) \to F(\bar{x})$. ■

集值映射序列的一致收敛与图收敛的关系由下述命题讨论.

命题 2.12(由一致收敛导致的图收敛) 考虑 $S, S^\nu : \Re^n \rightrightarrows \Re^m$ 与集合 $X \subset \Re^n$.

(a) 如果映射序列 S^ν 相对于 X 是外半连续的, 它在 X 上一致收敛于 S, 则 S 相对于 X 是外半连续的且相对于 X, $S^\nu \xrightarrow{g} S$.

(b) 如果序列 S^ν 相对于 X 是连续的, 在 X 中的所有紧致集合上都一致收敛到 S, 若 X 中的每一点都有一相对于 X 的紧致邻域, 则 S^ν 相对于 X 图收敛于 S. 当 S^ν 与 S 在 X 上是单值的, 则这一结论成立.

证明 对于 (a), 首先验证 S 相对于 X 是外半连续的. 假设 $x^\kappa, \bar{x} \in X$, $u^\kappa \in S(x^\kappa)$ 并且 $\lim_{\kappa\to\infty}(x^\kappa, u^\kappa) = (\bar{x}, \bar{u})$. 我们证明 $\bar{u} \in S(\bar{x})$. 选取 ρ 充分大使得 $u^\kappa, \bar{u} \in \operatorname{int} \rho\mathbf{B}$, 固定 $\varepsilon > 0$. 由于 S^ν 在 X 上一致收敛于 S, 存在 $N \in \mathcal{N}_\infty$ 满足 (根据定义 2.9 中的第二个包含关系): 当 $\nu \in N$ 时,

$$u^\kappa \in S(x^\kappa) \cap \rho\mathbf{B} \subset S^\nu(x^\kappa) + \varepsilon\mathbf{B}, \quad \forall \kappa \in \mathbf{N}.$$

对每个固定的 $\nu \in N$, 关于 κ 取 lim sup, 有

$$\bar{u} \in \limsup_\kappa [S^\nu(x^\kappa) + \varepsilon\mathbf{B}] = [\limsup_\kappa S^\nu(x^\kappa)] + \varepsilon\mathbf{B} \subset S^\nu(\bar{x}) + \varepsilon\mathbf{B};$$

上式中的等式成立是因为 $\varepsilon\mathbf{B}$ 是紧致的, 而包含关系成立是因为 S^ν 相对于 X 是外半连续的. 由定义 2.9 中的第一个包含关系, 对 ν 充分大, 有 $S^\nu(\bar{x}) \cap \rho\mathbf{B} \subset S(\bar{x}) + \varepsilon\mathbf{B}$. 再由 $\|\bar{u}\| < \rho$, 可以得到 $d(\bar{u}, S(\bar{x})) \leqslant 2\varepsilon$. 取 $\varepsilon > 0$ 充分小, 有 $\bar{u} \in S(\bar{x})$.

下面证明相对于 X, $S^\nu \xrightarrow{g} S$ 成立, 只需证明对 $G := (X \times \Re^m) \cap \operatorname{gph} S$, $G^\nu := (X \times \Re^m) \cap \operatorname{gph} S^\nu$ 有下式成立

$$(X \times \Re^m) \cap \limsup_\nu G^\nu \subset G \subset \liminf_\nu G^\nu. \tag{2.17}$$

假设存在某个 $N_0 \in \mathcal{N}_\infty$, 对所有的 $\nu \in N_0$, $(x^\nu, u^\nu) \in G^\nu$ 有 $(x^\nu, u^\nu) \to (\bar{x}, \bar{u})$, $\bar{x} \in X$. 选取 ρ 充分大, 使得 $u^\nu, \bar{u} \in \operatorname{int} \rho\mathbf{B}$. S^ν 在 X 上一致收敛到 S 意味着对任何 $\varepsilon > 0$, 存在 $N \in \mathcal{N}_\infty$ 满足 $N \subset N_0$ 并且 (由定义 2.9 的第一个包含关系): 对所有的 $\nu \in N$,

$$u^\nu \in S^\nu(x^\nu) \cap \rho\mathbf{B} \subset S(x^\nu) + \varepsilon\mathbf{B}.$$

由于 S 相对于 X 是外半连续的, 类似于前面的证明, 对上述包含关系每一项关于 ν 取 lim sup, 有 $\bar{u} \in S(\bar{x}) + \varepsilon\mathbf{B}$. 再由 $\limsup_\nu [S(x^\nu) + \varepsilon\mathbf{B}] = [\limsup_\nu S(x^\nu)] + \varepsilon\mathbf{B}$, 由于 $\varepsilon > 0$ 是任意选取的, 可以得到 $\bar{u} \in S(\bar{x})$, 从而 $(\bar{x}, \bar{u}) \in G$. 因此, (2.17) 中的第一个包含关系成立.

对 (2.17) 中的第二个包含关系, 考虑 $(\bar{x}, \bar{u}) \in G$, $\rho > \|\bar{u}\|$. 对 $\kappa \in \mathbf{N}$, 集合 $N_\kappa \in \mathcal{N}_\infty$, 一致收敛性意味着 (由定义 2.9 中的第二个包含关系): 对所有的

$\nu \in N_\kappa$,

$$\bar{u} \in S(\bar{x}) \cap \rho\mathbf{B} \subset S^\nu(\bar{x}) + (1/\kappa)\mathbf{B}.$$

那么对 $\nu \in N_\kappa$, 有 $d(\bar{u}, S^\nu(\bar{x})) \leqslant 1/\kappa$, 进而 $\limsup_\nu d(\bar{u}, S^\nu(\bar{x})) = 0$. 因此我们可以选取 $u^\nu \in S^\nu(\bar{x})$, 并且 $u^\nu \to \bar{u}$. 令 $x^\nu = \bar{x}$ 对所有的 $\nu \in \mathbf{N}$ 成立, 有 $(x^\nu, u^\nu) \in G^\nu$ 并且 $(x^\nu, u^\nu) \to (\bar{x}, \bar{u})$, 即 (2.17) 中的第二个包含关系成立.

结论 (b) 可以由定理 2.19 与定理 2.18 直接得到. ■

关于单值函数序列的 Arzelà-Ascoli 定理在集值映射序列的情况的推广形式如下:

定理 2.20(Arzelà-Ascoli 定理, 集值映射的形式) 如果映射序列 $S^\nu : \Re^n \rightrightarrows \Re^m$ 相对于 X 是渐近等度连续的, 则它有一子序列, 在 X 的所有紧致子集合上都一致收敛到一相对于 X 连续的映射 $S : \Re^n \rightrightarrows \Re^m$.

证明 由定理 2.19 结合定理 2.16 中的紧致性及定理 2.18 中的连续性特点可以证得结论. ■

对于单调集值映射序列, 极限集值映射和成员集值映射的外半连续性或内半连续性是自动的.

定理 2.21 (单调序列的一致收敛性) 考虑集值映射 $S, S^\nu : \Re^n \rightrightarrows \Re^m$ 与集合 $X \subset \mathrm{dom} S$. 假设下述两条件之一成立:

(a) 对于所有 $x \in X$, $S^\nu(x) \nearrow S(x)$, 其中 S 相对于 X 是外半连续的, 且 S^ν 相对于 X 是内半连续的;

(b) 对于所有 $x \in X$, $S^\nu(x) \searrow S(x)$, 其中 S 相对于 X 是内半连续的, 且 S^ν 相对于 X 是外半连续的.

则 S 相对于 X 是连续的, 映射序列 S^ν 在 X 的每一紧致集合上都一致收敛到 S.

证明 由定理 2.18, 只需证明由条件 (a) 或条件 (b) 都可以得到 S^ν 相对于 X 连续收敛到 S. 对每个 $x \in X$, $S(x)$ 是闭集, 不失一般性, 假设 $S^\nu(x)$ 是闭集合. 根据命题 2.7 中半连续性用距离函数的刻画及练习 2.8 (b) 中的连续收敛性可以建立定理 2.21 的一个更简单的描述.

对条件 (a), 固定 $u \in \Re^m$, 令 $d^\nu(x) = d(u, S^\nu(x))$, $d(x) = d(u, S(x))$. 由假设有对所有的 $x \in X$, $d^\nu(x) \searrow d(x)$, 并且 d 相对于 X 是下半连续的, d^ν 相对于 X 是上半连续的. 下面证明当 $x^\nu \in X$, $x \in X$, $x^\nu \to \bar{x}$ 时, $d^\nu(x^\nu) \to d(\bar{x})$. 对任意 $\varepsilon > 0$, 存在指标 ν_0 满足当 $\nu \geqslant \nu_0$ 时, $d^\nu(x) \leqslant d(\bar{x}) + \varepsilon$. 进一步, 存在 $\bar{x}$ 在 X 中的邻域 V, 满足当 $x \in V$ 时, $d(x) \geqslant d(\bar{x}) - \varepsilon$, $d_{\nu_0}(x) \leqslant d_{\nu_0}(\bar{x}) + \varepsilon$. 同样也存在一指标 $\nu_1 \geqslant \nu_0$, 满足当 $\nu \geqslant \nu_1$ 时, $x^\nu \in V$. 所以当 $\nu \geqslant \nu_1$ 时, $d^\nu(x^\nu) \geqslant d(x^\nu) \geqslant d(\bar{x}) - \varepsilon$. 另一方面, $d^\nu(x^\nu) \leqslant d^{\nu_0}(x^\nu) \leqslant d^{\nu_0}(\bar{x}) + \varepsilon \leqslant d(\bar{x}) + 2\varepsilon$. 从而当 $\nu \geqslant \nu_1$ 时, $\|d^\nu(x^\nu) - d(\bar{x})\| \leqslant \varepsilon$.

对条件 (b), 有对所有的 $x \in X$, $d^\nu(x) \nearrow d(x)$, 并且 d 相对于 X 是上半连续

的, d^ν 相对于 X 是下半连续的. 其余的证明与前面的证明相同, 只是证明中的所有不等式都是与前面的证明中相反的. ■

2.2.8　收敛的度量刻画

用积分距离可以很容易度量映射序列的连续收敛性与一致收敛性.

命题 2.13 (连续收敛与一致收敛的度量表示)

(a) 映射序列 $S^\nu : \Re^n \rightrightarrows \Re^m$ 在 $\bar{x}$ 处连续收敛到映射 S 当且仅当对所有的 $\varepsilon > 0$, 存在 $V \in \mathcal{N}(\bar{x})$ 与 $N \in \mathcal{N}_\infty$, 满足对所有的 $x \in V$ 与 $\nu \in N$, $\mathbf{d}(S^\nu(x), S(\bar{x})) \leqslant \varepsilon$.

(b) 映射序列 $S^\nu : \Re^n \rightrightarrows \Re^m$ 在 $X \subset \Re^n$ 上一致收敛到映射 S 当且仅当对所有 $\varepsilon > 0$, 存在 $N \in \mathcal{N}_\infty$, 满足对所有的 $\nu \in N$ 与 $x \in X$, 有 $\mathbf{d}(S^\nu(x), S(x)) \leqslant \varepsilon$.

证明　这里只证明 (b), 因为 (a) 的证明与之类似. 由 $\widehat{\mathbf{d}}_\rho$ 的定义知 $\{S^\nu\}_{\nu\in\mathbf{N}}$ 在 X 上一致收敛到 S 的充分必要条件是

$$\forall \varepsilon > 0, \forall \rho \geqslant 0, \exists N \in \mathcal{N}_\infty : \widehat{\mathbf{d}}_\rho(S^\nu(x), S(x)) \leqslant \varepsilon, \forall x \in X, \forall \nu \in N.$$

由命题 2.5(a) 中所刻画的 $\widehat{\mathbf{d}}_\rho$ 与 $\mathbf{d}_\rho$ 的关系知, 上述条件等价于

$$\forall \varepsilon > 0, \forall \rho \geqslant 0, \exists N \in \mathcal{N}_\infty : \mathbf{d}_\rho(S^\nu(x), S(x)) \leqslant \varepsilon, \forall x \in X, \forall \nu \in N.$$

下面只需证明上述条件与下式等价即可:

$$\forall \varepsilon > 0, \exists N \in \mathcal{N}_\infty : \mathbf{d}(S^\nu(x), S(x)) \leqslant \varepsilon, \forall x \in X, \forall \nu \in N.$$

先证明 "$\Longleftarrow$": 用反证法, 若存在 $x \in X$, $\varepsilon > 0$, $\rho \geqslant 0$ 和 $N \in \mathcal{N}_\infty^\#$, 使得

$$\mathbf{d}_\rho(S^\nu(x), S(x)) > \varepsilon, \quad \forall \nu \in N.$$

由引理 2.2(a) 知, 对任意的 $\nu \in N$, 有 $\mathbf{d}(S^\nu(x), S(x)) > \varepsilon' = \mathrm{e}^{-\rho}\varepsilon$. 而假设条件可推知, 对上述 ε', 存在 $N' \in \mathcal{N}_\infty$, 使得 $\mathbf{d}_\rho(S^\nu(x), S(x)) \leqslant \varepsilon'$, $\forall \nu \in N'$. 由此得到矛盾.

再证 "$\Longrightarrow$": 也采用反证法. 若存在 $x \in X$, $\varepsilon > 0$ 和 $N \in \mathcal{N}_\infty^\#$, 使得 $\mathbf{d}(S^\nu(x), S(x)) > \varepsilon$, $\forall \nu \in N$. 由引理 2.2(b) 知对任意的 $\rho \in \Re_+$, $\nu \in N$, 有

$$(1 - \mathrm{e}^{-\rho})\mathbf{d}_\rho(S^\nu(x), S(x)) + \mathrm{e}^{-\rho}(\beta^\nu + \rho + 1) \geqslant \mathbf{d}(S^\nu(x), S(x)) > \varepsilon,$$

其中 $\beta^\nu = \max\{d(0, S^\nu(x)), d(0, S(x))\}$. 由假设条件知 ν 充分大以后, $\mathbf{d}_0(S^\nu(x), S(x)) < \varepsilon$. 不妨设该式对所有的 $\nu \in N$ 成立. 记 $\beta = d(0, S(x))$, 则有 $\beta^\nu \leqslant \beta + \varepsilon$, 所以 $\forall \rho \in \Re_+$, $\forall \nu \in N$, 有

$$\mathbf{d}_\rho(S^\nu(x), S(x)) > \varepsilon_\rho := \frac{\varepsilon - \mathrm{e}^{-\rho}(\beta + \varepsilon + \rho + 1)}{1 - \mathrm{e}^{-\rho}}.$$

这与假设条件矛盾. ■

定义

$$\text{osc-maps}_{\neq\varnothing}(\Re^n\times\Re^m):=\{S:\Re^n\rightrightarrows\Re^m: S\ \text{外半连续}, \text{dom}S\neq\varnothing\}.$$

对两个映射 $S,T\in\text{osc-maps}_{\neq\varnothing}(\Re^n\times\Re^m)$, 图距离 (graph distance) 定义为

$$\mathbf{d}(T,S):=\mathbf{d}(\text{gph}S,\text{gph}T).$$

对 $\rho\geqslant 0$, 定义

$$\mathbf{d}_\rho(T,S):=\mathbf{d}_\rho(\text{gph}S,\text{gph}T),\quad \widehat{\mathbf{d}}_\rho(T,S):=\widehat{\mathbf{d}}_\rho(\text{gph}S,\text{gph}T).$$

定理 2.22(图收敛的量的刻画) *图距离 $\mathbf{d}$ 是空间 $\text{osc-maps}_{\neq\varnothing}(\Re^n\times\Re^m)$ 的度量, 对 $\rho\geqslant 0$, $\mathbf{d}_\rho$ 是伪度量 (而 $\widehat{\mathbf{d}}_\rho$ 不是伪度量). 它们可以刻画图收敛:*

$$\begin{aligned}S^\nu\to S&\iff \mathbf{d}(S^\nu,S)\to 0\\&\iff \mathbf{d}_\rho(S^\nu,S)\to 0\ \text{对所有的大于某个}\bar\rho\ \text{的}\rho\\&\iff \widehat{\mathbf{d}}_\rho(S^\nu,S)\to 0\ \text{对所有的大于某个}\bar\rho\ \text{的}\rho.\end{aligned}$$

进一步, $(\text{osc-maps}_{\neq\varnothing}(\Re^n\times\Re^m),\mathbf{d})$ 是一可分的完备的局部紧致的度量空间.

证明 将定理 2.9、定理 2.10、推论 2.3 和命题 2.6 应用到外半连续映射的图即可得到结论. ■

2.2.9 其他

集值映射序列的全图收敛, 记为 $S^\nu\xrightarrow{\text{t}}S$, 意味着

$$\text{ghp}S^\nu\xrightarrow{\text{t}}\text{ghp}S.$$

$$S^\nu\xrightarrow{\text{t}}S\iff \text{ghp}S^\nu\to\text{ghp}S,\quad \limsup\nolimits_\nu^\infty\text{gph}S^\nu\subset\text{gph}S^\infty.\tag{2.18}$$

称集合 $X\subset\Re^n$ 的子集合 A 为在 X 中无处稠密的, 如果没有点 $x\in X\cap\text{cl}\,A$ 有一邻域 $V\in\mathcal{N}(x)$ 满足 $X\cap V\subset\text{cl}\,A$, 或换言之, 如果

$$\text{int}_X(\text{cl}_XA)=\varnothing,\quad \text{其中}\begin{cases}\text{cl}_X\ \text{记相对于}\ X\ \text{的闭包},\\ \text{int}_X\ \text{记相对于}\ X\ \text{的内部}.\end{cases}$$

称集合 A 为 X 中的贫集 (meager), 如果它是可数个 X 的无处稠密的集合的并.

定理 2.23 *设 $S:\Re^n\rightrightarrows\Re^m$ 是闭值的, 如果 S 相对于 $X\subset\Re^n$ 是外半连续的, 或相对于 X 是内半连续的, 则集合 $\{x\in X: S\ \text{在}\ x\ \text{处相对于}X\ \text{不连续}\}$ 是 X 中的贫集.*

证明 记 $\mathcal{B}$ 为由 $\Re^m$ 中的所有有理闭球 (即球 $B = \mathbf{B}(u,\rho)$, 其中 ρ 和 u 均为有理数) 构成的集合. 此集合为可数集, 并且对任意的 $\bar{u} \in \Re^m$, $W \in \mathcal{N}(\bar{u})$, 存在 $B \in \mathcal{B}$, 使得 $u \in \mathrm{int}B$ 且 $B \subset W$.

首先讨论 S 关于 X 是外半连续的情形. 设 X_0 为 X 中满足 S 关于 X 不是内半连续的点构成的集合. 下面说明 X_0 可以被可数个 X 的无处稠密子集的并集覆盖. 由练习 2.5(b) 知, S 关于 X 在点 $\bar{x} \in X$ 内半连续的充要条件是对 $\bar{u} \in S(\bar{x})$, $B \in \mathcal{N}(\bar{u}) \cap \mathcal{B}$, 存在 $V \in \mathcal{N}(\bar{x})$, 使得 $X \cap V \subset S^{-1}(B)$. 换言之, 点 $\bar{x} \in X \setminus X_0$ 由下述性质刻画:

$$\forall B \in \mathcal{B} : \bar{x} \in S^{-1}(\mathrm{int}B) \Longrightarrow \bar{x} \in \mathrm{int}_X[S^{-1}(B) \cap X].$$

因此, 对 X_0 中的每一点, 均存在某一 $B \in \mathcal{B}$, 使得该点属于集合 $[S^{-1}(\mathrm{int}B) \cap X] \setminus \mathrm{int}_X[S^{-1}(B) \cap X]$. 所以有

$$X_0 \subset \bigcup_{B \in \mathcal{B}} \{Y_B \setminus (\mathrm{int}_X\, Y_B)\}, \quad \text{其中} Y_B := S^{-1}(B) \cap X.$$

由定理 2.12(b) 知, Y_B 关于 X 是闭的, 所以集合 $Y_B \setminus (\mathrm{int}_X\, Y_B)$ 在 X 中是无处稠密的.

下面讨论 S 关于 X 是内半连续的情形. 此时, 令 X_0 为 X 中满足 S 关于 X 不是外半连续的点构成的集合. 同样, 需要说明 X_0 可以被可数个 X 的无处稠密子集的并覆盖即可. 对任意的 $\bar{x} \in X$, $\bar{u} \notin S(\bar{x})$, 由于 S 在 $\bar{x}$ 是闭值的, 所以存在邻域 $B \in \mathcal{N}(\bar{u}) \cap \mathcal{B}$ 使得 $B \cap S(\bar{x}) = \varnothing$. 由练习 2.5(a) 知, S 关于 X 在点 $\bar{x}$ 是外半连续的充要条件是, 当 $B \in \mathcal{B}$, $S(\bar{x}) \cap B = \varnothing$ 时, 存在 $V \in \mathcal{N}(\bar{x})$, 满足 $S(x) \cap \mathrm{int}B = \varnothing$, $\forall x \in X \cap V$. 等价地, 点 $x \in X \setminus X_0$ 由下述性质刻画:

$$\forall B \in \mathcal{B} : \bar{x} \notin S^{-1}(B) \Longrightarrow \bar{x} \notin \mathrm{cl}_X[S^{-1}(\mathrm{int}B) \cap X].$$

因此, 对 X_0 中的每一点, 均存在某一 $B \in \mathcal{B}$, 使得该点属于集合 $\mathrm{cl}_X[S^{-1}(\mathrm{int}B) \cap X] \setminus [S^{-1}(B) \cap X]$. 所以有

$$X_0 \subset \bigcup_{B \in \mathcal{B}} \{(\mathrm{cl}_X\, Y_B) \setminus Y_B\}, \quad \text{其中} Y_B := S^{-1}(\mathrm{int}B) \cap X.$$

由定理 2.12(c) 知, Y_B 关于 X 是开的, 所以集合 $(\mathrm{cl}_X\, Y_B) \setminus Y_B$ 在 X 中是无处稠密的. ∎

推论 2.8 设函数 $f : \Re^n \to \overline{\Re}$ 相对于 X 是下半连续的或者上半连续的, 则集合 $\{x \in X : f \text{ 在 } x \text{ 处相对于 } X \text{ 不连续}\}$是 X 中的贫集.

集值映射的连续性与选择性有一定的联系. 集值映射 $S:\Re^n \rightrightarrows \Re^m$ 的一个选择是一个单值映射 $s:\operatorname{dom} S \to \Re^m$, 满足 $s(x) \in S(x)$, $\forall x \in \operatorname{dom} S$. 若还有 S 相对于 dom S 连续, 则称其为 S 的连续选择. 集合 X 是 σ- 紧致的, 如果它可以表示为可数个紧致集合的并. 空间 $\Re^n$ 中的所有闭集合与所有开集合都是 σ-紧致的.

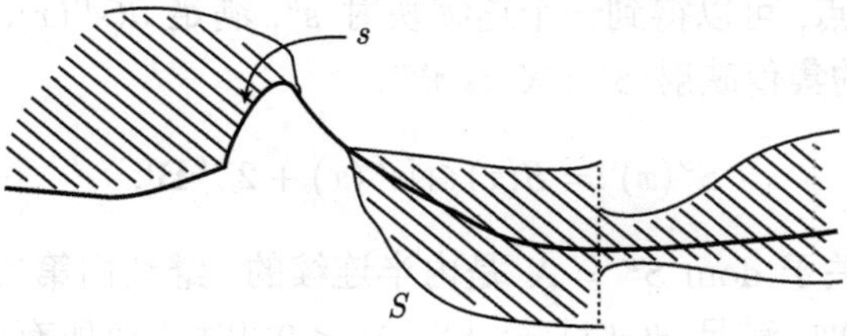

图 2.2.2 内半连续映射 S 的一连续选择 s

定理 2.24(内半连续映射的 Michael 表示) 设映射 $S:\Re^n \rightrightarrows \Re^m$ 相对于 $\operatorname{dom}S$ 内半连续, 且是闭凸值的, $\operatorname{dom}S$ 是 σ- 紧致的. 则 S 有一连续的选择; 事实上, S 具有 Michael 表示: 存在可数选择集合 $\{s_i\}_{i\in I}$, 其中 s_i 是相对于 $\operatorname{dom}S$ 连续的 S 的选择, 满足 $S(x) = \operatorname{cl}\{s_i(x) : i \in I\}$, $\forall x \in \operatorname{dom}S$.

证明 第一部分. 证明若 X 为紧致集且 $\operatorname{int}S(x) \neq \varnothing$, $\forall x \in X$, 则存在一个连续映射 $s: X \to \Re^m$, 满足 $s(x) \in \operatorname{int}S(x)$, $\forall x \in X$.

对每个 $x \in X$, 选取 $u_x \in \operatorname{int}S(x)$. 由定理 2.13(a) 知, 存在 x 的开邻域 V_x, 使得 $u_x \in \operatorname{int}S(x')$, $\forall x' \in V_x \cap \operatorname{dom}S$. 集合族 $\{V_x\}_{x\in X}$ 为 X 的开覆盖, 所以由 X 的紧致性知, 存在有限子覆盖 $\{V_i\}_{i\in I}$, I 有限. 对每个 V_i, 有点 u_i, 满足

$$u_i \in \operatorname{int}S(x), \quad \forall x \in V_i \cap \operatorname{dom}S.$$

定义 X 上的函数 $\theta_i(x) := \min\{1, d(x, X \setminus V_i)\}$, 则 θ_i 是连续的 (距离函数是连续的). 令 $\theta(x) := \sum\limits_{i\in I} \theta_i(x) > 0$, $\lambda_i(x) := \theta_i(x)/\theta(x)$, 注意到这些函数在 $x \in X$ 点都是连续的且 $\lambda_i(x) \geqslant 0$, $\sum\limits_{i\in I} \lambda_i(x) = 1$. 令

$$s(x) := \sum_{i\in I} \lambda_i(x) u_i, \quad \forall x \in X.$$

当 $x \notin V_i$ 时, $\lambda_i(x) = 0$, 所以只有那些 $u_i \in \operatorname{int}S(x)$ 对定义 $s(x)$ 起作用. 由 int $S(x)$ 的凸性知 $s(x) \in \operatorname{int}S(x)$.

第二部分. 证明对任意紧致集 $X \subset \operatorname{dom}S$ 及任意的 $\eta > 0$, 可以找到连续映射 $s: X \to \Re^m$, 满足 $d(s(x), S(x)) < \eta$, $\forall x \in \operatorname{dom}S$.

将第一部分的结论应用到映射 $S_\eta : X \rightrightarrows \Re^m$, $S_\eta(x) := S(x) + \eta\mathbf{B}$. 注意到映射 S_η 是闭凸值的, 且 int $S_\eta(x) \neq \varnothing$, $\forall x \in X$. 所以 S_η 满足第一部分的假设条件, 又

易知 S_η 关于 X 是内半连续的, 得到结论.

第三部分. 证明对任意紧致集 $X \subset \mathrm{dom}S$, 存在一个连续映射 $s: X \to \Re^m$, 满足 $s(x) \in S(x), \forall x \in X$.

应用第二部分当 $\eta = 1$ 时的结果, 得到连续映射 s^0, 满足 $d(s^0(x), S(x)) < 1$, $\forall x \in X$. 以此为起点, 可以得到一个连续映射 s^ν, 满足 $d(s^\nu(x), S(x)) < 2^{-\nu}$, $\forall x \in X$. 定义下述凸值的集值映射 $S^\nu: X \rightrightarrows \Re^m$,

$$S^\nu(x) := S(x) \cap [s^\nu(x) + 2^{-\nu}\mathbf{B}].$$

由定理 2.7 知 S^ν 关于 $\mathrm{dom}\ S^\nu = X$ 是内半连续的. 继续由第二部分知, 存在连续映射 $s^{\nu+1}: X \to \Re^m$, 满足 $d(s^{\nu+1}(x), S^\nu(x)) < 2^{-(\nu+1)}$ 对所有的 $x \in X$ 成立. 特别地,

$$d(s^{\nu+1}(x), S(x)) < 2^{-(\nu+1)}, \quad \forall x \in X,$$

同时还有 $d(s^{\nu+1}(x), s^\nu(x)) < 2^{-(\nu+1)} + 2^{-\nu} < 2^{-(\nu-1)}$. 由数学归纳法可得

$$d(s^{\nu+\kappa}(x), s^\nu(x)) < 2^{-(\nu+\kappa-2)} + \cdots + 2^{-(\nu+1)} + 2^{-\nu} < 2^{-(\nu-2)},$$

进而有对任意的 $x \in X$, 序列 $\{s^\nu(x)\}_{\nu\in\mathbf{N}}$ 具有 Cauchy 性质. 对每个 x, 上述序列的极限存在, 记为 $s(x)$. 由 $d(s^{\nu+1}(x), S(x)) < 2^{-(\nu+1)}$ 知 $s(x) \in S(x)$. 由于函数 s^ν 的收敛是 X 上的一致收敛, 由定理 2.18 知极限函数 s 连续.

第四部分. 为了将第三部分的结果推广到 X 仅为 σ- 紧致的情形, 进而可以选取 $X = \mathrm{dom}S$, 注意到第一部分的论述在这种更一般的情况下可以得到一可数 (而不是有限的) 指标集 I, 使 $\{V_i\}_{i\in I}$ 是 X 的局部有限覆盖: 每个 x 只属于有限多个 V_i, 所以在 $\lambda_i(x)$ 与 $s(x)$ 的定义中只有有限多个非零项.

第五部分. 前面已经得到 S 至少存在一个连续选择 s. 下面证明 S 存在 Michael 表示. 令 $\mathcal{Q}$ 表示全体有理数, $\mathcal{Q}_+$ 为非负有理数全体. 令

$$Q := \{(u, \rho) \in \mathcal{Q}^n \times \mathcal{Q}_+ : (\mathrm{rge}S) \cap \mathrm{int}\mathbf{B}(u, \rho) \neq \varnothing\}.$$

对任意的 (u, ρ), 集合 $S^{-1}(\mathrm{int}\mathbf{B}(u, \rho))$ 关于 $\mathrm{dom}\ S$ 是开的 (参见定理 2.12(c)), 又注意到 $\mathrm{dom}\ S$ 是 σ- 紧致的, 故 $S^{-1}(\mathrm{int}\mathbf{B}(u, \rho))$ 是 σ- 紧致的. 对任意的 $(u, \rho) \in Q$, 映射 $S_{u,\rho}: \Re^n \rightrightarrows \Re^m$, $S_{u,\rho}(x) := \mathrm{cl}[S(x) \cap \mathrm{int}\mathbf{B}(u, \rho)]$, 有 $\mathrm{dom}\ S_{u,\rho} = S^{-1}(\mathrm{int}\mathbf{B}(u, \rho))$ 且 $S_{u,\rho}$ 关于 $\mathrm{dom}\ S_{u,\rho}$ 是内半连续的 (由定理 2.7(c) 可得). 又易知, $S_{u,\rho}$ 是凸值的, 所以由第四部分知, $S_{u,\rho}$ 存在连续选择 $s_{u,\rho}: S^{-1}(\mathrm{int}\mathbf{B}(u, \rho)) \to \Re^m$.

令 $\mathcal{Z}$ 表示整数全体. 对任意的 $k \in \mathbf{N}$ 及 $(u, \rho) \in Q$, 令 $C^k_{u,\rho}$ 为下述球的全体的并集

$$B \subset S^{-1}(\mathrm{int}\mathbf{B}(u, \rho)), \quad \text{其中} B = \mathbf{B}\left(\frac{1}{k}x, \left(\frac{1}{2k} - \frac{1}{(2k)^2}\right)\right) \text{ 对某一} x \in \mathcal{Z}^n.$$

易知 $C_{u,\rho}^k$ 是闭集, 且

$$\bigcup_{k=1}^{\infty} C_{u,\rho}^k = S^{-1}(\text{int}\mathbf{B}(u,\rho)).$$

对每一个 $k \in \mathcal{N}$ 及 $(u,\rho) \in Q$, 定义映射 $S_{u,\rho}^k : \Re^n \rightrightarrows \Re^m$,

$$S_{u,\rho}^k(x) = \begin{cases} \{s_{u,\rho}(x)\}, & 若 x \in C_{u,\rho}^k, \\ S(x), & 否则, \end{cases}$$

则 $S_{u,\rho}^k$ 关于集合 $\text{dom}\, S_{u,\rho}^k = \text{dom}S$ 是内半连续的 (因为 $\text{dom}\, S \setminus C_{u,\rho}^k$ 关于 $\text{dom}\, S$ 是开的), 且 $S_{u,\rho}^k$ 是凸值的. 再由第四部分得到, 存在连续选择 $s_{u,\rho}^k : \text{dom}S \to \Re^m$. 特别地, $s_{u,\rho}^k$ 是 S 的连续选择.

下证明这可数多个连续选择 $\{s_{u,\rho}^k\}_{(u,\rho)\in Q, k\in\mathbf{N}}$ 即满足 S 的 Michael 选择, 即证明

$$\text{cl}\{s_{u,\rho}^k(x) : (u,\rho) \in Q, k \in \mathbf{N}\} = S(x).$$

这只需说明对任意的 $\varepsilon > 0$ 及 $\bar{u} \in S(\bar{x})$, 存在 (u,ρ), 满足 $\|\bar{u} - s_{u,\rho}^k(\bar{x})\| < \varepsilon$. 这是由这些选择的构造过程得到的. 因为总可以找到 $u \in \mathcal{Q}^n$, $\rho \in \mathcal{Q}_+$ 且 $\rho < \varepsilon$, 满足 $\bar{u} \in S(\bar{x}) \cap \text{int}\mathbf{B}(u,\rho)$, 同时选取 k 充分大, 使得 $\bar{x}$ 属于 $C_{u,\rho}^k$. 此时 $s_{u,\rho}^k(\bar{x})$ 即满足所需证明的性质. ■

2.3 上图极限

2.3.1 逐点收敛

函数序列有各种形式的收敛的定义, 最被大家熟知的是逐点收敛. 称函数序列 $f^\nu : \Re^n \to \overline{\Re}$ 在 x 处**逐点收敛**到函数 $f : \Re^n \to \overline{\Re}$, 如果 $f^\nu(x) \to f(x)$, 用记号

$$f = \text{p-}\lim_{\nu} f^\nu \text{ 或} f^\nu \xrightarrow{\text{p}} f.$$

逐点下极限函数 $\text{p-}\liminf_\nu f^\nu$ 与逐点上极限函数 $\text{p-}\limsup_\nu f^\nu$ 分别定义为

$$(\text{p-}\liminf_\nu f^\nu)(x) := \liminf_\nu f^\nu(x),$$

$$(\text{p-}\limsup_\nu f^\nu)(x) := \limsup_\nu f^\nu(x).$$

显然 $f^\nu \xrightarrow{\text{p}} f$ 当且仅当 $\text{p-}\liminf_\nu f^\nu = \text{p-}\limsup_\nu f^\nu$.

函数序列逐点收敛至少有如下的缺点:

i) 逐点极限函数不保证下半连续性, 比如连续函数序列 $f^\nu(x) = \min\{1, \|x\|^{2\nu}\}$ 逐点收敛到函数 $f = \min\{1, \delta_{\text{int}\mathbf{B}}\}$, 它不是下半连续的.

ii) 逐点极限函数不传递最小值, 由 $f^\nu \xrightarrow{\text{p}} f$, 不能推出 $\inf f^\nu \to \inf f$, 或者不能推出由 argmin f^ν 选取的序列 x^ν 的任何聚点都在 argmin f 中, 即 $\limsup_\nu \operatorname{argmin} f^\nu \subset \operatorname{argmin} f$.

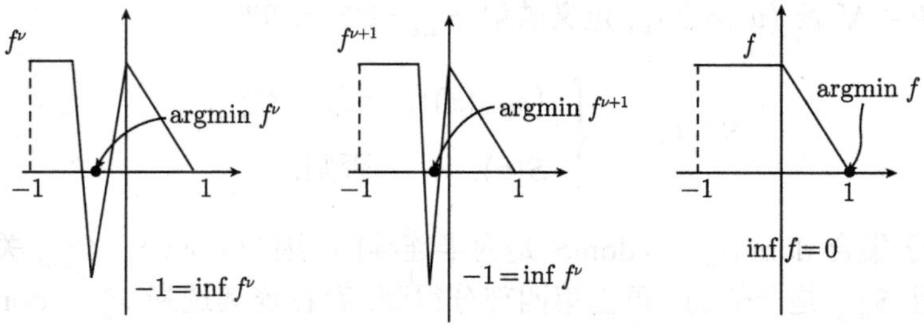

图 2.3.1 最优值不收敛的逐点收敛函数列的例子

2.3.2 上图收敛

从上一节的讨论知道, 逐点收敛不能保证极限函数的下半连续性, 也不能保证序列极小点收敛到极限函数的极小点. 为了克服这些缺点, 尤其是第二个缺点, 需要函数序列的上图收敛的概念.

对于上图集合序列 $E^\nu \subset \Re^{n+1}$, 它的外极限 $\limsup_\nu E^\nu$ 与内极限 $\liminf_\nu E^\nu$ 仍然是上图.

定义 2.10(下上图极限与上上图极限) 对于定义在 $\Re^n$ 上的函数序列 $\{f^\nu\}_{\nu\in\mathbf{N}}$, 下上图极限 (lower epi-limit)e-$\liminf_\nu f^\nu$ 定义为

$$\operatorname{epi}(\text{e-}\liminf_\nu f^\nu) := \limsup_\nu \operatorname{epi} f^\nu.$$

上上图极限 (upper epi-limit)e-$\limsup_\nu f^\nu$ 定义为

$$\operatorname{epi}(\text{e-}\limsup_\nu f^\nu) := \liminf_\nu \operatorname{epi} f^\nu.$$

当这两个极限函数相等时, 则称上图极限函数 e-$\lim_\nu f^\nu$ 存在: e-$\lim_\nu f^\nu :=$e-$\liminf_\nu f^\nu =$e-$\limsup_\nu f^\nu$. 此时称函数序列 f^ν 上图收敛到 f, 记为 $f^\nu \xrightarrow{\text{e}} f$. 因此

$$f^\nu \xrightarrow{\text{e}} f \Longleftrightarrow \operatorname{epi} f^\nu \to \operatorname{epi} f.$$

命题 2.14 (上图极限的刻画) 设 $\{f^\nu\}_{\nu\in\mathbf{N}}$ 是定义在 $\Re^n$ 上的函数序列, x 是 $\Re^n$ 中的一点. 则

$$(\text{e-}\liminf_\nu f^\nu)(x) = \min\{\alpha \in \overline{\Re} : \exists x^\nu \to x \text{ 使得} \liminf_\nu f^\nu(x^\nu) = \alpha\},$$

$$(\text{e-}\limsup_\nu f^\nu)(x) = \min\{\alpha \in \overline{\Re} : \exists x^\nu \to x \text{ 使得} \limsup_\nu f^\nu(x^\nu) = \alpha\}.$$

因此, $f^\nu \xrightarrow{e} f$ 当且仅当在每一点 x, 有

$$\begin{cases} \liminf_\nu f^\nu(x^\nu) \geqslant f(x) \text{ 对每一序列} x^\nu \to x \text{ 成立}, \\ \limsup_\nu f^\nu(x^\nu) \leqslant f(x) \text{ 对某一序列} x^\nu \to x \text{ 成立}. \end{cases} \tag{2.19}$$

证明 由定义 2.10, $\alpha \in \Re$ 满足 $\alpha \geqslant (\text{e-}\liminf_\nu f^\nu)(x)$ 当且仅当存在指标集合 $N \in \mathcal{N}_\infty^\#$, 存在 $x^\nu \xrightarrow{N} x$ 与 $\alpha^\nu \xrightarrow{N} \alpha$, 满足 $\alpha^\nu \in \Re, \alpha^\nu \geqslant f^\nu(x^\nu)$. 把 $\Re$ 替换为 $\overline{\Re}$, 这一结论也是成立的, 因此第一公式成立. 第二公式也同样可以得到, 除了用 $N \in \mathcal{N}_\infty$ 代替 $N \in \mathcal{N}_\infty^\#$. ■

下面给出下上图极限函数和上上图极限函数在一点处的函数值的公式.

练习 2.9(上图极限的公式) 设 $\{f^\nu\}_{\nu\in\mathbf{N}}$ 是定义在 $\Re^n$ 上的函数序列, x 是 $\Re^n$ 中的一点, 则有

$$\begin{aligned}(\text{e-}\liminf_\nu f^\nu)(x) &= \sup_{V\in\mathcal{N}(x)} \sup_{N\in\mathcal{N}_\infty} \inf_{\nu\in N} \inf_{x'\in V} f^\nu(x') \\ &= \lim_{\delta\searrow 0} \left[\liminf_{\nu\to\infty} \left[\inf_{x'\in\mathbf{B}(x,\delta)} f^\nu(x') \right]\right],\end{aligned} \tag{2.20}$$

$$\begin{aligned}(\text{e-}\limsup_\nu f^\nu)(x) &= \sup_{V\in\mathcal{N}(x)} \inf_{N\in\mathcal{N}_\infty} \sup_{\nu\in N} \inf_{x'\in V} f^\nu(x') \\ &= \lim_{\delta\searrow 0} \left[\limsup_{\nu\to\infty} \left[\inf_{x'\in\mathbf{B}(x,\delta)} f^\nu(x') \right]\right].\end{aligned} \tag{2.21}$$

由公式 (2.20) 可以看出, $\{f^\nu\}_{\nu\in\mathbf{N}}$ 的下上图极限可视为两个变量的普通的下极限:

$$(\text{e-}\liminf_\nu f^\nu)(x) = \liminf_{x'\to x,\nu\to\infty} f^\nu(x'), \tag{2.22}$$

即下上图极限是下极限.

上图极限在 x 点处存在当且仅当存在 $\alpha \in \overline{\Re}$ 满足

$$\begin{cases} \liminf_\nu f^\nu(x^\nu) \geqslant \alpha \text{ 对每一序列 } x^\nu \to x \text{ 成立}, \\ \limsup_\nu f^\nu(x^\nu) \leqslant \alpha \text{ 对某一序列 } x^\nu \to x \text{ 成立}. \end{cases}$$

把等式约束和不等式约束用惩罚和障碍替代加到目标函数上, 会生成一单调的函数序列, 这一序列既逐点收敛又上图收敛到优化问题的本质目标函数. 令

$$f(x) = \begin{cases} f_0(x), & \text{如果} f_i(x) \leqslant 0 \text{ 对} i = 1, \cdots, m, \\ \infty, & \text{否则}, \end{cases}$$

其中所有的函数 $f_i : \Re^n \to \Re$ 都是连续的. 惩罚函数取为

$$f^\nu(x) = f_0(x) + \sum_{i=1}^m \theta^\nu(f_i(x)), \quad \text{其中} \theta^\nu(t) = \frac{\nu}{2}\max\{0, t\}^2,$$

函数序列 f^ν 逐点单调递增收敛到 f, f^ν 上图收敛到 f.

倒数障碍函数定义为

$$f^\nu(x) = f_0(x) + \sum_{i=1}^{m} \theta^\nu(f_i(x)), \quad \text{其中}\theta^\nu(t) = \begin{cases} (-\nu t)^{-1}, & \text{如果 } t < 0, \\ \infty, & \text{如果 } t \geqslant 0, \end{cases}$$

函数序列 f^ν 逐点单调递减收敛到 f, f^ν 上图收敛到 f.

练习 2.10 (上图逃离到地平) 下述条件均等价于序列 $\{f^\nu\}_{\nu\in\mathbf{N}}$ 上图逃离到地平:

(a) $f^\nu \xrightarrow{e} \infty$;

(b) $\text{e-lim}\inf_\nu f^\nu \equiv \infty$;

(c) 对每一 $\rho > 0$, 存在指标集合 $N \in \mathcal{N}_\infty$ 满足: 对所有 $x \in \rho\mathbf{B}$, 当 $\nu \in N$ 时, $f^\nu(x) \geqslant \rho$.

定理 2.25 (抽取上图收敛的子序列) 如果定义在 $\Re^n$ 上的函数列 f^ν 不上图逃离到地平, 则存在一子序列上图收敛于函数 $f \not\equiv \infty$(可能取 $-\infty$).

证明 注意到上图序列的极限还是上图, 将定理 2.3 中集合收敛的紧致性质应用到 $\Re^{n+1}$ 得到结论. ■

对应集值映射序列的等度连续性的概念, 函数序列也有相应的定义. 函数 $f: \Re^n \to \overline{\Re}$ 的上图剖面映射定义为

$$E_f : x \mapsto \{\alpha \in \Re | \, \alpha \geqslant f(x)\}.$$

易知, $\text{gph}E_f = \text{epi}f$. 同样, 下图剖面映射定义为

$$H_f : x \mapsto \{\alpha \in \Re | \, \alpha \leqslant f(x)\}.$$

练习 2.11 (序列的等度半连续性) 设函数列 $f^\nu : \Re^n \to \overline{\Re}$, 集合 $X \subset \Re^n$, 点 $\bar{x} \in X$.

(a) 上图剖面映射序列 E_{f^ν} 在 $\bar{x}$ 点相对于集合 X 等度外半连续的充分必要条件是对任意的 $\rho > 0$ 和 $\varepsilon > 0$, 存在 $\delta > 0$, 满足

$$\inf_{x\in\mathbf{B}(\bar{x},\delta)\cap X} f^\nu(x) \geqslant \min\{f(\bar{x}) - \varepsilon, \rho\}, \quad \forall \nu \in \mathbf{N}.$$

若用 $\nu \in N$ 来代替上式中的 $\nu \in \mathbf{N}$, 其中 $N \in \mathcal{N}_\infty$ 可以如 δ 一般依赖于 ρ 与 ε, 则该序列是渐近等度外半连续的.

(b) 下图剖面映射序列 H_{f^ν} 在 $\bar{x}$ 点相对于集合 X 等度外半连续的充分必要条件是对任意的 $\rho > 0$ 和 $\varepsilon > 0$, 存在 $\delta > 0$, 满足

$$\sup_{x\in\mathbf{B}(\bar{x},\delta)\cap X} f^\nu(x) \leqslant \max\{f(\bar{x}) + \varepsilon, \rho\}, \quad \forall \nu \in \mathbf{N}.$$

若用 $\nu \in N$ 来代替上式中的 $\nu \in \mathbf{N}$, 其中 $N \in \mathcal{N}_\infty$ 可以如 δ 一般依赖于 ρ 与 ε, 则该序列是渐近等度外半连续的.

关于函数序列的等度连续性, 有如下的定义:

(a) 序列 $\{f^\nu\}_{\nu\in\mathbf{N}}$ 在 $\bar{x}$ 点相对于集合 X 是等度下半连续 (equi-lsc) 的, 若练习 2.11(a) 中的等价性质成立. $\{f^\nu\}_{\nu\in\mathbf{N}}$ 是等度上半连续 (equi-usc) 的, 若练习 2.11(b) 中的等价性质成立.

(b) 序列 $\{f^\nu\}_{\nu\in\mathbf{N}}$ 是等度连续 (equicontinuous) 的, 若它既等度下半连续又等度上半连续. 序列 $\{f^\nu\}_{\nu\in\mathbf{N}}$ 是相对于集合 X 等度下半连续、等度上半连续, 或者等度连续的, 若上述对应的性质对 X 中的每一个点 $\bar{x}$ 成立.

(c) 类似地, 渐近的概念可以通过练习 2.11 的渐近性质来定义, 即等度性质对 $\nu \in N$ 成立, 其中 $N \in \mathcal{N}_\infty$, 而不是 $\nu \in \mathbf{N}$.

下面给出函数序列的上图收敛性与逐点收敛性的关系.

定理 2.26 (上图收敛与逐点收敛) 考虑下半连续的函数列 $f^\nu : \Re^n \to \overline{\Re}$, 点 $\bar{x} \in \Re^n$. 若序列 f^ν 在 $\bar{x}$ 点处是渐近等度下半连续的, 则

$$(\text{e-lim inf}_\nu f^\nu)(\bar{x}) = (\text{p-lim inf}_\nu f^\nu)(\bar{x}) = \liminf_{\nu\to\infty} f^\nu(\bar{x}),$$
$$(\text{e-lim sup}_\nu f^\nu)(\bar{x}) = (\text{p-lim sup}_\nu f^\nu)(\bar{x}) = \limsup_{\nu\to\infty} f^\nu(\bar{x}).$$

因此, 若该序列是处处渐近等度下半连续的, 则 $f^\nu \xrightarrow{e} f$ 当且仅当 $f^\nu \xrightarrow{p} f$. 一般地, 设 $X \subset \Re^n$ 是包含 $\bar{x}$ 的任意集合, 下述任意两个条件可推出第三个:

(a) 序列在 $\bar{x}$ 点相对于 X 是渐近等度下半连续的;

(b) $f^\nu \xrightarrow{e} f$ 在 $\bar{x}$ 点相对于 X 成立;

(c) $f^\nu \xrightarrow{p} f$ 在 $\bar{x}$ 点相对于 X 成立.

证明 由练习 2.11(a) 中的等价条件, 利用定理 2.17 中关于集值映射的结果可得结论. ■

2.3.3 连续收敛与一致收敛

类似集值映射序列连续收敛的定义, 函数序列也有连续收敛的概念. 函数列 f^ν 连续收敛到 f, 若当 $x^\nu \to x$ 时, 有 $f^\nu(x^\nu) \to f(x)$. 称 f^ν 在 $\bar{x}$ 点处连续收敛到 f, 若对任何收敛到 $\bar{x}$ 的序列 x^ν, 有 $f^\nu(x^\nu) \to f(\bar{x})$. 类似地, f^ν 相对于集合 X 连续收敛到 f, 若当 $x^\nu \xrightarrow{X} x$ 时, 有 $f^\nu(x^\nu) \to f(x)$.

下面的定理给出连续收敛与上图收敛和等度连续性间的关系.

定理 2.27(上图收敛与连续收敛) 对于函数列 $f^\nu : \Re^n \to \overline{\Re}$ 及点 $\bar{x} \in X \subset \Re^n$, 下列性质等价:

(a) f^ν 在 $\bar{x}$ 点相对于 X 连续收敛到 f;

(b) f^ν 在 $\bar{x}$ 点相对于 X 既上图收敛又下图收敛到 f;

(c) f^ν 在 $\bar{x}$ 点相对于 X 既上图收敛到 f 又渐近等度连续;

(d) f^ν 在 $\bar{x}$ 点相对于 X 既下图收敛到 f 又渐近等度连续.

若 f 在 $\bar{x}$ 点附近相对于 X 是有限的, 则这些性质都是等价的, 都等价于存在 $V \in \mathcal{N}(\bar{x})$, 满足函数列 f^ν 在 $V \cap X$ 上是最终局部有界的, 且相对于 $V \cap X$ 图收敛到 f.

证明　将定理 2.19 应用到集值映射 E_{f^ν} 和 H_{f^ν} 上得到结论, 关于图收敛的结果是由推论 2.7 得到的. ■

在标准的实值函数的分析中, 连续收敛与一致收敛是密切相关的. 但对无界或函数值为 $\pm\infty$ 的函数, 如何刻画一致收敛性呢? 对有界 (从而是有限值的) 的函数 f^ν 与 f, 若对任何 $\varepsilon > 0$, 存在指标集 $N \in \mathcal{N}_\infty$ 使得

$$\|f^\nu(x) - f(x)\| \leqslant \varepsilon, \quad \text{对所有的} x \in X, \quad \text{当} \nu \in N,$$

则称函数 f^ν 在集合 X 上一致收敛到 f, 此时也称为在有界意义下的一致收敛性. 该一致收敛性对无界函数是不适用的, 对函数值为 $\pm\infty$ 的函数更是不适用的, 因此我们需要推广 "一致收敛" 的定义.

定义 2.11　对于函数 $f : \Re^n \to \overline{\Re}$ 及任意的 $\rho \in (0, \infty)$, f 的 ρ- 截断函数, 记为 $f_{\wedge\rho}$, 定义为

$$f_{\wedge\rho}(x) = \begin{cases} -\rho, & \text{若} f(x) \in [-\infty, -\rho), \\ f(x), & \text{若} f(x) \in [-\rho, \rho], \\ \rho, & \text{若} f(x) \in (\rho, \infty]. \end{cases}$$

函数列 f^ν 称为在集合 $X \subset \Re^n$ 上一致收敛到 f, 若对任意的 $\rho > 0$, 截断 $f^\nu_{\wedge\rho}$ 在集合 X 上在有界意义下一致收敛到 $f_{\wedge\rho}$.

关于函数序列的连续收敛与一致收敛的关系, 有下述定理.

定理 2.28 (连续收敛与一致收敛)　函数列 $f^\nu : \Re^n \to \overline{\Re}$ 相对于集合 X 连续收敛到 f 当且仅当 f 相对于 X 连续且 f^ν 在 X 的任何紧致子集上一致收敛到 f. 一般地, 若 f^ν 相对于集合 X 在点 $\bar{x} \in X$ 处连续收敛到 f 且在 $\bar{x}$ 的邻域内相对于 X 逐点收敛到 f, 则 f 在 $\bar{x}$ 相对于 X 是连续的.

证明　将定理 2.18 应用到集值映射 E_{f^ν} 与 E_f 上得到结论. ■

函数序列的一致收敛与上图收敛的关系可以由下述命题得到.

命题 2.15 (一致收敛推出上图收敛)　设 $f^\nu, f : \Re^n \to \overline{\Re}$, 集合 $X \subset \Re^n$.

(a) 若函数列 f^ν 相对于 X 下半连续且在 X 上一致收敛到 f, 则 f 相对于 X 下半连续且 $f^\nu \xrightarrow{\text{e}} f$ 相对于 X.

(b) 若连续函数列 f^ν 在 X 上取有限值且一致收敛到 f, 则 f 相对于 X 连续且 f^ν 相对于 X 既上图收敛又下图收敛到 f, 进而它相对于 X 图收敛到 f.

证明 根据公式

$$\text{epi}(\text{e-limsup}_\nu f^\nu) = \text{gph}(\text{g-liminf}_\nu E_{f^\nu})$$

和下述结论：函数列 f^ν 在 X 上一致收敛到 f 当且仅当映射 E_{f^ν} 在 X 上一致收敛到 E_f, (a) 可以等价地表述为：若剖面映射 E_{f^ν} 关于 X 是外半连续的且一致收敛到 E_f, 则剖面映射 E_f 关于 X 是外半连续的且 $E_{f^\nu} \xrightarrow{g} E_f$ 关于 X 成立. 这恰可由命题 2.12(a) 得到. 将 (a) 应用到 f 与 $-f$, 结合定理 2.27 可得到 (b). ■

练习 2.12 (Arzela-Ascoli 定理) *设函数列 $f^\nu : \Re^n \to \overline{\Re}$, 集合 $X \subset \Re^n$.*

(a) *若函数列相对于 X 渐近等度下半连续, 则存在一个子列, 相对于 X 既逐点收敛又上图收敛到某一下半连续函数 f.*

(b) *若函数列相对于 X 渐近等度上半连续, 则存在一个子列, 相对于 X 既逐点收敛又下图收敛到某一上半连续函数 f.*

(c) *若函数列相对于 X 渐近等度连续, 则存在一个子列, 在 X 的所有紧致子集上一致收敛到一个相对于 X 连续的函数 f.*

证明 由定理 2.25 和定理 2.26 可以得到论述 (a). 论述 (b) 由对称性可得. 由 (a) 与 (b), 结合定理 2.27 和定理 2.28 可得到 (c). ■

对于凸函数而言, 其上图极限的刻画有其特殊性, 由下述定理表述.

定理 2.29 (凸函数的上图极限) *对于 $\Re^n$ 上的凸函数列 $\{f^\nu\}_{\nu\in\mathbf{N}}$, 有函数 $\text{e-lim sup}_\nu f^\nu$ 是凸函数, 进而若 $\text{e-lim}_\nu f^\nu$ 存在, 也是凸函数.*

进一步, 若 f 为 $\Re^n$ 上凸的下半连续函数且 $\text{dom}\, f$ 内部非空, 则下述条件等价:

(a) $f = \text{e-lim}_\nu f^\nu$;

(b) *存在 $\Re^n$ 上的稠子集 D, 满足 $f^\nu(x) \to f(x)$ 对任意的 $x \in D$ 成立;*

(c) *对于每一个不包含 $\text{dom} f$ 的边界点的紧致集 C, 均有 f^ν 在 C 上一致收敛到 f.*

证明 注意到凸函数的上图是凸集合, 且对于凸集合序列 $\{C^\nu\}_{\nu\in\mathbf{N}}$ 有 $\liminf_\nu C^\nu$ 是凸集合, 结合定义 2.10, 可得本定理前面的结论.

注意到凸集合 C 具有下述性质：对 $x_0 \in \text{int}\, C$ 与 $x_1 \in \text{cl}\, C$, $[x_0, x_1] \subset \text{int}\, C$. 将这一结论用于凸集合 $\text{dom}\, f$ 可得, 不在 $\text{dom}\, f$ 边界的 $\Re^n$ 中的所有点的集合在 $\Re^n$ 中是稠密的, 可得推出关系 (c)$\Longrightarrow$(b).

现在证明 (a)$\Longrightarrow$(c). 任何不包含 $\text{dom}\, f$ 的边界点的紧致集合是 $\text{dom}\, f$ 的内部中的与 $\text{dom}\, f$ 的闭包不相交的紧致集合. 只需要分别考虑两种情况. 第一种情况是 C 在 $\text{dom}\, f$ 的闭包之外. 则在 C 上有 $f \equiv \infty$. 对任何 $\rho > 0$, $\Re^{n+1}$ 中的紧致集合 $B = C \times \{\rho\}$ 与 $\text{epi}\, f$ 不相交.

根据关于集合列内外极限包含关系的准则 2.1(b) 以及关于函数序列的上图极限的定义 2.10, 存在 $N \in \mathcal{N}_\infty$ 满足 $B \cap \text{epi}\, f^\nu = \varnothing$, $\forall \nu \in N$. 因此对每一 $x \in C$,

$f^\nu(x) \geqslant \rho$. 这导致 f^ν 到 f 在 C 上的一致收敛性.

第二种情况, 设 f 是非正常函数且 $C \subset \text{int}(\text{dom}\, f)$. 有在 C 上 $f \equiv -\infty$. 对每一 $\rho > 0$, $B = C \times \{-\rho\}$ 在 epi f 的内部. 注意到这样的结果: 对于凸集合序列 $\{C^\nu\}_{\nu\in\mathbf{N}}$, 如果 int $\liminf_\nu C^\nu \neq \varnothing$, 则对任何紧致集合 $E \subset \text{int}\ \liminf_\nu C^\nu$, 存在 $N \in \mathcal{N}_\infty$, 满足 $E \subset \text{int}\ C^\nu$, $\forall \nu \in N$. 取 C^ν =epi f^ν, $E = B$, 则 $B \subset \text{int epi}\ f^\nu$, $\forall \nu \in N$, 由此推出对任何 $x \in C$ 有 $f^\nu(x) \leqslant -\rho$, 显然有 $f^\nu \to f$ 在 C 上是一致的.

现在来考虑 f 是正常的, C 是 $\text{int}(\text{dom}\, f)$ 的子集合的情况. 根据凸分析的知识可知 f 在 C 上是有限的且连续的. 对任意 $\varepsilon > 0$, 考虑紧致集合

$$B_+ = \{(x, \alpha) \in C \times \Re : \alpha = f(x) + \varepsilon\},$$

$$B_- = \{(x, \alpha) \in C \times \Re : \alpha = f(x) - \varepsilon\}.$$

第一集合落于 int(epi f) 之内, 第二集合落于 cl(epi f) 外. 再根据 2.1(b), 存在指标集合 $N_- \in \mathcal{N}_\infty$, 满足对任何 $\nu \in N_-$, $B_- \cap \text{epi}\ f^\nu = \varnothing$. 同时存在指标集合 $N_+ \in \mathcal{N}_\infty$, 满足对 $\nu \in N_+$, $B_+ \cap \text{epi}\ f^\nu = \varnothing$. 则对所有 $\nu \in N := N_- \cap N_+$, 可得 $f^\nu(x) \geqslant f(x) - \varepsilon$ 与 $f^\nu(x) \leqslant f(x) + \varepsilon$. 因此在 C 上的 f^ν 到 f 的一致收敛性成立.

现在要证明 (b)$\Longrightarrow$(a). 为证明 $f^\nu \xrightarrow{e} f$, 只需要验证如果 f_0 是序列 $\{f^\nu\}_{\nu\in\mathbf{N}}$ 上图收敛意义下的聚点, 则 $f_0 = f$. 对这样的一个聚点 f_0, 它是凸函数, 存在一指标集合 $N \in \mathcal{N}_\infty^\#$ 满足 $f_0 = \text{e-lim}_{\nu\in N} f^\nu$. 根据已经证明的推出关系 (a)$\Longrightarrow$(c), 子序列 $\{f^\nu\}_{\nu\in N}$ 在任何不与 dom f_0 的边界相交的所有紧致集合上一致收敛到 f_0. 由假设这一子序列在一稠密集合 D 上逐点收敛到 f. 于是得到 f_0 与 f 在 $\Re^n$ 的一稠密子集合上是重合的. 因为这两个函数是凸的下半连续函数, 必有 $f_0 = f$. ■

推论 2.9 (有限值凸函数的一致收敛性) 设 f^ν 与 f 是一开凸集合 $\mathcal{O} \subset \Re^n$ 上的有限的凸函数, 设对 $\mathcal{O}$ 中的某个稠密子集合上的所有 x, 有 $f^\nu(x) \to f(x)$. 则 f^ν 在任何紧致集合 $B \subset \mathcal{O}$ 上一致收敛于 f.

证明 设 $\mathcal{O}$ 是非空集合, 满足 f^ν 与 f 在 $\mathcal{O}$ 之外取 ∞. 则 cl f 是 $\Re^n$ 上的正常的下半连续函数, 它与 f 在 $\mathcal{O}$ 上取相同的值, 且有 $\text{int}(\text{dom cl}\, f) = \mathcal{O}$. 根据定理 2.29 有 $f^\nu \to \text{cl}\, f$, 收敛相对于与 $\mathcal{O}$ 的边界不相交的每一紧致集合是一致的. ■

2.3.4 以函数为值的映射的上图连续性

本节考虑由 U 到下述空间上的以函数为值的映射

$$\text{fcns}(X) := \text{定义在}X\text{上的增广实值函数的全体}.$$

这样的映射也称为双重函数, 即每一个 $u \in U$ 都对应一个由 X 到 $\overline{\Re}$ 上的函数. 显然, 在映射 $U \to \text{fcns}\ (X)$ 和双变量函数 $f : X \times U \to \overline{\Re}$ 之间有一个 1-1 对应: 映射形式为 $u \to f(\cdot, u)$, 其中 $f(\cdot, u)$ 表示对应于 x 的值为 $f(x, u)$ 的函数.

集值映射可视为一函数为值的映射：任何一个集值映射 $S:\Re^m \rightrightarrows \Re^n$ 可视为从 $\Re^m$ 到 $\Re^n$ 上的一个特殊的函数值映射，即每个 $u\in\Re^m$ 都对应一个 $S(u)$ 上的指示函数. 若用双变量函数的形式表示，则对应于 $u\to f(\cdot,u)$ 中的 $f:\Re^n\times\Re^m\to\overline{\Re}$ 的形式为 $\delta_{\mathrm{gph}\,S}$.

函数为值的映射可视为以集值映射：每个函数为值的从 $\Re^m$ 到 $\mathrm{fcns}(\Re^n)$ 的映射 $u\to f(\cdot,u)$ 可视为某个从 $\Re^m$ 到 $\mathrm{sets}(\Re^m\times\Re)$ 的集值映射，即上图映射 $u\to \mathrm{epi}f(\cdot,u)$.

定义 2.12 (上图连续性) 设 $f:\Re^n\times\Re^m\to\overline{\Re}$, 以函数为值的映射 $u\to f(\cdot,u)$ 在 $\bar u$ 点是上图连续的 (epi-continuous), 若

$$f(\cdot,u)\xrightarrow{\mathrm{e}} f(\cdot,\bar u),\quad 当u\to\bar u时,$$

这意味着集值映射 $u\to\mathrm{epi}f(\cdot,u)$ 在 $\bar u$ 点连续. 一般地，它是上图上半连续的 (epi-usc), 若映射 $u\to\mathrm{epi}f(\cdot,u)$ 是内半连续的，同样，它是上图下半连续的 (epi-lsc), 若映射 $u\to\mathrm{epi}f(\cdot,u)$ 是外半连续的.

练习 2.13 (上图连续与双变量连续) 设 $f:\Re^n\times\Re^m\to\overline{\Re}$, 函数值映射 $u\to f(\cdot,u)$ 在 $\bar u$ 点是上图上半连续的当且仅当对每个序列 $u^\nu\to\bar u$ 和点 $\bar x\in\Re^n$, 有

$$\limsup_{\nu\to\infty} f(x^\nu,u^\nu)\leqslant f(\bar x,\bar u)\ 对某个序列x^\nu\to\bar x成立.$$

另一方面，它在 $\bar u$ 点是上图下半连续的当且仅当对每个序列 $u^\nu\to\bar u$ 和点 $\bar x\in\Re^n$, 有

$$\liminf_{\nu\to\infty} f(x^\nu,u^\nu)\geqslant f(\bar x,\bar u)\ 对每个序列x^\nu\to\bar x成立.$$

因此，它是 (处处) 上图下半连续的当且仅当 f 在 $\Re^n\times\Re^m$ 上是下半连续的. 它是上图上半连续的，若 f 是上半连续的; 但这不是必要条件. 同样，映射 $u\to f(\cdot,u)$ 是上图连续的，若 f 连续，但这也只是充分条件，非必要条件.

对于任何一个函数 $p:\Re^m\to\overline{\Re}$, 称 $\Re^m$ 中的点列 u^ν 按 p- 可达 (p-attentive) 意义收敛到 $\bar u$, 记为 $u^\nu\xrightarrow{p}\bar u$, 若 $u^\nu\to\bar u$ 且 $p(u^\nu)\to p(\bar u)$:

$$u^\nu\xrightarrow{p}\bar u\iff u^\nu\to\bar u\ 且p(u^\nu)\to p(\bar u).$$

设 $f:\Re^n\times\Re^m\to\overline{\Re}$ 是正常的下半连续函数，记

$$p(u):=\inf_x f(x,u),\quad P(u):=\mathrm{argmin}_x f(x,u).$$

定理 2.30 (最优解集映射) 设 $f:\Re^n\times\Re^m\to\overline{\Re}$ 是正常的下半连续函数且 $f(x,u)$ 是相对于 u 局部一致的关于变量 x 水平有界的.

(a) 映射 P 是紧致值的, $\mathrm{dom}\, P = \mathrm{dom}\, p$, 且在 p- 可达收敛的意义下是外半连续的. 进一步, 对于 $\Re^m$ 中的任意集合, 若 p 在该集合上有界, 则 P 相对于该集合是局部有界的.

(b) P 相对于 $U \subset \Re^m$ 在满足 $P(\bar{u}) \neq \varnothing$ 的点 $\bar{u} \in U$ 处是局部有界且外半连续 (不必在 p- 可达收敛的意义下) 的充分条件是 p 相对于 U 在 $\bar{u}$ 点是连续的. 当定理 1.4(c) 中的条件成立或者函数值映射 $u \to f(\cdot, u)$ 在 $\bar{u}$ 点相对于 U 上图连续的时候, 上述充分条件成立. 特别地, 若 $U = \mathrm{int}(\mathrm{dom}\, P) = \mathrm{int}(\mathrm{dom}\, p)$ 且 f 为凸函数, 则该充分条件成立.

证明 对 $u^\nu \xrightarrow{p} \bar{u}$ 和 $x^\nu \to x$, $x^\nu \in P(u^\nu) = \mathrm{argmin}_x f(\cdot, u^\nu)$, 有

$$f(x, u) \leqslant \liminf_\nu f(x^\nu, u^\nu) \leqslant \limsup_\nu [\inf f(\cdot, u^\nu)] = \inf f(\cdot, u),$$

其中第一个不等式由 f 的下半连续性得到, 最后的等式由 p- 可达收敛得到, 即 $x \in P(u)$. 因此, P 在 p- 可达收敛意义下是外半连续的.

若 $p(u) \leqslant \alpha$, 则 $P(u) \subset \mathrm{lev}_{\leqslant \alpha} f(\cdot, u)$. 由此知若对所有的 $u \in U$, $p(u) \leqslant \alpha$, 则 P 在 U 上局部有界, 因为对所有的 $\alpha \in \Re$, 映射 $u \to \mathrm{lev}_{\leqslant \alpha} f(\cdot, u)$ 是局部有界的. 以上得到论述 (a) 以及 (b) 的第一部分论述中的充分条件, 后者是注意到当 p 在 $\bar{u}$ 关于 U 连续时, p- 可达收敛 $u^\nu \xrightarrow{p} \bar{u}$ 等价于一般的收敛 $u^\nu \to \bar{u}$.

(b) 中关于上图连续的条件由后面的定理 5.11 得到. 当 f 为凸函数时, 集值映射 $u \to \mathrm{epi}\, f(\cdot, u)$ 是图凸的, 由命题 2.13(b) 知 f 在其有效域的内部是内半连续的, 从而得到 p 的连续性. ■

推论 2.10 (凸极小化问题的解映射) 设

$$P(u) = \mathrm{argmin}_x f(x, u),$$

其中 $f: \Re^n \times \Re^m \to \overline{\Re}$ 是正常的下半连续凸函数, 且 $f^\infty(0, u) > 0$ 对任意的 $u \neq 0$ 成立. 若 $f(x, u)$ 关于 x 是严格凸的, 则 P 在 $\mathrm{dom}\, P$ 上是单值的且在 $\mathrm{int}(\mathrm{dom} P)$ 上连续.

证明 由于 f 是凸函数, 对下半连续正常凸函数, 水平强制性等价于水平有界性, 可知定理 2.30 中的水平有界性的条件等价于推论中关于 f^∞ 的论述. 当 P 为单值映射时, 关于 P 的连续性的结果是由推论 2.5 得到的. ■

例 2.8 (投影映射与邻近映射)

(a) 对任何 $\Re^n$ 中的非空闭集 C, 投影映射 P_C 是外半连续且局部有界的.

(b) 对 $\Re^n$ 上正常的下半连续且以 λ_f 为阈值的邻近有界的函数 f, 有对任意的 $\lambda \in (0, \lambda_f)$, 相应的邻近映射 $P_\lambda f$ 是外半连续且局部有界的.

证明 利用定理 2.30 结合练习 1.10 与后面的定理 9.13 得到结论. ■

2.3.5 全上图收敛

借助集合序列地平外极限与地平内极限的概念, 通过上图几何可以定义函数序列的地平极限函数.

定义 2.13 (函数的地平极限) 对函数列 $\{f^\nu\}_{\nu\in\mathbf{N}}$, 其下地平上图极限 (lower horizon epi-limit), 记为 $\text{e-lim}\inf_\nu^\infty f^\nu$, 是 $\Re^n$ 上的上图为锥 $\limsup_\nu^\infty(\text{epi}f^\nu)$ 的函数:

$$\text{epi}(\text{e-lim}\inf_\nu^\infty f^\nu) := \limsup_\nu^\infty(\text{epi}f^\nu).$$

类似地, 上地平上图极限 (upper horizon epi-limit), 记为 $\text{e-lim}\sup_\nu^\infty f^\nu$, 是 $\Re^n$ 上的上图为锥 $\liminf_\nu^\infty(\text{epi}f^\nu)$ 的函数:

$$\text{epi}(\text{e-lim}\sup_\nu^\infty f^\nu) := \liminf_\nu^\infty(\text{epi}f^\nu).$$

当上述两个函数相等时, 称地平极限函数 (horizon limit function)$\text{e-lim}_\nu^\infty f^\nu$ 存在: $\text{e-lim}_\nu^\infty f^\nu := \text{e-lim}\inf_\nu^\infty f^\nu = \text{e-lim}\sup_\nu^\infty f^\nu$.

像普通的上图极限一样, 上述几何形式的定义也可以有与命题 2.14 和练习 2.9 相似的具体的表达式, 其证明也是类似的.

练习 2.14 (地平极限的表达式) 对函数列 $\{f^\nu\}_{\nu\in\mathbf{N}}$, 有

$$\begin{aligned}&(\text{e-lim}\inf_\nu^\infty f^\nu)(x)\\ &= \min\{\alpha\in\overline{\Re}: \exists\lambda^\nu x^\nu\to x, \lambda^\nu\searrow 0, \liminf_\nu \lambda^\nu f^\nu(x^\nu)=\alpha\},\\ &(\text{e-lim}\sup_\nu^\infty f^\nu)(x)\\ &= \min\{\alpha\in\overline{\Re}: \exists\lambda^\nu x^\nu\to x, \lambda^\nu\searrow 0, \limsup_\nu \lambda^\nu f^\nu(x^\nu)=\alpha\}.\end{aligned}$$

进一步,

$$\begin{aligned}(\text{e-lim}\inf_\nu^\infty f^\nu)(x) &= \sup_{V\in\mathcal{N}(x),\delta>0}\ \sup_{N\in\mathcal{N}_\infty}\ \inf_{\nu\in N}\ \inf_{x'\in V, 0<\lambda<\delta} \lambda f^\nu(\lambda^{-1}x')\\ &= \lim_{\delta\searrow 0}\left[\liminf_{\nu\to\infty}\left[\inf_{x'\in V,0<\lambda<\delta}\lambda f^\nu(\lambda^{-1}x')\right]\right],\\ (\text{e-lim}\sup_\nu^\infty f^\nu)(x) &= \sup_{V\in\mathcal{N}(x),\delta>0}\ \inf_{N\in\mathcal{N}_\infty}\ \sup_{\nu\in N}\ \inf_{x'\in V, 0<\lambda<\delta} \lambda f^\nu(\lambda^{-1}x')\\ &= \lim_{\delta\searrow 0}\left[\limsup_{\nu\to\infty}\left[\inf_{x'\in V,0<\lambda<\delta}\lambda f^\nu(\lambda^{-1}x')\right]\right].\end{aligned}$$

证明 此结果与命题 2.14 和练习 2.9 的结果是平行的. ■

定义 2.14 (全上图收敛) 函数列 $f^\nu:\Re^n\to\overline{\Re}$ 称为全上图收敛 (totally epi-converge) 到函数 $f:\Re^n\to\overline{\Re}$, 记为 $f^\nu \xrightarrow{t} f$, 若其上图全收敛到 f 的上图: $\text{epi}f^\nu \xrightarrow{t} \text{epi}f$.

命题 2.16 (地平极限的性质) 对函数列 $\{f^\nu\}_{\nu\in\mathbf{N}}$, 有函数 $\text{e-lim inf}^\infty_\nu f^\nu$ 和 $\text{e-lim sup}^\infty_\nu f^\nu$, 以及 $\text{e-lim}_\nu f^\nu$(若该极限存在) 是 $\Re^n$ 上的下半连续正齐次函数, 并且有

$$\text{e-lim inf}_\nu (f^\nu)^\infty \geqslant \text{e-lim inf}^\infty_\nu f^\nu, \quad \text{e-lim sup}_\nu (f^\nu)^\infty \geqslant \text{e-lim sup}^\infty_\nu f^\nu,$$

其中若所有的 f^ν 均为凸函数, 则 $\text{e-lim sup}^\infty_\nu f^\nu$ 是次线性的. 进一步, 全上图收敛有如下刻画:

$$f^\nu \xrightarrow{\text{t}} f \Longleftrightarrow f^\nu \xrightarrow{\text{e}} f, \ \text{e-lim}_\nu (f^\nu)^\infty = f^\infty$$
$$\Longleftrightarrow f^\nu \xrightarrow{\text{e}} f, \ \text{e-lim inf}_\nu (f^\nu)^\infty \geqslant f^\infty.$$

证明 由命题 2.4 与定义 2.13 可得结论.

定理 2.31 (全上图收敛自动成立的情形) 在下述情况下, 普通的上图收敛 $f^\nu \xrightarrow{\text{e}} f$, 其中 $f^\nu \not\equiv \infty$, $f \not\equiv \infty$, 可以推出更强的性质, 即全上图收敛 $f^\nu \xrightarrow{\text{t}} f$:

(a) 所有的 f^ν 均是凸函数;

(b) 所有的 f^ν 均是正齐次的;

(c) 函数列是非增的 ($f^{\nu+1} \leqslant f^\nu$);

(d) 函数列是等度强制的, 即存在一个强制函数 g(关于强制的定义参见后面的定义 5.98), 满足对所有的 ν, 均有 $f^\nu \geqslant g$.

证明 将定理 2.4 中关于集合的结果应用到函数的上图, 可得 (a)~(c). 对于 (d), 记 g^∞ 为指示函数 $\delta_{\{0\}}$, 则有 $\text{e-liminf}^\infty_\nu f^\nu \geqslant g^\infty$(由强制的定义可得). 另一方面, 由定理 2.4(d) $\text{e-limsup}^\infty_\nu f^\nu \leqslant \text{e-liminf}_\nu (f^\nu)^\infty$, 其中 $(f^\nu)^\infty \leqslant \delta_{\{0\}}$ 对任意的 ν 成立. 因此, $\text{e-lim}^\infty_\nu f^\nu = \delta_{\{0\}}$. 若 $f^\nu \xrightarrow{\text{e}} f$, 则必有 $f \geqslant \text{cl}\, g$, 因此 f 是强制的, $f^\infty = \delta_{\{0\}}$, $f^\nu \xrightarrow{\text{t}} f$. ■

2.3.6 上图距离

首先引入下述记号:

$$\begin{aligned} \text{fcns}(\Re^n) &:= \text{函数} f : \Re^n \to \overline{\Re}\text{全体构成的空间}, \\ \text{lsc-fcns}(\Re^n) &:= \text{下半连续函数} f : \Re^n \to \overline{\Re}\text{全体构成的空间}, \\ \text{lsc-fcns}_{\not\equiv\infty}(\Re^n) &:= \text{下半连续函数} f : \Re^n \to \overline{\Re}, f \not\equiv \infty\text{全体构成的空间}. \end{aligned} \tag{2.23}$$

对任意不恒为 ∞ 的函数 f 与 g, 定义

$$\mathbf{d}(f, g) := \mathbf{d}(\text{epi}\ f, \text{epi}\ g), \tag{2.24}$$

$$\mathbf{d}_\rho(f, g) := \mathbf{d}_\rho(\text{epi}\ f, \text{epi}\ g), \quad \widehat{\mathbf{d}}_\rho(f, g) := \widehat{\mathbf{d}}_\rho(\text{epi}\ f, \text{epi}\ g). \tag{2.25}$$

称 $\mathbf{d}(f, g)$ 为函数 f 与 g 的上图距离 (epi-distance), $\mathbf{d}_\rho(f, g)$ 为 ρ- 上图距离 (ρ-epi-distance); 值 $\widehat{\mathbf{d}}_\rho(f, g)$ 可用来估计 $\mathbf{d}_\rho(f, g)$.

定理 2.32 (上图收敛的量化) 对任意 $\rho \geqslant 0$, $\mathbf{d}_\rho$ 为空间 lsc-fcns$_{\not\equiv\infty}(\Re^n)$ 上的伪度量, 但 $\widehat{\mathbf{d}}_\rho$ 不是. $\{\mathbf{d}_\rho\}_{\rho\geqslant 0}$ 和 $\{\widehat{\mathbf{d}}_\rho\}_{\rho\geqslant 0}$ 可以刻画上图收敛: 对任意的 $\bar{\rho} \in \Re_+$, 有

$$\begin{aligned} f^\nu \xrightarrow{\mathrm{e}} f &\iff \mathbf{d}_\rho(f^\nu, f) \to 0, \forall\, \rho \geqslant \bar{\rho} \\ &\iff \widehat{\mathbf{d}}_\rho(f^\nu, f) \to 0, \forall\, \rho \geqslant \bar{\rho}. \end{aligned}$$

进一步, $\mathbf{d}$ 为 lsc-fcns$_{\not\equiv\infty}(\Re^n)$ 上的度量, 且可以刻画上图收敛:

$$f^\nu \xrightarrow{\mathrm{e}} f \iff \mathbf{d}(f^\nu, f) \to 0.$$

事实上, (lsc-fcns$_{\not\equiv\infty}(\Re^n)$, $\mathbf{d}$) 为完备度量空间, 且在此空间上, 函数列 $\{f^\nu\}_{\nu\in\mathbf{N}}$ 逃到地平当且仅当对某一个 $f_0 \in$ lsc-fcns$_{\not\equiv\infty}(\Re^n)$(进而对该空间中的每一个 f_0), 有 $\mathbf{d}(f^\nu, f_0) \to \infty$.

进一步, 该度量空间有性质: 对每一个元素 f_0 及任意的 $r > 0$, 球 $\{f : \mathbf{d}(f, f_0) \leqslant r\}$ 是紧致的.

证明 将上图收敛按照集合收敛的定义来刻画, 同时注意到 lsc-fcns$_{\not\equiv\infty}(\Re^n)$ 中的函数之间的上图距离恰为这些函数上图的集合距离, 则由定理 2.9、定理 2.10 和推论 2.3 可以得到结论. ■

定义两个函数 $f, g : \Re^n \to \overline{\Re}$ 的宇宙上图距离如下:

$$\begin{aligned} \mathbf{d}_{\mathrm{csm}}(f, g) &:= \mathbf{d}_{\mathrm{csm}}(\mathrm{epi}\ f, \mathrm{epi}\ g) \\ &= \mathbf{d}(\mathrm{pos}(\mathrm{epi}\ f, -1), \mathrm{pos}(\mathrm{epi}\ g, -1)), \end{aligned} \tag{2.26}$$

可得到如下全上图收敛的量化结果.

定理 2.33(全上图收敛的量化) 在 lsc-fcns$_{\not\equiv\infty}(\Re^n)$ 上, 宇宙上图距离 $\mathbf{d}_{\mathrm{csm}}(f, g)$ 可以刻画全上图收敛:

$$f^\nu \xrightarrow{\mathrm{t}} f \iff \mathbf{d}_{\mathrm{csm}}(f^\nu, f) \to 0.$$

证明 由推论 2.4 和定义式 2.26 可得. ■

第 3 章　变分几何与微分

3.1 变 分 几 何

凸分析中有两个锥的概念很重要, 一个是凸集合的切锥, 另一个是凸集合的法锥. 设 $C \subset \Re^n$ 是一非空凸集合, $\overline{x} \in C$. 则对任何 $x \in C$, $[\overline{x}, x] = \{(1-t)\overline{x} + tx : t \in [0,1]\} \subset C$, 或者 $\overline{x} + t(x - \overline{x}) \in C$, $\forall t \in [0,1]$ 成立, 可见 $x - \overline{x}$ 是在 $\overline{x}$ 处的一个"可行" 方向, 被称为雷达方向. 在 $\overline{x}$ 处的所有雷达方向构成的锥被称为 C 在 $\overline{x}$ 处的雷达锥, 记为 $\mathcal{R}_C(\overline{x})$,

$$\mathcal{R}_C(\overline{x}) = \bigcup_{x \in C, \lambda > 0} \lambda[x - \overline{x}].$$

凸集合 C 在 $\overline{x}$ 处的切锥定义为

$$T_C(\overline{x}) = \mathrm{cl}\mathcal{R}_C(\overline{x}).$$

凸集合 C 在 $\overline{x}$ 处的法锥定义为

$$N_C(\overline{x}) = \{v : \langle v, x - \overline{x} \rangle \leqslant 0, \forall x \in C\}.$$

可以验证 $N_C(\overline{x}) = T_C(\overline{x})^-$($-$ 是极锥运算).

众所周知, 凸集合的切锥和法锥在凸优化的理论与算法的研究中起着重要的作用, 一个很自然的问题是如何定义非凸集合的切锥和法锥, 并用它们来研究非凸优化问题, 这正是本节的出发点.

3.1.1 切锥

下面考虑的集合 C 不一定是凸集合. 首先引入切锥的定义.

定义 3.1 (切向量与几何可导出性)　称向量 $w \in \Re^n$ 在点 $\bar{x} \in C$ 处切于集合 $C \subset \Re^n$, 记为 $w \in T_C(\bar{x})$, 如果

$$\text{对某个序列 } x^\nu \xrightarrow{C} \bar{x}, \tau^\nu \searrow 0, \quad \text{有}[x^\nu - \bar{x}]/\tau^\nu \to w, \tag{3.1}$$

或换言之, 或者 $\mathrm{dir}\, w$ 是集合 C 中某一收敛到 $\bar{x}$ 的序列所沿的方向, 或者 $w = 0$. 称这样的切向量 w 是几何可导出的, 如果存在函数 $\xi : [0, \varepsilon] \to C$ 满足 $\varepsilon > 0$, $\xi(0) = \bar{x}$ 并且 $\xi'_+(0) = w$. 若集合 C 在点 $\bar{x}$ 处的每个切向量 w 都是几何可导出的, 称集合 C 在 $\bar{x}$ 处是几何可导出的.

命题 3.1 (切锥性质) 集合 $C \subset \Re^n$ 在 $\bar{x} \in C$ 处的所有切向量所构成的集合 $T_C(\bar{x})$ 是一闭锥, 可以表示为如下集合的外极限的形式:

$$T_C(\bar{x}) = \limsup_{\tau \searrow 0} \tau^{-1}(C - \bar{x}). \tag{3.2}$$

切锥 $T_C(\bar{x})$ 中所有几何可导出向量所构成的集合是一闭锥, 称该闭锥为集合 C 在点 $\bar{x}$ 处的内切锥, 记为 $T_C^i(\bar{x})$, 可表示为

$$T_C^i(\bar{x}) = \liminf_{\tau \searrow 0} \tau^{-1}(C - \bar{x}).$$

集合 C 在 $\bar{x}$ 处是几何可导出的当且仅当极限 $\lim\limits_{\tau \searrow 0} \dfrac{C - \bar{x}}{\tau}$ 存在, 此时 $T_C(\bar{x}) = \lim\limits_{\tau \searrow 0} \dfrac{C - \bar{x}}{\tau}$.

由命题 3.1 可以推出如下切锥与内切锥的距离函数的等价刻画:

$$T_C(\bar{x}) = \{h \in \Re^n : \exists t_k \downarrow 0,\ d(\bar{x} + t_k h, C) = \mathrm{o}(t_k)\},$$
$$T_C^i(\bar{x}) = \{h \in \Re^n : d(\bar{x} + th, C) = \mathrm{o}(t),\ t \geqslant 0\}.$$

3.1.2 法锥与 Clarke 正则性

正则法锥是建立非凸集合的法锥概念的关键.

定义 3.2 (正则法向量与法向量) 设 $C \subset \Re^n$, $\bar{x} \in C$. 向量 v 称为集合 C 在点 $\bar{x}$ 处正则意义下的法向量, 也称为正则法向量 (regular normal), 记为 $v \in \widehat{N}_C(\bar{x})$, 如果

$$\text{对每个} x \in C, \quad \langle v, x - \bar{x} \rangle \leqslant \mathrm{o}(\|x - \bar{x}\|). \tag{3.3}$$

向量 v 称为集合 C 在 $\bar{x}$ 处一般意义下的法向量, 或简称为法向量 (normal vector), 记为 $v \in N_C(\bar{x})$, 如果存在序列 $x^\nu \xrightarrow{C} \bar{x}$, $v^\nu \to v$ 满足 $v^\nu \in \widehat{N}_C(x^\nu)$.

很多集合的法锥与正则法锥是相等的, 有如下的定义.

定义 3.3 (集合的 Clarke 正则性) 称集合 $C \subset \Re^n$ 在点 $\bar{x}$ 处是 Clarke 意义下正则的, 如果它在 $\bar{x}$ 处是局部闭的, 并且在 $\bar{x}$ 处的每个法向量都是正则法向量, 即 $N_C(\bar{x}) = \widehat{N}_C(\bar{x})$.

注意到法向量可以是任意长度的, 并且对任何 $\bar{x} \in C$ 都有 $0 \in \widehat{N}_C(\bar{x})$. 不等式 (3.3) 中的符号 "$\mathrm{o}(\|x - \bar{x}\|)$" 意味着

$$\limsup_{x \xrightarrow{C} \bar{x}, x \neq \bar{x}} \frac{\langle v, x - \bar{x} \rangle}{\|x - \bar{x}\|} \leqslant 0, \tag{3.4}$$

这等价于说 $\max\{0, \langle v, x - \bar{x} \rangle\} = \mathrm{o}(\|x - \bar{x}\|)$.

由凸分析可知, 凸集合的切锥与法锥互为极锥, 下述命题表明, 对于非凸集合, 正则法锥是切锥的极锥.

命题 3.2 (法锥的性质)　集合 $C \subset \Re^n$, $\bar{x} \in C$. 集合 $N_C(\bar{x})$ 与集合 $\widehat{N}_C(\bar{x})$ 均是闭锥, 并且

$$v \in \widehat{N}_C(\bar{x}) \Longleftrightarrow \langle v, w \rangle \leqslant 0, \quad \text{对所有的} w \in T_C(\bar{x}) \text{成立}. \tag{3.5}$$

进一步,

$$N_C(\bar{x}) = \limsup_{x \xrightarrow{C} \bar{x}} \widehat{N}_C(x) \supset \widehat{N}_C(\bar{x}). \tag{3.6}$$

证明　显然 $N_C(\bar{x})$ 与 $\widehat{N}_C(\bar{x})$ 包含 0 向量. 若向量 $v \in N_C(\bar{x})$ 或 $v \in \widehat{N}_C(\bar{x})$, 对任何 $\lambda \geqslant 0$, 都有 $\lambda v \in N_C(\bar{x})$ 或 $\lambda v \in \widehat{N}_C(\bar{x})$. 可见 $N_C(\bar{x})$ 与 $\widehat{N}_C(\bar{x})$ 均是锥. 由 $N_C(\bar{x})$ 的定义得到 (3.6), 再根据 (3.6) 得到 $N_C(\bar{x})$ 的闭性. 若能证明 (3.5), 我们就得到 $\widehat{N}_C(\bar{x})$ 的闭凸性, 因为 (3.5) 表明 $\widehat{N}_C(\bar{x})$ 是一簇闭半空间 $\{v : \langle v, w \rangle \leqslant 0\}$ 的交集.

先证 (3.5) 的必要性. 对任意向量 $v \in \widehat{N}_C(\bar{x})$, $w \in T_C(\bar{x})$, 由切向量的定义知, 存在 $x^\nu \xrightarrow{C} \bar{x}$, $\tau^\nu \searrow 0$ 满足 $w^\nu = [x^\nu - \bar{x}]/\tau^\nu \to w$. 由正则法向量的定义可知

$$\langle v, w^\nu \rangle \leqslant \frac{1}{\tau^\nu} \mathrm{o}(\|\tau^\nu w^\nu\|) \to 0,$$

从而得到 $\langle v, w \rangle \leqslant 0$. 再证 (3.5) 的充分性. 设 $v \notin \widehat{N}_C(\bar{x})$, 则 (3.3) 不成立. 由 (3.3) 与 (3.4) 的等价性知, 必存在序列 $x^\nu \xrightarrow{C} \bar{x}$, $x^\nu \neq \bar{x}$ 满足

$$\liminf_{\nu \to \infty} \frac{\langle v, x^\nu - \bar{x} \rangle}{\|x^\nu - \bar{x}\|} > 0.$$

令 $w^\nu = [x^\nu - \bar{x}]/\|x^\nu - \bar{x}\|$ 有 $\|w^\nu\| = 1$ 并且满足 $\liminf_\nu \langle v, w^\nu \rangle > 0$. 序列 $\{w^\nu\}$ 存在聚点 w, 满足 $\langle v, w \rangle > 0$, $w \in T_C(\bar{x})$. 这表明 v 不满足 (3.5) 的右端. ■

记 $N_C(\bar{x})$ 为集合 C 在点 $\bar{x}$ 处的法锥, 记 $\widehat{N}_C(\bar{x})$ 为集合 C 在点 $\bar{x}$ 处的正则法锥.

图 3.1.1 中的集合的边缘点, 除了 $\bar{x}$ 点, 正则法锥与法锥都是相同的, $\bar{x}$ 处很显然 $\widehat{N}_C(\bar{x}) = \{0\}$, 而 $N_C(\bar{x}) = \{\mu_1 a_1, \mu_2 a_2 : \mu_1 \geqslant 0, \mu_2 \geqslant 0\}$, 其中 a_1, a_2 是图示中的两个方向向量, 显然 $\widehat{N}_C(\bar{x}) \neq N_C(\bar{x})$, Clarke 正则性在 $\bar{x}$ 点处不成立.

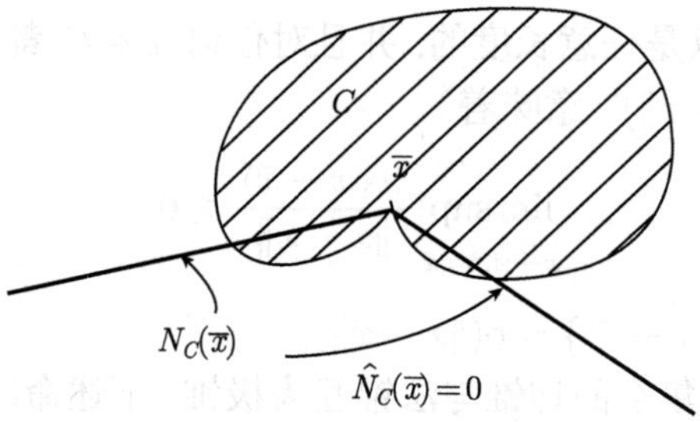

图 3.1.1　Clarke 正则性不成立的情况

命题 3.3 (法向量的极限) 如果 $x^\nu \xrightarrow{C} \bar{x}$, $v^\nu \in N_C(x^\nu)$ 并且 $v^\nu \to v$, 则 $v \in N_C(\bar{x})$. 换而言之, 集值映射 $N_C : x \to N_C(x)$ 在 $\bar{x} \in C$ 处是外半连续的.

证明 集合 $\{(x,v) : v \in \widehat{N}_C(x)\}$ 是 $C \times \Re^n$ 中的闭集合. 再由 (3.6) 知, 集合 $\{(x,v) : v \in N_C(x)\}$ 是 $C \times \Re^n$ 中的闭集合. ■

3.1.3 光滑流形与凸集合

记号: 设 $f_i : \Re^n \to \Re$, $i = 1, \cdots, m$, 函数 $F(x) = (f_1(x), \cdots, f_m(x))$ 在 $x = (x_1, \cdots, x_n)$ 处的 Jacobi 矩阵记为

$$\mathcal{J}F(x) := \left[\frac{\partial f_i}{\partial x_j}(x)\right]_{i,j=1}^{m,n} \in \Re^{m\times n}.$$

表达式 $F(x) = F(\bar{x}) + \mathcal{J}F(\bar{x})(x - \bar{x}) + \mathrm{o}(\|x - \bar{x}\|)$ 意味着 m 个分量表达式 $f_i(x) = f_i(\bar{x}) + \langle \nabla f_i(\bar{x}), x - \bar{x}\rangle + \mathrm{o}(\|x - \bar{x}\|)$ 成立. $\mathcal{J}F(\bar{x})$ 的转置矩阵 $\mathcal{J}F(\bar{x})^*$ 是以梯度 $\nabla f_i(\bar{x})$ 为它的第 i 个列向量的矩阵, 并且对每个 $y = (y_1, \cdots, y_m)$ 下式成立:

$$\mathcal{J}F(\bar{x})^* y = y_1 \nabla f_1(\bar{x}) + \cdots + y_m \nabla f_m(\bar{x}). \tag{3.7}$$

练习 3.1 (坐标变换) 光滑映射 $F : \Re^n \to \Re^m$, 集合 $D \subset \Re^m$, $C = F^{-1}(D) \subset \Re^n$. 假设 $\bar{x} \in C$, $\mathcal{J}F(\bar{x})$ 具有满秩 m, 并且 $\bar{u} = F(\bar{x}) \in D$. 那么

$$T_C(\bar{x}) = \{w : \mathcal{J}F(\bar{x})w \in T_D(\bar{u})\},$$

$$N_C(\bar{x}) = \{\mathcal{J}F(\bar{x})^* y : y \in N_D(\bar{u})\},$$

$$\widehat{N}_C(\bar{x}) = \{\mathcal{J}F(\bar{x})^* y : y \in \widehat{N}_D(\bar{u})\}.$$

证明 首先当 $m = n$ 时, 利用反函数定理及切锥法锥的定义可以证得结论. 若 $m < n$, 我们可以选取 $(n - m)$ 维子空间 $\{w \in \Re^n : \mathcal{J}F(\bar{x})w = 0\}$ 的一组基 $a_1, \cdots, a_{n-m}$, 定义 $F_0 : \Re^n \to \Re^m \times \Re^{n-m}$, $F_0(x) := (F(x), \langle a_1, x\rangle, \cdots, \langle a_m, x\rangle)$. 记 $D_0 = D \times \Re^{n-m}$, 那么 $C = F_0^{-1}(D_0)$, 并且 $n \times n$ 矩阵 $\mathcal{J}F_0(\bar{x})$ 的秩是 n, 再应用前面 $m = n$ 时的结论即可. ■

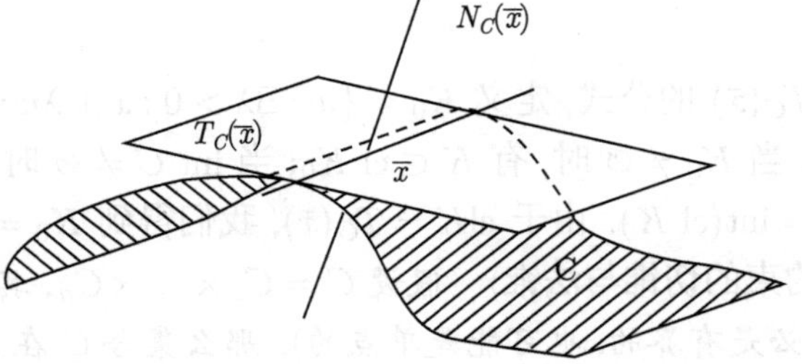

图 3.1.2 光滑流形的切法子空间

例 3.1 (光滑流形的切向量与法向量) 设集合 C 在点 $\bar{x}\in C$ 附近是 $\Re^n$ 中的 d 维光滑流形, 即集合 C 相对一开邻域 $\mathcal{O}\in\mathcal{N}(\bar{x})$ 可表示为 $F(x)=0$ 的解集, 其中 $F:\mathcal{O}\to\Re^m$ 是光滑映射, 并且矩阵 $\mathcal{J}F(\bar{x})$ 具有满秩 $m=n-d$. 那么集合 C 在 $\bar{x}$ 处是正则的, 几何可导出的, 并且在 $\bar{x}$ 处的切锥与法锥是互为正交的线性子空间, 即

$$
\begin{aligned}
T_C(\bar{x}) &= \{w\in\Re^n \,|\, \mathcal{J}F(\bar{x})w=0\},\\
N_C(\bar{x}) &= \{v=\mathcal{J}F(\bar{x})^*y : y\in\Re^m\}.
\end{aligned}
$$

证明 在 $\bar{x}$ 附近有 $C=F^{-1}(0)$, 令 $D=\{0\}$, 正则性及上面两个公式都可以由练习 3.1 得到. ■

下述定理说明, 定义 3.1 与定义 3.2 中的切锥和法锥的概念是凸集合的切锥与法锥概念的推广.

定理 3.1 (凸集合的切锥与法锥) 凸集合 $C\subset\Re^n$ 在任意点 $\bar{x}\in C$ 处都是几何可导出的, 并且

$$
\begin{aligned}
&N_C(\bar{x})=\widehat{N}_C(\bar{x})=\{v:\langle v,x-\bar{x}\rangle\leqslant 0,\ \forall x\in C\},\\
&T_C(\bar{x})=\mathrm{cl}\{w:\exists\lambda>0,\ \bar{x}+\lambda w\in C\},\\
&\mathrm{int}T_C(\bar{x})=\{w:\exists\lambda>0,\ \bar{x}+\lambda w\in \mathrm{int}C\},
\end{aligned}
$$

进一步, 若 C 在 $\bar{x}$ 处是局部闭的, 那么 C 在 $\bar{x}$ 处是正则的.

证明 令 $K:=\{w:\exists\lambda>0,\bar{x}+\lambda w\in C\}$. 显然 $K\subset T_C^i(\bar{z})\subset T_C(\bar{z})$, 且 $T_C(\bar{x})\subset \mathrm{cl}K$, 则由 $T_C(\bar{x})$ 的闭性, 可得 $T_C(\bar{x})=\mathrm{cl}\,K$. 由于 $\widehat{N}_C(\bar{x})=\{v:\langle v,w\rangle\leqslant 0,\ \forall\ w\in T_C(\bar{x})\}$, 我们可以得到 $\widehat{N}_C(\bar{x})=\{v:\langle v,w\rangle\leqslant 0\ \forall\ w\in K\}$, 即本命题的结论.

考虑 $v\in N_C(\bar{x})$. 固定 $x\in C$. 存在序列 $x^\nu\in C$, $v^\nu\in\widehat{N}_C(x^\nu)$, 满足 $x^\nu\to\bar{x}$, $v^\nu\to v$. 根据已建立的公式有 $\langle v^\nu,x-x^\nu\rangle\leqslant 0$, 通过取极限可以得到 $\langle v,x-\bar{x}\rangle\leqslant 0$. 显然, 上式对任意的 $x\in C$ 都成立, 因此有 $v\in\widehat{N}_C(\bar{x})$. 而 $N_C(\bar{x})\supset\widehat{N}_C(\bar{x})$, 因此有 $N_C(\bar{x})=\widehat{N}_C(\bar{x})$.

为了得到 $\mathrm{int}T_C(\bar{x})$ 的公式, 定义 $K_0=\{w:\exists\lambda>0:\bar{x}+\lambda w\in\mathrm{int}\ C\}$. 显然 K_0 是 K 的开子集合, 当 $K_0\neq\varnothing$ 时, 有 $K\subset\mathrm{cl}\ K_0$; 当 $\mathrm{int}\ C\neq\varnothing$ 时, $C\subset\mathrm{cl}(\mathrm{int}\ C)$, 因此有 $K_0=\mathrm{int}\ K=\mathrm{int}(\mathrm{cl}\ K)$. 由于 $\mathrm{cl}K=T_C(\bar{x})$, 我们得到 $K_0=\mathrm{int}\ T_C(\bar{x})$. ■

例 3.2(箱子约束的切锥与法锥) 假设 $C=C_1\times\cdots\times C_n$, 其中每个 C_j 均是 $\Re$ 中的闭子区间 (不必是有界的, 也可能是单点的). 那么集合 C 在 $\bar{x}=(\bar{x}_1,\cdots,\bar{x}_n)\in C$ 处是 Clarke 正则的且是几何可导出的, 并且 $T_C(\bar{x})=T_{C_1}(\bar{x}_1)\times\cdots\times T_{C_n}(\bar{x}_n)$, 这

里

$$T_{C_j}(\bar{x}_j)=\begin{cases}(-\infty,0], & \text{如果}\bar{x}_j\text{仅是}C_j\text{的左端点},\\ [0,\infty), & \text{如果}\bar{x}_j\text{仅是}C_j\text{的右端点},\\ (-\infty,\infty), & \text{如果}\bar{x}_j\text{是}C_j\text{的内部点},\\ 0, & \text{如果}C_j\text{单点集合},\end{cases}$$

法锥 $N_C(\bar{x})=N_{C_1}(\bar{x}_1)\times\cdots\times N_{C_n}(\bar{x}_n)$, 这里

$$N_{C_j}(\bar{x}_j)=\begin{cases}[0,\infty), & \text{如果}\bar{x}_j\text{仅是}C_j\text{的左端点},\\ (-\infty,0], & \text{如果}\bar{x}_j\text{仅是}C_j\text{的右端点},\\ 0, & \text{如果}\bar{x}_j\text{是}C_j\text{的内部点},\\ (-\infty,\infty), & \text{如果}C_j\text{单点集合}.\end{cases}$$

证明 事实上, C 是一闭凸集. 利用定理 3.1 可以直接得到结论. ■

正则法向量是一非常重要的概念, 下面定理中的梯度刻画对定理 3.3 中带有约束结构的集合的法锥公式的建立起着关键性作用.

定理 3.2 (正则法向量的梯度刻画) 向量 v 是集合 C 在 $\bar{x}$ 处的正则法向量当且仅当存在一个在 $\bar{x}$ 处可微的函数 h, 它在 $\bar{x}$ 处相对于集合 C 取局部极大值, 且 $\nabla h(\bar{x})=v$. 事实上, h 可取为 $\Re^n$ 上的光滑函数, 并且相对于 C 在 $\bar{x}$ 处唯一的取到全局最大值.

证明 充分性: 若 h 在 C 中的点 $\bar{x}$ 处取局部最大值, 并且在 $\bar{x}$ 处可微, $\nabla h(\bar{x})=v$, 那么对充分接近 $\bar{x}$ 的 $x\in C$, 有 $h(\bar{x})\geqslant h(x)=h(\bar{x})+\langle v,x-\bar{x}\rangle+\mathrm{o}(\|x-\bar{x}\|)$, 进而 $\langle v,x-\bar{x}\rangle+\mathrm{o}(\|x-\bar{x}\|)\leqslant 0$, 即 $v\in\widehat{N}_C(\bar{x})$.

必要性: 若 $v\in\widehat{N}_C(\bar{x})$. 定义函数

$$\theta_0(r):=\sup\{\langle v,x-\bar{x}\rangle : x\in C,\|x-\bar{x}\|\leqslant r\}\leqslant r\|v\|.$$

$\theta_0(r)$ 是 $[0,\infty)$ 上的非减函数, 满足 $0=\theta_0(0)\leqslant\theta_0(r)\leqslant\mathrm{o}\,(r)$. 可见函数 $h_0(x)=\langle v,x-\bar{x}\rangle-\theta_0(\|x-\bar{x}\|)$ 在 $\bar{x}$ 处可微, 并且 $\nabla h_0(\bar{x})=v$, $h_0(x)\leqslant 0=h_0(\bar{x})$ 对所有的 $x\in C$ 成立. 因此, h_0 在集合 C 上的全局最大值在点 $\bar{x}$ 处达到.

显然函数 h_0 只在点 $\bar{x}$ 处可微. 下面证明存在一处处连续可微的函数 h 满足 $\nabla h(\bar{x})=\nabla h_0(\bar{x})=v$, $h(\bar{x})=h_0(\bar{x})$, 但对所有的 $x\in C, x\neq\bar{x}$, 有 $h(x)<h_0(x)$, 即 h 在 C 上的唯一最大值点在 $\bar{x}$ 处达到. 构造 h 具有形式 $h(x):=\langle v,x-\bar{x}\rangle-\theta(\|x-\bar{x}\|)$, 其中 θ 是定义在 $[0,\infty)$ 上的函数, 满足 $\theta(0)=0$, 对 $r>0$ 有 $\theta(r)>\theta_0(r)$, 并且 θ 在 $(0,\infty)$ 上是连续可微的, $\lim\limits_{r\searrow 0}\theta'(r)\to 0$, $\lim\limits_{r\searrow 0}\theta(r)/r\to 0$. 由于 $\theta(0)=0$, $\lim\limits_{r\searrow 0}\theta(r)/r\to 0$ 意味着 θ 在 0 处的右导数为 0, 并且 $\lim\limits_{r\searrow 0}\theta(r)\to 0$.

首先, 定义函数 θ_1 如下

$$\theta_1(r) := \begin{cases} (1/r)\displaystyle\int_r^{2r} \theta_0(s)\mathrm{d}s, & r > 0, \\ 0, & r = 0. \end{cases}$$

由于 θ_0 是非减函数, 并且对任意 $r \in (0,\infty)$, θ_0 都有左极限 $\theta_0(r-)$ 与右极限 $\theta_0(r+)$, 故虽然 θ_0 可能不是连续函数, 函数 $\theta_1(r)$ 仍然是有定义的. $\theta_1(r)$ 的定义中的被积函数在 $(r,2r)$ 上有界, 其上界是 $\theta_0(2r-)$, 下界是 $\theta_0(r+)$, 于是对所有的 $r \in (0,\infty)$ 有 $\theta_0(r+) \leqslant \theta_1(r) \leqslant \theta_0(2r-)$ 成立. 令 $\varphi(r) := \displaystyle\int_0^r \theta_0(s)\mathrm{d}s$, 它在 $(0,\infty)$ 上是连续的, 并且 $\varphi'_+(r) = \theta_0(r+)$, $\varphi'_-(r) = \theta_0(r-)$. 因此, $\theta_1(r) = (1/r)[\varphi(2r) - \varphi(r)]$, θ_1 在 $(0,\infty)$ 上是连续的, 并且 $\theta_1(r)$ 的右导数是 $(1/r)[2\theta_0(2r+) - \theta_0(r+) - \theta_1(r)]$, 左导数是 $(1/r)[2\theta_0(2r-) - \theta_0(r-) - \theta_1(r)]$. 由于 $\theta_0(r+) \leqslant \theta_1(r) \leqslant \theta_0(2r-)$ 并且 θ_0 非减, 有 $\theta_1(r)$ 的左右导数均非负, 于是 $\theta_1(r)$ 是非减函数. 再由 $\theta_0(r+)/r \leqslant \theta_1(r)/r \leqslant \theta_0(2r-)/r$, 当 $r \searrow 0$ 时, $\theta_1(r) \to 0$, 可见当 $r \searrow 0$ 时, $\theta_1(r)$ 的导数及 $\theta_1(r)$ 本身都收敛到 0. 因此, θ_1 具有 θ_0 的相关性质并且在 $[0,\infty)$ 上连续, 若 r 满足 θ_0 在点 r 和 $2r$ 处均连续, 那么 θ_1 在 r 处的左右导数是相等的.

接下来定义

$$\theta_2(r) := \begin{cases} (1/r)\displaystyle\int_r^{2r} \theta_1(s)\mathrm{d}s, & r > 0, \\ 0, & r = 0, \end{cases}$$

有 $\theta_2 \geqslant \theta_1$, 进而 $\theta_2 \geqslant \theta_0$. 类似于对函数 θ_1 的推导, θ_2 从 θ_1 处继承了 θ_0 的相关性质, 再由 θ_1 的连续性, θ_2 在 $(0,\infty)$ 上是连续可微的并且 $\lim\limits_{r\searrow 0} \theta'_2(r) \to 0$. 最后, 取 $\theta(r) = \theta_2(r) + r^2$, 则 $\theta(r)$ 满足我们所需的所有条件. ■

绝大多数的优化问题的约束集合都可以表示为 $C = X \cap F^{-1}(D)$, 这类集合的切锥和法锥的表示公式非常重要, 下述定理给出法锥计算公式.

定理 3.3 (带有约束结构的集合的法锥) 闭集合 $X \subset \Re^n$, $D \subset \Re^m$, $F: \Re^n \to \Re^m$ 为光滑映射, 并且具有分量表达形式 $F(x) = (f_1(x), \cdots, f_m(x))$. 令

$$C = \{x \in X : F(x) \in D\},$$

则对任何 $\bar{x} \in C$, 有

$$\widehat{N}_C(\bar{x}) \supset \left\{ \sum_{i=1}^m y_i \nabla f_i(\bar{x}) + z \,\middle|\, y \in \widehat{N}_D(F(\bar{x})), z \in \widehat{N}_X(\bar{x}) \right\} =: \widehat{S}(\bar{x}),$$

这里 $y = (y_1, \cdots, y_m)$. 另一方面, 如果在 $\bar{x} \in C$ 处下面的约束规范 (通常称为基本

约束规范)

$$\begin{cases} y \in N_D(F(\bar{x})), \\ -\sum_{i=1}^{m} y_i \nabla f_i(\bar{x}) \in N_X(\bar{x}) \end{cases} \Longrightarrow y = (0, \cdots, 0)$$

成立, 那么

$$N_C(\bar{x}) \subset \left\{ \sum_{i=1}^{m} y_i \nabla f_i(\bar{x}) + z \,\middle|\, y \in N_D(F(\bar{x})), z \in N_X(\bar{x}) \right\}.$$

进一步, 如果基本约束规范成立, 并且 X 在 $\bar{x}$ 处正则, D 在 $F(\bar{x})$ 处正则, 那么集合 C 在 $\bar{x}$ 处正则, 并且

$$N_C(\bar{x}) = \left\{ \sum_{i=1}^{m} y_i \nabla f_i(\bar{x}) + z \,\middle|\, y \in N_D(F(\bar{x})), z \in N_X(\bar{x}) \right\}.$$

证明 由于分析是局部的, 如果用 $X \cap \mathbf{B}(\bar{x}, \delta)$ 代替 X, $D \cap \mathbf{B}(F(\bar{x}), \varepsilon)$ 代替 D, 并不影响分析结果. 为简单起见, 假设 X 是紧致的, 从而 C 是紧致的. 同样假设 D 是紧致的. 取 δ 充分小, 满足当 $\|x - \bar{x}\| \leqslant \delta$ 时, 有 $\|F(x) - F(\bar{x})\| < \varepsilon$.

首先验证 $\widehat{N}_C(\bar{x})$ 的包含关系. 假设 $y \in \widehat{N}_D(F(\bar{x})), z \in \widehat{N}_X(\bar{x}), v = \mathcal{J}F(\bar{x})^* y + z$, 于是, 当 $F(x) \in D$ 时, 有 $\langle y, F(x) - F(\bar{x}) \rangle \leqslant \mathrm{o}\left(\|F(x) - F(\bar{x})\|\right)$, 这里

$$F(x) - F(\bar{x}) = \mathcal{J}F(\bar{x})(x - \bar{x}) + \mathrm{o}(\|x - \bar{x}\|).$$

因此, 当 $F(x) \in D$ 时, 有 $\langle y, \mathcal{J}F(\bar{x})(x - \bar{x}) \rangle \leqslant \mathrm{o}(\|x - \bar{x}\|)$, 而

$$\langle y, \mathcal{J}F(\bar{x})(x - \bar{x}) \rangle = \langle \mathcal{J}F(\bar{x})^* y, (x - \bar{x}) \rangle = \langle v - z, x - \bar{x} \rangle.$$

同时, 当 $x \in X$ 时, 有 $\langle z, x - \bar{x} \rangle \leqslant \mathrm{o}(\|x - \bar{x}\|)$. 从而, 当 $x \in C$ 时, $\langle v, x - \bar{x} \rangle \leqslant \mathrm{o}(\|x - \bar{x}\|)$. 因此, 我们得到 $v \in \widehat{N}_C(\bar{x})$.

为了推导 $N_C(\bar{x})$ 的包含关系, 假设 $\bar{x}$ 处的约束规范成立, 从而 $\bar{x}$ 附近的点 $x \in C$ 处的约束规范也是成立的. 如若不然, 存在序列 $x^\nu \xrightarrow{C} \bar{x}$ 及非零向量序列 $y^\nu \in N_D(F(x^\nu))$, 有 $-\mathcal{J}F(x^\nu)^* y^\nu \in N_X(x^\nu)$. 将序列 $\{y^\nu\}$ 单位化, 选取序列 $\{y^\nu\}$ 的聚点 y, 有 $\|y\| = 1$. 由命题 4.3, 有 $-\mathcal{J}F(\bar{x})^* y \in N_X(\bar{x}), y \in N_D(F(\bar{x})$. 这与 $\bar{x}$ 处的约束规范成立矛盾.

作为过渡, 证明关于 $N_C(\bar{x})$ 的包含关系对 $\widehat{N}_C(\bar{x})$ 也是成立的. 令 $v \in \widehat{N}_C(\bar{x})$. 由定理 3.2, 存在 $\Re^n$ 上的光滑函数 h 满足 $\mathrm{argmax}_C h = \{\bar{x}\}$, $\nabla h(\bar{x}) = v$. 取 $\tau^\nu \searrow 0$, 对每一个 ν, 考虑在 $X \times D$ 上求 $\mathcal{C}^1$ 函数

$$\varphi^\nu(x, u) := -h(x) + \frac{1}{2\tau^\nu}\|F(x) - u\|^2$$

的极小化问题.

由于假设 X 与 D 是紧致的, 极小值在某一点 (x^ν, u^ν)(不一定唯一) 是可以取到的. 进一步, 由例 1.11, 有 $(x^\nu, u^\nu) \to (\bar{x}, F(\bar{x}))$. 由后面定理 5.7 中的最优性条件, 有 $\mathrm{argmin}_{x\in X}\varphi^\nu(x, u^\nu) = \{x^\nu\}$, $\mathrm{argmin}_{u\in D}\varphi^\nu(x^\nu, u) = \{u^\nu\}$ 并且

$$-\nabla_x\varphi^\nu(x^\nu, u^\nu) =: z^\nu \in N_X(x^\nu), \quad -\nabla_u\varphi^\nu(x^\nu, u^\nu) =: y^\nu \in N_D(u^\nu),$$

对函数 φ^ν 关于 u 求导, 有 $y^\nu = [F(x^\nu) - u^\nu]/\tau^\nu$. 对函数 φ^ν 关于 x 求导, 有 $z^\nu = \nabla h(x^\nu) - \mathcal{J}F(x^\nu)^* y^\nu$ 并且 $\mathcal{J}F(x^\nu) \to \mathcal{J}F(\bar{x})$, $\nabla h(x^\nu) \to v$.

向量序列 $y^\nu \in N_D(u^\nu)$(或选取它的子序列) 收敛到某个 y, 或存在常数序列 $\lambda^\nu \searrow 0$ 满足 $\lambda^\nu y^\nu \to y \neq 0$. 由于 $N_D(u^\nu)$ 是一锥, 并且 $u^\nu \to F(\bar{x})$, 由命题 3.3, 上述两种情况都有 $y \in N_D(F(\bar{x}))$.

若 $y^\nu \to y$, 再由命题 3.3, 有 $z^\nu \to z := v - \mathcal{J}F(\bar{x})^* y$, 其中 $z \in N_X(\bar{x})$, 从而 $v = \mathcal{J}F(\bar{x})^* y + z$. 另一方面, 若 $\lambda^\nu y^\nu \to y \neq 0$, $\lambda^\nu \searrow 0$, 有 $\lambda^\nu z^\nu = \lambda^\nu \nabla h(x^\nu) - \mathcal{J}F(x^\nu)^* \lambda^\nu y^\nu$ 并且 $\lambda^\nu z^\nu \to z := -\mathcal{J}F(\bar{x})^* y$, $z \in N_X(\bar{x})$, 于是 $0 = \mathcal{J}F(\bar{x})^* y + z$. 由 $\bar{x}$ 处的约束规范知, y 不可能不为 0. 从而只有前一种情况 $y^\nu \to y$ 成立.

上述证明得到 $\widehat{N}_C(\bar{x}) \subset S(\bar{x})$, 这里 $S(x) := \{\mathcal{J}F(x)^* y + z \mid x \in C,\ y \in N_D(F(x)),\ z \in N_X(x)\}$. 前面的叙述依赖于 $\bar{x}$ 处的约束规范, 同时也证明了对 $\bar{x} \in C$ 的邻域中的所有 x 处的约束规范也成立, 从而 $\widehat{N}_C(x) \subset S(x)$. 又由于 $N_C(\bar{x}) = \limsup_{x\to\bar{x}} \widehat{N}_C(x)$, 为了得到 $N_C(\bar{x}) \subset S(\bar{x})$, 只需证明 S 在 $\bar{x}$ 处相对于 C 是外半连续的.

令 $x^\nu \overset{C}{\to} \bar{x}$, $v^\nu \to v$, $v^\nu \in S(x^\nu)$, 有 $v^\nu = \mathcal{J}F(x^\nu)^* y^\nu + z^\nu$, 其中 $y^\nu \in N_D(F(x^\nu))$,$z^\nu \in N_X(x^\nu)$. 我们再一次考虑两种情况: $(y^\nu, z^\nu) \to (y, z)$ 或者对某个序列 $\lambda^\nu \searrow 0$ 有 $\lambda^\nu(y^\nu, z^\nu) \to (y, z) \neq (0, 0)$. 第一种情况中, 通过取极限, 由命题 3.3, 有 $y \in N_D(F(\bar{x}))$, $z \in N_X(\bar{x})$ 并且 $v = \mathcal{J}F(\bar{x})^* y + z$ 从而 $v \in S(\bar{x})$. 对第二种情况, 有 $\lambda^\nu v^\nu = \mathcal{J}F(x^\nu)^* \lambda^\nu y^\nu + \lambda^\nu z^\nu$, 两端同时取极限, 再由命题 3.3, 有 $y \in N_D(F(\bar{x}))$, $z \in N_X(\bar{x})$ 并且 $0 = \mathcal{J}F(\bar{x})^* y + z$, 这与 $\bar{x}$ 处的约束规范矛盾. 因此, 第二种情况不成立. 所以有 $N_C(\bar{x}) \subset S(\bar{x})$.

若 X 在 $\bar{x}$ 处正则, D 在 $F(\bar{x})$ 处正则. 那么 $\widehat{N}_D(F(\bar{x})) = N_D(F(\bar{x}))$ 并且 $\widehat{N}_X(\bar{x}) = N_X(\bar{x})$. 由已经建立的包含关系 $\widehat{N}_C(\bar{x}) \supset \widehat{S}(\bar{x})$ 及 $N_C(\bar{x}) \supset S(\bar{x})$, 注意到 $\widehat{S}(\bar{x}) = S(\bar{x})$ 及 $\widehat{N}_C(\bar{x}) \subset N_C(\bar{x})$, 则有 $\widehat{N}_C(\bar{x}) = N_C(\bar{x})$. 由于 C 是闭集 (由 X 与 D 是闭集且 F 是连续的), 那么 C 在 $\bar{x}$ 处是正则的. ■

3.1.4 邻近法向量与极性

正则法向量可以用于生成 (极限) 法向量, 从而定义法锥, 还可以从另外一种方式生成 (极限) 法锥, 下面引入的邻近法向量就可以生成法锥. 邻近法向量是通过投

影定义的, 这给很多带结构的集合代来计算上的方便性.

例 3.3(邻近法向量) 考虑集合 $C \subset \Re^n$ 及其投影映射 P_C(它将每一点 $x \in \Re^n$ 映至 C 中与 x 距离最近的点, 投影可能不止一点). 对任何 $x \in \Re^n$, 有

$$\bar{x} \in P_C(x) \Longrightarrow x - \bar{x} \in \widehat{N}_C(\bar{x}),$$

从而 $\lambda(x-\bar{x}) \in \widehat{N}_C(\bar{x})$ 对所有的 $\lambda \geqslant 0$ 成立. 称任何这样的向量 $v = \lambda(x-\bar{x})$ 是集合 C 在 $\bar{x}$ 处的一个邻近法向量. 可见, C 在 $\bar{x}$ 处的邻近法向量 v 满足对某个 $\tau > 0$, 有 $\bar{x} \in P_C(\bar{x}+\tau v)$. 实际上, $P_C(\bar{x}+\tau' v) = \{\bar{x}\}$, $\tau' \in (0,\tau)$.

本质上, 向量 $v \neq 0$ 是 C 在 $\bar{x}$ 处的邻近法向量, 如果从 $\bar{x}$ 出发沿方向 v 向外延伸, 以它所指向的点为中心的闭球与 C 只接触于一点 $\bar{x}$, 即存在 $\varepsilon > 0$, 对所有的 $x \in C$, 成立着

$$\langle v, x-\bar{x}\rangle \leqslant \varepsilon\|x-\bar{x}\|^2.$$

这个条件要比定理 3.2 中正则法向量的刻画要严格得多.

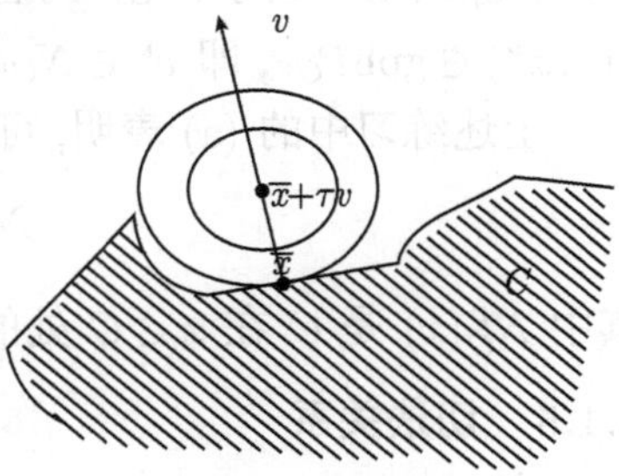

图 3.1.3 由投影映射引导的邻近法向量

下面的命题表明, 对于凸集合, 法锥映射和投影映射可以互相表示, 这一结论可以用于变分不等式的研究中.

命题 3.4 (凸集合法向量的邻近性质) 对凸集合 C, 每个法向量都是一个邻近法向量, 并且法锥映射 N_C 与投影映射 P_C 有如下的关系

$$N_C = P_C^{-1} - I,\ P_C = (I+N_C)^{-1}.$$

证明 对任何向量 $v \in N_C(\bar{x})$, 凸函数 $f(x) = \frac{1}{2}\|x-(\bar{x}+v)\|^2$ 满足 $\nabla f(\bar{x}) = -v$, 从而一阶最优性条件 $-\nabla f(\bar{x}) \in N_C(\bar{x})$ 成立. 当 C 为凸集合时, 由后面的定理 5.7 知这一最优性条件是 $\bar{x}$ 为问题 $\min\{f(x)|x \in C\}$ 的最优解的充要条件, 因此 $v \in N_C(\bar{x})$ 当且仅当 $\bar{x} \in P_C(\bar{x}+v)$. 由于 f 是严格凸的, $P_C(\bar{x}+v) = \{\bar{x}\}$. 那么, C 在 $\bar{x}$ 点处的每一个法向量均是邻近法向量, 并且

$$\mathrm{gph}P_C = \{(z,x)|z-x \in N_C(x)\} = \{(z,x)|z \in (N_C+I)(x)\}.$$

这意味着 $P_C = (I+N_C)^{-1}$, 或等价地, $N_C = P_C^{-1} - I$. ■

练习 3.2 (法向量的近似) 设 C 是 $\Re^n$ 中的一闭子集, $\bar{x} \in C$, $\bar{v} \in N_C(\bar{x})$.

(a) 对任何 $\varepsilon > 0$, 存在 $x \in \mathbf{B}(\bar{x},\varepsilon) \cap C$ 与 $v \in \mathbf{B}(\bar{v},\varepsilon) \cap N_C(x)$, 满足 v 是 C 在 x 处的一邻近法向量.

(b) 对任何满足 $\limsup_\nu C^\nu = C$ 的闭集合序列 $C^\nu \neq \varnothing$, 存在一子序列 $\{C^\nu\}_{\nu\in N}$ 与点列 $x^\nu \in C^\nu$ 以及法向量 $v^\nu \in N_{C^\nu}(x^\nu)$, 满足 $x^\nu \xrightarrow{N} \bar{x}$ 与 $v^\nu \xrightarrow{N} \bar{v}$. 因此, 用法锥

映射的图收敛表示, 有

$$N_C \subset \text{g-}\limsup_\nu N_{C^\nu}.$$

证明　先证 (a). 根据定义 3.2, 只需要处理 $\bar{v}$ 为正则法向量且 $\|\bar{v}\|=1$ 的情况. 对实数序列 $\varepsilon^\nu \searrow 0$, 考虑点 $\tilde{x}^\nu := \bar{x}+\varepsilon^\nu \bar{v}$, 可证它们的投影 $P_C(\tilde{x}^\nu)$ 生成的点列 $x^\nu \to \bar{x}$, 且邻近法向量满足 $v^\nu \to \bar{v}$.

再来证明 (b). 根据 (a), 只需考虑 $\bar{v}$ 是 C 在 $\bar{x}$ 处的邻近法向量的情况, 则存在 $\tau>0$ 满足 $\bar{x}\in P_C(\bar{x}+\tau\bar{v})$. 由命题 2.3, 存在指标集合 $N\in\mathcal{N}_\infty^\#$ 满足 $\bar{x}\in \lim_{\nu\in N} C^\nu =: D$. 由 $\text{g-}\lim_{\nu\in N} P_{C^\nu}=P_D$, 故 $\exists x^\nu \xrightarrow{N} \bar{x}$, $v^\nu \xrightarrow{N} \bar{v}$, 满足 $(x^\nu+\tau v^\nu, x^\nu)\in \text{gph} P_{C^\nu}$, 即 $v^\nu \in N_{C^\nu}(x^\nu)$. 进而证明 $\bar{x}\in P_D(\bar{x}+\tau\bar{v})$. ■

上述练习中的 (a) 表明, 可以用邻近法向量近似 (极限) 法向量, 即

$$N_C(\overline{x}) = \limsup_{C\ni x\to\overline{x}} N_C^p(x), \tag{3.8}$$

其中 $N_C^p(x)$ 是 C 在 $x\in C$ 处的邻近法锥.

3.1.5　切法关系

凸集合的切锥与法锥是互为极锥的, 这一关系在非凸集合的情况显然不成立, 因为非凸集合的切锥和法锥可能是非凸的. 根据命题 3.2, 我们知道正则法锥是切锥的极锥. 一个很自然的问题是, 法锥的极锥是什么样的凸锥? 这就是下面定义的正则切锥.

定义 3.4(正则切向量)　向量 $w\in\Re^n$ 称为集合 C 在点 $\bar{x}\in C$ 处正则意义下的切向量, 或者称为正则切向量, 记为 $w\in\widehat{T}_C(\bar{x})$, 如果对每个序列 $\tau^\nu\searrow 0$ 及 $\bar{x}^\nu \xrightarrow{C} \bar{x}$, 存在一序列 $x^\nu \xrightarrow{C} \bar{x}$ 满足 $(x^\nu-\bar{x}^\nu)/\tau^\nu \to w$. 换句话说,

$$\widehat{T}_C(\bar{x}) := \liminf_{x\xrightarrow{C}\bar{x},\,\tau\searrow 0} \frac{C-x}{\tau}. \tag{3.9}$$

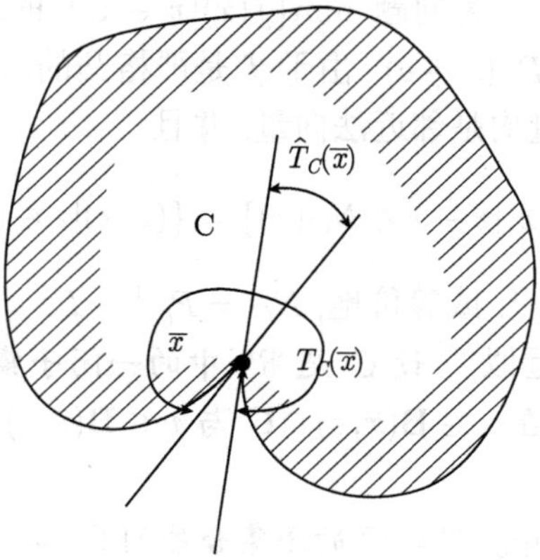

图 3.1.4　正则意义下与一般意义下的切锥

下述定理表明, 正则切锥是切锥的 “内极限正则化”, 即正则切锥可以通过切锥的内极限得到.

定理 3.4(正则切锥的性质) 集合 $C \subset \Re^n$, $\bar{x} \in C$, 每个正则切向量 $w \in \widehat{T}_C(\bar{x})$ 都是几何可导出的切向量, 并且 $\widehat{T}_C(\bar{x})$ 为闭凸锥, $\widehat{T}_C(\bar{x}) \subset T_C(\bar{x})$.

若 C 在 $\bar{x}$ 处是局部闭的, 有 $w \in \widehat{T}_C(\bar{x})$ 当且仅当对每个序列 $\bar{x}^\nu \xrightarrow{C} \bar{x}$, 存在向量 $w^\nu \in T_C(x^\nu)$, 满足 $w^\nu \to w$, 即

$$\widehat{T}_C(\bar{x}) = \liminf_{x \xrightarrow{C} \bar{x}} T_C(x). \tag{3.10}$$

证明 由 $\widehat{T}_C(\bar{x})$ 的定义, 显然有 $0 \in \widehat{T}_C(\bar{x})$. 对任何 $w \in \widehat{T}_C(\bar{x})$, $\lambda > 0$, 有 $\lambda w \in \widehat{T}_C(\bar{x})$. 因此 $\widehat{T}_C(\bar{x})$ 是一锥. 再由 $\widehat{T}_C(\bar{x})$ 是一内极限形式, $\widehat{T}_C(\bar{x})$ 是一闭锥. 由定义 3.4, 取 $x^\nu \equiv \bar{x}$, 对任何序列 $\tau^\nu \searrow 0$, 存在 $x^\nu \in C$ 满足 $(x^\nu - \bar{x})/\tau^\nu \to w$, 得到 $w \in \widehat{T}_C(\bar{x})$ 是几何可导出向量, 因此, $\widehat{T}_C(\bar{x}) \subset T_C(\bar{x})$.

由于 $\widehat{T}_C(\bar{x})$ 是一锥, 要证明 $\widehat{T}_C(\bar{x})$ 的凸性只需证明其关于加法的封闭性, 即 $\forall w_0,\ w_1 \in \widehat{T}_C(\bar{x})$, 有 $w_0 + w_1 \in \widehat{T}_C(\bar{x})$. 考虑序列 $\bar{x}^\nu \xrightarrow{C} \bar{x}$, $\tau^\nu \searrow 0$. 要证明 $w_0 + w_1 \in \widehat{T}_C(\bar{x})$ 只需证明存在序列 $x^\nu \xrightarrow{C} \bar{x}$ 满足 $(x^\nu - \bar{x}^\nu)/\tau^\nu \to w_0 + w_1$. 由 $w_0 \in \widehat{T}_C(\bar{x})$ 知, 存在 $\widetilde{x}^\nu \xrightarrow{C} \bar{x}$ 满足 $(\widetilde{x}^\nu - \bar{x}^\nu)/\tau^\nu \to w_0$. 再由 $w_1 \in \widehat{T}_C(\bar{x})$ 知, 存在序列 $x^\nu \xrightarrow{C} \bar{x}$ 满足 $(x^\nu - \widetilde{x}^\nu)/\tau^\nu \to w_1$. 从而 $(x^\nu - \bar{x}^\nu)/\tau^\nu \to w_0 + w_1$, 即 $w_0 + w_1 \in \widehat{T}_C(\bar{x})$.

假设 C 在 $\bar{x}$ 处是局部闭的, 可以用 $C \cap V$ 来代替 C, 其中 $V \in \mathcal{N}(\bar{x})$ 是 $\bar{x}$ 的一个闭邻域, 所以只需验证 $\liminf_{x \xrightarrow{C} \bar{x}} T_C(x) = \widehat{T}_C(\bar{x})$ 对 C 是闭集合的情况成立. 令 $K(\bar{x}) := \liminf_{x \xrightarrow{C} \bar{x}} T_C(x)$, 证明 $w \notin K(\bar{x})$ 当且仅当 $w \notin \widehat{T}_C(\bar{x})$ 即可. 由 $K(\bar{x})$ 的定义知

$$w \notin K(\bar{x}) \Longleftrightarrow 存在\varepsilon > 0,\ \widetilde{x}^\nu \xrightarrow{C} \bar{x}, 满足 d(w, T_C(\widetilde{x}^\nu)) \geqslant \varepsilon. \tag{3.11}$$

由 $\widehat{T}_C(\bar{x})$ 定义知

$$w \notin \widehat{T}_C(\bar{x}) \Longleftrightarrow \begin{cases} 存在\varepsilon > 0, \bar{x}^\nu \xrightarrow{C} \bar{x}, \bar{\tau}^\nu \searrow 0, \\ 满足(\bar{x}^\nu + \bar{\tau}^\nu \mathbf{B}(w, \varepsilon)) \cap C = \varnothing. \end{cases} \tag{3.12}$$

若 $w \notin K(\bar{x})$, 由 (3.11) 知存在 $\widetilde{\varepsilon} > 0$ 及 $\widetilde{x}^\nu \xrightarrow{C} \bar{x}$ 满足 $\mathbf{B}(w, \widetilde{\varepsilon}) \cap T_C(\widetilde{x}^\nu) = \varnothing$. 由于 $T_C(\widetilde{x}^\nu) = \limsup_{\tau \downarrow 0}(C - \widetilde{x}^\nu)/\tau$, 那么存在某个 $\widetilde{\tau}^\nu > 0$, 满足对所有的 $\tau \in (0, \widetilde{\tau}^\nu]$, $\mathbf{B}(w, \widetilde{\varepsilon}) \cap \tau^{-1}(C - \widetilde{x}^\nu) = \varnothing$, 即 $(\widetilde{x}^\nu + \tau \mathbf{B}(w, \widetilde{\varepsilon})) \cap C = \varnothing$. 选取 $\tau^\nu \in (0, \widetilde{\tau}^\nu]$ 使 $\tau^\nu \searrow 0$, 由 (3.12) 知 $w \notin \widehat{T}_C(\bar{x})$.

假设 $w \notin \widehat{T}_C(\bar{x})$, 一定存在 $\bar{x}^\nu$, $\bar{\tau}^\nu$, 满足 (3.12). 要证明存在 $\widetilde{x}^\nu$ 满足 (3.11), 只需证明下述简化的结论: 若 $\widehat{x}$ 是闭集合 C 中的一点, 存在 $\varepsilon > 0$ 及 $\bar{\tau} > 0$ 满足 $\widehat{x} + \bar{\tau}\mathbf{B}(w, \varepsilon) \cap C = \varnothing$, 那么存在 $\widetilde{x} \in C \cap \mathbf{B}(\widehat{x}, \bar{\tau}(\|w\| + \varepsilon))$ 满足 $d(w, T_C(\widetilde{x})) \geqslant \varepsilon$.

定义

$$T := \{\tau \in [0,\bar{\tau}] \mid \mathbf{B}(\widehat{x}+\tau w, \tau\varepsilon) \cap C \neq \varnothing\} = \{\tau \in [0,\bar{\tau}] \mid \widehat{x}+\tau\mathbf{B}(w,\varepsilon) \cap C \neq \varnothing\}.$$

T 是一闭集合, 由 $\bar{\tau}$ 的定义知 $\bar{\tau} \notin T$. 令 $\widehat{\tau} := \max\{\tau \mid \tau \in T\}$, 则 $0 \leqslant \widehat{\tau} < \bar{\tau}$. 定义集合

$$D := \widehat{x} + [\widehat{\tau}, \bar{\tau}]\mathbf{B}(w,\varepsilon) = \cup\{\widehat{x} + \tau(w+\varepsilon\mathbf{B}) : \tau \in [\widehat{\tau}, \bar{\tau}]\},$$

D 是 $\Re^n$ 中的紧致凸集合, $\mathrm{int}D \cup C = \varnothing$ 但 $D \cup C \neq \varnothing$(图 3.1.5). 令 $\widetilde{x} \in C \cap D$, $\widetilde{\tau} = \bar{\tau} - \widehat{\tau} > 0$. 假设 $\widetilde{\tau} > 0$. 由 D 的定义, $\|\widetilde{x} - \widehat{x}\| \leqslant \bar{\tau}(\|w\| + \varepsilon)$. 只需证明对任何 $\widetilde{\varepsilon} \in (0,\varepsilon)$, $(\widetilde{x} + (0,\widetilde{\tau}]\mathbf{B}(w,\widetilde{\varepsilon})) \cap C = \varnothing$, 从而对所有的 $\tau \in (0,\widetilde{\tau}]$, $\mathbf{B}(w,\widetilde{\varepsilon}) \cap \tau^{-1}(C - \widetilde{x}) = \varnothing$. 于是建立了关系 $d(w, T_C(\widetilde{x})) \geqslant \varepsilon$.

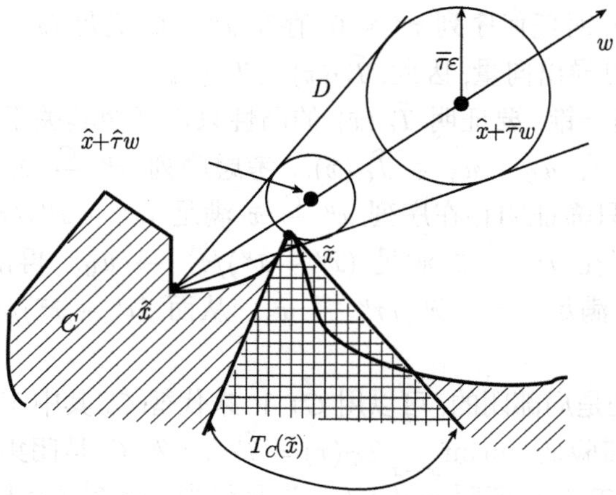

图 3.1.5　扰动方法图示

由 $\widetilde{x}$ 的选取知 $\widetilde{x} \in \widehat{x} + \widehat{\tau}\mathbf{B}(w,\varepsilon)$, 从而

$$\widehat{\tau}\varepsilon \geqslant \|\widetilde{x} - (\widehat{x} + \widehat{\tau}w)\| = \|(\widetilde{x} + \widetilde{\tau}w) - (\widehat{x} + \bar{\tau}w)\|.$$

可见, 以 $\widetilde{x} + \widetilde{\tau}w$ 为中心, $\bar{\tau}\varepsilon - \widehat{\tau}\varepsilon = \widetilde{\tau}\varepsilon$ 为半径的球在 D 中的球 $(\widehat{x} + \bar{\tau}w) + \bar{\tau}\varepsilon\mathbf{B}$ 内, 那么 $(\widetilde{x} + \widetilde{\tau}w) + \widetilde{\tau}\widetilde{\varepsilon}\mathbf{B} = \widetilde{x} + \widetilde{\tau}\mathbf{B}(w,\widetilde{\varepsilon}) \subset \mathrm{int}D$. 由 D 的凸性, 除了点 $\widetilde{x}$ 外, 这一球中连接任意两点的线段都在 $\mathrm{int}D$ 中. 因此, $(\widetilde{x} + (0,\widetilde{\tau}]\mathbf{B}(w,\widetilde{\varepsilon})) \cap C = \varnothing$. ■

命题 3.5 (切锥的法锥)　*设集合 $C \subset \Re^n$ 在点 $\bar{x} \in C$ 处是局部闭的. 对于 $T = T_C(\bar{x})$, 有结论*

(a) $N_T(0) = \cup_{w\in T} N_T(w) \subset N_C(\bar{x})$;

(b) *对任何向量 $w \notin T$, 存在一向量 $\bar{v} \in N_C(\bar{x})$ 满足 $\|\bar{v}\| = 1$, $d_T(w) = \langle \bar{v}, w\rangle$; 因而有*

$$\min_{v\in N_C(\bar{x})\cap\mathbf{B}} \langle v, w\rangle \leqslant d_T(w) \leqslant \max_{v\in N_C(\bar{x})\cap\mathbf{B}} \langle v, w\rangle \text{ 对所有的 } w \text{ 成立}.$$

证明 对于 (a), 由于 T 是一锥, 对所有的 $\lambda > 0$, 有 $N_T(w) = N_T(\lambda w)$. 当 $w^\nu \xrightarrow{T} 0$ 时, $\limsup_\nu N_T(w^\nu) \subset N_T(0)$, 那么对任意的 $w \in T$, $N_T(w) \subset N_T(0)$, 可见关于 $N_T(0)$ 的等式是成立的.

考虑任何向量 $v \in N_T(0)$. 由于 $T = \limsup_{\tau \searrow 0}[C - \bar{x}]/\tau$, 根据练习 3.2(b), 存在序列 $\tau^\nu \searrow 0$, $w^\nu \in T^\nu := [C - \bar{x}]/\tau^\nu$, $v^\nu \in N_{T^\nu}(w^\nu)$ 满足 $w^\nu \to 0$, $v^\nu \to v$. 令 $x^\nu = \bar{x} + \tau^\nu w^\nu$, 有 $x^\nu \to \bar{x}$ 并且 $N_{T^\nu}(w^\nu) = N_C(x^\nu)$. 根据命题 3.3 中的极限性质知 $v \in N_C(\bar{x})$, 从而 (a) 成立.

对于 (b), 取 $\bar{w} \in P_T(w)$, 则 $\|w - \bar{w}\| = d_T(w) > 0$, $w - \bar{w}$ 是 T 在 $\bar{w}$ 处的邻近法向量, 并且 $w - \bar{w} \in N_T(\bar{w})$. 由于对所有的 $\tau \geqslant 0$, $\tau\bar{w} \in T$. 定义 $\varphi(\tau) := \|w - \tau\bar{w}\|^2$, 函数 $\varphi(\tau)$ 在 $\tau \geqslant 0$ 上的极小点在 $\tau = 1$ 处达到, 即 $0 = \varphi'(0) = -2\langle w - \bar{w}, \bar{w}\rangle$. 令 $v := (w - \bar{w})/\|w - \bar{w}\|$. 那么 $\|v\| = 1$, $\langle v, \bar{w}\rangle = 0$, 从而 $\langle v, w\rangle = \langle v, w - \bar{w}\rangle = \|w - \bar{w}\| = d_T(w)$. 由于 $v \in N_C(\bar{x})$, 由 (a) 知 $v \in N_T(\bar{w})$. 这就得到了 (b) 中的第一个结论, 并且第二个结论对 $w \notin T$ 时成立. 再由 $0 = v \in N_C(\bar{x}) \cap \mathbf{B}$ 知 (b) 中的第二个结论也成立. ■

现在揭示法锥的极锥即正则切锥这一结论.

定理 3.5 (切法的极关系) *对 $C \subset \Re^n$ 及 $\bar{x} \in C$,*

(a) $\widehat{N}_C(\bar{x}) = T_C(\bar{x})^-$ 总是成立, 其中 "$-$" 为极运算,

(b) 只要 C 在 $\bar{x}$ 处是局部闭的, 那么 $\widehat{T}_C(\bar{x}) = N_C(\bar{x})^-$.

证明 (a) 可由命题 3.2 中的 (3.5) 得到. 现在证 (b). 对任意 $w \in \widehat{T}_C(\bar{x})$, $v \in N_C(\bar{x})$. 由 $N_C(\bar{x})$ 的定义, 存在序列 $\bar{x}^\nu \xrightarrow{C} \bar{x}$, $v^\nu \to v$, 满足 $v^\nu \in \widehat{N}_C(\bar{x}^\nu)$. 由 (3.10) 式知, 存在一序列 $w^\nu \to w$ 满足 $w^\nu \in T_C(\bar{x}^\nu)$. 由 (a) 有 $\langle v^\nu, w^\nu\rangle \leqslant 0$, 取极限有 $\langle v, w\rangle \leqslant 0$. 可见 $\widehat{T}_C(\bar{x}) \subset N_C(\bar{x})^-$ 成立.

现在设 $w \notin \widehat{T}_C(\bar{x})$. 要证 $w \notin N_C(\bar{x})^-$, 或换句话说, 对某个 $v \in N_C(\bar{x})$, 有 $\langle v, w\rangle > 0$. 由 (3.10), $w \notin \widehat{T}_C(\bar{x})$ 等价于存在 $\bar{x}^\nu \xrightarrow{C} \bar{x}$, $\varepsilon > 0$ 满足 $d(w, \widehat{T}_C(\bar{x}^\nu)) \geqslant \varepsilon$. 根据命题 3.5(b), 当 ν 充分大时, C 在 $\bar{x}^\nu$ 处是局部闭的. 从而存在 $v^\nu \in N_C(\bar{x}^\nu) \cap \mathbf{B}$ 满足 $\langle v^\nu, w\rangle \geqslant \varepsilon$. 设 v^ν 的聚点是 v, 则 $v \in N_C(\bar{x})$. 于是得到 $\langle v, w\rangle \geqslant \varepsilon$, 可见 $w \notin N_C(\bar{x})^-$. ■

如果 Clarke 正则性成立, 则切锥即正则切锥, 法锥即正则法锥, 它们都是闭凸锥.

推论 3.1 (Clarke 正则性的刻画) *集合 C 在 $\bar{x} \in C$ 处是局部闭的, 则下述条件是等价的并且都意味着 C 在 $\bar{x}$ 处是正则的:*

(a) $N_C(\bar{x}) = \widehat{N}_C(\bar{x})$, 即, $\bar{x}$ 处所有的法向量是正则的;

(b) $T_C(\bar{x}) = \widehat{T}_C(\bar{x})$, 即, $\bar{x}$ 处所有的切向量是正则的;

(c) $N_C(\bar{x}) = \{v : \langle v, w\rangle \leqslant 0, \forall w \in T_C(\bar{x})\} = T_C(\bar{x})^-$;

(d) $T_C(\bar{x}) = \{w : \langle v, w\rangle \leqslant 0, \forall v \in N_C(\bar{x})\} = N_C(\bar{x})^-$;

(e) $\langle v, w\rangle \leqslant 0$ 对所有的 $w \in T_C(\bar{x})$ 及 $v \in N_C(\bar{x})$ 成立;

(f) 映射 $\widehat{N}_C$ 在 $\bar{x}$ 处相对于 C 是外半连续的;

(g) 映射 T_C 在 $\bar{x}$ 处相对于 C 是内半连续的.

证明 在 C 于 $\bar{x}$ 处局部闭的前提下, (a) 即是正则性的定义. 由包含关系 $\widehat{N}_C(\bar{x}) \subset N_C(\bar{x})$ 及 $\widehat{T}_C(\bar{x}) \subset T_C(\bar{x})$ 可得 (b), (c), (d), (e) 的等价性. 由等式 $N_C(\bar{x}) = \limsup\limits_{C\ni x\to\bar{x}} \widehat{N}_C(x)$ 得到 (a) 与 (f) 的等价性. 由等式 $\widehat{T}_C(\bar{x}) = \liminf\limits_{C\ni x\to\bar{x}} T_C(x)$ 得到 (g) 与 (b) 的等价性. ■

推论 3.2(Clarke 正则性的结果) 如果 C 在 $\bar{x}$ 处是 Clarke 正则的, 则锥 $T_C(\bar{x})$ 与 $N_C(\bar{x})$ 是凸的并且互为极锥. 进一步, C 在 $\bar{x}$ 处是几何可导出的.

图 3.1.6 揭示了闭集合的切锥, 正则切锥, 法锥和正则法锥之间的关系. 可以看到, 由切锥可以生成其他三个锥, 而切锥却不能由其他锥生成.

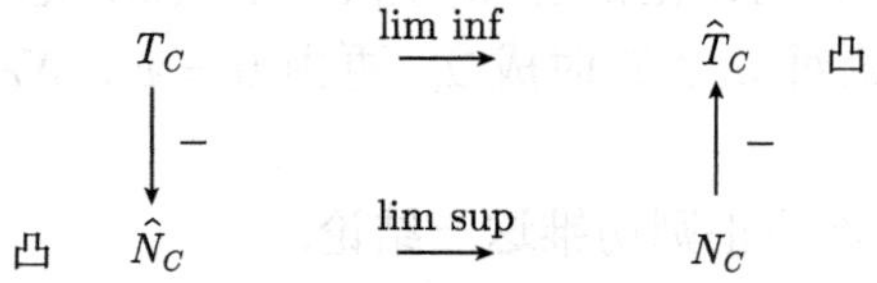

图 3.1.6 闭集合的切锥与法锥关系图

下述定理给出约束集合 $C = X \cap F^{-1}(D)$ 的切锥公式, 这一集合的法锥公式已由定理 3.3 给出.

定理 3.6 (带有约束结构的集合的切锥) 集合 $X \subset \Re^n$, $D \subset \Re^m$ 都是闭集合. $F: \Re^n \to \Re^m$ 是 $\mathcal{C}^1$ 映射. 令集合 $C = \{x \in X : F(x) \in D\}$. 在任何点 $\bar{x} \in C$ 有

$$T_C(\bar{x}) \subset \{w \in T_X(\bar{x}) : \mathcal{J}F(\bar{x})w \in T_D(F(\bar{x}))\}.$$

若定理 3.3 中的约束规范在 $\bar{x}$ 处成立, 有

$$\widehat{T}_C(\bar{x}) \supset \{w \in \widehat{T}_X(\bar{x}) : \mathcal{J}F(\bar{x})w \in \widehat{T}_D(F(\bar{x}))\}.$$

若 X 在点 $\bar{x}$ 处正则, D 在 $F(\bar{x})$ 处正则, 则有

$$T_C(\bar{x}) = \widehat{T}_C(\bar{x}) = \{w \in T_X(\bar{x}) : \mathcal{J}F(\bar{x})w \in T_D(F(\bar{x}))\}.$$

证明 第一个包含关系可由定义直接得到. 第二个包含关系及最后的等式关系由定理 3.3 中的法锥的包含关系, 等式关系及定理 3.5(b) 和推论 3.1 中的极关系得到. ■

练习 3.3 (坐标变换下的正则切向量) 映射 $F: \Re^n \to \Re^m$ 是光滑映射, 集合 $D \subset \Re^m$. 令 $C = F^{-1}(D) \subset \Re^n$, $\bar{x} \in C$, $\bar{u} = F(\bar{x}) \in D$, 假设 $\mathcal{J}F(\bar{x})$ 具有满秩 m. 那么

$$\widehat{T}_C(\bar{x}) = \{w : \mathcal{J}F(\bar{x})w \in \widehat{T}_D(F(\bar{x}))\}.$$

定理 3.7(集合交的切锥与法锥) 令 $C = C_1 \cap \cdots \cap C_m$, 其中 $C_i \subset \Re^n$ 是闭集合, 设 $\bar{x} \in C$. 则

$$T_C(\bar{x}) \subset T_{C_1}(\bar{x}) \cap \cdots \cap T_{C_m}(\bar{x}),$$

$$\widehat{N}_C(\bar{x}) \supset \widehat{N}_{C_1}(\bar{x}) + \cdots + \widehat{N}_{C_m}(\bar{x}).$$

在下述条件下: $v_i \in N_{C_i}(\bar{x})$ 与 $v_1 + \cdots + v_m = 0$ 必推出对所有的 i 有 $v_i = 0$(对于 $m = 2$ 的情况, 如果 C_1 与 C_2 是凸集合且不能分离, 则这一条件成立), 有

$$\widehat{T}_C(\bar{x}) \supset \widehat{T}_{C_1}(\bar{x}) \cap \cdots \cap \widehat{T}_{C_m}(\bar{x}),$$

$$N_C(\bar{x}) \subset N_{C_1}(\bar{x}) + \cdots + N_{C_m}(\bar{x}).$$

如果还有, 每个 C_i 在 $\bar{x}$ 处均是正则的, 则 C 在 x 处是正则的,

$$T_C(\bar{x}) = T_{C_1}(\bar{x}) \cap \cdots \cap T_{C_m}(\bar{x}),$$

$$N_C(\bar{x}) = N_{C_1}(\bar{x}) + \cdots + N_{C_m}(\bar{x}).$$

证明 应用定理 3.3 与定理 3.6, 其中 $D := C_1 \times \cdots \times C_m \subset (\Re^n)^m$, 映射为 $F : x \to (x, \cdots, x) \in (\Re^n)^m$, $X = \Re^n$. ■

3.1.6 非正则性与凸性

对于切锥、正则切锥、法锥和正则法锥, 已经知道对于闭集合, 切锥的极锥是正则法锥, 法锥的极锥是正则切锥. 还有两个派生的锥需要描述, 它们是正则切锥的极锥和正则法锥的极锥, 这一节就讨论这两个锥.

集合 C 在 $\bar{x}$ 处的凸化法锥与凸化切锥分别定义为

$$\overline{N}_C(\bar{x}) = \operatorname{clcon} N_C(\bar{x}), \quad \overline{T}_C(\bar{x}) = \operatorname{clcon} T_C(\bar{x}). \tag{3.13}$$

练习 3.4(凸化法锥与凸化切锥) 令集合 C 为 $\Re^n$ 中的闭子集合, $\bar{x} \in C$.

(a) 锥 $\overline{N}_C(\bar{x})$ 与 $\widehat{T}_C(\bar{x})$ 互为极锥, 即

$$\overline{N}_C(\bar{x}) = \widehat{T}_C(\bar{x})^-, \quad \widehat{T}_C(\bar{x}) = \overline{N}_C(\bar{x})^-.$$

当 $N_C(\bar{x})$ 是点锥, 或等价地, $\widehat{T}_C(\bar{x})$ 具有非空内部时, 向量 $v \in \overline{N}_C(\bar{x})$ 当且仅当存在向量 $v_k \in N_C(\bar{x})$, $k = 1, 2, \cdots, r \leqslant n$, 满足 $v = \sum_{k=1}^{r} v_k$.

(b) 锥 $\overline{T}_C(\bar{x})$ 与 $\widehat{N}_C(\bar{x})$ 互为极锥, 即

$$\overline{T}_C(\bar{x}) = \widehat{N}_C(\bar{x})^-, \quad \widehat{N}_C(\bar{x}) = \overline{T}_C(\bar{x})^-.$$

当 $T_C(\bar{x})$ 是点锥, 或等价地, $\widehat{N}_C(\bar{x})$ 具有非空内部时, 向量 $w \in \overline{T}_C(\bar{x})$ 当且仅当存

在向量 $w_k \in T_C(\bar{x}), k = 1, 2, \cdots, r \leqslant n$, 满足 $w = \sum_{k=1}^{r} w_k$.

下面的练习很重要, 它讨论了基本约束规范的切锥表示, 与著名的 Robinson 约束规范密切相关.

练习 3.5 (切锥形式的约束规范) 设映射 $F: \Re^n \to \Re^m$ 是光滑映射, 集合 $X \subset \Re^n$, $D \subset \Re^m$ 是闭集合. 令 $\bar{x} \in C = \{x \in X : F(x) \in D\}$, 那么 $\bar{x}$ 满足定理 3.3 中的约束规范, 即

$$\left\{\begin{array}{l} y \in N_D(F(\bar{x})), \\ -\sum_{i=1}^{m} y_i \nabla f_i(\bar{x}) \in N_X(\bar{x}), \end{array}\right. \Longrightarrow y = (0, \cdots, 0)$$

成立的充分条件是下述等价条件之一成立. 进一步, 若 X 在 $\bar{x}$ 处正则, D 在 $F(\bar{x})$ 处正则时, 这些等价条件还是必要的:

(a) $\widehat{T}_D(F(\bar{x})) - \mathcal{J}F(\bar{x})\widehat{T}_X(\bar{x}) = \Re^m$;

(b) 同时满足 $y \perp \widehat{T}_D(F(\bar{x}))$ 与 $\mathcal{J}F(\bar{x})^* y \perp \widehat{T}_X(\bar{x})$ 成立的只有向量 $y = 0$, 并且存在唯一向量 $\widetilde{w} \in \mathrm{rint}\widehat{T}_X(\bar{x})$, 满足 $\mathcal{J}F(\bar{x})\widetilde{w} \in \mathrm{rint}\widehat{T}_D(F(\bar{x}))$;

(c) 对凸化法锥 $\overline{N}_X(\bar{x})$ 与凸化切锥 $\overline{N}_D(F(\bar{x}))$,

$$y \in \overline{N}_D(F(\bar{x})) \text{ 且} -\sum_{i=1}^{m} y_i \nabla f_i(\bar{x}) \in \overline{N}_X(\bar{x}) \Rightarrow y = (0, \cdots, 0).$$

证明 由于 $N_X(\bar{x}) \subset \overline{N}_X(\bar{x})$, $N_D(F(\bar{x})) \subset \overline{N}_D(F(\bar{x}))$, (c) 显然是 $\bar{x}$ 处约束规范成立的充分条件. 当正则性条件成立时, (c) 还是 $\bar{x}$ 处约束规范成立的必要条件. 下面证明 (a) 与 (c) 的等价性. 令 $K = \widehat{T}_D(F(\bar{x})) - \mathcal{J}F(\bar{x})\widehat{T}_X(\bar{x})$, 有 $K^- = \{y \in \widehat{T}_D(F(\bar{x}))^* | -\mathcal{J}F(\bar{x})^* y \in \widehat{T}_X(\bar{x})^*\} = \{y \in \overline{N}_D(F(\bar{x})) | -\mathcal{J}F(\bar{x})^* y \in \overline{N}_X(\bar{x})\}$. 另外, 如果一个凸集合的闭包为 $\Re^m$, 那么该凸集合必为 $\Re^m$. 再应用练习 3.4, 可以建立 (a) 与 (c) 等价.

下面验证 (a) 与 (b) 的等价性, 注意到 $K = \Re^m$ 当且仅当 $0 \in \mathrm{rint}\, K$ 且不存在向量 $y \neq 0$ 使得 $y \perp K$. 再由 $\mathrm{rint}K = \mathrm{rint}\, \widehat{T}_D(F(\bar{x})) - \mathcal{J}F(\bar{x})\mathrm{rint}\, \widehat{T}_X(\bar{x})$ 知结论成立. ■

对于非线性规划的约束集合, 下面的定理表明, 基本约束规范即著名的 Mangasarian-Fromovitz 约束规范, 这一约束规范是非线性规划问题最重要的约束规范.

例 3.4 (Mangasarian-Fromovitz 约束规范) $f_i: \Re^n \to \Re, i = 1, \cdots, m$ 是光滑映射. 令

$$C = \{x \in \Re^n : f_i(x) \leqslant 0, i \in \{1, \cdots, s\}; f_i(x) = 0, i \in \{s+1, \cdots, m\}\},$$

可以简单记为 $C=\{x\in X: F(x)\in D\}$, 其中 $X=\Re^n$, $F=(f_1,\cdots,f_m)$, $D=\{(u_1,\cdots,u_m): u_i\leqslant 0, i\in\{1,\cdots,s\}; u_i=0, i\in\{s+1,\cdots,m\}\}$.

定理 3.3 中的约束规范及练习 3.5 中的 (a)(b)(c) 等价于下述的约定: $\nabla f_i(\bar{x})$, $i\in\{s+1,\cdots,m\}$ 是线性无关的, 并且存在向量 $\widetilde{w}$ 满足

$$\begin{cases}\langle\nabla f_i(\bar{x}),\widetilde{w}\rangle<0\text{ 对所有的指标 }i\in I(\bar{x}):=\{i\in\{1,\cdots,s\}\,|\,f_i(\bar{x})=0\}\text{ 成立},\\ \langle\nabla f_i(\bar{x}),\widetilde{w}\rangle=0\text{ 对所有的指标 }i\in\{s+1,\cdots,m\}\text{ 成立}.\end{cases}$$

证明 一方面, 向量 $\mathcal{J}F(\bar{x})\widetilde{w}$ 具有分量 $\langle\nabla f_i(\bar{x}),\widetilde{w}\rangle$. 另一方面, $T_D(F(\bar{x}))$ 由具有形式 $(u_1,\cdots,u_m)$ 的向量组成, 其中 $u_i\leqslant 0, \forall i\in\{1,\cdots,s\}$ 且满足 $f_i(\bar{x})=0$, $u_i=0$ 当 $i\in\{s+1,\cdots,m\}$, 并且 $\operatorname{rint} T_D(F(\bar{x}))=\{(u_1,\cdots,u_m)|u_i<0$, 对满足 $f_i(\bar{x})=0$ 的 $i\in\{1,\cdots,s\}; u_i=0, \forall i\in\{s+1,\cdots,m\}\}$. ■

3.1.7 二阶切集

为了二阶分析, 尤其是最优化问题的二阶最优性条件之描述的需要, 这里引入二阶切集的概念, 设 X 是有限维 Hilbert 空间, S 是 X 的 (可能非凸) 子集.

定义 3.5 集合极限

$$T_S^{i,2}(x,h)=\liminf_{t\downarrow 0}\frac{S-x-th}{\frac{1}{2}t^2},$$

$$T_S^2(x,h)=\limsup_{t\downarrow 0}\frac{S-x-th}{\frac{1}{2}t^2},$$

分别称为 S 在点 x 沿方向 h 的内二阶切集与外二阶切集.

利用距离函数, 这两个切集可表示为如下形式

$$T_S^{i,2}(x,h)=\{w\in X: d(x+th+\frac{1}{2}t^2w,S)=\mathrm{o}(t^2), t\geqslant 0\},$$

$$T_S^2(x,h)=\{w\in X:\exists t_n\downarrow 0,\quad d(x+t_nh+\frac{1}{2}t_n^2w,S)=\mathrm{o}(t_n^2)\}.$$

由上述的定义显然有 $T_S^{i,2}(x,h)\subset T_S^2(x,h)$. 若 $T_S^{i,2}(x,h)$ 是非空的, 则 $d(x+th,S)=\mathrm{O}(t^2)$, $t\geqslant 0$. 所以, 只有 $h\in T_S^i(x)$ 时, 内二阶切集 $T_S^{i,2}(x,h)$ 才可能非空. 类似地, 若 $T_S^2(x,h)$ 是非空的, 则存在序列 $t_n\downarrow 0$ 满足 $d(x+t_nh,S)=\mathrm{O}(t_n^2)$. 因此, 只有 $h\in T_S(x)$, 外二阶切集 $T_S^2(x,h)$ 才可能是非空的. 因为内外集合极限是闭的, 有两个集合 $T_S^{i,2}(x,h)$ 与 $T_S^2(x,h)$ 是闭的. 容易验证

$$T_S^{i,2}(x,\alpha h)=\alpha^2T_S^{i,2}(x,h),\quad T_S^2(x,\alpha h)=\alpha^2T_S^2(x,h),\quad\forall\alpha>0.$$

若 S 是凸的, 距离函数 $d(\cdot,S)$ 是凸的. 可验证内二阶切集 $T_S^{i,2}(x,h)$ 是凸的. 另一方面, 即使 S 是凸集, 外二阶切集 $T_S^2(x,h)$ 也可能是非凸的.

距离函数 $d(\cdot,S)$ 是 Lipschitz 连续的 (模为 1). 因此, 若当 $t\downarrow 0$, $w(t)\to w$ 且 $d\left(x+th+\dfrac{1}{2}t^2w(t),S\right)=\mathrm{o}(t^2)$, 则 $w\in T_S^{i,2}(x,h)$, 对外二阶切集 $T_S^2(x,h)$ 也有类似的结果. 即 $T_S^{i,2}(x,h)$ 与 $T_S^2(x,h)$ 是闭的.

也可从下述的观点来看二阶切集. 用 $\varSigma$ 记收敛到 0 的正数序列 $\{t_n\}$ 的集合. 对序列 $\sigma=\{t_n\}\in\varSigma$, 定义下述 (内) 序列二阶切集

$$T_S^{i,2,\sigma}(x,h)=\left\{w:d\left(x+t_nh+\frac{1}{2}t_n^2w,S\right)=\mathrm{o}(t_n^2)\right\},$$

或等价地,

$$T_S^{i,2,\sigma}(x,h)=\liminf_{n\to\infty}\frac{S-x-t_nh}{\frac{1}{2}t_n^2}.$$

对任何 $\sigma\in\varSigma$, 集合 $T_S^{i,2,\sigma}(x,h)$ 是闭的, 且在 S 是凸的情况下是凸集. 显然, 取 $\sigma\in\varSigma$ 的所有的 $T_S^{i,2,\sigma}(x,h)$ 的交是集合 $T_S^{i,2}(x,h)$, 所有的 $T_S^{i,2,\sigma}(x,h)$ 的并是 $T_S^2(x,h)$.

注意, 即使是对凸集、内二阶切集与外二阶切集也可能是不同的.

定义 3.6 称集合 S 在 $x\in S$ 处沿方向 $h\in T_S(x)$ 是二阶方向可微的, 若 $T_S^i(x)=T_S(x)$ 且 $T_S^{i,2}(x,h)=T_S^2(x,h)$.

若 S 在 $x\in S$ 处沿方向 $h\in T_S(x)$ 是二阶方向可微的, 则当然有对任何的 $\sigma\in\Sigma$, $T_S^{i,2,\sigma}(x,h)=T_S^{i,2}(x,h)$.

命题 3.6 设 S 是一凸集, 则对任意的 $x\in S,h\in T_S(x),\sigma=\{t_n\}\in\varSigma$. 下述包含关系成立:

$$T_S^{i,2,\sigma}(x,h)+T_{T_S(x)}(h)\subset T_S^{i,2,\sigma}(x,h)\subset T_{T_S(x)}(h). \tag{3.14}$$

证明 令 $w\in T_S^{i,2,\sigma}(x,h)$, 即 $x+t_nh+\dfrac{1}{2}t_n^2w+\mathrm{o}(t_n^2)\in S$. 考虑一点 $z\in S$. 因为 S 是凸的, $x\in S$, 则对任何 $\alpha>0$ 及满足 $\alpha t_n\leqslant 1$ 的 t_n, 有 $x+\alpha t_n(z-x)\in S$. 将上述两个包含关系取权数是 $\left(1-\dfrac{1}{2}\beta t_n\right)$ 与 $\dfrac{1}{2}\beta t_n$ 的凸组合, 其中 $\beta>0$(设 t_n 充分小使 $\dfrac{1}{2}\beta t_n<1$), 得到

$$x+t_nh+\frac{1}{2}t_n^2\{w+\beta[\alpha(z-x)-h]\}+\mathrm{o}(t_n^2)\in S,$$

因此有

$$w+\beta[\alpha(z-x)-h]\in T_S^{i,2,\sigma}(x,h).$$

由于 $z-x$ 是 $\mathcal{R}_S(x)$ 中的任意元素, $T_S^{i,2,\sigma}(x,h)$ 是闭的, 得

$$w+\beta[T_S(x)-h]\subset T_S^{i,2,\sigma}(x,h),$$

因为 $\beta>0$ 是任意的, $T_S(x)$ 是凸的, 同样可得

$$w+T_{T_S(x)}(h)\subset T_S^{i,2,\sigma}(x,h),$$

即第一包含关系成立.

对凸集 $S, x\in S$, 包含关系 $S\subset x+T_S(x)$ 总是成立的. 这得到

$$d\left(x+t_nh+\frac{1}{2}t_n^2w,S\right)\geqslant d\left(t_nh+\frac{1}{2}t_n^2w,T_S(x)\right),$$

因上述不等式的左端是 $\mathrm{o}(t_n^2)$ 阶的, 得到 $d(t_nh+\frac{1}{2}t_n^2w,T_S(x))=\mathrm{o}(t_n^2)$. 这表明 $\frac{1}{2}w\in T_{T_S(x)}(h)$. 因而由于 $T_{T_S(x)}(h)$ 是一锥, (3.14) 的第二包含关系成立. ■

我们将在讨论最优性理论时看到, 公式 (3.14) 在研究问题 $\min\{f(x):G(x)\in K\}$ 的二阶必要性条件时起着重要的作用.

对凸集 S, 由 (3.14) 可得下述包含关系

$$T_S^{i,2}(x,h)+T_{T_S(x)}(h)\subset T_S^{i,2}(x,h)\subset T_{T_S(x)}(h),$$

$$T_S^2(x,h)+T_{T_S(x)}(h)\subset T_S^2(x,h)\subset T_{T_S(x)}(h).$$

则, 若 $0\in T_S^2(x,h)$, 有 $T_S^2(x,h)=T_{T_S(x)}(h)$. 进一步, 若 $0\in T_S^{i,2}(x,h)$, 即有 $d(x+th,S)=\mathrm{o}(t^2)$, 这三个集合重合, 即

$$T_S^{i,2}(x,h)=T_S^2(x,h)=T_{T_S(x)}(h).$$

尤其, 若 $\mathcal{R}_S(x)=T_S(x)$, 如果集合 S 是多面体集, 则 $0\in T_S^{i,2}(x,h)$, 因而上述三个集合相同. 注意到, 若 $h\in T_S(x)$, 有

$$T_{T_S(x)}(h)=\mathrm{cl}\{T_S(x)+[\![h]\!]\}.$$

注意, 包含关系 (3.14) 可推出, 若 $T_S^{i,2,\sigma}(x,h)$ 是非空的, 则 $[T_S^{i,2,\sigma}(x,h)]^\infty$ 与锥 $T_{T_S(x)}(h)$ 相等, 同样地对 $T_S^{i,2}(x,h)$ 与 $T_S^2(x,h)$ 也有类似的结论.

3.2 微分理论

很多有实际背景的最优化问题都是不可微优化问题, 定义问题的函数是不可微的, 甚至是不连续的. 如何建立这样的优化问题的最优性理论, 首先要给出这些

函数在某种意义下的导数或微分, 才能开始研究. 我们熟知可微函数的导数和微分, 凸函数的方向导数和次微分, Lipschitz 函数的广义方向导数与广义次梯度, 见文献 [9], 但对于下半连续函数, 也需要方向导数和次微分, 应该如何定义它们? 这一节就关注这一问题.

3.2.1　广义可微性

设函数 $f:\Re^n\to\overline{\Re}$ 在 $\bar{x}$ 点取有限值, 差商函数 (difference quotient function) $\Delta_\tau f(\bar{x}):\Re^n\to\overline{\Re}$ 定义为

$$\Delta_\tau f(\bar{x})(w):=\frac{f(\bar{x}+\tau w)-f(\bar{x})}{\tau},\quad \tau\neq 0, \tag{3.15}$$

其中 τ 趋于 0.

称 f 在 $\bar{x}$ 点处可微 (differentiable), 若存在向量 $v\in\Re^n$, 满足

$$f(x)=f(\bar{x})+\langle v,x-\bar{x}\rangle+\mathrm{o}(\|x-\bar{x}\|), \tag{3.16}$$

其中 "$\mathrm{o}(t)$" 表示满足下述性质的项:

$$\frac{\mathrm{o}(t)}{t}\to 0,\quad 当 t\to 0, t\neq 0.$$

满足上述可微性定义的向量 v 至多只有一个. 若这样的 v 存在, 则称其为 f 在 $\bar{x}$ 点处的梯度 (gradient), 记为 $\nabla f(\bar{x})$. 此时有

$$\lim_{\tau\to 0}\frac{f(\bar{x}+\tau w)-f(\bar{x})}{\tau}=\langle\nabla f(\bar{x}),w\rangle, \tag{3.17}$$

上式左边的极限为 f 在 $\bar{x}$ 点沿方向 w 的方向导数 (directional derivative).

下面介绍函数的方向导数与上图导数.

定义 3.7　*设 X 与 Y 是有限维 Hilbert 空间, 考虑映射 $f:X\to Y$.*

(a) 称 f 在 $x\in X$ 处沿方向 $h\in X$ 是方向可微的, 若极限

$$f'(x;h)=\lim_{t\downarrow 0}\frac{f(x+th)-f(x)}{t}$$

存在. 若 f 在 x 处沿每一方向 $h\in X$ 均是方向可微的, 则称 f 在 x 处是方向可微的. $f'(x;h)$ 称为函数 f 在 x 处沿方向 h 的方向导数.

(b) 称 f 在 x 处是 Fréchet 意义方向可微的, 若 f 在 x 处是方向可微的且

$$f(x+h)=f(x)+f'(x;h)+\mathrm{o}(\|h\|),\quad h\in X.$$

若 $f'(x;\cdot)$ 还是线性的、连续的, 称 f 在 x 处是 Fréchet 可微的.

可以证明, 若函数 f 在开集合 $\mathcal{O} \subset X$ 上是连续可微的, 则 f 在 $\mathcal{O}$ 上是 Fréchet 可微的.

定义 3.8 *f 在 x 处的下方向上图导数 $f_-^{\downarrow}(x;\cdot)$ 定义为*

$$f_-^{\downarrow}(x;\cdot) = \text{e-}\liminf_{t\downarrow 0} \Delta_t f(x);$$

上方向上图导数 $f_+^{\downarrow}(x;\cdot)$ 定义为

$$f_+^{\downarrow}(x;\cdot) = \text{e-}\limsup_{t\downarrow 0} \Delta_t f(x);$$

若 $f_-^{\downarrow}(x;\cdot) = f_+^{\downarrow}(x;\cdot)$, 称 f 在 x 处沿方向 h 是方向上图可微的, 记 $f^{\downarrow}(x;h)$ 为它们公共的值, 称之为 f 在 x 处沿方向 h 的上图导数; 如果 $f_-^{\downarrow}(x;\cdot) = f_+^{\downarrow}(x;\cdot)$, 则称 f 在 x 处是上图可微的, 记 $f^{\downarrow}(x;\cdot) = f_-^{\downarrow}(x;\cdot) = f_+^{\downarrow}(x;\cdot)$.

如果 f 在 x 附近是 Lipschitz 连续的, 则对所有的 $h \in X$, 有 $f_-^{\downarrow}(x;h) = f'_-(x;h)$ 且 $f_+^{\downarrow}(x;h) = f'_+(x;h)$. 若 f 是方向可微的, 下述极限存在, 则二阶方向导数定义为

$$f''(x;h,w) = \lim_{t\downarrow 0} \frac{f\left(x + th + \frac{1}{2}t^2 w\right) - f(x) - tf'(x;h)}{\frac{1}{2}t^2}.$$

上二阶方向导数定义为

$$f''_+(x;h,w) = \limsup_{t\downarrow 0} \frac{f\left(x + th + \frac{1}{2}t^2 w\right) - f(x) - tf'(x;h)}{\frac{1}{2}t^2},$$

下二阶方向导数定义为

$$f''_-(x;h,w) = \liminf_{t\downarrow 0} \frac{f\left(x + th + \frac{1}{2}t^2 w\right) - f(x) - tf'(x;h)}{\frac{1}{2}t^2}.$$

设 $f(x)$ 与方向上图导数 $f_-^{\downarrow}(x;h)$, $f_+^{\downarrow}(x;h)$ 是有限的, 可以定义下二阶上图导数与上二阶上图导数

$$f_-^{\downarrow\downarrow}(x;h,\cdot) = \text{e-}\liminf_{t\downarrow 0} \frac{f\left(x + th + \frac{1}{2}t^2 \cdot\right) - f(x) - tf_-^{\downarrow}(x;h)}{\frac{1}{2}t^2},$$

$$f_+^{\downarrow\downarrow}(x;h,\cdot) = \text{e-}\limsup_{t\downarrow 0} \frac{f\left(x+th+\dfrac{1}{2}t^2\cdot\right)-f(x)-tf_+^{\downarrow}(x;h)}{\dfrac{1}{2}t^2}.$$

称 f 在 x 处沿方向 h 是二阶方向上图可微的, 若 $f_-^{\downarrow}(x;h)=f_+^{\downarrow}(x;h)$, $f_-^{\downarrow\downarrow}(x;h,\cdot)=f_+^{\downarrow\downarrow}(x;h,\cdot)$. 再次注意到, 若 $f(\cdot)$ 是 Lipschitz 连续的, 在 x 处方向可微, 则对 $h,w\in X$ 有 $f_-^{\downarrow\downarrow}(x;h,\cdot)=f_-''(x;h,\cdot)$ 且 $f_+^{\downarrow\downarrow}(x;h,\cdot)=f_+''(x;h,\cdot)$.

定义 3.9 (半导数)　设 $f:\Re^n\to\overline{\Re}$ 于 $\bar{x}$ 点取有限值, 若极限

$$\lim_{\substack{\tau\searrow 0\\ w'\to w}} \frac{f(\bar{x}+\tau w')-f(\bar{x})}{\tau} \tag{3.18}$$

存在 (可能为无穷), 则称它为 f 在 $\bar{x}$ 点沿 w 的半导数 (semiderivative), 此时称 f 在 $\bar{x}$ 点沿 w 半可微 (semidifferentiable). 若对所有的 w 均有上述极限存在, 则称 f 在 $\bar{x}$ 点半可微.

这里不引入半导数的记号, 而是引入更一般的概念下的记号:

$$\mathrm{d}f(\bar{x})(w) := \liminf_{\substack{\tau\searrow 0\\ w'\to w}} \frac{f(\bar{x}+\tau w')-f(\bar{x})}{\tau}. \tag{3.19}$$

将 $\Delta_\tau f(\bar{x})(\cdot)$ 视为以函数为值的映射, $\tau\searrow 0$ 时的上图极限如果存在, 它被定义为函数的上图导数.

定义 3.10 (上图导数)　设 $f:\Re^n\to\overline{\Re}$ 在 $\bar{x}$ 点取有限值. 若极限

$$\text{e-}\lim_{\tau\searrow 0} \frac{f(\bar{x}+\tau\cdot)-f(\bar{x})}{\tau}(w) \tag{3.20}$$

存在 (可能为无穷), 换言之, 函数族 $\Delta_\tau f(\bar{x})$ 当 $\tau\searrow 0$ 时在 w 点的上图极限存在, 则该极限为 f 在 $\bar{x}$ 点沿 w 的上图导数 (epi-derivative), 此时称 f 在 $\bar{x}$ 点沿 w 上图可微 (epi-differentiable). 若对每一个 w 上述极限均存在, 则函数族 $\Delta_\tau f(\bar{x})$ 当 $\tau\searrow 0$ 时在 $\Re^n$ 上上图收敛到某个函数 h, 称 f 在 $\bar{x}$ 点上图可微; 若上图极限函数是正常的, 则称 f 是正常的上图可微.

令 β 为式 (3.20) 的值, 则 β 满足下述性质: 对所有序列 $\tau^\nu\searrow 0$, 有

$$\begin{cases} \liminf_\nu \dfrac{f(\bar{x}+\tau^\nu w^\nu)-f(\bar{x})}{\tau} \geqslant \beta \text{ 对每个序列} w^\nu\to w \text{成立}, \\ \limsup_\nu \dfrac{f(\bar{x}+\tau^\nu w^\nu)-f(\bar{x})}{\tau} \leqslant \beta \text{ 对某个序列} w^\nu\to w \text{成立}. \end{cases}$$

此时易知, β 与式 (3.19) 中 $\mathrm{d}f(\bar{x})(w)$ 的值相等.

若 f 在 $\bar{x}$ 点沿 w 是半可微的, 则它也是上图可微的, 且上图导数等于半导数. 显然 f 在 $\bar{x}$ 点半可微当且仅当 f 与 $-f$ 在 $\bar{x}$ 点均是正常的上图可微, $-f$ 的上图可微性即对应于 f 的下图可微性.

上图可微性可从下述几何角度来理解. 注意到

$$\text{epi } \Delta_\tau f(\bar{x}) = \frac{\text{epi } f - (\bar{x}, f(\bar{x}))}{\tau}, \quad \forall \tau > 0, \tag{3.21}$$

差商函数的上图收敛性与定义 3.1 应用于集合 epi f 上的几何可导出性相关. 如果 f 在 $\bar{x}$ 处上图可微, 上图导数可以通过上图 epi f 在 $(\bar{x}, f(\bar{x}))$ 处的切锥生成. 由此可以看到集合的上图几何的用处.

命题 3.7 函数 $f: \Re^n \to \overline{\Re}$ 在 $\bar{x}$ 点上图可微当且仅当 epi$f$ 在 $(\bar{x}, f(\bar{x}))$ 点几何可导出. 上图导数若存在, 则以 $T_{\text{epi}f}(\bar{x}, f(\bar{x}))$ 为上图.

证明 函数族在 $\Re^n$ 上上图收敛当且仅当它们的上图作为 $\Re^{n+1}$ 上的子集族是收敛的. 因此, 由 (3.21) 式知, 函数族 $\Delta_\tau f(\bar{x})$ 当 $\tau \searrow 0$ 时上图收敛到 h 当且仅当子集族 $[\text{epi } f - (\bar{x}, f(\bar{x}))]/\tau$ 当 $\tau \searrow 0$ 时收敛到 epi h. 若该子集族收敛, 则其极限即为 $T_{\text{epi}f}(\bar{x}, f(\bar{x}))$. 由命题 3.1, 这就意味着 epi f 在 $(\bar{x}, f(\bar{x}))$ 点处是几何可导出的. ■

定义 3.11(次可微正则) 称函数 $f: \Re^n \to \overline{\Re}$ 在 $\bar{x}$ 点次可微正则 (subdifferential regular), 若 $f(\bar{x})$ 有限且 epi$f$ 作为 $\Re^n \times \Re$ 中的集合在 $(\bar{x}, f(\bar{x}))$ 点是 Clarke 正则的.

定理 3.8 设 $f: \Re^n \to \overline{\Re}$ 在 $\bar{x}$ 点次可微正则, 则 f 在 $\bar{x}$ 点上图可微, 其沿 w 的上图导数是 $\mathrm{d}f(\bar{x})(w)$, 且该导数关于 w 是次线性、下半连续、正齐次的.

这样的函数 f 在 $\bar{x}$ 点半可微当且仅当对任意的 w, 有 $\mathrm{d}f(\bar{x})(w) < \infty$. 一般地, 它在 $\bar{x}$ 点沿 w 半可微当且仅当 w 在锥 $D = \{w : df(\bar{x})(w) < \infty\}$ 的内部.

证明 利用推论 3.2 中的几何关系结合命题 3.7 得到第一个论述. 记 h 为 f 的上图导数, 则 h 的上图为 $T_{\text{epi}f}(\bar{x}, f(\bar{x}))$, 由练习 1.6 知当该切锥为凸锥时, h 是次线性的.

已经注意到 $h(w)$ 等于 $\mathrm{d}f(\bar{x})(w)$, 所以定理中的 D 为 dom h. h 的次线性意味着, h 在 int(dom$h$) 上连续. 所以当 $\bar{w} \in \text{int(dom } h)$ 时, 对任意 $\beta \in (h(\bar{w}), \infty)$, 存在 $\delta > 0$ 满足紧致集 $B = \mathbf{B}(\bar{w}, \delta) \times \{\beta\}$ 在集合 $\text{int(epi } h) = \text{int } T_{\text{epi}f}(\bar{x}, f(\bar{x}))$ 中.

注意切锥极限的如下内部近似性质: 设集合 C 在 $\bar{x} \in C$ 处是局部闭的, B 是 int $\widehat{T}_C(\bar{x})$ 的任意紧致子集合. 则存在 $\varepsilon > 0$ 与 $V \in \mathcal{N}(\bar{x})$, 满足

$$\tau^{-1}(C - x) \supset B, \quad \forall \tau \in (0, \varepsilon), \quad \forall x \in C \cap V.$$

由 epi f 在 $(\bar{x}, f(\bar{x}))$ 点的正则性知, 存在 $\varepsilon > 0$, 满足 $[\text{epi } f - (\bar{x}, f(\bar{x}))]/\tau \supset B$, 当 $0 < \tau < \varepsilon$. 由 (3.21) 式知 $\forall w \in \mathbf{B}(\bar{w}, \delta)$, 当 $0 < \tau < \varepsilon$ 时, $\Delta_\tau f(\bar{x})(w) \leqslant \beta$. 由

$\beta > h(\bar{w})$ 的任意性知

$$\limsup_{\tau\searrow 0, w\to\bar{w}} \Delta_\tau f(\bar{x})(w) \leqslant h(\bar{w}).$$

关于 lim inf 的反向的不等式由上图可微性可得, 所以定义 3.9 中的半导数极限存在且等于 $h(\bar{w})$. ■

将 $\Delta_\tau f(\bar{x})(\cdot)$ 视为以函数为值的映射, $\tau\searrow 0$ 时的下上图极限总是存在的, 将它定义为函数的次导数.

定义 3.12 (次导数) 设函数 $f:\Re^n\to\overline{\Re}$ 在 $\bar{x}$ 点取有限值, 其次导数 (subderivative)$\mathrm{d}f(\bar{x}):\Re^n\to\overline{\Re}$ 定义为

$$\mathrm{d}f(\bar{x})(\bar{w}) := \liminf_{\substack{\tau\searrow 0\\ w\to\bar{w}}} \frac{f(\bar{x}+\tau w)-f(\bar{x})}{\tau}.$$

由此, $\mathrm{d}f(\bar{x})$ 是函数族 $\Delta_\tau f(\bar{x})$ 的下上图极限:

$$\mathrm{d}f(\bar{x}) := \mathrm{e}-\mathrm{liminf}_{\tau\searrow 0}\Delta_\tau f(\bar{x}).$$

下面的例子说明次导数的值与方向导数的值是不同的.

考虑指示函数 $f=\delta_C$, 其中 $C=\{(x_1,x_2)\in\Re^2\mid x_2=x_1^2\}$. 对于点 $\bar{x}=(0,0)$ 和 $w=(w_1,w_2)$, 有

$$\mathrm{d}f(\bar{x})(w)=\begin{cases}0, & 若 w_2=0,\\ \infty, & 若 w_2\neq 0,\end{cases}\qquad f'(\bar{x};w)=\begin{cases}0, & 若 (w_1,w_2)=0,\\ \infty, & 若 (w_1,w_2)\neq 0.\end{cases}$$

等式 (3.21) 是研究次导数与 epi f 之间的几何关系的关键.

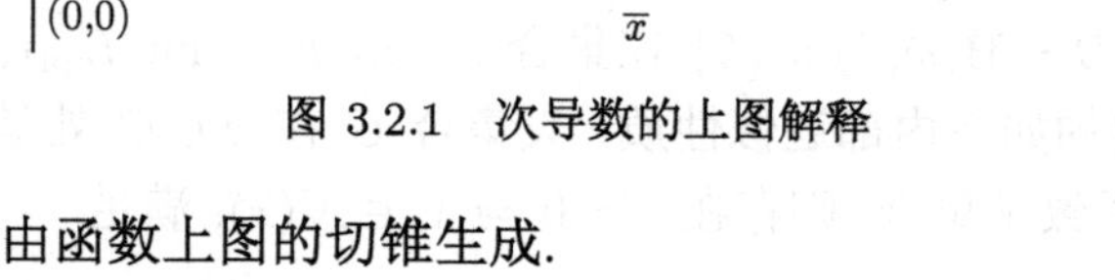

图 3.2.1 次导数的上图解释

次导数可以由函数上图的切锥生成.

定理 3.9 (次导数与切锥)

(a) 设 $f:\Re^n\to\overline{\Re}$ 在 $\bar{x}$ 点取有限值, 则有

$$\mathrm{epi}\,\mathrm{d}f(\bar{x}) = T_{\mathrm{epi}f}(\bar{x}, f(\bar{x})).$$

(b) 对集合 $C \subset \Re^n$ 上的指示函数 δ_C 及点 $\bar{x} \in C$, 有

$$\mathrm{d}\delta_C(\bar{x}) = \delta_K, \quad \text{其中 } K = T_C(\bar{x}).$$

证明 根据等式 (3.21), 次导数的定义 $\mathrm{d}f(\bar{x}) := \text{e-liminf}_{\tau \searrow 0} \Delta_\tau f(\bar{x})$, 切锥的定义和函数为值的映射的上图下极限的定义, 可证得结论 (a). 结论 (b) 是显然的. ■

3.2.2 函数的次梯度

由凸分析知道, 如果 f 是凸函数, 它在 $\overline{x} \in \mathrm{dom}\, f$ 处可能是不可微的, 梯度和微分是不存在的, 但可以定义次微分

$$\partial f(\overline{x}) = \{v : f(x) \geqslant f(\overline{x}) + \langle v, x - \overline{x}\rangle, \forall x \in \Re^n\}.$$

如果 f 不是凸函数, 下面讨论如何定义它的次微分.

如果 f 不是连续的, 需要 f- 可达 (f-attentive) 意义下的收敛性:

$$x^\nu \xrightarrow{f} \bar{x} \Longleftrightarrow x^\nu \to \bar{x} \text{ 且} f(x^\nu) \to f(\bar{x}). \tag{3.22}$$

定义 3.13 (次梯度) 设函数 $f : \Re^n \to \overline{\Re}$ 在 $\bar{x}$ 点取有限值, 对于向量 $v \in \Re^n$, 称

(a) v 是 f 在 $\bar{x}$ 点的正则次梯度 (regular subgradient), 记为 $v \in \widehat{\partial} f(\bar{x})$, 若

$$f(x) \geqslant f(\bar{x}) + \langle v, x - \bar{x}\rangle + \mathrm{o}(\|x - \bar{x}\|); \tag{3.23}$$

(b) v 是 f 在 $\bar{x}$ 点的次梯度 (subgradient), 记为 $v \in \partial f(\bar{x})$, 若存在序列 $x^\nu \xrightarrow{f} \bar{x}$, $v^\nu \in \widehat{\partial} f(x^\nu)$, 使得 $v^\nu \to v$;

(c) v 是 f 在 $\bar{x}$ 点的地平次梯度 (horizon subgradient), 记为 $v \in \partial^\infty f(\bar{x})$, 若存在序列 $x^\nu \xrightarrow{f} \bar{x}$, $v^\nu \in \widehat{\partial} f(x^\nu)$, 满足对某一序列 $\lambda^\nu \searrow 0$ 有 $\lambda^\nu v^\nu \to v$, 换言之, $v^\nu \to \mathrm{dir}\, v$ (或 $v = 0$).

利用集合族的普通极限与地平极限, 可以表示次微分与地平次微分.

$$\partial f(\bar{x}) = \limsup_{x \xrightarrow{f} \bar{x}} \widehat{\partial} f(x), \quad \partial^\infty f(\bar{x}) = \limsup_{x \xrightarrow{f} \bar{x}}{}^{\infty} \widehat{\partial} f(x). \tag{3.24}$$

综合上述两个公式, 有

$$\partial f(\bar{x}) \cup \mathrm{dir}\, \partial^\infty f(\bar{x}) = \text{c-}\limsup_{x \xrightarrow{f} \bar{x}} \widehat{\partial} f(x). \tag{3.25}$$

对应切锥的极锥是正则法锥这一结论, 由次导数可以生成正则次微分.

练习 3.6 (从次导数到正则次梯度)　设 $f : \Re^n \to \overline{\Re}$ 在 $\bar{x}$ 取有限值, 则

$$\widehat{\partial} f(\bar{x}) = \{v : \langle v, w\rangle \leqslant \mathrm{d}f(\bar{x})(w),\ \forall w\}. \tag{3.26}$$

证明　定义 3.13 中的正则次梯度不等式 (3.23) 可表达为

$$\frac{f(x) - f(\bar{x}) - \langle v, x - \bar{x}\rangle}{\|x - \bar{x}\|} \geqslant 0,$$

结合 $\mathrm{d}f(\bar{x})$ 的定义可得结论. ■

命题 3.8 (正则次梯度的变分描述)　$v \in \widehat{\partial} f(\bar{x})$ 当且仅当在 $\bar{x}$ 的某个邻域上存在函数 $h \leqslant f$, 满足 $h(\bar{x}) = f(\bar{x})$ 且 h 在 $\bar{x}$ 点处可微, $\nabla h(\bar{x}) = v$. 进一步, h 可以取为光滑函数且满足对所有 $\bar{x}$ 附近的点 $x \neq \bar{x}$, 有 $h(x) < f(x)$.

证明　由定理 3.2 的证明知, 某一项形式为 $\mathrm{o}(\|x - \bar{x}\|)$ 当且仅当它的绝对值在 $\bar{x}$ 点的某邻域上, 以满足 $\nabla k(\bar{x}) = 0$ 的函数 k 为上界, 实际上 k 可以选取为光滑的且远离 $\bar{x}$ 时取正值的函数. ■

定理 3.10 (次梯度间的关系)　设函数 $f : \Re^n \to \overline{\Re}$ 在 $\bar{x}$ 点取有限值, 则次梯度 $\partial f(\bar{x})$ 与 $\widehat{\partial} f(\bar{x})$ 是闭的, $\widehat{\partial} f(\bar{x})$ 是凸的, 且 $\widehat{\partial} f(\bar{x}) \subset \partial f(\bar{x})$. 进一步, $\partial^\infty f(\bar{x})$ 与 $\widehat{\partial} f(\bar{x})^\infty$ 为闭锥且 $\widehat{\partial} f(\bar{x})^\infty$ 为凸的, $\widehat{\partial} f(\bar{x})^\infty \subset \partial^\infty f(\bar{x})$.

证明　$\partial f(\bar{x})$ 与 $\partial^\infty f(\bar{x})$ 的性质由定义 3.13 在宇宙空间 $\mathrm{csm}\, \Re^n$ 的背景下以及相应的集合收敛的概念可以得到. $\widehat{\partial} f(\bar{x})$ 的凸性由定义中的不等式 (3.23) 可以得到, 因此地平锥 $\widehat{\partial} f(\bar{x})^\infty$ 是闭凸的. $\widehat{\partial} f(\bar{x})$ 的闭性由练习 3.6 显然可得. ■

命题 3.9 (次梯度半连续性)　设函数 $f : \Re^n \to \overline{\Re}$ 在 $\bar{x}$ 点取有限值, 则映射 ∂f 与 $\partial^\infty f$ 在 $\bar{x}$ 点按 f- 可达收敛的意义下是外半连续的, 同时在这种收敛的意义下, 映射 $x \to \partial f(x) \cap \mathrm{dir}\, \partial^\infty f(x)$ 在 $\bar{x}$ 点是宇宙外半连续的.

证明　由 (3.25) 式和宇宙极限的含义 (见命题 2.9) 可得结论. ■

下述定理给出了正则次微分、(极限) 次微分、地平次微分的几何意义, 从中可以看出, 函数上图的正则法锥可以产生正则次微分, 法锥可产生次微分和地平次微分.

定理 3.11 (上图法锥刻画次梯度)　设 $f : \Re^n \to \overline{\Re}$ 在 $\bar{x}$ 点取有限值, 则有

$$\widehat{\partial} f(\bar{x}) = \{v \mid (v, -1) \in \widehat{N}_{\mathrm{epi}f}(\bar{x}, f(\bar{x}))\},$$

$$\partial f(\bar{x}) = \{v \mid (v, -1) \in N_{\mathrm{epi}f}(\bar{x}, f(\bar{x}))\},$$

$$\partial^\infty f(\bar{x}) \subset \{v \mid (v, 0) \in N_{\mathrm{epi}f}(\bar{x}, f(\bar{x}))\}.$$

若 f 在 $\bar{x}$ 点是局部下半连续的, 则最后一个关系式成等式, 此时

$$N_{\mathrm{epi}f}(\bar{x}, f(\bar{x})) = \{\lambda(v, -1) : v \in \partial f(\bar{x}), \lambda > 0\} \cup \{(v, 0) : v \in \partial^\infty f(\bar{x})\}.$$

另一方面, 当 $\widehat{\partial} f(\bar{x}) \neq \varnothing$ 时, 有

$$\widehat{N}_{\text{epi}f}(\bar{x}, f(\bar{x})) = \{\lambda(v, -1) : v \in \widehat{\partial} f(\bar{x}), \lambda > 0\} \cup \{(v, 0) : v \in \widehat{\partial} f(\bar{x})^{\infty}\}.$$

证明 令 $E =$ epi f. 练习 3.6 中的公式意味着 $v \in \widehat{\partial} f(\bar{x})$ 当且仅当 $\langle (v, -1), (w, \beta) \rangle \leqslant 0$, $\forall (w, \beta) \in \text{epi}\, \mathrm{d}f(\bar{x})$. 由定理 3.9(a) 和命题 3.2 知这对应着 $(v, -1) \in \widehat{N}_{\text{epi}f}(\bar{x}, f(\bar{x}))$. 由定义 3.13 和法锥的定义, 即其为正则法锥的极限, 可以得到关于 $\partial f(\bar{x})$ 的类似的描述. 同理易得 $\partial^{\infty} f(\bar{x})$ 的包含关系.

由定理 3.9(a) 和命题 3.2 知 $(v, 0) \in \widehat{N}_{\text{epi}f}(\bar{x}, f(\bar{x}))$ 当且仅当 $\langle (v, 0), (w, \beta) \rangle \leqslant 0$, $\forall (w, \beta) \in \text{epi}\, \mathrm{d}f(\bar{x})$, 或等价地, $\langle v, w \rangle \leqslant 0$, $\forall w \in \text{dom}\, \mathrm{d}f(\bar{x})$. 由式 (3.26), 只要 $\widehat{\partial} f(\bar{x}) \neq \varnothing$, 则等价于 $v \in \widehat{\partial} f(\bar{x})^{\infty}$, 参见练习 1.7. 结合已经得到的关于 $\widehat{\partial} f(\bar{x})$ 的刻画, 得到关于 $\widehat{N}_{\text{epi}f}(\bar{x}, f(\bar{x}))$ 的公式.

关于 $\partial f(\bar{x})$ 的等式与关于 $\partial^{\infty} f(\bar{x})$ 的包含关系可以推出关于 $N_{\text{epi}f}(\bar{x}, f(\bar{x}))$ 公式中的 "$\supset$" 包含关系, 为完成定理证明, 只需证明若 f 在 $\bar{x}$ 局部下半连续, 只要 $(v, 0) \in N_{\text{epi}f}(\bar{x}, f(\bar{x}))$, 则有 $v \in \partial^{\infty} f(\bar{x})$. 由定义, 法向量 $(v, 0)$ 可由附近点的正则法向量的极限刻画, 由练习 3.2(a) 知, 还可限制为邻近法向量的极限. 集合 E 在任何满足 $\alpha > f(x) > -\infty$ 的点 (x, α) 上的邻近法向量显然也为 E 在点 $(x, f(x))$ 的邻近法向量. 因此, E 在点 $(\bar{x}, f(\bar{x}))$ 的任何法向量 $(v, 0)$ 可由满足 $(x^{\nu}, f(x^{\nu})) \to (\bar{x}, f(\bar{x}))$, 即 $x^{\nu} \xrightarrow{f} \bar{x}$ 的点列 $\{(x^{\nu}, f(x^{\nu}))\}$ 处的邻近法向量的极限生成. 这有两种情况. 第一种是邻近法向量具有 "非地平" 形式 $\lambda^{\nu}(v^{\nu}, -1)$, 其中 $\lambda^{\nu} \searrow 0$, 第二种情况是它们有 "地平" 形式 $(v^{\nu}, 0)$. 第一种情况有 $\lambda^{\nu} v^{\nu} \to v$, 第二种情况是 $v^{\nu} \to v$. 第一种情况下有 $v^{\nu} \in \widehat{\partial} f(x^{\nu})$, 由定义知 $v \in \partial^{\infty} f(\bar{x})$, 所以只需考虑第二种情况. 由命题 3.9 的半连续性, 只需说明向量 $v^{\nu} \in \partial^{\infty} f(x^{\nu})$.

现在剩下要证明的问题是: 若 $(\widetilde{v}, 0)$ 是 E 在点 $(\widetilde{x}, f(\widetilde{x}))$ 的邻近法向量, 是否有 $\widetilde{v} \in \partial^{\infty} f(\widetilde{x})$? 这里不妨设 f 在 $\Re^n$ 上下半连续且 dom f 有界 (否则可以将 f 加上 $\widetilde{x}$ 的某个邻域与水平集 $\text{lev}_{\leqslant \alpha} f$ 的交集上的指示函数). 为说明 $(\widetilde{v}, 0)$ 是 E 在点 $(\widetilde{x}, f(\widetilde{x}))$ 处的邻近法向量, 只需说明对某个 $\varepsilon > 0$, 存在 $(\widetilde{x}, f(\widetilde{x})) + \varepsilon(\widetilde{v}, 0)$ 附近的闭球 B, 它与 E 只交于点 $(\widetilde{x}, f(\widetilde{x}))$. 因为 $\widetilde{v}$ 乘以任何正系数都不影响讨论 (只需重新改变整个空间的标度), 所以可以限制 $\|\widetilde{v}\| = 1$, 令球 B 的半径为 1 且 $f(\widetilde{x}) = 0$. 定义函数

$$g(x) = \theta(\|x - [\widetilde{x} + \widetilde{v}]\|), \quad \text{其中}\theta(t) = \begin{cases} -\sqrt{1 - t^2}, & \text{若}0 \leqslant t \leqslant 1, \\ \infty, & \text{若}t > 1, \end{cases}$$

它的图为 $\mathbf{B}((\widetilde{x} + \widetilde{v}, 0), 1)$ 的 "下表面", 则有 $\text{argmin}\, \{f + g\} = \{\widetilde{x}\}$. 等价地, $(\widetilde{x}, \widetilde{x})$ 为下述问题的唯一最优解:

$$\min f(x) + g(u), \quad \text{s.t. } (x, u) \in \Re^n \times \Re^n,\ x - u = 0.$$

对于一序列正的罚量 $r^\nu \nearrow \infty$, 考虑近似问题

$$\min f(x)+g(u)+r^\nu\|x-u\|, \quad \text{s.t. } (x,u)\in\Re^n\times\Re^n,$$

由于极小化的函数的有效域 $\mathrm{dom}\, f\times \mathrm{dom}\, g$ 有界, 故一定存在最优解, 记为 (x^ν,u^ν). 不可能对任意的 ν 均有 $x^\nu-u^\nu=0$, 否则必有 $(x^\nu,u^\nu)=(\widetilde{x},\widetilde{x})$, 从而有

$$f(\widetilde{x})+g(u)+r^\nu\|\widetilde{x}-u\|\geqslant f(\widetilde{x})+g(\widetilde{x}), \quad \forall u,$$

这与 g 的性质相矛盾. 由例 1.11 知 $(x^\nu,u^\nu)\to(\widetilde{x},\widetilde{x})$ 且 $f(x^\nu)\to f(\widetilde{x})$, $g(x^\nu)\to g(\widetilde{x})=0$. 所以

$$f(x)+g(u^\nu)+r^\nu\|x-u^\nu\|\geqslant f(x^\nu)+g(u^\nu)+r^\nu\|x^\nu-u^\nu\|, \quad \forall x,$$

$$f(x^\nu)+g(u)+r^\nu\|x^\nu-u\|\geqslant f(x^\nu)+g(u^\nu)+r^\nu\|x^\nu-u^\nu\|, \quad \forall u,$$

所以对函数 $h^\nu(x):=f(x^\nu)+r^\nu\|x^\nu-u^\nu\|-r^\nu\|x-u^\nu\|$ 和 $k^\nu(u):=g(x^\nu)+r^\nu\|x^\nu-u^\nu\|-r^\nu\|x^\nu-u\|$, 有

$$f(x)\geqslant h^\nu(x),\ \forall x, \quad f(x^\nu)=h^\nu(x^\nu),$$

$$g(u)\geqslant k^\nu(u),\ \forall u, \quad g(u^\nu)=k^\nu(u^\nu).$$

令 $v^\nu=\nabla h^\nu(x^\nu)=-r^\nu(x^\nu-u^\nu)/\|x^\nu-u^\nu\|$, 注意到 $-v^\nu=\nabla k^\nu(u^\nu)$, 则由命题 3.8 知 $v^\nu\in\widehat{\partial}f(x^\nu)$, 但还有 $-v^\nu\in\widehat{\partial}g(u^\nu)$, 因此 $(-v^\nu,-1)\in N_{\mathrm{epi}g}(u^\nu,g(u^\nu))$, 故 $(-v^\nu,-1)\in N_B(u^\nu,g(u^\nu))$, 从而 $(-v^\nu,1)\in N_B(u^\nu,-g(u^\nu))$. 令 $\lambda=1/r^\nu$, 则 $\lambda^\nu\searrow 0$ 且 $(-\lambda^\nu v^\nu,\lambda^\nu)\in N_B(u^\nu,-g(u^\nu))$, $\|\lambda^\nu u^\nu\|=1$. 因为 $(u^\nu,-g(u^\nu))\to(\widetilde{x},0)$, 而 B 在 $(\widetilde{x},0)$ 点的唯一的单位法向量是 $(-\widetilde{v},0)$, 故 $\lambda^\nu v^\nu\to\widetilde{v}$. 因为 $v^\nu\in\widehat{\partial}f(x^\nu)$, $\lambda^\nu\searrow 0$, 故 $\widetilde{v}\in\partial^\infty f(\widetilde{x})$. ■

推论 3.3(次梯度的存在性)　*设 $f:\Re^n\to\overline{\Re}$ 在 $\bar{x}$ 点有限且局部下半连续, 则或者 $\partial f(\bar{x})\neq\varnothing$ 或者 $\partial^\infty f(\bar{x})$ 包含向量 $v\neq 0$; 由此, 集合 $\partial f(\bar{x})\cup\mathrm{dir}\,\partial^\infty f(\bar{x})\subset\mathrm{csm}\Re^n$ 非空. 不论上述哪种情况, 必存在序列 $x^\nu\xrightarrow{f}\bar{x}$, 满足 $\widehat{\partial}f(x^\nu)\neq\varnothing$ (因此 $\partial f(x^\nu)\neq\varnothing$).*

证明　由假设知 $\mathrm{epi}f$ 在其边界点 $(\bar{x},f(\bar{x}))$ 上是局部闭的, 故 $\mathrm{epi}f$ 在 $(\bar{x},f(\bar{x}))$ 点处的法锥必不为零锥. 故由定理 3.11 和 $\partial f(\bar{x})$, $\partial^\infty f(\bar{x})$ 的定义得到结论. ■

推论 3.4(次可微正则的次梯度准则)　*设函数 $f:\Re^n\to\overline{\Re}$ 在 $\bar{x}$ 点取有限值且 $\partial f(\bar{x})\neq\varnothing$, 则 f 在 $\bar{x}$ 点处正则当且仅当 f 在 $\bar{x}$ 点局部下半连续, 且*

$$\partial f(\bar{x})=\widehat{\partial}f(\bar{x}), \quad \partial^\infty f(\bar{x})=\widehat{\partial}f(\bar{x})^\infty.$$

证明　由定理 3.11, 上述条件意味着 $\mathrm{epi}\,f$ 在 $(\bar{x},f(\bar{x}))$ 局部闭且 $N_{\mathrm{epi}f}(\bar{x},f(\bar{x}))=\widehat{N}_{\mathrm{epi}f}(\bar{x},f(\bar{x}))$. 由推论 3.1, 这些性质等价于 $\mathrm{epi}\ f$ 在 $(\bar{x},f(\bar{x}))$ 的正则性, 即 f 在 $\bar{x}$ 的正则性. ■

下述命题表明, 定义 3.13 中的次微分概念是凸函数的次微分的推广.

命题 3.10 (凸函数的次梯度) 对任何正常的凸函数 $f:\Re^n\to\overline{\Re}$ 以及任意的点 $\bar{x}\in\operatorname{dom}f$, 有

$$\partial f(\bar{x})=\{v: f(x)\geqslant f(\bar{x})+\langle v,x-\bar{x}\rangle,\ \forall x\}=\widehat{\partial} f(\bar{x}),$$

$$\partial^{\infty} f(\bar{x})\subset\{v: 0\geqslant\langle v,x-\bar{x}\rangle,\quad \forall x\in\operatorname{dom}f\}=N_{\operatorname{dom}f}(\bar{x}).$$

当 f 在 $\bar{x}$ 点是局部内半连续或者当 $\partial f(\bar{x})\neq\varnothing$ 时, 上述地平次梯度的包含关系成等式, 且此时还有 $\partial^{\infty} f(\bar{x})=\widehat{\partial} f(\bar{x})^{\infty}$.

证明 f 的凸性可以推出 epi f 的凸性, 故由定理 3.1 知 epi f 在 $(\bar{x},f(\bar{x}))$ 点处的法锥可以表示为

$$\begin{aligned}N_{\operatorname{epi}f}(\bar{x},f(\bar{x}))&=\widehat{N}_{\operatorname{epi}f}(\bar{x},f(\bar{x}))\\&=\{(v,\beta):\langle(v,\beta),(x,\alpha)-(\bar{x},f(\bar{x}))\rangle\leqslant 0,\ \forall(x,\alpha)\in\operatorname{epi}f\}.\end{aligned}$$

结合定理 3.11 和 $\widehat{\partial} f(\bar{x})^{\infty}$ 的射线空间表示可得结论. ■

3.2.3 正则次导数

根据定理 3.9, 上图的切锥可生成次导数, 而上图的正则切锥生成的方向导数即下述定义的正则次导数.

定义 3.14(正则次导数) 设 $f:\Re^n\to\overline{\Re}$ 在 $\bar{x}$ 点取有限值, 正则次导数 (regular subderivative) $\widehat{\mathrm{d}} f(\bar{x}):\Re^n\to\overline{\Re}$ 定义为

$$\widehat{\mathrm{d}} f(\bar{x}):=\operatorname*{e\text{-}\limsup}_{\substack{\tau\searrow 0\\ x\xrightarrow{f}\bar{x}}}\Delta_{\tau} f(x).$$

$\bar{x}$ 点的正则次导数 $\widehat{\mathrm{d}} f(\bar{x})(w)$ 在向量 $\bar{w}$ 点处的值有公式

$$\begin{aligned}\widehat{\mathrm{d}} f(\bar{x})(\bar{w})&:=\operatorname*{e\text{-}\limsup}_{\substack{x\xrightarrow{f}\bar{x}\\ \tau\searrow 0}}\frac{f(x+\tau\cdot)-f(x)}{\tau}(\bar{w})\\&=\lim_{\delta\searrow 0}\left(\limsup_{\substack{x\xrightarrow{f}\bar{x}\\ \tau\searrow 0}}\left[\inf_{w\in\mathbf{B}(\bar{w},\delta)}\frac{f(x+\tau w)-f(x)}{\tau}\right]\right).\end{aligned}\tag{3.27}$$

定理 3.12 (正则次导数与正则切锥)

(a) 设 $f:\Re^n\to\overline{\Re}$ 在 $\bar{x}$ 点处下半连续且取有限值, 则

$$\operatorname{epi}\widehat{\mathrm{d}} f(\bar{x})=\widehat{T}_{\operatorname{epi}f}(\bar{x},f(\bar{x})).$$

(b) 对集合 $C \subset \Re^n$ 上的指示函数 δ_C 以及点 $\bar{x} \in C$, 有

$$\widehat{\mathrm{d}}\delta_C(\bar{x}) = \delta_K, \quad \text{其中} K = \widehat{T}_C(\bar{x}).$$

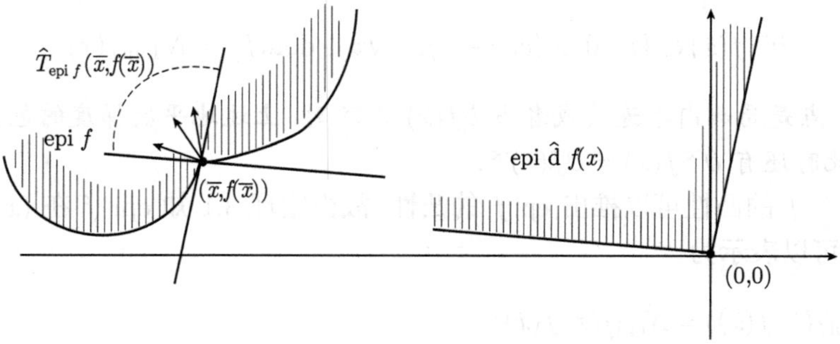

图 3.2.2　正则次导数的上图解释

证明　(a) 中的关系式由 (3.21), 定义 3.14, 以及由定义 3.4 导出的 $\widehat{T}_{\text{epi}f}(\bar{x}, f(\bar{x}))$ 的公式, 结合下面的论述可得. 注意到

$$\widehat{T}_{\text{epi}f}(\bar{x}, f(\bar{x})) = \liminf_{\substack{\tau \searrow 0 \\ (x,\alpha) \to (\bar{x}, f(\bar{x})) \\ f(x) \leqslant \alpha \in \Re}} \frac{\text{epi } f - (x, \alpha)}{\tau},$$

其中 epi $\widehat{\mathrm{d}} f(\bar{x})$ 由 (3.21) 式知类似于上式右端内极限, 只是将 $f(x) \leqslant \alpha$ 改为 $f(x) = \alpha$. 因此知 epi $\widehat{\mathrm{d}} f(\bar{x})$ 包含上式右端的内极限. 另一方面, 由于 f 在 $\bar{x}$ 点处下半连续且取有限值, 故当 $(x^\nu, \alpha^\nu) \to (\bar{x}, f(\bar{x}))$ 且 $f(x^\nu) \leqslant \alpha^\nu$(有限) 时, 有 $f(x^\nu) \to f(\bar{x})$, 所以 $x^\nu \xrightarrow{f} \bar{x}$. 特别地, 当 ν 充分大以后, $f(x^\nu)$ 必取有限值, 从而

$$\frac{\text{epi } f - (x^\nu, f(x^\nu))}{\tau^\nu} \subset \frac{\text{epi } f - (x^\nu, \alpha^\nu)}{\tau^\nu}.$$

故满足 $(x^\nu, \alpha^\nu) \to (\bar{x}, f(\bar{x}))$ 且 $f(x^\nu) < \alpha^\nu$ 的序列在内极限的产生过程中可以忽略, 所以不妨设 α^ν 等于 $f(x^\nu)$. 这证得 (a). 对于结论 (b), 由正则次导数和正则切锥的定义可得. ■

将集合的正则切锥可表示为集合切锥的内极限这一结论用在函数上图这样的集合上就得到下述结论.

定理 3.13(次导数间的关系)　设 $f: \Re^n \to \overline{\Re}$ 在 $\bar{x}$ 点取有限值, 有函数 $\mathrm{d}f(\bar{x}): \Re^n \to \overline{\Re}$ 和 $\widehat{\mathrm{d}}f(\bar{x}): \Re^n \to \overline{\Re}$ 是下半连续且正齐次的, 并且 $\widehat{\mathrm{d}}f(\bar{x}) \geqslant \mathrm{d}f(\bar{x})$. 当 f 在 $\bar{x}$ 点下半连续时, $\widehat{\mathrm{d}}f(\bar{x})$ 还是次线性的. 若 f 在 $\bar{x}$ 点局部下半连续, 则还有

$$\widehat{\mathrm{d}}f(\bar{x}) = \text{e-}\limsup_{x \xrightarrow{f} \bar{x}} \mathrm{d}f(x). \tag{3.28}$$

证明 $\mathrm{d}f(\bar{x})$ 与 $\widehat{\mathrm{d}}f(\bar{x})$ 的下半连续性由次导数的上图极限形式的定义可得. 正齐次性由其定义中的差商的性质可得. 这些性质也可由定理 3.9(a) 及定理 3.12(a) 的几何含义得到, 但关于 $\widehat{\mathrm{d}}f(\bar{x})$ 的结果需要更强的假设, 即 f 在 $\bar{x}$ 点下半连续. 进一步, 由于 $\widehat{T}_{\mathrm{epi}f}(\bar{x}, f(\bar{x}))$ 是凸集合 (由定理 3.4), $\widehat{\mathrm{d}}f(\bar{x})$ 不仅是正齐次, 而且是凸的, 故为次线性的. 若 f 在 $\bar{x}$ 点局部下半连续, 则可将定理 3.4 中的极限关系应用于集合 epi f 来得到性质

$$\widehat{T}_{\mathrm{epi}f}(\bar{x}, f(\bar{x})) = \liminf_{\substack{(x,\alpha)\to(\bar{x},f(\bar{x}))\\ f(x)\leqslant\alpha\in\Re}} T_{\mathrm{epi}f}(x,\alpha).$$

这里, 满足 $(x,\alpha)\in\mathrm{epi}\,f$ 且 $\alpha > f(x)$ 的点对 (x,α) 在内极限的产生过程中可被忽略, 原因与定理 3.12 的证明中的论述一样. 因此

$$\mathrm{epi}\,\widehat{\mathrm{d}}f(\bar{x}) = \liminf_{x\xrightarrow{f}\bar{x}} \mathrm{epi}\,\mathrm{d}f(x),$$

这与 (3.28) 式是等价的. ■

推论 3.5 (次可微正则的次导数准则) *函数 $f:\Re^n\to\overline{\Re}$ 在 $\bar{x}$ 点正则当且仅当 f 在 $\bar{x}$ 点取有限值且局部下半连续, 并且 $\mathrm{d}f(\bar{x}) = \widehat{\mathrm{d}}f(\bar{x})$, 这个等式也等价于*

$$\text{e-}\limsup_{x\xrightarrow{f}\bar{x}} \mathrm{d}f(x) = \mathrm{d}f(\bar{x}).$$

证明 将推论 3.1(b) 与推论 3.1(g) 的正则性准则应用到 epi f 上, 结合上图收敛的概念得到结论. ■

用次导数表示正则次导数: 当 f 在 $\bar{x}$ 点局部下半连续时, 由定理 3.13 知, 正则次导数 $\widehat{\mathrm{d}}f(\bar{x})$ 为次导数在 $\bar{x}$ 点附近的上上图极限, 所以可以得到 $\widehat{\mathrm{d}}f(\bar{x})$ 的逐点表达式

$$\begin{aligned}\widehat{\mathrm{d}}f(\bar{x})(\bar{w}) &:= \text{e-}\limsup_{\substack{x\xrightarrow{f}\bar{x}\\ \tau\searrow 0}} \frac{f(x+\tau\cdot)-f(x)}{\tau}(\bar{w})\\ &= \lim_{\delta\searrow 0}\left(\limsup_{\substack{\tau\searrow 0\\ x\xrightarrow{f}\bar{x}}}\left[\inf_{w\in\mathbf{B}(\bar{w},\delta)} \mathrm{d}f(x)(w)\right]\right).\end{aligned}$$

练习 3.7 (光滑函数的次可微正则性)

(a) *若 f 在开集 $\mathcal{O}$ 上是光滑的, 则 f 在 $\mathcal{O}$ 上是正则的, 且*

$$\mathrm{d}f(\bar{x})(w) = \widehat{\mathrm{d}}f(\bar{x})(w) = \langle\nabla f(\bar{x}), w\rangle, \quad \forall w.$$

(b) *若 $f = g + f_0$, f_0 光滑, 则 f 在 $\bar{x}$ 点正则当且仅当 g 在 $\bar{x}$ 点正则.*

证明　由定理 3.13 和定义可以得到结论. ■

命题 3.11 (凸函数的次导数)　设凸函数 $f:\Re^n\to\overline{\Re}$ 在 $\bar{x}$ 点取有限值, 则极限

$$h(w):=\lim_{\tau\searrow 0}\frac{f(\bar{x}+\tau w)-f(\bar{x})}{\tau}$$

对所有的 $w\in\Re^n$ 存在且它定义了一个次线性函数 $h:\Re^n\to\overline{\Re}$, 满足 $f(\bar{x}+\tau w)\geqslant f(\bar{x})+\tau h(w)$ 对所有的 $\tau\geqslant 0$ 和 w 成立, 且

$$\widehat{\mathrm{d}}f(\bar{x})(w)=\mathrm{d}f(\bar{x})(w)=(\mathrm{cl}h)(w),\quad \forall w.$$

实际上, $(\mathrm{cl}h)(w)=h(w)$ 对所有 $w\in W$ 成立, 其中

$$\begin{aligned}W&=\{w:\exists\tau\geqslant 0\ \text{使得}\bar{x}+\tau w\in\mathrm{int}(\mathrm{dom}\,f)\}\\&=\mathrm{int}(\mathrm{dom}\,\widehat{\mathrm{d}}f(\bar{x}))=\mathrm{int}(\mathrm{dom}\mathrm{d}f(\bar{x}))=\mathrm{int}(\mathrm{dom}\,h).\end{aligned}$$

证明　由 f 的凸性知差商函数关于 $\tau>0$ 是不减的, 故 $h(w)$ 定义中的极限是存在的. 这个单调性也意味着不等式 $f(\bar{x}+\tau w)\geqslant f(\bar{x})+\tau h(w)$.

设 K 为 $\Re^n\times\Re$ 中由满足式 $(\bar{x},f(\bar{x}))+\tau(w,\beta)\in\mathrm{epi}\,f$ 对某一 $\tau>0$ 成立的向量对 (w,β) 构成的凸锥, 由定理 3.1, 锥 $\widehat{T}_{\mathrm{epi}f}(\bar{x},f(\bar{x}))$ 和 $T_{\mathrm{epi}f}(\bar{x},f(\bar{x}))$ 与 $\mathrm{cl}\,K$ 相等, 且它们的内部为

$$K_0:=\{(w,\beta):\exists\tau>0\ \text{满足}(\bar{x},f(\bar{x}))+\tau(w,\beta)\in\mathrm{int}(\mathrm{epi}\ f)\}.$$

注意到 $h(w)=\inf\{\beta:(w,\beta)\in K\}$, 故 $\mathrm{cl}(\mathrm{epi}\ h)=\mathrm{cl}\ K$, $\mathrm{int}(\mathrm{epi}\ h)=K_0$. 由定义知, $\mathrm{cl}(\mathrm{epi}\ h)=\mathrm{epi}(\mathrm{cl}\ h)$, 故 $\widehat{\mathrm{d}}f(\bar{x})=\mathrm{d}f(\bar{x})=\mathrm{cl}\ h$; 由定理 3.12(a) 的证明知, 即使 f 在 $\bar{x}$ 点不是下半连续的, 也有包含关系 $\mathrm{epi}\ \widehat{\mathrm{d}}f(\bar{x})\supset\widehat{T}_{\mathrm{epi}f}(\bar{x},f(\bar{x}))$. 由定理 3.10, $\widehat{\mathrm{d}}f(\bar{x})\geqslant\mathrm{d}f(\bar{x})$, 所以当 $\widehat{T}_{\mathrm{epi}f}(\bar{x},f(\bar{x}))=T_{\mathrm{epi}f}(\bar{x},f(\bar{x}))$ 时上述包含关系不可能严格成立.

由于 h 是次线性的凸函数, 故 h 与 $\mathrm{cl}\ h$ 在 $\mathrm{int}(\mathrm{dom}\ h)$ 上是相等的. 同时凸性也意味着 $\mathrm{int}(\mathrm{epi}\ h)$ 到 $\Re^n$ 上的投影是 $\mathrm{int}(\mathrm{dom}\ h)$, 而 $\mathrm{int}(\mathrm{epi}\ h)$ 恰为 K_0. 注意到 K_0 到 $\Re^n$ 上的投影是 W, 故关于内部的结论成立. ■

定理 3.14 (正则次导数的内部公式)　设 $f:\Re^n\to\overline{\Re}$ 在 $\bar{x}$ 处是局部下半连续的, 其中 $f(\bar{x})$ 取有限值. 令 $\mathcal{O}=\{\bar{w}:h(\bar{w})<\infty\}$, 其中

$$h(\bar{w}):=\limsup_{\substack{\tau\searrow 0\\ x\xrightarrow{f}\bar{x},w\to\bar{w}}}\frac{f(x+\tau w)-f(x)}{\tau}.$$

则 $\mathrm{int}(\mathrm{dom}\widehat{\mathrm{d}}f(\bar{x}))=\mathcal{O}$, 且对所有的 $\bar{w}\in\mathcal{O}$, $\widehat{\mathrm{d}}f(\bar{x})(\bar{w})=h(\bar{w})$. 只要 $\mathcal{O}\neq\varnothing$, 就有对 $\bar{w}\notin\mathrm{cl}\mathcal{O}$, $\widehat{\mathrm{d}}f(\bar{x})(\bar{w})=\infty$,

$$\widehat{\mathrm{d}}f(\bar{x})(\bar{w})=\lim_{\tau\searrow 0}h((1-\tau)\bar{w}+\tau\widehat{w}),\quad \forall\bar{w}\in\mathrm{bdry}\mathcal{O},\quad \widehat{w}\in\mathcal{O}.$$

证明 显然有 $h(\bar{w}) < \bar{\beta} \in \Re$ 当且仅当存在 $\varepsilon > 0$, 满足对所有 $w \in \mathbf{B}(\bar{w}, \varepsilon)$ 与 $\beta > \bar{\beta} - \varepsilon$, 有当 $\tau \in (0, \varepsilon)$, $x \in \mathbf{B}(\bar{x}, \varepsilon)$, $f(x) \leqslant f(\bar{x}) + \varepsilon$ 时, $f(x + \tau w) \leqslant f(x) + \tau\beta$. 这意味着 $(w, 0) \in \mathbf{B}(\bar{w}, \varepsilon) \times [\bar{\beta} - \varepsilon, \infty)$ 满足

$$\text{当}\tau \in (0, \varepsilon), x \in \mathbf{B}(\bar{x}, \varepsilon), f(x) \leqslant f(\bar{x}) + \varepsilon \text{ 时}, (x, f(x)) + \tau(w, \beta) \in \text{epi } f.$$

所以, 条件 $h(\bar{w}) < \bar{\beta} \in \Re$ 等价于 $(\bar{w}, \bar{\beta})$ 属于回收锥 $R_{\text{epi}f}(\bar{x}, f(\bar{x}))$ 的内部. 因为 f 在点 $\bar{x}$ 处是局部下半连续的, epi f 在 $(\bar{x}, f(\bar{x}))$ 处是局部闭的, 因此锥 $R_{\text{epi}f}(\bar{x}, f(\bar{x}))$ 与锥 $\widehat{T}_{\text{epi}f}(\bar{x}, f(\bar{x}))$ 具有相同的内部.

进一步, 由定理 3.12(a), $\widehat{T}_{\text{epi}f}(\bar{x}, f(\bar{x})) = \text{epi } \widehat{\mathrm{d}}f(\bar{x})$, 根据定理 3.13, $\widehat{\mathrm{d}}f(\bar{x})$ 是一凸函数, 因此这一内部 (int $\widehat{T}_{\text{epi}f}(\bar{x}, f(\bar{x}))$) 是由满足 $\bar{w} \in \text{int}(\text{dom } \widehat{\mathrm{d}}f(\bar{x}))$ 与 $\widehat{\mathrm{d}}f(\bar{x})(\bar{w}) < \bar{\beta} \in \Re$ 的 $(\bar{w}, \bar{\beta})$ 构成的.

因此, $h(\bar{w}) < \bar{\beta} \in \Re$ 成立的充分必要条件是 $\bar{w} \in \text{int}(\text{dom } \widehat{\mathrm{d}}f(\bar{x}))$ 与 $\widehat{\mathrm{d}}f(\bar{x})(\bar{w}) < \bar{\beta} \in \Re$. 除了定理最后的关于边界点的公式, 我们已经证明了所有的结论, 边界点的公式由凸函数的闭包性质 (即凸函数 f 在 int(dom f) 上是连续的, 在这一集合上与 cl f 是重合的) 得到. ■

凸函数的次微分的支撑函数是函数的上图导数, 非凸函数也有类似的结论, 把次微分的支撑函数与正则次导数相联系.

练习 3.8 (从次梯度到正则次导数) 设 $f: \Re^n \to \overline{\Re}$ 在 $\bar{x}$ 点取有限值且局部下半连续, 由于极锥 $\partial^\infty f(\bar{x})^- = \{w : \langle v, w \rangle \leqslant 0,\ \forall v \in \partial^\infty f(\bar{x})\}$, 所以有

$$\widehat{\mathrm{d}}f(\bar{x})(w) = \begin{cases} \sup\{\langle v, w \rangle : v \in \partial f(\bar{x})\}, & \text{当} w \in \partial^\infty f(\bar{x})^- \text{时}, \\ \infty, & \text{当} w \notin \partial^\infty f(\bar{x})^- \text{时}. \end{cases}$$

证明 由定理 1.1, epi f 在 $(\bar{x}, f(\bar{x}))$ 点附近是局部闭的, 结合定理 3.5 知 $\widehat{T}_{\text{epi}f}(\bar{x}, f(\bar{x})) = N_{\text{epi}f}(\bar{x}, f(\bar{x}))^-$. 由定理 3.11 和定理 3.12(a) 得到结论. ■

3.2.4 支撑函数与次可微对偶

集合 $D \subset \Re^n$ 的支撑函数 (support function)$\sigma_D : \Re^n \to \overline{\Re}$ 定义为

$$\sigma_D(w) := \sup_{v \in D} \langle v, w \rangle =: \sup\langle D, w \rangle. \tag{3.29}$$

故包含 D 的闭半空间可以刻画为

$$D \subset \{v : \langle v, w \rangle \leqslant \alpha\} \Longleftrightarrow \sigma_D(w) \leqslant \alpha. \tag{3.30}$$

若 $D = \varnothing$, 则 $\sigma_D \equiv -\infty$, 但若 $D \neq \varnothing$, 有 $\sigma_D > -\infty$ 且 $\sigma_D(0) = 0$.

定理 3.15 集合 $D \subset \Re^n$ 的支撑函数 σ_D 是次线性且下半连续的 (若 $D \neq \varnothing$, 则还是正常的), 且

$$\text{cl}(\text{con}D) = \{v : \langle v, w \rangle \leqslant \sigma_D(w),\ \forall w\}.$$

另一方面, 对任何正齐次函数 $h:\Re^n\to\overline{\Re}$, 集合 $D=\{v:\langle v,w\rangle\leqslant h(w),\ \forall w\}$ 是闭凸集, 且只要 $D\neq\varnothing$, 则

$$\sigma_D=\mathrm{cl}(\mathrm{con}h).$$

而若 $D=\varnothing$, 则函数 $\mathrm{cl}(\mathrm{con}h)$ 是非正常, 无有限值的. 因此在 $\Re^n$ 的非空闭凸子集 D 和 $\Re^n$ 上的正常下半连续次线性函数 h 之间有一个 1-1 对应:

$$D\longleftrightarrow h,\quad 有 h=\sigma_D 和 D=\{v:\langle v,\cdot\rangle\leqslant h\}.$$

在这个对应下, 闭凸锥 D^∞ 和 $\mathrm{cl}(\mathrm{dom}h)$ 互为极锥.

证明　由定义, σ_D 是线性函数 $\langle v,\cdot\rangle$ 关于 $v\in D$ 的逐点上确界. 由凸分析可知, 函数为正常的下半连续的凸函数的充分必要条件是它无处为 $-\infty$ 的, 可以表示为一族仿射函数的上确界; 集合为闭凸的充分必要条件是它可以表示为一族闭半空间的交集. 注意到非正常下半连续凸函数不可能取有限值, 我们得到定理中除了极关系的所有论述.

对于对应于 D 和 h 的极关系的论述, D 的表达式中的不等式可等价地表示为 $\langle v,w\rangle\leqslant h(w),\forall w\in\mathrm{dom}\ h$, 则对任意的 $\bar{v}\in D$, 向量 y 满足性质 $\{\bar{v}+\tau y:\tau\geqslant 0\}\subset D$ 当且仅当 $\langle y,w\rangle\leqslant 0,\ \forall w\in\mathrm{dom}\ h$. 由定理 1.13, 具有这样性质的 y 构成了 D^∞. 因此, $D^\infty=(\mathrm{dom}\ h)^-=[\mathrm{cl}\ (\mathrm{dom}\ h)]^-$. 因为当 h 次线性时 $\mathrm{dom}\ h$ 是凸集, 故 $\mathrm{cl}(\mathrm{dom}\ h)=(D^\infty)^-$. ■

推论 3.6(次线性函数的次梯度)　设 h 是 $\Re^n$ 上正常、下半连续、次线性函数, D 为 $\Re^n$ 上满足 $h=\sigma_D$ 的唯一的闭凸集. 则对任何 $w\in\mathrm{dom}\,h$, 有

$$\partial h(w)=\arg\max_{v\in D}\langle v,w\rangle=\{v\in D:w\in N_D(v)\}.$$

例 3.5(锥的支撑函数)　任何一个锥 $K\subset\Re^n$ 的支撑函数 σ_K 是其极锥 K^- 的指示函数 δ_{K^-}. 因此, 闭凸锥间的极对应关系可以转而考虑非空闭凸集与正常下半连续次线性函数的对应关系.

图 3.2.3 揭示了次导数与次微分的关系, 左侧的 $*$ 运算表示由次导数来确定正则次微分的运算 (见练习 3.6), 右侧的 $*$ 运算表示支撑运算 (见练习 3.8).

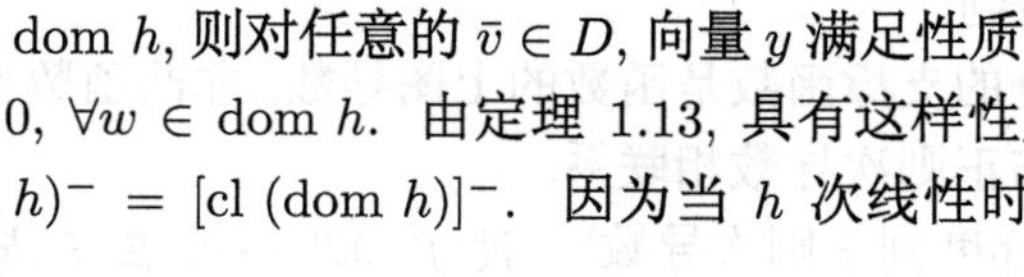

图 3.2.3　下半连续函数的次导数与次梯度的关系

定理 3.16(正则函数的次导数–次梯度对偶性)　若函数 $f:\Re^n\to\overline{\Re}$ 在 $\bar{x}$ 点次可微正则, 则

$$\partial f(\bar{x})\neq\varnothing\Longleftrightarrow\mathrm{d}f(\bar{x})(0)\neq-\infty,$$

且在此条件下, 有 f 是正常的上图可微的, 以 $\mathrm{d}f(\bar{x})$ 为上图导数, 并且

$$\mathrm{d}f(\bar{x})(w) = \sup\langle\partial f(\bar{x}), w\rangle = \sup\{\langle v, w\rangle : v \in \partial f(\bar{x})\},$$

$$\partial f(\bar{x}) = \{v : \langle v, w\rangle \leqslant \mathrm{d}f(\bar{x})(w),\ \forall w\},$$

其中 $\partial f(\bar{x})$ 是闭凸集, $\mathrm{d}f(\bar{x})$ 是下半连续, 次线性的. 同时, 不论 $\partial f(\bar{x}) \neq \varnothing$ 或 $\mathrm{d}f(\bar{x})(0) \neq -\infty$, 锥 $\partial^\infty f(\bar{x})$ 和 $\mathrm{dom}\,\mathrm{d}f(\bar{x})$ 均有下述极关系

$$\partial^\infty f(\bar{x}) = [\mathrm{dom}\,\mathrm{d}f(\bar{x})]^-, \quad \partial^\infty f(\bar{x})^- = \mathrm{cl}[\mathrm{dom}\,\mathrm{d}f(\bar{x})].$$

证明 当 f 在 $\bar{x}$ 点正则时, 由定理 3.8 知 f 是上图可微的, 进一步还有锥 $N_{\mathrm{epi}f}(\bar{x}, f(\bar{x}))$ 与 $T_{\mathrm{epi}f}(\bar{x}, f(\bar{x}))$ 互为极锥. 在这种极关系下, 法锥只含有形如 $(v, 0)$ 的 "地平" 向量的充分必要条件是切锥包含整个垂直线 $\{(0,\beta) : \beta \in \Re\}$. 由定理 3.9(a), 定理 3.11 和定理 3.12(a) 知, 第一个条件意味着 $\partial f(\bar{x}) = \varnothing$, 而第二个条件意味着 $\mathrm{d}f(\bar{x})(0) = -\infty$.

当 $\partial f(\bar{x}) \neq \varnothing$ 且 $\mathrm{d}f(\bar{x})(0) = 0$ 时, $\mathrm{d}f(\bar{x})$ 必是正常的 (由闭性和正齐次性得到), 特别地, 对于函数 $h = \sigma_{\partial f(\bar{x})}$, 由练习 3.8 中的极关系, 有 $\partial^\infty f(\bar{x})^- = [\partial f(\bar{x})^\infty]^- = \mathrm{cl}(\mathrm{dom}\ h)$, 结论得证. ■

练习 3.9 (极大值函数的次导数与次梯度) 设 $f = \max\{f_1, \cdots, f_m\}$ 为 $\Re^n$ 上有限个光滑函数 f_i 取最大值. 记指标集 $I(\bar{x}) = \{i | f(\bar{x}) = f_i(\bar{x})\}$, 则有

$$\partial f(\bar{x}) = \mathrm{con}\{\nabla f_i(\bar{x}) : i \in I(\bar{x})\}, \quad \partial^\infty f(\bar{x}) = \{0\},$$

$$\mathrm{d}f(\bar{x})(w) = \max_{i\in I(\bar{x})}\langle\nabla f_i(\bar{x}), w\rangle = \max_{i\in I(\bar{x})}\mathrm{d}f_i(\bar{x})(w).$$

证明 集合 $E = \mathrm{epi}\ f$ 可视为 $\Re^{n+1}$ 中由约束 $g_i(x,\alpha) \leqslant 0,\ i = l, \cdots, m$ 刻画的约束集合, 其中 $g_i(x,\alpha) = f_i(x) - \alpha$. 应用定理 3.3 结合定理 3.9(a) 和定理 3.11 得到结论. ■

3.2.5 映射的图微分

对于集值映射, 类似于通过上图的变分几何定义函数的次导数和次微分一样, 可以通过图定义集值映射的导数.

定义 3.15 (图导数与伴同导数) 设映射 $S : \Re^n \rightrightarrows \Re^m$, 点 $\bar{x} \in \mathrm{dom}S$. S 在 $\bar{x}$ 点关于 $\bar{u} \in S(\bar{x})$ 的图导数 (graphical derivative)$\mathrm{D}S(\bar{x}|\bar{u}) : \Re^n \rightrightarrows \Re^m$ 定义为

$$z \in \mathrm{D}S(\bar{x}|\bar{u})(w) \Longleftrightarrow (w, z) \in T_{\mathrm{gph}S}(\bar{x}, \bar{u}),$$

伴同导数 (coderivative)$\mathrm{D}^*S(\bar{x}|\bar{u}) : \Re^n \rightrightarrows \Re^m$ 定义为

$$v \in \mathrm{D}^*S(\bar{x}|\bar{u})(y) \Longleftrightarrow (v, -y) \in N_{\mathrm{gph}S}(\bar{x}, \bar{u}).$$

若 S 在 $\bar{x}$ 点是单值的, 即 $S(\bar{x})=\{\bar{u}\}$, 则 $\mathrm{D}S(\bar{x}|\bar{u})$ 与 $\mathrm{D}^*S(\bar{x}|\bar{u})$ 可以简记为 $\mathrm{D}S(\bar{x})$ 与 $\mathrm{D}^*S(\bar{x})$. 类似地, 正则导数 (regular derivative)$\widehat{\mathrm{D}}(\bar{x}|\bar{u}):\Re^n \rightrightarrows \Re^m$ 和正则伴同导数 (regular coderivative)$\widehat{\mathrm{D}}^*(\bar{x}|\bar{u}):\Re^n \rightrightarrows \Re^m$ 定义为

$$z \in \widehat{\mathrm{D}}S(\bar{x}|\bar{u})(w) \Longleftrightarrow (w,z)\in \widehat{T}_{\mathrm{gph}S}(\bar{x},\bar{u}),$$

$$v \in \widehat{\mathrm{D}}^*S(\bar{x}|\bar{u})(y) \Longleftrightarrow (v,-y)\in \widehat{N}_{\mathrm{gph}S}(\bar{x},\bar{u}).$$

注记 3.1　如何理解伴同导数? 它是线性算子伴随运算在集值映射下的推广, 具体到表示 $\Re^n$ 到 $\Re^m$ 一线性算子的矩阵 A, 伴同导数就是转置运算. 具体地, 设 $\mathcal{A}:\mathcal{X}\to\mathcal{Y}$ 是一线性映射, 其中 $\mathcal{X}$ 与 $\mathcal{Y}$ 是有限维的 Hilbert 空间. 映射 $\mathcal{A}$ 的图为

$$\mathrm{gph}\,\mathcal{A}=\{(x,\mathcal{A}x):x\in\mathcal{X}\},$$

它是一线性空间, ghp $\mathcal{A}$ 在 $(\overline{x},\mathcal{A}\overline{x})$ 点处的法锥为

$$\begin{aligned}N_{\mathrm{ghp}\,\mathcal{A}}(\overline{x},\mathcal{A}\overline{x}) &= \{(x^*,y^*)\in\mathcal{X}\times\mathcal{Y}:\langle(x^*,y^*),(z,\mathcal{A}z)\rangle=0,\forall z\in\mathcal{X}\}\\ &= \{(x^*,y^*)\in\mathcal{X}\times\mathcal{Y}:\langle x^*,z\rangle+\langle y^*,\mathcal{A}z\rangle=0,\forall z\in\mathcal{X}\}\\ &= \{(x^*,y^*)\in\mathcal{X}\times\mathcal{Y}:\langle x^*+\mathcal{A}^*y^*,z\rangle=0,\forall z\in\mathcal{X}\}\\ &= \{(x^*,y^*)\in\mathcal{X}\times\mathcal{Y}:x^*+\mathcal{A}^*y^*=0\}.\end{aligned}$$

于是有

$$\begin{aligned}\mathrm{D}^*\mathcal{A}(\overline{x}\,|\,\mathcal{A}\overline{x})(y) &= \{v:(v,-y)\in N_{\mathrm{ghp}\,\mathcal{A}}(\overline{x},\mathcal{A}\overline{x})\}\\ &= \{v:v-\mathcal{A}^*y=0\}=\mathcal{A}^*y.\end{aligned}$$

图 3.2.4 给出一个集值映射 S 的图 G, 从 G 在点 $(\overline{x},\overline{u})$ 处的切锥和法锥可以描绘出图导数和伴同导数的图.

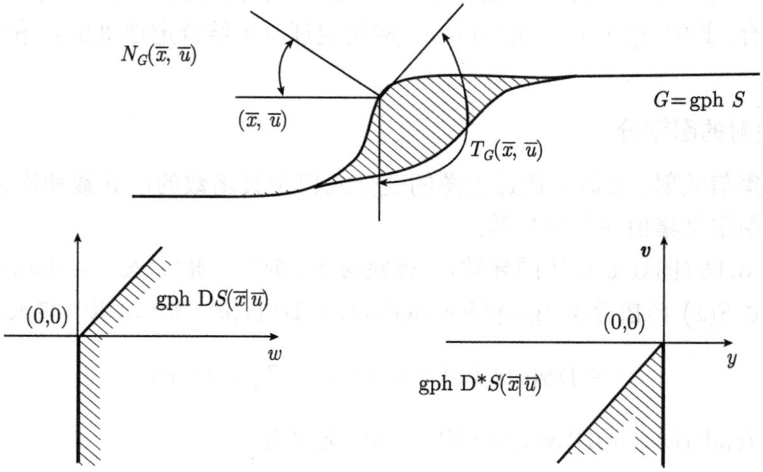

图 3.2.4　图微分

图导数和伴同导数还可以用另外的形式表述. 比如将 (3.2) 用于 $T_{\mathrm{gph}S}(\bar{x},\bar{u})$ 可推出下述公式

$$\mathrm{D}S(\bar{x}|\bar{u})(\bar{w}) = \limsup_{\tau\searrow 0, w\to\bar{w}} \frac{S(\bar{x}+\tau w)-\bar{u}}{\tau}. \tag{3.31}$$

差商 $\Delta_\tau S(\bar{x}|\bar{u})(w)$ 定义的映射 $\Delta_\tau S(\bar{x}|\bar{u}):\Re^n \rightrightarrows \Re^m$ 的图是 $[\mathrm{gph}\ S-(\bar{x},\bar{u})]/\tau$, 用图极限表达, 有

$$\mathrm{D}S(\bar{x}|\bar{u}) = \text{g-}\limsup_{\tau\searrow 0} \Delta_\tau S(\bar{x}|\bar{u}). \tag{3.32}$$

如果 gph S 在 $(\bar{x},\bar{u})$ 处是局部闭的, 可得

$$\widehat{\mathrm{D}}S(\bar{x}|\bar{u}) = \text{g-}\liminf_{(x,u)\overset{\mathrm{gphS}}{\to}(\bar{x},\bar{u})} \mathrm{D}S(x|u). \tag{3.33}$$

另一方面, 由锥 $\widehat{N}_{\mathrm{gph}S}(\bar{x},\bar{u})$ 的定义可得

$$\begin{aligned} &v\in \widehat{\mathrm{D}}^*S(\bar{x}|\bar{u})(y) \Longleftrightarrow \\ &\qquad \langle v, x-\bar{x}\rangle \leqslant \langle y, u-\bar{u}\rangle + \mathrm{o}(\|(x,u)-(\bar{x},\bar{u})\|), \quad \forall u\in S(x). \end{aligned} \tag{3.34}$$

再由 $N_{\mathrm{gph}S}(\bar{x},\bar{u})$ 的定义和法锥的外半连续性得

$$\begin{aligned} \mathrm{D}^*S(\bar{x}|\bar{u}) &= \text{g-}\limsup_{(x,u)\overset{\mathrm{gph}\,S}{\to}(\bar{x},\bar{u})} \widehat{\mathrm{D}}^*S(x|u) \\ &= \text{g-}\limsup_{(x,u)\overset{\mathrm{gph}\,S}{\to}(\bar{x},\bar{u})} \mathrm{D}^*S(x|u). \end{aligned} \tag{3.35}$$

很容易给出逆映射的图微分的下述表达式:

$$\begin{aligned} z\in \mathrm{D}S(\bar{x}|\bar{u})(w) &\Longleftrightarrow w\in \mathrm{D}(S^{-1})(\bar{u}|\bar{x})(z), \\ v\in \mathrm{D}^*S(\bar{x}|\bar{u})(y) &\Longleftrightarrow -y\in \mathrm{D}^*(S^{-1})(\bar{u}|\bar{x})(-v). \end{aligned} \tag{3.36}$$

当 $F:\Re^n\to\Re^m$ 是单值的, 公式 (3.31) 成为

$$\mathrm{D}F(\bar{x})(\bar{w}) = \limsup_{\tau\searrow 0, w\to\bar{w}} \frac{F(\bar{x}+\tau w)-F(\bar{x})}{\tau} \quad (\text{聚点集合}). \tag{3.37}$$

用序列极限, 可以表示

$$z\in \mathrm{D}F(\bar{x})(\bar{w}) \Longleftrightarrow \begin{cases} \exists w^\nu\to\bar{w},\ z^\nu\to z,\ \tau^\nu\searrow 0, \\ \text{满足} F(\bar{x}+\tau^\nu w^\nu) = F(\bar{x})+\tau^\nu z^\nu. \end{cases} \tag{3.38}$$

当 F 是连续的, (3.33) 与 (3.35) 中的图极限具体为

$$\widehat{\mathrm{D}}F(\bar{x}) = \text{g-}\liminf_{x\to\bar{x}} \mathrm{D}F(x), \quad \mathrm{D}^*F(\bar{x}) = \text{g-}\limsup_{x\to\bar{x}} \widehat{\mathrm{D}}^*F(x), \tag{3.39}$$

从而可得

$$
\begin{aligned}
& v \in \widehat{\mathrm{D}}^* F(\bar{x})(y) \\
\Longleftrightarrow\ & \langle v, x-\bar{x}\rangle \leqslant \langle y, F(x)-F(\bar{x})\rangle + \mathrm{o}(\|(x,F(x))-(\bar{x},F(\bar{x}))\|).
\end{aligned} \tag{3.40}
$$

正齐次映射 H(一般为集值映射) 可由下述性质来刻画

$$
0 \in H(0) \text{且} H(\lambda w) = \lambda H(w), \quad \text{对任意的} \lambda > 0 \text{和} w \text{成立}. \tag{3.41}
$$

命题 3.12(正齐次映射) 映射 $H : \Re^n \rightrightarrows \Re^m$ 为正齐次的充要条件是gph H 为锥, 此时必有 $H(0)$ 与dom H 为锥 (可能有 $H(0) = \{0\}$ 或dom $H = \Re^n$). 这样的映射 H 是图凸的当且仅当它满足

$$
H(w_1 + w_2) \supset H(w_1) + H(w_2), \quad \forall w_1, w_2. \tag{3.42}
$$

若 H 是图凸的且 $H(0) = \{0\}$, dom $H = \Re^n$, 则 H 一定为线性映射: 存在一个 $(m \times n)$- 矩阵 A, 满足 $H(w) = Aw$ 对任意的 w 成立.

证明 关于正齐次性与 gph H 的锥的性质的联系是显然的. 关于dom H 和 $H(0)$ 的刻画也易得到. 在图凸情况下的包含关系由定理 1.13 可以推出. 尤其, $H(0) \supset H(w) + H(-w)$ 对任意的 w 成立. 当 $H(0) = \{0\}$ 且对任意 w, $H(w) \neq \varnothing$ 时, 有 $H(w)$ 对任意的 w 均是单点集. 此时不仅有 $H(\lambda w) = \lambda H(w)$ 对 $\lambda > 0$ 成立, 还有 $H(-w) = -H(w)$, $H(w_1 + w_2) = H(w_1) + H(w_2)$. 这意味着 H 是线性映射. ■

如果集值映射 H 既正齐次又图凸的, 则它称为是次线性的 (sublinear). 次线性映射可由 (3.41) 与 (3.42) 两式刻画, 或者可以几何理解为图是凸锥的映射.

命题 3.13 (图导数与伴同导数的基本性质) 设映射 $S : \Re^n \rightrightarrows \Re^m$, 点 $\bar{x} \in$ dom$S$, $\bar{u} \in S(\bar{x})$, 有映射 $\mathrm{D}S(\bar{x}|\bar{u})$, $\widehat{\mathrm{D}}S(\bar{x}|\bar{u})$, $\mathrm{D}^*S(\bar{x}|\bar{u})$ 和 $\widehat{\mathrm{D}}^*S(\bar{x}|\bar{u})$ 是外半连续、正齐次的, 并且 $\widehat{\mathrm{D}}S(\bar{x}|\bar{u})$, $\widehat{\mathrm{D}}^*S(\bar{x}|\bar{u})$ 是图凸的, 进而是次线性的, 且

$$
\widehat{\mathrm{D}}S(\bar{x}|\bar{u})(w) \subset \mathrm{D}S(\bar{x}|\bar{u})(w), \quad \widehat{\mathrm{D}}^*S(\bar{x}|\bar{u})(y) \subset \mathrm{D}^*S(\bar{x}|\bar{u})(y).
$$

若gph S 在 $(\bar{x}, \bar{u})$ 是局部闭的, 特别地, 若 S 是外半连续的, 有

$$
\begin{aligned}
& v \in \widehat{\mathrm{D}}^*S(\bar{x}|\bar{u})(y) \Longleftrightarrow \langle v, w\rangle \leqslant \langle y, z\rangle, \quad \text{当} z \in \mathrm{D}S(\bar{x}|\bar{u})(w), \\
& z \in \widehat{\mathrm{D}}S(\bar{x}|\bar{u})(w) \Longleftrightarrow \langle v, w\rangle \leqslant \langle y, z\rangle, \quad \text{当} v \in \mathrm{D}^*S(\bar{x}|\bar{u})(y).
\end{aligned} \tag{3.43}
$$

证明 注意到, 当 S 是外半连续的, 对于 $\bar{u} \in S(\bar{x})$, gph S 在 $(\bar{x}, \bar{u})$ 处是局部闭的. 由切锥、正则切锥、正则法锥与法锥的定义以及图导数和伴同导数的定义即可得到所有的结论. ■

(3.43) 中的公式可以理解为一般的“伴随”关系. 对任意一个次线性映射 $H: \Re^n \rightrightarrows \Re^m$, 它的上伴随 (upper adjoint)$H^{*+}: \Re^m \rightrightarrows \Re^n$ 总是次线性、外半连续的, 有如下定义:

$$H^{*+}(y) = \{v \mid \langle v, w\rangle \leqslant \langle z, y\rangle, \text{当} z \in H(w)\}.$$

下伴随 (lower adjoint)$H^{*-}: \Re^m \rightrightarrows \Re^n$ 同样也是次线性、外半连续的,

$$H^{*-}(y) = \{v \mid \langle v, w\rangle \geqslant \langle z, y\rangle, \text{当} z \in H(w)\}.$$

这些伴随映射的图与 gph H 的极锥并不一致, 只有当 gph H 与它的极锥都是子空间时 (此时称 H 是一个广义线性映射, generalized linear mapping), 通过改变某些分量的符号可保证两者一致. 当然, 即使不具备上述性质, 等式 $(H^{*+})^{*-} = (H^{*-})^{*+} = \text{cl}\, H$ 也是成立的.

在上下伴随的符号下, 公式 (3.43) 意味着

$$\widehat{\mathrm{D}}^* S(\bar{x}|\bar{u}) = \mathrm{D}S(\bar{x}|\bar{u})^{*+}, \quad \widehat{\mathrm{D}}S(\bar{x}|\bar{u}) = \mathrm{D}^* S(\bar{x}|\bar{u})^{*-}.$$

图 3.2.5 揭示了外半连续映射的图导数与伴同导数的共轭关系.

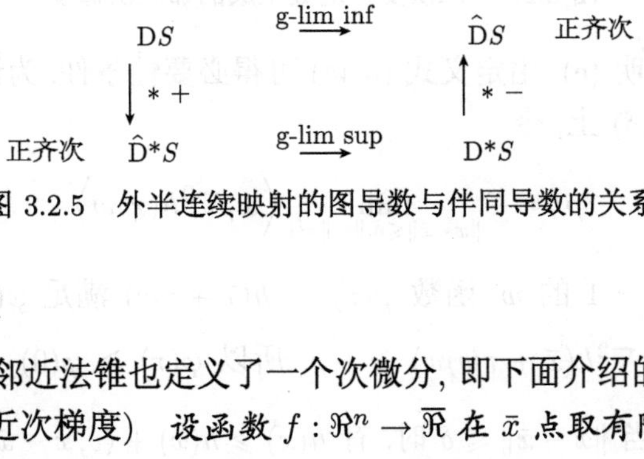

图 3.2.5 外半连续映射的图导数与伴同导数的关系

3.2.6 邻近次梯度

函数的上图的邻近法锥也定义了一个次微分, 即下面介绍的邻近次微分.

定义 3.16 (邻近次梯度) *设函数 $f: \Re^n \to \overline{\Re}$ 在 $\bar{x}$ 点取有限值, 称向量 v 为 f 在 $\bar{x}$ 点的邻近次梯度* (proximal subgradients), *若存在 $\rho > 0$ 和 $\delta > 0$, 满足*

$$f(x) \geqslant f(\bar{x}) + \langle v, x - \bar{x}\rangle - \frac{1}{2}\rho\|x - \bar{x}\|^2, \quad \text{当} \|x - \bar{x}\| \leqslant \delta. \tag{3.44}$$

命题 3.14 (邻近次梯度的刻画)

(a) *向量 v 是 f 在 $\bar{x}$ 点的邻近次梯度当且仅当 $(v, -1)$ 是 epi$f$ 在 $(\bar{x}, f(\bar{x}))$ 点处的邻近法向量.*

(b) *向量 v 是 δ_C 在 $\bar{x}$ 点的邻近次梯度当且仅当 v 是 C 在 $\bar{x}$ 点的邻近法向量.*

(c) *向量 v 是 f 在 $\bar{x}$ 点的邻近次梯度当且仅当在 $\bar{x}$ 的某邻域上存在一个 C^2 函数 $h \leqslant f$, 满足 $h(\bar{x}) = f(\bar{x})$, $\nabla h(\bar{x}) = v$.*

(d) 向量 v 是 C 在 $\bar{x}$ 点的邻近法向量当且仅当在 $\bar{x}$ 的某邻域上存在一个 $\mathcal{C}^2$ 函数 h, 满足 $\nabla h(\bar{x}) = v$ 且以 $\bar{x}$ 为其在 C 上的一个局部极大点.

(e) f 在 $\bar{x}$ 点的所有邻近次梯度构成 $\widehat{\mathrm{d}}f(\bar{x})$ 的凸子集.

(f) 设 f 是邻近有界的, 若 f 在某点具有邻近次梯度, 则存在 $\lambda > 0$, 使得 f 在该点处是 λ-邻近的, 即该点属于 $\cup_{\lambda>0}\mathrm{rge}P_\lambda f$. 事实上, 若 $x \in P_\lambda f(w)$, 向量 $v = \lambda^{-1}[w - x]$ 是 $\bar{x}$ 点的邻近次梯度且满足

$$f(x') \geqslant f(x) + \langle v, x' - x\rangle - \frac{1}{2}\lambda^{-1}\|x' - x\|^2, \quad \forall x' \in \Re^n.$$

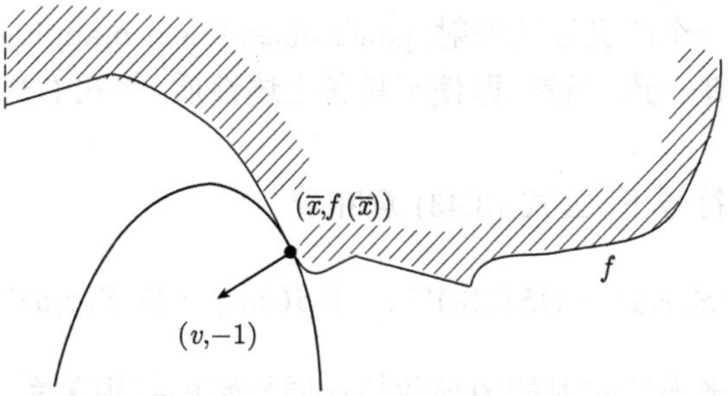

图 3.2.6 二次支撑函数生成的邻近次梯度

证明 首先证明 (c), 由定义式 (3.44) 可得必要性条件. 为证明充分条件, 将 h 限制在单位球 $\mathbf{B}(\bar{x}, \delta)$ 上, 令

$$\rho := -\min_{\|x-\bar{x}\|\leqslant\delta, \|w\|=1} \Big\langle w, \nabla^2 h(x) w\Big\rangle.$$

对任意的满足 $\|w\| = 1$ 的 w, 函数 $\varphi(\tau) := h(\bar{x} + \tau w)$ 满足 $\varphi(0) = f(\bar{x})$, $\varphi'(0) = \langle v, w\rangle$, $\varphi''(\tau) = \langle w, \nabla^2 h(\bar{x} + \tau w) w\rangle \geqslant -\rho$, 所以 $\varphi(\tau) \geqslant \varphi(0) + \varphi'(0)\tau - \dfrac{1}{2}\rho\tau^2$ 对 $0 \leqslant \tau \leqslant \delta$ 成立. 故当 $\|x - \bar{x}\| \leqslant \delta$ 时, 有 $h(x) \geqslant h(\bar{x}) + \langle v, x - \bar{x}\rangle - \dfrac{1}{2}\rho\|x - \bar{x}\|^2$. 因为对 $x \in \mathbf{B}(\bar{x}, \delta)$ 有 $f(x) \geqslant h(x)$ 而且 $f(\bar{x}) = h(\bar{x})$, 故 v 是 f 在 $\bar{x}$ 点的邻近次梯度.

下面证明 (b) 与 (d). 若 v 是 δ_C 在 $\bar{x}$ 点的邻近次梯度, 则存在 $\rho > 0$ 和 $\delta > 0$, 满足 (3.44) 式对 $f = \delta_C$ 成立. 令 $\varepsilon := 1/\rho$, 则当 $x \in C$ 且 $\|x - \bar{x}\| \leqslant \delta$ 时有 $2\varepsilon\langle v, x - \bar{x}\rangle \leqslant \|x - \bar{x}\|^2$. 由于 $\|x - \bar{x}\| \geqslant \delta$ 时, $\langle v, x - \bar{x}\rangle \leqslant \|x - \bar{x}\|\|v\|$, 故对 $\tau := \min\{\varepsilon, \delta/2\|v\|\}$, 有 $2\tau\langle v, x - \bar{x}\rangle \leqslant \|x - \bar{x}\|^2$ 对 $x \in C$ 成立, 所以

$$0 \leqslant \|x - \bar{x}\|^2 - 2\tau\langle v, x - \bar{x}\rangle = \|x - (\bar{x} + \tau v)\|^2 - \tau^2\|v\|^2, \quad \forall x \in C. \tag{3.45}$$

这意味着 $\bar{x} \in P_C(\bar{x} + \tau v)$; 故 v 是 C 在 $\bar{x}$ 点的邻近法向量. 另一方面, 若后者成立, 则 (3.45) 对某一 $\tau > 0$ 成立, $\mathcal{C}^2$ 函数 $h(x) := -(1/2\tau)\|x - (\bar{x} + \tau v)\|^2$ 在 $\bar{x}$ 点达到

C 上的最大值且 $\nabla h(\bar{x}) = v$. 则 v 满足 (d) 中的条件. 反之, 若 v 满足 (d) 中的条件, h 为相应的 $\mathcal{C}^2$ 函数, 令 $h_0(x) := h(x) - h(\bar{x})$, 则对 $\bar{x}$ 的邻域中的任意 x, 成立着 $\delta_C(x) \geqslant h_0(x)$. 而 $\delta_C(\bar{x}) = h_0(\bar{x})$, 将 (c) 应用到 δ_C 和 h_0, 得到 v 是 δ_C 在 $\bar{x}$ 的邻近次梯度. 故 (b) 与 (d) 成立.

下面证 (a). 注意到若 v 是 f 在 $\bar{x}$ 点的邻近次梯度, 即 (3.44) 式对某个 $\rho > 0$, $\delta > 0$ 成立, $\mathcal{C}^2$ 函数 $h(x, \alpha) := f(\bar{x}) + \langle v, x - \bar{x} \rangle - \frac{1}{2}\rho\|x - \bar{x}\|^2 - \alpha$在 $(\bar{x}, f(\bar{x}))$ 点达到 epi f 上的局部最大值, 且 $\nabla h(\bar{x}, f(\bar{x})) = (v, -1)$. 故由 (d) 知 $(v, -1)$ 是 epi f 在 $(\bar{x}, f(\bar{x}))$ 的邻近法向量. 反之, 若 $(v, -1)$ 是 epi f 在 $(\bar{x}, f(\bar{x}))$ 点的邻近法向量, 则存在 $\tau > 0$ 使得 $(\bar{x}, f(\bar{x})) + \tau(v, -1)$ 点附近的半径为 τ 的球与 epi f 只交于点 $(\bar{x}, f(\bar{x}))$. 这个球的上表面是定义在 $\bar{x}$ 邻域上的 $\mathcal{C}^2$ 函数 $h \leqslant f$ 的图, 且 $h(\bar{x}) = f(\bar{x})$, $\nabla h(\bar{x}) = v$. 由 (c) 知 v 是 f 在 $\bar{x}$ 点的邻近次梯度.

(e) 中凸性的结论不难证明, 下证 (f). 不妨设 $f \not\equiv \infty$. 邻近有界性可推出 f 是正常的且包络函数 $e_\lambda f$ 对 $\lambda \in (0, \lambda_f)$ 是有限的 (参考后面的练习 9.1). 则对任意的 $\bar{x}$, $f(x) \geqslant e_\lambda f(\bar{x}) - (1/2\lambda)\|x - \bar{x}\|^2, \forall x$. 若还有 v 是 $\bar{x}$ 点的邻近次梯度, (3.44) 式成立, 则可以得到下述全局不等式

$$f(x) \geqslant f(\bar{x}) + \langle v, x - \bar{x} \rangle - \frac{1}{2\bar{\lambda}}\|x - \bar{x}\|^2, \quad \forall x,$$

其中 $\bar{\lambda} > 0$ 选取得充分小, 满足 $\bar{\lambda}^{-1} > \rho$ 和 $f(\bar{x}) + \|v\|\tau - (1/2\bar{\lambda}^2)\tau^2 \leqslant e_\lambda f(\bar{x}) - (1/2\lambda)\tau^2$ 对任意的 $\tau \geqslant \delta$ 成立. 令 $w = \bar{x} + \bar{\lambda}w$, 则 $v = \bar{\lambda}^{-1}[w - \bar{x}]$, 故上述全局不等式可表达为 $f(\bar{x}) + (1/2\bar{\lambda})\|\bar{x} - w\|^2 \leqslant f(x) + (1/2\bar{\lambda})\|x - w\|^2, \forall x$, 或换言之, $\bar{x} \in P_{\bar{\lambda}}f(w)$.

反之, 若 $\bar{x} \in P_\lambda f(w)$, $\lambda > 0$, 则 $f(\bar{x}) + (1/2\lambda)\|\bar{x} - w\|^2 \leqslant f(x) + (1/2\bar{\lambda})\|x - w\|^2$ 对任意的 x 成立且 $f(\bar{x})$ 为有限值. 所以对 $v = \lambda^{-1}[w - \bar{x}]$, 有 $f(x) \geqslant f(\bar{x}) + \langle v, x - \bar{x} \rangle - (1/2\lambda)\|x - \bar{x}\|^2$, 这也说明 v 是 $\bar{x}$ 点的邻近次梯度. ■

3.2.7 Clarke 次梯度

Clarke 次梯度与地平次梯度: 若函数 f 不是正则的, 利用 Clarke 正则法锥

$$\overline{N}_{\mathrm{epi}f}(\bar{x}, f(\bar{x})) = \mathrm{cl\ con}N_{\mathrm{epi}f}(\bar{x}, f(\bar{x}))$$

(参见练习 3.4) 可以定义满足对偶性的某种次梯度. f 在 $\bar{x}$ 点的 Clarke 次梯度 (Clarke subgradient) 与 Clarke 地平次梯度 (Clarke horizon subgradient) 分别定义为

$$\begin{aligned} \overline{\partial} f(\bar{x}) &:= \{v | (v, -1) \in \overline{N}_{\mathrm{epi}f}(\bar{x}, f(\bar{x}))\}, \\ \overline{\partial}^\infty f(\bar{x}) &:= \{v | (v, 0) \in \overline{N}_{\mathrm{epi}f}(\bar{x}, f(\bar{x}))\}. \end{aligned} \tag{3.46}$$

定理 3.17 (Clarke 次梯度) 设 $f:\Re^n\to\overline{\Re}$ 在 $\bar{x}$ 点局部下半连续且取有限值. 则 $\overline{\partial} f(\bar{x})$ 是闭凸集, $\overline{\partial}^\infty f(\bar{x})$ 是闭凸锥, 且

$$\overline{\partial} f(\bar{x}):=\{v|\langle v,w\rangle\leqslant \widehat{\mathrm{d}}f(\bar{x})(w),\ \forall w\in\Re^n\},$$

$$\overline{\partial}^\infty f(\bar{x})=\{v|\langle v,w\rangle\leqslant 0,\ \forall w\in \mathrm{dom}\,\widehat{\mathrm{d}}f(\bar{x})\}.$$

进一步, 只要 $\overline{\partial} f(\bar{x})\neq\varnothing$ 或等价地 $\partial f(\bar{x})\neq\varnothing$, 则有 $\overline{\partial}^\infty f(\bar{x})=\overline{\partial} f(\bar{x})^\infty$, 且此时

$$\widehat{\mathrm{d}}f(\bar{x})(w)=\sup\langle\overline{\partial} f(\bar{x}),w\rangle,\quad \forall w\in\Re^n.$$

当锥 $\overline{\partial}^\infty f(\bar{x})$ 是点锥, 这与 $\partial^\infty f(\bar{x})$ 是点锥等价, 此时有表达式

$$\overline{\partial} f(\bar{x})=\mathrm{con}\partial f(\bar{x})+\mathrm{con}\partial^\infty f(\bar{x}),\quad \overline{\partial}^\infty f(\bar{x})=\mathrm{con}\partial^\infty f(\bar{x}).$$

证明 定理的第一部分论述由定义式 (3.46) 结合 $\overline{N}_{\mathrm{epi}f}(\bar{x},f(\bar{x}))=\widehat{T}_{\mathrm{epi}f}(\bar{x},f(\bar{x}))^*$ (参见练习 3.4) 与 $\mathrm{epi}\,\widehat{\mathrm{d}}f(\bar{x})=\widehat{T}_{\mathrm{epi}f}(\bar{x},f(\bar{x}))$(参见定理 3.12(a)) 得到. 由于函数 $\widehat{\mathrm{d}}f(\bar{x})$ 是下半连续次线性的 (参见定理 3.13), 利用定理 3.15 中关于支撑函数的理论, 由 $\widehat{\mathrm{d}}f(\bar{x})$ 所表示的 $\overline{\partial} f(\bar{x})$ 的公式可以推出, 只要 $\overline{\partial} f(\bar{x})$ 非空, 则 $\widehat{\partial} f(\bar{x})(w)$ 就是定理中所论述的上确界. 因为 $\overline{N}_{\mathrm{epi}f}(\bar{x},f(\bar{x}))=\mathrm{clcon}N_{\mathrm{epi}f}(\bar{x},f(\bar{x}))$, 且由定理 3.11 知

$$N_{\mathrm{epi}f}(\bar{x},f(\bar{x}))=\{\lambda(v,-1):v\in\partial f(\bar{x}),\lambda>0\}\cup\{(v,0):v\in\partial^\infty f(\bar{x})\},\qquad(3.47)$$

显然 $\overline{\partial} f(\bar{x})\neq\varnothing$ 当且仅当 $\partial f(\bar{x})\neq\varnothing$. 同时还有 $N_{\mathrm{epi}f}(\bar{x},f(\bar{x}))$ 是点锥当且仅当 $\partial^\infty f(\bar{x})$ 是点锥. 则 $\overline{N}_{\mathrm{epi}f}(\bar{x},f(\bar{x}))$ 也是点锥且等于 $\mathrm{con}N_{\mathrm{epi}f}(\bar{x},f(\bar{x}))$, 故 $\overline{\partial}^\infty f(\bar{x})$ 是点锥. 反之, $\overline{\partial}^\infty f(\bar{x})$ 为点锥可保证 $\partial^\infty f(\bar{x})$ 是点锥, 这是因为 $\overline{\partial}^\infty f(\bar{x})\supset\partial^\infty f(\bar{x})$. 由于 $\overline{N}_{\mathrm{epi}f}(\bar{x},f(\bar{x}))$ 与 $\mathrm{con}N_{\mathrm{epi}f}(\bar{x},f(\bar{x}))$ 相等, 故由 (3.47) 可以得到关于 $\overline{\partial} f(\bar{x})$ 与 $\overline{\partial}^\infty f(\bar{x})$ 的凸包公式. ■

3.2.8 基本链式法则

下面的定理讨论了复合函数 $f(x)=(g\circ F)(x)$ 的次微分与次导数的链式法则, 其中内层映射 F 是光滑映射.

定理 3.18 (基本链式法则) 设 $f(x)=g(F(x))$, 其中 $g:\Re^m\to\overline{\Re}$ 是正常的下半连续函数, $F:\Re^n\to\Re^m$ 是光滑映射. 则 $\forall\bar{x}\in\mathrm{dom}\,f=F^{-1}(\mathrm{dom}g)$, 有

$$\widehat{\partial} f(\bar{x})\supset\mathcal{J}F(\bar{x})^*\widehat{\partial} g(F(\bar{x})),$$

$$\mathrm{d}f(\bar{x})(w)\geqslant\mathrm{d}g(F(\bar{x}))(\mathcal{J}F(\bar{x})w).$$

若满足 $y \in \partial^\infty g(F(\bar{x}))$ 且 $\mathcal{J}F(\bar{x})^* y = 0$ 的 y 只有 $y = 0$(当 g 为凸函数且dom g 不能从线性映射 $w \to F(\bar{x}) + \mathcal{J}F(\bar{x})w$ 的值域中被分离时成立), 则还有

$$\partial f(\bar{x}) \subset \mathcal{J}F(\bar{x})^* \partial g(F(\bar{x})),$$

$$\partial^\infty f(\bar{x}) \subset \mathcal{J}F(\bar{x})^* \partial^\infty g(F(\bar{x})),$$

$$\widehat{\mathrm{d}} f(\bar{x})(w) \leqslant \widehat{\mathrm{d}} g(F(\bar{x}))(\mathcal{J}F(\bar{x})w).$$

进一步, 若还有 g 在 $F(\bar{x})$ 点正则, 则 f 在 $\bar{x}$ 点正则, 且

$$\partial f(\bar{x}) = \mathcal{J}F(\bar{x})^* \partial g(F(\bar{x})),$$

$$\partial^\infty f(\bar{x}) = \mathcal{J}F(\bar{x})^* \partial^\infty g(F(\bar{x})),$$

$$\mathrm{d} f(\bar{x})(w) = \mathrm{d} g(F(\bar{x}))(\mathcal{J}F(\bar{x})w).$$

证明 设 $\overline{F} : \Re^n \times \Re \to \Re^m \times \Re$ 为光滑映射, 定义为 $\overline{F}(x, \alpha) = (F(x), \alpha)$, 则 epi $f = \overline{F}^{-1}$(epi g). 由定理 3.3 和定理 3.6 知, 利用 Jacobi 矩阵

$$\mathcal{J}\overline{F}(\bar{x}, f(\bar{x})) = \begin{bmatrix} \mathcal{J}F(\bar{x}) & 0 \\ 0 & 1 \end{bmatrix},$$

epi f 在 $(\bar{x}, f(\bar{x}))$ 点的法锥和切锥可以通过计算 epi f 在 $(F(\bar{x}), g(F(\bar{x})))$ 点的法锥和切锥来得到. 将定理 3.9 和定理 3.11 应用到这里的切锥与法锥中可以得到结论.

关于凸情形的特殊论述的证明如下. 若 g 是凸函数, $\partial^\infty g(F(\bar{x}))$ 中的向量 $y \neq 0$(若存在) 与凸集 dom g 在 $F(\bar{x})$ 点处的支撑超平面正交 (参见定理 3.1). 而这样的向量满足 $\mathcal{J}F(\bar{x})^* y = 0$ 当且仅当它与仿射集 $M = \{F(\bar{x}) + \mathcal{J}F(\bar{x})w : w \in \Re^n\}$(通过 $\bar{x}$ 点) 正交. 这意味着存在超平面 $H = \{w : \langle y, w - F(\bar{x})\rangle = 0\}$ 可以分离 dom g 与 M. ■

练习 3.10 (坐标变换) 设 $f(x) = g(F(x))$, 其中 $g : \Re^m \to \overline{\Re}$ 是正常的下半连续函数, $F : \Re^n \to \Re^m$ 为光滑映射. 设 f 在 $\bar{x}$ 点取有限值且 $\mathcal{J}F(\bar{x})$ 秩为 m. 则

$$\widehat{\partial} f(\bar{x}) = \mathcal{J}F(\bar{x})^* \widehat{\partial} g(F(\bar{x})),$$

$$\partial f(\bar{x}) = \mathcal{J}F(\bar{x})^* \partial g(F(\bar{x})),$$

$$\partial^\infty f(\bar{x}) = \mathcal{J}F(\bar{x})^* \partial^\infty g(F(\bar{x})),$$

$$\mathrm{d} f(\bar{x})(w) = \mathrm{d} g(F(\bar{x}))(\mathcal{J}F(\bar{x})w),$$

$$\widehat{\mathrm{d}} f(\bar{x})(w) = \widehat{\mathrm{d}} g(F(\bar{x}))(\mathcal{J}F(\bar{x})w),$$

特别地, f 在 $\bar{x}$ 点正则当且仅当 g 在 $F(\bar{x})$ 点正则.

证明 利用定理 3.18 结合练习 3.1 与练习 3.3 得到. ■

练习 3.11 (a) 设 f_i 在 $\bar{x}$ 点半可微, 系数 $\lambda_i \in \Re$, $i = 1, \cdots, m$. 则函数 $f = \lambda_1 f_1 + \cdots + \lambda_m f_m$ 在 $\bar{x}$ 点半可微且 $\mathrm{d}f(\bar{x})(w) = \lambda_1 \mathrm{d}f_1(\bar{x})(w) + \cdots + \lambda_m \mathrm{d}f_m(\bar{x})(w)$.

(b) 设 F 光滑且 g 在 $F(\bar{x})$ 点处半可微, 则 $f = g \circ F$ 在 $\bar{x}$ 点半可微并且有 $\mathrm{d}f(\bar{x})(w) = \mathrm{d}g(F(\bar{x}))(\mathcal{J}F(\bar{x})w)$. 若 F 在 $\bar{x}$ 点只是半可微的, 则 f 在 $\bar{x}$ 点半可微且 $\mathrm{d}f(\bar{x})(w) = \mathrm{d}g(F(\bar{x}))(\mathrm{d}F(\bar{x})(w))$.

(c) 设 f_i 在 $\bar{x}$ 点半可微, $i = 1, \cdots, m$. 则 $f = \max\{f_1, \cdots, f_m\}$ 在 $\bar{x}$ 点也是半可微的, 且 $\mathrm{d}f(\bar{x})(w) = \max\limits_{i \in I(\bar{x})} \mathrm{d}f_i(\bar{x})(w)$, 其中 $I(\bar{x}) = \{i : f_i(\bar{x}) = f(x)\}$. 若将 max 变为 min, 上述结论亦成立.

证明 由定义 3.9 和半可微性的刻画得到 (a) 与 (b). (c) 可由 (b) 取 $g =$ vecmax 推出. ■

例 3.6 (特征值函数的半可微性) 设 $m \times m$ 对称矩阵 $A(x)$ 中的每个元素均是变量为开集 $\mathcal{O} \subset \Re^n$ 中的向量 x 的 $\mathcal{C}^1$ 函数. 设 $\lambda_1(x) \geqslant \lambda_2(x) \geqslant \cdots \geqslant \lambda_m(x)$ 为 $A(x)$ 的特征值. 则 λ_k 在 $\mathcal{O}$ 上是严格连续 (见后面的定义 4.1) 且半可微的.

细节 对例 1.3 中定义在 m 维对称矩阵空间 $\Re^{m\times m}_{\rm sym}$ 上的有限凸函数 Λ_k, 有

$$\lambda_1(x) = \Lambda_1(A(x)), \lambda_k = \Lambda_k(A(x)) - \Lambda_{k-1}(A(x))\text{对}k := 2, \cdots, m\text{成立}.$$

由于从 $\Re^n$ 到 $\mathbb{S}^m$ 的映射 $x \to A(x)$ 是光滑的, 注意到有限凸函数是半可微的, 利用练习 3.11(a)(b) 可以得到特征值函数的半可微性. ■

第 4 章 Lipschitz 性质

这一章分单值映射和集值映射两种情况讨论 Lipschitz 性质. 对单值 Lipschitz 函数, Clarke(1983) 定义了它的广义方向导数 (正则次导数)、广义梯度 (即 Clarke 次梯度), 给出了 Lipschitz 函数的中值定理、反函数定理等, 还研究了 Lipschitz 函数优化问题的最优性理论, 进一步, 对单值 Lipschitz 映射也定义了广义微分 (广义 Jacobi). 因此单值 Lipschitz 函数的重要性是毋庸置疑的. 对集值映射, 它的 Lipschitz 性质也是很重要的, 各种系统的稳定性的分析是它的一个重要的应用. 作为集值映射的 Lipschitz 性质之一的 Aubin 性质 (被 Mordukhovich(2006) 称为类 Lipschitz 性质) 尤其重要, 刻画这一性质的 Mordukhovich 准则是本章的重点.

4.1 单值映射的 Lipschitz 连续性

定义 4.1 (Lipschitz 连续与严格连续) 设 F 为从集合 $D \subset \Re^n$ 到 $\Re^m$ 上的单值映射. 设 $X \subset D$.

(a) F 在 X 上是 Lipschitz 连续的, 若存在 $\kappa \in \Re_+ = [0, \infty)$, 满足

$$\|F(x') - F(x)\| \leqslant \kappa \|x' - x\|, \quad \forall x, x' \in X.$$

其中 κ 称为 F 在 X 上的 Lipschitz 常数.

(b) F 在 $\bar{x}$ 点相对于 X 是严格连续的, 若 $\bar{x} \in X$ 且值

$$\mathrm{lip}_X F(\bar{x}) := \limsup_{x, x' \xrightarrow{X} \bar{x}, x \neq x'} \frac{\|F(x') - F(x)\|}{\|x' - x\|}$$

是有限的. 称 F 在 $\bar{x}$ 点严格连续 (不必相对于 X), 若 $\bar{x} \in \mathrm{int} D$ 且值

$$\mathrm{lip} F(\bar{x}) := \limsup_{x, x' \to \bar{x}, x \neq x'} \frac{\|F(x') - F(x)\|}{\|x' - x\|}$$

有限. 这里 $\mathrm{lip} F(\bar{x})$ 是 F 在 $\bar{x}$ 点的 Lipschitz 系数, $\mathrm{lip}_X F(\bar{x})$ 是相对于 X 的 Lipschitz 系数.

(c) F 相对于 X 是严格连续的, 若对每个 $\bar{x} \in X$, 都有 F 在 $\bar{x}$ 点相对于 X 严格连续.

练习 4.1 (不动点处的收敛速率) 设集合 $D \subset \Re^n$, $F : D \to \Re^n$ 具有不动点 $\bar{x} \in \mathrm{int} D$, 并且 $\mathrm{lip}\ F(\bar{x}) < 1$.

对充分小的 $\delta>0$, F 在集合 $\mathbf{B}(\bar{x},\delta)$ 上是压缩的并且 $F(\mathbf{B}(\bar{x},\delta))\subset\mathbf{B}(\bar{x},\delta)$. 对这样的 δ 以及任意的 $x^0\in\mathbf{B}(\bar{x},\delta)$, 由 $x^\nu=F(x^{\nu-1})$ 生成的序列 $\{x^\nu\}_{\nu\in\mathbf{N}}$ 收敛到 $\bar{x}$ 且要么有限步后达到点 $\bar{x}$, 要么有收敛速率

$$\limsup_{\nu\to\infty}\frac{\|x^\nu-\bar{x}\|}{\|x^{\nu-1}-\bar{x}\|}\leqslant \mathrm{lip}F(\bar{x}).$$

证明　利用定义 4.1 中 $\mathrm{lip}F(\bar{x})$ 的定义可以得证. ■

对于增广实值函数 $f:\Re^n\to\overline{\Re}$, 也可以定义 lip f, 只要在公式

$$\mathrm{lip}f(\bar{x}):=\limsup_{x,x'\to\bar{x},x\neq x'}\frac{|f(x')-f(x)|}{\|x'-x\|}$$

中约定, 若 $f(x')$ 或者 $f(x)$ 是 ∞(可能都为 ∞), 则 $|f(x')-f(x)|$ 为 ∞. 这种约定与第一章中的约定是吻合的, 这使得 lip f 在 $\Re^n$ 上是上半连续的, 且

$$\mathrm{lip}f(\bar{x}):=\infty,\quad 若\bar{x}\notin \mathrm{int}\,(\mathrm{dom}\,f). \tag{4.1}$$

定理 4.1(光滑映射的严格连续性)　设 $\mathcal{O}\subset\Re^n$ 为开集. 若 $F:\mathcal{O}\to\Re^m$ 是 $\mathcal{C}^1$ 函数, 则 F 在 $\mathcal{O}$ 上严格连续且

$$\mathrm{lip}F(x)=\|\mathcal{J}F(x)\|,\quad \forall x\in\mathcal{O}.$$

特别地, 对实值函数 $f:\mathcal{O}\to\Re$, 若 f 是 $\mathcal{C}^2$ 函数, 则映射 $\nabla f:\mathcal{O}\to\Re^n$ 在 $\mathcal{O}$ 上也是严格连续的, 并且

$$\mathrm{lip}\nabla f(x)=\|\nabla^2 f(x)\|,\quad \forall x\in\mathcal{O}.$$

证明　令 $w=(x'-x)/\|x'-x\|$, $\tau=\|x'-x\|$, 则 $\|w\|=1$, 且表达式 $\|F(x')-F(x)\|/\|x'-x\|$ 可以表示为 $\|F(x+\tau w)-F(x)\|/\tau$. 选取充分小的 $\delta>0$, 使得当 $\|x-\bar{x}\|\leqslant\delta,\tau\in[0,\delta]$ 时, 有 $x+\tau w\in\mathcal{O}$. 对任意满足 $\|y\|=1$ 的 $y\in\Re^m$, 对光滑函数 $\phi(\tau)=\langle y,F(x+\tau w)\rangle$ 应用中值定理, 则有

$$\begin{aligned}\Big\langle y,[F(x+\tau w)-F(x)]/\tau\Big\rangle&=\Big[\Big\langle y,F(x+\tau w)\Big\rangle-\Big\langle y,F(x)\Big\rangle\Big]/\tau\\&=\langle y,\mathcal{J}F(x+\sigma w)w\rangle\end{aligned}$$

对某个 $\sigma\in(0,\tau)$ 成立. 由此,

$$\langle y,[F(x+\tau w)-F(x)]/\tau\rangle\leqslant\|y\|\|\mathcal{J}F(x+\sigma w)\|\|w\|=\|\mathcal{J}F(x+\sigma w)\|.$$

上式对所有满足 $\|y\|=1$ 的 y 取最大值, 得到 $\|[F(x+\tau w)-F(x)]/\tau\|\leqslant\|\mathcal{J}F(x+\sigma w)\|$, 左端即为 $\|F(x')-F(x)\|/\|x'-x\|$. 根据定义 4.1, 取上极限则得到 $\mathrm{lip}F(\bar{x})$.

右端是序列 $\|\mathcal{J}F(x^\nu+\sigma^\nu w^\nu)\|$ 当 $x^\nu\to\bar{x}$, $\sigma^\nu\searrow 0$ 且 $\|w^\nu\|\equiv 1$ 的上极限. 由 F 的光滑性以及矩阵范数关于其组成元素的连续性知所有这样的极限均为 $\|\mathcal{J}F(\bar{x})\|$, 所以 $\text{lip}\ F(\bar{x})\leqslant\|\mathcal{J}F(\bar{x})\|$.

为了得到等式, 选取 $\bar{w}$ 满足 $\|\bar{w}\|=1$, $\|\mathcal{J}F(\bar{x})\bar{w}\|=\|\mathcal{J}F(\bar{x})\|$, 选取 $\bar{y}$ 满足 $\|\bar{y}\|=1$, $\langle\bar{y},\mathcal{J}F(\bar{x})\bar{w}\rangle=\|\mathcal{J}F(\bar{x})\bar{w}\|$. 重复前面取极限的过程, 令 x 固定于 $\bar{x}$ 点处, x' 形式为 $\bar{x}+\tau\bar{w}$, 则可得到 $\text{lip}\ F(\bar{x})=\|\mathcal{J}F(\bar{x})\|$.

定理中剩下的结论是显然的, 分别取 $F=f$ 和 $F=\nabla f$ 即可. ■

练习 4.2 (模的运算法则) 对定义在开区域上的单值映射 F, 相对应的模函数 $\text{lip}\ F$ 遵循下述原则

(a) $\text{lip}\ (\lambda F)(x)=|\lambda|\text{lip}F(x)$, 尤其, $\text{lip}(-F)(x)=\text{lip}F(x)$,

(b) $\text{lip}(F_1+F_2)(x)\leqslant\text{lip}F_1(x)+\text{lip}F_2(x)$,

(c) $\text{lip}(F_2\circ F_1)(x)\leqslant\text{lip}F_2(F_1(x))\cdot\text{lip}F_1(x)$,

(d) $\text{lip}(F_1,\cdots,F_r)(x)\leqslant\|(\text{lip}F_1(x),\cdots,\text{lip}F_r(x))\|$, 其中 $(F_1,\cdots,F_r)$ 定义为

$$x\to(F_1(x),\cdots,F_r(x)).$$

练习 4.3 考虑 $F:D\to\Re^m$, 其中 $D\subset\Re^n$, 记 $F(x)=(f_1(x),\cdots,f_m(x))$. 对每一向量 $y=(y_1,\cdots,y_m)\in\Re^m$, 定义函数 $yF:D\to\Re$ 为

$$(yF)(x):=\langle y,F(x)\rangle=y_1f_1(x)+\cdots+y_mf_m(x).$$

则函数 F 在 $\bar{x}$ 点处为严格连续的充分必要条件是所有的函数 yF 在 $\bar{x}$ 处都是严格连续. 进一步,

$$\text{lip}F(\bar{x})=\sup_{y\in\mathbf{B}}\left\{\text{lip}(yF)(x)\right\}=\sup_{\|y\|=1}\left\{\text{lip}(yF)(\bar{x})\right\}.$$

证明 最后一公式是关键. 将 yF 视为 F 与同 y 相联系的函数的复合函数, 不等式“$\geqslant$”由练习 4.2(c) 得到. 当 $\text{lip}\ F(\bar{x})>0$ 时, 存在序列 $x^\nu\to\bar{x}$ 与 $x'^\nu\to\bar{x}$ 满足 $\text{lip}\ F(\bar{x})=\lim_\nu\|F(x'^\nu)-F(x^\nu)\|/\|x'^\nu-x^\nu\|$, 不妨设向量 $z^\nu:=[F(x'^\nu)-F(x^\nu)]/\|x'^\nu-x^\nu\|$ 收敛到某一 $\bar{z}\neq 0$. 置 $y:=\bar{z}/\|\bar{z}\|$, 得到 $\text{lip}(\bar{y}F)(\bar{x})=\text{lip}F(\bar{x})$, 这就建立了等式. ■

4.2 次微分的刻画

单值映射的严格连续性可以由次微分和次导数刻画.

定理 4.2 (严格连续性的次微分刻画) 设 $f:\Re^n\to\overline{\Re}$ 在 $\bar{x}$ 点局部下半连续且取有限值. 则下述条件等价:

(a) f 在 $\bar{x}$ 点严格连续;

(b) $\partial^{\infty} f(\bar{x})=\{0\}$;

(c) 映射 $\widehat{\partial} f: x \to \widehat{\partial} f(x)$ 在 $\bar{x}$ 点局部有界;

(d) 映射 $\partial f: x \to \partial f(x)$ 在 $\bar{x}$ 点局部有界;

(e) 函数 $\widehat{\mathrm{d}} f(\bar{x})$ 处处为有限值;

(f) f 在 $\bar{x}$ 点附近有限且对每个 $w \in \Re^n$, 函数 $x \to \mathrm{d} f(x)(w)$ 在 $\bar{x}$ 的某邻域上是上有界的.

当上述条件成立时, $\partial f(\bar{x})$ 非空紧致, 且有

$$\operatorname{lip} f(\bar{x})=\max_{\|w\|=1} \widehat{\mathrm{d}} f(\bar{x})(w)=\max_{v \in \partial f(\bar{x})}\|v\|=: \max \|\partial f(\bar{x})\|. \tag{4.2}$$

证明　由定义 3.13 中 $\partial f(\bar{x})$ 和 $\partial^{\infty} f(\bar{x})$ 的定义知 (b) 与 (c) 等价. 它们可推出 $\partial f(\bar{x})$ 非空 (见推论 3.3) 和闭性 (见定理 3.10). (d) 中 ∂f 在 $\bar{x}$ 的局部有界性由 (c) 和 ∂f 的定义可得, 反过来的推出关系由定理 3.10 可得. 由练习 3.8 中支撑函数刻画的正则次导数公式, 注意到事实 "集合 C 非空有界当且仅当 σ_C 处处有限", 可得 (b),(c),(d) 均等价于 (e). 上述正则次导数公式还可推出 (4.2) 中第二个等式.

在条件 (a) 下, 对任意的 $\kappa<\operatorname{lip} f(\bar{x})$, 只要 τ 充分小, x 充分接近 $\bar{x}$, 有 $[f(x+\tau w)-f(x)]/\tau \leqslant \kappa\|w\|$. 所以 (a) 可推出 (f). 但由定理 3.13 中的正则次导数公式知 (f) 可推出 (e).

由上面讨论可知当 $\|w\|=1$ 且 $\kappa>\operatorname{lip} f(\bar{x})$ 时, $\widehat{\mathrm{d}} f(\bar{x})(w) \leqslant \kappa$. 因此 $\max_{\|w\|=1} \widehat{\mathrm{d}} f(\bar{x})(w) \leqslant \operatorname{lip} f(\bar{x})$; 这里 "sup" 可由 "max" 代替, 因为 $\widehat{\mathrm{d}} f(\bar{x})$ 是凸函数 (由定理 3.13 知它是次线性的), 所以它在有限值点处是连续的, 值 $\operatorname{lip} f(\bar{x})$ 是下述形式某一差商序列的极限,

$$\left[f\left(x^{\nu}+\tau^{\nu} w^{\nu}\right)-f\left(x^{\nu}\right)\right] / \tau^{\nu}, \quad \text{其中} x^{\nu} \to \bar{x}, w^{\nu} \to \bar{w}, \tau^{\nu} \searrow 0,$$

且 $\|\bar{w}\|=1$, 该极限不小于 $\widehat{\mathrm{d}} f(\bar{x})(\bar{w})$, 所以必有 $\max_{\|w\|=1} \widehat{\mathrm{d}} f(\bar{x})(w)=\operatorname{lip} f(\bar{x})$, 即 (4.2) 式成立. 由 3.14 知 (a) 可由 $0 \in \operatorname{int}(\operatorname{dom} \widehat{\mathrm{d}} f(\bar{x}))$ 推出, 由于 $\operatorname{dom} \widehat{\mathrm{d}} f(\bar{x})$ 为锥, 故上述条件等价于 (e). ■

下述的例子叙述了凸函数的一个重要的性质.

例 4.1 (从凸性到 Lipschitz 连续性)　设 $\mathcal{O} \subset \Re^n$ 为凸的开集, 则有限凸函数 f 在 $\mathcal{O}$ 上是严格连续的.

事实上, 对任何正常的凸函数 $f: \Re^n \to \overline{\Re}$ 以及任何集合 X, 若 f 在该集合上以 α 为下界且存在 $\varepsilon>0$, 使得 f 在 $X+\varepsilon \mathbf{B}$ 上以 β 为上界, 则 f 在 X 上是 Lipschitz 连续的, 以 $\kappa=(\beta-\alpha)/\varepsilon$ 为 Lipschitz 常数, 因此也有 $\partial f(x) \subset \kappa \mathbf{B}$ 对任意的 $x \in X$ 成立.

证明　首先证明第一部分. 不妨将 f 拓广为 $\Re^n$ 上的正常下半连续凸函数, $\mathcal{O} \subset \operatorname{int}(\operatorname{dom} f)$. 由命题 3.10 知对任意的 $\bar{x} \in \mathcal{O}$, 有 $\partial^{\infty} f(\bar{x})=\{0\}$. 所以由定理 4.2

知 f 在这样的点 $\bar{x}$ 处是严格连续的. 第二部分的结论由凸性就可以得到. 对任意的 X 中的两个点 x 和 x', 令 $x' = (1-\tau)x + \tau x''$, 其中 $x'' = x' + \varepsilon z$,

$$z = \frac{1}{\|x'-x\|}(x'-x), \quad \tau = \frac{\|x'-x\|}{\varepsilon + \|x'-x\|} \leqslant \frac{\|x'-x\|}{\varepsilon}.$$

则 $x'' \in X + \varepsilon\mathbf{B}$ 且 $f(x') \leqslant (1-\tau)f(x) + \tau f(x'')$, 所以 $f(x') - f(x) \leqslant \tau(\beta - \alpha) \leqslant \kappa\|x'-x\|$. 由定理 4.2 中最后的公式, 得到 $\partial f(x)$ 的有界性.

注意到即使不采用定理 4.2, 也可以得到第一部分的结果. 令 X 为点 $\bar{x} \in \mathcal{O}$ 附近的充分小的球, 因为 f 在 $\mathcal{O}$ 上连续, 它一定在 $\mathcal{O}$ 的任意紧致子集上是上有界和下有界的, 利用第二部分的结论可得到第一部分的结果. ■

练习 4.4(严格连续下的次导数) *只要 f 在 $\bar{x}$ 点严格连续, 则*

$$\begin{aligned}
\mathrm{d}f(\bar{x})(w) &= \liminf_{\tau \searrow 0} \frac{f(\bar{x}+\tau w) - f(\bar{x})}{\tau}, \\
\widehat{\mathrm{d}}f(\bar{x})(w) &= \limsup_{\tau \searrow 0, x \to \bar{x}} \frac{f(x+\tau w) - f(x)}{\tau} = \limsup_{x \to \bar{x}} \mathrm{d}f(x)(w) \\
&= \max\langle \partial f(\bar{x}), w\rangle := \max\{\langle v, w\rangle : v \in \partial f(\bar{x})\}.
\end{aligned}$$

所以函数 $\mathrm{d}f(\bar{x})$ 和 $\widehat{\mathrm{d}}f(\bar{x})$ 是全局 Lipschitz 连续的, 且以 $\kappa = \mathrm{lip}f(\bar{x})$ 为 Lipschitz 常数.

证明 注意到当 x 充分接近 $\bar{x}$, $\tau > 0$ 充分小时, 对 $\kappa' > \mathrm{lip}f(\bar{x})$, 有 $\Delta_\tau f(x)(w') \leqslant \Delta_\tau f(x)(w) + \kappa'\|w'-w\|$, 由定义 3.12 和定义 3.14, 以及定理 3.13, 练习 3.8, 定理 4.2(b) 可得. ■

练习 4.5[49, Proposition 4.7.4](最大值函数的 Clarke 次梯度) *设 I 是一有限指标集, 对每个 $i \in I$, 函数 $f_i : D \to \Re$ 在点 $\bar{x} \in D$ 处是局部 Lipschitz 连续的, 则函数 $f : D \to \Re$, $f(x) = \max\{f_i(x) | i \in I\}$ 的 Clarke 次梯度满足:*

$$\bar{\partial} f(\bar{x}) \subset \mathrm{con}\{\bar{\partial} f_i(\bar{x}) | i \in I(\bar{x})\},$$

其中, $I(\bar{x}) = \{i \in I | f_i(\bar{x}) = f(\bar{x})\}$.

在严格连续的前提下, 正则次导数与 Clarke 广义方向导数相等, 次微分映射是非空、凸值的、局部有界的且外半连续的, 次微分的支撑函数即正则次导数, 这些结果总结了文献 [9] 的 Lipschitz 函数的微分性质.

定理 4.3(严格连续下的次微分正则性) *定义在开集合 $\mathcal{O} \subset \Re^n$ 上的有限函数 f 同时为严格连续与正则的充分必要条件是, 对每一 $x \in \mathcal{O}$ 与 $w \in \Re^n$, 极限*

$$h(x, w) = \lim_{\tau \searrow 0} \frac{f(x+\tau w) - f(x)}{\tau}$$

存在且有限, 且对每一固定的 w, 该极限关于 x 是上半连续的. 因此 $h(x,w)$ 关于 x 与 w 为上半连续的, 而且 f 在 $\mathcal{O}$ 上是半可微的,

$$h(x,w)=\lim_{\tau\searrow 0,w'\to w}\frac{f(x+\tau w')-f(x)}{\tau}=\limsup_{\tau\searrow 0,x'\to x,w'\to w}\frac{f(x'+\tau w')-f(x')}{\tau}$$
$$=\mathrm{d}f(x)(w)=\widehat{\mathrm{d}}f(x)(w)=\max\{\langle v,w\rangle : v\in\partial f(x)\}.$$

还有 $\partial f:\mathcal{O}\rightrightarrows\Re^n$ 为非空凸值的、外半连续、局部有界的.

证明 先设极限 $h(x,w)$ 总是存在的, 并且是有限的, 关于 x 是上半连续的. 则对每一 w, 函数 $x\to h(x,w)$ 在 $\mathcal{O}$ 上是上方局部有界的. 由 $\mathrm{d}f(x)(w)$ 的定义, 有 $\mathrm{d}f(x)(w)\leqslant h(x,w)$, 因此对每一 w, 函数 $x\to\mathrm{d}f(x)(w)$ 同样是上方局部有界的. 由定理 4.2(f) 可推出, f 在 $\mathcal{O}$ 上是严格连续的. 根据练习 4.4, $\mathrm{d}f(x)(w)=h(x,w)$, 从而, 对每一 w, $\mathrm{d}f(x)(w)$ 关于 x 是上半连续的. 再次由练习 4.4, $\mathrm{d}f(x)(w)=\widehat{\mathrm{d}}f(x)(w)$, 因此由推论 3.5 知 f 是正则的.

现在只假设 f 在 $\mathcal{O}$ 上为严格连续的与正则的; 所有的关于 $h(x,w)$ 的结论都是从这一结论出发的. 根据命题 3.9, 由 f 的连续性可推出映射 ∂f 在 $\mathcal{O}$ 上的外半连续性, 这是因为 f- 可达收敛可用通常的收敛代替. 根据定理 4.2, 严格连续性可推出 ∂f 在 $\mathcal{O}$ 上为非空紧致值的且局部有界的, 而且对每一 $w\in\Re^n$, $\mathrm{d}f(x)(w)$ 关于 $x\in\mathcal{O}$ 为上方局部有界的. 由正则性可得, $\partial f(x)$ 是凸的, 它以 $\mathrm{d}f(x)$ 为其支撑函数: $\mathrm{d}f(x)(w)=\max\{\langle v,w\rangle : v\in\partial f(x)\}$(见定理 3.16). 因此 $\mathrm{d}f(x)(w)$ 是 w 的凸函数, 因为它是有限的, 它还是连续的. 由推论 3.5, 正则性推出 $\widehat{\mathrm{d}}f(x)(w)=\mathrm{d}f(x)(w)$. 所以练习 4.4 中关于 $\mathrm{d}f(x)(w)$ 与 $\widehat{\mathrm{d}}f(x)(w)$ 的表达式相等, 而它们的值为 $h(x,w)$, 故 $h(x,w)$ 是有限的, 对每一 w, 关于 $x\in\mathcal{O}$ 为上半连续的, 同时可由上述的极大值表达式给出. 由定理 3.13 知, 对所有 $w\in\Re^n$, $\widehat{\mathrm{d}}f(x)(w)$ 的有限性可推出公式

$$\widehat{\mathrm{d}}f(x)(w)=\limsup_{x'\xrightarrow{f}x,\tau\searrow 0,w'\to w}\frac{f(x'+\tau w')-f(x')}{\tau}.$$

因为 f 是连续的, $x'\xrightarrow{f}x$ 可由 $x'\to x$ 替换, 所以上极限就给出了关于 $h(x,w)$ 的第二个等式.

最后建立 $h(x,w)$ 关于 (x,w) 的上半连续性. 在这部分的证明中采用前面已证得的公式 $h(x,w)=\max\{\langle v,w\rangle : v\in\partial f(x)\}$. 考虑 $\mathcal{O}$ 中的任意一闭集合 X, 定义

$$g(v,x,w):=\begin{cases}-\langle v,w\rangle, & \text{当}x\in X, v\in\partial f(x),\\ \infty, & \text{否则},\end{cases}$$

因此

$$\inf_{v\in\Re^n} g(v,x,w)=\begin{cases}-h(x,w), & \text{当}x\in X,\\ \infty, & \text{否则}.\end{cases}$$

由 ∂f 在 $\mathcal{O}$ 上的外半连续和局部有界性可得到 g 在 $\Re^n\times\Re^n\times\Re^n$ 上是下半连续的，并且关于 v 相对于 (x,w) 是局部一致水平有界的. 根据定理 1.4, 有 $\inf_v g(v,x,w)$ 关于 (x,w) 是下半连续的. 因此 h 相对于 $X\times\Re^n$ 是上半连续的. 由于 X 可以是 $\mathcal{O}$ 中任意点的邻域, 由 X 的任意选取性可保证 h 在 $\mathcal{O}\times\Re^n$ 上是上半连续的. ■

严格可微性是比可微性更强的微分性质.

定义 4.2 (严格可微性) 函数 $f:\Re^n\to\overline{\Re}$ 在 $\bar{x}$ 点是严格可微的, 若 $f(\bar{x})$ 有限且存在向量 v, 满足 $f(x')=f(x)+\langle v,x'-x\rangle+\mathrm{o}(\|x'-x\|)$, 即

$$\frac{f(x')-f(x)-\langle v,x'-x\rangle}{\|x'-x\|}\to 0,\qquad 当x,x'\to\bar{x}且x'\neq x,$$

此时的向量 v 即是梯度 $\nabla f(\bar{x})$.

从下述定理 (b) 中可以看到, 严格连续函数若是可微的, 一定是严格可微的.

定理 4.4 (严格可微性的次微分刻画) 设 $f:\Re^n\to\overline{\Re}$ 在 $\bar{x}$ 点取有限值. 则下述条件等价:

(a) f 在 $\bar{x}$ 点严格可微;

(b) f 在 $\bar{x}$ 点严格连续且在该点至多只有一个次梯度;

(c) f 在 $\bar{x}$ 点局部下半连续, $\partial f(\bar{x})$ 是单点集, 并且 $\partial^\infty f(\bar{x})=\{0\}$;

(d) f 在 $\bar{x}$ 点附近连续, 且 f 和 $-f$ 在 $\bar{x}$ 点正则;

(e) f 在 $\bar{x}$ 点正则, 且在 $\bar{x}$ 点的某邻域上存在 $h\geqslant f$, 满足 $h(\bar{x})=f(\bar{x})$ 且 h 在 $\bar{x}$ 点可微;

(f) f 在 $\bar{x}$ 点局部下半连续, 且 $\widehat{\mathrm{d}}f(\bar{x})$ 是线性函数;

(g) f 在 $\bar{x}$ 点局部下半连续, 且 $\widehat{\mathrm{d}}f(\bar{x})(-w)=-\widehat{\mathrm{d}}f(\bar{x})(w)$ 对所有的 w 成立.

当上述的等价条件成立时, 还有

$$\partial f(\bar{x})=\{\nabla f(\bar{x})\},\quad \mathrm{d}f(\bar{x})=\langle\nabla f(\bar{x}),\cdot\rangle=\widehat{\mathrm{d}}f(\bar{x}),\quad \mathrm{lip}f(\bar{x})=\|\nabla f(\bar{x})\|.$$

证明 由定义 4.2, f 在 $\bar{x}$ 严格可微且 $\nabla f(\bar{x})=v$ 当且仅当函数 $g(x):=f(x)-\langle v,x\rangle$ 满足

$$[g(x')-g(x)]/\|x'-x\|\to 0,\qquad 当x,x'\to\bar{x}且x'\neq x.$$

此条件等价于 $\mathrm{lip}\,g(\bar{x})=0$, 从而知 g 在 $\bar{x}$ 严格连续, f 也如此 (尤其, 条件 (a)~(g) 均可保证 f 在 $\bar{x}$ 点局部下半连续). 将定理 4.2 应用于 g, 知 $\mathrm{lip}\,g(\bar{x})=0$, 这意味着 g 不仅在 $\bar{x}$ 点严格连续且 $\partial g(\bar{x})=\{0\}$. 显然 $\partial g(\bar{x})=\partial f(\bar{x})-v$. 故 (a),(b),(c) 等价, 且这些条件均成立时, 定理的最后一行公式成立.

现在来看 (a) 如何推出 (d), 注意到 $\nabla f(\bar{x})\in\widehat{\partial}f(\bar{x})$(由定义得), 则 $\partial f(\bar{x})=\{\nabla f(\bar{x})\}$ 和 $\partial^\infty f(\bar{x})=\{0\}$ 可推出 f 在 $\bar{x}$ 正则 (见推论 3.4). 而 f 严格可微当且仅当 $-f$ 严格可微. 它们均推出 $-f$ 在 $\bar{x}$ 正则. 故 (a) 推出 (d).

若 (d) 成立, $-f$ 在 $\bar{x}$ 点的正则性推出存在向量 $\bar{v}$, 使得

$$f(x) \leqslant f(\bar{x}) + \langle \bar{v}, x - \bar{x} \rangle + o_1(\|x - \bar{x}\|).$$

由于 f 在 $\bar{x}$ 点也正则, 故对任意的 $v \in \partial f(\bar{x})$, 有

$$f(x) \geqslant f(\bar{x}) + \langle v, x - \bar{x} \rangle + o_2(\|x - \bar{x}\|).$$

则 $\langle v - \bar{v}, x - \bar{x} \rangle \leqslant o_1(\|x - \bar{x}\|) + o_2(\|x - \bar{x}\|)$, 这只有当 $v = \bar{v}$ 时才成立. 故 $\partial f(\bar{x}) = \widehat{\partial} f(\bar{x})$ 均为 $\{v\}$, 所以 $\partial^{\infty} f(\bar{x})$ 必为 $\{0\}$.

由练习 3.8, 可推出 (f),(g) 与 (c) 的等价性, 也可推出 $\widehat{\mathrm{d}} f(\bar{x})(w) = \langle \nabla f(\bar{x}), w \rangle$.

选取 $h = f$, 则 (a) 可推出 (e). 若 (e) 成立, 则 $\mathrm{d} f(\bar{x})(w) \leqslant \mathrm{d} h(\bar{x})(w) = \langle \nabla h(\bar{x}), w \rangle < \infty$, 且 $\mathrm{d} f(\bar{x}) = \widehat{\mathrm{d}} f(\bar{x})$ 是次线性的 (由定理 3.13 和推论 3.5 得). 则 $\widehat{\mathrm{d}} f(\bar{x})(w) + \widehat{\mathrm{d}} f(\bar{x})(-w) \geqslant \widehat{\mathrm{d}} f(\bar{x})(0)$, 且 $\widehat{\mathrm{d}} f(\bar{x})(0) = 0$. 而

$$\widehat{\mathrm{d}} f(\bar{x})(w) + \widehat{\mathrm{d}} f(\bar{x})(-w) \leqslant \langle \nabla h(\bar{x}), w \rangle + \langle \nabla h(\bar{x}), -w \rangle = 0.$$

故 (e) 推出 (g). 所有等价条件均已证毕. 关于 $\operatorname{lip} f(\bar{x})$ 的公式由 (b) 和定理 4.2 可得. ■

推论 4.1 (光滑性)　*设函数 $f : \Re^n \to \overline{\Re}$ 在开集 $\mathcal{O}$ 上是有限的, 则下述性质等价:*

(a) f 在 $\mathcal{O}$ 上严格可微;

(b) f 在 $\mathcal{O}$ 上是 $\mathcal{C}^1$ 函数;

(c) f 在 $\mathcal{O}$ 上是严格连续且正则的, 并且 ∂f 是单值的;

(d) f 在 $\mathcal{O}$ 上下半连续, ∂f 局部有界, 并且 ∂f 在 $\mathcal{O}$ 中的非空值点处是单值的.

证明　定理 4.4 可直接推出 (a) 与 (c) 等价, 由于 f 在 x 点可微当且仅当 f 在 x 点半可微且 $\mathrm{d} f(x)$ 是一个线性函数, 而 $\partial f(x)$ 的支撑函数线性当且仅当 $\partial f(x)$ 是单点集, 故 (b) 与 (c) 的等价关系由定理 4.3 可得.

显然, (c) 可推出 (d). 若 (d) 成立, 由定理 4.2(d) 知 f 在 $\mathcal{O}$ 上严格连续, 也可由定理 4.2 知对任何的 $x \in \mathcal{O}$, $\partial f(x)$ 非空. 由定理 4.4(b) 与 (a) 的等价性知这里的 (a) 成立. ■

推论 4.2 (梯度映射的连续性)　*当 f 在开集合 $\mathcal{O} \subset \Re^\setminus$ 上是正则的, 它在 $\mathcal{O}$ 中的每一可微点处是严格可微的. 映射 ∇f 相对于可微点的集合是连续的.*

尤其, 当 f 在一开凸集合 $\mathcal{O}$ 上是一有限的凸函数时, 这些性质是成立的.

证明　只需在定理 4.4(e) 中取 $h = f$, 第一个结论显然成立. 由于在 f 的可微点集合上, ∂f 简化为 ∇f, 它关于 f- 可达收敛是外半连续, 第二个结论是成立的. 因为 f 在其可微点处是连续的, 在可微点集合上的 f- 可达收敛即时普通意义下的收敛. ■

平稳性是一个与 Lipschitz 连续性相似的概念, 设 F 是从 $D \subset \Re^n$ 到 $\Re^m$ 上的单值映射, $X \subset D$. 称 F 在 $\bar{x}$ 点相对于 X 是平稳的 (calm), 若 $\exists \kappa \in \Re_+, V \in \mathcal{N}(\bar{x})$, 满足

$$\|F(x) - F(\bar{x})\| \leqslant \kappa \|x - \bar{x}\|, \quad \forall x \in X \cap V$$

命题 4.1 (单值映射的导数与伴同导数) 对于 $F: D \to \Re^m$, 其中 $D \subset \Re^n$, 考虑一点 $\bar{x} \in \mathrm{int} D$.

(a) 如果 F 在 $\bar{x}$ 处是平稳的, 比如 F 在 $\bar{x}$ 处是严格连续的情况就是这样, 它的导数映射 $\mathrm{D}F(\bar{x})$ 是非空值的、外半连续的且局部有界的

$$|\mathrm{D}F(\bar{x})|^+ = \limsup_{x \to \bar{x}, x \neq \bar{x}} \frac{\|F(x) - F(\bar{x})\|}{\|x - \bar{x}\|} \leqslant \mathrm{lip} F(\bar{x}),$$

其中

$$|H|^+ := \sup_{w \in \mathbf{B}} \sup_{z \in H(w)} \|z\|. \tag{4.3}$$

(b) 如果 F 在 $\bar{x}$ 处是严格连续的, 它的伴同导数映射是非空值的、外半连续的且局部有界的,

$$\text{对所有的}y, \quad \mathrm{D}^* F(\bar{x})(y) = \partial(yF)(\bar{x}) \text{ 且} |\mathrm{D}^* F(\bar{x})|^+ = \mathrm{lip} F(\bar{x}).$$

对所有的 y, 正则伴同导数 $\widehat{\mathrm{D}}^* F(\bar{x})$ 也有类似的关系: $\widehat{\mathrm{D}}^* F(\bar{x})(y) = \widehat{\partial}(yF)(\bar{x})$.

证明 (a) 中的 $|\mathrm{D}F(\bar{x})|^+$ 的极限表达由 (4.3) 中的外范数 (outer norm) 的定义, (3.38) 中的 $\mathrm{D}F(\bar{x})(w)$ 的刻画, 或 (3.37) 中的刻画, 容易得到; (3.37) 中的差商的有界性可推出, 对每一 w, $\mathrm{D}F(\bar{x})(w)$ 是非空的. $\mathrm{D}F(\bar{x})$ 的其他性质由 $\mathrm{D}F(\bar{x})$ 相对于 $\mathbf{B}$ 的外半连续性以及 $\mathrm{D}F(\bar{x})^+ < \infty$ 得到.

现在证 (b), 设 $V \in \mathcal{N}(\bar{x})$ 是一开集合使得 F 在 $D \cap V$ 上是严格连续的 (见定义 4.1). 对任何 $\tilde{x}$, 由 (3.40) 可知, $v \in \widehat{D}^* F(\tilde{x})(y)$ 当且仅当

$$\langle v, x - \tilde{x} \rangle \leqslant \langle y, F(x) - F(\tilde{x}) \rangle + \mathrm{o}(\|(x, F(x)) - (\tilde{x}, F(\tilde{x}))\|),$$

而当 $\tilde{x} \in V$ 时, F 的严格连续性可推出上述的误差项具有形式 $\mathrm{o}(\|x - \tilde{x}\|)$, 从而上式可简化为

$$(yF)(x) \geqslant (yF)(\tilde{x}) + \langle v, x - \tilde{x} \rangle + \mathrm{o}(\|x - \tilde{x}\|).$$

因此, 对所有 y, $\widehat{\mathrm{D}}^* F(\tilde{x})(y) = \widehat{\partial}(yF)(\tilde{x})$. 由 (3.39) 中的 $\mathrm{D}^* F(\bar{x})$ 的图极限公式, 对所有的 y, 有 $\mathrm{D}^* F(\bar{x})(y) = \partial(yF)(\bar{x})$. $|\mathrm{D}^* F(\bar{x})|^+$ 的公式由 4.3 与定义可得. ■

练习 4.6(单值映射的可微性质) 考虑 $F: D \to \Re^m$, $D \subset \mathbf{R}^n$ 与一点 $\bar{x} \in \mathrm{int} D$.

(a) F 在 $\bar{x}$ 处是半可微的当且仅当 F 在 $\bar{x}$ 处平稳且映射 $\mathrm{D}F(\bar{x})$ 是单值的. 此时 $F(x) = F(\bar{x}) + \mathrm{D}F(\bar{x})(x - \bar{x}) + \mathrm{o}(\|x - \bar{x}\|)$.

(b) F 在 $\bar{x}$ 处是可微的当且仅当 F 在 $\bar{x}$ 处平稳且映射 $\mathrm{D}F(\bar{x})$ 不仅是单值的而且是线性的. 此时 $\mathrm{D}F(\bar{x})(w) = \mathcal{J}F(\bar{x})w$.

(c) F 在 $\bar{x}$ 处是严格可微的当且仅当 F 在 $\bar{x}$ 处是严格连续的且映射 $\mathrm{D}^*F(\bar{x})$ 是单值的, 从而 $\mathrm{D}^*F(\bar{x})$ 必是线性的. 此时 $\mathrm{D}^*F(\bar{x})(y) = \mathcal{J}F(\bar{x})^*y$.

(d) F 在 $\bar{x}$ 处是严格可微的当且仅当 F 在 $\bar{x}$ 处既是严格连续的又是图正则的.

证明 由半可微性的定义可得 (a). 具体到可微映射, 易得 (b). 将 4.4(b) 用于 $f = yF$, 用命题 4.1(b) 中建立的 $\mathrm{D}^*F(\bar{x})$ 的形式, 可得到 (c). F 在 $\bar{x}$ 处的图正则性等价于, 对所有的 y, $\widehat{\mathrm{D}}^*F(\bar{x})(y) = \mathrm{D}^*F(\bar{x})(y)$. 由 (c) 及命题 4.1(b) 中的 $\widehat{\mathrm{D}}^*F(\bar{x})$ 的形式, 可得 (d) 的必要性. 再次用到定理 4.2, 即得充分性. ■

4.3 次光滑函数

定义 4.3 (次光滑函数) 设 $\mathcal{O}$ 为 $\Re^n$ 中的开集, 函数 $f : \mathcal{O} \to \Re$ 称为在 $\mathcal{O}$ 上是下 -$\mathcal{C}^1$ 的 (lower-$\mathcal{C}^1$), 若对每个 $\bar{x} \in \mathcal{O}$, 有一个邻域 V, 在这个邻域上有表达式

$$f(x) = \max_{t \in T} f_t(x), \tag{4.4}$$

其中每个 f_t 是 V 上的 $\mathcal{C}^1$ 函数且指标集 T 是紧致空间, 满足 $f_t(x)$ 与 $\nabla f_t(x)$ 不仅连续依赖于 $x \in V$, 也连续依赖于联合变量 $(t, x) \in T \times V$.

一般地, 称 f 在 $\mathcal{O}$ 上是下 -$\mathcal{C}^k$ 的, 若上述局部表示对 $\mathcal{C}^k$ 函数 f_t 成立且 $f_t(x)$ 与它的直到 k 阶的偏导数不仅关于 x, 也关于 (t, x) 是连续的.

特别地, 函数 $f(x) = \max\{f_1(x), \cdots, f_m(x)\}$ 当每个 f_i 都是 $\mathcal{C}^k$ 函数时 (这种情况对应 T 为离散拓扑下的指标集 $\{1, \cdots, m\}$) 是下 -$\mathcal{C}^k$ 函数.

类似地, 上 -$\mathcal{C}^k$(upper-$\mathcal{C}^k$) 函数的定义即是将上述定义中的极大变为极小. 因此, 若 $-f$ 是下 -$\mathcal{C}^k$ 的, 则 f 是上 -$\mathcal{C}^k$ 的.

除了 $\{1, \cdots, m\}$, 紧致指标空间 T 可以为 $\Re^m$ 中的有界闭集. 因此, 若

$$f(x) = \max_{t \in T} g(t, x), \quad \forall x \in \mathcal{O}, \tag{4.5}$$

其中 T 为 $\Re^m$ 中的紧致集, 有 f 是下 -$\mathcal{C}^k$ 的, 如果 g 与它的直到 k 阶的关于 x 的偏导数均连续依赖于 (t, x).

定理 4.5 (次光滑的结果) 任何开集 $\mathcal{O} \subset \Re^n$ 上的下 -$\mathcal{C}^1$ 函数 f 在 $\mathcal{O}$ 上既严格连续又是正则的, 因此它是半可微的. 进一步, f 在其可微点处是严格可微的; 若记 D 为所有可微点构成的集合, 则 ∇f 相对于 D 是连续的, 且 $\mathcal{O} \setminus D$ 是可忽略的.

若记 $\overline{\nabla} f(\bar{x}) := \{v : \exists x^\nu \xrightarrow{D} \bar{x}, \text{使得 } \nabla f(x^\nu) \to v\}$ 且令

$$f(x) = \max_{t \in T} f_t(x), \quad T(x) = \arg\max_{t \in T} f_t(x),$$

对应于次光滑定义 4.3 中关于 f 在 $\bar{x}$ 点附近的局部表达式, 则有

$$\begin{aligned}
\operatorname{lip} f(\bar{x}) &= \max_{v \in \overline{\nabla} f(\bar{x})} \|v\| = \max_{t \in T(\bar{x})} \|\nabla f_t(\bar{x})\|, \\
\mathrm{d} f(\bar{x})(w) &= \max_{v \in \overline{\nabla} f(\bar{x})} \langle v, w\rangle = \max_{t \in T(\bar{x})} \langle \nabla f_t(\bar{x}), w\rangle, \\
\partial f(\bar{x}) &= \operatorname{con} \overline{\nabla} f(\bar{x}) = \operatorname{con}\{\nabla f_t(\bar{x}) : t \in T(\bar{x})\}, \\
-\partial(-f)(\bar{x}) &= \overline{\nabla} f(\bar{x}) \subset \{\nabla f_t(\bar{x}) : t \in T(\bar{x})\}.
\end{aligned}$$

证明 设紧致凸集 V 是满足定义 4.3 中的局部表示的 $\bar{x}$ 的邻域. 由定理 4.1, 对每个 $t \in T$, 函数 f_t 满足 $\operatorname{lip} f_t(x) = \|\nabla f_t(x)\|$, 容易验证 $\operatorname{lip} f(x) \leqslant \sup_{t\in T} \|\nabla f_t(x)\|$. 因为 $\nabla f_t(x)$ 在紧空间 T 上关于 t 是连续的 (故 $\|\nabla f_t(x)\|$ 也如此), 所以上述估计式中的上确界是有限的. 因此 f 在 V 上是 Lipschitz 连续的.

因为 $t \in T(x)$ 当且仅当 $f_t(x) - f(x) = 0$, $f(x)$ 关于 x 的连续性及 $f_t(x)$ 关于联合变量 (t, x) 的连续性意味着

$$G := \{(x,t) \in V \times T : t \in T(x)\}$$

在紧空间 $V \times T$ 上是闭的. 特别地, 对每个 $x \in V$, $T(x)$ 是非空紧致的.

令 $k(x,w) := \max_{t\in T(x)} \langle \nabla f_t(x), w\rangle$. 对 $\alpha \in \Re$ 及任意的 $w \in \Re^n$, 集合 $\{x \in V : k(x,w) \geqslant \alpha\}$ 紧致, 因为它是紧致集 $\{(x,t) \in G : \langle \nabla f_t(x), w\rangle \geqslant \alpha\}$ 在投影 $(x,t) \to x$ 下的像. 所以 $k(x,w)$ 关于 x 是上半连续的. 下面证明对 $x \in \operatorname{int} V$, 有 $\mathrm{d} f(x)(w) = k(x,w)$, 这不仅能得到由次梯度 ∇f_t 表示的次导数公式, 也可由练习 4.4 得到 $\widehat{\mathrm{d}} f(\bar{x})(w) = \mathrm{d} f(\bar{x})(w)$, 进而由推论 3.5 知 f 在 $\bar{x}$ 点正则.

由推论 4.2 和后面的定理 4.11 知, 此正则性结合 f 在 $\bar{x}$ 点的严格连续性可推出定理中关于 ∇f 与 $\overline{\nabla} f$ 的叙述.

设 $x \in \operatorname{int} V$, $w \in \Re^n$ 固定不变. 对任意的 $t \in T(x)$, 有 $f_t(x) = f(x)$. 另一方面, 只要 $\tau > 0$ 充分小, 满足 $x + \tau w \in V$, 则有 $f_t(x+\tau w) \leqslant f(x+\tau w)$. 所以

$$\liminf_{\tau \to 0} \frac{f(x+\tau w) - f(x)}{\tau} \geqslant \liminf_{\tau \to 0} \frac{f_t(x+\tau w) - f_t(x)}{\tau} = \langle \nabla f_t(x), w\rangle,$$

由练习 4.4 和 f 的严格连续性知, 第一个表达式即为 $\mathrm{d} f(x)(w)$. 上式对任意的 $t \in T(x)$ 成立, 故 $\mathrm{d} f(x)(w) \geqslant k(x,w)$. 对于反方向的不等式, 注意到当 $x + \tau w \in V$ 及 $t \in T(x+\tau w)$ 时, 有 $f(x+\tau w) = f_t(x+\tau w)$ 且 $f(x) \geqslant f_t(x)$, 故

$$\begin{aligned}
\frac{f(x+\tau w) - f(x)}{\tau} &\leqslant \frac{f_t(x+\tau w) - f_t(x)}{\tau} \\
&\leqslant \max_{\mu \in (0,1)} \langle \nabla f_t(x+\mu\tau w), w\rangle \\
&\leqslant \max_{\mu \in (0,1)} k(x+\mu\tau w, w).
\end{aligned}$$

利用标准中值定理和函数 $k(\cdot,w)$ 的上半连续性, 得到估计式

$$\begin{aligned}\mathrm{d}f(x)(w) &\leqslant \limsup_{\tau\searrow 0}\frac{f(x+\tau w)-f(x)}{\tau}\\ &\leqslant \limsup_{\tau\searrow 0}\left[\max_{\mu\in(0,1)} k(x+\mu\tau w,w)\right]\\ &\leqslant k(x,w).\end{aligned}$$

综上有 $\mathrm{d}f(x)(w)=k(x,w)$ 且 f 是正则的. 尤其, 由定理 4.2 中的公式 (4.2) 知

$$\begin{aligned}\mathrm{lip}f(\bar{x}) &= \max_{\|w\|=1}\left[\max_{t\in T(\bar{x})}\langle\nabla f_t(\bar{x}),w\rangle\right]\\ &= \max_{t\in T(\bar{x})}\left[\max_{\|w\|=1}\langle\nabla f_t(\bar{x}),w\rangle\right]\\ &= \max_{t\in T(\bar{x})}\|\nabla f_t(\bar{x})\|.\end{aligned}$$

记 $C=\{\nabla f_t(\bar{x}):t\in T(\bar{x})\}$. 由于它是 $T(\bar{x})$ 在连续映射 $t\to\nabla f_t(\bar{x})$ 下的像, 故 C 是 $\Re^n$ 中非空紧子集. 已经知道 $\mathrm{d}f(\bar{x})$ 是 C 的支撑函数, 但由练习 4.4 结合 f 的正则性知 $\mathrm{d}f(\bar{x})$ 是紧致凸集 $\partial f(\bar{x})$ 的支撑函数. 所以 $\partial f(\bar{x})$ 必为 $\mathrm{cl}(\mathrm{con}\,C)$(见定理 3.15). 由于紧致集合的凸包是紧致的, 故闭包运算可以去掉. 这就得到由次梯度 $\nabla f_t(\bar{x})$ 的凸包刻画的 $\partial f(\bar{x})$ 的公式.

定理中最后一个公式是显然的, 它可由定理中关于 $\mathrm{d}f(\bar{z})$ 的公式及半可微条件下的关系式 $\mathrm{d}(-f)(\bar{x})=-\mathrm{d}f(\bar{x})$ 得到. ■

下面的例子给出邻近有界函数 (见第 9 章) 的负的 Moreau 包络函数的次导数和次微分的表达式. 尤其, 次微分的表达式可以和凸函数的负的 Moreau 包络函数的梯度相比较, 它是后者的一般形式.

例 4.2 (Moreau 包络的次光滑性) 设 $f:\Re^n\to\overline{\Re}$ 是下半连续正常的, 且是邻近有界的, 以 λ_f 为阈值. 则对任意的 $\lambda\in(0,\lambda_f)$, 函数 $-e_\lambda f$ 是下 -$\mathcal{C}^2$ 函数, 因此是半可微、严格连续、正则的, 并且

$$\mathrm{lip}[-e_\lambda f](x)=\lambda^{-1}\max\{\|y-x\|:y\in P_\lambda f(x)\},$$

$$\mathrm{d}[-e_\lambda f](x)(w)=\lambda^{-1}\max\{\langle y-x,w\rangle:y\in P_\lambda f(x)\},$$

$$\partial[-e_\lambda f](x)=\lambda^{-1}[\mathrm{con}P_\lambda f(x)-x],$$

$$\partial[e_\lambda f](x)\subset\lambda^{-1}[x-P_\lambda f(x)].$$

证明 令 $h=-e_\lambda f$. 由后面的定理 9.13 知 $h(x)=\max_y g(y,x)$, 其中 $g(y,x):=-f(y)-(1/2\lambda)\|y-x\|^2$. 对应的最优解集为 $P_\lambda f(x)$. 由定理 9.13 知映射 $P_\lambda f$ 是非空值的外半连续且局部有界的. 故对任何 $\bar{x}$, 存在开邻域 $\mathcal{O}\in\mathcal{N}(\bar{x})$ 和紧致集合 Y,

使得对所有 $x \in \mathcal{O}$, 有 $h(x) = \max_{y\in Y} g(y,x)$ 且 $P_\lambda f(x) \subset Y$. 显然, $g(y,x)$ 关于 x 是无穷次连续可微的, 所有的导数都关于 (y,x) 连续, 所以 h 是下 -$\mathcal{C}^\infty$ 的, 尤其是下 -$\mathcal{C}^2$ 的. 注意到 $\nabla_x g(y,x) = \lambda^{-1}(y-x)$, 故三个等式可由定理 4.5 推出. 由于 $\partial[e_\lambda f](\bar{x}) = -\partial(-h)(\bar{x})$, 故类似可得到包含关系. ■

下面的定理给出参数规划的最优值函数的次导数和次微分的计算公式, 可视为 Danskin-Demyanov 定理的推广.

定理 4.6 (参数优化中的次光滑性) 设

$$p(u) := \inf_x f(x,u), \quad P(u) := \operatorname{argmin}_x f(x,u),$$

其中 $f: \Re^n \times \Re^m \to \overline{\Re}$ 是正常下半连续函数且 $f(x,u)$ 相对于 u 局部一致的关于变量 x 水平有界. 设 $\bar{u} \in \operatorname{dom} p$ 且存在开集 $W \in \mathcal{N}(\bar{u})$ 和 $V \supset P(\bar{u})$, 使得 $\nabla_u f(x,u)$ 对任意的 $(x,u) \in V \times W$ 存在且该导数与 $f(x,u)$ 均连续依赖于 (x,u). 则 p 在 W 上是上 -$\mathcal{C}^1$ 函数并且对于满足 $W \setminus D$ 可忽略的集合 $D \subset W$, 有 p 在 D 上是严格可微的.

这里 $u \in D$ 当且仅当集合 $Y(u) := \{\nabla_u f(x,u) : x \in P(u)\}$ 是单点集. 记 $\overline{\nabla} p(u) := \{y : \exists u^\nu \xrightarrow{D} u,\ 使得 \nabla p(u^\nu) \to y\}$, 则

$$\begin{aligned}
\partial p(\bar{u})(z) &= \min_{y\in\overline{\nabla} p(\bar{u})} \langle y, z\rangle = \min_{y\in Y(\bar{u})} \langle y, z\rangle \\
\partial p(\bar{u}) &= \overline{\nabla} p(\bar{u}) \subset Y(\bar{u}),
\end{aligned}$$

且 $\operatorname{con} \overline{\nabla} p(\bar{u}) = \operatorname{con} Y(\bar{u})$. 特别地, 当 $\bar{u} \in D$ 时有 $\partial p(\bar{u}) = Y(\bar{u})$.

证明 由定理 1.4 和例 2.6 知, 此定理中的假设条件可以推出 P 在 W 上是外半连续且局部有界的. 由定理 2.15 知存在 $\bar{u}$ 的在 W 中紧致的邻域 B, 满足对任意 $u \in B$, 有 $P(u) \subset V$. 注意到 $S: \Re^n \rightrightarrows \Re^m$ 是局部有界的充分必要条件是对任何有界集合 $E \subset \Re^n$, $S(E)$ 是 $\Re^m$ 中的有界集合; 如果 S 是外半连续的, 则对任何紧致集合 $E \subset \Re^n$, $S(E)$ 是 $\Re^m$ 中的一闭集合. 因此, 令 $X = P(B)$, 可得集合 $X \subset V$ 是紧致的. 对每个 $x \in X$, 函数 $f_x := f(x,\cdot)$ 在 $O := \operatorname{int} B$ 上是 $\mathcal{C}^1$ 的, 且 $f_x(u)$, $\nabla f_x(u)$ 关于联合变量 $(x,u) \in X \times \mathcal{O}$ 连续. 对每个 $u \in \mathcal{O}$, 表达式 $p(u) = \min_{x\in X} f_x(u)$ 满足定义 4.3 中的形式, 故 p 在 $\mathcal{O}$ 上是上 -$\mathcal{C}^1$ 的. 将定理 4.5 应用到 $-p$ 上可得到结论. ■

4.4 集值映射的 Lipschitz 连续性

集值映射的 Lipschitz 连续性由 $\mathbf{d}_\infty$ 定义, 严格连续性由 $\mathbf{d}_\rho$ 定义.

定义 4.4 (集值映射的 Lipschitz 连续性) 称映射 $S: \Re^n \rightrightarrows \Re^m$ 在 $\Re^n$ 的子集 X 上是 Lipschitz 连续的, 若它在 X 上是非空闭值的且存在 $\kappa \in \Re_+$ 为 Lipschitz

常数, 满足

$$\mathbf{d}_\infty(S(x'),S(x)) \leqslant \kappa\|x'-x\|, \quad \forall x,x' \in X,$$

或等价地,

$$S(x') \subset S(x)+\kappa\|x'-x\|\mathbf{B}, \quad \forall x,x' \in X.$$

定义 4.5 (集值映射的严格连续性) 设映射 $S:\Re^n \rightrightarrows \Re^m$, 集合 $X \subset \Re^n$.

(a) S 在 $\bar{x}$ 点相对于 X 是严格连续的, 若 $\bar{x}\in X$ 且 S 相对于 X 在 $\bar{x}$ 的某邻域上是非空闭值的, 而且对每个 $\rho\in\Re_+$, 值

$$\mathrm{lip}_{X,\rho}S(\bar{x}) := \limsup_{x,x' \xrightarrow{X} \bar{x}, x\neq x'} \frac{\mathbf{d}_\rho(S(x'),S(x))}{\|x'-x\|}$$

有限. 称 S 在 $\bar{x}$ 点严格连续 (不必相对于 X), 若 $\bar{x}\in \mathrm{int}(\mathrm{dom}S)$, S 在 $\bar{x}$ 附近是闭值的且对每个 $\rho\in\Re_+$, 值

$$\mathrm{lip}_\rho S(\bar{x}) := \limsup_{x,x'\to\bar{x}, x\neq x'} \frac{\mathbf{d}_\rho(S(x'),S(x))}{\|x'-x\|}$$

有限. 这里, $\mathrm{lip}_\rho S(\bar{x})$ 是 S 在 $\bar{x}$ 点的 ρ-Lipschitz 系数, $\mathrm{lip}_{X,\rho}S(\bar{x})$ 是相对于 X 的 ρ-Lipschitz 系数. 对于 $\rho=\infty$, $\mathrm{lip}_\infty S(\bar{x})$ 是 S 在 $\bar{x}$ 点的 Lipschitz 系数, $\mathrm{lip}_{X,\infty}S(\bar{x})$ 是相对于 X 的 Lipschitz 系数.

(b) S 相对于 X 是严格连续的, 若对每个 $\bar{x}\in X$, S 在 $\bar{x}$ 点相对于 X 严格连续.

命题 4.2 (严格连续的另一种描述) 设 $S:\Re^n \rightrightarrows \Re^m$ 在集合 $X\subset\Re^n$ 上是非空闭值的. 则下述每一个在点 $\bar{x}\in X$ 上的条件都等价于 S 在 $\bar{x}$ 点相对于 X 严格连续:

(a) 对每个 $\rho\in\Re_+$, 存在 $\kappa\in\Re_+$ 和 $V\in\mathcal{N}(\bar{x})$, 满足

$$\mathbf{d}_\rho(S(x'),S(x)) \leqslant \kappa\|x'-x\|, \quad \forall x,x'\in X\cap V; \tag{4.6}$$

(b) 对每个 $\rho\in\Re_+$, 存在 $\kappa\in\Re_+$ 和 $V\in\mathcal{N}(\bar{x})$, 满足

$$\widehat{\mathbf{d}}_\rho(S(x'),S(x)) \leqslant \kappa\|x'-x\|, \quad \forall x,x'\in X\cap V; \tag{4.7}$$

或等价地, $S(x')\cap\rho\mathbf{B}\subset S(x)+\kappa\|x'-x\|\mathbf{B}$, $\forall x,x'\in X\cap V$;

(c) 对每个 $\rho\in\Re_+$, 存在 $\kappa\in\Re_+$ 和 $V\in\mathcal{N}(\bar{x})$, 满足对任意的 $u\in\rho\mathbf{B}$, 函数 $x\to d(u,S(x))$ 在 $X\cap V$ 上都是 Lipschitz 连续的, 且 Lipschitz 常数为 κ.

证明 与 (a) 的等价性可由定义 4.6 中 $\mathrm{lip}_{X,\rho}S(\bar{x})$ 的定义直接得到. 与 (c) 的等价关系由度量 d_ρ 的定义式可得. 由命题 2.5(a) 知 (4.6) 可推出 (4.7), 所以 (b) 的

必要性可得. 对于充分性, 假设 (b) 中的不等式成立, 固定任意一个 $\rho \in \Re_+$, 选取 $\rho' > 2\rho + d(0, S(\bar{x}))$. 由假设知存在 $\kappa \in \Re_+$ 和 $V \in \mathcal{N}(\bar{x})$, 使 (4.7) 式对 ρ' 成立. 考虑该式的几何意义, 有 $S(\bar{x}) \cap \rho'\mathbf{B} \subset S(x) + \kappa\|x - \bar{x}\|\mathbf{B}$ 当 $x \in X \cap V$ 时成立, 所以有对上述的 x, $S(x) \neq \varnothing$. 实际上 $\mathrm{d}(0, S(x)) \leqslant \mathrm{d}(0, S(\bar{x})) + \kappa\|x - \bar{x}\|$. 选取 $\varepsilon > 0$ 充分小, 使得 $d(0, S(\bar{x})) + \kappa\varepsilon < \rho' - 2\rho$ 且 $\mathbf{B}(\bar{x}, \varepsilon) \subset V$. 则对所有的 $x \in X \cap \mathbf{B}(\bar{x}, \varepsilon)$, 有 $\rho' > 2\rho + d(0, S(x))$. 所以由命题 2.5(a) 以及 (4.7) 式对 ρ' 成立, 可得到 (4.6) 式成立, 其中 V 由 $\mathbf{B}(\bar{x}, \varepsilon)$ 代替. ■

4.5 Aubin 性质和 Mordukhovich 准则

因为上节的 Lipschitz 性质和严格连续性都是集值映射在某一点 $\bar{x}$ 附近的整体 Lipschitz 性质, 下述的 Aubin 性质是集值映射在点 $(\bar{x}, \bar{u}) \in \mathrm{gph}S$ 的局部 Lipschitz 性质.

定义 4.6 (Aubin 性质和图模) 称映射 $S: \Re^n \rightrightarrows \Re^m$ 相对于 X 在 $\bar{x}$ 点关于 $\bar{u}$ 具有 Aubin 性质, 其中 $\bar{x} \in X$, $\bar{u} \in S(\bar{x})$, 若 $\mathrm{gph}S$ 在 $(\bar{x}, \bar{u})$ 点处是局部闭的, 且存在邻域 $V \in \mathcal{N}(\bar{x})$, $W \in \mathcal{N}(\bar{u})$ 和常数 $\kappa \in \Re_+$, 满足

$$S(x') \cap W \subset S(x) + \kappa\|x' - x\|\mathbf{B}, \quad \forall x, x' \in X \cap V. \tag{4.8}$$

若将上述条件中的 $X \cap V$ 替换为 V, 则称 Aubin 性质在 $\bar{x}$ 点关于 $\bar{u}$ 成立. 此时, S 在 $\bar{x}$ 点关于 $\bar{u}$ 的图模 (graphical modulus) 为

$$\begin{aligned}\mathrm{lip}S(\bar{x}|\bar{u}) := \inf\{\kappa : \exists V \in \mathcal{N}(\bar{x}), W \in \mathcal{N}(\bar{u}),\ \text{满足}\\ S(x') \cap W \subset S(x) + \kappa\|x' - x\|\mathbf{B},\ \forall x, x' \in V\}.\end{aligned}$$

练习 4.7 (Aubin 性质的距离刻画) 设 $\bar{u} \in S(\bar{x})$, $\bar{x} \in X \subset \Re^n$, $\mathrm{gph}S$ 在 $(\bar{x}, \bar{u})$ 点处是局部闭的. 则下述结论等价:

(a) S 相对于 X 在 $\bar{x}$ 点处关于 $\bar{u}$ 具有 Aubin 性质;

(b) $(x, u) \to \mathbf{d}(u, S(x))$ 在 $(\bar{x}, \bar{u})$ 相对于 $X \times \Re^m$ 是严格连续的;

(c) 存在 $\kappa \in \Re_+$, $W \in \mathcal{N}(\bar{u})$ 与 $V \in \mathcal{N}(\bar{x})$, 满足对于 $u \in W$, 函数 $x \to \mathrm{d}(u, S(x))$ 在 $X \cap V$ 上 Lipschitz 连续, 且以 κ 为 Lipschitz 常数;

(d) 存在 $\kappa \in \Re_+$, $\rho \in \Re_+$ 与 $V \in \mathcal{N}(\bar{x})$, 满足

$$\mathbf{d}_\rho(S(x') - \bar{u}, S(x) - \bar{u}) \leqslant \kappa\|x' - x\|, \quad \forall x, x' \in X \cap V;$$

(e) 存在 $\kappa \in \Re_+$, $\rho \in \Re_+$ 与 $V \in \mathcal{N}(\bar{x})$, 满足

$$\widehat{\mathbf{d}}_\rho(S(x') - \bar{u}, S(x) - \bar{u}) \leqslant \kappa\|x' - x\|, \quad \forall x, x' \in X \cap V;$$

进一步, 在 $\bar{x} \in \text{int}X$ 的情况, 图模 $\text{lip}S(\bar{x}|\bar{u})$ 是满足 (c) 的所有 κ 的下确界. 事实上, 令 $s_u(x) = \mathbf{d}(u, S(x))$,

$$\begin{aligned}\text{lip}S(\bar{x}|\bar{u}) &= \limsup_{(x,u)\to(\bar{x},\bar{u})} \text{lip}\, s_u(x) \\ &= \limsup_{x,x'\to\bar{x},x\neq x',\rho\searrow 0} \frac{\mathbf{d}_\rho(S(x')-\bar{u}, S(x)-\bar{u})}{\|x'-x\|} \\ &= \limsup_{x,x'\to\bar{x},x\neq x',\rho\searrow 0} \frac{\widehat{\mathbf{d}}_\rho(S(x')-\bar{u}, S(x)-\bar{u})}{\|x'-x\|}.\end{aligned}$$

定理 4.7(严格连续的图局部化) 闭值映射 $S: \Re^n \rightrightarrows \Re^m$ 相对于 X 在 $\bar{x}$ 点严格连续当且仅当它相对于 X 在 $\bar{x}$ 点是外半连续的, 且对任意的 $\bar{u} \in S(\bar{x})$, 它相对于 X 在 $\bar{x}$ 点关于 $\bar{u}$ 具有 Aubin 性质.

证明 假设严格连续的条件成立, 则它能保证连续性, 特别地可知 S 在 $\bar{x}$ 点相对于 X 是外半连续的. 对于 $\bar{u} \in S(\bar{x})$ 和 $\rho > \|\bar{u}\|$, 由命题 4.2 的等价关系, 记 $V \in \mathcal{N}(\bar{x})$ 为使命题 4.2(b) 对某一 $\kappa \in \Re_+$ 成立的邻域. 不妨设 V 是闭集且 S 在 V 上是闭值的, 则 $(\bar{x}, \bar{u})$ 的邻域 $V \times \rho\mathbf{B}$ 与 gph S 的交是闭的. 所以 gph S 在 $\bar{x}$ 附近是局部闭的. 此时得到 (4.8) 式对 $W = \rho\mathbf{B}$ 成立, 则 Aubin 性质相对于 X 在 $\bar{x}$ 点关于 $\bar{u}$ 成立.

若假设 S 在 $\bar{x}$ 点相对于 X 是外半连续且关于每个 $\bar{u} \in S(\bar{x})$ 具有 Aubin 性质. 对 $\bar{u} \in S(\bar{x})$, 存在 $W_{\bar{u}} \in \mathcal{N}(\bar{u})$, $V_{\bar{u}} \in \mathcal{N}(\bar{x})$, $\kappa_{\bar{u}} \in \Re_+$, 使得 $V_{\bar{u}} \times W_{\bar{u}}$ 与 gph S 的交是闭集且

$$S(x') \cap W_{\bar{u}} \subset S(x) + \kappa_{\bar{u}}\|x'-x\|\mathbf{B}, \quad \forall x, x' \in X \cap V_{\bar{u}}. \tag{4.9}$$

令 $\rho > d(0, S(\bar{x}))$. 集合 $S(\bar{x}) \cap \rho\mathbf{B}$ 非空紧致, 故它可由有限多个开集 int $W_{\bar{u}}$ 覆盖, 设这些开集对应的点为 $\bar{u}_k \in S(\bar{x}) \cap \rho\mathbf{B}$, $k = 1, \cdots, r$. 令 $V = \bigcap_{k=1}^{r} V_{\bar{u}_k}$, $W = \bigcup_{k=1}^{r} W_{\bar{u}_k}$, $\kappa = \max_{k=1}^{r}\{\kappa_{\bar{u}_k}\}$. 则 $S(\bar{x}) \cap \rho\mathbf{B} \subset \text{int}\, W$, 且 $V \times W$ 与 gph S 的交集是闭集. 进一步, 由 (4.9) 可得到对应于上述那些元素的 (4.8) 式.

在 $X \cap V$ 中不可能存在 $x^\nu \to \bar{x}$, 使元素 $u^\nu \in [S(x^\nu) \cap \rho\mathbf{B}] \setminus \text{int}\, W$, 因为否则, 序列 $\{u^\nu\}_{\nu\in\mathbf{N}}$ 的聚点 $\bar{u} \in \rho\mathbf{B} \setminus \text{int}\, W$, 则由 S 的外半连续性知 $\bar{u} \in [S(\bar{x}) \cap \rho\mathbf{B}] \setminus \text{int}\, W$, 得到矛盾. 因此, 通过适当地收缩 V 可使当 $x \in V$ 时, 有 $S(x) \cap \rho\mathbf{B} \subset W$. 则 $[V \times W] \cap$ gph S 是闭集. 另外 (4.8) 的包含关系对更小的 V 及由 $W = \rho\mathbf{B}$ 亦成立. 故 S 相对于 X 在 $\bar{x}$ 点关于 $\bar{u}$ 是严格连续的. ■

引理 4.1 (Aubin 性质的推广公式) 设映射 $S: \Re^n \rightrightarrows \Re^m$ 的图 gph$S$ 在点 $(\bar{x}, \bar{u}) \in \text{gph}S$ 处是局部闭的, 且 $x \in X \subset \Re^n$. 下述关于 $\kappa \in \Re_+$ 的条件是等价的:

(a) 存在 $V \in \mathcal{N}(\bar{x})$ 和 $W \in \mathcal{N}(\bar{u})$, 满足

$$S(x') \cap W \subset S(x) + \kappa\|x' - x\|\mathbf{B}, \quad \forall x, x' \in X \cap V.$$

(b) 存在 $V \in \mathcal{N}(\bar{x})$ 和 $W \in \mathcal{N}(\bar{u})$, 满足

$$S(x') \cap W \subset S(x) + \kappa\|x' - x\|\mathbf{B}, \quad \forall x \in X \cap V, x' \in X.$$

因此, 在 Aubin 性质的定义中, 可以用 (b) 中的包含关系来代替 (a) 中的包含关系. 进一步, 若 $X \cap V = V$, 满足 (b) 的常数 κ 的下确界仍然为 $\operatorname{lip} S(\bar{x}|\bar{u})$.

证明 (b) 推出 (a) 是显然的. 假设 (a) 对邻域 $V = \mathbf{B}(\bar{x}, \delta)$, $W = \mathbf{B}(\bar{u}, \varepsilon)$ 成立. 下面证明 (b) 对 $V' = \mathbf{B}(\bar{x}, \delta')$, $W' = \mathbf{B}(\bar{u}, \varepsilon')$ 成立, 其中 $0 < \delta' < \delta, 0 < \varepsilon' < \varepsilon$, $2\kappa\delta' + \varepsilon' \leqslant \kappa\delta$. 固定 $x \in X \cap \mathbf{B}(\bar{x}, \delta')$, 则

$$S(x') \cap \mathbf{B}(\bar{u}, \varepsilon') \subset S(x) + \kappa\|x' - x\|\mathbf{B}, \quad 当 x' \in X \cap \mathbf{B}(\bar{x}, \delta).$$

我们的目标是说明上式对 $x' \in X \setminus \mathbf{B}(\bar{x}, \delta)$ 亦成立. 将 (a) 应用到 $x' = \bar{x}$, 则 $\bar{u} \in S(x) + \kappa\|x - \bar{x}\|\mathbf{B}$ 且 $\mathbf{B}(\bar{u}, \varepsilon') \subset S(x) + (\kappa\delta' + \varepsilon')\mathbf{B}$, 其中 $\kappa\delta' + \varepsilon' \leqslant \kappa\delta - \kappa\delta'$. 但当 $x' \in X \setminus \mathbf{B}(\bar{x}, \delta)$ 时, $\|x' - x\| > \delta - \delta'$, 故对于这样的 x', 有 $\kappa\delta - \kappa\delta' \leqslant \kappa\|x' - x\|$, 因此 $S(x') \cap \mathbf{B}(\bar{u}, \varepsilon') \subset S(x) + \kappa\|x' - x\|\mathbf{B}$. ■

下面的定理给出 Aubin 性质的刻画, 把 Aubin 性质的描述性定义用一个漂亮的等式表示. Mordukhovich 准则提供了一种计算公式, 可用于判断集值映射是否具有 Aubin 性质.

定理 4.8 (Mordukhovich 准则) 设 $S : \Re^n \rightrightarrows \Re^m$, $\bar{x} \in \operatorname{dom} S$, $\bar{u} \in S(\bar{x})$. 设 $\operatorname{gph} S$ 在 $(\bar{x}, \bar{u})$ 点是局部闭的. 则 S 在 $\bar{x}$ 点关于 $\bar{u}$ 具有 Aubin 性质当且仅当

$$\mathrm{D}^* S(\bar{x}|\bar{u})(0) = \{0\},$$

或等价的, $|\mathrm{D}^* S(\bar{x}|\bar{u})|^+ < \infty$. 此时 $\operatorname{lip} S(\bar{x}|\bar{u}) = |\mathrm{D}^* S(\bar{x}|\bar{u})|^+$.

若 $\operatorname{dom} \widehat{\mathrm{D}} S(\bar{x}|\bar{u}) = \Re^n$, 则上述条件成立, 且它等价于 $\widehat{\mathrm{D}} S(\bar{x}|\bar{u}) = \mathrm{D} S(\bar{x}|\bar{u})$, 即 S 在 $\bar{x}$ 点关于 $\bar{u}$ 图正则.

证明 首先证明关于正则导数映射 $\widehat{\mathrm{D}} S(\bar{x}|\bar{u})$ 的论述. 由于 $\widehat{\mathrm{D}} S(\bar{x}|\bar{u})$ 的图是正则切锥 $\widehat{T}_{\operatorname{gph} S}(\bar{x}, \bar{u})$, 为凸锥. 故它到 $\Re^n$ 上的投影, 即锥 $D := \operatorname{dom} \widehat{\mathrm{D}} S(\bar{x}|\bar{u})$ 也为凸锥. 而 $D = \Re^n$ 当且仅当 $D^- = \{0\}$, 其中 D^- 表示 D 的极锥, 即 $v \in D^-$ 当且仅当 $\langle v, w\rangle \leqslant 0$, $\forall w \in D$, 或等价地, $\langle (v, 0), (w, z)\rangle \leqslant 0$, $\forall (w, z) \in \widehat{T}_{\operatorname{gph} S}(\bar{x}, \bar{u})$, 也即等价于 $(v, 0) \in \widehat{T}_{\operatorname{gph} S}(\bar{x}, \bar{u})^-$. 而 $\widehat{T}_{\operatorname{gph} S}(\bar{x}, \bar{u})^- = N_{\operatorname{gph} S}(\bar{x}, \bar{u})^{--} = \operatorname{clcon} N_{\operatorname{gph} S}(\bar{x}, \bar{u})$, 因此, $\operatorname{dom} \widehat{\mathrm{D}} S(\bar{x}|\bar{u}) = \Re^n$ 当且仅当

$$(v, 0) \in \operatorname{clcon} N_{\operatorname{gph} S}(\bar{x}, \bar{u}) \Longrightarrow v = 0.$$

另一方面, 由伴同导数的定义知, $\mathrm{D}^*S(\bar{x}|\bar{u})(0)=\{0\}$ 当且仅当

$$(v,0)\in N_{\mathrm{gph}S}(\bar{x},\bar{u})\Longrightarrow v=0.$$

注意到 cl con$N_{\mathrm{gph}S}(\bar{x},\bar{u})\supset N_{\mathrm{gph}S}(\bar{x},\bar{u})$, 且等式成立的一个充分条件是 gph S 在 $(\bar{x},\bar{u})$ 点处是 Clarke 正则的, 这等价于 $\widehat{\mathrm{D}}S(\bar{x}|\bar{u})=\mathrm{D}S(\bar{x}|\bar{u})$. 所以定理的后半部分, 即关于 $\widehat{\mathrm{D}}S(\bar{x}|\bar{u})$ 的论述得证.

下面证明定理的主要部分. 注意到条件 $\mathrm{D}^*S(\bar{x}|\bar{u})(0)=\{0\}$, 若用法锥 $N_{\mathrm{gph}S}(\bar{x},\bar{u})$ 来刻画, 则只与gph S 在 $(\bar{x},\bar{u})$ 的任意小的邻域的性质有关. Aubin 性质也是如此. 这里不失一般性, Aubin 性质的定义中的 (4.8) 式中的邻域可以只局限于 $V=\mathbf{B}(\bar{x},\delta)$, $W=\mathbf{B}(\bar{u},\varepsilon)$ 的形式, 即 (4.8) 可写为

$$S(x')\cap\mathbf{B}(\bar{u},\varepsilon)\subset S(x)+\kappa\|x'-x\|\mathbf{B},\quad \forall x,x'\in\mathbf{B}(\bar{x},\delta). \tag{4.10}$$

因此只需考虑 gph S 在 $(\bar{x},\bar{u})$ 的邻域 $\mathbf{B}(\bar{x},\delta)\times\mathbf{B}(\bar{u},\varepsilon+2\kappa\delta)$ 上的信息即可.

所以不妨设 gph S 整体是一闭集, 则对每一个 x, $S(x)$ 为闭集. 下面证明伴同导数的条件等价于在练习 4.7(c) 中 Aubin 性质的距离函数的刻画, 这样同时也可证明

$$\kappa_1:=\mathrm{lip}S(\bar{x}|\bar{u}),\quad \kappa_2:=|\mathrm{D}^*S(\bar{x}|\bar{u})|^+,$$

二者是相等的.

必要性. 假设 Aubin 性质成立, κ_1 即为满足练习 4.7(c) 的所有 κ 的下确界. 因为 κ_2 是满足 $\|v\|\leqslant\kappa\|y\|$ 的 $\kappa\in\Re_+$ 的下确界, 其中 $v\in\mathrm{D}^*S(\bar{x}|\bar{u})(y)$, 或等价地, $(v,-y)\in N_{\mathrm{gph}S}(\bar{x},\bar{u})$. 所以要验证性质 $\mathrm{D}^*S(\bar{x}|\bar{u})=\{0\}$ 等价于验证 $\kappa_2<\infty$. 而 $(v,-y)\in N_{\mathrm{gph}S}(\bar{x},\bar{u})$ 当且仅当 $\exists(x^\nu,u^\nu)\to(\bar{x},\bar{u})$, $(x^\nu,u^\nu)\in$gph S, $\exists(v^\nu,-y^\nu)\in\widehat{N}_{\mathrm{gph}S}(x^\nu,u^\nu)$, $(v^\nu,-y^\nu)\to(v,-y)$. 因为 gph S 是闭集, 由练习 3.2(a) 知可以要求正则法向量 $(v^\nu,-y^\nu)$ 是邻近法向量. 因此, κ_2 也为满足存在 $\delta>0$, $\varepsilon>0$, 使得下述条件成立的所有 $\kappa\in\Re_+$ 的下确界:

$$\left.\begin{array}{r}\text{当}(v,-y)\text{为gph }S\text{在}(\widetilde{x},\widetilde{u})\text{点的邻近法向量时, 有}\|v\|\leqslant\kappa\|y\|,\\ \text{其中}\|\widetilde{x}-\bar{x}\|<\delta,\ \|\widetilde{u}-\bar{u}\|<\varepsilon.\end{array}\right\} \tag{4.11}$$

因此, 考虑任何满足 (4.10) 的 κ, δ, ε, 目标是要证明它们满足 (4.11). 这就可以推出 $\kappa_1\geqslant\kappa_2$, 进而得到必要性.

设任取 $(\widetilde{x},\widetilde{u})\in$ gph S, 满足 $\|\widetilde{x}-\bar{x}\|<\delta$ 和 $\|\widetilde{u}-\bar{u}\|<\varepsilon$. $(v,-y)$ 为 gph S 在 $(\widetilde{x},\widetilde{u})$ 点的邻近法向量等价于存在 $\tau>0$, 满足 $(\widetilde{x},\widetilde{u})$ 属于投影 $P_{\mathrm{gph}S}((\widetilde{x},\widetilde{u})+\tau(v,-y))$(见例 3.3). 在不影响投影性质的情况下, 还可减小 τ, 使得 $\widetilde{u}-\tau y\in$

int $\mathbf{B}(\bar{u},\varepsilon)$; 记 $\widehat{u}$ 为 $\widetilde{u}-\tau y$, 则 $\|\widehat{u}-\bar{u}\|<\varepsilon$. 所以 $\|(x,u)-(\widetilde{x}+\tau v,\widehat{u})\|\geqslant\|(\tau v,-\tau y)\|$, $\forall(x,u)\in$ gph S, 即

$$\|x-(\widetilde{x}+\tau v)\|^2+\|u-\widehat{u}\|^2\geqslant\tau^2\|v\|^2+\tau^2\|y\|^2,\quad \forall u\in S(x),$$

上述不等式当 $u=\widetilde{u}$, $x=\widetilde{x}$ 时成等式. 所以有

$$\|x-(\widetilde{x}+\tau v)\|^2+d(\widehat{u},S(x))^2\geqslant\tau^2\|v\|^2+\tau^2\|y\|^2,\quad \forall x,$$
$$\|\widetilde{x}-(\widetilde{x}+\tau v)\|^2+d(\widehat{u},S(x))^2=\tau^2\|v\|^2+\tau^2\|y\|^2,$$

进而得到

$$\begin{aligned}\tau^2\|v\|^2-\|x-(\widetilde{x}+\tau v)\|^2&\leqslant d(\widehat{u},S(x))^2-d(\widehat{u},S(\widetilde{x}))^2\\&=[d(\widehat{u},S(x))-d(\widehat{u},S(\widetilde{x}))][d(\widehat{u},S(x))+d(\widehat{u},S(\widetilde{x}))].\end{aligned}\tag{4.12}$$

由于 $\|\widetilde{x}-\bar{x}\|<\delta$, $\|\widehat{u}-\bar{u}\|<\varepsilon$, 由 (4.10) 式可得

$$d(\widehat{u},S(x))-d(\widehat{u},S(\widetilde{x}))\leqslant\kappa\|x-\widetilde{x}\|,\quad \text{只要}x\in\mathbf{B}(\bar{x},\delta).$$

另一方面, $d(u,S(\widetilde{x}))$ 关于 u 是 Lipschitz 连续的, Lipschitz 常数为 1. 故 $d(\widehat{u},S(\widetilde{x}))\leqslant d(\widetilde{u},S(\widetilde{x}))+\tau\|y\|$, 其中 $d(\widetilde{u},S(\widetilde{x}))=0$. 类似地, 有 $d(\widehat{u},S(x))\leqslant d(\widetilde{u},S(x))+\tau\|y\|$, 而当 $x\in\mathbf{B}(\bar{x},\delta)$ 时, 又有 $d(\widetilde{u},S(x))\leqslant d(\widetilde{u},S(\widetilde{x}))+\kappa\|x-\widetilde{x}\|$. 由 (4.12) 知

$$2\tau\langle v,x-\widetilde{x}\rangle-\|x-\widetilde{x}\|^2\leqslant\kappa\|x-\widetilde{x}\|(\kappa\|x-\widetilde{x}\|+2\tau\|y\|),\quad \forall x\in\mathbf{B}(\bar{x},\delta).$$

将上式应用到点 $x=\widetilde{x}+\lambda v$ 上, 其中 $\lambda>0$ 充分小时可保证 $x\in\mathbf{B}(\bar{x},\delta)$ (这是因为 $\|\widetilde{x}-\bar{x}\|<\delta$), 则有

$$2\tau\lambda\|v\|^2-\lambda^2\|v\|^2\leqslant\kappa\lambda\|v\|(\kappa\lambda\|v\|+2\tau\|y\|).$$

除非 $\|v\|=0$, 否则总有 $(2\tau-\lambda)\|v\|\leqslant\kappa(\kappa\lambda\|v\|+2\tau\|y\|)$, 令 $\lambda\searrow 0$ 取极限, 则有 $2\tau\|v\|\leqslant 2\tau\kappa\|y\|$, 即 $\|v\|\leqslant\kappa\|y\|$. 由此得到 (4.11) 中刻画的性质.

充分性. 在必要性证明的开始部分刻画的 κ_2 也可以作如下变动: 利用命题 3.3 和法锥 $N_{\mathrm{gph}S}(\bar{x},\bar{u})$ 的定义, 有 $(v,-y)\in N_{\mathrm{gph}S}(\bar{x},\bar{u})$ 当且仅当存在 $(x^\nu,u^\nu)\to(\bar{x},\bar{u})$, $(x^\nu,u^\nu)\in$gph S, 存在 $(v^\nu,-y^\nu)\in N_{\mathrm{gph}S}(x^\nu,u^\nu)$, $(v^\nu,-y^\nu)\to(v,-y)$. 因此, κ_2 也为所有满足存在 $\delta_0>0$, $\varepsilon_0>0$, 使得下式成立的 $\kappa\in\Re_+$ 的下确界:

$$\|v\|\leqslant\kappa\|y\|,\quad (v,-y)\in N_{\mathrm{gph}S}(\widehat{x},\widehat{u}),\quad \widehat{x}\in\mathbf{B}(\bar{x},\delta_0),\quad \widehat{u}\in\mathbf{B}(\bar{u},\varepsilon_0).\tag{4.13}$$

假设 (4.13) 成立, 目标是要证明存在 $\delta>0$, $\varepsilon>0$ 满足 (4.10). 这就可以建立充分性及不等式 $\kappa_2\geqslant\kappa_1$.

不妨设映射 S 是外半连续的, 由命题 2.7 知函数 $(x,u)\to d(u,S(x))$ 在 $\Re^n\times\Re^m$ 上是下半连续的. 固定 $\widetilde{u}$, 下面考虑下半连续函数 $d_{\widetilde{u}}(x):=d(\widetilde{u},S(x))$ 的正则次梯度, 因为这些正则次梯度可以用来生成 $d_{\widetilde{u}}$ 的其他次梯度, 且由定理 4.2 知还可用来验证 $d_{\widetilde{u}}$ 的严格连续性.

假设 $v\in\widehat{\partial}d_{\widetilde{u}}(\widehat{x})$, 其中 $\widehat{x}$ 满足 $d_{\widetilde{u}}(\widehat{x})$ 有限, 故 $S(\widehat{x})\neq\varnothing$. 由命题 3.8 中正则次梯度的变分描述知, 存在定义在 $\widehat{x}$ 的某一开邻域 $\mathcal{O}$ 上的光滑函数 $h\leqslant d_{\widetilde{u}}$, 满足 $h(\widehat{x})=d_{\widetilde{u}}(\widehat{x})$, $\nabla h(\widehat{x})=v$. 则 $\widehat{x}\in\operatorname{argmin}_{\mathcal{O}}(d_{\widetilde{u}}-h)$. 令 $\widehat{u}$ 为 $S(\widehat{x})$ 中与 $\widetilde{u}$ 距离最近的点, 即有 $\|\widehat{u}-\widetilde{u}\|=d_{\widetilde{u}}(\widehat{x})$. 则点 $(\widehat{x},\widehat{u})$ 处函数 $-h(x)+\|u-\widetilde{u}\|$ 在 $(x,u)\in\operatorname{gph}S$, $x\in\mathcal{O}$ 上达到极小.

我们也可以换一种方式表述. 设 $V\subset\mathcal{O}$ 为 $\bar{x}$ 的闭邻域. 定义 $\Re^n\times\Re^m$ 上的下半连续正常函数 $f_0(x,u):=-h(x)+\|u-\widetilde{u}\|$, 若 $x\in V$; $f_0(x,u):=\infty$, 若 $x\notin V$. 则 $(\widehat{x},\widehat{u})$ 为 f_0 在闭集 $\operatorname{gph}S$ 上的最小值点. 由于

$$\partial f_0(\widehat{x},\widehat{u})\subset\{(-v,y):y\in\mathbf{B}\},\quad \partial^\infty f_0(\widehat{x},\widehat{u})=\{(0,0)\},$$

其中关于 $\partial^\infty f_0(\widehat{x},\widehat{u})$ 的表达式可以推出后面的定理 5.8 中的约束规范成立, 所以有最优性条件

$$\partial f_0(\widehat{x},\widehat{u})+N_{\operatorname{gph}S}(\widehat{x},\widehat{u})\ni(0,0).$$

结合 $\partial f_0(\widehat{x},\widehat{u})$ 的包含关系式有对向量 v, 必存在 $y\in\mathbf{B}$, 使得 $(v,-y)\in N_{\operatorname{gph}S}(\widehat{x},\widehat{u})$.

到目前为止, 我们知道若 $\widehat{x}\in\mathbf{B}(\bar{x},\delta_0)$, $\widehat{u}\in\mathbf{B}(\bar{u},\varepsilon_0)$, 则由 (4.13) 知 $\|v\|\leqslant\kappa\|y\|\leqslant\kappa$. 注意到 $\|\widehat{u}-\bar{u}\|\leqslant\|\widehat{u}-\widetilde{u}\|+\|\widetilde{u}-\bar{u}\|=d_{\widetilde{u}}(\widehat{x})+\|\widehat{u}-\bar{u}\|$. 所以有

$$\text{若}v\in\widehat{\partial}d_{\widetilde{u}}(\widehat{x}),\|\widehat{x}-\bar{x}\|\leqslant\delta_0,d_{\widetilde{u}}(\widehat{x})+\|\widehat{u}-\bar{u}\|\leqslant\varepsilon_0,\quad \text{则}\|v\|\leqslant\kappa.\tag{4.14}$$

若 $\widetilde{u}=\bar{u}$, 则 $d_{\bar{u}}(\bar{x})=0$. 由定义 3.13, $\partial^\infty d_{\bar{u}}(\bar{x})$ 是 hzn $\Re^n$ 中所有方向点构成的锥, 具体地说, 它由无界次梯度序列 $v^\nu\in\widehat{\partial}d_{\bar{u}}(x^\nu)$ 的极限点构成, 其中 $x^\nu\to\bar{x}$ 满足 $d_{\bar{u}}(x^\nu)\to d_{\bar{u}}(\bar{x})$. 但在 (4.13) 中令 $\widehat{x}=x^\nu$, $v=v^\nu$, 结合 $\widetilde{u}=\bar{u}$, 得知, ν 充分大以后, $\|v^\nu\|\leqslant\kappa$. 由此 $\partial^\infty d_{\bar{u}}(\bar{x})=\{0\}$. 由定理 4.2 知 $d_{\bar{u}}$ 在 $\bar{x}$ 严格连续, 因此在 $\bar{x}$ 的某一邻域上也是严格连续且有限的, 进而意味着 S 在此邻域上取值非空. 另一方面, 若 $S(x)\neq\varnothing$, 则函数 $u\to d(u,S(x))$ 是 Lipschitz 连续的且 Lipschitz 常数是 1, 所以函数 $(x,u)\to d(u,S(x))$ 在 $(\bar{x},\bar{u})$ 附近有限且平稳.

现在不考虑常数的大小, 只需验证存在 $\lambda\in\Re_+$, $\mu\in\Re_+$, 满足

$$d(u,S(x))\leqslant\lambda(\|x-\bar{x}\|+\|u-\bar{u}\|),\quad \text{当}\|x-\bar{x}\|\leqslant\mu,\quad\|u-\bar{u}\|\leqslant\mu.$$

为了满足此式, 需要选取 $\delta>0$, $\varepsilon>0$ 充分小, 使得 $2\delta\leqslant\min\{\mu,\delta_0\}$, $\varepsilon\leqslant\min\{\mu,\delta_0/2\}$, 且 $\lambda(2\delta+\varepsilon)\leqslant\varepsilon_0/2$. 再将 (4.14) 式应用到 $\widetilde{u}\in\mathbf{B}(\bar{u},\varepsilon)$, $\widehat{x}\in\mathbf{B}(\bar{x},2\delta)$, 得到 $\widehat{\partial}d_{\widetilde{u}}(\widehat{x})\subset$

$\kappa\mathbf{B}$. 由此结合 $\partial d_{\tilde{u}}(x)$ 的定义, 有 $\partial d_{\tilde{u}}(x)\subset\kappa\mathbf{B}$, $\forall x\in \text{int}\ \mathbf{B}(\bar{x},2\delta)$. 由定理 4.2 知对 $x\in$ int $\mathbf{B}(\bar{x},2\delta)$, 有 $\text{lip}d_{\tilde{u}}(x)\leqslant\kappa$, 这意味着 $d_{\tilde{u}}$ 在 int $\mathbf{B}(\bar{x},2\delta)$ 上以常数 κLipschitz 连续. 特别地, $d_{\tilde{u}}$ 在 $\mathbf{B}(\bar{x},\delta)$ 以常数 κ 是 Lipschitz 连续的. 故 (4.10) 式成立. ■

4.6 度量正则性与开性

对线性映射 $\mathcal{A}:\mathcal{X}\to\mathcal{Y}$, 其中 $\mathcal{X}$ 与 $\mathcal{Y}$ 是有限维的 Hilbert 空间, 这一映射是映上的 (onto) 等价于 $[\mathcal{A}^*]^{-1}(0)=\{0\}$, 这一结论在集值映射的体现就是下述定理的 (d). 非常有趣的是 S^{-1} 的 Aubin 性质就是大家熟知的度量正则性或开性.

定理 4.9(度量正则性与开性) *设映射 $S:\Re^n\rightrightarrows\Re^m$, 点 $\bar{x}\in\Re^n$ 以及 $\bar{u}\in S(\bar{x})$. 若 $\text{gph}S$ 在 $(\bar{x},\bar{u})$ 点处是局部闭的, 下述条件等价:*

(a) (*逆 Aubin 性质*): *S^{-1} 在 $\bar{u}$ 点关于 $\bar{x}$ 具有 Aubin 性质;*

(b) (*度量正则性*): *$\exists V\in\mathcal{N}(\bar{x})$, $W\in\mathcal{N}(\bar{u})$, $\kappa\in\Re_+$, 满足*

$$d(x,S^{-1}(u))\leqslant\kappa d(u,S(x)),\qquad \text{若}x\in V,u\in W;$$

(c) (*线性开性*): *$\exists V\in\mathcal{N}(\bar{x})$, $W\in\mathcal{N}(\bar{u})$, $\kappa\in\Re_+$, 满足*

$$S(x+\kappa\varepsilon\mathbf{B})\supset[S(x)+\varepsilon\mathbf{B}]\cap W,\quad \forall x\in V,\varepsilon>0;$$

(d) (*伴同导数非奇异性*): *满足 $0\in \mathrm{D}^*S(\bar{x}|\bar{u})(y)$ 的 y 只有 $y=0$,*

其中 (d) 成立, 若 $\text{rge}\ \widehat{\mathrm{D}}S(\bar{x}|\bar{u})=\Re^m$, 这等价于 $\widehat{\mathrm{D}}S(\bar{x}|\bar{u})=\mathrm{D}S(\bar{x}|\bar{u})$, 即 S 在 $\bar{x}$ 点关于 $\bar{u}$ 是图正则的.

进一步, 所有满足 (b) 的 κ 的下确界与所有满足 (c) 的 κ 的下确界相等, 都等于

$$\begin{aligned}\text{lip}S^{-1}(\bar{u}|\bar{x})&=|\mathrm{D}^*S^{-1}(\bar{u}|\bar{x})|^+=|\mathrm{D}^*S(\bar{x}|\bar{u})^{-1}|^+\\&=\max\Big\{\|y\|:D^*S(\bar{x}|\bar{u})(y)\cap\mathbf{B}\neq\varnothing\Big\}=1/\min_{\|y\|=1}d(0,D^*S(\bar{x}|\bar{u})(y)).\end{aligned}$$

证明 将定理 4.8 中的 Mordukhovich 准则应用到 S^{-1}, 得到 (a) 与 (d) 的等价性; 这同时也给出了 lip $S^{-1}(\bar{u}|\bar{x})=|\mathrm{D}^*S^{-1}(\bar{u}|\bar{x})|^+$. 由定义, $\mathrm{D}^*S^{-1}(\bar{u}|\bar{x})$ 的图由满足 $(y,v)\in N_{\text{gph}S^{-1}}(\bar{u},\bar{x})$, 或等价的, $(v,y)\in N_{\text{gph}S}(\bar{x},\bar{u})$ 的向量对 $(-v,y)$ 构成, 而 $\mathrm{D}^*S(\bar{u}|\bar{x})^{-1}$ 的图由满足 $(v,y)\in N_{\text{gph}S}(\bar{x},\bar{u})$ 的向量对 $(v,-y)$ 构成. 因此, $y\in D^*S^{-1}(\bar{u}|\bar{x})(-v)$ 当且仅当 $v\in \mathrm{D}^*S(\bar{x}|\bar{u})^{-1}(-y)$. 由此得到 $|\mathrm{D}^*S^{-1}(\bar{u}|\bar{x})|^+=|\mathrm{D}^*S(\bar{u}|\bar{x})^{-1}|^+$. 但后者的值等于 $\max\Big\{\|y\|:y\in \mathrm{D}^*S(\bar{x}|\bar{u})^{-1}(\mathbf{B})\Big\}$(因为映射 $H=\mathrm{D}^*S(\bar{u}|\bar{x})^{-1}$ 是外半连续和局部有界的, 进而 $H(\mathbf{B})$ 是紧致的, 故上确界可达). 这个

最大值与定理中的最大值是一样的, 这是因为 $y \in H(\mathbf{B})$ 当且仅当 $H^{-1}(y) \cap \mathbf{B} \neq \varnothing$. 所以得到关于 lip $S^{-1}(\bar{u}|\bar{x})$ 的公式.

为证明定理 4.9 剩下的结论, 将引理 4.1 应用到 S^{-1}, 则 (a) 中的性质是说存在 $V \in \mathcal{N}(\bar{x})$, $W \in \mathcal{N}(\bar{u})$ 和 $\kappa \in \Re_+$, 满足

$$S^{-1}(u') \cap V \subset S^{-1}(u) + \kappa\|u' - u\|\mathbf{B}, \quad \forall u \in W, u' \in \Re^m. \tag{4.15}$$

显然, $x' \in S^{-1}(u') \cap V$ 当且仅当 $u' \in S(x')$ 且 $x' \in V$. 另一方面, $x' \in S^{-1}(u) + \kappa\|u' - u\|\mathbf{B}$ 当且仅当存在 $x \in S^{-1}(u)$ 且 $\|x' - x\| \leqslant \kappa\|u' - u\|$. 后者即等价于当 x' 在 $S^{-1}(u)$ 中有距离最近的点时, $d(x', S^{-1}(u)) \leqslant \kappa\|u' - u\|$. 因此, 在这个附加条件下, 即距离可达的假设 (若包含 x' 的邻域 V 与包含 u 的邻域 W 都充分小, 则此附加条件成立), (4.15) 式即是说

$$x' \in V, u \in W, u' \in S(x') \Longrightarrow d(x', S^{-1}(u)) \leqslant \kappa\|u' - u\|.$$

通过将上式对 $u' \in S(x')$ 取极小, 可以得到 (b). 注意到 (4.15) 式还可以等价于说

$$x' \in V, u \in W, u' \in S(x'), \varepsilon \geqslant \|u' - u\| \Longrightarrow u \in S(x' + \kappa\varepsilon\mathbf{B}).$$

这意味着当 $x' \in V$, $\varepsilon > 0$ 时, 集合 $S(x' + \kappa\varepsilon\mathbf{B})$ 包含所有在集合 $S(x') + \varepsilon\mathbf{B}$ 中的 $u \in W$, 此即为 (c) 中的条件. ■

4.7 Rademacher 定理及其推论

集合 $A \subset \Re^n$ 称为可忽略的 (negligible), 若对每个 $\varepsilon > 0$, 存在一族箱式集合 $\{B^\nu\}_{\nu \in \mathbf{N}}$, 对应的 n- 维体积分别为 ε^ν, $\nu \in \mathbf{N}$, 满足

$$A \subset \bigcup_{\nu=1}^{\infty} B^\nu, \quad \sum_{\nu=1}^{\infty} \varepsilon^\nu < \varepsilon.$$

下面给出著名的 Rademacher 定理, 由于其证明很长, 这里略去.

定理 4.10 (几乎处处可微性; Rademacher 定理) *设 $\mathcal{O} \subset \Re^n$ 为开集, $F : \mathcal{O} \to \Re^m$ 严格连续. 设 D 为由 F 的可微点构成的 $\mathcal{O}$ 的子集. 则 $\mathcal{O} \setminus D$ 是可忽略集. 特别的, D 在 $\mathcal{O}$ 中稠密, 即* cl $D \supset \mathcal{O}$.

下面定理表明 Clarke 次梯度是所谓的 B-次微分的凸包, 这一等式对 Lipschitz 连续映射也是成立的, 即 Clarke 的广义 Jacobi 是 B-次微分的凸包.

定理 4.11 (严格连续函数的 Clarke 次梯度) *设 f 在开集 $\mathcal{O} \subset \Re^n$ 上是严格连续的, 设 D 为由 f 的可微点构成的 $\mathcal{O}$ 的子集. 在每个点 $x \in \mathcal{O}$, 令*

$$\overline{\nabla} f(\bar{x}) := \limsup_{x \xrightarrow{D} \bar{x}} \left\{\nabla f(x)\right\} = \left\{v : \exists x^\nu \to \bar{x}, \text{ 使得 } x^\nu \in D, \nabla f(x^\nu) \to v\right\}. \tag{4.16}$$

则 $\overline{\nabla} f(\bar{x})$ 为 $\partial f(\bar{x})$ 的非空紧致子集, 且满足

$$\operatorname{con}\overline{\nabla} f(\bar{x}) = \operatorname{con}\partial f(\bar{x}) = \overline{\partial} f(\bar{x}),$$
$$\widehat{\mathrm{d}} f(\bar{x})(w) = \max\left\langle \overline{\nabla} f(\bar{x}), w\right\rangle = \max\left\{\langle v, w\rangle : v \in \overline{\nabla} f(\bar{x})\right\},$$

因此若 f 在 $\bar{x}$ 点正则, 则有 con $\overline{\nabla} f(\bar{x}) = \partial f(\bar{x})$. 若将 D 替换为满足 $D \setminus D'$ 为可忽略集的 $D' \subset D$, 上述关系仍然成立.

证明 由定理 4.2 知, $\partial^{\infty} f(\bar{x}) = \{0\}$, 则对任意的 $\bar{x} \in \mathcal{O}$, 由定理 3.17 知 $\overline{\partial} f(\bar{x}) = \operatorname{con}\partial f(\bar{x})$. 同时由定理 4.2 还知 $\partial f(\bar{x})$ 非空紧致.

设 D 为 $\mathcal{O}$ 的满足 f 可微的子集. 由定理 4.10 知 D 在 $\mathcal{O}$ 中稠密, 所以存在序列 $x^{\nu} \xrightarrow{D} \bar{x}$, 对任意 $x \in D$, 有 $\nabla f(x) \in \widehat{\partial} f(x) \subset \partial f(x)$, $\|\nabla f(x)\| \leqslant \operatorname{lip} f(x)$. 因此 $\nabla f(x^{\nu})$ 有界 (由于 lip f 是外半连续的) 且所有的聚点均在 $\partial f(\bar{x})$ 中. 故 $\overline{\nabla} f(\bar{x}) \subset \partial f(\bar{x})$, 且这两个集合均非空紧致.

由于 $\operatorname{con}\overline{\partial} f(\bar{x})$ 与 $\operatorname{con}\partial f(\bar{x})$ 是闭凸集, 故由定理 3.15 知它们相同当且仅当它们有相同的支撑函数. 由练习 4.4 知 $\operatorname{con}\partial f(\bar{x})$ 的支撑函数是 $\widehat{\mathrm{d}} f(\bar{x})$, con $\overline{\nabla} f(\bar{x})$ 的支撑函数为

$$h(w) := \sup\left\{\langle v, w\rangle : v \in \operatorname{con} \overline{\nabla} f(\bar{x})\right\} = \sup\left\{\langle v, w\rangle : v \in \overline{\nabla} f(\bar{x})\right\}.$$

由于 con $\overline{\nabla} f(\bar{x}) \subset$ con $\partial f(\bar{x})$, 故 $h(w) \leqslant \widehat{\mathrm{d}} f(\bar{x})(w)$. 下面说明 $\widehat{\mathrm{d}} f(\bar{x})(w) \leqslant h(w)$ 即可, 且只需对单位长度的向量 w 成立即可 (因为不等式两边均是正齐次的).

对 $D' \subset D$ 满足 $D \setminus D'$ 可忽略, 设 w 满足 $\|w\| = 1$. 集合 $A = \mathcal{O} \setminus D' = (\mathcal{O} \setminus D) \cup (D \setminus D')$ 可忽略. 对于可忽略集 A, 对任意的 x, A 与直线 $\{x + \tau w : \tau \in \Re\}$ 的交集是可忽略的. 所以存在稠子集 $X \subset \mathcal{O}$, 使得对每一个 $x \in X$, 满足 $x + \tau w \in A$ 的 $\tau \in \Re$ 构成的集合在 $\Re$ 上是可忽略的. 由练习 4.4, 注意到 f 的连续性与 X 的稠密性, 知

$$\widehat{\mathrm{d}} f(\bar{x}) = \limsup_{x \xrightarrow{X} \bar{x}, \tau \searrow 0} \frac{f(x + \tau w) - f(x)}{\tau}. \tag{4.17}$$

当 $x \in X$, τ 充分小, 满足线段 $[x, x + \tau w] \subset \mathcal{O}$ 时, 函数 $\varphi(t) = f(x + tw)$ 对 $t \in [0, \tau]$Lipschitz 连续, 且对于除了一个可忽略集的 $t \in [0, \tau]$, 均满足 $x + tw \in D'$. 所以 $\varphi(\tau) = \varphi(0) + \int_0^{\tau} \varphi'(t)\mathrm{d}t$, 积分中 t 的可忽略集可以不必考虑, 只需考虑满足

$x+tw \in D'$ 的 t, 此时 $\varphi'(t)=\langle \nabla f(x+tw), w\rangle$. 所以

$$\begin{aligned}\frac{f(x+\tau w)-f(x)}{\tau}&=\frac{\varphi(\tau)-\varphi(0)}{\tau}\\&=\frac{1}{\tau}\int_0^{\tau}\Big\langle \nabla f(x+\tau w), w\Big\rangle \mathrm{d}t\\&\leqslant \sup_{t\in[0,\tau],x+tw\in D'}\Big\langle \nabla f(x+\tau w), w\Big\rangle\\&\leqslant \sup_{x'\in \mathbf{B}(x,\tau)\cap D'}\langle \nabla f(x'), w\rangle.\end{aligned}$$

因为当 $x' \xrightarrow{D} \bar{x}$ 时, $\|\nabla f(x')\|$ 有界, 由 (4.17) 式知

$$\widehat{\mathrm{d}}f(\bar{x}) \leqslant \limsup_{x'\xrightarrow{D}\bar{x},\tau\searrow 0}\Big\langle \nabla f(x'), w\Big\rangle \leqslant \max_{v\in\overline{\nabla}' f(\bar{x})}\langle v, w\rangle,$$

其中 $\overline{\nabla}' f(\bar{x})$ 与 $\overline{\nabla} f(\bar{x})$ 的定义相同, 只是将 D 替换为 D'. 因为 $D'\subset D$, 故 $\overline{\nabla}' f(\bar{x})\subset \overline{\nabla} f(\bar{x})$, 所以所需不等式得证. 关于正则性的论述由 $\partial f(\bar{x})$ 的凸性可知 (见推论 3.4). ■

4.8 投影算子的 Clarke 广义次梯度

投影算子在最优化的理论分析和算法研究方面都起着重要的作用, 比如, 利用法映射 (normal map) 或者自然映射 (natural map) 可以把变分不等式表达成非光滑方程的形式, 如果投影算子的广义微分可以计算, 就可以用广义 Newton 方法求解这一非光滑方程; 增广 Lagrange 函数是通过投影算子定义的, 如果问题的最优解处严格互补条件不成立, 则增广 Lagrange 算法的局部收敛率可以通过投影的广义微分来分析.

设 Z 是一有限维的 Hilbert 空间, 内积为 $\langle\cdot,\cdot\rangle$, 引导的范数为 $\|\cdot\|$, 设 D 是 Z 的一非空的闭凸子集合. 对任何 $z\in Z$, 用 $\Pi_D(z)$ 记 z 到 D 上的投影:

$$\begin{array}{ll}\min\limits_{y} & \dfrac{1}{2}\langle y-z, y-z\rangle\\ \text{s.t.} & y\in D.\end{array}\tag{4.18}$$

称算子 $\Pi_D: Z\to Z$ 为到 D 上的投影算子. 本节以下内容取自文献 [55, Part II].

命题 4.3 设 D 是 Z 的一非空的闭凸子集合. 则点 $y\in D$ 是问题 (4.18) 的最优解当且仅当

$$\langle z-y, d-y\rangle \leqslant 0, \quad \forall\, d\in D. \tag{4.19}$$

证明 必要性. 设 $y \in D$ 是问题 (4.18) 的最优解. 任取 $d \in D$, 则对任何 $t \in [0,1]$, $y_t := (1-t)y + td \in D$, 从而有

$$\|z - y_t\|^2 \geqslant \|z - y\|^2, \quad \forall t \in [0,1],$$

这推出

$$\|(1-t)(z-y) + t(z-d)\|^2 \geqslant \|z-y\|^2, \quad \forall t \in [0,1].$$

因此,

$$(t^2 - 2t)\|z-y\|^2 + 2t(1-t)\langle z-y, z-d\rangle + t^2\|z-d\|^2 \geqslant 0, \quad \forall t \in [0,1].$$

在上面的不等式两边同时除以 t, 再取 $t \downarrow 0$ 可得

$$-2\|z-y\|^2 + 2\langle z-y, z-d\rangle \geqslant 0\,,$$

即 (4.19) 成立.

充分性. 设 $y \in D$ 满足 (4.19). 假设 y 不是问题 (4.18) 的解. 则由假设可得

$$\langle z-y, \Pi_D(z) - y\rangle \leqslant 0,$$

由充分性部分,

$$\langle z - \Pi_D(z), y - \Pi_D(z)\rangle \leqslant 0\,.$$

将上述两个不等式相加可得

$$\langle \Pi_D(z) - y, \Pi_D(z) - y\rangle \leqslant 0\,.$$

这可推出 $y = \Pi_D(z)$. 此矛盾表明 y 是问题 (4.18) 的解. ■

如果 D 是一非空的闭凸锥, 则 (4.19) 等价于

$$\langle z - \Pi_D(z), \Pi_D(z)\rangle = 0 \quad 且 \quad \langle z - \Pi_D(z), d\rangle \leqslant 0, \quad \forall\, d \in D\,. \tag{4.20}$$

投影算子 $\Pi_D(\cdot)$ 不但是单调的, 而且具有下述更强的性质.

命题 4.4 *设 D 是 Z 的一非空的闭凸子集合. 则投影算子 $\Pi_D(\cdot)$ 满足*

$$\langle y - z, \Pi_D(y) - \Pi_D(z)\rangle \geqslant \|\Pi_D(y) - \Pi_D(z)\|^2, \quad \forall\, y, z \in Z\,. \tag{4.21}$$

证明 令 $y, z \in Z$. 则由命题 4.3, 有

$$\langle z - \Pi_D(z), \Pi_D(y) - \Pi_D(z)\rangle \leqslant 0$$

与

$$\langle y - \Pi_D(y), \Pi_D(z) - \Pi_D(y) \rangle \leqslant 0 .$$

将上面两个不等式相加即得到不等式 (4.21). ■

注意到 (4.21) 可推出

$$\|\Pi_D(y) - \Pi_D(z)\| \leqslant \|y - z\|, \quad \forall\, y, z \in Z .$$

所以度量投影 $\Pi_D(\cdot)$ 是全局 Lipschitz 连续的, Lipschitz 常数为 1. 度量投影是不可微的映射, 但却有下述可微性结论.

命题 4.5 设 D 是 Z 的一非空的闭凸子集合. 令

$$\theta(z) := \frac{1}{2}\|z - \Pi_D(z)\|^2, \quad z \in Z.$$

则 θ 是连续可微的, 且

$$\nabla\theta(z) = z - \Pi_D(z), \quad z \in Z.$$

证明 对任何 $z \in Z$, 令

$$Q(z) := z - \Pi_D(z).$$

则对 $\Delta z \to 0$, 有

$$\begin{aligned}
&\theta(z + \Delta z) - \theta(z)\\
&= \frac{1}{2}\langle Q(z+\Delta z) - Q(z), Q(z+\Delta z) + Q(z)\rangle\\
&= \frac{1}{2}\langle \Delta z - [\Pi_D(z+\Delta z) - \Pi_D(z)], Q(z+\Delta z) + Q(z)\rangle\\
&= \langle \Delta z - [\Pi_D(z+\Delta z) - \Pi_D(z)], Q(z)\rangle + \mathrm{O}(\|\Delta z\|^2)\\
&= \langle Q(z), \Delta z\rangle - \langle \Pi_D(z+\Delta z) - \Pi_D(z), Q(z)\rangle + \mathrm{O}(\|\Delta z\|^2)\\
&= \langle Q(z), \Delta z\rangle - \langle \Pi_D(z+\Delta z) - \Pi_D(z), z - \Pi_D(z)\rangle + \mathrm{O}(\|\Delta z\|^2)\\
&\geqslant \langle Q(z), \Delta z\rangle + \mathrm{O}(\|\Delta z\|^2) \quad (\text{由 } (4.19)).
\end{aligned}$$

类似地,

$$\begin{aligned}
&\theta(z + \Delta z) - \theta(z)\\
&= \frac{1}{2}\langle \Delta z - [\Pi_D(z+\Delta z) - \Pi_D(z)], Q(z+\Delta z) + Q(z)\rangle\\
&= \langle \Delta z - [\Pi_D(z+\Delta z) - \Pi_D(z)], Q(z+\Delta z)\rangle + \mathrm{O}(\|\Delta z\|^2)\\
&= \langle Q(z+\Delta z), \Delta z\rangle - \langle \Pi_D(z+\Delta z) - \Pi_D(z), Q(z+\Delta z)\rangle + \mathrm{O}(\|\Delta z\|^2)\\
&= \langle Q(z), \Delta z\rangle + \langle \Pi_D(z) - \Pi_D(z+\Delta z), Q(z+\Delta z)\rangle + \mathrm{O}(\|\Delta z\|^2)\\
&\leqslant \langle Q(z), \Delta z\rangle + \mathrm{O}(\|\Delta z\|^2) \quad (\text{由 } (4.19)).
\end{aligned}$$

因此 θ 在 z 处是 Fréchet 可微的, 且

$$\nabla\theta(z) = z - \Pi_D(z).$$

$\nabla\theta(\cdot)$ 的连续性由 $\Pi_D(\cdot)$ 的全局 Lipschitz 连续性得到. ■

回顾凸分析意义下的 D 在点 y 处的法锥 $N_D(y)$ 定义为

$$N_D(y) = \begin{cases} \{d \in Y : \langle d, z - y\rangle \leqslant 0 \ \ \forall z \in D\}, & \text{如果 } y \in D, \\ \varnothing, & \text{如果 } y \notin D. \end{cases}$$

命题 4.6 设 D 是 Z 的一非空的闭凸子集合. 则 $\mu \in N_D(y)$ 当且仅当

$$y = \Pi_D(y + \mu). \tag{4.22}$$

证明 必要性. 设 $\mu \in N_D(y)$, 则 $y \in D$ 且

$$\langle \mu, z - y\rangle \leqslant 0, \quad \forall z \in D.$$

因此

$$\langle (y + \mu) - y, z - y\rangle \leqslant 0, \quad \forall z \in D,$$

则由命题 4.3, 可得 $y = \Pi_D(y + \mu)$.

充分性. 设 $y = \Pi_D(y + \mu)$, 则 $y \in D$. 由命题 4.3, 可得

$$\langle (y + \mu) - y, z - y\rangle \leqslant 0, \quad \forall z \in D,$$

即

$$\langle \mu, z - y\rangle \leqslant 0, \quad \forall z \in D.$$

因此 $\mu \in N_D(y)$. ■

命题 4.7 设 D 是 Z 的一非空的闭凸锥, 则任何 $z \in Z$ 可唯一地分解为

$$z = \Pi_D(z) + \Pi_{D^-}(z). \tag{4.23}$$

证明 令 $u := z - \Pi_D(z)$. 由 (4.20) 可得

$$\langle u, \Pi_D(z)\rangle = 0 \quad \text{且} \quad \langle u, d\rangle \leqslant 0, \quad \forall d \in D.$$

因此 $u \in D^-$, $\langle z - u, u\rangle = 0$,

$$\langle z - u, w\rangle = \langle z - (z - \Pi_D(z)), w\rangle = \langle \Pi_D(z), w\rangle \leqslant 0, \quad \forall w \in D^-.$$

因此, $u = \Pi_{D^-}(z)$. 分解的唯一性是显然的. ■

下述引理是关于 $\partial\Pi_K(\cdot)$[①]的变分性质的.

① 在 (3.46) 中, 用 $\overline{\partial} F$ 表示 Clarke 广义梯度, 为了和大部分文献保持一致, 用记号 ∂F 表示 Clarke 广义梯度; 在 (2.4) 中用 $\overline{\nabla} F$ 表示 B- 次微分, 为了和大部分文献保持一致, 用记号 $\partial_B F$.

引理 4.2　设 D 是 Z 的一非空的闭凸子集合. 对任何 $y \in Z$ 与 $V \in \partial\Pi_D(y)$,

(a) V 是自伴随的;

(b) $\langle d, Vd\rangle \geqslant 0, \forall d \in Z$;

(c) $\langle Vd, d - Vd\rangle \geqslant 0, \forall d \in Z$.

证明　(a) 定义 $\varphi : Z \to \Re$

$$\varphi(z) := \frac{1}{2}[\langle z, z\rangle - \langle z - \Pi_D(z), z - \Pi_D(z)\rangle], \quad z \in Z.$$

则由命题 4.5, φ 是连续可微的,

$$\nabla\varphi(z) = z - [z - \Pi_D(z)] = \Pi_D(z), \quad z \in Z.$$

如果 $\Pi_D(\cdot)$ 在某一点 z 处是 Fréchet 可微的, 则 $\mathcal{J}\Pi_D(z)$ 是自伴随的. 因此作为 $\mathcal{J}\Pi_D(y^k)$ 的极限 V 也是自伴随的, 其中 $y^k \in \mathcal{D}_{\Pi_D}$ 是收敛于 y 的某一序列 (这里用 $\mathcal{D}_{\Pi_D}$ 记 Π_D 的可微点集合).

(b) 是 (c) 的特殊情况.

(c) 首先考虑 $z \in \mathcal{D}_{\Pi_D}$. 由命题 4.4, 对任何 $d \in Z$ 与 $t \geqslant 0$, 有

$$\langle \Pi_D(z + td) - \Pi_D(z), td\rangle \geqslant ||\Pi_D(z + td) - \Pi_D(z)||^2, \quad \forall t \geqslant 0.$$

因此

$$\langle \mathcal{J}\Pi_D(z)d, d\rangle \geqslant \langle \mathcal{J}\Pi_D(z)d, \mathcal{J}\Pi_D(z)d\rangle. \tag{4.24}$$

令 $V \in \partial\Pi_D(y)$, 则根据 Carathéodory 定理, 存在正整数 $\kappa > 0$, $V^i \in \partial_B\Pi_D(y)$, $i = 1, 2, \ldots, \kappa$ 满足

$$V = \sum_{i=1}^{\kappa} \lambda_i V^i,$$

其中 $\lambda_i \geqslant 0, i = 1, 2, \ldots, \kappa, \sum_{i=1}^{\kappa} \lambda_i = 1$.

令 $d \in Z$. 对每一 $i = 1, \cdots, \kappa$ 与 $k = 1, 2, \cdots$, 存在 $y^{i_k} \in \mathcal{D}_{\Pi_D}$ 满足

$$\|y - y^{i_k}\| \leqslant 1/k$$

与

$$||\mathcal{J}\Pi_D(y^{i_k}) - V^i|| \leqslant 1/k.$$

由 (4.24) 得

$$\langle \mathcal{J}\Pi_D(y^{i_k})d, d\rangle \geqslant \langle \mathcal{J}\Pi_D(y^{i_k})d, \mathcal{J}\Pi_D(y^{i_k})d\rangle.$$

因此

$$\langle V^i d, d\rangle \geqslant \langle V^i d, V^i d\rangle,$$

从而

$$\sum_{i=1}^{\kappa} \lambda_i \langle V^i d, d\rangle \geqslant \sum_{i=1}^{\kappa} \lambda_i \langle V^i d, V^i d\rangle. \tag{4.25}$$

定义 $\theta(z) := \|z\|^2$, $z \in Z$. 由 θ 的凸性可得

$$\theta\Big(\sum_{i=1}^{\kappa} \lambda_i V^i d\Big) \leqslant \sum_{i=1}^{\kappa} \lambda_i \theta(V^i d) = \sum_{i=1}^{\kappa} \lambda_i \langle V^i d, V^i d\rangle = \sum_{i=1}^{\kappa} \lambda_i \|V^i d\|^2 .$$

于是

$$\sum_{i=1}^{\kappa} \lambda_i \|V^i d\|^2 \geqslant \Big\langle \sum_{i=1}^{\kappa} \lambda_i V^i d, \sum_{i=1}^{\kappa} \lambda_i V^i d\Big\rangle. \tag{4.26}$$

用 (4.25) 与 (4.26), 可得对所有的 $d \in Z$, 有

$$\langle Vd, d\rangle \geqslant \langle Vd, Vd\rangle.$$

引理证毕. ■

4.9 半光滑函数

设 $\mathcal{O} \subset \Re^n$ 为开集, $F : \mathcal{O} \to \Re^m$ 严格连续, 即局部 Lipschitz 连续的. 根据 Rademacher 定理 (即定理 4.10), 设 D 为由 F 的可微点构成的 $\mathcal{O}$ 的子集, 则 $\mathcal{O} \setminus D$ 是可忽略集, 即 F 在 $\mathcal{O}$ 中是几乎处处 (以 Lebesgue 测度)Fréchet 可微的. 对点 $\bar{x} \in \mathcal{O}$, 定义

$$\partial_B F(\bar{x}) := \Big\{A \in \Re^{m\times n} : \exists x^\nu \to \bar{x},\ x^\nu \in D,\ \mathcal{J}F(x^\nu) \to A\Big\}.$$

则 $\partial_B F(\bar{x})$ 是非空紧致集合, 文献中把 $\partial_B F(\bar{x})$ 称为 F 在 $\bar{x}$ 处的 B- 次微分, 则 Clarke 广义 Jacobi 定义为 $\partial F(\bar{x}) = \mathrm{con}\, \partial_B F(\bar{x})$.

对 Lipschitz 连续映射, 有下述中值定理.

引理 4.3 [9, Lemma 2.6.5] 设 $F : \Re^n \to \Re^m$ 是开凸集合 $\mathcal{O} \subset \Re^n$ 上的 Lipschitz 连续函数, 则对任何 $x, y \in \mathcal{O}$,

$$F(y) - F(x) \in \mathrm{con}\partial F([x, y])(y - x),$$

其中 $\mathrm{con}\partial F([x, y]) = \mathrm{con}[\cup_{z\in[x,y]} \partial F(z)]$.

引理 4.4[34, Lemma 2.2]　设 Lipschitz 连续函数 $F:\Re^n\to\Re^m$ 在 x 的一邻域内是方向可微的. 则

(a) $F'(x;\cdot)$ 是 Lipschitz 连续的;

(b) 对任何 h, 存在 $V\in\partial F(x)$ 满足 $F'(x;h)=Vh$.

证明　设 L 是 F 在 x 点附近的 Lipschitz 常数. 对任何 $h,h'\in\Re^n$,

$$\begin{aligned}\|F'(x;h)-F'(x;h')\|&=\left\|\lim_{t\searrow 0}\frac{F(x+th)-F(x+th')}{t}\right\|\\&\leqslant\lim_{t\searrow 0}\frac{\|F(x+th)-F(x+th')\|}{t}\leqslant L\|h-h'\|,\end{aligned}$$

这证得 (a).

对 $t_k\searrow 0$, 由于 F 在 x 处方向可微, 对任何 $h\in\Re^n$,

$$F'(x;h)=\lim_{k\to\infty}\frac{F(x+t_kh)-F(x)}{t_k}.$$

根据引理 4.3, 存在 $V_k\in\text{con}\ \partial F([x,x+t_kh])$ 满足

$$F(x+t_kh)-F(x)=V_k(t_kh),$$

于是得到

$$F'(x;h)=\lim_{k\to\infty}\{V_kh\}.$$

由于 F 在 x 附近是 Lipschitz 连续的, $\{V_k\}$ 是有界的, 存在 $\{k_i\}\subset\{1,2,\cdots\}$, $V\in\Re^{m\times n}$, $V_{k_i}\to V$. 根据 ∂F 的外半连续性, 得到 $V\in\partial F(x)$, 从而 $F'(x;h)=Vh$. 即 (b) 成立. ■

命题 4.8[34, Proposition 2.1]　设 F 在 $x\in\Re^n$ 处是局部 Lipschitz 连续的, 如果极限

$$\lim_{\substack{V\in\partial F(x+th)\\ t\searrow 0}}\{Vh\}\tag{4.27}$$

对任何 $h\in\Re^n$ 均是存在的, 则 F 在 x 处是方向可微的, 方向导数 $F'(x;h)$ 等于这一极限, 即

$$F'(x;h)=\lim_{\substack{V\in\partial F(x+th)\\ t\searrow 0}}\{Vh\}.\tag{4.28}$$

证明　如果 F 在 $x\in\Re^n$ 处是局部 Lipschitz 的, 则

$$\left\{\frac{F(x+th)-F(x)}{t}\,\middle|\,t>0\right\}$$

是有界的, 设 β 是上述比值当 $t \searrow 0$ 的任意一个聚点. 则存在 $t_j \searrow 0$ 满足

$$\beta = \lim_{j\to\infty} \frac{F(x+t_jh)-F(x)}{t_j}.$$

只要证明 β 等于 (4.27) 中的极限值即可. 根据引理 4.3,

$$\frac{F(x+t_jh)-F(x)}{t_j} \in \mathrm{con}\,\partial F([x, x+t_jh])h.$$

根据 Carathéodory 定理, 存在 $t_k^j \in [0, t_j]$, $\lambda_k^j \in [0,1]$, $V_k^j \in \partial F([x, x+t_k^jh])$, $k = 0, \cdots, m$, $\sum_{k=0}^m \lambda_k^j = 1$, 满足

$$\frac{F(x+t_jh)-F(x)}{t_j} = \sum_{k=0}^m \lambda_k^j V_k^j h.$$

如有必要可以取子序列, 不妨设 $\lambda_k^j \to \lambda_j$, 有 $\lambda_j \in [0,1]$, $k = 0, \cdots, m$. 则

$$\begin{aligned}\beta &= \lim_{j\to\infty} \frac{F(x+t_jh)-F(x)}{t_j} \\ &= \lim_{j\to\infty} \left\{\sum_{k=0}^m \lambda_k^j V_k^j h\right\} \\ &= \sum_{k=0}^m \lim_{j\to\infty} \lambda_k^j \lim_{j\to\infty} \left\{V_k^j h\right\} \\ &= \sum_{k=0}^m \lambda_j \lim_{\substack{V \in \partial F(x+th) \\ t \searrow 0}} \{Vh\} \\ &= \lim_{\substack{V \in \partial F(x+th) \\ t \searrow 0}} \{Vh\}.\end{aligned}$$

证毕. ■

称函数 F 在 x 点处是 B- 可微的, 如果 F 在 x 处是方向可微的, 且

$$\lim_{h\to 0} \frac{F(x+h)-F(x)-F'(x;h)}{\|h\|} = 0. \tag{4.29}$$

关系式 (4.29) 可等价地表示为

$$F(x+h) = F(x) + F'(x;h) + \mathrm{o}(\|h\|). \tag{4.30}$$

Shapiro(1990)[52] 证明, 一局部 Lipschitz 连续函数 F 在 x 处是 B- 可微的充分必要条件是它在 x 处是方向可微的. 设 $F : \Re^n \to \Re^m$ 在 x 处是 B-可微的, 称 F 在

x 处是 2 度 B- 可微的, 如果

$$F(x+h)=F(x)+F'(x;h)+\mathrm{O}(\|h\|^2). \tag{4.31}$$

称方向导数 $F'(\cdot,\cdot)$ 在 x 处是半连续的 (semi-continuous), 如果对每一 $\epsilon>0$, 存在 x 的一邻域 N, 对所有 $x+h\in N$,

$$\|F'(x+h;h)-F'(x;h)\|\leqslant\epsilon\|h\|.$$

称方向导数 $F'(\cdot,\cdot)$ 在 x 处是 2- 度半连续的, 如果存在一常数 L 与 x 的一邻域 N, 对所有 $x+h\in N$,

$$\|F'(x+h;h)-F'(x;h)\|\leqslant L\|h\|^2.$$

注意, 下面的 G- 半光滑性不需要映射的方向可微性.

定义 4.7　局部 Lipschitz 连续函数 $F:\Re^n\to\Re^m$ 在 $x\in\Re^n$ 处被称为是 G-半光滑的 (Gowda-semismoothness), 如果对 $h\to 0$, 对任意的 $V\in\partial F(x+h)$,

$$F(x+h)-F(x)-Vh=\mathrm{o}(\|h\|).$$

如果上述条件被替换为

$$F(x+h)-F(x)-Vh=\mathrm{O}(\|h\|^2),$$

则称 F 在 x 处是强 G-半光滑的 (strong Gowda-semismoothness).

定义 4.8　称 F 在 x 处是半光滑的 (semismooth), 如果

$$\lim_{\substack{V\in\partial F(x+th')\\ h'\to h,\, t\searrow 0}}\{Vh'\} \tag{4.32}$$

对任何 $h\in\Re^n$ 均是存在的.

定理 4.12[34, Theorem 2.3]　设 $F:\Re^n\to\Re^m$ 在 x 的一邻域内是方向可微的. 则下述性质是等价的:

(a) F 在 x 处是半光滑的;

(b) (4.32) 右端极限对所有限制在单位球面上的 h 是一致收敛的;

(c) (4.28) 右端极限对所有限制在单位球面上的 h 是一致收敛的;

(d) 对任何 $V\in\partial F(x+h)$, $h\to 0$,

$$Vh-F'(x;h)=\mathrm{o}(\|h\|); \tag{4.33}$$

(e) 下述等式成立:

$$\lim_{\substack{x+h\in\mathcal{D}_F\\ h\to 0}}\frac{F'(x+h;h)-F'(x;h)}{\|h\|}=0, \tag{4.34}$$

其中 $\mathcal{D}_F$ 是 F 的可微点集合.

证明 (a)$\Longrightarrow$(b). 假设 (b) 不成立. 则存在 $\varepsilon > 0$, $\{h^k \in \Re^n : \|h^k\| = 1, k = 1, 2, \cdots\}$, $\|\overline{h}^k - h^k\| \to 0$, $t_k \searrow 0$, $V^k \in \partial F(x + t_k\overline{h}^k)$ 满足, 对于 $k = 1, 2, \cdots$,

$$\|V^k\overline{h}^k - F'(x; h^k)\| \geqslant 2\varepsilon. \tag{4.35}$$

不妨设 $h^k \to h$, 当然有 $\overline{h}^k \to h$. 根据引理 4.4(a), (4.35) 可推出对充分大的 k, 有

$$\|V^k\overline{h}^k - F'(x; h)\| \geqslant \varepsilon.$$

这与半光滑性的假设是矛盾的.

(b)$\Longrightarrow$(c) $\Longrightarrow$(d) 是显然的.

(d)$\Longrightarrow$(a). 假设 F 在 x 处不是半光滑的. 则存在 $h \in \Re^n$, $h^k \to h$, $\varepsilon > 0$, $t_k \searrow 0$, $V^k \in \partial F(x + t_kh^k)$ 满足

$$\|V^kh^k - F'(x; h)\| \geqslant 2\varepsilon, \quad \forall k = 1, 2, \cdots. \tag{4.36}$$

根据引理 4.4(a), (4.36) 可推出, 对充分大的 k 有

$$\|V^kh^k - F(x; h^k)\| \geqslant \varepsilon.$$

这与 (4.33) 矛盾.

根据引理 4.4(b), (d)$\Longrightarrow$(e).

(e)$\Longrightarrow$(d). 对 $\varepsilon > 0$, 根据 (4.34), 存在 $\delta > 0$, 满足对任何 $h \in \Re^n$ 且 $\|h\| \leqslant \delta$, $x + h \in \mathcal{D}_F$,

$$\|F'(x + h; h) - F'(x; h)\| \leqslant \varepsilon\|h\|. \tag{4.37}$$

现在设 $\|h\| \leqslant \delta/2$, $V \in \partial F(x + h)$, 我们将证明

$$\|Vh - F'(x; h)\| \leqslant 5\varepsilon\|h\|. \tag{4.38}$$

由于 $\partial F(x) = \operatorname{con} \partial_B F(x)$, 有

$$Vh \in \operatorname{con}\left\{ \lim_{\substack{h^i \to h \\ x + h^i \in \mathcal{D}_F}} F'(x + h^i; h^i) \right\}.$$

根据 Carathéodory 定理, 存在 $d^i, i = 0, \cdots, m$, 满足 $\|d^i - h\| \leqslant \min\{\delta/2, \varepsilon\|h\|, \varepsilon\|h\|/L\}$, $x + d^i \in \mathcal{D}_F$, $i = 0, \cdots, m$, 其中 L 是 F 在 x 附近的 Lipschitz 常数且

$$\left\| Vh - \sum_{i=0}^{m} \lambda_i F'(x + d^i; h) \right\| \leqslant \varepsilon, \tag{4.39}$$

其中 $\lambda_i \geqslant 0, i=0,\cdots,m, \sum_{i=0}^{m}\lambda_i = 1$. 根据 (4.37) 与引理 4.4(a) 可得

$$\begin{aligned}
&\left\|\sum_{i=0}^{m}\lambda_i F'(x+d^i;h) - F'(x;h)\right\| \\
\leqslant&\sum_{i=0}^{m}\lambda_i[\|F'(x+d^i;d^i) - F'(x+d^i;h)\| \\
&+\|F'(x+d^i;d^i) - F'(x;d^i)\| + \|F'(x;h) - F'(x;d^i)\|] \\
\leqslant&\sum_{i=0}^{m}\lambda_i[L\|d^i - h\| + \varepsilon\|d^i\| + L\|d^i - h\|] \\
\leqslant&\sum_{i=0}^{m}\lambda_i \times 4\varepsilon\|h\| = 4\varepsilon\|h\|.
\end{aligned} \tag{4.40}$$

可见, 由 (4.39) 与 (4.40) 可得 (4.38). 这证得 (4.33). ■

引理 4.5[32, Lemma 2.3]　设 $F: \Re^n \to \Re^m$ 在 x 的一邻域内是方向可微的, 则下述性质是等价的:

(a) $F'(\cdot,\cdot)$ 在 x 处是 2- 度半连续的;

(b) 对任何 $V \in \partial F(x+h)$, $h \to 0$,

$$Vh - F'(x;h) = \mathrm{O}(\|h\|^2).$$

如果 (a) 或 (b) 成立, 则 F 在 x 处是 2-度 B-可微的.

证明　根据引理 4.4(b), 容易证明 (b)⟹(a).

现在证明 (a)⟹(b). 设存在常数 L 与 $0<\delta<1$ 满足对所有满足 $\|h\| \leqslant 2\delta$ 的 $h \in \Re^n$, $h', h'' \in \Re^n$,

$$\|F'(x+h;h') - F'(x+h;h'')\| \leqslant L\|h' - h''\|, \tag{4.41}$$

$$\|F'(x+h;h) - F'(x;h)\| \leqslant L\|h\|^2. \tag{4.42}$$

取 $h \in \Re^n$ 满足 $\|h\| \leqslant \delta$, $V \in \partial F(x+h)$. 根据广义 Jacobi 的定义与 Carathéodory 定理, 存在 $h^i, i=0,\cdots,m$, 满足 $\|h^i - h\| \leqslant \min\{\delta, \varepsilon\|h\|^2\}$ 且 F 在 $x+h^i, i=0,\cdots,m$ 处是可微的,

$$\left\|Vh - \sum_{i=0}^{m}\lambda_i F'(x+h^i)h\right\| \leqslant \varepsilon L\|h\|^2, \tag{4.43}$$

其中 $\lambda_i \geqslant 0, i=0,\cdots,m, \sum_{i=0}^{m}\lambda_i = 1$, $1>\varepsilon>0$ 是一给定实数. 由 (4.41) 与 (4.42),

可得对 $k=0,\cdots,m$,

$$\begin{aligned}\|F'(x+h^k)h^k-F'(x;h^k)\| &\leqslant L\|h^k\|^2\leqslant L(\|h\|+\|h-h^k\|)^2\\ &\leqslant L(\|h\|+\varepsilon\|h\|)^2\leqslant L(1+3\varepsilon)\|h\|^2,\end{aligned}$$

$$\|F'(x+h^k)h^k-F'(x+h^k)h\|\leqslant L\|h^k-h\|\leqslant \varepsilon L\|h\|^2,$$

$$\|F'(x;h^k)-F'(x;h)\|\leqslant L\|h^k-h\|\leqslant \varepsilon L\|h\|^2.$$

根据 (4.43) 与 (4.42),

$$\begin{aligned}&\|Vh-F'(x;h)\|\\ \leqslant& \left\|Vh-\sum_{i=0}^m\lambda_i F'(x+h^i)h\right\|+\sum_{i=0}^m\lambda_i\|F'(x+h^i)h-F'(x;h)\|\\ \leqslant& \varepsilon L\|h\|^2+\sum_{i=0}^m\lambda_i[\|F'(x+h^i)(h-h^i)\|\\ &+\|F'(x;h^i)-F'(x;h)\|+\|F'(x+h^i)h^i-F'(x;h^i)\|]\\ \leqslant& \varepsilon L\|h\|^2+\sum_{i=0}^m\lambda_i L(1+5\varepsilon)\|h\|^2\\ =&(1+6\varepsilon)L\|h\|^2.\end{aligned}$$

这就证得 (b).

设 (a) 成立. 令 $\phi(t)=F(x+th)$, 则 ϕ 在 $[0,1]$ 上是 Lipschitz 连续的, 从而在 $[0,1]$ 上是几乎处处可导的, 从而

$$\begin{aligned}F(x+h)-F(x)&=\phi(1)-\phi(0)\\ &=\int_0^1\phi'(t)\mathrm{d}t\\ &=\int_0^1 F'(x+th;h)\mathrm{d}t\\ &=\int_0^1[F'(x;h)+\mathrm{O}(\|th\|^2)]\mathrm{d}t\\ &=F'(x;h)+\mathrm{O}(\|h\|^2).\end{aligned}$$

因此 F 在 x 处是 2 度 B- 可微的. ■

注记 4.1 可以证明: 如果 F 在 x 处是半光滑的, 则 F 在 x 处是方向可微的, 且 $F'(x;h)$ 等于 (4.27) 中的极限值. 因此 F 在 x 处是半光滑的当且仅当 F 在 x 处是 G-半光滑的且是方向可微的. F 在 x 处是强半光滑的, 如果 F 在 x 处是强 G-半光滑的且是方向可微的.

下面的两个引理是关于复合函数 Bouligand- 次微分的, 第一个结论的证明可参看文献 [59, Lemma 2.1], 这里给出第二个定理的证明.

引理 4.6　设 $F : X \to Y$ 是 $\bar{x} \in X$ 的一开邻域 $\mathcal{O}$ 上的连续可微函数, $\Phi : \mathcal{O}_Y \subseteq Y \to X'$ 在包含 $\bar{y} := F(\bar{x})$ 的一开集合 $\mathcal{O}_Y$ 上是局部 Lipschitz 连续的, 其中 X' 是一有限维的实向量空间. 设 Φ 在 $\mathcal{O}_Y$ 的每一点处均是方向可微的且 $\mathcal{J}F(\bar{x}) : X \to Y$ 是映上的. 则

$$\partial_B(\Phi \circ F)(\bar{x}) = \partial_B\Phi(\bar{y})\mathcal{J}F(\bar{x}),$$

其中 "$\circ$" 表示复合运算.

下述关于 Lipschitz 映射与光滑映射复合映射的 B-次微分的链式法则将在后续中用到, 它的证明取自文献 [6].

引理 4.7[6, Lemma 2.1]　设 $\Psi : X \to Y$ 是 x^* 的一开邻域 $\mathcal{V}$ 上的连续可微映射, $\mathcal{O}$ 是包含点 $y^* := \Psi(x^*)$ 的一开集合, $\Xi : \mathcal{O} \subseteq Y \to Z$ 是一局部 Lipschitz 连续. 设 $\Psi'(x^*) : X \to Y$ 是映上的, 则

$$\partial_B\Phi(x^*) = \partial_B\Xi(y^*)\Psi'(x^*), \tag{4.44}$$

且存在 x^* 的一开邻域, 满足 Φ 在这个邻域中的 x 点处 F-可微的充分必要条件是 Ξ 在 $\Psi(x)$ 处是 F-可微的, 其中 $\Phi : \mathcal{V} \to \mathcal{Z}$ 定义为 $\Phi(x) := \Xi(\Psi(x))$, $x \in \mathcal{V}$.

证明　不妨设 $\mathcal{V}$ 满足 $\Psi(\mathcal{V}) \subset \mathcal{O}$, 且对每一 $x \in \mathcal{V}$, $\Psi'(x)$ 是映上的. 则 Φ 在 $\mathcal{V}$ 上是 Lipschitz 连续的.

先证明 Φ 在 $x \in \mathcal{V}$ 点处 F- 可微的充分必要条件是 Ξ 在 $\Psi(x)$ 处是 F-可微的, 由此即可得

$$\partial_B\Phi(x^*) \subset \partial_B\Xi(\Psi(x^*))\Psi'(x^*).$$

根据 Φ 的定义, 如果 Ξ 在 $\Psi(x)$ 处是 F-可微的, 则 Φ 在 $x \in \mathcal{V}$ 处是 F-可微的. 现在设 Φ 在 $x \in \mathcal{V}$ 处是 F-可微的. 因为 $A := \Psi'(x)$ 是映上的, AA^* 是可逆的, 其中 $A^* : Y \to X$ 是 A 的伴随算子. 对任何 $\Delta y \in Y$, 定义

$$\Delta x = A^*(AA^*)^{-1}\Delta y.$$

则对 $\Delta y \to 0$, 有

$$\begin{aligned}
&\|\Xi(\Psi(x) + \Delta y) - \Xi(\Psi(x)) - \Phi'(x)(A^*(AA^*)^{-1}\Delta y)\| \\
&= \|\Xi(\Psi(x) + A\Delta x) - \Phi(x) - \Phi'(x)(\Delta x)\| \\
&= \mathrm{o}(\|\Delta x\|) + \mathrm{O}(\|\Psi(x + \Delta x) - \Psi(x) - \Psi'(x)(\Delta x)\|) \\
&= \mathrm{o}(\|\Delta x\|) = \mathrm{o}(\|\Delta y\|),
\end{aligned}$$

由此可推出 Ξ 在 $\Psi(x)$ 处 F-可微.

下面证明包含关系

$$\partial_B\Phi(x^*) \supset \partial_B\Xi(\Psi(x^*))\Psi'(x^*).$$

令 $W \in \partial_B\Xi(\Psi(x^*))$ 是任意一元素, 则存在 $\mathcal{O}$ 中的序列 $\{y^k\}$ 收敛到 $\Psi(x^*)$, 满足 Ξ 在 y^k 处是 F- 可微的且 $W = \lim\limits_{k\to\infty} \Xi'(y^k)$. 令 $\overline{A} = \Psi'(x^*)$. 将经典的反函数定理应用于

$$\Psi(x^* + \overline{A}^*(y - \Psi(x^*))) - \Psi(x^*) = 0,$$

得到在 $\mathcal{O}$ 中收敛到 $\Psi(x^*)$ 的序列 $\{\widetilde{y}^k\}$, 满足

$$\Psi(x^* + \overline{A}^*(\widetilde{y}^k - \Psi(x^*)) - \Psi(x^*) = y^k - \Psi(x^*)$$

对充分大的 k 成立. 令 $\widetilde{x}^k = x^* + \overline{A}^*(\widetilde{y}^k - \Psi(x^*))$, 则 $y^k = \Psi(\widetilde{x}^k)$ 且 Φ 在 $\widetilde{x}^k$ 处是 F-可微的,

$$\Phi'(\widetilde{x}^k) = \Xi'(y^k)\Psi'(\widetilde{x}^k).$$

注意到 $\widetilde{y}^k \to \Psi(x^*)$ 可推出 $\widetilde{x}^k \to x^*$, 从而存在 $V \in \partial_B\Phi(x^*)$ 满足

$$W\Psi'(x^*) = \lim_{k\to\infty} \Xi'(y^k) \lim_{k\to\infty} \Psi'(\widetilde{x}^k) = V \in \partial_B\Phi(x^*).$$

证毕. ■

以下关于光滑函数与 Lipschitz 映射的复合函数的 Clarke 次微分的链式法则来自文献 [49, Corollary 7.4.6].

定理 4.13 *设 $h: X \to \Re^n$ 在 $\bar{x} \in X$ 点附近局部 Lipschitz 连续 (模为 L), $g: \Re^n \to \Re$ 在 $\bar{y} := h(\bar{x})$ 点处连续可微. 则复合映射 $g \circ h$ 在 $\bar{x}$ 点附近局部 Lipschitz 连续 (模为 L) 且其 Clarke 次微分满足*

$$\partial(g \circ h)(\bar{x}) \subset \sum_{i=1}^{n} \frac{\partial g}{\partial y_i}(\bar{y})\partial h_i(\bar{x}).$$

尤其, 若 $n = 1$, 则

$$\partial(g \circ h)(\bar{x}) = g'(\bar{y})\partial h(\bar{x}).$$

4.10 隐函数定理

这一节的隐函数定理包括 Clarke(1983)[9] 的 Lipschitz 函数的隐函数定理, 用严格图导数刻画的局部 Lipschitz 单值化和 Lipschitz 函数的可逆性, Lipschitz 函数的可逆性的伴同导数准则, 严格图导数刻画的 Lipschitz 同胚性质以及广义参数方程的强正则性.

4.10.1　单值映射的隐函数定理

结合 Clarke 关于局部 Lipschitz 连续函数的隐函数定理[9, Section 7.1; 54, Theorem 1.1; 18, Lemma 2], 可直接得到下述关于隐函数的引理. 设 X, Y 是两个有限维的 Hilbert 空间, $(\bar{x}, \bar{y}) \in X \times Y$, 记

$$\pi_x \partial H(\overline{x}, \overline{y}) = \partial H(\overline{x}, \overline{y}) \text{ 到空间} X \text{上的投影}.$$

引理 4.8　设 $H: X \times Y \to X$ 是 $(\overline{x}, \overline{y}) \in X \times Y$ 的某一开邻域上的局部 Lipschitz 连续函数, $H(\overline{x}, \overline{y}) = 0$. 如果 $\pi_x \partial H(\overline{x}, \overline{y})$ 中的每一元素均是非奇异的, 则存在 $\overline{y}$ 的一开邻域 $\mathcal{O}_Y$ 与一局部 Lipschitz 连续函数 $x(\cdot): \mathcal{O}_Y \to X$ 满足 $x(\overline{y}) = \overline{x}$ 且对每一 $y \in \mathcal{O}_Y$,

$$H(x(y), y) = 0\,.$$

进一步, 如果 H 在 $(\overline{x}, \overline{y})$ 的开邻域中的每一点均是 (强) 半光滑的, 则 $x(\cdot)$ 在 $\mathcal{O}_Y$ 中的每一点均是 (强) 半光滑的.

4.10.2　Lipschitz 函数的可逆性

为了研究单值 Lipschitz 函数的可逆性, 需要如下的严格图导数的概念.

定义 4.9 (严格图导数)　设映射 $S: \Re^n \rightrightarrows \Re^m$, $\bar{u} \in S(\bar{x})$, S 在 $\bar{x}$ 处对 $\bar{u}$ 的严格导数映射 (strict derivative mapping)$\mathrm{D}_* S(\bar{x}|\bar{u}): \Re^n \rightrightarrows \Re^m$ 定义为

$$\begin{aligned}\mathrm{D}_* S(\bar{x}|\bar{u})(w) := \Big\{ z : \exists \tau^\nu \searrow 0, (x^\nu, u^\nu) \overset{\mathrm{gph}\, S}{\to} (\bar{x}, \bar{u}), w^\nu \to w, \\ \text{满足} z^\nu \in [S(x^\nu + \tau^\nu w^\nu) - u^\nu]/\tau^\nu, z^\nu \to z \Big\},\end{aligned} \tag{4.45}$$

或换言之,

$$\mathrm{D}_* S(\bar{x}|\bar{u}) := \text{g-lim sup}_{\tau \searrow 0, (x,u) \overset{\mathrm{gph}\, S}{\to} (\bar{x}, \bar{u})} \Delta_\tau S(x|u).$$

定理 4.14(单值局部化)　设 $S: \Re^n \rightrightarrows \Re^m$, $\bar{u} \in S(\bar{x})$. 设 S 以下述含义在 $\bar{x}$ 相对于 $\bar{u}$ 是局部内半连续的, 即存在邻域 $V \in \mathcal{N}(\bar{x})$ 与 $W \in \mathcal{N}(\bar{u})$, 满足对任何 $x \in V$ 与 $\varepsilon > 0$, 存在 $\delta > 0$,

$$\left.\begin{aligned} S(x) \cap W \subset S(x') + \varepsilon \mathbf{B} \\ S(x') \cap W \subset S(x) + \varepsilon \mathbf{B} \end{aligned}\right\} \text{ 当} x' \in V \cap \mathbf{B}(x, \delta).$$

(a) S 在 $\bar{x}$ 处相对于 $\bar{u}$ 具有一 Lipschitz 连续的单值局部化 T 当且仅当 $\mathrm{D}_* S(\bar{x}|\bar{u})(0) = \{0\}$. 此时有 $\mathrm{D}^* S(\bar{x}|\bar{u})(0) = \{0\}$ 与

$$\mathrm{lip} T(\bar{x}) = |\mathrm{D}_* S(\bar{x}|\bar{u})|^+ = |\mathrm{D}^* S(\bar{x}|\bar{u})|^+.$$

(b) **如果 S 是凸值的, 则 S^{-1} 在 $\bar{u}$ 处相对于 $\bar{x}$ 具有一 Lipschitz 连续的单值局部化 T 当且仅当 $\mathrm{D}_*S(\bar{x}|\bar{u})^{-1}(0)=\{0\}$ 且 $m=n$. 此时 $\mathrm{D}^*S(\bar{x}|\bar{u})^{-1}(0)=\{0\}$,**

$$\mathrm{lip}T(\bar{u})=|\mathrm{D}_*S(\bar{x}|\bar{u})^{-1}|^+=|\mathrm{D}^*S(\bar{x}|\bar{u})^{-1}|^+.$$

证明 先证明, 不需要任何连续性假设, 条件 $D_*S(\bar{x}|\bar{u})(0)=\{0\}$ 等价于存在邻域 $V_0\in\mathcal{N}(\bar{x})$ 与 $W_0\in\mathcal{N}(\bar{u})$, 满足截断映射 $S_0:x\to S(x)\cap W_0$ 是单值的且相对于 $V_0\cap\mathrm{dom}\,S_0$ 是 Lipschitz 的. 注意对于一个正齐次的集值映射 H 而言, H 为外半连续且局部有界的充分必要条件是 H 相对于 0 的某一邻域是外半连续的且 $H(0)=\{0\}$, 所以 $\mathrm{D}_*S(\bar{x}|\bar{u})(0)=\{0\}$ 当且仅当 $\mathrm{D}_*S(\bar{x}|\bar{u})$ 是局部有界的, $|\mathrm{D}_*S(\bar{x}|\bar{u})|^+<\infty$. 这对应着存在 $\kappa\in\Re_+$ 与 $W_0\in\mathcal{N}(\bar{u})$, 满足当 $z=[u'-u]/\tau$, 其中 $u'\in S(x+\tau w)\cap W_0$, $w\in\mathbf{B}(x,u)$ 在 gph S 上充分接近 $(\bar{x},\bar{u})$ 且 τ 接近 0 时, $\|z\|\leqslant\kappa$; 因此, 当 $u\in S_0(x)$, $u'\in S_0(x')$ 满足 (x,u) 与 (x',u') 充分接近于 $(\bar{x},\bar{u})$ 时, $\|u'-u\|\leqslant\kappa\|x'-x\|$. 因此 S_0 在 $\bar{x}$ 附近不可能是多值的 (取 $x'=x$ 可得); 存在 $V_0\in\mathcal{N}(\bar{x})$, S_0 相对于 $V_0\cap\mathrm{dom}\,S_0$ 是单值的且 Lipschitz 连续的.

(a) 中的充分性. 当 $\mathrm{D}_*S(\bar{x}|\bar{u})(0)=\{0\}$ 时, 取 T 为前面分析的截断 S_0 在 $\bar{x}$ 的一邻域上的限制. 内半连续的假设使得 S_0 为非空值的.

(a) 的必要性. 当 S 有 (a) 中所述的一局部化 T 时, S 在 $\bar{x}$ 处相对于 $\bar{u}$ 具有 Aubin 性质. 则根据定理 4.8 有 $\mathrm{D}^*S(\bar{x}|\bar{u})(0)=\{0\}$ 与 $\mathrm{lip}\ T(\bar{x})=|\mathrm{D}^*S(\bar{x}|\bar{u})|^+$. 另一方面, T 必在 $\bar{x}$ 附近与上述的截断 S_0 重合, 因此 $\mathrm{D}_*S(\bar{x}|\bar{u})(0)=\{0\}$. 进一步,

$$\mathrm{lip}T(\bar{x})=\limsup_{x\to\bar{x},\tau\searrow 0}\left(\sup_{w\in\mathbf{B}}\left\|\frac{T(x+\tau w)-T(x)}{\tau}\right\|\right),\tag{4.46}$$

这里将差商视为定义 4.9 中的一个 S. 这些差商当 $x\to\bar{x}$ 与 $\tau\searrow 0$ 时的聚点是 $\mathrm{D}_*(\bar{x}|\bar{u})(w)$ 中的元素. 根据 (4.46), 可得 $\mathrm{lip}T(\bar{x})=\max\left\{\|z\|\,|\,z\in\mathrm{D}_*S(\bar{x}|\bar{u})(\mathbf{B})\right\}=:|\mathrm{D}_*S(\bar{x}|\bar{u})|^+$.

(b) 的必要性. 证明与 (a) 的必要性相同, 代替 S, 将 (a) 中的必要性结果用于 S^{-1}, 这里用到关系式 $\mathrm{D}S^{-1}(\bar{u}|\bar{x})=\mathrm{D}S(\bar{x}|\bar{u})^{-1}$ 与 $\mathrm{D}_*S^{-1}(\bar{u}|\bar{x})=\mathrm{D}_*S(\bar{x}|\bar{u})^{-1}$, 以及 $y\in\mathrm{D}^*S^{-1}(\bar{u}|\bar{x})(v)$ 意味着 $-y\in\mathrm{D}^*S(\bar{x}|\bar{u})^{-1}(-v)$ 的事实.

(b) 的充分性. 类似于本定理证明开始时的分析, 用 S^{-1} 代替 S, 由 $\mathrm{D}_*S(\bar{x}|\bar{u})^{-1}(0)=\{0\}$ 出发推出存在邻域 $V_0\in\mathcal{N}(\bar{x})$ 与 $W_0\in\mathcal{N}(\bar{u})$ 满足截断 $T_0:u\to S^{-1}(u)\cap V_0$ 相对于 $W_0\cap\mathrm{dom}\,T_0$ 是单值的且 Lipschitz 连续的. 然而, 我们需要验证 $\bar{u}$ 是 $W_0\cap\mathrm{dom}\,T_0$ 的内部点.

与关于 S 的内半连续的假设相结合, S 的凸值可推出, 存在 $\bar{x}$ 的附近的一连续选择 $s(x)\in S(x)$, 满足 $s(\bar{x})=\bar{u}$. 事实上, 考虑在内半连续性质中的邻域 V 与 W, 选取 $\lambda>0$ 满足 $\mathbf{B}(\bar{u},2\lambda)\subset W$. 取 V 中的邻域 $V_1\in\mathcal{N}(\bar{x})$, 满足当 $x\in V_1$

时, $S(x) \cap \operatorname{int} \mathbf{B}(\bar{u}, \lambda) \neq \varnothing$. 则对任何 $x \in V_1$ 与 $\varepsilon \in (0, \lambda)$, 存在 $\delta > 0$ 满足, 由 $x' \in V_1 \cap \mathbf{B}(\bar{x}, \delta)$ 可推出

$$\varnothing \neq S(x) \cap \mathbf{B}(\bar{u}, 2\lambda - \varepsilon) \subset [S(x') + \varepsilon \mathbf{B}] \cap \mathbf{B}(\bar{u}, 2\lambda - \varepsilon) \subset S(x') \cap \mathbf{B}(\bar{u}, 2\lambda - \varepsilon) + \varepsilon \mathbf{B}.$$

由此可得 $\lim_{\varepsilon \searrow 0} S(x) \cap \mathbf{B}(\bar{u}, 2\lambda - \varepsilon) \subset \liminf_{x' \to x} S(x') \cap \mathbf{B}(\bar{u}, 2\lambda)$, 其中左端的极限包含 $S(x) \cap \mathbf{B}(\bar{u}, 2\lambda)$, 因为 $S(x)$ 是凸值的且与 $\operatorname{int} \mathbf{B}(\bar{u}, 2\lambda)$ 相交. 于是得到截断 $S_0 : x \to S(x) \cap \mathbf{B}(\bar{u}, 2\lambda)$ 在 V_1 上是内半连续的, 也是凸值的. 当 $x \neq \bar{x}$ 时, $S_1(x) = S_0(x)$, $S_1(\bar{x}) = \{\bar{u}\}$. 则 S_1 在 V_1 上也是内半连续的, 且是凸值的. 将定理 2.24 用于 S_1, 可得所期望的选择 s.

在 $(\bar{u}, \bar{x})$ 附近, 对这一选择 s, s^{-1} 的图必在 $\operatorname{gph} T_0$ 内. 因此, 存在一包含 $\bar{x}$ 的充分小的开集合 $\mathcal{O}$ 使得 $s(\mathcal{O}) \subset W$, s 是一对一的, 具有连续的逆映射, 它是 $\mathcal{O}$ 与包含 $\bar{u}$ 的一集合 $\mathcal{O}' \subset W_0 \cap \operatorname{dom} T_0$ 的同胚. 由 Brouwer 定理, $\mathcal{O}'$ 是开集合且 $m = n$. ■

推论 4.3 (单值 Lipschitz 函数的可逆性)　*令 $\mathcal{O} \subset \Re^n$ 是一开集合, $F : \mathcal{O} \to \Re^n$ 是一连续映射. 对于 $\bar{x} \in \mathcal{O}$, F^{-1} 在 $\bar{u} = F(\bar{x})$ 处具有一 Lipschitz 连续的单值局部化的充分必要条件是 F 满足非奇异严格导数条件:*

$$\mathrm{D}_* F(\bar{x})(w) = 0 \Longrightarrow w = 0.$$

此时 F 也满足非奇异伴同导数条件:

$$\mathrm{D}^* F(\bar{x})(y) = 0 \Longrightarrow y = 0,$$

且有 $\operatorname{lip} F^{-1}(\bar{u}|\bar{x}) = |\mathrm{D}_* F(\bar{x})^{-1}|^+ = |\mathrm{D}^* F(\bar{x})^{-1}|^+$.

当 F 在 $\bar{x}$ 处是严格可微的, 两个条件是等价的, 且对应着 $\mathcal{J}F(\bar{x})$ 是非奇异的情况. 此时有 $\operatorname{lip} F^{-1}(\bar{u}|\bar{x}) = \|\mathcal{J}F(\bar{x})^{-1}\|$, 局部逆映射在 $\bar{u}$ 处是严格可微的, 且以 $\mathcal{J}F(\bar{x})^{-1}$ 为 Jacobi 阵.

证明　本推论是将集值映射 S 替换为单值映射 F 后定理 4.14(b) 的具体化. 注意到严格可微性即 $\mathrm{D}_* F(\bar{x})$ 的线性性, 可以得到关于严格可微性的结论. 严格导数可表示为 $\mathrm{D}_* F(\bar{x})(w) = \mathcal{J}F(\bar{x})w$. 由练习 4.6(c) 可得 $\mathrm{D}^* F(\bar{x})(y) = \mathcal{J}F(\bar{x})^* y$. ■

定理 4.15 (严格连续映射的伴同导数对偶)　*设 $F : \mathcal{O} \to \Re^m$ 严格连续, 其中 $\mathcal{O} \subset \Re^n$ 为开集, 设 $D \subset \mathcal{O}$ 为由 F 的可微点构成的集合. 对点 $\bar{x} \in \mathcal{O}$, 定义*

$$\overline{\nabla} F(\bar{x}) := \left\{ A \in \Re^{m \times n} : \exists x^\nu \to \bar{x}, \text{ 且 } x^\nu \in D, \mathcal{J}F(x^\nu) \to A \right\}^{①}.$$

---

①$\overline{\nabla} F(\bar{x})$ 也被称为 F 在 $\bar{x}$ 处的 B-次微分, 即 Bouligand-次微分, 通常记为 $\partial_B F(\bar{x})$, 它的凸包是 Clarke 的广义 Jacobi, 即 $\partial F(\bar{x}) = \operatorname{conv} \overline{\nabla} F(\bar{x})$.

则 $\overline{\nabla}F(\bar{x})$ 是非空紧致集合, 且对任意的 $w\in\Re^n$ 和 $y\in\Re^m$, 有

$$\max\langle y,\mathrm{D}_*F(\bar{x})(w)\rangle=\max\langle\mathrm{D}^*F(\bar{x})(y),w\rangle=\max\langle y,\overline{\nabla}F(\bar{x})w\rangle,$$

其中

$$\max\langle y,\mathrm{D}_*F(\bar{x})(w)\rangle:=\max\{\langle y,z\rangle:z\in\mathrm{D}_*F(\bar{x})(w)\},$$

$$\max\langle\mathrm{D}^*F(\bar{x})(y),w\rangle:=\max\{\langle v,w\rangle:v\in\mathrm{D}^*F(\bar{x})(y)\},$$

$$\max\langle y,\overline{\nabla}F(\bar{x})w\rangle:=\max\{\langle y,Aw\rangle:A\in\overline{\nabla}F(\bar{x})\},$$

因此还有

$$\mathrm{con}\mathrm{D}_*F(\bar{x})(w)=\mathrm{con}\{Aw:A\in\overline{\nabla}F(\bar{x})\}=\{Aw\,|\,A\in\mathrm{con}\overline{\nabla}F(\bar{x})\},$$

$$\mathrm{con}\mathrm{D}^*F(\bar{x})(y)=\mathrm{con}\{A^*y:A\in\overline{\nabla}F(\bar{x})\}=\{A^*y\,|\,A\in\mathrm{con}\overline{\nabla}F(\bar{x})\}.$$

对于 $\overline{\nabla}F(\bar{x})$ 的定义式中的 D, 若用满足 $D\setminus D'$ 为可忽略集的 $D'\subset D$ 来代替, 上述结论依然成立.

证明 对任意的 $y\in\Re^m$, $x\in D$, 函数 yF 在 x 点可微, $\nabla(yF)(x)=\mathcal{J}F(x)^*y$, 且 $\mathrm{dom}\ \nabla(yF)\setminus D$ 是可忽略的. 因此由定理 4.11, $\overline{\nabla}(yF)(\bar{x})=\{A^*y:A\in\overline{\nabla}F(\bar{x})\}$, $\forall\bar{x}\in\mathcal{O}$. 由命题 4.1(b) 知 $\mathrm{D}^*F(\bar{x})(y)=\partial(yF)(\bar{x})$, 而由定理 4.11 知 $\mathrm{con}\ \partial(yF)(\bar{x})=\mathrm{con}\ \overline{\nabla}(yF)(\bar{x})$, 所以得到关于 $\mathrm{con}\ \mathrm{D}^*F(\bar{x})(y)$ 的公式且

$$\max\langle\mathrm{D}^*F(\bar{x})(y),w\rangle=\max\langle\overline{\nabla}(yF)(\bar{x}),w\rangle=\max\{\langle A^*y,w\rangle\,|\,A\in\overline{\nabla}F(\bar{x})\},$$

其中 $\langle A^*y,w\rangle=\langle y,Aw\rangle$. 同时, 由定理 4.11 知

$$\max\langle\overline{\nabla}(yF)(\bar{x}),w\rangle=\widehat{\mathrm{d}}(yF)(\bar{x})(w).$$

但

$$\widehat{\mathrm{d}}(yF)(\bar{x})(w)=\limsup_{x\to\bar{x},\tau\searrow0}\Delta_\tau(yF)(x)(w)=\limsup_{x\to\bar{x},\tau\searrow0}\Big\langle y,\Delta_\tau F(x)(w)\Big\rangle.$$

因为当 $x\to\bar{x}$, $\tau\searrow0$ 时, $\Delta_\tau F(x)(w)$ 有界, 由 F 的 Lipschitz 连续性知, 上述表达式等于 $\langle y,z\rangle$ 在 $z\in\mathrm{D}_*F(\bar{x})(w)$ 上的最大值. 因此 $\max\langle\overline{\nabla}(yF)(\bar{x}),w\rangle=\max\langle y,\mathrm{D}_*F(\bar{x})(w)\rangle$. 因为等式左端等于 $\langle y,Aw\rangle$ 在 $A\in\overline{\nabla}F(\bar{x})$ 上的最大值, 即紧致集 $\overline{\nabla}F(\bar{x})w$ 上的支撑函数, 而由定理 3.15 知该紧致集的凸包与 $\mathrm{D}_*F(\bar{x})(w)$ 的凸包一致. ■

推论 4.4 (Lipschitz 可逆性的伴同导数准则) 设映射 $F:\Re^n\to\Re^n$ 在点 $\bar{x}$ 处严格连续. 若

$$0\in\mathrm{con}\partial(yF)(\bar{x})\Longrightarrow y=0.$$

则 F^{-1} 在 $F(\bar{x})$ 点是局部 Lipschitz 单值的.

证明 因为 $\partial(yF)(\bar{x}) = \mathrm{D}^*F(\bar{x})(y)$(见命题 4.1), 所以 $0 \in \mathrm{D}^*F(\bar{x})(y)$ 必推出 $y=0$, 又由定理 4.15 知 $0 \in \mathrm{D}_*F(\bar{x})(w)$ 可推出 $w=0$. 此推论的结果是推论 4.3 的特殊情况. ■

练习 4.8 (严格可微性与导数连续性) 设 $\mathcal{O} \subset \Re^n$ 为开集, 映射 $F: \mathcal{O} \to \Re^m$ 严格连续. 设 $D \subset \mathcal{O}$ 为映射 $\mathcal{J}F: x \to \mathcal{J}F(x)$ 的定义域, 即 F 的可微点构成的集合. 则下述条件等价:

(a) F 在 $\bar{x}$ 点严格可微;

(b) F 在 $\bar{x}$ 可微且 $\mathcal{J}F$ 在 $\bar{x}$ 相对于 D 连续.

证明 由练习 4.6(c) 和定理 4.15 可得结论. ■

4.10.3 局部 Lipschitz 同胚

这一节对上一节推论 4.4 的结论进行进一步的探讨, 这一节的内容取自 Kummer (1991)[18].

定义 4.10 (局部 Lipschitz 同胚) 称连续函数 $F: \mathcal{O} \subseteq \mathcal{X} \to \mathcal{X}$ 在 $x \in \mathcal{O}$ 处是局部 Lipschitz 可逆的, 如果存在 x 的一个开邻域 $\mathcal{N} \subseteq \mathcal{O}$ 使得限定在这个邻域上的映射 $F|_{\mathcal{N}}: \mathcal{N} \to F(\mathcal{N})$ 是双射并且它的逆函数是 Lipschitz 连续的. 称 F 在 x 附近是局部 Lipschitz 同胚的, 如果 F 在 x 附近是局部 Lipschitz 可逆的并且 F 在 x 处是局部 Lipschitz 连续的.

对于 Lipschitz 连续映射 F, 上节的严格图导数 $\mathrm{D}_*F(x)(u)$ 即 Thibault (1980, 1982)[60, 61] 定义的导数, 后被 Kummer(1991)[18] 称为 Thibault 方向导数. 为清楚起见, 回顾 Thibault 方向导数的定义.

定义 4.11 (Thibault 方向导数) 对于 $x \in \mathcal{O}$ 和 $w \in \mathcal{X}$, 函数 $F: \mathcal{O} \to \mathcal{Y}$ 在 x 处沿方向 w 的 Thibault 方向导数 $\mathrm{D}_*F(x)(w)$ 定义为

$$\mathrm{D}_*F(\bar{x})(w) = \{\, z \mid \exists \tau^\nu \searrow 0,\ x^\nu \to \bar{x},\ \text{使得}\ [F(x^\nu + \tau^\nu w) - F(x^\nu)]/\tau^\nu \to z \,\}.$$

下面的定义可用于刻画局部 Lipschitz 可逆性质.

定义 4.12 [18, Definition 1.3] 设 $F: \Re^n \to \Re^m$ 是一个连续函数, $x \in \Re^n$, 定义 $\Delta F(x)$ 为

$$\Delta F(x) = \{\, z \mid \exists x^\nu \to x, y^\nu \to x\,, x^\nu \neq y^\nu,\ \text{使得}[F(y^\nu) - F(x^\nu)]/\|y^\nu - x^\nu\| \to z \,\}.$$

引理 4.9 [18, Lemma 2.1] 连续函数 $F: \Re^n \to \Re^n$ 在 x 附近是局部 Lipschitz 可逆的当且仅当 $0 \notin \Delta F(x)$.

证明 ($\Rightarrow$) 利用反证法. 假设连续函数 F 在 x 附近是局部 Lipschitz 可逆的, 但 $0 \in \Delta F(x)$, 则存在 $x^\nu \to x, y^\nu \to x\,, x^\nu \neq y^\nu$ 使得

$$[F(y^\nu) - F(x^\nu)]/\|y^\nu - x^\nu\| \to 0$$

成立. 而由 F^{-1} 在 $F(x)$ 处局部 Lipschitz 连续可得, 存在正数 κ 使得

$$\|F^{-1}(F(y^{\nu}))-F^{-1}(F(x^{\nu}))\|\leqslant\kappa\|F(y^{\nu})-F(x^{\nu})\|$$

成立. 这产生了矛盾。

($\Leftarrow$) 若 $0\notin\Delta F(x)$, 则存在正数 ε 和 κ 使得

$$\|F(x')-F(x'')\|\geqslant\kappa\|x'-x''\|,\ \forall\ x',x''\in B(x,\varepsilon). \tag{4.47}$$

由 (4.47) 知 F 是一单射, 再注意它是连续的, 则对于开集合 $\mathcal{O}\subset\Re^n$, 有 $F(\mathcal{O})$ 是开集合. 于是存在 $\delta>0$ 使得 $\mathbf{B}(F(x),\delta)\subset F(\mathbf{B}(x,\varepsilon))$. 所以由 (4.47) 可得 $F(y)=z,y\in\mathbf{B}(x,\varepsilon)$ 存在唯一解 $y=F^{-1}(z)$ 且 F^{-1} 在 $\mathbf{B}(F(x),\delta)$ 上是 Lipschitz 连续的. ■

引理 4.10[18, Lemma 2.2] 若 $F\in\mathcal{C}^{0,1}(\Re^n,\Re^m)$①, 则 $\Delta F(x)=\bigcup_{\|u\|=1}\mathrm{D}_*F(x)(u)$.

证明 由定义可知, $\bigcup_{\|u\|=1}\mathrm{D}_*F(x)(u)\subset\Delta F(x)$ 是显然的. 现证明相反的包含关系. 任取 $z\in\Delta F(x)$, 则存在 $x^{\nu}\to x,y^{\nu}\to x\,,x^{\nu}\neq y^{\nu}$ 使得

$$z^{\nu}=[F(y^{\nu})-F(x^{\nu})]/\|y^{\nu}-x^{\nu}\|\to z$$

成立. 令 $\lambda^{\nu}=\|y^{\nu}-x^{\nu}\|,u^{\nu}=(y^{\nu}-x^{\nu})/\lambda^{\nu}$, 则 $\{u^{\nu}\}$ 是有界数列, 不妨设 $u^{\nu}\to u$, 则 $\|u\|=1$. 定义 $v^{\nu}=(F(x^{\nu}+\lambda^{\nu}u)-F(x^{\nu}))/\lambda^{\nu}$, 则对充分大的 ν, 存在正数 κ 使得

$$\begin{aligned}\|z^{\nu}-v^{\nu}\|&=\|F(y^{\nu})-F(x^{\nu}+\lambda^{\nu}u)\|/\lambda^{\nu}\\&=\|F(x^{\nu}+\lambda^{\nu}u^{\nu})-F(x^{\nu}+\lambda^{\nu}u)\|/\lambda^{\nu}\\&\leqslant\kappa\|\lambda^{\nu}(u^{\nu}-u)\|/\lambda^{\nu}\end{aligned}$$

成立. 所以 $\lim_{\nu\to\infty}z^{\nu}=z=\lim_{\nu\to\infty}v^{\nu}\in\mathrm{D}_*F(x)(u)$. ■

基于上述引理可以得到逆函数定理.

定理 4.16 [18, Theorem 1.1](Kummer 逆函数定理) *设函数 $F:\mathcal{O}\subset\mathcal{X}\to\mathcal{X}$ 在 $x\in\mathcal{O}$ 附近是局部 Lipschitz 连续的. 则 F 在 $\bar{x}$ 附近是 Lipschitz 同胚的当且仅当下述非奇异条件成立:*

$$0\notin\mathrm{D}_*F(\bar{x})(u),\quad\forall\,0\neq u\in X.$$

证明 由引理 4.9 和引理 4.10 可知, F 在 $\bar{x}$ 附近是 Lipschitz 同胚的当且仅当

$$0\notin\bigcup_{\|u\|=1}\mathrm{D}_*F(\bar{x})(u).$$

①$\mathcal{C}^{0,1}(\Re^n,\Re^m)$ 是从 $\Re^n$ 到 $\Re^m$ 的所有局部 Lipschitz 连续映射的空间.

而由 $\mathrm{D}_*F(x)$ 的正齐次性可得

$$0 \notin \bigcup_{\|u\|=1} \mathrm{D}_*F(x)(u)$$

等价于 $0 \notin \mathrm{D}_*F(\bar{x})(u), \forall 0 \neq u \in X$. ■

4.10.4　强正则性

考虑由参数广义方程定义的解映射

$$S(x) = \{z \in \Re^k : 0 \in C(x,z) + N_Q(z)\}, \tag{4.48}$$

其中 $C : \mathcal{A} \times \Re^k \to \Re^k$ 是一连续可微映射, $\mathcal{A} \subset \Re^n$ 是一开集合, $Q \subset \Re^k$ 是一非空闭凸集合. 给定 $(x_0, z_0) \in \mathrm{gph}S$, $x_0 \in \mathcal{A}$. 我们要寻求条件, 在这一条件下存在 x_0 的一个邻域 $\mathcal{O}$ 和 z_0 的一个邻域 V 满足在 $\mathcal{O}$ 上存在一个单值的 Lipschitz 连续映射 $\sigma : \mathcal{O} \to V$ 使得

$$\sigma(x_0) = z_0,\ \sigma(x) \in S(x), \quad \forall x \in \mathcal{O}, \tag{4.49}$$

或者使得

$$\sigma(x) = S(x) \cap V, \quad \forall x \in \mathcal{O}. \tag{4.50}$$

定义

$$\Sigma(\xi) = \{z \in \Re^k : \xi \in C(x_0, z_0) + \mathcal{J}_z C(x_0, z_0)(z - z_0) + N_Q(z)\} \tag{4.51}$$

与

$$r(x,z) = C(x_0, z_0) + \mathcal{J}_z C(x_0, z_0)(z - z_0) - C(x, z).$$

容易验证下述结论.

命题 4.9　下述关系成立

$$z \in S(x) \text{当且仅当} z \in \Sigma(r(x,z)).$$

证明　根据 Σ 与 r 的定义, 有

$$z \in S(x) \text{当且仅当} 0 \in C(x,z) + N_Q(z) \tag{4.52}$$

与

$$z \in \Sigma(r(x,z)) \text{当且仅当} r(x,z) \in C(x_0, z_0) + \mathcal{J}_z C(x_0, z_0)(z - z_0) + N_Q(z). \tag{4.53}$$

简单的计算可得 (4.52) 与 (4.53) 中的广义方程是等价的. ■

由于 C 在 $\mathcal{A}\times\Re^k$ 上是连续可微的, 可以选取 x_0 的邻域 $\widetilde{U}$,z_0 的邻域 $\widetilde{V}$ 与一正的实常数 L 满足

$$\|C(x_1,z)-C(x_2,z)\|\leqslant L\|x_1-x_2\|,\quad \forall x_1\in\widetilde{U}, z\in\widetilde{V}. \tag{4.54}$$

定理 4.17 (a) 设存在 $0\in\Re^k$ 的邻域 W, 存在单值 Lipschitz 连续映射 $\phi: W\to\Re^k$, 其 Lipschitz 常数为 γ, 满足

$$\phi(0)=z_0,\quad \phi(\xi)\in\Sigma(\xi),\quad \forall\xi\in W. \tag{4.55}$$

则对每一 $\varepsilon>0$, 存在 x_0 的邻域 U_ε 与 z_0 的邻域 V_ε, 以及一单值映射 $\sigma: U_\varepsilon\to V_\varepsilon$ 满足

$$\sigma(x_0)=z_0,\quad \sigma(x)\in S(x),\quad \forall x\in U_\varepsilon, \tag{4.56}$$

且映射 σ 在 U_ε 上是 Lipschitz 连续的, Lipschitz 常数为 $(\gamma+\varepsilon)L$, 其中 L 由 (4.54) 定义.

(b) 如果还有, 存在 z_0 的一邻域 V 满足

$$\phi(\xi)=\Sigma(\xi)\cap V,\quad \forall\xi\in W, \tag{4.57}$$

则

$$\sigma(x)=S(x)\cap V_\varepsilon,\quad \forall x\in U_\varepsilon. \tag{4.58}$$

证明 先证明 (a). 对任意固定的 $\varepsilon>0$, 选取 $\delta=\delta(\varepsilon)>0$, $\rho=\rho(\varepsilon)>0$ 与 x_0 的一邻域 U_ε, 满足对于 $V_\varepsilon=z_0+\rho\mathbf{B}$, 有

$$\begin{aligned}
&\gamma\delta<\varepsilon/(\gamma+\varepsilon),\\
&r(x,z)\in W, && \forall(x,z)\in U_\varepsilon\times V_\varepsilon,\\
&\|\mathcal{J}_zC(x_0,z_0)-\mathcal{J}_zC(x,z)\|\leqslant\delta, && \forall(x,z)\in U_\varepsilon\times V_\varepsilon,\\
&\|C(x_0,z_0)-C(x,z)\|\leqslant(1-\gamma\delta)\rho/\gamma, && \forall x\in U_\varepsilon.
\end{aligned} \tag{4.59}$$

把 (a) 的证明分成两部分: (i) 构造 σ; (ii) 验证 σ 的 Lipschitz 连续性.

对每一固定的 $\overline{x}\in U_\varepsilon$, 定义映射 $\Phi_{\overline{x}}:\Re^k\to\Re^k$,

$$\Phi_{\overline{x}}(\cdot):=\phi(r(\overline{x},\cdot)). \tag{4.60}$$

下面证明

$$\Phi_{\overline{x}}\ \text{是}V_\varepsilon\text{上的一压缩映射, 它把}V_\varepsilon\text{映到}V_\varepsilon. \tag{4.61}$$

如果上述结论成立, 则由 Banach 不动点定理可得存在 $\overline{z}\in V_\varepsilon$ 满足

$$\overline{z}=\Phi_{\overline{x}}(\overline{z})=\phi(r(\overline{x},\overline{z})).$$

于是根据 (4.55),

$$\overline{z} \in \Sigma(r(\overline{x}, \overline{z})).$$

由命题 4.9 可得 $\overline{z} \in S(\overline{x})$, 因为 $\overline{x}$ 是 U_ε 中的任意点, 定义在 U_ε 上的映射

$$\sigma : x \to z \in S(x)$$

是存在的. 由

$$\Phi_{x_0}(z_0) = \phi(r(x_0, z_0)) = \phi(0) = z_0$$

可得 $\sigma(x_0) = z_0$, 这证得 (4.56). 下面只需验证 (4.61) 式.

为验证 $\Phi_{\overline{x}}$ 的压缩性质, 对 $z_1, z_2 \in V_\varepsilon$, 由 W 上定义的 ϕ 的 Lipschitz 连续性质可得

$$\begin{aligned}\|\Phi_{\overline{x}}(z_1) - \Phi_{\overline{x}}(z_2)\| &\leqslant \gamma\|r(\overline{x}, z_1) - r(\overline{x}, z_2)\| \\ &\leqslant \gamma \cdot \sup\{\|\mathcal{J}_z r(\overline{x}, (1-\mu)z_1 + \mu z_2)\| : \mu \in (0,1)\} \cdot \|z_1 - z_2\|.\end{aligned}$$

由于 $\mathcal{J}_z r(\overline{x}, z) = \mathcal{J}_z C(x_0, z_0) - \mathcal{J}_z C(\overline{x}, z)$, 由 (4.59) 可得

$$\|\Phi_{\overline{x}}(z_1) - \Phi_{\overline{x}}(z_2)\| \leqslant \gamma\delta\|z_1 - z_2\|, \quad \forall z_1, z_2 \in V_\varepsilon. \tag{4.62}$$

由 δ 的选取有 $\gamma\delta < 1$, $\Phi_{\overline{x}}$ 实际上是一压缩映射. 进一步,

$$\begin{aligned}\|\Phi_{\overline{x}}(z_0) - z_0\| &= \|\phi(r(\overline{x}, z_0)) - \phi(0)\| \\ &\leqslant \gamma\|r(\overline{x}, z_0) - 0\| \\ &= \gamma\|C(x_0, z_0) - C(\overline{x}, z_0)\| \\ &\leqslant (1 - \gamma\delta)\rho.\end{aligned}$$

这意味着对于 $z \in V_\varepsilon (= z_0 + \rho\mathbf{B})$,

$$\begin{aligned}\|\Phi_{\overline{x}}(z) - z_0\| &\leqslant \|\Phi_{\overline{x}}(z) - \Phi_{\overline{x}}(z_0)\| + \|\Phi_{\overline{x}}(z_0) - z_0\| \\ &\leqslant \gamma\delta\|z - z_0\| + (1 - \gamma\delta)\rho \qquad (4.63) \\ &\leqslant \rho,\end{aligned}$$

即 $\Phi_{\overline{x}}$ 映 V_ε 到自身. 不等式 (4.62) 与 (4.63) 表明, 可以用 Banach 不动点定理, 从而保证映射 σ 的存在性.

现在证明 σ 在 U_ε 上是 Lipschitz 连续的, Lipschitz 常数是 $(\gamma + \varepsilon)L$. 不妨设 $U_\varepsilon \times V_\varepsilon \subset \widetilde{U} \times \widetilde{V}$, 其中 $\widetilde{U}, \widetilde{V}$ 由 (4.54) 定义, 则对任意 $x_1, x_2 \in U_\varepsilon$,

$$\begin{aligned}\|\sigma(x_1) - \sigma(x_2)\| &= \|\Phi_{x_1}(\sigma(x_1)) - \Phi_{x_2}(\sigma(x_2))\| \\ &\leqslant \|\Phi_{x_1}(\sigma(x_1)) - \Phi_{x_1}(\sigma(x_2))\| + \|\Phi_{x_1}(\sigma(x_2)) - \Phi_{x_2}(\sigma(x_2))\|.\end{aligned}$$

由 (4.62) 可得

$$\|\Phi_{x_1}(\sigma(x_1)) - \Phi_{x_1}(\sigma(x_2))\| \leqslant \gamma\delta\|\sigma(x_1) - \sigma(x_2)\|.$$

由 ϕ 的 Lipschitz 连续性可得

$$\begin{aligned}\|\Phi_{x_1}(\sigma(x_2)) - \Phi_{x_2}(\sigma(x_2))\| &= \|\phi(r(x_1, \sigma(x_2))) - \phi(r(x_2, \sigma(x_2)))\| \\ &\leqslant \gamma\|C(x_1, \sigma(x_2)) - C(x_2, \sigma(x_2))\|.\end{aligned}$$

结合这些估计和 (4.54) 得到

$$\begin{aligned}\|\sigma(x_1) - \sigma(x_2)\| &\leqslant \gamma\delta\|\sigma(x_1) - \sigma(x_2)\| + \gamma\|C(x_1, \sigma(x_2)) - C(x_2, \sigma(x_2))\| \\ &\leqslant \gamma\delta\|\sigma(x_1) - \sigma(x_2)\| + \gamma L\|x_1 - x_2\|,\end{aligned}$$

由此可推出

$$\|\sigma(x_1) - \sigma(x_2)\| \leqslant \frac{\gamma L}{1 - \gamma\delta}\|x_1 - x_2\| < (\gamma + \varepsilon)L\|x_1 - x_2\|,$$

即 σ 在 U_ε 上是 Lipschitz 连续的.

再来证明 (b). 如果有必要, 可以选择 (4.59) 中的 ρ 充分小, 所以可以假设 $V_\varepsilon \subset V$. 现在固定 $x \in U_\varepsilon$, 令 z 是从 $S(x) \cap V_\varepsilon$ 中任意选取的元素. 为证明 (4.58), 只需证明 $z = \sigma(x)$. 根据命题 4.9 有 $z \in \Sigma(r(x, z)) \cap V_\varepsilon$. 由 (4.59) 可得 $r(x, z) \in W$, 于是由假设 (4.57) 和定义式 (4.60) 有

$$z = \phi(r(x, z)) = \Phi_x(z).$$

因为 $\Phi_x(\cdot)$ 在 V_ε 仅有一个不动点, z 必是由 (a) 确定的唯一的不动点 $\sigma(x)$, 这证得

$$\sigma(x) = S(x) \cap V_\varepsilon, \quad \forall x \in U_\varepsilon.$$

■

定义 4.13 设 S 由 (4.48) 定义, $z_0 \in S(x_0)$. 设存在 $0 \in \Re^k$ 的邻域 W 和 z_0 的邻域 V 满足映射 $\xi \to \Sigma(\xi) \cap V$ 在 W 上是单值的 Lipschitz 连续的, Lipschitz 常数为 γ. 则称扰动的广义方程 $0 \in C(x, z) + N_Q(z)$ 在 (x_0, z_0) 处是 (以 Lipschitz 常数 γ 的) 强正则的, 或称 $0 \in C(x, z) + N_Q(z)$ 在 (x_0, z_0) 处满足强正则条件.

4.11 线性系统的度量正则性

考虑系统

$$Ax = b, \quad x \in K, \tag{4.64}$$

其中 $A \in \Re^{m\times n}, b \in \Re^m$, 集合 $K \subset \Re^n$ 是包含原点的闭凸锥. 这一节以及后续的两节的素材选自文献 [47].

引理 4.11　设系统 (4.64) 对每一向量 $b \in \Re^m$ 均有解存在, 则存在 $\rho > 0$(称为该系统的模), 满足对每一 $b \in \Re^m$, 存在系统 (4.64) 的一解 $x(b)$ 满足

$$\|x(b)\| \leqslant \rho\|b\|.$$

证明　定义

$$Y := \{Ax : x \in K, \|x\| \leqslant 1\}.$$

这是一凸集合, 满足对每一 $b \in \Re^m$, 它都是某一 kY 中的元素, 其中 k 是某一正整数. 因此

$$\Re^m = \bigcup_{k \in \mathbf{N}} kY \subset \text{lin}(Y),$$

从而可以推出 $\text{int}Y \neq \varnothing$. 设 $0 \notin \text{int}Y$, 则由分离定理可得, 存在 $h \neq 0$,

$$\langle h, y \rangle \leqslant 0, \quad \forall y \in \text{int}Y.$$

由于 $\text{int}Y \neq \varnothing$, Y 是凸集合, 有 $\text{cl}(\text{int}Y) = Y$. 从而

$$\langle h, y \rangle \leqslant 0, \quad \forall y \in Y.$$

上式可以写为

$$\langle h, Ax \rangle \leqslant 0, \quad \forall x \in K, \quad \|x\| \leqslant 1.$$

由正齐次性，可得

$$\langle h, Ax \rangle \leqslant 0, \quad \forall x \in K.$$

在系统 (4.64) 中取 $b = h$, 则存在一解 $x \in K$, 由上述不等式可得 $\|h\|^2 \leqslant 0$, 这导出矛盾. 因此 $0 \in \text{int}Y$. 则存在 $\varepsilon > 0$, 满足对于 $b \in \mathbf{B}_\varepsilon$, 系统 (4.64) 的一解 $x(b) \in K$ 且 $\|x(b)\| \leqslant 1$. 对任意的 $b \in \Re^m$, 可定义

$$x(b) := \frac{\|b\|}{\varepsilon} x\Big(\frac{\varepsilon b}{\|b\|}\Big).$$

它满足 $x(b) \in K$ 且 $Ax(b) = b$. 进一步

$$\|x(b)\| \leqslant \frac{1}{\varepsilon}\|b\|.$$

取 $\rho = 1/\varepsilon$, 即得结论. ■

考虑 (4.64) 的扰动系统

$$\tilde{A}x = \tilde{b}, \quad x \in K, \tag{4.65}$$

其中 $\tilde{A} \in \Re^{m\times n}$, $\tilde{b} \in \Re^m$.

定理 4.18 设系统 (4.64) 对每一 $b \in \Re^m$ 均有解存在, 设 $\rho > 0$ 是引理 4.11 中的常数, 且

$$K \setminus \{0\} + \mathrm{cl}K \subset K. \tag{4.66}$$

如果 $\|\tilde{A} - A\| < 1/\rho$, 则对每一 $\tilde{b} \in \Re^m$, 系统 (4.65) 均有解且相应的模为

$$\tilde{\rho} = \frac{\rho}{1 - \rho\|\tilde{A} - A\|}.$$

进一步, 对于系统 (4.64) 的每一解 x, 存在系统 (4.65) 的解 $\tilde{x}$, 满足

$$\|\tilde{x} - x\| \leqslant \tilde{\rho}\Big(\|\tilde{b} - b\| + \|\tilde{A} - A\|\|x\|\Big).$$

证明 令 $\widehat{x}(r)$ 为系统 $(Ax = r, x \in K)$ 的解, 则由上述引理可得 $\|\widehat{x}(r)\| \leqslant \rho\|r\|$. 任取 $x_0 \in K$, 构造如下两个序列 $\{x_k\}, \{r_k\}$:

$$\begin{aligned} r_k \quad &= \tilde{b} - \tilde{A}x_k, \\ x_{k+1} &= x_k + \widehat{x}(r_k), \quad k = 0, 1, 2, \cdots. \end{aligned} \tag{4.67}$$

显然由于 $\widehat{x}(r_k) \in K$, 有 $\{x_k\} \subset K$. 直接计算得

$$\begin{aligned} \tilde{A}x_{k+1} &= \tilde{A}x_k + \tilde{A}\widehat{x}(r_k) \\ &= \tilde{A}x_k + A\widehat{x}(r_k) + (\tilde{A} - A)\widehat{x}(r_k) \\ &= \tilde{b} + (\tilde{A} - A)\widehat{x}(r_k). \end{aligned}$$

因此,

$$\begin{aligned} \|r_{k+1}\| &= \|\tilde{b} - \tilde{A}x_{k+1}\| \\ &\leqslant \|\tilde{A} - A\|\|\widehat{x}(r_k)\| \\ &\leqslant \rho\|\tilde{A} - A\|\|r_k\|, \quad k = 0, 1, 2, \cdots. \end{aligned}$$

定义 $\rho_0 := \rho\|\tilde{A} - A\|$, 则 $\rho_0 < 1$,

$$\|r_k\| \leqslant \rho_0^k\|r_0\|, \quad k = 0, 1, 2, \cdots.$$

这表明 $k \to \infty$ 时, $r_k \to 0$. 进一步,

$$\|x_{k+1} - x_k\| \leqslant \|\widehat{x}(r_k)\| \leqslant \rho\|r_k\| \leqslant \rho\rho_0^k\|r_0\|, \quad k = 0, 1, 2, \cdots.$$

所以序列 $\{x^k\}$ 收敛, 设它的极限是 $\tilde{x}$, 则 $\tilde{A}\tilde{x} = \tilde{b}$.

如果 $x_0 \in K \setminus \{0\}$, 则

$$\tilde{x} = x_0 + \sum_{k=0}^{\infty} \widehat{x}(r_k) \in K \setminus \{0\} + \mathrm{cl}K.$$

由条件 (4.66), $\tilde{x} \in K$. 如果 $x_0 = 0$, $r_0 \neq 0$, 则 $x_1 \in K \setminus \{0\}$, 同样的道理可以得到 $\tilde{x} \in K$. 当然, 如果 $x_0 = 0$, $r_0 = 0$, 则有 $\tilde{x} = 0$. 综合上述, 总有 $\tilde{x}$ 是系统 (4.65) 的解. 进一步,

$$\|\tilde{x} - x_0\| \leqslant \sum_{k=0}^{\infty} \|x_{k+1} - x_k\| \leqslant \rho \sum_{k=0}^{\infty} \rho_0^k \|r_0\| = \frac{\rho}{1-\rho_0} \|r_0\|. \tag{4.68}$$

如果从 $x_0 = 0$ 出发, 由上述估计式可得

$$\|\tilde{x}\| \leqslant \frac{\rho}{1-\rho_0} \|\tilde{b}\| = \tilde{\rho} \|\tilde{b}\|.$$

如果 x_0 满足 $x_0 \in K$, $Ax_0 = b$, 则

$$r_0 = \tilde{b} - \tilde{A}x_0 = (\tilde{b} - b) - (\tilde{A} - A)x_0.$$

此时, (4.68) 即为

$$\|\tilde{x} - x_0\| \leqslant \frac{\rho}{1-\rho_0} \Big(\|\tilde{b} - b\| + \|\tilde{A} - A\| \|x_0\| \Big),$$

这就是第二个结论. ■

推论 4.5 考虑下述两个系统

$$A_1 x = b_1, \quad x \in K, \tag{4.69}$$

$$A_2 x = b_2, \quad x \in K. \tag{4.70}$$

设条件 (4.66) 成立, 对每一 $b_1 \in \Re^m$, 系统 (4.69) 总有解, 设 ρ 是该系统对应的模. 设 A_2 满足 $\|A_2 - A_1\| < 1/\rho$, 则对系统 (4.69) 的每一解 x_1, (4.70) 总有解 x_2, 满足

$$\|x_2 - x_1\| \leqslant \tilde{\rho} \Big(\|b_2 - b_1\| + \|x_1\| \|A_2 - A_1\| \Big),$$

其中 $\tilde{\rho}$ 是定理 4.18 中的常数.

证明 令 $d = x - x_1$, 系统 (4.70) 变为

$$A_2 d = b_2 - A_2 x_1, \quad d \in K \setminus \{x_1\}.$$

由于 $K \subset K - \{x_1\}$, 考虑 $A_2 d = b_2 - A_2 x_1$, $d \in K$. 由定理 4.18 可得, 该系统有一解 $\tilde{d}$ 满足 $\|\tilde{d}\| \leqslant \tilde{\rho} \|h\|$. 再由

$$\|h\| = \|b_2 - b_1 + (A_1 - A_2)x_1\| \leqslant \|b_2 - b_1\| + \|x_1\| \|A_2 - A_1\|,$$

可得结论. ■

4.12 集合约束的线性系统

考虑系统

$$Ax = b, \quad x \in Q, \tag{4.71}$$

其中 $A \in \Re^{m\times n}$, $b \in \Re^m$, $Q \subset \Re^n$ 是一闭凸集合.

定义 4.14 称系统 (4.71) 的正则条件成立, 如果

$$0 \in \operatorname{int}\Big\{b - Ax : x \in Q\Big\}. \tag{4.72}$$

引理 4.12 设 D 是 $\Re^n$ 的一闭凸子集合, $0 \in D$. 则

$$K = \{(d,t) : d \in tD, t \geqslant 0\}$$

是一锥, 且

$$\mathrm{cl}K \setminus K = \{(\bar{d}, 0) : \bar{d} \in D^\infty, \bar{d} \neq 0\},$$

其中 D^∞ 是 D 的回收锥.

定理 4.19 设系统 (4.71) 满足正则性条件 (4.72). 则对系统 (4.71) 的每一个解 x_0, 存在 $\varepsilon > 0$ 和常数 $\rho_1 > 0$, 对所有满足 $\|\tilde{A} - A\| + \|\tilde{b} - b\| \leqslant \varepsilon$ 的 $\tilde{A}$ 与 $\tilde{b}$, 下述扰动系统

$$\tilde{A}x = \tilde{b}, \quad x \in Q \tag{4.73}$$

存在一解 $\tilde{x}$, 满足

$$\|\tilde{x} - x_0\| \leqslant \rho_1\Big(\|\tilde{A} - A\| + \|\tilde{b} - b\|\Big).$$

证明 定义

$$D := Q - \{x_0\}, \quad K := \{(d,t) : d \in tD, t \geqslant 0\},$$

则由引理 4.12 可推出条件 (4.66) 成立. 考虑系统

$$Ad - 0t = h, \quad (d,t) \in K, \quad h = \tilde{b} - b. \tag{4.74}$$

当 $h = 0$ 时, $(0,1)$ 是系统 (4.74) 的解. 根据正则性条件, 当 h 在 0 附近时, 系统 (4.74) 总是有解的. 注意到该系统是正齐次的, 所以对任意选取的 $h \in \Re^m$, 系统 (4.74) 均有解存在, 如果记为 $(d(h), t(h))$, 则存在 $\rho > 0$, 使得 $\|(d(h), t(h))\| \leqslant \rho\|h\|$.

再考虑系统 (4.74) 的矩阵扰动

$$\tilde{A}d - ht = 0, \quad (d,t) \in K, \quad h = \tilde{b} - b. \tag{4.75}$$

由定理 4.18, 如果 $\|\tilde{A}-A\|+\|h\| \leqslant 1/(2\rho)$, 则系统 (4.75) 有解 $(\tilde{d},\tilde{t})$ 满足

$$\|(\tilde{d},\tilde{t})-(0,1)\| \leqslant \tilde{\rho}(\|\tilde{A}-A\|+\|h\|),$$

其中

$$\tilde{\rho}=\frac{\rho}{1-\rho(\|\tilde{A}-A\|+\|h\|)} \leqslant 2\rho.$$

如果 $\|\tilde{A}-A\|+\|h\| \leqslant 1/(4\rho)$, 得到 $|\tilde{t}-1| \leqslant 1/2$, 从而 $\tilde{t} \geqslant 1/2$. 进一步 $d=\tilde{d}/\tilde{t}$ 是系统 $\tilde{A}d=h, d\in D$ 的解, 而此系统与 (4.73) 等价. 令 $\tilde{x}=x_0+\tilde{d}/\tilde{t}$, 可以得到下述估计式

$$\|\tilde{x}-x_0\|=\left\|\frac{\tilde{d}}{\tilde{t}}\right\| \leqslant \frac{2\rho}{\tilde{t}}(\|\tilde{A}-A\|+\|h\|) \leqslant 4\rho(\|\tilde{A}-A\|+\|h\|).$$

令 $\rho_1=4\rho$, 得到欲证之结果. ■

4.13　集合约束的非线性系统

考虑非线性系统

$$h(x,u)=0, \quad x\in Q, \tag{4.76}$$

其中 $u\in\Re^s$ 是参数向量, $h:\Re^n\times\Re^s\to\Re^m$, $Q\subset\Re^n$ 是一闭凸集合.

定义 4.15　*称系统 (4.76) 在解 (x_0,u_0) 处是稳定的 (stable), 如果存在 $\varepsilon>0$, $\rho>0$, 对任何 $(x,u)\in\mathbf{B}(x_0,\varepsilon)\times\mathbf{B}(u_0,\varepsilon)$, 存在 $x'\in Q$, 满足 $h(x',u)=0$,*

$$\|x'-x\| \leqslant \rho\Big(d(x,Q)+\|h(x,u)\|\Big).$$

特殊的系统 $h(x,u)=g(x)-u=0, x\in Q$ 在 $(x_0,0)$ 处的稳定性被称为该系统的度量正则性 (metric regularity).

称下述正则性条件为 Robinson 约束规范或 Robinson 条件:

$$0\in \operatorname{int}\Big\{\mathcal{J}_x h(x_0,u_0)(x-x_0): x\in Q\Big\}. \tag{4.77}$$

定理 4.20　*设系统 (4.76) 对于 $u=u_0$ 有解 x_0. 如果正则性条件 (4.77) 成立, 则系统 (4.76) 在 (x_0,u_0) 处是稳定的.*

证明　不妨设 $x_0=0$. 我们通过求解下述线性化系统而生成序列 $\{x_j\}$:

$$h(x_k,u)+\mathcal{J}_x h(x_0,u_0)(x-x_k)=0, \quad x\in Q, \tag{4.78}$$

它的解记为 x_{k+1}.

首先设 $x \in Q$. 令 $x_1 = x$,

$$\tilde{b}_k = \mathcal{J}_x h(x_0, u_0)x_k - h(x_k, u).$$

则系统 (4.78) 可以表示为

$$\mathcal{J}_x h(x_0, u_0)x = \tilde{b}_k, \quad x \in Q. \tag{4.79}$$

定义

$$K = \{(x,t) : x \in tQ, t \geqslant 0\},$$

考虑系统

$$\mathcal{J}_x h(x_0, u_0)x - 0t = b, \quad (x,t) \in K. \tag{4.80}$$

根据正则性条件, 定理 4.18 可推出对于每一 $b \in \Re^m$, 系统 (4.80) 有解存在. 令 $\rho > 0$ 为此系统对应的模. 考虑矩阵扰动的系统

$$\mathcal{J}_x h(x_0, u_0)x - bt = 0, \quad (x,t) \in K. \tag{4.81}$$

令 $b_k = Ax_k$. 显然, 对于 $b = b_k$, 上述系统有解 $(x_k, 1)$. 根据推论 4.5, 如果 $\|\tilde{b}_k\| < 1/\rho$, 系统 (4.81) 有解 (y_{k+1}, t_{k+1}), 满足

$$\begin{aligned}\|(y_{k+1}, t_{k+1}) - (x_k, 1)\| &\leqslant \tilde{\rho}\|(x_k, 1)\|\|\tilde{b}_k - b_k\| \\ &= \tilde{\rho}\|(x_k, 1)\|\|h(x_k, u)\|,\end{aligned}$$

其中

$$\tilde{\rho} = \frac{\rho}{1 - \rho\|\tilde{b}_k\|}.$$

设 $\|\tilde{b}_k\| \leqslant 1/(2\rho), \|x_k\| \leqslant 1$(因为 (x,u) 可以选取得与 (x_0, u_0) 充分接近, 这样的假设对于 $k=1$ 是可以保证的). 则得 $\tilde{\rho} \leqslant 2\rho$,

$$\|(y_{k+1}, t_{k+1}) - (x_k, 1)\| \leqslant 4\rho\|h(x_k, u)\|. \tag{4.82}$$

令 $\varepsilon_1 > 0$, 满足只要 $(x', u') \in \mathbf{B}(x_0, \varepsilon_1) \times \mathbf{B}(u_0, \varepsilon_1)$, 就有

$$\|h(x', u)\| \leqslant 1/(8\rho), \|\mathcal{J}_x h(x_0, u_0)x' - h(x', u)\| \leqslant 1/(2\rho).$$

如果 $(x_k, u) \in \mathbf{B}(x_0, \varepsilon_1) \times \mathbf{B}(u_0, \varepsilon_1)$, 由 (4.82), 可得 $t_{k+1} \geqslant 1/2$. 观察到

$$x_{k+1} = \frac{y_{k+1}}{t_{k+1}}$$

是线性化系统 (4.78) 的解. 可以得到

$$\begin{aligned}\|x_{k+1}-x_k\| &= \frac{1}{t_{k+1}}\|y_{k+1}-x_k\| + \|\frac{x_k}{t_{k+1}}-x_k\| \\ &\leqslant 2\|y_{k+1}-x_k\| + 2|1-t_{k+1}|\|x_k\| \\ &\leqslant 16\rho\|h(x_k,u)\|.\end{aligned} \tag{4.83}$$

令 $\lambda>0$, $\varepsilon_2\in(0,\varepsilon_1)$, 满足只要 $(x',u')\in\mathbf{B}(x_0,\varepsilon_2)\times\mathbf{B}(u_0,\varepsilon_2)$, 就有

$$\|\mathcal{J}_x h(x_0,u_0)-\mathcal{J}_x h(x',u')\|\leqslant\lambda<1/(16\rho).$$

令 $\bar{x}(\theta)=\theta x_{k+1}+(1-\theta)x_k$, 用 Newton-Leibniz 定理可得

$$\begin{aligned}h(x_{k+1},u) &= h(x_k,u)+\int_0^1 \mathcal{J}_x h(\bar{x}(\theta),u)(x_{k+1}-x_k)\mathrm{d}\theta \\ &= h(x_k,u)+\mathcal{J}_x h(x_0,u_0)(x_{k+1}-x_k) \\ &\quad +\int_0^1 \left[\mathcal{J}_x h(\bar{x}(\theta),u)-\mathcal{J}_x h(x_0,u_0)\right](x_{k+1}-x_k)\mathrm{d}\theta \\ &= \int_0^1 \left[\mathcal{J}_x h(\bar{x}(\theta),u)-\mathcal{J}_x h(x_0,u_0)\right](x_{k+1}-x_k)\mathrm{d}\theta.\end{aligned}$$

如果 $\|x_k-x_0\|\leqslant\varepsilon_2$, $\|x_{k+1}-x_0\|\leqslant\varepsilon_2$ 与 $\|u-u_0\|\leqslant\varepsilon_2$, 则

$$\begin{aligned}\|h(x_{k+1},u)\| &\leqslant \int_0^1 \|\mathcal{J}_x h(\bar{x}(\theta),u)-\mathcal{J}_x h(x_0,u_0)\|\|x_{k+1}-x_k\|\mathrm{d}\theta \\ &\leqslant \lambda\|x_{k+1}-x_k\|.\end{aligned} \tag{4.84}$$

定义 $\mu=16\lambda\rho<1$, 设 $\varepsilon_0\in(0,\varepsilon_2/2)$, 满足如果 $(x',u')\in\mathbf{B}(x_0,\varepsilon_0)\times\mathbf{B}(u_0,\varepsilon_0)$,

$$\|h(x',u')\|\leqslant\frac{\varepsilon_2(1-\mu)}{32\rho}.$$

下面证明结论：对 $k=1,2,\cdots$, 有

$$\begin{aligned}\|h(x_k,u)\| &\leqslant \mu^{k-1}\|(h(x_1,u)\|, \\ \|x_{k+1}-x_k\| &\leqslant 16\rho\mu^{k-1}\|h(x_1,u)\|.\end{aligned} \tag{4.85}$$

根据 (4.83), 它们对 $k=1$ 是成立的. 如果它们对所有的 $j=1,2,\cdots,k$ 成立, 则对所有的这样的 j,

$$\|x_{j+1}-x_1\|\leqslant\sum_{i=1}^{j}\|x_{i+1}-x_i\|\leqslant\frac{16\rho}{1-\mu}\|h(x_1,u)\|\leqslant\frac{\varepsilon_2}{2}.$$

因此 $\|x_{j+1}-x_0\|\leqslant\varepsilon_2$, 对 k 可以用不等式 (4.83) 与 (4.84). 对于 $k+1$, 可直接得 (4.85). 由归纳原理，关系 (4.85) 对所有的 k 均成立. 由这些关系可得序列 $\{x_k\}$ 有一极限 $\bar{x}$, 满足 $h(\bar{x},u)=0$, 且

$$\|\bar{x}-x\|\leqslant\frac{16\rho}{1-\mu}\|h(x_1,u)\|. \tag{4.86}$$

集合 Q 是闭的，从而 $\bar{x}\in Q$. 因为 $x_1=x$, 令 $\rho_0=16\rho/(1-\mu)$, 可得结论.

现在设 $x\notin Q$. 此种情形, 定义 $x_1=\Pi_Q(x)$. 显然 $\|x_1-x_0\|\leqslant\|x-x_0\|$, 可以像上述一样构造 $\{x_k\}$. 估计式 (4.86) 仍然成立. 因为 $h(\cdot,u)$ 是连续可微的, 它在 $\mathrm{B}_{\varepsilon_0}$ 内是 Lipschitz 连续的. 所以存在 $L>0$, 满足

$$\|h(x_1,u)\|\leqslant\|h(x,u)\|+Ld(x,Q).$$

此不等式与 (4.86) 结合, 令

$$\rho_0=\frac{16\rho(L+1)}{1-\mu},$$

可得结论. ■

现在考虑下述非线性系统

$$g(x)-u=0,\quad x\in Q, \tag{4.87}$$

讨论该系统在 $(x_0,0)$ 处的稳定性, 亦即度量正则性. 该系统的 Robinson 约束规范为

$$0\in\operatorname{int}\Big\{\mathcal{J}g(x_0)(x-x_0):x\in Q\Big\}. \tag{4.88}$$

下面的定理非常重要, 它揭示了系统 (4.87) 的度量正则性与 Robinson 约束规范的等价性.

定理 4.21 *系统 (4.87) 是度量正则的充分必要条件是条件 (4.88) 成立.*

证明 只需要证明由系统 (4.87) 的度量正则性可以推出条件 (4.88). 假设不然,

$$0\notin\operatorname{int}\Big\{\mathcal{J}g(x_0)(x-x_0):x\in Q\Big\}.$$

令 $S=\Big\{\mathcal{J}g(x_0)(x-x_0):x\in Q\Big\}$, 则 S 及其内部都是凸集合. 由分离定理, 存在 $d\neq0$ 满足 $\langle d,s\rangle\leqslant0,\ \forall s\in S$.

考虑 $u(t)=td$, $x=x_0$, 如果此系统是度量正则的, 则对 $t>0$ 充分小, 存在 $\bar{x}(t)\in Q$, 满足

$$\|\bar{x}(t)-x_0\|\leqslant\rho t\|d\|,\quad g(\bar{x}(t))=td. \tag{4.89}$$

把 g 在 x_0 点处展开

$$g(\bar{x}(t)) = \mathcal{J}g(x_0)(\bar{x}(t) - x_0) + \mathrm{o}(t).$$

所以有

$$\langle d, \mathcal{J}g(x_0)(\bar{x}(t) - x_0)\rangle \leqslant 0,$$

从而

$$\langle d, g(\bar{x}(t))\rangle \leqslant \langle d, \mathrm{o}(t)\rangle.$$

把上式与 (4.89) 式结合可得

$$t\|d\|^2 \leqslant \langle d, \mathrm{o}(t)\rangle.$$

由此得到 $d = 0$, 矛盾. 可见 $0 \in \mathrm{int}S$. ■

上述结果可以推广到研究下述系统的稳定性:

$$\Phi(u) := \big\{x \in \Re^n : g(x, u) \in K, x \in Q\big\}, \tag{4.90}$$

其中 $g : \Re^n \times \Re^s \to \Re^m$ 是光滑的, $K \subset \Re^m$ 是闭凸集合. 我们可以把系统 (4.90) 等价地表示为

$$g(x, u) - y = 0, \quad (x, y) \in Q \times K. \tag{4.91}$$

称系统 (4.90) 在 (x_0, u_0) 处是稳定的, 如果系统 (4.91) 在点 (x_0, y_0, u_0) 处是稳定的, 其中 $y_0 = g(x_0, u_0)$.

引理 4.13　*系统 (4.90) 在 (x_0, u_0) 处是稳定的当且仅当存在 $\varepsilon > 0$, $\rho > 0$ 满足对任意的 $(x, u) \in \mathbf{B}(x_0, \varepsilon) \times \mathbf{B}(u_0, \varepsilon)$, 存在 $\bar{x} \in Q$ 满足*

$$g(\bar{x}, u) \in K$$

且

$$\|\bar{x} - x\| \leqslant \rho\Big(d(x, Q) + d(g(x, u), K)\Big). \tag{4.92}$$

证明　如果系统 (4.91) 是稳定的, 则存在 $\varepsilon > 0, \rho > 0$, 对任何 $(x, y, u) \in \mathrm{B}(x_0, \varepsilon) \times \mathrm{B}(y_0, \varepsilon) \times \mathrm{B}(u_0, \varepsilon)$, 存在 $\bar{x} \in Q$, $\bar{y} \in K$, 满足

$$g(\bar{x}, u) - \bar{y} = 0$$

和

$$\|\bar{x} - x\| + \|\bar{y} - y\| \leqslant \rho\Big(d(x, Q) + d(y, K) + \|g(x, u) - y\|\Big). \tag{4.93}$$

尤其, 选取

$$y = \Pi_K(g(x, u)),$$

则 $d(y,K)=0$,

$$\|g(x,u)-y\|=d(g(x,u),K).$$

从而由 (4.93) 可得 (4.92).

另一方面，如果 (4.92) 成立, 则三角不等式可得

$$d(g(x,u),K)\leqslant d(y,K)+\|g(x,u)-y\|,\quad \forall y.$$

因此, (4.92) 可以表示为

$$\|\bar{x}-x\|\leqslant \rho\Big(d(x,Q)+d(y,K)+\|g(x,u)-y\|\Big). \tag{4.94}$$

选取

$$\bar{y}=g(\bar{x},u),$$

则得

$$\begin{aligned}\|\bar{y}-y\|&=\|g(\bar{x},u)-y\|\\&\leqslant\|g(\bar{x},u)-g(x,u)\|+\|g(x,u)-y\|\\&\leqslant L\|\bar{x}-x\|+\|g(x,u)-y\|.\end{aligned} \tag{4.95}$$

由 (4.94) 与 (4.95), 可推出

$$\|\bar{x}-x\|+\|\bar{y}-y\|\leqslant(2+L\rho)\Big(d(x,Q)+d(y,K)+\|g(x,u)-y\|\Big).$$

这就证得系统 (4.91) 的稳定性. ■

定理 4.22 对于系统 (4.90), 如果

$$0\in \operatorname{int}\Big\{\mathcal{J}_xg(x_0,u_0)(x-x_0)-(y-g(x_0)):x\in Q,y\in K\Big\}, \tag{4.96}$$

则系统 (4.90) 在 (x_0,u_0) 处是稳定的.

由定理 4.21 与定理 4.20 可得下面定理.

定理 4.23 系统

$$g(x)-u\in K,\quad x\in Q$$

在 (x_0,u_0) 处是稳定的充分必要条件是下述 Robinson 约束规范成立:

$$0\in \operatorname{int}\{\mathcal{J}g(x_0)(x-x_0)-(y-g(x_0)):x\in Q,y\in K\}. \tag{4.97}$$

在稳定性理论 4.11 节 ~4.13 节的基础上可推导集合 $\Phi:=G^{-1}(\{0_q\}\times\Re_-^{p-q})\cap Q$ 在某点处的切锥公式.

定理 4.24 如果系统

$$G(x) \in \{0_q\} \times \Re_-^{p-q}, \quad x \in Q$$

在 x_0 处是稳定的 (即系统 $G(x) - u \in \{0_q\} \times \Re_-^{p-q}$, $x \in Q$ 在 $(x_0, 0)$ 处是度量正则的), 则

$$T_\Phi(x_0) = \Big\{ d \in \Re^n : d \in T_Q(x_0), \mathcal{J}G(x_0)d \in T_{\{0_q\}\times\Re_-^{p-q}}(G(x_0)) \Big\}. \tag{4.98}$$

证明 设 $d \in T_\Phi(x_0)$, 则存在 $x^k \in \Phi$, $t_k \searrow 0$ 满足

$$d = \lim_{k\to\infty} \frac{x^k - x_0}{t_k}.$$

定义 $y^k = G(x^k)$, $y_0 = G(x_0)$, 有

$$y^k = y_0 + \mathcal{J}G(x_0)(x^k - x_0) + \mathrm{o}_k,$$

其中 $\mathrm{o}_k/t_k \to 0$. 则由上式的展开有

$$\lim_{k\to\infty} \frac{y^k - y_0}{t_k} = \mathcal{J}G(x_0)d.$$

由于 $y^k \in K$, $K := \{0_q\} \times \Re_-^{p-q}$, 有 $\mathcal{J}G(x_0)d \in T_K(y_0)$. 于是 (4.98) 的右端包含在左端.

再来证相反的包含关系. 设 d 属于 (4.98) 的右端, 考虑

$$x(t) = x_0 + td, \quad t > 0.$$

由于 $d \in T_Q(x_0)$, 所以

$$d(x(t), Q) = \mathrm{o}_1(t), \tag{4.99}$$

其中当 $t \searrow 0$ 时, $\mathrm{o}_1(t)/t \to 0$. 利用展开式

$$G(x(t)) = G(x_0) + t\mathcal{J}G(x_0)d + \mathrm{o}_2(t),$$

其中当 $t \searrow 0$ 时, $\|\mathrm{o}_2(t)\|/t \to 0$. 注意到 $\mathcal{J}G(x_0)d \in T_K(G(x_0))$, 所以有

$$d(G(x(t), K) \leqslant \|\mathrm{o}_2(t)\| + d(G(x_0) + t\mathcal{J}G(x_0)d, K) = \mathrm{o}_3(t), \tag{4.100}$$

其中当 $t \searrow 0$ 时, $\mathrm{o}_3(t)/t \to 0$. 在度量正则性中取 $(x, y) = (x(t), 0)$, 对于充分小的 $t > 0$, 存在 $\bar{x}(t) \in Q$ 满足

$$\|\bar{x}(t) - x(t)\| \leqslant \rho\Big(d(x(t), Q) + d(G(x(t)), K)\Big).$$

由 (4.99) 与 (4.100), 得到

$$\lim_{t\searrow 0}\frac{\bar{x}(t)-x_0}{t}=d.$$

可见 $d\in T_\Phi(x_0)$. ■

由定理 4.23 知道, 如果 Robinson 约束规范成立, 则约束集合的切锥具有表达式 (4.98). 对于 $Q=\Re^n$, 可得 Mangasarian-Fromovitz 约束规范与系统 $G(x)-u\in\{0_q\}\times\Re_-^{p-q}$ 的度量正则性的等价性.

为了得到 $T_\Phi(x_0)$ 的极锥, 需要下述引理, 其证明留给读者.

引理 4.14 考虑凸锥

$$K=\{x\in K_1: ax\in K_2\},$$

其中 $A\in\Re^{m\times n}$, 集合 $K_1\subset\Re^n$ 与 $K_2\subset\Re^m$ 均是凸闭锥, 如果

$$0\in\operatorname{int}\Big(Ax-y: x\in K_1, y\in K_2\Big), \tag{4.101}$$

则

$$K^-=K_1^-+\Big\{A^{\mathrm{T}}y: y\in K_2^-\Big\}.$$

由上述引理可得, 对于集合 $\Phi=G^{-1}(K)\cap Q$, 如果 Robinson 约束规范成立, 则

$$[T_\Phi(x_0)]^-=[T_Q(x_0)]^-+\Big\{\mathcal{J}G(x_0)^{\mathrm{T}}y: y\in[T_K(G(x_0))]^-\Big\}. \tag{4.102}$$

4.14 抽象约束系统的稳定性

4.14.1 广义开映射定理

如果我们考虑的映射的定义域空间和值域空间不是有限维的欧氏空间, 而是 Hilbert 空间, 甚至是 Banach 空间, 4.11 节 ~4.13 节的结论就不再适用. 这一节就考虑定义域与值域都在有限维 Hilbert 空间的映射所定义的非线性系统的稳定性. 这一节的素材取自文献 [4, Section 2.3].

下述的 Baire 引理在完备的度量空间的框架下是成立的, 当然限定在有限维 Hilbert 空间的框架下也是成立的. 为方便起见, 如果 (E,ρ) 是一完备的度量空间, 记 $\mathbb{B}(x,r)=\{x':\rho(x',x)<r\}$ 为以 x 为中心 r 为半径的开球, $\mathbf{B}(x,r)=\{x':\rho(x',x)\leqslant r\}$ 记 x 为中心 r 为半径的闭球, 有时也把 $\mathbb{B}(x,r)$ 写为 $\mathbb{B}_r(x)$, 把 $\mathbf{B}(x,r)$ 写为 $\mathbf{B}_r(x)$, 如果 E 是 Banach 空间, 用 $\mathbb{B}$ 记单位开球, $\mathbf{B}$ 记单位闭球. 则 $\mathbb{B}(x,r)=\operatorname{int}\mathbf{B}(x,r)$, $\mathbb{B}=\operatorname{int}\mathbf{B}$, $\mathbf{B}(x,r)=\operatorname{cl}\mathbb{B}(x,r)$, $\mathbf{B}=\operatorname{cl}\mathbb{B}$.

引理 4.15 [4, Lemma 2.1](Liter 引理)　设 (E,ρ) 是一完备的度量空间, $\{F_n\}$ 是 E 的一闭子集合序列. 若对所有的 $n\in\mathbf{N}$, $\text{int}(F_n)$ 均是空集, 则 $\text{int}(\cup_{n\in\mathbf{N}}F_n)$ 也是空集.

证明　定义 $G_n=E\setminus F_n$. 只需证明 $G=\cap_{n\in\mathbf{N}}G_n$ 在 E 中是稠密的, 即对任何 $x_0\in E$, $r_0>0$, 集合 $G\cap\mathbb{B}(x_0,r_0)$ 非空. 由于 G_1 是开的, 且在 E 中是稠密的, 所以存在 $x_1\in G_1, r_1\in(0,r_0/2)$, 满足 $\mathbb{B}(x_1,r_1)\subset G_1\cap\mathbb{B}(x_0,r_0/2)$. 由归纳法得到序列 $x_n\in E$, $r_n>0$ 满足 $r_n<r_{n-1}/2$, 且

$$\text{cl}\,\mathbb{B}(x_n,r_n)\subset G_n\cap\mathbb{B}(x_{n-1},r_{n-1}/2).$$

显然 $\{x_n\}$ 是一 Cauchy 序列. 由于 E 是完备的. $\{x_n\}$ 有极限 $x\in E$, 它属于 $\mathbb{B}(x_0,r_0/2)$ 的闭包, 因此属于 $\mathbb{B}(x_0,r_0)$. 由构造, x 属于所有的 $G_n, n\in\mathbf{N}$. ■

称集合 $S\subset X$ 是吸收的, 若对任何 $x\in X$, 存在 $t>0$, 满足 $tx\in S$.

引理 4.16 [4, Lemma 2.71]　设 S 是 Banach 空间 X 的一闭凸子集. 若 S 是吸收的, 则 $0\in\text{int}\,S$.

证明　考虑集合 $S_n=nS$. 由于 S 是吸收的, 有 $X=\cup_{n=1}^{\infty}S_n$, 故由 Baire 引理, 至少有一 S_n 具有非空内部. 于是得到 S 具有非空内部, 即存在 $x\in S$ 及 $\varepsilon>0$ 满足 $\mathbb{B}(x,\varepsilon)\subset S$. 由于 S 是吸收的, 对某一 $t>0$, $-tx\in S$. 由凸性得 $\mathbb{B}(0,r)\subset S$, 其中 $r=\varepsilon t/(1+t)$, 因而有 $0\in\text{int}\,S$. ■

引理 4.17 [4, Lemma 2.74](Robinson 引理)　令 C 是 $X\times Y$ 的闭凸子集. 若 $\Pi_X(C)$ 是有界的, 则 $\text{int}(\text{cl}\Pi_Y(C))=\text{int}(\Pi_Y(C))$.

证明　只需证 $\text{int}(\text{cl}\,\Pi_Y(C))\subset\Pi_Y(C)$. 考虑点 $\bar{y}\in\text{int}(\text{cl}\,\Pi_Y(C))$, 如果能构造一点 $\bar{x}\in X$, 满足 $(\bar{x},\bar{y})\in C$. 就说明了所需要的包含关系. 令 $\varepsilon>0$ 满足 $\mathbb{B}(\bar{y},2\varepsilon)\subset\text{cl}(\Pi_Y(C))$, 令 (x^0,y^0) 是 C 中的一点 (若 C 是空集, 则结论平凡成立). 设 $\{(x^k,y^k)\}\subset C$ 由下述过程生成:

当 $y^k\neq\bar{y}$ 时,

(a) 令 $\alpha_k=\varepsilon\|y^k-\bar{y}\|^{-1}$, $w=\bar{y}+\alpha_k(\bar{y}-y^k)\in\mathbb{B}(\bar{y},\varepsilon)\subset\text{cl}\,(\Pi_Y(C))$.

(b) 取 $(u,v)\in C$ 满足 $\|v-w\|\leqslant\dfrac{1}{2}\|y^k-\bar{y}\|$, 置

$$(x^{k+1},y^{k+1})=\frac{\alpha_k}{1+\alpha_k}(x^k,y^k)+\frac{1}{1+\alpha_k}(u,v)\in C.$$

若序列是有限的, 则 $y^k=\bar{y}$, 而 $\bar{x}=x^k$ 即所求的点. 否则, 序列满足

(i) $\|x^{k+1}-x^k\|=\dfrac{\|x^k-u\|}{1+\alpha_k}\leqslant\dfrac{\text{diam}(\Pi_X(C))}{\varepsilon}$① $\|y^k-\bar{y}\|$,

① $\text{diam}S=\sup_{x,x'\in S}\|x-x'\|$ 表示集合 S 的直径.

(ii) $\|y^{k+1}-\bar{y}\| = \dfrac{\|v-w\|}{1+\alpha_k} \leqslant \dfrac{1}{2}\|y^k-\bar{y}\|$.

关系式 (ii) 可推出 $\|y^k-\bar{y}\| \leqslant 2^{-k}\|y^0-\bar{y}\|$. 因此 y^k 收敛到 $\bar{y}$, 结合 (i), 可得序列 $\{x^k\}$ 是一 Cauchy 序列. 因为 X 是 Banach 空间, $\{x^k\}$ 有极限 $\bar{x}$. 因为 C 是闭集, 由此得 $(\bar{x},\bar{y}) \in C$. ■

回顾, 称集值映射 $S: X \rightrightarrows Y$ 是凸的, 若它的图 $\mathrm{gph}S$ 是 $X\times Y$ 中的一凸子集. 或等价地, S 是凸的充分必要条件是对任何 $x_1, x_2 \in X$, $t\in[0,1]$,

$$tS(x_1)+(1-t)S(x_2) \subset S(tx_1+(1-t)x_2).$$

若 S 是凸的集值映射, E 是 X 的一凸子集, 则 $S(E) := \bigcup_{x\in E} S(x)$ 是 Y 的一凸子集.

称 S 在 $\bar{x}\in X$ 处是以 $c>0$ 为模上 Lipschitz 连续的, 若

$$S(x) \subset S(\bar{x}) + c\,\|x-\bar{x}\|\mathrm{cl}\,\mathbb{B}_Y$$

对 $\bar{x}$ 的一邻域中的所有 x 均成立.

令 X 与 Y 是 Banach 空间. 泛函分析的一个基本结果是所谓的开映射定理, 具体描述为: 若 $A: X\to Y$ 是一连续的线性算子, 它是映上的, 即 $A(X)=Y$, 则 $0\in \mathrm{int}A(B_X)$. 由于 A 是线性的, 其图是一凸集, 又由于 A 是连续的, 其图是闭的. 所以 A 是映上的条件等价于条件 $0\in\mathrm{int}A(X)$. 下面的定理将开映射定理推广到具有闭凸图的集值映射的情形.

定理 4.25 [4, Theorem 2.70] (广义开映射定理) 设 X 与 Y 是 Banach 空间, $S: X \rightrightarrows Y$ 是一外半连续的凸的集值映射. 令 $y\in\mathrm{int}(\mathrm{rge}S)$, 则对每一 $x\in S^{-1}(y)$ 及所有的 $r>0$, 有 $y\in\mathrm{int}S(\mathbb{B}_X(x,r))$.

证明 不失一般性, 可设 $x=0, y=0$ 且 $r=1$. 考虑集合 $Z=\mathrm{cl}\left(\dfrac{1}{2}S(\mathbb{B}_X)\right)$. 显然, 由于 S 是凸的, Z 是非空闭凸集. 考虑任意点 $y\in Y$. 因为 $0\in\mathrm{int}(\mathrm{rge}\,S)$, 存在 $\alpha>0$ 满足 $\alpha y\in\mathrm{rge}\,S$, 因此存在 $x\in X$ 满足 $\alpha y\in S(x)$. 进一步, 对任意的 $t\in(0,1)$,

$$t\alpha y = t\alpha y + (1-t)0 \in tS(x)+(1-t)S(0) \subset S(tx+(1-t)0) = S(tx),$$

因此对某一充分小的 $t>0$ 有 $t\alpha y\in S\left(\dfrac{1}{2}\mathbb{B}_X\right)$. 因此集合 $S\left(\dfrac{1}{2}\mathbb{B}_X\right)$ 是吸收的, 进而集合 Z 是吸收的. 因此, 由引理 4.16, 得到 0 是 Z 的一内点. 那么存在 $\eta>0$ 满足 $\eta\mathbb{B}_Y \subset \mathrm{int}\left(\mathrm{cl}S\left(\dfrac{1}{2}\mathbb{B}_X\right)\right)$. 考虑集合 $C=(\mathrm{gph}S)\cap\left(\dfrac{1}{2}\mathrm{cl}\,\mathbb{B}_X\times Y\right)$. 显然, $S\left(\dfrac{1}{2}\mathrm{cl}\mathbb{B}_X\right)=\Pi_Y(C)$. 进一步, C 是闭的凸的集合且 $\Pi_X(C)\subset\dfrac{1}{2}\mathrm{cl}\,\mathbb{B}_X$ 是有界的.

因此, 由引理 4.17 得 $\operatorname{int}(\operatorname{cl}\Pi_Y(C)) = \operatorname{int}(\Pi_Y(C))$, 从而

$$\eta\mathbb{B}_Y \subset \operatorname{int}\left(\operatorname{cl}S\left(\frac{1}{2}\mathbb{B}_X\right)\right) \subset \operatorname{int}\left(\operatorname{cl}S\left(\frac{1}{2}\operatorname{cl}\mathbb{B}_X\right)\right) = \operatorname{int}\left(S\left(\frac{1}{2}\operatorname{cl}\mathbb{B}_X\right)\right) \subset \operatorname{int}(S(\mathbb{B}_X)),$$

这证得结论. ■

定义 4.16 称集值映射 $\Psi: X \rightrightarrows Y$ 在 $(x_0, y_0) \in \operatorname{gph}\Psi$ 是以线性率为 $\gamma > 0$ 的开映射, 若存在 $t_{\max} > 0$ 及 (x_0, y_0) 的邻域 V, 满足对任意的 $(x, y) \in \operatorname{gph}\Psi \cap V$, $\forall t \in [0, t_{\max}]$, 下述包含关系成立:

$$y + t\gamma\mathbb{B}_Y \subset \Psi(x + t\mathbb{B}_X). \tag{4.103}$$

命题 4.10[4, Proposition 2.77] 若集值映射 Ψ 是凸的, 则 Ψ 在点 $(x_0, y_0) \in \operatorname{gph}(\Psi)$ 处为开的充分必要条件是存在正数 η, ν 满足

$$y_0 + \eta\mathbb{B}_Y \subset \Psi(x_0 + \nu\mathbb{B}_X). \tag{4.104}$$

证明 显然, 取 $\nu = t_{\max}, \eta = \gamma t_{\max}$, 由 (4.103) 可得 (4.104). 相反地, 设 Ψ 是凸的, 且 (4.104) 成立. 不妨设 $x_0 = 0, y_0 = 0$. 取

$$V = \nu\mathbb{B}_X \times \frac{1}{2}\eta\mathbb{B}_Y, \tag{4.105}$$

令 $(x, y) \in \operatorname{gph}\Psi \cap V$. 由 $y \in \Psi(x)$, Ψ 的凸性及 (4.104), 对任何 $t \in [0, 1]$, 得到

$$\begin{aligned} y + \frac{1}{2}t\eta\mathbb{B}_Y &= (1-t)y + t\left(y + \frac{1}{2}\eta\mathbb{B}_Y\right) \\ &\subset (1-t)y + t\eta\mathbb{B}_y \\ &\subset (1-t)\Psi(x) + t\Psi(\nu\mathbb{B}_X) \\ &\subset \Psi((1-t)x + t\nu\mathbb{B}_X) \\ &\subset \Psi(x + 2t\nu\mathbb{B}_X). \end{aligned}$$

则令

$$\gamma = \frac{\eta}{4\nu}, \quad t_{\max} = 2\nu,$$

由 V 的定义, 可得 (4.103). ■

命题 4.11[4, Proposition 2.79] 设集值映射 $\Psi: X \rightrightarrows Y$ 是外半连续的、凸的. 则 Ψ 在 (x_0, y_0) 处是开的当且仅当 $y_0 \in \operatorname{int}(\operatorname{rge}\Psi)$.

证明 注意到, 若集值映射 Ψ 是外半连续的、凸的, 根据广义开映射定理 4.25, 由正则性条件 $y_0 \in \operatorname{int}(\operatorname{rge}\Psi)$ 可推出存在 η 与 ν 满足 (4.104), 从而由命题 4.10, Ψ 在点 $(x_0, y_0) \in \operatorname{gph}\Psi$ 处为开的. 显然, 相反的结论亦成立. ■

4.14.2 度量正则性

与开性密切相联系的一个性质是度量正则性, 现在介绍这一概念.

定义 4.17 [4, Definition 2.80] 称集值映射 $\Psi: X \rightrightarrows Y$ 在 $(x_0, y_0) \in \text{gph}\Psi$ 以率 c 为度量正则的, 若对 (x_0, y_0) 一邻域中的所有的 (x, y) 有

$$d(x, \Psi^{-1}(y)) \leqslant c\, d(y, \Psi(x)). \tag{4.106}$$

度量正则性的概念对估计优化问题可行域的距离函数的研究是具有指导性的. 下述结果表明, 事实上, 开性与度量正则性的概念是等价的.

定理 4.26 [4, Theorem 2.81] 集值映射 $\Psi: X \rightrightarrows Y$ 在 $(x_0, y_0) \in \text{gph}\Psi$ 以率 c 为度量正则的当且仅当 Ψ 在 (x_0, y_0) 处以 $\gamma = c^{-1}$ 为率是开的.

证明 设 Ψ 在 (x_0, y_0) 处是以率 $\gamma > 0$ 的开映射. 令 $t_{\max} > 0$ 与 N 为定义 4.16 给出的. 不失一般性, 可设 V 具有下述形式

$$V = \varepsilon_x \mathbb{B}_X \times \varepsilon_y \mathbb{B}_Y.$$

若有必要, 减小 $t_{\max}$, 再设

$$t_{\max}\gamma \leqslant \frac{1}{2}\varepsilon_y. \tag{4.107}$$

令 (x, y) 满足

$$\|x - x_0\| < \varepsilon_x', \quad \|y - y_0\| < \varepsilon_y', \tag{4.108}$$

其中 $\varepsilon_x', \varepsilon_y'$ 是满足下式的正常数

$$\varepsilon_x' \leqslant \varepsilon_x, \quad \gamma\varepsilon_x' + \varepsilon_y' \leqslant t_{\max}\gamma. \tag{4.109}$$

注意到上述关系表明 $\varepsilon_y' \leqslant \frac{1}{2}\varepsilon_y$. 现在来证关系式 (4.106) 在 $c = \gamma^{-1}$ 时是成立的. 事实上, 由于 $\varepsilon_y' \leqslant \varepsilon_y$ 且 Ψ 在 (x_0, y_0) 处是开的, 存在 $x^* \in \Psi^{-1}(y)$ 满足 $\|x^* - x_0\| \leqslant \gamma^{-1}\|y - y_0\|$ (由 $y_0 + \|y - y_0\|\mathbb{B}_Y \subset \Psi(x_0 + \gamma^{-1}\|y - y_0\|\mathbb{B}_X)$ 得到). 从而有

$$d\left(x, \Psi^{-1}(y)\right) \leqslant \|x - x^*\| \leqslant \|x - x_0\| + \gamma^{-1}\|y - y_0\| \leqslant \varepsilon_x' + \gamma^{-1}\varepsilon_y'.$$

则若

$$d\left(y, \Psi(x)\right) \geqslant \gamma(\varepsilon_x' + \gamma^{-1}\varepsilon_y') = \gamma\varepsilon_x' + \varepsilon_y'$$

(尤其, 若 $\Psi(x) = \varnothing$ 这是成立的), 则证得结论. 否则, 由 (4.109), 对充分小的 $\alpha > 0$, 存在 $y_\alpha \in \Psi(x)$, 满足

$$\|y - y_\alpha\| \leqslant d\left(y, \Psi(x)\right) + \alpha < \gamma\varepsilon_x' + \varepsilon_y' \leqslant t_{\max}\gamma. \tag{4.110}$$

则由 (4.107)~(4.109) 可得

$$\|y_\alpha - y_0\| \leqslant \|y_\alpha - y\| + \|y - y_0\| < t_{\max}\gamma + \varepsilon_y' \leqslant \varepsilon_y. \tag{4.111}$$

因此, $(x, y_\alpha) \in \mathrm{gph}\Psi \cap V$. 结合 (4.111) 与 Ψ 的开性 (于 (x_0, y_0) 处的), 可推出存在 $x' \in \Psi^{-1}(y)$ 满足 $\|x' - x\| \leqslant \gamma^{-1}\|y - y_\alpha\|$. 于是得到

$$d\left(x, \Psi^{-1}(y)\right) \leqslant \|x' - x\| \leqslant \gamma^{-1}\|y - y_\alpha\| \leqslant \gamma^{-1} d\left(y, \Psi(x)\right) + \gamma^{-1}\alpha.$$

由于 $\alpha > 0$ 是任意的, 当 $c = \gamma^{-1}$ 时, (4.106) 是成立的.

相反地, 设 Ψ 在 (x_0, y_0) 处以 $c > 0$ 为率是度量正则的. 令 $(x, y) \in \mathrm{gph}\Psi$, $z \in Y$ 满足 $\|y - z\| < tc^{-1}$. 则对充分接近于 (x_0, y_0) 的 (x, y) 与充分小的 $t > 0$, 有

$$d\left(x, \Psi^{-1}(z)\right) \leqslant c\, d\left(z, \Psi(x)\right) \leqslant c\|z - y\| < t.$$

这意味着存在 $w \in \Psi^{-1}(z)$ 满足 $\|w - x\| < t$; 因此有 $z \in \Psi(x + t\mathbb{B}_X)$. 这就证得定理. ■

下述推论是导出 Robinson 约束规范的关键, 读者甚至可以忽略上面关于开性的定义和结论, 直接用下述推论来推导 Robinson 约束规范.

推论 4.6　设集值映射 $\Psi : X \rightrightarrows Y$ 是闭的、凸的. 则 Ψ 在 (x_0, y_0) 点处是度量正则的当且仅当 $y_0 \in \mathrm{int}(\mathrm{rge}\Psi)$.

4.14.3　约束集合的稳定性

考虑连续映射 $G : X \to Y$, 闭凸集 $K \subset Y$, 与相应的集值映射

$$\mathcal{F}_G(x) = G(x) - K. \tag{4.112}$$

关系 $y_0 \in \mathcal{F}_G(x_0)$ 意味着 $G(x_0) - y_0 \in K$. 设 $y_0 \in \mathcal{F}_G(x_0)$, 若 $\mathcal{F}_G$ 在 (x_0, y_0) 处是度量正则的, 即如果 (x, y) 在 (x_0, y_0) 的一邻域中, 有

$$d(x, \mathcal{F}_G^{-1}(y)) \leqslant c\, d(y, \mathcal{F}_G(x)), \tag{4.113}$$

或等价地,

$$d(x, G^{-1}(K + y)) \leqslant c\, d(G(x) - y, K), \tag{4.114}$$

其中 $c > 0$ 是某一常数. 设 $H : X \to Y$ 是另一连续映射. 下述定理给出条件, 在此条件下, 相应的集值映射 $\mathcal{F}_H(x) = H(x) - K$ 在 $(x_0, H(x_0) - G(x_0) + y_0)$ 处也是度量正则的.

定理 4.27 [4, Theorem 2.84] 设 $G: X \to Y$ 是一连续映射. 设相应的集值映射 $\mathcal{F}_G$ 在 (x_0, y_0) 处以率 $c>0$ 度量正则, 差值映射 $D(x) := G(x) - H(x)$ 在 x_0 的一邻域以模 $\kappa < c^{-1}$ Lipschitz 连续. 则集值映射 $\mathcal{F}_H$ 在 $(x_0, y_0 - D(x_0))$ 处以率 $c(\kappa) := c(1-c\kappa)^{-1}$ 度量正则, 即

$$d(x, \mathcal{F}_H^{-1}(y)) \leqslant c(\kappa) d(y, \mathcal{F}_H(x)) \tag{4.115}$$

对充分接近于 $(x_0, y_0 - D(x_0))$ 的 (x, y) 成立.

证明 设 $\eta_x > 0$, $\eta_y > 0$, 满足只要

$$\|y - y_0\| < \eta_y \text{ 且 } \|x - x_0\| < \eta_x, \tag{4.116}$$

不等式 (4.113) 成立. 要证 (4.115) 对满足

$$\|y - (y_0 - D(x_0))\| < \eta'_y \text{ 且 } \|x - x_0\| < \eta'_x \tag{4.117}$$

的 x 与 y 成立, 其中正数 η'_x 与 η'_y 是下面将要估计的正常数.

由于度量正则性不受集值映射加上一常数项的影响, 不妨设 $D(x_0) = 0$. 令 (x, y) 满足 (4.117). 注意到

$$x^* \in \mathcal{F}_H^{-1}(y) \Longleftrightarrow x^* \in \mathcal{F}_G^{-1}(y + D(x^*)). \tag{4.118}$$

令 $\beta \in (c\kappa, 1)$ 且 $\varepsilon > 0$ 满足

$$(1+\varepsilon)c\kappa < \beta. \tag{4.119}$$

从 $x^1 = x$, 构造序列 $\{x^k\}$, 它将满足下述递归关系:

$$\begin{aligned}&\text{(i) } x^{k+1} \in \mathcal{F}_G^{-1}(y + D(x^k)),\\&\text{(ii) } \|x^k - x^{k+1}\| \leqslant (1+\varepsilon)\, d(x^k, \mathcal{F}_G^{-1}(y + D(x^k))).\end{aligned} \tag{4.120}$$

令 η'_x, η'_y 满足下述条件 (辅加条件之后将给出):

$$\eta'_x < \eta_x; \quad \eta'_y + \kappa\eta'_x < \eta_y. \tag{4.121}$$

则使 (4.117) 成立的 (x, y) 满足

$$\|y + D(x) - y_0\| < \eta_y \text{ 且 } \|x - x_0\| < \eta_x.$$

因此, 由 $\mathcal{F}_G$ 在 (x_0, y_0) 的度量正则性得到

$$d\left(x, \mathcal{F}_G^{-1}(y + D(x))\right) \leqslant c\, d\left(G(x) - y - D(x), K\right) = c\, d\left(y, \mathcal{F}_H(x)\right).$$

存在 $x^2 \in \mathcal{F}_G^{-1}(y + D(x))$, 由 (4.119) 得

$$\|x^2 - x^1\| \leqslant c(1+\varepsilon)\, d\,(y, \mathcal{F}_H(x)) < \kappa^{-1}\beta\, d\,(y, \mathcal{F}_H(x))\,. \tag{4.122}$$

记

$$\alpha(\eta) = \sup\{\|G(x) - G(x_0)\| : x \in \mathbb{B}(x_0, \eta)\} \tag{4.123}$$

为 G 在 x_0 处的连续性的模数, 则

$$\begin{aligned} d\,(y, \mathcal{F}_H(x)) &= d\,(G(x) - y - D(x), K) \\ &\leqslant \|G(x) - G(x_0)\| + \|y - y_0\| + \|D(x)\| \\ &\leqslant \alpha(\eta_x') + \kappa\eta_x' + \eta_y'. \end{aligned} \tag{4.124}$$

因此, 由 (4.122),

$$\|x^2 - x^1\| \leqslant \kappa^{-1}\beta(\alpha(\eta_x') + \kappa\eta_x' + \eta_y'). \tag{4.125}$$

则对充分小的 $\eta_x' > 0$ 与 $\eta_y' > 0$, 下述关系对 $k = 2$ 成立:

$$x^k \in \mathbb{B}(x_0, \eta_x) \ \text{且}\ y + D(x^k) \in \mathbb{B}(y_0, \eta_x). \tag{4.126}$$

现在用数学归纳法证明: 对充分小的 $\eta_x' > 0$ 与 $\eta_y' > 0$, 上述关系对所有的 k 均成立. 若对 $k \geqslant 2$, 这些关系是成立的, 则 $x^k \in \mathcal{F}_G^{-1}(y + D(x^{k-1}))$ 满足

$$\begin{aligned} d\left(x^k, \mathcal{F}_G^{-1}(y + D(x^k))\right) &\leqslant c\, d\left(y + D(x^k), \mathcal{F}_G(x^k)\right) \\ &\leqslant c\,\|D(x^k) - D(x^{k-1})\| \leqslant c\kappa\|x^k - x^{k-1}\|. \end{aligned}$$

注意到, 上述的第二个不等式由下式得到

$$x^k \in \mathcal{F}_G^{-1}(y + D(x^{k-1})) \Longleftrightarrow y + D(x^{k-1}) \in \mathcal{F}_G(x^k).$$

现在设 (4.126) 对所有的 $k < k_0$ 成立, $k_0 > 2$(已经知道这对 $k_0 = 3$ 是成立的). 由 (4.120(ii)), 对 $2 \leqslant k < k_0$ 有

$$\|x^{k+1} - x^k\| < c^{-1}\kappa^{-1}\beta\, d\left(x^k, \mathcal{F}_G^{-1}(y + D(x^k))\right) \leqslant \beta\|x^k - x^{k-1}\|,$$

从而 $\|x^{k+1} - x^k\| < \beta^{k-1}\|x^2 - x^1\|$. 由 (4.122) 得

$$\|x^{k_0} - x^1\| < (1-\beta)^{-1}\|x^2 - x^1\| \leqslant \kappa^{-1}\beta(1-\beta)^{-1} d\,(y, \mathcal{F}_H(x))\,, \tag{4.127}$$

从而

$$\|x^{k_0} - x_0\| \leqslant \|x^{k_0} - x^1\| + \|x^1 - x_0\| < \eta_x' + \kappa^{-1}\beta(1-\beta)^{-1} d\,(y, \mathcal{F}_H(x))\,, \tag{4.128}$$

再由 (4.117) 有

$$\|y+D(x^{k_0})-y_0\| \leqslant \|y-y_0\|+\kappa\|x^{k_0}-x_0\| \leqslant \eta_y'+\kappa\eta_x'+\beta(1-\beta)^{-1}d\left(y,\mathcal{F}_H(x)\right). \quad (4.129)$$

注意到 (4.124), 用数学归纳法证得, 若 $\eta>0$ 充分小 (不依赖于 k_0), 则 (4.126) 对所有的 k 是成立的.

由 X 是完备的, 由上述估计可得序列 x^k 存在且收敛到 $\mathbb{B}(x_0,\eta)$ 的闭包中的一点 x^*. 进一步, 由于 $D(\cdot)$ 是连续的且 $\mathcal{F}_G^{-1}$ 是闭的, 有 $x^*\in\mathcal{F}_G^{-1}(y+D(x^*))$, 因此有 $x^*\in\mathcal{F}_H^{-1}(y)$.

由 (4.127) 及 $\mathcal{F}_G$ 的度量正则性得到, 对充分接近 (x_0,y_0) 的所有的 (x,y),

$$d\left(x,\mathcal{F}_H^{-1}(y)\right) \leqslant \|x-x^*\| \leqslant \kappa^{-1}\beta(1-\beta)^{-1}d\left(y,\mathcal{F}_H(x)\right).$$

因为 β 可取充分接近于 $c\kappa$, 结论证得. ■

设 $G(x)$ 是可微的且 $\mathrm{D}G(x)$ 是关于 x(以算子范数拓扑) 的连续映射. 考虑点 $x_0\in\Phi$. 用 $G(\cdot)$ 在 x_0 处的线性化函数来近似集值映射 $\mathcal{F}_G$. 即考虑集值映射

$$\mathcal{F}^*(x)=G(x_0)+\mathrm{D}G(x_0)(x-x_0)-K. \quad (4.130)$$

由中值定理, 差函数

$$G(x)-[G(x_0)+\mathrm{D}G(x_0)(x-x_0)]$$

在 x_0 的邻域 V 内是 Lipschitz 连续的, 其相应的 Lipschitz 常数 κ 可以充分小，只要 V 的直径充分小. 结合定理 4.27, 这可推出, 若线性化集值映射 $\mathcal{F}^*$ 在 $(x_0,0)$ 处是度量正则的, 则 $\mathcal{F}_G$ 在 $(x_0,0)$ 处亦是度量正则的, 相反地, $\mathcal{F}_G$ 在 $(x_0,0)$ 处的度量正则性可推出 $\mathcal{F}^*$ 的度量正则性.

由于线性化集值映射 $\mathcal{F}^*$ 是凸的、外半连续的, 所需要的正则性条件 $0\in\mathrm{int}(\mathrm{rge}\mathcal{F}^*)$ 变为下述形式

$$0\in\mathrm{int}\left\{G(x_0)+\mathrm{D}G(x_0)X-K\right\}. \quad (4.131)$$

定义 4.18 [4, Definition 2.86] 称 Robinson 约束规范在满足 $G(x_0)\in K$ 的点 $x_0\in X$, 关于映射 $G(\cdot)$ 及集合 K 是成立的, 若上述正则性条件 (4.131) 是成立的.

定理 4.28 [4, Theorem 2.87] (稳定性定理) 设 Robinson 约束规范 (4.131) 在 $x_0\in\Phi$ 处成立, 则对 x_0 邻域里的 x, 有

$$d(x,\Phi)=\mathrm{O}\left(d(G(x),K)\right). \quad (4.132)$$

若 (4.114) 成立, 即集值映射 $\mathcal{F}_G$ 在 $(x_0,0)$ 处是度量正则的, 称映射 G 在 x_0 处关于 K 是度量正则的 (metric regular). 由定理 4.28 可得, 若 G 是连续可微的且 Robinson 约束规范成立, 则 G 在 x_0 处关于 K 是度量正则的.

由定理 4.27 得, 若映射 G 在 x_0 处是度量正则的, 则其在 x_0 处线性化映射也是度量正则的. 因此, 得到下述结论.

命题 4.12 *连续可微映射 $G: X \to Y$ 在点 $x_0 \in G^{-1}(K)$ 处关于集合 K 是度量正则的充分必要条件是 Robinson 约束规范 (4.131) 成立.*

证明 这一命题的证明基于以下三个事实:

(a) 由定理 4.28, 如果 G 连续可微且 Robinson 约束规范 (4.131) 成立, 则 G 在 x_0 处关于 K 是度量正则的;

(b) 由定理 4.27, 如果 G 在 x_0 处关于 K 是度量正则的, 则它的线性化映射在 x_0 也是度量正则的;

(c) 对于外半连续的凸的映射 $\mathcal{F}^*$, 它在 $(x_0, 0)$ 处的度量正则性等价于 $0 \in \text{int}\,(\text{rge}\,\mathcal{F}^*)$. ■

我们讨论由下述形式定义的抽象约束的可行域的稳定性

$$\Phi(u) := \{x \in X : G(x,u) \in K\}, \tag{4.133}$$

其中 K 是 Y 的闭凸子集, $G: X \times U \to Y$ 是一连续映射. 对 $u \in U$, 考虑 (4.133) 式定义的集合 $\Phi(u)$ 及集值函数 $\mathcal{F}_u(x) := G(x,u) - K$ 与映射 $G(x,u)$ 的联系, 显然, 点 $x \in \Phi(u)$ 当且仅当 $0 \in \mathcal{F}_u(x)$, 因而集合 $\Phi(u)$ 可表示为 $\Phi(u) = \mathcal{F}_u^{-1}(0)$.

设 $G(x,u)$ 关于 x 是可微的且 $\text{D}_xG(x,u)$ 是关于 x 与 u 联合变量的 (以算子范数拓扑) 连续映射 (这当然意味着 $G(\cdot,u)$ 是连续可微的, 因而是 Fréchet 可微的). 考虑点 $x_0 \in \Phi(u_0)$. 我们通过 $G(\cdot,u_0)$ 在 x_0 处的线性化映射来近似集值映射 $\mathcal{F}_u$, 即考虑集值映射

$$\mathcal{F}^*(x) = G(x_0,u_0) + \text{D}_xG(x_0,u_0)(x - x_0) - K. \tag{4.134}$$

由中值定理, 有

$$G(x,u) - [G(x_0,u_0) + \text{D}_xG(x_0,u_0)(x - x_0)]$$

在 x_0 的邻域 N 上是 Lipschitz 连续的, 其相应的 Lipschitz 常数 $\kappa = \kappa(u)$ 满足

$$\kappa \leqslant \sup_{x \in N} \|\text{D}_xG(x,u) - \text{D}_xG(x_0,u_0)\|.$$

由 $\text{D}_xG(x,u)$ 的连续性, N 可取得充分小, u 与 u_0 充分接近, 常数 κ 可以关于 u 一致地任意地小. 结合定理 4.27 可推出, 若线性化集值映射 $\mathcal{F}^*$ 在 $(x_0,0)$ 处是度量正则的, 则 $\mathcal{F}_{u_0}$ 在 $(x_0,0)$ 处亦是度量正则的, 相反地, $\mathcal{F}_{u_0}$ 在 $(x_0,0)$ 处的度量正则性可推出 $\mathcal{F}^*$ 的度量正则性. 相同的论断可以应用到 u 接近 u_0 的情况, 定理 4.27 类似的形式可类似地证明.

由于线性化集值映射 $\mathcal{F}^*$ 是闭凸的, 推论 4.6 中的稳定性结果可应用到 $\mathcal{F}^*$ 上. 所需要的正则性条件 $0 \in \text{int}(\text{rge}\mathcal{F}^*)$ 变为下述形式

$$0 \in \text{int}\left\{G(x_0,u_0) + D_xG(x_0,u_0)X - K\right\}. \tag{4.135}$$

定义 4.19 称 Robinson 约束规范在满足 $G(x_0,u_0)\in K$ 的点 $x_0\in X$, 关于映射 $G(\cdot,u_0)$ 及集合 K 是成立的, 若上述正则性条件 (4.135) 是成立的.

下述定理是稳定性定理 4.27 的 “一致性” 形式的结论.

定理 4.29[4, Theorem 2.87](稳定性定理) 设 Robinson 约束规范 (4.135) 在 $x_0\in\Phi(u_0)$ 成立, 则对 (x_0,u_0) 的邻域中的 (x,u), 有

$$d\left(x,\Phi(u)\right)=\mathrm{O}\left(d(G(x,u),K)\right). \tag{4.136}$$

4.14.4 上 Lipschitz 连续性与误差界

上 Lipschitz 连续性是集值映射的一个重要的性质, 它和误差界关系密切, 下面给出它们的定义并讨论它们之间的关系.

定义 4.20 称集值映射 $S:\Re^n\rightrightarrows\Re^m$ 在 $x_0\in\Re^n$ 点处是上 Lipschitz 连续的 (upper Lipschitzian), 模为 $l\geqslant 0$, 若存在 x_0 的邻域 U, 使得对所有的 $x\in U$,

$$S(x)\subset S(x_0)+l\|x-x_0\|\mathbf{B}.$$

定义 4.21 设 S,T 是 $\Re^n$ 的两个子集, 非负值函数 $r:S\cup T\to\Re_+$ 满足性质:

$$r(x)=0\Leftrightarrow x\in S.$$

由 r 给出的对应于集合对 (S,T) 的误差界 (error bound) 是下述形式的不等式:

$$c_1r(x)^{\gamma_1}\leqslant d(x,S)\leqslant c_2r(x)^{\gamma_2},\quad \forall x\in T, \tag{4.137}$$

其中, c_1, c_2, γ_1, γ_2 为正常数.

上述定义中的 r 称为残差函数 (residual function), 它通常具有简单的形式, 是比距离函数 $d(x,S)$ 更好估计的量. 若 $r(x)$ 是 $1/\gamma_1$ 阶 Hölder 连续的, 则 (4.137) 式的左端不等式成立, 因此研究误差界, 主要是研究 (4.137) 式的右端不等式. 以下即将 (4.137) 替换为

$$d(x,S)\leqslant cr(x)^{\gamma},\quad \forall x\in T.$$

误差界与度量正则性的关系: 设集值映射 Ψ 在 $(x_0,y_0)\in\mathrm{gph}\Psi$ 以率 α 为度量正则的, 则由度量正则性的定义 4.17, 用误差界的术语表示, 即为: 存在 y_0 的一个邻域 V, 使得对任意的 $y\in V$, 集合 $\Psi^{-1}(y)$ 在 $\bar{x}$ 附近具有误差界, 残差函数 $r_y(x)=d(y,\Psi(x))$, 且常数 $c=\alpha$, 与 y 的选取无关.

下面的定理来自文献 [30], 给出误差界与上 Lipschitz 连续的关系.

定理 4.30 设 $S=\{x\in\Re^n|\,g(x)\in K\}$, 其中 $g:\Re^n\to\Re^m$ 为一给定函数, K 是 $\Re^m$ 中的闭子集. 对于残差函数 $r(x)=d(g(x),K)$, $x\in\Re^n$, 与扰动解集映射

$$\Psi(y)=\{x\in\Re^n|\,g(x)\in K+y\},\quad y\in\Re^m,$$

下面的两个条件等价, 其中 c, γ, δ 为正常数且 δ 可以为无穷大.

(a) 对任意满足 $d(g(x), K) \leqslant \delta$ 的 $x \in \Re^n$, 有

$$d(x, S) \leqslant cr(x)^{\gamma}.$$

(b) 对任意满足 $\|y\| \leqslant \delta$ 的 $y \in \Re^m$, 有

$$\Psi(y) \subset \Psi(0) + c\|y\|^{\gamma}\mathbf{B}.$$

下述关于多面集值映射的定理来源于文献 [37].

定理 4.31　设 $S: \Re^n \rightrightarrows \Re^m$ 是一多面集值映射, 则 S 在每个点 $\bar{x} \in \operatorname{dom} S$ 处均是上 Lipschitz 连续的.

证明　由于 gph$S$ 是多面集合, 故 $\operatorname{gph} S = \bigcup_{i=1}^{r} G_i$, 其中每个 G_i 是一个凸多面体集合. 由每个 G_i 可以引导一个多面体集值映射 S_i, 使得 $\operatorname{gph} S_i = G_i$. 任取 i,

$$S_i(w) = \{z : (w, z) \in G_i\} = \pi_2[G_i \cap \pi_1^{-1}(w)],$$

其中, π_i 是投影映射, 满足 $\pi_i(x_1, x_2) = x_i$, $\forall (x_1, x_2) \in \Re^n \times \Re^m$. 由文献 [64, Theorem 1] 知, 集值映射 $G_i \cap \pi_1^{-1}(\cdot)$ 是 Lipschitz 连续的, 由定义 4.4, 存在 λ_i, 对任意的 w 与 w', 只要 $S_i(w)$ 与 $S_i(w')$ 非空, 则

$$S_i(w) \subset S_i(w') + \lambda_i\|w - w'\|\mathbf{B}.$$

令 $\lambda = \max_{i=1}^{r}\{\lambda_i\}$, 对任意的 $\bar{x} \in \operatorname{dom} S$, 定义 $\mathcal{I} := \{i : \bar{x} \in \pi_1(G_i)\}$, 由于 $\{\bar{x}\} \times \Re^m$ 与 G_i 均是非空多面体凸集, 若 $i \notin \mathcal{I}$, 则二者不相交, 由凸集分离定理, 存在 $\bar{x}$ 的邻域 U_i, 使得 $(U_i \times \Re^m) \cap G_i = \varnothing$. 令 $U := \bigcup_{i \notin \mathcal{I}} U_i$, 则 U 是 $\bar{x}$ 的邻域且

$$(U \times \Re^m) \cap \operatorname{gph} S \subset \left(\bigcup_{i=1}^{k} G_i\right) \setminus \left(\bigcup_{i \notin \mathcal{I}} G_i\right) \subset \bigcup_{i \in \mathcal{I}} G_i.$$

对任意的 $x \in U \cap \operatorname{dom} S$, 任取 $y \in S(x)$, 则

$$(x, y) \in (U \times \Re^m) \cap \operatorname{gph} S \subset \bigcup_{i \in \mathcal{I}} G_i.$$

因此, 存在 $i \in \mathcal{I}$, 使得 $(x, y) \in G_i$. 因为 $S(\bar{x}) = \bigcup_{i \in \mathcal{I}} S_i(\bar{x})$, 所以

$$y \in S_i(x) \subset S_i(\bar{x}) + \lambda_i\|x - \bar{x}\|\mathbf{B} \subset S(\bar{x}) + \lambda\|x - \bar{x}\|\mathbf{B}.$$

由 y 的任意性得到

$$S(x) \subset S(\bar{x}) + l\|x - \bar{x}\|\mathbf{B}.$$

■

第 5 章 最优性理论

5.1 对 偶 性

这一节讨论共轭函数、共轭对偶问题、Lagrange 函数和增广 Lagrange 函数.

5.1.1 Legendre-Fenchel 变换

对任意函数 $f:\Re^n \to \overline{\Re}$, 它的共轭函数 $f^*:\Re^n \to \overline{\Re}$ 定义如下:

$$f^*(v) := \sup_x \Big\{ \langle v, x\rangle - f(x) \Big\}, \tag{5.1}$$

f 的双重共轭函数 $f^{**}=(f^*)^*$ 定义为

$$f^{**}(x) := \sup_v \Big\{ \langle v, x\rangle - f^*(v) \Big\}. \tag{5.2}$$

从 $\mathrm{fcns}(\Re^n)$ 到 $\mathrm{fcns}(\Re^n)$ 的映射 $f \to f^*$ 即为Legendre-Fenchel 变换.

定理 5.1 (Legendre-Fenchel 变换) 设函数 $f:\Re^n \to \overline{\Re}$, 满足 $\mathrm{con}f$ 为正常函数, 那么函数 f^* 与 f^{**} 都是正常的、下半连续的, 并且

$$f^{**} = \mathrm{clcon}f.$$

进而 $f^{**} \leqslant f$, 并且当 f 是正常下半连续凸函数时, $f^{**}=f$. 如果不考虑上述任何假设条件, 下式总是成立的

$$f^* = (\mathrm{con}f)^* = (\mathrm{cl}f)^* = (\mathrm{clcon}f)^*.$$

证明 由 Legendre-Fenchel 变换 (即共轭函数) 的含义和正常的下半连续凸函数的仿射函数逐点上确界的表达, 可以得到结论; 当 f 是凸的正常函数时, 关于 $\mathrm{cl}f$ 的结论可以由闭凸集合的性质证得. ■

练习 5.1(非正常函数的共轭性) 函数 $f:\Re^n \to \overline{\Re}$, 若 $\mathrm{con}f$ 是非正常函数, 即它可取到 $-\infty$, 那么 $f^*\equiv\infty$, $f^{**}\equiv-\infty$, 并且 $\mathrm{clcon}f$ 在集合 $\mathrm{cldom}(\mathrm{con}f)$ 上取值 $-\infty$, 而在集合 $\mathrm{cldom}(\mathrm{con}f)$ 之外取值 ∞. 对非正常函数 $f\equiv\infty$, 总是有 $f^*\equiv-\infty$, $f^{**}\equiv\infty$.

命题 5.1 (次梯度的求逆法则) 对任何正常的、下半连续凸函数 f, 成立着 $\partial f^* = (\partial f)^{-1}$, $\partial f = (\partial f^*)^{-1}$. 事实上,

$$\bar v \in \partial f(\bar x) \Longleftrightarrow \bar x \in \partial f^*(\bar v) \Longleftrightarrow f(\bar x) + f^*(v) = \langle \bar v, \bar x\rangle,$$

并且对所有的 x, v, 有 $f(x)+f^*(v)\geqslant\langle v,x\rangle$ 成立. 进而

$$\partial f(\bar{x})=\mathrm{argmax}_v\Big\{\langle v,\bar{x}\rangle-f^*(v)\Big\},\quad \partial f^*(\bar{v})=\mathrm{argmax}_x\Big\{\langle \bar{v},x\rangle-f(x)\Big\}.$$

证明　由次微分的定义, 有 $\bar{v}\in\partial f(\bar{x})$ 当且仅当

$$\langle\bar{v},\bar{x}\rangle-f(\bar{x})\geqslant\langle\bar{v},y\rangle-f(y),\quad \forall y\in\Re^n.$$

再由共轭函数的定义, 上面不等式右端对 $y\in\Re^n$ 取上确界在 $y=\bar{x}$ 处达到, 因此有 $\bar{v}\in\partial f(\bar{x})\Leftrightarrow f(\bar{x})+f^*(\bar{v})=\langle\bar{x},\bar{v}\rangle$. 根据 $\bar{v}\in\partial f(\bar{x})$ 可推出 $f(\bar{x})$ 是有限的 (否则, 由次微分的定义知 $\partial f(\bar{x})$ 是空集, 而由 $f(\bar{x})+f^*(\bar{v})=\langle\bar{x},\bar{v}\rangle$ 可知 $f(\bar{x})$ 与 $f^*(\bar{v})$ 均是有限的). 其余的结论也可以类似地证得. ■

定理 5.2 (极小化的对偶性质)　正常的下半连续的凸函数 $f:\Re^n\to\overline{\Re}$ 与它的共轭函数 f^* 满足下述性质.

(a) $\inf f=-f^*(0)$ 且argmin $f=\partial f^*(0)$.

(b) argmin$f=\{\bar{x}\}$ 当且仅当 f^* 在 0 处是可微的且满足 $\nabla f^*(0)=\bar{x}$.

(c) f 是水平强制的 (或水平有界的) 当且仅当 $0\in\mathrm{int}(\mathrm{dom}f^*)$.

(d) f 是强制的当且仅当dom $f^*=\Re^n$.

证明　(a) 与 (b) 由共轭函数的定义以及凸函数共轭函数的性质得到. (c) 中, 注意 f 是水平强制的充分必要条件为 $f^\infty(w)>0$, $\forall w\neq 0$(见定理 1.16(a)), 而凸集合 $D=\mathrm{dom}\ f^*$ 满足 $0\in\mathrm{int}\ D$ 的充分必要条件是 $\sigma_D(w)>0$, $\forall w\neq 0$. 注意到 $\sigma_D(w)=f^\infty(w)$(回顾, 凸函数的水平有界性等价于水平强制性), 可得到 (c).

类似地, 在 (d) 中, $f^\infty(w)=\infty$, $\forall w\neq 0$. 取 $D=\mathrm{dom}\ f^*$, $\sigma_D(w)=f^\infty(w)$, 从而必有 $D=\Re^n$. ■

5.1.2　对偶问题

考虑极小化问题 $\min\phi(x)$, 将这一问题嵌入到一族优化问题 $\min_x f(x,u)$ 中, 其中函数 $f(x,u)$ 是 $\phi(x)$ 的参数化, 满足 $\phi(x)=f(x,0)$, 有如下引理.

引理 5.1 (参数优化问题中的对偶性计算)　对任意函数 $f:\Re^n\times\Re^m\to\overline{\Re}$, 定义函数

$$p(u)=\inf_x f(x,u),\quad \varphi(x)=f(x,0),\quad \psi(y)=-f^*(0,y).$$

成立着

$$p(0)=\inf_x\varphi(x),\quad p^{**}(0)=\sup_y\psi(y).$$

证明 显然有 $p(0) = \inf_x \varphi(x)$. 由于

$$\begin{aligned} p^*(y) &= \sup_u\{\langle y,u\rangle - p(u)\} \\ &= \sup_u\{\langle y,u\rangle - \inf_x f(x,u)\} \\ &= \sup_{x,u}\{\langle y,u\rangle - f(x,u)\} \\ &= f^*(0,y), \end{aligned}$$

所以

$$\begin{aligned} p^{**}(0) &= \sup_y\{\langle 0,y\rangle - p^*(y)\} \\ &= \sup_y\{-f^*(0,y)\} = \sup_y \psi(y). \end{aligned}$$

■

如果 $\phi(x)$ 是凸函数, 考虑它的参数化 $f(x,u)$, 如果 f 是凸函数, 我们讨论什么条件下 $p(0) = p^{**}(0)$, 即对偶间隙为 0 的条件.

定理 5.3(最优化问题的对偶问题) *设函数 $f: \Re^n \times \Re^m \to \overline{\Re}$ 是正常的、下半连续的凸函数. 考虑原始问题*

$$\min_{x\in\Re^n} \varphi(x) := f(x,0),$$

及它的对偶问题

$$\max_{x\in\Re^m} \psi(y) := -f^*(0,y),$$

这里 φ 是凸的下半连续函数, ψ 是凹的上半连续的. 令 $p(u) = \inf_x f(x,u)$, $U = \operatorname{dom} p$, $q(v) = \inf_y f^*(v,y)$, $V = \operatorname{dom} q$, 且这些定义的集合与函数都是凸的.

(a) *不等式 $\inf_x \varphi(x) \geqslant \sup_y \psi(y)$ 总是成立的, 并且 $\inf_x \varphi(x) < \infty$ 当且仅当 $0 \in U$, 而 $\sup_y \psi(y) > -\infty$ 当且仅当 $0 \in V$. 进一步, 若 $0 \in \operatorname{int} U$ 或 $0 \in \operatorname{int} V$, 有*

$$\inf_x \varphi(x) = \sup_y \psi(y).$$

(b) *集合 $\operatorname{argmax}_y \psi(y)$ 是非空有界的当且仅当 $0 \in \operatorname{int} U$ 并且 $\inf_x \varphi(x) = p(0)$ 是有限的, 此时有 $\operatorname{argmax}_y \psi(y) = \partial p(0)$.*

(c) *集合 $\operatorname{argmin}_x \varphi(x)$ 是非空有界的当且仅当 $0 \in \operatorname{int} V$ 并且 $\sup_y \psi(y) = -q(0)$ 是有限的, 此时有 $\operatorname{argmin}_x \varphi(x) = \partial q(0)$.*

(d) *最优解由 Fermat 原则的原始对偶形式联合刻画:*

$$\left.\begin{aligned} \bar{x} &\in \operatorname{argmin}_x \varphi(x) \\ \bar{y} &\in \operatorname{argmax}_y \psi(y) \\ \inf_x \varphi(x) &= \sup_y \psi(y) \end{aligned}\right\} \Longleftrightarrow (0,\bar{y}) \in \partial f(\bar{x},0) \Longleftrightarrow (\bar{x},0) \in \partial f^*(0,\bar{y}).$$

证明　函数 $p(u)$, $q(v)$, 集合 U, V 的凸性可以通过 f 及 f^* 的凸性得到.

容易验证, 对于正常的下半连续凸函数 f, 最优值函数 $p(u) = \inf_x f(x,u)$, $p^*(y) = f^*(0,y)$, $\varphi(x) = f(x,0)$, $0 \in U := \{u : \exists x, f(x,u) < \infty\}$, 有 $\varphi^* = \mathrm{cl}\, q$, 其中 $q(v) = \inf_y\{f^*(v,y) - \langle y, \bar{u}\rangle\}$. 尤其如果 $0 \in \ \mathrm{int}\, U$, 则 $\varphi^* = q$.

将上述结论应用于引理 5.1, 再根据定理 5.1 及练习 5.1, 有当 $0 \in \ \mathrm{int}\, U$ 时, $p(0) = p^{**}(0)$. 对于 (b), 由定理 5.2(c), $0 \in \ \mathrm{int}\, U$ 且 $p(0) > -\infty$ 等价于函数 $-\psi$ 是正常的, 水平有界的. 而一个正常下半连续凸函数是水平有界的当且仅当最小化该函数时得到的最优解集是非空有界的. 此时, 由定理 5.2(a) 知, $\partial p(0) = \ \mathrm{argmin} p^* = \mathrm{argmax}\psi$.

当函数 f 换作 f^* 时, 利用关系 $f^{**} = f$, 有 $\varphi = q^*$, $-\sup\psi = q(0) \geqslant q^{**}(0) = -\inf\varphi$ 并且当 $0 \in \mathrm{int}V$ 时, $q(0) = q^{**}(0)$. 对于 (c), 类似前面的证明, $0 \in \ \mathrm{int}\, V$ 且 $q(0) > -\infty$ 等价于 $\mathrm{argmin}\varphi$ 是非空有界的. 此时, $\partial q(0) = \mathrm{argmin} q^* = \mathrm{argmin}\ \varphi$.

对于 (d), 根据命题 5.1, 包含关系 $(0,\bar{y}) \in \partial f(\bar{x},0)$ 与 $(\bar{x},0) \in \partial f^*(0,\bar{y})$ 相互等价并且有 $\varphi(\bar{x}) = \psi(\bar{y})$ 成立. 再由 (a), 一般情况下, $\inf\varphi \geqslant \sup\psi$, 前面两个包含关系也等价于 $\varphi(\bar{x}) = \inf\varphi = \sup\psi = \psi(\bar{y})$. ■

$$
\begin{array}{ccc}
\varphi(x) := f(x,0) & p(u) := \inf_x f(x,u) & U := \ \mathrm{dom}\ p \\
\uparrow * & \downarrow * & \\
q(v) := \inf_y f^*(v,y) & -\psi(y) := f^*(0,y) & V := \ \mathrm{dom}\ q
\end{array}
$$

图 5.1.1　凸规划原始对偶问题

推论 5.1 (广义最好情况下的原始对偶关系)　在定理 5.3 的条件下, 下述条件相互等价, 并且是 $-\infty < \min\varphi = \max\psi < \infty$ 成立的充分条件:

(a) $0 \in \mathrm{int}U$ 并且 $0 \in \mathrm{int}V$;

(b) $0 \in \mathrm{int}U$, 并且 $\mathrm{argmin}\varphi$ 是非空有界的;

(c) $0 \in \mathrm{int}V$, 并且 $\mathrm{argmax}\psi$ 是非空有界的;

(d) $\mathrm{argmin}\varphi$ 与 $\mathrm{argmax}\psi$ 非空有界.

命题 5.2　令 X 与 U 是有限维 Hilbert 空间. 设函数 $f(x,u)$ 是正常的、凸的、下半连续的, 并且 $p(\bar{u})$ 是有限的. 那么 $p(u)$ 在 $\bar{u}$ 处是连续的当且仅当对 $\bar{u}$ 的某一邻域中的所有 u, 有 $p(u) < +\infty$, 即 $\bar{u} \in \mathrm{int}(\mathrm{dom}\ p)$.

证明　上述条件的必要性是显然的, 所以只需要证明充分性. 先证 $p(u)$ 在 $\bar{u}$ 的邻域内是上方有界的. 考虑如下定义的集值映射 $\mathcal{M}:\ X \times \Re \rightrightarrows U$:

$$\mathcal{M}(x,c) = \{u \in U : f(x,u) \leqslant c\}.$$

因为 $\mathcal{M}$ 的图与 f 的上图相同, f 是凸的且是闭的, 得到 $\mathcal{M}$ 是凸的且闭的. 因为对 $\bar{u}$ 的邻域中的每一 u 均有 $p(u) < +\infty$, 我们得到 $\bar{u} \in \mathrm{int}(\mathrm{rge}\mathcal{M})$. 由于 $p(\bar{u})$ 是有限的, 存在一点 $(\bar{x}, \bar{c})$ 满足 $\bar{u} \in \mathcal{M}(\bar{x}, \bar{c})$. 由广义开映射定理知, 存在 $r > 0$, $\bar{u} \in \mathrm{int}[\mathcal{M}(B_{X\times\Re}((\bar{x}, \bar{c}), r))]$. 由此可以得到, 对 $\bar{u}$ 的邻域中的所有点 u, 存在 x 满足 $\|x - \bar{x}\| < r$ 并且 $f(x, u) < \bar{c} + r$. 因此, $p(u)$ 在 $\bar{u}$ 的一邻域内是上方有界的.

假设存在 $\bar{u}$ 的邻域 V 与一常数 c 满足: 对所有 $u \in V$ 满足 $p(u) \leqslant c$, 不妨设 $c > p(\bar{u})$. 那么当 $\bar{u} + d \in V$ 时, $p(\bar{u} + d) \leqslant c$. 于是对于 $t \in [0, 1]$,

$$p(\bar{u} + td) = p((1 - t)\bar{u} + t(\bar{u} + d)) \leqslant tc + (1 - t)p(\bar{u}),$$

即

$$p(\bar{u} + td) - p(\bar{u}) \leqslant (c - p(\bar{u})).$$

于是对任意的 $\varepsilon > 0$, 当 $u - \bar{u} \in (c - p(\bar{u}))^{-1}(V - \bar{u})$ 时, $p(u) - p(\bar{u}) \leqslant \varepsilon$. 另一方面, 存在 $\gamma > 0$, 如果 $u - \bar{u} \in -\gamma(V - \bar{u})$, 那么 $\bar{u} - \gamma^{-1}(u - \bar{u}) \in V$,

$$p(\bar{u}) = p\left(\frac{1}{1+\gamma}u + \frac{\gamma}{1+\gamma}\left(\bar{u} - \frac{u - \bar{u}}{\gamma}\right)\right) \leqslant \frac{1}{1+\gamma}p(u) + \frac{\gamma}{1+\gamma}c,$$

即

$$p(u) - p(\bar{u}) \geqslant -\gamma(c - p(\bar{u})).$$

因此对充分小的 $\gamma > 0$, $p(u) - p(\bar{u}) \geqslant -\varepsilon$. 由于 ε 是任意的, 这表明 p 在 $\bar{u}$ 处是连续的. 证明完毕. ■

5.1.3 Lagrange 函数

我们接触过非线性规划问题的 Lagrange 函数, 它是如何构造出来的? 它是和问题的扰动函数的形式密切相关的, 这里给出与参数化函数 $f(x, u)$ 相联系的 Lagrange 函数.

定义 5.1 (Lagrange 函数及对偶参数化) 对最小化问题 $\min\limits_{x\in\Re^n} \varphi(x)$, 对偶参数化就是用一个正常函数 $f: \Re^n \times \Re^m \to \overline{\Re}$ 来表示函数 $\varphi(\cdot) = f(\cdot, 0)$, 这里 $f(x, u)$ 关于 u 是下半连续且是凸的. 相应的 Lagrange 函数 $l: \Re^n \times \Re^m \to \overline{\Re}$ 定义为

$$l(x, y) := \inf_u \Big\{ f(x, u) - \langle y, u\rangle \Big\}. \tag{5.3}$$

该定义源自 Legendre-Fenchel 变换: 对每个 $x \in \Re^n$, 函数 $-l(x, \cdot)$ 是 $\Re^m$ 上函数 $f(x, \cdot)$ 的共轭函数. 对函数 f 的条件限制是为了保证函数 $f(x, \cdot)$ 也是 $-l(x, \cdot)$ 的共轭函数, 即

$$f(x, u) = \sup_y \Big\{ l(x, y) + \langle y, u\rangle \Big\}. \tag{5.4}$$

例 5.1 考虑等式约束问题

$$\begin{array}{ll} \min & f_0(x) \\ \text{s.t.} & g(x)=0, \end{array}$$

其中 $f_0:\Re^n\to\Re$, $g:\Re^n\to\Re^q$.

(a) 取

$$f(x,u)=f_0(x)+\delta_{\{0_q\}}(g(x)+u),$$

则

$$\begin{aligned} l(x,y) &= \inf_u\left\{f(x,u)-\langle y,u\rangle\right\} \\ &= \inf_u\left\{f_0(x)+\delta_{\{0_q\}}(g(x)+u)-\langle y,u\rangle\right\} \\ &= \inf_u\begin{cases} +\infty, & \text{如果} u+g(x)\neq 0, \\ f_0(x)-\langle y,u\rangle, & \text{如果} u+g(x)=0 \end{cases} \\ &= f_0(x)+\langle y,g(x)\rangle, \end{aligned}$$

这正是等式约束优化问题的经典 Lagrange 函数.

(b) 如果取

$$f(x,u)=f_0(x)+\frac{c}{2}\|u\|^2+\delta_{\{0_q\}}(g(x)+u),$$

其中 $c>0$ 是常数, 则

$$\begin{aligned} l(x,y) &= \inf_u\left\{f(x,u)-\langle y,u\rangle\right\} \\ &= \inf_u\left\{f_0(x)+\frac{c}{2}\|u\|^2+\delta_{\{0_q\}}(g(x)+u)-\langle y,u\rangle\right\} \\ &= \inf_u\begin{cases} +\infty, & \text{如果} u+g(x)\neq 0, \\ f_0(x)+\frac{c}{2}\|u\|^2-\langle y,u\rangle, & \text{如果} u+g(x)=0 \end{cases} \\ &= f_0(x)+\langle y,g(x)\rangle+\frac{c}{2}\|g(x)\|^2, \end{aligned}$$

这正是等式约束优化问题的经典增广 Lagrange 函数.

例 5.2 (Lagrange 形式中的乘子法则) 考虑下述问题

$$\min_{x\in X} f_0(x)+\theta(f_1(x),\cdots,f_m(x)),$$

其中 $X\subset\Re^n$ 为非空闭集, $f_i:\Re^n\to\Re$ 是光滑函数, $\theta:\Re^m\to\overline{\Re}$ 是正常的下半连续凸函数. 取 $F(x)=(f_1(x),\cdots,f_m(x))$, 考虑 $\Re^n$ 上的最小化问题

$$\min_{x\in\Re^n}\varphi(x):=f(x,0),$$

这里

$$f(x,u)=\delta_X(x)+f_0(x)+\theta(F(x)+u).$$

这就是上面所考虑的问题的对偶参数化, 相应的 Lagrange 函数是

$$l(x,y)=\delta_X(x)+f_0(x)+\langle y,F(x)\rangle-\theta^*(y)$$

(右端的 $\infty-\infty$ 定义为 ∞). 利用后面的例 5.7 得到最优性条件:

$$\text{对某个}\bar{y}\in\partial\theta(F(\bar{x})),\quad -[\nabla f_0(\bar{x})+\mathcal{J}F(\bar{x})^*\bar{y}]\in N_X(\bar{x}),$$

可以等价地记为下述 Lagrange 形式

$$0\in\partial_x l(\bar{x},\bar{y}),\quad 0\in\partial_y[-l](\bar{x},\bar{y}).$$

证明 显然由定义 5.1 可以得到 $l(x,y)$ 的表达式. (按照惯例, $x\notin X$ 且 $y\notin \mathrm{dom}\theta^*$ 时, 定义 $f(x,y)\equiv\infty$; 当 $x\notin X$ 时, $f(x,\cdot)\equiv\infty$. 此时, 共轭函数 $-l(x,\cdot)\equiv-\infty$, 即 $l(x,\cdot)\equiv\infty$.) 把命题 5.1 中的乘子法则应用于 l 的次梯度即可得到结论. ■

命题 5.3 (Lagrange 函数的凸性质) 对任何对偶参数化 $\varphi(\cdot)=f(\cdot,0)$, 相应的 Lagrange 函数 $l(x,y)$ 关于 y 是上半连续凹的. 另外, $l(x,y)$ 关于 x 是凸的当且仅当 $f(x,u)$ 关于 (x,u) 是凸的 (而不仅仅关于 u 是凸的). 此时, 成立着

$$(v,y)\in\partial f(x,u)\Longleftrightarrow v\in\partial_x f(x,y),\ u\in\partial_y[-l](x,y).$$

在这种情况下, 函数值 $l(x,y)$ 是有限的, 且 $l(x,y)=f(x,u)-\langle y,u\rangle$.

证明 由于 $-l(x,\cdot)$ 是函数 $f(x,\cdot)$ 的共轭函数, 显然有 $l(x,y)$ 关于 y 是上半连续的凹函数. 若 $f(x,u)$ 关于 (x,u) 是凸函数, 对任何 $y\in\Re^m$, 函数 $f_y(x,u):=f(x,u)-\langle y,u\rangle$ 关于 (x,u) 也是凸函数. 因为任何凸函数的 inf 投影也是凸函数, 那么 $\inf_u f_y(x,u)$ 是凸函数. 由定义可知 $\inf_u f_y(x,u)=l(x,y)$. 因此, $f(x,u)$ 关于 (x,u) 的凸性暗示着 $l(x,y)$ 关于 x 的凸性.

反过来, 若 $l(x,y)$ 关于 x 是凸的, 则函数 $l_y(x,u):=f(x,y)+\langle y,u\rangle$ 关于 (x,u) 也是凸的. 根据 (5.4) 式, f 是一族函数 l_y 关于 $y\in\Re^m$ 的上确界, 再由一族凸函数的逐点上确界是凸的, 可以得到函数 $f(x,u)$ 关于 (x,u) 是凸的. 下面验证对固定的 x_0, u_0, v_0, y_0, 次梯度关系中的等价性. 由命题 5.1 及 $f(x_0,\cdot)$ 与 $-l(x_0,\cdot)$ 的等价关系, 条件 $y_0\in\partial_u f(x_0,u_0)$ 与 $u_0\in\partial_y[-l](x_0,y_0)$ 是相互等价的并且有 $l(x_0,y_0)=f(x_0,y_0)-\langle x_0,y_0\rangle$(有限值的). 当 f 是凸函数时, 根据命题 3.10, $(v_0,y_0)\in\partial f(x_0,u_0)$ 可以写成下面的不等式

$$f(x,u)\geqslant f(x_0,u_0)+\langle v_0,x-x_0\rangle+\langle y_0,u-u_0\rangle,\quad \forall x,u.$$

当 $x = x_0$ 时, 由上述不等式知 $y_0 \in \partial_u f(x_0, u_0)(y_0 \in \partial_u f(x_0, u_0)$ 等价于 $u_0 \in \partial_y[-l](x_0, y_0))$ 和

$$\inf_u \left\{ f(x,u) - \langle y_0, u\rangle \right\} \geqslant f(x_0, u_0) - \langle y_0, u_0\rangle + \langle v_0, x - x_0\rangle, \quad \forall x.$$

后者也可以记为对所有的 x, $l(x, y_0) \geqslant l(x_0, y_0) + \langle v_0, x - x_0\rangle$. 再由命题 3.10 及 $l(x, y_0)$ 关于 x 的凸性可以得到 $v_0 \in \partial_x l(x_0, y_0)$. 因此, $(v_0, y_0) \in \partial f(x_0, u_0)$ 当且仅当 $v_0 \in \partial_x l(x_0, y_0)$, $u_0 \in \partial_y[-l](x_0, y_0)$. ■

定义 5.2 (鞍点) 向量对 $(\bar{x}, \bar{y})$ 称为 $\Re^n \times \Re^m$ 上的函数 l(在极大极小意义下, 依照惯例关于第一个变量求极小, 关于第二个变量求极大) 的鞍点, 若 $\inf_x l(x, \bar{y}) = l(\bar{x}, \bar{y}) = \sup_y l(\bar{x}, y)$, 换言之, 对所有的 x 与 y,

$$l(x, \bar{y}) \geqslant l(\bar{x}, \bar{y}) \geqslant l(\bar{x}, y). \tag{5.5}$$

这样的鞍点对 $(\bar{x}, \bar{y})$ 所构成的集合记为 argminimax$\,l$, 或 $\text{argminimax}_{x,y} l(x, y)$.

同样地, 对 $X \times Y$ 上的函数 L, 点对 $(\bar{x}, \bar{y})$ 称为 L 在 $X \times Y$ 上的鞍点对, 若

$$\begin{cases} \bar{x} \in X, \bar{y} \in Y, \text{并且} \\ L(x, \bar{y}) \geqslant L(\bar{x}, \bar{y}) \geqslant L(\bar{x}, y), \quad \forall x \in X, y \in Y. \end{cases} \tag{5.6}$$

鞍点对的集合记为

$$\text{argminimax}_{X,Y} L \quad \text{或} \quad \text{argminimax}_{x \in X, y \in Y} L(x, y).$$

定理 5.4 (极大极小关系) 令 $l: \Re^n \times \Re^m \to \overline{\Re}$ 为 $\Re^n$ 上的最小化问题 $\min \varphi$ 的 Lagrange 函数, 这里 $\varphi = f(\cdot, 0)$, $f: \Re^n \times \Re^m \to \overline{\Re}$. 令 $\psi = -f^*(0, \cdot)$ 定义在 $\Re^m$ 上, 则

$$\varphi(x) = \sup_y l(x, y), \quad \psi(y) = \inf_x l(x, y), \tag{5.7}$$

$$\inf_x \varphi(x) = \inf_x [\sup_y l(x, y)] \geqslant \sup_y [\inf_x l(x, y)] = \sup_y \psi(y), \tag{5.8}$$

进一步,

$$\left.\begin{array}{r} \bar{x} \in \text{argmin}_x \varphi(x) \\ \bar{y} \in \text{argmax}_y \psi(y) \\ \inf_x \varphi(x) = \sup_y \psi(y) \end{array}\right\} \Longleftrightarrow (\bar{x}, \bar{y}) \in \text{argminimax}_{x,y} l(x, y) \tag{5.9}$$
$$\Longleftrightarrow \varphi(\bar{x}) = \psi(\bar{y}) = l(\bar{x}, \bar{y}).$$

鞍点条件 $(\bar{x}, \bar{y}) \in \text{argminimax}_{x,y} l(x, y)$ 是下面次微分条件成立的充分条件

$$0 \in \partial_x l(\bar{x}, \bar{y}), \quad 0 \in \partial_y[-l](\bar{x}, \bar{y}). \tag{5.10}$$

当函数 $l(x,y)$ 关于 x 是凸的且关于 y 是凹的时, 上述两条件等价, 并且此时 (5.10) 等价于 $(0,\bar{y}) \in \partial f(\bar{x},0)$.

证明 令 (5.4) 式中 $u=0$ 可以得到 (5.7) 中 φ 的表达式. 根据 (5.3) 式,

$$-f^*(v,y) = \inf_{x,u}\Big\{f(x,u) - \langle v,x\rangle - \langle y,u\rangle\Big\}$$

也可以表示为

$$-f^*(v,y) = \inf_{x}\Big\{l(x,y) - \langle v,x\rangle\Big\}. \tag{5.11}$$

记 $p(u) := \inf_x f(x,u)$, 由于 $\inf\varphi = p(0)$, $\sup\psi = p^{**}(0)$, 令引理 5.1 中 $u=0$, 从 (5.7) 可以直接得到 (5.8). 而 (5.9) 式的右端即为 $\varphi(\bar{x}) = \psi(\bar{y})$ 的另一种表达形式, 因此也有 (5.9) 式成立. (5.10) 可由命题 5.3 得到. ■

5.1.4 增广 Lagrange 函数与非凸对偶性

如果 $p(0) > p^{**}(0)$, 对偶间隙非零, 如何构建新的参数化函数, 消除对偶间隙, 这是增广 Lagrange 函数要解决的问题. 显然有

$$\left.\begin{aligned} &\inf\varphi = \sup\psi \\ &\bar{y} \in \operatorname{argmax}\psi \end{aligned}\right\} \Longleftrightarrow \left\{\begin{aligned} &p(u) \geqslant p(0) + \langle \bar{y},u\rangle \text{对所有的} u, \\ &\text{且} p(0) \neq -\infty. \end{aligned}\right. \tag{5.12}$$

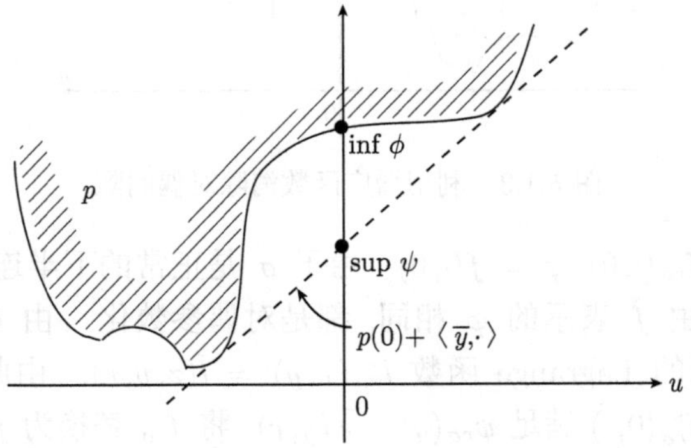

图 5.1.2 非凸最小化问题的对偶间隙

定义 5.3 (增广 Lagrange 函数) $\Re^n$ 上的极小化问题 $\min_{x\in\Re^n}\varphi(x)$ 及它的任意对偶参数化 $\varphi(\cdot) = f(\cdot,0)$, 这里 $f:\Re^n\times\Re^m \to \overline{\Re}$. 考虑一增广函数 $\sigma:\Re^m \to \overline{\Re}$ 满足:

$$\min_u \sigma(u) = 0, \quad \operatorname{argmin}_u \sigma(u) = \{0\},$$

并且 σ 为正常、下半连续凸函数. 相应的罚参数为 $r>0$ 的增广 Lagrange 函数 $\bar{l}:\Re^n\times\Re^m\times(0,\infty)\to\overline{\Re}$ 定义为

$$\bar{l}(x,y,r) := \inf_u\Big\{f(x,u) + r\sigma(u) - \langle y,u\rangle\Big\}.$$

上述极小化问题的增广对偶问题为 $\max_{(y,r)\in\Re^m\times(0,\infty)}\overline{\psi}(y,r)$, 其中

$$\overline{\psi}(y,r):=\inf_{x,u}\Big\{f(x,u)+r\sigma(u)-\langle y,u\rangle\Big\}.$$

增广 Lagrange 函数的思想主要来源于将 (5.12) 中的不等式替换为下面形式,

$$p(u)\geqslant p(0)+\langle\bar{y},u\rangle-r\sigma(u),\quad 对所有的u,$$

其中 σ 为定义 5.3 中给出的增广函数, 参数 $r>0$ 充分大, 如图 5.1.3 能够通过调整对偶问题来消除对偶间隙的关键就在于上面的不等式与

$$p_{r\sigma}(u)\geqslant p_{r\sigma}(0)+\langle\bar{y},u\rangle,\quad 对所有的u$$

是等价的, 这里 $p_{r\sigma}(u):=\inf_x f_{r\sigma}(x,u)$, $f_{r\sigma}(x,u):=f(x,u)+r\sigma(u)$. 事实上, 由于 $\sigma(0)=0$, 有 $p_{r\sigma}(u)=p(u)+r\sigma(u)$, $p_{r\sigma}(0)=p(0)$.

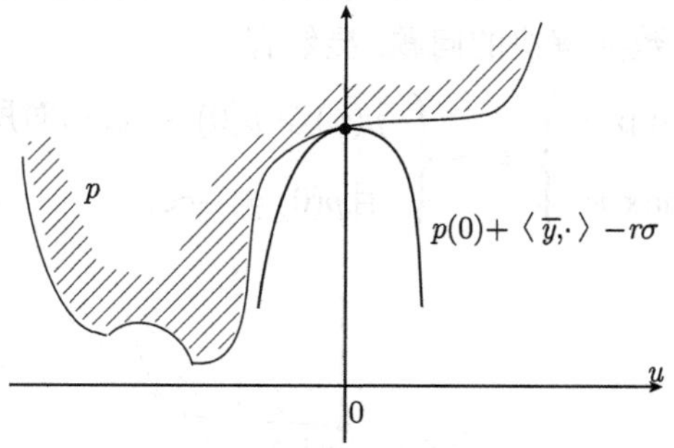

图 5.1.3 利用增广函数消除对偶间隙

我们有 $\varphi=f_{r\sigma}(\cdot,0)$, $\varphi=f(\cdot,0)$. 由于 σ 是正常的下半连续凸函数, 由 $f_{r\sigma}$ 表示的函数 φ 与由 f 表示的 φ 相同, 都是对偶参数化. 由 $\bar{l}(x,y,r)$ 的定义可知, 与 $f_{r\sigma}$ 相联系的 Lagrange 函数 $l_{r\sigma}(x,y)=\bar{l}(z,y,r)$. 由此产生的对偶问题 $\max_{y\in\Re^m}\psi_{r\sigma}=-f^*_{r\sigma}(0,\cdot)$ 满足 $\psi_{r\sigma}(y)=\overline{\psi}(y,r)$. 将 $f_{r\sigma}$ 替换为 f, 应用该框架下的理论可以得到更多新的结论.

在将这个论述描述为对偶定理之前, 给出定义 5.3 相关背景的一般性结论及几个例子.

练习 5.2(增广 Lagrange 函数的性质) 对任何对偶参数化 f 及增广函数 σ, 增广 Lagrange 函数 $\bar{l}(x,y,r)$ 关于 (y,r) 是凹的上半连续的, 并且关于 r 为非减函数. 若 $f(x,u)$ 关于 (x,u) 是凸函数, 那么增广 Lagrange 函数 $\bar{l}(x,y,r)$ 关于 x 是凸的. 如果 σ 是处处有限的, 那么增广 Lagrange 函数可由原始的 Lagrange 函数 $l(x,y,r)$ 表示:

$$\bar{l}(x,y,r)=\sup_z\Big\{l(x,y-z)-r\sigma^*(r^{-1}z)\Big\}.\tag{5.13}$$

同样地, 增广的对偶表达式 $\overline{\psi}(y,r)$ 关于 (y,r) 是凹的、上半连续的, 并且关于 r 是非减函数. 若函数 $f(x,u)$ 关于 (x,u) 为凸函数且 σ 处处取有限值, $\overline{\psi}(y,r)$ 也可由原始对偶表达式 $\psi(y)$ 给出

$$\overline{\psi}(y,r)=\sup_z\left\{\psi(y-z)-r\sigma^*(r^{-1}z)\right\}. \tag{5.14}$$

事实上, $(\bar{y},\bar{r})$ 使 $\overline{\psi}$ 取到最大值当且仅当 $\bar{y}$ 使 ψ 取到最大值, 其中 $\bar{r}>0$ 可以任意选取.

证明 由定义 5.3 可推导出 $\bar{l}$ 的性质. 观察到 $-\bar{l}(x,\cdot,r)$ 是 $f(x,\cdot)+r\sigma$ 的共轭函数, 可得到 (5.13) 式. 关于 $\overline{\psi}$ 的结论也可以类似地证得. 再由 (5.14), $\overline{\psi}$ 在 $(\bar{y},\bar{r})$ 达到最大值当且仅当 ψ 在 $\bar{y}$ 达到最大值. ■

例 5.3 (邻近 Lagrange 函数) 由增广函数$\sigma(u)=\dfrac{1}{2}\|u\|^2$ 生成的增广 Lagrange 函数是一个邻近 Lagrange 函数 (proximal Lagrangian). 那么

$$\begin{aligned}\bar{l}(x,y,r)&=\inf_u\left\{f(x,u)+\frac{r}{2}\|u\|^2-\langle y,u\rangle\right\}\\&=\sup_z\left\{l(x,y-z)-\frac{1}{2r}\|z\|^2\right\}\\&=\sup_z\left\{l(x,z)-\frac{1}{2r}\|z-y\|^2\right\}.\end{aligned}$$

作为一个说明, 考虑例 5.2 中 $\theta=\delta_D$ 的情况, 其中 $D\neq\varnothing$ 为非空闭凸集. 此时,

$$\bar{l}(x,y,r)=f_0(x)+\frac{r}{2}\left[d_D(r^{-1}y+F(x))^2-\|r^{-1}y\|^2\right].$$

当 $y=0$ 时, $\bar{l}(x,y,r)$ 是约束为 $F(x)\in D$ 的最优化问题的标准二次罚函数. 当 $D=\{0\}$ 时, 有

$$\bar{l}(x,y,r)=f_0(x)+\langle y,F(x)\rangle+\frac{r}{2}\|F(x)\|^2.$$

证明 把第一个公式 $\bar{l}(x,y,r)$ 中的 $(r/2)\|u\|^2-\langle y,u\rangle$ 表示为 $(r/2)(\|u-r^{-1}y\|^2-\|r^{-1}y\|^2)$, 具体的结论都可以相应得到. ■

例 5.4 (严格的 Lagrange 函数) 由增广函数 $\sigma(u)=\|u\|$(这里 $\|\cdot\|$ 可表示任意范数) 生成的增广 Lagrange 函数是严格的 Lagrange 函数 (sharp Lagrangian). 那么

$$\begin{aligned}\bar{l}(x,y,r)&=\inf_u\left\{f(x,u)+r\|u\|-\langle y,u\rangle\right\}\\&=\sup_z\left\{l(x,y-z)-\delta_{r\mathbf{B}^\circ}(z)\right\}\\&=\sup_{\|z-y\|^\circ\leqslant r}l(x,z),\end{aligned}$$

这里 $\|\cdot\|^\circ$ 是极范数并且 $\mathbf{B}^\circ$ 是该范数下的单位球. 对例 5.2 中 $\theta=\delta_D$ 的情况, 其中 D 为闭凸集, 有

$$\bar{l}(x,y,r)=f_0(x)+\sup_{\|z-y\|^\circ\leqslant r}\Big\{\langle z,F(x)\rangle-\sigma_D(z)\Big\},$$

当 D 是箱子集合并且 $\|\cdot\|=\|\cdot\|_1$ 时, $\|\cdot\|^\circ=\|\cdot\|_\infty$, $\bar{l}(x,y,r)$ 可完全计算出来. 当 $y=0$ 时, $\bar{l}(x,y,r)$ 是约束为 $F(x)\in D$ 的最优化问题的标准线性罚表达式:

$$\bar{l}(x,0,r)=f_0(x)+rd_D(F(x))\quad(\|\cdot\|\text{形式的距离}).$$

当 $D=\{0\}$, y 任取时, 有

$$\bar{l}(x,y,r)=f_0(x)+\langle y,F(x)\rangle+r\|F(x)\|.$$

定理 5.5 (非凸问题的对偶性) 对 $\Re^n$ 上的极小化问题 $\min\varphi(x)$, 考虑对偶参数化 $\varphi(\cdot)=f(\cdot,0)$ 相应的增广 Lagrange 函数 $\bar{l}(x,y,r)$, 这里 $f:\Re^n\times\Re^m\to\overline{\Re}$, 及某个函数 $\sigma:\Re^m\to\overline{\Re}$. 假设 $f(x,u)$ 关于 u 局部一致地关于变量 x 是水平有界的. 令 $p(u):=\inf_x f(x,u)$. 进一步, 假设至少存在一个点对 $(y,r)\in\Re^m\times(0,\infty)$ 使得 $\inf_x\bar{l}(x,y,r)>-\infty$. 那么

$$\varphi(x)=\sup_{y,r}\bar{l}(x,y,r),\quad\overline{\psi}(y,r)=\inf_x\bar{l}(x,y,r),$$

事实上, 对每个 $r>0$, $\varphi(x)=\sup_y\bar{l}(x,y,r)$, 并且

$$\begin{aligned}\inf_x\varphi(x)&=\inf_x\Big[\sup_{y,r}\bar{l}(x,y,r)\Big]\\&=\sup_{y,r}\Big[\inf_x\bar{l}(x,y,r)\Big]\\&=\sup_{y,r}\overline{\psi}(y,r).\end{aligned}\tag{5.15}$$

进一步, 原始问题及增广 Lagrange 对偶问题的最优解集可以用增广 Lagrange 函数的鞍点来刻画:

$$\begin{aligned}&\bar{x}\in\operatorname{argmin}_x\varphi(x)\text{并且}(\bar{y},\bar{r})\in\operatorname{argmax}_{y,r}\overline{\psi}(y,r)\\&\Longleftrightarrow\inf_x\bar{l}(x,\bar{y},\bar{r})=\bar{l}(\bar{x},\bar{y},\bar{r})=\sup_{y,r}\bar{l}(\bar{x},y,r),\end{aligned}\tag{5.16}$$

$\operatorname{argmax}_{y,r}\overline{\psi}(y,r)$ 中的元素是具有下述特点的点对 $(\bar{y},\bar{r})$:

$$p(u)\geqslant p(0)+\langle\bar{y},u\rangle-\bar{r}\sigma(u),\quad\text{对所有的}u\text{成立}.\tag{5.17}$$

证明 大部分结论可以由练习 5.2 中关于 r 的单调性及定义 5.3 后面关于 (5.12) 与定理 5.4 的应用可以得到. 最需要证明的是 (5.15) 中的第二个等式, 其中 "$\geqslant$" 是自然成立的.

由假设知至少存在一点对 $(\widetilde{y},\widetilde{r})$ 使得 $\overline{\psi}(\widetilde{y},\widetilde{r})$ 是有限的. 由于 $p(0)=\inf_x\varphi(x)$, 为了证明等式成立, 只需证明当 $r\to\infty$ 时, $\overline{\psi}(\widetilde{y},r)\to p(0)$. 由定理 1.4 及 f 的水平有界性的假设, 有 p 是正常的、下半连续的. 再由定义 5.3 中 $\overline{\psi}$ 的定义, 对所有的 $r>0$, 有

$$\overline{\psi}(\widetilde{y},r)=\inf_u\Big\{p(u)+r\sigma(u)-\langle\widetilde{y},u\rangle\Big\}.$$

令 $\widetilde{p}(u):=p(u)+\widetilde{r}\sigma(u)-\langle\widetilde{y},u\rangle$, 由 $\sigma(0)=0$ 可知 $\widetilde{p}(0)=p(0)$, 从而 $\widetilde{p}(u)\geqslant\overline{\psi}(\widetilde{y},\widetilde{r})$. 由 σ 的正常, 下半连续性可得到 p 的正常下半连续性. 记

$$\overline{\psi}(\widetilde{y},\widetilde{r}+s)=\inf_u\Big\{\widetilde{p}(u)+s\sigma(u)\Big\},\quad \forall s>0.$$

下面证明当 $s\to\infty$ 时, $\overline{\psi}(\widetilde{y},\widetilde{r}+s)$ 的极限是 $\widetilde{p}(0)$. 因为 σ 是凸函数, 水平强制的, 并且 $\operatorname{argmin}\sigma=\{0\}$, $\widetilde{p}$ 是下有界的, $\widetilde{p}+s\sigma$ 也具有与 σ 相同的性质. 利用 σ 的函数值永远大于 0, 有 $\widetilde{p}+s\sigma$ 是逐点单增的, 并且 $s\to\infty$ 时有 $\widetilde{p}+s\sigma$ 收敛于 $\delta_{\{0\}}+\gamma$, 其中 $\gamma=\widetilde{p}(0)$. 利用后面的定理 5.11, 由于 $\widetilde{p}+s\sigma$ 上图收敛到 $\delta_{\{0\}}+\gamma$. 所以 $\inf(\widetilde{p}+s\sigma)\to\inf(\delta_{\{0\}}+\gamma)=\gamma$. 证毕. ■

下面的结论说明了增广对偶问题的解的重要性.

定义 5.4 (精确罚表示) *在定义 5.3 框架下的增广 Lagrange 函数, 向量 $\bar{y}$ 称为支撑极小化问题 $\min_{x\in\Re^n}\varphi(x)$ 的精确罚表示, 如果对所有充分大的 $r>0$, 该极小化问题等价于极小化 $\Re^n$ 上的 $\bar{l}(\cdot,\bar{y},r)$, 即*

$$\inf_x\varphi(x)=\inf_x\bar{l}(x,\bar{y},r),\quad \operatorname{argmin}_x\varphi(x)=\operatorname{argmin}_x\bar{l}(x,\bar{y},r).$$

特别地, 称值 $\bar{r}>0$ 是一个适当的罚阈, 若对所有的 $r\in(\bar{r},\infty)$, 上述性质成立.

定理 5.6 (精确罚表示准则) *在定理 5.5 的假设与符号定义下, 向量 $\bar{y}$ 支撑原始问题的精确罚表示当且仅当存在 $W\in\mathcal{N}(0)$ 及 $\widehat{r}>0$, 满足*

$$\text{对所有的}u\in W,\quad p(u)\geqslant p(0)+\langle\bar{y},u\rangle-\widehat{r}\sigma(u). \tag{5.18}$$

这个准则也等价于存在 $\bar{r}>0$, 满足 $(\bar{y},\bar{r})\in\operatorname{argmax}_{y,r}\overline{\psi}(y,r)$, 并且这样的 $\bar{r}$ 是关于 $\bar{y}$ 的精确罚性质的一个适当的罚阈.

证明 注意到定理 5.5 的假设保证了函数 p 是正常的、下半连续的. 进一步, (5.18) 中的条件 (也是 (5.17) 中的条件) 只有在 $p(0)=\inf\varphi$ 是有限值时成立.

首先证明 $(\bar{y},\bar{r})\in\operatorname{argmax}_{y,r}\overline{\psi}(y,r)$ 是点 $\bar{y}$ 支撑一个精确罚表达式并且 $\bar{r}$ 是一个适当的罚阈的充要条件. 必要性, 由定义 5.4, 后者意味着对所有的 $r\in(\bar{r},\infty)$,

$\overline{\psi}(\bar{y},\bar{r}) = \inf\varphi$. 进一步, 由于 $\overline{\psi}$ 是上半连续的 (根据练习 5.2), $\overline{\psi}(\bar{y},\bar{r}) \geqslant \inf\varphi$. 再由 (5.16), $\sup\overline{\psi} = \inf\varphi$, 得到 $(\bar{y},\bar{r}) \in \mathrm{argmax}_y\overline{\psi}$.

充分性, 由定理 5.5 知, $(\bar{y},\bar{r}) \in \mathrm{argmax}_{y,r}\overline{\psi}(y,r)$ 可以推出不等式 (5.17) 成立. 把 (5.17) 中的 $\bar{r}$ 换作一个更大的数 r, 由于当 $u \neq 0$ 时, $\sigma(u) > 0$, 并且 $\sigma(0) = 0$, 因此, 当 $u \neq 0$ 时, 不等式 (5.17) 中的不等号严格成立. 那么,

$$\mathrm{argmin}_u\Big\{p(u) + r\sigma(u) - \langle\bar{y},u\rangle\Big\} = \{0\}.$$

固定这样的 $r > \bar{r}$, 考虑函数 $g(x,u) := f(x,u) + r\sigma(u) - \langle\bar{y},u\rangle$ 及相应的 inf 投影函数 $h(u) := \inf_x g(x,u)$, $k(x) := \inf_u g(x,u)$. 有 $h(u) = p(u) + r\sigma(u) - \langle\bar{y},u\rangle$, $k(x) = \bar{l}(x,\bar{y},r)$. 于是有

$$\left.\begin{array}{r}\bar{u} \in \mathrm{argmin}_u h(u)\\[2ex] \bar{x} \in \mathrm{argmin}_x g(x,\bar{u})\end{array}\right\} \Longleftrightarrow \left\{\begin{array}{l}\bar{x} \in \mathrm{argmin}_x k(x)\\[2ex] \bar{u} \in \mathrm{argmin}_u g(\bar{x},u)\end{array}\right.$$

由前面的证明知 $\mathrm{argmin}_u h(u) = \{0\}$. 因此, 从左边两式可知, 点对 $(\bar{x},\bar{u})$ 满足 $\bar{u} = 0$, $\bar{x} \in \mathrm{argmin}_x g(x,0) = \mathrm{argmin}_x\varphi(x)$. 换句话说, 关于 x 最小化函数 $\bar{l}(x,\bar{y},r)$, 可知最小值点在 $x = \bar{x}$ 处达到并且 $\bar{x} \in \mathrm{argmin}_x\varphi(x)$. 对这样的 $\bar{x}$, 关于 u 最小化函数 $f(\bar{x},u) + r\sigma(u) - \langle\bar{y},u\rangle$, 最小值点只在 $u = 0$ 处达到. 特别地 $\mathrm{argmin}_x\varphi(x) = \mathrm{argmin}_x\bar{l}(x,\bar{y},r)$.

为了完成证明, 只需证明当 (5.18) 成立时, 存在 $\bar{r} \in (\widehat{r},\infty)$ 使得更强的条件 (5.17) 成立. 不失一般性, 可以把条件 (5.18) 中的 W 取为球 $\varepsilon\mathbf{B}$, $\varepsilon > 0$. 显然, 当 $\widehat{r}$ 由一个更大的数 $\bar{r}$ 代替时, (5.18) 仍然成立. 接下来的问题就是证明当 $\bar{r}$ 充分大时, (5.17) 中的不等式对所有的 $\|u\| > \varepsilon$ 仍然成立. 由定理 5.5 中的假设, 存在 $(\widetilde{y},\widetilde{r}) \in \Re^m \times (0,\infty)$ 使得 $\overline{\psi}(\widetilde{y},\widetilde{r})$ 是有限的; 那么对 $\alpha := \overline{\psi}(\widetilde{y},\widetilde{r})$, 有

$$p(u) \geqslant \alpha + \langle\widetilde{y},u\rangle - \widetilde{r}\sigma(u), \quad \text{对所有的}u\text{成立}.$$

下面只需证明当 $\bar{r}$ 充分大时, 下式成立:

$$\alpha + \langle\widetilde{y},u\rangle - \widetilde{r}\sigma(u) > p(0) + \langle\bar{y},u\rangle - \bar{r}\sigma(u), \qquad \text{当}\|u\| > \varepsilon\text{时}.$$

这就意味着证明对充分大的 $\bar{r}$, 有

$$\Big\{u : (\bar{r} - \widetilde{r})\sigma(u) \leqslant \langle\bar{y} - \widetilde{y},u\rangle + p(0) - \alpha\Big\} \subset \varepsilon\mathbf{B}.$$

令 $s = \bar{r} - \widetilde{r} > 0$, $\lambda := \|\bar{y} - \widetilde{y}\|$, $\mu := p(0) - \alpha$. 上面的证明可以简化为证明当 s 充分大时,

$$C(s) := \Big\{u : s\sigma(u) \leqslant \lambda\|u\| + \mu\Big\} \subset \varepsilon\mathbf{B}.$$

包含在 $\varepsilon\mathbf{B}$ 中.

由于 $\mathrm{argmin}\sigma=\{0\}$, 我们有 σ 是水平强制的 (见命题 1.3), 从而存在 $\gamma>0$ 及 β 满足 $\sigma(u)\geqslant\gamma\|u\|+\beta$ 对所有的 u 成立 (见定理 1.16). 令 $s_0>0$ 充分大满足 $s_0\gamma-\lambda>0$. 对 $u\in C(s_0)$, 有 $s_0(\gamma\|u\|+\beta)\leqslant\lambda\|u\|+\mu$, 从而 $\|u\|\leqslant\rho:=(\mu-s_0\beta)/(s_0\gamma-\lambda)$. 由于对所有的 u, $\sigma(u)\geqslant 0$, 当 $s>s_0$ 时, $C(s)\subset C(s_0)$, 因此, 当 $s>s_0$ 时,

$$C(s)\subset\Big\{u:\sigma(u)\leqslant(\lambda\rho+\mu)/s\Big\}.$$

另一方面, 只有 $u=0$ 时, $\sigma(u)=0$, 所以 $\delta>0$ 充分小时, 水平集 $\{u:\sigma(u)\leqslant\delta\}$ 一定在集合 $\varepsilon\mathbf{B}$ 中. 取这样的 δ, 当 s 大于一个常数 s_1 时, $(\lambda\rho+\mu)/s\leqslant\delta$. 因此当 $s>s_1$ 时, $C(s)\subset\varepsilon\mathbf{B}$. ■

5.2 最优性的基本原理

5.2.1 最优性与 Lagrange 乘子

下面给出问题 $\min f(x),\mathrm{s.t.}\ x\in C$ (其中 f 为可微函数) 的用切锥和法锥表达的局部最优解的一阶必要性条件.

定理 5.7(一阶最优性条件的基本原理) *考虑在集合 $C\subset\Re^n$ 上最小化可微函数 f_0, $\bar{x}$ 是局部最优解的必要条件是*

$$\text{对所有的}w\in T_C(\bar{x}),\quad\text{有}\langle\nabla f_0(\bar{x}),w\rangle\geqslant 0,\tag{5.19}$$

条件 (5.19) 等价于 $-\nabla f_0(\bar{x})\in\widehat{N}_C(\bar{x})$. 进而有

$$-\nabla f_0(\bar{x})\in N_C(\bar{x}),\qquad\text{或}\,0\in\nabla f_0(\bar{x})+N_C(\bar{x}).\tag{5.20}$$

当 C 为凸集合时, 这些切锥与法锥条件相互等价, 可以记为

$$\text{对所有的}x\in C,\quad\text{有}\langle\nabla f_0(\bar{x}),x-\bar{x}\rangle\geqslant 0,\tag{5.21}$$

这意味着线性化函数 $l(x):=f_0(\bar{x})+\langle\nabla f_0(\bar{x}),x-\bar{x}\rangle$ 在 $\bar{x}\in C$ 处取到最小值. 当 f_0 为凸函数时, 上面的等价条件是 $\bar{x}$ 为全局最优解的充分条件.

证明 $\bar{x}$ 的局部最优性意味着对 C 中 $\bar{x}$ 的邻域中的所有 x, 有 $f_0(x)-f_0(\bar{x})\geqslant 0$. 由于 $f_0(x)-f_0(\bar{x})=\langle\nabla f_0(\bar{x}),x-\bar{x}\rangle+\mathrm{o}(\|x-\bar{x}\|)$, 所以对 $x\in C$, 有 $\langle-\nabla f_0(\bar{x}),x-\bar{x}\rangle\leqslant\mathrm{o}(\|x-\bar{x}\|)$. 再由正则法锥的定义知, $-\nabla f_0(\bar{x})\in\widehat{N}_C(\bar{x})$. 根据命题 3.2, $-\nabla f_0(\bar{x})\in\widehat{N}_C(\bar{x})$ 等价于 (5.19). 又由于 $N_C(\bar{x})\supset\widehat{N}_C(\bar{x})$, (5.20) 成立. 当 C 是凸集合时, 由定理 3.1 知, (5.19) 与 (5.20) 均等价于 (5.21). 由不等式 $f_0(x)\geqslant f_0(\bar{x})+\langle\nabla f_0(\bar{x}),x-\bar{x}\rangle$, 可以得到上述的等价条件是 $\bar{x}$ 为全局最优解的充分条件. ■

变分不等式可以表示为广义方程, 互补问题是特殊的变分不等式.

例 5.5 (变分不等式与互补) 对任意集合 $C \subset \Re^n$ 及映射 $F: C \to \Re^n$, 下式

$$F(\bar{x}) + N_C(\bar{x}) \ni 0$$

是集合 C 与映射 F 的变分条件, 向量 $\bar{x} \in C$ 是广义方程的解. 当集合 C 是凸的, 关于集合 C 与映射 F 的变分不等式也是凸的, 这是因为

$$\text{对所有的} x \in C, \quad \text{有} \langle F(\bar{x}), x - \bar{x} \rangle \geqslant 0, \quad \bar{x} \in C,$$

即线性函数 $l(x) = \langle F(\bar{x}), x \rangle$ 相对于集合 C 在 $\bar{x}$ 处达到最小值.

特别地, 当 $C = \Re^n_+$ 时, 上述条件退化成了映射 F 的互补条件, 它可以记为

$$\bar{x}_j \geqslant 0, \bar{v}_j \geqslant 0, \bar{x}_j \bar{v}_j = 0, \quad \text{对} j = 1, \cdots, n \text{ 成立},$$

$$\text{这里 } \bar{v} = F(\bar{x}), \quad \bar{x} = (\bar{x}_1, \cdots, \bar{x}_n), \quad \bar{v} = (\bar{v}_1, \cdots, \bar{v}_n),$$

该互补条件也可以记为 $0 \leqslant \bar{x} \perp F(\bar{x}) \geqslant 0$.

证明 C 是凸集合的情况可以由定理 3.1 得到.

当 $C = \Re^n_+$ 时, 由条件 $\bar{v} + N_C(\bar{x}) \ni 0$ 可以推出 $-\bar{v}_j \in N_{\Re_+}(\bar{x}_j)$, $j = 1, \cdots, n$. 再由例 3.2 知, 当 $\bar{x}_j > 0$ 时, $\bar{v}_j = 0$; 当 $\bar{x}_j = 0$ 时, $\bar{v}_j \geqslant 0$. ■

推论 5.2 (Lagrange 乘子) 考虑下面的最小化问题

$$\begin{aligned} \min \quad & f_0(x) \\ \text{s.t.} \quad & x \in X; \\ & f_i(x) \in D_i, \quad i = 1, \cdots, m, \end{aligned}$$

这里 X 是 $\Re^n$ 中的闭集合, D_i 是 $\Re$ 中的闭区间, 函数 f_i 都是光滑函数. 令 $\bar{x}$ 为局部最优解, 且下述的约束规范在 $\bar{x}$ 处成立: 不存在非零向量 $y = (y_1, \cdots, y_m)$ 满足

$$-[y_1 \nabla f_1(\bar{x}) + \cdots + y_m \nabla f_m(\bar{x})] \in N_X(\bar{x})$$

及符号限制

$$\begin{cases} y_i = 0, & \text{若} f_i(\bar{x}) \text{是} D_i \text{的内部点}, \\ y_i \geqslant 0, & \text{若} f_i(\bar{x}) \text{仅仅是} D_i \text{的右端点}, \\ y_i \leqslant 0, & \text{若} f_i(\bar{x}) \text{仅仅是} D_i \text{的左端点}, \\ y_i \text{任意}, & \text{若} D_i \text{是单点集合}. \end{cases}$$

那么, 存在一向量 $\bar{y} = (\bar{y}_1, \cdots, \bar{y}_m)$ 满足这些符号限制, 并且

$$-[\nabla f_0(\bar{x}) + \bar{y}_1 \nabla f_1(\bar{x}) + \cdots + \bar{y}_m \nabla f_m(\bar{x})] \in N_X(\bar{x}).$$

证明 在定理 3.3 中取 $D = D_1 \times \cdots \times D_m$, 再由例 3.2 中法锥的公式可以得到结论. ■

对于 f_0 为下半连续函数的问题 $\min f_0(x), \text{s.t. } x \in C$ 的法锥和切锥表达的局部最优解的一阶必要性条件, 有如下定理.

定理 5.8(抽象约束问题的最优性) 考虑在闭集合 $C \subset \Re^n$ 上最小化一个正常的、下半连续函数 $f_0 : \Re^n \to \overline{\Re}$. 令 $\bar{x} \in C$ 且下面的约束规范在 $\bar{x}$ 处成立: 没有非零向量 v 满足 $v \in \partial^\infty f_0(\bar{x})$ 且 $-v \in N_C(\bar{x})$. 那么, 若 $\bar{x}$ 为局部最优点, 则有

$$\partial f_0(\bar{x}) + N_C(\bar{x}) \ni 0.$$

此时, 若函数 f_0 与集合 C 在 $\bar{x}$ 处正则, 上述条件等价于

$$\mathrm{d}f_0(\bar{x})(w) \geqslant 0 \text{对所有的} w \in T_C(\bar{x}) \text{成立}.$$

若函数 f_0 与集合 C 是凸的, 即使约束规范在 $\bar{x}$ 处不成立, 上述的两条件也是等价的, 它们是 $\bar{x}$ 为全局最优解的充分条件.

证明 考虑 $\Re^{n+1}$ 中的闭集合 $D = C \times \Re$, $E_0 = \text{epi } f_0$ 及 $E = D \cap E_0$. 若 f_0 与 C 是凸集合, 上述集合也是凸集合. 显然, f_0 在集合 C 中点 $\bar{x}$ 处取得局部 (全局) 最小值当且仅当函数 $l(x, \alpha) := \alpha$ 在集合 E 中点 $(\bar{x}, f_0(\bar{x}))$ 处取得局部 (全局) 最小值. 由于 l 是光滑的, 实际上是线性的并且 $\nabla l(\bar{x}, f_0(\bar{x})) = (0, 1)$, 我们可以应用定理 5.7 中的最优性条件. 首先要得到集合 E 在点 $(\bar{x}, f_0(\bar{x}))$ 处的切锥与法锥, 由定理 3.7, 约束规范

$$\left.\begin{array}{r} (y, -\eta) \in N_{E_0}(\bar{x}, f_0(\bar{x})) \\ -(y, -\eta) \in N_D(\bar{x}, f_0(\bar{x})) \end{array}\right\} \Longrightarrow (y, -\eta) = (0, 0)$$

保证了包含关系

$$\widehat{T}_E(\bar{x}, f_0(\bar{x})) \supset \widehat{T}_D(\bar{x}, f_0(\bar{x})) \cap \widehat{T}_{E_0}(\bar{x}, f_0(\bar{x})),$$

$$N_E(\bar{x}, f_0(\bar{x})) \subset N_D(\bar{x}, f_0(\bar{x})) + N_{E_0}(\bar{x}, f_0(\bar{x})).$$

再次应用定理 3.7, 当集合 D 与 E_0 在点 $(\bar{x}, f_0(\bar{x}))$ 处正则, 特别地, 当集合 D 与 E_0 是凸集合, 上面两式中相反的包含关系也成立. 因为 $D = C \times \Re$, $T_D(\bar{x}, f_0(\bar{x})) = T_C(\bar{x}) \times \Re$, $N_D(\bar{x}, f_0(\bar{x})) = N_C(\bar{x}) \times \{0\}$, 由定理 3.9(a) 与定理 3.11 知, $T_{E_0}(\bar{x}, f_0(\bar{x})) = \text{epi } \mathrm{d}f(\bar{x})$, $N_{E_0}(\bar{x}, f_0(\bar{x})) = \{\lambda(v, -1) : v \in \partial f_0(\bar{x}), \lambda > 0\} \cup \{(v, 0) : v \in \partial^\infty f_0(\bar{x})\}$. 定理 3.7 中的约束规范成立, 那么

$$T_D(\bar{x}, f_0(\bar{x})) \cap T_{E_0}(\bar{x}, f_0(\bar{x}))$$

$$
\begin{aligned}
&= [T_C(\bar{x}) \times \Re] \cap [\text{epi } \mathrm{d}f_0(\bar{x})],\\
&\quad N_D(\bar{x}, f_0(\bar{x})) + N_{E_0}(\bar{x}, f_0(\bar{x}))\\
&= \{(v', 0) : v' \in N_C(\bar{x}) + N_{E_0}(\bar{x}, f_0(\bar{x}))\}\\
&= \{(v', 0) : v' \in N_C(\bar{x})\}\\
&\quad + \{\lambda(v, -1) : v \in \partial f_0(\bar{x}), \lambda > 0\} \cup \{(v, 0) : v \in \partial^\infty f_0(\bar{x})\}.
\end{aligned}
$$

利用上述关系, 再把定理 5.7 中的最优性条件应用到在集合 E 上最小化函数 l 问题上可以证得该定理的结论. 对凸情况, 充分性条件可以由定理 3.1 及命题 3.10 直接得到. ■

对于正常函数 f 的无约束极小化问题, 有如下的 Fermat 原则.

定理 5.9 (广义的 Fermat 原则) 若正常函数 $f : \Re^n \to \overline{\Re}$ 在 $\bar{x}$ 取到局部最小值, 则

$$
\mathrm{d}f(\bar{x}) \geqslant 0, \quad \partial f(\bar{x}) \ni 0,
$$

这里第一个条件等价于 $\widehat{\partial} f(\bar{x}) \ni 0$, 进而得到了第二个条件. 若 f 是正则次可微的或者 f 是凸的, 上述条件都是等价的. 若 f 是凸函数, 上述条件是 $\bar{x}$ 是全局最优解 (即 $\bar{x} \in \mathrm{argmin} f$) 的充要条件.

若 $f = f_0 + g$, 其中 f_0 是光滑函数, 条件 $\mathrm{d}f(\bar{x}) \geqslant 0$ 具有形式 $-\langle \nabla f_0(\bar{x}), \cdot \rangle \leqslant \mathrm{d}g(\bar{x})$, 而且条件 $\partial f(\bar{x}) \ni 0$ 等价于 $\nabla f_0(\bar{x}) \in \partial g(\bar{x})$.

证明 本定理即为定理 5.8 中 $C = \Re^n$ 的情况, 这里给出一个直接的证明. 若对点 $\bar{x}$ 附近所有点 x 都有 $f(x) \geqslant f(\bar{x})$, 显然, 由定义 3.12, 对所有的 w, 有 $\mathrm{d}f(\bar{x})(w) \geqslant 0$. 事实上, $f(x) \geqslant f(\bar{x}) + \mathrm{o}(\|x - \bar{x}\|)$. 由定义 3.13, 有 $0 \in \widehat{\partial} f(\bar{x})$, 且 $\widehat{\partial} f(\bar{x}) \subset \partial f(\bar{x})$ 总是成立的. $\mathrm{d}f(\bar{x}) \geqslant 0$ 与 $0 \in \widehat{\partial} f(\bar{x})$ 的等价性可以由练习 3.6 得到, 同时在正则性条件下, $\partial f(\bar{x}) = \widehat{\partial} f(\bar{x})$ 可以由结论 3.4 得到. 正如命题 3.10 中, 若函数 f 是凸的, 等式 $\partial f(\bar{x}) = \widehat{\partial} f(\bar{x})$ 总是成立的. 再由次梯度的特点, $0 \in \partial f(\bar{x})$ 意味着对所有的 x, 有 $f(x) \geqslant f(\bar{x})$.

定理中的其他结论可以根据公式 $\partial f(\bar{x}) = \nabla f_0(\bar{x}) + \partial g(\bar{x})$ 及定义 3.12 中 $\mathrm{d}f(\bar{x})(w)$ 的定义得到. ■

例 5.6 (邻近映射的次梯度) *对任何正常函数 $f : \Re^n \to \overline{\Re}$ 及任何 $\lambda > 0$, 总是有*

$$
P_\lambda f(x) \subset (I + \lambda \partial f)^{-1}(x) \text{ 对所有的} x \text{成立}.
$$

当 f 是凸函数时, 上述包含关系成为等式.

证明 固定 x 及 λ, 令 $f_0(w) = (1/2\lambda)\|w - x\|^2$, 则函数 f_0 是凸的、光滑的, 并且 $\nabla f_0(w) = (w - x)/\lambda$. 在 $\Re^n$ 上最小化函数 $f_0 + f$, 这就是定理 5.9 后半部分的情况 (这里将 f 看做定理 5.9 中的 g). 条件 $-\nabla f_0(w) \in \partial f(w)$ 是 $w \in P_\lambda f(x)$ 成立

的必要条件. 并且当 f 是凸函数时, 该条件也是充分的. 因为 $\nabla f_0(w) = (w-x)/\lambda$, 该条件可以写成 $x \in (I + \lambda\partial f)(w)$, 或等价地, $w \in (I + \partial f)^{-1}(x)$. ■

下面的例子给出复合函数优化问题的局部极小点的一阶必要性条件.

例 5.7(复合的 Lagrange 乘子法则) 考虑下面的问题:

$$\min_{x\in X} f_0(x) + \theta(f_1(x), \cdots, f_m(x)),$$

这里 X 是 $\Re^n$ 中的闭子集, f_i 是 $\Re^n$ 上的光滑函数, 并且 θ 是 $\Re^m$ 上的正常的、下半连续的凸函数. 这个问题相当于在 $\Re^n$ 上最小化函数

$$f(x) := \delta_X(x) + f_0(x) + \theta(F(x)),$$

这里 $F = (f_1, \cdots, f_m)$. 令 $D = \mathrm{dom}\theta$(凸的), 问题的可行解集是 $C := \{x \in X : F(x) \in D\}$, 则对满足下面约束规范的 $\bar{x} \in C$,

$$-\mathcal{J}F(\bar{x})^*y \in N_X(\bar{x}), \quad y \in N_D(F(\bar{x})) \Longrightarrow y = 0,$$

有下面的包含关系成立

$$\partial f(\bar{x}) \subset \left\{\nabla f_0(\bar{x}) + \mathcal{J}F(\bar{x})^*y : y \in N_D(F(\bar{x}))\right\} + N_X(\bar{x}),$$

$$\partial^\infty f(\bar{x}) \subset \left\{\mathcal{J}F(\bar{x})^*y : y \in N_D(F(\bar{x}))\right\} + N_X(\bar{x}),$$

当 X 在 $\bar{x}$ 处正则时 (当 X 是凸集合, 特别地 $X = \Re^n$), 上述的包含关系为等式.

因此, f 在满足约束规范的点 $\bar{x}$ 处取得局部最小值的必要条件是存在向量 $\bar{y}$ 满足

$$-[\nabla f_0(\bar{x}) + \mathcal{J}F(\bar{x})^*\bar{y}] \in N_X(\bar{x}) \text{且} \bar{y} \in \partial\theta(F(\bar{x})).$$

当集合 X 与函数 f 都是凸的, 即使 $\bar{x}$ 处的约束规范不成立, 存在向量 $\bar{y}$ 满足上述条件也是 f 在 $\bar{x}$ 处取到全局最小值的充分条件.

证明 定义函数 $G(x) = (x, f_0(x), f_1(x), \cdots, f_m(x))$ 与 $g(x, u_0, u_1, \cdots, u_m) = \delta_X(x) + u_0 + \theta(u_1, \cdots, u_m)$. 由于 G 是光滑的, g 是下半连续正常的, 则 $f(x) = g(G(x))$. 函数 g 的次梯度可由公式 $\partial^\infty\theta(u) = N_D(u)$ 确定. 由定理 3.18 中的链式法则可以得到 $\partial f(\bar{x})$ 与 $\partial^\infty f(\bar{x})$ 的包含关系及等式关系; 此时的约束规范相当于存在非零向量 $y \in \partial^\infty g(G(\bar{x}))$ 满足 $\mathcal{J}G(\bar{x})^*y = 0$. 必要性条件可由上述公式及定理 5.9 中广义情况下的 Fermat 原则直接得到. 当 X 在 $\bar{x}$ 处正则, 即使在 $\bar{x}$ 处约束规范不成立, 也有

$$\widehat{\partial} f(\bar{x}) \supset \left\{\nabla f_0(\bar{x}) + \mathcal{J}F(\bar{x})^*y : y \in N_D(F(\bar{x}))\right\} + N_X(\bar{x}),$$

此时, 乘子法则即为 $0 \in \widehat{\partial} f(\bar{x})$. 若函数 f 是凸的, 由定理 5.9, $0 \in \widehat{\partial} f(\bar{x})$ 等价于 $\bar{x} \in \operatorname{argmin} f$. ■

不同于例 5.7, 下面的练习中 f_0 与 F 为不可微函数.

练习 5.3 (非光滑 Lagrange 乘子法则) 对非空闭凸集合 $X \subset \Re^n$ 及严格连续函数 $f_0 : \Re^n \to \Re$ 和 $F : \Re^n \to \Re^m$, 这里 $F = (f_1, \cdots, f_m)$, 考虑下面的最小化问题

$$\min_{x \in X} f_0(x) + \theta(F(x)),$$

这里 $\theta : \Re^m \to \overline{\Re}$ 是正常的、下半连续凸函数, 且有效域为 D(作为特殊情况, 可以取 $\theta = \delta_D$). 假设 $\bar{x}$ 是局部最优解, 且在 $\bar{x}$ 处下述约束规范成立:

$$0 \in \partial(yF)(\bar{x}) + N_X(\bar{x}),\ y \in N_D(F(\bar{x})) \Longrightarrow y = 0.$$

则存在一向量 $\bar{y}$ 使得

$$0 \in \partial(f_0 + \bar{y}F)(\bar{x}) + N_X(\bar{x}),\ y \in \partial\theta(F(\bar{x})).$$

进一步, 这样的向量 $\bar{y}$ 所构成的集合是紧致的.

证明　事实上, 上述最小化问题等价于在 $\Re^n$ 上最小化函数 $f = g \circ G$, 这里

$$G(x) = (f_0(x), f_1(x), \cdots, f_m(x), x),$$
$$g(w_0, w_1, \cdots, w_m, x) = w_0 + \theta(w_1, \cdots, w_m, x) + \delta_X(x).$$

因此, 函数 G 是严格连续的. 根据命题 3.10, $\partial^\infty \theta = N_D$, 有 $\partial^\infty g(\bar{w}_0, \bar{w}_1, \cdots, \bar{w}_m, \bar{x})$ 与 $\partial g(\bar{w}_0, \bar{w}_1, \cdots, \bar{w}_m, \bar{x})$ 分别是下述两个集合

$$\Big\{(0, y_1, \cdots, y_m, v) | (y_1, \cdots, y_m) \in N_D(\bar{w}_1, \cdots, \bar{w}_m), v \in N_X(\bar{x})\Big\},$$
$$\Big\{(1, y_1, \cdots, y_m, v) | (y_1, \cdots, y_m) \in \partial\theta(\bar{w}_1, \cdots, \bar{w}_m), v \in N_X(\bar{x})\Big\}.$$

可以证明, 在所述的约束规范成立的前提下,

$$\partial f(\bar{x}) \subset \cup\{\partial(yG)(\bar{x}) : y \in \partial g(G(\bar{x}))\} \tag{5.22}$$

与

$$\partial^\infty f(\bar{x}) \subset \cup\{\partial(yG)(\bar{x}) : y \in \partial^\infty g(G(\bar{x}))\}. \tag{5.23}$$

于是根据定理 5.9 中的一阶必要性条件 $0 \in \partial f(\bar{x})$ 可知存在一向量 $\bar{y} \in \partial\theta(F(\bar{x}))$, 满足 $0 \in \partial(f_0 + \bar{y}F)(\bar{x}) + N_X(\bar{x})$. 紧致性结论用反证法可以得到.

5.2.2 序列最小化问题的收敛性

命题 5.4 (最小化问题中的上图收敛特点) *函数 f^ν, f 定义在 $\Re^n$ 上, f 是下半连续的, 有*

(a) $\text{e-}\liminf_\nu f^\nu \geqslant f$ 当且仅当对每个紧致集合 $B\subset\Re^n$, 有 $\liminf_\nu(\inf_B f^\nu)\geqslant\inf_B f$;

(b) $\text{e-}\limsup_\nu f^\nu \leqslant f$ 当且仅当对每个开集合 $\mathcal{O}\subset\Re^n$, 有 $\limsup_\nu(\inf_{\mathcal{O}} f^\nu)\leqslant\inf_{\mathcal{O}} f$. 因此, $\text{e-}\lim_\nu f^\nu = f$ 当且仅当条件 (a) 与 (b) 成立.

证明 依赖于定义 2.10 中的几何性质, 用几何思想证明结论. 把定理 2.1 中的准则应用于函数 f^ν 与 f 的上图. 定义圆柱体 $\mathbf{B}^+((x,\alpha),\delta):=\mathbf{B}(x,\delta)\times[\alpha-\delta,\alpha+\delta]$. 由于 $\mathbf{B}((x,\alpha),\delta)\subset\mathbf{B}^+((x,\alpha),\delta)\subset\sqrt{2}\mathbf{B}((x,\alpha),\delta)$, 在应用定理 2.1(a′) 与 (b′) 时, 可将通常的 $\Re^{n+1}$ 中的单位球 $\mathbf{B}((x,\alpha),\delta)$ 取为圆柱体 $\mathbf{B}^+((x,\alpha),\delta)$.

(a) 的必要性. 假设 $\limsup_\nu(\text{epi } f^\nu)\subset\text{epi } f$, 对于任何紧致集合 $B\subset\Re^n$ 和 $\alpha\in\Re$ 满足 $\inf_B f>\alpha$. $\Re^{n+1}$ 中的紧致集合 (B,α) 与 epi f 不相交. 由定理 2.1(b) 知, 存在指标集 $N\in\mathcal{N}_\infty$ 满足对所有的 $\nu\in N$, (B,α) 与 epi f^ν 也不相交. 这意味着 $\inf_B f^\nu\geqslant\alpha$. 从而有结论 $\liminf_\nu(\inf_B f^\nu)\geqslant\inf_B f$.

(a) 的充分性. 对于任何与 epi f 不相交的圆柱 $\mathbf{B}^+((x,\alpha),\delta)$, 由于 f 是下半连续的, 从而 epi f 是闭的, 有 $\inf_{\mathbf{B}(x,\delta)} f>\alpha+\delta$. 由于球 $\mathbf{B}(x,\delta)$ 是 $\Re^n$ 中的紧致集合, 由假设有 $\liminf_\nu(\inf_{\mathbf{B}(x,\delta)} f^\nu)>\alpha+\delta$. 因此, 存在指标集 $N\in\mathcal{N}_\infty$ 使得对所有的 $\nu\in N$ 有 $\inf_{\mathbf{B}(x,\delta)} f^\nu>\alpha+\delta$. 则对任何 $\nu\in N$, 圆柱 $\mathbf{B}^+((x,\alpha),\delta))$ 与 epi f^ν 不相交. 由定理 2.1(b′), 得结论 $\limsup_\nu(\text{epi } f^\nu)\subset$ epi f.

(b) 的必要性. 假设 $\liminf_\nu(\text{epi } f^\nu)\supset$ epi f. 对于任意开集合 $\mathcal{O}\subset\Re^n$ 及 $\alpha\in\Re$ 满足 $\inf_{\mathcal{O}} f<\alpha$. 集合 $\mathcal{O}\times(-\infty,\alpha)$ 是 $\Re^{n+1}$ 中的开集且与 epi$f$ 相交. 进而由定理 2.1 (a) 中的条件, 存在指标集 $N\in\mathcal{N}_\infty$, 使得对所有的 $\nu\in N$, 集合 $\mathcal{O}$ 与 epi f^ν 相交. 从而 $\inf_{\mathcal{O}} f^\nu<\alpha$, $\limsup_\nu(\inf_{\mathcal{O}} f^\nu)\leqslant\inf_{\mathcal{O}} f$.

(b) 的充分性. 考虑任何与 epi$f$ 相交且具有形式 $\text{int}\mathbf{B}^+((x,\alpha),\delta))$ 的开圆柱, 这意味着 $\inf_{\text{int}\mathbf{B}(x,\delta)} f<\alpha+\delta$. 由假设条件知, 存在一指标集合 $N\in\mathcal{N}_\infty$ 满足对所有的 $\nu\in N$, 有 $\inf_{\text{int}\mathbf{B}(x,\delta)} f^\nu<\alpha+\delta$. 那么对所有的 $\nu\in N$, 集合 $\text{int}\mathbf{B}^+((x,\alpha),\delta))$ 与 epi$f$ 相交. 由定理 2.1(a′) 知 $\liminf_\nu(\text{epi } f^\nu)\supset$ epi$f$. ■

讨论算法的收敛性时, 保证函数序列极小值收敛到其极限函数的最小值的性质是非常重要的, 但仅仅上图收敛是不足够的. 比如图 5.2.1 中的简单例子仅仅考虑了凸函数序列, 图例说明了 $f^\nu\xrightarrow{e}f$ 但是 $\inf f^\nu\not\to\inf f$. 空间 $\Re^1$ 上的函数 $f^\nu(x)=\max\{\nu^{-1}x,-1\}$ 有如下的性质 $f^\nu\xrightarrow{e}f\equiv 0$, 并且对所有的 ν, 有 $\inf f^\nu=-1$, 显然 $\inf f^\nu$ 不收敛于 inf. 其原因是函数列 f^ν 的水平集合的无界性, 故此情况的分析需要某些 "水平有界性" 的条件.

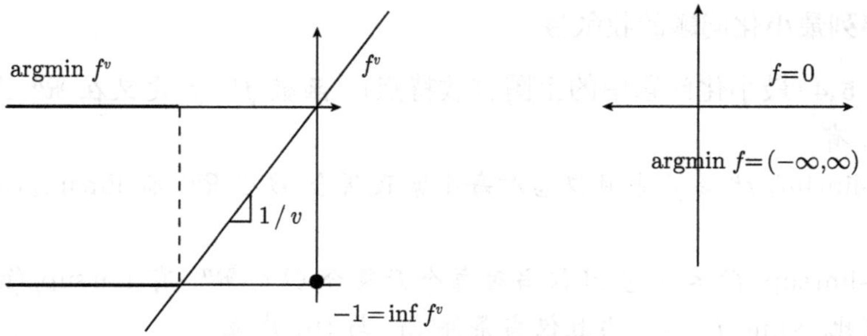

图 5.2.1　凸函数上图收敛, 但最优值不收敛

在考虑序列极小化问题时, 除非 argmin$f$ 是单点集合, 否则很难找到条件满足下式

$$\lim_{\nu}(\text{argmin } f^{\nu}) = \text{argmin } f.$$

因此, 通常考虑的是满足下式的条件

$$\text{limsup}_{\nu}(\text{argmin } f^{\nu}) \subset \text{argmin } f.$$

上述包含关系表明, 如果 x^{ν} 是 f^{ν} 的最优点, 则 $\{x^{\nu}\}_{\nu \in N}$ 的任何聚点 x 都是 f 的最优点. 例如, 图 5.2.2 所示, 尽管函数 f^{ν} 上图收敛到 f, 甚至在 $\Re$ 上一致地逐点收敛到 f, 但并不是 argmin f 中的每一个点均是 argminf^{ν} 中点列的聚点.

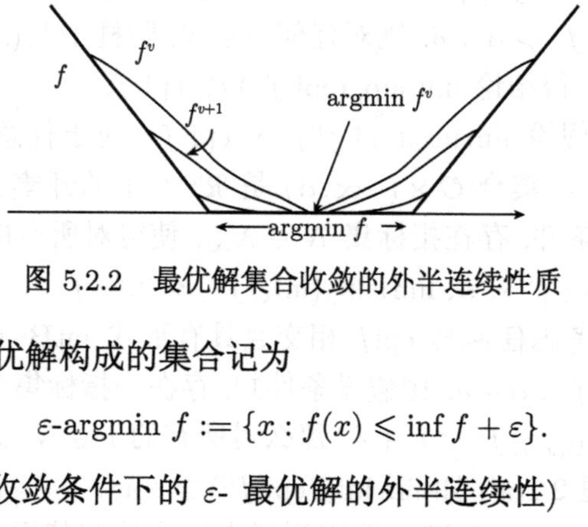

图 5.2.2　最优解集合收敛的外半连续性质

函数 f 的 ε- 最优解构成的集合记为

$$\varepsilon\text{-argmin } f := \{x : f(x) \leqslant \inf f + \varepsilon\}.$$

命题 5.5 (连续收敛条件下的 ε- 最优解的外半连续性)　若 e-limsup$_{\nu} f^{\nu} \leqslant f$, 则

$$\limsup_{\nu}(\inf f^{\nu}) \leqslant \inf f.$$

进一步, 若对任意 $\varepsilon^{\nu} \searrow 0$, 满足只要 $N \in \mathcal{N}_{\infty}^{\#}$, $x^{\nu} \xrightarrow{N} x$, $x^{\nu} \in \varepsilon^{\nu}$-argmin$f^{\nu}$, 就有 $f^{\nu}(x^{\nu}) \xrightarrow{N} f(x)$, 则有包含关系

$$\limsup_{\nu}(\varepsilon^{\nu}\text{-argmin} f^{\nu}) \subset \text{argmin} f.$$

证明 第一个结论是命题 5.4(b) 中 $\mathcal{O}=\Re^n$ 的具体化. 对第二个结论, 假设序列 $\varepsilon^\nu \searrow 0$ 具有命题中的性质, 只需证明如果 $x^\nu \in \varepsilon^\nu\text{-argmin } f^\nu, \forall \nu \in N \in \mathcal{N}_\infty^\#$, 且 $\lim_{\nu\in N} x^\nu = x$, 则有 $x \in \text{argmin } f$. 这样的点 x^ν 满足 $f^\nu(x^\nu) - \varepsilon^\nu \leqslant \inf f^\nu$, 由假设条件可以得到 $\lim_{\nu\in N} f^\nu(x^\nu) = f(x)$. 那么 $f(x) \leqslant \limsup_{\nu\in N}(\inf f^\nu)$, 又由于 $\limsup_{\nu\in N}(\inf f^\nu) \leqslant \inf f$. 因此 $f(x) \leqslant \inf f$, 从而 $x \in \text{argmin } f$. ■

定理 5.10 (上图收敛条件下的 ε- 最优解的外半连续性) *假设* $f^\nu \xrightarrow{e} f$ *且* $-\infty < \inf f < \infty$.

(a) $\inf f^\nu \to \inf f$ *当且仅当对每一个* $\varepsilon > 0$, *存在一紧致集合* $B \subset \Re^n$ *及指标集合* $N \in \mathcal{N}_\infty$, *对所有的* $\nu \in N$ *有*

$$\inf_B f^\nu \leqslant \inf f^\nu + \varepsilon.$$

(b) *对每个* $\varepsilon \geqslant 0$, $\limsup_\nu(\varepsilon\text{-argmin} f^\nu) \subset \varepsilon\text{-argmin} f$, *进而, 当* $\varepsilon^\nu \searrow 0$ *时*,

$$\limsup_\nu(\varepsilon^\nu\text{-argmin} f^\nu) \subset \text{argmin} f.$$

(c) *在* $\inf f^\nu \to \inf f$ *成立的条件下, 存在一序列* $\varepsilon^\nu \searrow 0$ *满足* $\varepsilon^\nu\text{–argmin} f^\nu \to \text{argmin} f$. *反之, 若存在这样的序列* ε^ν *且* $\text{argmin} f \neq \varnothing$, *则* $\inf f^\nu \to \inf f$.

证明 (a) 的充分性. 由命题 5.5, 有 $\limsup_\nu(\inf f^\nu) \leqslant \inf f$. 另一方面, (a) 中的不等式结合命题 5.4(a) 中的性质, 有

$$\liminf_\nu(\inf f^\nu) + \varepsilon \geqslant \liminf_\nu(\inf_B f^\nu) \geqslant \inf_B f \geqslant \inf f.$$

由于上述结论对任何 ε 都成立, 所以有 $\lim_\nu(\inf f^\nu) = \inf f$ 成立.

(a) 的必要性. 由假设 $\inf f^\nu \to \inf f$, 我们只需证明对任何 $\delta > 0$, 存在紧致集合 B 使得 $\limsup_\nu(\inf_B f^\nu) \leqslant \inf f + \delta$. 任取 x 满足 $f(x) \leqslant \inf f + \delta$. 由于 $f^\nu \xrightarrow{e} f$, 由命题 2.14 知, 存在一序列 $x^\nu \to x$ 满足 $\limsup_\nu f^\nu(x^\nu) \leqslant f(x)$. 令 B 为充分大的紧致集合, 使得它包含所有的 x^ν 点. 那么对所有的 ν, 有 $\inf_B f^\nu \leqslant f^\nu(x^\nu)$, 从而 B 有假设中要求的性质.

(b) 的证明. 固定 $\varepsilon \geqslant 0$. 令 $x^\nu \in \varepsilon\text{-argmin } f^\nu$. 序列 $\{x^\nu\}_{\nu\in\mathbf{N}}$ 的聚点 $\bar{x}$ 满足

$$\begin{aligned} f(\bar{x}) &\leqslant \liminf_\nu f^\nu(x^\nu) \leqslant \limsup_\nu f^\nu(x^\nu) \\ &\leqslant \limsup_\nu(\inf f^\nu + \varepsilon) \leqslant \inf + \varepsilon, \end{aligned}$$

第一个不等式可由上图收敛性得到, 最后一个不等式由命题 5.5 得到. 从而 $\bar{x} \in \varepsilon\text{-argmin } f$, $\limsup_\nu(\varepsilon\text{-argmin } f^\nu) \subset \varepsilon\text{-argmin } f$. 由于集合 $\{\varepsilon\text{-argmin } f^\nu\}_{\varepsilon\geqslant 0}$ 是相互嵌套的, 则包含关系 $\limsup_\nu \varepsilon^\nu\text{-argmin } f^\nu \subset \text{argmin } f$ 成立.

(c) 的证明. 假设 $\bar{\alpha}^\nu := \inf f^\nu \to \inf f =: \bar{\alpha}$. 由假设, 有 $\bar{\alpha} \in \Re$; 从而对 ν 充分大, $\bar{\alpha}^\nu$ 是有限的. 由水平集合的收敛性, 存在序列 $\alpha^\nu \searrow \bar{\alpha}$ 满足 $\mathrm{lev}_{\leqslant \alpha^\nu} f^\nu \to \mathrm{lev}_{\leqslant \bar{\alpha}} f = \mathrm{argmin}\, f$. 令 $\varepsilon^\nu := \alpha^\nu - \bar{\alpha}^\nu$.

反过来, 假设存在序列 $\varepsilon^\nu \searrow 0$ 满足 ε^ν-argmin $f^\nu \to$ argmin $f \neq \varnothing$. 对任何 $x \in \mathrm{argmin} f$, 可以选取 $x^\nu \in \varepsilon^\nu$-argmin f^ν 满足 $x^\nu \to x$. 由于 $f^\nu \xrightarrow{\mathrm{e}} f$, 得到

$$\inf f = f(x) \leqslant \liminf_\nu f^\nu(x^\nu) \leqslant \liminf_\nu (\inf f^\nu + \varepsilon^\nu)$$

$$\leqslant \liminf_\nu (\inf f^\nu) \leqslant \limsup_\nu (\inf f^\nu) \leqslant \inf f,$$

最后一个不等式由命题 5.5 得到. ■

练习 5.4 (最终水平有界)

(a) 如果存在一水平有界函数 g 有当 ν 充分大以后, $f^\nu \geqslant g$, 或如果集合序列 $\mathrm{dom} f^\nu$ 是最终有界的, 则序列 $\{f^\nu\}_{\nu \in \mathbf{N}}$ 是最终水平有界的①.

(b) 若序列 $\{f^\nu\}_{\nu \in \mathbf{N}}$ 是最终水平有界的, 且 $f^\nu \xrightarrow{\mathrm{e}} f$, 则 f 是水平有界的, 函数 f 实际上是下紧致的 (inf-compact)②.

(c) 若 $f^\nu \xrightarrow{\mathrm{e}} f$, 且 f 是水平有界的, $f \not\equiv \infty$, 并且所有的集合 $\mathrm{lev}_{\leqslant \alpha} f^\nu$ 是连通的 (比如 f^ν 都是凸函数), 则序列 $\{f^\nu\}_{\nu \in \mathbf{N}}$ 是最终水平有界的.

证明 (a) 可以由水平有界的定义得出. 结论 (b) 亦容易证得. (c) 的证明利用结论: 如果 $C^\nu \subset \Re^n$ 是连通的且 $\limsup_\nu C^\nu$ 是非空有界的, 则存在一有界集合 $B \subset \Re^n$ 与一指标集合 $N \in \mathcal{N}_\infty$ 满足 $C^\nu \subset B$ 对所有 $\nu \in N$ 成立. ■

定理 5.11 (最小化问题中的收敛性, 最终有界条件下的极小化收敛性) 假设序列 $\{f^\nu\}_{\nu \in \mathbf{N}}$ 是最终水平有界的, $f^\nu \xrightarrow{\mathrm{e}} f$ 且 f^ν 与 f 是下半连续的、正常的. 则

$$\inf f^\nu \to \inf f(\text{有限}).$$

同时, 对指标集合 $N \in \mathcal{N}_\infty, \nu \in N$, 集合 $\mathrm{argmin} f^\nu$ 是非空的, 并且

$$\limsup_\nu (\mathrm{argmin} f^\nu) \subset \mathrm{argmin} f.$$

事实上, 对任意序列 $\varepsilon^\nu \searrow 0$, $x^\nu \in \varepsilon^\nu\text{-}\mathrm{argmin} f^\nu$, 序列 $\{x^\nu\}_{\nu \in \mathbf{N}}$ 是有界的, 且它的所有聚点都在集合$\mathrm{argmin} f$ 中. 若$\mathrm{argmin} f$ 由单点集合 $\bar{x}$ 构成, 则有 $x^\nu \to \bar{x}$.

证明 取命题 5.4(b) 中 $\mathcal{O} = \Re^n$, 我们有 $\limsup_\nu (\inf f^\nu) \leqslant \inf f$. 从而存在 $\widehat{\alpha} \in \Re$ 满足对所有的 ν, 有 $\inf f^\nu < \widehat{\alpha}$. 由最终水平有界性的定义, 存在一指标集 $N \in \mathcal{N}_\infty$ 及紧致集 B 使得对所有的 $\nu \in N$, $\mathrm{lev}_{\leqslant \widehat{\alpha}} f^\nu \subset B$. 所以对所有的 $\nu \in N$, $\inf f^\nu = \inf_B f^\nu$. 由命题 5.5, 有 $\inf f^\nu \to \inf f$ 成立.

---

①函数列 $\{f^\nu\}_{\nu \in \mathbf{N}}$ 称为最终水平有界的, 若对每个 $\alpha \in \Re$, 集合列 $\mathrm{lev}_{\leqslant \alpha} f^\nu$ 是最终有界的.

②若对所有的 $\alpha \in \Re$, 集合 $\mathrm{lev}_{\leqslant \alpha} f$ 都是紧致集, 则称 f 是下紧致的.

有对所有的 $\nu \in N$, argmin $f^\nu = \text{argmin}_B f^\nu = \text{argmin}(f + \delta_B)$. 由定理 1.2 知, 这些集合是非空的. 同样的, 由练习 5.4(b), f 是下紧致的, 所以 argmin $f \neq \emptyset$. 对 $\varepsilon^\nu \searrow 0$, ν 充分大以后有 $\inf f^\nu + \varepsilon^\nu < \widehat{\alpha}$; 即有 ε^ν-argmin $f^\nu \subset B$. 由定理 5.10(b) 知结论成立. ■

5.2.3 样本均值函数序列的收敛性

随机规划中一类重要的方法是样本均值近似方法 (sample average approximation, SAA), 这一方法中的一个核心的问题是样本均值函数序列到期望值函数的收敛性. 这一节讨论这一问题, 素材取自专著 [51].

考虑定义在概率空间 $(\Omega, \mathcal{F}, P)$ 上的 d 维随机向量序列 $\xi^i = \xi^i(\omega)$, $i \in \mathbf{N}$. 可视 ξ^i 为赋予 Borel Sigma 代数 $\mathcal{B}$ 的被 $\Xi \in \Re^d$ 支撑的随机向量.

称 $\xi^i, i \in \mathbf{N}$ 同分布, 若每一 ξ^i 在 $(\Xi, \mathcal{B})$ 上均有相同的概率分布. 若 $\xi^i, i \in \mathbf{N}$ 还是独立的, 则称它们是独立同分布的 (简称 iid). 设 $F: \Xi \to \Re$ 为可测函数, 随机变量序列 $F(\xi^i)$, $i \in \mathbf{N}$, 其期望值 $\mathbb{E}[F(\xi^i)]$ 是常数, 即 $\mathbb{E}[F(\xi^i)] = \mathbb{E}[F(\xi^1)]$, $\forall i \in \mathbf{N}$.

回顾**大数定律 (LLN)**: 若 ξ^i 是同分布的, 期望 $\mathbb{E}[F(\xi^1)]$ 有定义, 则在某些正则条件下有

$$N^{-1}\sum_{i=1}^{N} F(\xi^i) \to \mathbb{E}[F(\xi^1)] \text{ w.p.1}, \quad N \to \infty. \tag{5.24}$$

尤其, 经典的大数定律表明, 若 ξ^i 是独立同分布的, 则收敛式 (5.24) 成立.

考虑随机函数 $F: X \times \Xi \to \Re$, $X \subset \Re^n$ 是一非空子集合, $\xi = \xi(\omega)$ 是支撑为 Ξ 的一随机向量. 设相应的期望值函数

$$f(x) := \mathbb{E}[F(x, \xi)]$$

对每一 $x \in X$ 均是有定义的且有限的. 设 $\xi^i = \xi^i(\omega), i \in \mathbf{N}$ 是与 ξ 具有同分布的独立同分布的随机向量序列, 定义

$$\widehat{f}_N(x) = N^{-1}\sum_{i=1}^{N} F(x, \xi^i) \tag{5.25}$$

为样本均值函数. 注意 $\widehat{f}_N(x)$ 依赖于随机序列 ξ^i, 因而是随机函数, 由于 $\xi = \xi(\omega)$ 定义在相同的概率空间, 可视 $\widehat{f}_N(x) = \widehat{f}_N(x, \omega)$ 为关于 $(x, \omega) \in X \times \Omega$ 的函数列.

对每一固定的 $x \in X$, 大数律成立, 即

$$\widehat{f}_N(x) \to f(x) \text{ w.p.1}, \quad N \to \infty. \tag{5.26}$$

这意味着, 对几乎每一 $\omega \in \Omega$, $\widehat{f}_N(x, \omega)$ 收敛到 $f(x)$. 或: $\forall \varepsilon > 0$, 对几乎每一 $\omega \in \Omega$, 存在 $N^* = N^*(\varepsilon, \omega, x)$,

$$|\widehat{f}_N(x) - f(x)| < \varepsilon, \quad \forall N \geqslant N^*.$$

(5.26) 被称为逐点大数率.

称 $\widehat{f}_N(x)$ 在 X 上一致地, 以概率 1 收敛到 $f(x)$, 若

$$\sup_{x\in X}|\widehat{f}_N(x)-f(x)|\to 0 \text{ w.p.1},\quad N\to\infty. \tag{5.27}$$

下面给出样本均值函数序列的一致收敛定理.

定理 5.12　令 $X\subset\Re^n$ 是一非空的紧致子集合, 设

(a) 对任何 $x\in X$, 对几乎每一 $\xi\in\Xi$, $F(\cdot,\xi)$ 在 x 处是连续的.

(b) $F(x,\xi)$ 被一可积函数所控, 即存在一非负的可测函数 $g(\xi)$, 满足 $\mathbb{E}[g(\xi)]<\infty$, 且对每一 $x\in X$,

$$|F(x,\xi)|\leqslant g(\xi) \text{ w.p.1}.$$

(c) 样本是独立同分布的.

则期望值函数 $f(x)$ 是有限的且于 X 上连续, $\widehat{f}_N(x)$ 在 X 上一致地以概率 1 收敛到 $f(x)$.

证明　由假设 (b), $|f(x)|\leqslant\mathbb{E}[g(\xi)]$, 所以对所有 $x\in X$, $|f(x)|<+\infty$. 考虑 $x\in X$, 设 $x_k\xrightarrow{X}x$. 根据 Lebesgue 控制收敛定理, 由假设 (b) 可得

$$\lim_{k\to\infty}\mathbb{E}[F(x_k,\xi)]=\mathbb{E}[\lim_{k\to\infty}F(x_k,\xi)].$$

由于, 由 (a), $F(x_k,\xi)\to F(x,\xi)$, w.p.1, 所以 $f(x_k)\to f(x)$, 即 $f(x)$ 是连续的.

取 $\overline{x}\in X$, 以及收敛到 0 的正数序列 $\{\gamma_k\}$, 定义

$$V_k:=\{x\in X:\|x-\overline{x}\|\leqslant\gamma_k\}$$

与

$$\delta_k(\xi):=\sup_{x\in V_k}|F(x,\xi)-F(\overline{x},\xi)|. \tag{5.28}$$

根据假设, 对 a.e. $\xi\in\Xi$, 当 $k\to\infty$ 时, $\delta_k(\xi)\to 0$. 进一步, 有假设 (b), $\delta_k(\xi)$, $k\in\mathbf{N}$ 被一可积函数所控, 因此也由 Lebesgue 控制收敛定理得

$$\lim_{k\to\infty}\mathbb{E}[\delta_k(\xi)]=\mathbb{E}[\lim_{k\to\infty}\delta_k(\xi)]=0. \tag{5.29}$$

注意

$$|\widehat{f}_N(x)-\widehat{f}_N(\overline{x})|\leqslant\frac{1}{N}\sum_{i=1}^N|F(x,\xi^i)-F(\overline{x},\xi^i)|,$$

因此

$$\sup_{x\in V_k}|\widehat{f}_N(x)-\widehat{f}_N(\overline{x})|\leqslant\frac{1}{N}\sum_{i=1}^N\delta_k(\xi^i). \tag{5.30}$$

因序列 ξ^i 是独立同分布, 根据大数律得 (5.30) 的右端收敛到 $\mathbb{E}[\delta_k(\xi)]$ w.p.1, $N\to\infty$. 连同 (5.29) 可推出, $\forall\varepsilon>0$, $\exists W\in\mathcal{N}(\overline{x})$ 满足对充分大的 N,

$$\sup_{x\in W\cap X}|\widehat{f}_N(x)-\widehat{f}_N(\overline{x})|<\varepsilon,\quad \text{w.p.1.}$$

由于 X 是紧致的, 存在有限多个点 $x_1,\cdots,x_m\in X$ 及相应的邻域 $W_i\in\mathcal{N}(x_i),i=1,\cdots,m$, $\cup_{i=1}^m W_i\supset X$ 满足对充分大的 N,

$$\sup_{x\in W_j\cap X}|\widehat{f}_N(x)-\widehat{f}_N(x_j)|<\varepsilon,\quad j=1,\cdots,m,\quad \text{w.p.1.} \tag{5.31}$$

进一步, 由于 $f(x)$ 在 X 上是连续, 这些邻域 $W_1,\cdots,W_m$ 可选取为满足

$$\sup_{x\in W_j\cap X}|f(x)-f(x_j)|<\varepsilon,\quad j=1,\cdots,m,\quad \text{w.p.1,} \tag{5.32}$$

再次由大数律, $\widehat{f}_N(x)$ 以概率 1 逐点收敛到 $f(x)$. 因此对充分大的 N,

$$|\widehat{f}_N(x_j)-f(x_j)|<\varepsilon,\quad j=1,\cdots,m,\quad \text{w.p.1.} \tag{5.33}$$

根据 (5.31)~(5.33), 因此对充分大的 N,

$$\sup_{x\in X}|\widehat{f}_N(x)-f(x)|<3\varepsilon,\quad \text{w.p.1.}$$

由 $\varepsilon>0$ 的任意性, 得 (5.27) 成立. ■

对凸的随机函数 $F(\cdot,\xi)$, 期望值函数是凸函数, 有下述的样本均值函数序列的收敛性结论.

定理 5.13 设对几乎每一 $\xi\in\Xi$, 函数 $F(\cdot,\xi)$ 是增广实值凸函数, 期望值函数 $f(\cdot)$ 是下半连续的, $\text{int}(\text{dom}f)\neq\varnothing$, 逐点大数律成立. 则

$$\widehat{f}_N\xrightarrow{\text{e}}f,\ \text{w.p.1.}$$

证明 由 $F(\cdot,\xi)$ 的凸性可得 $f(\cdot)$ 是凸的且以概率 1 函数 $\widehat{f}_N(\cdot)$ 是凸的. 取 $\Re^n$ 的一可数的稠密子集 D. 根据逐点大数律, 对任何 $x\in D$, $\widehat{f}_N(x)\to f(x)$ w.p.1, $N\to\infty$. 这意味着存在 P- 测度 0 集 $\Upsilon_x\subset\Omega$ 满足对任何 $\omega\in\Omega\setminus\Upsilon_x$, $\widehat{f}_N(x,\omega)\to f(x)$, $N\to\infty$. 考虑集合 $\Upsilon:=\cup_{x\in D}\Upsilon_x$. 由于集合 D 是可数的, $P(\Upsilon_x)=0,\forall x\in D$, 所以 $P(\Upsilon)=0$. 对任何 $\omega\in\Omega\setminus\Upsilon$, 当 $N\to\infty$ 时, $\widehat{f}_N(x,\omega)$ 在 D 上逐点收敛到 $f(x)$. 由关于凸函数序列逐点收敛与上图收敛的关系的定理, 得 $\widehat{f}_N(\cdot,\omega)\xrightarrow{\text{e}}f(\cdot)$, $\forall\omega\in\Omega\setminus\Upsilon$. 即 $\widehat{f}_N(\cdot)\xrightarrow{\text{e}}f(\cdot)$ w.p.1. ■

可类似上述定理的证明, 可证得关于凸的期望值函数的样本均值函数序列一致收敛的下述定理.

定理 5.14 设随机函数 $F(x,\xi)$ 是凸的, X 是 $\Re^n$ 中的紧致子集. 设期望函数 $f(x)$ 在 X 的一邻域上是有限值的, 设 X 的邻域中的每一点 x, 逐点大数律成立. 则 $\widehat{f}_N(x)$ w.p.1 于 X 上一致收敛于 $f(x)$.

下述定理刻画的是样本均值函数序列的上图收敛大数律.

定理 5.15 假设:

(a) $F(x,\xi)$ 是随机下半连续的;

(b) 对每一 $\overline{x}\in\Re^n$, 存在 $\overline{x}$ 的一邻域 V 与一 P- 可积函数 $h:\Xi\to\Re$ 满足 $F(x,\xi)\geqslant h(\xi), \forall x\in V$, a.e. $\xi\in\Xi$;

(c) 样本是独立同分布的. 则

$$\widehat{f}_N \xrightarrow{\text{e}} f, \quad \text{w.p.1.}$$

证明 由假设 (b), 因为 $F(x,\cdot)$ 是可测的, 有 $f(x)$ 有定义, $f(x)>-\infty$. 由上图收敛的定义, 要验证对任意给定的 $\overline{x}\in\Re^n$,

(i) 对任意收敛到 $\overline{x}$ 的 x_k,

$$\liminf_{k\to\infty}\widehat{f}_k(x_k)\geqslant f(\overline{x}), \quad \text{w.p.1.}$$

(ii) 存在一收敛于 $\overline{x}$ 的 x_k 满足

$$\limsup_{k\to\infty}\widehat{f}_k(x_k)\leqslant f(\overline{x}), \quad \text{w.p.1.}$$

由强大数律, $\widehat{f}_N(\overline{x})\to f(\overline{x})$, w.p.1. 由此可推出 (ii). 现在来证明 (i). 对每一正数列 $\gamma_k\searrow 0$, 考虑 $V_k:=\{x\in\Re^n:\|x-\overline{x}\|\leqslant\gamma_k\}$, 令

$$\iota_k(\xi):=\inf_{x\in V_k}F(x,\xi), \quad k\in\mathbf{N}.$$

注意, $\iota_k(\xi)$ 是可测的, 对充分大的 k, 有 $\iota_k(\xi)\geqslant h(\xi)$ 对几乎所有的 $\xi\in\Xi$ 成立. 由 Fatou 引理与 $F(\cdot,\xi)$ 的下半连续性, 得

$$\liminf_{k\to\infty}\mathbb{E}[\iota_k(\xi)]\geqslant\mathbb{E}[\liminf_{k\to\infty}\iota_k(\xi)]\geqslant\mathbb{E}[F(\overline{x},\xi)]=f(\overline{x}). \tag{5.34}$$

所以, $\forall\varepsilon>0$, $\exists\overline{k}\in\mathbf{N}$ 满足

$$\mathbb{E}[\iota_k(\xi)]\geqslant f(\overline{x})-\varepsilon, \quad \forall k\geqslant\overline{k}. \tag{5.35}$$

对每一 $k\in\mathbf{N}$,

$$\inf_{x\in V_k}\widehat{f}_N(x)\geqslant\frac{1}{N}\sum_{i=1}^N\inf_{x\in V_k}F(x,\xi^i)=\frac{1}{N}\sum_{i=1}^N\iota_k(\xi^i). \tag{5.36}$$

由强大数律,

$$\frac{1}{N}\sum_{i=1}^{N}\iota_k(\xi^i)\to\mathbb{E}[\iota_k(\xi)],\quad \text{w.p.1.} \tag{5.37}$$

于是, $\forall\varepsilon>0$, 对 w.p.1 充分大的 k,

$$\inf_{x\in V_k}\widehat{f}_N(x)\geqslant f(\overline{x})-\varepsilon. \tag{5.38}$$

因此对任何收敛到 $\overline{x}$ 的序列 $\{x_N\}$, 有

$$\liminf_{N\to\infty}\widehat{f}_N(x)\geqslant f(\overline{x})-\varepsilon,\quad \text{w.p.1.} \tag{5.39}$$

由 ε 的任意性, 证得所需的条件 (i). ■

5.3 切锥的计算

5.3.1 凸函数水平集的切锥

在讨论集合 $\Phi=G^{-1}(K)$ 的切锥之前, 先考虑由一个约束函数定义的集合 S:

$$S=\{x\in X:g(x)\leqslant 0\},$$

其中 $g(\cdot)$ 是凸的下半连续函数. 下述命题将 S 的切锥用 $g(\cdot)$ 的一阶上图方向导数表示.

命题 5.6 设 $g:X\to\overline{\Re}$ 是一下半连续凸函数, 水平集 $S=\{x\in X:g(x)\leqslant 0\}$. 设 $g(x_0)=0$, 且存在 $\bar{x}$ 满足 $g(\bar{x})<0$(Slater 条件), 则

$$T_S(x_0)=\left\{h\in X:g^{\downarrow}(x_0,h)\leqslant 0\right\}. \tag{5.40}$$

证明 由于 g 是凸函数, 故集合 S 是凸集, 又因为 g 是下半连续的, 故集合 S 还是闭集. 注意到下述两个包含关系成立:

$$\left\{h\in X:g^{\downarrow}(x_0,h)<0\right\}\subset T_S(x_0), \tag{5.41}$$

$$T_S(x_0)\subset\left\{h\in X:g^{\downarrow}(x_0,h)\leqslant 0\right\}. \tag{5.42}$$

事实上, 若 $g^{\downarrow}(x_0,h)<0$, 存在 $t_n\downarrow 0$ 及 $h_n\to h$ 满足 $g(x_0+t_nh_n)<0$. 因此 $h_n\in\mathcal{R}_S(x_0)$, 从而 $h\in T_S(x_0)$, 即 (5.41) 成立. 令 $h\in T_S(x_0)$, 则存在序列 $\{h_n\}\subset\mathcal{R}_S(x_0)$ 满足 $h_n\to h$. 因为 $h_n\in\mathcal{R}_S(x_0)$, 存在 $t_n>0$, $x_0+t_nh_n\in S$, 因而有 $g(x_0+t_nh_n)\leqslant 0$. 取极限得到 $g^{\downarrow}(x_0,h)\leqslant 0$, 这就证得 (5.42).

只需证明, (5.41) 左端的拓扑包与 (5.42) 右端相同, 需要用到 Slater 条件. 考虑向量 $h \in X$ 满足 $g^{\downarrow}(x_0, h) \leqslant 0$, 则存在序列 $h_n \to h$, $\varepsilon_n \downarrow 0$ 及 $t_n \downarrow 0$ 满足 $g(x_0 + t_n h_n) \leqslant \varepsilon_n t_n$. 由 g 的凸性得到, 对所有的 $t \in [0, t_n]$ 有 $g(x_0 + th_n) \leqslant \varepsilon_n t$. 对满足 $\varepsilon_n/\alpha_n \to 0$ 的序列 $\alpha_n \downarrow 0$, 置

$$h'_n = \alpha_n(\bar{x} - x_0) + (1 - \alpha_n)h_n, \quad \beta_{n,t} := (1 - t\alpha_n)^{-1}(1 - \alpha_n).$$

由于

$$x_0 + th'_n = t\alpha_n\bar{x} + (1 - t\alpha_n)x_0 + t(1 - \alpha_n)h_n = (1 - t\alpha_n)(x_0 + t\beta_n h_n) + t\alpha_n\bar{x},$$

由 g 的凸性, 对 $t > 0$ 充分小, 有

$$g(x_0 + th'_n) \leqslant (1 - t\alpha_n)g(x_0 + t\beta_n h_n) + t\alpha_n g(\bar{x}).$$

对固定的 n, 对充分小的 $t > 0$, 有 $g(x_0 + t\beta_n h_n) \leqslant t\beta_n\varepsilon_n$. 得到 $g^{\downarrow}(x_0, h'_n) \leqslant (1 - \alpha_n)\varepsilon_n + \alpha_n g(\bar{x})$. 因为 $\varepsilon_n/\alpha_n \to 0$, 这意味着 $g^{\downarrow}(x_0, h'_n) < 0$, 因此 h'_n 属于 (5.41) 的左端. 因为 $h'_n \to h$, 得到结论. ■

下述命题将 S 的二阶切集与 $g(\cdot)$ 的二阶方向上图导数联系起来.

命题 5.7 设集合 $S := \{x \in X : g(x) \leqslant 0\}$, 其中 $g(\cdot)$ 是正常的下半连续凸函数. 令 $g(x_0) = 0$ 且 $g^{\downarrow}(x_0, h) = 0$, 设存在 $\bar{x}$ 满足 $g(\bar{x}) < 0$(Slater 条件). 则

$$T_S^2(x_0, h) = \{w \in X : g_-^{\downarrow\downarrow}(x_0; h, w) \leqslant 0\}, \tag{5.43}$$

$$T_S^{i,2}(x_0, h) = \{w \in X : g_+^{\downarrow\downarrow}(x_0; h, w) \leqslant 0\}. \tag{5.44}$$

证明 先证明 (5.43) 成立. 考虑 $w \in T_S^2(x_0, h)$, 选取序列 $t_n \downarrow 0, w_n \to w$ 满足 $x_0 + t_n h + \frac{1}{2}t_n^2 w_n \in S$, 因而有 $g\left(x_0 + t_n h + \frac{1}{2}t_n^2 w_n\right) \leqslant 0$. 则

$$g_-^{\downarrow\downarrow}(x_0; h, w) \leqslant \frac{g\left(x_0 + t_n h + \frac{1}{2}t_n^2 w_n\right)}{\frac{1}{2}t_n^2} + o(1) \leqslant o(1).$$

从而有 $g_-^{\downarrow\downarrow}(x_0; h, w) \leqslant 0$.

相反地, 先设 $g_-^{\downarrow\downarrow}(x_0; h, w) < 0$. 则存在 $t_n \downarrow 0, w_n \to w$, 有

$$g\left(x_0 + t_n h + \frac{1}{2}t_n^2 w_n\right) = \frac{1}{2}t_n^2 g_-^{\downarrow\downarrow}(x_0; h, w) + o(t_n^2),$$

对充分大的 $n, g\left(x_0 + t_n h + \frac{1}{2}t_n^2 w_n\right) < 0$. 所以

$$x_0 + t_n h + \frac{1}{2}t_n^2 w_n \in S,$$

即有 $w \in T_S^2(x_0, h)$.

现在设 $g_-^{\downarrow\downarrow}(x_0; h, w) = 0$, 则存在 $t_n \downarrow 0, w_n \to w$ 满足 $g\left(x_0 + t_n h + \frac{1}{2}t_n^2 w_n\right) = \mathrm{o}(t_n^2)$. 给定 $\alpha > 0$, 置 $w_\alpha = w + \alpha(\bar{x} - x_0)$. 由 g 的凸性可得, 对充分小的 $t \geqslant 0$, 满足 $1 - \frac{1}{2}\alpha t^2 > 0$,

$$g\left(x_0 + th + \frac{1}{2}t^2 w_\alpha\right) \leqslant \left(1 - \frac{1}{2}\alpha t^2\right)\gamma(t, w) + \frac{1}{2}\alpha t^2 g(\bar{x}), \tag{5.45}$$

其中

$$\gamma(t, w) = g\left(x_0 + t\left(1 - \frac{1}{2}\alpha t^2\right)^{-1} h + \frac{1}{2}t^2\left(1 - \frac{1}{2}\alpha t^2\right)^{-1} w\right).$$

定义 t'_n 与 w'_n 满足关系: $t'_n\left(1 - \frac{1}{2}\alpha t'^2_n\right)^{-1} = t_n$, 即 $t'_n = \alpha^{-1}t_n^{-1}\left(\sqrt{1 + 2\alpha t_n^2} - 1\right)^{-1}$ 与 $\left(1 - \frac{1}{2}\alpha t'^2_n\right)w'_n = w_n$. 则

$$\gamma(t'_n, w'_n) = g\left(x_0 + t_n h + \frac{1}{2}t_n^2 w_n\right) = \mathrm{o}(t_n^2).$$

由于 $t'_n \downarrow 0, w'_n + \alpha(\bar{x} - x_0) \to w_\alpha$ 及 $g(\bar{x}) < 0$, 由 (5.45), 对任意 $\alpha > 0$ 有

$$g_-^{\downarrow\downarrow}(x_0; h, w_\alpha) \leqslant \alpha g(\bar{x}) < 0,$$

因此有 $w_\alpha \in T_S^2(x_0, h)$. 因为 T_S^2 是闭的, 令 $\alpha \downarrow 0$, 得到 $w \in T_S^2(x_0, h)$. 这就完成了 (5.43) 的证明. ■

5.3.2 $\Phi = G^{-1}(K)$ 的切锥

本节基于稳定性结论, 即定理 4.28 来讨论约束集合 $\Phi = G^{-1}(K)$ 的切锥, 其中 K 是有限维 Hilbert 空间 Y 的闭凸子集, $G: X \to Y$ 是二阶连续可微的映射.

定理 5.16 设映射 $G: X \to Y$ 在点 $x_0 \in \Phi := G^{-1}(K)$ 处是连续可微的, 且 Robinson 约束规范 (4.131) 成立. 则 Φ 在 x_0 处的内切锥、切锥、正则切锥是重合的, 且

$$T_\Phi(x_0) = \{h \in X : \mathrm{D}G(x_0)h \in T_K(G(x_0))\}. \tag{5.46}$$

证明 记 $T' := \{h \in X : \mathrm{D}G(x_0)h \in T_K(G(x_0))\}$. 首先证明

$$T_\Phi(x_0) \subset \{h \in X : \mathrm{D}G(x_0)h \in T_K(G(x_0))\}. \tag{5.47}$$

$\forall h \in T_\Phi(x_0), \exists t_n \downarrow 0$, 满足 $d(x_0 + t_n h, \Phi) = \mathrm{o}(t_n)$. 因为 Robinson 约束规范 (4.131) 成立, 由定理 4.28 知 $d(G(x_0 + t_n h), K) = \mathrm{o}(t_n)$. 而 $G(x_0 + t_n h) = G(x_0) + t_n \mathrm{D}G(x_0)h + \mathrm{o}(t_n)$, 故 $d(G(x_0) + t_n \mathrm{D}G(x_0)h, K) = \mathrm{o}(t_n)$, 即 $h \in T'$.

因为 $T_\Phi^i(x_0)\subset T_\Phi(x_0)$, 只要证明

$$T'\subset T_\Phi^i(x_0), \tag{5.48}$$

就可证得切锥的表达式为 (5.46). 现在证明包含关系 (5.48). 设 $h\in X$ 满足 $\mathrm{D}G(x_0)h\in T_K(G(x_0))$. 因为 K 为闭凸集, 则 $T_K(G(x_0))=T_K^i(G(x_0))$, 因此 $d(G(x_0)+t\mathrm{D}G(x_0)h,K)=\mathrm{o}(t)$, 故 $d(G(x_0+th),K)=\mathrm{o}(t)$. 再由稳定性定理知 $d(x_0+th,\Phi)=\mathrm{o}(t)$, 此即 $h\in T_\Phi^i(x_0)$.

下面要证明正则切锥 $\widehat{T}_\Phi(x_0)$ 的表达式与切锥表达式 (5.46) 相同. 由于正则切锥 $\widehat{T}_\Phi(x_0)$ 包含在 $T_\Phi(x_0)$, 故只需证明 $T_\Phi(x_0)\subset\widehat{T}_\Phi(x_0)$. 考虑 $h\in T_\Phi(x_0)$. 令 $x_n\to x_0, x_n\in\Phi\backslash\{x_0\}, t_n\downarrow 0$. 有 $y_n=G(x_n)\in K$, 由于 G 是连续的, 有 $y_0=G(x_0)$. 进一步, 由于 G 是连续可微的, 有 $G(x_n+t_nh)=y_n+t_n\mathrm{D}G(x_0)h+\mathrm{o}(t_n)$. 由于集合 K 是凸的, 有 $T_K(y_0)=\widehat{T}_K(y_0)$. 所以, 因为 $\mathrm{D}G(x_0)h\in T_K(y_0)$, 存在序列 $z_n\in K$ 满足 $\|z_n-(y_n+t_n\mathrm{D}G(x_0)h)\|=\mathrm{o}(t_n)$. 从而

$$d\left(G(x_n+t_nh),K\right)\leqslant\|z_n-G(x_n+t_nh)\|=\mathrm{o}(t_n),$$

由 (4.132) 得 $d\left(x_n+t_nh,\Phi\right)=\mathrm{o}(t_n)$, 即存在 $w_n\in\Phi$ 满足 $(w_n-x_n)/t_n\to h$. 这表明 $h\in\widehat{T}_\Phi(x_0)$, 即得要证之结论. ■

5.3.3 $\Phi=G^{-1}(K)$ 的二阶切集

现在设

$$\Phi=G^{-1}(K)=\{x\in X:G(x)\in K\},$$

其中 K 是有限维 Hilbert 空间 Y 的闭凸子集, $G:X\to Y$ 是二阶连续可微的映射. 下述的公式给出用 K 的二阶切集表示的计算 Φ 的二阶切集的法则, 这里 $\varSigma$ 是收敛到 0 的正数序列的全体.

命题 5.8 设 $K\subset Y$ 是闭凸集, $G:X\to Y$ 是二阶连续可微的映射, $x_0\in\Phi=G^{-1}(K)$. 设 Robinson 约束规范 (即 $0\in\operatorname{int}\{G(x_0)+\mathrm{D}G(x_0)X-K\}$) 成立. 则对所有的 $h\in X$ 与任意的序列 $\sigma=\{t_n\}\in\varSigma$,

$$T_\Phi^{i,2,\sigma}(x_0,h)=\mathrm{D}G(x_0)^{-1}[T_K^{i,2,\sigma}(G(x_0),\mathrm{D}G(x_0)h)-\mathrm{D}^2G(x_0)(h,h)]. \tag{5.49}$$

证明 考虑点 $w\in T_\Phi^{i,2,\sigma}(x_0,h)$, 令 $x_n=x_0+t_nh+\dfrac{1}{2}t_n^2w$ 是相应的抛物序列. 由 G 的二阶 Taylor 展开, 有

$$G(x_n)=G(x_0)+t_n\mathrm{D}G(x_0)h+\frac{1}{2}t_n^2[\mathrm{D}G(x_0)w+\mathrm{D}^2G(x_0)(h,h)]+\mathrm{o}(t_n^2). \tag{5.50}$$

因为 G 是连续可微的, 因此是局部 Lipschitz 连续的且 $d(x_n, \Phi) = \mathrm{o}(t_n^2)$, 故 $d(G(x_n), K) = \mathrm{o}(t_n^2)$. 结合 (5.50) 得到

$$\mathrm{D}G(x_0)w + \mathrm{D}^2G(x_0)(h,h) \in T_K^{i,2,\sigma}(G(x_0), \mathrm{D}G(x_0)h),$$

因此, (5.49) 的左端包含在 (5.49) 的右端. 相反的包含关系可通过与上述的相反的推证及应用稳定性定理得到. ■

由命题 5.8 的假设及 (5.49) 得到

$$T_\Phi^{i,2}(x_0,h) = \mathrm{D}G(x_0)^{-1}[T_K^{i,2}(G(x_0), \mathrm{D}G(x_0)h) - \mathrm{D}^2G(x_0)(h,h)], \tag{5.51}$$

$$T_\Phi^2(x_0,h) = \mathrm{D}G(x_0)^{-1}[T_K^2(G(x_0), \mathrm{D}G(x_0)h) - \mathrm{D}^2G(x_0)(h,h)]. \tag{5.52}$$

5.4 对偶理论的应用

设 X, Y 是两个有限维 Hilbert 空间, X^* 与 Y^* 分别是它们的对偶空间. 考虑优化问题

$$(\mathrm{P}) \qquad \min_{x\in X}\{f(x) + F(G(x))\},$$

其中 $f: X \to \overline{\Re}$, $F: Y \to \overline{\Re}$ 是正常函数, $G: X \to Y$. 上述问题 (P) 的可行域

$$\Phi = \{x \in \mathrm{dom}\, f : G(x) \in \mathrm{dom}\, F\}.$$

注意到, 若 $F(\cdot) := \delta_K(\cdot)$ 是非空集 $K \subset Y$ 的指示函数, 则问题 (P) 具有下述形式

$$(\mathrm{P}) \qquad \min_{x\in X} f(x) \quad \text{s.t.} \quad G(x) \in K. \tag{5.53}$$

后面将讨论这一特殊情况.

将 (P) 嵌入到下述问题族中

$$(\mathrm{P}_y) \qquad \min_{x\in X}\{f(x) + F(G(x)+y)\}, \tag{5.54}$$

其中 $y \in Y$ 视为参数向量. 显然, $y = 0$ 时, 相应的问题 (P_0) 即与 (P) 重合. 问题 (P_y) 是下述函数关于 x 的极小化问题

记 $\nu(y)$ 为相应的最优值函数, 即 $\nu(y) = \mathrm{val}(\mathrm{P}_y)$, 或等价地, $\nu(y) = \inf\limits_{x\in X} \varphi(x,y)$.

注意到, 函数 $\varphi(x,u)$ 的定义域是非空的, 事实上, 因为 f 与 F 是正常的, 则存在 $x \in \mathrm{dom}\, f$ 及 $y \in \mathrm{dom}\, F$, 有

$$\varphi(x, y - G(x)) = f(x) + F(y) < +\infty,$$

因而 $(x, y-G(x)) \in \operatorname{dom}\varphi$. 进一步, $\forall(x,y)\in X\times Y$, $\varphi(x,y)\geqslant -\infty$, 因而 φ 是正常的. 若 f 与 F 是下半连续的且 G 是连续的, 则函数 φ 是下半连续的. 尤其, 若 $F(\cdot):=\delta_K(\cdot)$ 是指示函数, 则它是下半连续的当且仅当集合 K 是闭的.

令

$$L(x,y^*)=f(x)+\langle y^*, G(x)\rangle \tag{5.55}$$

为问题 (P) 的标准 Lagrange 函数 (standard Lagrangian), 由于

$$\begin{aligned}\varphi^*(x^*,y^*)=&\sup_{x\in X,\ y\in Y}\{\langle x^*,x\rangle+\langle y^*,y\rangle-f(x)-F(G(x)+y)\}\\=&\sup_{x\in X}\{\langle x^*,x\rangle-f(x)-\langle y^*,G(x)\rangle+\sup_{y\in Y}[\langle y^*,G(x)+y\rangle-F(G(x)+y)]\}.\end{aligned}$$

对最后一个等式的右端第二个上确界中作变量替换 $G(x)+y\to y$, 得到

$$\varphi^*(x^*,y^*)=\sup_{x\in X}\{\langle x^*,x\rangle-L(x,y^*)\}+F^*(y^*).$$

因此, (共轭) 对偶问题 (D_y) 可以写为如下形式 (对共轭对偶的一般性的定义)

$$(\mathrm{D}_y)\qquad \max_{y^*\in Y^*}\{\langle y^*,y\rangle+\inf_{x\in X}L(x,y^*)-F^*(y^*)\}. \tag{5.56}$$

尤其, 对 $y=0$, (P) 的对偶是

$$(\mathrm{D})\qquad \max_{y^*\in Y^*}\{\inf_{x\in X}L(x,y^*)-F^*(y^*)\}. \tag{5.57}$$

由于 $\mathrm{val(P)}\geqslant\mathrm{val(D)}$, 若对 $x_0\in X$, $\bar{y}^*\in Y^*$, 原始与对偶目标函数值相等, 即

$$f(x_0)+F(G(x_0))=\inf_x L(x,\bar{y}^*)-F^*(\bar{y}^*), \tag{5.58}$$

则 $\mathrm{val(P)}=\mathrm{val(D)}$, 若其公共值是有限的, 则 $x_0\in X$ 与 $\bar{y}^*\in Y$ 分别是 (P) 与 (D) 的最优解. 条件 (5.58) 可以写为下述等价形式

$$(L(x_0,\bar{y}^*)-\inf_x L(x,\bar{y}^*))+(F(G(x_0))+F^*(\bar{y}^*)-\langle\bar{y}^*,G(x_0)\rangle)=0. \tag{5.59}$$

显然, (5.59) 的左端的第一项非负, 由 Young-Fenchel 不等式, 得第二项也是非负的. 进一步, 等式

$$F(G(x_0))+F^*(\bar{y}^*)-\langle\bar{y}^*,G(x_0)\rangle=0$$

成立当且仅当 $\bar{y}^*\in\partial F(G(x_0))$. 所以条件 (5.58) 等价于

$$x_0\in\arg\min_{x\in X}L(x,\bar{y}^*)\ \text{且}\ \bar{y}^*\in\partial F(G(x_0)). \tag{5.60}$$

定理 5.17 若 $\mathrm{val}(P) = \mathrm{val}(D)$, $x_0 \in X$, $\bar{y}^* \in Y^*$ 分别是 (P) 与 (D) 的最优解, 则条件 (5.60) 成立. 相反地, 若条件 (5.60) 对点 x_0 与 $\bar{y}^*$ 成立, 则 x_0 是 (P) 的最优解, $\bar{y}^*$ 是 (D) 的最优解, (P) 与 (D) 之间没有对偶间隙.

假设 $F(\cdot)$ 是正常的凸的下半连续函数, 可以从 Lagrange 对偶的角度导出对偶问题 (D_y). 对任意 $x \in X$, 函数 $\varphi(x,\cdot) = f(x) + F(G(x) + \cdot)$ 是正常的、凸的、下半连续的. 通过定义对偶性 Lagrange 函数

$$\mathcal{L}(x,y^*,y) = \langle y^*, y\rangle + L(x,y^*) - F^*(y^*),$$

极小–极大对偶等价于共轭对偶.

定义 5.5 称由 $\min\limits_{x\in X}\{f(x) + F(G(x))\}$ 给出的问题 (P) 是凸的, 若函数 $F(\cdot)$ 是下半连续的, 函数 $f(x)$ 与 $\psi(x,y) := F(G(x)+y)$ 是凸的.

命题 5.9 设函数 $F(\cdot)$ 是凸的. 则函数 $\psi(x,y) = F(G(x)+y)$ 是凸函数的充要条件是映射 $\mathcal{G}(x,c) = (G(x),c) : X \times \Re \to Y \times \Re$ 关于集合 $(-\mathrm{epi}F)$ 是凸的 (即集值映射 $\mathcal{M}(x,c) = (G(x),c) - \mathrm{epi}F$ 是凸的).

证明 由定义, 映射 $\mathcal{G}$ 关于集合 $(-\mathrm{epi}F)$ 是凸的, 当且仅当集值映射 $\mathcal{M}(x,c) := (G(x),c) - \mathrm{epi}F$ 是凸的, 有

$$\begin{aligned}\mathrm{gph}\ \mathcal{M} &= \{(x,c_1,y,c_2) : (G(x),c_1) - (y,c_2) \in \mathrm{epi}F\}\\ &= \{(x,c_1,y,c_2) : F(G(x)-y) \leqslant c_1 - c_2\}.\end{aligned}$$

显然, 函数 $\psi(x,y)$ 是凸的当且仅当函数 $\phi(x,y) = F(G(x)-y)$ 是凸的. 而

$$\mathrm{epi}\ \phi = \{(x,y,c) : F(G(x)-y) \leqslant c\}.$$

因此, $\mathcal{M}$ 的图是凸的当且仅当 ϕ 的上图是凸的. 从而集值映射 $\mathcal{M}$ 是凸的当且仅当函数 $\phi(x,y)$ 是凸的. 证毕. ■

现在考虑情况 $F(\cdot) = \delta_K(\cdot)$, 其中 K 是 Y 的一非空闭凸子集. 回顾, 此种情况, (P) 可以写为 (5.53) 的形式. 因为 $\delta_K^*(y^*) = \sigma(y^*,K)$, 则相应的对偶问题变为

$$(\mathrm{D}) \qquad \max_{y^*\in Y^*}\{\inf_{x\in X} L(x,y^*) - \sigma(y^*,K)\}. \tag{5.61}$$

定义 5.6 称具有形式 (5.53) 的问题 (P) 是凸的, 若函数 $f(x)$ 是凸的, 集合 K 是闭凸集, 映射 $G(x)$ 关于集合 $C = -K$ 是凸的.

可以验证 $G(x)$ 关于 (凸) 集 $-K$ 是凸的当且仅当函数 $\varphi(x,y) = \delta_K(G(x)+y)$ 是凸的. 这是因为函数 $\delta_K(G(x)+y)$ 的上图即集值映射 $\mathcal{M}(x) = G(x) - K$ 的图与 $\Re_+$ 的积. 由 (P) 的凸性可推出 $\varphi(x,y) = f(x) + \delta_K(G(x)+y)$ 的凸性, 从而得到最优值函数 $\nu(y) = \inf\limits_{x\in X}\varphi(x,y)$ 的凸性.

注意到, 由于 $\partial\delta_K(y_0)=N_K(y_0)$, 最优条件 (5.60) 可表示为

$$x_0\in\arg\min_{x\in X}L(x,\bar{y}^*)\ 且\ \bar{y}^*\in N_K(G(x_0)). \tag{5.62}$$

若集合 K 是闭凸锥, 则

$$\sup_{y^*\in K^-}L(x,y^*)=\begin{cases}f(x), & 若\ G(x)\in K,\\ +\infty, & 若\ G(x)\notin K.\end{cases}$$

此时原始问题具有下述形式

$$(\mathrm{P})\qquad \min_{x\in X}\sup_{y^*\in K^-}L(x,y^*). \tag{5.63}$$

若 $y^*\in K^-$, 则 $\sigma(y^*,K)=0$, 否则 $\sigma(y^*,K)=+\infty$, 因此对偶问题具有下述形式

$$(\mathrm{D})\qquad \max_{y^*\in K^-}\inf_{x\in X}L(x,y^*). \tag{5.64}$$

因此, 对于锥约束, 原始与对偶问题可以通过将 “max” 与 “min” 运算应用于 Lagrange 函数 $L(x,y^*)$, 限定 y^* 属于 K^-, 交换它们的顺序得到. 若 K 是凸锥, 则条件 $\bar{y}^*\in N_K(G(x_0))$ 等价于

$$G(x_0)\in K,\ \bar{y}^*\in K^-\ 且\ \langle\bar{y}^*,G(x_0)\rangle=0. \tag{5.65}$$

定理 5.18 设 X 与 Y 是有限维 Hilbert 空间, 问题 (P) 具有形式 (5.53). 设 $f(x)$ 是下半连续的, $G(x)$ 是连续的, 问题 (P) 是凸的且满足正则性条件

$$0\in\operatorname{int}\{G(\operatorname{dom}f)-K\}. \tag{5.66}$$

则问题 (P) 与 (D) 间没有对偶间隙, 即 $\mathrm{val(P)}=\mathrm{val(D)}$. 进一步, 若 (P) 的最优值是有限的, 则对偶问题 (D) 的最优解集是 Y^* 的非空的、凸的紧致子集.

证明 扰动问题 (5.54) 为

$$(\mathrm{P}_y)\qquad \min\{f(x):G(x)+y\in K\},$$

相应的最优值函数 ν 如下

$$\nu(y)=\inf\{f(x):G(x)+y\in K\},$$

由于问题 (5.53) 是凸问题, ν 是凸函数. 考虑定理 5.2 的正则性条件, 这要求在 0 的一邻域上的所有的 y 有 $\nu(y)<+\infty$, 或等价地 $0\in\operatorname{int}(\operatorname{dom}\nu)$. 有 $\nu(y)<+\infty$ 当且仅当 (P_y) 具有一可行点 x 满足 $f(x)<+\infty$, 即存在 $x\in\operatorname{dom}f$ 满足 $G(x)+y\in K$,

即 dom $\nu = K - G(\text{dom } f)$. 所以, 在此种情形下, 正则性条件 $0 \in \text{int}(\text{dom } \nu)$ 可以表示为

$$0 \in \text{int}\{G(\text{dom } f) - K\}.$$

由定理 5.2 可得结论. ■

例 5.8 (广义 Slater 约束规范) *考虑*

$$\min f(x) \quad \text{s.t.} \quad Ax - b = 0_l, \quad g(x) \leqslant 0_m,$$

其中 $f : X \to \Re$ 是连续的有限值凸函数, $A : X \to \Re^l$ 是一连续的线性算子, $g : X \to \Re^m$ 是一连续映射, 它的每一分量函数是有限值凸函数. 容易验证上述问题是一凸问题, 如果下述广义 Slater 约束规范成立:

$$A \text{ 是映上的, 存在一 } \bar{x} \in X \text{ 满足} A\bar{x} - b = 0, g(\bar{x}) < 0_m, \tag{5.67}$$

则上述问题与它的共轭对偶问题没有对偶间隙.

设 $f(x)$ 是下半连续的且 $G(x)$ 是连续的, 问题 (P) 是凸的, 因此, 集合 $Q := \text{dom } f$ 是闭凸集. 若还有, 映射 $G(x)$ 是连续可微的, 则在可行点 $x \in \Phi$ 处的 Robinson 约束规范为

$$0 \in \text{int}\{G(x) + \text{D}G(x)(Q - x) - K\}. \tag{5.68}$$

命题 5.10 *若映射 $G(x)$ 关于 $(-K)$ 是凸的, 且是连续可微的, 则条件*

$$0 \in \text{int}\{G(Q) - K\}. \tag{5.69}$$

等价于 Robinson 约束规范在每一可行点 $x_0 \in \Phi$ 处成立.

5.5 最优性条件

5.5.1 一阶最优性条件

讨论下述最优化问题的一阶最优性条件

$$(\text{P}) \qquad \min_{x \in \mathcal{Q}} f(x) \quad \text{s.t.} \quad G(x) \in K, \tag{5.70}$$

其中 $f : X \to \Re$, $G : X \to Y$, $\mathcal{Q}$ 与 K 是 X 与 Y 的非空的闭凸子集. 可视集合 $\mathcal{Q}$ 为目标函数 f 的定义域. 除非特别说明, 设 X 与 Y 是有限维 Hilbert 空间, $f(x)$ 与 $G(x)$ 是连续函数. 记

$$\Phi = \{x \in \mathcal{Q} : \ G(x) \in K\} = \mathcal{Q} \cap G^{-1}(K)$$

与

$$L(x,\lambda)=f(x)+\langle\lambda,G(x)\rangle,\quad (x,\lambda)\in X\times Y^*$$

分别是 (P) 的可行集与 Lagrange 函数.

定义 5.7 *设存在 $f_0\in\Re$, $\mathcal{S}$ 是可行集 Φ 的一非空子集, 满足 $f(x)=f_0$, $\forall x\in\mathcal{S}$, 令 γ 是一正的常数. 称 γ- 阶增长条件在 $\mathcal{S}$ 上成立, 若存在常数 $c>0$, 存在 $\mathcal{S}$ 的邻域 V, 满足对所有的 $x\in\Phi\cap V$, 下述不等式成立:*

$$f(x)\geqslant f_0+c[d(x,\mathcal{S})]^{\gamma}. \tag{5.71}$$

尤其, 若 $\gamma=1$, 称一阶增长条件成立, 若 $\gamma=2$, 称二阶增长条件成立.

很显然, 若存在 $\gamma>0$, γ- 阶增长条件于 $\mathcal{S}$ 上成立, 则 $\mathcal{S}$ 是 (P) 上的局部最优解集. 尤其, 若 $\mathcal{S}=\{x_0\}$ 是单点集, 条件 (5.71) 具有下述形式:

$$f(x)\geqslant f(x_0)+c\|x-x_0\|^{\gamma},\quad \forall x\in\Phi\cap V, \tag{5.72}$$

其中 V 是 x_0 的邻域.

定义 5.8 *对 $\varepsilon\geqslant 0$, 称 $\bar{x}$ 是 (P) 的 ε- 最优解, 若 $\bar{x}\in\Phi$ 且 $f(\bar{x})\leqslant \inf\limits_{x\in\Phi} f(x)+\varepsilon$.*

这一节讨论由 (5.70) 给出的问题 (P) 的 Lagrange 乘子形式的一阶必要性条件. 我们将 (P) 联系着其“标准”的参数化

$$(\mathrm{P}_y)\qquad \min_{x\in\mathcal{Q}} f(x)\quad \text{s.t.}\quad G(x)+y\in K, \tag{5.73}$$

其相应的最优值函数是

$$\nu(y)=\inf\{f(x):\, x\in\mathcal{Q},\ G(x)+y\in K\}.$$

显然, $\nu(0)=\mathrm{val(P)}$. 回顾到 (P) 的 (共轭) 对偶可以表示为下述形式

$$(\mathrm{D})\qquad \max_{\lambda\in Y^*}\{\inf_{x\in\mathcal{Q}} L(x,\lambda)-\sigma(\lambda,K)\}. \tag{5.74}$$

先来研究问题 (P) 在可行点 x_0 处的如下形式的最优性条件: 存在 $\lambda\in Y^*$ 使得

$$x_0\in\arg\min_{x\in\mathcal{Q}} L(x,\lambda),\quad \lambda\in N_K(G(x_0)). \tag{5.75}$$

注意到, 存在 λ 满足条件 $\lambda\in N_K(G(x_0))$ 可推出 $G(x_0)\in K$. 因此, 上述条件 (5.75) 可推出 x_0 是问题 (P) 的可行点. 回顾, 若集合 K 是一凸锥, 则条件 $\lambda\in N_K(G(x_0))$ 等价于条件

$$G(x_0)\in K,\quad \lambda\in K^-,\quad \langle\lambda,G(x_0)\rangle=0. \tag{5.76}$$

除非问题 (P) 是凸的, 满足 (5.75) 的 λ 乘子集可能与将要定义的 Lagrange 乘子集是不同的.

命题 5.11 若 $\mathrm{val}(P)=\mathrm{val}(D)$, $x_0\in X$, $\lambda\in Y^*$ 分别是 (P) 与 (D) 的最优解, 则条件 (5.75) 成立. 相反地, 若存在 x_0 与 λ, 条件 (5.75) 成立, 则 x_0 是 (P) 的最优解, λ 是 (D) 的最优解, 且 (P) 与 (D) 间没有对偶间隙.

现在考虑凸情况, 即 f 是凸函数, K 是闭凸集, G 关于集合 $(-K)$ 为凸的映射, 则对任何 $\lambda\in N_K(y), y\in K, L(\cdot,\lambda)$ 是 X 上的凸函数. 所以, 此种情况 $L(\cdot,\lambda)+\delta_{\mathcal{Q}}(\cdot)$ 是一凸函数, 条件 (5.75) 等价于

$$0\in\partial_x(L(\cdot,\lambda)+\delta_{\mathcal{Q}}(\cdot))(x_0),\quad \lambda\in N_K(G(x_0)). \tag{5.77}$$

若 f 与 G 还是连续的, 则

$$\partial_x(L(\cdot,\lambda)+\delta_{\mathcal{Q}}(\cdot))(x_0)=\partial_x L(x_0,\lambda)+\partial_x\delta_{\mathcal{Q}}(x_0),$$

进一步, $\partial_x\delta_{\mathcal{Q}}(x_0)=N_{\mathcal{Q}}(x_0)$. 因此, 系统 (5.77) 等价于

$$0\in\partial_x L(x_0,\lambda)+N_{\mathcal{Q}}(x_0),\quad \lambda\in N_K(G(x_0)). \tag{5.78}$$

在问题 (P) 是凸的情况, 把满足条件 (5.78) 的向量 $\lambda\in Y^*$ 称为 Lagrange 乘子. 即 Lagrange 乘子的集合与满足条件 (5.75) 的乘子 λ 的集合 Λ_0 是相同的.

由于这里设函数 $f(x)$ 与 $G(x)$ 是连续的, 集合 $\mathcal{Q}$ 是非空闭的, 有函数 $f(x)+\delta_{\mathcal{Q}}(x)$ 与 $\delta_K(G(x)+y)$ 是下半连续的正常的. 因此, 若问题 (P) 是凸的, val(P) 是有限的, 则正则性条件

$$0\in\mathrm{int}\{G(\mathcal{Q})-K\} \tag{5.79}$$

等价于 $\nu(\cdot)$ 于 $0\in Y$ 处是连续的. 后者可推出 $\nu(y)$ 在 $y=0$ 处是次可微的, 因而问题 (P) 是平稳的. 下述结果成立.

定理 5.19 设问题 (P) 是凸的, x_0 是 (P) 的一最优解, 正则性条件 (5.79) 成立, 则 Lagrange 乘子集合 Λ_0 是 Y^* 中的非空凸紧致子集, 它对 (P) 中的任何最优点均是相同的.

若映射 G 是连续可微的, 相对于 $(-K)$ 是凸的, 则正则条件 (5.79) 等价于 Robinson 约束规范

$$0\in\mathrm{int}\{G(x_0)+\mathrm{D}G(x_0)(\mathcal{Q}-x_0)-K\} \tag{5.80}$$

在每一点 $x_0\in\Phi$ 处都成立.

对于非凸的光滑问题, 导出一阶必要性最优条件的第一步是线性化 (P).

引理 5.2 设 x_0 是 (P) 的局部最优解, 设 $f(\cdot)$ 与 $G(\cdot)$ 在 x_0 处是连续可微的. 则下述结论成立:

(a) 点 $h=0$ 是下述问题的最优解

$$\min_{h\in X} \mathrm{D}f(x_0)h \quad \text{s.t.} \quad h \in T_\Phi(x_0). \tag{5.81}$$

(b) 若 Robinson 约束规范 (5.80) 成立, 则 $h=0$ 是下述线性化问题的最优解

$$\min_{h\in X} \mathrm{D}f(x_0)h \quad \text{s.t.} \quad h \in T_Q(x_0), \quad \mathrm{D}G(x_0)h \in T_K(G(x_0)). \tag{5.82}$$

证明　(a) 令 $h \in T_\Phi(x_0)$. 由 (外) 切锥的定义, 存在序列 $t_n \downarrow 0$ 及 $x_n = x_0 + t_n h + \mathrm{o}(t_n)$ 满足 $x_n \in \Phi$. 因为 x_0 是 (P) 的一局部最优解, 有

$$0 \leqslant \lim_{n\to\infty} \frac{f(x_n) - f(x_0)}{t_n} = \mathrm{D}f(x_0)h,$$

那么 $h=0$ 是问题 (5.81) 的最优解.

(b) 由切锥表示定理, 若 (5.80) 成立, 则 Φ 在 x_0 点处的内切集与外切集相等, 且等于问题 (5.82) 的可行集. 结合结论 (a), 我们证得该结论. ■

定义 5.9　设 f 与 G 都是连续可微的函数, 称 $\lambda \in Y^*$ 是问题 (P) 点 $x_0 \in \Phi$ 处的 Lagrange 乘子, 若它满足条件

$$-\mathrm{D}_x L(x_0, \lambda) \in N_Q(x_0), \quad \lambda \in N_K(G(x_0)). \tag{5.83}$$

用 $\Lambda(x_0)$ 记 x_0 处所有 Lagrange 乘子构成的集合.

注记 5.1　(a) 法锥 $N_Q(x_0)$ 与 $N_K(G(x_0))$ 非空当且仅当 $x_0 \in Q$, $G(x_0) \in K$. 因此, 满足 (5.83) 的 Lagrange 乘子 λ 的存在性可推出点 x_0 的可行性.

(b) 还有, 若 $Q = X$, 则 $N_Q(x_0) = \{0\}$, 从而此时 (5.83) 中的第一个条件为 $D_x L(x_0, \lambda) = 0$.

(c) 若 K 是一凸锥, 则条件 (5.83) 可表示为

$$-\mathrm{D}_x L(x_0, \lambda) \in N_Q(x_0), \quad G(x_0) \in K, \quad \lambda \in K^-, \quad \langle \lambda, G(x_0) \rangle = 0, \tag{5.84}$$

其中后三个条件等价于条件 $\lambda \in N_K(G(x_0))$.

定理 5.20　设 x_0 是问题 (P) 的局部最优解, f, G 是连续可微的, 且 Robinson 约束规范 (5.80) 成立. 则 Lagrange 乘子集 $\Lambda(x_0)$ 是 Y^* 中的非空凸紧致子集.

证明　由引理 5.2, 在 Robinson 约束规范 (5.80) 成立的前提下, $h=0$ 是线性化问题 (5.82) 的最优解, 最优值是 0.

由于 $[T_Q(x_0)]^- = N_Q(x_0)$, $[T_K(G(x_0))]^- = N_K(G(x_0))$, 线性化问题 (5.82) 的对偶可以表示为形式

$$\max_{\lambda} \ 0 \quad \text{s.t.} \ -\mathrm{D}_x L(x_0, \lambda) \in N_Q(x_0), \quad \lambda \in N_K(G(x_0)), \tag{5.85}$$

即对偶问题 (5.85) 的可行集 (也是最优解集) 与 Lagrange 乘子集 $\Lambda(x_0)$ 是相同的, 问题 (5.85) 有有限的最优值 (等于 0) 当且仅当集合 $\Lambda(x_0)$ 非空.

线性化问题 (5.82) 是凸的, 这一问题的约束规范 (5.79) 为下述形式

$$0 \in \text{int}\{\text{D}G(x_0)T_{\mathcal{Q}}(x_0) - T_K(G(x_0))\}. \tag{5.86}$$

注意到, 由于 $(\mathcal{Q} - x_0) \subset T_{\mathcal{Q}}(x_0)$, $K - G(x_0) \subset T_K(G(x_0))$, 原始问题的约束规范, 即 Robinson 约束规范 (5.80), 可推出 (5.86). 由于空间 X 与 Y 是有限维的, 实际上条件 (5.80) 与 (5.86) 是等价的. 由对偶理论, 这可推出 (5.82) 与其对偶 (5.85) 间没有对偶间隙, 且 (5.85) 的最优解集是 Y^* 的非空凸紧致子集. 由于 (5.85) 的最优解集即 $\Lambda(x_0)$, 结论得证. ■

下面介绍另一约束规范 —— 严格约束规范, 它可推出 Robinson 约束规范.

定义 5.10 称 Lagrange 乘子 $\lambda \in \Lambda(x_0)$ 满足严格约束规范 (strict constraint qualification), 若

$$0 \in \text{int}\{G(x_0) + \text{D}G(x_0)X - K_0\}, \tag{5.87}$$

其中 $K_0 := \{y \in K : \langle \lambda, y - G(x_0)\rangle = 0\}$.

因为 $K_0 \subset K$, 严格约束规范可推出 Robinson 约束规范. 注意, 若 K 是一凸锥, 则 (由一阶最优性条件)$\langle \lambda, G(x_0)\rangle = 0$, 因此有 $K_0 = K \cap \ker\lambda$, 此时严格约束规范 (5.87) 具有如下的等价表示形式:

$$\text{D}G(x_0)X - T_K(G(x_0)) \cap \ker\lambda = Y. \tag{5.88}$$

命题 5.12 设 λ_0 满足一阶最优性条件 (5.83) 且严格约束规范成立, 则 Lagrange 乘子向量 λ_0 是唯一的, 即 $\Lambda(x_0) = \{\lambda_0\}$.

证明 令 $\lambda \in \Lambda(x_0)$, $\mu = \lambda - \lambda_0$. 因为 λ 与 λ_0 是 Lagrange 乘子, 由一阶最优性条件有 $\text{D}G(x_0)^*\lambda_0 = \text{D}G(x_0)^*\lambda$, 从而对所有的 $h \in X$, $\langle \mu, \text{D}G(x_0)h\rangle = \langle \text{D}G(x_0)^*\mu, h\rangle = 0$. 由 (5.87) 对每一 $y \in Y$, 存在 $\varepsilon > 0$, $h \in X$ 及 $\kappa_0 \in K_0$ 满足 $\varepsilon y = G(x_0) + \text{D}G(x_0)h - \kappa_0$. 因为 $\langle \mu, \text{D}G(x_0)h\rangle = 0$, $\lambda \in N_K(G(x_0))$, 则

$$\langle \mu, G(x_0) - \kappa_0\rangle = \langle \lambda, G(x_0) - \kappa_0\rangle \geqslant 0,$$

则 $\langle \mu, y\rangle \geqslant 0$. 因为 y 是 Y 中的任何一个元素, 这可推出 $\mu = 0$, 结论得证. ■

定义 5.11 称点 $x_0 \in \Phi$ 是非退化 (nondegeneracy) 的, 若

$$\text{D}G(x_0)X - \text{lin}T_K(G(x_0)) = Y. \tag{5.89}$$

若 $\lambda \in \Lambda(x_0)$, 则有 $\lambda \in N_K(G(x_0))$. 令 $w \in \mathrm{lin}T_K(G(x_0))$, 则 $\langle\lambda, w\rangle \leqslant 0$ 且 $\langle\lambda, -w\rangle \leqslant 0$, 因此 $\langle\lambda, w\rangle = 0$, 于是 $\mathrm{lin}T_K(G(x_0)) \subset T_K(G(x_0)) \cap \mathrm{ker}\lambda$. 故 x_0 处的非退化性可推出下述条件

$$\mathrm{D}G(x_0)X - T_K(G(x_0)) \cap \mathrm{ker}\lambda = Y.$$

上述条件恰好是条件 (5.88). 因此当 K 是一个凸锥时, 非退化性可推出严格约束规范.

称集合

$$C(x_0) = \{h \in T_Q(x_0) : \mathrm{D}G(x_0)h \in T_K(G(x_0)),\ \mathrm{D}f(x_0)h \leqslant 0\} \tag{5.90}$$

为问题 (P) 在点 x_0 处的临界锥.

命题 5.13 *令 $x_0 \in \Phi$ 是 (P) 的一个可行点. 若 $\Lambda(x_0)$ 是非空的, 则 $h = 0$ 是线性化问题 (5.82) 的最优解, 且*

$$C(x_0) = \{h \in T_Q(x_0) : \mathrm{D}G(x_0)h \in T_K(G(x_0)),\ \mathrm{D}f(x_0)h = 0\}.$$

若有 $Q = X$, 则对每一 $\lambda \in \Lambda(x_0)$, 有

$$C(x_0) = \{h \in X : \mathrm{D}G(x_0)h \in T_K(G(x_0)),\ \langle\lambda, \mathrm{D}G(x_0)h\rangle = 0\}.$$

证明 若 $\Lambda(x_0)$ 非空, 则对偶问题 (5.85) 有最优值 0, 因此原始问题 (5.82) 具有非负的最优值. 因为 $h = 0$ 是可行的, 目标函数对应的值是 0, 这表明 $h = 0$ 是 (5.82) 的最优解, 所以 $C(x_0)$ 的公式是成立的.

若还有 $Q = X$, 对每一 $\lambda \in \Lambda(x_0)$, $h \in X$ 满足 $\mathrm{D}G(x_0)h \in T_K(G(x_0))$, 得

$$0 = \mathrm{D}_x L(x_0, \lambda)h = \mathrm{D}f(x_0)h + \langle\lambda, \mathrm{D}G(x_0)h\rangle,$$

因此, $\mathrm{D}f(x_0)h = 0$ 当且仅当 $\langle\lambda, \mathrm{D}G(x_0)h\rangle = 0$. 这完成了证明. ■

现在考虑由 (5.70) 给出的最优化问题 (P). 设 f 与 G 是连续可微的. 有可行集 Φ 是有限维 Hilbert 空间 X 的闭子集, 因而可视为由 X 的范数引导的距离下的完备的度量空间. 因此, 假设最优值 val(P) 是有限的, 则 Ekeland 变分原理可用于问题 (P).

设 $\bar{x}$ 是 (P) 的 ε- 最优解, 其中 $\varepsilon > 0$. 则由 Ekeland 变分原理, 取 $k = \varepsilon^{-\frac{1}{2}}$, 存在 (P) 的 ε - 最优解 $\widehat{x}$ 满足 $\|\bar{x} - \widehat{x}\| \leqslant \varepsilon^{\frac{1}{2}}$ 且 $\widehat{x}$ 是下述函数

$$f_\varepsilon(x) = f(x) + \varepsilon^{\frac{1}{2}}\|x - \widehat{x}\|$$

在集合 Φ 上的极小点. 设 Robinson 约束规范在点 $\widehat{x}$ 处成立. 则类似于引理 5.2 的证明方式, 不难证明 $h=0$ 是线性化问题

$$\min_{h\in X} \mathrm{D}f(\widehat{x})h+\varepsilon^{\frac{1}{2}}\|h\|+\delta_A(h) \quad \text{s.t.} \quad \mathrm{D}G(\widehat{x})h\in T_K(G(\widehat{x})) \tag{5.91}$$

的最优解, 其中 $\delta_A(\cdot)$ 是集合 $A:=T_{\mathcal{Q}}(\widehat{x})$ 的指示函数. 设 $\delta_A(h)$((5.91) 中的) 对应着约束 $h\in T_{\mathcal{Q}}(\widehat{x})$.

上述优化问题是凸的, 因此最优性条件可用于 $h=0$. 考虑问题 (5.91)Lagrange 函数

$$L_\varepsilon(h,\lambda)=\mathrm{D}f(\widehat{x})h+\varepsilon^{\frac{1}{2}}\|h\|+\delta_A(h)+\langle\lambda,\mathrm{D}G(\widehat{x})h\rangle.$$

注意到, 因为范数函数 $\psi(h)=\|h\|$ 是单位球 $\mathrm{cl}\,\mathbb{B}_{X^*}$ 的支撑函数, 它在 $h=0$ 处的次微分是 $\mathrm{cl}\,\mathbb{B}_{X^*}$, 指示函数 $\delta_A(h)$ 在 $h=0$ 处的次微分是 $[T_{\mathcal{Q}}(\widehat{x})]^-=N_{\mathcal{Q}}(\widehat{x})$. 因此, 对固定的 $\lambda, L_\varepsilon(\cdot,\lambda)$ 在 $h=0$ 处的次微分可写为如下的形式

$$\partial L_\varepsilon(0,\lambda)=\mathrm{D}f(\widehat{x})+[\mathrm{D}G(\widehat{x})]^*\lambda+N_{\mathcal{Q}}(\widehat{x})+\varepsilon^{\frac{1}{2}}\mathbb{B}_{X^*}.$$

由 $h=0$ 是 $L_\varepsilon(\cdot,\lambda)$ 的极小点的充要条件是 $0\in\partial L_\varepsilon(0,\lambda)$, 可得 $0\in\mathrm{argmin}_{h\in X}L_\varepsilon(h,\lambda)$ 当且仅当

$$d(-\mathrm{D}f(\widehat{x})-[\mathrm{D}G(\widehat{x})]^*\lambda,N_{\mathcal{Q}}(\widehat{x}))\leqslant\varepsilon^{\frac{1}{2}}.$$

下面的结果是 Ekeland 变分原理的一个结论.

定理 5.21 *设 $\bar{x}$ 是 (P) 的 ε- 最优解, 其中 $\varepsilon\geqslant 0, f$ 与 G 是连续可微的, Robinson 约束规范在所有的 $x\in\mathrm{cl}\,\mathbb{B}(\bar{x},\varepsilon^{\frac{1}{2}})$ 处均是成立的. 则存在 (P) 的另一 ε-最优解 $\widehat{x}$ 及 $\lambda\in Y^*$ 满足 $\|\bar{x}-\widehat{x}\|\leqslant\varepsilon^{\frac{1}{2}}$ 且*

$$d(-\mathrm{D}_xL(\widehat{x},\lambda),N_{\mathcal{Q}}(\widehat{x}))\leqslant\varepsilon^{\frac{1}{2}}, \quad \lambda\in N_K(G(\widehat{x})). \tag{5.92}$$

证明 若 $\varepsilon=0$, 最优性条件 (5.92) 与定理 5.20 中相应的最优性条件重合. 若 $\varepsilon>0$, 由上面的讨论, 结论可由 Ekeland 变分原理得到. ■

定理 5.21 表明, 假设问题 (P) 的最优值是有限的, 约束规范成立, 最优化问题 (P) 总有"接近最优"的解, 这一解处一阶最优性条件"几乎成立". 注意到, 若 $\mathcal{Q}=X$, 则对任意的 $x\in X$, 有 $N_{\mathcal{Q}}(x)=\{0\}$, 因此条件 (5.92) 具有下述形式

$$\|\mathrm{D}_xL(\widehat{x},\lambda)\|\leqslant\varepsilon^{\frac{1}{2}},\ \lambda\in N_K(G(\widehat{x})). \tag{5.93}$$

5.5.2 广义 Lagrange 乘子

设 $f(x)$ 与 $G(x)$ 连续可微, 问题 (P) 的广义 Lagrange 函数定义为

$$L^g(x,\alpha,\lambda)=\alpha f(x)+\langle\lambda,G(x)\rangle, \tag{5.94}$$

其中 $(x,\alpha,\lambda)\in X\times\Re\times Y^*$. 显然, $\alpha=1$, 广义 Lagrange 函数即 Lagrange 函数 $L(x,\lambda)$.

定义 5.12 称 $(\alpha,\lambda)\in\Re\times Y^*$ 是广义的 Lagrange 乘子, 若它满足最优性条件

$$-\mathrm{D}_x L^g(x_0,\alpha,\lambda)\in N_{\mathcal{Q}}(x_0),\quad \lambda\in N_K(G(x_0)),\quad \alpha\geqslant 0,\quad (\alpha,\lambda)\neq(0,0). \tag{5.95}$$

用 $\Lambda^g(x_0)$ 记满足最优性条件 (5.95) 的广义的 Lagrange 乘子 $(\alpha,\lambda)\in\Re\times Y^*$ 的集合.

注意条件 $(\alpha,\lambda)\neq(0,0)$ 是本质性的, 因为对于 $(\alpha,\lambda)=(0,0)$, (5.95) 中的其他条件是平凡地成立的. 称广义的 Lagrange 乘子 $(\alpha,\lambda)\in\Lambda^g(x_0)$ 是奇异的, 若 $\alpha=0$. 若 $(0,\lambda)$ 是一奇异的乘子, 也称 λ 为一奇异的乘子, 奇异乘子集合记为

$$\Lambda^s(x_0)=\{\lambda\in Y^*:(0,\lambda)\in\Lambda^g(x_0)\}. \tag{5.96}$$

命题 5.14 [4, Proposition 3.14] 设乘子集 $\Lambda(x_0)$ 是非空的. 则 $\Lambda^s(x_0)\cup\{0\}$ 构成 $\Lambda(x_0)$ 的回收锥.

证明 若 $(0,\bar\lambda)$ 是一奇异的 Lagrange 乘子, $\lambda\in\Lambda(x_0)$, 则 $\lambda+t\bar\lambda\in\Lambda(x_0),\forall t\geqslant 0$, 因此 $\bar\lambda$ 属于 $\Lambda(x_0)$ 的回收锥. 相反地, 设 μ 属于 $\Lambda(x_0)$ 的回收锥, 则对 $\lambda\in\Lambda(x_0)$, $\forall t>0,\lambda+t\mu\in\Lambda(x_0)$, 由于 $N_{\mathcal{Q}}(x_0)$ 是一锥, 有

$$[\mathrm{D}G(x_0)]^*\mu+t^{-1}[\mathrm{D}G(x_0)]^*\lambda+t^{-1}\mathrm{D}f(x_0)\in -N_{\mathcal{Q}}(x_0).$$

因为 $N_{\mathcal{Q}}(x_0)$ 是闭集, 令 $t\to\infty$, 对上式取极限, 由上述包含关系得 $[\mathrm{D}G(x_0)]^*\mu\in -N_{\mathcal{Q}}(x_0)$. 类似地, $\forall y\in T_K(G(x_0)),\langle\mu,y\rangle\leqslant 0$, 从而 $\mu\in N_K(G(x_0))$. 于是, 若还有 $\mu\neq 0$, 则 $(0,\mu)$ 是一奇异的 Lagrange 乘子. ■

命题 5.15 [4, Proposition 3.16] 设 x_0 是 (P) 的局部最优解, 则在 x_0 点处或者 Robinson 约束规范成立, 或存在一奇异的 Lagrange 乘子. 总之, 存在广义的 Lagrange 乘子满足 (5.95).

证明 令

$$Z(x_0)=\mathrm{D}G(x_0)[\mathcal{R}_{\mathcal{Q}}(x_0)]-\mathcal{R}_K(G(x_0)). \tag{5.97}$$

Robinson 约束规范等价于条件 $Z(x_0)=Y$. 如果 Robinson 约束规范成立, 由定理 5.20, $\Lambda(x_0)$ 非空凸有界, $[\Lambda(x_0)]^\infty=\{0\}$. 由命题 5.14 得, $\Lambda^s(x_0)=\varnothing$.

设 $Z(x_0)\neq Y$, 即存在 $\bar y\notin Z(x_0)$. 由于 $Z(x_0)$ 是凸集, 由凸集分离定理, 存在一非零元素 $\mu\in Y^*$, 使得 $\langle\mu,y\rangle\leqslant\langle\mu,\bar y\rangle,\forall y\in Z(x_0)$. 因为 $Z(x_0)$ 是一锥, 则 $\forall y\in Z(x_0)$ 有 $\langle\mu,y\rangle\leqslant 0$, 从而 $\mu\in[Z(x_0)]^-$. 进一步,

$$[Z(x_0)]^-=[\mathrm{D}G(x_0)(\mathcal{R}_{\mathcal{Q}}(x_0))]^-\cap[-\mathcal{R}_K(G(x_0))]^-. \tag{5.98}$$

因此对 $\bar{\lambda} = -\mu$ 有 $\bar{\lambda} \in N_K(G(x_0)), \mathrm{D}G(x_0)^*\bar{\lambda} \in -N_Q(x_0)$. 于是得 $(0, \bar{\lambda})$ 满足 (5.95), 它是一奇异的广义 Lagrange 乘子, 即 $\Lambda^s(x_0) \neq \varnothing$. ■

命题 5.16 *设 x_0 是 (P) 的局部最优解, 则 Lagrange 乘子集合 $\Lambda(x_0)$ 是非空有界的充分必要条件是 Robinson 约束规范在 x_0 点成立.*

证明 充分性由定理 5.20 得到. 现在证明必要性. 假设 $\Lambda(x_0)$ 是非空有界, 而 Robinson 约束规范不成立. 类似于命题 5.15 的证明, 可得 $\Lambda^s(x_0) \neq \varnothing$, 即 $\Lambda(x_0)$ 有非 0 的回收方向, 从而它是无界的, 矛盾. ■

5.5.3 二阶必要性条件

这一节先讨论下述形式问题 (P) 的二阶最优性条件

$$(\mathrm{P}) \qquad \min_{x \in X} f(x) \quad \text{s.t. } x \in \Phi.$$

在 $x_0 \in \Phi$ 处的临界锥定义为

$$C(x_0) = \{h \in T_\Phi(x_0) : \mathrm{D}f(x_0)h \leqslant 0\},$$

则下述引理成立.

引理 5.3 *设 x_0 是问题 (P) 的局部最优解, 则对每一满足 $\mathrm{D}f(x_0)h = 0$ 的 $h \in C(x_0)$ 及满足 $w \in T_\Phi^2(x_0, h)$ 的所有 $w \in X$, 成立着*

$$\mathrm{D}f(x_0)w + \mathrm{D}^2 f(x_0)(h, h) \geqslant 0. \tag{5.99}$$

证明 考虑 $h \in C(x_0)$ 及满足 $w \in T_\Phi^2(x_0, h)$ 的 w. 则存在 $t_n \downarrow 0$ 满足 $d(x_0+t_nh+1/2t_n^2w, \Phi) = \mathrm{o}(t_n^2)$. 存在 $x_n \in \Phi$, 满足 $\|x_n-(x_0+t_nh+1/2t_n^2w)\| = \mathrm{o}(t_n^2)$. 进一步, 由 f 在 x_0 处的二阶 Taylor 展式有

$$f(x_n) = f(x_0) + t_n\mathrm{D}f(x_0)h + \frac{1}{2}t_n^2[\mathrm{D}f(x_0)w + \mathrm{D}^2 f(x_0)(h, h)] + o(t_n^2),$$

由于 $h \in C(x_0), \mathrm{D}f(x_0)h = 0$, x_n 是可行的, 有对 n 充分大有 $f(x_n) \geqslant f(x_0)$, 因而得到 (5.99) 式. ■

下面讨论下述问题的二阶最优性条件.

$$(\mathrm{P}) \qquad \min_{x \in X} f(x) \quad \text{s.t.} \quad G(x) \in K,. \tag{5.100}$$

即 $\Phi = \{x \in X : G(x) \in K\}$ 情况下的问题 (P). 设函数 f 与 G 是二次连续可微的, K 是 Y 的闭凸子集.

设 x_0 是 (P) 的局部 (极小点) 最优解. 考虑线性化问题

$$\min_{h \in X} \mathrm{D}f(x_0)h \quad \text{s.t.} \quad \mathrm{D}G(x_0)h \in T_K(G(x_0)), \tag{5.101}$$

临界锥是

$$C(x_0)=\{h\in X:\mathrm{D}G(x_0)h\in T_K(G(x_0)),\mathrm{D}f(x_0)h\leqslant 0\}. \tag{5.102}$$

若 Lagrange 乘子集合 $\Lambda(x_0)$ 是非空的, 则上述临界锥的定义中的条件 $\mathrm{D}f(x_0)h\leqslant 0$ 可替换为 $\mathrm{D}f(x_0)h=0$.

对 $h,w\in X$, 考虑路径 $x(\cdot):\Re_+\to X$, 它具有下述形式

$$x(t)=x_0+th+\frac{1}{2}t^2w+\gamma(t), \tag{5.103}$$

满足 $\gamma(t)=\mathrm{o}(t^2)$. 则由 G 在 x_0 处的二阶 Taylor 展式得

$$G(x(t))=G(x_0)+t\mathrm{D}G(x_0)h+\frac{1}{2}t^2[\mathrm{D}G(x_0)w+\mathrm{D}^2G(x_0)(h,h)]+\mathrm{o}(t^2). \tag{5.104}$$

由外二阶切集的定义, 存在 $t_n\downarrow 0$ 满足 $d(G(x(t_n)),K)=\mathrm{o}(t_n^2)$ 当且仅当

$$\mathrm{D}G(x_0)w+\mathrm{D}^2G(x_0)(h,h)\in T_K^2(G(x_0),\mathrm{D}G(x_0)h), \tag{5.105}$$

其中 $T_K^2(G(x_0),\mathrm{D}G(x_0)h)$ 是 K 在 $G(x_0)$ 沿方向 $\mathrm{D}G(x_0)h$ 的外二阶切集. 这导致下述二阶必要条件.

引理 5.4 *设 x_0 是问题 (P) 的局部最优解且 Robinson 约束规范在 x_0 处是成立的. 则对每一 $h\in C(x_0)$ 及满足 (5.105) 的所有 $w\in X$, 成立着*

$$\mathrm{D}f(x_0)w+\mathrm{D}^2f(x_0)(h,h)\geqslant 0. \tag{5.106}$$

证明 考虑 $h\in C(x_0)$ 及满足 (5.105) 的 w. 则存在 $t_n\downarrow 0$ 满足 $d(G(x(t_n)),K)=\mathrm{o}(t_n^2)$. 因此, 由稳定性定理得, (5.103) 中的项 $\gamma(t_n)$ 可以取得使 $x(t_n)\in\Phi$, 即 $x(t_n)$ 是可行的, 且 $\gamma(t_n)=\mathrm{o}(t_n^2)$. 进一步, 由 f 在 x_0 处的二阶 Taylor 展式有

$$f(x(t_n))=f(x_0)+t_n\mathrm{D}f(x_0)h+\frac{1}{2}t_n^2[\mathrm{D}f(x_0)w+\mathrm{D}^2f(x_0)(h,h)]+\mathrm{o}(t_n^2), \tag{5.107}$$

由于 $h\in C(x_0),\mathrm{D}f(x_0)h=0$. 因为 $x(t_n)$ 是可行的, 对 n 充分大有 $f(x(t_n))\geqslant f(x_0)$, 因而得到 (5.106) 式. ■

注意到, 在临界方向 h 的定义中, 条件 $\mathrm{D}G(x_0)h\in T_K(G(x_0))$ 在必要条件 (5.106) 中被隐含地用到, 因为, 否则外二阶切集 $T_K^2(G(x_0),\mathrm{D}G(x_0)h)$ 是空集. 也注意到, 这些必要条件可以用一最优化问题来描述. 即对任何 $h\in C(x_0)$, 下述问题

$$\begin{aligned}\min_{w\in X}\quad & \mathrm{D}f(x_0)w+\mathrm{D}^2f(x_0)(h,h)\\ \text{s.t.}\quad & \mathrm{D}G(x_0)w+\mathrm{D}^2G(x_0)(h,h)\in T_K^2(G(x_0),\mathrm{D}G(x_0)h)\end{aligned} \tag{5.108}$$

的最优值是非负的.

定理 5.22(二阶必要条件) 设 x_0 是 (P) 的局部最优解, Robinson 约束规范在 x_0 处成立. 则对每一 $h \in C(x_0)$, 对任意凸集合 $\mathcal{T}(h) \subset T_K^2(G(x_0), \mathrm{D}G(x_0)h)$, 下述不等式成立:

$$\sup_{\lambda \in \Lambda(x_0)} \{\mathrm{D}_{xx}^2 L(x_0, \lambda)(h, h) - \sigma(\lambda, \mathcal{T}(h))\} \geqslant 0. \tag{5.109}$$

证明 考虑集合 $T(h) = \mathrm{cl}\{\mathcal{T}(h) + T_K(G(x_0))\}$. 这一集合是两个凸集合之和的闭包, 因而它是凸的. 进一步, 由

$$T_S^2(x, h) + T_{T_S(x)}(h) \subset T_S^2(x, h) \subset T_{T_S(x)}(h) \tag{5.110}$$

的第一包含关系, 由于二阶切集是闭的, 有 $T(h) \subset T_K^2(G(x_0), \mathrm{D}G(x_0)h)$. 显然, 如果在 (5.108) 中将外二阶切集用其子集 $T(h)$ 代替, 所得到最优化问题的最优值大于或等于 (5.108) 的最优值, 因此问题

$$\begin{aligned} \min_{w \in X} \quad & \mathrm{D}f(x_0)w + \mathrm{D}^2 f(x_0)(h, h) \\ \text{s.t.} \quad & \mathrm{D}G(x_0)w + \mathrm{D}^2 G(x_0)(h, h) \in T(h) \end{aligned} \tag{5.111}$$

的最优值是非负的.

最优化问题 (5.111) 是线性的, 现在来推导它的共轭对偶问题. 问题 (5.111) 的 Lagrange 函数是

$$\begin{aligned} \mathcal{L}(w, \lambda) &= \mathrm{D}f(x_0)w + \mathrm{D}^2 f(x_0)(h, h) + \langle \lambda, \mathrm{D}G(x_0)w + \mathrm{D}^2 G(x_0)(h, h)\rangle \\ &= \mathrm{D}_x L(x_0, \lambda)w + \mathrm{D}_{xx}^2 L(x_0, \lambda)(h, h). \end{aligned}$$

问题 (5.111) 的对偶问题为

$$\max_{\lambda \in Y^*} \inf_w \{\mathcal{L}(w, \lambda) - \sigma(\lambda, T(h))\}.$$

对任意的 $z \in T(h)$ 有 $z + T_K(G(x_0)) \subset T(h)$, 有对任意 $\lambda \notin [T_K(G(x_0))]^- = N_K(G(x_0))$, 成立着 $\sigma(\lambda, T(h)) = +\infty$. 对于 $\lambda \in N_K(G(x_0))$,

$$\inf_w \{\mathcal{L}(w, \lambda) - \sigma(\lambda, T(h))\} = \begin{cases} \mathrm{D}_{xx} L(x_0, \lambda)(h, h) - \sigma(\lambda, T(h)), & \text{如果}\, \mathrm{D}_x L(x_0, \lambda) = 0, \\ -\infty, & \text{否则}, \end{cases}$$

可见 (5.111) 的参数对偶的有效域包含在 $\Lambda(x_0)$ 中, 从而得到对偶问题为

$$\max_{\lambda \in \Lambda(x_0)} \{\mathrm{D}_{xx}^2 L(x_0, \lambda)(h, h) - \sigma(\lambda, T(h))\}. \tag{5.112}$$

进一步, Robinson 约束规范可推出 (实际上等价于)

$$\mathrm{D}G(x_0)X - T_K(G(x_0)) = Y.$$

由于对任何 $z \in \mathcal{T}(h), z + T_K(G(x_0)) \subset \mathcal{T}(h)$, 有

$$z + \mathrm{D}G(x_0)X - \mathcal{T}(h) = Y,$$

因此有 $\mathrm{D}G(x_0)X - \mathcal{T}(h) = Y$. 因此, (5.111) 有一可行解, 且 Robinson 约束规范对问题 (5.111) 也成立的. 所以问题 (5.111) 与其对偶 (5.112) 间不存在对偶间隙. 因而 (5.112) 的最优值是非负的. 因为 $\mathcal{T}(h) \subset T(h)$, 有 $\sigma(\lambda, \mathcal{T}(h)) \leqslant \sigma(\lambda, T(h))$, 可见 (5.109) 成立, 证毕. ■

5.5.4 二阶充分性条件

为验证二阶增长条件在可行点 $x_0 \in \Phi$ 处成立, 需要验证, 存在 $c > 0$, 对任何序列 $\{x_n\} \subset \Phi$, $x_n \neq x_0$, 这一可行点序列收敛到 x_0, 不等式

$$f(x_n) \geqslant f(x_0) + c\|x_n - x_0\|^2$$

成立.

引理 5.5 *设 X 是有限维的 Hilbert 空间, $\{x_n\} \subset \Phi$ 是收敛到 x_0 的可行点序列且满足*

$$f(x_n) \leqslant f(x_0) + \mathrm{o}(\|x_n - x_0\|). \tag{5.113}$$

则存在一非零的临界方向 $h \in C(x_0)$ 及序列 $\{x_n\}$ 的子序列 $\{x_{n(k)}\}$ 满足 $x_{n(k)} = x_0 + t_k h + \mathrm{o}(t_k)$ 对某一序列 $t_k \downarrow 0$, $t_k > 0$ 成立.

证明 由一阶 Taylor 展式, 得到

$$G(x_n) = G(x_0) + \mathrm{D}G(x_0)(x_n - x_0) + \mathrm{o}(\|x_n - x_0\|), \tag{5.114}$$

因为 $G(x_n) \in K, K - G(x_0) \subset T_K(G(x_0))$, 有

$$d(\mathrm{D}G(x_0)(x_n - x_0), T_K(G(x_0))) = \mathrm{o}(\|x_n - x_0\|).$$

进一步,

$$f(x_n) = f(x_0) + \mathrm{D}f(x_0)(x_n - x_0) + \mathrm{o}(\|x_n - x_0\|), \tag{5.115}$$

连同 (5.113) 可推出

$$\mathrm{D}f(x_0)(x_n - x_0) \leqslant \mathrm{o}(\|x_n - x_0\|).$$

令 $h_n = \|x_n - x_0\|^{-1}(x_n - x_0)$, 则 h_n 具有极限点 $h \in C(x_0)$. 进一步有 $\|h\| = \lim_{n\to\infty} \|h_n\| = 1$, 而 $t_n = \|x_n - x_0\|$ 趋于零. 这证得结论. ■

定义 5.13 *称二阶充分条件在可行点 $x_0 \in \Phi$ 处成立, 若*

$$\forall h \in C(x_0) \setminus \{0\}, \exists (\alpha, \lambda) \in \Lambda^g(x_0) \quad \text{满足} \quad \mathrm{D}^2_{xx} L^g(x_0, \alpha, \lambda)(h, h) > 0. \tag{5.116}$$

定理 5.23 设二阶充分条件 (5.116) 成立. 则二阶增长条件在点 x_0 处是成立的.

证明 用反证法来证明. 设定理的结论不真, 则存在序列 $\{x_n\}\subset\Phi$, 具有形式 $x_n=x_0+t_nh_n, \|h_n\|=1, t_n\downarrow 0, t_n>0$, 满足

$$f(x_0)+\mathrm{o}(t_n^2)\geqslant f(x_n). \tag{5.117}$$

由引理 5.5, 存在 $h\in C(x_0)\cap\mathrm{bdry}\mathbf{B}$, 存在序列 $\{n_k\}$ 满足

$$\frac{x_{n_k}-x_0}{\|x_{n_k}-x_0\|}=h_{n_k}\to h.$$

则由二阶充分条件 (5.116) 得, 存在 $\beta>0$, 存在 $(\overline{\alpha},\overline{\lambda})\in\Lambda^g(x_0)$ 满足 $\overline{\alpha}+\|\overline{\lambda}\|=1$,

$$\mathrm{D}_{xx}^2L^g(x_0,\overline{\alpha},\overline{\lambda})(h,h)\geqslant 2\beta. \tag{5.118}$$

由 $\mathrm{D}_xL^g(x_0,\overline{\alpha},\overline{\lambda})=0$ 得到

$$L^g(x_{n_k},\overline{\alpha},\overline{\lambda})-L^g(x_0,\overline{\alpha},\overline{\lambda})=\frac{1}{2}t_{n_k}^2\mathrm{D}_{xx}^2L(x_0,\overline{\alpha},\overline{\lambda})(h_{n_k},h_{n_k})+\mathrm{o}(t_{n_k}^2).$$

由 (5.118), k 充分大时, 这可推出

$$L^g(x_{n_k},\overline{\alpha},\overline{\lambda})-L^g(x_0,\overline{\alpha},\overline{\lambda})\geqslant t_{n_k}^2\beta+\mathrm{o}(t_{n_k}^2). \tag{5.119}$$

如果 $\overline{\alpha}>0$, 则由 $\langle\overline{\lambda},G(x_{n_k})-G(x_0)\rangle\leqslant 0$ 得到

$$f(x_{n_k})-f(x_0)\geqslant\overline{\alpha}^{-1}(L^g(x_{n_k},\overline{\alpha},\overline{\lambda})-L^g(x_0,\overline{\alpha},\overline{\lambda}))\geqslant\overline{\alpha}^{-1}(t_{n_k}^2\beta+\mathrm{o}(t_{n_k}^2)), \tag{5.120}$$

这与 (5.117) 矛盾.

如果 $\overline{\alpha}=0$, 则

$$L^g(x_{n_k},\overline{\alpha},\overline{\lambda})-L^g(x_0,\overline{\alpha},\overline{\lambda})=\langle\overline{\lambda},G(x_{n_k})-G(x_0)\rangle,$$

因为 $\overline{\lambda}\in N_K(G(x_0)), G(x_0)\in K$, 得到

$$L^g(x_{n_k},\overline{\alpha},\overline{\lambda})-L^g(x_0,\overline{\alpha},\overline{\lambda})\leqslant 0 \tag{5.121}$$

这与 (5.119) 是矛盾的. ■

下面引入外二阶正则的概念, 这一概念可用于讨论弥填 (5.109) 形式的二阶必要条件与二阶充分条件间的间隙的情况.

定义 5.14 我们称集合 K 在点 $y \in K$ 沿方向 $d \in T_K(y)$ 关于线性映射 $M : X \to Y$ 是外二阶正则的(outer second order regular), 若对任何具有下述形式的 $y_n \in K$: $y_n = y + t_n d + \frac{1}{2}t_n^2 r_n$, 其中 $t_n \downarrow 0$, $r_n = Mw_n + a_n$, 其中 $\{a_n\}$ 是 Y 中的收敛序列, $\{w_n\}$ 是 X 中的满足 $t_n w_n \to 0$ 的序列, 下述条件成立:

$$\lim_{n\to\infty} d(r_n, T_K^2(y,d)) = 0. \tag{5.122}$$

若 K 在 $y \in K$ 处沿每一方向 $d \in T_K(y)$相对于 M 是外二阶正则的, 即 (5.122) 对任何满足 $t_n r_n \to 0$ 的序列 $y + t_n d + \frac{1}{2}t_n^2 r_n \in K$及 $d \in T_K(y)$ 成立, 称 K 在 y 处是外二阶正则的. 若 K 在点 y 处对向量 d 均是外二阶正则的, 则外二阶切集 $T_K^2(y,d)$ 与内二阶切集 $T_K^{i,2}(y,d)$ 是相同的.

考虑下述二阶条件: 对任何 $h \in C(x_0) \setminus \{0\}$, 存在 $(\alpha, \lambda) \in \Lambda^g(x_0)$ 满足

$$\mathrm{D}_{xx}^2 L^g(x_0, \alpha, \lambda)(h,h) - \sigma(\lambda, \mathcal{T}(h)) > 0 \tag{5.123}$$

其中 $\mathcal{T}(h) = T_K^2(G(x_0), \mathrm{D}G(x_0)h)$.

定理 5.24 设 X 是有限维的 Hilbert 空间, x_0 是问题 (P) 的可行点, 该点处的广义 Lagrange 乘子集合是非空的. 设对每一 $h \in C(x_0)$, 集合 K 在 $G(x_0)$ 处沿方向 $\mathrm{D}G(x_0)h$ 相对于映射 $M = \mathrm{D}G(x_0)$ 是外二阶正则的. 则二阶条件 (5.123) 可推出在点 x_0 处的二阶增长条件.

若还有 x_0 处 Robinson 约束规范成立, 且对任何 $h \in C(x_0)$, 外二阶切集 $\mathcal{T}(h) = T_K^2(G(x_0), \mathrm{D}G(x_0)h)$ 是凸的, 则二阶条件

$$\sup_{\lambda \in \Lambda(x_0)} \{\mathrm{D}_{xx}^2 L(x_0, \lambda)(h,h) - \sigma(\lambda, \mathcal{T}(h))\} > 0, \quad \forall h \in C(x_0) \setminus \{0\} \tag{5.124}$$

是在点 x_0 处二阶增长条件成立的充分必要条件.

证明 用反证法证明. 假设二阶增长条件在 x_0 处不成立, 则存在一可行点序列 $x_n \in \Phi$ 收敛到 x_0, 满足

$$f(x_n) \leqslant f(x_0) + \mathrm{o}(t_n^2), \tag{5.125}$$

其中 $t_n = \|x_n - x_0\|$. 由近似临界锥条件的紧致性, 若有必要可取一子列, 可设 $h_n = (x_n - x_0)/t_n$ 收敛到向量 $h \in C(x_0)$. 显然, $\|h\| = 1$, 因而 $h \neq 0$.

由 $G(x_n)$ 在 x_0 处二阶 Taylor 展式, 有

$$G(x_n) = G(x_0) + t_n \mathrm{D}G(x_0)h + \frac{1}{2}t_n^2(\mathrm{D}G(x_0)w_n + \mathrm{D}^2G(x_0)(h,h)) + \mathrm{o}(t_n^2),$$

其中 $w_n = 2t_n^{-2}(x_n - x_0 - t_n h)$. 注意到 $x_n - x_0 - t_n h = \mathrm{o}(t_n)$, 有 $t_n w_n \to 0$.

结合外二阶正则性的定义, 可以得到

$$DG(x_0)w_n + D^2G(x_0)(h,h) \in \mathcal{T}(h) + o(1)\mathbf{B}_Y. \tag{5.126}$$

也有

$$f(x_n) = f(x_0) + t_n Df(x_0)h + \frac{1}{2}t_n^2(Df(x_0)w_n + D^2f(x_0)(h,h)) + o(t_n^2),$$

因此, 由 (5.125) 与 (5.126), 可找到一序列 $\varepsilon_n \to 0$ 满足

$$\begin{cases} 2t_n^{-1}Df(x_0)h + (Df(x_0)w_n + D^2f(x_0)(h,h)) \leqslant \varepsilon_n, \\ DG(x_0)w_n + D^2G(x_0)(h,h) \in \mathcal{T}(h) + \varepsilon_n \mathrm{cl}\mathbf{B}_Y. \end{cases} \tag{5.127}$$

由 (5.123), 存在 $(\alpha,\lambda) \in \Lambda^g(x_0)$ 满足

$$D_{xx}^2 L^g(x_0,\alpha,\lambda)(h,h) - \sigma(\lambda,\mathcal{T}(h)) \geqslant \kappa, \tag{5.128}$$

其中 $\kappa > 0$ 是一常数. 由 (5.127) 的第二条件得

$$\langle \lambda, DG(x_0)w_n + D^2G(x_0)(h,h)\rangle \leqslant \sigma(\lambda,\mathcal{T}(h) + \varepsilon_n \mathrm{cl}\mathbf{B}_Y) = \sigma(\lambda,\mathcal{T}(h)) + \varepsilon_n\|\lambda\|.$$

也有 $\alpha \geqslant 0$. 若 $\alpha \neq 0$, 则存在一 Lagrange 乘子, 进而可推出 $Df(x_0)h = 0$. 所以任何情况都有 $\alpha Df(x_0)h = 0$, 因此, 由 (5.127) 与 (5.128) 可得

$$\begin{aligned} 0 \geqslant & \alpha(2t_n^{-1}Df(x_0)h + Df(x_0)w_n + D^2f(x_0)(h,h) - \varepsilon_n) \\ & + \langle \lambda, DG(x_0)w_n + D^2G(x_0)(h,h)\rangle - \sigma(\lambda,\mathcal{T}(h)) - \varepsilon_n(\|\lambda\|) \\ = & D_{xx}^2 L^g(x_0,\alpha,\lambda)(h,h) - \sigma(\lambda,\mathcal{T}(h)) - \varepsilon_n(\alpha + \|\lambda\|) \\ \geqslant & \kappa - \varepsilon_n(\alpha + \|\lambda\|). \end{aligned}$$

因为 $\varepsilon_n \to 0$, 得到一矛盾.

对于在 x_0 处的 Robinson 约束规范成立情况的结论, 充分性由上述推导得到, 必要性由定理 5.22 得到. ■

命题 5.17 [4,Proposition3.92] 令 $K := \{y : g(y) \leqslant 0\}$, 其中 $g : Y \to \overline{\Re}$ 是一下半连续的凸函数. 设存在 $\bar{y}$ 满足 $g(\bar{y}) < 0$(Slater 条件), 令 $y_0, d \in Y$ 满足 $g(y_0) = 0$ 且 $g^{\downarrow}(y_0, d) = 0$. 若对任何具有形式 $y(t) = y_0 + td + \frac{1}{2}t^2 r(t), t \geqslant 0$ 的路径 $y(t) \in K$, 其中 $r(t)$ 满足当 $t \downarrow 0$ 时 $tr(t) \to 0$, 不等式

$$\limsup_{t \downarrow 0} g_-^{\downarrow\downarrow}(y_0; d, r(t)) \leqslant 0 \tag{5.129}$$

成立, 则 K 在 y_0 处沿方向 d 是外二阶正则的. 若还有 $g(\cdot)$ 是连续的, 则相反的结论也是成立的, 即由 K 在 y_0 处沿方向 d 的外二阶正则性可推出 (5.129).

证明　由命题 5.6 可得

$$T_K(y_0)=\{d:g^{\downarrow}(y_0,d)\leqslant 0\},$$

从而由 $g^{\downarrow}(y_0,d)=0$ 可得 $d\in T_K(y_0)$.

设 (5.129) 成立. 考虑序列 $y_n=y_0+t_nd+\frac{1}{2}{t_n}^2r_n\in K$ 满足 $t_n\downarrow 0$, 且 $t_nr_n\to 0$. 选取 $\alpha>0$, 固定 $n\in N$, 令 $w_{\alpha,n}=r_n+\alpha(\bar{y}-y_0)$. 则由 g 的凸性, 对 $t\geqslant 0$ 充分小有

$$g\left(y_0+td+\frac{1}{2}t^2w_{\alpha,n}\right)\leqslant\left(1-\frac{1}{2}\alpha t^2\right)\gamma(t,r_n)+\frac{1}{2}\alpha t^2g(\bar{y}),\tag{5.130}$$

其中

$$\gamma(t,r)=g\left(y_0+t\left(1-\frac{1}{2}\alpha t^2\right)^{-1}d+\frac{1}{2}t^2\left(1-\frac{1}{2}\alpha t^2\right)^{-1}r\right).$$

推导可得

$$g_-^{\downarrow\downarrow}(y_0;d,w_{\alpha,n})\leqslant g_-^{\downarrow\downarrow}(y_0;d,r_n)+\alpha g(\bar{y}).\tag{5.131}$$

因为 $g(\bar{y})<0$, 由 (5.129) 与 (5.131) 得, 存在 n_0(依赖于 α) 满足对所有的 $n\geqslant n_0$,

$$g_-^{\downarrow\downarrow}(y_0;d,w_{\alpha,n})<0,$$

所以由命题 5.7 有 $w_{\alpha,n}\in T_K^2(y_0,d)$. 因此

$$\limsup_{n\to\infty}\ d(r_n,T_K^2(y_0,d))\leqslant\ \alpha\|\bar{y}-y_0\|.$$

由于 α 可以取得任意小, 得到

$$\lim_{n\to\infty}\ d(r_n,T_K^2(y_0,d))=0,$$

故 K 在 y_0 处沿方向 d 是外二阶正则的.

相反地, 设 K 在 y_0 处沿方向 d 是外二阶正则的, 满足 $g^{\downarrow}(y_0,d)=0$ 且 $g(\cdot)$ 是连续的. 回顾: 由于 g 是连续的, $g^{\downarrow}(y_0,\cdot)=g'(y_0,\cdot)$, $g_-^{\downarrow\downarrow}(y_0,d,\cdot)=g_-''(y_0,d,\cdot)$. 令 $t_n\downarrow 0$ 是 (5.129) 的上极限达到极限的序列, 令 $r_n=r(t_n)$. 置 $\varepsilon_n=d(r_n,T_K^2(y_0,d))+n^{-1}$. 由外二阶正则性可得 $\varepsilon_n\to 0$. 选取 $\tilde{r}_n\in T_K^2(y_0,d)$ 满足 $\|r_n-\tilde{r}_n\|<\varepsilon_n-\frac{1}{2}n^{-1}$. 则对给定的 n, 存在一序列 $\tau_k\downarrow 0$ 满足

$$y_0+\tau_kd+\frac{1}{2}\tau_k^2\tilde{r}_n+o(\tau_k^2)\in K,$$

则对 k 充分大有

$$y_0+\tau_kd+\frac{1}{2}\tau_k^2r_n\in K+\frac{1}{2}\varepsilon_n\tau_k^2\mathbf{B}_Y.$$

因此, 对 $\alpha > 0, w_{\alpha,n} = r_n + \alpha(\bar{y} - y_0)$ 有

$$\begin{aligned}
& y_0 + \tau_k d + \frac{1}{2}\tau_k^2 w_{\alpha,n} \\
= & \left(1 - \frac{1}{2}\alpha\tau_k^2\right)\left(y_0 + \tau_k d + \frac{1}{2}\tau_k^2 r_n\right) + \frac{1}{2}\alpha\tau_k^2\left(\bar{y} + \tau_k d + \frac{1}{2}\tau_k^2 r_n\right) \\
\subset & \left(1 - \frac{1}{2}\alpha\tau_k^2\right)\left(K + \frac{1}{2}\varepsilon_n\tau_k^2 \mathbf{B}_Y\right) + \frac{1}{2}\alpha\tau_k^2\left(\bar{y} + \tau_k d + \frac{1}{2}\tau_k^2 r_n\right) \\
= & \left(1 - \frac{1}{2}\alpha\tau_k^2\right)K + \frac{1}{2}\alpha\tau_k^2\left[\bar{y} + \tau_k d + \frac{1}{2}\tau_k^2 r_n + \left(1 - \frac{1}{2}\alpha\tau_k^2\right)\varepsilon_n\alpha^{-1}\mathbf{B}_Y\right].
\end{aligned}$$

由于 $g(\bar{y}) < 0$, g 是连续的, 有 $\bar{y} \in \mathrm{int}(K)$. 故, 对 n 充分大, $\bar{y} + 2\varepsilon_n\alpha^{-1}\mathbf{B}_Y \subset K$. 由 K 的凸性及上述的推导, 对所有的 k 与充分大的 n, $y_0 + \tau_k d + \frac{1}{2}\tau_k^2 w_{\alpha,n} \in K$, 因此有 $w_{\alpha,n} \in T_K^2(y_0, d)$. 由命题 5.7 得 $g_-^{\downarrow\downarrow}(y_0; d, w_{\alpha,n}) \leqslant 0$. 由于 g 在 y_0 处是连续的, 它是局部 Lipschitz 连续的. 故, $g''_-(y_0; d, \cdot)$ 是全局 Lipschitz 连续的, Lipschitz 常数与 g 在 y_0 处的相同, 设为 L, 则

$$g''_-(y_0; d, r_n) \leqslant L\|w_{\alpha,n} - r_n\| = \alpha L\,\|\bar{y} - y_0\|,$$

因此得到

$$\limsup_{t\downarrow 0}\ g''_-(y_0; d, r(t)) = \lim_{n\to\infty}\ g''_-(y_0; d, r_n) \leqslant \alpha L\,\|\bar{y} - y_0\|.$$

因为 α 可取得任意小, (5.129) 得证. ■

5.6 Clarke 乘子法则

本节用到的法锥是 Clarke 法锥, 即 $N_C(x) = \overline{N}_C(x), \forall x \in C$, 用到的次微分也是 Clarke 次微分, 即 $\partial f(x) = \overline{\nabla} f(x)$. 这一节的素材取自文献 [49].

引理 5.6 *设 f 是在包含集合 C 的开集合 $\mathcal{U}$ 上的 Lipschitz 连续函数, Lipschitz 常数为 $L_0 > 0$. 如果 $\bar{x}$ 是 f 在 C 上的最小点. 则对任何的 $L \geqslant L_0$, $\bar{x}$ 是 $f + Ld_C$ 在 $\mathcal{U}$ 上的极小点.*

证明 由假设可得

$$f(z) - L_0\|y - z\| \leqslant f(y) \leqslant f(z) + L_0\|y - z\|, \quad \forall y, z \in \mathcal{U}.$$

$$f(\bar{x}) \leqslant f(y), \quad \forall y \in C.$$

令 $z \in \mathcal{U}$, $\epsilon > 0$. 存在 $y \in C$ 满足 $\|y - z\| \leqslant d_C(z) + \epsilon$. 于是

$$f(\bar{x}) + Ld_C(\bar{x}) = f(\bar{x}) \leqslant f(y) \leqslant f(z) + L_0\|y - z\| \leqslant f(z) + Ld_C(z) + L\epsilon.$$

令 $\epsilon \searrow 0$ 即证得结论. ■

考虑下述问题

$$\begin{aligned} \min \quad & f(x) \\ \text{s.t.} \quad & g_i(x) \leqslant 0, \quad i=1,\cdots,p, \\ & h_j(x)=0, \quad j=1,\cdots,q, \\ & x \in C. \end{aligned} \tag{5.132}$$

定理 5.25[49, Theorem 12.4.1]　设问题 (5.132) 中的 $C \subset X$ 是非空闭集合, 函数 $g_i, i=1,\cdots,p$, $h_j, j=1,\cdots,q$ 在任何点 $x \in C$ 处均是局部 Lipschitz 连续的. 设点 $\bar{x}$ 是问题 (5.132) 的局部极小点, 则存在 $(\lambda_0,\lambda) \in \Re_+^{1+p}$, $\mu \in \Re^q$ 不全为 0, 满足

$$\lambda_i g_i(\bar{x})=0, \quad i=1,\cdots,p, \tag{5.133}$$

$$0 \in \lambda_0 \partial f(\bar{x}) + \sum_{i=1}^{p} \lambda_i \partial g_i(\bar{x}) + \sum_{j=1}^{p} \mu_j \partial h_j(\bar{x}) + N_C(\bar{x}). \tag{5.134}$$

证明　不妨设 $\bar{x}$ 是问题 (5.132) 的全局极小点, 因为对于充分小的 $\eta>0$, 当将 C 替换成 $C \cap \mathbf{B}(\bar{x},\eta)$ 时下面的推证也是成立的.

给定 $\epsilon>0$, 定义 $\psi: X \to \overline{\Re}$:

$$\psi(x)=\max\left\{f(x)-f(\bar{x})+\frac{\epsilon}{2}, g_1(x),\cdots,g_p(x),|h_1(x)|,\cdots,|h_q(x)|\right\}.$$

则 ψ 是局部 Lipschitz 连续的. 显然有

$$\psi(x)>0, \quad \forall x \in C \tag{5.135}$$

且 $\psi(\bar{x})=\dfrac{\epsilon}{2}$, 所以

$$\psi(\bar{x}) < \inf_{x \in C} \psi(x)+\epsilon. \tag{5.136}$$

由 Ekeland 变分原理, 存在 $x_\epsilon \in C$ 满足

$$\|x_\epsilon-\bar{x}\| \leqslant \sqrt{\epsilon}, \tag{5.137}$$

$$\psi(x_\epsilon) \leqslant \psi(x)+\sqrt{\epsilon}\|x_\epsilon-x\|, \quad \forall x \in C. \tag{5.138}$$

设 κ_0 是 f, g_i, $h_j (i=1,\cdots,p, j=1,\cdots,q)$ 在 $\bar{x}$ 处的公共的 Lipschitz 常数. 容易验证, 对每一 $\kappa>\kappa_0$, 对 $\epsilon>0$ 充分小, κ 是 $x \to \psi(x)+\sqrt{\epsilon}\|x_\epsilon-x\|$ 在 x_ϵ 附近的 Lipschitz 常数. 根据 (5.138) 式, 这一函数在 C 上的最小值在 x_ϵ 处达到. 根据引理 5.6, x_ϵ 是下述函数的局部极小点

$$\widetilde{\psi}(x)=\psi(x)+\sqrt{\epsilon}w_\epsilon(x)+\kappa d_C(x),$$

其中 $w_\epsilon(x) = \|x_\epsilon - x\|$. 根据解的必要条件可得

$$0 \in \partial\widetilde{\psi}(x_\epsilon) \subset \partial\psi(x_\epsilon) + \sqrt{\epsilon}\partial w_\epsilon(x_\epsilon) + \kappa\partial d_C(x_\epsilon).$$

把最大值函数的 Clarke 梯度的公式用于 ψ, 存在 $\widehat{\lambda}_0, \widehat{\lambda}_1, \cdots, \widehat{\lambda}_p$ 与 $\mu_1', \cdots, \mu_q'$ 满足

$$\sum_{i=0}^{p} \widehat{\lambda}_i + \sum_{j=1}^{q} \mu_j' = 1, \tag{5.139}$$

$$0 \in \widehat{\lambda}_0 \partial f(x_\epsilon) + \sum_{i=1}^{p} \widehat{\lambda}_i \partial g_i(x_\epsilon) + \sum_{j=1}^{q} \mu_j' \partial |h_j|(x_\epsilon) + \sqrt{\epsilon}\mathbf{B} + N_C(x_\epsilon). \tag{5.140}$$

根据最大值函数的 Clarke 梯度的公式 (见练习 4.5), 注意到 $\psi(x_\epsilon) > 0$, 有

$$\begin{aligned} g_i(x_\epsilon) \leqslant 0 &\Longrightarrow \widehat{\lambda}_i = 0 \quad (i = 1, \cdots, p), \\ h_j(x_\epsilon) = 0 &\Longrightarrow \mu_j' = 0 \quad (j = 1, \cdots, q). \end{aligned} \tag{5.141}$$

对 $j = 1, \cdots, q$, 定义

$$\widehat{\mu}_j = \begin{cases} \operatorname{sign}(h_j(x_\epsilon))\mu_j', & \text{若} h_j(x_\epsilon) \neq 0, \\ 0, & \text{若} h_j(x_\epsilon) = 0. \end{cases}$$

由链式法则, 即定理 4.13 可得

$$\mu_j' \partial |h_j|(x_\epsilon) \subset \widehat{\mu}_j \partial h_j(x_\epsilon), \quad j = 1, \cdots, q.$$

这一包含关系结合 (5.140) 可推出, 存在 $x_\epsilon^* \in X^*$ 满足

$$x_\epsilon^* \in \widehat{\lambda}_0 \partial f(x_\epsilon) + \sum_{i=1}^{p} \widehat{\lambda}_i \partial g_i(x_\epsilon) + \sum_{j=1}^{q} \widehat{\mu}_j \partial h_j(x_\epsilon), \tag{5.142}$$

$$x_\epsilon^* \in \sqrt{\epsilon}\mathbf{B} - N_C(x_\epsilon). \tag{5.143}$$

把 ϵ 换成 $\epsilon_k \searrow 0$, 由 (5.137) 可得 $x_{\epsilon_k} \to \bar{x}$. 根据 (5.142), $\{x_{\epsilon_k}^*\}$ 包含在一紧致集合里, 它有一个聚点 x^*. 注意到 $\widehat{\lambda}_i$ 也是依赖于 ϵ_k 的, 由 (5.139), 有聚点 λ_i, 同样 $\widehat{\mu}_j$ 有聚点 μ_j. 根据 Clarke 广义微分的外半连续性, 得到

$$x^* \in \widehat{\lambda}_0 \partial f(\bar{x}) + \sum_{i=1}^{p} \widehat{\lambda}_i \partial g_i(\bar{x}) + \sum_{j=1}^{q} \mu_j \partial h_j(\bar{x}), \quad x^* \in -N_C(\bar{x}),$$

这证得 (5.134).

由于 $\widehat{\lambda}_0$, $\widehat{\lambda}_i (i = 1, \cdots, p)$ 非负, λ_0, $\lambda_i (i = 1, \cdots, p)$ 也是非负的. 剩下要验证 (5.133). 对于满足 $g_i(\bar{x}) < 0$ 的 $i \in \{1, \cdots, p\}$, 由 g_i 的连续性, 当 k 充分大时 $g_i(x_{\epsilon_k}) < 0$, 于是有 $\widehat{\lambda}_i = 0$, 可见有 $\lambda_i = 0$. ■

5.7　互补约束优化的一阶最优性条件

本节讨论具有如下形式的互补约束数学规划问题 (MPCC):

$$\begin{aligned} \min_{z} \quad & f(z) \\ \text{s.t.} \quad & g(z) \leqslant 0, \quad h(z) = 0, \\ & 0 \leqslant G(z) \perp H(z) \geqslant 0, \end{aligned} \tag{5.144}$$

其中, $f : \Re^n \to \Re$, $g : \Re^n \to \Re^p$, $h : \Re^n \to \Re^q$, $G : \Re^n \to \Re^m$, $H : \Re^n \to \Re^m$ 均是连续可微函数. 如果直接将 (MPCC) 视为非线性规划, 可以验证, 通常的约束规范, 比如 Mangasarian-Fromovitz 约束规范 (MFCQ), 在任何可行点处均是不成立的. 因此, 此类问题的最优性条件不能由一般的非线性规划的最优性条件直接得到.

记 (MPCC) 的可行域为 $\mathcal{F}$, 在点 $\bar{z} \in \mathcal{F}$ 处定义下述指标集合:

$$\begin{aligned} I_g &:= \{i \mid g_i(\bar{z}) = 0\}, \\ \alpha &:= \{i \mid G_i(\bar{z}) = 0,\ H_i(\bar{z}) > 0\}, \\ \beta &:= \{i \mid G_i(\bar{z}) = 0,\ H_i(\bar{z}) = 0\}, \\ \gamma &:= \{i \mid G_i(\bar{z}) > 0,\ H_i(\bar{z}) = 0\}. \end{aligned}$$

由定理 5.7 知, 若 $\bar{z} \in \mathcal{F}$ 是(MPCC)的局部最优解, 则有

$$\nabla f(\bar{z})^{\mathrm{T}} d \geqslant 0, \quad \forall d \in T_{\mathcal{F}}(\bar{z}). \tag{5.145}$$

一些文献把满足上式的可行点 $\bar{z}$ 称为 Bouligand- 稳定点 (Bouligand-stationary point/B-stationary point). 虽然式 (5.145) 是一个必要条件, 但是复杂集合 $\mathcal{F}$ 的切锥确实很难刻画. 这里, 采用文献 [48] 给出的用线性化切锥刻画的 B- 稳定点的定义.

定义 5.15 (B- 稳定点)　*称 $\bar{z} \in \mathcal{F}$ 是问题(MPCC)的 B- 稳定点, 若*

$$\nabla f(\bar{z})^{\mathrm{T}} d \geqslant 0, \quad \forall d \in T_{\mathcal{F}}^{\mathrm{lin}}(\bar{z}), \tag{5.146}$$

其中,

$$\begin{aligned} T_{\mathcal{F}}^{\mathrm{lin}}(\bar{z}) := \{d \in \Re^n : \ & \nabla g_i(\bar{z})^{\mathrm{T}} d = 0, \forall i \in I_g,\ \nabla h_i(\bar{z})^{\mathrm{T}} d = 0, \forall i = 1, \cdots, q, \\ & \nabla G_i(\bar{z})^{\mathrm{T}} d = 0, \forall i \in \alpha,\ \nabla H_i(\bar{z})^{\mathrm{T}} d = 0, \forall i \in \gamma, \\ & \min\{\nabla G_i(\bar{z})^{\mathrm{T}} d, \nabla H_i(\bar{z})^{\mathrm{T}} d\} = 0, \forall i \in \beta\}. \end{aligned}$$

显然, $T_{\mathcal{F}}(\bar{z}) \subset T_{\mathcal{F}}^{\mathrm{lin}}(\bar{z})$. 称 $\bar{z}$ 点处 MPEC Abadie 约束规范成立, 若 $T_{\mathcal{F}}(\bar{z}) = T_{\mathcal{F}}^{\mathrm{lin}}(\bar{z})$. 此时, 上述关于 B- 稳定点的两个定义是等价的.

讨论问题 (MPCC) 的一阶最优性条件, 学者们更常采用的是几类对偶稳定点条件 (对应地, B- 稳定点也称为原始稳定点), 即弱稳定点 (weakly stationary point/W-stationary point)、Clarke 稳定点 (C-stationary point)、Mordukhovich 稳定点 (M-stationary point) 和强稳定点 (strongly stationary point/S-stationary point). 下面就来介绍它们.

易知, (5.145) 等价于

$$0 \in \nabla f(\bar{z}) + \widehat{N}_{\mathcal{F}}(\bar{z}). \tag{5.147}$$

记

$$\mathcal{F}_1 = \{z \in \Re^n |\, g(z) \leqslant 0,\ h(z) = 0\},$$
$$\mathcal{F}_2 = \{z \in \Re^n |\, 0 \leqslant G(z) \perp H(z) \geqslant 0\} = \{z \in \Re^n |\, (G(z), -H(z)) \in \mathrm{gph} N_{\Re^m_+}\}.$$

则 $\mathcal{F} = \mathcal{F}_1 \cap \mathcal{F}_2$. 由定理 3.7 与定理 3.3 知

$$\widehat{N}_{\mathcal{F}}(\bar{z}) \supset \widehat{N}_{\mathcal{F}_1}(\bar{z}) + \widehat{N}_{\mathcal{F}_2}(\bar{z}),$$
$$\widehat{N}_{\mathcal{F}_1}(\bar{z}) \supset \{\textstyle\sum_{i=1}^p \lambda_i^g \nabla g_i(\bar{z}) + \sum_{i=1}^q \lambda_i^h \nabla h_i(\bar{z}) |\, 0 \leqslant \lambda^g \perp g(\bar{z}) \leqslant 0\},$$
$$\widehat{N}_{\mathcal{F}_2}(\bar{z}) \supset \{\textstyle\sum_{i=1}^m [\lambda_i^G \nabla G_i(\bar{z}) - \lambda_i^H \nabla H_i(\bar{z})] |\, (\lambda^G, \lambda^H) \in \widehat{N}_{\mathrm{gph} N_{\Re^m_+}}(G(\bar{z}), -H(\bar{z}))\}.$$

如果上述三个包含关系式均是等式 (在一定的约束规范下可能成立), 即有

$$\begin{aligned}\widehat{N}_{\mathcal{F}}(\bar{z}) = \{&\sum_{i=1}^p \lambda_i^g \nabla g_i(\bar{z}) + \sum_{i=1}^q \lambda_i^h \nabla h_i(\bar{z}) + \sum_{i=1}^m [\lambda_i^G \nabla G_i(\bar{z}) - \lambda_i^H \nabla H_i(\bar{z})] |\\ &0 \leqslant \lambda^g \perp g(\bar{z}) \leqslant 0,\ (\lambda^G, \lambda^H) \in \widehat{N}_{\mathrm{gph} N_{\Re^m_+}}(G(\bar{z}), -H(\bar{z}))\},\end{aligned}$$

则 (5.147) 所给出的最优性条件即为 S- 稳定点条件. 借助于下述引理, 可以给出上式的显示表达式.

引理 5.7 对于 $(\bar{a}, \bar{b}) \in \mathrm{gph} N_{\Re^m_+}$, 有

$$\widehat{N}_{\mathrm{gph} N_{\Re^m_+}}(\bar{a}, \bar{b}) = \bigotimes_{i=1}^m \widehat{N}_{\mathrm{gph} N_{\Re_+}}(\bar{a}_i, \bar{b}_i) \text{ 与 } N_{\mathrm{gph} N_{\Re^m_+}}(\bar{a}, \bar{b}) = \bigotimes_{i=1}^m N_{\mathrm{gph} N_{\Re_+}}(\bar{a}_i, \bar{b}_i),$$

其中

$$\bigotimes_{i=1}^m \widehat{N}_{\mathrm{gph} N_{\Re_+}}(\bar{a}_i, \bar{b}_i) = \Big\{(u, v) |\, (u_i, v_i) \in \widehat{N}_{\mathrm{gph} N_{\Re_+}}(\bar{a}_i, \bar{b}_i),\ i = 1, \cdots, m\Big\},$$

$$\bigotimes_{i=1}^m N_{\mathrm{gph} N_{\Re_+}}(\bar{a}_i, \bar{b}_i) = \Big\{(u, v) |\, (u_i, v_i) \in N_{\mathrm{gph} N_{\Re_+}}(\bar{a}_i, \bar{b}_i),\ i = 1, \cdots, m\Big\},$$

且

$$\widehat{N}_{\mathrm{gph}N_{\Re_+}}(\bar{a}_i,\bar{b}_i)=\begin{cases}\{0\}\times\Re, & 若\ a_i>0,\ b_i=0,\\ \Re\times\{0\}, & 若\ a_i=0,\ b_i<0,\\ \Re_-\times\Re_+, & 若\ a_i=0,\ b_i=0,\end{cases}$$

$$N_{\mathrm{gph}N_{\Re_+}}(\bar{a}_i,\bar{b}_i)=\begin{cases}\{0\}\times\Re, & 若\ a_i>0,\ b_i=0,\\ \Re\times\{0\}, & 若\ a_i=0,\ b_i<0,\\ (\{0\}\times\Re)\cup(\Re\times\{0\})\bigcup(\Re_-\times\Re_+), & 若\ a_i=0,\ b_i=0.\end{cases}$$

定义 5.16 (S- 稳定点)　$\bar{z}\in\mathcal{F}$ 称为(MPCC)的 S- 稳定点, 若存在 $(\lambda^g,\lambda^h,\lambda^G,\lambda^H)\in\Re^{p+q+2m}$, 满足

$$\nabla f(\bar{z})+\sum_{i=1}^{p}\lambda_i^g\nabla g_i(\bar{z})+\sum_{i=1}^{q}\lambda_i^h\nabla h_i(\bar{z})-\sum_{i=1}^{m}[\lambda_i^G\nabla G_i(\bar{z})+\lambda_i^H\nabla H_i(\bar{z})]=0,\tag{5.148}$$

$$0\leqslant\lambda^g\perp g(\bar{z})\leqslant 0,\quad \lambda_\gamma^G=0,\ \lambda_\alpha^H=0,\tag{5.149}$$

$$\lambda_i^G\geqslant 0,\quad \lambda_i^H\geqslant 0,\quad \forall i\in\beta.\tag{5.150}$$

容易验证, S- 稳定点条件是下述松弛非线性规划 (relaxed NLP/RNLP) 的 KKT 条件:

$$\begin{aligned}\min_{z}\quad & f(z)\\ \text{s.t.}\quad & g(z)\leqslant 0,\quad h(z)=0,\\ & G_\alpha(z)=0,\quad G_{\beta\cup\gamma}(z)\geqslant 0,\\ & H_\gamma(z)=0,\quad H_{\alpha\cup\beta}(z)\geqslant 0.\end{aligned}$$

若将上述讨论中的正则法锥都用法锥来代替, 则得到的条件即为 M- 稳定点条件.

定义 5.17(M- 稳定点)　$\bar{z}\in\mathcal{F}$ 称为(MPCC)的 M- 稳定点, 若存在 $(\lambda^g,\lambda^h,\lambda^G,\lambda^H)\in\Re^{p+q+2m}$, 满足 (5.148), (5.149) 与

$$或者\ \lambda_i^G>0,\ \lambda_i^H>0,\qquad 或者\ \lambda_i^G\lambda_i^H=0,\ \forall i\in\beta.\tag{5.151}$$

如果将 (MPCC) 视为下述非凸约束优化问题:

$$\begin{aligned}\min_{z}\quad & f(z)\\ \text{s.t.}\quad & g(z)\leqslant 0,\quad h(z)=0,\\ & (G(z),-H(z))\in \mathrm{gph}N_{\Re_+^m},\end{aligned}$$

则 M- 稳定点条件即为上述问题的 KKT 条件.

从 Lipschitz 优化的角度, 如果将问题 (MPCC) 等价地表示为

$$\begin{aligned} \min_{z} \quad & f(z) \\ \text{s.t.} \quad & g(z) \leqslant 0, \quad h(z) = 0, \\ & \min\{G(z), H(z)\} = 0, \end{aligned} \tag{5.152}$$

则上述问题的利用 Clarke 次微分表示的非光滑 KKT 条件即定义为 C- 稳定点. 具体地说, 在一定约束规范下, 定理 5.25 给出的 Fritz John 形式的最优性条件中的 $\lambda_0 \neq 0$, 此即为 Lipschitz 优化的 KKT 条件, 具体到问题 (5.152) 即是

$$\begin{aligned} & \nabla f(\bar{z}) + \sum_{i=1}^{p} \lambda_i^g \nabla g_i(\bar{z}) + \sum_{i=1}^{q} \lambda_i^h \nabla h_i(\bar{z}) - \sum_{i=1}^{m} \lambda_i^c x_i = 0, \\ & x_i \in \partial \min\{G_i(\bar{z}), H_i(\bar{z})\}, \quad i = 1, \cdots, m, \\ & 0 \leqslant \lambda^g \perp g(\bar{z}) \leqslant 0. \end{aligned}$$

利用练习 4.5, 有

$$\bar{\partial} \min\{G_i(\bar{z}), H_i(\bar{z})\} = \begin{cases} \nabla G_i(\bar{z}), & i \in \alpha, \\ \nabla H_i(\bar{z}), & i \in \gamma, \\ \operatorname{con}\{\nabla G_i(\bar{z}), \nabla H_i(\bar{z})\}, & i \in \beta. \end{cases}$$

所以 $x_i = t_i \nabla H_i(\bar{z}) + (1 - t_i)\nabla G_i(\bar{z})$, $t_\alpha = 0$, $t_\gamma = 1$, $t_i \in [0,1], \forall i \in \beta$. 令 $\lambda_i^G = (1 - t_i)\lambda_i^c$, $\lambda_i^H = t_i \lambda_i^c$. 则上述 KKT 条件化为

$$\begin{aligned} & \nabla f(\bar{z}) + \sum_{i=1}^{p} \lambda_i^g \nabla g_i(\bar{z}) + \sum_{i=1}^{q} \lambda_i^h \nabla h_i(\bar{z}) - \sum_{i=1}^{m} [\lambda_i^G \nabla G_i(\bar{z}) + \lambda_i^H \nabla H_i(\bar{z})] = 0, \\ & \lambda_\gamma^G = 0, \quad \lambda_\alpha^H = 0, \quad 0 \leqslant \lambda^g \perp g(\bar{z}) \leqslant 0, \\ & \lambda_i^G \lambda_i^H \geqslant 0, \quad \forall i \in \beta. \end{aligned}$$

定义 5.18 (C- 稳定点) *$\bar{z} \in \mathcal{F}$ 称为(MPCC)的 C- 稳定点, 若存在 $(\lambda^g, \lambda^h, \lambda^G, \lambda^H) \in \Re^{p+q+2m}$, 满足 (5.148), (5.149) 与*

$$\lambda_i^G \lambda_i^H \geqslant 0, \quad \forall i \in \beta. \tag{5.153}$$

W- 稳定点是四个稳定点中条件最弱的稳定点, 它可以视为下述紧的非线性规划 (tightened NLP/TNLP) 的 KKT 条件:

$$\begin{aligned} \min_{z} \quad & f(z) \\ \text{s.t.} \quad & g(z) \leqslant 0, \quad h(z) = 0, \\ & G_{\alpha\cup\beta}(z) = 0, \quad G_\gamma(z) \geqslant 0, \\ & H_{\beta\cup\gamma}(z) = 0, \quad H_\alpha(z) \geqslant 0. \end{aligned}$$

定义 5.19(W- 稳定点) $\bar{z}\in\mathcal{F}$ 称为(MPCC)的 W- 稳定点, 若存在 $(\lambda^g, \lambda^h, \lambda^G, \lambda^H)\in\Re^{p+q+2m}$, 满足 (5.148) 与 (5.149).

由四种稳定点的定义易知

$$\text{S-稳定点} \Rightarrow \text{M-稳定点} \Rightarrow \text{C-稳定点} \Rightarrow \text{W-稳定点}.$$

在给出一阶最优性条件之前, 先介绍 (MPCC) 的两种常用的约束规范. 称在 $\bar{z}$ 处 MPEC LICQ 成立, 若向量

$$\nabla g_i(\bar{z}),\ i\in I_g;\ \nabla h_i(\bar{z}),\ i\in\{1,\cdots,q\};\ \nabla G_i(\bar{z}),\ i\in\alpha\cup\beta;\ \nabla H_i(\bar{z}),\ i\in\beta\cup\gamma$$

线性无关. 称 $\bar{z}$ 处 MPEC MFCQ 成立, 若向量

$$\nabla h_i(\bar{z}),\ i\in\{1,\cdots,q\};\ \nabla G_i(\bar{z}),\ i\in\alpha\cup\beta;\ \nabla H_i(\bar{z}),\ i\in\beta\cup\gamma$$

线性无关且存在向量 v, v 与上述向量直交, 并且 $\nabla g_i(\bar{z})^{\mathrm{T}}v<0$, $\forall i\in I_g$. 容易验证, $\bar{z}$ 处 MPEC LICQ 是 TNLP 或 RNLP 在 $\bar{z}$ 处的 LICQ, $\bar{z}$ 处 MPEC MFCQ 是 (TNLP) 在 $\bar{z}$ 处的 MFCQ. 进而可知, MPEC LICQ 是强于 MPEC MFCQ 的约束规范.

下述定理给出 B- 稳定点与 S- 稳定点的关系.

定理 5.26 若 $\bar{z}$ 是(MPCC)的 S- 稳定点, 则 $\bar{z}$ 是(MPCC)的 B- 稳定点; 若 $\bar{z}$ 处 MPEC LICQ 成立, 则相反的推出关系也是成立的.

证明 设 $\bar{z}$ 是(MPCC)的 S- 稳定点, $\forall d\in T_{\mathcal{F}}^{\mathrm{lin}}(\bar{z})$, 下证 $\nabla f(\bar{z})^{\mathrm{T}}d\geqslant 0$. 由 S- 稳定点定义, 存在 $(\lambda^g, \lambda^h, \lambda^G, \lambda^H)\in\Re^{p+q+2m}$, 使得

$$\begin{aligned}\nabla f(\bar{z})^{\mathrm{T}}d=&-\sum_{i\in I_g}\lambda_i^g\nabla g_i(\bar{z})^{\mathrm{T}}d-\sum_{i=1}^{q}\lambda_i^h\nabla h_i(\bar{z})^{\mathrm{T}}d\\&+\sum_{i\in\alpha\cup\beta}\lambda_i^G\nabla G_i(\bar{z})^{\mathrm{T}}d+\sum_{i\in\beta\cup\gamma}\lambda_i^H\nabla H_i(\bar{z})^{\mathrm{T}}d\leqslant 0.\end{aligned}$$

因此 $\bar{z}$ 是 B- 稳定点. 下证反过来的包含关系. 设 $\bar{z}$ 是 B- 稳定点, 则 $d=0$ 为下述问题的最优解:

$$\begin{aligned}\min_d\quad&\nabla f(\bar{z})^{\mathrm{T}}d\\ \text{s.t.}\quad&d\in T_{\mathcal{F}}^{\mathrm{lin}}(\bar{z}).\end{aligned}$$

因此 $d=0$ 为下述两个线性规划的最优解:

$$\begin{aligned}\min_d\quad&\nabla f(\bar{z})^{\mathrm{T}}d\\ \text{s.t.}\quad&\nabla g_i(\bar{z})^{\mathrm{T}}d\leqslant 0,\ i\in I_g,\quad \nabla h_i(\bar{z})^{\mathrm{T}}d=0,\ i=1,\cdots,q,\\&\nabla G_i(\bar{z})^{\mathrm{T}}d=0,\ i\in\alpha,\quad \nabla H_i(\bar{z})^{\mathrm{T}}d=0,\ i\in\gamma,\\&\nabla G_i(\bar{z})^{\mathrm{T}}d=0,\ i\in\beta,\quad \nabla H_i(\bar{z})^{\mathrm{T}}d\geqslant 0,\ i\in\beta,\end{aligned}\tag{5.154}$$

$$\begin{aligned}\min_{d} \quad & \nabla f(\bar{z})^{\mathrm{T}}d \\ \text{s.t.} \quad & \nabla g_i(\bar{z})^{\mathrm{T}}d \leqslant 0,\ i \in I_g,\ \nabla h_i(\bar{z})^{\mathrm{T}}d = 0,\ i = 1,\cdots,q, \\ & \nabla G_i(\bar{z})^{\mathrm{T}}d = 0,\ i \in \alpha,\ \nabla H_i(\bar{z})^{\mathrm{T}}d = 0,\ i \in \gamma, \\ & \nabla G_i(\bar{z})^{\mathrm{T}}d \geqslant 0,\ i \in \beta,\ \nabla H_i(\bar{z})^{\mathrm{T}}d = 0,\ i \in \beta.\end{aligned} \tag{5.155}$$

由 MPEC LICQ 于 $\bar{z}$ 点成立可推出问题 (5.154) 和 (5.155) 在 $d=0$ 点处的 LICQ 成立. (5.154) 的 KKT 条件成立, 故存在 $(\lambda^g_{I_g}, \lambda^h, \lambda^G_{\alpha\cup\beta}, \lambda^H_{\beta\cup\gamma})$, 满足 $\lambda^g_{I_g} \geqslant 0, \lambda^H_\beta \geqslant 0$ 且

$$0 = \nabla f(\bar{z}) + \sum_{i\in I_g} \lambda^g_i \nabla g_i(\bar{z}) + \sum_{i=1}^{q} \lambda^h_i \nabla h_i(\bar{z}) - \sum_{i\in\alpha\cup\beta} \lambda^G_i \nabla G_i(\bar{z}) - \sum_{i\in\beta\cup\gamma} \lambda^H_i \nabla H_i(\bar{z}). \tag{5.156}$$

同理, 存在 $(\hat{\lambda}^g_{I_g}, \hat{\lambda}^h, \hat{\lambda}^G_{\alpha\cup\beta}, \hat{\lambda}^H_{\beta\cup\gamma})$, 满足 $\hat{\lambda}^g_{I_g} \geqslant 0, \hat{\lambda}^G_\beta \geqslant 0$ 且

$$0 = \nabla f(\bar{z}) + \sum_{i\in I_g} \hat{\lambda}^g_i \nabla g_i(\bar{z}) + \sum_{i=1}^{q} \hat{\lambda}^h_i \nabla h_i(\bar{z}) - \sum_{i\in\alpha\cup\beta} \hat{\lambda}^G_i \nabla G_i(\bar{z}) - \sum_{i\in\beta\cup\gamma} \hat{\lambda}^H_i \nabla H_i(\bar{z}). \tag{5.157}$$

将 (5.156) 与 (5.157) 左右两端作差, 结合 MPEC LICQ 可推出 $\lambda^g_{I_g} = \hat{\lambda}^g_{I_g}$, $\lambda^h = \hat{\lambda}^h$, $\lambda^G_{\alpha\cup\beta} = \hat{\lambda}^G_{\alpha\cup\beta}$, $\lambda^H_{\beta\cup\gamma} = \hat{\lambda}^H_{\beta\cup\gamma}$. 令 $\lambda^g_i = 0, \forall i \in \{1,\cdots,p\} \setminus I_g$, $\lambda^G_\gamma = 0$, $\lambda^H_\alpha = 0$. 则 $(\lambda^g, \lambda^h, \lambda^G, \lambda^H)$ 满足 $\bar{z}$ 点的 S- 稳定点条件. ■

定理 5.27 *设 $\bar{z}$ 为(MPCC)的局部最优解且该点处 MPEC MFCQ 成立, 则 $\bar{z}$ 为 M- 稳定点.*

证明 设 $\bar{z}$ 局部最优, 通过引入松弛变量, 可将 MPCC 等价地表示为

$$\begin{aligned}\min_{z} \quad & f(z) \\ \text{s.t.} \quad & g(z) \leqslant 0, \quad h(z) = 0, \\ & G(z) - x = 0, \quad H(z) + y = 0, \\ & (x, y) \in \mathrm{gph} N_{\Re^m_+}.\end{aligned}$$

该问题的局部最优解 $(\bar{x}, \bar{y}, \bar{z}) = (G(\bar{z}), -H(\bar{z}), \bar{z})$. 应用定理 5.25 知, 存在 $\alpha \geqslant 0$, 乘子 $(\lambda^g, \lambda^h, \lambda^G, \lambda^H) \in \Re^{p+q+2m}$ 不全为零, $\exists (w_1, w_2) \in N_{\mathrm{gph} N_{\Re^m_+}}(\bar{x}, \bar{y})$, 满足 $0 \leqslant \lambda^g \perp g(\bar{z}) \leqslant 0$ 与

$$\begin{pmatrix} 0 \\ 0 \\ 0 \end{pmatrix} = \alpha \begin{pmatrix} 0 \\ 0 \\ \nabla f(\bar{z}) \end{pmatrix} + \begin{pmatrix} 0 \\ 0 \\ \sum_{i=1}^{p} \lambda^g_i \nabla g_i(\bar{z}) \end{pmatrix} + \begin{pmatrix} 0 \\ 0 \\ \sum_{i=1}^{q} \lambda^h_i \nabla h_i(\bar{z}) \end{pmatrix}$$

$$
-\begin{pmatrix} -\lambda^G - w_1 \\ 0 \\ \sum_{i=1}^m \lambda_i^G \nabla G_i(\bar{z}) \end{pmatrix} - \begin{pmatrix} 0 \\ \lambda^H - w_2 \\ \sum_{i=1}^m \lambda_i^H \nabla H_i(\bar{z}) \end{pmatrix}.
$$

故

$$
\alpha\nabla f(\bar{z}) + \sum_{i=1}^p \lambda_i^g \nabla g_i(\bar{z}) + \sum_{i=1}^q \lambda_i^h \nabla h_i(\bar{z}) - \sum_{i=1}^m \lambda_i^G \nabla G_i(\bar{z}) - \sum_{i=1}^m \lambda_i^H \nabla H_i(\bar{z}) = 0,
$$
$$
0 \leqslant \lambda^g \perp g(\bar{z}) \leqslant 0,
$$
$$
(-\lambda^G, \lambda^H) \in N_{\mathrm{gph} N_{\Re_+^m}}(\bar{x}, \bar{y}).
$$

由引理 5.7, 最后一式等价于 $\lambda_\gamma^G = 0$, $\lambda_\alpha^H = 0$ 且

$$
\lambda_i^G > 0,\ \lambda_i^H > 0, \quad \text{或者}\lambda_i^G \lambda_i^H = 0,\ \forall i \in \beta.
$$

下只需证 $\alpha \neq 0$. 假设 $\alpha = 0$, 则

$$
-\sum_{i\in I_g} \lambda_i^g \nabla g_i(\bar{z}) = \sum_{i=1}^q \lambda_i^h \nabla h_i(\bar{z}) - \sum_{i=1}^m \lambda_i^G \nabla G_i(\bar{z}) - \sum_{i=1}^m \lambda_i^H \nabla H_i(\bar{z}).
$$

由 MPEC MFCQ 知, 存在 v 满足 $\sum_{i\in I_g} \lambda_i^g \nabla g_i(\bar{z})^{\mathrm{T}} v = 0$. 而 $\nabla g_i(\bar{z})^{\mathrm{T}} v < 0$, $\forall i \in I_g$, 故 $\lambda^g = 0$. 因此

$$
\sum_{i=1}^q \lambda_i^h \nabla h_i(\bar{z}) - \sum_{i=1}^m \lambda_i^G \nabla G_i(\bar{z}) - \sum_{i=1}^m \lambda_i^H \nabla H_i(\bar{z}) = 0.
$$

由 MPEC MFCQ 知, $\lambda^h = 0$, $\lambda^G = 0$, $\lambda^H = 0$. 这与 $(\alpha, \lambda^g, \lambda^h, \lambda^G, \lambda^H) \neq 0$ 矛盾. ■

定理 5.28 *设 $\bar{z}$ 为(MPCC)的局部最优解且该点处 MPEC LICQ 成立. 则该点处各种稳定点条件均成立且等价, 即 $\bar{z}$ 为 S-(M-,C-,W-,B-) 稳定点.*

证明 由定理 5.27 知, $\bar{z}$ 为 M- 稳定点. 所以只需证明该点处各种稳定点条件等价即可. 由定理 5.26, S- 稳定点与 B- 稳定点条件等价. 所以只需证明各种对偶稳定点条件等价. MPEC LICQ 成立可以推出 TNLP 与 RNLP 的 LICQ 在 $\bar{z}$ 处成立, 故这两个非线性规划问题的乘子是唯一的. 而这两个非线性规划问题的 KKT 点分别对应 W- 与 S- 稳定点, 由乘子的唯一性可得 W- 稳定点与 S- 稳定点条件等价. ■

由上述定理可以得到下面的推论.

推论 5.3 *设 $\bar{z}$ 为(MPCC)的局部最优解且该点处 MPEC LICQ 成立, 则 $\bar{z}$ 为 S- 稳定点.*

下面的两个定理取自文献 [66].

定理 5.29 设 $\bar{z}$ 为(MPCC)的局部最优解且 g, h, G, H 均是仿射映射. 则 $\bar{z}$ 为M- 稳定点.

证明 定义

$$\begin{aligned}\Sigma(p,q,r,s):=\{(x,y,z)\in\Omega\times\Re^n: &\ g(z)+p\leqslant 0,\ h(z)+q=0,\\ &\ G(z)-x+r=0,\ H(z)-y+s=0\},\end{aligned}$$

其中, $\Omega:=\{(a,b)\in\Re^m_+\times\Re^m_+ : \langle a,b\rangle=0\}$. 易知, $\mathrm{gph}\Sigma$ 为有限个多面体的并, 因此 Σ 是多面集值映射. 由定理 4.31 知, Σ 在 $(0,0,0,0)\in\Re^p\times\Re^q\times\Re^{2m}$ 点处是上 Lipschitz 连续的, 即存在 $(0,0,0,0)$ 的邻域 U 与常数 $\alpha\geqslant 0$, 满足

$$\Sigma(p,q,r,s)\subset\Sigma(0,0,0,0)+\alpha\|(p,q,r,s)\|\mathbf{B},\quad \forall (p,q,r,s)\in U.$$

原 (MPCC) 等价于

$$\begin{aligned}\min_{x,y,z}\quad & f(z)\\ \text{s.t.}\quad & (x,y,z)\in\Sigma(0,0,0,0).\end{aligned}$$

由于 $(G(\bar{z}),H(\bar{z}),\bar{z})$ 为上述问题的局部最优解, 故由 Clarke 精确罚原则, 即引理 5.6, 存在 $K>0$, $(G(\bar{z}),H(\bar{z}),\bar{z})$ 也为下述无约束问题的局部最优解:

$$\min_{x,y,z} f(z)+Kd((x,y,z),\Sigma(0,0,0,0)).$$

同时, 由定理 4.30 知, Σ 的上 Lipschitz 性质可以推出

$$d((x,y,z),\Sigma(0,0,0,0))\leqslant\alpha\|(p,q,r,s)\|,\quad \forall (p,q,r,s)\in U,\quad \forall (x,y,z)\in\Sigma(p,q,r,s).$$

所以容易得到, $(\bar{z},0,0,0,0)$ 是下述问题的局部最优解:

$$\begin{aligned}\min_{z,p,q,r,s}\quad & f(z)+K\alpha\|(p,q,r,s)\|\\ \text{s.t.}\quad & g(z)+p\leqslant 0,\ h(z)+q=0,\\ & G(z)+r\geqslant 0,\ H(z)+s\geqslant 0,\ \langle G(z)+r,H(z)+s\rangle=0.\end{aligned}$$

可以验证, 上述问题在 $(\bar{z},0,0,0,0)$ 点处的 M- 稳定点条件成立 (证明类似定理 5.27), 其中非光滑项 $\|(p,q,r,s)\|$ 没有梯度, 由次梯度表示. 此稳定点条件即可推出 $\bar{z}$ 关于 (MPCC) 的 M- 稳定点条件. ■

定理 5.30 设 $\bar{z}$ 为(MPCC)的局部最优解且该点处 MPEC Abadie CQ 成立, 则 $\bar{z}$ 为 M- 稳定点.

证明　因为 $\bar{z}$ 点处 MPEC Abadie CQ 成立, 故由定理 5.7 知, $d=0$ 为下述问题的最优解:

$$\begin{aligned} \min_{d} \quad & \nabla f(\bar{z})^{\mathrm{T}} d \\ \text{s.t.} \quad & d \in T_{\mathcal{F}}^{\text{lin}}(\bar{z}). \end{aligned}$$

上述问题也是互补约束数学规划问题且约束函数均是仿射的, 由定理 5.29 知, 0 为它的 M- 稳定点. 将该条件具体写出, 恰为 $\bar{z}$ 点处的 M- 稳定点条件. ■

由上述定理及其证明可以得到下面的推论.

推论 5.4 *若 $\bar{z}$ 为(MPCC)的B- 稳定点, 则 $\bar{z}$ 也为M- 稳定点.*

所以 MPCC 稳定点之间的强弱关系为

$$\text{S-稳定点} \Rightarrow \text{B-稳定点} \Rightarrow \text{M-稳定点} \Rightarrow \text{C-稳定点} \Rightarrow \text{W-稳定点}.$$

第 6 章 非线性规划的扰动分析

6.1 稳定性分析的几个概念

这一节回顾稳定性中的广义方程的强正则解、Lipschitz 同胚、一般问题的强稳定解和一致二阶增长条件的概念. 这些概念是优化问题扰动分析中最重要的概念.

考虑广义方程

$$0 \in \phi(z) + N_D(z), \tag{6.1}$$

其中 $\phi: Z \to Z$ 是一连续可微映射, Z 是有限维的 Hilbert 空间, $D \subset Z$ 是一闭凸集合. 讨论广义方程 (6.1) 的解的稳定性, Robinson[38] 提出强正则 (strong regularity) 的概念.

定义 6.1 称 z^* 为 (6.1) 的强正则解, 如果存在 z^* 的一个邻域 $\mathcal{V}$ 与原点 0 的一个邻域 $\mathcal{B}$, 满足对每一 $\delta \in \mathcal{B}$, 下述线性化系统

$$\delta \in \phi(z^*) + \mathcal{J}\phi(z^*)(z - z^*) + N_D(z) \tag{6.2}$$

具有唯一解 $z_{\mathcal{V}}(\delta) \in \mathcal{V}$, 且这一解映射 $z_{\mathcal{V}}: \mathcal{B} \to \mathcal{V}$ 是 Lipschitz 连续的.

定义 6.1 中的强正则性与 4.10.4 中的定义 4.13 是一致的, 将 6.1 中的 $\phi(z)$ 视为定义 4.13 中的 $C(x, z)$ 即可.

广义方程的强正则解与该点附近的某一映射的 Lipschitz 同胚有密切的关系, 给出 Lipschitz 同胚的定义.

定义 6.2 设 Z 是一限维的 Hilbert 空间, $\mathcal{O} \subset Z$ 是一开凸集, $z^* \in \mathcal{O}$. 称映射 $\Psi: \mathcal{O} \to Z$ 为 z^* 附近的一 Lipschitz 同胚, 如果存在一开邻域 $\mathcal{V} \subset \mathcal{O}$ 满足限制映射 $\Psi|_{\mathcal{V}}: \mathcal{V} \to \Psi(\mathcal{V})$ 是一 Lipschitz 连续的双射, 而且它的逆映射也是 Lipschitz 连续的.

考虑下面一般形式的约束优化问题

$$\begin{array}{ll} \min\limits_{x} & f(x) \\ \text{s.t.} & G(x) \in K, \end{array} \tag{6.3}$$

其中 $f: X \to \Re$, $G: X \to Y$, $K \subset Y$ 是一闭凸集合, X, Y 是有限维的 Hilbert 空间. 设 U 是一 Banach 空间, $f: X \times U \to \Re$, $G: X \times U \to Y$. 称 $(f(x,u), G(x,u))$, $u \in U$, 是问题 (6.3) 的一 $\mathcal{C}^2$- 光滑参数化, 如果 $f(\cdot,\cdot)$ 与 $G(\cdot,\cdot)$ 是二次连续可微的,

且存在 $\overline{u} \in U$ 满足 $f(\cdot,\overline{u}) = f(\cdot)$, $G(\cdot,\overline{u}) = G(\cdot)$. 相对应的参数优化问题具有下述形式

$$\begin{array}{ll} \min\limits_{x} & f(x,u) \\ \text{s.t.} & G(x,u) \in K. \end{array} \tag{6.4}$$

称上述参数化是标准的 (canonical), 如果 $U := X \times Y$, $\overline{u} = (0,0) \in X \times Y$, 且

$$(f(x,u), G(x,u)) = (f(x) - \langle u_1, x\rangle, G(x) + u_2),\ x \in X,\ u = (u_1,u_2) \in X \times Y.$$

下述一致二阶增长条件的定义取自文献 [4, Definition 5.16].

定义 6.3　设 x^* 是问题 (6.3) 的稳定点. 称在 x^* 处关于 $\mathcal{C}^2$- 光滑参数化 $(f(x,u), G(x,u))$ 的一致二阶增长条件成立, 如果存在 $\alpha > 0$, x^* 的邻域 $\mathcal{V}_X$ 与 $\overline{u}$ 的邻域 $\mathcal{V}_U \subset U$, 满足对任何 $u \in \mathcal{V}_U$ 与问题 (6.4) 的稳定点 $x(u) \in \mathcal{V}_X$, 下述不等式成立:

$$f(x,u) \geqslant f(x(u),u) + \alpha\|x - x(u)\|^2, \quad \forall x \in \mathcal{V}_X \text{ 满足} G(x,u) \in K. \tag{6.5}$$

称在 x^* 处的一致二阶增长条件成立, 如果 (6.5) 式对问题 (6.3) 的任何 $\mathcal{C}^2$- 光滑参数化均是成立的.

现在介绍文献 [4, Definition 5.33] 中的稳定点的强稳定性的概念, 它在优化问题的灵敏度分析中起重要的作用.

定义 6.4　设 x^* 是问题 (6.3) 的稳定点. 称在 x^* 处关于 $\mathcal{C}^2$- 光滑参数化 $(f(x,u), G(x,u))$ 是强稳定的 (strongly stable), 如果存在 x^* 的邻域 $\mathcal{V}_X$ 与 $\overline{u}$ 的邻域 $\mathcal{V}_U \subset U$, 满足对任何 $u \in \mathcal{V}_U$, 问题 (6.4) 存在唯一的稳定点 $x(u) \in \mathcal{V}_X$, $x(\cdot)$ 在 $\mathcal{V}_U$ 上连续. 如果这一性质对每一 $\mathcal{C}^2$- 光滑参数化均是成立的, 则称 x^* 是强稳定的.

6.2　到多面体集合的投影

这一节的内容素材取自文献 [13, Section 3.3.3, Section 4.1]. 给定一集合 $K \subset \Re^n$ 与映射 $F: K \to \Re^n$, 变分不等式问题 VI(K,F) 是求 $x \in K$ 满足

$$\langle y - x, F(x)\rangle \geqslant 0, \quad \forall y \in K.$$

集合映射对 (K,F) 在 $x \in K$ 的临界锥 (critical cone) 定义为

$$\mathcal{C}(x;K,F) = T_K(x) \cap F(x)^{\perp}.$$

设 K 由等式和不等式约束定义

$$K = \{x \in \Re^n : h(x) = 0,\ g(x) \leqslant 0\}, \tag{6.6}$$

其中 $h: \Re^n \to \Re^l$, $g: \Re^n \to \Re^m$. 如果在 $x \in K$ 处 MF 约束规范成立, 则切锥可以表示为

$$T_K(x) = \{d \in \Re^n : \nabla h_j(x)^{\mathrm{T}} d = 0, j = 1, \cdots, l, \nabla g_i(x)^{\mathrm{T}} d \leqslant 0, i \in I(x)\},$$

其中 $I(x) = \{i : g_i(x) = 0\}$. 如果 x 是问题 $\mathrm{VI}(K, F)$ 的解, MF 约束规范在 x 处成立, 则 $\mathcal{C}(x; K, F)$ 可以表示为

$$\mathcal{C}(x; K, F) = \{d : F(x)^{\mathrm{T}} d \leqslant 0, \nabla h_j(x)^{\mathrm{T}} d = 0, j = 1, \cdots, l, \nabla g_i(x)^{\mathrm{T}} d \leqslant 0, i \in I(x)\}. \tag{6.7}$$

问题 $\mathrm{VI}(K, F)$ 的 KKT 条件如下

$$\begin{aligned} 0 = F(x) + \sum_{j=1}^{l} \mu_j \nabla h_j(x) + \sum_{i=1}^{m} \lambda_i \nabla g_i(x), \\ h(x) = 0, \\ 0 \leqslant \lambda \perp g(x) \leqslant 0. \end{aligned} \tag{6.8}$$

记所有满足上述 KKT 条件的 (μ, λ) 的集合为 $\mathcal{M}(x)$. 令 $(\mu, \lambda) \in \mathcal{M}(x)$, 定义

$$\begin{aligned} \alpha &= \{i : \lambda_i > 0 = g_i(x)\}, \\ \beta &= \{i : \lambda_i = 0 = g_i(x)\}, \\ \gamma &= \{i : \lambda_i = 0 > g_i(x)\}. \end{aligned}$$

引理 6.1 设 K 由 (6.6) 定义, 其中 h_j, g_i 是连续可微函数. 设 x 是问题 $\mathrm{VI}(K, F)$ 的解, Abadie 约束规范在 x 处成立①. 则对任何 $(\mu, \lambda) \in \mathcal{M}(x)$, 有

$$\mathcal{C}(x; K, F) = \{d : \mathcal{J}h(x) d = 0, \nabla g_i(x)^{\mathrm{T}} d = 0, i \in \alpha, \nabla g_i(x)^{\mathrm{T}} d \leqslant 0, i \in \beta\}. \tag{6.9}$$

设 h_j 是仿射函数, g_i 是凸函数, 则 K 是凸集合. 对每一 $x \in \Re^n$, 到 K 的投影向量 $\overline{x} = \Pi_K(x)$ 是下述凸规划问题的解:

$$\begin{aligned} \min \quad & \frac{1}{2}(y - x)^{\mathrm{T}}(y - x) \\ \text{s.t.} \quad & h(y) = 0, \\ & g(y) \leqslant 0. \end{aligned} \tag{6.10}$$

①如果切锥等于线性化锥, 则称 Abadie 约束规范在 x 处成立. 如果 K 由 (6.6) 定义, Abadie 约束规范在 x 处成立即下述等式成立:

$$T_K(x) = \{d \in \Re^n : \nabla h_j(x)^{\mathrm{T}} d = 0, j = 1, \cdots, l, \nabla g_i(x)^{\mathrm{T}} d \leqslant 0, i \in I(x)\}.$$

容易验证这一投影问题的一阶最优性条件是变分不等式问题 VI$(K, I-x)$, 其中 I 是恒等映射. 用 $\mathcal{C}_\pi(x;K)$ 记这一变分不等式在 $\overline{x}$ 处的临界锥, 则

$$\mathcal{C}_\pi(x;K) = T_K(\overline{x}) \cap (\overline{x}-x)^\perp.$$

投影问题 (6.10) 的 KKT 条件为

$$\begin{gathered}\overline{x} - x + \sum_{j=1}^{l} \mu_j \nabla h_j(\overline{x}) + \sum_{i=1}^{m} \lambda_i \nabla g_i(\overline{x}) = 0,\\ h(\overline{x}) = 0,\\ 0 \leqslant \lambda \perp g(\overline{x}) \leqslant 0.\end{gathered}$$

记所有满足上述 KKT 条件的 (μ, λ) 的集合为 $\mathcal{M}_\pi(x)$. 当 K 是多面体集合时, 上述 KKT 条件给出 $\overline{x} = \Pi_K(x)$ 的充分必要条件. 下面的定理表明 $\Pi_K(x)$ 是处处强 B- 可微的①, 并且给出方向导数的计算公式.

定理 6.1 *设 $K \subset \Re^n$ 是一多面体集合. 则对任何 $x \in \Re^n$, 存在 x 的一邻域 V, 满足*

$$\Pi_K(y) = \Pi_K(x) + \Pi_{\mathcal{C}}(y-x), \quad \forall y \in V, \tag{6.11}$$

其中 $\mathcal{C} = \mathcal{C}_\pi(x;K)$. 因此有

$$\Pi'_K(x;d) = \Pi_{\mathcal{C}}(d), \quad \forall d \in \Re^n,$$

从而 $\Pi_K(x)$ 在 $\Re^n$ 上是处处强 B- 可微的.

证明 用反证法. 假设不存在这样的邻域. 则存在收敛到 x 的序列 $\{x^k\}$ 满足对所有的 k

$$\Pi_K(x^k) \neq \Pi_K(x) + \Pi_{\mathcal{C}}(x^k - x).$$

记 $\overline{x} = \Pi_K(x)$, $\overline{x}^k = \Pi_K(x^k)$. 不妨设

$$K = \{y \in \Re^n : Ay \leqslant b\}, \tag{6.12}$$

其中 $A \in \Re^{m\times n}$, $b \in \Re^m$. 记 $A = (a_1, \cdots, a_m)^{\mathrm{T}}$. 对每一 k, 存在 $\lambda^k \in \Re^m$ 满足

$$\begin{gathered}\overline{x}^k - x^k + \sum_{i=1}^{m} \lambda_i^k a_i = 0,\\ 0 \leqslant \lambda^k \perp \left(b - A\overline{x}^k\right) \geqslant 0.\end{gathered}$$

---

①映射 $F: \Re^n \to \Re^m$ 在 $x \in \Re^n$ 处是 B(ouligand)- 可微的, 如果 F 在 x 的一邻域上是 Lipschitz 连续的且在 x 点处方向可微. 如果 $e(y) = F(y) - F(x) - F'(x; y-x)$ 满足

$$\lim_{(y',y'')\to(x,x), y'\neq y''} \frac{e(y') - e(y'')}{\|y' - y''\|} = 0,$$

则称 F 在 x 处是强 B- 可微的 (见文献 [13, Definition 3.1.2]).

可以取 λ^k 满足向量组

$$\{a_i : i \in \text{supp}(\lambda^k)\}$$

是线性无关的, 其中 $\text{supp}(\lambda^k) = \{i : \lambda_i^k > 0\}$. 如有必要, 可选一子序列, 不妨设指标集合 $\text{supp}(\lambda^k)$ 均是相同的, 为指标集合 $\mathcal{J}$. 显然有 $\mathcal{J} \subset I(\overline{x})$. 记 $B = (a_i : i \in \mathcal{J})^{\mathrm{T}}$. 则

$$\overline{x}^k - x^k + B^{\mathrm{T}}\lambda^k = 0,$$
$$B\overline{x}^k = b_{\mathcal{J}},$$

由上式可得

$$\lambda_{\mathcal{J}}^k = (BB^{\mathrm{T}})^{-1}(Bx^k - b_{\mathcal{J}}),$$
$$\overline{x}^k = [I - B^{\mathrm{T}}(BB^{\mathrm{T}})^{-1}B]x^k + B^{\mathrm{T}}(BB^{\mathrm{T}})^{-1}b_{\mathcal{J}}.$$

令 $k \to \infty$, 可得

$$\overline{x} = [I - B^{\mathrm{T}}(BB^{\mathrm{T}})^{-1}B]x + B^{\mathrm{T}}(BB^{\mathrm{T}})^{-1}b_{\mathcal{J}};$$

序列 $\{\lambda_{\mathcal{J}}^k\}$ 收敛到

$$\overline{\lambda}_{\mathcal{J}} = (BB^{\mathrm{T}})^{-1}(Bx - b_{\mathcal{J}}).$$

对 $i \notin \mathcal{J}$, 定义 $\overline{\lambda}_i = 0$, 可得 $\overline{\lambda} \in \mathcal{M}_\pi(x)$. 对这一乘子, 根据引理 6.1 可得

$$\mathcal{C} = \{d : a_i^{\mathrm{T}} d = 0, i \in \text{supp}(\overline{\lambda}), a_j^{\mathrm{T}} d \leqslant 0, j \in I(\overline{x}) \setminus \text{supp}(\overline{\lambda})\}.$$

注意 $\text{supp}(\overline{\lambda}) \subset \mathcal{J}$, 有

$$d^k := \overline{x}^k - \overline{x} = [I - B^{\mathrm{T}}(BB^{\mathrm{T}})^{-1}B](x^k - x).$$

我们给出论断 $d^k = \Pi_{\mathcal{C}}(x^k - x)$. 下面就来证明它. 定义

$$\widetilde{\lambda}_{\mathcal{J}}^k = (BB^{\mathrm{T}})^{-1}B(x^k - x),$$

则有

$$d^k - (x^k - x) + B^{\mathrm{T}}\widetilde{\lambda}_{\mathcal{J}}^k = 0$$

与

$$Bd^k = 0.$$

对于 $i \in I(\overline{x}) \setminus \mathcal{J}$,

$$a_i^{\mathrm{T}} d^k = a_i^{\mathrm{T}}\overline{x}^k - a_i^{\mathrm{T}}\overline{x} \leqslant 0.$$

由上述三个式子可以建立 $d^k = \Pi_{\mathcal{C}}(x^k - x)$. 这就得到一矛盾. 因此, 对于充分接近 x 的 y, 有

$$\Pi_K(y) = \Pi_K(x) + \Pi_{\mathcal{C}}(y - x).$$

这一等式立即可得到方向导数 $\Pi'_K(x; d)$ 的表达式, 也可建立 Π_K 的强 B- 可微性.■

6.3 NLP 约束集合的切锥与二阶切集

设集合 Φ 定义为下述形式

$$\Phi = \{x \in \Re^n : h(x) = 0, g(x) \leqslant 0\}, \tag{6.13}$$

其中约束函数 $h : \Re^n \to \Re^q$ 与 $g : \Re^n \to \Re^p$ 是二阶连续可微映射. 则 Φ 可以表示为

$$\Phi = G^{-1}(K), \quad 其中\ G = (h_1, \cdots, h_q; g_1, \cdots, g_p)^{\mathrm{T}}, \quad K = \{0_q\} \times \Re^p_-.$$

很容易验证负挂限的切锥与二阶切集公式

$$T_K(y) = \{d \in \Re^{q+p} : d_i = 0, i = 1, \cdots, q;\ d_i \leqslant 0, i \in I(y)\},$$

且对 $d \in T_K(y)$,

$$T_K^2(y, d) = \{w \in \Re^{q+p} : w_i = 0, i = 1, \cdots, q;\ w_i \leqslant 0, i \in I_1(y, d)\},$$

其中

$$I(y) = \{i : y_i = 0, i = q+1, \cdots, q+p\}, \quad I_1(y, d) := \{i \in I(y) : d_i = 0\}.$$

设 Mangasarian-Fromovitz 约束规范在 x_0 处成立, 即

(i) 向量 $\nabla h_i(x_0), i = 1, \cdots, q$ 是线性无关的;

(ii) $\exists \overline{d} \in \Re^n : \nabla h_i(x_0)^{\mathrm{T}} \overline{d} = 0, i = 1, \cdots, q; \nabla g_i(x_0)^{\mathrm{T}} \overline{d} < 0, i \in I(x_0)$.

由切锥的链式法则 (见定理 5.16)

$$T_\Phi(x_0) = \{d \in \Re^n : \nabla h_j(x_0)^{\mathrm{T}} d = 0, j = 1, \cdots, q,\ \nabla g_i(x_0)^{\mathrm{T}} d \leqslant 0, i \in I(x_0)\},$$

其中

$$I(x_0) = \{i : g_i(x_0) = 0, i = 1, \cdots, p\},$$

记在 x_0 点起作用的不等式约束的集合. 由二阶切集的链式法则 (见公式 (5.52)),

$$T_\Phi^{i,2}(x_0, d) = \mathcal{J}G(x_0)^{-1}[T_K^{i,2}(G(x_0), \mathcal{J}G(x_0)d) - \mathrm{D}^2G(x_0)(d, d)] \tag{6.14}$$

与

$$T_\Phi^2(x_0, d) = \mathcal{J}G(x_0)^{-1}[T_K^2(G(x_0), \mathcal{J}G(x_0)d) - \mathrm{D}^2G(x_0)(d, d)], \tag{6.15}$$

其中

$$\mathrm{D}^2G(x_0)(d, d) = \Big(d^{\mathrm{T}}\nabla^2 h_1(x_0)d, \cdots, d^{\mathrm{T}}\nabla^2 h_q(x_0)d; d^{\mathrm{T}}\nabla^2 g_1(x_0)d, \cdots, d^{\mathrm{T}}\nabla^2 g_p(x_0)d\Big)^{\mathrm{T}}.$$

显然可得 $T_\Phi^{i,2}(x_0,d)=T_\Phi^2(x_0,d)$, 且对 $d\in T_\Phi(x_0)$,

$$T_\Phi^2(x_0,d)=\left\{w\in\Re^n:\begin{array}{ll}\nabla h_i(x_0)^{\mathrm T}w+d^{\mathrm T}\nabla^2 h_i(x_0)d=0, & i=1,\cdots,q,\\ \nabla g_i(x_0)^{\mathrm T}w+d^{\mathrm T}\nabla^2 g_i(x_0)d\leqslant 0, & i\in I_1(x_0,d)\end{array}\right\},\tag{6.16}$$

其中

$$I_1(x_0,d):=\{i\in I(x_0):\nabla g_i(x_0)^{\mathrm T}d=0\}.$$

6.4 NLP 的一二阶最优性条件

考虑如下形式的非线性规划问题

$$(\text{NLP})\qquad\begin{array}{ll}\min & f(x)\\ \text{s.t.} & h(x)=0,\\ & g(x)\leqslant 0,\end{array}\tag{6.17}$$

其中目标函数 $f:\Re^n\to\Re$ 与约束映射 $h:\Re^n\to\Re^q$, $g:\Re^n\to\Re^p$ 是二次连续可微的映射. 讨论上述问题 (NLP) 的一阶最优性条件, 用 $I(x)$ 记在 x 处起作用的不等式约束集合

$$I(x)=\{i:g_i(x)=0,\ i=1,\cdots,p\}.$$

定义 6.5 问题 (NLP) 的可行点 $\bar x$ 处的广义 Lagrange 乘子集合 $\Lambda^g(\bar x)$ 定义为满足下述一阶最优性条件的非零向量 $(\lambda_0,\mu,\lambda)=(\lambda_0,\mu_1,\cdots,\mu_q,\lambda_1,\cdots,\lambda_p)$ 的全体:

$$\nabla_x L^g(\bar x,\lambda_0,\mu,\lambda)=0,\ \lambda_0\geqslant 0,\ \lambda_i\geqslant 0,\ \lambda_i g_i(\bar x)=0,\ i=1,\cdots,p,$$

其中 $L^g(x,\lambda_0,\mu,\lambda)=\lambda_0 f(x)+\langle\mu,h(x)\rangle+\langle\lambda,g(x)\rangle$. 若一广义 Lagrange 乘子 (λ_0,μ,λ) 满足 $\lambda_0=0$, 则称 (μ,λ) 是一奇异 Lagrange 乘子. 若 $\lambda_0=1$, 称 (μ,λ) 是 Lagrange 乘子, Lagrange 乘子集合记为 $\Lambda(\bar x)$.

由命题 5.15、定理 5.20 和命题 5.16, 可以直接得到下述一阶最优性条件.

命题 6.1[4, Proposition 5.47] 设 $\bar x$ 是 (NLP) 的局部最优解. 则广义 Lagrange 乘子集合 $\Lambda^g(\bar x)$ 是非空的, 且下述条件是等价的:

(a) Mangasarian-Fromovitz 约束规范在 $\bar x$ 处成立,

(b) 奇异 Lagrange 乘子集合是空集,

(c) Lagrange 乘子集合 $\Lambda(\bar x)$ 是非空有界凸集.

现在讨论二阶最优性条件. 与 (NLP) 的可行点 $\bar x$ 相联系的临界锥可以表示为下述形式

$$C(\bar x)=\{d:\nabla f(\bar x)^{\mathrm T}d\leqslant 0,\nabla h_j(\bar x)^{\mathrm T}d=0,\ j\leqslant q,\ \nabla g_i(\bar x)^{\mathrm T}d\leqslant 0,\ i\in I(\bar x)\}.$$

用 $I(\bar{x},h)$ 记在 $\bar{x}$ 处起作用的且沿方向 d 的一阶量也是起作用的约束集合, 即

$$I(\bar{x},d) := \{i \in I(\bar{x}) : \mathcal{J}g_i(\bar{x})d = 0\}.$$

命题 6.2 [4, Proposition 5.48] (二阶最优性条件) 设 $\bar{x}$ 是问题 (NLP) 的可行点. 则下述结论成立.

(a) 若 $\bar{x}$ 是 (NLP) 的一局部最优解, 则对每一 $d \in C(\bar{x})$, 存在一广义 Lagrange 乘子 $(\lambda_0,\mu,\lambda) \in \Lambda^g(\bar{x})$ 满足

$$d^{\mathrm{T}}\nabla^2_{xx}L^g(\bar{x},\lambda_0,\mu,\lambda)d \geqslant 0. \tag{6.18}$$

(b) 若对每一 $d \in C(\bar{x}) \setminus \{0\}$, 存在 $(\lambda_0,\mu,\lambda) \in \Lambda^g(\bar{x})$ 满足

$$d^{\mathrm{T}}\nabla^2_{xx}L^g(\bar{x},\lambda_0,\mu,\lambda)d > 0, \tag{6.19}$$

则 $\bar{x}$ 是 (NLP) 的满足二阶增长条件的局部最优解.

证明 (a) 令 $d \in C(\bar{x})$ 是一临界方向. 首先考虑 $\nabla h_i(\bar{x})$, $i=1,\cdots,q$ 是线性相关的情况. 则存在一奇异 Lagrange 乘子 $(\widehat{\mu},\widehat{\lambda})$ 满足 $\widehat{\lambda}=0$. 若 $(\mu,\lambda) := (\widehat{\mu},\widehat{\lambda})$ 时, 有 (6.18) 式成立, 则得到结论, 否则, 由于 $-(\widehat{\mu},\widehat{\lambda})$ 是另一奇异 Lagrange 乘子, 且

$$d^{\mathrm{T}}\nabla^2_{xx}L^g(\bar{x},0,-\widehat{\mu},-\widehat{\lambda})d = -d^{\mathrm{T}}\nabla^2_{xx}L^g(\bar{x},0,\widehat{\mu}),$$

则 $(\mu,\lambda) = -(\widehat{\mu},\widehat{\lambda})$ 时 (6.18) 式成立.

现在讨论 $\nabla h_i(\bar{x}), i=1,\cdots,q$ 是线性无关的情形. 考虑线性规划

$$\begin{array}{ll} \min\limits_{(w,z)\in\Re^n\times\Re} & z \\ \text{s.t.} & \nabla f(\bar{x})^{\mathrm{T}}w + d^{\mathrm{T}}\nabla^2 f(\bar{x})d \leqslant z, \\ & \nabla h_j(\bar{x})^{\mathrm{T}}w + d^{\mathrm{T}}\nabla^2 h_j(\bar{x})d = 0, \quad j=1,\cdots,q, \\ & \nabla g_i(\bar{x})^{\mathrm{T}}w + d^{\mathrm{T}}\nabla^2 g_i(\bar{x})d \leqslant z, \quad i \in I(\bar{x},d). \end{array} \tag{6.20}$$

这一问题的最优值是 0. 因为否则就存在 w 满足

$$\begin{array}{l} \nabla f(\bar{x})^{\mathrm{T}}w + d^{\mathrm{T}}\nabla^2 f(\bar{x})d < 0, \\ \nabla h_j(\bar{x})^{\mathrm{T}}w + d^{\mathrm{T}}\nabla^2 h_j(\bar{x})d = 0, \quad j=1,\cdots,q, \\ \nabla g_i(\bar{x})^{\mathrm{T}}w + d^{\mathrm{T}}\nabla^2 g_i(\bar{x})d < 0, \quad i \in I(\bar{x},d). \end{array} \tag{6.21}$$

因为 $\bar{x}$ 是可行点, d 是临界方向, $h_i(\bar{x})=0$, $\nabla h_i(\bar{x})d=0$, $i=1,\cdots,q$, 由 (6.21) 的第二方程得到

$$h_i\left(\bar{x}+td+\frac{1}{2}t^2w\right) = \frac{1}{2}t^2[\nabla h_i(\bar{x})^{\mathrm{T}}w + d^{\mathrm{T}}\nabla^2 h_i(\bar{x})d] + \mathrm{o}(t^2) = \mathrm{o}(t^2).$$

由隐函数定理, 存在一路径 $x(t)=\bar{x}+td+\frac{1}{2}t^2w+\mathrm{o}(t^2)$ 满足 $h_i(x(t))=0, i=1,\cdots,q$, 对充分小的 $t>0$ 是成立的. 则由二阶 Taylor 展开式, 对充分小的 $t>0$ 有

$$f(x(t))=f(\bar{x})+t\nabla f(\bar{x})^{\mathrm{T}}d+\frac{1}{2}t^2[\nabla f(\bar{x})^{\mathrm{T}}w+d^{\mathrm{T}}\nabla^2 f(\bar{x})d]+\mathrm{o}(t^2)<f(\bar{x}),$$

类似地, 对所有的 $i\in I(\bar{x},d)$ 有 $g_i(x(t))<0$. 若 $i\notin I(\bar{x},d)$, 则或者 $g_i(\bar{x})<0$ 或 $g_i(\bar{x})=0$ 且 $\nabla g_i(\bar{x})^{\mathrm{T}}d<0$, 两种情形均有, 对充分小的 $t>0$, $g_i(x(t))<0$. 因此, 对充分小的 $t>0$, $x(t)$ 是可行的且 $f(x(t))<f(\bar{x})$, 这与 $\bar{x}$ 的局部最优性相矛盾. 这证得 (6.20) 有一非负的最优值.

因为 $\nabla h_i(\bar{x}), i=1,\cdots,q$ 是线性无关的, (6.20) 中的等式约束有一可行解, 因此, 由于 z 可取任意地大, 问题 (6.20) 是相容的. 所以, (6.20) 具有一有限的非负的最优值. 因为 (6.20) 是一线性规划问题, 与其对偶问题具有相同的最优值. 问题 (6.20) 的对偶问题是

$$\begin{array}{ll}\max\limits_{\lambda\in\Re^p} & d^{\mathrm{T}}\nabla^2_{xx}L^g(\bar{x},\lambda_0,\mu,\lambda)d\\ \text{s.t.} & \nabla_x L^g(\bar{x},\lambda_0,\mu,\lambda)=0,\quad \lambda_0+\sum\limits_{i\in I(\bar{x},d)}\lambda_i=1,\\ & \lambda_0\geqslant 0,\quad \lambda_i\geqslant 0,\quad i\in I(\bar{x},d),\quad \lambda_i=0,\quad i\notin I(\bar{x},d).\end{array}$$

因为这一对偶问题的最优解是一与 $\bar{x}$ 相联系的广义 Lagrange 乘子, 其对偶目标函数是 $d^{\mathrm{T}}\nabla^2_{xx}L^g(\bar{x},\lambda_0,\mu,\lambda)d$, 结论 (a) 得证.

现在考虑结论 (b). 假设命题 (b) 的结论不真. 则存在一可行点序列 $x_k\to\bar{x}$ 满足 $f(x_k)\leqslant f(\bar{x})+\mathrm{o}(\|x_k-\bar{x}\|^2)$. 置 $t_k:=\|x_k-\bar{x}\|$. 则

$$\limsup_{k\to\infty}\frac{f(x_k)-f(\bar{x})}{t_k^2}\leqslant 0.$$

如有必要, 可抽取一子列, 不妨设 $d_k:=(x_k-\bar{x})/t_k$ 收敛到一单位范数的向量 $\widehat{d}$, 即 $x_k=\bar{x}+t_k\widehat{d}+\mathrm{o}(t_k), \|\widehat{d}\|=1$. 因为 $f(x_k)\leqslant f(\bar{x})+\mathrm{o}(\|x_k-\bar{x}\|^2)$ 且 x_k 是可行的, 由 $f(x_k), h_j(x_k), j=1\cdots,q; g_i(x_k), i=1,\cdots,p$ 的一阶展式可得 $\widehat{d}$ 是一临界方向. 令 $(\widehat{\lambda}_0,\widehat{\mu},\widehat{\lambda})$ 是一广义 Lagrange 乘子满足

$$\alpha=\widehat{d}^{\mathrm{T}}\nabla^2_{xx}L^g(\bar{x},\widehat{\lambda}_0,\widehat{\mu},\widehat{\lambda})\widehat{d}>0.$$

则由于 $\widehat{\lambda}$ 的分量是非负的, $\nabla_x L^g(\bar{x},\widehat{\lambda}_0,\widehat{\mu},\widehat{\lambda})=0$, 有

$$\begin{aligned}\widehat{\lambda}_0 f(x_k)&\geqslant L^g(x_k,\widehat{\lambda}_0,\widehat{\mu},\widehat{\lambda})=\widehat{\lambda}_0 f(\bar{x})+\frac{1}{2}t_k^2\widehat{d}^{\mathrm{T}}\nabla^2_{xx}L^g(\bar{x},\widehat{\lambda}_0,\widehat{\mu},\widehat{\lambda})\widehat{d}+\mathrm{o}(t_k^2)\\&\geqslant \widehat{\lambda}_0 f(\bar{x})+\frac{1}{2}\alpha t_k^2+\mathrm{o}(t_k^2).\end{aligned}$$

可得到

$$\alpha \leqslant 2\widehat{\lambda}_0 \limsup_{k\to\infty} \frac{f(x_k)-f(\bar{x})}{t_k^2} \leqslant 0,$$

这导致一矛盾.

■

由于对每一 $h \in C(x_0)$, 集合 K 在 $G(x_0)$ 处沿 $\mathcal{J}G(x_0h)$ 是外二阶正则的, 下述结果可由定理 5.24 得到.

定理 6.2　*设 x_0 是问题 (P) 的稳定点, 即 $\Lambda(x_0) \neq \varnothing$, 且 x_0 处 MF 约束规范成立, 则二阶条件*

$$\sup_{\lambda\in\Lambda(x_0)} \{\nabla_{xx}^2 L(x_0,\lambda)(h,h)\} > 0, \forall h \in C(x_0) \setminus \{0\} \tag{6.22}$$

是在点 x_0 处二阶增长条件成立的充分必要条件.

6.5　多面体凸集合上的变分不等式的强正则性

这一节及下几节的内容取自经典文献 Dontchev and Rockafellar(1996)[11]. 设 $F:\Re^d \times \Re^n \to \Re^n$ 是一映射, $C \subset \Re^n$ 是一非空凸多面体集. 考虑

$$z + F(w,x) + N_C(x) \ni 0. \tag{6.23}$$

令 $p=(z,w) \in \Re^n \times \Re^d$, 定义

$$S(p) = \{x \in \Re^n : 0 \in z + F(w,x) + N_C(x)\}.$$

给定参考点 $p_0=(z_0,w_0)$ 与 $x_0 \in S(p_0)$. 一个令人感兴趣的问题是在什么条件下, S 在 (p_0,x_0) 附近是一局部的单值 Lipschitz 连续映射, 即存在 $U \in \mathcal{N}(x_0)$, $V \in \mathcal{N}(p_0)$, 满足 $p \to S(p) \cap U$ 是 $p \in V$ 上的 Lipschitz 连续映射. 为此给出下述关于 F 的条件:

(i) 在 (w_0,x_0) 的一个邻域内 F 关于 x 是可微的, Jacobi 矩阵 $\mathcal{J}_xF(w,x)$ 关于 (w,x) 是连续的;

(ii) 在 (w_0,x_0) 附近, F 关于 x 局部一致的关于变量 w 是 Lipschitz 连续的. 即存在 $U \in \mathcal{N}(x_0)$, $V \in \mathcal{N}(w_0)$ 与一正数 $l>0$, 满足对所有的 $x \in U$ 与 $w_1 \in V, w_2 \in V$,

$$\|F(w_1,x)-F(w_2,x)\| \leqslant l\|w_1-w_2\|.$$

映射 S 的分析与下述线性变分不等式密切相关:

$$q + Ax + N_C(x) \ni 0, \tag{6.24}$$

其中 q 是下述 q_0 的标准参数扰动,

$$A = \mathcal{J}_x F(w_0, x_0),\ q_0 = z_0 + F(w_0, x_0) - \mathcal{J}_x F(w_0, x_0)x_0. \tag{6.25}$$

6.5.1 线性问题解集合的 Aubin 性质

令 $L(q)$ 为下述的集值映射

$$L(q) = \{x \in \Re^n : 0 \in q + Ax + N_C(x)\}.$$

对每一 $x \in C$, $v \in N_C(x)$, 定义

$$K(x, v) = \{x' \in T_C(x) : \langle x', v\rangle = 0\}. \tag{6.26}$$

这一集合也是多面凸锥. 对于 (q_0, x_0), 与 (6.24) 相联系的临界锥为

$$K_0 = K(x_0, v_0),\ v_0 = -Ax_0 - q_0. \tag{6.27}$$

引理 6.2 对任何 $(x, v) \in G = \mathrm{gph}\, N_C$, 存在 $(0, 0) \in \Re^n \times \Re^n$ 的邻域 U, 使得对任何 $(x', v') \in U$,

$$v + v' \in N_C(x + x') \Longleftrightarrow v' \in N_{K(x,v)}(x'). \tag{6.28}$$

尤其, G 在 (x, v) 的切锥 $T_G(x, v)$ 为 $\mathrm{gph}\, N_{K(x,v)}$.

下面定理表明, 线性变分不等式 (6.24) 在点 (q_0, x_0) 处的强正则性等价于 L 在 (q_0, x_0) 处的 Aubin 性质.

定理 6.3 下述结论是等价的:

(a) L 在 (q_0, x_0) 附近是内半连续的;

(b) L 在 (q_0, x_0) 处具有 Aubin 性质;

(c) L 在 (q_0, x_0) 附近是一局部单值的 Lipschitz 连续映射;

(d) 线性变分不等式 (6.24) 在点 (q_0, x_0) 处是强正则的.

证明 显然有 (d) $\Longleftrightarrow$ (c) $\Longrightarrow$ (b) $\Longrightarrow$ (a). 因此, 只需证明 (a) $\Longrightarrow$ (c). 对 (6.27) 中定义的临界锥 K_0, 考虑变分不等式

$$q' + Ax' + N_{K_0}(x') \ni 0. \tag{6.29}$$

记 $L'(q') = \{x' \in \Re^n : q' + Ax' + N_{K_0}(x') \ni 0\}$. 根据引理 6.2, 只要 (x', v') 与 $(0, 0)$ 充分接近就有

$$v_0 + v' \in N_C(x_0 + x') \text{ 当且仅当} v' \in N_{K_0}(x').$$

因此

$$(q_0+q')+A(x_0+x')+N_C(x_0+x')\ni 0 \text{ 当且仅当 } q'+Ax'+N_{K_0}(x')\ni 0.$$

定义 $x=x_0+x'$, $q=q_0+q'$, 则有

$$x\in L(q) \text{ 当且仅当 } x'\in L'(q').$$

尤其 $0\in L'(0)$, (a) 中 L 在 (q_0,x_0) 附近的内半连续性简化为 L' 在 $(0,0)$ 附近的内半连续性. 由于 K_0 是一锥, L' 是正齐次的, 故 L' 在 $(0,0)$ 附近的内半连续性意味着 L' 在 $\Re^n$ 的所有点处均是非空值的且是内半连续的. 所以, 我们的任务就变成要证明, L' 在 $(0,0)$ 附近的内半连续性可推出 L' 在 $(0,0)$ 附近的局部单值与局部 Lipschitz 连续性.

设 h 是与变分不等式 (6.29) 相联系的法映射 (normal map)

$$h(u)=[u-\Pi_{K_0}(u)]+A\Pi_{K_0}(u).$$

为了应用关于法映射理论的已知结果, 下面证明 h 是一开映射: 它将开集合映为开集合.

为了这个目的, 固定任何开集合 $\mathcal{O}\subset\Re^n$ 与任何点 $h(u)$, 其中 $u\in\mathcal{O}$; 记 $q'=-h(u)$. 任取序列 $q'_i\to q'$, $i\to\infty$, 通过证明存在序列 $u_i\to u$ 满足 $q'_i=-h(u_i)$, 就可推出 i 充分大时 $-q'_i\in h(\mathcal{O})$, 从而得到 $h(\mathcal{O})$ 是开集合. 由 L' 与 h 的定义, 根据 q' 的选取, 对于 $x'=\Pi_{K_0}(u)$, 有 $-q'=[u-x']+Ax'$, $u-x'\in N_{K_0}(x')$. 因此有 $x'\in L'(q')$, $x'-q'-Ax'=u$. 由 L' 在 $\Re^n$ 上的非空值性质与内半连续性可推出, 对充分大的 i, 存在点 $x'_i\in L'(q'_i)$ 满足 $x'_i\to x'$. 因为 $x'_i\in L'(q'_i)$, 有 $-q'_i-Ax'_i\in N_{K_0}(x'_i)$, 故点 $u_i=x'_i-q'_i-Ax'_i$ 满足 $\Pi_{K_0}(u_i)=x'_i$. 然而 $x'_i-q'_i-Ax'_i\to x'-q-Ax'$, 因而有 $u_i\to u$, 这正是我们要证明的.

剩下的证明基于两个著名的结论. 第一个结论是分片仿射映射 (因为 Π_{K_0} 是分片线性的, 这里的 h 是分片仿射映射) 是开的当且仅当它具有一致方向 (coherently oriented), 见 Scholtes(2012)[50] 的 Proposition 2.3.7. 第二个结论是, 多面体凸集合上的线性变分不等式问题的法映射具有一致方向当且仅当它是一对一的映射, 见 Robinson(1992)[36] 的 Theorem 4.3. 根据这样的结论可得, h^{-1} 是处处单值的且 Lipschitz 连续的. 由等价关系

$$x'\in L'(q')\Longleftrightarrow x'=\Pi_{K_0}(h^{-1}(q'))$$

可推出 L' 是处处单值且 Lipschitz 连续的. 于是证得结论 (c), 证毕. ■

推论 6.1 下述两个条件是等价的:

(a) L 在 $\Re^n$ 上是内半连续的;

(b) 对任何 $q \in \Re^n$,$L(q)$ 是单点集合.

证明 设 (a) 成立, 用 h_C 记与 (6.24) 相联系的法映射. 类似定理 6.3 的证明, 但要把 h 用 h_C 代替, L_0 用 L' 代替, 可得到 h_C 是处处开的, 从而 L 是处处单值的. 相反地, 在 (b) 条件下, 映射 h_C 是一同胚, 它是处处 Lipschitz 连续的. 则 L 是 Lipschitz 连续的, 尤其是处处内半连续的. ■

下面给出刻画解映射 L 的 Aubin 性质的一个很重要的条件: 临界面条件 (critical face condition). 对于多面凸锥 K, 它的闭面 F 是下述形式的多面凸锥

$$F = \{x \in K : \langle x, v\rangle = 0\}, \quad v \in K^- \text{是一向量}, \tag{6.30}$$

其中 K^- 是 K 的极锥. 回顾

$$v' \in N_K(x') \Longleftrightarrow x' \in K, v' \in K^-, \quad \langle x', v'\rangle = 0. \tag{6.31}$$

定义 6.6 称在点 (q_0, x_0) 处临界面条件成立, 如果对任何满足 $F_1 \supset F_2$ 的临界锥 K_0 的闭面 F_1 与 F_2,

$$u \in F_1 - F_2, A^{\mathrm{T}}u \in (F_1 - F_2)^- \Longrightarrow u = 0.$$

显然, 当临界锥 K_0 是一子空间时, 它的唯一的闭面就是 K_0 本身, 临界面条件简化为 A 相对于该子空间的一个非奇异条件:

$$u \in K_0, A^{\mathrm{T}}u \in K_0 \Longrightarrow u = 0.$$

定理 6.4 变分不等式 (6.24) 的解映射 L 在点 (q_0, x_0) 具有 Aubin 性质 (或者具有定理 6.3 的等价性质) 的充分必要条件是临界面条件在 (q_0, x_0) 处成立.

证明 根据 Mordukhovich 准则, 解映射 L 在点 (q_0, x_0) 具有 Aubin 性质当且仅当

$$A^{\mathrm{T}}u + D^*N_C(x_0 \,|\, v_0)(u) \ni 0 \Longrightarrow u = 0,$$

其中映射 $D^*N_C(x_0 \,|\, v_0)$ 是映射 N_C 在 $(x_0, v_0) \in G = \operatorname{gph} N_C$ 的伴同导数.

上述条件等价于

$$(A^{\mathrm{T}}u, u) \in N_G(x_0, v_0) \Longrightarrow u = 0. \tag{6.32}$$

由于 G 是 $\Re^{2n}$ 中的有限多个凸多面集合的并集合, 在 (x_0, v_0) 附近的点 (x, v) 仅有有限多个不同的切锥 $T_G(x, v)$. 故对任意充分小的 (x_0, v_0) 的邻域 U, 有

$$N_G(x_0, v_0) = \bigcup_{(x,v)\in U\cap G} T_G(x, v)^-. \tag{6.33}$$

根据引理 6.2, 有 $T_G(x,v)=\operatorname{gph} N_{K(x,v)}$, 于是

$$T_G(x,v)=\{(x',v')\,|\,x'\in K(x,v), v'\in K(x,v)^-, \langle x',v'\rangle=0\}.$$

计算得

$$\begin{aligned}T_G(x,v)^-&=\{(r,u)\,|\,\langle (r,u),(x',v')\rangle\leqslant 0,\ \forall (x',v')\in T_G(x,v)\}\\&=\{(r,u)\,|\,\langle r,x'\rangle+\langle u,v'\rangle\leqslant 0,\ \forall x'\in K(x,v),\\&\qquad v'\in K(x,v)^-\ \text{满足}\langle x',v'\rangle=0\}.\end{aligned}$$

在上面的表示中首先考虑 $v'=0$, 然后再考虑 $x'=0$, 可以得到

$$T_G(x,v)^-=K(x,v)^-\times K(x,v). \tag{6.34}$$

因此 $N_G(x_0,v_0)$ 是所有乘积集合 $K^-\times K$ 的并, 其中 $K=K(x,v)$, $(x,v)\in G$ 是充分接近 (x_0,v_0) 的点. 下面说明这样的 K 恰好是形式为 F_1-F_2 的锥, 其中 F_1 与 F_2 是满足 $F_1\supset F_2$ 的 $K_0=K(x_0,v_0)$ 的闭面. 由此论断, 再根据 (6.32)~(6.34) 即完成定理的证明.

因为 C 是多面体凸集合, 对充分接近 x_0 的 $x\in C$, 有

$$T_C(x)=T_C(x_0)+[x-x_0]\supset T_C(x_0),$$

$$N_C(x)=N_C(x_0)\cap[x-x_0]^\perp\subset N_C(x_0).$$

进一步, 对充分接近 x_0 的 $x\in C$, 向量 $x-x_0$ 是具有充分小范数, 且 $x-x_0\in T_C(x_0)$. 另一方面, 对 $v\in N_C(x_0)$, 锥 $T_C(x_0)\cap[v]^\perp$ 是 $T_C(x_0)$ 的闭面, 当 $v\in N_C(x_0)$ 且 $v\to v_0$ 时 $T_C(x_0)\cap[v]^\perp$ 的外极限包含在 $T_C(x_0)\cap[v_0]^\perp$. 因为 $T_C(x_0)$ 具有有限多个闭面, 当 $v\in N_C(x_0)$ 充分接近 v_0 时, $T_C(x_0)\cap[v]^\perp\subset T_C(x_0)\cap[v_0]^\perp$. 因为临界锥 $K_0=T_C(x_0)\cap[v_0]^\perp$ 本身是 $T_C(x_0)$ 的一闭面, 任何在 K_0 中的 $T_C(x_0)$ 的闭面也是 K_0 的一闭面.

基于此, 考虑任意接近 (x_0,v_0) 的点 $(x,v)\in G$ 定义的锥 $K=K(v,x)$, 存在 $x'\in T_C(x_0)\cap[v_0]^\perp$, $v\in N_C(x_0)\cap[x']^\perp$, v 充分接近 v_0, $x'(x'=x-x_0)$ 充分接近 0 时

$$K=(T_C(x_0)+[x'])\cap[v]^\perp.$$

因为 $\langle x',v\rangle=0$, 所以 $K=(T_C(x_0)\cap[v]^\perp)+[x']$. 如果 K 具有这一形式, 令 $F_1=T_C(x_0)\cap[v]^\perp$, 它是多面体锥 K_0 的一个闭面. 可得 $x'\in F_1$, 而且实际上有 $K=F_1-F_2$, 其中 F_2 是把 x' 作为相对内点的 F_1 的闭面. 因此 F_2 也是 K_0 的一闭面, 这就得到 K 的表示.

相反地, 如果 $K = F_1 - F_2$, 其中 F_1 与 F_2 是满足 $F_1 \supset F_2$ 的 K_0 的闭面, 则必存在一向量 $v \in N_C(x_0)$ 满足 $T_C(x_0) \cap [v]^\perp = F_1$. 则 F_2 是 F_1 的一闭面. 令 $x' \in \operatorname{rint} F_2$; 显然有 $x' \in T_C(x_0)$, 可以取 x' 的范数充分小使得点 $x = x_0 + x'$ 在 C 中. 此时有 $\langle x', v \rangle = 0$ 与

$$\begin{aligned} F_1 - F_2 &= (T_C(x_0) \cap [v]^\perp) + [x'] \\ &= (T_C(x_0) + [x']) \cap [v]^\perp \\ &= (T_C(x_0) + [x - x_0]) \cap [v]^\perp \\ &= T_C(x) \cap [v]^\perp, \end{aligned}$$

这正是需要的形式. ■

推论 6.2 映射 L 在 (q_0, x_0) 处的 Aubin 性质 (或者定理 6.3 的其他等价性质) 成立的一个充分条件是, 对任何 $0 \neq u \in K_0 - K_0$, $\langle u, Au \rangle > 0$.

证明 不等式 $\langle u, Au \rangle \leqslant 0$ 等价于 $\langle u, A^{\mathrm{T}} u \rangle \leqslant 0$, 这一不等式当 u 属于锥 $F_1 - F_2 \subset K_0 - K_0$ 且 $A^{\mathrm{T}} u \in (F_1 - F_2)^-$ 时成立. 此种情况只有 $u = 0$ 才能成立. ■

根据定理 6.4, 临界面条件是与线性变分不等式 (6.24) 相联系的法映射具有一致方向是等价的.

6.5.2 非线性问题解集合的 Aubin 性质

这一节要论证系统 (6.23) 在 (p_0, x_0) 处的强正则性与 (6.24) 在 (q_0, x_0) 处的强正则性是等价的. 下面的结论表明, 条件 (A) 可推出 F 在 (w_0, x_0) 附近关于 x 的严格可微性.

引理 6.3 设条件 (A) 成立, 则对任意 $\varepsilon > 0$, 存在 x_0 的邻域 U 和 w_0 的邻域 V, 满足对任何 $x_1, x_2 \in U$ 与 $w \in V$,

$$\|F(w, x_1) - F(w, x_2) - \mathcal{J}_x F(w_0, x_0)(x_1 - x_2)\| \leqslant \varepsilon \|x_1 - x_2\|.$$

证明 对任意满足 $\|e\| = 1$ 的向量 $e \in \Re^n$, 对任意的 $x_1, x_2 \in \Re^n$, $w \in \Re^d$, 将中值定理用于函数 $\phi(t) = \langle e, F(w, tx_1 + (1-t)x_2) \rangle$, 则存在 $\tau \in (0,1)$ 满足 $\phi(1) - \phi(0) = \phi'(\tau)$, 即

$$\langle e, F(w, x_1) - F(w, x_2) \rangle = \langle e, \mathcal{J}_x F(w, \tau x_1 + (1-\tau) x_2)(x_1 - x_2) \rangle.$$

由条件 (A), 可选取 x_0 的邻域 U 和 w_0 的邻域 V 使得 U 是凸集合, 满足对任何 $x \in U, w \in V$ 有 $\|\mathcal{J}_x F(w, x) - \mathcal{J}_x F(w_0, x_0)\| \leqslant \varepsilon$. 则对任何 $x_1, x_2 \in U$, $w \in V$,

$$\begin{aligned} &\langle e, [F(w, x_1) - F(w, x_2) - \mathcal{J}_x F(w_0, x_0)(x_1 - x_2)] \rangle \\ =&\langle e, [\mathcal{J}_x F(w, \tau x_1 + (1-\tau) x_2) - \mathcal{J}_x F(w_0, x_0)](x_1 - x_2) \rangle \end{aligned}$$

$$\leqslant \|\mathcal{J}_x F(w, \tau x_1 + (1-\tau)x_2) - \mathcal{J}_x F(w_0, x_0)\| \|x_1 - x_2\|$$
$$\leqslant \varepsilon \|x_1 - x_2\|.$$

由于这一不等式对所有的满足 $\|e\| = 1$ 的向量 e 都成立, 所以结论得证. ■

命题 6.3 对映射 L 与 S, 下述条件等价:

(a) L 在点 (q_0, x_0) 处具有 Aubin 性质;

(b) S 在点 (p_0, x_0) 处具有 Aubin 性质.

证明 注意到与 S 相联系的伴同导数和与 L 相联系的伴同导数相同, 直接由 Mordukhovich 准则得到 (a) 与 (b) 的等价性. 这里介绍 Dontchev and Rockafellar(1996) 的证明.

设 L 在 (q_0, x_0) 处具有常数为 M 的 Aubin 性质, 即存在 $a > 0$, $b > 0$ 满足对 $q', q'' \in \mathbf{B}_b(q_0)$,

$$L(q') \cap \mathbf{B}_a(x_0) \subset L(q'') + M\|q' - q''\|\mathbf{B}. \tag{6.35}$$

令 $\varepsilon > 0$ 满足 $M\varepsilon < 1$. 选取 $\alpha > 0$, $\beta_1 > 0$,

$$\alpha < \min\{a, b/\varepsilon\}$$

满足对于 $x', x'' \in \mathbf{B}_\alpha(x_0)$,$w \in \mathbf{B}_{\beta_1}(w_0)$, 引理 6.3 的严格可微性不等式成立. 令 $\beta > 0$ 满足

$$\beta \leqslant \min\left\{\beta_1, \frac{\alpha(1-\varepsilon M)}{4M(1+l)}, \frac{b - \varepsilon\alpha}{1+l}\right\}. \tag{6.36}$$

下面证明 S 在 (p_0, x_0) 处具有常数为 $M' = M(l+1)/[1-\varepsilon M]$ 的 Aubin 性质. 固定 $p', p'' \in \mathbf{B}_\beta(p_0)$, $p' = (z', w')$, $p'' = (z'', w'')$, 考虑 $x' \in S(p') \cap \mathbf{B}_{\alpha/2}(x_0)$. 则

$$\begin{aligned} 0 &\in z' + F(w', x') + N_C(x') \\ &= [z' + F(w', x') - \mathcal{J}_x F(w_0, x_0)x'] + Ax' + N_C(x'), \end{aligned}$$

从而对于 $q' = z' + F(w', x') - \mathcal{J}_x F(w_0, x_0)x'$, 有 $x' \in L(q') \cap \mathbf{B}_{\alpha/2}(x_0)$. 定义线性化映射

$$g(x) = F(w_0, x_0) + \mathcal{J}_x F(w_0, x_0)(x - x_0) = q_0 - z_0 + \mathcal{J}_x F(w_0, x_0)x, \tag{6.37}$$

可表示 $q' - q_0 = z' - z_0 + F(w', x') - g(x')$. 用 (6.36) 可得

$$\begin{aligned} \|q' - q_0\| &= \|z' - z_0 + F(w', x') - g(x')\| \\ &\leqslant \|z' - z_0\| + \|F(w', x_0) - F(w_0, x_0)\| \\ &\quad + \|F(w', x') - F(w', x_0) - \mathcal{J}_x F(w_0, x_0)(x' - x_0)\| \\ &\leqslant \|p' - p_0\| + \varepsilon\|x' - x_0\| + l\|w' - w_0\| \leqslant \beta(1+l) + \frac{\varepsilon\alpha}{2}, \end{aligned} \tag{6.38}$$

所以 $\|q'-q_0\| \leqslant b$, 即 $q' \in \mathbf{B}_b(q_0)$. 类似地, 对向量 $q'' = z''+F(w'',x')-\mathcal{J}_xF(w_0,x_0)x' = q_0 + z'' - z_0 + F(w'',x') - g(x')$, 也有 $q'' \in \mathbf{B}_b(q_0)$. 令 $x_1 = x'$, 基于 (6.35), 存在 x_2 满足

$$z'' + F(w'',x_1) + \mathcal{J}_xF(w_0,x_0)(x_2 - x_1) + N_C(x_2) \ni 0$$

与

$$\begin{aligned}\|x_2 - x_1\| &\leqslant M\|q' - q''\| \leqslant M(\|z' - z''\| + \|F(w',x_1) - F(w'',x_1)\|)\\ &\leqslant M(\|z' - z''\| + l\|w' - w''\|) \leqslant M(l+1)\|p' - p''\|.\end{aligned}$$

设存在点 $x_2, x_3, \cdots, x_{n-1}$ 满足

$$z'' + F(w'',x_{i-1}) + \mathcal{J}_xF(w_0,x_0)(x_i - x_{i-1}) + N_C(x_i) \ni 0$$

与

$$\|x_i - x_{i-1}\| \leqslant M(l+1)\|p' - p''\|(M\varepsilon)^{i-2}, \quad i = 2, \cdots, n-1.$$

则对每一 i, 由 (6.36) 有

$$\begin{aligned}\|x_i - x_0\| &\leqslant \|x_1 - x_0\| + \sum_{j=2}^{i}\|x_j - x_{j-1}\|\\ &\leqslant \frac{\alpha}{2} + M(l+1)\|p' - p''\|\sum_{j=2}^{i}(M\varepsilon)^{j-2}\\ &\leqslant \frac{\alpha}{2} + \frac{M(l+1)}{1-\varepsilon M}\|p' - p''\|\\ &\leqslant \frac{\alpha}{2} + \frac{2M\beta(l+1)}{1-\varepsilon M} \leqslant \alpha.\end{aligned}$$

对 $i = 2, 3, \cdots, n-1$, 置

$$q_i = z'' + F(w'',x_i) - \mathcal{J}_xF(w_0,x_0)x_i = q_0 + z'' - z_0 + F(w'',x_i) - g(x_i),$$

可得

$$\begin{aligned}\|q_i - q_0\| &\|z'' - z_0 + F(w'',x_i) - g(x_i)\|\\ &\leqslant \|z'' - z_0\| + \|F(w'',x_i) - F(w'',x_0) - \mathcal{J}_xF(w_0,x_0)(x_i - x_0)\|\\ &\quad + \|F(w'',x_0) - F(w_0,x_0)\|\\ &\leqslant \|p' - p_0\| + \varepsilon\|x_i - x_0\| + l\|w'' - w_0\|\\ &\leqslant \beta(1+l) + \varepsilon\alpha \leqslant b,\end{aligned}$$

从而有$q_i \in \mathbf{B}_b(q_0)$. 因为 $x_{n-1} \in L(q_{n-2}) \cap \mathbf{B}_\alpha(x_0)$, 根据 Aubin 性质 (6.35), 存在

x_n 满足

$$z'' + F(w'', x_{n-1}) + \mathcal{J}_x F(w_0, x_0)(x_n - x_{n-1}) + N_C(x_n) \ni 0 \tag{6.39}$$

与

$$\begin{aligned}\|x_n - x_{n-1}\| &\leqslant M\|q_{n-1} - q_{n-2}\| \\ &\leqslant M\|F(w'', x_{n-1}) - F(w'', x_{n-2}) - \mathcal{J}_x F(w_0, x_0)(x_{n-1} - x_{n-2})\| \\ &\leqslant M\varepsilon\|x_{n-1} - x_{n-2}\| \leqslant M(l+1)\|p' - p''\|(M\varepsilon)^{n-2}.\end{aligned}$$

由数学归纳法可得一在 $\mathbf{B}_\alpha(x_0)$ 中的无穷序列 $x_1, x_2, \cdots, x_n, \cdots$, 它是一 Cauchy 序列, 因此它收敛到某点 $x'' \in \mathbf{B}_\alpha(x_0)$. 因为 $F(w'', \cdot)$ 在 $\mathbf{B}_\alpha(x_0)$ 中是连续的, 法锥映射 N_C 具有闭图, 由 (6.39) 可得 $x'' \in S(p'')$. 进一步, 由于

$$\begin{aligned}\|x_n - x'\| &\leqslant \sum_{i=2}^{n} \|x_i - x_{i-1}\| \\ &\leqslant M(l+1)\|p' - p''\| \sum_{i=2}^{n} (M\varepsilon)^{i-2} \\ &\leqslant \frac{M(l+1)}{1 - \varepsilon M}\|p' - p''\|,\end{aligned}$$

取极限即得

$$\|x'' - x'\| \leqslant \frac{M(l+1)}{1 - \varepsilon M}\|p' - p''\| \leqslant M'\|p' - p''\|.$$

这就建立了关系 $(a) \Longrightarrow (b)$.

再来证明 $(b) \Longrightarrow (a)$. 设 S 在 (p_0, x_0) 处具有常数 M 的 Aubin 性质. 如上面一样选取相对于 M 的 ε, α 和 β. 将要证明 L 在 (q_0, x_0) 处具有常数 $M' = M/(1-\varepsilon M)$ 的 Aubin 性质.

考虑 $q', q'' \in \mathbf{B}_\beta(q_0)$ 与 $x' \in L(q') \cap \mathbf{B}_{\alpha/2}(x_0)$:

$$q' + \mathcal{J}_x f(w_0, x_0)x' + N_C(x') \ni 0.$$

则对于

$$z' = q' + \mathcal{J}_x F(w_0, x_0)x' - F(w_0, x') = z_0 + [q' - q_0] - [F(w_0, x') - g(x')]$$

与 $p' = (z', w_0)$, 有 $x' \in S(p') \cap \mathbf{B}_{\alpha/2}(x_0)$. 令

$$z'' = q'' + \mathcal{J}_x F(w_0, x_0)x' - F(w_0, x') = z_0 + [q'' - q_0] - [F(w_0, x') - g(x')]$$

与 $p'' = (z'', w_0)$. 类似于 (6.38) 的估计式的推导, 可得 $p', p'' \in \mathbf{B}_b(p_0)$. 则存在 x_2 满足

$$z'' + F(w_0, x_2) + F(w_0, x_0) + \mathcal{J}_x F(w_0, x_0)(x' - x_0) - F(w_0, x') + N_C(x_2) \ni 0$$

与

$$\|x_2 - x'\| \leqslant M\|p' - p''\| = M\|z' - z''\|.$$

类似第一部分的证明, 由数学归纳法可得到一序列 $x' = x_1, x_2, \cdots, x_n, \cdots$, 收敛到 x'', 且满足

$$z'' + F(w_0, x_n) + F(w_0, x_0) + \mathcal{J}_x F(w_0, x_0)(x_{n-1} - x_0) - F(w_0, x_{n-1}) + N_C(x_n) \ni 0$$

与

$$\|x_n - x'\| \leqslant M\|q' - q''\| \sum_{i=2}^{n} (M\varepsilon)^{i-2}.$$

取极限可得 $x'' \in L(q'')$ 与

$$\|x' - x''\| \leqslant \frac{M}{1 - \varepsilon M}\|q' - q''\| = M'\|q' - q''\|.$$

这就完成了证明. ■

注记 6.1 考虑集值映射

$$\Sigma(p) = \{x \in X \mid 0 \in z + F(w, x) + T(x)\}$$

与

$$\Lambda(z) = \{x \in X \mid 0 \in z + G(x) + T(x)\},$$

其中 $p = (z, w)$, $T : X \rightrightarrows Z$, X 是完备距离空间, Z 是赋范线性空间, $F : W \times X \to Z$ 是一映射, W 是赋范空间, $G : X \to Z$ 是连续映射, 它在 (w_0, x_0) 附近强近似 F①. 如果 F 满足条件 (B)(将 (B) 中的范数换成 W 中的度量), 对于 $x_0 \in \Sigma(p_0)$, 则有 Σ 在 (p_0, x_0) 处具有 Aubin 性质的充分必要条件是 Λ 在 (z_0, x_0) 处具有 Aubin 性质.

命题 6.4 对映射 L 与 S, 下述条件等价:

(a) L 在点 (q_0, x_0) 附近是局部单值的且 Lipschitz 连续的;

(b) S 在点 (p_0, x_0) 附近是局部单值的且 Lipschitz 连续的.

证明 设 (a) 成立. 显然 L 具有 Aubin 性质, 根据命题 6.3, S 也具有 Aubin 性质. 为证得 (b), 只需验证 S 是局部单值的. 用反证法. 假设在 p_0 的每一邻域 V 和 x_0 的每一邻域 X, 存在 $\overline{p} = (\overline{z}, \overline{x})$ 与 $x_1, x_2 \in S(\overline{p}) \cap X$ 满足 $x_1 \neq x_2$:

$$\overline{z} + F(\overline{w}, x_i) + N_C(x_i) \ni 0, \quad i = 1, 2.$$

①称 h_1 在 w_0 处强近似 h_2, 如果对每一 $\varepsilon > 0$, 存在 w_0 的一邻域 U, 满足对于 $w, w' \in U$,

$$\|[h_1(w) - h_2(w)] - [h_1(w') - h_2(w')]\| \leqslant \varepsilon\|w - w'\|.$$

设 M 是 L 在 (q_0, x_0) 附近的 Lipschitz 常数, 取 $\varepsilon > 0$ 充分小, 满足 $M\varepsilon < 1$. 由引理 6.3, 选取 x_0 的邻域 U 与 w_0 的邻域 V 满足 $U \subset X$ 及

$$\|F(w,x') - F(w,x'') - \mathcal{J}_x F(w_0,x_0)(x'-x'')\| \leqslant \varepsilon\|x'-x''\|, \quad x', x'' \in U, \quad w \in V.$$

对 $i = 1, 2$, 取 x_0 充分小的邻域 $U' \subset U$ 满足 $L(q_i) \cap U' = \{x_i\}$, 其中 $q_i = q' + \mathcal{J}_x F(w_0,x_0)x' - F(w_0,x') = q_0 + [\overline{z} - z_0] + [F(\overline{w}, x_i) - g(x_i)]$, g 由 (6.37) 定义. 则

$$\begin{aligned}
\|x_1 - x_2\| &\leqslant M\|q_1 - q_2\| \\
&= M\|[F(\overline{w}, x_1) - g(x_1)] - [F(\overline{w}, x_2) - g(x_2)]\| \\
&= M\|F(\overline{w}, x_1) - F(\overline{w}, x_2) - \mathcal{J}_x F(w_0,x_0)(x_1 - x_2)\| \\
&\leqslant M\varepsilon\|x_1 - x_2\| < \|x_1 - x_2\|,
\end{aligned}$$

这是一矛盾. 因此 S 在 (p_0, x_0) 附近是局部单值的.

相反的推出关系 (b)$\Longrightarrow$(a) 可用相同的方式证明. ■

结合命题 6.3, 命题 6.4 与定理 6.3 和定理 6.4, 可得下述结果.

定理 6.5 下述性质是等价的:

(a) 非线性变分不等式 (6.23) 在 (p_0, x_0) 处是强正则的;

(b) 定义 6.6 中的临界面条件在 (q_0, x_0) 处成立;

(c) 解映射 S 在 (p_0, x_0) 处具有 Aubin 性质;

(d) 解映射 S 在 (p_0, x_0) 附近是局部单值的且 Lipschitz 连续的.

6.6 非线性互补问题的稳定性

考虑非线性互补问题如下的标准扰动问题

$$x \geqslant 0, \quad F(w,x) + z \geqslant 0, \quad \langle x, F(w,x) + z\rangle = 0, \tag{6.40}$$

这一问题是 (6.23) 中 $C = \Re^n_+$ 的特殊情形. 我们仍然沿用 (6.23), (6.24), (6.25) 与 (6.27) 中的记号. 与向量 $v_0 \in N_C(x_0)$ 相联系的 $\{1, \cdots, n\}$ 的指标集合 J_1, J_2, J_3 定义为

$$\begin{aligned}
J_1 &= \{i \,|\, x_0^i > 0, v_0^i = 0\}, \\
J_2 &= \{i \,|\, x_0^i = 0, v_0^i = 0\}, \\
J_3 &= \{i \,|\, x_0^i = 0, v_0^i < 0\}.
\end{aligned}$$

命题 6.5 在非线性互补问题的情况下，临界锥 K_0 由满足下述关系的 x' 构成：

$$\begin{cases} x'_i \text{ 无符号限制}, & i \in J_1, \\ x'_i \geqslant 0, & i \in J_2, \\ x'_i = 0, & i \in J_3. \end{cases}$$

对于满足 $F_1 \supset F_2$ 的 K_0 的闭面 F_1, F_2，锥 $F_1 - F_2$ 是具有下述形式的锥 K：存在 $\{1,2,\cdots,n\}$ 的一个分划 J'_1, J'_2, J'_3，满足 $J_1 \subset J'_1 \subset J_1 \cup J_2$, $J_3 \subset J'_3 \subset J_3 \cup J_2$, K 由满足下述条件的 x' 构成：

$$\begin{cases} x'_i \text{ 无符号限制}, & i \in J'_1, \\ x'_i \geqslant 0, & i \in J'_2, \\ x'_i = 0, & i \in J'_3. \end{cases} \tag{6.41}$$

满足 $u \in K$ 与 $A^{\mathrm{T}}u \in K^-$ 的向量 u 是使得下述条件成立的向量

$$\begin{cases} u_i \text{ 无符号限制}, (A^{\mathrm{T}}u)_i = 0, & i \in J'_1, \\ u_i \geqslant 0, (A^{\mathrm{T}}u)_i \leqslant 0, & i \in J'_2, \\ u_i = 0, (A^{\mathrm{T}}u)_i \text{ 无符号限制}, & i \in J'_3. \end{cases}$$

证明 容易验证 K_0 具有所述形式, 我们分析它的闭面. 每一这样的面 F 具有形式 $K_0 \cap [v']^{\perp}$, 其中 $v' \in K_0^-$. 向量 v' 满足

$$\begin{cases} v'_i = 0, & i \in J_1, \\ v'_i \leqslant 0, & i \in J_2, \\ v'_i \text{无符号限制}, & i \in J_3. \end{cases}$$

K_0 的闭面 F 与 J_2 的子集合是一一对应的: 对应指标集合 J_2^F 的面 F 由下述向量 x' 组成

$$\begin{cases} x'_i \text{ 无符号限制}, & i \in J_1, \\ x'_i \geqslant 0, & i \in J_2 \setminus J_2^F, \\ x'_i = 0, & i \in J_3 \cup J_2^F. \end{cases}$$

如果 F_1 与 F_2 满足 $J_2^{F_1} \subset J_2^{F_2}$ 使得 $F_1 \supset F_2$, 则 $F_1 - F_2$ 由 (6.41) 给出, 其中 $J'_1 = J_1 \cup [J_2 \setminus J_2^{F_2}]$, $J'_2 = J_2^{F_2} \setminus J_2^{F_1}$, $J'_3 = J_3 \cup J_2^{F_1}$. ■

定理 6.6 一般互补问题 (6.40) 在 (p_0, x_0) 处是强正则的当且仅当下述条件对 A 的元素 a_{ij} 成立: 如果 u_i, $i \in J_1 \cup J_2$ 满足

$$\sum_{i\in J_1\cup J_2} u_i a_{ij} \begin{cases} = 0, & \text{对} j \in J_1 \text{ 与} j \in J_2 \text{ 满足} u_j < 0, \\ \leqslant 0, & \text{对} j \in J_2 \text{ 满足} u_j > 0, \end{cases}$$

则 $u_i = 0, \forall i \in J_1 \cup J_2$.

证明 根据命题 6.5, 这一条件就是具体到互补问题 (6.40) 的临界面条件, 用定理 6.5 证得结论. ■

6.7 NLP 问题的 KKT 系统的强正则性

考虑下述参数非线性规划问题

$$\begin{array}{ll} \min\limits_{x} & g_0(w,x) + \langle v, x\rangle \\ \text{s.t.} & g_i(w,x) - u_i \begin{cases} = 0, & i = 1, \cdots, r, \\ \leqslant 0, & i = r+1, \cdots, m, \end{cases} \end{array} \tag{6.42}$$

其中 $g_i : \Re^d \times \Re^n \to \Re$, $i = 0, 1, \cdots, m$ 是二次连续可微函数, 向量 $w \in \Re^d, v \in \Re^n$ 与 $u = (u_1, \cdots, u_m)^{\mathrm{T}} \in \Re^m$ 是参数. 定义

$$L(w,x,y) = g_0(w,x) + \sum_{i=1}^{m} y_i g_i(w,x),$$

这一问题的 Karush-Kuhn-Tucker 条件为

$$\begin{cases} v + \nabla_x L(w,x,y) = 0, \\ -u + \nabla_y L(w,x,y) \in N_Y(y), \quad \text{其中} Y = \Re^r \times \Re_+^{m-r}. \end{cases} \tag{6.43}$$

这些条件可以表示为变分不等式

$$(v,u) + F(w,x,y) + N_C(x,y) \ni (0,0), \tag{6.44}$$

其中

$$F(w,x,y) = (\nabla_x L(w,x,y), -\nabla_y L(w,x,y)), \quad C = \Re^n \times Y. \tag{6.45}$$

记 $S_{\mathrm{KKT}}(u,v) := \{(w,x,y) \in \Re^d \times \Re^n \times \Re^m : (0,0) \in (v,u) + F(w,x,y) + N_C(x,y)\}$. 对给定的 u_0, v_0, w_0, 考虑满足 KKT 条件 (6.43) 的 (x_0, y_0). 我们讨论变分不等式 (6.44) 在点 $(u_0, v_0, w_0, x_0, y_0)$ 处的强正则性, 即对充分接近 (u_0, v_0, w_0)

的 (u,v,w), 值由 (6.43) 确定的 KKT 对 (x,y) 所定义的映射 S_{KKT} 的局部单值性与 Lipschitz 连续性.

与 (u_0,v_0,w_0,x_0,y_0) 相联系的 $\{1,2,\cdots,m\}$ 的指标集合 I_1,I_2 与 I_3 定义为

$$\begin{aligned}I_1&=\{i\in\{r+1,\cdots,m\}\,|\,g_i(w_0,x_0)-u_{0i}=0,y_{0i}>0\}\cup\{1,\cdots,r\},\\I_2&=\{i\in\{r+1,\cdots,m\}\,|\,g_i(w_0,x_0)-u_{0i}=0,y_{0i}=0\},\\I_3&=\{i\in\{r+1,\cdots,m\}\,|\,g_i(w_0,x_0)-u_{0i}<0,y_{0i}=0\}.\end{aligned}$$

切锥 $T_C(x_0,y_0)$ 为

$$T_C(x_0,y_0)=\{(x',y')\in\Re^n\times\Re^m\,|\,y'_i\geqslant 0,i\in I_2\cup I_3\}.$$

临界锥 K_0 定义为 $K_0=T_C(x_0,y_0)\cap[(v_0,u_0)+F(w_0,x_0,y_0)]^\perp$, 可简化为

$$(x',y')\in K_0\Longleftrightarrow\begin{cases}x'\ \text{无符号限制}, & \\ y'_i\ \text{无符号限制}, & i\in I_1,\\ y'_i\geqslant 0, & i\in I_2,\\ y'_i=0, & i\in I_3.\end{cases}\tag{6.46}$$

另一方面, 临界面条件中的矩阵 A 为

$$A=\begin{bmatrix}H(w_0,x_0,y_0) & G(w_0,x_0)^{\mathrm T}\\ -G(w_0,x_0) & 0\end{bmatrix},\tag{6.47}$$

其中 $H(w,x,y)=\nabla^2_{xx}L(w,x,y)$, $G(w,x)=\mathcal{J}_y\nabla_xL(w,x,y)$①.

定理 6.7 与 KKT 条件 (6.43) 相联系的变分不等式 (6.44) 与 (6.45) 在点 (u_0,v_0,w_0,x_0,y_0) 处强正则的充分必要条件, 即此种情形的临界面条件, 是下述两个条件成立:

(a) 向量 $\nabla_xg_i(w_0,x_0)$, $i\in I_1\cup I_2$ 是线性无关的;

(b) 对满足 $I_1\subset I'_1\subset I_1\cup I_2$,$I_3\subset I'_3\subset I_3\cup I_2$ 的 $\{1,\cdots,m\}$ 的分划 I'_1,I'_2,I'_3, 定义

$$K(I'_1,I'_2)=\{x'\in\Re^n\,|\,\langle\nabla_xg_i(w_0,x_0),x'\rangle=0,i\in I'_1;\langle\nabla_xg_i(w_0,x_0),x'\rangle\leqslant 0,i\in I'_2\}.$$

锥 $K(I'_1,I'_2)\subset\Re^n$ 满足

$$x'\in K(I'_1,I'_2),\quad \nabla^2_{xx}L(w_0,x_0,y_0)x'\in K(I'_1,I'_2)^-\Longrightarrow x'=0.$$

①$G(w_0,x_0)^{\mathrm T}=[\nabla_xg_1(w_0,x_0),\cdots,\nabla_xg_m(w_0,x_0)]$.

证明　对于满足 $F_1 \supset F_2$ 的 K_0 的闭面 F_1 和 F_2, 锥 $F_1 - F_2$ 与分划 (I_1', I_2', I_3') 一一对应, 对应关系为

$$(x', y') \in F_1 - F_2 \Longleftrightarrow \begin{cases} x' \text{ 无符号限制}, \\ y_i' \text{ 无符号限制}, & i \in I_1', \\ y_i' \geqslant 0, & i \in I_2', \\ y_i' = 0, & i \in I_3', \end{cases} \tag{6.48}$$

相应地,

$$(x'', y'') \in (F_1 - F_2)^- \Longleftrightarrow \begin{cases} x'' = 0, \\ y_i'' = 0, & i \in I_1', \\ y_i'' \leqslant 0, & i \in I_2', \\ y_i'' \text{ 无符号限制}, & i \in I_3'. \end{cases}$$

注意, 由 (6.47) 定义的矩阵 A 的结构, 临界锥条件等价于对于满足 (6.48) 的 x' 与 y', 由

$$H(w_0, x_0, y_0)x' - \sum_{i=1}^m y_i' \nabla_x g_i(w_0, x_0) = 0, \quad x' \in K(I_1', I_2')$$

可推出 $x' = 0$ 与 $y' = 0$.

由 Farkas 引理知, 对于满足 (6.48) 的 y', $\sum\limits_{i=1}^m y_i' \nabla_x g_i(w_0, x_0)$ 是 $K(I_1', I_2')^-$ 的元素, 注意由上述临界锥条件可推出, 满足 (6.48) 式与式 $\sum\limits_{i=1}^m y_i' \nabla_x g_i(w_0, x_0) = 0$ 的向量 y' 只有 $y' = 0$, 由此即得 (b). 因为 $I_1' = I_1 \cup I_2$, $I_2' = \varnothing$, $I_3' = I_3$ 是一特殊的分划, 满足 (6.48) 式与式 $\sum\limits_{i=1}^m y_i' \nabla_x g_i(w_0, x_0) = 0$ 的 y' 必为零, 此种划分时的这一性质恰好是 (a). ■

下面的定理是著名的非线性规划的扰动定理.

定理 6.8　下述性质是等价的:

(a) 映射 $S_{\rm KKT}$ 在 $(u_0, v_0, w_0, x_0, y_0)$ 附近是局部单值的且 Lipschitz 连续的, 进一步还具有这样的性质: 对所有 $(u_0, v_0, w_0, x_0, y_0)$ 的某一邻域中的 $(u, v, w, x, y) \in \mathrm{gph}\, S_{\rm KKT}$, x 是对应参数 (u, v, w) 的问题 (6.42) 的一局部最优解;

(b) 梯度向量 $\nabla_x g_i(w_0, x_0), i \in I_1 \cup I_2$ 是线性无关的, 且在点 $(u_0, v_0, w_0, x_0, y_0)$ 处的强二阶充分条件成立: 对任何 $0 \neq x' \in M = \{x' \mid \langle x', \nabla_x g_i(w_0, x_0)\rangle = 0,\ i \in I_1\}$, 有

$$\langle x', \nabla_{xx}^2 L(w_0, x_0, y_0)x'\rangle > 0.$$

证明 根据定理 6.7, 已经知道 (a) 中的局部单值与 Lipschitz 连续性要求 (b) 中的线性无关性. 另一方面, 根据定理 6.7, (b) 中的正定性可推出 $S_{\rm KKT}$ 在 (u_0,v_0,w_0,x_0,y_0) 附近的局部单值性与 Lipschitz 连续性, 因为当 x' 与 $\nabla^2_{xx}L(w_0,x_0,y_0)x'$ 分别属于互为极锥的两个锥时, $\langle x',\nabla^2_{xx}L(w_0,x_0,y_0)x'\rangle\leqslant 0$. 因此 (a) 与 (b) 可推出定理 6.7 中的 (a) 与 (b), 而后者与 $S_{\rm KKT}$ 的局部单值与 Lipschitz 连续性是等价的. 尤其

$$x'\in M,\quad \nabla^2_{xx}L(w_0,x_0,y_0)x'\in M^{\perp}\Longrightarrow x'=0, \tag{6.49}$$

因为当 $I_1'=I_1$,$I_2'=\varnothing$, $I_3'=I_2\cup I_3$ 时 $K(I_1',I_2')=M$, $K(I_1',I_2')^-=M^{\perp}$. 下面只需验证 (a) 的局部最优性对应着 (b) 的正定性条件.

为简便起见, 用 $S_0(u,v,w)$ 记在局部单值映射 $S_{\rm KKT}(u,v,w)$ 所唯一确定的点对 (x,y). 设 (u,v,w) 充分靠近 (u_0,v_0,w_0). 用 $P(u,v,w)$ 记 (6.42) 中与 (u,v,w) 相联系的非线性规划问题. 对这一问题 $(x,y)=S_0(u,v,w)$ 是一 KKT 对, 满足当 $(u,v,w)\to(u_0,v_0,w_0)$ 时 $(x,y)\to(x_0,y_0)$. 当 (u,v,w) 接近 (u_0,v_0,w_0) 时, 在 (x,y) 处指标集合 $I_1(u,v,w)$, $I_2(u,v,w)$ 与 $I_3(u,v,w)$ (三个指标集合的定义对应着 (x_0,y_0) 处的 I_1, I_2 与 I_3) 满足

$$I_1\subset I_1(u,v,w)\subset I_1\cup I_2,\quad I_3\subset I_3(u,v,w)\subset I_3\cup I_2. \tag{6.50}$$

尤其 $I_1(u,v,w)\cup I_2(u,v,w)\subset I_1\cup I_2$, 因此梯度 $\nabla_x g_i(w,x)$,$i\in I_1(u,v,w)\cup I_2(u,v,w)$ 是线性无关的. 对于问题 $P(u,v,w)$ 的局部最优解 x, 必有对满足下述条件的所有 x':

$$\langle\nabla_x g_i(w,x),x'\rangle=0,\forall i\in I_1(u,v,w)\ 且\langle\nabla_x gi(w,x),x'\rangle\leqslant 0,\forall i\in I_2(u,v,w), \tag{6.51}$$

均有

$$\langle x',\nabla^2_{xx}L(w,x,y)x'\rangle\geqslant 0.$$

如果对满足 (6.51) 的 $x'\neq 0$, 上式中的 "$\geqslant$" 替换成 "$>$", 则 x 是 $P(u,v,w)$ 的局部最优解. 由 (6.50) 与上面所述的充分性条件立即可得 (b) 的正定性条件可推出 (a) 的局部最优性.

相反地, 如果 (a) 成立, 对充分接近 (u_0,v_0,w_0) 的 (u,v,w), $(x,y)=S_0(u,v,w)$ 满足二阶必要条件. 梯度线性无关性质使得可取点列 $x_k\to x_0$ 满足

$$g_i(w_0,x_k)-u_{0i}\begin{cases}=0, & i\in I_1,\\ <0, & i\in I_2\cup I_3.\end{cases}$$

令 $v_k=-\nabla_x L(w_0,x_k,y_0)$, (x_k,y_0) 满足 $P(u_0,v_k,w_0)$ 的 KKT 条件, 故 $(x_k,y_0)=S_0(u_0,v_k,w_0)$ (对充分大的 k). 则必要条件 (6.51) 对这些向量是成立的, 其中 $I_1(u_0,$

$v_k, w_0) = I_1$, $I_2(u_0, v_k, w_0) = \varnothing$, 这一条件即

$$\langle x', \nabla^2_{xx} L(w_0, x_k, y_0) x' \rangle \geqslant 0, \quad \forall x' \in M.$$

取 $k \to \infty$ 时的极限, 可得

$$\langle x', \nabla^2_{xx} L(w_0, x_0, y_0) x' \rangle \geqslant 0, \quad \forall x' \in M.$$

相对于 M 的这一半正定性实际上就是正定性, 因为否则, 根据 $\nabla^2_{xx} L(w_0, x_0, y_0)$ 的对称性, 存在 M 中的向量 $x' \neq 0$ 满足 $\nabla^2_{xx} L(w_0, x_0, y_0) x' \in M^{\perp}$. 根据 (6.49), 这是不可能的. ■

推论 6.3 在凸规划的情形 (其中 $i = 1, \cdots, r$ 时 $g_i(w, x)$ 是 x 的仿射函数, $i = r+1, \cdots, m$ 和 $i = 0$ 时 $g_i(w, x)$ 是 x 的凸函数), 定理 6.8 中的条件 (b) 是映射 S_{KKT} 为局部单值且 Lipschitz 连续的充分必要条件.

证明 此种情况下定理 6.8(a) 中的局部最优性是自动成立的. ■

6.8 NLP 问题的稳定性分析

考虑下述非线性规划问题

$$\begin{array}{ll} \min\limits_{x} & f(x) \\ \text{s.t.} & h_i(x) = 0, \quad i = 1, \cdots, m, \\ & g_i(x) \leqslant 0, \quad i = 1, \cdots, p, \end{array} \tag{6.52}$$

其中 $f: \Re^n \to \Re$, $h_i: \Re^n \to \Re$, $i = 1, \cdots, m$, $g_i: \Re^n \to \Re$, $i = 1, \cdots, p$ 是二次连续可微函数. 问题 (6.52) 的 Lagrange 函数定义为

$$L(x, \zeta, \lambda) = f(x) + \langle \zeta, h(x) \rangle + \langle \lambda, g(x) \rangle,$$

其中, $h(x) = (h_1(x), \cdots, h_m(x))^{\mathrm{T}}$, $g(x) = (g_1(x), \cdots, g_p(x))^{\mathrm{T}}$. 设 x 是问题 (6.52) 的可行点, 用 $\mathcal{M}(x)$ 记 x 点处的乘子集合. 如果 $\mathcal{M}(x) \neq \varnothing$, 则 $(\zeta, \lambda) \in \mathcal{M}(x)$ 意味着 (x, ζ, λ) 满足 KKT 条件

$$\nabla_x L(x, \zeta, \lambda) = 0, \quad -h(x) = 0, \quad \lambda \in N_{\Re^p_-}(g(x)). \tag{6.53}$$

KKT 条件 (6.53) 可以等价地表示为下述非光滑方程组

$$F(x, \zeta, \lambda) = \begin{bmatrix} \nabla_x L(x, \zeta, \lambda) \\ -h(x) \\ -g(x) + \Pi_{\Re^p_-}(g(x) + \lambda) \end{bmatrix} = \begin{bmatrix} \nabla_x L(x, \zeta, \lambda) \\ -h(x) \\ \lambda - \Pi_{\Re^p_+}(g(x) + \lambda) \end{bmatrix} = 0. \tag{6.54}$$

KKT 条件 (6.53) 也可以等价地表示为下述的广义方程

$$0 \in \begin{bmatrix} \nabla_x L(x,\zeta,\lambda) \\ -h(x) \\ -g(x) \end{bmatrix} + \begin{bmatrix} N_{\Re}^n(x) \\ N_{\Re^m}(\zeta) \\ N_{\Re_+^p}(\lambda) \end{bmatrix}. \tag{6.55}$$

定义 $Z = \Re^n \times \Re^m \times \Re^p$, $D = \Re^n \times \Re^m \times \Re_+^p$. 对 $z = (x,\zeta,\lambda) \in Z$, 定义

$$\phi(z) = \begin{bmatrix} \nabla_x L(x,\zeta,\lambda) \\ -h(x) \\ -g(x) \end{bmatrix},$$

则广义方程 (6.55) 可表示为

$$0 \in \phi(z) + N_D(z).$$

对 $\eta \in Z$, 定义

$$S_{\rm KKT}(\eta) = \{z \in Z : \eta \in \phi(z) + N_D(z)\}. \tag{6.56}$$

注意到对 $z = (x,\zeta,y) \in \Re^n \times \Re^m \times \Re^p$,

$$\Pi_D(z) = (x,\zeta,\Pi_{\Re_+^p}(y)),$$

广义方程的法映射 (normal map) 定义为

$$\begin{aligned} \mathcal{F}(z) &= \phi(\Pi_D(z)) + z - \Pi_D(z) \\ &= \begin{bmatrix} \nabla_x L(x,\zeta,y - \Pi_{\Re_-^p}(y)) \\ -h(x) \\ -g(x) + \Pi_{\Re_-^p}(y) \end{bmatrix}. \end{aligned} \tag{6.57}$$

则 $(\overline{x},\overline{\zeta},\overline{\lambda})$ 是广义方程 (6.55) 的解当且仅当

$$\mathcal{F}(\overline{x},\overline{\zeta},\overline{y}) = 0,$$

其中 $\overline{y} = \overline{\lambda} + g(\overline{x})$, $\overline{\lambda} = \Pi_{\Re_+^p}(\overline{y})$.

下面的引理和命题是为本节主要的稳定性刻画定理作准备的.

引理 6.4 *点 $(\overline{x},\overline{\zeta},\overline{\lambda})$ 是广义方程 (6.55) 的强正则解当且仅当 $\mathcal{F}$ 在 $(\overline{x},\overline{\zeta},\overline{y})$ 附近是 Lipschitz 同胚的.*

证明 注意 $\mathcal{F}$ 是 Lipschitz 连续映射, 容易验证此结论. ■

命题 6.6　设 $\overline{x}$ 是问题 (6.52) 的可行点满足 $\mathcal{M}(\overline{x}) \neq \varnothing$. 令 $(\overline{\zeta}, \overline{\lambda}) \in \mathcal{M}(\overline{x})$, $\overline{y} = \overline{\lambda} + g(\overline{x})$. 考虑下述条件:

(a) 强二阶充分条件在 $\overline{x}$ 成立, 且 $\overline{x}$ 满足线性无关约束规范.

(b) $\partial\mathcal{F}(\overline{x}, \overline{\zeta}, \overline{y})$ 中的任何元素是非奇异的.

(c) KKT 点 $(\overline{x}, \overline{\zeta}, \overline{\lambda})$ 是广义方程 (6.55) 的强正则解.

则 (a)$\Longrightarrow$(b)$\Longrightarrow$(c).

证明　先证明 (a)$\Longrightarrow$(b). 因为线性无关约束规范在 $\overline{x}$ 处成立, 故 $\mathcal{M}(\overline{x}) = \{(\overline{\zeta}, \overline{\lambda})\}$ 且

$$\text{aff}\,(C(\overline{x})) = \{d \in \Re^n \mid \mathcal{J}h(\overline{x})d = 0, \nabla g_i(\overline{x})^{\mathrm{T}} d = 0, \forall i\,:\, g_i(\overline{x}) = 0, \overline{\lambda}_i > 0\}.$$

在 $\overline{x}$ 处的强二阶充分性条件具有下述形式

$$\langle d, \nabla^2_{xx} L(\overline{x}, \zeta, \lambda) d\rangle > 0,\ \forall d \in \text{aff}\,(C(\overline{x})) \setminus \{0\}. \tag{6.58}$$

令 $W \in \partial\mathcal{F}(\overline{x}, \overline{\zeta}, \overline{y})$. 证明 W 是非奇异的. 设 $(\Delta x, \Delta\zeta, \Delta y) \in \Re^n \times \Re^m \times \Re^p$ 满足

$$W(\Delta x, \Delta\zeta, \Delta y) = 0.$$

根据 $\mathcal{F}$ 的定义, 存在 $V \in \partial\Pi_{\Re^p_-}(\overline{y})$ 满足

$$W(\Delta x, \Delta\zeta, \Delta y) = \begin{bmatrix} \nabla^2_{xx} L(\overline{x}, \overline{\zeta}, \overline{\lambda})\Delta x + \mathcal{J}h(\overline{x})^{\mathrm{T}}\Delta\zeta + \mathcal{J}g(\overline{x})^{\mathrm{T}}[\Delta y - V(\Delta y)] \\ -\mathcal{J}h(\overline{x})\Delta x \\ -\mathcal{J}g(\overline{x})\Delta x + V(\Delta y) \end{bmatrix} = 0. \tag{6.59}$$

由 (6.59) 的第三式可得 $\nabla g(\overline{x})^{\mathrm{T}}\Delta x = 0, \forall i : g_i(\overline{x}) = 0, \overline{\lambda}_i > 0$. 再结合 (6.59) 的第二式得到

$$\Delta x \in \text{aff}\,(C(\overline{x})). \tag{6.60}$$

令 $\Delta y - V\Delta y = \Delta\xi$, 由 (6.59) 的第三式可得 $\Delta y = \mathcal{J}g(\overline{x})\Delta x + \Delta\xi$. 从而 (6.59) 表示为

$$W(\Delta x, \Delta\zeta, \Delta y) = \begin{bmatrix} \nabla^2_{xx} L(\overline{x}, \overline{\zeta}, \overline{\lambda})\Delta x + \mathcal{J}h(\overline{x})^{\mathrm{T}}\Delta\zeta + \mathcal{J}g(\overline{x})^{\mathrm{T}}\Delta\xi \\ -\mathcal{J}h(\overline{x})\Delta x \\ -\mathcal{J}g(\overline{x})\Delta x + V(\mathcal{J}g(\overline{x})\Delta x + \Delta\xi) \end{bmatrix} = 0. \tag{6.61}$$

由 (6.61) 的前两式可得

$$\begin{aligned} 0 &= \langle \Delta x, \nabla^2_{xx} L(\overline{x}, \overline{\zeta}, \overline{\lambda})\Delta x + \mathcal{J}h(\overline{x})^{\mathrm{T}}\Delta\zeta + \mathcal{J}g(\overline{x})^{\mathrm{T}}\Delta\xi\rangle \\ &= \langle \Delta x, \nabla^2_{xx} L(\overline{x}, \overline{\zeta}, \overline{\lambda})\Delta x\rangle + \langle \Delta\zeta, \mathcal{J}h(\overline{x})\Delta x\rangle + \langle \Delta\xi, \mathcal{J}g(\overline{x})\Delta x\rangle \\ &= \langle \Delta x, \nabla^2_{xx} L(\overline{x}, \overline{\zeta}, \overline{\lambda})\Delta x\rangle + \langle \Delta\xi, \mathcal{J}g(\overline{x})\Delta x\rangle, \end{aligned} \tag{6.62}$$

注意 $\mathcal{J}g(\overline{x})\Delta x = V\Delta y$, $\Delta\xi = [I-V]\Delta y$, 由于 $V \in \partial\Pi_{\Re^p_-}(\overline{y})$ 满足 $[I-V]V$ 是半正定的对角阵, 所以有

$$\langle \Delta\xi, \mathcal{J}g(\overline{x})\Delta x\rangle = \langle \Delta y, [I-V]V\Delta y\rangle \geqslant 0.$$

从而由 (6.62) 可得

$$0 \geqslant \langle \Delta x, \nabla^2_{xx}L(\overline{x},\overline{\zeta},\overline{\lambda})\Delta x\rangle. \tag{6.63}$$

因此, 由 (6.60) 和强二阶充分条件必有 $\Delta x = 0$. 于是 (6.61) 可简化为

$$\begin{bmatrix} \mathcal{J}h(\overline{x})^{\mathrm{T}}\Delta\zeta + \mathcal{J}g(\overline{x})^{\mathrm{T}}\Delta\xi \\ V(\Delta\xi) \end{bmatrix} = 0. \tag{6.64}$$

注意 $V = \mathrm{Diag}(v_{ii})$, 其中

$$v_{ii}\begin{cases} = 0, & g_i(\overline{x}) = 0, \quad \overline{\lambda}_i > 0, \\ \in [0,1], & g_i(\overline{x}) = 0, \quad \overline{\lambda}_i = 0, \\ = 1, & g_i(\overline{x}) < 0, \quad \overline{\lambda}_i = 0. \end{cases}$$

由 $V(\Delta\xi) = 0$ 可得 $\Delta\xi_i = 0, \forall i : g_i(\overline{x}) < 0, \overline{\lambda}_i = 0$. 由线性无关约束规范, 从 (6.64) 可以得到 $\Delta\zeta = 0$ 与 $\Delta\xi = 0$, 再注意前面得到的 $\Delta x = 0$ 得到 W 的非奇异性.

在来证明 $(b) \Longrightarrow (c)$. 由 Clarke 的反函数定理 [8] 可得 $\mathcal{F}$ 是 $(\overline{x},\overline{\zeta},\overline{y})$ 附近的局部 Lipschitz 同胚, 由引理 6.4, 这等价于 $(\overline{x},\overline{\zeta},\overline{\lambda})$ 是广义方程 (6.55) 的强正则解. ■

引理 6.5 设 $\overline{x}$ 是问题 (6.52) 的稳定点. 设 MF 约束规范在 $\overline{x}$ 处成立. 如果在 $\overline{x}$ 处关于标准参数化的一致二阶增长条件成立, 则强二阶充分条件在 $\overline{x}$ 处成立.

证明 令 $(\overline{\zeta},\overline{\lambda}) \in \mathcal{M}(\overline{x})$. 设 $\overline{y} = g(\overline{x}) + \overline{\lambda}$. 考虑下述参数非线性规划问题

$$\begin{aligned} \min_{x\in\Re^n} \quad & f(x) \\ \text{s.t.} \quad & h(x) = 0, \\ & g(x) - \tau\sum_{i\in I_0(\overline{x})}\overline{e}_i \in \Re^p_-, \end{aligned} \tag{6.65}$$

其中 $I_0(\overline{x}) = \{i : g_i(\overline{x}) = 0, \overline{\lambda}_i = 0\}$, $\overline{e}_i \in \Re^p$ 是 $\Re^p$ 的第 i 个单位向量, $\tau \in \Re$. 则对任何 $\tau > 0$, $(\overline{x},\overline{\zeta},\overline{\lambda})$ 满足参数化问题 (6.65) 的 KKT 条件:

$$\nabla_x L_\tau(\overline{x},\overline{\zeta},\overline{\lambda}) = \nabla_x L(\overline{x},\overline{\zeta},\overline{\lambda}) = 0, \quad -h(\overline{x}) = 0, \quad \overline{\lambda} \in N_{\Re^p_-}\Big(g(\overline{x}) - \tau\sum_{i\in I_0(\overline{x})}\overline{e}_i\Big), \tag{6.66}$$

其中

$$L_\tau(x,\zeta,\lambda)=L(x,\zeta,\lambda)-\tau\sum_{i\in I_0(\overline{x})}\lambda_i,\quad (x,\zeta,\lambda)\in\Re^n\times\Re^m\times\Re^p.$$

用 $\mathcal{M}_\tau(\overline{x})$ 记所有满足 (6.66) 的 $(\zeta,\lambda)\in\Re^m\times\Re^p$.

对任何 $\tau>0$, 问题 (6.65) 在 $\overline{x}$ 处的临界锥 $C_\tau(\overline{x})$ 具有下述形式:

$$C_\tau(\overline{x})=\{d:\mathcal{J}h(\overline{x})d=0,\nabla g_i(\overline{x})^{\mathrm{T}}d=0,\forall i:g_i(\overline{x})=0,\overline{\lambda}_i>0\}=\mathrm{aff}\,(C(\overline{x})).\quad(6.67)$$

因为问题 (6.65) 的二阶增长条件在 $\overline{x}$ 处成立, 可得对 $\tau>0$ 有

$$\sup_{(\zeta,\lambda)\in\mathcal{M}_\tau(\overline{x})}\left\{\langle d,\nabla^2_{xx}L_\tau(\overline{x},\zeta,\lambda)d\rangle\right\}>0,\quad \forall d\in C_\tau(\overline{x})\setminus\{0\}.$$

注意对任何 $(\zeta,\lambda)\in\mathcal{M}_\tau(\overline{x})$, $\nabla^2_{xx}L_\tau(\overline{x},\zeta,\lambda)=\nabla^2_{xx}L(\overline{x},\zeta,\lambda)$, 由 (6.67) 可推出

$$\sup_{(\zeta,\lambda)\in\mathcal{M}_\tau(\overline{x})}\left\{\langle d,\nabla^2_{xx}L(\overline{x},\zeta,\lambda)d\rangle\right\}>0,\quad \forall d\in \mathrm{aff}\,(C(\overline{x}))\setminus\{0\}.\quad(6.68)$$

因为对任何 $\tau>0$, $\mathcal{M}_\tau(\overline{x})\subset\mathcal{M}(\overline{x})$, (6.68) 可推出

$$\sup_{(\zeta,\lambda)\in\mathcal{M}(\overline{x})}\left\{\langle d,\nabla^2_{xx}L(\overline{x},\zeta,\lambda)d\rangle\right\}>0,\quad \forall d\in \mathrm{aff}\,(C(\overline{x}))\setminus\{0\}.$$

即强二阶充分性条件成立. ■

对 $\delta=(\delta_1,\delta_2,\delta_3)\in\Re^n\times\Re^m\times\Re^p$, 定义

$$\Phi(\delta)=\mathcal{F}'(\overline{x},\overline{\zeta},\overline{y};\delta)$$
$$=\begin{bmatrix}\nabla^2_{xx}L(\overline{x},\overline{\zeta},\overline{\lambda}))\delta_1+\mathcal{J}h(\overline{x})^{\mathrm{T}}\delta_2+\mathcal{J}g(\overline{x})^{\mathrm{T}}(\delta_3-\Pi_{\Re^p_-}(\overline{y};\delta_3))\\-\mathcal{J}h(\overline{x})\delta_1\\-\mathcal{J}g(\overline{x})\delta_1+\Pi'_{\Re^p_-}(\overline{y};\delta_3)\end{bmatrix},\quad(6.69)$$

其中 $\overline{y}=g(\overline{x})+\overline{\lambda}$. 因为 $\Phi(\cdot)$ 是 Lipschitz 连续的, $\partial_B\Phi(0)$ 是有定义的, 容易用定义证明下述结论.

引理 6.6 设 $\overline{y}=g(\overline{x})+\overline{\lambda}$, 其中 $\overline{x}$ 是问题 (6.52) 的稳定点, $(\overline{\zeta},\overline{\lambda})\in\mathcal{M}(\overline{x})$. 则

$$\partial_B\Phi(0)=\partial_B\mathcal{F}(\overline{x},\overline{\zeta},\overline{y}).$$

归纳一下, 就可以得到下面的关于非线性规划的稳定性的若干等价条件的表示定理.

定理 6.9 设 $\overline{x}$ 是问题 (6.52) 的局部最优解. 设 MF 约束规范在 $\overline{x}$ 成立, 从而 $\overline{x}$ 为稳定点. 设 $(\overline{\zeta},\overline{\lambda})\in\mathcal{M}(\overline{x})$, 那么 $(\overline{\zeta},\overline{\lambda})$ 满足问题 (6.52) 的 KKT 条件. 令 $\overline{y}=g(\overline{x})+\overline{\lambda}$. 则下述条件是等价的:

(a) 强二阶充分条件在 $\overline{x}$ 成立且 $\overline{x}$ 满足线性无关约束规范.

(b) $\partial\mathcal{F}(\overline{x},\overline{\zeta},\overline{y})$ 中的任何元素均是非奇异的.

(c) KKT 点 $(\overline{x},\overline{\zeta},\overline{\lambda})$ 是广义方程 (6.55) 的强正则解.

(d) 由 (6.56) 定义的解映射 $S_{\rm KKT}$ 在 $(0,\overline{x},\overline{\zeta},\overline{\lambda})$ 处满足 Aubin 性质.

(e) 一致二阶增长条件在 $\overline{x}$ 成立且 $\overline{x}$ 满足线性无关约束规范.

(f) 点 $\overline{x}$ 是强稳定的且 $\overline{x}$ 是约束非退化的.

(g) $\mathcal{F}$ 在 $(\overline{x},\overline{\zeta},\overline{y})$ 附近是一局部 Lipschitz 同胚.

(h) 对每一 $V\in\partial_B\mathcal{F}(\overline{x},\overline{\zeta},\overline{y})$, ${\rm sign}\,({\rm det}(V))={\rm ind}\,(\mathcal{F},(\overline{x},\overline{\zeta},\overline{y}))=\pm1$.

(i) Φ 是一全局的 Lipschitz 同胚.

(j) 对每一 $V\in\partial_B\Phi(0)$, ${\rm sign}\,({\rm det}(V))={\rm ind}\,(\mathcal{F},(\overline{x},\overline{\zeta},\overline{y}))=\pm1$.

(k) $\partial\Phi(0)$ 中的任何元素均是非奇异的.

证明 根据命题 6.6 可知 (a) $\Longrightarrow$ (b) $\Longrightarrow$ (c). 根据定理 6.5 得 (c) $\Longleftrightarrow$ (d). 根据引理 6.4 得 (c) $\Longleftrightarrow$ (g). 关系 (c) $\Longrightarrow$ (e) $\Longrightarrow$ (f) 可由 Bonnans and Shaprio[4, Theorem 5.24, Theorem 5.25] 得到. 由于 $\mathcal{F}$ 是半光滑的, 根据 Gowda (2004)[16, Theroem 3, Corollary 4], 可以得到关系 (g) $\Longleftrightarrow$ (h). 根据 $\Pi_{\Re^p_-}(\cdot)$ 的半光滑性, 引理 6.6, 以及 Pang,Sun and Sun[Theorem 6] 可得 (h) $\Longleftrightarrow$ (i) $\Longleftrightarrow$ (j). 由引理 6.6 可得 (b) $\Longleftrightarrow$ (k). 再根据引理 6.5, 得 (e) $\Longrightarrow$ (a). 综上, 本定理的 11 个条件是相互等价的. ■

第 7 章　二阶锥的变分分析与优化

7.1　二阶锥简介

我们将 $\Re^{m+1}$ 中的向量 s 记作 $s=(s_0;\bar{s})$, 其中 $\bar{s}=(s_1,s_2,\cdots,s_m)\in\Re^m$. $\Re^{m+1}$ 中的二阶锥可表示如下:

$$Q_{m+1}=\{s=(s_0;\bar{s})\in\Re\times\Re^m:\|\bar{s}\|\leqslant s_0\},$$

不难证明, 它是一自对偶的闭凸锥. 记 $\mathrm{int}Q_{m+1}$ 为 Q_{m+1} 所有内点组成的集合, $\mathrm{bdry}Q_{m+1}$ 为 Q_{m+1} 的边界, 即

$$\mathrm{int}Q_{m+1}:=\{s=(s_0;\bar{s})\in\Re\times\Re^m:\|\bar{s}\|<s_0\},$$
$$\mathrm{bdry}Q_{m+1}:=\{s=(s_0;\bar{s})\in\Re\times\Re^m:\|\bar{s}\|=s_0\}.$$

与二阶锥密切相关的一种代数是所谓的欧氏 Jordan 代数. 对于 $x,y\in\Re^{m+1}$, 定义它们的 Jordan 乘法:

$$x\circ y=(x^{\mathrm{T}}y;x_0\bar{y}+y_0\bar{x}).$$

于是, 通常的加法 "+","$\circ$" 以及单位元 $e=(1;0)$ 就产生了与二阶锥相联系的 Jordan 代数, 记为 $(\Re^{m+1},\circ)$.

与矩阵的谱分解相类似, $\Re^{m+1}$ 中的向量 x 有与上述 Jordan 乘法相对应的谱分解:

$$x=\lambda_1(x)c_1(x)+\lambda_2(x)c_2(x),\tag{7.1}$$

其中, $\lambda_1(x),\lambda_2(x)$ 称为 x 的特征值, $c_1(x),c_2(x)$ 称为 x 的对应于特征值 $\lambda_1(x),\lambda_2(x)$ 的特征向量, 它们通过下列式子给出:

$$\begin{aligned}
&\lambda_i(x)=x_0+(-1)^i\|\bar{x}\|,\\
&c_i(x)=\begin{cases}\dfrac{1}{2}\left(1;(-1)^i\dfrac{\bar{x}}{\|\bar{x}\|}\right), & 若\ \bar{x}\neq 0,\\ \dfrac{1}{2}(1;(-1)^i w), & 若\ \bar{x}=0,\end{cases}
\end{aligned}\tag{7.2}$$

在上式中, $i=1,2$, $w\in\Re^m$ 满足 $\|w\|=1$. 向量 x 的行列式 $\det(x)=\lambda_1(x)\lambda_2(x)=x_0^2-\|\bar{x}\|^2$.

结合二阶锥的定义与 $\Re^{m+1}$ 中向量特征值的表达式, 容易知道二阶锥 Q_{m+1} 可以等价地表示为

$$Q_{m+1}=\{s\circ s: s\in\Re^{m+1}\}=\{s\in\Re^{m+1}:\lambda_1(s)\geqslant 0\}. \tag{7.3}$$

下面给出的性质将在本章的讨论中用到.

命题 7.1 *若 $x,y\in Q_{m+1}$ 且 $x\circ y=0$, 则或者 a)$x=0$, 或者 b)$y=0$, 或者 c) 存在 $\sigma>0$ 使得 $x=\sigma(y_0;-\bar{y})$.*

证明 由于 $x,y\in Q_{m+1}$, 所以有 $x_0\geqslant\|\bar{x}\|, y_0\geqslant\|\bar{y}\|$. 根据 Jordan 乘法的定义, 由 $x\circ y=0$ 可得 $\bar{x}^{\mathrm{T}}\bar{y}+x_0y_0=0$, 因此, 一方面, 由上面的结论可得 $-\bar{x}^{\mathrm{T}}\bar{y}\geqslant\|\bar{x}\|\|\bar{y}\|$, 另一方面, 由 Cauchy-Schwarz 不等式得到 $-\bar{x}^{\mathrm{T}}\bar{y}\leqslant\|\bar{x}\|\|\bar{y}\|$, 于是有 $-\bar{x}^{\mathrm{T}}\bar{y}=\|\bar{x}\|\|\bar{y}\|$, 或者 a)$x=0$, 或者 b)$y=0$ 成立时, 上式成立; 或者存在 $\sigma>0$ 使得 $\bar{x}=-\sigma\bar{y}$, 此时可得 $x_0=\|\bar{x}\|, y_0=\|\bar{y}\|$, 于是有 $x_0=\sigma y_0$, 从而得到 $x=\sigma(y_0;-\bar{y})$. 证毕. ■

7.2 二阶锥的变分几何

令 $\psi(s)=\|\bar{s}\|-s_0$, 则二阶锥 Q_{m+1} 可以表示为

$$Q_{m+1}=\{s\in\Re^{m+1}:\psi(s)\leqslant 0\},$$

可以用凸函数水平集的切锥与二阶切集公式来计算 Q_{m+1} 的切锥与二阶切集.

命题 7.2 令 $s\in Q_{m+1}$. 则

$$T_{Q_{m+1}}(s)=\begin{cases}\Re^{m+1}, & s\in\operatorname{int}Q_{m+1},\\ Q_{m+1}, & s=0,\\ \{d\in\Re^{m+1}:\bar{d}^{\mathrm{T}}\bar{s}-d_0s_0\leqslant 0\}, & s\in\operatorname{bdry}Q_{m+1}\setminus\{0\}.\end{cases} \tag{7.4}$$

证明 当 $s\in\operatorname{int}Q_{m+1}$ 及 $s=0$ 时, 由切锥的定义可直接得到所要的结论.

下面假设 $s\in\operatorname{bdry}Q_{m+1}\setminus\{0\}$, 即 $s_0=\|\bar{s}\|\neq 0$. 注意到在这种情况下 ($\|\bar{s}\|\neq 0$), $\psi(s)$ 是连续可微函数. 由于函数 $\psi(s)$ 是 Lipschitz 连续的, $\psi'=\psi^{\downarrow}$, 根据命题 5.6, 可得到

$$T_{Q_{m+1}}(s)=\{d\in\Re^{m+1}:\psi'(s;d)\leqslant 0\}.$$

因为此时 $\psi'(s)(s;d)=\nabla\psi(s)^{\mathrm{T}}d=\bar{d}^{\mathrm{T}}\bar{s}/\|\bar{s}\|-d_0$, 所以当 $s\in\operatorname{bdry}Q_{m+1}\setminus\{0\}$ 时, 结论成立. 命题得证. ■

命题 7.3 假设 $s \in Q_{m+1}$ 及 $d \in T_{Q_{m+1}}(s)$. 则

$$T^2_{Q_{m+1}}(s,d) = \begin{cases} \Re^{m+1}, & d \in \operatorname{int} T_{Q_{m+1}}(s), \\ T_{Q_{m+1}}(d), & s = 0, \\ \{w \in \Re^{m+1} : \bar{w}^{\mathrm{T}}\bar{s} - w_0 s_0 \leqslant d_0^2 - \|\bar{d}\|^2\}, & \text{否则}. \end{cases} \tag{7.5}$$

证明 当 $d \in \operatorname{int} T_{Q_{m+1}}(s)$ 及 $s = 0$ 时, 由外二阶切集的定义可直接得到.

下面假设 $s \in \operatorname{bdry} Q_{m+1}\backslash\{0\}$ 且 $d \in \operatorname{bdry} T_{Q_{m+1}}(s)$. 由于函数 $\psi(s)$ 是 Lipschitz 连续的, $\psi'' = \psi^{\downarrow\downarrow}$, 根据命题 5.7, $T^2_{Q_{m+1}}(s,d)$ 可以表示为

$$T^2_{Q_{m+1}}(s,d) = \{w \in \Re^{m+1} : \psi''(s;d,w) \leqslant 0\}, \tag{7.6}$$

其中,

$$\psi''(s;d,w) = \lim_{t\downarrow 0} \frac{\psi\left(s + td + \dfrac{1}{2}t^2 w\right) - \psi(s) - t\psi'(s;d)}{\dfrac{1}{2}t^2}.$$

由于此时, ψ 是二阶连续可微的函数, 所以有

$$\psi''(s;d,w) = \nabla\psi(s)^{\mathrm{T}} w + d^{\mathrm{T}}\nabla^2\psi(s)d = \frac{\bar{s}^{\mathrm{T}}\bar{w}}{\|\bar{s}\|} - w_0 + \frac{\|\bar{d}\|^2}{\|s\|} - \frac{(\bar{d}^{\mathrm{T}}\bar{s})^2}{\|s\|^3},$$

注意到 $\|\bar{s}\| = s_0$(因 $s \in \operatorname{bdry} Q_{m+1} \setminus \{0\}$) 以及 $\bar{s}^{\mathrm{T}}\bar{d} = s_0 d_0$ (因 $d \in \operatorname{bdry} T_{Q_{m+1}}(s)$), 可立即得到所要证明的结论. 命题得证. ■

7.3 二阶锥的投影映射

本节介绍二阶锥上投影算子的相关性质.

设 $u \in \Re^{m+1}$ 具有谱分解

$$u = \lambda_1(u)c_1(u) + \lambda_2(u)c_2(u),$$

则 u 到 Q_{m+1} 上的度量投影 (即在欧氏距离意义下的投影), 记为 $\Pi_{Q_{m+1}}(u)$, 可表示为

$$\Pi_{Q_{m+1}}(u) = [\lambda_1(u)]_+ c_1(u) + [\lambda_2(u)]_+ c_2(u), \tag{7.7}$$

其中 $[\lambda_i]_+ = \max\{0, \lambda_i\}, i = 1, 2$. 直接计算可得

$$\Pi_{Q_{m+1}}(u) = \begin{cases} \dfrac{1}{2}\left(1 + \dfrac{u_0}{\|\bar{u}\|}\right)(\|\bar{u}\|, \bar{u}), & \text{如果} |u_0| < \|\bar{u}\|, \\ u, & \text{如果} \|\bar{u}\| \leqslant u_0, \\ 0, & \text{如果} \|\bar{u}\| \leqslant -u_0. \end{cases} \tag{7.8}$$

由 Chen, Sun, Sun[7] 可知投影算子 $\Pi_{Q_{m+1}}(\cdot)$ 在 $\Re^{m+1}$ 中的每一点处均是方向可微的, 同时是强半光滑的, 即对 $u \in \Re^{m+1}$, $v \in \Re^{m+1}$, 存在 $V \in \partial\Pi_{Q_{m+1}}(u+v)$, 满足

$$\Pi_{Q_{m+1}}(u+v) = \Pi_{Q_{m+1}}(u) + V\ v + \mathrm{O}(\|v\|^2). \tag{7.9}$$

引理 7.1[29] 投影算子 $\Pi_{Q_{m+1}}$ 在 z 处沿 h 的方向导数表示为

$$\Pi'_{Q_{m+1}}(z;h) = \begin{cases} \mathcal{J}\Pi_{Q_{m+1}}(z)h, & \text{如果} z \in \Re^{m+1}\backslash\{-Q_{m+1} \cup Q_{m+1}\}, \\ h, & \text{如果} z \in \mathrm{int}Q_{m+1} \\ h - 2[c_1(z)^{\mathrm{T}}h]_- c_1(z), & \text{如果} z \in \mathrm{bdry}Q_{m+1} \setminus \{0\}, \\ 0, & \text{如果} z \in \mathrm{int}Q_{m+1}^- \\ 2[c_2(z)^{\mathrm{T}}h]_+ c_2(z), & \text{如果} z \in \mathrm{bdry}Q_{m+1}^- \setminus \{0\}, \\ \Pi_{Q_{m+1}}(h), & \text{如果} z = 0, \end{cases} \tag{7.10}$$

其中

$$\mathcal{J}\Pi_{Q_{m+1}}(z) = \frac{1}{2}\begin{pmatrix} 1 & \dfrac{\bar{z}^{\mathrm{T}}}{\|\bar{z}\|} \\ \dfrac{\bar{z}}{\|\bar{z}\|} & I_m + \dfrac{z_0}{\|\bar{z}\|}I_m - \dfrac{z_0}{\|\bar{z}\|}\dfrac{\bar{z}\bar{z}^{\mathrm{T}}}{\|\bar{z}\|^2} \end{pmatrix},$$

$\left[c_1(z)^{\mathrm{T}}h\right]_- = \min\left\{0, c_1(z)^{\mathrm{T}}h\right\}$, $\left[c_2(z)^{\mathrm{T}}h\right]_+ = \max\left\{0, c_2(z)^{\mathrm{T}}h\right\}$.

由 Rademacher 定理可知 $\Pi_{Q_{m+1}}(\cdot)$ 在 $\Re^{m+1}$ 上是几乎处处 F- 可微的, 且对任意的 $y \in \Re^{m+1}$, 投影算子 $\Pi_{Q_{m+1}}$ 的 Clarke 广义 Jacobi 与 B- 次微分都是有定义的, 它们可以由 Pang, Sun, Sun[31] 直接得到, 具体由下述引理描述.

引理 7.2 对于 $u \in \Re^{m+1}$

(a) 如果 $|u_0| < \|\bar{u}\|$, 则

$$\partial\Pi_{Q_{m+1}}(u) = \partial_B\Pi_{Q_{m+1}}(u) = \left\{ \frac{1}{2}\begin{pmatrix} 1 & \dfrac{\bar{u}^{\mathrm{T}}}{\|\bar{u}\|} \\ \dfrac{\bar{u}}{\|\bar{u}\|} & I_m + \dfrac{u_0}{\|\bar{u}\|}I_m - \dfrac{u_0}{\|\bar{u}\|}\dfrac{\bar{u}\bar{u}^{\mathrm{T}}}{\|\bar{u}\|^2} \end{pmatrix} \right\};$$

(b) 如果 $u \in \mathrm{int}Q_{m+1}$, 则

$$\partial\Pi_{Q_{m+1}}(u) = \partial_B\Pi_{Q_{m+1}}(u) = \{I_{m+1}\};$$

(c) 如果 $u \in \mathrm{bdry}Q_{m+1}\backslash\{0\}$, 即 $u_0 = \|\bar{u}\| \neq 0$, 则

$$\partial_B\Pi_{Q_{m+1}}(u) = \left\{ I_{m+1},\ \frac{1}{2}\begin{pmatrix} 1 & \dfrac{\bar{u}^{\mathrm{T}}}{\|\bar{u}\|} \\ \dfrac{\bar{u}}{\|\bar{u}\|} & 2I_m - \dfrac{\bar{u}\bar{u}^{\mathrm{T}}}{\|\bar{u}\|^2} \end{pmatrix} \right\};$$

(d) 如果 $u \in \text{int}Q_{m+1}^-$, 则

$$\partial \Pi_{Q_{m+1}}(u) = \partial_B \Pi_{Q_{m+1}}(u) = \{0\};$$

(e) 如果 $u \in \text{bdry}Q_{m+1}^- \backslash \{0\}$, 即 $-u_0 = \|\bar{u}\| \neq 0$, 则

$$\partial_B \Pi_{Q_{m+1}}(u) = \left\{ 0, \ \frac{1}{2} \begin{pmatrix} 1 & \dfrac{\bar{u}^{\mathrm{T}}}{\|\bar{u}\|} \\ \dfrac{\bar{u}}{\|\bar{u}\|} & \dfrac{\bar{u}\bar{u}^{\mathrm{T}}}{\|\bar{u}\|^2} \end{pmatrix} \right\};$$

(f) 如果 $u = 0$, 则

$$\partial_B \Pi_{Q_{m+1}}(0) = \{0, I_{m+1}\} \cup \left\{ \frac{1}{2} \begin{pmatrix} 1 & w^{\mathrm{T}} \\ w & 2a(I_m - ww^{\mathrm{T}}) + ww^{\mathrm{T}} \end{pmatrix} \middle| \ a \in [0,1], \|w\| = 1 \right\}.$$

下面讨论投影映射 $\Pi_{Q_{m+1}}(\cdot)$ 的光滑化和这一光滑化映射的 B- 次微分以及相关性质. 投影映射 $\Pi_{Q_{m+1}}(\cdot)$ 的光滑化映射定义为

$$\Phi(\varepsilon, u) := \frac{1}{2}(u + \sqrt{\varepsilon^2 e + u^2}), \quad \forall \ (\varepsilon, \ u) \in \Re \times \Re^{m+1}, \tag{7.11}$$

其中 $e = (1, 0, \cdots, 0) \in \Re^{m+1}$ 是单位元素, $u^2 = u \circ u$. 注意到, 当 $\varepsilon = 0$ 时, 有 $\Phi(0, u) = \Pi_{Q_{m+1}}(u)$, 而且只要 $(\varepsilon^2 e + u^2)_0 \neq \|\overline{\varepsilon^2 e + u^2}\|$, $\Phi(\varepsilon, u)$ 在 $(\varepsilon, u) \in \Re \times \Re^{m+1}$ 处就是连续可微的. 进一步, $\Phi(\cdot, \cdot)$ 在任何 $(0, u) \in \Re \times \Re^{m+1}$ 处均是全局 Lipschitz 连续且强半光滑的.

设 u 具有谱分解 $u = \lambda_1 c_1 + \lambda_2 c_2$, 这里 λ_1, λ_2, c_1 与 c_2 都依赖于 u. 容易验证 $\Phi(\varepsilon, u)$ 具有下述谱分解

$$\Phi(\varepsilon, u) = \phi(\varepsilon, \lambda_1) c_1 + \phi(\varepsilon, \lambda_2) c_2, \tag{7.12}$$

其中

$$\phi(\varepsilon, \cdot) := \frac{1}{2}(\cdot + \sqrt{\varepsilon^2 + (\cdot)^2}), \quad \forall \ (\varepsilon, \ \cdot) \in \Re \times \Re.$$

函数 Φ 具有下述表达式

$$\Phi(\varepsilon, u) = \begin{cases} \dfrac{1}{2}u + \dfrac{1}{4} \begin{pmatrix} \sqrt{\varepsilon^2 + \lambda_2^2} + \sqrt{\varepsilon^2 + \lambda_1^2} \\ \left(\sqrt{\varepsilon^2 + \lambda_2^2} - \sqrt{\varepsilon^2 + \lambda_1^2} \right) \dfrac{\bar{u}}{\|\bar{u}\|} \end{pmatrix}, & 若 \bar{u} \neq 0; \\ \dfrac{1}{2} \begin{pmatrix} u_0 + \sqrt{\varepsilon^2 + u_0^2} \\ 0 \end{pmatrix}, & 若 \bar{u} = 0. \end{cases} \tag{7.13}$$

如果 $(\varepsilon^2 e+u^2)_0 \neq \|\overline{\varepsilon^2 e+u^2}\|$, 由链式法则可计算 $\Phi(\varepsilon,u)$ 的导数为

$$\mathcal{J}\Phi(\varepsilon,u)=(\mathcal{J}_\varepsilon\Phi(\varepsilon,u)\ \ \mathcal{J}_u\Phi(\varepsilon,u)),$$

其中

$$\begin{aligned}\mathcal{J}_\varepsilon\Phi(\varepsilon,u)&=\frac{1}{2}\Big(\mathcal{J}_\varepsilon\phi(\varepsilon,\lambda_1)c_1+\mathcal{J}_\varepsilon\phi(\varepsilon,\lambda_2)c_2\Big)\\&=\frac{1}{2}\Big(\frac{\varepsilon c_1}{\sqrt{\varepsilon^2+\lambda_1^2}}+\frac{\varepsilon c_2}{\sqrt{\varepsilon^2+\lambda_2^2}}\Big),\end{aligned}\tag{7.14}$$

且

(a) 如果 $\bar{u}\neq 0$, 则

$$\mathcal{J}_u\Phi(\varepsilon,u)=\frac{1}{2}\begin{pmatrix}1+\frac{1}{2}\Big(\frac{\lambda_1}{\sqrt{\varepsilon^2+\lambda_1^2}}+\frac{\lambda_2}{\sqrt{\varepsilon^2+\lambda_2^2}}\Big) & Y^{\mathrm{T}}\\ Y & Z\end{pmatrix},\tag{7.15}$$

其中

$$Y=\frac{1}{2}\Big(\frac{\lambda_2}{\sqrt{\varepsilon^2+\lambda_2^2}}-\frac{\lambda_1}{\sqrt{\varepsilon^2+\lambda_1^2}}\Big)\frac{\bar{u}}{\|\bar{u}\|}$$

与

$$\begin{aligned}Z=&\Big[1+\frac{\sqrt{\varepsilon^2+\lambda_2^2}-\sqrt{\varepsilon^2+\lambda_1^2}}{\lambda_2-\lambda_1}\Big]I_m\\&+\Big[\frac{1}{2}\Big(\frac{\lambda_1}{\sqrt{\varepsilon^2+\lambda_1^2}}+\frac{\lambda_2}{\sqrt{\varepsilon^2+\lambda_2^2}}\Big)-\frac{\sqrt{\varepsilon^2+\lambda_2^2}-\sqrt{\varepsilon^2+\lambda_1^2}}{\lambda_2-\lambda_1}\Big]\frac{\bar{u}\bar{u}^{\mathrm{T}}}{\|\bar{u}\|^2};\end{aligned}$$

(b) 如果 $\bar{u}=0$, 则

$$\mathcal{J}_u\Phi(\varepsilon,u)=\left\{\frac{1}{2}\Big(1+\frac{u_0}{\sqrt{\varepsilon^2+u_0^2}}\Big)I_{m+1}\right\}.\tag{7.16}$$

如果 $(\varepsilon^2 e+u^2)_0=\|\overline{\varepsilon^2 e+u^2}\|$, 在下述定理中, 分三种情况得到 Φ 的 B-次微分.

引理 7.3 如果 $(\varepsilon^2 e+u^2)_0=\|\overline{\varepsilon^2 e+u^2}\|$, 即 $\varepsilon^2+u_0^2+\|\bar{u}\|^2=2|u_0|\|\bar{u}\|$, 则 $\partial_B\Phi(\varepsilon,u)$ 可分三种情况计算:

(a) 如果 $\varepsilon=0$, $u_0=\|\bar{u}\|\neq 0$, 则有

$$\partial_B\Phi(\varepsilon,u)=\left\{\Big(\pm\sqrt{\gamma(1-\gamma)}\,c_1\ \ I_{m+1}-2\gamma c_1c_1^{\mathrm{T}}\Big):\gamma\in[0,1]\right\};\tag{7.17}$$

(b) 如果 $\varepsilon=0$, $-u_0=\|\bar{u}\|\neq 0$, 则

$$\partial_B\Phi(\varepsilon,u)=\left\{\Big(\pm\sqrt{\gamma(1-\gamma)}\,c_2\ \ 2\gamma c_2c_2^{\mathrm{T}}\Big):\gamma\in[0,1]\right\};\tag{7.18}$$

(c) 如果 $\varepsilon = u_0 = \|\bar{u}\| = 0$, 则

$$\begin{aligned}&\partial_B\Phi(\varepsilon,u)\\&=\left\{\left(\pm\sqrt{\gamma(1-\gamma)}e\quad \gamma ee^{\mathrm{T}}\right):\gamma\in[0,\,1]\right\}\\&\quad\cup\left\{V(\gamma_1,\,\gamma_2,\,\alpha,\,w)\left|\begin{array}{l}\exists\varepsilon_k\downarrow 0,\exists\bar{u}^k\to 0,\bar{u}^k\neq 0,\dfrac{\bar{u}^k}{\|\bar{u}^k\|}\to w,\\ \alpha(\varepsilon_k,u^k)\to\alpha,\,\gamma_i(\varepsilon_k,u^k)\to\gamma_i,i=1,2\end{array}\right.\right\},\end{aligned}\tag{7.19}$$

其中

$$\alpha(\varepsilon_k,u^k):=\frac{\phi(\varepsilon_k,\lambda_2^k)-\phi(\varepsilon_k,\lambda_1^k)}{\lambda_2^k-\lambda_1^k},\quad \gamma_i(\varepsilon_k,u^k):=\frac{1}{2}\left(1+\frac{\lambda_i^k}{\sqrt{\varepsilon_k^2+(\lambda_i^k)^2}}\right),$$

$$V(\gamma_1,\,\gamma_2,\,\alpha,\,w):=\Big(v(\gamma_1,\,\gamma_2,\,\alpha,\,w)\quad \Gamma(\gamma_1,\,\gamma_2,\,\alpha,\,w)\Big),\tag{7.20}$$

$v(\gamma_1,\,\gamma_2,\,\alpha,\,w)\in\Re^{m+1}$ 与 $\Gamma(\gamma_1,\,\gamma_2,\,\alpha,\,w)\in\Re^{(m+1)\times(m+1)}$ 定义为

$$v(\gamma_1,\,\gamma_2,\,\alpha,\,w)=\pm\frac{1}{2}\left(\sqrt{\gamma_1(1-\gamma_1)}\begin{pmatrix}1\\-w\end{pmatrix}+\sqrt{\gamma_2(1-\gamma_2)}\begin{pmatrix}1\\w\end{pmatrix}\right),\tag{7.21}$$

$$\Gamma(\gamma_1,\,\gamma_2,\,\alpha,\,w)=\frac{1}{2}\begin{pmatrix}\gamma_1+\gamma_2 & (\gamma_2-\gamma_1)w^{\mathrm{T}}\\ (\gamma_2-\gamma_1)w & 2\alpha(I_m-ww^{\mathrm{T}})+(\gamma_1+\gamma_2)ww^{\mathrm{T}}\end{pmatrix}.\tag{7.22}$$

现在给出 (7.19) 中用 γ_1 与 γ_2 表示的 α 的表达式. 令

$$\beta(\varepsilon,u):=\sqrt{\frac{\varepsilon^2+\lambda_1^2}{\varepsilon^2+\lambda_2^2}}.$$

如果

$$\exists\varepsilon_k\downarrow 0,\,\exists\bar{u}^k\to 0,\,\bar{u}^k\neq 0,\,\frac{\bar{u}^k}{\|\bar{u}^k\|}\to w,\,\alpha(\varepsilon_k,u^k)\to\alpha,\,\gamma_i(\varepsilon_k,u^k)\to\gamma_i,\,i=1,2,$$

则存在 $\beta\in[0,\,+\infty]$ 满足 $\beta(\varepsilon_k,\,u^k)\to\beta$. 于是得到关于 α 的下述表达式:

$$\alpha=\begin{cases}\dfrac{\gamma_2+\beta\gamma_1}{1+\beta}, & 若\beta\in[0,\,+\infty);\\ \gamma_1, & 若\beta=+\infty.\end{cases}\tag{7.23}$$

进一步, 对 (7.22), 有下述性质.

引理 7.4 设 $\Gamma(\gamma_1, \gamma_2, \alpha, w)$ 由 (7.22) 定义, 其中 $\gamma_i \in [0,1], i=1,2, \|w\|=1$, α 由 (7.23) 定义. 则

$$(I_{m+1} - \Gamma(\gamma_1, \gamma_2, \alpha, w))\Gamma(\gamma_1, \gamma_2, \alpha, w) \succeq 0.$$

证明 如果 $\gamma_1 = \gamma_2 = 0$, 则 $\Gamma(\gamma_1, \gamma_2, \alpha, w) = 0$, 结论显然. 否则, 得到

$$(I_{m+1} - \Gamma(\gamma_1, \gamma_2, \alpha, w))\Gamma(\gamma_1, \gamma_2, \alpha, w) = \begin{pmatrix} \delta & \eta w^{\mathrm{T}} \\ \eta w & \alpha(1-\alpha)(I_m - ww^{\mathrm{T}}) + \delta ww^{\mathrm{T}} \end{pmatrix},$$

其中

$$\delta := \frac{1}{2}(\gamma_1 + \gamma_2 - \gamma_1^2 - \gamma_2^2), \quad \eta := \frac{1}{2}(\gamma_1 - \gamma_2)(\gamma_1 - \gamma_2 - 1).$$

则

$$\begin{aligned}&(I_{m+1} - \Gamma(\gamma_1, \gamma_2, \alpha, w))\Gamma(\gamma_1, \gamma_2, \alpha, w)\\ &= \delta \begin{pmatrix} 1 \\ \frac{\eta}{\delta} w \end{pmatrix} \begin{pmatrix} 1 & \frac{\eta}{\delta} w^{\mathrm{T}} \end{pmatrix} + \begin{pmatrix} 0 & 0 \\ 0 & \alpha(1-\alpha)(I_m - ww^{\mathrm{T}}) + \frac{1}{\delta}(\delta^2 - \eta^2) ww^{\mathrm{T}} \end{pmatrix}.\end{aligned} \tag{7.24}$$

注意到 $\alpha \in [0,1]$ 与

$$\delta^2 - \eta^2 = \gamma_1\gamma_2(1-\gamma_1)(1-\gamma_2) \geqslant 0,$$

由表达式 (7.24) 可得 $(I_{m+1} - \Gamma(\gamma_1, \gamma_2, \alpha, w))\Gamma(\gamma_1, \gamma_2, \alpha, w)$ 是半正定的. ■

根据引理 7.3 与引理 7.2, 容易得到 $\partial\Pi_{Q_{m+1}}(u)$ 与 $\partial\Phi(0,u)$ 的关系.

引理 7.5 对任意 $V_0 \in \partial\Pi_{Q_{m+1}}(u)$, 存在 $V \in \partial\Phi(0,u)$ 满足 $V = (v \ \ \Gamma)$, 使得

$$V_0 = \Gamma. \tag{7.25}$$

证明 为证 (7.25) 只需证明, 对任何 $V_{B,0} \in \partial_B\Pi_{Q_{m+1}}(u)$, 存在 $V_B \in \partial_B\Phi(0,u)$, $V_B = (v_B \ \ \Gamma_B)$ 满足

$$V_{B,0} = \Gamma_B.$$

显然, 如果 $|u_0| \neq \|\bar{u}\|$, 根据引理 7.2 的前三种情况与 (7.15) 和 (7.16) 可得, 对任何 $V_{B,0} \in \partial_B\Pi_{Q_{m+1}}(u)$, 存在 $V_B \in \partial_B\Phi(0,u)$ 满足

$$V_{B,0}(h) = V_B(0,h).$$

如果 $0 \neq u \in \mathrm{bdry}Q_{m+1}$, $\partial_B\Pi_{Q_{m+1}}(u)$ 中的两个元素分别对应着公式 (7.17) 中的 $\gamma=0$ 与 $\gamma=1$. 如果 $u_0 = -\|\bar{u}\|$ 与 $u \neq 0$, $\partial_B\Pi_{Q_{m+1}}(u)$ 中的两个元素分别对应着公式 (7.18) 中的 $\gamma=0$ 与 $\gamma=1$.

对于 $u=0$, $0\in\partial_B\Pi_{Q_{m+1}}(u)$ 对应着 (7.19) 中 $\alpha=0$ 时的 $\gamma_1=\gamma_2=0$, $I_{m+1}\in\partial_B\Pi_{Q_{m+1}}(u)$ 对应着 (7.19) 中 $\alpha=1$ 时的 $\gamma_1=\gamma_2=1$. 元素 $V_{B,0}\in\partial_B\Pi_Q(u)$ 满足 $V_{B,0}\neq 0$ 与 $V_{B,0}\neq I_{m+1}$ 对应着 $\gamma_1=0, \gamma_2=1$ 与 $\alpha=\dfrac{1}{1+\beta}$, 如果 $\beta=\infty$, 则 $\alpha=0$.

根据 Carathéodory 定理, 对任何 $V_0\in\partial\Pi_{Q_{m+1}}(u)$, $V_0=\sum_{i=1}^{p}a_iV_{B,0}^i$, 都存在 $V_B^i=(v_B^i\ \ \Gamma_B^i)\in\partial_B\Phi(0,u)$, $i=1,\cdots,p$ 满足 $V_{B,0}^i=\Gamma_B^i$. 令

$$V=(v\ \ \Gamma):=\sum_{i=1}^{p}a_iV_B^i=\sum_{i=1}^{p}a_i(v_B^i\ \ \Gamma_B^i),$$

则 $V\in\partial\Phi(0,u)$ 与 $\Gamma=V_0$. 因此得到 (7.25). ■

下面的命题给出了 $\partial\Phi(0,u)$ 中元素的一重要性质, 这一性质在后续的分析中起着重要的作用.

命题 7.4 对任何 $V\in\partial\Phi(0,u)$, 有

$$\langle h-V(0,h),\ V(0,h)\rangle\geqslant 0,\quad \forall\, h\in\Re^{m+1}. \tag{7.26}$$

证明 如果 $|u_0|\neq\|\bar{u}\|$, 则 $\partial\Phi(0,u)=\{\mathcal{J}\Phi(0,u)\}$, 根据 (7.14), (7.15) 与 (7.16), 对任何 h, 容易验证

$$\langle h-V(0,h),\ V(0,h)\rangle\geqslant 0. \tag{7.27}$$

如果 $|u_0|=\|\bar{u}\|$, 对任何 $V\in\partial\Phi(0,u)$, 有表达式 $V=\sum_{i=1}^{p}a_iV_i$, 其中 p 是一正整数, $V_i\in\partial_B\Phi(0,u)$, $i=1,\cdots,p$, $a_i\geqslant 0$ 满足 $\sum_{i=1}^{p}a_i=1$.

如果 $u\in\mathrm{bdry}Q_{m+1}$ 且 $u\neq 0$, 根据公式 (7.17), 存在 $\xi_i\in[0,1]$, $i=1,\cdots,p$ 满足

$$V_i=\Big(\pm\sqrt{\xi_i(1-\xi_i)}\,c_1\ \ I_{m+1}-2\xi_ic_1c_1^{\mathrm{T}}\Big).$$

此种情况,

$$\langle h-V_i(0,h), V_i(0,h)\rangle=\langle h-(h-2\xi_ic_1c_1^{\mathrm{T}}h), 2\xi_ic_1c_1^{\mathrm{T}}h)\rangle=2\xi_i(1-\xi_i)(c_1^{\mathrm{T}}h)^2\geqslant 0. \tag{7.28}$$

如果 $u_0=-\|\bar{u}\|\neq 0$, 根据 (7.18), 存在 $\kappa_i\in[0,1]$, $i=1,\cdots,p$ 满足

$$V_i=\Big(\pm\sqrt{\kappa_i(1-\kappa_i)}\,c_2\ \ 2\kappa_ic_2c_2^{\mathrm{T}}\Big).$$

在这一情况下,

$$\langle h-V_i(0,h), V_i(0,h)\rangle=2\kappa_i(1-\kappa_i)(c_2^{\mathrm{T}}h)^2\geqslant 0. \tag{7.29}$$

如果 $u=0$, 根据 (7.19) 可得

(a) 若 $V_i=\left(\pm\sqrt{\gamma_i(1-\gamma_i)}e \ \ \gamma_i ee^{\mathrm{T}}\right)$, 其中 $\gamma_i\in[0,1]$, 于是

$$\langle h-V_i(0,h),\, V_i(0,h)\rangle\geqslant 0; \tag{7.30}$$

(b) 否则, 存在 $(\gamma_j)_i\in[0,1]$, $j=1,2$, $i=1,\cdots,p$, $\alpha_i\in[0,1]$ 与 $w_i\in\Re^m$ 满足 $\|w_i\|=1$, 使得

$$V_i=\Big(v((\gamma_1)_i,\,(\gamma_2)_i,\,\alpha_i,\,w_i)\quad \Gamma((\gamma_1)_i,\,(\gamma_2)_i,\,\alpha_i,\,w_i)\Big),$$

其中 $v(\cdot,\cdot,\cdot,\cdot)$ 与 $\Gamma(\cdot,\cdot,\cdot,\cdot)$ 由 (7.21) 与 (7.22) 定义. 于是

$$\begin{aligned}\langle h-V_i(0,h),\,V_i(0,h)\rangle &=\langle h-\Gamma((\gamma_1)_i,\,(\gamma_2)_i,\,\alpha_i,\,w_i)h,\,\Gamma((\gamma_1)_i,\,(\gamma_2)_i,\,\alpha_i,\,w_i)h\rangle\\ &=h^{\mathrm{T}}(I_{m+1}-\Gamma((\gamma_1)_i,\,(\gamma_2)_i,\,\alpha_i,\,w_i))^{\mathrm{T}}\Gamma((\gamma_1)_i,\,(\gamma_2)_i,\,\alpha_i,\,w_i)h.\end{aligned}$$

由于 Γ 是对称的, 由引理 7.4 可得

$$\langle h-V_i(0,h),\,V_i(0,h)\rangle\geqslant 0. \tag{7.31}$$

定义 $\Theta(x):=\langle x,\,x\rangle$, $x\in\Re^{m+1}$. 因为 Θ 是凸函数, 对任何 $h\in\Re^{m+1}$ 有

$$\Theta(V(0,h))=\Theta(\sum_{i=1}^{p}a_iV_i(0,h))\leqslant\sum_{i=1}^{p}a_i\Theta(V_i(0,h))=\sum_{i=1}^{p}a_i\langle V_i(0,h),\,V_i(0,h)\rangle,$$

连同 (7.28), (7.29), (7.30) 与 (7.31) 可推出

$$\begin{aligned}\langle V(0,h),\,V(0,h)\rangle &\leqslant\sum_{i=1}^{p}a_i\langle V_i(0,h),\,V_i(0,h)\rangle\leqslant\sum_{i=1}^{p}a_i\langle h,\,V_i(0,h)\rangle\\ &\leqslant\langle h,\,\sum_{i=1}^{p}a_iV_i(0,h)\rangle=\langle h,\,V(0,h)\rangle.\end{aligned} \tag{7.32}$$

因此 (7.26) 可由 (7.27) 与 (7.32) 得到. 证毕. ■

7.4 伴同导数

这一节的内容取自文献 [29]. 因为 $\Pi_{Q_{m+1}}(\cdot)$ 是 Lipschitz 连续的, 方向可微的, 因此它是 Bouligand 可微的

$$\Pi_{Q_{m+1}}(z+h)-\Pi_{Q_{m+1}}(z)-\Pi'_{Q_{m+1}}(z;h)=\mathrm{o}(\|h\|).$$

根据正则伴同导数 $\widehat{\mathrm{D}}^*\Pi_{Q_{m+1}}(z)$ 的定义, 对任何 $u^*\in\Re^{m+1}$,

$$z^*\in\widehat{\mathrm{D}}^*\Pi_{Q_{m+1}}(z)(u^*)\Longleftrightarrow\langle z^*,h\rangle\leqslant\langle u^*,\Pi'_{Q_{m+1}}(z;h)\rangle,\quad\forall h\in\Re^{m+1}. \tag{7.33}$$

根据方向导数 $\Pi'_{Q_{m+1}}(z;h)$ 的公式, 可得正则伴同导数 $\widehat{\mathrm{D}}^*\Pi_{Q_{m+1}}(z)$ 的刻画.

定理 7.1　设 $z \in \Re^{m+1}$ 具有谱分解 $z = \lambda_1(z)c_1(z) + \lambda_2(z)c_2(z)$. 取 $u^* \in \Re^{m+1}$. 有

(a) 如果 $\det(z) \neq 0$, 则

$$\widehat{\mathrm{D}}^*\Pi_{Q_{m+1}}(z)(u^*) = \{\Pi'_{Q_{m+1}}(z)u^*\}.$$

(b) 如果 $\det(z) = 0$, $\lambda_2(z) \neq 0$, 即 $z \in \mathrm{bdry}\, Q_{m+1} \setminus \{0\}$, 则

$$\widehat{\mathrm{D}}^*\Pi_{Q_{m+1}}(z)(u^*) = \{z^* : u^* - z^* \in \Re_+ c_1(z), \langle z^*, c_1(z)\rangle \geqslant 0\}.$$

(c) 如果 $\det(z) = 0$, $\lambda_1(z) \neq 0$, 即 $z \in \mathrm{bdry}\,(-Q_{m+1}) \setminus \{0\}$, 则

$$\widehat{\mathrm{D}}^*\Pi_{Q_{m+1}}(z)(u^*) = \{z^* : z^* \in \Re_+ c_2(z), \langle u^* - z^*, c_2(z)\rangle \geqslant 0\}.$$

(d) 如果 $\det(z) = 0$, $\lambda_1(z) = \lambda_2(z) = 0$, 即 $z = 0$, 则

$$\widehat{\mathrm{D}}^*\Pi_{Q_{m+1}}(0)(u^*) = \{z^* \in Q_{m+1} : u^* - z^* \in Q_{m+1}\}.$$

证明　(a) 因为 $\det\,(z) \neq 0$, 有 $\Pi_{Q_{m+1}}(\cdot)$ 在 z 处是连续可微, $\Pi'_{Q_{m+1}}(z)$ 是自伴随的. (b) 根据 (7.33) 与引理 7.1 可得

$$\begin{aligned}
& z^* \in \widehat{\mathrm{D}}^*\Pi_{Q_{m+1}}(z)(u^*) \\
\Longleftrightarrow\; & \langle z^* - u^*, h\rangle + 2\langle u^*, [c_1(z)^{\mathrm{T}}h]_- c_1(z)\rangle \leqslant 0, \quad \forall h \in \Re^{m+1} \\
\Longleftrightarrow\; & \begin{cases} \langle z^* - u^*, h\rangle \leqslant 0, & \forall c_1(z)^{\mathrm{T}}h \geqslant 0, \\ \langle z^* - u^*, h\rangle + 2\langle u^*, c_1(z)\rangle[c_1(z)^{\mathrm{T}}h]_- \leqslant 0, & \forall c_1(z)^{\mathrm{T}}h \leqslant 0, \end{cases}
\end{aligned}$$

由此可推出

$$z^* \in \widehat{\mathrm{D}}^*\Pi_{Q_{m+1}}(z)(u^*) \Longleftrightarrow \exists \alpha \geqslant 0 \text{ 满足} u^* - z^* = \alpha c_1(z) \text{且} -\alpha + \langle u^*, c_1(z)\rangle \geqslant 0,$$

即

$$z^* \in \widehat{\mathrm{D}}^*\Pi_{Q_{m+1}}(z)(u^*) \Longleftrightarrow \exists \alpha \geqslant 0 \text{ 满足} u^* - z^* = \alpha c_1(z) \text{且} \langle u^*, c_1(z)\rangle \geqslant 0,$$

因为

$$\langle z^*, c_1(z)\rangle = \langle u^*, c_1(z)\rangle - 2\alpha c_1(z)^{\mathrm{T}} c_1(z) \geqslant \alpha - \alpha.$$

这证得 (b).

(c) 可类似 (b) 的证明, 这里省略掉它的证明.

(d) 令 $z^* \in \widehat{\mathrm{D}}^*\Pi_{Q_{m+1}}(z)(u^*)$. 根据 (7.33) 与引理 7.1 可得

$$\langle z^*, h\rangle \leqslant \langle u^*, \Pi_{Q_{m+1}}(h)\rangle, \quad \forall h \in \Re^{m+1},$$

结合对任何 $h \in -Q_{m+1}$ 有 $\Pi_{Q_{m+1}}(h) = 0$, 可得

$$\begin{cases} \langle z^*, h\rangle \leqslant \langle u^*, h\rangle, & \forall h \in Q_{m+1}, \\ \langle z^*, h\rangle \leqslant 0, & \forall h \in -Q_{m+1}. \end{cases}$$

因此有 $u^* - z^* \in Q_{m+1}$ 与 $z^* \in Q_{m+1}$.

相反地, 令 $z^* \in \Re^{m+1}$ 满足 $u^* - z^* \in Q_{m+1}$ 与 $z^* \in Q_{m+1}$. 对任何 $h \in \Re^{m+1}$ 有

$$\begin{aligned} \langle z^*, h\rangle - \langle u^*, \Pi_{Q_{m+1}}(h)\rangle &= \langle z^*, \Pi_{Q_{m+1}}(h) + \Pi_{-Q_{m+1}}(h)\rangle - \langle u^*, \Pi_{Q_{m+1}}(h)\rangle \\ &= \langle z^* - u^*, \Pi_{Q_{m+1}}(h)\rangle + \langle z^*, \Pi_{-Q_{m+1}}(h)\rangle \\ &\leqslant 0. \end{aligned}$$

因此有

$$\langle z^*, h\rangle \leqslant \langle u^*, \Pi_{Q_{m+1}}(h)\rangle, \quad \forall h \in \Re^{m+1}.$$

结合 (7.33) 与引理 7.1 可得 $z^* \in \widehat{\mathrm{D}}^*\Pi_{Q_{m+1}}(0)(u^*)$. ■

基于定理 7.1 的结果可以得到 $\mathrm{D}^*\Pi_{Q_{m+1}}(z)(u^*)$ 计算公式.

定理 7.2 设 $z \in \Re^{m+1}$ 具有谱分解 $z = \lambda_1(z)c_1(z) + \lambda_2(z)c_2(z)$. 取 $u^* \in \Re^{m+1}$. 有

(a) 如果 $\det(z) \neq 0$, 则

$$\mathrm{D}^*\Pi_{Q_{m+1}}(z)(u^*) = \{\Pi'_{Q_{m+1}}(z)u^*\} = \partial_B \Pi_{Q_{m+1}}(z)u^*.$$

(b) 如果 $\det(z) = 0$, $\lambda_2(z) \neq 0$, 即 $z \in \mathrm{bdry}\, Q_{m+1} \setminus \{0\}$, 则

$$\mathrm{D}^*\Pi_{Q_{m+1}}(z)(u^*) = \partial_B \Pi_{Q_{m+1}}(z)u^* \cup \{z^* : u^* - z^* \in \Re_+ c_1(z), \langle z^*, c_1(z)\rangle \geqslant 0\}.$$

(c) 如果 $\det(z) = 0$, $\lambda_1(z) \neq 0$, 即 $z \in \mathrm{bdry}\,(-Q_{m+1}) \setminus \{0\}$, 则

$$\mathrm{D}^*\Pi_{Q_{m+1}}(z)(u^*) = \partial_B \Pi_{Q_{m+1}}(z)u^* \cup \{z^* \in \Re_+ c_2(z) : \langle u^* - z^*, c_2(z)\rangle \geqslant 0\}.$$

(d) 如果 $\det(z) = 0$, $\lambda_1(z) = \lambda_2(z) = 0$, 即 $z = 0$, 则

$$\begin{aligned} \mathrm{D}^*\Pi_{Q_{m+1}}(0)(u^*) = &\partial_B \Pi_{Q_{m+1}}(0)u^* \cup \{z^* \in Q_{m+1} : u^* - z^* \in Q_{m+1}\} \\ &\cup \bigcup_{\xi \in C} \{z^* : u^* - z^* \in \Re_+ \xi, \langle z^*, \xi\rangle \geqslant 0\} \\ &\cup \bigcup_{\eta \in C} \{z^* \in \Re_+ \eta : \langle u^* - z^*, \eta\rangle \geqslant 0\}, \end{aligned}$$

其中

$$C = \left\{\frac{1}{2}(w, 1)^{\mathrm{T}} : w \in \Re^m, \|w\| = 1\right\}.$$

证明　由伴同导数的定义, 根据引理 7.2 与定理 7.1 很容易得到 (a)~(c). 我们只需要证明 (d).

由伴同导数的定义与定理 7.1 得

$$
\begin{aligned}
&\mathrm{D}^*\Pi_{Q_{m+1}}(0)(u^*)\\
=&\limsup_{z\to 0,u\to u^*}\widehat{\mathrm{D}}^*\Pi_{Q_{m+1}}(0)(u)\\
=&\limsup_{\substack{z\to 0,\,u\to u^*\\ \det(z)\neq 0}}\widehat{\mathrm{D}}^*\Pi_{Q_{m+1}}(z)(u)\cup\limsup_{u\to u^*}\widehat{\mathrm{D}}^*\Pi_{Q_{m+1}}(0)(u)\\
&\cup\limsup_{\substack{z\to 0,\,u\to u^*\\ \det(z)=0,\,\lambda_2(z)\neq 0}}\widehat{\mathrm{D}}^*\Pi_{Q_{m+1}}(z)(u)\cup\limsup_{\substack{z\to 0,\,u\to u^*\\ \det(z)=0,\,\lambda_1(z)\neq 0}}\widehat{\mathrm{D}}^*\Pi_{Q_{m+1}}(z)(u)\\
=&\partial_B\Pi_{Q_{m+1}}(0)(u^*)\cup\limsup_{u\to u^*}\{z^*\in Q_{m+1}:u-z^*\in Q_{m+1}\}\\
&\cup\limsup_{z\to 0,u\to u^*}\{z^*:u-z^*\in\Re_+c_1(z),\langle z^*,c_1(z)\rangle\geqslant 0\}\\
&\cup\limsup_{z\to 0,u\to u^*}\{z^*\in\Re_+c_2(z):\langle u-z^*,c_2(z)\rangle\geqslant 0\}\\
=&\partial_B\Pi_{Q_{m+1}}(0)(u^*)\bigcup\{z^*\in Q_{m+1}:u^*-z^*\in Q_{m+1}\}\\
&\cup\bigcup_{\xi\in C}\{z^*:u^*-z^*\in\Re_+\xi,\langle z^*,\xi\rangle\geqslant 0\}\cup\bigcup_{\eta\in D}\{z^*\in\Re_+\eta,\langle u^*-z^*,\eta\rangle\geqslant 0\},
\end{aligned}
$$

其中 $C=\left\{\frac{1}{2}(-w,1)^{\mathrm{T}}:w\in\Re^m,\|w\|=1\right\}$, $D=\left\{\frac{1}{2}(w,1)^{\mathrm{T}}:w\in\Re^m,\|w\|=1\right\}$. 因为 $C=D$, 可得结论. ■

按照文献 [29, Theorem 3, Theorem 4], 可以进一步简化定理 7.2 中的公式的形式, 这里只给出结果, 其证明可参看文献 [29]. 定义

$$
A(z)=I_{m+1}+\frac{1}{2}\begin{pmatrix}-1 & \dfrac{\bar{z}^{\mathrm{T}}}{\|\bar{z}\|}\\ \dfrac{\bar{z}}{\|\bar{z}\|} & -\dfrac{\bar{z}\bar{z}^{\mathrm{T}}}{\|\bar{z}\|^2}\end{pmatrix},\quad B(z)=\frac{1}{2}\begin{pmatrix}1 & \dfrac{\bar{z}^{\mathrm{T}}}{\|\bar{z}\|}\\ \dfrac{\bar{z}}{\|\bar{z}\|} & \dfrac{\bar{z}\bar{z}^{\mathrm{T}}}{\|\bar{z}\|^2}\end{pmatrix},
$$

可以验证

$$
A(z)=\Pi_{c_1(z)^\perp}(\cdot),\qquad B(z)=I_{m+1}-\Pi_{c_2(z)^\perp}(\cdot).
$$

再定义

$$
\mathcal{A}=\left\{I_{m+1}+\frac{1}{2}\begin{bmatrix}-ww^{\mathrm{T}} & w\\ w^{\mathrm{T}} & -1\end{bmatrix}:w\in\Re^m,\|w\|=1,\left\langle u^*,\begin{bmatrix}-w\\ 1\end{bmatrix}\right\rangle\geqslant 0\right\}
$$

与

$$\mathcal{B}=\left\{\frac{1}{2}\left[\begin{array}{cc} ww^{\mathrm{T}} & w \\ w^{\mathrm{T}} & 1 \end{array}\right]: w\in\Re^m, \|w\|=1, \left\langle u^*, \left[\begin{array}{c} w \\ 1 \end{array}\right]\right\rangle \geqslant 0\right\}.$$

定理 7.3 设 $z\in\Re^{m+1}$ 具有谱分解 $z=\lambda_1(z)c_1(z)+\lambda_2(z)c_2(z)$. 取 $u^*\in\Re^{m+1}$. 有

(a) 如果 $\det(z)=0$, $\lambda_2(z)\neq 0$, 即 $z\in \operatorname{bdry} Q_{m+1}\setminus\{0\}$, 则

$$\mathrm{D}^*\Pi_{Q_{m+1}}(z)(u^*)=\begin{cases}\operatorname{con}\{u^*, A(z)u^*\}, & \text{如果}\langle u^*, c_1(z)\rangle\geqslant 0,\\ \{u^*, A(z)u^*\}, & \text{否则}.\end{cases}$$

(b) 如果 $\det(z)=0$, $\lambda_1(z)\neq 0$, 即 $z\in \operatorname{bdry}(-Q_{m+1})\setminus\{0\}$, 则

$$\mathrm{D}^*\Pi_{Q_{m+1}}(z)(u^*)=\begin{cases}\operatorname{con}\{0, B(z)u^*\}, & \text{如果}\langle u^*, c_2(z)\rangle\geqslant 0,\\ \{0, B(z)u^*\}, & \text{否则}.\end{cases}$$

(c) 如果 $\det(z)=0$, $\lambda_1(z)=\lambda_2(z)=0$, 即 $z=0$, 则

$$\mathrm{D}^*\Pi_{Q_{m+1}}(0)(u^*)=\partial_B\Pi_{Q_{m+1}}(0)u^*\cup[Q_{m+1}\cap(u^*-Q_{m+1})]$$

$$\cup\bigcup_{A\in\mathcal{A}}\operatorname{con}\{u^*, Au^*\}\cup\bigcup_{B\in\mathcal{B}}\operatorname{con}\{0, Bu^*\}.$$

7.5 二阶锥约束优化的最优性条件

7.5.1 SOP 问题

这一节考虑下述形式的最优化问题

$$\text{(SOP)}\qquad \begin{array}{ll}\min\limits_{x\in\Omega} & f(x)\\ \text{s.t.} & g^j(x)\in Q_{m_j+1},\quad j=1,\cdots,J,\end{array}\tag{7.34}$$

其中 Ω 是欧氏空间 $\Re^n$ 的一非空闭凸子集, $f:\Re^n\to\Re$, $g^j:\Re^n\to\Re^{m_j+1}$, $j=1,\cdots,J$, 是二阶连续可微映射. 令 Q 为 J 个二阶锥的卡氏积, 即 $Q=Q_{m_1+1}\times Q_{m_2+1}\times\cdots\times Q_{m_J+1}$. 相应地, 令 $g(x)=(g^1(x);g^2(x);\cdots;g^J(x))$, 则问题 (7.34) 的约束可表示为 $g(x)\in Q$. 称问题 (7.34) 为二阶锥规划 (SOP) 问题.

二阶锥 Q_{m+1} 的元素可以通过如下线性矩阵不等式进行刻画:

$$s=(s_0;\bar{s})\in Q_{m+1}\quad \text{当且仅当}\quad \operatorname{Arw}(s):=\begin{pmatrix} s_0 & \bar{s}^{\mathrm{T}}\\ \bar{s} & s_0 I_m\end{pmatrix}\succeq 0,$$

由以上的等价关系知道, 问题 (7.34) 等价于如下形式的半定规划问题:

$$
\text{(SDP)}\qquad \begin{array}{ll} \min\limits_{x\in\Omega} & f(x) \\ \text{s.t.} & G^j(x) = \operatorname{Arw}(g^j(x)) \succeq 0, \quad j = 1, \cdots, J. \end{array} \tag{7.35}
$$

值得一提的是, 虽然二阶锥问题可以转化为半定规划问题进行求解, 但是这样做会带来两方面的后果, 其一, 使得问题的规模变大, 从而在实际计算中带来困难; 其二, 变化后的问题可能会丧失原问题的一些好的结构, 例如, 若原问题是线性二阶锥问题, 则转化后的半定规划问题一般来说不再是线性的. 因此, 有必要从二阶锥问题本身的视角来研究它的理论与方法.

7.5.2 一阶必要性条件

二阶锥规划问题 (7.34) 的 Lagrange 函数具有下述形式:

$$
L(x, y) = f(x) - y^{\mathrm{T}} g(x),
$$

其中 $y = (y^1; y^2; \cdots; y^J)$, $y^j \in \Re^{m_j+1}$, $j = 1, 2, \cdots, J$.

因此, 问题 (7.34) 的 (Lagrange) 对偶问题为

$$
\text{(DSOP)}\qquad \max_{y\in Q}\{\min_{x\in\Omega} L(x, y)\}. \tag{7.36}
$$

若二阶锥规划问题 (7.34) 及其对偶问题 (7.36) 有有限最优值且相等, 由鞍点定理得知, 原始对偶问题的解对 (x, y) 可以由下述系统进行刻画:

$$
\begin{cases} L(x, y) = \min_{x'\in\Omega} L(x', y); \\ y^j \in Q_{m_j+1}; \quad g^j(x) \in Q_{m_j+1}; \\ y^j \circ g^j(x) = 0, \quad j = 1, 2, \cdots, J. \end{cases} \tag{7.37}
$$

于是, 由 Lagrange 对偶理论, 有下述命题成立.

命题 7.5 *令 val(P) 与 val(D) 分别表示原始问题 (7.34) 与对偶问题 (7.36) 的最优值. 则 val(D) $\leqslant$ val(P). 进一步, val(P) = val(D), 且 x 与 y 分别是 (P) 与 (D) 的最优解的充分必要条件是 (7.37) 成立.*

称 (x^*, y^*) 是二阶锥规划问题 (7.34) 的 KKT 点, 若 (x^*, y^*) 满足下列 KKT 条件:

$$
\nabla_x L(x^*, y^*) = \nabla f(x) - \nabla g(x^*) y^* = 0, \tag{7.38a}
$$

$$
g(x^*) \in Q, \quad y^* \in Q, \quad g(x^*) \circ y^* = 0. \tag{7.38b}
$$

如果 (x^*, y^*) 满足上述 KKT 条件, 则称 x^* 是问题 (7.34) 的一个稳定点, 用 $\Lambda(x^*)$ 记满足 KKT 条件的 Lagrange 乘子 y^* 的集合.

定理 7.4 假设 x^* 是二阶锥规划问题 (7.34) 的一个局部极小点, 且满足 Robinson 约束规范:

$$0 \in \operatorname{int}\{g(x^*) + \mathcal{J}g(x^*)\Re^n - Q\}. \tag{7.39}$$

则在 x^* 处的 Lagrange 乘子集合 $\Lambda(x^*)$ 是非空紧致凸集合.

假设 x^* 是二阶锥规划问题 (7.34) 的稳定点. 称 x^* 是非退化的, 若在 x^* 处, 下述的约束非退化条件成立:

$$\mathcal{J}g(x^*)\Re^n + \operatorname{lin}T_Q(g(x^*)) = \Re^m.$$

对于二阶锥规划的一般形式 (7.34), 可以得到在最优解 x^* 处非退化的条件. 令

$$\begin{aligned}
I_g^* &:= \{1 \leqslant j \leqslant J \mid g^j(x^*) \in \operatorname{int} Q_{m_j+1}\},\\
Z_g^* &:= \{1 \leqslant j \leqslant J \mid g^j(x^*) = 0\},\\
B_g^* &:= \{1 \leqslant j \leqslant J \mid g^j(x^*) \in \operatorname{bdry} Q_{m_j+1} \setminus \{0\}\}.
\end{aligned}$$

定理 7.5 假设 x^* 是二阶锥规划问题 (7.34) 的稳定点, 则 x^* 是非退化的当且仅当由矩阵 $\mathcal{J}g^j(x^*), j \in Z_g^*$ 的行向量及所有的 $g^j(x^*)^{\mathrm{T}} R_{m_j} \mathcal{J}g^j(x^*), j \in B_g^*$ 构成的行向量组线性无关, 其中 $R_{m_j} := \begin{pmatrix} 1 & 0^{\mathrm{T}} \\ 0 & -I_{m_j} \end{pmatrix}$.

证明 不妨设

$$I_g^* = \{1, \cdots, r\}, \quad Z_g^* = \{r+1, \cdots, s\}, \quad B_g^* = \{s+1, \cdots, J\}.$$

由二阶锥的切锥公式, 约束非退化性条件

$$\mathcal{J}g(x^*)\Re^n + \operatorname{lin}T_Q(g(x^*)) = \Re^m$$

等价于

$$\mathcal{J}g(x^*)\Re^n + \operatorname{lin}\left(\Re^{m_1+1} \times \cdots \times \Re^{m_r+1} \times Q_{m_{r+1}+1} \times \cdots \times Q_{m_s+1} \times T_{s+1}^* \times \cdots \times T_J^*\right) = \Re^m, \tag{7.40}$$

其中 $T_i^* = T_{Q_{m_i+1}}(g^i(x^*)), i \in B_g^*$. 由于 $\operatorname{lin}Q_{m_i+1} = \{0\}, i \in Z_g^*$, 根据 $T_{Q_{m_i+1}}(g^i(x^*))$ 的表达式, $\operatorname{lin}T_i^* = \ker[g^i(x^*)^{\mathrm{T}} R_{m_i}], i \in B_g^*$, (7.40) 等价于

$$\mathcal{J}g_*(x^*)\Re^n + \Pi_{i\in Z_g^*}\{0\} \times \Pi_{i\in B_g^*}\ker[g^i(x^*)^{\mathrm{T}} R_{m_i}] = \Re^{m_*}, \tag{7.41}$$

其中 $g_* = (g_{r+1}; \cdots; g_J)$, $m^* = J - r$. 将 (7.41) 两边取极运算得到等价形式

$$\ker \mathcal{J}g_*(x^*)^{\mathrm{T}} \cap \Pi_{i\in Z_g^*}\Re^{m_i+1} \times \Pi_{i\in B_g^*}\operatorname{rge}[R_{m_i}^{\mathrm{T}} g^i(x^*)] = \{0\}. \tag{7.42}$$

则对任何 $\xi=(\xi_{r+1};\cdots;\xi_s)$, $\eta=(\eta_{s+1};\cdots;\eta_J)$, $\xi_i\in\Re^{m_i+1}$, $i\in Z_g^*$, $\eta_j\in\Re^{m_j+1}$, $j\in B_g^*$, 如果

$$\mathcal{J}g_{Z_g^*}(x^*)\xi+\sum_{j=s+1}^{J}\mathcal{J}g^j(x^*)R_{m_j}^T g^j(x^*)\eta_j=0,$$

则必有 $\xi=0,\eta=0$. 这表明在 x^* 处的约束非退化条件等价于由矩阵 $\mathcal{J}g^j(x^*),j\in Z_g^*$ 的行向量及所有的 $g^j(x^*)^{\mathrm{T}}R_{m_j}\mathcal{J}g^j(x^*),j\in B_g^*$ 构成的行向量组的线性无关性. ■

非退化条件与 Lagrange 乘子的唯一性有如下关系.

命题 7.6 假设 x^* 是二阶锥规划问题 (7.34) 的一个稳定点, 若 x^* 是非退化的, 则存在唯一的 Lagrange 乘子 y^*. 反之, 如果 (x^*,y^*) 满足严格互补条件, 即 $g(x^*)+y^*\in\operatorname{int}Q$, 且 y^* 是唯一的对应于 x^* 的 Lagrange 乘子, 则 x^* 是非退化的.

7.5.3 二阶最优性条件

假设 x^* 是问题 (7.34) 的一个稳定点, 问题 (7.34) 在 x^* 处的临界锥由如下定义:

$$C(x^*)=\{h\in\Re^n|\mathcal{J}g(x^*)h\in T_Q(g(x^*)),\langle\nabla f(x^*),h\rangle=0\}.\tag{7.43}$$

若 $\Lambda(x^*)$ 非空, $y^*\in\Lambda(x^*)$, 则 (7.43) 等价于

$$C(x^*)=\{h\in\Re^n|\mathcal{J}g(x^*)h\in\big(T_Q(g(x^*))\cap(y^*)^{\perp}\big)\}.\tag{7.44}$$

根据二阶锥 Q_{m+1} 在 $s\in Q_{m+1}$ 处的切锥的表达式, 不难得到关于 $C(x^*)$ 的下述结果.

命题 7.7 假设 x^* 是问题 (7.34) 的一个稳定点, $y\in\Lambda(x^*)$. 给定 $h\in\Re^n$, 记 $d^j(h)=\mathcal{J}g^j(x^*)h, s^j=g^j(x^*)$, 则临界锥由如下给出:

$$C(x^*)=\left\{d\in\Re^n\ \middle|\ \begin{array}{ll} d^j(h)\in T_{Q_{m_j+1}}(s^j), & y^j=0,\\ d^j(h)=0, & y^j\in\operatorname{int}Q_{m_j+1},\\ d^j(h)\in\Re_+(y_0^j;-\bar{y}^j), & y^j\in\operatorname{bdry}Q_{m_j+1}\setminus\{0\},s^j=0,\\ \langle d^j(h),y^j\rangle=0, & y^j,s^j\in\operatorname{bdry}Q_{m_j+1}\setminus\{0\}\end{array}\right\}.\tag{7.45}$$

证明 既然 $Q=\Pi_{j=1}^J Q_{m_j+1}$, 由 (7.44) 知 $C(x^*)$ 具有下述形式:

$$C(x^*)=\{h\in\Re^n|d^j(h)\in T_{Q_{m_j+1}}(s^j),\langle d^j(h),y^j\rangle=0,j=1,\cdots,J\}.\tag{7.46}$$

二阶锥 Q_{m+1} 在 $s\in Q_{m+1}$ 处的切锥为

$$T_{Q_{m+1}}(s)=\begin{cases}\Re^{m+1}, & s\in\operatorname{int}Q_{m+1},\\ Q_{m+1}, & s=0,\\ \{h\in\Re^{m+1}:\bar{h}^{\mathrm{T}}\bar{s}-h_0s_0\leqslant 0\}, & s\in\operatorname{bdry}Q_{m+1}\setminus\{0\}.\end{cases}$$

(1) 若 $y^j = 0$, 结论显然成立;

(2) 若 $y^j \in \mathrm{int}Q_{m_j+1}$, 则由 KKT 条件得到 $s^j = 0$, 因此有 $T_{Q_{m_j+1}}(s^j) = Q_{m_j+1}$, 由 (7.46) 可得到 $d^j(h) = 0$;

(3) 若 $y^j \in \mathrm{bdry}Q_{m_j+1} \setminus \{0\}, s^j = 0$, 则有 $T_{Q_{m_j+1}}(s^j) = Q_{m_j+1}$, 通过计算可得, $d^j(h) \in Q_{m_j+1} \cap (y^j)^{\perp}$ 当且仅当 $d_0^j(h) = \|\bar{d}^j(h)\|$ 且 $\bar{d}^j(h) \in \Re_- \bar{y}^j$, 因此结论成立;

(4) 若 $y^j, s^j \in \mathrm{bdry}Q_{m_j+1} \setminus \{0\}$, 则 $T_{Q_{m_j+1}}(s^j) = \{h \in \Re^{m+1} : \bar{h}^{\mathrm{T}}\bar{s} - h_0 s_0 \leqslant 0\}$, 由 (7.44) 可得结论成立. ■

定义 $\mathcal{H}(x^*, y) = \sum_{j=1}^{J} \mathcal{H}^j(x^*, y^j)$, 其中 $\mathcal{H}^j(x^*, y^j), j = 1, \cdots, J$ 由如下公式定义:

$$\mathcal{H}^j(x^*, y^j) = \begin{cases} -\dfrac{y_0^j}{s_0^j} \nabla g^j(x^*) \begin{pmatrix} 1 & 0^{\mathrm{T}} \\ 0 & -I_{m_j} \end{pmatrix} \mathcal{J}g^j(x^*), & \text{若 } s^j \in \mathrm{bdry}\, Q_{m_j+1} \setminus \{0\}, \\ 0, & \text{否则}, \end{cases} \tag{7.47}$$

在上述式子中, $s^j = g^j(x^*)$.

定理 7.6 假设 x^* 是二阶锥规划问题 (7.34) 的一个稳定点, 且满足 Robinson 约束规范:

$$0 \in \mathrm{int}\{g(x^*) + \mathcal{J}g(x^*)\Re^n - Q\}. \tag{7.48}$$

则在 x^* 处二阶增长条件成立当且仅当下述二阶条件成立

$$\sup_{y \in \Lambda(x^*)} \left\{ h^{\mathrm{T}} \nabla_{xx}^2 L(x^*, y) h + h^{\mathrm{T}} \mathcal{H}(x^*, y) h \right\} > 0, \quad \forall h \in C(x^*) \setminus \{0\}, \tag{7.49}$$

其中临界锥 $C(x^*)$ 是由式子 (7.45) 所给出.

证明 若定理条件成立, 由于集合 Q 在 $g(x^*)$ 处沿 $\mathcal{J}g(x^*)h$ 是二阶正则的, 在 x^* 处二阶增长条件成立当且仅当下述条件成立:

$$\sup_{y \in \Lambda(x^*)} \left\{ h^{\mathrm{T}} \nabla_{xx}^2 L(x^*, y) h - \sigma(-y; \mathcal{T}^2) \right\} > 0, \quad \forall h \in C(x^*) \setminus \{0\}, \tag{7.50}$$

其中, $\mathcal{T}^2 := T_Q^2(g(x^*), \mathcal{J}g(x^*)h)$ 表示在 $g(x^*)$ 处沿着方向 $\mathcal{J}g(x^*)h$ 的二阶切集, $\sigma(\cdot; \mathcal{T}^2)$ 表示集合 $\mathcal{T}^2$ 的支撑函数.

因此, 我们只需要证明 (7.49) 就是 (7.50) 的具体形式即可. 回顾, 在 $s^j = g^j(x^*)$

处沿着方向 $d^j(h)=\mathcal{J}g^j(x^*)h$ 的二阶切集:

$$
\begin{aligned}
\mathcal{T}_j^2 &= T^2_{Q_{m_j+1}}(s^j, d^j(h)) \\
&= \begin{cases} \Re^{m_j+1}, & d^j(h)\in \operatorname{int} T_{Q_{m_j+1}}(s^j), \\ T_{Q_{m_j+1}}(d^j(h)), & s^j=0, \\ \{w\in\Re^{m_j+1}: \bar{w}^{\mathrm{T}}\bar{s}^j - w_0 s_0^j \leqslant d_0^j(h)^2 - \|\bar{d}^j(h)\|^2\}, & \text{否则}. \end{cases}
\end{aligned}
\tag{7.51}
$$

由于 $Q=\Pi_{j=1}^J Q_{m_j+1}$, 所以 $\sigma(-y;\mathcal{T}^2)=\sum_{j=1}^J \sigma(-y^j;\mathcal{T}_j^2)$. 下面计算 $\sigma(-y^j;\mathcal{T}_j^2)$.

由 $h\in C(x^*)$ 得知 $d^j(h)\in T_{Q_{m_j+1}}(s^j)$, 又因为 $-y^j\in N_{Q_{m_j+1}}(s^j)$ 且 $s^j\in Q_{m_j+1}$, 根据二阶切集的定义, 得到 $\sigma(-y^j;\mathcal{T}_j^2)\leqslant 0$. 因此, 若 $0\in\mathcal{T}_j^2$, 则有 $\sigma(-y^j;\mathcal{T}_j^2)=0$. 由 (7.51) 可知, 当 $d^j(h)\in\operatorname{int}T_{Q_{m_j+1}}(s^j)$, 或者 $s^j=0$, 或者 $d^j(h)=0$ 时, 都有 $0\in\mathcal{T}_j^2$.

下面考虑 $s^j\in\operatorname{bdry}Q_{m_j+1}\setminus\{0\}$ 且 $d^j(h)\in\operatorname{bdry}T_{Q_{m_j+1}}(s^j)$ 时的情形. 记 $\alpha:=\{j|s^j\in\operatorname{bdry}Q_{m_j+1}\setminus\{0\}, d^j(h)\in\operatorname{bdry}T_{Q_{m_j+1}}(s^j)\}$. 对于 $j\in\alpha$, 由 (7.51), 可得到

$$
\sigma(-y^j;\mathcal{T}_j^2)=\sup_{w\in\Re^{m_j+1}}\{-(w_0y_0^j+\bar{w}^{\mathrm{T}}\bar{y}^j)|\bar{w}^{\mathrm{T}}\bar{s}^j-w_0s_0^j\leqslant d_0^j(h)^2-\|\bar{d}^j(h)\|^2\}. \tag{7.52}
$$

由 KKT 条件的 $y^j\circ s^j=0$ 得到 $\bar{y}^j=-(y_0^j/s_0^j)\bar{s}^j$, 于是有 $-(w_0y_0^j+\bar{w}^{\mathrm{T}}\bar{y}^j)=(y_0^j/s_0^j)(\bar{w}^{\mathrm{T}}\bar{s}^j-w_0s_0^j)$, 由此得到, 当 $j\in\alpha$ 时,

$$
\sigma(-y^j;\mathcal{T}_j^2)=\frac{y_0^j}{s_0^j}(d_0^j(h)^2-\|\bar{d}^j(h)\|^2).
$$

从而有

$$
\sigma(-y;\mathcal{T}^2)=\sum_{j\in\alpha}\frac{y_0^j}{s_0^j}(d_0^j(h)^2-\|\bar{d}^j(h)\|^2).
$$

命题得证. ■

7.6 二阶锥约束优化的稳定性分析

7.6.1 强二阶充分条件

考虑更一般的二阶锥约束优化问题

(SOP)

$$\begin{aligned}
\min \quad & f(x) \\
\text{s.t.} \quad & h(x) = 0, \\
& g(x) \in Q,
\end{aligned} \tag{7.53}$$

其中 $f : \Re^n \to \Re, h : \Re^n \to \Re^l$ 与 $g : \Re^n \to \Re^N$ 是二次连续可微函数, Q 是 J 个二阶锥的卡氏积, $Q = Q_{m_1+1} \times \cdots \times Q_{m_J+1} \subset \Re^N, N = \sum_{j=1}^{J}(m_j + 1)$, $Q_{m_j+1} := \{s = (s_0; \bar{s}) \in \Re \times \Re^{m_j} : s_0 \geqslant \|\bar{s}\|\}$ 是空间 $\Re^{m_j+1}$ 中的二阶锥. 与问题 (7.34) 相比较, 问题 (7.53) 含有等式约束. 记 $g(x) = (g^1(x), \cdots, g^J(x))^{\mathrm{T}}$ 与 $g^j = (g_0^j; \bar{g}^j) : \Re^n \to \Re^{m_j+1}$, $j \in \{1, \cdots, J\}$. 有下述等价关系

$$g(x) \in Q \Longleftrightarrow g^j(x) \in Q_{m_j+1}, \forall j \in \{1, \cdots, J\} \Longleftrightarrow g_0^j(x) \geqslant \|\bar{g}^j(x)\|, \forall j \in \{1, \cdots, J\}.$$

问题 (7.53) 的 Lagrange 函数为 $L(x, \lambda, \mu) = f(x) + \langle \lambda, h(x) \rangle - \langle \mu, g(x) \rangle$, 其中 $(\lambda, \mu) = (\lambda, \mu_1, \cdots, \mu_J) \in \Re^l \times \Re^{m_1+1} \times \cdots \times \Re^{m_J+1} = \Re^l \times \Re^N$. 如果 x^* 是问题 (7.53) 的局部最优解, f, g, h 在 x^* 处满足 Robinson 约束规范

$$0 \in \operatorname{int} \left\{ \begin{pmatrix} h(x) \\ g(x) \end{pmatrix} + \begin{pmatrix} \mathcal{J}h(x) \\ \mathcal{J}g(x) \end{pmatrix} \Re^n - \begin{pmatrix} \{0\} \\ Q \end{pmatrix} \right\},$$

则存在 $(\lambda, \mu) \in \Re^l \times \Re^N$, 满足下述的 Karush-Kuhn-Tucker 条件

$$\begin{gathered}
\nabla_x L(x^*, \lambda, \mu) = \nabla f(x^*) + \mathcal{J}h(x^*)^{\mathrm{T}} \lambda - \mathcal{J}g(x^*)^{\mathrm{T}} \mu = 0, \\
h(x^*) = 0, \quad -\mu \in N_Q(g(x^*)),
\end{gathered} \tag{7.54}$$

且问题 (7.53) 的 Lagrange 乘子集合, 记为 $\Lambda(x^*)$, 是非空闭有界的凸集合, 这里 (7.54) 中的第三式即

$$Q_{m_j+1} \ni \mu_j \perp g^j(x^*) \in Q_{m_j+1}, \quad j = 1, \cdots, J. \tag{7.55}$$

下面的引理刻画了 x^* 与对应乘子 μ^* 的关系, 其证明由命题 7.1 容易得到.

引理 7.6 设 (x^*, λ^*, μ^*) 是问题 (7.53) 的 KKT 点. 则对所有的 $j = 1, \cdots, J$, 或者 $g^j(x^*) = 0$, 或者 $\mu_j^* = 0$, 或者存在 $\xi_j > 0$ 满足 $\mu_j^* = \xi_j(g_0^j(x^*); -\bar{g}^j(x^*))$.

问题 (7.53) 在点 x^* 处的约束非退化条件为

$$\begin{pmatrix} \mathcal{J}g(x^*) \\ \mathcal{J}h(x^*) \end{pmatrix} \Re^n + \begin{pmatrix} \operatorname{lin}(T_Q(g(x^*))) \\ \{0\} \end{pmatrix} = \begin{pmatrix} \Re^N \\ \Re^l \end{pmatrix}. \tag{7.56}$$

在此条件下, 如果 x^* 是局部最优解, 则 $\Lambda(x^*)$ 是单点集合. 类似于定理 7.5, 问题 (7.53) 的约束非退化条件可由下述引理刻画.

引理 7.7　设 x^* 是问题 (7.53) 的局部最优解, 则在 x^* 处非退化条件成立的充分必要条件是由

$$\mathcal{A}(d)=\begin{pmatrix}\mathcal{J}h(x^*)d\\ \mathcal{J}g^{Z^*}(x^*)d\\ g^{B^*}(x^*)^{\mathrm{T}}R_{m_j}\mathcal{J}g^{B^*}(x^*)d\end{pmatrix}\tag{7.57}$$

定义的映射 $\mathcal{A}:\Re^n\to\Re^l\times\Re^{|Z|}\times\Re^{|B|}$ 是满射, 其中

$$\begin{aligned}I^*=I_g^*:=&\quad\{j\in\{1,\cdots,J\}:g^j(x^*)\in\operatorname{int}Q_{m_j+1}\},\\ Z^*=Z_g^*:=&\quad\{j\in\{1,\cdots,J\}:g^j(x^*)=0\},\\ B^*=B_g^*:=&\quad\{j\in\{1,\cdots,J\}:g^j(x^*)\in\operatorname{bdry}Q_{m_j+1}\setminus\{0\}\}\end{aligned}\tag{7.58}$$

是 $\{1,\cdots,J\}$ 的三个子集合, $g^{Z^*}(\cdot)$ 记由 $g^j(\cdot)$, $j\in Z^*$ 构成的映射, $g^{B^*}(\cdot)$ 记由 $g^j(\cdot)$, $j\in B^*$ 构成的映射, $R_{m_j}=\begin{pmatrix}1&0^{\mathrm{T}}\\0&-I_{m_j}\end{pmatrix}\in\Re^{(m_j+1)\times(m_j+1)}$.

记 $|Z|=\sum_{j\in Z^*}(m_j+1)$, $|B|=\sum_{j\in B^*}(m_j+1)$. 令

$$S:=\{j\mid g^j(x^*)+\mu_j^*\in\operatorname{int}Q_{m_j+1},\ j=1,\cdots,J\},\quad N:=\{1,\cdots,J\}\setminus S.$$

定义指标集合

$$\begin{aligned}&S_1:=\{j\in S:g^j(x^*)=0\},\\ &S_2:=\{j\in S:g^j(x^*)\in\operatorname{bdry}Q_{m_j+1}\setminus\{0\},\ \mu_j^*\in\operatorname{bdry}Q_{m_j+1}\setminus\{0\}\},\\ &S_3:=\{j\in S:g^j(x^*)\in\operatorname{int}Q_{m_j+1}\},\end{aligned}\tag{7.59}$$

与

$$\begin{aligned}&N_1:=\{j:g^j(x^*)=\mu_j^*=0\},\\ &N_2:=\{j:g^j(x^*)=0,\ \mu_j^*\in\operatorname{bdry}Q_{m_j+1}\setminus\{0\}\},\\ &N_3:=\{j:g^j(x^*)\in\operatorname{bdry}Q_{m_j+1}\setminus\{0\},\ \mu_j^*=0\}.\end{aligned}\tag{7.60}$$

显然 $\{S_1,S_2,S_3\}$ 是 S 的一个分划, $\{N_1,N_2,N_3\}$ 是 N 的一个分划.

设 x^* 是问题 (7.53) 的可行解, $\Lambda(x^*)$ 非空, 则临界锥的仿射包 $\operatorname{aff}(C(x^*))$ 为

$$\operatorname{aff}(C(x^*))=\left\{d\in\Re^n\ \middle|\ \begin{array}{l}\mathcal{J}g^j(x^*)d=0,j\in S_1;\ \ \langle\mu_j^*,\mathcal{J}g^j(x^*)d\rangle=0,j\in S_2;\\ \mathcal{J}g^j(x^*)d\in\Re((\mu_j^*)_0;-\overline{\mu_j^*}),j\in N_2;\ \ \mathcal{J}h(x^*)d=0\end{array}\right\}.\tag{7.61}$$

定义 7.1 设 x^* 是问题 (7.53) 的可行解, 满足 $\Lambda(x^*)=\{(\lambda^*,\mu^*)\}$ 是单点集合. 称强二阶充分条件在 x^* 处成立, 如果

$$\langle d,\nabla_{xx}^2 L(x^*,\lambda^*,\mu^*)d\rangle+\langle d,\mathcal{H}(x^*,\mu^*)d\rangle>0,\quad \forall\, d\in \operatorname{aff}\,(C(x^*))\setminus\{0\},\tag{7.62}$$

其中 $\{(\lambda^*,\mu^*)\}=\Lambda(x^*)\subset\Re^l\times\Re^N$, $\mathcal{H}(x^*,\mu):=\sum_{j=1}^{J}\mathcal{H}^j(x^*,\mu)$,

$$\mathcal{H}^j(x^*,\mu):=\begin{cases}-\dfrac{(\mu_j)_0}{g_0^j(x^*)}\mathcal{J}g^j(x^*)^{\mathrm{T}}\begin{pmatrix}1 & 0^{\mathrm{T}}\\ 0 & -I_{m_j}\end{pmatrix}\mathcal{J}g^j(x^*), & \text{如果 } j\in B^*,\\ 0, & \text{否则}.\end{cases}\tag{7.63}$$

7.6.2 稳定性的等价条件

设 x^* 是问题 (7.53) 的稳定点. 则 (x^*,λ^*,μ^*) 满足 KKT 条件 (7.54) 的充分必要条件是 $F(x^*,\lambda^*,\mu^*)=0$, 其中

$$F(x,\lambda,\mu):=\begin{pmatrix}\nabla f(x^*)+\mathcal{J}h(x)^*\lambda-\mathcal{J}g(x)^*\mu\\ h(x)\\ g(x)-\Pi_Q(g(x^*)-\mu)\end{pmatrix}.\tag{7.64}$$

定义$\Phi(\varepsilon,u):=(\Phi_1(\varepsilon,u),\cdots,\Phi_J(\varepsilon,u))$, 其中 $\Phi_j(\varepsilon,u):=\dfrac{1}{2}(u_j+\sqrt{\varepsilon^2e_j+u_j^2})$, $(\varepsilon,u_j)\in\Re\times\Re^{m_j+1}$, $e_j=(1,0,\cdots,0)^{\mathrm{T}}\in\Re^{m_j+1}$, $j\in\{1,\cdots,J\}$. 我们给出 KKT 函数 F 的光滑函数 E. 定义 $E:\Re\times\Re^n\times\Re^l\times\Re^N\to\Re\times\Re^n\times\Re^l\times\Re^N$:

$$E(\varepsilon,x,\lambda,\mu)=\begin{pmatrix}\varepsilon\\ \nabla f(x)+\mathcal{J}h(x)^*\lambda-\mathcal{J}g(x)\mu\\ h(x)\\ g(x)-\Phi(\varepsilon,g(x)-\mu)\end{pmatrix}.\tag{7.65}$$

则对 $(\varepsilon,x,\lambda,\mu)\in\Re\times\Re^n\times\Re^l\times\Re^N$,

$$F(x,\lambda,\mu)=0\Longleftrightarrow E(\varepsilon,x,\lambda,\mu)=0,$$

这意味着如果 (x^*,λ^*,μ^*) 是问题 (7.53) 的 KKT 点, 则

$$E(0,x^*,\lambda^*,\mu^*)=0.$$

下述命题给出了 Φ 的广义微分中元素的变分性质.

命题 7.8 设 (x^*, λ, μ) 是问题 (7.53) 的 KKT 点. 则对任何 $V \in \partial\Phi(0, g(x^*) - \mu)$ 与满足 $\Delta u = V(0, \Delta u + \Delta v)$ 的 $\Delta u \in \Re^N, \Delta v \in \Re^N$,

$$\langle \Delta u, \Delta v\rangle \geqslant K(x^*, \mu),$$

其中 $K(x^*, \mu) = \sum_{j=1}^{J} K^j(x^*, \mu)$, $K^j(x^*, \mu)$ 定义为

$$K^j(x^*, \mu) := \begin{cases} -\dfrac{(\mu_j)_0}{g_0^j(x^*)}\Delta(u^j)^{\mathrm{T}}\begin{pmatrix} 1 & 0^{\mathrm{T}} \\ 0 & -I_{m_j}\end{pmatrix}\Delta u^j, & \text{如果 } j \in B^*, \\ 0, & \text{否则}, \end{cases} \tag{7.66}$$

这里 $\Delta u = (\Delta u^1, \cdots, \Delta u^J)$, $\Delta v = (\Delta v^1, \cdots, \Delta v^J)$, $\Delta u^j, \Delta v^j \in Q_{m_j+1} := Q_j$, B^* 由 (7.58) 定义.

证明 由于 $\langle \Delta u, \Delta v\rangle = \sum_{j=1}^{J}\langle \Delta u^j, \Delta v^j\rangle$, 比较 $\langle \Delta u^j, \Delta v^j\rangle$ 与 $K^j(x^*, \mu), j \in \{1, \cdots, J\}$. 由命题 7.4 可得

$$\langle \Delta u^j, \Delta v^j\rangle = \langle V^j(0, \Delta u^j + \Delta v^j), (\Delta u^j + \Delta v^j) - V^j(0\,\Delta u^j + \Delta v^j)\rangle \geqslant 0, \tag{7.67}$$

其中 $V^j \in \partial\Phi_j(0, g^j(x^*) - \mu_j)$. 因此, 考虑 $j \in B^*$, 即 $g^j(x^*) \in \mathrm{bdry}Q_j \setminus \{0\}$ 的情况就足够了. 根据引理 7.6 可得, 或者 $\mu_j = 0$ 或者存在 $\xi^j > 0$ 满足 $\mu_j = \xi^j(g_0^j(x^*); -\bar{g}^j(x^*))$. 如果 $\mu_j = 0$, 则 $K^j(x^*, \mu) = 0$. 注意, 对 $\mu_j \neq 0$,

$$g^j(x^*) - \mu_j = ((1-\xi^j)g_0^j(x^*); (1+\xi^j)\bar{g}^j(x^*)) = \left(g_0^j(x^*) - (\mu_j)_0; \frac{g_0^j(x^*) + (\mu_j)_0}{g_0^j(x^*)}\bar{g}^j(x^*)\right),$$

有 $|g_0^j(x^*) - (\mu_j)_0| < \|\bar{g}^j(x^*) - \bar{\mu}_j\|$, 由公式 (7.15), $V^j \in \partial\Phi_j(0, g^j(x^*) - \mu_j)$ 具有下述形式

$$V^j = \frac{1}{2}\begin{pmatrix} 0 & 1 & \dfrac{\bar{g}^j(x^*)^{\mathrm{T}}}{\|\bar{g}^j(x^*)\|} \\ 0 & \dfrac{\bar{g}^j(x^*)}{\|\bar{g}^j(x^*)\|} & U^j \end{pmatrix}, \tag{7.68}$$

其中

$$U^j = I_{m_j} + \frac{g_0^j(x^*) - (\mu_j)_0}{g_0^j(x^*) + (\mu_j)_0}I_{m_j} - \frac{g_0^j(x^*) - (\mu_j)_0}{g_0^j(x^*) + (\mu_j)_0} \cdot \frac{\bar{g}^j(x^*)\bar{g}^j(x^*)^{\mathrm{T}}}{\|\bar{g}^j(x^*)\|^2}.$$

因此

$$\Delta u^j = \frac{1}{2}\begin{pmatrix} 0 & 1 & \dfrac{\bar{g}^j(x^*)^{\mathrm{T}}}{\|\bar{g}^j(x^*)\|} \\ 0 & \dfrac{\bar{g}^j(x^*)}{\|\bar{g}^j(x^*)\|} & U^j \end{pmatrix}\begin{pmatrix} 0 \\ \Delta u^j + \Delta v^j \end{pmatrix},$$

这意味着

$$\Delta u_0^j = \frac{1}{2}(\Delta u_0^j + \Delta v_0^j) + \frac{1}{2}\frac{\bar{g}^j(x^*)^{\mathrm{T}}}{\|\bar{g}^j(x^*)\|}(\overline{\Delta u}^j + \overline{\Delta v}^j) \tag{7.69}$$

与

$$\begin{aligned}\overline{\Delta u}^j = & \frac{1}{2}\frac{\bar{g}^j(x^*)}{\|\bar{g}^j(x^*)\|}(\Delta u_0^j + \Delta v_0^j) + \frac{g_0^j(x^*)}{g_0^j(x^*) + (\mu_j)_0}(\overline{\Delta u}^j + \overline{\Delta v}^j) \\ & - \frac{1}{2}\frac{g_0^j(x^*) - (\mu_j)_0}{g_0^j(x^*) + (\mu_j)_0} \cdot \frac{\bar{g}^j(x^*)\bar{g}^j(x^*)^{\mathrm{T}}}{\|\bar{g}^j(x^*)\|^2}(\overline{\Delta u}^j + \overline{\Delta v}^j).\end{aligned} \tag{7.70}$$

由上述两个等式 (7.69) 与 (7.70), 可得

(1) $\langle \overline{\Delta u}^j, \bar{g}^j(x^*)\rangle = \Delta u_0^j\, g_0^j(x^*)$;

(2) $\langle \Delta u^j, \Delta v^j\rangle = \Delta u_0^j \Delta v_0^j + \dfrac{(\mu_j)_0}{g_0^j(x^*)}\|\overline{\Delta u}^j\|^2 - \left(\dfrac{\Delta v_0^j}{\|\bar{g}^j(x^*)\|} + \dfrac{(\mu_j)_0}{g_0^j(x^*)}\dfrac{\Delta u_0^j}{\|\bar{g}^j(x^*)\|}\right)$ $\langle \bar{g}^j(x^*), \overline{\Delta u}^j\rangle$.

因为 $j \in B^*$, $g_0^j(x^*) = \|\bar{g}^j(x^*)\| \neq 0$, 有

$$\langle \Delta u^j, \Delta v^j\rangle = \frac{(\mu_j)_0}{g_0^j(x^*)}(\|\overline{\Delta u}^j\|^2 - (\Delta u_0^j)^2). \tag{7.71}$$

则结合 (7.67) 与 (7.71) 可得 $\langle \Delta u^j, \Delta v^j\rangle \geqslant K^j(x^*, \mu)$, $1 \leqslant j \leqslant J$. 证毕. ■

下述定理建立了在约束非退化条件下的强二阶充分条件与由 (7.65) 定义的映射 E 的广义 Jacobi 的非奇异性的关系.

定理 7.7 设 (x^*, λ^*, μ^*) 是问题 (7.53) 的 KKT 点. 如果约束非退化条件 (7.56) 与强二阶充分条件 SSOSC (7.62) 在 x^* 处成立, 则 $\partial E(0, x^*, \lambda^*, \mu^*)$ 中的任何元素均是非奇异的.

证明 设 W 是 $\partial E(0, x^*, \lambda^*, \mu^*)$ 中的任意一个元素, $(\Delta\varepsilon, \Delta x, \Delta\lambda, \Delta\mu) \in \Re \times \Re^n \times \Re^l \times \Re^{m+1}$ 满足

$$W(\Delta\varepsilon, \Delta x, \Delta\lambda, \Delta\mu) = 0.$$

则存在 $V \in \partial\Phi(0, g(x^*) - \mu^*)$ 满足

$$W(\Delta\varepsilon, \Delta x, \Delta\lambda, \Delta\mu) = \begin{pmatrix} \Delta\varepsilon \\ \nabla^2_{xx}L(x^*, \lambda^*, \mu^*)\Delta x + \mathcal{J}h(x^*)^*\Delta\lambda - \mathcal{J}g(x^*)^*\Delta\mu \\ -\mathcal{J}h(x^*)\Delta x \\ -\mathcal{J}g(x^*)\Delta x + V(\Delta\varepsilon, \mathcal{J}g(x^*)\Delta x - \Delta\mu) \end{pmatrix} = 0, \tag{7.72}$$

显然有 $\Delta\varepsilon = 0$. 由 (9.176) 中的最后一式可得

$$-\mathcal{J}g(x^*)\Delta x + V(0, \mathcal{J}g(x^*)\Delta x - \Delta\mu) = 0.$$

以下分三种情况讨论:

(a) 如果 $j \in S_1$(由 (7.59) 定义), 则 $g^j(x^*) = 0$, $\mu_j^* \in \operatorname{int} Q_j$. 于是得到 $V^j \in \partial\Phi_j(0, g^j(x^*) - \mu_j^*) = \{0\}$. 因此, 对任何 $j \in S_1$,

$$\mathcal{J}g^j(x^*)\Delta x = 0.$$

(b) 如果 $j \in S_2$, $g^j(x^*) + \mu_j^* \in \operatorname{int} Q_j, g^j(x^*) \in \operatorname{bdry} Q_j \setminus \{0\}$ 且 $\mu_j^* \in \operatorname{bdry} Q_j \setminus \{0\}$. 则存在 $\xi^j > 0$ 满足 $\mu^* = \xi^j(g_0^j(x^*); -\bar{g}^j(x^*))$. 于是有

$$g^j(x^*) - \mu_j^* = \left(g_0^j(x^*) - (\mu_j^*)_0; \frac{g_0^j(x^*) + (\mu_j^*)_0}{g_0^j(x^*)}\bar{g}^j(x^*)\right).$$

显然有 V^j 满足 (7.68). 容易验证

$$\left\langle \left((\mathcal{J}g^j(x^*)\Delta x)_0, \overline{\mathcal{J}g^j(x^*)\Delta x}\right), \ (g^j(x^*), -\bar{g}^j(x^*)) \right\rangle = 0.$$

因此对 $j \in S_2$, 有

$$\langle \mathcal{J}g^j(x^*)\Delta x, \ \mu_j^* \rangle = 0.$$

(c) 如果 $j \in N_2$, $g^j(x^*) = 0$, $\mu_j^* \in \operatorname{bdry} Q_j \setminus \{0\}$, 则 $V^j \in \partial\Phi_j(0, g^j(x^*) - \mu_j^*)$ 可以表示为 $V^j = \sum_{i=1}^{p} \alpha_i^j V_i^j$, 其中 $\sum_{i=1}^{p} \alpha_i^j = 1$, $\alpha_i^j \geqslant 0$, $V_i^j \in \partial_B\Phi_j(0, g^j(x^*) - \mu_j^*)$ 满足 (7.18). 因为存在 $a_i^j \in [0, 1]$ 满足

$$V_i^j(0, \mathcal{J}g^j(x^*)\Delta x - \Delta\mu) = \frac{a_i^j}{2}\begin{pmatrix} 1 & -\dfrac{\bar{\mu}_j^{\mathrm{T}}}{\|\bar{\mu}_j\|} \\ -\dfrac{\bar{\mu}_j}{\|\bar{\mu}_j\|} & \dfrac{\bar{\mu}_j\bar{\mu}_j^{\mathrm{T}}}{\|\bar{\mu}_j\|^2} \end{pmatrix}(\mathcal{J}g^j(x^*)\Delta x - \Delta\mu),$$

所以

$$V^j(0, \mathcal{J}g^j(x^*)\Delta x - \Delta\mu) = \sum_{i=1}^{p} \alpha_i^j \frac{a_i^j}{2} \begin{pmatrix} 1 & -\dfrac{\bar{\mu}_j^{\mathrm{T}}}{\|\bar{\mu}_j\|} \\ -\dfrac{\bar{\mu}_j}{\|\bar{\mu}_j\|} & \dfrac{\bar{\mu}_j\bar{\mu}_j^{\mathrm{T}}}{\|\bar{\mu}_j\|^2} \end{pmatrix} (\mathcal{J}g^j(x^*)\Delta x - \Delta\mu),$$

于是得到

$$-(\mathcal{J}g^j(x^*)\Delta x)_0\bar{\mu}_j = (\mu_j)_0\overline{\mathcal{J}g^j(x^*)\Delta x},$$

这意味着

$$\mathcal{J}g^j(x^*)\Delta x \in \Re((\mu_j)_0, -\bar{\mu}_j)$$

对任何 $j \in N_2$ 均成立.

综合上述三种情况, 将它们与 (7.61) 和 (7.72) 结合, 得到

$$\Delta x \in \mathrm{aff}(C(x^*)).$$

由 (7.72) 的第二与第三式可得

$$\begin{aligned}
0 &= \langle \Delta x,\ \nabla_{xx}^2 L(x^*, \lambda^*, \mu^*)\Delta x + \mathcal{J}h(x^*)^{\mathrm{T}}\Delta\lambda - \mathcal{J}g(x^*)^{\mathrm{T}}\Delta\mu\rangle \\
&= \langle \Delta x,\ \nabla_{xx}^2 L(x^*, \lambda^*, \mu^*)\Delta x\rangle + \langle \Delta x, \mathcal{J}h(x^*)^{\mathrm{T}}\Delta\lambda\rangle - \langle \Delta x,\ \mathcal{J}g(x^*)^{\mathrm{T}}\Delta\mu\rangle \\
&= \langle \Delta x,\ \nabla_{xx}^2 L(x^*, \lambda^*, \mu^*)\Delta x\rangle + \langle \Delta\lambda, \mathcal{J}h(x^*)\Delta x\rangle - \langle \Delta\mu,\ \mathcal{J}g(x^*)\Delta x\rangle \\
&= \langle \Delta x,\ \nabla_{xx}^2 L(x^*, \lambda^*, \mu^*)\Delta x\rangle - \langle \Delta\mu,\ \mathcal{J}g(x^*)\Delta x\rangle,
\end{aligned}$$

将上述等式结合 (9.176) 的最后一式, 命题 7.8 与 (7.63), 可得

$$\langle \Delta x,\ \nabla_{xx}^2 L(x^*, \lambda^*, \mu^*)\Delta x\rangle + \langle \Delta x, \mathcal{H}(x^*, \mu^*)\Delta x\rangle \leqslant 0. \tag{7.73}$$

因此, 根据 SSOSC (7.62) 与 (7.73), 可得 $\Delta x = 0$. 所以, (9.176) 可简化为

$$\begin{pmatrix} \mathcal{J}h(x^*)^{\mathrm{T}}\Delta\lambda - \mathcal{J}g(x^*)^{\mathrm{T}}\Delta\mu \\ V(0,\ \Delta\mu) \end{pmatrix} = 0. \tag{7.74}$$

由 (7.74) 的第二式, 指标集合 (7.58), 引理 7.6 与引理 7.3, 容易得到

$$\Delta\mu_{I^*} = 0 \text{ 与} \Delta\mu_{B^*} = 0.$$

由引理 7.7 关于约束非退化条件 (7.56) 的表示, 存在 $d \in \Re^n$ 满足

$$\mathcal{J}h(x^*)d = \Delta\lambda, \quad \mathcal{J}g^{Z^*}(x^*)d = -\Delta\mu_{Z^*}.$$

于是有

$$\begin{aligned}\langle \Delta\lambda, \Delta\lambda\rangle + \langle \Delta\mu, \Delta\mu\rangle &= \langle \Delta\lambda, \Delta\lambda\rangle + \langle \Delta\mu_{Z^*}, \Delta\mu_{Z^*}\rangle \\ &= \langle \Delta\lambda, \mathcal{J}h(x^*)d\rangle - \langle \Delta\mu_{Z^*}, \mathcal{J}g^{Z^*}(x^*)d\rangle \\ &= \langle d, \mathcal{J}h(x^*)^*\Delta\lambda\rangle - \langle d, \mathcal{J}g^{Z^*}(x^*)^*\Delta\mu_{Z^*}\rangle \\ &= \langle d, \mathcal{J}h(x^*)^*\Delta\lambda - \mathcal{J}g^{Z^*}(x^*)^*\Delta\mu_{Z^*}\rangle \\ &= \langle d, \mathcal{J}h(x^*)^*\Delta\lambda - \mathcal{J}g(x^*)^*\Delta\mu\rangle \\ &= 0,\end{aligned}$$

这意味着

$$\Delta\lambda = 0, \quad \Delta\mu_{Z^*} = 0. \tag{7.75}$$

将 (7.75) 与 $\Delta\varepsilon = 0$, $\Delta x = 0$, $\Delta\mu_{I^*} = 0$ 和 $\Delta\mu_{B^*} = 0$ 相联系, 可得 W 是非奇异的. ■

推论 7.1 设 (x^*, λ^*, μ^*) 是问题 (7.53) 的 KKT 点. 如果约束非退化条件与 SSOSC (7.62) 在点 x^* 处成立, 则 $\partial F(x^*, \lambda^*, \mu^*)$ 中的任何元素均是非奇异的.

证明 任取 $\widetilde{W} \in \partial F(x^*, \lambda^*, \mu^*)$, 它有下述表达式

$$\widetilde{W}(\Delta x, \Delta\lambda, \Delta\mu) = \begin{pmatrix} \nabla_{xx}^2 L(x^*, \lambda^*, \mu^*)\Delta x + \mathcal{J}h(x^*)^*\Delta\lambda - \mathcal{J}g(x^*)^*\Delta\mu \\ -\mathcal{J}h(x^*)\Delta x \\ -\mathcal{J}g(x^*)\Delta x + \widetilde{V}(\mathcal{J}g(x^*)\Delta x - \Delta\mu) \end{pmatrix}, \tag{7.76}$$

其中 $\widetilde{V} \in \partial\Pi(g(x^*) - \mu^*)$.

根据引理 7.5, 存在 $V \in \partial\Phi(0, g(x^*) - \mu^*)$ 满足

$$V(0, \mathcal{J}g(x^*)\Delta x - \Delta\mu) = \widetilde{V}(\mathcal{J}g(x^*)\Delta x - \Delta\mu).$$

则

$$\begin{aligned}\begin{pmatrix} 0 \\ \widetilde{W}(\Delta x, \Delta\lambda, \Delta\mu) \end{pmatrix} &= \begin{pmatrix} 0 \\ \nabla_{xx}^2 L(x^*, \lambda^*, \mu^*)\Delta x + \mathcal{J}h(x^*)^*\Delta\lambda - \mathcal{J}g(x^*)^*\Delta\mu \\ -\mathcal{J}h(x^*)\Delta x \\ -\mathcal{J}g(x^*)\Delta x + V(0, \mathcal{J}g(x^*)\Delta x - \Delta\mu) \end{pmatrix} \\ &= W(0, \Delta x, \Delta\lambda, \Delta\mu),\end{aligned}$$

其中 $W \in \partial E(x^*, \lambda^*, \mu^*)$ 由 (9.176) 定义.

由定理 7.7 可得, 如果约束非退化条件与 SSOSC 条件成立, $W(0, \Delta x, \Delta\lambda, \Delta\mu) = 0$ 可推出 $\Delta x = 0$, $\Delta\lambda = 0$ 与 $\Delta\mu = 0$, 这说明 $\widetilde{W}$ 是非奇异的. ■

现在研究 KKT 条件 (7.54) 的强正则解与问题 (7.53) 的强稳定解的性质. 设 (x^*,λ^*,μ^*) 是问题 (7.53) 的 KKT 点, 有 $F(x^*,\lambda^*,\mu^*)=0$, 其中 F 由 (7.64) 定义, 这一方程等价于 (x^*,λ^*,μ^*) 是下述系统的解

$$0\in\begin{pmatrix}\nabla_x L(x,\lambda,\mu)\\ h(x)\\ g(x)\end{pmatrix}+\begin{pmatrix}N_{\Re^n}(x)\\ N_{\Re^l}(\lambda)\\ N_Q(\mu)\end{pmatrix}. \tag{7.77}$$

方程 (7.77) 可以表示为下述广义方程的形式

$$0\in\phi(z)+N_D(z), \tag{7.78}$$

其中 ϕ 是由有限维的向量空间 $Z=\Re^n\times\Re^l\times\Re^N$ 到它自身的连续可微映射,

$$\phi(z)=\begin{pmatrix}\nabla_x L(x,\lambda,\mu)\\ h(x)\\ g(x)\end{pmatrix},\quad z=(x,\lambda,\mu),$$

集合 $D=\Re^n\times\Re^l\times Q$ 是 Z 的一闭凸锥. 具体到广义方程 (7.78), Robinson[38] 引入广义方程的解的强正则性的概念可表述如下.

定义 7.2 称 $z^*=(x^*,\lambda^*,\mu^*)$ 为 KKT 条件系统的强正则解, 如果存在 (x^*,λ^*,μ^*) 的一个邻域 V 与 $(0_n\times 0_l\times 0_N)$ 的一个邻域 $B\in\Re^n\times\Re^l\times\Re^N$, 满足对每一 $\delta:=(\delta_1,\delta_2,\delta_3)\in B$, 下述线性化系统

$$\delta\in\phi(z^*)+\mathcal{J}\phi(z^*)(z-z^*)+N_D(z) \tag{7.79}$$

具有唯一解 $z_V(\delta)=(x_V(\delta_1),\lambda_V(\delta_2),\mu_V(\delta_3))\in V$, 且这一解是 Lipschitz 连续的.

为了讨论解的强正则性, 需要引入一致二次增长条件. 设

$$\begin{aligned}\min_x\quad & f(x,u)\\ \text{s.t.}\quad & h(x,u)=0,\\ & g(x,u)\in Q\end{aligned} \tag{7.80}$$

是问题 (7.53) 的扰动问题, 其中 $\mathcal{U}$ 是一有限维空间, $u\in\mathcal{U}$, $f(\cdot,\cdot):\Re^n\times\mathcal{U}\to\Re$, $h(\cdot,\cdot):\Re^n\times\mathcal{U}\to\Re^l$, $g(\cdot,\cdot):\Re^n\times\mathcal{U}\to\Re^N$ 是二次连续可微的, 满足 $f(\cdot,0)=f(\cdot),h(\cdot,0)=h(\cdot),g(\cdot,0)=g(\cdot)$. 下述一致二阶增长条件的概念是定义 6.3 具体化到二阶锥约束优化问题的具体形式.

定义 7.3 设 x^* 是问题 (7.53) 的稳定点. 称关于 C^2- 参数化 $(f(x,u),h(x,u),g(x,u))$ 的一致二阶增长条件在 x^* 处成立, 如果存在 $\alpha>0$, 和 x^* 的邻域 V 与 0

的邻域 $U \subset \mathcal{U}$ 满足, 对任何 $u \in U$ 与问题 (7.80) 的稳定点 $x(u) \in V$, 下述不等式成立:

$$f(x,u) \geqslant f(x(u),u) + \alpha\|x - x(u)\|^2, \quad \forall x \in V, \text{ 满足 } h(x,u) = 0, \ g(x,u) \in Q. \tag{7.81}$$

如果条件 (7.81) 对任何 $\mathcal{C}^2$- 参数化均成立, 则称一致二阶增长条件在 x^* 处成立.

下述强稳定点的概念是定义 6.4 在二阶锥约束优化问题的具体形式.

定义 7.4 设 x^* 是问题 (7.53) 的稳定点. 如果对任何 $\mathcal{C}^2$- 参数化 $(f(x,u), h(x,u), g(x,u))$, 存在 x^* 的邻域 V 与 0 的邻域 $U \subset \mathcal{U}$, 满足对任何 $u \in \mathcal{U}$, 相应的扰动问题 (7.80) 有唯一的稳定点 $x(u) \in V$, 且 $x(\cdot)$ 在 $\mathcal{U}$ 上是连续的, 称 x^* 是强稳定的.

对于 (SCOP) 的 KKT 点 (x^*, λ^*, μ^*), $F(x^*, \lambda^*, \mu^*) = 0$, 其中 F 由 (7.64) 定义. 则 F 在 (x^*, λ^*, μ^*) 处是方向可微的, 函数 F 在 (x^*, λ^*, μ^*) 处沿 $\delta := (\delta_1, \delta_2, \delta_3) \in \Re^n \times \Re^l \times \Re^N$ 的方向导数为

$$F'(x^*, \lambda^*, \mu^*; \delta) = \begin{pmatrix} \nabla^2_{xx} L(x^*, \lambda^*, \mu^*)\delta_1 + \mathcal{J}h(x^*)^*\delta_2 - \mathcal{J}g(x^*)^*\delta_3 \\ -\mathcal{J}h(x^*)\delta_1 \\ -\mathcal{J}g(x^*)\delta_1 + \Pi'_Q(g(x^*) - \mu^*, \mathcal{J}g(x^*)\delta_1 - \delta_3) \end{pmatrix} =: \Psi(\delta). \tag{7.82}$$

由于 $\Psi(\cdot)$ 是 Lipschitz 连续的, $\partial_B \Psi(0)$ 是有定义的.

命题 7.9 设 $u^* = g(x^*) - \mu^*$ 与 $\Psi(\delta)$ 由 (7.82) 定义, 则

$$\partial_B \Psi(0) = \partial_B F(x^*, \lambda^*, \mu^*).$$

证明 定义 $\Theta : \Re^n \times \Re^l \times \Re^N \to \Re^N$:

$$\Theta(\delta) := \Pi'_Q(g(x^*) - \mu^*, \quad \mathcal{J}g(x^*)\delta_1 + \delta_3) = \Pi'_Q(u^*, \Upsilon(\delta)),$$

其中 $\delta := (\delta_1, \delta_2, \delta_3) \in \Re^n \times \Re^l \times \Re^N$, $\Upsilon(\delta) := \mathcal{J}g(x^*)\delta_1 + \delta_3$.

记 $\Gamma(\cdot) := \Pi'_Q(u, \cdot)$, 由文献 [31, Lemma14] 有 $\partial_B \Gamma(0) = \partial_B \Pi_Q(u)$. 根据引理 4.7, 有

$$\partial_B \Theta(0) = \partial_B \Pi_Q(u) \mathcal{J}_\delta \Upsilon(0),$$

再结合 (7.82) 与引理 4.7, 即得结论. ■

现在来叙述并证明主要的稳定性定理.

定理 7.8 设 x^* 是非线性二阶锥约束优化问题 (7.53) 的局部最优解, Robinson 约束规范在 x^* 处成立, $(\lambda^*, \mu^*) \in \Re^l \times \Re^N$ 是对应 x^* 的 Lagrange 乘子. 则下述条件彼此是等价的.

(a) 点 x^* 是非退化的且 SSOSC(7.62) 在点 x^* 处成立.

(b) 广义微分 $\partial E(0, x^*, \lambda^*, \mu^*)$ 中的每一元素都是非奇异的.

(c) 广义微分 $\partial F(x^*, \lambda^*, \mu^*)$ 的每一元素都是非奇异的.

(d) KKT 点 (x^*, λ^*, μ^*) 是广义方程 (7.77) 的强正则解.

(e) 点 x^* 是非退化的, 且一致二阶增长条件在 x^* 处成立.

(f) 点 x^* 是非退化的强稳定点.

(g) 函数 F 在 KKT 点 (x^*, λ^*, μ^*) 附近是一局部 Lipschitz 同胚.

(h) 广义微分 $\partial\Psi(0)$ 中的每一元素均是非奇异的.

证明 显然, 根据定理 7.7 与推论 7.1 有 (a)$\Longrightarrow$(b) $\Longrightarrow$(c). 关系 (d)$\Longleftrightarrow$(e) $\Longleftrightarrow$(f) 由文献 [4, Theorem 5.24, Theorem 5.35] 得到, (a) $\Longleftrightarrow$(d) 由文献 [3, Theorem 30] 得到. 由命题 7.9 可以推出 (h)$\Longleftrightarrow$(c). 根据文献 [8] 与文献 [9] 的 Clarke 反函数定理, 可得 (c)$\Longrightarrow$(g). 根据文献 [35] 中的 Lemma 3.1 或者文献 [18] 中的 Theorem 3.1, 以及文献 [6] 中的 Lemma 3.4, 可得到 (g) $\Longleftrightarrow$(d). 证毕. ■

第 8 章　半正定矩阵锥的变分分析与优化

8.1　半正定矩阵锥简介

用 $\mathbb{S}^n$ 记 $n \times n$ 阶的实对称矩阵空间, 在 $\mathbb{S}^n$ 中定义内积

$$\langle A, B\rangle = \operatorname{Tr}(AB), \quad \forall A, B \in \mathbb{S}^n,$$

此内积引导的范数即 Frobenius 范数$\|A\| = \left(\sum_{i=1}^{n}\sum_{j=1}^{n} a_{ij}^2\right)^{1/2}$. 用 $\mathbb{S}_+^n$ 记 $n\times n$ 阶的对称半正定矩阵构成的锥, $\mathbb{S}_-^n$ 记 $n \times n$ 阶的对称半负定矩阵构成的锥. 可以验证 $\mathbb{S}_-^n = -\mathbb{S}_+^n = [\mathbb{S}_+^n]^-$①.

用 $\mathcal{O}^n$ 记 $n \times n$ 阶的实的正交矩阵的全体. 对于 $X \in \mathbb{S}^n$, 用

$$\lambda_1(X) \geqslant \lambda_2(X) \geqslant \cdots \geqslant \lambda_n(X)$$

记 X 的按降序排列 (考虑重数的) 的实特征值, 记 $\Lambda(X) = \operatorname{Diag}(\lambda(X))$. 对上述给定的 X, 存在 $P \in \mathcal{O}^n$ 满足

$$X = P\operatorname{Diag}(\lambda(X))P^{\mathrm{T}},$$

其中 $\lambda(X) = (\lambda_1(X), \cdots, \lambda_n(X))^{\mathrm{T}}$, 满足上述等式的所有 P 记为

$$\mathcal{O}^n(X) = \{P \in \mathcal{O}^n : X = P\operatorname{Diag}(\lambda(X))P^{\mathrm{T}}\}.$$

为了讨论 $\mathbb{S}^n$ 中两个互补关系矩阵的谱分解的关系以及后续分析的需要, 我们给出并证明下述引理和定理.

引理 8.1 (Hardy-Littlewood-Polya 不等式)　空间 $\Re^n$ 中的任何 x 与 y 满足不等式

$$x^{\mathrm{T}}y \leqslant [x]^{\mathrm{T}}[y],$$

其中 $[x]$ 是将 x 中的元素按降序顺序排列得到的向量.

方阵 S 被称为是双随机的, 如果 S 的每一个元素是非负的且每行与每列的元素之和均为 1.

---

①对于锥 $K \subset \mathcal{X}$, K^- 记 K 的极锥: $K^- = \{v \in \mathcal{X}^* : \langle v, x\rangle \leqslant 0, \forall x \in K\}$.

引理 8.2 (Birkhoff) 任何双随机矩阵是置换矩阵的一个凸组合.

引理 8.3 对 $\mathbb{S}^n$ 中的任意两个矩阵 Y 与 Z, 则

$$\| \Lambda(Y) - \Lambda(Z) \| \leqslant \| Y - Z \|, \tag{8.1}$$

其中等式成立的充分必要条件是 Y 与 Z 可同时做相同特征值顺序的谱分解, 即存在正交矩阵 $U \in \mathcal{O}^n$ 满足

$$Y = U\mathrm{Diag}(\lambda(Y))U^{\mathrm{T}} \quad 与 \quad Z = U\mathrm{Diag}(\lambda(Z))U^{\mathrm{T}}.$$

证明 令 $P, Q \in \mathcal{O}^n$ 满足

$$Y = P\mathrm{Diag}\ (\lambda(Y))P^{\mathrm{T}} = P\Lambda(Y)P^{\mathrm{T}}, \quad Z = Q\mathrm{Diag}\ (\lambda(Z))Q^{\mathrm{T}} = Q\Lambda(Z)Q^{\mathrm{T}}.$$

这一引理等价于下述 Fan 不等式:

$$\langle Y, Z\rangle \leqslant \lambda(Y)^{\mathrm{T}}\lambda(Z),$$

其中等式成立的充分必要条件是 Y 与 Z 可同时做相同特征值顺序的谱分解. 定义 $R = P^{\mathrm{T}}Q$. 则 R 是正交矩阵且

$$\langle Y, Z\rangle = \langle \Lambda(Y), R\Lambda(Z)R^{\mathrm{T}}\rangle = \sum_{i=1}^{n}\sum_{j=1}^{n} \lambda_i(Y)r_{ij}^2\lambda_j(Z), \tag{8.2}$$

其中 $R = (r_{ij})$. 令 $S = (s_{ij})$ 是一 $n \times n$ 矩阵, 满足

$$s_{ij} = r_{ij}^2, \quad \forall\, i, j = 1, \cdots, n\,.$$

则 S 是一双随机矩阵. 根据 (8.2) 可得

$$\langle Y, Z\rangle = \lambda(Y)^{\mathrm{T}}S\lambda(Z)\,.$$

由引理 8.2 可知 S 可表示为有限个置换矩阵的凸组合, 即

$$S = \sum_{i=1}^{m} \beta_i P_i\,,$$

其中 m 是一正整数, $P_i, i = 1, \cdots, m$ 是置换矩阵, $\beta_i \geqslant 0$ 满足 $\sum\limits_{i=1}^{m} \beta_i = 1$.

根据 Hardy-Littlewood-Polya 不等式, 对每一 $i \in \{1, \cdots, m\}$, 有

$$\lambda(Y)^{\mathrm{T}}P_i\lambda(Z) \leqslant \lambda(Y)^{\mathrm{T}}\lambda(Z)\,.$$

于是可得

$$\langle Y,Z\rangle \leqslant \sum_{i=1}^{m}\beta_i\lambda(Y)^{\mathrm{T}}\lambda(Z)=\lambda(Y)^{\mathrm{T}}\lambda(Z),$$

这证得 (8.1) 成立. 显然, 当 $Y, Z\in\mathcal{S}^n$ 可同时作相同特征值顺序的谱分解时, (8.1) 中的等式成立. 相反地, 假设 Y 与 Z 满足这一等式. 设 $U\in\mathcal{O}^n$ 是一正交矩阵, 满足 $Y+Z=U\mathrm{Diag}(\lambda(Y+Z))U^{\mathrm{T}}$. 则

$$\langle U\mathrm{Diag}(\lambda(Y))U^{\mathrm{T}}, Y+Z\rangle=\lambda(Y)^{\mathrm{T}}\lambda(Y+Z). \tag{8.3}$$

因为 $\langle Y, Y+Z\rangle\leqslant\lambda(Y)^{\mathrm{T}}\lambda(Y+Z)$, 由 (8.3) 可得

$$\langle Y-U\mathrm{Diag}\,(\lambda(Y))U^{\mathrm{T}}, Y+Z\rangle\leqslant 0. \tag{8.4}$$

因为 $\langle Y, Z\rangle=\lambda(Y)^{\mathrm{T}}\lambda(Z)$, 由 (8.4), 得到

$$\begin{aligned}&\langle Y, Y\rangle-\langle U\mathrm{Diag}\,(\lambda(Y))U^{\mathrm{T}}, Y\rangle+\lambda(Y)^{\mathrm{T}}\lambda(Z)\\&-\langle U\mathrm{Diag}\,(\lambda(Y))U^{\mathrm{T}}, Z\rangle\leqslant 0.\end{aligned}$$

由不等式 (8.1) 可得 $\lambda(Y)^{\mathrm{T}}\lambda(Z)-\langle U\mathrm{Diag}\,(\lambda(Y))U^{\mathrm{T}}, Z\rangle\geqslant 0$, 这意味着

$$\langle Y, Y\rangle-\langle U\mathrm{Diag}\,(\lambda(Y))U^{\mathrm{T}}, Y\rangle\leqslant 0.$$

因此

$$\lambda(Y)^{\mathrm{T}}\lambda(Y)=\langle Y, Y\rangle\leqslant\langle U\mathrm{Diag}\,(\lambda(Y))U^{\mathrm{T}}, Y\rangle\leqslant\lambda(Y)^{\mathrm{T}}\lambda(Y),$$

即

$$\|\lambda(Y)\|^2=\langle Y, Y\rangle=\langle U\mathrm{Diag}\,(\lambda(Y))U^{\mathrm{T}}, Y\rangle.$$

所以

$$\begin{aligned}&\|U\mathrm{Diag}\,(\lambda(Y))U^{\mathrm{T}}-Y\|^2\\=&\|\lambda(Y)\|^2-2\langle U\mathrm{Diag}\,(\lambda(Y))U^{\mathrm{T}}, Y\rangle+\|\lambda(Y)\|^2\\=&0,\end{aligned}$$

可推出

$$Y=U\mathrm{Diag}\,(\lambda(Y))U^{\mathrm{T}}.$$

在上述推证中将 Y 替换成 Z, 也可以得到

$$Z=U\mathrm{Diag}\,(\lambda(Z))U^{\mathrm{T}}.$$

可见, Y 与 Z 同时可做特征值顺序相同的谱分解. ■

称矩阵 $X,Y\in\mathbb{S}^n$ 满足互补条件, 如果 $\langle X,Y\rangle=0$, 记为 $X\perp Y$.

推论 8.1 设矩阵 $X, Y \in \mathbb{S}^n$, 则

$$\mathbb{S}^n_+ \ni X \perp Y \in \mathbb{S}^n_+$$

的充分必要条件是存在 $P \in \mathcal{O}^n$ 满足

$$X = P\mathrm{Diag}(\lambda(X))P^{\mathrm{T}}, \quad Y = P\mathrm{Diag}(\lambda(Y))P^{\mathrm{T}}, \quad \lambda(X) \circ \lambda(Y)^{①} = 0. \tag{8.5}$$

证明 由引理 8.3 可得, $\|\lambda(X) + \lambda(Y)\| = \|X + Y\|$ 成立的充分必要条件是在 $P \in \mathcal{O}^n$ 满足

$$X = P\mathrm{Diag}(\lambda(X))P^{\mathrm{T}}, \quad Y = P\mathrm{Diag}(\lambda(Y))P^{\mathrm{T}}.$$

证明充分性. 如果 (8.5) 成立可得

$$\begin{aligned}\langle X, Y\rangle &= \langle P\mathrm{Diag}(\lambda(X))P^{\mathrm{T}}, P\mathrm{Diag}(\lambda(Y))P^{\mathrm{T}}\rangle \\ &= \langle \mathrm{Diag}(\lambda(X)), \mathrm{Diag}(\lambda(Y))\rangle \\ &= \lambda(X)^{\mathrm{T}}\lambda(Y) = \mathbf{1}_n^{\mathrm{T}}[\lambda(X) \circ \lambda(Y)] = 0.\end{aligned}$$

再证必要性. 如果 $\mathbb{S}^n_+ \ni X \perp Y \in \mathbb{S}^n_+$, 则 $\lambda(X) \geqslant 0$, $\lambda(Y) \geqslant 0$, 根据引理 8.3 可得

$$\|\lambda(X)\|^2 + 2\lambda(X)^{\mathrm{T}}\lambda(Y) + \|\lambda(Y)\|^2 \leqslant \|X\|^2 + \|Y\|^2,$$

注意到 $\|\lambda(X)\| = \|X\|$, $\|\lambda(Y)\| = \|Y\|$ 可得 $\lambda(X)^{\mathrm{T}}\lambda(Y) = 0$, 即有 $\lambda(X) \circ \lambda(Y) = 0$. 此种情况有 $\|\lambda(X) - \lambda(Y)\| = \|X - Y\|$, 因此必存在 $P \in \mathcal{O}^n$ 满足 (8.5). ■

8.2 对称矩阵值函数的微分

8.2.1 任意特征值的一二阶方向导数

令 $\mu_1 > \mu_2 > \cdots > \mu_r$ 为 X 的 r 个不同的特征值. 定义 $\{1, \cdots, n\}$ 中的子集合:

$$\alpha_k := \{i : \lambda_i(X) = \mu_k\}, \quad k = 1, \cdots, r. \tag{8.6}$$

将 P 表示为 $P = [P_{\alpha_1}\ P_{\alpha_2}\ \cdots\ P_{\alpha_r}]$, 其中 $P_{\alpha_k} = (p_i : i \in \alpha_k)$, $P_{\alpha_k} \in \Re^{n\times|\alpha_k|}$, $k = 1, \cdots, r$. 对任何 $H \in \mathbb{S}^n$ 与 $k \in \{1, \cdots, r\}$, 设 $P_{\alpha_k}^{\mathrm{T}} H P_{\alpha_k} \in \Re^{|\alpha_k|\times|\alpha_k|}$ 具有下述的谱分解

$$(Q^k)^{\mathrm{T}}(P_{\alpha_k}^{\mathrm{T}} H P_{\alpha_k})Q^k = \mathrm{Diag}\,(\xi_1^k, \cdots, \xi_{|\alpha_k|}^k).$$

①本章中的符号“∘”表示向量或矩阵的 Hadamard 积, 即对应位置元素相乘.

其中 $Q^k \in \mathcal{O}^{|\alpha_k|}(P_{\alpha_k}^{\rm T}HP_{\alpha_k})$, $\xi_i^k = \lambda_i(P_{\alpha_k}^{\rm T}HP_{\alpha_k})$, $i=1,\cdots,|\alpha_k|$. 记矩阵 $P_{\alpha_k}^{\rm T}HP_{\alpha_k}$ 的不同特征值分别为 $\eta_1^k,\cdots,\eta_{N_k}^k$. 定义 $\{1,\cdots,|\alpha_k|\}$ 的下述子集合:

$$\beta_j^k := \{i : \xi_i^k = \eta_j^k,\ i=1,\cdots,|\alpha_k|\},\quad j=1,\cdots,N_k. \tag{8.7}$$

定义 $\kappa_i := \sum_{j=1}^{i}|\alpha_j|$ $(\kappa_0 := 0)$ 与 $\kappa_i^{(k)} = \sum_{j=1}^{i}|\beta_j^k|(\kappa_0^{(k)} := 0)$, 为记号的方便, 定义下述映射:

$$\begin{aligned}
&m_a : \{1,\cdots,n\} \to \{1,\cdots,r\},\quad m_a(i)=k,\ \ 若\ i\in\alpha_k,\\
&l : \{1,\cdots,n\} \to \mathbf{N},\quad l(i) = i-\kappa_{m_a(i)-1},\\
&m_b : \{1,\cdots,n\} \to \mathbf{N},\quad m_b(i)=p,\ \ 若\ l(i)\in\beta_p^{m_a(i)},\\
&l' : \{1,\cdots,n\} \to \mathbf{N},\quad l'(i) = l(i)-\kappa_{m_b(i)-1}^{(m_a(i))}.
\end{aligned}$$

对 $i'\in\beta_p^k$, 在 $\{1,\cdots,n\}$ 中相对应的指标为 $i=\kappa_{p-1}^{(k)}+i'+\kappa_{k-1}$.

例 8.1 令 $X = {\rm Diag}(9,9,8,8,8,1,1)\in\mathbb{S}^7$, 取 $P=I_7\in\mathcal{O}^7(X)$. 则 $\alpha_1=\{1,2\}$, $\alpha_2=\{3,4,5\}$, $\alpha_3=\{6,7\}$. 令 $H\in\mathbb{S}^7$ 满足 $P_{\alpha_1}^{\rm T}HP_{\alpha_1}={\rm Diag}(4,4)$, $P_{\alpha_2}^{\rm T}HP_{\alpha_2}={\rm Diag}(3,2,2)$, $P_{\alpha_3}^{\rm T}HP_{\alpha_3}={\rm Diag}(0,0)$, 则 $\beta_1^1=\{1,2\}$, $\beta_1^2=\{1\}$, $\beta_2^2=\{2,3\}$, $\beta_1^3=\{1,2\}$. 取 $Q=I_3\in\mathcal{O}^3(P_{\alpha_2}^{\rm T}HP_{\alpha_2})$, 则对某个 $W\in\mathbb{S}^3$ 有 $Q_{\beta_1^2}^{\rm T}(P_{\alpha_2}^{\rm T}WP_{\alpha_2})Q_{\beta_1^2}=5$, $Q_{\beta_2^2}^{\rm T}(P_{\alpha_2}^{\rm T}WP_{\alpha_2})Q_{\beta_2^2}={\rm Diag}(4,3)$. 对 $i=5$, 可知 $i\in\alpha_2$, 则 $m_\alpha(i)=2$, $l(i)=5-\kappa_1=3\in\beta_2^2$, $m_b(i)=2$ 与 $l'(i)=3-\kappa_1^{(2)}=2$. 因此, $\lambda_i(X)=8$, $\lambda_{l(i)}(P_{\alpha_2}^{\rm T}HP_{\alpha_2})=2$, $\lambda_{l'(i)}(Q_{\beta_2^2}^{\rm T}(P_{\alpha_2}^{\rm T}WP_{\alpha_2})Q_{\beta_2^2})=3$.

这一节讨论对称矩阵的任意特征值函数 $\lambda_i(\cdot)$ 的一阶与二阶方向导数, 其中 $\lambda_i(X)$ 是 $X\in\mathbb{S}^n$ 的第 i 个特征值. 对 $X,H,W\in\mathbb{S}^n$, 定义 $Y(t):=X+tH+\dfrac{t^2}{2}W$. 设 $Y(t)$ 具有下述谱分解

$$Y(t)=U(t)\Xi(t)U(t)^{\rm T},\quad U(t)\in\mathcal{O}^n(Y(t)), \tag{8.8}$$

其中 $\Xi(t):=\Lambda(Y(t))$.

为方便讨论, 先考虑 X 是对角矩阵的情况, 即 $X=\Lambda(X)$. 这种情况, 显然有 $I\in\mathcal{O}^n(X)$. 不失一般性, 取 $P=I$, 则 $P_{\alpha_i}=E_{\alpha_i}=(e_{\kappa_{i-1}+1},\cdots,e_{\kappa_i})\in\Re^{n\times|\alpha_i|}$, 其中 e_j 是 $\Re^n$ 的第 j 个单位坐标向量. 则可得 $P_{\alpha_k}^{\rm T}HP_{\alpha_l}=H_{\alpha_k\alpha_l}$. 下述引理给出 $\Lambda(X)$ 发生小的扰动时的谱分解的性质, 该引理及其证明出自文献 [56].

引理 8.4 [56, Proposition 2] 对任何 $H\in\mathbb{S}^n$, 设 U 是一正交矩阵, 满足

$$U^{\rm T}(\Lambda(X)+H)U={\rm Diag}\left(\lambda(\Lambda(X)+H)\right). \tag{8.9}$$

则对任何 $H \to 0$, 有

$$\begin{aligned} &U_{\alpha_k\alpha_l} = \mathrm{O}(\|H\|), && k,l=1,\cdots,r,\ k\neq l \\ &U_{\alpha_k\alpha_k}U^{\mathrm{T}}_{\alpha_k\alpha_k} = I_{|\alpha_k|} + \mathrm{O}(\|H\|^2), && k=1,\cdots,r, \\ &d(U_{\alpha_k\alpha_k},\ \mathcal{O}^{|\alpha_k|}) = \mathrm{O}(\|H\|^2), && k=1,\cdots,r \end{aligned} \tag{8.10}$$

和

$$\lambda_i(\Lambda(X)+H) - \lambda_i(X) - \lambda_{l(i)}(H_{\alpha_k\alpha_k}) = \mathrm{O}(\|H\|^2), \quad i\in\alpha_k,\ k=1,\cdots,r. \tag{8.11}$$

因此, 对任何给定的方向 $H\in\mathbb{S}^n$, 特征值函数 $\lambda_i(\cdot)$ 在 X 处是方向可微的, 且

$$\lambda_i'(\Lambda(X);H) = \lambda_{l(i)}(H_{\alpha_k\alpha_k}), \quad i\in\alpha_k, k=1,\cdots,r.$$

证明 对每一 $k\in\{1,\cdots,r\}$, 令 $\Lambda_{\alpha_k} := \mathrm{Diag}(\lambda_{\alpha_k}(X))$, $\Xi_{\alpha_k} := \mathrm{Diag}(\lambda_{\alpha_k}(\Lambda(X)+H))$. 我们先证明 (8.10). 如果 $r=1$, 即 $\lambda_1(X)=\cdots=\lambda_n(X)$, 则 (8.10) 的第一式是显然成立的. 下面假设 $r\geqslant 2$.

由 (8.9), 对任何 $H\in\mathbb{S}^n$ 有

$$\begin{bmatrix} \Lambda_{\alpha_1} & \cdots & 0 \\ \vdots & & \vdots \\ 0 & \cdots & \Lambda_{\alpha_r} \end{bmatrix} U + HU = U \begin{bmatrix} \Xi_{\alpha_1} & \cdots & 0 \\ \vdots & & \vdots \\ 0 & \cdots & \Xi_{\alpha_r} \end{bmatrix}, \tag{8.12}$$

这一式子连同引理 8.3 与 U 的一致有界性可推出

$$\begin{cases} \Lambda_{\alpha_k}U_{\alpha_k\alpha_l} + \mathrm{O}(\|H\|) = U_{\alpha_k\alpha_l}\Lambda_{\alpha_l}, \\ \Lambda_{\alpha_l}U_{\alpha_l\alpha_k} + \mathrm{O}(\|H\|) = U_{\alpha_l\alpha_k}\Lambda_{\alpha_k}, \end{cases} \quad \forall 1\leqslant k\neq l\leqslant r.$$

因此, 注意到只要 $k\neq l$ 就有 $\mu_k\neq\mu_l$, 可得

$$U_{\alpha_k\alpha_l} = \mathrm{O}(\|H\|), \quad \forall 1\leqslant k\neq l\leqslant r,$$

即 (8.10) 中的第一等式成立. 由于 $U\in\mathcal{O}^n$, 由 (8.10) 的第一式可直接得到第二等式成立.

为了证明 (8.10) 中的第三等式, 对 $k=1,\cdots,r$. 固定 $k\in\{1,\cdots,r\}$, 考虑 $U_{\alpha_k\alpha_k}$ 的奇异值分解 (SVD). 令 W 与 V 是 $\mathcal{O}^{|\alpha_k|}$ 中的元素, 满足 $U_{\alpha_k\alpha_k} = W\Sigma V^{\mathrm{T}}$, 其中 Σ 是一非负的对角矩阵. 根据 (8.10) 中的第二等式, 可得

$$V\Sigma^2V^{\mathrm{T}} = I_{|\alpha_k|} + \mathrm{O}(\|H\|^2),$$

这等价于

$$\Sigma^2 = V^{\mathrm{T}}V + \mathrm{O}(\|H\|^2) = I_{|\alpha_k|} + \mathrm{O}(\|H\|^2)\,.$$

因为 Σ 是非负对角矩阵, 有

$$\Sigma = \begin{bmatrix} 1+\mathrm{O}(\|H\|^2) & 0 & \cdots & 0 \\ 0 & 1+\mathrm{O}(\|H\|^2) & \cdots & 0 \\ \vdots & \vdots & & \vdots \\ 0 & 0 & \cdots & 1+\mathrm{O}(\|H\|^2) \end{bmatrix},$$

这意味着

$$U_{\alpha_k\alpha_k} = WV^{\mathrm{T}} + \mathrm{O}(\|H\|^2)\,.$$

由于 $WV^{\mathrm{T}} \in \mathcal{O}^{|\alpha_k|}$, 可得到 $d(U_{\alpha_k\alpha_k}, \mathcal{O}^{|\alpha|}) = \mathrm{O}(\|H\|^2)$.

下面证明 (8.11). 对每一 $k \in \{1, \cdots, r\}$, 比较 (8.9) 两边的第 k 个对角块, 可得

$$U_{\alpha_k}^{\mathrm{T}}(\Lambda(X)+H)U_{\alpha_k} = \Xi_{\alpha_k}\,.$$

固定 $k \in \{1, \cdots, r\}$. 由 (8.10) 有

$$U_{\alpha_k\alpha_k}^{\mathrm{T}} H_{\alpha_k\alpha_k} U_{\alpha_k\alpha_k} = \Xi_{\alpha_k} - \mu_k U_{\alpha_k\alpha_k}^{\mathrm{T}} U_{\alpha_k\alpha_k} + \mathrm{O}(\|H\|^2)\,. \tag{8.13}$$

根据 (8.10) 的第三等式可知, 对每一 $H \in \mathbb{S}^n$, 存在正交矩阵 $Q_k \in \mathcal{O}^{|\alpha_k|}$(依赖 H) 满足

$$U_{\alpha_k\alpha_k} = Q_k + \mathrm{O}(\|H\|^2)\,.$$

于是, 由 (8.13) 可得

$$Q_k^{\mathrm{T}} H_{\alpha_k\alpha_k} Q_k = \Xi_{\alpha_k} - \mu_k I_{|\alpha_k|} + O(\|H\|^2)\,. \tag{8.14}$$

根据引理 8.3, 特征值映射 $\lambda(\cdot)$ 是 Lipschitz 连续的, 由 (8.14) 可得

$$\lambda_{l(i)}(H_{\alpha_k\alpha_k}) = \lambda_{l(i)}(Q_k^{\mathrm{T}} H_{\alpha_k\alpha_k} Q_k) = \lambda_i(\Lambda(X)+H) - \mu_k + \mathrm{O}(\|H\|^2), \quad \forall\, i \in \alpha_k.$$

注意, 对任何 $i \in \alpha_k$, 有 $\lambda_i(X) = \mu_k$, 证得 (8.11) 成立. ■

直接由引理8.4可得, 存在 $Q^k(t) \in \mathcal{O}^{|\alpha_k|}$ 满足 $U_{\alpha_k\alpha_k}(t) = Q^k(t) + \mathrm{O}(t^2)$, 以及

$$(\Xi_{\alpha_k}(t) - \mu_l I_{|\alpha_k|})^{-1} = \frac{1}{\mu_k - \mu_l} I_{|\alpha_k|} + \mathrm{Diag}\,(\mathrm{O}(t), \cdots, \mathrm{O}(t)), \quad l \neq k. \tag{8.15}$$

下述结果是直接推导矩阵任意特征值方向导数的关键.

引理 8.5 设 $Y(t)\in\mathbb{S}^n$ 具有谱分解 (8.8). 对 $k,l\in\{1,\cdots,r\}$ 满足 $k\neq l$, 存在 $Q^l(t)\in\mathcal{O}^{|\alpha_l|}$ 满足

$$U_{\alpha_k\alpha_l}(t)=t\frac{H_{\alpha_k\alpha_l}Q^l(t)}{\mu_l-\mu_k}+\mathrm{O}(t^2), \tag{8.16}$$

$$U_{\alpha_l\alpha_l}^{\mathrm{T}}(t)U_{\alpha_l\alpha_l}(t)=I_{|\alpha_l|}-t^2\sum_{j\neq l}\frac{(Q^l(t))^{\mathrm{T}}H_{\alpha_j\alpha_l}^{\mathrm{T}}H_{\alpha_j\alpha_l}Q^l(t)}{(\mu_j-\mu_l)^2}+\mathrm{O}(t^3). \tag{8.17}$$

证明 由 (8.8) 可得 $Y(t)U(t)=U(t)\Xi(t)$, 于是有

$$E_{\alpha_k}^{\mathrm{T}}Y(t)U(t)E_{\alpha_l}=E_{\alpha_k}^{\mathrm{T}}U(t)\Xi(t)E_{\alpha_l},$$

即

$$E_{\alpha_k}^{\mathrm{T}}\left(\begin{bmatrix}\mu_1 I_{|\alpha_1|} & & \\ & \ddots & \\ & & \mu_r I_{|\alpha_r|}\end{bmatrix}+tH+\frac{t^2}{2}W\right)\begin{bmatrix}U_{\alpha_1\alpha_1}(t) & \cdots & U_{\alpha_1\alpha_r}(t)\\ \vdots & & \vdots\\ U_{\alpha_r\alpha_1}(t) & \cdots & U_{\alpha_r\alpha_r}(t)\end{bmatrix}E_{\alpha_l}$$

$$=E_{\alpha_k}^{\mathrm{T}}\begin{bmatrix}U_{\alpha_1\alpha_1}(t) & \cdots & U_{\alpha_1\alpha_r}(t)\\ \vdots & & \vdots\\ U_{\alpha_r\alpha_1}(t) & \cdots & U_{\alpha_r\alpha_r}(t)\end{bmatrix}\begin{bmatrix}\Xi_{\alpha_1}(t) & & \\ & \ddots & \\ & & \Xi_{\alpha_r}(t)\end{bmatrix}E_{\alpha_l}.$$

所以得到

$$\mu_k U_{\alpha_k\alpha_l}(t)+tE_{\alpha_k}^{\mathrm{T}}HU(t)E_{\alpha_l}+\frac{t^2}{2}E_{\alpha_k}^{\mathrm{T}}WU(t)E_{\alpha_l}=U_{\alpha_k\alpha_l}(t)\Xi_{\alpha_l}(t).$$

根据 E_{α_k} 的定义, 有

$$E_{\alpha_k}^{\mathrm{T}}H=[H_{\alpha_k\alpha_1},\cdots,H_{\alpha_k\alpha_l},\cdots,H_{\alpha_k\alpha_r}] \quad 与 \quad U(t)E_{\alpha_l}=\begin{bmatrix}U_{\alpha_1\alpha_l}(t)\\ \vdots\\ U_{\alpha_r\alpha_l}(t)\end{bmatrix},$$

从而

$$\mu_k U_{\alpha_k\alpha_l}(t)+t\sum_{j=1}^{r}H_{\alpha_k\alpha_j}U_{\alpha_j\alpha_l}(t)+\frac{t^2}{2}E_{\alpha_k}^{\mathrm{T}}WU(t)E_{\alpha_l}=U_{\alpha_k\alpha_l}(t)\Xi_{\alpha_l}(t).$$

这一式子, 连同引理 8.4 与式 (8.15) 表明

$$
\begin{aligned}
U_{\alpha_k\alpha_l}(t) =& \left(t\sum_{j=1}^{r} H_{\alpha_k\alpha_j}U_{\alpha_j\alpha_l}(t) + \frac{t^2}{2}E_{\alpha_k}^{\mathrm{T}}WU(t)E_{\alpha_l} \right) (\Xi_{\alpha_l}(t) - \mu_k I_{|\alpha_l|})^{-1} \\
=& \left(t[H_{\alpha_k\alpha_1}, \cdots, H_{\alpha_k\alpha_l}, \cdots, H_{\alpha_k\alpha_r}] \begin{bmatrix} \mathrm{O}(t) \\ \vdots \\ Q^l(t) + \mathrm{O}(t^2) \\ \vdots \\ \mathrm{O}(t) \end{bmatrix} \right. \\
& \left. + \frac{t^2}{2}E_{\alpha_k}^{\mathrm{T}}WU(t)E_{\alpha_l} \right) (\Xi_{\alpha_l}(t) - \mu_k I_{|\alpha_l|})^{-1} \\
=& (tH_{\alpha_k\alpha_l}Q^l(t) + \mathrm{O}(t^2)) \left(\frac{1}{\mu_l - \mu_k} I_{|\alpha_l|} + \mathrm{Diag}\,(\mathrm{O}(t), \cdots, \mathrm{O}(t)) \right) \\
=& \frac{tH_{\alpha_k\alpha_l}Q^l(t)}{\mu_l - \mu_k} + \mathrm{O}(t^2),
\end{aligned}
$$

这证得 (8.16). 根据等式 $U_{\alpha_l}^{\mathrm{T}}(t)U_{\alpha_l}(t) = I_{|\alpha_l|}$, 由 (8.16) 可直接得 (8.17). ■

下面给出矩阵 X 是对角矩阵时, 任意特征值的方向导数与二阶方向导数.

命题 8.1 对任何 $H, W \in \mathbb{S}^n$, 定义

$$
V_k(H, W) = E_{\alpha_k}^{\mathrm{T}}[W - 2H(X - \mu_k I)^{\dagger}H]E_{\alpha_k},
$$

则对任何 $i \in \alpha_k$, $k = 1, \cdots, r$,

$$
\lambda_i(Y(t)) = \lambda_i(X) + t\lambda_{l(i)}(H_{\alpha_k\alpha_k}) + \frac{t^2}{2}\lambda_{l'(i)}\big((Q^k_{\beta^k_{m_b(i)}})^{\mathrm{T}}V_k(H, W)Q^k_{\beta^k_{m_b(i)}}\big) + \mathrm{O}(t^3), \tag{8.18}
$$

其中 $Q^k \in \mathcal{O}^{|\alpha_k|}(H_{\alpha_k\alpha_k})$. 即有

$$
\lambda_i'(X; H) = \lambda_{l(i)}(H_{\alpha_k\alpha_k}) \tag{8.19}
$$

与

$$
\lambda_i''(X; H, W) = \lambda_{l'(i)}\big((Q^k_{\beta^k_{m_b(i)}})^{\mathrm{T}}V_k(H, W)Q^k_{\beta^k_{m_b(i)}}\big). \tag{8.20}
$$

证明 根据引理 8.5,

$$
U_{\alpha_k}^{\mathrm{T}}(t)\Lambda(X)U_{\alpha_k}(t) = \sum_{j=1}^{r} \mu_j U_{\alpha_j\alpha_k}^{\mathrm{T}}(t)U_{\alpha_j\alpha_k}(t)
$$

$$
\begin{aligned}
&= \mu_k U^{\mathrm{T}}_{\alpha_k\alpha_k}(t) U_{\alpha_k\alpha_k}(t) + \sum_{j\neq k}^{r} \mu_j U^{\mathrm{T}}_{\alpha_j\alpha_k}(t) U_{\alpha_j\alpha_k}(t) \\
&= \mu_k I_{|\alpha_k|} - t^2 \mu_k \sum_{j\neq k}^{r} \frac{(Q^k(t))^{\mathrm{T}} H^{\mathrm{T}}_{\alpha_j\alpha_k} H_{\alpha_j\alpha_k} Q^k(t)}{(\mu_j - \mu_k)^2} \\
&\quad + t^2 \sum_{j\neq k}^{r} \mu_j \frac{(Q^k(t))^{\mathrm{T}} H^{\mathrm{T}}_{\alpha_j\alpha_k} H_{\alpha_j\alpha_k} Q^k(t)}{(\mu_j - \mu_k)^2} + \mathrm{O}(t^3) \\
&= \mu_k I_{|\alpha_k|} + t^2 \sum_{j\neq k}^{r} \frac{(Q^k(t))^{\mathrm{T}} H^{\mathrm{T}}_{\alpha_j\alpha_k} H_{\alpha_j\alpha_k} Q^k(t)}{\mu_j - \mu_k} + \mathrm{O}(t^3)
\end{aligned}
\tag{8.21}
$$

与

$$
\begin{aligned}
U^{\mathrm{T}}_{\alpha_k}(t) H U_{\alpha_k}(t) = &\sum_{\substack{j\neq k\\ l\neq k}} U^{\mathrm{T}}_{\alpha_l\alpha_k}(t) H_{\alpha_l\alpha_j} U_{\alpha_j\alpha_k}(t) + \sum_{\substack{j=1\\ j\neq k}}^{r} U^{\mathrm{T}}_{\alpha_k\alpha_k}(t) H_{\alpha_k\alpha_j} U_{\alpha_j\alpha_k}(t) \\
&+ \sum_{\substack{l=1\\ l\neq k}}^{r} U^{\mathrm{T}}_{\alpha_l\alpha_k}(t) H_{\alpha_l\alpha_k} U_{\alpha_k\alpha_k}(t) + U^{\mathrm{T}}_{\alpha_k\alpha_k}(t) H_{\alpha_k\alpha_k} U_{\alpha_k\alpha_k}(t).
\end{aligned}
\tag{8.22}
$$

再次根据引理 8.5 可得

$$
\sum_{\substack{j\neq k\\ l\neq k}} U^{\mathrm{T}}_{\alpha_l\alpha_k}(t) H_{\alpha_l\alpha_j} U_{\alpha_j\alpha_k}(t) = \mathrm{O}(t^2),
$$

$$
\begin{aligned}
\sum_{\substack{j=1\\ j\neq k}}^{r} U^{\mathrm{T}}_{\alpha_k\alpha_k}(t) H_{\alpha_k\alpha_j} U_{\alpha_j\alpha_k}(t) &= \left(Q^k(t) + \mathrm{O}(t^2)\right)^{\mathrm{T}} \sum_{\substack{j=1\\ j\neq k}}^{r} H_{\alpha_k\alpha_j} \left(t \frac{H_{\alpha_j\alpha_k}}{\mu_k - \mu_j} Q^k(t) + \mathrm{O}(t^2)\right) \\
&= t \sum_{\substack{j=1\\ j\neq k}}^{r} \frac{(Q^k(t))^{\mathrm{T}} H^{\mathrm{T}}_{\alpha_j\alpha_k} H_{\alpha_j\alpha_k} Q^k(t)}{\mu_k - \mu_j} + \mathrm{O}(t^2).
\end{aligned}
\tag{8.23}
$$

类似地, 有下述关系成立:

$$
\sum_{\substack{l=1\\ l\neq k}}^{r} U^{\mathrm{T}}_{\alpha_l\alpha_k}(t) H_{\alpha_l\alpha_k} U_{\alpha_k\alpha_k}(t) = t \sum_{\substack{l=1\\ l\neq k}}^{r} \frac{(Q^k(t))^{\mathrm{T}} H^{\mathrm{T}}_{\alpha_l\alpha_k} H_{\alpha_l\alpha_k} Q^k(t)}{\mu_k - \mu_l} + \mathrm{O}(t^2),
$$

$$
\begin{aligned}
U^{\mathrm{T}}_{\alpha_k\alpha_k}(t) H_{\alpha_k\alpha_k} U_{\alpha_k\alpha_k}(t) &= (Q^k(t) + \mathrm{O}(t)^2)^{\mathrm{T}} H_{\alpha_k\alpha_k} (Q^k(t) + \mathrm{O}(t)^2) \\
&= (Q^k(t))^{\mathrm{T}} H_{\alpha_k\alpha_k} Q^k(t) + \mathrm{O}(t)^2.
\end{aligned}
\tag{8.24}
$$

结合 (8.22)~(8.24), 可得

$$U_{\alpha_k}^{\mathrm{T}}(t)HU_{\alpha_k}(t)=(Q^k(t))^{\mathrm{T}}H_{\alpha_k\alpha_k}Q^k(t)+2t\sum_{\substack{l=1\\l\neq k}}^{r}\frac{(Q^k(t))^{\mathrm{T}}H_{\alpha_l\alpha_k}^{\mathrm{T}}H_{\alpha_l\alpha_k}Q^k(t)}{\mu_k-\mu_l}+\mathrm{O}(t^2). \tag{8.25}$$

此式连同

$$U_{\alpha_k}^{\mathrm{T}}(t)WU_{\alpha_k}(t)=(Q^k(t))^{\mathrm{T}}W_{\alpha_k\alpha_k}Q^k(t)+\mathrm{O}(t)$$

可推出

$$\begin{aligned}\Xi_{\alpha_k}(t)=&\mu_kI_{|\alpha_k|}+\frac{t^2}{2}(Q^k(t))^{\mathrm{T}}\left[W_{\alpha_k\alpha_k}-2\sum_{l\neq k}\frac{H_{\alpha_l\alpha_k}^{\mathrm{T}}H_{\alpha_l\alpha_k}}{\mu_l-\mu_k}\right]Q^k(t)\\&+t(Q^k(t))^{\mathrm{T}}H_{\alpha_k\alpha_k}Q^k(t)+\mathrm{O}(t^3)\\=&\mu_kI_{|\alpha_k|}+t(Q^k(t))^{\mathrm{T}}H_{\alpha_k\alpha_k}Q^k(t)+\frac{t^2}{2}(Q^k(t))^{\mathrm{T}}V_k(H,W)Q^k(t)+\mathrm{O}(t^3).\end{aligned} \tag{8.26}$$

根据 (8.26) 可得

$$H_{\alpha_k\alpha_k}=\frac{1}{t}Q^k(t)[\Xi_{\alpha_k}(t)-\mu_kI_{|\alpha_k|}](Q^k(t))^{\mathrm{T}}+\mathrm{O}(t). \tag{8.27}$$

因为对任何 $t>0$, $Q^k(t)$ 是一致有界的, 不妨设当 $t\searrow 0$ 时, $\{Q^k(t)\}$ 收敛到一正交矩阵 Q^k. 于是

$$\begin{aligned}H_{\alpha_k\alpha_k}=&Q^k\mathrm{Diag}(\lambda_i'(X,H):i\in\alpha_k)(Q^k)^{\mathrm{T}}\\=&Q^k\mathrm{Diag}(\eta_1^kI_{|\beta_1^k|},\cdots,\eta_{N_k}^kI_{|\beta_{N_k}^k|})(Q^k)^{\mathrm{T}}.\end{aligned} \tag{8.28}$$

事实上, 当 $t\searrow 0$ 时 $\{Q^k(t)\}$ 的任何聚点都满足 (8.28), 换言之, $Q^k\in\mathcal{O}^{|\alpha_k|}(H_{\alpha_k\alpha_k})$. 根据 (8.26) 有

$$\begin{aligned}&(Q^k)^{\mathrm{T}}Q^k(t)\Xi_{\alpha_k}(t)(Q^k(t))^{\mathrm{T}}Q^k-\mu_kI_{|\alpha_k|}-t\mathrm{Diag}\big(\eta_1^kI_{|\beta_1^k|},\cdots,\eta_{N_k}^kI_{|\beta_{N_k}^k|}\big)\\=&\frac{t^2}{2}(Q^k)^{\mathrm{T}}V_k(H,W)Q^k+\mathrm{O}(t^3).\end{aligned} \tag{8.29}$$

因此可得到

$$\begin{aligned}\Lambda_{\alpha_k}(Y(t))=&\mu_kI_{|\alpha_k|}+t\Lambda\Big(\mathrm{Diag}\ \big(\eta_1^kI_{|\beta_1^k|},\cdots,\eta_{N_k}^kI_{|\beta_{N_k}^k|}\big)\\&+\frac{t}{2}(Q^k)^{\mathrm{T}}V_k(H,W)Q^k\Big)+\mathrm{O}(t^3).\end{aligned} \tag{8.30}$$

因为特征值映射 $\lambda(\cdot)$ 是 Lipschitz 连续的, 由 (8.30) 可得, 对任何 $i\in\alpha_k$,

$$\lambda_i(Y(t))=\lambda_i(X)+t\lambda_{l(i)}(H_{\alpha_k\alpha_k})+\frac{t^2}{2}\lambda_{l'(i)}\big((Q_{\beta_{m_b(i)}^k}^k)^{\mathrm{T}}V_k(H,W)Q_{\beta_{m_b(i)}^k}^k\big)+\mathrm{O}(t^3).$$

证毕. ■

现在考虑 X 不必是对角矩阵的一般情形. 把 $Y(t)$ 表示为

$$Y(t) = P[\Lambda(X) + t\widetilde{H} + \frac{1}{2}t^2\widetilde{W}]P^{\mathrm{T}}, \tag{8.31}$$

其中

$$\widetilde{H} = P^{\mathrm{T}}HP, \quad \widetilde{W} = P^{\mathrm{T}}WP. \tag{8.32}$$

根据命题 8.1, 容易得到 $\lambda_i(\cdot)$ 在 X 处沿 (H, W) 的二阶方向导数的下述公式.

定理 8.1 对任何 $H, W \in \mathbb{S}^n$, 定义

$$\widetilde{V}_k(H, W) = P_{\alpha_k}^{\mathrm{T}}[W - 2H(X - \mu_k I)^{\dagger}H]P_{\alpha_k}, \tag{8.33}$$

则对任何 $i \in \alpha_k$, $k = 1, \cdots, r$,

$$\lambda_i(Y(t)) = \lambda_i(X) + t\lambda_{l(i)}(\widetilde{H}_{\alpha_k\alpha_k}) + \frac{t^2}{2}\lambda_{l'(i)}\big((Q^k_{\beta^k_{m_b(i)}})^{\mathrm{T}}\widetilde{V}_k(H, W)Q^k_{\beta^k_{m_b(i)}}\big) + \mathrm{O}(t^3), \tag{8.34}$$

其中 $Q^k \in \mathcal{O}^{|\alpha_k|}(\widetilde{H}_{\alpha_k\alpha_k})$. 即

$$\lambda_i'(X; H) = \lambda_{l(i)}(\widetilde{H}_{\alpha_k\alpha_k}) \tag{8.35}$$

与

$$\lambda_i''(X; H, W) = \lambda_{l'(i)}\big((Q^k_{\beta^k_{m_b(i)}})^{\mathrm{T}}\widetilde{V}_k(H, W)Q^k_{\beta^k_{m_b(i)}}\big). \tag{8.36}$$

证明 容易验证

$$V_k(\widetilde{H}, \widetilde{W}) = \widetilde{V}_k(H, W),$$

可直接从命题 8.1 得到结论. ■

注记 8.1 公式 (8.35) 的推导类似于文献[10]的方式. 公式 (8.35) 与 (8.36) 被文献[62]用文献[53]的扰动理论得到.

8.2.2 对称矩阵值函数的导数与二阶导数

设矩阵 $X \in \mathbb{S}^n$ 具有下述特征值分解

$$X = P\Lambda(X)P^{\mathrm{T}}. \tag{8.37}$$

设 $f: \Re \to \Re$ 是一实值函数. 定义矩阵函数

$$\begin{aligned} F(X) &:= P\,\mathrm{Diag}(f(\lambda_1(X)), f(\lambda_2(X)), \cdots, f(\lambda_n(X)))\,P^{\mathrm{T}} \\ &= \sum_{i=1}^{n} f(\lambda_i(X))p_i{p_i}^{\mathrm{T}}. \end{aligned} \tag{8.38}$$

这一函数被称为 Löwner 算子. 本节的所有结论除了推论 8.2 中的 $\mathcal{P}_k(\cdot)$ 的二阶导数公式, 均取材于讲义 [56], 根据需要有的结论给出证明, 这些证明也取自讲义 [56].

命题 8.2 [56, Proposition 6] 对任何实值函数 $f:\Re\to\Re$, $F(\cdot)$ 是有定义的.

定理 8.2 [56, Theorem 1] 给定 $X\in\mathbb{S}^n$, 设它具有特征值分解 (8.37). 则 Löwner 算子 $F(\cdot)$ 在 X 处为局部 Lipschitz 连续的充分必要条件是 $f(\cdot)$ 在 $\lambda_i(X), i=1,\cdots,n$ 处均是局部 Lipschitz 连续的.

下面关于插值函数的结论来自文献 [20, Section 5.2].

引理 8.6 设 $x_1,\cdots,x_s$ 是不同的实数. 对每一 $k\in\{1,\cdots,s\}$, 令 m_k 是给定的非负整数, $f_k^{(r)}, r=0,1,\cdots,m_k-1$ 是给定的实数. 则存在至多 $m-1$ $\left(m=\sum_{k=1}^{s}m_k\right)$ 次的一元多项式 $h(\cdot)$, 满足下述 m 个条件

$$h^{(r)}(x_k)=f_k^{(r)},\quad k=1,2,\cdots,s,\quad r=0,1,\cdots,m_k-1.$$

对对角阵 $D=\mathrm{Diag}(d_1,d_2,\cdots,d_n)$, 设函数 $f(\cdot)$ 在每一 d_i 处均是可微的, $i=1,\cdots,n$, 导数为 $f'(d_i), i=1,\cdots,n$. 用 $f^{[1]}(D)\in\mathbb{S}^n$ 记下述差比矩阵, 它的 (i,j) 元素定义为

$$(f^{[1]}(D))_{ij}=\begin{cases}\dfrac{f(d_i)-f(d_j)}{d_i-d_j}, & 若\ d_i\neq d_j,\\ f'(d_i), & 若\ d_i=d_j,\end{cases}\qquad i,j=1,\cdots,n.$$

引理 8.7 [56, Lemma 5] 设 $X\in\mathbb{S}^n$ 具有特征值分解 (8.37). 设函数 f 是一元多项式函数. 则 F 在 X 处是可微的, 对 $H\in\mathbb{S}^n$, 它的导数为

$$F'(X)H=P\left[f^{[1]}(\Lambda(X))\circ(P^{\mathrm{T}}HP)\right]P^{\mathrm{T}}.\tag{8.39}$$

证明 只需要证明 (8.39) 对所有的幂函数 $f(t)=t^m$, $m=1,2,\cdots$ 成立. 对这样的 f, 有 $F(X)=X^m$, $m=1,2,\cdots$. 因此对任何 $H\in\mathbb{S}^n$, 当 $H\to 0$ 时

$$F(X+H)-F(X)=\sum_{k=1}^{m}X^{k-1}HX^{m-k}+\mathrm{O}(\|H\|^2).$$

因为 $X=P\Lambda(X)P^{\mathrm{T}}$, 可得

$$F'(X)H=P\left[\sum_{k=1}^{m}\Lambda(X)^{k-1}(P^{\mathrm{T}}HP)\Lambda(X)^{m-k}\right]P^{\mathrm{T}},\quad H\in\mathbb{S}^n.$$

对任何 $H\in\mathbb{S}^n$, $\sum_{k=1}^{m}\Lambda(X)^{k-1}(P^{\mathrm{T}}HP)\Lambda(X)^{m-k}$ 的 (i,j) 元素是

$$\sum_{k=1}^{m}\lambda_i(X)^{k-1}\lambda_j(X)^{m-k}(P^{\mathrm{T}}HP)_{ij}.$$

另一方面, $f^{[1]}(\Lambda(X))$ 的 (i,j) 元素为

$$f_{ij}^{[1]}(\Lambda(X)) = \frac{\lambda_i(X)^m - \lambda_j(X)^m}{\lambda_i(X) - \lambda_j(X)} = \sum_{k=1}^{m} \lambda_i(X)^{k-1}\lambda_j(X)^{m-k}.$$

因此对任何 $H \in \mathbb{S}^n$, 有

$$F'(X)H = P\left[f^{[1]}(\Lambda(X)) \circ (P^{\mathrm{T}}HP)\right]P^{\mathrm{T}}.$$

这证得 F 在 X 处是可微的且 (8.39) 成立. ■

定理 8.3 [56, Theorem 2] 给定 $X \in \mathbb{S}^n$, 它具有谱分解 (8.37). 则矩阵值函数 $F(\cdot)$ 在 X 处是 (连续) 可微的充分必要条件是对每一 $i \in \{1,\cdots,n\}$, $f(\cdot)$ 在 $\lambda_i(X)$ 处是 (连续) 可微的. 此种情况下, $F(\cdot)$ 在 X 处沿 $H \in \mathbb{S}^n$ 的方向导数由 (8.39) 给出.

证明 先证充分性. 设对每一 $i \in \{1,\cdots,n\}$, $f(\cdot)$ 在 $\lambda_i(X)$ 处是可微的. 首先考虑特殊情况 $f(\lambda_i(X)) = f'(\lambda_i(X)) = 0$, $i = 1,\cdots,n$. 设 U 是正交矩阵满足

$$Y := X + H = \sum_{i=1}^{n} \lambda_i(Y)u_iu_i^{\mathrm{T}},$$

其中 u_i 是 U 的第 i 列. 因为对每一 $i = 1,\cdots,n$, 特征值函数 $\lambda_i(\cdot)$ 是 Lipchitz 连续的, $u_iu_i^{\mathrm{T}}$ 是一致有界的, 因此对任何 $H \in \mathbb{S}^n$, 当 $H \to 0$ 时,

$$\begin{aligned}
F(Y) &= \sum_{i=1}^{n} f(\lambda_i(Y))u_iu_i^{\mathrm{T}} \\
&= \sum_{i=1}^{n} [f(\lambda_i(Y)) - f(\lambda_i(X))]u_iu_i^{\mathrm{T}} \\
&= \sum_{i=1}^{n} [f'(\lambda_i(X))(\lambda_i(Y) - \lambda_i(X)) + \mathrm{o}(|\lambda_i(Y) - \lambda_i(X)|)]u_iu_i^{\mathrm{T}} \\
&= \sum_{i=1}^{n} \mathrm{o}(|\lambda_i(Y) - \lambda_i(X)|)u_iu_i^{\mathrm{T}} = \mathrm{o}(\|H\|).
\end{aligned}$$

因此, $F(\cdot)$ 在 X 处是可微的, 对任何 $H \in \mathbb{S}^n$, $F'(X)H = 0$.

下面考虑一般情况. 设 $p(\cdot)$ 是一多项式, 满足 $p(\lambda_i(X)) = f(\lambda_i(X))$ 与 $p'(\lambda_i(X)) = f'(\lambda_i(X)), i = 1,\cdots,n$. 由引理 8.6, 这样的多项式是存在的. 设 $P(\cdot) : \mathbb{S}^n \to \mathcal{S}^n$ 是对应 $p(\cdot)$ 的矩阵值函数. 由引理 8.7 得 P 在 X 处是可微的. 因此, 根据上面的证明可得矩阵值函数 $(F - P)(\cdot)$ 在 X 处是可微的, 具有 0 导数值. 所以得到 F 在 X 处是可微的, $F(\cdot)$ 在 X 处沿方向 $H \in \mathbb{S}$ 的导数由 (8.39) 给出.

现在证明, 如果对每一 $i \in \{1, \cdots, n\}$, $f(\cdot)$ 在 $\lambda_i(X)$ 处是连续可微的, 则 $F(\cdot)$ 在 X 处是连续可微的. 已经证明 F 在 X 的一开邻域内是可微的. 由 (8.39), 当 Y 充分接近 X 时, F 在 Y 处沿 $H \in \mathbb{S}^n$ 的导数可表示为

$$F'(Y)H = U\left[f^{[1]}(\Lambda(Y)) \circ (U^{\mathrm{T}}HU)\right]U^{\mathrm{T}},$$

其中 Y 具有特征值分解 $Y = U\mathrm{Diag}(\lambda(Y))U^{\mathrm{T}}$. 由 $\lambda(\cdot)$ 的连续性, 对任何 $1 \leqslant i \leqslant j \leqslant n$ 与 $Y \to X$, 如果 $\lambda_i(X) \neq \lambda_j(X)$, 则

$$(f^{[1]}(\Lambda(Y)))_{ij} \to (f^{[1]}(\Lambda(X)))_{ij};$$

如果 $\lambda_i(X) = \lambda_j(X)$, 则由中值定理可得

$$(f^{[1]}(\Lambda(Y)))_{ij} = f'(\tau_{ij}(Y)) \to f'(\lambda_i(X)),$$

其中 $\tau_{ij}(Y) \in [\lambda_j(Y), \lambda_i(Y)]$. 因此, 当 $Y \to X$ 时, $F'(Y)H$ 的任何聚点可以表示为

$$P(f^{[1]}(\Lambda(X)) \circ (P^{\mathrm{T}}HP))P^{\mathrm{T}},$$

其中 $P \in \mathcal{O}^n(X)$ 是某个正交矩阵. 这一结果连同 (8.39), 可推出对任何 $H \in \mathbb{S}^n$,

$$F'(Y)H \to F'(X)H, \quad 当 \quad Y \to X.$$

于是 $F'(\cdot)$ 在 X 处的连续性得证.

现在证明必要性. 注意 $\mu_1 > \cdots > \mu_r$ 是 X 的特征值中所有不同的值,

$$\alpha_k = \{i : \lambda_i = \mu_k\}, \quad k = 1, \cdots, r.$$

对每一 $k \in \{1, \cdots, r\}$, 记矩阵 $\mathcal{P}_k := \sum_{i \in \alpha_k} p_i p_i^{\mathrm{T}}$.

为证明对每一 $k \in \{1, \cdots, r\}$, $f(\cdot)$ 在 μ_k 处是 (连续) 可微的, 考虑 $F(\cdot)$ 与 $\nu_k(t) := X + t\mathcal{P}_k$ 的复合函数, $t \in \Re$. 对任何 $t \in \Re$,

$$F(\nu_k(t)) = \sum_{j=1, j\neq k}^{r} f(\mu_j)\mathcal{P}_j + f(\mu_k + t)\mathcal{P}_k, \tag{8.40}$$

这意味着

$$f(\mu_k + t)\langle \mathcal{P}_k, \mathcal{P}_k \rangle = \langle \mathcal{P}_k, F(\nu_k(t)) \rangle = \langle \mathcal{P}_k, F(X + t\mathcal{P}_k) \rangle. \tag{8.41}$$

因为 $\langle \mathcal{P}_k, \mathcal{P}_k \rangle = |\alpha_k| > 0$, $F(\cdot)$ 在 X 处是 (连续) 可微的, $f(\cdot)$ 在 μ_k 处是 (连续) 可微的

$$f'(\mu_k) = \frac{\langle \mathcal{P}_k, F'(X)\mathcal{P}_k \rangle}{\|\mathcal{P}_k\|^2}.$$

证毕. ■

设 $f:\Re\to\Re$ 是一数值函数, $f(\cdot)$ 在三个点 $x,y,z\in\Re$ 处是二次可微的. 定义 $f^{[2]}(x,y,z)$ 为二阶差比

$$f^{[2]}(x,y,z)=\begin{cases}\dfrac{f^{[1]}(x,y)-f^{[1]}(x,z)}{y-z}, & \text{如果 } x,y \text{ 与 } z \text{ 不同},\\ \dfrac{f(z)-f(x)-f'(x)(z-x)}{(z-x)^2}, & \text{如果 } x=y\neq z,\\ \dfrac{1}{2}f''(x), & \text{如果 } x=y=z.\end{cases}$$

引理 8.8 [56, Lemma 6] 设 $X\in\mathbb{S}^n$ 具有特征值分解 (8.37). 设数值函数 f 是多项式函数. 则 F 在 X 处是二次可微的, 对任何 $H,W\in\mathbb{S}^n$, F 在 X 处的二阶导数为

$$\begin{aligned}&F''(X)[H,W]\\&=\sum_{1\leqslant i,j,k\leqslant n}f^{[2]}(\lambda_i(X),\lambda_j(X),\lambda_k(X))(P_iHP_jWP_k+P_iWP_jHP_k),\end{aligned}\tag{8.42}$$

其中 $P_i:=p_ip_i{}^{\mathrm{T}}, i=1,\cdots,n$.

证明 只需要证明结论对幂函数 $f(t)=t^m, m=1,2,\cdots$ 成立. 对这样的 $f(\cdot)$, 有 $F(X)=X^m$. 因此, 由归纳法可得

$$\begin{aligned}&F'(X+W)H-F'(X)H\\&=\sum_{q=1}^{m}(X+W)^{q-1}H(X+W)^{m-q}\quad-\sum_{q=1}^{m}X^{q-1}HX^{m-q}\\&=\sum_{p+q+r=m-2}(X^pHX^qWX^r+X^pWX^qHX^r)+\mathrm{O}(\|W\|^2).\end{aligned}$$

因此 F 在 X 处是二次可微的,

$$F''(X)[H,W]=\sum_{p+q+r=m-2}(X^pHX^qWX^r+X^pWX^qHX^r).$$

因为 $X=\sum_{i=1}^{n}\lambda_i(X)p_ip_i^{\mathrm{T}}=\sum_{i=1}^{n}\lambda_i(X)P_i$, 有 $X^p=\sum_{i=1}^{n}(\lambda_i(X))^pP_i, \forall p\in\{1,\cdots,m\}$. 因此有

$$\begin{aligned}F''(X)[H,W]=&\sum_{p+q+r=m-2}\ \sum_{1\leqslant i,j,k\leqslant n}(\lambda_i(X))^p\\&\cdot(\lambda_j(X))^q(\lambda_k(X))^r(P_iHP_jWP_k+P_iWP_jHP_k).\end{aligned}$$

另一方面, 对 $f = t^m$ 有

$$f^{[2]}(\lambda_i(X), \lambda_j(X), \lambda_k(X)) = \sum_{p+q+r=m-2} (\lambda_i(X))^p (\lambda_j(X))^q (\lambda_k(X))^r .$$

所以有 (8.42) 成立. ■

类似于定理 8.3 的证明, 可以证明下述关于矩阵函数二阶导数的定理.

定理 8.4 [56, Theorem 3] 设 $X \in \mathbb{S}^n$ 具有特征值分解 (8.37). 则矩阵值函数 $F(\cdot)$ 在 X 处是二次 (连续) 可微的充分必要条件是数值函数 $f(\cdot)$ 在每一 $\lambda_i(X), i = 1, \cdots, n$ 处均是二次 (连续) 可微的. 此种情况下, 对任何 $H, W \in \mathbb{S}^n, F(\cdot)$ 在 X 处的二阶导数由 (8.42) 给出.

对给定的 $X \in \mathbb{S}^n$ 以及每一 $k \in \{1, \cdots, r\}$, 存在 $\delta_k > 0$ 满足 $|\mu_l - \mu_k| > \delta_k, \forall\, l \neq k$. 定义连续的数值函数 $g_k(\cdot) : \Re \to \Re$ 如下:

$$g_k(t) = \begin{cases} -\dfrac{6}{\delta_k}\left(t - \mu_k - \dfrac{\delta_k}{2}\right), & t \in \left[\mu_k + \dfrac{\delta_k}{3}, \mu_k + \dfrac{\delta_k}{2}\right], \\ 1, & t \in \left[\mu_k - \dfrac{\delta_k}{3}, \mu_k + \dfrac{\delta_k}{3}\right], \\ \dfrac{6}{\delta_k}\left(t - \mu_k + \dfrac{\delta_k}{2}\right) & t \in \left[\mu_k - \dfrac{\delta_k}{2}, \mu_k - \dfrac{\delta_k}{3}\right], \\ 0, & \text{否则}, \end{cases} \tag{8.43}$$

则函数 $g_k(\cdot)$ 在每一 $\mu_i, i = 1, \cdots, r$ 处均是二次连续可微的. 令 $\mathcal{P}_k(\cdot)$ 为对应于 $g_k(\cdot)$ 的矩阵值函数, 即对任何 $Y \in \mathbb{S}^n$,

$$\mathcal{P}_k(Y) := U\text{Diag}(g_k(\lambda_1(Y)), \cdots, g_k(\lambda_n(Y)))U^{\mathrm{T}}, \tag{8.44}$$

其中 $U \in \mathcal{O}^n$ 满足 $Y = U\text{Diag}(\lambda(Y))U^{\mathrm{T}}$.

令

$$F^s(Y) := \sum_{k=1}^{r} f(\mu_k)\mathcal{P}_k(Y), \quad Y \in \mathcal{S}^n . \tag{8.45}$$

因为对每一 $k \in \{1, \cdots, r\}$, $g_k(\cdot)$ 在 $\mu_i, i = 1, \cdots, r$ 处是二次连续可微的, 根据定理 8.4, 直接得到下述引理.

推论 8.2 对每一 $k = 1, \cdots, r$, $\mathcal{P}_k(\cdot)$ 在 X 处是二次连续可微的, $\mathcal{P}_k(\cdot)$ 的二阶导数为

$$\begin{aligned} \mathcal{P}_k''(X)[H, W] = \sum_{\substack{l=1 \\ l \neq k}}^{r} \frac{1}{(\mu_k - \mu_l)^2} [&\mathcal{P}_l(X)H\mathcal{P}_l(X)W\mathcal{P}_k(X) + \mathcal{P}_l(X)W\mathcal{P}_l(X)H\mathcal{P}_k(X) \\ &+ \mathcal{P}_l(X)H\mathcal{P}_k(X)W\mathcal{P}_k(X) + \mathcal{P}_l(X)W\mathcal{P}_k(X)H\mathcal{P}_k(X) \\ &+ \mathcal{P}_l(X)H\mathcal{P}_k(X)W\mathcal{P}_l(X) + \mathcal{P}_l(X)W\mathcal{P}_k(X)H\mathcal{P}_l(X)] \end{aligned}$$

$$+\sum_{\substack{l=1\\l\neq k}}^{r}\frac{-1}{(\mu_k-\mu_l)^2}[\mathcal{P}_k(X)H\mathcal{P}_k(X)W\mathcal{P}_l(X)+\mathcal{P}_k(X)W\mathcal{P}_k(X)H\mathcal{P}_l(X)$$
$$+\mathcal{P}_k(X)H\mathcal{P}_l(X)W\mathcal{P}_l(X)+\mathcal{P}_k(X)W\mathcal{P}_l(X)H\mathcal{P}_l(X)$$
$$+\mathcal{P}_k(X)H\mathcal{P}_l(X)W\mathcal{P}_k(X)+\mathcal{P}_k(X)W\mathcal{P}_l(X)H\mathcal{P}_k(X)]$$
$$+\sum_{\substack{1\leqslant l\neq h\leqslant r\\l,h\neq k}}\frac{1}{(\mu_k-\mu_l)(\mu_k-\mu_h)}[\mathcal{P}_k(X)H\mathcal{P}_l(X)W\mathcal{P}_h(X)$$
$$+\mathcal{P}_k(X)W\mathcal{P}_l(X)H\mathcal{P}_h(X))$$
$$+\mathcal{P}_l(X)H\mathcal{P}_k(X)W\mathcal{P}_h(X)+\mathcal{P}_l(X)W\mathcal{P}_k(X)H\mathcal{P}_h(X))$$
$$+\mathcal{P}_l(X)H\mathcal{P}_h(X)W\mathcal{P}_k(X)+\mathcal{P}_l(X)W\mathcal{P}_h(X)H\mathcal{P}_k(X)].$$

对每一 $k=1,\cdots,r$, 根据定理 8.3, 对任何 $H\in\mathbb{S}^n$, $\mathcal{P}_k(\cdot)$ 在 X 处的一阶导数

$$\mathcal{P}_k'(X)H=\sum_{\substack{l=1\\l\neq k}}^{r}\frac{1}{\mu_k-\mu_l}(\mathcal{P}_k(X)H\mathcal{P}_l(X)+\mathcal{P}_l(X)H\mathcal{P}_k(X)).\tag{8.46}$$

8.2.3 对称矩阵值函数的一二阶方向导数

这一节假设 $f:\Re\to\Re$ 在每一 $\lambda_i(X)$, $i=1,\cdots,n$ 处是二阶方向可微的, 我们推导与 f 相联系的 Löwner 算子 F 的二阶方向导数.

先考虑 X 为对角矩阵的情况, 即 $X=\Lambda(X)$. 选取 $P=I\in\mathcal{O}^n(X)$. 则 $P_{\alpha_k}=E_{\alpha_k}$, $k=1,\cdots,r$, $P_{\alpha_k}^{\mathrm{T}}HP_{\alpha_l}=H_{\alpha_k\alpha_l}$, $k,l=1,\cdots,r$.

对充分接近 X 的一给定的 $Y\in\mathbb{S}^n$, 设 Y 具有下述的特征值分解

$$Y=U\Lambda(Y)U^{\mathrm{T}},\quad U\in\mathcal{O}^n(Y),$$

定义 $\mathcal{P}_k(Y):=\sum\limits_{i\in\alpha_k}u_iu_i^{\mathrm{T}}$, 其中 u_i 是矩阵 U 的第 i 列. 则存在 $\varepsilon>0$ 满足

$$\mathcal{P}_k(Y)=G_k(Y)\equiv\sum_{i=1}^{n}g_k(\lambda_i(Y))u_iu_i^{\mathrm{T}},\quad\forall Y\in\mathbf{B}_\varepsilon(X).$$

其中 g_k 由 (8.43) 定义.

由推论 8.2 或者文献 [2, Exercise V.3.9], 对任何 $H,W\in\mathbb{S}^n$,

$$\mathcal{P}_k''(X)(H,W)=\sum_{1\leqslant i,j,l\leqslant n}g_k^{[2]}(\lambda_i,\lambda_j,\lambda_l)(p_ip_i^{\mathrm{T}}Hp_jp_j^{\mathrm{T}}Wp_lp_l^{\mathrm{T}}+p_ip_i^{\mathrm{T}}Wp_jp_j^{\mathrm{T}}Hp_lp_l^{\mathrm{T}}),\tag{8.47}$$

其中 $g_k^{[2]}(\lambda_i,\lambda_j,\lambda_l)$ 是二阶差比.

由二阶差比的定义, 有

$$g_k^{[2]}(\lambda_i,\lambda_j,\lambda_l)=\begin{cases}\dfrac{1}{(\mu_k-\mu_p)(\mu_k-\mu_q)}, & i\in\mathcal{J}_k, j\in\mathcal{J}_p, l\in\mathcal{J}_q, k\neq p\neq q,\\ \dfrac{1}{(\mu_q-\mu_k)^2}, & i\in\mathcal{J}_k, j\in\mathcal{J}_q, l\in\mathcal{J}_q, k\neq q,\\ -\dfrac{1}{(\mu_q-\mu_k)^2}, & i\in\mathcal{J}_k, j\in\mathcal{J}_k, l\in\mathcal{J}_q, k\neq q,\\ 0, & \text{否则},\end{cases}$$

其中 $\mathcal{J}_i=\alpha_i, i=1,\cdots,r$.

对每一 $k\in\{1,\cdots,r\}$, $\mathcal{P}_k(\cdot)$ 是二次连续可微的且 $\mathcal{P}_k(\cdot)$ 的二阶导数为

$$\mathcal{P}_k''(X;H,W)=\mathcal{P}_k'(X)W+\mathcal{P}_k''(X)(H,H),$$

其中

$$\mathcal{P}_k'(X)W=\sum_{\substack{l=1\\l\neq k}}^{r}\frac{1}{\mu_k-\mu_l}(\mathcal{P}_k(X)W\mathcal{P}_l(X)+\mathcal{P}_l(X)W\mathcal{P}_k(X)),\quad k=1,\cdots,r,$$

$$\begin{aligned}\mathcal{P}_k''(X)(H,H)=&\,2\sum_{\substack{l=1\\l\neq k}}^{r}\frac{1}{(\mu_k-\mu_l)^2}[\widehat{H}_{ll}\widehat{H}_{lk}+\widehat{H}_{lk}\widehat{H}_{kl}+\widehat{H}_{kl}\widehat{H}_{ll}]\\&-2\sum_{\substack{l=1\\l\neq k}}^{r}\frac{1}{(\mu_k-\mu_l)^2}[\widehat{H}_{kk}\widehat{H}_{kl}+\widehat{H}_{kl}\widehat{H}_{lk}+\widehat{H}_{lk}\widehat{H}_{kk}]\\&+2\sum_{\substack{1\leqslant l\neq j\leqslant r\\l\neq k,j\neq k}}\frac{1}{(\mu_k-\mu_l)(\mu_k-\mu_j)}[\widehat{H}_{kl}\widehat{H}_{lj}+\widehat{H}_{lk}\widehat{H}_{kj}+\widehat{H}_{lj}\widehat{H}_{jl}],\end{aligned}$$

其中 $\widehat{H}_{kl}=\mathcal{P}_k(X)H\mathcal{P}_l(X)=P_{\alpha_k}P_{\alpha_k}^{\mathrm{T}}HP_{\alpha_l}P_{\alpha_l}^{\mathrm{T}}$.

引理 8.9 对 $l,k\in\{1,2,\cdots,r\}$ 满足 $l\neq k$, 成立着

(a) $(\Xi_{\alpha_l}(t)-\mu_kI_{|\alpha_l|})^{-1}=\dfrac{I_{|\alpha_l|}}{\mu_l-\mu_k}-t\dfrac{(Q^l(t))^{\mathrm{T}}H_{\alpha_l\alpha_l}Q^l(t)}{(\mu_l-\mu_k)^2}+\mathrm{O}(t^2)$,

(b) $U_{\alpha_k\alpha_l}(t)=\dfrac{1}{\mu_l-\mu_k}\left[tH_{\alpha_k\alpha_l}-t^2\left(\dfrac{H_{\alpha_k\alpha_l}H_{\alpha_l\alpha_l}}{\mu_l-\mu_k}-\sum_{\substack{j=1\\j\neq l}}^{r}\dfrac{H_{\alpha_k\alpha_j}H_{\alpha_j\alpha_l}}{\mu_l-\mu_j}-\dfrac{1}{2}W_{\alpha_k\alpha_l}\right)\right]Q^l(t)+\mathrm{O}(t^3)$.

证明 根据 (8.27) 可得

$$\Xi_{\alpha_l}(t)=\mu_lI_{|\alpha_l|}+t(Q^l(t))^{\mathrm{T}}H_{\alpha_l\alpha_l}Q^l(t)+\mathrm{O}(t^2),$$

于是

$$
\begin{aligned}
&(\Xi_{\alpha_l}(t)-\mu_k I_{|\alpha_l|})^{-1}\\
&=\frac{1}{\mu_l-\mu_k}(Q^l(t))^{\mathrm{T}}\left(I_{|\alpha_l|}+\frac{tH_{\alpha_l\alpha_l}}{\mu_l-\mu_k}\right)^{-1}Q^l(t)+\mathrm{O}(t^2)\\
&=\frac{1}{\mu_l-\mu_k}(Q^l(t))^{\mathrm{T}}\left(I_{|\alpha_l|}-\frac{tH_{\alpha_l\alpha_l}}{\mu_l-\mu_k}+\frac{t^2H_{\alpha_l\alpha_l}^2}{(\mu_l-\mu_k)^2}+\mathrm{O}(t^3)\right)Q^l(t)+\mathrm{O}(t^2)\\
&=\frac{1}{\mu_l-\mu_k}I_{|\alpha_l|}-t\frac{(Q^l(t))^T H_{\alpha_l\alpha_l}Q^l(t)}{(\mu_l-\mu_k)^2}+\mathrm{O}(t^2),
\end{aligned}\tag{8.48}
$$

这证得 (a).

下证 (b). 由于 $E_{\alpha_k}^{\mathrm{T}}\left(X+tH+\frac{t^2}{2}W\right)E_{\alpha_l}=U_{\alpha_k\alpha_l}(t)\Xi_{\alpha_l}(t)U_{\alpha_l}^{\mathrm{T}}(t)$, 得到

$$
\mu_k U_{\alpha_k\alpha_l}(t)+tH_{\alpha_k\alpha_l}U_{\alpha_l\alpha_l}+t\sum_{j\neq l}H_{\alpha_k\alpha_j}U_{\alpha_j\alpha_l}(t)+\frac{t^2}{2}E_{\alpha_k}^{\mathrm{T}}WU_{\alpha_l}(t)=U_{\alpha_k\alpha_l}(t)\Xi_{\alpha_l}(t),
$$

把上式与 $U_{\alpha_k\alpha_l}(t)=\mathrm{O}(t)\ (k\neq l)$ 结合可得

$$
\begin{aligned}
U_{\alpha_k\alpha_l}(t)=&\Bigg(tH_{\alpha_k\alpha_l}U_{\alpha_l\alpha_l}+t\sum_{j\neq l}H_{\alpha_k\alpha_j}U_{\alpha_j\alpha_l}(t)\\
&+\frac{t^2}{2}E_{\alpha_k}^{\mathrm{T}}WU_{\alpha_l}(t)\Bigg)(\Xi_{\alpha_l}(t)-\mu_k I_{|\alpha_l|})^{-1}+\mathrm{O}(t^3).
\end{aligned}
$$

根据引理 8.5 与 (a), 得到

$$
\begin{aligned}
U_{\alpha_k\alpha_l}(t)=&\Bigg(\frac{tH_{\alpha_k\alpha_l}}{\mu_l-\mu_k}-\frac{t^2H_{\alpha_k\alpha_l}H_{\alpha_l\alpha_l}}{(\mu_l-\mu_k)^2}\\
&+t^2\sum_{j\neq l}\frac{H_{\alpha_k\alpha_j}H_{\alpha_j\alpha_l}}{(\mu_l-\mu_k)(\mu_l-\mu_j)}+\frac{t^2W_{\alpha_k\alpha_l}}{2(\mu_k-\mu_l)}\Bigg)Q^l(t)+\mathrm{O}(t^3).
\end{aligned}
$$

证毕. ■

在叙述对称矩阵值函数的二阶方向导数之前, 事先给出下述分析. 定义 $\widehat{U}^k(t):=(Q^k)^{\mathrm{T}}Q^k(t)$, 则 $\widehat{U}^k(t)\in\mathcal{O}^{|\alpha_k|}$. 根据 (8.29), 所以得到

$$
\begin{aligned}
&\mathrm{Diag}\left(\eta_1^k I_{|\beta_1^k|},\cdots,\eta_{N_k}^k I_{|\beta_{N_k}^k|}\right)+\frac{t}{2}(Q^k)^{\mathrm{T}}V_k(H,W)Q^k+\mathrm{O}(t^2)\\
&=\widehat{U}^k(t)\Lambda\big(\mathrm{Diag}(\eta_1^k I_{|\beta_1^k|},\cdots,\eta_{N_k}^k I_{|\beta_{N_k}^k|})+\frac{t}{2}[(Q^k)^{\mathrm{T}}V_k(H,W)Q^k+\mathrm{O}(t)]\big)(\widehat{U}^k(t))^{\mathrm{T}}.
\end{aligned}
$$

类似于引理 8.5, 存在 $\widehat{Q}^k_{\beta_i^k\beta_i^k}(t) \in \mathcal{O}^{|\beta_i^k|}$ 满足

$$\widehat{U}^k_{\beta_i^k\beta_j^k}(t) = \begin{cases} \widehat{Q}^k_{\beta_i^k\beta_i^k}(t) + \mathrm{O}(t^2), & \text{若 } i = j, \\ \dfrac{t}{2(\eta_j^k - \eta_i^k)}(Q^k_{\beta_i})^{\mathrm{T}} V_k(H, W) Q^k_{\beta_j} \widehat{Q}^k_{\beta_j^k\beta_j^k}(t) + \mathrm{O}(t^2), & \text{若 } i \neq j. \end{cases}$$

定义 $\widehat{Q}^k(t) \in \Re^{|\alpha_k| \times |\alpha_k|}$,

$$[\widehat{Q}^k(t)]_{\beta_i^k\beta_j^k} = \begin{cases} \widehat{Q}^k_{\beta_i^k\beta_i^k}(t), & \text{若 } i = j, \\ \dfrac{t}{2(\eta_j^k - \eta_i^k)}(Q^k_{\beta_i})^{\mathrm{T}} V_k(H, W) Q^k_{\beta_j} \widehat{Q}^k_{\beta_j^k\beta_j^k}(t), & \text{若 } i \neq j. \end{cases}$$

于是有

$$Q^k(t) = Q^k \widehat{U}^k(t) = Q^k \widehat{Q}^k(t) + \mathrm{O}(t^2).$$

引理 8.9 可推出

$$U_{\alpha_l\alpha_k}(t) = \frac{1}{\mu_k - \mu_l}\left[tH_{\alpha_l\alpha_k} + \frac{t^2}{2}\Delta_{lk}\right] Q^k(t) + \mathrm{O}(t^3), \quad l \neq k,$$

其中

$$\Delta_{lk} := W_{\alpha_l\alpha_k} + 2\sum_{j\neq k} \frac{H_{\alpha_l\alpha_j} H_{\alpha_j\alpha_k}}{\mu_k - \mu_j} - 2\frac{H_{\alpha_l\alpha_k} H_{\alpha_k\alpha_k}}{\mu_k - \mu_l}.$$

为简化记号, 用 $U_{\alpha_l\beta_i^k}(t)$ 代替 $U_{\alpha_l(\alpha_k)_{\beta_i^k}}(t)$, 则

$$\begin{aligned} U_{\alpha_l\beta_i^k}(t) &= \frac{1}{\mu_k - \mu_l}\left(tH_{\alpha_l\alpha_k} + \frac{t^2}{2}\Delta_{lk}\right) Q^k \widehat{Q}^k_{\beta_i^k}(t) + \mathrm{O}(t^3) \\ &= \frac{1}{\mu_k - \mu_l}\left(tH_{\alpha_l\alpha_k} + \frac{t^2}{2}\Delta_{lk}\right) \\ &\quad \cdot \left(Q^k_{\beta_i^k} \widehat{Q}^k_{\beta_i^k\beta_i^k}(t) + \frac{t}{2}\sum_{j\neq i} \frac{Q^k_{\beta_j^k}(Q^k_{\beta_i^k})^T V_k(H, W) Q^k_{\beta_j^k} \widehat{Q}^k_{\beta_j^k\beta_j^k}(t)}{\eta_j^k - \eta_i^k}\right) \\ &\quad + \mathrm{O}(t^3) = \frac{1}{\mu_k - \mu_l} tH_{\alpha_l\alpha_k} Q^k_{\beta_i^k} \widehat{Q}^k_{\beta_i^k\beta_i^k}(t) + \mathrm{O}(t^2). \end{aligned}$$

对每一 $i \in \{1, \cdots, N_k\}$,

$$\begin{aligned} U_{\alpha_k\beta_i^k}(t) &= Q^k_{\beta_i^k}(t) + \mathrm{O}(t^2) \\ &= Q^k \widehat{Q}^k_{\beta_i^k}(t) + \mathrm{O}(t^2) \\ &= \left[Q^k_{\beta_i^k} + \frac{t}{2}\sum_{j\neq i} \frac{Q^k_{\beta_j^k}(Q^k_{\beta_j^k})^{\mathrm{T}} V_k(H, W) Q^k_{\beta_i^k}}{\eta_i^k - \eta_j^k}\right] \widehat{Q}^k_{\beta_i^k\beta_i^k}(t) + \mathrm{O}(t^2). \end{aligned}$$

因此, 对每一 $i \in \{1, \cdots, N_k\}$,

$$U_{\beta_i^k}(t) = \begin{bmatrix} \dfrac{tH_{\alpha_1\alpha_k}}{\mu_k - \mu_1} \\ \vdots \\ \dfrac{tH_{\alpha_{k-1}\alpha_k}}{\mu_k - \mu_{k-1}} \\ I_{|\beta_i^k|} + \dfrac{t}{2}\displaystyle\sum_{j\neq i} \dfrac{Q_{\beta_j^k}^k (Q_{\beta_j^k}^k)^{\mathrm{T}} V_k(H, W)}{\eta_i^k - \eta_j^k} \\ \dfrac{tH_{\alpha_{k+1}\alpha_k}}{\mu_k - \mu_{k+1}} \\ \vdots \\ \dfrac{tH_{\alpha_r\alpha_k}}{\mu_k - \mu_r} \end{bmatrix} Q_{\beta_i^k}^k \widehat{Q}_{\beta_i^k\beta_i^k}^k(t) + \mathrm{O}(t^2). \tag{8.49}$$

定义

$$g(t) = \sum_{k=1}^{r} g_k(t) f(\mu_k).$$

由二阶差比的定义可得

$$g^{[2]}(\mu_k, \mu_j, \mu_l) = \begin{cases} f^{[2]}(\mu_k, \mu_j, \mu_l), & k \neq j \neq l, \\ \dfrac{f(\mu_j) - f(\mu_k)}{(\mu_j - \mu_k)^2}, & l = k \neq j, \\ 0, & k = j = l. \end{cases} \tag{8.50}$$

注意, 对任意 $k, l \in \{1, \cdots, r\}, P_{\alpha_k} = E_{\alpha_k}$, 有

$$\left(\sum_{k=1}^{r} f(\mu_k)\mathcal{P}_k''(X)(H, H)\right)_{\alpha_k\alpha_l} = P_{\alpha_k}^{\mathrm{T}}\Big(\sum_{k=1}^{r} f(\mu_k)\mathcal{P}_k''(X)(H, H)\Big)P_{\alpha_l}$$

$$= \begin{cases} P_{\alpha_k}^{\mathrm{T}}\Big(\displaystyle\sum_{j\neq k} \dfrac{f(\mu_j) - f(\mu_k)}{(\mu_j - \mu_k)^2} \widehat{H}_{kj}\widehat{H}_{jk}\Big)P_{\alpha_l}, & \text{若 } l = k, \\ P_{\alpha_k}^{\mathrm{T}}\Big(\displaystyle\sum_{\substack{j\neq k \\ j\neq l}} f^{[2]}(\mu_k, \mu_j, \mu_l)\widehat{H}_{kj}\widehat{H}_{jl} \\ \quad + \dfrac{f(\mu_l) - f(\mu_k)}{(\mu_l - \mu_k)^2}[\widehat{H}_{kl}\widehat{H}_{ll} - \widehat{H}_{kk}\widehat{H}_{kl}]\Big)P_{\alpha_l}, & \text{若 } k > l. \end{cases}$$

因此, 由 (8.50) 可得

$$\Big(\sum_{k=1}^{r} f(\mu_k)\mathcal{P}_k''(X)(H, H)\Big)_{\alpha_k\alpha_l} = 2P_{\alpha_k}^{\mathrm{T}}\Big(\sum_{j=1}^{r} g^{[2]}(\mu_k, \mu_j, \mu_l)\widehat{H}_{kj}\widehat{H}_{jl}\Big)P_{\alpha_l}$$

$$
\begin{aligned}
&= 2\sum_{j=1}^{r} g^{[2]}(\mu_k,\mu_j,\mu_l)P_{\alpha_k}^{\mathrm{T}}HP_{\alpha_j}P_{\alpha_j}^{\mathrm{T}}HP_{\alpha_l} \\
&= 2P_{\alpha_k}^{\mathrm{T}}HG_{kl}^{[2]}(X)HP_{\alpha_l}
\end{aligned}
$$

与

$$
\sum_{k=1}^{r} f(\mu_i)\mathcal{P}_i''(X)(H,H) = \sum_{k=1}^{r}\sum_{l=1}^{r} P_{\alpha_k}P_{\alpha_k}^{T}HG_{kl}^{[2]}(X)HP_{\alpha_l}P_{\alpha_l}^{\mathrm{T}}, \tag{8.51}
$$

其中 $G_{kl}^{[2]}(X) := \sum_{j=1}^{r} g^{[2]}(\mu_k,\mu_j,\mu_l)P_{\alpha_j}P_{\alpha_j}^{\mathrm{T}}$ 是与函数 $g_{kl}^{[2]}(\cdot) := g^{[2]}(\mu_k,\cdot,\mu_l)$ 相联系的 Löwner 算子.

由 (8.51) 与文献 [2, Theorem V.3.3], 可得到

$$
\begin{aligned}
&\sum_{i=1}^{n} f(\lambda_i(X))u_i(t)u_i^{\mathrm{T}}(t) = \sum_{k=1}^{r} f(\mu_k)\mathcal{P}_k(Y(t)) \\
=&\sum_{k=1}^{r} f(\mu_k)[\mathcal{P}_k(X) + t\mathcal{P}_k'(X)H + \frac{t^2}{2}(\mathcal{P}_k'(X)W + \mathcal{P}_k''(X)(H,H))] + \mathrm{O}(t^3) \\
=&F(X) + tF'(X)H + \frac{t^2}{2}\left[F'(X)W + \sum_{k=1}^{r} f(\mu_k)\mathcal{P}_k''(X)(H,H)\right] \qquad (8.52) \\
=&F(X) + tP[g^{[1]}(\Lambda(X))\circ P^{\mathrm{T}}HP]P^{\mathrm{T}} + \frac{t^2}{2}P[g^{[1]}(\Lambda(X))\circ P^{\mathrm{T}}WP]P^{\mathrm{T}} \\
&+ t^2\sum_{k=1}^{r}\sum_{l=1}^{r} P_{\alpha_k}P_{\alpha_k}^{\mathrm{T}}HG_{kl}^{[2]}(X)HP_{\alpha_l}P_{\alpha_l}^{\mathrm{T}} + \mathrm{O}(t^3). \qquad (8.53)
\end{aligned}
$$

根据 (8.49) 可得

$$
\begin{aligned}
&t\sum_{i=1}^{n} f'(\lambda_i(X);\lambda_i'(X;H))u_i(t)u_i(t)^{\mathrm{T}} \\
=&t\sum_{k=1}^{r}\sum_{i=1}^{N_k} f'(\mu_k;\eta_i^k)U_{\beta_i^k}(t)U_{\beta_i^k}^{\mathrm{T}}(t) = t\sum_{k=1}^{r}\Omega^k + \mathrm{O}(t^3),
\end{aligned}
$$

其中 $\Omega^k \in \Re^{|\alpha_k|\times|\alpha_k|}$ 满足

$$
\begin{aligned}
\Omega_{lk}^k =&(\Omega_{kl}^k)^{\mathrm{T}} = \frac{tH_{\alpha_l\alpha_k}}{\mu_k-\mu_l}\sum_{i=1}^{N_k} f'(\mu_k,\eta_i^k)Q_{\beta_i^k}^k(Q_{\beta_i^k}^k)^{\mathrm{T}}, \quad l \neq k, \\
\Omega_{kk}^k =&\sum_{i=1}^{N_k} f'(\mu_k,\eta_i^k)Q_{\beta_i^k}^k(Q_{\beta_i^k}^k)^{\mathrm{T}} \\
&+ \frac{t}{2}\sum_{i=1}^{N_k}\sum_{j\neq i} Q_{\beta_i^k}^k(Q_{\beta_i^k}^k)^{\mathrm{T}}\frac{V_k(H,W)}{\eta_i^k-\eta_j^k}f'(\mu_k,\eta_i^k)Q_{\beta_j^k}^k(Q_{\beta_j^k}^k)^{\mathrm{T}}
\end{aligned}
$$

$$+\frac{t}{2}\sum_{i=1}^{N_k}\sum_{j\neq i}Q^k_{\beta^k_j}(Q^k_{\beta^k_j})^{\mathrm{T}}\frac{V_k(H,W)}{\eta^k_i-\eta^k_j}f'(\mu_k,\eta^k_i)Q^k_{\beta^k_i}(Q^k_{\beta^k_i})^{\mathrm{T}}+\mathrm{O}(t^2),$$

$$\Omega^k_{l,j}=\mathrm{O}(t^2),\quad l,j\neq k.$$

对每一 $k\in\{1,\cdots,r\}$, $j=1,\cdots,N_k$, 存在 $\delta^k_j>0$ 满足 $|\eta^k_j-\eta^k_l|>\delta_k,l\neq j$, $l\in\{1,\cdots,N_k\}$. 定义连续的数值函数 $\phi^k_j(\cdot):\Re\to\Re$ 如下:

$$\phi^k_j(t)=\begin{cases}-\dfrac{6}{\delta^k_j}\left(t-\eta^k_j-\dfrac{\delta^k_j}{2}\right), & t\in\left(\eta^k_j+\dfrac{\delta^k_j}{3},\eta^k_j+\dfrac{\delta^k_j}{2}\right],\\ 1 & t\in\left[\eta^k_j-\dfrac{\delta^k_j}{3},\eta^k_j+\dfrac{\delta^k_j}{3}\right],\\ \dfrac{6}{\delta^k_j}\left(t-\eta^k_j+\dfrac{\delta^k_j}{2}\right) & t\in\left[\eta^k_j-\dfrac{\delta^k_j}{2},\eta^k_j-\dfrac{\delta^k_j}{3}\right),\\ 0, & \text{否则}.\end{cases}$$

定义 $\phi_k(t):=\sum_{j=1}^{N_k}f'(\mu_k;\eta^k_j)\phi^k_j(t)$, 则由

$$H_{\alpha_k\alpha_k}=Q^k\begin{bmatrix}\eta^k_1 I_{|\beta^k_1|} & & \\ & \ddots & \\ & & \eta^k_{N_k}I_{|\beta^k_{N_k}|}\end{bmatrix}(Q^k)^{\mathrm{T}}$$

可得

$$\begin{aligned}&\sum_{i=1}^{N_k}f'(\mu_k,\eta^k_i)Q^k_{\beta^k_i}(Q^k_{\beta^k_i})^{\mathrm{T}}\\ =&Q^k\begin{bmatrix}\phi_k(\eta^k_1)I_{|\beta^k_1|} & & \\ & \ddots & \\ & & \phi_k(\eta^k_{N_k})I_{|\beta^k_{N_k}|}\end{bmatrix}(Q^k)^{\mathrm{T}}:=\Phi_k(H_{\alpha_k\alpha_k}),\end{aligned}$$

其中 $Q^k\in\mathcal{O}^{|\alpha_k|}(H_{\alpha_k\alpha_k})$. 这一等式与下述的表达式相结合

$$\begin{aligned}&\sum_{i=1}^{N_k}\sum_{j\neq i}\left\{Q^k_{\beta^k_i}(Q^k_{\beta^k_i})^{\mathrm{T}}\frac{\phi_k(\eta^k_i)V_k(H,W)}{\eta^k_i-\eta^k_j}Q^k_{\beta^k_j}(Q^k_{\beta^k_j})^{\mathrm{T}}\right.\\ &\left.+Q^k_{\beta^k_j}(Q^k_{\beta^k_j})^{\mathrm{T}}\frac{V_k(H,W)\phi_k(\eta^k_i)}{\eta^k_i-\eta^k_j}Q^k_{\beta^k_i}(Q^k_{\beta^k_i})^{\mathrm{T}}\right\}\\ =&Q^k[\phi^{[1]}_k(\Lambda(H_{\alpha_k\alpha_k}))\circ(Q^k)^{\mathrm{T}}V_k(H,W)Q^k](Q^k)^{\mathrm{T}}\end{aligned}\tag{8.54}$$

可推出

$$
\begin{aligned}
& t\sum_{k=1}^{r}\sum_{i=1}^{N_k} f'(\mu_k;\eta_i^k)U_{\beta_i^k}(t)U_{\beta_i^k}^{\mathrm{T}}(t) \\
=& t\begin{bmatrix} \Phi_1(H_{\alpha_1\alpha_1}) & & & \\ & \Phi_2(H_{\alpha_2\alpha_2}) & & \\ & & \ddots & \\ & & & \Phi_r(H_{\alpha_r\alpha_r}) \end{bmatrix} + \frac{t^2}{2}\Theta + \mathrm{O}(t^3),
\end{aligned} \tag{8.55}
$$

其中, 对 $k,l=1,\cdots,r$,

$$
\Theta_{\alpha_l\alpha_k} = \begin{cases} \dfrac{2H_{\alpha_l\alpha_k}}{\mu_k-\mu_l}\Phi_k(H_{\alpha_k\alpha_k}) + \Phi_l(H_{\alpha_l\alpha_l})\dfrac{2H_{\alpha_l\alpha_k}}{\mu_l-\mu_k}, & \text{若 } l\neq k, \\ Q^k[\phi_k^{[1]}(\Lambda(H_{\alpha_k\alpha_k}))\circ(Q^k)^{\mathrm{T}}V_k(H,W)Q^k](Q^k)^{\mathrm{T}}, & \text{若 } l=k. \end{cases}
$$

根据定义 $\widehat{U}^k(t)=(Q^k)^{\mathrm{T}}Q^k(t)$, (8.29) 可以重新表示为

$$
\begin{aligned}
& \widehat{U}^k(t)\Xi_{\alpha_k}(t)(\widehat{U}^k(t))^{\mathrm{T}} - \mu_k I_{|\alpha_k|} - t\mathrm{Diag}\big(\eta_1^k I_{|\beta_1^k|},\cdots,\eta_{N_k}^k I_{|\beta_{N_k}^k|}\big) \\
=& \frac{t^2}{2}(Q^k)^{\mathrm{T}}V_k(H,W)Q^k + \mathrm{O}(t^3),
\end{aligned} \tag{8.56}
$$

因此

$$
(Q_{\beta_i^k}^k)^{\mathrm{T}}V_k(H,W)Q_{\beta_i^k}^k = \frac{2}{t^2}\big((\widehat{U}^k(t)\Xi_{\alpha_k}(t)\widehat{U}^k(t)^{\mathrm{T}})_{\beta_i^k\beta_i^k} - \mu_k I_{|\beta_i^k|} - t\eta_i^k I_{|\beta_i^k|}\big) + \mathrm{O}(t). \tag{8.57}
$$

令 $B_k(t) := \widehat{U}^k(t)\Xi_{\alpha_k}(t)(\widehat{U}^k(t))^{\mathrm{T}}$, 因为对任何 $i,j,l\in\{1,\cdots,N_k\}$,

$$
\begin{aligned}
& \widehat{U}_{\beta_i^k\beta_j^k}^k(t) = \mathrm{O}(t), \quad i\neq j, \\
& \widehat{U}_{\beta_i^k\beta_i^k}^k(t)^{\mathrm{T}}\widehat{U}_{\beta_i^k\beta_i^k}^k(t) = I_{|\beta_i^k|} + \mathrm{O}(t^2),
\end{aligned}
$$

与

$$
[\Xi_{\alpha_k}(t)]_{\beta_l^k} = \mu_k I_{|\beta_l^k|} + t\eta_l^k I_{|\beta_l^k|} + \frac{t^2}{2}(\Lambda_{\alpha_k})''_{\beta_l^k}(X;H,W) + \mathrm{O}(t^3),
$$

我们得到

$$
\begin{aligned}
(B_k(t))_{\beta_i^k\beta_i^k} &= \widehat{U}_{\beta_i^k\beta_i^k}^k(t)\Xi_{\alpha_k}(t)_{\beta_i^k}(\widehat{U}_{\beta_i^k\beta_i^k}^k(t))^{\mathrm{T}} + \sum_{j\neq i}\widehat{U}_{\beta_i^k\beta_j^k}^k(t)\Xi_{\alpha_k}(t)_{\beta_j^k}(\widehat{U}_{\beta_i^k\beta_j^k}^k(t))^{\mathrm{T}} \\
&= \mu_k I_{|\beta_i^k|} + t\eta_i^k I_{|\beta_i^k|} + \frac{t^2}{2}\widehat{U}_{\beta_i^k\beta_i^k}^k(t)(\Lambda_{\alpha_k})''_{\beta_i^k}(X;H,W)(\widehat{U}_{\beta_i^k\beta_i^k}^k(t))^{\mathrm{T}} + \mathrm{O}(t^3).
\end{aligned}
$$

所以,

$$(Q^k_{\beta^k_i})^{\mathrm T}V_k(H,W)Q^k_{\beta^k_i}=\widehat{U}^k_{\beta^k_i\beta^k_i}(t)(\Lambda_{\alpha_k})''_{\beta^k_i}(X;H,W)(\widehat{U}^k_{\beta^k_i\beta^k_i}(t))^{\mathrm T}+\mathrm{O}(t).$$

设 $\widehat{Q}^k_{\beta^k_i\beta^k_i}$ 是当 $t\searrow 0$ 时的 $\widehat{U}^k_{\beta^k_i\beta^k_i}(t)$ 的聚点, 则 $\widehat{Q}^k_{\beta^k_i\beta^k_i}\in\mathcal{O}^{|\beta^k_i|}$, 且

$$(Q^k_{\beta^k_i})^{\mathrm T}V_k(H,W)Q^k_{\beta^k_i}=\widehat{Q}^k_{\beta^k_i\beta^k_i}(\Lambda_{\alpha_k})''_{\beta^k_i}(X;H,W)(\widehat{Q}^k)^{\mathrm T}_{\beta^k_i\beta^k_i},\tag{8.58}$$

即

$$\widehat{Q}^k_{\beta^k_i\beta^k_i}(t)\in\mathcal{O}^{|\beta^k_i|}\big((Q^k_{\beta^k_i})^{\mathrm T}V_k(H,W)Q^k_{\beta^k_i}\big),$$
$$\Lambda\big((Q^k_{\beta^k_i})^{\mathrm T}V_k(H,W)Q^k_{\beta^k_i}\big)=(\Lambda_{\alpha_k})''_{\beta^k_i}(X;H,W).$$

定义 $\psi_{k,p}(\cdot):=f''(\mu_k;\eta^k_p,\cdot)$ 与 $j':=\kappa_{k-1}+\kappa^{(k)}_{p-1}+j$, 则根据定理 8.1,

$$\begin{aligned}&\frac{t^2}{2}\sum_{i=1}^n f''(\lambda_i(X);\lambda'_i(X,H),\lambda''_i(X;H,W))u_i(t)u_i^{\mathrm T}(t)\\=&\frac{t^2}{2}\sum_{k=1}^r\sum_{p=1}^{N_k}\sum_{j\in\beta^k_p}\psi_{k,p}\left(\lambda_j\big((Q^k_{\beta^k_p})^{\mathrm T}V_k(H,W)Q^k_{\beta^k_p}\big)\right)u_{j'}(t)u_{j'}^{\mathrm T}(t).\end{aligned}\tag{8.59}$$

观察到

$$\sum_{p=1}^{N_k}\sum_{j\in\beta^k_p}\psi_{k,p}\big(\lambda_j[(Q^k_{\beta^k_p})^{\mathrm T}V_k(H,W)Q^k_{\beta^k_p}]\big)u_{j'}(t)u_{j'}^{\mathrm T}(t)=\begin{bmatrix}\mathrm{O}(t^2)&\mathrm{O}(t)&\mathrm{O}(t^2)\\\mathrm{O}(t)&R&\mathrm{O}(t)\\\mathrm{O}(t^2)&\mathrm{O}(t)&\mathrm{O}(t^2)\end{bmatrix},$$

其中

$$\begin{aligned}R=&\sum_{p=1}^{N_k}Q^k_{\beta^k_p}\Big[\sum_{j\in\beta^k_p}\psi_{k,p}\big(\lambda_j[(Q^k_{\beta^k_p})^{\mathrm T}V_k(H,W)Q^k_{\beta^k_p}]\big)(\widehat{Q}^k_{\beta^k_p\beta^k_p})_{j'}(\widehat{Q}^k_{\beta^k_p\beta^k_p})^{\mathrm T}_{j'}\Big](Q^k_{\beta^k_p})^{\mathrm T}+\mathrm{o}(1)\\=&\sum_{p=1}^{N_k}Q^k_{\beta^k_p}\Psi_{k,p}\big((Q^k_{\beta^k_p})^{\mathrm T}V_k(H,W)Q^k_{\beta^k_p}\big)(Q^k_{\beta^k_p})^{\mathrm T}+\mathrm{o}(1)\\=&Q^k\,\mathrm{Diag}\Big(\Psi_{k,1}\big((Q^k_{\beta^k_1})^{\mathrm T}V_k(H,W)Q^k_{\beta^k_1}\big),\cdots,\\&\Psi_{k,N_k}\big((Q^k_{\beta^k_{N_k}})^{\mathrm T}V_k(H,W)Q^k_{\beta^k_{N_k}}\big)\Big)(Q^k)^{\mathrm T}+\mathrm{o}(1),\end{aligned}$$

我们得到

$$\frac{t^2}{2}\sum_{i=1}^n f''(\lambda_i(X);\lambda'_i(X,H),\lambda''_i(X;H,W))u_i(t)u_i^{\mathrm T}(t)=\frac{t^2}{2}A+\mathrm{o}(t^2),\tag{8.60}$$

其中

$$A_{\alpha_k\alpha_l}=\begin{cases}0, & \text{若 } k\neq l,\\ Q^k\operatorname{Diag}\left(\Psi_{k,1}(\widehat{V}_k^1(H,W)),\cdots,\Psi_{k,N_k}(\widehat{V}_k^{|N_k|}(H,W))\right)(Q^k)^{\mathrm{T}}, & \text{若 } k=l,\end{cases}$$

$\widehat{V}_k^i(H,W):=(Q^k_{\beta_i^k})^{\mathrm{T}}V_k(H,W)Q^k_{\beta_i^k},\ i=1,\cdots,|N_k|.$

当 $X\in\Re^{m\times n}$ 不是一对角矩阵的情况, 把 $Y(t)$ 表达为 (8.31), 其中 $\widetilde{H}$ 与 $\widetilde{W}$ 定义见 (8.32), 即 $\widetilde{H}=P^{\mathrm{T}}HP$ 与 $\widetilde{W}=P^{\mathrm{T}}WP$. 基于上述 X 为对角矩阵情况的分析, 可以建立下述的关于 $F(\cdot)$ 在 X 处沿 (H,W) 的二阶方向导数的公式.

定理 8.5 设 $X\in\mathbb{S}^n$(不必是对角矩阵) 具有谱分解 (8.37). Löwner 算子 $F(\cdot)$ 在 X 处是二阶方向可微的充分必要条件是 $f(\cdot)$ 在每一 $\lambda_i(X),\ i=1,\cdots,n$ 处均是二阶方向可微的. 此种情况下, $F(\cdot)$ 在 X 处沿 H 的方向导数为

$$\begin{aligned}&F'(X;H)\\&=P\begin{bmatrix}\Phi_1(\widetilde{H}_{\alpha_1\alpha_1}) & f^{[1]}(\mu_1,\mu_2)\widetilde{H}_{\alpha_1\alpha_2} & \cdots & f^{[1]}(\mu_1,\mu_r)\widetilde{H}_{\alpha_1\alpha_r}\\ f^{[1]}(\mu_2,\mu_1)\widetilde{H}_{\alpha_2\alpha_1} & \Phi_2(\widetilde{H}_{\alpha_2\alpha_2}) & \cdots & f^{[1]}(\mu_2,\mu_r)\widetilde{H}_{\alpha_2\alpha_r}\\ \vdots & \vdots & & \vdots\\ f^{[1]}(\mu_r,\mu_1)\widetilde{H}_{\alpha_r\alpha_1} & f^{[1]}(\mu_r,\mu_2)\widetilde{H}_{\alpha_r\alpha_2} & \cdots & \Phi_r(\widetilde{H}_{\alpha_r\alpha_r})\end{bmatrix}P^{\mathrm{T}}.\end{aligned}\tag{8.61}$$

映射 $F(\cdot)$ 在 X 处沿 (H,W) 的二阶方向导数为

$$F''(X;H,W)=PBP^{\mathrm{T}},\tag{8.62}$$

其中

$$\begin{aligned}B_{\alpha_k\alpha_k}=&Q^k[\phi_k^{[1]}(\Lambda(\widetilde{H}_{\alpha_k\alpha_k}))\circ(Q^k)^{\mathrm{T}}\widetilde{V}_k(H,W)Q^k](Q^k)^{\mathrm{T}}\\&+Q^k\operatorname{Diag}\big(\Psi_{k,1}((Q^k_{\beta_1^k})^{\mathrm{T}}\widetilde{V}_k(H,W)Q^k_{\beta_1^k}),\cdots,\\&\Psi_{k,N_k}((Q^k_{\beta_{N_k}^k})^{\mathrm{T}}\widetilde{V}_k(H,W)Q^k_{\beta_{N_k}^k})\big)(Q^k)^{\mathrm{T}},\\B_{\alpha_k\alpha_l}=&g^{[1]}(\Lambda(X))_{\alpha_k\alpha_l}\circ\widetilde{W}_{\alpha_k\alpha_l}+2P_{\alpha_k}^{\mathrm{T}}\widetilde{H}G_{kl}^{[2]}(X)\widetilde{H}P_{\alpha_l}\\&+\frac{2\widetilde{H}_{\alpha_k\alpha_l}\Phi_l(\widetilde{H}_{\alpha_l\alpha_l})}{\mu_l-\mu_k}+\frac{2\Phi_k(\widetilde{H}_{\alpha_k\alpha_k})\widetilde{H}_{\alpha_k\alpha_l}}{\mu_k-\mu_l},\quad \text{对}k,l=1,\cdots,r\ \text{且}k\neq l,\end{aligned}$$

矩阵 $\widetilde{V}_k(H,W)$ 由 (8.33) 定义, $k=1,\cdots,r$.

证明 公式 (8.61) 由文献 [10] 可得到. 只需证明公式 (8.62).

先证明必要性 "$\Longleftarrow$". 对任何 $H,W\in\mathbb{S}^n$ 与 $t>0$, 令 $Z(t)=X+tH+\frac{t^2}{2}W$ 与 $Y(t)=P^{\mathrm{T}}Z(t)P$. 则 $Y(t)=\Lambda(X)+t\widetilde{H}+\frac{t^2}{2}\widetilde{W}$, $F(Z(t))=PF(Y(t))P^{\mathrm{T}}$. 设 $Y(t)$ 具有特征值分解 $Y(t)=U(t)\operatorname{Diag}(\lambda(Y(t)))U(t)^{\mathrm{T}}$, 则 $Y(t)=U(t)\operatorname{Diag}(\lambda(Z(t)))U(t)^{\mathrm{T}}$.

因为 f 在每一 $\lambda_i(X)$ 点处均是二阶方向可微的, 同时注意到 $\lambda_i'(\Lambda(X);\widetilde{H})=\lambda_i'(X;H)$ 与 $\lambda_i''(\Lambda(X);\widetilde{H},\widetilde{W})=\lambda_i''(X;H,W)$, 因此得到

$$
\begin{aligned}
F(Y(t)) &= \sum_{i=1}^{n} f(\lambda_i(Y(t)))u_i(t)u_i^{\mathrm{T}}(t)\\
&=\sum_{i=1}^{n} f\big(\lambda_i(X)+t\lambda_i'(\Lambda(X);\widetilde{H})+\frac{t^2}{2}\lambda_i''(\Lambda(X);\widetilde{H},\widetilde{W})+\mathrm{O}(\mathrm{t}^3)\big)u_i(t)u_i^{\mathrm{T}}(t)\\
&=\sum_{i=1}^{n} f\big(\lambda_i(X)\big)u_i(t)u_i^{\mathrm{T}}(t)+t\sum_{i=1}^{n} f'\big(\lambda_i(X);\lambda_i'(\Lambda(X);\widetilde{H})\big)u_i(t)u_i^{\mathrm{T}}(t)\\
&\quad+\frac{t^2}{2}\sum_{i=1}^{n} f''\big(\lambda_i(X);\lambda_i'(\Lambda(X);\widetilde{H});\lambda_i''(\Lambda(X);\widetilde{H},\widetilde{W})\big)u_i(t)u_i^{\mathrm{T}}(t)+\mathrm{O}(\mathrm{t}^3).
\end{aligned}
$$

由上述表达式, (8.53), (8.55) 与 (8.60), 我们证得结论.

现在来证明充分性 "$\Longrightarrow$". 设 F 在 X 处是二阶方向可微的. 固定 $P\in\mathcal{O}^n(X)$. 对每一 $i\in\{1,\cdots,n\}$, $h_i\in\Re$ 与 $w_i\in\Re$, 令 $H=P\,\mathrm{Diag}\,(0,\cdots,h_i,\cdots,0)P^{\mathrm{T}}$ 与 $W=P\,\mathrm{Diag}\,(0,\cdots,w_i,\cdots,0)P^{\mathrm{T}}$. 根据文献 [10, Proposition 2.6] 可得 f 在 $\lambda_i(X)$ 处是方向可微的

$$F'(X;H)=P\mathrm{Diag}(0,\cdots,f'(\lambda_i(X);h_i),\cdots,0)P^{\mathrm{T}}.$$

所以得到

$$
\begin{aligned}
&F''(X;H,W)\\
&=\lim_{t\downarrow 0}\frac{F(Y(t))-F(X)-tF'(X;H)}{\frac{1}{2}t^2}\\
&=P\,\mathrm{Diag}\left(0,\cdots,\lim_{t\downarrow 0}\frac{f(\lambda_i(Y(t)))-f(\lambda_i(X))-tf'(\lambda_i(X);h_i)}{\frac{1}{2}t^2},\cdots,0\right)P^{\mathrm{T}}\\
&=P\,\mathrm{Diag}\left(0,\cdots,\lim_{t\downarrow 0}\frac{f\left(\lambda_i(X)+th_i+\frac{1}{2}t^2w_i\right)-f(\lambda_i(X))-tf'(\lambda_i(X);h_i)}{\frac{1}{2}t^2},\cdots,0\right)P^{\mathrm{T}},
\end{aligned}
$$

这表明 $f''(\lambda_i(X);h_i,w_i)$ 存在, 且

$$f''(\lambda_i(X);h_i,w_i)=p_i^{\mathrm{T}}F''(X;H,W)p_i.$$

证毕. ■

注记 8.2 上面的定理中关于一阶方向导数的公式由文献[56, Theorem 4]给出.

8.2.4 矩阵函数的 B- 次微分

下述定理是文献 [56, Theorem 6] 的特殊情况, 这里略去它的证明.

定理 8.6 设 $X \in \mathbb{S}^n$ 具有特征值分解 $X = P\mathrm{Diag}(\lambda(X))P^{\mathrm{T}}$. 则矩阵值函数 $F(\cdot)$ 在 X 处是 (强)B- 可微的充分必要条件是数值函数 $f(\cdot)$ 在每一 $\lambda_i(X), i = 1,\cdots,n$ 处都是 (强)B- 可微的.

设 $X \in \mathbb{S}^n$ 具有特征值分解 (8.37). 设对每一 $k \in \{1,\cdots,r\}$, $f : \Re \to \Re$ 在 μ_k 的一开邻域 $\mathcal{N}(\mu_k)$ 中是 Lipschitz 连续的. 则根据定理 8.2 可知 $F(\cdot)$ 在 X 的一开邻域 $\mathcal{N}(X)$ 中是局部 Lipschitz 连续的. 因此, 根据 Rademacher 定理, 可知对每一 $k \in \{1,\cdots,r\}$, 数值函数 $f(\cdot)$ 在 $\mathcal{N}(\mu_k)$ 中是几乎处处 F- 可微的, $F(\cdot)$ 在 $\mathcal{N}(X)$ 中是几乎处处 F- 可微的.

对每一 $k \in \{1,\cdots,r\}$, 令

$$D_k^f := \{t \in \mathcal{N}(\mu_k) : f \text{ 在 t 处是 F- 可微的}\}$$

与

$$\Re_{>}^{|\alpha_k|} := \{z \in \Re^{|\alpha_k|} \mid z_1 \geqslant \cdots \geqslant z_{|\alpha_k|} \text{ 且 } z_i \in D_k^f\}.$$

对 $k = 1,\cdots,r$, 定义

$$\mathcal{W}_k^{[1]} := \{\lim_{m\to\infty} f^{[1]}(\mathrm{Diag}(z^m)) \mid z^m \to \mu_k e_{|\alpha_k|},\ z^m \in \Re_{>}^{|\alpha_k|}\}, \tag{8.63}$$

其中对 k, $e_{|\alpha_k|}$ 是 $|\alpha_k|$ 维的分量均是 1 的向量.

对每一 $k \in \{1,\cdots,r\}$, 令 $\mathcal{L}_k$ 是从 $\mathbb{S}^{|\alpha_k|}$ 到 $\mathbb{S}^{|\alpha_k|}$ 的线性算子的子集合, 满足 $V \in \mathcal{L}_k$ 当且仅当存在 $Q_k \in \mathcal{O}^{|\alpha_k|}$ 与 $\Theta_k \in \mathcal{W}_k^{[1]}$ 满足

$$V(Z) = Q_k[\Theta_k \circ (Q_k^{\mathrm{T}} Z Q_k)]Q_k^{\mathrm{T}}, \quad \forall\, Z \in \mathbb{S}^{|\alpha_k|}. \tag{8.64}$$

定理 8.7 设对每一 $k \in \{1,\cdots,r\}$, $f : \Re \to \Re$ 在 μ_k 处是 Lipschitz 连续的. 则 $W \in \partial_B F(X)$ 当且仅当存在 $V_k \in \mathcal{L}_k$, $k = 1,\cdots,r$ 满足

$$W(H) = P\begin{bmatrix} V_1(P_{\alpha_1}^{\mathrm{T}} H P_{\alpha_1}) & \cdots & c_{1r} P_{\alpha_1}^{\mathrm{T}} H P_{\alpha_r} \\ \vdots & & \vdots \\ c_{1r} P_{\alpha_1}^{\mathrm{T}} H P_{\alpha_r} & \cdots & V_r(P_{\alpha_r}^{\mathrm{T}} H P_{\alpha_r}) \end{bmatrix} P^{\mathrm{T}}, \quad \forall\, H \in \mathbb{S}^n, \tag{8.65}$$

其中 $c_{kl} = \dfrac{f(\mu_k) - f(\mu_l)}{\mu_k - \mu_l}$, $k, l = 1,\cdots,r$, $k \neq l$.

证明 充分性 "$\Longrightarrow$". 根据 $\partial_B F(X)$ 中元素的定义, 可知如果 $W \in \partial_B F(X)$, 则存在收敛到 X 的 $\mathbb{S}^n$ 中的序列 $\{Y^m\}$, $F(\cdot)$ 在每一 Y^m 处均是 F- 可微, $m = 1, 2, \cdots$ 满足

$$W = \lim_{m\to\infty} F'(Y^m).$$

记 $\Lambda := \mathrm{Diag}(\lambda(X))$. 对每一 $k \in \{1, \cdots, r\}$, 令 $\Lambda_{\alpha_k} := \mathrm{Diag}(\mu_k e_{|\alpha_k|})$. 令 U^m 是正交矩阵, 满足

$$Y^m = U^m \mathrm{Diag}(\lambda(Y^m))(U^m)^{\mathrm{T}}.$$

记 $\Xi^m := \mathrm{Diag}(\lambda(Y^m))$. 将 Ξ^m 写成与 Λ 相同的形式,

$$\Xi^m = \begin{bmatrix} \Xi^m_{\alpha_1} & 0 & \cdots & 0 \\ 0 & \Xi^m_{\alpha_2} & \cdots & 0 \\ \vdots & \vdots & & \vdots \\ 0 & 0 & \cdots & \Xi^m_{\alpha_r} \end{bmatrix},$$

可得 $\lim\limits_{m\to\infty} \Xi^m_{\alpha_k} = \Lambda_{\alpha_k}$, $k = 1, \cdots, r$.

考虑由 (8.45) 定义的矩阵值函数 $F^s(\cdot)$. 根据推论 8.2, $F^s(\cdot)$ 在 X 处是连续可微的. 因此, 对充分大的 m, $F^s(\cdot)$ 在每一 Y^m 处均是可微的,

$$W_1 := \lim_{m\to\infty} (F^s)'(Y^m) = (F^s)'(X).$$

所以对任何 $H \in \mathbb{S}^n$, 根据推论 8.2 中的 (8.46), 得到

$$W_1(H) = \sum_{k=1}^{r} f(\mu_k)\mathcal{P}_k'(X)H = P\Omega P^{\mathrm{T}}, \tag{8.66}$$

对 $k, l = 1, \cdots, r$, 有

$$\Omega_{\alpha_k\alpha_l} := \begin{cases} \dfrac{f(\mu_k) - f(\mu_l)}{\mu_k - \mu_l} P_{\alpha_k}^{\mathrm{T}} H P_{\alpha_l}, & \text{如果 } k \neq l, \\ 0_{\alpha_k\alpha_k}, & \text{如果 } k = l. \end{cases}$$

令 $F^n(\cdot) := F(\cdot) - F^s(\cdot)$. 因为对每一 Y^m, $F(\cdot)$ 在 Y^m 处是 F- 可微的, 对充分大的 m, $F^n(\cdot)$ 在每一 Y^m 均是 F- 可微的. 根据 (8.39) 与推论 8.2, 可得

$$\begin{aligned} (F^n)'(Y^m)(H) &= F'(Y^m)(H) - (F^s)'(Y^m)(H) \\ &= U^m[f^{[1]}(\Lambda(Y^m)) \circ ((U^m)^{\mathrm{T}} H U^m)](U^m)^{\mathrm{T}} \\ &\quad - \sum_{k=1}^{r} f(\mu_k)\mathcal{P}_k'(Y^m)(H) \\ &= U^m[\Delta^m \circ ((U^m)^{\mathrm{T}} H U^m)](U^m)^{\mathrm{T}}, \end{aligned} \tag{8.67}$$

其中

$$\Delta^m_{ij} := \begin{cases} \dfrac{f(\lambda_i(Y^m)) - f(\mu_k) - f(\lambda_j(Y^m)) + f(\mu_l)}{\lambda_i(Y^m) - \lambda_j(Y^m)}, & i \in \alpha_k, j \in \alpha_l, k \neq l, \\ f^{[1]}_{ij}(\Lambda(Y^m)), & i, j \in \alpha_k. \end{cases} \tag{8.68}$$

所以, 对满足 $k \neq l$ 的 $k,l \in \{1,\cdots,r\}$, 因为 $m \to \infty$ 时 $Y^m \to X$, 可得

$$\lim_{m\to\infty} \lambda_i(Y^m) = \mu_k \quad 与 \quad \lim_{m\to\infty} \lambda_j(Y^m) = \mu_l, \quad \forall\, i \in \alpha_k,\ j \in \alpha_l\,.$$

由 $f(\cdot)$ 在 μ_k 与 μ_l 的连续性,

$$\lim_{m\to\infty} \Delta_{ij}^m = 0, \quad \forall\, i \in \alpha_k,\ j \in \alpha_l \ 且\ k \neq l\,. \tag{8.69}$$

另一方面, 对 $k \in \{1,\cdots,r\}$, 记 $z^m := \lambda_{\alpha_k}(Y^m)$, $m = 1,2,\cdots$. 则显然有 $z^m \in \Re_{>}^{|\alpha_k|}$ 与 $\lim\limits_{m\to\infty} z^m = \mu_k e_{|\alpha_k|}$. 如果有必要, 可以取一子序列, 不妨设 $i,j \in \alpha_k$, $\{f^{[1]}(\Lambda(Y^m))_{ij}\}$ 是一收敛序列.

由 (8.63) 和 $\mathcal{W}_k^{[1]}$ 的定义, 存在 $\Theta_k \in \mathcal{W}_k^{[1]}$ 满足

$$\lim_{m\to\infty} \Delta_{ij}^m = (\Theta_k)_{ij}, \quad \forall\, i,j \in \alpha_k\,.$$

将上式结合 (8.69), 再根据 (8.68), 得

$$\Delta := \lim_{m\to\infty} \Delta^m = \mathrm{Diag}(\Theta_1, \Theta_2, \cdots, \Theta_r)\,. \tag{8.70}$$

因为 $\{U^m\}$ 是一致有界的, 如果有必要, 可以取一子序列, 不妨设 $\{U^m\}$ 是一收敛序列: $P^\infty := \lim\limits_{m\to\infty} U^m$, 这意味着

$$P\Lambda P^{\mathrm{T}} = X = \lim_{m\to\infty} Y^m = \lim_{m\to\infty} U^m \Xi^m (U^m)^{\mathrm{T}} = P^\infty \Lambda (P^\infty)^{\mathrm{T}}\,.$$

因此存在一正交矩阵 Q 满足 $P^\infty = PQ$. 容易验证 Q 具有下述形式

$$Q = \mathrm{Diag}\,(Q_1, Q_2, \cdots, Q_r)\,,$$

其中 $Q_k \in \mathcal{O}^{|\alpha_k|}$, $k = 1,\cdots,r$. 因此有

$$P^\infty = PQ = \begin{bmatrix} P_{\alpha_1}Q_1 & P_{\alpha_2}Q_2 & \cdots & P_{\alpha_r}Q_r \end{bmatrix}.$$

对每一 $k \in \{1,\cdots,r\}$, 令 $V_k(\cdot) := Q_k[\Theta_k \circ (Q_k^{\mathrm{T}}(\cdot)Q_k)]Q_k^{\mathrm{T}} \in \mathcal{L}_k$. 则结合 (8.70) 并根据 (8.67), 对任何 $H \in \mathbb{S}^n$, 有

$$\begin{aligned} &\lim_{m\to\infty} (F^n)'(Y^m)(H) = P^\infty[\Delta \circ ((P^\infty)^{\mathrm{T}} H P^\infty)](P^\infty)^{\mathrm{T}} \\ &= P \begin{bmatrix} V_1(P_{\alpha_1}^{\mathrm{T}} H P_{\alpha_1}) & 0 & \cdots & 0 \\ 0 & V_2(P_{\alpha_2}^{\mathrm{T}} H P_{\alpha_2}) & \cdots & 0 \\ \vdots & \vdots & & \vdots \\ 0 & 0 & \cdots & V_r(P_{\alpha_r}^{\mathrm{T}} H P_{\alpha_r}) \end{bmatrix} P^{\mathrm{T}}, \end{aligned}$$

由 $F(\cdot)=F^s(\cdot)+F^n(\cdot)$ 结合 (8.66) 可知 (8.65) 成立.

下面证明必要性 "$\Longleftarrow$". 设存在 $V_k\in\mathcal{L}_k$, $k=1,\cdots,r$ 满足 (8.65) 成立. 我们要证明 $W\in\partial_B F(X)$.

对每一 $k\in\{1,\cdots,r\}$, 根据 (8.64) 和 $\mathcal{L}^{|\alpha_k|}$ 的定义, 存在一正交矩阵 $Q_k\in\mathcal{O}^{|\alpha_k|}$ 与 $\Re^{|\alpha_k|}_{>}$ 中的收敛到 $\mu_k e_{|\alpha_k|}$ 的序列 $\{z_k^m\}_{m=1}^{\infty}$ 满足

$$\Theta_k=\lim_{m\to\infty}f^{[1]}(\mathrm{Diag}(z_k^m)),\ V_k(Z)=Q_k[\Theta_k\circ(Q_k^{\mathrm{T}}ZQ_k)]Q_k^{\mathrm{T}},\quad \forall\, Z\in\mathbb{S}^{|\alpha_k|}.$$

记 $U:=P\mathrm{Diag}(Q_1,Q_2,\cdots,Q_r)$. 对每一 $m=1,2,\cdots$, 令

$$Y^m=U\mathrm{Diag}(z_1^m,z_2^m,\cdots,z_r^m)U^{\mathrm{T}}.$$

因为对每一 $k\in\{1,\cdots,r\}$, $Q_k\in\mathcal{O}^{|\alpha_k|}$ 可得

$$\lim_{m\to\infty}Y^m=U\mathrm{Diag}(\lambda(X))U^{\mathrm{T}}=P\mathrm{Diag}(\lambda(X))P^{\mathrm{T}}=X.$$

进一步, 因为对每一 $k\in\{1,\cdots,r\}$, $\{z_k^m\}_{m=1}^{\infty}\subset D_k^f$, 根据定理 8.3, $F(\cdot)$ 是在每一 Y^m 处均是 F- 可微的, $m=1,2,\cdots$. 由 (8.39) 可得

$$F'(Y^m)(H)=U[f^{[1]}(\Lambda(Y^m))\circ(U^{\mathrm{T}}HU)]U^{\mathrm{T}},\quad \forall\, H\in\mathbb{S}^n.$$

根据假设可知, 对任何 $H\in\mathbb{S}^n$, $F'(Y^m)(H)$ 的极限存在, 且

$$\lim_{m\to\infty}F'(Y^m)(H)=W(H),\quad \forall\, H\in\mathbb{S}^n.$$

因此由 $\partial_B F(X)$ 的定义可得, $W\in\partial_B F(X)$. 证毕. ■

8.3 半正定矩阵锥的投影算子

8.3.1 投影算子的方向导数与 B- 次微分

设 $X\in\mathbb{S}^n$ 具有特征值分解 (8.37). 定义指标

$$\alpha:=\{i:\lambda_i>0\},\quad \beta:=\{i:\lambda_i=0\},\quad \gamma:=\{i:\lambda_i<0\}.$$

记

$$\Lambda=\begin{bmatrix}\Lambda_\alpha & 0 & 0\\ 0 & 0 & 0\\ 0 & 0 & \Lambda_\gamma\end{bmatrix},\quad P=[P_\alpha\ P_\beta\ P_\gamma],$$

其中 $P_\alpha \in \Re^{n\times|\alpha|}, P_\beta \in \Re^{n\times|\beta|}, P_\gamma \in \Re^{n\times|\gamma|}$. 则 X 到 $\mathbb{S}^n$ 的投影 $\Pi_{\mathbb{S}^n_+}(X)$ 为

$$\Pi_{\mathbb{S}^n_+}(X) = P \begin{bmatrix} \Lambda_\alpha & 0 & 0 \\ 0 & 0 & 0 \\ 0 & 0 & 0 \end{bmatrix} P^{\mathrm{T}}.$$

显然, 令 $f(t) = t_+ = \max\{t, 0\}$, 则 $\Pi_{\mathbb{S}^n_+}(X) = F(X)$. 由于

$$f'(x;h) = \begin{cases} h, & 若\ x > 0, \\ f(h), & 若\ x = 0, \\ 0, & 若\ x < 0. \end{cases}$$

根据 (8.61) 可知, $\Pi_{\mathbb{S}^n_+}$ 在 $X \in \mathbb{S}^n$ 处沿 $H \in \mathbb{S}^n$ 的方向导数可以表达为

$$\Pi'_{\mathbb{S}^n_+}(X;H) = P \begin{bmatrix} \Phi_1(\widetilde{H}_{\alpha_1\alpha_1}) & f^{[1]}(\mu_1,\mu_2)\widetilde{H}_{\alpha_1\alpha_2} & \cdots & f^{[1]}(\mu_1,\mu_r)\widetilde{H}_{\alpha_1\alpha_r} \\ f^{[1]}(\mu_2,\mu_1)\widetilde{H}_{\alpha_2\alpha_1} & \Phi_2(\widetilde{H}_{\alpha_2\alpha_2}) & \cdots & f^{[1]}(\mu_2,\mu_r)\widetilde{H}_{\alpha_2\alpha_r} \\ \vdots & \vdots & & \vdots \\ f^{[1]}(\mu_r,\mu_1)\widetilde{H}_{\alpha_r\alpha_1} & f^{[1]}(\mu_r,\mu_2)\widetilde{H}_{\alpha_r\alpha_2} & \cdots & \Phi_r(\widetilde{H}_{\alpha_r\alpha_r}) \end{bmatrix} P^{\mathrm{T}}.$$

不妨设 $r_1 \in \{1, \cdots, r\}$ 满足

$$\mu_1 > \cdots > \mu_{r_1-1} > 0 = \mu_{r_1} > \mu_{r_1+1} > \cdots > \mu_r.$$

则有

$$\alpha = \bigcup_{i=1}^{r_1-1} \alpha_i, \quad \beta = \alpha_{r_1}, \quad \gamma = \bigcup_{i=r_1+1}^{r} \alpha_i.$$

于是对 $(i,j) \neq (r_1, r_1)$, 有

$$f^{[1]}(\mu_i,\mu_j) = \begin{cases} 1, & (i,j) \in \{1,\cdots,r_1-1\} \times \{1,\cdots,r_1\}, \\ \dfrac{\mu_i}{\mu_i-\mu_j}, & (i,j) \in \{1,\cdots,r_1-1\} \times \{r_1+1,\cdots,r\}, \\ 0, & (i,j) \in \{r_1+1,\cdots,r\} \times \{r_1+1,\cdots,r\}. \end{cases}$$

显然有

$$\phi_k(t) = \begin{cases} t, & k = 1,\cdots,r_1-1, \\ t_+, & k = r_1, \\ 0, & k = r_1+1,\cdots,r. \end{cases}$$

于是有

$$\Pi'_{\mathbb{S}^n_+}(X;H)=PMP^{\mathrm{T}},$$

$M\in\mathbb{S}^n$ 是一分块矩阵,

$$E_{\alpha_i}^{\mathrm{T}}ME_{\alpha_j}=\begin{cases}\widetilde{H}_{\alpha_i\alpha_j}, & (i,j)\in\{1,\cdots,r_1-1\}\times\{1,\cdots,r_1\},\\ \dfrac{\mu_i}{\mu_i-\mu_j}\widetilde{H}_{\alpha_i\alpha_j}, & (i,j)\in\{1,\cdots,r_1-1\}\times\{r_1+1,\cdots,r\},\\ F(\widetilde{H}_{\alpha_{r_1}\alpha_{r_1}}), & (i,j)=(r_1,r_1),\\ 0, & (i,j)\in\{r_1+1,\cdots,r\}\times\{r_1+1,\cdots,r\}.\end{cases}$$

注意到 $F(\widetilde{H}_{\alpha_{r_1}\alpha_{r_1}})=\Phi_{\mathbb{S}^{|\beta|}_+}(\widetilde{H}_{\beta\beta})$, 可以得到

$$\Pi'_{\mathbb{S}^n_+}(X;H)=P\begin{bmatrix}\widetilde{H}_{\alpha\alpha} & \widetilde{H}_{\alpha\beta} & U_{\alpha\gamma}\circ\widetilde{H}_{\alpha\gamma}\\ \widetilde{H}_{\alpha\beta}^{\mathrm{T}} & \Pi_{\mathbb{S}^{|\beta|}_+}(\widetilde{H}_{\beta\beta}) & 0\\ \widetilde{H}_{\alpha\gamma}^{\mathrm{T}}\circ U_{\alpha\gamma}^{\mathrm{T}} & 0 & 0\end{bmatrix}P^{\mathrm{T}},\tag{8.71}$$

其中 $\widetilde{H}=P^{\mathrm{T}}HP$, $U\in\mathbb{S}^n$ 定义为

$$U_{ij}=\frac{[\lambda_i]_++[\lambda_j]_+}{|\lambda_i|+|\lambda_j|},\quad i,j=1,\cdots,n,\tag{8.72}$$

这里约定 $0/0=1$. 根据定理 8.7, 可以得到如下的关于映射 $\Pi_{\mathbb{S}^n_+}$ 的 B- 次微分的刻画.

命题 8.3 [59, Proposition 2.2] *设 $X\in\mathbb{S}^n$ 具有特征值分解 (8.37). 则 $V\in\partial_B\Pi_{\mathbb{S}^n_+}\cdot(X)(V\in\partial\Pi_{\mathbb{S}^n_+}(X))$ 的充分必要条件是存在 $V_{|\beta|}\in\partial_B\Pi_{\mathbb{S}^{|\beta|}_+}(0)$ $(V_{|\beta|}\in\partial\Pi_{\mathbb{S}^{|\beta|}_+}(0))$, 满足*

$$V(H)=P\begin{bmatrix}\widetilde{H}_{\alpha\alpha} & \widetilde{H}_{\alpha\beta} & U_{\alpha\gamma}\circ\widetilde{H}_{\alpha\gamma}\\ \widetilde{H}_{\alpha\beta}^{\mathrm{T}} & V_{|\beta|}(\widetilde{H}_{\beta\beta}) & 0\\ \widetilde{H}_{\alpha\gamma}^{\mathrm{T}}\circ U_{\alpha\gamma}^{\mathrm{T}} & 0 & 0\end{bmatrix}P^{\mathrm{T}},\quad\forall H\in\mathbb{S}^n,\tag{8.73}$$

其中 $\widetilde{H}=P^{\mathrm{T}}HP$.

根据 (8.64) 关于 $\mathcal{L}_k$ 的定义, 可以刻画 $\partial_B\Pi_{\mathbb{S}^{|\beta|}_+}(0)$ 中的元素. 取 $\varepsilon_0>0$, 定义

$$\Re^{|\beta|}_>(\varepsilon_0)=\{z\in\Re^{|\beta|}:\varepsilon_0\geqslant z_1\geqslant\cdots\geqslant z_{|\beta|}\geqslant-\varepsilon_0,z_i\neq0,\forall i\}.$$

令 $p(t) = t_+$, 定义对称矩阵 $p^{[1]}(z)$:

$$[p^{[1]}(z)]_{ij} = \begin{cases} \dfrac{p(z_i) - p(z_j)}{z_i - z_j} \in [0,1], & \text{如果} z_i \neq z_j, \\ p'(z_i) \in \{0,1\}, & \text{如果} z_i = z_j. \end{cases}$$

定义

$$\mathcal{W}_{|\beta|} = \{\Omega : \Omega = \lim_{k\to\infty} p^{[1]}(z^k), z^k \to 0, z^k \in \Re^{|\beta|}_{>}(\varepsilon_0)\}.$$

则 $V_{|\beta|} \in \Pi_{\mathbb{S}^{|\beta|}_+}(0)$ 当且仅当存在 $Q \in \mathcal{O}^{|\beta|}$ 与 $\Omega \in \mathcal{W}_{|\beta|}$ 满足

$$V_{|\beta|}(Z) = Q[\Omega \circ (Q^{\mathrm{T}} Z Q)]Q^{\mathrm{T}}, \quad \forall Z \in \mathbb{S}^{|\beta|}. \tag{8.74}$$

8.3.2 投影映射的光滑化映射

这一节的素材取自文献 [6]. 投影映射 $\Pi_{\mathbb{S}^n_+}(X)$ 的一个光滑化映射定义为

$$\Phi(\varepsilon, X) = [X + \sqrt{\varepsilon^2 I + X^2}]/2, \quad (\varepsilon, X) \in \Re \times \mathbb{S}^n. \tag{8.75}$$

显然有 $\Phi(0, X) = \Pi_{\mathbb{S}^n_+}(X)$, 如果 $\varepsilon^2 I + X^2$ 非奇异 (正定), 则 $\Phi(\cdot,\cdot)$ 在 (ε, X) 处是连续可微的.

定义函数 $\phi : \Re^2 \to \Re$:

$$\phi(\varepsilon, t) = [t + \sqrt{\varepsilon^2 + t^2}]/2, \quad (\varepsilon, t) \in \Re \times \Re.$$

则矩阵函数 $\Phi(\varepsilon, X)$ 可以表示为

$$\Phi(\varepsilon, X) = P \begin{bmatrix} \phi(\varepsilon, \lambda_1) & & \\ & \ddots & \\ & & \phi(\varepsilon, \lambda_n) \end{bmatrix} P^{\mathrm{T}}.$$

对于任何 $(\varepsilon, z) \in \Re \times \Re^n$, 如果 $\varepsilon^2 + z_i^2 > 0, \forall i$, 定义函数 $\phi(\varepsilon, \cdot)$ 在 z 处的一阶差比矩阵 $\widehat{U}(\varepsilon, z) \in \mathbb{S}^n$:

$$[\widehat{U}(\varepsilon, z)]_{ij} = \begin{cases} \dfrac{\phi(\varepsilon, z_i) - \phi(\varepsilon, z_j)}{z_i - z_j} \in [0,1], & \text{如果} z_i \neq z_j, \\ \dfrac{\partial \phi}{\partial z_i}(\varepsilon, z_i) \in [0,1], & \text{如果} z_i = z_j, \end{cases} \tag{8.76}$$

$i, j = 1, 2, \cdots, n$. 对任何满足 $\varepsilon^2 I + X^2$ 是非奇异的, 则 Φ 在 (ε, X) 是可微的

$$\Phi'(\varepsilon, X)(\tau, H) = P[\widehat{U}(\varepsilon, \lambda) \circ (P^{\mathrm{T}} H P) + \tau D(\varepsilon, \lambda)]P^{\mathrm{T}}, \tag{8.77}$$

其中 $D(\varepsilon,\lambda)\in\mathbb{S}^n$ 是如下定义的对角矩阵

$$D(\varepsilon,\lambda)=\begin{bmatrix}\dfrac{\partial\phi}{\partial\varepsilon}(\varepsilon,\lambda_1) & & \\ & \ddots & \\ & & \dfrac{\partial\phi}{\partial\varepsilon}(\varepsilon,\lambda_n)\end{bmatrix}. \tag{8.78}$$

映射 Φ 在 $(0,X)$ 处沿 $(\tau,H)\in\Re\times\mathbb{S}^n$ 的方向导数为

$$\Phi'((0,X);(\tau,H))=P\begin{bmatrix}\widetilde{H}_{\alpha\alpha} & \widetilde{H}_{\alpha\beta} & U_{\alpha\gamma}\circ\widetilde{H}_{\alpha\gamma}\\ \widetilde{H}_{\alpha\beta}^{\mathrm{T}} & \Phi_{|\beta|}(\tau,\widetilde{H}_{\beta\beta}) & 0\\ \widetilde{H}_{\alpha\gamma}^{\mathrm{T}}\circ U_{\alpha\gamma}^{\mathrm{T}} & 0 & 0\end{bmatrix}P^{\mathrm{T}}, \tag{8.79}$$

其中 $U\in\mathbb{S}^n$ 由 (8.72) 定义, $\Phi_{|\beta|}:\Re\times\mathbb{S}^{|\beta|}\to\mathbb{S}^{|\beta|}$ 定义为

$$\Phi_{|\beta|}(t,Z)=[Z+\sqrt{t^2I+Z^2}]/2,\quad (t,Z)\in\Re\times\mathbb{S}^{|\beta|}. \tag{8.80}$$

根据 (8.79), 容易验证下述结论.

引理 8.10 [6, Lemma 2.3] *对任何 $(\tau,H)\in\Re\times\mathbb{S}^n$, 令 $\widetilde{H}=P^THP$. 则 $\Gamma(\cdot,\cdot)=\Phi'((0,X);(\cdot,\cdot))$ 在 $(\tau,H)\in\Re\times\mathbb{S}^n$ 处是 F- 可微的充分必要条件是 $\tau^2I+(\widetilde{H}_{\beta\beta})^2$ 为可逆的.*

定义 $\Theta(\cdot)=\Pi'_{\mathbb{S}^n_+}(X;\cdot)$, Pang 等 [31] 证明

$$\partial_B\Pi_{\mathbb{S}^n_+}(X)=\partial_B\Theta(0). \tag{8.81}$$

类似公式 (8.81), 对 $\partial_B\Phi(0,X)$, 也有类似的结论, 根据这一结论可以得到 $\partial_B\Phi(0,X)$ 中的元素的刻画. 当然公式 (8.81) 也完全可以类似于下述引理的证明那样得到证明.

引理 8.11 [6, Lemma 2.4] *设 $X\in\mathbb{S}^n$ 具有特征值分解 (8.37). 对 $\Gamma(\cdot,\cdot)=\Phi'((0,X);(\cdot,\cdot))$, 有*

$$\partial_B\Phi(0,X)=\partial_B\Gamma(0,0). \tag{8.82}$$

证明 令 $V\in\partial_B\Phi(0,X)$. 根据 (8.77), (8.79) 与 $\partial_B\Phi(0,X)$ 的定义知, 存在序列 $(\varepsilon_k,X^k)\in\Re\times\mathbb{S}^n$ 收敛于 $(0,X)$, 满足 $\varepsilon_k^2I+(X^k)^2$ 是非奇异的与 $V=\lim\limits_{k\to\infty}\Phi'(\varepsilon_k,X^k)$. 设 X^k 的谱分解为 $X^k=P^k\Lambda^k(P^k)^{\mathrm{T}}$, $P^k\in\mathcal{O}^n(X^k)$, $\Lambda^k=\mathrm{Diag}(\lambda_1^k,\cdots,\lambda_n^k)$, $\lambda_1^k\geqslant\cdots\geqslant\lambda_n^k$ 是 X^k 的特征值. 将 Λ^k 写为

$$\Lambda^k=\begin{bmatrix}\Lambda_\alpha^k & 0 & 0\\ 0 & \Lambda_\beta^k & 0\\ 0 & 0 & \Lambda_\gamma^k\end{bmatrix},$$

则 $\Lambda = \lim\limits_{k\to\infty} \Lambda^k$, 这意味着对充分大 k, Λ^k_α, Λ^k_γ 是非奇异的, $\lim\limits_{k\to\infty} \Lambda^k_\beta = 0$. 对每一 k, 令 $U^k = \widehat{U}(\varepsilon_k, \lambda^k)$ 由 (8.76) 定义, $D^k = D(\varepsilon_k, \lambda^k)$ 由 (8.78) 定义. 根据 (8.77) 可得

$$\Phi'(\varepsilon_k, X^k)(\tau, H) = P^k[U^k \circ (P^k)^{\mathrm{T}} H P^k + \tau D^k](P^k)^{\mathrm{T}}. \tag{8.83}$$

因为 P^k 是一致有界的, 不妨设 P^k 收敛到 P, 则 $P \in \mathcal{O}^n(X)$. 在 (8.83) 两边取极限, 得

$$P^{\mathrm{T}} V(\tau, H) P^{\mathrm{T}} = \begin{bmatrix} \widetilde{H}_{\alpha\alpha} & \widetilde{H}_{\alpha\beta} & U_{\alpha\gamma} \circ \widetilde{H}_{\alpha\gamma} \\ \widetilde{H}^{\mathrm{T}}_{\alpha\beta} & \lim\limits_{k\to\infty} U^k_{\beta\beta} \circ \widetilde{H}_{\beta\beta} & 0 \\ \widetilde{H}^{\mathrm{T}}_{\alpha\gamma} \circ U^{\mathrm{T}}_{\alpha\gamma} & 0 & 0 \end{bmatrix} + \tau \begin{bmatrix} 0 & 0 & 0 \\ 0 & \lim\limits_{k\to\infty} D^k_\beta & 0 \\ 0 & 0 & 0 \end{bmatrix},$$

其中

$$D^k_\beta = \begin{bmatrix} \dfrac{\partial \phi}{\partial \varepsilon}(\varepsilon_k, \lambda^k_{|\alpha|+1}) & & \\ & \ddots & \\ & & \dfrac{\partial \phi}{\partial \varepsilon}(\varepsilon_k, \lambda^k_{|\alpha|+|\beta|}) \end{bmatrix}.$$

对每一 k, 定义

$$M^k := P \begin{bmatrix} 0 & 0 & 0 \\ 0 & \Lambda^k_\beta & 0 \\ 0 & 0 & 0 \end{bmatrix} P^{\mathrm{T}}.$$

令 $\widetilde{M}^k = P^{\mathrm{T}} M^k P$. 因为 $\varepsilon_k^2 I + (\widetilde{M}^k_{\beta\beta})^2 = \varepsilon_k^2 I + (\Lambda^k_\beta)^2$ 是非奇异的, Γ 在 (ε_k, M^k) 处是 F- 可微的,

$$\begin{aligned}
\Gamma'(\varepsilon_k, M^k)(\tau, H) &= \lim_{t\searrow 0} \frac{\Gamma(\varepsilon_k + t\tau, M^k + tH) - \Gamma(\varepsilon_k, M^k)}{t} \\
&= P \begin{bmatrix} \widetilde{H}_{\alpha\alpha} & \widetilde{H}_{\alpha\beta} & U_{\alpha\gamma} \circ \widetilde{H}_{\alpha\gamma} \\ \widetilde{H}^{\mathrm{T}}_{\alpha\beta} & \lim\limits_{t\searrow 0} \dfrac{\Phi_{|\beta|}(\varepsilon_k + t\tau, \Lambda^k_\beta + t\widetilde{H}_{\beta\beta}) - \Phi_{|\beta|}(\varepsilon_k, \Lambda^k_\beta)}{t} & 0 \\ \widetilde{H}^{\mathrm{T}}_{\alpha\gamma} \circ U^{\mathrm{T}}_{\alpha\gamma} & 0 & 0 \end{bmatrix} P^{\mathrm{T}} \\
&= P \begin{bmatrix} \widetilde{H}_{\alpha\alpha} & \widetilde{H}_{\alpha\beta} & U_{\alpha\gamma} \circ \widetilde{H}_{\alpha\gamma} \\ \widetilde{H}^{\mathrm{T}}_{\alpha\beta} & U^k_{\beta\beta} \circ \widetilde{H}_{\beta\beta} + \tau D^k_\beta & 0 \\ \widetilde{H}^{\mathrm{T}}_{\alpha\gamma} \circ U^{\mathrm{T}}_{\alpha\gamma} & 0 & 0 \end{bmatrix} P^{\mathrm{T}}.
\end{aligned}$$

因此有

$$V(\tau, H) = \lim_{k\to\infty} \Gamma'(\varepsilon_k, M^k)(\tau, H).$$

由于 $(\tau, H) \in \Re \times \mathbb{S}^n$ 是任意的, 可得 $V \in \partial_B \Gamma(0,0)$.

相反地, 令 $V \in \partial_B \Gamma(0,0)$. 根据引理 8.10, Γ 在 $(\varepsilon, M) \in \Re \times \mathbb{S}^n$ 处是 F- 可微的当且仅当 $\varepsilon^2 I + (\widetilde{M}_{\beta\beta})^2$ 是非奇异的, 其中 $\widetilde{M} = P^{\mathrm{T}} M P$, 从而存在序列 (ε_k, M^k) 收敛于 $(0,0)$, 满足对每一 k, $\varepsilon_k^2 I + (\widetilde{M}_{\beta\beta}^k)^2$ 是非奇异的, $V = \lim\limits_{k\to\infty} \Gamma'(\varepsilon_k, M^k)$, 其中 $\widetilde{M}^k = P^{\mathrm{T}} M^k P$. 设 $\widetilde{M}_{\beta\beta}^k$ 具有下述特征值分解

$$\widetilde{M}_{\beta\beta}^k = Q^k \widetilde{\Lambda}_\beta^k (Q^k)^{\mathrm{T}},$$

其中 $Q^k \in \mathcal{O}^{|\beta|}(\widetilde{M}_{\beta\beta}^k)$,

$$\widetilde{\Lambda}_\beta^k = \mathrm{Diag}(\widetilde{z}_1^k, \cdots, \widetilde{z}_{|\beta|}^k),$$

矩阵 $\widetilde{M}_{\beta\beta}^k$ 的特征值为 $\widetilde{z}_1^k \geqslant \cdots \geqslant \widetilde{z}_{|\beta|}^k$. 定义

$$\widetilde{\lambda}_i^k = \begin{cases} \lambda_i, & \text{如果} i \in \alpha \cup \gamma \\ \widetilde{z}_{i-|\alpha|}^k, & \text{如果} i \in \beta. \end{cases}$$

则根据 (8.79), 对任何 $(\tau, H) \in \Re \times \mathbb{S}^n$, 有

$$\begin{aligned} &\Gamma'(\varepsilon_k, M^k)(\tau, H) = \lim_{t\searrow 0} \frac{\Gamma(\varepsilon_k + t\tau, M^k + tH) - \Gamma(\varepsilon_k, M^k)}{t} \\ &= P \begin{bmatrix} \widetilde{H}_{\alpha\alpha} & \widetilde{H}_{\alpha\beta} & U_{\alpha\gamma} \circ \widetilde{H}_{\alpha\gamma} \\ \widetilde{H}_{\alpha\beta}^{\mathrm{T}} & \lim\limits_{t\searrow 0} \dfrac{\Phi_{|\beta|}(\varepsilon_k + t\tau, \widetilde{M}_{\beta\beta}^k + t\widetilde{H}_{\beta\beta}) - \Phi_{|\beta|}(\varepsilon_k, \widetilde{M}_{\beta\beta}^k)}{t} & 0 \\ \widetilde{H}_{\alpha\gamma}^{\mathrm{T}} \circ U_{\alpha\gamma}^{\mathrm{T}} & 0 & 0 \end{bmatrix} P^{\mathrm{T}} \end{aligned} \tag{8.84}$$

与

$$\begin{aligned} &\lim_{t\searrow 0} \frac{\Phi_{|\beta|}(\varepsilon_k + t\tau, \widetilde{M}_{\beta\beta}^k + t\widetilde{H}_{\beta\beta}) - \Phi_{|\beta|}(\varepsilon_k, \widetilde{M}_{\beta\beta}^k)}{t} \\ &= Q^k \left[\lim_{t\searrow 0} \frac{\Phi_{|\beta|}(\varepsilon_k + t\tau, \widetilde{\Lambda}_\beta^k + t(Q^k)^{\mathrm{T}} \widetilde{H}_{\beta\beta} Q^k) - \Phi_{|\beta|}(\varepsilon_k, \widetilde{\Lambda}_\beta^k)}{t} \right] (Q^k)^{\mathrm{T}} \\ &= Q^k [\widetilde{\Omega}^k \circ [(Q^k)^{\mathrm{T}} \widetilde{H}_{\beta\beta} Q^k] + \tau \widetilde{S}^k] (Q^k)^{\mathrm{T}}, \end{aligned} \tag{8.85}$$

其中

$$
(\widetilde{\Omega}^k)_{ij} = \begin{cases} \dfrac{\phi(\varepsilon_k, \widetilde{z}_i^k) - \phi(\varepsilon_k, \widetilde{z}_j^k)}{\widetilde{z}_i^k - \widetilde{z}_j^k}, & \text{如果}\widetilde{z}_i^k \neq \widetilde{z}_j^k, \\ \dfrac{\partial \phi}{\partial \widetilde{z}_i^k}(\varepsilon_k, \widetilde{z}_i^k), & \text{如果}\widetilde{z}_i^k = \widetilde{z}_j^k, \end{cases}
$$

$i, j = 1, \cdots, |\beta|$,

$$
\widetilde{S}^k = \begin{bmatrix} \dfrac{\partial \phi}{\partial \varepsilon}(\varepsilon_k, \widetilde{z}_1^k) & & \\ & \ddots & \\ & & \dfrac{\partial \phi}{\partial \varepsilon}(\varepsilon_k, \widetilde{z}_{|\beta|}^k) \end{bmatrix}.
$$

定义

$$
X^k = X + P \begin{bmatrix} 0 & 0 & 0 \\ 0 & \widetilde{M}_{\beta\beta}^k & 0 \\ 0 & 0 & 0 \end{bmatrix} P^{\mathrm{T}}, \quad \widetilde{X}^k = P^{\mathrm{T}} X^k P = \begin{bmatrix} \Lambda_\alpha & 0 & 0 \\ 0 & \widetilde{M}_{\beta\beta}^k & 0 \\ 0 & 0 & \Lambda_\gamma \end{bmatrix}.
$$

因为对每一 k, $\varepsilon_k^2 I + (\widetilde{M}_{\beta\beta}^k)^2$ 是非奇异的, 矩阵 $\varepsilon_k^2 I + (X^k)^2 = P[\varepsilon_k^2 I + (\widetilde{X}^k)^2]P^{\mathrm{T}}$ 也是非奇异的, 有 Φ 在 (ε_k, X^k) 处是 F- 可微的. 定义

$$
P^k = [P_\alpha^k \ P_\beta^k \ P_\gamma^k] = [P_\alpha \ P_\beta Q^k \ P_\gamma],
$$

则

$$
X^k = P^k \widetilde{\Lambda}^k (P^k)^{\mathrm{T}}, \quad \widetilde{\Lambda}^k = \mathrm{Diag}(\widetilde{\lambda}^k).
$$

根据 (8.77), 有

$$
\Phi'(\varepsilon_k, X^k)(\tau, H) = P^k [\widetilde{U}^k \circ [(P^k)^{\mathrm{T}} H P^k] + \tau \widetilde{D}^k](P^k)^{\mathrm{T}}, \tag{8.86}
$$

其中 $\widetilde{U}^k = \widetilde{U}(\varepsilon_k, \widetilde{\lambda}^k)$,$\widetilde{D}^k = D(\varepsilon_k, \widetilde{\lambda}^k)$. 注意到 $\{Q^k\}$,$\{\widetilde{U}^k\}$ 与 $\{\widetilde{D}^k\}$ 均是一致有界的, 不失一般性, 不妨设它们都是收敛的. 则可得

$$
\lim_{k\to\infty} \widetilde{U}_{ij}^k = \begin{cases} 1, & \text{如果} i \in \alpha, j \in \alpha \cup \beta, \\ U_{ij}, & \text{如果} i \in \alpha, j \in \gamma, \\ \lim\limits_{k\to\infty} [\widetilde{\Omega}^k]_{(i-|\alpha|)(j-|\alpha|)}, & \text{如果} i \in \beta, j \in \beta, \\ 0, & \text{如果} i \in \beta \cup \gamma, j \in \gamma \end{cases}
$$

与

$$\lim_{k\to\infty}\widetilde{D}^k=\begin{bmatrix}0&0&0\\0&\lim\limits_{k\to\infty}\widetilde{S}^k&0\\0&0&0\end{bmatrix}.$$

于是根据 (8.86),(8.84) 与 (8.85) 可得

$$\lim_{k\to\infty}(P^k)^{\mathrm{T}}[\Gamma'(\varepsilon_k,M^k)(\tau,H)-\Phi'(\varepsilon_k,X^k)(\tau,H)]P^{\mathrm{T}}=0$$

对任何 $(\tau,H)\in\Re\times\mathbb{S}^n$ 成立. 因此有 $V(\tau,H)=\lim\limits_{k\to\infty}\Phi'(\varepsilon_k,X^k)(\tau,H)$ 对所有 $(\tau,H)\in\Re\times\mathbb{S}^n$ 成立, 这意味着 $V\in\partial_B\Phi(0,X)$. 证毕. ■

注记 8.3 完全类似引理 8.11 的证明, 可以证明公式 (8.81).

根据引理 4.7, 可以得到 $\partial_B\Phi(0,X)$ 以及 $\partial\Phi(0,X)$ 的刻画.

命题 8.4[6, Proposition 2.5] 设 $X\in\mathbb{S}^n$ 具有特征值分解 (8.37). 则 $V\in\partial_B\Phi(0,X)$ ($V\in\partial\Phi(0,X)$) 的充分必要条件是存在 $V_{|\beta|}\in\partial_B\Phi_{|\beta|}(0,0)$ ($V_{|\beta|}\in\partial\Phi_{|\beta|}(0,0)$), 满足

$$V(\tau,H)=P\begin{bmatrix}\widetilde{H}_{\alpha\alpha}&\widetilde{H}_{\alpha\beta}&U_{\alpha\gamma}\circ\widetilde{H}_{\alpha\gamma}\\\widetilde{H}_{\alpha\beta}^{\mathrm{T}}&V_{|\beta|}(\tau,\widetilde{H}_{\beta\beta})&0\\\widetilde{H}_{\alpha\gamma}^{\mathrm{T}}\circ U_{\alpha\gamma}^{\mathrm{T}}&0&0\end{bmatrix}P^{\mathrm{T}},\quad\forall(\tau,H)\in\Re\times\mathbb{S}^n,\tag{8.87}$$

其中 $\widetilde{H}=P^{\mathrm{T}}HP$.

证明 定义 $\Psi:\Re\times\mathbb{S}^n\to\Re\times\mathbb{S}^n$

$$\Psi(\tau,H)=(\tau,P^{\mathrm{T}}HP),\quad\forall(\tau,H)\in\Re\times\mathbb{S}^n$$

与

$$\Xi(t,M)=P\begin{bmatrix}M_{\alpha\alpha}&M_{\alpha\beta}&U_{\alpha\gamma}\circ M_{\alpha\gamma}\\M_{\alpha\beta}^{\mathrm{T}}&\Phi_{|\beta|}(\tau,M_{\beta\beta})&0\\M_{\alpha\gamma}^{\mathrm{T}}\circ U_{\alpha\gamma}^{\mathrm{T}}&0&0\end{bmatrix}P^{\mathrm{T}},\tag{8.88}$$

则 $\Gamma(\cdot,\cdot)=\Phi'((0,X);(\cdot,\cdot))$ 满足

$$\Gamma(\tau,H)=\Xi(\Psi(\tau,H)),\quad\forall(\tau,H)\in\Re\times\mathbb{S}^n.\tag{8.89}$$

因为 $\Psi'(\tau,H):\Re\times\mathbb{S}^n\to\Re\times\mathbb{S}^n$ 是映上的, 根据引理 4.7 可得

$$\partial_B\Gamma(0,0)=\partial_B\Xi(0,0)\Psi'(0,0).$$

根据引理 8.11 中的 (8.82) 即得结论. ■

定义

$$\widehat{U}_{|\beta|} = \{\Omega = \lim_{k\to\infty} \widehat{\Omega}(\varepsilon_k, z^k) : (\varepsilon_k, z^k) \to (0,0), z_1^k \geqslant \cdots \geqslant z_{|\beta|}^k, \varepsilon_k^2 + [z_i^k]^2 > 0, \forall i\},$$

则 $V_{|\beta|} \in \partial_B \Phi_{|\beta|}(0,0)$ 当且仅当存在 $Q \in \mathcal{O}^{|\beta|}$ 与 $\Omega \in \widehat{U}_{|\beta|}$ 满足

$$V_{|\beta|}(0,Z) = Q[\Omega \circ (Q^{\mathrm{T}} Z Q)]Q^{\mathrm{T}}, \quad \forall Z \in \mathbb{S}^{|\beta|}. \tag{8.90}$$

下述结论给出了 $\partial_B \Pi_{\mathbb{S}_+^n}(X)$ 与 $\partial_B \Phi(0,X)$ 之间的关系.

命题 8.5　对任何 $V_0 \in \partial_B \Pi_{\mathbb{S}_+^n}(X)$, 存在 $V \in \partial_B \Phi(0,X)$ 满足

$$V_0(H) = V(0,H), \quad \forall H \in \mathbb{S}^n. \tag{8.91}$$

证明　比较命题 8.3, (8.74) 与命题 8.4,(8.90), 可直接得结论. ■

下面的命题给出 $\partial\Phi(0,X)$ 中元素的一个变分性质.

命题 8.6　对任何 $V \in \partial\Phi(0,X)$, 有

$$\langle H - V(0,H), V(0,H)\rangle \geqslant 0, \quad \forall H \in \mathbb{S}^n. \tag{8.92}$$

证明　对 $V \in \partial\Phi(0,X)$, 存在一正整数 N 与 $V^i \in \partial\Phi(0,X)$, $i = 1,\cdots,N$ 满足 V 是 $V^1,\cdots,V^N$ 的一凸组合, 即存在 $t_1,\cdots,t_N$ 满足 $t_i \geqslant 0$, $i = 1,\cdots,N$, $\sum_{j=1}^N t_i = 1$, 有 $V = \sum_{j=1}^N t_i V^i$.

根据文献 [57, Proposition 3.1] 可知, 对每一 $i = 1,\cdots,N$,

$$\langle H - V^i(0,H), V^i(0,H)\rangle \geqslant 0, \quad \forall H \in \mathbb{S}^n. \tag{8.93}$$

令 $\theta(X) = \langle X, X\rangle$, $X \in \mathbb{S}^n$. 根据 θ 的凸性可得, 对于 $H \in \mathbb{S}^n$, 有

$$\theta(V(0,H)) \leqslant \sum_{j=1}^N t_j \theta(V^j(0,H)) = \sum_{j=1}^N t_j \langle V^j(0,H), V^j(0,H)\rangle,$$

上式与 (8.93) 结合可得

$$\langle V(0,H), V(0,H)\rangle \leqslant \sum_{j=1}^N t_j \langle H, V^j(0,H)\rangle = \left\langle H, \sum_{j=1}^N t_j V^j(0,H) \right\rangle = \langle H, V(0,H)\rangle.$$

因此 (8.92) 成立. ■

8.4 非线性半定规划的最优性条件

这一节讨论具有下述形式的非线性半定规划问题:

$$\begin{aligned} \min_{x\in Q} \quad & f(x) \\ \text{s.t.} \quad & G(x) \in \mathbb{S}^p_-, \end{aligned} \tag{8.94}$$

其中 $f:\Re^n\to\Re$ 是实值函数, $G:\Re^n\to\mathbb{S}^p$ 是一矩阵值函数, $Q\subset\Re^n$ 是一闭凸集合.

8.4.1 对称负半定矩阵锥的切锥

这一节给出对称半负定矩阵锥 $\mathbb{S}^p_-$ 的切锥和二阶切集合的公式. 将 $\mathbb{S}^p_-$ 表示为下述凸函数的水平集

$$\mathbb{S}^p_- = \{X\in\mathbb{S}^p : \lambda_{\max}(X)\leqslant 0\}.$$

不难看到, Slater 条件对函数 $\lambda_{\max}(\cdot)$ 是成立的. 给定 $A\in\mathbb{S}^p_-$. 设 $\lambda_{\max}(A)=0$, 则 $\operatorname{rank}(A)=p-s$, 其中 s 是 A 的最大特征值的重数.

由于 $\lambda_{\max}(\cdot)$ 是 Lipschitz 连续的, $\lambda'_{\max}=\lambda^{\downarrow}_{\max}$, 根据命题 5.6, 有

$$T_{\mathbb{S}^p_-}(A)=\{H\in\mathbb{S}^p:\lambda'_{\max}(A;H)\leqslant 0\}, \tag{8.95}$$

如果 $\lambda_{\max}(A)=0, \lambda'_{\max}(A,H)=0$. 由于 $\lambda_{\max}$ 是 Lipschitz 连续的, $\lambda''_{\max}=\lambda^{\downarrow\downarrow}_{\max}$. 由命题 5.7, 有 $T^{i,2}_{\mathbb{S}^p_-}(A,H)=T^2_{\mathbb{S}^p_-}(A,H)$ 且

$$T^2_{\mathbb{S}^p_-}(A,H)=\{W\in\mathbb{S}^p:\lambda''_{\max}(A;H,W)\leqslant 0\}. \tag{8.96}$$

设 E 是对应 A 的 0 特征值的特征向量空间的一组标准正交基为列构成的矩阵, 即 $E=(u_1,\cdots,u_s)$, 其中 $u_1,\cdots,u_s$ 是对应 0 特征值的特征向量, 满足 $E^{\mathrm T}E=I_s$. 根据定理 8.1 中任意特征值的方向导数公式有

$$\lambda'_{\max}(A;H)=\lambda_{\max}(E^{\mathrm T}HE). \tag{8.97}$$

如果 $\lambda_{\max}(A)=0, \lambda'_{\max}(A,H)=0$. 设 F 是对应 $E^{\mathrm T}HE$ 的 0 特征值的特征向量空间的一组标准正交基为列构成的矩阵, 即 $F=(v_1,\cdots,v_r)$, 其中 $v_1,\cdots,v_r$ 是对应 0 特征值的特征向量, 满足 $F^{\mathrm T}F=I_r$, $\operatorname{rank}(E^{\mathrm T}HE)=s-r$. 根据定理 8.1 中任意特征值的二阶方向导数公式有

$$\lambda''_{\max}(A;H,W)=\lambda_{\max}[F^{\mathrm T}E^{\mathrm T}(W-2HA^{\dagger}H)EF]. \tag{8.98}$$

结合上面关于 $\lambda'_{\max}(A;H)$ 的公式, 有

$$T_{\mathbb{S}^p_-}(A)=\{H\in\mathbb{S}^p: E^{\mathrm{T}}HE\preceq 0\},\tag{8.99}$$

注意到, 若 $\lambda_{\max}(A)<0$, 则 A 是锥 $\mathbb{S}^p_-$ 的内部点, 此种情形 $T_{\mathbb{S}^p_-}(A)=\mathbb{S}^p$.

现在设 $\lambda_{\max}(A)=0, \lambda'_{\max}(A,H)=0$. 结合上述公式可得

$$T^2_{\mathbb{S}^p_-}(A,H)=\{W\in\mathbb{S}^p: F^{\mathrm{T}}E^{\mathrm{T}}WEF\preceq 2F^{\mathrm{T}}E^{\mathrm{T}}HA^{\dagger}HEF\}.\tag{8.100}$$

设 $A\in\mathbb{S}^p_-$, $\lambda_{\max}(A)=0$, 则

$$T_{\mathbb{S}^p_-}(A)=\{H\in\mathbb{S}^p: E^{\mathrm{T}}HE\preceq 0\},$$

从而

$$\operatorname{lin}T_{\mathbb{S}^p_-}(A)=\{H\in\mathbb{S}^p: E^{\mathrm{T}}HE=0\}.\tag{8.101}$$

称点 $x\in\Re^n$ 关于光滑映射 $G:\Re^n\to\mathbb{S}^p$ 是约束非退化的, 如果

$$\operatorname{lin}T_{\mathbb{S}^p_-}(G(x))+DG(x)\Re^n=\mathbb{S}^p.\tag{8.102}$$

命题 8.7　令 $G(x)\in\mathbb{S}^p_-$, $\operatorname{rank}(G(x))=r$, 用 $u_1,\cdots,u_{p-r}$ 记矩阵 $G(x)$ 的零空间的一组标准正交基. 则点 $x\in\Re^n$ 关于映射 G 是约束非退化的充分必要条件是下述的 n 维向量是线性无关的

$$v_{ij}=\begin{pmatrix} u_i^{\mathrm{T}}\dfrac{\partial G(x)}{\partial x_1}u_j\\ \vdots\\ u_i^{\mathrm{T}}\dfrac{\partial G(x)}{\partial x_n}u_j\end{pmatrix},\quad 1\leqslant i\leqslant j\leqslant p-r.$$

证明　在方程 (8.102) 的两边取直交补, 得点 $x\in\Re^n$ 关于映射 G 是约束非退化的当且仅当下述条件成立:

$$[\operatorname{lin}T_{\mathbb{S}^p_-}(A)]^{\perp}\cap[\mathrm{D}G(x)\Re^n]^{\perp}=\{0\},\tag{8.103}$$

其中 $A:=G(x)$. 由公式 (8.101), 空间 $\operatorname{lin}T_{\mathbb{S}^p_-}(A)$ 的直交补由向量 $u_iu_j^{\mathrm{T}}+u_ju_i^{\mathrm{T}}$, $1\leqslant i\leqslant j\leqslant p-r$ 生成. 因为 $\mathrm{D}G(x)h=\displaystyle\sum_{k=1}^n h_k\frac{\partial G(x)}{\partial x_k}$, 有

$$[\mathrm{D}G(x)\Re^n]^{\perp}=\left\{W\in\mathbb{S}^p:\left\langle W,\frac{\partial G(x)}{\partial x_k}\right\rangle=0,\ k=1,\cdots,n\right\}.$$

因此, 条件 (8.103) 成立当且仅当下述以 α_{ij}, $1 \leqslant i \leqslant j \leqslant p-r$, 为未知数的方程组只有零解:

$$\sum_{1 \leqslant i \leqslant j \leqslant p-r} \alpha_{ij} \left\langle u_i u_j^{\mathrm{T}} + u_j u_i^{\mathrm{T}}, \frac{\partial G(x)}{\partial x_k} \right\rangle = 0, \quad k = 1, \cdots, n.$$

这等价于向量 v_{ij}, $1 \leqslant i \leqslant j \leqslant p-r$ 的线性无关性. ■

8.4.2 对偶性

问题 (8.94) 的 Lagrange 函数可以写为下述形式

$$L(x, Y) := f(x) + \langle Y, G(x) \rangle, \quad (x, Y) \in \Re^n \times \mathbb{S}^p.$$

因此, (8.94) 的 Lagrange 对偶问题为

$$(\mathrm{D}) \qquad \max_{Y \succeq 0} \{ \inf_{x \in Q} L(x, Y) \}. \tag{8.104}$$

回顾, 称 $(\bar{x}, \overline{Y})$ 为 Lagrange 函数 $L(x, Y)$ 在集合 $Q \times \mathbb{S}_+^p$ 上的鞍点, 若

$$\bar{x} \in \operatorname{argmin}_{x \in Q} L(x, \overline{Y}), \quad \overline{Y} \in \operatorname{argmax}_{Y \in \mathbb{S}_+^p} L(\bar{x}, Y). \tag{8.105}$$

(8.105) 的第二条件意味着 $G(\bar{x}) \in \mathbb{S}_-^p$, $\overline{Y} \in \mathbb{S}_+^p$, 互补条件 $\langle \overline{Y}, G(\bar{x}) \rangle = 0$ 成立. 于是得到条件 (8.105) 等价于

$$\bar{x} \in \operatorname{argmin}_{x \in Q} L(x, \overline{Y}), \quad \langle \overline{Y}, G(\bar{x}) \rangle = 0, \quad G(\bar{x}) \preceq 0, \quad \overline{Y} \succeq 0. \tag{8.106}$$

由 Lagrange 对偶的一般理论有下述结论.

命题 8.8 [4, Proposition 5.77] *令 (P) 与 (D) 分别表示原始问题 (8.94) 与对偶问题 (8.104). 则val(D)⩽val(P). 进一步, val(P)=val(D) 且 $\bar{x}$ 与 $\overline{Y}$ 分别是 (P) 与 (D) 的最优解的充分必要条件是 $(\bar{x}, \overline{Y})$ 为 $L(x, Y)$ 在 $Q \times \mathbb{S}_+^p$ 上的鞍点, 即当且仅当条件 (8.106) 成立.*

现在让我们从共轭对偶性的观点来讨论原始与对偶问题. 与原始问题 (8.94) 相联系的 (标准) 参数化问题是

$$\min_{x \in Q} f(x) \quad \text{s.t.} \quad G(x) + Y \preceq 0, \tag{8.107}$$

它依赖于参数矩阵 $Y \in \mathbb{S}^p$. 我们将这一问题记为 (P_Y), 用 $v(Y)$ 记它的最优值, 即 $v(Y) := \mathrm{val}(\mathrm{P}_Y)$. 问题 (P_0) 与原始问题 (P) 重合且 val(P)= $v(0)$. 在目前的情况, 函数 $v(\cdot)$ 的共轭函数由下式给出

$$-v^*(Y^*) = \begin{cases} \inf_{x \in Q} L(x, Y^*), & \text{若} Y^* \succeq 0, \\ -\infty, & \text{否则}. \end{cases} \tag{8.108}$$

因此, 对偶问题 (8.104) 可以表示为在约束 $Y \succeq 0$ 之下极大化 $-v^*(Y)$ 这一问题, 进一步, val(P)= $v(0)$ 且 val(D)= $v^{**}(0)$. 由共轭对偶性的一般性理论, 下述结果成立.

命题 8.9 [4, Proposition 5.80]　下述性质成立:

(a) 若val(D) 是有限的, 则 SOL(D) $= \partial v^{**}(0)$.

(b) 若 vY 在 $Y = 0$ 处是次可微的, 则原始问题与对偶问题间没有对偶间隙, 且 SOL(D) $= \partial v(0)$.

(c) 若val(P)=val(D) 是有限的, 则 (可能空的) 对偶问题的最优解集 SOL(D) 与 $\partial v(0)$ 重合.

现在考虑约束规范

$$0 \in \operatorname{int}\{G(Q) - \mathbb{S}^p_-\}, \tag{8.109}$$

它意味着对 $0 \in \mathbb{S}^p$ 的邻域中的所有的 Y, 成立着 $v(Y) < +\infty$. 由共轭对偶性理论, 得到下述结果.

定理 8.8 [4, Theorem 5.81]　设原始问题 (P) 是凸的. 若问题 (P) 的 Slater 条件成立, 则原始与对偶问题间没有对偶间隙, 进一步, 若它们的公共的最优值是有限的, 则对偶问题的最优解集合 SOL(D) 是非空的且有界的.

相反地, 若对偶问题具有非空有界的最优解集, 则问题 (P) 的 Slater 条件成立且原始与对偶问题间不存在对偶间隙.

8.4.3　一阶最优性条件

这一节讨论 SDP 问题 (8.94) 的一阶最优性条件. 设目标函数 $f(x)$ 与约束映射 $G(x)$ 是连续可微的. 为简单起见, 还设集合 Q 与整个空间 $\Re^n$ 重合.

暂时设问题 (P) 是凸的, 考虑最优性条件 (8.106). 因为 $L(\cdot, \overline{Y})$ 是凸的, 有 $\bar{x}$ 是 $L(\cdot, \overline{Y})$ 的极小点的充分必要条件是 $D_x L(\bar{x}, \overline{Y}) = 0$. 因此, 这些条件可以表示为下述形式

$$D_x L(\bar{x}, \overline{Y}) = 0, \quad \langle \overline{Y}, G(\bar{x}) \rangle = 0, \quad G(\bar{x}) \preceq 0, \quad \overline{Y} \succeq 0. \tag{8.110}$$

定理 8.9 [4, Theorem 5.83]　设 SDP 问题 (P) 是凸的, $\bar{x}$ 是它的最优解. 若 (P) 的 Slater 条件成立, 则 Lagrange 乘子矩阵的集合 $\Lambda(\bar{x})$ 对 (P) 的任何最优解均是非空有界的且相同的. 相反地, 若 $\Lambda(\bar{x})$ 是非空的且有界的, 则 Slater 条件成立.

因为锥 $\mathbb{S}^p_-$ 具有非空的内部, 它由负定矩阵构成, SDP 问题 (P) 的 Robinson 约束规范可以表示为下述形式:

$$\exists h \in \Re^n : G(\bar{x}) + DG(\bar{x})h \prec 0. \tag{8.111}$$

若映射 $G(x)$ 是矩阵凸的①, 则在任何可行点 $\bar{x}$ 处上述条件 (8.111) 成立的充分必

①称映射 $G(x)$ 是矩阵凸的, 若对任何 $t \in [0,1]$, 对任意 x_1, x_2, 有

$$tG(x_1) + (1-t)G(x_2) \succeq G(tx_1 + (1-t)x_2).$$

要条件是问题 (P) 的 Slater 条件成立. 条件 (8.111) 表示 SDP 问题 (P) 在 $\bar{x}$ 处的线性化问题的 Slater 条件. 它还可视为一推广的 Mangasarian-Fromovitz 约束规范.

SDP 问题 (P) 的广义 Lagrange 函数为

$$L^g(x,\alpha,Y)=\alpha f(x)+\langle Y,G(x)\rangle,\quad (\alpha,Y)\in\Re\times\mathbb{S}^p, \tag{8.112}$$

用 $\Lambda^g(x)$ 记满足下述条件的广义 Lagrange 乘子 (α,Y) 的集合:

$$\begin{aligned}&\nabla_x L^g(x,\alpha,Y)=0,\quad \langle Y,G(x)\rangle=0,\quad G(x)\preceq 0,\\ &Y\succeq 0,\quad \alpha\geqslant 0,\quad (\alpha,Y)\neq(0,0).\end{aligned} \tag{8.113}$$

由定理 5.20 和命题 5.16, 可以直接得到下述一阶最优性条件.

定理 8.10 [4, Theorem 5.84] 设 $\bar{x}$ 是 SDP 问题 (P) 的局部最优解. 则

(a) 满足条件 (8.113) 的广义 Lagrange 乘子集合 $\Lambda^g(\bar{x})$ 是非空的.

(b) Lagrange 乘子矩阵集合 $\Lambda(\bar{x})$ 非空且有界的充分必要条件是约束规范 (8.111) 成立.

约束规范 (8.111) 可以等价地表示为下述形式

$$\mathrm{D}G(\bar{x})\Re^n+T_{\mathbb{S}^p_-}(G(\bar{x}))=\mathbb{S}^p. \tag{8.114}$$

显然, 若 $\bar{x}$ 是非退化的, 则约束规范 (8.111) 在 $\bar{x}$ 处成立.

称严格互补条件在可行点 $\bar{x}$ 处成立, 若存在一 Lagrange 乘子矩阵 $Y\in\Lambda(\bar{x})$ 满足

$$\mathrm{rank}(G(\bar{x}))+\mathrm{rank}(Y)=p. \tag{8.115}$$

定理 8.11 [4, Theorem 5.85] 设 $\bar{x}$ 是 SDP 问题 (P) 的局部最优解. 则下述结论成立:

(a) 若点 $\bar{x}$ 是非退化的, 则 $\Lambda(\bar{x})$ 是单点集, 即 Lagarange 乘子矩阵存在且唯一.

(b) 相反地, 若 $\Lambda(\bar{x})$ 是单点集且严格互补条件在 $\bar{x}$ 处成立, 则点 $\bar{x}$ 是非退化的.

在没有严格互补条件成立的前提下, $\bar{x}$ 的非退化性只是 Lagrange 乘子矩阵唯一性的充分条件, 但却不是必要条件. 现在讨论 Lagrange 乘子矩阵唯一性这一问题. 令 $Y\in\Lambda(\bar{x})$, $r=\mathrm{rank}\,(G(\bar{x}))$, $\rho=\mathrm{rank}\,(Y)$, 令 E 是一 $p\times(p-r)$ 矩阵, 它的列是正交的且生成矩阵 $G(\bar{x})$ 的零空间. 则由于 $Y\succeq 0$ 且互补条件成立, 有 $Y=E\textcircled{H}E^{\mathrm{T}}$, 其中 $\textcircled{H}\in\mathbb{S}^{p-r}_+$. 注意到, $\textcircled{H}$ 的秩等于 Y 的秩 ρ. 回顾严格约束规范的定义 (见定义 5.10), 将此约束规范应用到线性化约束 $\mathrm{D}G(\bar{x})h\in T_{\mathbb{S}^p_-}(G(\bar{x}))$, 它可以表示为下述形式

$$\mathrm{D}G(\bar{x})\Re^n+T_{\mathbb{S}^p_-}(G(\bar{x}))\cap Y^{\perp}=\mathbb{S}^p, \tag{8.116}$$

其中 $Y^{\perp}$ 表示其值域与 Y 的值域垂直的对称矩阵的集合. 因此, 结合命题 5.12 可以得到下述命题.

命题 8.10 [4, Proposition 5.86]　条件 (8.116) 是 Lagrange 乘子矩阵 Y 唯一性的充分条件.

由 $\mathbb{S}_-^p$ 的切锥的表达式 (8.99), 有

$$T_{\mathbb{S}_-^p}(G(\bar{x})) \cap Y^{\perp} = \{Z \in \mathbb{S}^p : E^{\mathrm{T}}ZE \preceq 0,\ \langle \textcircled{H}, E^{\mathrm{T}}ZE\rangle = 0\}. \tag{8.117}$$

因此, 若矩阵 ⒽⒽ 是正定的, 即严格互补条件成立, 则 (8.117) 的右端由方程 $E^{\mathrm{T}}ZE = 0$ 给出. 此种情形, $T_{\mathbb{S}_-^p}(G(\bar{x})) \cap Y^{\perp}$ 与 $T_{\mathbb{S}_-^p}(G(\bar{x}))$ 的线空间重合. 我们得到, 在严格互补条件成立的情况下, (8.116) 与 (8.102) 等价, 即等价于点 $\bar{x}$ 的非退化性.

现在设 Y 的秩 ρ 小于 $p-r$, 即严格互补条件不成立. 我们可取矩阵 E 满足 $\textcircled{H} = \begin{bmatrix} \textcircled{H}_{11} & 0 \\ 0 & 0. \end{bmatrix}$, 其中 $\textcircled{H}_{11}$ 是一 $\rho \times \rho$ 的正定矩阵. 令 $E = [E_1\, E_2]$ 是矩阵 E 的相应的分划, 因此有 $Y = E_1 \textcircled{H}_{11} E_1^{\mathrm{T}}$. 所以

$$T_{\mathbb{S}_-^p}(G(\bar{x})) \cap Y^{\perp} = \{Z \in \mathbb{S}^p : E_1^{\mathrm{T}}ZE_1 = 0,\ E_1^{\mathrm{T}}ZE_2 = 0,\ E_2^{\mathrm{T}}ZE_2 \preceq 0\}. \tag{8.118}$$

设 $E = [u_1, \cdots, u_{p-r}]$, 考虑向量

$$v_{ij} = \begin{pmatrix} u_i^{\mathrm{T}} \dfrac{\partial G(x)}{\partial x_1} u_j \\ \vdots \\ u_i^{\mathrm{T}} \dfrac{\partial G(x)}{\partial x_n} u_j \end{pmatrix}, \quad 1 \leqslant i \leqslant j \leqslant p-r$$

与指标集合

$$\mathcal{I} = \{(i,j) : 1 \leqslant i \leqslant j \leqslant \rho\} \cup \{(i,j) : i = 1, \cdots, \rho, \quad j = \rho+1, \cdots, p-r\}.$$

条件 (8.116) 可由下述两个条件推出: (i) 向量 $v_{ij}, (i,j) \in \mathcal{I}$ 是线性无关的, (ii) 存在 $h \in \Re^n$ 满足 $h \circ v_{ij} = 0, (i,j) \in \mathcal{I}$, 且

$$\sum_{k=1}^{n} h_k E_2^{\mathrm{T}} \frac{\partial G(x)}{\partial x_k} E_2 \succ 0. \tag{8.119}$$

因而得到, 上述条件 (i) 与 (ii) 是 Lagrange 乘子矩阵 Y 的唯一性的充分性条件. 若 $\rho = p-r$, 即严格互补条件成立, 则上述条件 (i) 与 (ii) 可简化为向量 $v_{ij}, i, j = 1, \cdots, p-r$ 的线性无关性, 它是点 $\bar{x}$ 的非退化性的充分必要条件.

8.4.4 二阶最优性条件

这一节讨论 SDP 问题 (8.94) 的二阶最优性条件. 设 $f(x)$ 与 $G(x)$ 是二次连续可微的且 $Q = \Re^n$.

对 $A \in \mathbb{S}^p_-, H \in T_{\mathbb{S}^p_-}(A)$, 下面来计算二阶切集 $\mathcal{T}^2 = T^2_{\mathbb{S}^p_-}(A, H)$ 的支撑函数. 由 (8.100) 可以得到①

$$\sigma(Y, \mathcal{T}^2) = \sup\{\langle Y, W\rangle : F^{\mathrm{T}}E^{\mathrm{T}}WEF \preceq 2F^{\mathrm{T}}E^{\mathrm{T}}HA^{\dagger}HEF\}.$$

注意到这一集合是非空的. 还有, 若 $\langle Y, A\rangle \neq 0$ 或者 $\langle Y, H\rangle \neq 0$, 则 Y 不属于切锥 $T_{T_{\mathbb{S}^p_-(A)}}(H)$ 的极锥, 因此此种情况有 $\sigma(Y, \mathcal{T}^2) = +\infty$. 所以, 设 $Y \in \mathbb{S}^p_+$ 满足 $\langle Y, A\rangle = 0$ 且 $\langle Y, H\rangle = 0$, 因而 Y 可以写为形式 $Y = EF\Psi F^{\mathrm{T}}E^{\mathrm{T}}$, 其中 $\Psi \succeq 0$ 为某一矩阵. 由于 $\Psi \succeq 0$, 所以有若 $Z_1 \preceq Z_2$, 则 $\langle \Psi, Z_1\rangle \leqslant \langle \Psi, Z_2\rangle$. 从而有

$$\begin{aligned}\sigma(Y, \mathcal{T}^2) &= \sup\{\langle \Psi, Z\rangle : Z \preceq 2F^{\mathrm{T}}E^{\mathrm{T}}HA^{\dagger}HEF\}\\ &= \langle \Psi, 2F^{\mathrm{T}}E^{\mathrm{T}}HA^{\dagger}HEF\rangle = 2\langle Y, HA^{\dagger}H\rangle.\end{aligned}$$

因此

$$\sigma(Y, \mathcal{T}^2) = \begin{cases} 2\langle Y, HA^{\dagger}H\rangle, & \text{若} Y \succeq 0, \langle Y, A\rangle = 0, \langle Y, H\rangle = 0, \\ +\infty, & \text{否则}. \end{cases} \tag{8.120}$$

设 $\bar{x}$ 是 SDP 问题 (P) 的局部最优解. 令 $\Lambda^g(\bar{x})$ 是相应的广义 Lagrange 乘子集合, 令

$$C(\bar{x}) = \{h \in \Re^n : \mathrm{D}G(\bar{x})h \in T_{\mathbb{S}^p_-}(G(\bar{x})), \mathrm{D}f(\bar{x})h \leqslant 0\} \tag{8.121}$$

是临界锥. 回顾, 若 Lagrange 乘子集合 $\Lambda(\bar{x})$ 是非空的, 则对任何 $Y \in \Lambda(\bar{x})$, 这一临界锥还可以表示为

$$C(\bar{x}) = \{h \in \Re^n : \mathrm{D}G(\bar{x})h \in T_{\mathbb{S}^p_-}(G(\bar{x})), \langle Y, \mathrm{D}G(\bar{x})h\rangle = 0\}. \tag{8.122}$$

令 $h \in C(\bar{x}), (\alpha, Y) \in \Lambda^g(\bar{x})$. 由一阶最优性条件 (8.113), 有 $\langle Y, G(\bar{x})\rangle = 0$. 若 $\alpha \neq 0$, 则 $\alpha^{-1}Y \in \Lambda(\bar{x})$, 因此 $\langle Y, \mathrm{D}G(\bar{x})h\rangle = 0$. 若 $\alpha = 0$, 则对任何 $h \in \Re^n$ 有 $\langle Y, \mathrm{D}G(\bar{x})h\rangle = 0$. 回顾

$$\mathrm{D}G(\bar{x})h = \sum_{i=1}^{n} h_i \frac{\partial G(\bar{x})}{\partial x_i}.$$

因此, 利用公式 (8.120), 相应的 “Sigma 项” 可表示为下述形式

$$\sigma(Y, \mathcal{T}^2(h)) = -h^{\mathrm{T}}\mathcal{H}(\bar{x}, Y)h, \tag{8.123}$$

①$\sigma(x, C)$ 记集合 C 的支撑函数, 即 $\sigma(x, C) = \max\{\langle x, v\rangle : v \in C\}$.

其中 $\mathcal{T}^2(h)=T^2_{\mathbb{S}^p_-}(G(\bar{x}),\mathrm{D}G(\bar{x})h),\mathcal{H}(\bar{x},Y)$ 是具有下述元素的 $n\times n$ 对称矩阵

$$[\mathcal{H}(\bar{x},Y)]_{ij}=-2\left\langle Y,\frac{\partial G(\bar{x})}{\partial x_i}[G(\bar{x})]^{\dagger}\frac{\partial G(\bar{x})}{\partial x_j}\right\rangle. \tag{8.124}$$

等价地, 矩阵 $\mathcal{H}(\bar{x},Y)$ 可以表示为形式

$$\mathcal{H}(\bar{x},Y)=-2\mathcal{J}[\mathrm{vec}\,G](\bar{x})(Y\otimes[G(\bar{x})]^{\dagger})\mathcal{J}[\mathrm{vec}\,G](\bar{x})^{\mathrm{T}}, \tag{8.125}$$

其中 "$\otimes$" 是 Kronecker 积, $\mathcal{J}[\mathrm{vec}\,G](\bar{x})^{\mathrm{T}}$ 记 $p^2\times n$Jacobi 阵

$$\mathcal{J}[\mathrm{vec}\,G](\bar{x})^{\mathrm{T}}=\left[\mathrm{vec}\,\frac{\partial G(\bar{x})}{\partial x_1},\cdots,\mathrm{vec}\,\frac{\partial G(\bar{x})}{\partial x_n}\right],$$

$\mathrm{vec}(A)$ 记由 A 的列拉直得到的向量.

注意集合 $\mathbb{S}^p_-$ 是外二阶正则的, 尤其, $\mathbb{S}^p_-$ 的外二阶切集与内二阶切集实际上是重合的, 下述结果可由定理 5.22 与定理 5.24 得到.

定理 8.12　设问题 (P) 中的 $Q=\Re^n$, f,G 是二次连续可微的.

(a) 设 $\bar{x}$ 是 SDP 问题 (P) 的局部最优解. 则对任何 $h\in C(\bar{x})$, 存在 $(\alpha,Y)\in\Lambda^g(\bar{x})$ 满足

$$h^{\mathrm{T}}\nabla^2_{xx}L^g(\bar{x},\alpha,Y)h+h^{\mathrm{T}}\mathcal{H}(\bar{x},Y)h\geqslant 0. \tag{8.126}$$

如果还有 Robinson 约束规范在 $\bar{x}$ 成立, 则

$$\sup_{Y\in\Lambda(\bar{x})} h^{\mathrm{T}}(\nabla^2_{xx}L(\bar{x},Y)+\mathcal{H}(\bar{x},Y))h\geqslant 0,\quad \forall h\in C(\bar{x}). \tag{8.127}$$

(b) 令 $\bar{x}$ 是 SDP 问题 (P) 的一可行点, 满足集合 $\Lambda^g(\bar{x})$ 是非空的. 则二阶增长条件在 $\bar{x}$ 处成立的充分必要条件是: 对任何 $h\in C(\bar{x})\backslash\{0\}$, 存在 $(\alpha,Y)\in\Lambda^g(\bar{x})$ 满足

$$h^{\mathrm{T}}(\nabla^2_{xx}L^g(\bar{x},\alpha,Y)+\mathcal{H}(\bar{x},Y))h>0. \tag{8.128}$$

如果 $\Lambda(\bar{x})\neq\varnothing$, Robinson 约束规范在 $\bar{x}$ 成立, 则二阶增长条件成立的充分必要条件是

$$\sup_{Y\in\Lambda(\bar{x})} h^{\mathrm{T}}(\nabla^2_{xx}L(\bar{x},Y)+\mathcal{H}(\bar{x},Y))h>0,\quad \forall h\in C(\bar{x})\setminus\{0\}. \tag{8.129}$$

8.5　非线性半定规划的稳定性分析

这一节讨论的非线性半定规划问题具有下述形式

$$\begin{array}{ll}\min\limits_{x\in X} & f(x)\\ \text{s.t.} & h(x)=0,\\ & g(x)\in\mathbb{S}^p_+,\end{array} \tag{8.130}$$

其中 X 是有限维的 Hilbert 空间, $f: X \to \Re$, $h: X \to \Re^m$, $g: X \to \mathbb{S}^p$ 是二次连续可微函数. 在下面的讨论中, 除了用 $\mathcal{F}$ 在 $(\overline{x}, \overline{\zeta}, \overline{\Gamma} + g(\overline{x}))$ 处的性质代替 F 在 $(\overline{x}, \overline{\zeta}, \overline{\Gamma})$ 的性质来刻画问题的稳定性之外, 这一节的其他素材均取自文献 [59].

8.5.1 线性–二次函数

为了分析非线性半定规划二阶最优性条件中的 Sigma 项, 需要下述线性–二次函数的定义.

定义 8.1 对任何 $B \in \mathbb{S}^p$, 定义函数 $\Upsilon_B : \mathbb{S}^p \times \mathbb{S}^p \to \Re$, 它是关于第一个变量的线性函数, 是关于第二个变量的二次函数,

$$\Upsilon_B(\Gamma, A) := 2\langle \Gamma, AB^\dagger A \rangle, \quad (\Gamma, A) \in \mathbb{S}^p \times \mathbb{S}^p.$$

下述结果在后续的分析中起着关键性的作用.

命题 8.11 设 $B \in \mathbb{S}^p_+$, $\Gamma \in N_{\mathbb{S}^p_+}(B)$. 则对任何满足 $\Delta B = V(\Delta B + \Delta\Gamma)$ 的 $V \in \partial \Pi_{\mathbb{S}^p_+}(B + \Gamma)$ 与 $\Delta B, \Delta\Gamma \in \mathbb{S}^p$, 有

$$\langle \Delta B, \Delta\Gamma \rangle \geqslant -\Upsilon_B(\Gamma, \Delta B). \tag{8.131}$$

证明 令 $A := B + \Gamma$. 则根据 $\Gamma \in N_{\mathbb{S}^p_+}(B)$ 可得

$$B = \Pi_{\mathbb{S}^p_+}(B + \Gamma) = \Pi_{\mathbb{S}^p_+}(A), \quad B\Gamma = \Gamma B = 0.$$

设 A 具有谱分解 $A = P\Lambda P^{\mathrm{T}}$,

$$\Lambda = \mathrm{Diag}(\Lambda_\alpha, 0_{|\beta|}, \Lambda_\gamma), \tag{8.132}$$

其中

$$\alpha = \{i : \lambda_i(A) > 0\}, \quad \beta = \{i : \lambda_i(A) = 0\}, \quad \gamma = \{i : \lambda_i(A) < 0\},$$

$\lambda_1(A) \geqslant \lambda_2(A) \geqslant \cdots \geqslant \lambda_p(A)$ 是 A 的按递降顺序的特征值. 则 B 与 Γ 具有如下的谱分解

$$B = P \begin{bmatrix} \Lambda_\alpha & 0 & 0 \\ 0 & 0 & 0 \\ 0 & 0 & 0 \end{bmatrix} P^{\mathrm{T}}, \quad \Gamma = P \begin{bmatrix} 0 & 0 & 0 \\ 0 & 0 & 0 \\ 0 & 0 & \Lambda_\gamma \end{bmatrix} P^{\mathrm{T}}.$$

对任何 $Z \in \mathbb{S}^p$, 引入记号 $\widetilde{X} = P^{\mathrm{T}} Z P$. 则根据命题 8.3 可得, 存在 $W \in \partial \Pi_{\mathbb{S}^{|\beta|}_+}(0)$, 满足

$$\begin{aligned} & V(\Delta B + \Delta\Gamma) \\ = {} & P \begin{bmatrix} \widetilde{\Delta B}_{\alpha\alpha} + \widetilde{\Delta\Gamma}_{\alpha\alpha} & \widetilde{\Delta B}_{\alpha\beta} + \widetilde{\Delta\Gamma}_{\alpha\beta} & U_{\alpha\gamma} \circ \widetilde{\Delta B}_{\alpha\gamma} + \widetilde{\Delta\Gamma}_{\alpha\gamma} \\ (\widetilde{\Delta B}_{\alpha\beta} + \widetilde{\Delta\Gamma}_{\alpha\beta})^{\mathrm{T}} & W(\widetilde{\Delta B}_{\beta\beta} + \widetilde{\Delta\Gamma}_{\beta\beta}) & 0 \\ (\widetilde{\Delta B}_{\alpha\gamma} + \widetilde{\Delta\Gamma}_{\alpha\gamma})^{\mathrm{T}} \circ U_{\alpha\gamma}^{\mathrm{T}} & 0 & 0 \end{bmatrix} P^{\mathrm{T}}. \end{aligned}$$

由假设 $\Delta B = V(\Delta B + \Delta\Gamma)$ 可得

$$\widetilde{\Delta\Gamma}_{\alpha\alpha} = 0, \quad \widetilde{\Delta\Gamma}_{\alpha\beta} = 0, \quad \widetilde{\Delta B}_{\beta\gamma} = 0, \quad \widetilde{\Delta B}_{\gamma\gamma} = 0, \tag{8.133}$$

$$\widetilde{\Delta B}_{\beta\beta} = W(\widetilde{\Delta B}_{\beta\beta} + \widetilde{\Delta\Gamma}_{\beta\beta}) \tag{8.134}$$

以及

$$\widetilde{\Delta B}_{\alpha\gamma} - U_{\alpha\gamma} \circ \widetilde{\Delta B}_{\alpha\gamma} = U_{\alpha\gamma} \circ \widetilde{\Delta\Gamma}_{\alpha\gamma}. \tag{8.135}$$

根据引理 4.2 中的 (iii), 由 (8.134) 可得

$$\langle \widetilde{\Delta B}_{\beta\beta}, \widetilde{\Delta B}_{\beta\beta} \rangle = \langle W(\widetilde{\Delta B}_{\beta\beta} + \widetilde{\Delta\Gamma}_{\beta\beta}), \quad (\mathcal{I} - W)(\widetilde{\Delta B}_{\beta\beta} + \widetilde{\Delta\Gamma}_{\beta\beta}) \rangle \geqslant 0, \tag{8.136}$$

其中 $\mathcal{I} : \mathbb{S}^p \to \mathbb{S}^p$ 是单位映射. 因此由 (8.133), (8.135) 与 (8.136) 可以得到

$$\begin{aligned}
\langle \Delta B, \Delta\Gamma \rangle &= \langle \widetilde{\Delta B}, \widetilde{\Delta\Gamma} \rangle = 2\mathrm{Tr}(\widetilde{\Delta B}_{\alpha\gamma}^{\mathrm{T}} \widetilde{\Delta\Gamma}_{\alpha\gamma}) + \mathrm{Tr}(\widetilde{\Delta B}_{\beta\beta}^{\mathrm{T}} \widetilde{\Delta\Gamma}_{\beta\beta}) \\
&\geqslant 2\mathrm{Tr}(\widetilde{\Delta B}_{\alpha\gamma}^{\mathrm{T}} \widetilde{\Delta\Gamma}_{\alpha\gamma}) = 2 \sum_{i\in\alpha, j\in\gamma} \widetilde{\Delta B}_{ij} \widetilde{\Delta\Gamma}_{ij} \\
&= 2 \sum_{i\in\alpha, j\in\gamma} \frac{|\lambda_j|}{\lambda_i} \widetilde{\Delta B}_{ij}^2 = -2 \sum_{i\in\alpha, j\in\gamma} \frac{\lambda_j}{\lambda_i} \widetilde{\Delta B}_{ij}^2.
\end{aligned} \tag{8.137}$$

注意到 $B^\dagger$ 可以表示为

$$B^\dagger = P \begin{bmatrix} \Lambda_\alpha^{-1} & 0 & 0 \\ 0 & 0 & 0 \\ 0 & 0 & 0 \end{bmatrix} P^{\mathrm{T}},$$

由 (8.133) 与 Γ 的谱分解可得

$$\begin{aligned}
\Upsilon_B(\Gamma, \Delta B) &= 2\langle \Gamma, (\Delta B) B^\dagger (\Delta B) \rangle = 2\langle (\Delta B)\Gamma, B^\dagger(\Delta B) \rangle \\
&= 2\big\langle (\widetilde{\Delta B})\widetilde{\Gamma}, (P^{\mathrm{T}} B^\dagger P)(\widetilde{\Delta B}) \big\rangle \\
&= 2\mathrm{Tr}\big([\widetilde{\Delta B}_{\alpha\gamma} \Lambda_\gamma]^{\mathrm{T}} [\Lambda_\alpha]^{-1} \widetilde{\Delta B}_{\alpha\gamma} \big) \\
&= 2 \sum_{i\in\alpha, j\in\gamma} \frac{\lambda_j}{\lambda_i} \widetilde{\Delta B}_{ij}^2.
\end{aligned} \tag{8.138}$$

结合 (8.137) 与 (8.138) 可得 (8.131). ■

8.5.2 强二阶充分条件

问题 (8.130) 的 Lagrange 函数定义为

$$L(x, \zeta, \Gamma) = f(x) + \langle \zeta, h(x) \rangle + \langle \Gamma, g(x) \rangle.$$

称 $\overline{x}$ 是问题 (8.130) 的稳定点, 如果存在 $\overline{\zeta}\in\Re^m$, $\overline{\Gamma}\in\mathbb{S}^p$ 满足

$$\mathcal{J}_xL(\overline{x},\overline{\zeta},\overline{\Gamma})=0,\quad h(\overline{x})=0,\quad \overline{\Gamma}\in N_{\mathbb{S}^p_+}(g(\overline{x})).$$

满足上式的 $(\overline{\zeta},\overline{\Gamma})$ 的集合称为 Lagrange 乘子集合, 记为 $\mathcal{M}(\overline{x})$.

如果 $\overline{x}$ 是问题 (8.130) 的稳定点, 则 $\mathcal{M}(\overline{x})\neq\varnothing$, 临界锥 $C(\overline{x})$ 可以表示为

$$C(\overline{x})=\{d\in X:\mathcal{J}h(\overline{x})d=0,\mathcal{J}g(\overline{x})d\in T_{\mathbb{S}^p_+}(g(\overline{x})),\mathcal{J}f(\overline{x})d=0\}.\tag{8.139}$$

记 $A=g(\overline{x})+\overline{\Gamma}$ 具有谱分解 (8.132), 则 $g(\overline{x})$ 与 Γ 具有如下的谱分解

$$g(\overline{x})=P\begin{bmatrix}\Lambda_\alpha&0&0\\0&0&0\\0&0&0\end{bmatrix}P^{\mathrm{T}},\quad \overline{\Gamma}=P\begin{bmatrix}0&0&0\\0&0&0\\0&0&\Lambda_\gamma\end{bmatrix}P^{\mathrm{T}}.\tag{8.140}$$

根据 (8.99) 与 (8.101), 可得

$$T_{\mathbb{S}^p_+}(g(\overline{x}))=\{B\in\mathbb{S}^p:[P_\beta\,P_\gamma]^{\mathrm{T}}B[P_\beta\,P_\gamma]\succeq 0\}$$

与

$$\mathrm{lin}\left(T_{\mathbb{S}^p_+}(g(\overline{x}))\right)=\{B\in\mathbb{S}^p:[P_\beta\,P_\gamma]^{\mathrm{T}}B[P_\beta\,P_\gamma]=0\}.$$

包含关系 $\overline{\Gamma}\in N_{\mathbb{S}^p_+}(g(\overline{x}))$ 等价于互补关系

$$\mathbb{S}^p_+\ni-\overline{\Gamma}\perp g(\overline{x})\in\mathbb{S}^p_+.\tag{8.141}$$

锥 $\mathbb{S}^p_+$ 在 A 处与互补问题 (8.141) 相联系的临界锥为

$$C(A;\mathbb{S}^p_+)=T_{\mathbb{S}^p_+}(g(\overline{x}))\cap(g(\overline{x})-A)^{\perp},$$

即

$$\begin{aligned}C(A;\mathbb{S}^p_+)&=T_{\mathbb{S}^p_+}(g(\overline{x}))\cap\overline{\Gamma}^{\perp}\\&=\{B\in\mathbb{S}^p:P_\beta BP_\beta\succeq 0,P_\beta^{\mathrm{T}}BP_\gamma=0,P_\gamma^{\mathrm{T}}BP_\gamma=0\}.\end{aligned}\tag{8.142}$$

$C(A;\mathbb{S}^p_+)$ 的仿射包可表示为

$$\mathrm{aff}\,(C(A;\mathbb{S}^p_+))=\{B\in\mathbb{S}^p:P_\beta^{\mathrm{T}}BP_\gamma=0,P_\gamma^{\mathrm{T}}BP_\gamma=0\}.$$

如果 $\mathcal{M}(\overline{x})\neq\varnothing$, 则问题 (8.130) 在 $\overline{x}$ 处的临界锥 $C(\overline{x})$ 可表示为

$$\begin{aligned}C(\overline{x})&=\{d:\mathcal{J}h(\overline{x})d=0,[P_\beta\,P_\gamma]^{\mathrm{T}}(\mathcal{J}g(\overline{x})d)[P_\beta P_\gamma]\succeq 0,P_\gamma^{\mathrm{T}}(\mathcal{J}g(\overline{x})d)P_\gamma=0\}\\&=\{d:\mathcal{J}h(\overline{x})d=0,P_\beta^{\mathrm{T}}(\mathcal{J}g(\overline{x})d)P_\beta\succeq 0,[P_\beta\,P_\gamma]^{\mathrm{T}}(\mathcal{J}g(\overline{x})d)P_\gamma=0\}\\&=\{d:\mathcal{J}h(\overline{x})d=0,\mathcal{J}g(\overline{x})d\in C(A;\mathbb{S}^p_+)\}.\end{aligned}\tag{8.143}$$

对于 $(\overline{\zeta},\overline{\Gamma})\in\mathcal{M}(\overline{x})$, 定义

$$\mathrm{app}(\overline{\zeta},\overline{\Gamma})=\{d:\mathcal{J}h(\overline{x})d=0,[P_\beta\, P_\gamma]^{\mathrm{T}}(\mathcal{J}g(\overline{x})d)P_\gamma=0\}. \tag{8.144}$$

显然有

$$\mathrm{aff}(C(\overline{x}))\subset\mathrm{app}(\overline{\zeta},\overline{\Gamma}). \tag{8.145}$$

如果 $\beta=\varnothing$, 即 $\mathrm{rank}\,(g(\overline{x}))+\mathrm{rank}\,(\overline{\Gamma})=p$, 有 $\mathrm{aff}(C(\overline{x}))=\mathrm{app}(\overline{\zeta},\overline{\Gamma})$.

由 $\mathrm{lin}T_{\mathbb{S}^p_+}(g(\overline{x}))$ 与 $C(A;\mathbb{S}^p_+)$ 的表示, 有

$$\mathrm{lin}T_{\mathbb{S}^p_+}(g(\overline{x}))\subset T_{\mathbb{S}^p_+}(g(\overline{x}))\cap\overline{\Gamma}^\perp, \tag{8.146}$$

从而约束非退化条件

$$\begin{pmatrix}\mathcal{J}h(\overline{x})\\ \mathcal{J}g(\overline{x})\end{pmatrix}X+\begin{pmatrix}\{0\}\\ \mathrm{lin}T_{\mathbb{S}^p_+}(g(\overline{x}))\end{pmatrix}=\begin{pmatrix}\Re^m\\ \mathbb{S}^p\end{pmatrix} \tag{8.147}$$

是下述的严格约束规范的充分条件:

$$\begin{pmatrix}\mathcal{J}h(\overline{x})\\ \mathcal{J}g(\overline{x})\end{pmatrix}X+\begin{pmatrix}\{0\}\\ T_{\mathbb{S}^p_+}(g(\overline{x}))\cap\overline{\Gamma}^\perp\end{pmatrix}=\begin{pmatrix}\Re^m\\ \mathbb{S}^p\end{pmatrix}. \tag{8.148}$$

类似于命题 8.7 的证明, 可以证明下述结论.

命题 8.12　设 $X=\Re^n$, $\overline{x}$ 是问题 (8.130) 的可行点, $g(\overline{x})\in\mathbb{S}^p_+$ 满足 $\mathrm{rank}\,g(\overline{x})=r$. 用 $u_1,\cdots,u_{p-r}$ 记矩阵 $g(\overline{x})$ 的零空间的一组基. 则点 $\overline{x}$ 满足约束非退化条件 (8.147) 的充分必要条件是下述的 n 维向量

$$v_{ij}=\begin{pmatrix}u_i^{\mathrm{T}}\dfrac{\partial g(\overline{x})}{\partial x_1}u_j\\ \vdots\\ u_i^{\mathrm{T}}\dfrac{\partial g(\overline{x})}{\partial x_n}u_j\end{pmatrix},\quad 1\leqslant i\leqslant j\leqslant p-r$$

与 $\{\nabla h_1(\overline{x}),\cdots,\nabla h_m(\overline{x})\}$ 构成线性无关的向量组.

下面的命题表明严格约束规范 (8.148) 是 $\mathrm{aff}(C(\overline{x}))=\mathrm{app}(\overline{\zeta},\overline{\Gamma})$ 成立的充分条件.

命题 8.13　设 $\overline{x}$ 是问题 (8.130) 的可行点, $(\overline{\zeta},\overline{\Gamma})\in\mathcal{M}(\overline{x})$. 如果 $(\overline{\zeta},\overline{\Gamma})$ 满足严格约束规范 (8.148), 则 $\mathcal{M}(\overline{x})$ 是单点集合, 即 $\mathcal{M}(\overline{x})=\{(\overline{\zeta},\overline{\Gamma})\}$, 且 $\mathrm{aff}(C(\overline{x}))=\mathrm{app}(\overline{\zeta},\overline{\Gamma})$.

证明 由文献 [4, Proposition 4.50] 可得 $(\overline{\zeta},\overline{\Gamma})$ 的唯一性. 只需要建立包含关系 $\mathrm{app}(\overline{\zeta},\overline{\Gamma})\subset \mathrm{aff}(C(\overline{x}))$ 即可. 任取 $d\in \mathrm{app}(\overline{\zeta},\overline{\Gamma})$. 记 $A=g(\overline{x})+\overline{\Gamma}$, 设它具有谱分解 (8.132), $g(\overline{x})$ 与 $\overline{\Gamma}$ 满足 (8.140). 令 $S\in\mathbb{S}^p$ 是任意满足下述条件的矩阵:

$$P^{\mathrm{T}}SP=\begin{bmatrix} P_\alpha^{\mathrm{T}}SP_\alpha & P_\alpha^{\mathrm{T}}SP_\beta & P_\alpha^{\mathrm{T}}SP_\gamma \\ P_\beta^{\mathrm{T}}SP_\alpha & P_\beta^{\mathrm{T}}SP_\beta & 0 \\ P_\gamma^{\mathrm{T}}SP_\alpha & 0 & 0 \end{bmatrix},\quad P_\beta^{\mathrm{T}}SP_\beta\succ 0.$$

根据严格约束规范 (8.148), 存在向量 $\overline{d}\in X$ 与一矩阵 $U\in T_{\mathbb{S}_+^p}(g(\overline{x}))\cap\overline{\Gamma}^{\perp}$ 满足

$$\begin{cases}\mathcal{J}h(\overline{x})(-\overline{d})=0,\\ \mathcal{J}g(\overline{x})(-\overline{d})+U=-S,\end{cases}\tag{8.149}$$

结合 (8.142) 可推出

$$\mathcal{J}g(\overline{x})\overline{d}=U+S\in T_{\mathbb{S}_+^p}(g(\overline{x}))\cap\overline{\Gamma}^{\perp},\quad P_\beta^{\mathrm{T}}(\mathcal{J}g(\overline{x})\overline{d})P_\beta\succ 0,\quad \overline{d}\in C(\overline{x}).$$

令 $\overline{\tau}>0$ 充分大满足

$$P_\beta^{\mathrm{T}}[\mathcal{J}g(\overline{x})(\overline{\tau}\overline{d}-d)]P_\beta=\overline{\tau}P_\beta^{\mathrm{T}}[\mathcal{J}g(\overline{x})\overline{d}]P_\beta-P_\beta^{\mathrm{T}}[\mathcal{J}g(\overline{x})d]P_\beta\succeq 0.$$

进一步, 由于

$$P_\beta^{\mathrm{T}}[\mathcal{J}g(\overline{x})\overline{d}]P_\gamma=P_\beta^{\mathrm{T}}[\mathcal{J}g(\overline{x})d]P_\gamma=0,\quad P_\gamma^{\mathrm{T}}[\mathcal{J}g(\overline{x})\overline{d}]P_\gamma=P_\gamma^{\mathrm{T}}[\mathcal{J}g(\overline{x})d]P_\gamma=0,$$

有

$$\overline{\tau}\overline{d}-d\in C(\overline{x}).$$

因此, 注意到 $d=\overline{\tau}\overline{d}-(\overline{\tau}\overline{d}-d)$ 以及 $\overline{\tau}\overline{d}$ 与 $\overline{\tau}\overline{d}-d$ 均是 $C(\overline{x})$ 中的元素, 这证得结论. ■

引理 8.12 设 $\overline{x}$ 是问题 (8.130) 的可行点, $\mathcal{M}(\overline{x})\neq\varnothing$. 则对任何 $\mu=(\zeta,\Gamma)\in\mathcal{M}(\overline{x})$, $\zeta\in\Re^m$, $\Gamma\in\mathbb{S}^p$, 有

$$\begin{aligned}\sigma(\mu,T^2_{\{0_m\}\times\mathbb{S}_+^p}((h(\overline{x}),g(\overline{x})),(\mathcal{J}h(\overline{x})d,\mathcal{J}g(\overline{x})d))&=\sigma\big(\Gamma,T^2_{\mathbb{S}_+^p}(g(\overline{x}),\mathcal{J}g(\overline{x})d)\big)\\ &=\Upsilon_{g(\overline{x})}(\Gamma,\mathcal{J}g(\overline{x})d),\quad \forall d\in C(\overline{x}).\end{aligned}$$

定义

$$\widehat{C}(\overline{x})=\bigcap_{(\zeta,\Gamma)\in\mathcal{M}(\overline{x})}\mathrm{app}(\zeta,\Gamma),\tag{8.150}$$

则 $\widehat{C}(\overline{x})$ 是线性空间, 且满足

$$\mathrm{aff}\,C(\overline{x})\subset\widehat{C}(\overline{x}).$$

下面给出强二阶充分性条件的定义.

定义 8.2　设 $\overline{x}$ 是问题 (8.130) 的可行点, $\mathcal{M}(\overline{x}) \neq \varnothing$. 称强二阶充分性条件在 $\overline{x}$ 处成立, 如果

$$\sup_{(\zeta,\Gamma)\in\mathcal{M}(\overline{x})} \left\{\langle d, \nabla_{xx}^2 L(\overline{x},\zeta,\Gamma)d\rangle - \Upsilon_{g(\overline{x})}(\Gamma, \mathcal{J}g(\overline{x})d)\right\} > 0, \quad \forall d \in \widehat{C}(\overline{x}) \setminus \{0\}. \tag{8.151}$$

8.5.3　稳定性的等价刻画

设 x 是问题 (8.130) 的可行点满足 $\mathcal{M}(x) \neq \varnothing$. 存在 $(\zeta,\Gamma) \in \mathcal{M}(x)$ 满足 KKT 条件

$$\mathcal{J}_x L(x,\zeta,\Gamma) = 0, \quad -h(x) = 0, \quad \Gamma \in N_{\mathbb{S}_+^p}(g(x)), \tag{8.152}$$

其中

$$L(x,\zeta,\Gamma) = f(x) + \langle \zeta, h(x)\rangle + \langle \Gamma, g(x)\rangle.$$

KKT 条件 (8.152) 可以等价地表示为下述非光滑方程组

$$F(x,\zeta,\Gamma) = \begin{bmatrix} \mathcal{J}_x L(x,\zeta,\Gamma) \\ -h(x) \\ -g(x) + \Pi_{\mathbb{S}_+^p}(g(x)+\Gamma) \end{bmatrix} = \begin{bmatrix} \mathcal{J}_x L(x,\zeta,\Gamma) \\ -h(x) \\ \Gamma - \Pi_{\mathbb{S}_-^p}(g(x)+\Gamma) \end{bmatrix} = 0. \tag{8.153}$$

KKT 条件 (8.152) 也可以等价地表示为下述的广义方程

$$0 \in \begin{bmatrix} \mathcal{J}_x L(x,\zeta,\Gamma) \\ -h(x) \\ -g(x) \end{bmatrix} + \begin{bmatrix} N_X(x) \\ N_{\Re^m}(\zeta) \\ N_{\mathbb{S}_-^p}(\Gamma) \end{bmatrix}. \tag{8.154}$$

定义 $Z = \Re^n \times \Re^m \times \mathbb{S}^p$, $D = \Re^n \times \Re^m \times \mathbb{S}_-^p$. 对 $z = (x,\zeta,\Gamma) \in Z$, 定义

$$\phi(z) = \begin{bmatrix} \mathcal{J}_x L(x,\zeta,\Gamma) \\ -h(x) \\ -g(x) \end{bmatrix},$$

则广义方程 (8.154) 可表示为

$$0 \in \phi(z) + N_D(z).$$

注意到对 $z = (x,\zeta,Y) \in \Re^n \times \Re^m \times \mathbb{S}^p$,

$$\Pi_D(z) = (x,\zeta,\Pi_{\mathbb{S}_+^p}(Y)),$$

广义方程的法映射 (normal map) 定义为

$$\mathcal{F}(z)=\phi(\Pi_D(z))+z-\Pi_D(z)$$
$$=\begin{bmatrix}\mathcal{J}_xL(x,\zeta,Y-\Pi_{\mathbb{S}^p_+}(Y))\\ -h(x)\\ -g(x)+\Pi_{\mathbb{S}^p_+}(Y)\end{bmatrix}. \tag{8.155}$$

则 $(\overline{x},\overline{\zeta},\overline{\Gamma})$ 是广义方程 (8.154) 的解当且仅当

$$\mathcal{F}(\overline{x},\overline{\zeta},\overline{Y})=0,$$

其中 $\overline{Y}=\overline{\Gamma}+g(\overline{x})$, $\overline{\Gamma}=\Pi_{\mathbb{S}^p_+}(\overline{Y})$.

下面的引理和命题是为了主要的稳定性刻画的定理作准备的.

引理 8.13 点 $(\overline{x},\overline{\zeta},\overline{\Gamma})$ 是广义方程 (8.154) 的强正则解当且仅当 $\mathcal{F}$ 是 $(\overline{x},\overline{\zeta},\overline{Y})$ 附近的 Lipschitz 同胚.

证明 注意 $\mathcal{F}$ 是 Lipschitz 连续映射, 容易验证此结论. ■

命题 8.14 设 $\overline{x}$ 是问题 (8.130) 的可行点满足 $\mathcal{M}(\overline{x})\neq\varnothing$. 令 $(\overline{\zeta},\overline{\Gamma})\in\mathcal{M}(\overline{x})$, $\overline{Y}=\overline{\Gamma}+g(\overline{x})$. 考虑下述条件:

(a) 强二阶充分条件 (8.151) 在 $\overline{x}$ 成立, 且 $\overline{x}$ 满足约束非退化条件.

(b) 广义梯度 $\partial\mathcal{F}(\overline{x},\overline{\zeta},\overline{Y})$ 中的任何元素是非奇异的.

(c) KKT 点 $(\overline{x},\overline{\zeta},\overline{\Gamma})$ 是广义方程 (8.154) 的强正则解.

则 (a)$\Longrightarrow$(b)$\Longrightarrow$(c).

证明 先证明 (a)$\Longrightarrow$(b). 因为约束非退化条件在 $\overline{x}$ 处成立, $(\overline{\zeta},\overline{\Gamma})$ 满足严格约束规范 (8.148). 根据命题 8.13, $\mathcal{M}(\overline{x})=\{(\overline{\zeta},\overline{\Gamma})\}$ 与 $\mathrm{aff}\,(C(\overline{x}))=\mathrm{app}\,(\overline{\zeta},\overline{\Gamma})$. 在 $\overline{x}$ 处的强二阶充分性条件 (8.151) 具有下述形式

$$\sup_{(\zeta,\Gamma)\in\mathcal{M}(\overline{x})}\left\{\langle d,\nabla^2_{xx}L(\overline{x},\zeta,\Gamma)d\rangle-\Upsilon_{g(\overline{x})}(\Gamma,\mathcal{J}g(\overline{x})d)\right\}>0,\quad \forall d\in\mathrm{aff}\,C(\overline{x})\setminus\{0\}. \tag{8.156}$$

令 $W\in\partial\mathcal{F}(\overline{x},\overline{\zeta},\overline{Y})$. 我们证明 W 是非奇异的. 设 $(\Delta x,\Delta\zeta,\Delta Y)\in\Re^n\times\Re^m\times\mathbb{S}^p$ 满足

$$W(\Delta x,\Delta\zeta,\Delta Y)=0.$$

根据 $\mathcal{F}$ 的定义, 存在 $V\in\partial\Pi_{\mathbb{S}^p_+}(\overline{Y})$ 满足

$$W(\Delta x,\Delta\zeta,\Delta Y)=\begin{bmatrix}\nabla^2_{xx}L(\overline{\zeta},\overline{\Gamma})\Delta x+\mathcal{J}h(\overline{x})^*\Delta\zeta+\mathcal{J}g(\overline{x})^*[\Delta Y-V(\Delta Y)]\\ -\mathcal{J}h(\overline{x})\Delta x\\ -\mathcal{J}g(\overline{x})\Delta x+V(\Delta Y)\end{bmatrix}=0. \tag{8.157}$$

注意 $\overline{Y}$ 即上一节中的 A, 观察到 A 的谱分解, 用半正定矩阵锥投影的次微分公式 (8.73), 由 (8.157) 的第三式可得 $[P_\beta\, P_\gamma]^{\mathrm{T}}(\mathcal{J}g(\overline{x})\Delta x)P_\gamma = 0$. 再结合 (8.157) 的第二式得到

$$\Delta x \in \operatorname{app}(\overline{\zeta}, \overline{\Gamma}) = \operatorname{aff}(C(\overline{x})). \tag{8.158}$$

令 $\Delta Y - V\Delta Y = \Delta\Gamma$, 由 (8.157) 的第三式可得 $\Delta Y = \mathcal{J}g(\overline{x})\Delta x + \Delta\Gamma$. 从而 (8.157) 表示为

$$W(\Delta x, \Delta\zeta, \Delta Y) = \begin{bmatrix} \nabla^2_{xx}L(\overline{\zeta}, \overline{\Gamma})\Delta x + \mathcal{J}h(\overline{x})^*\Delta\zeta + \mathcal{J}g(\overline{x})^*\Delta\Gamma \\ -\mathcal{J}h(\overline{x})\Delta x \\ -\mathcal{J}g(\overline{x})\Delta x + V(\mathcal{J}g(\overline{x})\Delta x + \Delta\Gamma) \end{bmatrix} = 0. \tag{8.159}$$

由 (8.159) 的前两式可得

$$\begin{aligned} 0 &= \langle \Delta x, \nabla^2_{xx}L(\overline{\zeta}, \overline{\Gamma})\Delta x + \mathcal{J}h(\overline{x})^*\Delta\zeta + \mathcal{J}g(\overline{x})^*\Delta\Gamma\rangle \\ &= \langle \Delta x, \nabla^2_{xx}L(\overline{\zeta}, \overline{\Gamma})\Delta x\rangle + \langle \Delta\zeta, \mathcal{J}h(\overline{x})\Delta x\rangle + \langle \Delta\Gamma, \mathcal{J}g(\overline{x})\Delta x\rangle \\ &= \langle \Delta x, \nabla^2_{xx}L(\overline{\zeta}, \overline{\Gamma})\Delta x\rangle + \langle \Delta\Gamma, \mathcal{J}g(\overline{x})\Delta x\rangle, \end{aligned}$$

这一等式与 (8.159) 中的第三式和命题 8.11 相结合, 可得

$$0 \geqslant \langle \Delta x, \nabla^2_{xx}L(\overline{\zeta}, \overline{\Gamma})\Delta x\rangle - \Upsilon_{g(\overline{x})}(\overline{\Gamma}, \mathcal{J}g(\overline{x})\Delta x). \tag{8.160}$$

因此, 由 (8.158),(8.160) 和强二阶充分条件 (8.156) 必有 $\Delta x = 0$. 于是 (8.159) 可简化为

$$\begin{bmatrix} \mathcal{J}h(\overline{x})^*\Delta\zeta + \mathcal{J}g(\overline{x})^*\Delta\Gamma \\ V(\Delta\Gamma) \end{bmatrix} = 0. \tag{8.161}$$

由 $V(\Delta\Gamma) = 0$ 可得

$$P_\alpha^{\mathrm{T}}\Delta\Gamma P_\alpha = 0, \quad P_\alpha^{\mathrm{T}}\Delta\Gamma P_\beta = 0, \quad P_\alpha^{\mathrm{T}}\Delta\Gamma P_\gamma = 0. \tag{8.162}$$

由约束非退化条件, 存在 $d \in X$ 与矩阵 $S \in \operatorname{lin}\big(T_{\mathbb{S}^p_+}(g(\overline{x}))\big)$ 满足

$$\mathcal{J}h(\overline{x})d = \Delta\zeta, \quad \mathcal{J}g(\overline{x})d + S = \Delta\Gamma. \tag{8.163}$$

由 (8.163) 与 (8.161) 的第一式可得

$$\begin{aligned} \langle \Delta\zeta, \Delta\zeta\rangle + \langle \Delta\Gamma, \Delta\Gamma\rangle &= \langle \mathcal{J}h(\overline{x})d, \Delta\zeta\rangle + \langle \mathcal{J}g(\overline{x})d + S, \Delta\Gamma\rangle \\ &= \langle d, \mathcal{J}h(\overline{x})^*\Delta\zeta + \mathcal{J}g(\overline{x})^*\Delta\Gamma\rangle + \langle S, \Delta\Gamma\rangle \\ &= \langle P^{\mathrm{T}}SP, P^{\mathrm{T}}\Delta\Gamma P\rangle. \end{aligned}$$

于是根据 (8.162) 与 $\text{lin}\left(T_{\mathbb{S}_+^p}(g(\overline{x}))\right)$ 的表达式, 可得

$$\langle \Delta\zeta, \Delta\zeta\rangle + \langle \Delta\Gamma, \Delta\Gamma\rangle = \langle P^{\mathrm{T}}SP, P^{\mathrm{T}}\Delta\Gamma P\rangle = 0.$$

可见必有 $\Delta\zeta = 0$ 与 $\Delta\Gamma = 0$, 再注意前面得到的 $\Delta x = 0$ 得到 W 的非奇异性.

再来证明 (b)$\Longrightarrow$(c). 由 Clarke 的反函数定理 [8] 可得 $\mathcal{F}$ 是 $(\overline{x}, \overline{\zeta}, \overline{Y})$ 附近的局部 Lipschitz 同胚, 由引理 8.13, 这等价于 $(\overline{x}, \overline{\zeta}, \overline{\Gamma})$ 是广义方程 (8.154) 的强正则解. ■

引理 8.14 设 $\overline{x}$ 是问题 (8.130) 的稳定点. 设 Robinson 约束规范在 $\overline{x}$ 处成立. 如果在 $\overline{x}$ 处关于标准参数化的一致二阶增长条件成立, 则强二阶充分条件 (8.151) 在 $\overline{x}$ 处成立.

证明 令 $(\overline{\zeta}, \overline{\Gamma}) \in \mathcal{M}(\overline{x})$. 设 $A = g(\overline{x}) + \overline{\Gamma}$ 具有谱分解 (8.132), $g(\overline{x})$ 与 $\overline{\Gamma}$ 满足 (8.140). 考虑下述参数非线性半定规划问题

$$\begin{aligned} \min_{x\in X} \quad & f(x) \\ \text{s.t.} \quad & h(x) = 0, \\ & g(x) + \tau P_\beta P_\beta^{\mathrm{T}} \in \mathbb{S}_+^p, \end{aligned} \tag{8.164}$$

其中 $\tau \in \Re$. 则对任何 $\tau > 0$, $(\overline{x}, \overline{\zeta}, \overline{\Gamma})$ 满足参数化问题 (8.164) 的 KKT 条件:

$$\mathcal{J}_x L_\tau(\overline{x}, \overline{\zeta}, \overline{\Gamma}) = \mathcal{J}_x L(\overline{x}, \overline{\zeta}, \overline{\Gamma}) = 0, \quad -h(\overline{x}) = 0, \overline{\Gamma} \in N_{\mathbb{S}_+^p}(g(\overline{x}) + \tau P_\beta P_\beta^{\mathrm{T}}), \tag{8.165}$$

其中

$$L_\tau(x, \zeta, \Gamma) = L(x, \zeta, \Gamma) + \tau\langle \Gamma, P_\beta P_\beta^{\mathrm{T}}\rangle, \quad (x, \zeta, \Gamma) \in X \times \Re^m \times \mathbb{S}^p.$$

用 $\mathcal{M}_\tau(\overline{x})$ 记所有满足 (8.165) 的 $(\zeta, \Gamma) \in \Re^m \times \mathbb{S}^p$. 因为 $\text{rank}\,(g(\overline{x}) + \tau P_\beta P_\beta^{\mathrm{T}}) + \text{rank}\,\overline{\Gamma} = p$ 对任何 $\tau > 0$ 均成立, 问题 (8.164) 在 $\overline{x}$ 处的临界锥 $C_\tau(\overline{x})$ 具有下述形式:

$$C_\tau(\overline{x}) = \{d : \mathcal{J}h(\overline{x})d = 0, P_\gamma^{\mathrm{T}}(\mathcal{J}g(\overline{x})d)P_\gamma = 0\} \supset \text{app}\,(\overline{\zeta}, \overline{\Gamma}). \tag{8.166}$$

因为问题 (8.164) 的二阶增长条件在 $\overline{x}$ 处成立, 可得对 $\tau > 0$ 有

$$\sup_{(\zeta,\Gamma)\in\mathcal{M}_\tau(\overline{x})} \left\{\langle d, \nabla_{xx}^2 L_\tau(\overline{x}, \zeta, \Gamma)d\rangle - \Upsilon_{g(\overline{x})+\tau P_\beta P_\beta^{\mathrm{T}}}(\Gamma, \mathcal{J}g(\overline{x})d)\right\} > 0, \quad \forall d \in C_\tau(\overline{x})\setminus\{0\}.$$

注意对任何 $(\zeta, \Gamma) \in \mathcal{M}_\tau(\overline{x})$,

$$\Upsilon_{g(\overline{x})+\tau P_\beta P_\beta^{\mathrm{T}}}(\Gamma, \mathcal{J}g(\overline{x})d) = \Upsilon_{g(\overline{x})}(\Gamma, \mathcal{J}g(\overline{x})d), \quad \forall d \in \text{app}\,(\overline{\zeta}, \overline{\Gamma}),$$

以及 $\nabla^2_{xx}L_\tau(\overline{x},\zeta,\Gamma)=\nabla^2_{xx}L(\overline{x},\zeta,\Gamma)$, 由 (8.166) 可推出

$$\sup_{(\zeta,\Gamma)\in\mathcal{M}_\tau(\overline{x})}\left\{\langle d,\nabla^2_{xx}L(\overline{x},\zeta,\Gamma)d\rangle-\Upsilon_{g(\overline{x})}(\Gamma,\mathcal{J}g(\overline{x})d)\right\}>0,\quad \forall d\in\operatorname{app}(\overline{x})\setminus\{0\}. \tag{8.167}$$

因为对任何 $\tau>0$, $\mathcal{M}_\tau(\overline{x})\subset\mathcal{M}(\overline{x})$, (8.167) 可推出

$$\sup_{(\zeta,\Gamma)\in\mathcal{M}(\overline{x})}\left\{\langle d,\nabla^2_{xx}L(\overline{x},\zeta,\Gamma)d\rangle-\Upsilon_{g(\overline{x})}(\Gamma,\mathcal{J}g(\overline{x})d)\right\}>0,\quad \forall d\in\operatorname{app}(\overline{x})\setminus\{0\}.$$

即强二阶充分性条件成立. ■

对 $\delta=(\delta_1,\delta_2,\delta_3)\in X\times\Re^m\times\mathbb{S}^p$, 定义

$$\begin{aligned}\Phi(\delta)&=\mathcal{F}'(\overline{x},\overline{\zeta},A;\delta)\\&=\begin{bmatrix}\nabla^2_{xx}L(\overline{x},\overline{\zeta},\overline{\Gamma}))\delta_1+\mathcal{J}h(\overline{x})^*\delta_2+\mathcal{J}g(\overline{x})^*(\delta_3-\Pi_{\mathbb{S}^p_+}(A;\delta_3))\\-\mathcal{J}h(\overline{x})\delta_1\\-\mathcal{J}g(\overline{x})\delta_1+\Pi'_{\mathbb{S}^p_+}(A;\delta_3)\end{bmatrix}.\end{aligned} \tag{8.168}$$

因为 $\Phi(\cdot)$ 是 Lipschitz 连续的, $\partial_B\Phi(0)$ 是有定义的, 容易用定义证明下述结论.

引理 8.15 设 $A=g(\overline{x})+\overline{\Gamma}$, 其中 $\overline{x}$ 是问题 (8.130) 的稳定点, $(\overline{\zeta},\overline{\Gamma})\in\mathcal{M}(\overline{x})$. 则

$$\partial_B\Phi(0)=\partial_B\mathcal{F}(\overline{x},\overline{\zeta},A).$$

下面的定理就是关于非线性半定规划的稳定性的若干等价表示定理, 与文献 [59, Theorem 4.1] 相比较, 这里用 $\mathcal{F}$ 代替了原文的 F, 相应的 Φ 的定义也由 $\Phi(\delta)=\mathcal{F}'(\overline{x},\overline{\zeta},A;\delta)$ 代替原文中的 $\Phi(\delta)=F'(\overline{x},\overline{\zeta},\overline{\Gamma};\delta)$.

定理 8.13 设 $\overline{x}$ 是问题 (8.130) 的局部最优解. 设 Robinson 约束规范在 $\overline{x}$ 成立, 从而 $\overline{x}$ 成为稳定点. 设 $(\overline{\zeta},\overline{\Gamma})\in\mathcal{M}(\overline{x})$, 从而 $(\overline{\zeta},\overline{\Gamma})$ 满足问题 (8.130) 的 KKT 条件. 令 $A=g(\overline{x})+\overline{\Gamma}$. 则下述条件是等价的:

(a) 强二阶充分条件 (8.151) 在 $\overline{x}$ 成立且 $\overline{x}$ 是约束非退化的.

(b) $\partial\mathcal{F}(\overline{x},\overline{\zeta},A)$ 中的任何元素均是非奇异的.

(c) KKT 点 $(\overline{x},\overline{\zeta},\overline{\Gamma})$ 是广义方程 (8.154) 的强正则解.

(d) 一致二阶增长条件在 $\overline{x}$ 成立且 $\overline{x}$ 是约束非退化的.

(e) 点 $\overline{x}$ 是强稳定的且 $\overline{x}$ 是约束非退化的.

(f) $\mathcal{F}$ 在 $(\overline{x},\overline{\zeta},A)$ 附近是一局部 Lipschitz 同胚.

(g) 对每一 $V\in\partial_B\mathcal{F}(\overline{x},\overline{\zeta},A)$, $\operatorname{sign}(\det(V))=\operatorname{ind}(\mathcal{F},(\overline{x},\overline{\zeta},A))=\pm1$.

(h) Φ 是一全局的 Lipschitz 同胚.

(i) 对每一 $V\in\partial_B\Phi(0)$, $\operatorname{sign}(\det(V))=\operatorname{ind}(\mathcal{F},(\overline{x},\overline{\zeta},A))=\pm1$.

(j) $\partial\Phi(0)$ 中的任何元素均是非奇异的.

证明 根据命题 8.14 可知 (a)$\Longrightarrow$(b) $\Longrightarrow$(c). 根据引理 8.13 得 (c)$\Longleftrightarrow$(f). 关系 (c)$\Longrightarrow$(d)$\Longrightarrow$(e) 可由文献 [4, Theorem 5.24,Theorem 5.25] 得到. 由于 $\mathcal{F}$ 是半光滑的, 根据文献 [16, Theorem 3,Corollary 4], 可以得到关系 (f)$\Longleftrightarrow$(g). 根据 $\Pi_{\mathbb{S}^p_+}(\cdot)$ 的半光滑性, 引理 8.15, 由文献 [31, Theorem 6] 可得 (g)$\Longleftrightarrow$(h)$\Longleftrightarrow$ (i). 由引理 8.15 可得 (b)$\Longleftrightarrow$(j). 再根据引理 8.14, 得 (d)$\Longrightarrow$(a). 从上述所有结论可得, 本定理的 10 个条件是相互等价的. ■

第 9 章　Newton 方法与邻近点方法

9.1　经典 Newton 方法

先考虑无约束优化问题

$$\min_{x \in \Re^n} f(x).$$

设 f 在 x^k 附近是二次连续可微的, 它在 x^k 处的二阶 Taylor 展式为

$$q(x^k, x) = f(x^k) + \nabla f(x^k)^{\mathrm{T}}(x - x^k) + \frac{1}{2}(x - x^k)^{\mathrm{T}}\nabla^2 f(x^k)(x - x^k),$$

设 $\nabla^2 f(x^k)$ 是正定矩阵, 则 $q(x^k, x)$ 有唯一最小点, 记为 x^{k+1},

$$x^{k+1} = x^k - [\nabla^2 f(x^k)]^{-1}\nabla f(x^k),$$

这一迭代格式即经典牛顿法的迭代格式, 其中

$$d^k = -[\nabla^2 f(x^k)]^{-1}\nabla f(x^k)$$

是 f 在 x^k 处的牛顿方向. 显然经典牛顿法产生的 x^{k+1} 即是 f 在 x^k 处二阶 Taylor 展式的稳定点, 当 $\nabla^2 f(x^k)$ 正定时, 还是二阶展式的最优解. x^{k+1} 亦可视为沿 d^k 方向, 步长 $\alpha_k \equiv 1$ 的迭代点.

下面给出经典牛顿法的局部收敛定理, 见文献 [27].

定理 9.1　*设 f 是 $\Re^n$ 上的二阶连续可微函数, $\nabla^2 f$ 在点 x^* 的一邻域内满足 Lipschitz 条件 (其常数是 L) 且 $\nabla^2 f(x^*)$ 正定, 其中 x^* 是满足二阶充分条件的局部极小点, 设 $\{x^k\}$ 由经典牛顿法生成, 则*

(a) *当初始点 x^1 充分接近 x^* 时, 序列 $\{x^k\}$ 有定义且收敛到 x^*;*

(b) *$\{x^k\}$ 二次收敛到 x^*;*

(c) *$\{\|\nabla f(x^k)\|\}$ 二阶收敛到 0.*

证明　由于 $\nabla^2 f$ 在点 x^* 的一邻域内满足 Lipschitz 条件, $\nabla^2 f(x^*)$ 正定, 由关于扰动矩阵之逆的 von Neumann 引理, 存在 δ_1, $\nabla^2 f$ 在 $\mathrm{B}(x^*, \delta_1)$ 上是可逆的, 而且

$$\|\nabla^2 f(x)^{-1}\| \leqslant 2\|\nabla^2 f(x^*)^{-1}\|, \quad \forall x \in \mathbf{B}(x^*, \delta_1).$$

取 $\delta = \min\{\delta_1, 1/(2L\|\nabla^2 f(x^*)^{-1}\|)\}$. 注意到, 若 $x^k \in \mathbf{B}(x^*, \delta)$,

$$
\begin{aligned}
&\|\nabla^2 f(x^k)(x^k - x^*) - \nabla f(x^k) + \nabla f(x^*)\| \\
&= \left\| \int_0^1 [\nabla^2 f(x^k) - \nabla^2 f(x^* + t(x^k - x^*))](x^k - x^*)\mathrm{d}t \right\| \\
&\leqslant L\|x^k - x^*\|^2 \int_0^1 (1-t)\mathrm{d}t \\
&= \frac{L}{2}\|x^k - x^*\|^2,
\end{aligned}
$$

所以得到

$$
\begin{aligned}
\|x^{k+1} - x^*\| &= \|x^k - \nabla^2 f(x^k)^{-1}\nabla f(x^k) - x^*\| \\
&= \|\nabla^2 f(x^k)^{-1}(\nabla^2 f(x^k)(x - x^*) - \nabla f(x^k) + \nabla f(x^*))\| \\
&\leqslant L\|\nabla^2 f(x^*)^{-1}\|\|x^k - x^*\|^2. \qquad (9.1)
\end{aligned}
$$

显然, 当 $x^k \in \mathbf{B}(x^*, \delta)$ 时

$$
\|x^{k+1} - x^*\| \leqslant L\|\nabla^2 f(x^*)^{-1}\|\delta\|x^k - x^*\| \leqslant \delta/2,
$$

即 $x^{k+1} \in \mathbf{B}(x^*, \delta/2)$. 这表明, 只要 $x^1 \in \mathrm{B}(x^*, \delta)$, 牛顿方法生成的 $\{x^k\}$ 就是有定义的, 而且

$$
\|x^{k+1} - x^*\| \leqslant (1/2)^k\delta,
$$

即 $x^k \to x^*$, $k \to \infty$, 即 (a) 成立.

由估计式 (9.1) 直接可得到 (b).

结论 (c) 由下面的推导得到

$$
\begin{aligned}
\|\nabla f(x^{k+1})\| &= \|\nabla f(x^{k+1}) - \nabla f(x^k) - \nabla^2 f(x^k)(x^{k+1} - x^k)\| \\
&= \left\| \int_0^1 [\nabla^2 f(x^k + t(x^{k+1} - x^k)) - \nabla^2 f(x^k)]\mathrm{d}t(x^{k+1} - x^k) \right\| \\
&\leqslant \int_0^1 Lt\|x^{k+1} - x^k\|^2 \mathrm{d}t \\
&= \frac{L}{2}\|\nabla^2 f(x^k)^{-1}\nabla f(x^k)\|^2 \\
&\leqslant 2L\|\nabla^2 f(x^*)^{-1}\|^2\|\nabla f(x^k)\|^2.
\end{aligned}
$$

■

由定理 9.1 可知, 牛顿方法局部收敛速度快, 但初始点 x^1 需距离 x^* 很近时方法才有意义.

Newton 方向由求解一线性方程组得到, 精确求解需要的运算量很大, 实际计算中, 可以非精确求解线性方程组得到非精确的 Newton 方向. 设 $d^k \in \Re^n$ 满足

$$
\|r_k\| \leqslant \eta_k\|\nabla f(x^k)\|, \quad 其中 r_k = \nabla^2 f(x^k)d^k + \nabla f(x^k).
$$

定理 9.2　设映射 $\nabla f(x)$ 在极小点 x^* 的一邻域上连续可微的, 设矩阵 $\nabla^2 f(x^*)$ 是正定的. 考虑由非精确 Newton 方法生成的迭代 $x^{k+1} = x^k + d^k$. 设存在一常数 $\eta \in [0,1)$, 满足 $\eta_k \leqslant \eta$. 则当初始点 x^1 在 x^* 附近时, 序列 $\{x^k\}$ 线性收敛到 x^*. 如果 $\eta_k \to 0$, 收敛率是超线性的; 如果 $\eta_k = \mathrm{O}(\|\nabla f(x^k)\|)$, 收敛率是二次的.

再考虑如下的非线性方程组

$$F(x) = 0,$$

其中 $F : \Re^n \to \Re^n$ 是一光滑映射. 如果算法已经产生 $x^1, \cdots, x^k$, F 在 x^k 的 Taylor 展式为

$$Q(x^k, x) = F(x^k) + \mathcal{J}F(x^k)(x - x^k).$$

设 $\mathcal{J}F(x^k)$ 是非奇异的. 则 $Q(x^k, x) = 0$ 有唯一的解, 记为 x^{k+1},

$$x^{k+1} = x^k - \mathcal{J}F(x^k)^{-1}\nabla F(x^k),$$

这就是求解方程组 $F(x) = 0$ 的经典的 Newton 迭代.

定理 9.3　设 $F : \Re^n \to \Re^n$ 是在一凸开集 $D \subset \Re^n$ 上的连续可微映射. 设 $x^* \in D$ 是 $F(x) = 0$ 的一解, $\mathcal{J}F(x^*)$ 非奇异. 则存在一正数 $\varepsilon > 0$, 满足只要 $x^1 \in \mathbf{B}(x^*, \varepsilon)$, 序列 $\{x^k\}$ 就是有定义的, 且收敛到 x^*. 进一步, 如果 $\mathcal{J}F$ 在 x^* 附近是 Lipschitz 连续的, 则收敛速度是二阶的.

同样地, 采用满足如下条件的非精确 Newton 方向 d^k

$$r_k = JF(x^k)d^k + F(x^k),\ \|r_k\| \leqslant \eta_k \|F(x^k)\|,$$

也可以证明算法的收敛性.

定理 9.4　设映射 $F : \Re^n \to \Re^n$ 在一凸开集 $D \subset \Re^n$ 上是连续可微的. 设 $x^* \in D$ 是 $F(x) = 0$ 的一解, $\mathcal{J}F(x^*)$ 是非奇异的.

考虑由非精确的 Newton 法产生的迭代序列 $\{x^k\}$, 其中 $x^k = x^{k-1} + d^{k-1}$. 设 $\eta_k \leqslant \eta_{\max} < t < 1$. 则存在 $\varepsilon > 0$, 满足若 $\|x^1 - x^*\| \leqslant \varepsilon$, 则序列 $\{x^k\}$ 收敛到 x^*. 进一步, 收敛是按下述意义线性的

$$\|x^{k+1} - x^*\|_* \leqslant t\|x^k - x^*\|_*, \tag{9.2}$$

其中 $\|y\|_* = \|\mathcal{J}F(x^*)y\|$.

证明　因为 $\mathcal{J}F(x^*)$ 是非奇异的,

$$\frac{1}{\mu}\|y\| \leqslant \|y\|_* \leqslant \mu\|y\|, \quad \forall y \in \Re^n, \tag{9.3}$$

其中

$$\mu = \max\{\|\mathcal{J}F(x^*)\|, \|\mathcal{J}F(x^*)^{-1}\|\}.$$

因为 $\eta_{\max} < t$, 存在充分小的 $\gamma > 0$,

$$(1+\gamma\mu)[\eta_{\max}(1+\mu\gamma)+2\mu\gamma] \leqslant t.$$

现在, 取充分小的 $\varepsilon > 0$, 满足如果 $\|y - x^*\| \leqslant \mu^2\varepsilon$,

$$\begin{aligned}&\|\mathcal{J}F(y)-\mathcal{J}F(x^*)\| \leqslant \gamma, \quad \|\mathcal{J}F(y)^{-1}-\mathcal{J}F(x^*)^{-1}\| \leqslant \gamma,\\ &\|F(y)-F(x^*)-\mathcal{J}F(x^*)(y-x^*)\| \leqslant \gamma\|y-x^*\|.\end{aligned} \tag{9.4}$$

令 $\|x^1 - x^*\| \leqslant \varepsilon$. 下面用数学归纳法来证明 (9.2). 由归纳假设, 由 (9.3) 可得

$$\|x^k - x^*\| \leqslant \mu\|x^{k-1}-x^*\|_* \leqslant \mu t^{k-1}\|x^1 - x^*\|_* \leqslant \mu^2\varepsilon,$$

从而 (9.4) 对 $y = x^k$ 时成立. 由于

$$\begin{aligned}\mathcal{J}F(x^*)(x^{k+1}-x^*) = &\big(I + \mathcal{J}F(x^*)[\mathcal{J}F(x^k)^{-1} - \mathcal{J}F(x^*)^{-1}]\big)\\ &\times\Big[r^k + [\mathcal{J}F(x^k) - \mathcal{J}F(x^*)](x^k - x^*)\\ &-[F(x^k) - F(x^*) - \mathcal{J}F(x^*)(x^k - x^*)]\Big],\end{aligned}$$

取范数可得

$$\begin{aligned}\|x^{k+1}-x^*\|_* \leqslant &[1 + \|\mathcal{J}F(x^*)\|\|\mathcal{J}F(x^k)^{-1} - \mathcal{J}F(x^*)^{-1}\|]\\ &\times\Big[\|r^k\| + \|\mathcal{J}F(x^k) - \mathcal{J}F(x^*)\|\|x^k - x^*\|\\ &+\|F(x^k) - F(x^*) - \mathcal{J}F(x^*)(x^k - x^*)\|\Big]\\ \leqslant &(1+\mu\gamma)\Big[\eta_k\|F(x^k)\| + \gamma\|x^k - x^*\| + \gamma\|x^k - x^*\|\Big].\end{aligned}$$

由于

$$F(x^k) = [\mathcal{J}F(x^*)(x^k - x^*)] + [F(x^k) - F(x^*) - \mathcal{J}F(x^*)(x^k - x^*)],$$

取范数, 由 (9.4) 可得

$$\begin{aligned}\|F(x^k)\| \leqslant &\|x^k - x^*\|_* + \|F(x^k) - F(x^*) - \mathcal{J}F(x^*)(x^k - x^*)\|\\ \leqslant &\|x^k - x^*\|_* + \gamma\|x^k - x^*\|.\end{aligned}$$

所以,

$$\begin{aligned}\|x^{k+1}-x^*\|_* \leqslant &(1+\mu\gamma)\Big[\eta_k\|x^k - x^*\|_* + \eta_k\gamma\|x^k - x^*\|\Big] + 2\gamma\|x^k - x^*\|\\ \leqslant &(1+\mu\gamma)[\eta_{\max}(1+\mu\gamma)+2\mu\gamma]\|x^k - x^*\|_*.\end{aligned}$$

由 γ 的选取可得结论. ■

关于非精确 Newton 方法, 有下述的收敛速度定理.

定理 9.5　设非精确 Newton 迭代 $\{x^k\}$ 收敛到 x^*. 则 $x^k \to x^*$ 的收敛率为超线性的充分必要条件是

$$\|r^k\| = \mathrm{o}(\|F(x^k)\|), \quad 当 k \to \infty.$$

进一步, 如果 $\mathcal{J}F$ 在 x^* 是 p 阶 Hölder 连续的, 则 $x^k \to x^*$ 的收敛率是 $p+1$ 阶的充分必要条件是

$$\|r^k\| = \mathrm{O}(\|F(x^k)\|^{1+p}), \quad 当 k \to \infty.$$

令 $f(x) = \dfrac{1}{2}\|F(x)\|^2$. 全局化 Newton 方法可描述如下. 给定 $\rho, \sigma \in (0,1)$. 任取 $x^1 \in \Re^n$. 置 $k=1$. 对 x^k, 如果 $F(x^k) \neq 0$, 解下述方程组得 d^k

$$F(x^k) + \mathcal{J}F(x^k)d^k = 0.$$

令 m_k 是满足下述不等式的最小的非负整数 m

$$f(x^k + \rho^m d^k) - f(x^k) \leqslant -2\sigma\rho^m f(x^k). \tag{9.5}$$

计算 $x^{k+1} = x^k + \rho^{m_k} d^k$; 检验 x^{k+1} 是否为解.

对于所有的 $\mathcal{J}F(x^k)$ 都是非奇异矩阵的情况, 有如下全局收敛性定理.

定理 9.6　设 $\{\|[\mathcal{J}F(x^k)]^{-1}\|\}$ 是一致有界的. 则全局化 Newton 方法是有定义的. 设 $\bar{x}$ 是序列 $\{x^k\}$ 的一聚点. 则 $\bar{x}$ 是 $F(x)=0$ 的解, $\{x^k\}$ 超线性收敛到 $\bar{x}$. 进一步, 如果 $\mathcal{J}F(\cdot)$ 在 $\bar{x}$ 附近是局部 Lipschitz 连续的, 则收敛速度是二阶的.

证明　不失一般性, 设 $F(x^k) \neq 0$. 因为 $\langle \nabla f(x^k), d^k \rangle = -2f(x^k) < 0$, 则全局化 Newton 方法是有意义的.

设 $\bar{x}$ 是 $\{x^k\}$ 的一聚点. 则存在一子序列 $\{x^{k_j}\}$ 满足 $x^{k_j} \to \bar{x}$. 用反证法证明 $F(\bar{x}) = 0$, 假设 $F(\bar{x}) \neq 0$. 则存在一常数 $c > 0$ 满足 $f(x^{k^j}) \geqslant c$ 对充分大的 j 成立. 如果 $\exists N > 0$ 满足 $m_{k_j} \leqslant N, \forall j \geqslant 1$, 则

$$f(x^{k_{j+1}}) \leqslant f(x^{k_j+1}) \leqslant (1 - 2\sigma\rho^N) f(x^{k_j}),$$

所以

$$f(x^{k_{j+1}}) \leqslant (1 - 2\sigma\rho^N) f(x^{k_j}) \leqslant (1 - \sigma\rho^N)^j f(x^{k_0}) \to 0, \quad j \to \infty,$$

这与假设 $F(\bar{x}) \neq 0$ 矛盾. 因此 $\{m_{k_j}\}$ 不是一致有界的. 如有必要, 可取一子列, 设 $m_{k_j} \to \infty, j \to \infty$. 则由线搜索可得

$$f(x^{k_j} + \rho^{m_{k_j}-1} d^{k_j}) - f(x^{k_j}) > (1 - 2\sigma\rho^{m_{k_j}-1}) f(x^{k_j}).$$

上式连同 $\langle \nabla f(x^k), d^k \rangle = -2f(x^k)$, 可推出

$$f(x^{k_j} + \rho^{m_{k_j}-1} d^{k_j}) - f(x^{k_j}) > \sigma\rho^{m_{k_j}-1} \langle \nabla f(x^{k_j}), d^{k_j} \rangle. \tag{9.6}$$

将中值定理应用于上式的左端, 得到

$$\int_0^1 \langle \nabla f(x^{k_j} + t\rho^{m_{k_j}-1} d^{k_j}), d^{k_j} \rangle \mathrm{d}t > \langle \nabla f(x^{k_j}), d^{k_j} \rangle. \tag{9.7}$$

因为 $d^{k_j} = -[\mathcal{J}F(x^{k_j})]^{-1}F(x^{k_j})$, $\{\|[\mathcal{J}F(x^k)]^{-1}\|\}$ 是一致有界的, $x^{k_j} \to \bar{x}$, $j \to \infty$, 则 $\{\|d^{k_j}\|\}$ 是一致有界的. 不妨设 $d^{k_j} \to \bar{d} \neq 0$, $j \to \infty$. 在 (9.7) 两边取 $j \to \infty$ 时的极限, 可得

$$\langle \nabla f(\bar{x}), \bar{d} \rangle \geqslant \sigma \langle \nabla f(\bar{x}), \bar{d} \rangle. \tag{9.8}$$

由于 $\langle \nabla f(\bar{x}), \bar{d} \rangle = -2f(\bar{x}) < 0$, 可得到矛盾, 这一矛盾表明 $F(\bar{x}) = 0$.

下面要证明 $\{x^k\}$ 收敛于 $\bar{x}$ 的收敛速度. 因为 d^{k_j} 是 Newton 方向, 对充分大的 k_j,

$$\|x^{k_j} + d^{k_j} - \bar{x}\| = \mathrm{o}(\|x^{k_j} - \bar{x}\|), \tag{9.9}$$

由此可得 $x^{k_j} + d^{k_j} \to \bar{x}$, $j \to \infty$. 由中值定理与 $\mathcal{J}F$ 的连续性, 对所有充分大的 k_j,

$$\begin{aligned}
f(x^{k_j} + d^{k_j}) &= \frac{1}{2}\|F(x^{k_j} + d^{k_j})\|^2 \\
&= \frac{1}{2}\|F(x^{k_j} + d^{k_j}) - F(\bar{x})\|^2 \\
&= \frac{1}{2}\left\|\int_0^1 \mathcal{J}F(\bar{x} + t(x^{k_j} + d^{k_j} - \bar{x}))(x^{k_j} + d^{k_j} - \bar{x})\mathrm{d}t\right\|^2 \\
&= \frac{1}{2}\left\|\int_0^1 [\mathcal{J}F(\bar{x} + t(x^{k_j} + d^{k_j} - \bar{x})) - \mathcal{J}F(\bar{x})](x^{k_j} + d^{k_j} - \bar{x})\mathrm{d}t\right. \\
&\quad \left. + \int_0^1 \mathcal{J}F(\bar{x})(x^{k_j} + d^{k_j} - \bar{x})\mathrm{d}t\right\|^2 \\
&= \frac{1}{2}\|\mathrm{o}(\|x^{k_j} + d^{k_j} - \bar{x}\|) + \mathcal{J}F(\bar{x})(x^{k_j} + d^{k_j} - \bar{x})\|^2 \\
&= \mathrm{O}(\|x^{k_j} + d^{k_j} - \bar{x}\|^2).
\end{aligned} \tag{9.10}$$

结合 (9.9) 与 (9.10), 可得

$$f(x^{k_j} + d^{k_j}) = \mathrm{o}(\|x^{k_j} - \bar{x}\|^2). \tag{9.11}$$

类似地, 有

$$f(x^{k_j}) = \mathrm{O}(\|x^{k_j} - \bar{x}\|^2). \tag{9.12}$$

因此, 由 (9.11) 与 (9.12), 对充分大的 j,

$$f(x^{k_j} + d^{k_j}) \leqslant (1 - 2\sigma) f(x^{k_j}),$$

从而有 $m_{k_j}=0$. 所以有

$$x^{k_j+1}=x^{k_j}+d^{k_j}. \tag{9.13}$$

根据 (9.13), 对充分大的 k_j, 全局化 Newton 方法的迭代即经典 Newton 迭代. 由经典 Newton 方法的收敛速度的结论可得到其他的关于全局化 Newton 方法的收敛速度的结论. ■

对于一般情况, 有如下收敛性定理.

定理 9.7 设映射 $F:\Re^n\to\Re^n$ 是连续可微的. 令 $\{x^k\}$ 是由带有线搜索的 Newton 方法生成的序列.

(a) 如果 $\limsup\limits_{k\to\infty}\alpha_k>0$, 则 $\lim\limits_{k\to\infty}F(x^k)=0$.

(b) 如果 $\limsup\limits_{k\to\infty}\alpha_k=0$, $\overline{x}$ 是 $\{x^k\}$ 的一个聚点且 $\mathcal{J}F(\overline{x})$ 是非奇异的, 则 $F(\overline{x})=0$.

证明 结论 (a) 是一显然的结果. 只需要证明 (b). 此种情况有 $\lim\limits_{k\to\infty}\alpha_k=0$ 或者 $\lim\limits_{k\to\infty}m_k=\infty$. 由 m_k 的定义, 对每一 k,

$$f(x^k+\rho^{m_k-1}d^k)-f(x^k)>-2\sigma\rho^{m_k-1}f(x^k). \tag{9.14}$$

注意到 $\lim\limits_{k\to\infty}\rho^{m_k-1}=0$. 设 $\{k_j\}\subset\mathbf{N}$ 是一子集合, 满足 $x^{k_j}\to\overline{x}$. 因为 $\mathcal{J}F(\overline{x})$ 是非奇异的, 对充分大的指标 j_0, $\{d^{k_j}:j\geqslant j_0\}$ 是有界的. 不失一般性, 假设序列 $\{d^{k_j}\}$ 是收敛的. 由不等式 (9.14) 可得

$$\limsup_{j\to\infty}\frac{f(x^{k_j}+\rho^{m_{k_j}-1}d^{k_j})-f(x^{k_j})}{\rho^{m_{k_j}-1}}\geqslant-2\sigma f(\overline{x}).$$

上述不等式的左端为

$$\lim_{j\to\infty}F(x^{k_j})^T\mathcal{J}F(x^{k_j})d^{k_j}=-2f(\overline{x}).$$

因此可得 $f(\overline{x})=0$. ■

9.2 非光滑 Newton 方法

这一节讨论非光滑方程组

$$F(x)=0$$

的求解, 其中 $F:\Re^n\to\Re^n$ 是局部 Lipschitz 连续映射. 为了讨论 F 的解的唯一性, 需要下述 BD-正则性条件.

定义 9.1 设 F 在 x 附近是 Lipschitz 连续的. 如果 F 在 x 处是方向可微的, 且对任何 $h \in \Re^n \setminus \{0\}$,

$$F'(x;h) \neq 0,$$

则称 F 在 x 处是 BD-正则的 (BD-regular).

如果 F 在 x 处是 BD-正则的, 方向导数 $F'(x;h)$ 具有下述性质.

引理 9.1 设 F 在 x 附近是 Lipschitz 连续的且在 x 处是方向可微的. 如果 F 在 x 处是 BD-正则的, 则存在一正的常数 c, 满足对任何 $h \in \Re^n$,

$$\|h\| \leqslant c\|F'(x;h)\|.$$

证明 用反证法. 假设结论不成立, 则存在序列 $\{h^k\} \subset \text{bdry}\mathbf{B}$ 满足

$$F'(x;h^k) \to 0.$$

设 h 是 $\{h^k\}$ 的一聚点, 则 $\|h\| = 1$ 且 $F'(x;h) = 0$, 这与 F 的 BD-正则性矛盾. ■

命题 9.1 设 x^* 是方程组 $F(x) = 0$ 的一个解且 F 在 x^* 附近是方向可微的局部 Lipschitz 映射. 如果 F 在 x^* 处是 BD-正则的, 且在 x^* 处是半光滑的, 则存在 x^* 的一邻域, 满足 x^* 是 $F(x) = 0$ 在这一邻域中的唯一解.

证明 用反证法. 设存在 x^k 满足 $F(x^k) = 0$, $x^k \to x^*$, $x^k \neq x^*$, $\forall k$. 令 $h^k = (x^k - x^*)/\|x^k - x^*\|$. 设 $h \neq 0$ 是 $\{h^k\}$ 的一聚点. 不妨设 $h^k \to h$. 由于 F 在 x^* 处是 Hadamard 方向可微的,

$$\lim_{\substack{h' \to h \\ t \searrow 0}} \frac{F(x^* + th') - F(x^*)}{t} = F'(x^*;h).$$

可见有

$$\lim_{k\to\infty} \frac{F(x^* + \|x^k - x^*\|h^k) - F(x^*)}{\|x^k - x^*\|} = F'(x^*;h).$$

注意到 $x^k = x^* + \|x^k - x^*\|h^k$, $F(x^k) = 0$, 有 $F'(x^*;h) = 0$, 这与 F 在 x^* 处是 BD-正则的是矛盾的. ■

命题 9.2 [34,Proposition 3.1] 设 F 在点 x^* 附近是局部 Lipschitz 连续的 (不要求方向可微性). 如果 x^* 满足所有的 $V \in \partial F(x^*)$ 是非奇异的, 则存在 x^* 的一个邻域 $\mathcal{V}$ 与一常数 $C > 0$, 满足对任何 $y \in \mathcal{V}$, 对任何 $V \in \partial F(y)$ 都有 V 是可逆的, 且 $\|V^{-1}\| \leqslant C$.

证明 假设此结论不成立, 则存在序列 $y^k \to x^*$, $V^k \in \partial F(y^k)$ 满足或者所有的 V^k 均是奇异的, 或者 $\|[V^k]^{-1}\| \to \infty$. 因为 F 是局部 Lipschitz 的, ∂F 在 x^* 的一邻域上是有界的. 不妨设 $V^k \to V$. 则 V 必是奇异的, 由 ∂F 的外半连续性 $V \in \partial F(x^*)$, 这与假设是矛盾的. ■

基于广义 Jacobian 的 Newton 方法的迭代为

$$x^{k+1} = x^k - [V^k]^{-1} F(x^k), \quad V^k \in \partial F(x^k). \tag{9.15}$$

方法的局部收敛性定理由文献 [34] 给出. 这一定理要求所有的 $V \in \partial F(x^*)$ 均是非奇异的, 其中 x^* 是 F 的零点.

定理 9.8 [34,Theorem 3.2]　*设 x^* 是 $F(x) = 0$ 的解, F 在 x^* 处是局部 Lipschitz 连续的且半光滑的, 任何元素 $V \in \partial F(x^*)$ 是非奇异的. 则在 x^* 的一个邻域上迭代 (9.15) 是有定义的且超线性收敛到 x^*.*

证明　设 x^k 充分接近 x^* 使得 V^k 是可逆的且 $\|[V^k]^{-1}\| \leqslant C$, 其中 $C > 0$ 是某一常数. 由于 F 是方向可微的且 Lipschitz 连续的, 不妨设

$$\|F(x^k) - F(x^*) - F'(x^*; x^k - x^*)\| = \mathrm{o}(\|x^k - x^*\|)$$

与

$$\|V^k(x^k - x^*) - F'(x^*; x^k - x^*)\| = \mathrm{o}(\|x^k - x^*\|).$$

于是有

$$\begin{aligned}\|x^{k+1} - x^*\| &= \|x^k - x^* - [V^k]^{-1} F(x^k)\| \\ &\leqslant \|[V^k]^{-1}[F(x^k) - F(x^*) - F'(x^*; x^k - x^*)]\| \\ &\quad + \|[V^k]^{-1}[V^k(x^k - x^*) - F'(x^*; x^k - x^*)]\| \\ &= \mathrm{o}(\|x^k - x^*\|).\end{aligned}$$

这证得结论. ■

定理 9.8 要求 $\partial F(x^*)$ 的每一元素都是非奇异的, 这一条件很强. 比如考虑 $F(x) = \|x\|$. 对这个例子, Newton 方法是收敛的, 但 $\partial F(0)$ 包含 0, 不满足非奇异条件. 基于这样的认识, 文献 [32] 考虑基于 B- 次微分的 Newton 方法, 其迭代为

$$x^{k+1} = x^k - [V^k]^{-1} F(x^k), \quad V^k \in \partial_B F(x^k). \tag{9.16}$$

代替 $\partial F(x^*)$ 的每一元素都是非奇异的条件是下述的强正则性条件.

定义 9.2　*设 F 在 X 附近是 Lipschitz 连续的. 如果所有的 $V \in \partial_B F(x)$ 均是非奇异的, 则称 F 在 x 处是强 BD-正则的 (strongly BD-regular).*

类似于引理 9.2, 有下述结论.

引理 9.2　*如果 F 在 x 处是强 BD-正则的, 则存在 x 的一邻域 U 与一正的常数 c, 满足对任何 $y \in U$ 与 $V \in \partial_B F(y)$, V 是非奇异的, 且*

$$\|V^{-1}\| \leqslant c. \tag{9.17}$$

如果 F 在 $y \in U$ 处还是半光滑的, 则对任何 $h \in \Re^n$,

$$\|h\| \leqslant c\|F'(y;h)\|. \tag{9.18}$$

证明 首先给出论断: 存在 x 的一邻域 U 与一常数 $c>0$, 使得对任何 $y \in \mathcal{D}_F \cap U$, $\mathcal{J}F(y)$ 是非奇异的, 且

$$\|\mathcal{J}F(y)^{-1}\| \leqslant c. \tag{9.19}$$

用反证法证明这一论断, 假设结论不真. 则存在序列 $y^k \to x$, $y^k \in \mathcal{D}_F$ 满足或者所有的 $\mathcal{J}F(y^k)$ 均是奇异的, 或者 $\|\mathcal{J}F(y^k)^{-1}\| \to \infty$. 因为 F 是 Lipschitz 连续的, ∂F 在 x 的邻域上是有界的. 不妨设 $\mathcal{J}F(y^k) \to V$. 则 V 一定是奇异的且 $V \in \partial_B F(x)$. 这与强 BD-正则性矛盾. 可见 (9.19) 对 $y \in \mathcal{D}_F \cap U$ 成立.

由 B-次微分的定义和 (9.19), 对任何 $y \in U$ 与 $V \in \partial_B F(y)$, V 是非奇异的且 (9.17) 成立.

如果 F 在 y 处是半光滑的, 对任何 $h \in \Re^n$, 存在 $V \in \partial_B F(y)$ 满足

$$F'(y;h) = Vh. \tag{9.20}$$

根据 (9.17) 与 (9.20) 可得 (9.18). ■

定理 9.9 [32, Theorem 3.1](局部收敛性) *设 x^* 是 $F(x)=0$ 的一个解, F 在 x^* 处是半光滑的且强 BD-正则的. 则迭代 (9.16) 在 x^* 的一邻域是有定义的且超线性收敛于 x^*. 另外, 如果 $F(x^k) \neq 0$, $\forall k$, 则*

$$\lim_{k\to\infty} \frac{\|F(x^{k+1})\|}{\|F(x^k)\|} = 0. \tag{9.21}$$

进一步, 如果 F 在 x^* 的一邻域上是方向可微的且 $F'(\cdot,\cdot)$ 在 x^* 处是 2 度半连续的, 则迭代 (9.16) 的收敛速度是二阶的.

证明 结论 "迭代 (9.16) 在 x^* 的一邻域是有定义的且超线性收敛于 x^*" 的证明完全类似于定理 9.8 的证明. 我们证明当 F 在 x^* 的一邻域上是方向可微的且 $F'(\cdot,\cdot)$ 在 x^* 处是 2 度半连续时迭代 (9.16) 的二阶收敛速度. 设 x^k 充分接近 x^* 使得 V^k 是可逆的且 $\|[V^k]^{-1}\| \leqslant C$, 其中 $C>0$ 是某一常数. 由于 F 是方向可微的且 Lipschitz 连续的, 不妨设

$$\|F(x^k) - F(x^*) - F'(x^*;x^k - x^*)\| = \mathrm{O}(\|x^k - x^*\|^2)$$

与

$$\|V^k(x^k - x^*) - F'(x^*;x^k - x^*)\| = \mathrm{O}(\|x^k - x^*\|^2).$$

于是有

$$\begin{aligned}\|x^{k+1}-x^*\| &= \|x^k-x^*-[V^k]^{-1}F(x^k)\| \\ &\leqslant \|[V^k]^{-1}[F(x^k)-F(x^*)-F'(x^*;x^k-x^*)]\| \\ &\quad +\|[V^k]^{-1}[V^k(x^k-x^*)-F'(x^*;x^k-x^*)]\| \\ &= \mathrm{O}(\|x^k-x^*\|^2).\end{aligned}$$

即 x^k 二阶收敛到 x^*.

现在证明 (9.21). 根据引理 9.2, 存在 $C>0$, $\delta_1>0$ 满足对于 $\|x-x^*\|\leqslant\delta_1$, $V\in\partial_B F(x)$, V 是非奇异的且

$$\|V^{-1}\|\leqslant C. \tag{9.22}$$

根据 (4.30), 对任意的 $\varepsilon>0$, 存在 $\delta_2\in(0,\delta_1)$ 满足对于 $\|x-x^*\|\leqslant\delta_2$,

$$\|F(x)-F'(x^*;x-x^*)\|\leqslant\varepsilon\|x-x^*\|. \tag{9.23}$$

不妨设 $\delta>0$ 充分小, $\delta\in(0,\delta_2)$, 使得当 $x^1\in\mathbf{B}(x^*,\delta)$ 时, x^k 超线性收敛于 x^*. 于是当 k 充分大时, 不但有 $\|x^k-x^*\|\leqslant\delta$, 而且

$$\|x^{k+1}-x^*\|\leqslant\varepsilon\|x^k-x^*\|. \tag{9.24}$$

于是, 由 (9.23) 有

$$\begin{aligned}\|F(x^{k+1})\| &\leqslant \|F'(x^*;x^{k+1}-x^*)\|+\varepsilon\|x^{k+1}-x^*\| \\ &\leqslant (L+\varepsilon)\|x^{k+1}-x^*\| \\ &\leqslant (L+\varepsilon)\varepsilon\|x^k-x^*\|,\end{aligned} \tag{9.25}$$

其中 L 是 F 在 x^* 附近的 Lipschitz 常数. 根据 (9.16) 与 (9.22), 有

$$\|x^{k+1}-x^*\|=\|[V^k]^{-1}F(x^k)\|\leqslant C\|F(x^k)\|.$$

于是

$$\begin{aligned}\|x^k-x^*\| &\leqslant \|x^{k+1}-x^k\|+\|x^{k+1}-x^*\| \\ &\leqslant C\|F(x^k)\|+\|x^{k+1}-x^*\| \\ &\leqslant C\|F(x^k)\|+\varepsilon\|x^k-x^*\|.\end{aligned}$$

从而得到

$$\|x^k-x^*\|\leqslant\frac{C}{1-\varepsilon}\|F(x^k)\|. \tag{9.26}$$

根据 (9.25) 与 (9.26)

$$\begin{aligned}\|F(x^{k+1})\| &\leqslant \varepsilon(L+\varepsilon)\|x^k - x^*\| \\ &\leqslant \frac{C\varepsilon(L+\varepsilon)}{1-\varepsilon}\|F(x^k)\|.\end{aligned} \tag{9.27}$$

这证得 (9.21). ■

实际上, 定理 9.9 的条件可以减弱, 只需要 F 在 x^* 处的 G- 半光滑性即可.

定理 9.10 设 x^* 是 $F(x)=0$ 的一个解, F 在 x^* 处是 G-半光滑的且强 BD-正则的. 则迭代 (9.16) 在 x^* 的一邻域是有定义的且超线性收敛于 x^*. 如果 F 在 x^* 处是强 G-半光滑的且强 BD-正则的, 则 x^k 二次收敛到 x^*.

定理 9.10 的证明非常简单, 如果 F 在 x^* 处是 G- 半光滑的且强 BD-正则的, 基于下面的表达式

$$\begin{aligned}\|x^{k+1} - x^*\| &= \|x^k - x^* - [V^k]^{-1}F(x^k)\| \\ &= \|[V^k]^{-1}[F(x^k) - F(x^*) - V^k(x^k - x^*)]\| \\ &\leqslant \|[V^k]^{-1}\|\|F(x^k) - F(x^*) - V^k(x^k - x^*)\| \\ &= \mathrm{o}(\|x^k - x^*\|),\end{aligned}$$

即可得到超线性收敛性. 同样, 如果 F 在 x^* 处是强 G- 半光滑的, 上式的 $\mathrm{o}(\|x^k - x^*\|)$ 变为 $\mathrm{O}(\|x^k - x^*\|^2)$, 从而得到二阶收敛性.

9.3 光滑 Newton 方法

这一节介绍文献 [33] 的求解变分不等式的光滑 Newton 方法, 不同于文献 [33] 中所考虑的箱约束的变分不等式问题, 我们考虑一般的变分不等式问题, 所述结论完全来自文献 [33].

设 $\mathcal{X}$ 是有限维的 Hilbert 空间, $X \subset \mathcal{X}$ 是一非空闭凸子集合, 考虑下述变分不等式问题: 求 $y^* \in X$ 满足

$$\langle y - y^*, F(y^*)\rangle \geqslant 0, \quad \forall y \in X,$$

其中 $F: D \to \mathcal{X}$ 是连续可微映射的, 其中 $D \subset \mathcal{X}$ 是包含 X 的开集.

考虑 Robinson 的法方程

$$E(x) = F(\Pi_X(x)) + x - \Pi_X(x) = 0. \tag{9.28}$$

如果 $x^* \in \mathcal{X}$ 是 (9.28) 的解, 则 $y^* := \Pi_X(x^*)$ 是变分不等式的解. 相反地如果 y^* 是变分不等式的解, 则 $x^* = y^* - F(y^*)$ 是方程 (9.28) 的解. 方程 (9.28) 是非光滑的, 可以采用各种形式的 Newton 方法来求解.

设映射 $p:\Re^n\times\mathcal{X}\to\mathcal{X}$ 是 $\Pi_X(\cdot)$ 的近似, 可以构造 $E(x)=0$ 的下述近似方程

$$G(u,x)=F(p(u,x))+x-p(u,x)=0. \tag{9.29}$$

假设 9.1 映射 p 满足

$$p(u,x)=\begin{cases}p(|u|,x), & u\neq 0,\\ \Pi_X(x), & u=0.\end{cases}$$

映射 $p(\cdot)$ 在任何点 $(\mu,w)\in\Re^n_{++}\times\mathcal{X}$ 处是连续可微的, 其中 $|u|\in\Re^n$ 定义为 $|u|_i=|u_i|, i=1,\cdots,n$. 映射 $p(\cdot,\cdot)$ 在 $\Re^n\times\mathcal{X}$ 上是强半光滑的.

显然 F 在 $\Re^n\times\mathcal{X}$ 上是半光滑的. 进一步, 如果 F' 是 Lipschitz 连续的, 则 F 在 $\Re^n\times\mathcal{X}$ 上还是强半光滑的.

令 $z:=(u,x)\in\Re^n\times\mathcal{X}$, 定义 $H:\Re^n\times\mathcal{X}\to\Re^n\times\mathcal{X}$

$$H(z)=\begin{pmatrix}u\\ G(z)\end{pmatrix}. \tag{9.30}$$

选取 $\overline{u}\in\Re^n_{++}$ 与 $\gamma\in(0,1)$, 满足 $\gamma\|\overline{u}\|<1$. 令 $\overline{z}=(\overline{u},0)\in\Re^n\times\mathcal{X}$. 定义效用函数 $\psi:\Re^n\times\mathcal{X}\to\Re_+$

$$\psi(z)=\|H(z)\|^2$$

与 $\beta:\Re^{2n}\to\Re_+$

$$\beta(z):=\gamma\min\{1,\psi(z)\}.$$

定义

$$\Omega=\{z=(u,x)\in\Re^n\times\mathcal{X}:u\geqslant\beta(z)\overline{u}\}.$$

由于对任何 $z\in\Re^n\times\mathcal{X}$, $\beta(z)\leqslant\gamma<1$, 则对任何 $x\in\mathcal{X}$, $(\overline{u},x)\in\Omega$.

命题 9.3[33, Proposition 4] 下述关系成立:

$$H(z)=0\Longleftrightarrow\beta(z)=0\Longleftrightarrow H(z)=\beta(z)\overline{z}.$$

证明 根据 $H(\cdot)$ 与 $\beta(\cdot)$ 的定义, 有

$$H(z)=0\Longleftrightarrow\beta(z)=0, \beta(z)=0\Longrightarrow H(z)=\beta(z)\overline{z}.$$

我们只需证明

$$H(z)=\beta(z)\overline{z}\Longrightarrow\beta(z)=0.$$

因为 $H(z)=\beta(z)\overline{z}$,

$$u=\beta(z)\overline{u},\quad G(z)=0.$$

因此, 根据 $\psi(\cdot)$ 与 $\beta(\cdot)$ 的定义以及不等式 $\gamma\|\overline{u}\|<1$, 可得

$$\psi(z)=\|u\|^2+\|G(z)\|^2=\|u\|^2=\beta(z)^2\|\overline{u}\|^2\leqslant\gamma^2\|\overline{u}\|^2<1.$$

故有

$$\beta(z)=\gamma\psi(z)=\gamma\beta(z)^2\|\overline{u}\|^2. \tag{9.31}$$

如果 $\beta(z)\neq 0$, 则根据 (9.31) 与 $\beta(z)\leqslant\gamma$, 有

$$1=\gamma\beta(z)\|\overline{u}\|^2\leqslant\gamma^2\|\overline{u}\|^2,$$

这是与不等式 $\gamma\|\overline{u}\|<1$ 是矛盾的. ■

算法 9.1[33, Algorithm 1]

步 0 选取常数 $\delta\in(0,1)$ 与 $\sigma\in(0,1/2)$. 取 $u^0=\overline{u}$, 任取 $x^0\in\mathcal{X}$, $k=0$.

步 1 如果 $H(z^k)=0$ 则终止计算. 否则, 令 $\beta_k=\beta(z^k)$.

步 2 求解下述方程组得到 $\Delta z^k:=(\Delta u^k,\Delta x^k)$

$$H(z^k)+\mathcal{J}H(z^k)\Delta z^k=\beta_k\overline{z}. \tag{9.32}$$

步 3 设 l_k 是满足下述不等式的最小的非负整数 l

$$\psi(z^k+\delta^l\Delta z^k)\leqslant\Big[1-2\sigma(1-\gamma\|\overline{u}\|)\delta^l\Big]\psi(z^k). \tag{9.33}$$

计算 $z^{k+1}=z^k+\delta^{l_k}\Delta z^k$.

步 4 置 $k:=k+1$, 转到步 1.

引理 9.3[33, Lemma 5] 设假设 9.1 成立. 设 $\widetilde{z}=(\widetilde{u},\widetilde{x})\in\Re^n_{++}\times\mathcal{X}$ 满足 $\mathcal{J}H(\widetilde{z})$ 是非奇异的, 则存在 $\widetilde{z}$ 的一闭邻域 $\mathcal{U}_0$ 与一正数 $\overline{\alpha}\in(0,1]$, 满足对任何 $z=(u,x)\in\mathcal{U}_0$, $\alpha\in[0,\overline{\alpha}]$ 与 $u\in\Re^n_{++}$, $\mathcal{J}H(z)$ 是可逆的, 且

$$\psi(z+\alpha\Delta z)\leqslant[1-2\sigma(1-\gamma\|\overline{u}\|)\alpha]\psi(z). \tag{9.34}$$

证明 因为 $\mathcal{J}H(\widetilde{z})$ 是非奇异的, $\widetilde{u}\in\Re^n_{++}$, 存在 $\widetilde{z}$ 的一闭邻域 $\mathcal{U}_0$ 满足, 对任何 $z=(u,x)\in\mathcal{U}_0$, $u\in\Re^n_{++}$, $\mathcal{J}H(z)$ 可逆. 对任何 $z\in\mathcal{U}_0$, 令 $\Delta z=(\Delta u,\Delta x)\in\Re^n\times\mathcal{X}$ 是方程组

$$H(z)+\mathcal{J}H(z)\Delta z=\beta(z)\overline{z} \tag{9.35}$$

的唯一解. 对任何 $\alpha\in[0,1]$, 定义

$$g_z(\alpha)=G(z+\alpha\Delta z)-G(z)-\alpha\mathcal{J}G(z)\Delta z.$$

由 (9.35), 对任何 $z\in\mathcal{U}_0$,

$$\Delta u=-u+\beta(z)\overline{u}.$$

则对任何 $\alpha\in[0,1]$ 与 $z\in\mathcal{U}_0$,

$$u+\alpha\Delta u=(1-\alpha)u+\alpha\beta(z)\overline{u}\in\Re^n_{++}. \tag{9.36}$$

根据中值定理得

$$g_z(\alpha)=\alpha\int_0^1[\mathcal{J}G(z+\theta\alpha\Delta z)-\mathcal{J}G(z)]\Delta z\mathrm{d}\theta.$$

由于 $\mathcal{J}G(\cdot)$ 在 $\mathcal{U}_0$ 上是一致连续的, 且当 $z\overset{\mathcal{U}_0}{\to}\tilde{z}$ 时 $\Delta z\to\Delta\tilde{z}$,

$$\lim_{\alpha\searrow 0}\|g_z(\alpha)\|/\alpha=0.$$

根据 (9.36) 与 (9.35) 并注意到 $\beta(z)\leqslant\gamma\psi(z)^{1/2}$, 对任何 $\alpha\in(0,1)$, $z\in\mathcal{U}_0$, 有

$$\begin{aligned}
&\|u+\alpha\Delta u\|^2\\
=&\|(1-\alpha)u+\alpha\beta(z)\overline{u}\|^2\\
=&(1-\alpha)^2\|u\|^2+2\alpha(1-\alpha)\beta(z)u^{\mathrm{T}}\overline{u}+\alpha^2\beta(z)^2\|\overline{u}\|^2\\
\leqslant&(1-\alpha)^2\|u\|^2+2\alpha(1-\alpha)\beta(z)\|u\|\|\overline{u}\|+\alpha^2\beta(z)^2\|\overline{u}\|^2\\
\leqslant&(1-\alpha)^2\|u\|^2+2\alpha\beta(z)\|u\|\|\overline{u}\|+\mathrm{O}(\alpha^2)\\
\leqslant&(1-\alpha)^2\|u\|^2+2\alpha\gamma\psi(z)^{1/2}\|H(z)\|\|\overline{u}\|+\mathrm{O}(\alpha^2)\\
=&(1-\alpha)^2\|u\|^2+2\alpha\gamma\|\overline{u}\|\psi(z)+\mathrm{O}(\alpha^2)
\end{aligned}\tag{9.37}$$

与

$$\begin{aligned}
&\|G(z+\alpha\Delta z)\|^2\\
=&\|G(z)+\alpha\mathcal{J}G(z)\Delta z+g_z(\alpha)\|^2\\
=&\|(1-\alpha)G(z)+g_z(\alpha)\|^2\\
=&(1-\alpha)^2\|G(z)\|^2+2(1-\alpha)G(z)^{\mathrm{T}}g_z(\alpha)+\|g_z(\alpha)\|^2\\
=&(1-\alpha)^2\|G(z)\|^2+\mathrm{o}(\alpha).
\end{aligned}\tag{9.38}$$

由 (9.37) 与 (9.38) 可得, 对任何 $\alpha\in[0,1]$ 与 $z\in\mathcal{U}_0$,

$$\begin{aligned}
&\psi(z+\alpha\Delta z)\\
=&\|H(z+\alpha\Delta z)\|^2\\
=&\|u+\alpha\Delta u\|^2+\|G(z+\alpha\Delta z)\|^2\\
\leqslant&1-\alpha)^2\|u\|^2+2\alpha\gamma\|\overline{u}\|\psi(z)+(1-\alpha)^2\|G(z)\|^2+\mathrm{O}(\alpha^2)+\mathrm{o}(\alpha)\\
=&(1-\alpha)^2\psi(z)+2\alpha\gamma\|\overline{u}\|\psi(z)+\mathrm{o}(\alpha)\\
=&[1-2(1-\gamma\|\overline{u}\|)\alpha]\psi(z)+\mathrm{o}(\alpha).
\end{aligned}\tag{9.39}$$

所以, 根据 (9.39) 可得存在 $\overline{\alpha} \in (0,1]$, 满足对任何 $\alpha \in [0,\overline{\alpha}]$ 与 $z \in \mathcal{U}_0$, 有 (9.34) 成立. ■

下面的结论可由引理 9.3 直接得到下面命题

命题 9.4 [33, Proposition 5] 设假设 9.1 成立. 对任何 $k \geqslant 0$, 如果 $z^k \in \Re^n_{++} \times \mathcal{X}$ 满足 $\mathcal{J}H(z^k)$ 是非奇异的, 则在第 k 次迭代算法 9.1 是有定义的且 $z^{k+1} \in \Re^n_{++} \times \mathcal{X}$.

命题 9.5 [33, Proposition 6] 设假设 9.1 成立. 对任何固定的 $k \geqslant 0$, 如果 $u^k \in \Re^n_{++}$, $z^k \in \Omega$ 且 $\mathcal{J}H(z^k)$ 是非奇异的, 则对任何满足

$$\psi(z^k + \alpha\Delta z^k) \leqslant [1 - 2\sigma(1-\gamma\|\overline{u}\|)\alpha]\psi(z^k) \tag{9.40}$$

的 $\alpha \in [0,1]$, 有 $z^k + \alpha\Delta z^k \in \Omega$.

证明 下面分两种情况来证明这一命题.

(i) 如果 $\psi(z^k) > 1$. 则 $\beta_k = \gamma$. 由 $z^k \in \Omega$, $\beta(z) = \gamma\min\{1,\psi(z)\} \leqslant \gamma$, $\forall z \in \Re^n \times \mathcal{X}$, 对 $\alpha \in [0,1]$, 有

$$\begin{aligned}
& u^k + \alpha\Delta u^k - \beta(z^k + \alpha\Delta z^k)\overline{u} \\
& \geqslant (1-\alpha)u^k + \alpha\beta_k\overline{u} - \gamma\overline{u} \\
& \geqslant (1-\alpha)\beta_k\overline{u} + \alpha\beta_k\overline{u} - \gamma\overline{u} \\
& = (1-\alpha)\gamma\overline{u} + \alpha\gamma\overline{u} - \gamma\overline{u} = 0.
\end{aligned} \tag{9.41}$$

(ii) 如果 $\psi(z^k) \leqslant 1$. 则对任何满足 (9.40) 的 $\alpha \in [0,1]$,

$$\psi(z^k + \alpha\Delta z^k) \leqslant [1 - 2\sigma(1-\gamma\|\overline{u}\|)\alpha]\psi(z^k) \leqslant 1. \tag{9.42}$$

故对任何满足 (9.40) 的 $\alpha \in [0,1]$,

$$\beta(z^k + \alpha\Delta z^k) = \gamma\psi(z^k + \alpha\Delta z^k).$$

故由于 $z^k \in \Omega$, 用 (9.42) 中的第一不等式, 对任何满足 (9.40) 的 $\alpha \in [0,1]$, 有

$$\begin{aligned}
& u^k + \alpha\Delta u^k - \beta(z^k + \alpha\Delta z^k)\overline{u} \\
= & (1-\alpha)u^k + \alpha\beta_k\overline{u} - \gamma\psi(z^k + \alpha\Delta z^k)\overline{u} \\
\geqslant & (1-\alpha)\beta_k\overline{u} + \alpha\beta_k\overline{u} - \gamma[1 - 2\sigma(1-\gamma\|\overline{u}\|)\alpha]\psi(z^k)\overline{u} \\
= & \beta_k\overline{u} - \gamma[1 - 2\sigma(1-\gamma\|\overline{u}\|)\alpha]\psi(z^k)\overline{u} \\
= & \gamma\psi(z^k)\overline{u} - \gamma[1 - 2\sigma(1-\gamma\|\overline{u}\|)\alpha]\psi(z^k)\overline{u} \\
= & [2\gamma\sigma(1-\gamma\|\overline{u}\|)]\alpha\psi(z^k)\overline{u} \\
\geqslant & 0.
\end{aligned} \tag{9.43}$$

结合 (9.41) 与 (9.43), 对任何满足 (9.40) 的 $\alpha \in [0,1]$, 有 $z^k + \alpha\Delta z^k \in \Omega$. ■

结合命题 9.4 与命题 9.5, 容易得到下述结论:

命题 9.6 [33, Proposition 7] 设假设 9.1 成立. 对任何固定的 $k \geqslant 0$, 如果对 $u^k \in \Re^n_{++}$, $z^k \in \Omega$ 有 $\mathcal{J}H(z^k)$ 是非奇异的, 那么 $u^{k+1} \in \Re^n_{++}$ 且 $z^{k+1} \in \Omega$.

命题 9.7 [33, Proposition 8] 设假设 9.1 成立且对满足 $u^k \in \Re^n_{++}$ 与 $z^k \in \Omega$ 的每一指标 $k \geqslant 0$ 均有 $\mathcal{J}H(z^k)$ 是可逆的. 则由算法 9.1 生成的无穷点列 $\{z^k\}$ 满足 $\{u^k\} \subset \Re^n_{++}$ 与 $\{z^k\} \subset \Omega$.

证明 因为 $z^0 = (\overline{u}, x^0) \in \Omega$, 由命题 9.6 可得 z^1 是有定义的, $u^1 \in \Re^n_{++}$ 与 $z^1 \in \Omega$. 反复使用命题 9.6 可以证得算法生成的无穷序列 $\{z^k\}$ 满足对每一 k, $u^k \in \Re^n_{++}$, $z^k \in \Omega$. ■

假设 9.2 (i) 对每一 $k \geqslant 0$, 如果 $u^k \in \Re^n_{++}$, $z^k \in \Omega$, 则 $\mathcal{J}H(z^k)$ 是非奇异的;

(ii)对 $\{z^k\}$ 的任何聚点 $z^* = (u^*, x^*)$, 如果 $u^* \in \Re^n_{++}$, $z^* \in \Omega$, 则 $\mathcal{J}H(z^*)$ 是非奇异的.

定理 9.11 [33, Theorem 4] 设假设 9.1 与假设 9.2 成立. 则由算法 9.1 生成的无穷序列 $\{z^k\}$ 的任何聚点 $\widetilde{z}$ 均是 $H(z) = 0$ 的一个解.

证明 根据命题 9.7 和假设 9.2, 由算法 9.1 生成的无穷序列 $\{z^k\}$ 满足 $\{z^k\} \subset \Omega$. 根据算法 9.1 的设计, 对所有的 $k \geqslant 0$, $\psi(z^{k+1}) < \psi(z^k)$. 因此序列 $\{\psi(z^k)\}$ 与 $\{\beta(z^k)\}$ 是单调递减的. 因为 $\psi(z^k) \geqslant 0, \beta(z^k) \geqslant 0, \forall k \geqslant 0$, 存在 $\widetilde{\psi} \geqslant 0, \widetilde{\beta} \geqslant 0$ 满足 $\psi(z^k) \to \widetilde{\psi}, \beta(z^k) \to \widetilde{\beta}$. 如果 $\widetilde{\psi} = 0$,$\{z^k\}$ 有一聚点 $\widetilde{z}$, 根据 $\psi(\cdot), \beta(\cdot)$ 的连续性可得 $\psi(\widetilde{z}) = 0$, $\beta(\widetilde{z}) = 0$. 我们得到定理中的结果. 设 $\widetilde{\psi} > 0$, $\widetilde{z} = (\widetilde{u}, \widetilde{x}) \in \Re^n \times \mathcal{X}$ 为 $\{z^k\}$ 的一个聚点, 不妨设 $\{z^k\}$ 收敛到 $\widetilde{z}$. 容易得到 $\widetilde{\psi} = \psi(\widetilde{z})$, $\beta(\widetilde{z}) = \widetilde{\beta}$, $\widetilde{z} \in \Omega$. 根据 $\beta(\widetilde{z}) = \gamma \min\{1, \psi(\widetilde{z})\} > 0$, $\widetilde{z} \in \Omega$, 可得 $\widetilde{u} \in \Re^n_{++}$. 根据假设 9.2(ii), $H'(\widetilde{z})$ 存在且是可逆的. 因此根据引理 9.3, 存在 $\widetilde{z}$ 的一闭邻域 $\mathcal{U}_0$ 与一正数 $\overline{\alpha} \in (0,1]$ 满足对任何 $z = (u, x) \in \mathcal{U}_0$ 与 $\alpha \in [0, \overline{\alpha}]$, 有 $u \in \Re^n_{++}$, $H'(z)$ 是可逆的, 且 (9.34) 成立. 因此对一满足 $\delta^l \in (0, \overline{\alpha}]$ 的非负整数 l, 有

$$\psi(z^k + \delta^l \Delta z^k) \leqslant [1 - 2\sigma(1 - \gamma\|\overline{u}\|)\delta^l]\psi(z^k)$$

对所有充分大的 k 成立. 所以, 对充分大的 k, 有 $l_k \leqslant l$, 从而 $\delta^{l_k} \geqslant \delta^l$. 对充分大的 k 有

$$\psi(z^{k+1}) \leqslant [1 - 2\sigma(1 - \gamma\|\overline{u}\|)\delta^{l_k}]\psi(z^k) \leqslant [1 - 2\sigma(1 - \gamma\|\overline{u}\|)\delta^l]\psi(z^k).$$

这与 $\{\psi(z^k)\}$ 收敛到 $\widetilde{\psi} > 0$ 矛盾. 故必有 $\widetilde{\psi} = 0$. ■

定理 9.12 [33, Theorem 8] 设假设 9.1 与假设 9.2 成立. 点 z^* 是由算法 9.1 生成的无穷序列 $\{z^k\}$ 的一个聚点. 假设 H 在 z^* 处是半光滑的且所有的 $V \in \partial H(z^*)$

均是非奇异的. 则整个序列 $\{z^k\}$ 收敛到 z^*, 且

$$\|z^{k+1}-z^*\|=\mathrm{o}(\|z^k-z^*\|) \tag{9.44}$$

与

$$u_i^{k+1}=\mathrm{o}(u_i^k),\quad i\in\{1,\cdots,n\}. \tag{9.45}$$

进一步, 如果 H 在 z^* 处是强半光滑的, 则

$$\|z^{k+1}-z^*\|=\mathrm{O}(\|z^k-z^*\|^2) \tag{9.46}$$

与

$$u_i^{k+1}=\mathrm{O}(u_i^k),\quad i\in\{1,\cdots,n\}. \tag{9.47}$$

证明 根据定理 9.11, z^* 是 $H(z)=0$ 的解. 由命题 9.2, 当 z^k 充分接近 z^* 时, $\|H'(z^k)^{-1}\|=\mathrm{O}(1)$. 由 H 在 z^* 处的半光滑性 (强半光滑性), 当 z^k 充分接近 z^* 时, 有

$$\begin{aligned}&\|z^k+\Delta z^k-z^*\|\\&=\|z^k+H'(z^k)^{-1}[-H(z^k)+\beta_k\overline{z}]-z^*\|\\&=\mathrm{O}(\|H(z^k)-H(z^*)-H'(z^k)(z^k-z^*)\|+\beta_k\|\overline{u}\|)\\&=\mathrm{o}(\|z^k-z^*\|)+\mathrm{O}(\psi(z^k))(=\mathrm{O}(\|z^k-z^*\|^2)+\mathrm{O}(\psi(z^k))).\end{aligned} \tag{9.48}$$

则由于 H 在 z^* 处半光滑, H 在 z^* 附近是局部 Lipschitz 连续的, 当 z^k 充分靠近 z^* 时,

$$\psi(z^k)=\|H(z^k)\|^2=\mathrm{O}(\|z^k-z^*\|^2). \tag{9.49}$$

所以, 由 (9.48) 与 (9.49), 如果 H 在 z^* 处是半光滑的 (强半光滑的), 当 z^k 充分靠近 z^* 时,

$$\|z^k+\Delta z^k-z^*\|=\mathrm{o}(\|z^k-z^*\|)(=\mathrm{O}(\|z^k-z^*\|^2). \tag{9.50}$$

类似于定理 9.9 的证明, 可证得当 z^k 充分靠近 z^* 时,

$$\|z^k-z^*\|=\mathrm{O}(\|H(z^k)-H(z^*)\|). \tag{9.51}$$

因此, 如果 H 在 z^* 处是半光滑的 (强半光滑的), 当 z^k 充分靠近 z^* 时,

$$\begin{aligned}&\psi(z^k+\Delta z^k)\\&=\|H(z^k+\Delta z^k)\|^2\\&=\mathrm{O}(\|z^k+\Delta z^k-z^*\|^2)\\&=\mathrm{o}(\|z^k-z^*\|^2)(=\mathrm{O}(\|z^k-z^*\|^4))\\&=\mathrm{o}(\psi(z^k))(=\mathrm{O}(\psi(z^k)^2)).\end{aligned} \tag{9.52}$$

因此, 当 z^k 充分靠近 z^* 时, 有

$$z^{k+1} = z^k + \Delta z^k,$$

连同 (9.50), 证得 (9.44), 如果 H 在 z^* 处是强半光滑的, 证得 (9.46).

根据 β_k 的定义, 由于 $z^k \to z^*$, 对充分大的 k,

$$\beta_k = \gamma\psi(z^k) = \gamma\|H(z^k)\|^2.$$

再由于当 k 充分大时 $z^{k+1} = z^k + \Delta z^k$, 对充分大的 k 有

$$u^{k+1} = u^k + \Delta u^k = \beta_k \overline{u}.$$

可见对于充分大的 k 有

$$u^{k+1} = \gamma\|H(z^k)\|^2 \overline{u},$$

结合 (9.44), (9.49) 与 (9.51) 即得对 $i = 1, \cdots, n$ 有

$$\lim_{k\to\infty} \frac{u_i^{k+1}}{u_i^k} = \lim_{k\to\infty} \frac{\|H(z^k)\|^2}{\|H(z^{k-1})\|^2} = \lim_{k\to\infty} \frac{\|H(z^k) - H(z^*)\|^2}{\|H(z^{k-1}) - H(z^*)\|^2} = 0,$$

这证得 (9.45). 如果 H 在 z^* 处是强半光滑的, 由上面的推证容易得到 (9.47). ■

例 9.1　箱式约束的变分不等式, 其中 $\mathcal{X} = \Re^n$,

$$X = [a, b] = \{x = (x_1, \cdots, x_n)^{\mathrm{T}} : a_i \leqslant x_i \leqslant b_i, i = 1, \cdots, n\}.$$

为方便起见设 $-\infty < a_i < b_i < \infty, i = 1, \cdots, n$.

(a) 区间 $[a_i, b_i]$ 的投影映射 $\Pi_{[a_i,b_i]}(\cdot)$ 可由下述的神经网络函数近似

$$\phi_i(\mu, w) = b_i + \mu \ln[1 + \mathrm{e}^{(a_i - w)/\mu}] - \mu \ln[1 + \mathrm{e}^{(b_i - w)/\mu}]. \tag{9.53}$$

则 $p(u, x) = (p_1(u, x), \cdots, p_n(u, x))^{\mathrm{T}}$, $p_i(u, x)$ 可取为

$$p_i(u, x) = \begin{cases} \phi_i(|u_i|, x_i), & u_i \neq 0, \\ \Pi_{[a_i,b_i]}(x_i), & u_i = 0. \end{cases}$$

容易验证 $p(u, x)$ 满足假设 9.1.

(b) 区间 $[a_i, b_i]$ 的投影映射 $\Pi_{[a_i,b_i]}(\cdot)$ 可由下述的CHKS(Chen-Harker-Kanzow-Smale) 函数近似

$$\phi_i(\mu, w) = \frac{a_i + \sqrt{(a_i - w)^2 + 4\mu^2}}{2} + \frac{b_i - \sqrt{(b_i - w)^2 + 4\mu^2}}{2}. \tag{9.54}$$

则 $p(u,x)=(p_1(u,x),\cdots,p_n(u,x))^{\mathrm{T}}$, $p_i(u,x)$ 可取为

$$p_i(u,x)=\begin{cases}\phi_i(u_i,x_i), & u_i\neq 0,\\ \Pi_{[a_i,b_i]}(x_i), & u_i=0.\end{cases}$$

容易验证 $p(u,x)$ 满足假设 9.1.

例 9.2 无界箱式约束的变分不等式, 其中 $\mathcal{X}=\Re^n$, $X=\Re^n_+$.

(a) 区间 $\Re_+$ 的投影映射 $\Pi_{\Re_+}(\cdot)$ 可由下述的神经网络函数近似

$$\phi(\mu,w)=w+\mu\ln[1+\mathrm{e}^{-w/\mu}]. \tag{9.55}$$

则 $p(u,x)=(p_1(u,x),\cdots,p_n(u,x))^{\mathrm{T}}$, $p_i(u,x)$ 可取为

$$p_i(u,x)=\begin{cases}\phi(|u_i|,x_i), & u_i\neq 0,\\ \max\{x_i,0\}, & u_i=0.\end{cases}$$

容易验证 $p(u,x)$ 满足假设 9.1.

(b) 区间 $\Re_+$ 的投影映射 $\Pi_{\Re_+}(\cdot)$ 可由下述的 CHKS NCP 函数近似

$$\phi(\mu,w)=\frac{w+\sqrt{w^2+4\mu^2}}{2}, \tag{9.56}$$

则 $p(u,x)=(p_1(u,x),\cdots,p_n(u,x))^{\mathrm{T}}$, $p_i(u,x)$ 可取为

$$p_i(u,x)=\begin{cases}\phi(u_i,x_i), & u_i\neq 0,\\ \max\{x_i,0\}, & u_i=0.\end{cases}$$

容易验证 $p(u,x)$ 满足假设 9.1.

例 9.3 半定互补问题, 其中 $\mathcal{X}=\mathbb{S}^n$, $X=\mathbb{S}^n_+$. 凸锥 $\mathbb{S}^n_+$ 的投影映射 $\Pi_{\mathbb{S}^n_+}(\cdot)$ 可由下述映射函数 $\Phi:\Re\times\mathbb{S}^n\to\mathbb{S}^n$ 近似

$$\Phi(\mu,Y)=\frac{Y+\sqrt{Y^2+\mu^2 I}}{2}. \tag{9.57}$$

可以验证 $\Phi(\mu,Y)$ 满足假设 9.1.

例 9.4 二阶锥互补问题, 其中 $\mathcal{X}=\Re^{m+1}$, X 为二阶锥 $\mathcal{K}_{m+1}$:

$$\mathcal{K}_{m+1}=\{(t,u)\in\Re^{1+m}:t\geqslant\|u\|_2\}.$$

二阶锥 $\mathcal{K}_{m+1}$ 的投影映射 $\Pi_{\mathcal{K}_{m+1}}(\cdot)$ 可由下述映射函数 $\Phi:\Re\times\Re^{m+1}\to\Re^{m+1}$ 近似

$$p(\mu,x)=\frac{x+\sqrt{x\circ x+\mu^2 e}}{2}. \tag{9.58}$$

可以验证 $p(\mu,x)$ 满足假设 9.1.

9.4 Moreau 包络

从这一节开始, 我们讨论 Moreau 包络、增广 Lagrange 方法和邻近点方法.

定义 9.3 (Moreau 包络与邻近映射) 对于一正常的下半连续函数 $f:\Re^n\to\overline{\Re}$ 与参数 $\lambda>0$, Moreau 包络 (Moreau envelope)$e_\lambda f$ 与邻近映射 (proximal mapping) $P_\lambda f$ 分别定义为

$$e_\lambda f(x):=\inf_w\left\{f(w)+\frac{1}{2\lambda}\|w-x\|^2\right\}\leqslant f(x),$$
$$P_\lambda f(x):=\operatorname{argmin}_w\left\{f(w)+\frac{1}{2\lambda}\|w-x\|^2\right\}.$$

如果 f 是指示函数 δ_C, 则 $P_\lambda f$ 与例 1.10 中的投影映射 P_C 重合, $e_\lambda f$ 为 $(1/2\lambda)d_C^2$, 其中 d_C 是例 1.10 中的距离函数.

定义 9.4 (邻近有界性) 称函数 $f:\Re^n\to\overline{\Re}$ 是邻近有界的 (prox-bounded), 如果存在 $\lambda>0$ 满足 $e_\lambda f(x)>-\infty$ 对某一 $x\in\Re^n$ 成立. 所有这样的 λ 的上确界 λ_f 被称为 f 的邻近阈值.

练习 9.1 (邻近有界性的刻画) 对一正常的下半连续函数 $f:\Re^n\to\overline{\Re}$, 下述性质是等价的:

(a) f 是邻近有界的;

(b) 存在二次函数 (或线性函数)q 使得 $f\geqslant q$ 成立;

(c) 存在 $r\in\Re$, 使得 $f+\frac{1}{2}r\|\cdot\|^2$ 在 $\Re^n$ 上下方有界;

(d) $\liminf\limits_{\|x\|\to\infty}f(x)/\|x\|^2>-\infty$.

事实上, 如果 r_f 是满足 (c) 的所有 r 的下确界, 则 (d) 中极限是 $-\frac{1}{2}r_f$, f 的邻近阈值是 $\lambda_f=1/\max\{0,r_f\}$(约定 “$1/0=\infty$”). 尤其, 如果 f 下方有界, 即 $\inf f>-\infty$, 则 f 是邻近有界的, 域值为 $\lambda_f=\infty$.

定理 9.13 (邻近性质) 设 $f:\Re^n\to\overline{\Re}$ 是一正常的下半连续的邻近有界函数, 邻近阈值为 $\lambda_f>0$. 则对任何 $\lambda\in(0,\lambda_f)$, 集合 $P_\lambda f(x)$ 是非空紧致的, 值 $e_\lambda f(x)$ 是有限的, 它连续依赖于 (λ,x), 满足

$$\text{对任何 } x, \quad \text{当 } \lambda\searrow 0 \text{ 时有 } e_\lambda f(x)\nearrow f(x).$$

事实上, 当 $x^\nu\to\bar{x}$, $\lambda^\nu\in(0,\lambda_f)$, $\lambda^\nu\searrow 0$ 且满足 $\{\|x^\nu-\bar{x}\|/\lambda^\nu\}_{\nu\in\mathbf{N}}$ 时, $e_{\lambda^\nu}f(x^\nu)\to f(\bar{x})$.

进一步, 当 $x^\nu\to\bar{x}$, $\lambda^\nu\to\lambda\in(0,\lambda_f)$ 时, 如果 $w^\nu\in P_{\lambda^\nu}(x^\nu)$, $x^\nu\to\bar{x}$, $\lambda^\nu\to\lambda\in(0,\lambda_f)$, 则序列 $\{w^\nu\}_{\nu\in\mathbf{N}}$ 是有界的, 且这一序列的所有聚点均属于 $P_\lambda f(\bar{x})$.

证明 固定 $\lambda_0 \in (0, \lambda_f)$, 将定理 1.4 用于极小化问题 $\min_w h(w, x, \lambda)$, 其中 $h(w, x, \lambda) = f(w) + h_0(w, x, \lambda)$,

$$h_0(w, x, \lambda) := \begin{cases} (1/2\lambda)\|w - x\|^2, & \text{当}\lambda \in (0, \lambda_0], \\ 0, & \text{当}\lambda = 0 \text{ 与} w = x, \\ \infty, & \text{否则}. \end{cases}$$

函数 h_0 是下半连续的, 事实上, h_0 当 $\lambda > 0$ 时以及在集合

$$\{(w, x, \lambda) : \|w - x\| \leqslant \mu\lambda, 0 \leqslant \lambda \leqslant \lambda_0\}$$

上是连续的, 其中 $\mu > 0$. 因此 h 是下半连续的、正常的. 下面验证 $h(w, x, \lambda)$ 是相对于 (x, λ) 局部一致的, 变量 w 的水平有界函数. 假设不是这样, 则存在 $(x^\nu, \lambda^\nu) \to (\bar{x}, \lambda)$ 满足 $\|w^\nu\| \to \infty$, 有 $h(w^\nu, x^\nu, \lambda^\nu) \leqslant \bar{\alpha} < \infty$. 对充分大的 ν, 有 $w^\nu \neq x^\nu$, $\lambda^\nu \in (0, \lambda_0]$ 与 $f(w^\nu) + (1/2\lambda^\nu)\|w^\nu - x^\nu\|^2 \leqslant \bar{\alpha}$. 由 λ_0 的选取, 根据 λ_f 的定义, 存在 $\lambda_1 > \lambda_0$ 与 $\beta \in \Re$ 满足 $f(w) \geqslant -(1/2\lambda_1)\|w\|^2 + \beta$. 则有不等式 $-(1/2\lambda_1)\|w^\nu\|^2 + (1/2\lambda_0)\|w^\nu - x^\nu\|^2 \leqslant \bar{\alpha} - \beta$. 把这一不等式两边同时除以 $\|w^\nu\|^2$ 并取 $\nu \to \infty$ 时的极限, 有 $-(1/2\lambda_1) + (1/2\lambda_0) \leqslant 0$, 得到矛盾. ■

很容易证明: 与下半连续邻近正则的函数 f 相联系的在定义 9.3 给出的 Moreau 包络 $e_\lambda f$ 满足, 当 $\lambda \searrow 0$ 时, $e_\lambda f \xrightarrow{e} f$.

定理 9.14 (凸函数的邻近映射与包络) 设 $f : \Re^n \to \overline{\Re}$ 是下半连续的正常的凸函数. 则 f 是邻近有界的, 邻近阈值为 ∞. 对每一 $\lambda > 0$, 下述性质成立.

(a) 邻近映射 $P_\lambda f$ 是单值的连续的. 事实上, 对于 $\bar{\lambda} > 0$, 当 $(\lambda, x) \to (\bar{\lambda}, \bar{x})$ 时, $P_\lambda f(x) \to P_{\bar{\lambda}} f(\bar{x})$.

(b) 包络函数 $e_\lambda f$ 是凸的, 连续可微的, 它的梯度为

$$\nabla e_\lambda f(x) = \frac{1}{\lambda}[x - P_\lambda f(x)].$$

证明 由定义 9.3 有 $e_\lambda f(x) := \inf_w g_\lambda(x, w)$ 与 $P_\lambda f(x) := \operatorname{argmin}_w g_\lambda(x, w)$, 其中 $g_\lambda(x, w) := f(w) + \dfrac{1}{2\lambda}\|w - x\|^2$, 它在假设下是 (x, w) 的下半连续正常的凸函数, 甚至关于 w 是严格凸的. 如果 f 的邻近阈值是 ∞, 则 $e_\lambda f$ 与 $P_\lambda f$ 具有定理 9.13 所述的所有性质, 并且还有 $e_\lambda f$ 是凸函数, $P_\lambda f$ 是单值的. 为证明 f 的邻近阈值是 ∞, 只需要证明对任意的 $\lambda > 0, e_\lambda f(0) > -\infty$. 根据定理 1.2, 如果能证明 $g_\lambda(0, \cdot)$ 的水平集合是有界的即可. 假设不是这样, 则存在 $\alpha \in \Re$ 与点列 x^ν 满足 $f(x^\nu) + (1/2\lambda)\|x^\nu\|^2 \leqslant \alpha$ 与 $1 < \|x^\nu\| \to \infty$. 固定 x_0 满足 $f(x_0) < \infty$. 定义 $\tau^\nu = 1/\|x^\nu\| \in (0, 1)$ 与 $\bar{x}^\nu := (1 - \tau^\nu)x_0 + \tau^\nu x^\nu$, 有 $\tau^\nu \to 0$ 且

$$\begin{aligned} f(\bar{x}^\nu) &\leqslant (1-\tau^\nu)f(x_0)+\tau^\nu f(x^\nu) \\ &\leqslant (1-\tau^\nu)f(x_0)+\tau^\nu\alpha-(1/2\lambda)\|x^\nu\| \to -\infty. \end{aligned}$$

而序列 $\bar{x}^\nu$ 是有界的, 上式与 f 是下半连续与正常的假设是矛盾的. 这证得 (a).

再来证明 (b). 因为已经知道 $P_\lambda f$ 是连续的单值映射, 只要建立了梯度映射的公式, 就可得到 $e_\lambda f$ 的连续可微性.

考虑点 $\bar{x}$, 令 $\bar{w}=P_\lambda f(\bar{x})$ 与 $\bar{v}=(\bar{x}-\bar{w})/\lambda$.

下面要证 $e_\lambda f$ 在 $\bar{x}$ 处是可微的, 且 $\nabla e_\lambda f(\bar{x})=\bar{v}$, 若令 $h(u):=e_\lambda f(\bar{x}+u)-e_\lambda f(\bar{x})-\langle\bar{v},u\rangle$, 这等价于证明 h 在 0 处可微, 满足 $\nabla h(0)=0$. 显然有 $e_\lambda f(\bar{x})=f(\bar{w})+(1/2\lambda)\|\bar{w}-\bar{x}\|^2$, $e_\lambda f(\bar{x}+u)\leqslant f(\bar{w})+(1/2\lambda)\|\bar{w}-(\bar{x}+u)\|^2$, 从而

$$h(u)\leqslant\frac{1}{2\lambda}\|\bar{w}-(\bar{x}+u)\|^2-\frac{1}{2\lambda}\|\bar{w}-\bar{x}\|^2-\frac{1}{\lambda}\langle\bar{x}-\bar{w},+u\rangle=\frac{1}{2\lambda}\|u\|^2.$$

函数 h 的凸性可由 $e_\lambda f$ 的凸性得到, 因此由 $\frac{1}{2}h(u)+\frac{1}{2}h(-u)\geqslant h\left(\frac{1}{2}u+\frac{1}{2}(-u)\right)=h(0)=0$, 由此不等式可得

$$h(u)\geqslant -h(-u)\geqslant -\frac{1}{2\lambda}\|-u\|^2=-\frac{1}{2\lambda}\|u\|^2.$$

因此对所有充分小 u, $\|h(u)\|\leqslant(1/2\lambda)\|u\|^2$, 这即证得定理. ■

定理 9.14 表明, 如果 f 是下半连续的正常的凸函数, 不管它是否光滑, Moreau 包络 $e_\lambda f$ 总是光滑的.

9.5 非线性规划的增广 Lagrange 方法

考虑非线性规划问题

$$\min f(x)\quad \text{s.t. } G(x)\in K, \tag{9.59}$$

其中 $K=\{0_q\}\times\Re_-^{p-q}$, $f:\Re^n\to\Re$ 与 $G:\Re^n\to\Re^p$ 是二次连续可微的函数和映射. 设 $G=(g_1,\cdots,g_p)^{\mathrm{T}}$, 对应于 K 的表示, 记 $G_E=(g_1,\cdots,g_q)^{\mathrm{T}}$, $G_I=(g_{q+1},\cdots,g_p)^{\mathrm{T}}$. 为了方便起见, 把 $q=p$ 时的等式约束的优化问题记为 $(\mathrm{P_E})$, 把 $q<p$ 的既有等式约束又有不等式约束的非线性规划问题记为 $(\mathrm{P_G})$. 记 $I=\{q+1,\cdots,p\}$.

9.5.1 增广 Lagrange 函数

设 $X\subseteq\mathcal{O}_X$ 与 $Y\subseteq\mathcal{O}_Y$ 是两个集合, 其中 $\mathcal{O}_X,\mathcal{O}_Y$ 是两个有限维线性空间的开集合, $\varphi:\mathcal{O}_X\times\mathcal{O}_Y\to\Re$ 是一实值函数. 称 $(x^*,y^*)\in X\times Y$ 是 φ 在 $X\times Y$ 上的鞍点, 如果

$$\varphi(x^*, y) \leqslant \varphi(x^*, y^*) \leqslant \varphi(x, y^*), \quad \forall (x, y) \in X \times Y.$$

(P_G) 的 Lagrange 函数为 $L: X \times Y \to \Re$

$$L(x, \lambda) = f(x) + \langle \lambda, G(x) \rangle,$$

其中 X 是问题中函数的定义域, $Y = \Re^q \times \Re^{p-q}$. 对于凸规划而言, 有如下的鞍点定理, 见文献 [41] 中的 Theorem 28.3.

命题 9.8 设 $(\mathrm{P_G})$ 是一凸问题, x^* 是它的解, f, G 在 x^* 处是可微的. 设 λ^* 是乘子向量, 使得 (x^*, λ^*) 满足 KKT 条件. 则 (x^*, λ^*) 是 L 在 $X \times Y$ 上的鞍点.

增广 Lagrange 函数定义为①

$$L_r(x, \lambda) := f(x) + \frac{1}{2r}\Big[\|\Pi_{\Re^q \times \Re_+^{p-q}}(\lambda + rG(x))\|^2 - \|\lambda\|^2\Big]. \tag{9.60}$$

它可以表示为

$$\begin{aligned} L_r(x, \lambda) =& f(x) + \langle \lambda_E, G_E(x) \rangle + \frac{r}{2}\|G_E(x)\|^2 \\ &+ \sum_{i=q+1}^{p} \left(\lambda_i \max\left(\frac{-\lambda_i}{r}, g_i(x)\right)\right) + \frac{r}{2}\left[\max\left(\frac{-\lambda_i}{r}, g_i(x)\right)\right]^2. \end{aligned} \tag{9.61}$$

定理 9.15 设 x^* 是 $(\mathrm{P_G})$ 是局部极小点, f, $G_{E\cup I^*}$ 在 x^* 处是二次可微的, 其中 $I^* = \{i \in I : g_i(x^*) = 0\}$. λ^* 是乘子, (x^*, λ^*) 满足 KKT 条件, 且对任何 $d \in C(x^*) \setminus \{0\}$,

$$\langle d, \nabla_{xx}^2 L(x^*, \lambda^*) d \rangle > 0.$$

则存在 x^* 的一邻域 V, 存在一常数 $\underline{r} > 0$, 满足: 对任何 $r \geqslant \underline{r}$, (x^*, λ^*) 是 L_r 在 $V \times \Re^p$ 上的鞍点. 更确切地,

$$L_r(x^*, \lambda) \leqslant L_r(x^*, \lambda^*) < L_r(x, \lambda^*), \quad \forall (x, \lambda) \in [V \setminus \{x^*\}] \times \Re^m.$$

证明 先证第一个不等式. 对任何 $\lambda \in \Re^p$,

$$L_r(x^*, \lambda) = f(x^*) + \frac{1}{2r}\Big[\sum_{i \in I, \lambda_i + rg_i(x^*) \geqslant 0} \left(2r\lambda_i g_i(x^*) + r^2 g_i(x^*)^2\right) - \sum_{i \in I, \lambda_i + rg_i(x^*) < 0} \lambda_i^2\Big].$$

如果 $g_i(x^*) = 0$, $i \in I$, 后两项在任何 $\lambda_i \geqslant 0$ 处取得最大; 如果 $g_i(x^*) < 0, i \in I$, 则后两项在 $\lambda_i = 0$ 处取得最大. 而 λ^* 满足这样的条件, 从而

$$L_r(x^*, \lambda) \leqslant f(x^*) = L_r(x^*, \lambda^*), \quad \forall \lambda \in \Re^p.$$

① 约束优化 $\min f(x)$ s.t.$G(x) \in K$, 其中 $K \subset \mathcal{Y}$ 是闭凸锥. 它的增广 Lagrange 函数为

$$L_r(x, \lambda) := f(x) + \frac{1}{2r}\Big[\|\Pi_{K^-}(\lambda + rG(x))\|^2 - \|\lambda\|^2\Big].$$

我们来证明第二不等式. 用反证法来证明. 假设存在 $r_k \to \infty$, $x^k \to x^*$, $x^k \neq x^*$ 满足:

$$L_{r_k}(x^k, \lambda^*) \leqslant L_{r_k}(x^*, \lambda^*). \tag{9.62}$$

不妨设

$$\frac{x^k - x^*}{\|x^k - x^*\|} \to d, \quad \|d\| = 1,$$

记 $\alpha_k := \|x^k - x^*\|$, 从而 $x^k = x^* + \alpha_k d + \mathrm{o}(\alpha_k)$. 作下述 Taylor 展开

$$\begin{aligned} L(x^k, \lambda^*) &= L(x^*, \lambda^*) + \frac{\alpha_k^2}{2}\langle d, \nabla_{xx}^2 L(x^*, \lambda^*) d\rangle + \mathrm{o}(\alpha_k^2), \\ g_i(x^k) &= \alpha_k \nabla g_i(x^*)^{\mathrm{T}} d + \mathrm{o}(\alpha_k), \quad i \in E \cup I^*. \end{aligned}$$

很容易得到, 对接近于 x^* 的 x,

$$L_r(x, \lambda^*) = L(x, \lambda^*) + \frac{r}{2}\sum_{i \in E \cup I_+^*} g_i(x)^2 + \frac{r}{2}\sum_{i \in I^* \setminus I_+^*} [g_i(x)]_+^2,$$

其中, $I_+^* = \{i \in I^* : \lambda_i > 0\}$. 由 (9.62), 上式以及 $L_r(x^*, \lambda^*) = L(x^*, \lambda^*)$, 可得

$$\begin{aligned} &\frac{\alpha_k^2}{2}\langle d, \nabla_{xx}^2 L(x^*, \lambda^*) d\rangle + \mathrm{o}(\alpha_k^2) \\ &+\frac{r_k}{2}\sum_{i \in E \cup I_+^*} [\alpha_k \nabla g_i(x^*)^{\mathrm{T}} d + \mathrm{o}(\alpha_k)]^2 \\ &+\frac{r_k}{2}\sum_{i \in I^* \setminus I_+^*} \Big([\alpha_k \nabla g_i(x^*)^{\mathrm{T}} d + \mathrm{o}(\alpha_k)]_+\Big)^2 \leqslant 0. \end{aligned} \tag{9.63}$$

将上述不等式的两边同时除以 $\alpha_k^2 r_k$, 取极限可得

$$\mathcal{J}G_{E \cup I_+^*}(x^*) d = 0, \quad \mathcal{J}G_{I^* \setminus I_+^*}(x^*) d \leqslant 0,$$

从而 $d \in C(x^*)$. 于是, 根据二阶条件有

$$\langle d, \nabla_{xx}^2 L(x^*, \lambda^*) d\rangle > 0,$$

这与 (9.63) 是相矛盾的. ■

9.5.2 凸规划的增广 Lagrange 函数

考虑下述不等式约束的非线性规划问题

$$\begin{array}{ll} \min & f_0(x) \\ \text{s.t.} & f_i(x) \leqslant 0, \quad i = 1, \cdots, m, \\ & x \in X, \end{array} \tag{9.64}$$

其中 X 是 $\mathcal{X}$ 的一非空凸闭子集合, $\mathcal{X}$ 是一实的 Hilbert 空间, $f_i : X \to \Re, i = 0, \cdots, m$ 是凸函数.

本节取材于文献 [40]. 不等式约束的优化问题的增广 Lagrange 函数可以表示为

$$\begin{aligned}
L_r(x,\lambda) &= f_0 + \frac{1}{2r}\sum_{i=1}^{m}\left[\max\left\{\lambda_i + rf_i(x), 0\right\}^2 - \lambda_i^2\right] \\
&= f_0(x) + \sum_{i=1}^{m}\left(\lambda_i \max\left(\frac{-\lambda_i}{r}, f_i(x)\right) + \frac{r}{2}\left[\max\left(\frac{-\lambda_i}{r}, f_i(x)\right)\right]^2\right) \\
&= f_0(x) + \sum_{i=1}^{m}\begin{cases} \dfrac{r}{2}f_i(x)^2 + \lambda_i f_i(x), & f_i(x) \geqslant -\lambda_i/r, \\ -\lambda_i^2/2r, & f_i(x) \leqslant -\lambda_i/r. \end{cases}
\end{aligned}$$

那么

$$\lim_{r\searrow 0} L_r(x,\lambda) = L_0(x,\lambda), \quad x \in X, \lambda \in \Re^m, \tag{9.65}$$

其中 L_0 是与问题 (9.64) 相联系的标准 Lagrange 函数:

$$L_0(x,\lambda) = \begin{cases} f_0(x) + \displaystyle\sum_{j=1}^{m}\lambda_i f_i(x), & \lambda \geqslant 0, \\ -\infty, & \lambda \ngeqslant 0. \end{cases} \tag{9.66}$$

$$L_0(x,\lambda) = \min_{u\in\Re^m}\{f_0(x) + \lambda^{\mathrm{T}}u : f_i(x) - u_i \leqslant 0, i = 1, \cdots m\}.^{①} \tag{9.67}$$

定理 9.16 对 $r \geqslant 0$, 有

$$L_r(x,\lambda) = \min_{u\in\Re^m}\{F_r(x,u) + \lambda^{\mathrm{T}}u\}, \quad x \in X, \tag{9.68}$$

---

① 此结论见 Rockafellar 的 Convex Analysis, Page 280. 这里给出如下证明: (9.67) 式右端表示为下述线性规划

$$\min_{u\in\Re^m} f_0(x) + \lambda^{\mathrm{T}}u, \text{s.t.} -u \leqslant -F(x)$$

或

$$f_0(x) - \max_{u\in\Re^m}(-\lambda)^{\mathrm{T}}u, \text{s.t.} -u \leqslant -F(x),$$

由线性规划的对偶定理得 (9.67) 的右端为

$$\begin{aligned}
&f_0(x) - \{\min_{\xi\geqslant 0}\langle -F(x), \xi\rangle, \text{ s.t. } -\xi = -\lambda\} \\
&= \left\{\begin{array}{ll} f_0(x) + \langle\lambda, F(x)\rangle, & \lambda \geqslant 0, \\ -\infty, & \lambda \ngeqslant 0, \end{array}\right\} = L_0(x,\lambda).
\end{aligned}$$

其中 F_r 是定义在 $X \times \Re^m$ 上的凸函数

$$F_r(x,u) = \begin{cases} f_0(x) + \dfrac{r}{2}\sum_{i=1}^m u_i^2, & \text{如果} u_i \geqslant f_i(x),\ i=1,\cdots,m, \\ +\infty, & \text{否则}. \end{cases} \tag{9.69}$$

因此 $L_r(x,\lambda)$ 是 $x \in X$ 的凸函数, $\lambda \in \Re^m$ 的凹函数.

证明 式 (9.69) 的右端是下述二次规划问题的最优值

$$\begin{array}{rll} v(x,\lambda) = & \min\limits_{u\in\Re^m} & f_0(x) + \dfrac{r}{2}\sum\limits_{i=1}^m u_i^2 + \sum\limits_{i=1}^m \lambda_i u_i \\ & \text{s.t.} & u_i \geqslant f_i(x), \quad i=1,\cdots,m. \end{array} \tag{9.70}$$

问题 (9.70) 的 Lagrange 函数为

$$\mathbb{L}(u,\xi) = f_0(x) + \frac{r}{2}\sum_{i=1}^m u_i^2 + \sum_{i=1}^m \lambda_i u_i - \sum_{i=1}^m \xi_i[u_i - f_i(x)].$$

由 Slater 条件成立, 根据对偶定理可得

$$\begin{aligned} v(x,\lambda) &= \max_{\xi\geqslant 0}\min_u \mathbb{L}(u,\xi) \\ &= \max_{\xi\geqslant 0} \mathbb{L}(u,\xi)_{u=(\xi-\lambda)/r} \\ &= \max_{\xi\geqslant 0}\sum_{i=1}^m \left\{\xi_i f_i(x) + f_0(x) - \frac{[\lambda_i - \xi_i]^2}{2r}\right\}. \end{aligned}$$

注意到 $\min\phi(\xi)$, s.t. $\xi \geqslant 0$ 的解的必要性条件为

$$0 \leqslant \xi \perp \nabla\phi(\xi) \geqslant 0, \tag{9.71}$$

如果 ϕ 是凸函数, 则 (9.71) 的解 ξ^* 满足 $\xi^* = \max\{\nabla\phi(\xi^*), 0\}$.

由上述事实可得 $v(x,\lambda)$ 的右端的解为

$$\xi_i^* = \max\{0, \lambda_i + rf_i(x)\}, \quad i=1,\cdots,m,$$

代入 $v(x,\lambda)$ 的右端, 得到 $L_r(x,\lambda) = v(x,\lambda)$. ■

9.5.3 凸规划的对偶问题

$$(\mathrm{D}_r) \qquad \max_{\lambda\in\Re^m} g_r(\lambda) := \inf_{x\in X} L_r(x,\lambda).$$

定理 9.17 对每一 $r > 0$, 函数 g_r 是凹函数, 且满足

$$g_r(\lambda) = \max_{z\in\Re^m}\{g_0(z) - (1/2r)\|z-\lambda\|^2\}. \tag{9.72}$$

因此对偶问题 (D_r) 和 (D_0) 有相同的最优解. 进一步, 如果 $g_0 \neq -\infty$, 则 g 是 $\Re^m$ 上处处有限的连续可微函数. 尤其, 如果对给定的 λ, $g_r(\lambda)$ 的极小化问题恰好在点 x 处达到 (不必要是唯一的), 则

$$\begin{aligned}\partial g_r(\lambda)/\partial\lambda_i &= \partial L_r(x,\lambda)/\partial\lambda_i\\ &= \max\{-\lambda_i/r, f_i(x)\}.\end{aligned} \tag{9.73}$$

证明 令

$$p_r(u) := \inf_{x\in X} F_r(x,u), \quad r \geqslant 0, \tag{9.74}$$

其中 F_r 由式 (9.69) 给出. 这一函数是问题 (9.64) 的如下扰动问题的最优值函数,

$$\begin{aligned}\min\quad & f_0(x) + \frac{r}{2}\sum_{i=1}^m u_i^2\\ \text{s.t.}\quad & f_i(x) \leqslant u_i, \quad i = 1,\cdots,m,\\ & x \in X.\end{aligned}$$

由此扰动问题导致 L_r 与问题 (D_r). 因为 F_r 是 u 的凸函数, 扰动函数 p_r 是凸函数. 实际上

$$p_r = p_0 + rq, \quad \text{其中} q(u) = \frac{1}{2}\|u\|^2. \tag{9.75}$$

将 (9.69) 代入 g_r 中, 得到

$$g_r(\lambda) = \inf_{u\in\Re^m}\{p_r(u) + \langle\lambda,u\rangle\} = -p_r^*(-\lambda). \tag{9.76}$$

由凸函数之和的共轭函数公式①, 注意到 $q^* = q$,

$$\begin{aligned}-p_r^*(-\lambda) &= -(p_0 + rq)^*(-\lambda)\\ &= -(p_0^*\Box r\star q^*)(-\lambda)\\ &= \min_{z\in\Re^m}\{g_0(z) - rq^*((\lambda - z)/r)\},\end{aligned} \tag{9.77}$$

①见 Rockafellar,Convex Analysis 的 Theorem 16.4: 设 $f_1,\cdots,f_m$ 是定义在 $\Re^n$ 上的正常凸函数. 则

$$(f_1\Box\cdots\Box f_m)^* = f_1^* + \cdots + f_m^*.$$

证明 由定义,

$$\begin{aligned}(f_1\Box\cdots\Box f_m)^*(v) &= \sup_x\left\{\langle x,v\rangle - \inf_{x_1+\cdots+x_m=x}[f_1(x_1)+\cdots+f_m(x_m)]\right\}\\ &= \sup_x \sup_{x_1+\cdots+x_m=x}\left\{\langle x,v\rangle - [f_1(x_1)+\cdots+f_m(x_m)]\right\}\\ &= \sup_{x_1,\cdots,x_m}\left\{\langle x_1,v\rangle+\cdots+\langle x_m,v\rangle - f_1(x_1)-\cdots-f_m(x_m)\right\}\\ &= f_1^*(v)+\cdots+f_m^*(v).\end{aligned}$$

■

这里用到了公式 $(rq)^* = r \star q^*$, 其中 $(r \star q^*)(y) = rq^*(y/r)$. 于是得到

$$\begin{aligned} g_r(\lambda) &= -p_r^*(-\lambda) \\ &= \max_{z \in \Re^m} \{-p_0^*(-z) - rq((\lambda - z)/r)\} \\ &= \max_{z \in \Re^m} \{g_0(z) - rq((\lambda - z)/r)\} \\ &= \max_{z \in \Re^m} \{g_0(z) - (1/2r)\|z - \lambda\|^2\}. \end{aligned} \tag{9.78}$$

即 (9.72) 成立. 注意到 (9.78) 与 Moreau 包络的定义,

$$g_r(\lambda) = -e_r[-g_0](\lambda).$$

根据定理 9.14 有 $g_r(\lambda)$ 是连续可微的, 且

$$\nabla g_r(\lambda) = -\frac{1}{r}[\lambda - P_r[-g_0](\lambda)] = \frac{1}{r}[P_r[-g_0](\lambda) - \lambda]. \tag{9.79}$$

由 $g_r(\lambda)$ 的定义以及 x 是 $g_r(\lambda)$ 的极小化问题的极小点, 有

$$g_r(\lambda) = L_r(x, \lambda).$$

再由定理 9.16 的证明, 由定义 $L_r(x, \lambda)$ 的右端的极小点为

$$P_r[-g_0](\lambda) = \max\{0, \lambda + rF(x)\}\text{或}[P_r[-g_0](\lambda)]_i = \max\{0, \lambda_i + rf_i(x)\}.$$

因此由 (9.79) 可得

$$\nabla g_r(\lambda) = \max\{-\lambda/r, F(x)\},$$

即

$$\partial g_r(\lambda)/\partial \lambda_i = \max\{-\lambda_i/r, f_i(x)\}, \quad i = 1, \cdots, m.$$

证毕. ■

推论 9.1　设函数 g_r 不恒为 $-\infty$, 则对任意 λ, λ',

$$\begin{aligned} & g_r(\lambda) + \langle \lambda' - \lambda, \nabla g_r(\lambda) \rangle \geqslant g_r(\lambda') \\ \geqslant\ & g_r(\lambda) + \langle \lambda' - \lambda, \nabla g_r(\lambda) \rangle - \frac{1}{2r}\|\lambda' - \lambda\|^2. \end{aligned} \tag{9.80}$$

证明①　设 $z(\lambda)$ 是 $g_r(\lambda)$ 的表达式 (9.72) 中右端极大化问题的最优解, 定义

$$h(y') = g_0(z(\lambda)) - \frac{1}{2r}\|y - z(\lambda)\|^2.$$

① 由凸函数的 Moreau 包络的梯度的表达式的证明可直接得到表达式 (9.80).

显然有 $h(\lambda) = g_r(\lambda)$, 对任意 λ' 有 $h(\lambda') \leqslant g_r(\lambda')$. 因为 $h(\lambda')$ 是凹函数, 再由显然的不等式

$$g_r(\lambda) + \langle \lambda' - \lambda, \nabla g_r(\lambda) \rangle \geqslant g_r(\lambda'),$$

可得 $\nabla h(\lambda) = \nabla g_r(\lambda)$. 因为 h 是二次的, 有

$$h(\lambda') = h(\lambda) + \langle \lambda' - \lambda, \nabla h(\lambda) \rangle - \frac{1}{2r}\|\lambda' - \lambda\|^2.$$

因此 $h(\lambda')$ 等于 (9.80) 右端的表达式. ■

相对于 Lagrange 函数 L_r 的问题 (9.64) 的 Kuhn-Tucker 向量是满足下述条件的向量 $\overline{\lambda}$:

$$-\infty < \inf_{x \in X} L_r(x, \overline{\lambda}) = (9.64)\text{的极小值}. \tag{9.81}$$

上式成立的充分必要条件是 $\overline{\lambda}$ 是问题 (D_r) 的最优解, 且对偶间隙为零. 进一步, $(\overline{x}, \overline{\lambda})$ 是 L_r 的鞍点的充分必要条件是 $\overline{x}$ 是问题 (9.64) 的最优解, $\overline{\lambda}$ 是一 Kuhn-Tucker 向量.

推论 9.2 相对于 Lagrange 函数 L_r, $r \geqslant 0$, 它们具有相同的 Kuhn-Tucker 向量与鞍点. 因此 $(\overline{x}, \overline{\lambda})$ 是 L_r 的鞍点的充分必要条件是通常的 Kuhn-Tucker 条件成立

(a) $\overline{\lambda}_i \geqslant 0, f_i(\overline{x}) \leqslant 0, \overline{\lambda}_i f_i(\overline{x}) = 0, i = 1, \cdots, m$;

(b) $\overline{x}$ 是函数 $f_0 + \sum_{i=1}^{m} \overline{\lambda}_i f_i$ 在 X 上的极小点.

定理 9.18 设问题 (9.64) 与其对偶问题的对偶间隙是零, $\overline{\lambda}$ 是任意一对偶最优解. 令 $r > 0$. 则 $\overline{x}$ 是问题 (9.64) 的一最优解的充分必要条件是 $\overline{x}$ 是函数 $L_r(x, \overline{\lambda})$ 在 X 上的极小点.

证明 先证明必要性. 由假设可知 $\overline{\lambda}$ 是一 Kuhn-Tucker 向量. 因此 $\overline{x}$ 是问题 (9.64) 的一最优解的充分必要条件是 $(\overline{x}, \overline{\lambda})$ 是 L_r 的鞍点. 后者意味着 $\overline{x}$ 是 $L_r(\cdot, \overline{\lambda})$ 在 X 上的极小点.

再证明充分性. 根据定理 9.17, 如果 $\overline{x}$ 是 $L_r(\cdot, \overline{\lambda})$ 在 X 上的极小点, 则有 $\nabla_\lambda L_r(\overline{x}, \overline{\lambda}) = \nabla g_r(\overline{\lambda}) = 0$. 因此, $\overline{\lambda}$ 是 (凹函数)$L_r(\overline{x}, \cdot)$ 的极大值点. 这表明 $(\overline{x}, \overline{\lambda})$ 是 L_r 的鞍点. 因此得到 $\overline{x}$ 是问题 (9.64) 的最优解. ■

9.5.4 增广 Lagrange 方法的收敛性

对于凸函数 f, 求解问题 $\min_x f(x)$ 等价于求解问题 $\min_x e_r f(x)$, 其中 $r > 0$. 由定理 1.3 可以得到如下推论.

推论 9.3 设 f 是连续可微凸函数, 则对任意的初始点 $x^0 \in \Re^m$, 由迭代式

$$x^{k+1} = x^k - \alpha \nabla e_r f(x^k), \quad \alpha > 0$$

生成的点列 $\{x^k\}$ 满足 $\lim\limits_{k\to\infty} \nabla e_r f(x^k) = 0$, 只要 $\alpha \in (0, 2r)$.

证明 由定理 9.14 知 $e_r f$ 是连续可微的凸函数, 且容易得到 $e_r f$ 是下有界的. 类似推论 9.1, 可以得到对任意的 $x, y \in \Re^m$, 有

$$e_r f(y) - e_r f(x) - \langle \nabla e_r f(x), y - x\rangle \leqslant \frac{1}{2r}\|y - x\|^2.$$

对于极小化 $e_r f$ 而言, 如果采用常步长的梯度方法, 上述条件即定理 1.3 中的条件 (1.12)$\left(L \text{ 对应为 } \dfrac{1}{2r}\right)$, 由定理 1.3 知结论成立. ■

(D_r) 等价于下述极小化问题

$$\min_{\lambda} -g_r(\lambda).$$

由定理 9.17 知, $-g_r$ 是凸函数且 $-g_r = e_r(-g_0)$, 所以问题 (D_r) 等价于下述问题:

$$\min_{\lambda} e_r(-g_0)(\lambda). \tag{9.82}$$

对于问题 (9.82), 由推论 9.3 知, 对任意的初始点 λ^0, 由迭代式

$$\lambda^{k+1} = \lambda^k - \alpha\nabla(-g_r)(\lambda^k), \quad \alpha \in (0, 2r) \tag{9.83}$$

生成的点列 $\{\lambda^k\}$ 是全局收敛的. 又由定理 9.17 知,

$$\nabla g_r(\lambda) = \max\left\{-\frac{\lambda}{r}, F(x)\right\},$$

其中 $F(x) = (f_1(x), \cdots, f_m(x))^{\mathrm{T}}$, $x \in \arg\min\{L_r(x, \lambda) |\, x \in X\}$.

$$\begin{aligned}\lambda^{k+1} &= \lambda^k + \alpha\nabla(g_r)(\lambda^k)\\ &= \lambda^k + \alpha\max\left\{-\frac{\lambda^k}{r}, F(x^k)\right\}\\ &= \lambda^k + \max\left\{-\alpha\frac{\lambda^k}{r}, \alpha F(x^k)\right\},\end{aligned}$$

其中 $x^k \in \arg\min\{L_r(x, \lambda^k) |\, x \in X\}$.

特别地, 若选取 $\alpha \equiv r \in (0, 2r)$, 则有

$$\lambda^{k+1} = \max\{0, \lambda^k + rF(x^k)\}.$$

步长 $\alpha = r$ 时的 (D_r) 的梯度方法是文献中常常提到的经典的增广 Lagrange 算法, 具体算法表述如下:

步 1 给定 $r > 0$, 给定 $\lambda^0 \in \Re^m_+$, 置 $k = 0$.

步 2 计算 $x^k \in \arg\min\{L_r(x, \lambda^k) |\, x \in X\}$.

步 3 计算 $\lambda^{k+1} = \max\{0, \lambda^k + rF(x^k)\}$.

步 4 $k = k + 1$, 转步 2.

9.5.5 Bertsekas 的经典结果

关于增广 Lagrange 方法的收敛速度, 摘录文献 [1] 的经典结果, 其描述是在本书的符号体系下进行的.

考虑等式约束优化问题 (P_E)

$$\begin{array}{ll} \min & f(x) \\ \text{s.t.} & G(x)=0. \end{array}$$

对任意实数 $r>0$, 增广 Lagrange 函数定义为

$$L_r(x,\lambda)=f(x)+\lambda^{\mathrm{T}}G(x)+\frac{1}{2}r\|G(x)\|^2.$$

假设 (S) 向量 x^* 是 (P_E) 的一严格局部极小点, 线性无关约束规范成立, f,G 在 x^* 的某一开球上是二阶连续可微的. 进一步, 与 x^* 相联系的 Lagrange 乘子向量 λ^* 满足

$$z^{\mathrm{T}}\nabla_{xx}^2L_0(x^*,\lambda^*)z>0$$

对任何满足 $\nabla G(x^*)^{\mathrm{T}}z=0$ 的向量 $z\neq 0$ 成立.

命题 9.9 设假设 (S) 成立, 设 $\bar{r}$ 是一正数满足当 $r\geqslant\bar{r}$ 时,

$$\nabla_{xx}^2L_r(x^*,\lambda^*)\succ 0. \tag{9.84}$$

则存在正数 δ,ε 与 M 满足:

(a) 对任意的 $(\lambda,r)\in D$, 其中 $D\subset\Re^{m+1}$ 定义为

$$D=\{(\lambda,r)\big|\|\lambda-\lambda^*\|<\delta r,\bar{r}\leqslant r\}, \tag{9.85}$$

问题

$$\begin{array}{ll} \min & L_r(x,\lambda) \\ \text{s.t.} & x\in\mathbf{B}(x^*;\varepsilon) \end{array} \tag{9.86}$$

具有唯一的解, 记为 $x(\lambda,r)$. 函数 $x(\cdot,\cdot)$ 在 D 的内部是连续可微的, 且对所有的 $(\lambda,r)\in D$,

$$\|x(\lambda,r)-x^*\|\leqslant M\|\lambda-\lambda^*\|/r. \tag{9.87}$$

(b) 对所有的 $(\lambda,r)\in D$,

$$\|\widetilde{\lambda}(\lambda,r)-\lambda^*\|\leqslant M\|\lambda-\lambda^*\|/r. \tag{9.88}$$

其中

$$\widetilde{\lambda}(\lambda,r)=\lambda+rG(x(\lambda,r)). \tag{9.89}$$

(c) 对所有的 $(\lambda,r)\in D$, 矩阵 $\nabla_{xx}^2L_r(x(\lambda,r),\lambda)$ 是正定的且矩阵 $\nabla G(x(\lambda,r))$ 的秩是 p.

证明 对 $r > 0$, 考虑以 $(x, \widetilde{\lambda}, \lambda, r)$ 为变量的方程组

$$\nabla f(x) + \nabla G(x)\widetilde{\lambda} = 0, \quad G(x) + (\lambda - \widetilde{\lambda})/r = 0. \tag{9.90}$$

引入变量 $t \in \Re^p$, $\gamma \in \Re$ 满足

$$t = (\lambda - \lambda^*)/r, \quad \gamma = 1/r, \tag{9.91}$$

$$\nabla f(x) + \nabla G(x)\widetilde{\lambda} = 0, \quad G(x) + t + \gamma\lambda^* - \gamma\widetilde{\lambda} = 0. \tag{9.92}$$

对 $t = 0$ 与 $\gamma \in [0, 1/\bar{r}]$, 系统 (9.92) 有解 $x = x^*$ 与 $\widetilde{\lambda} = \lambda^*$. 在解点处关于 $(x, \widetilde{\lambda})$ 的 Jacobi 阵为

$$\begin{bmatrix} \nabla_{xx}^2 L_0(x^*, \lambda^*) & \nabla G(x^*) \\ \nabla G(x^*)^{\mathrm{T}} & -\gamma I \end{bmatrix}, \tag{9.93}$$

其中 I 是单位矩阵. 现在证明, 对所有 $\gamma \in [0, 1/\bar{r}]$, 矩阵 (9.93) 是非奇异的. 对 $\gamma = 0$, 这一结论是显然的. 为证明对 $\gamma \in (0, 1/\bar{r}]$ 结论也是成立的, 设 $z \in \Re^n$ 与 $w \in \Re^p$ 满足

$$\begin{bmatrix} \nabla_{xx}^2 L_0(x^*, \lambda^*) & \nabla G(x^*) \\ \nabla G(x^*)^{\mathrm{T}} & -\gamma I \end{bmatrix} \begin{bmatrix} z \\ w \end{bmatrix} = 0. \tag{9.94}$$

或等价地,

$$\nabla_{xx}^2 L_0(x^*, \lambda^*)z + \nabla G(x^*)w = 0, \tag{9.95}$$

$$\nabla G(x^*)^{\mathrm{T}} z - \gamma w = 0. \tag{9.96}$$

由 (9.96) 解出 w 代入 (9.95), 得

$$[\nabla_{xx}^2 L_0(x^*, \lambda^*) + (1/\gamma)\nabla G(x^*)G(x^*)^{\mathrm{T}}]z = 0.$$

对 $\gamma = 1/r$, $r \geqslant \bar{r}$, 由此得 $\nabla_{xx}^2 L_r(x^*, \lambda^*)z = 0$, 因为 $\nabla_{xx}^2 L_r(x^*, \lambda^*) \succ 0$ 对 $r \geqslant \bar{r}$ 成立, 可得 $z = 0$. 由 (9.96) 得到 $w = 0$. 因此, 如果 (9.94) 成立, 必有 $z = 0$ 与 $w = 0$, 从而对所有 $\gamma \in [0, 1/\bar{r}]$, 矩阵 (9.93) 是非奇异的.

将第二隐函数定理用于系统 (9.92), 其中将该定理的集合 $\overline{X}$ 取为 $K = \{(0, \gamma) | \gamma \in [0, 1/\bar{r}]\}$, 存在 $\varepsilon > 0$, $\delta > 0$ 与唯一的定义在 $\mathbf{B}(K; \delta)$ 上的连续可微函数 $\widehat{x}(t, \gamma)$ 与 $\widehat{\lambda}(t, \gamma)$, 满足对所有 $(t, \gamma) \in \mathbf{B}(K; \delta)$, $(\|\widehat{x}(t, \gamma) - x^*\|^2 + \|\widehat{\lambda}(t, \gamma) - \lambda^*\|^2)^{1/2} < \varepsilon$ 且

$$\nabla f(\widehat{x}(t, \gamma)) + \nabla G(\widehat{x}(t, \gamma))\widehat{\lambda}(t, \gamma) = 0, \tag{9.97}$$

$$G(\widehat{x}(t, \gamma)) + t + \gamma\lambda^* - \gamma\widehat{\lambda}(t, \gamma) = 0. \tag{9.98}$$

显然可以取 δ 与 ε 使得对于 $(t, \gamma) \in \mathbf{B}(K; \delta)$, $\nabla G(\widehat{x}(t, \gamma))$ 的秩为 p, 且

$$\nabla_{xx}^2 L_0(\widehat{x}(t, \gamma), \widehat{\lambda}(t, \gamma)) + r\nabla G(\widehat{x}(t, \gamma))\nabla G(\widehat{x}(t, \gamma))^{\mathrm{T}} \succ 0.$$

对 $r \geqslant \bar{r}$ 与 $\|\lambda - \lambda^*\| < \delta r$, 定义 (与 (9.91) 比较)

$$x(\lambda, r) = \widehat{x}\left(\frac{\lambda - \lambda^*}{r}, \frac{1}{r}\right), \quad \widetilde{\lambda}(\lambda, r) = \widehat{\lambda}\left(\frac{\lambda - \lambda^*}{r}, \frac{1}{r}\right).$$

则由 (9.91), (9.97) 与 (9.98), 对 $(\lambda, r) \in D$, 可得

$$\begin{aligned} \nabla f(x(\lambda, r)) + \nabla G(x(\lambda, r))\widetilde{\lambda}(\lambda, r) &= 0, \\ \widetilde{\lambda}(\lambda, r) &= \lambda + rG(x(\lambda, r)), \\ \nabla^2_{xx} L_0(x(\lambda, r), \widetilde{\lambda}(\lambda, r)) + r\nabla G(x(\lambda, r))\nabla G(x(\lambda, r))^{\mathrm{T}} &= \nabla^2_{xx} L_r(x(\lambda, r), \lambda) \succ 0. \end{aligned}$$

因此除了 (9.87) 与 (9.88) 外, 命题的其他结论已经证明.

为证明 (9.87) 与 (9.88), 将 (9.97) 与 (9.98) 关于 t 与 γ 取微分. 直接计算可得

$$\begin{bmatrix} \nabla_t \widehat{x}(t, \gamma)^{\mathrm{T}} & \nabla_\gamma \widehat{x}(t, \gamma)^{\mathrm{T}} \\ \nabla_t \widehat{\lambda}(t, \gamma)^{\mathrm{T}} & \nabla_\gamma \widehat{\lambda}(t, \gamma)^{\mathrm{T}} \end{bmatrix} = A(t, \gamma) \begin{bmatrix} 0 & 0 \\ -I & \widehat{\lambda}(t, \gamma) - \lambda^* \end{bmatrix}, \tag{9.99}$$

其中

$$A(t, \gamma) = \begin{bmatrix} \nabla^2_{xx} L_0(\widehat{x}(t, \gamma), \widehat{\lambda}(t, \gamma)) & \nabla G(\widehat{x}(t, \gamma)) \\ \nabla G(\widehat{x}(t, \gamma))^{\mathrm{T}} & -\gamma I \end{bmatrix}^{-1}. \tag{9.100}$$

对满足 $\|t\| < \delta$ 与 $\gamma \in [0, 1/\bar{r}]$ 的 (t, γ),

$$\begin{aligned} \begin{bmatrix} \widehat{x}(t, \gamma) - x^* \\ \widehat{\lambda}(t, \gamma) - \lambda^* \end{bmatrix} &= \begin{bmatrix} \widehat{x}(t, \gamma) - \widehat{x}(0, 0) \\ \widehat{\lambda}(t, \gamma) - \widehat{\lambda}(0, 0) \end{bmatrix} \\ &= \int_0^1 A(\xi t, \xi\gamma) \begin{bmatrix} 0 & 0 \\ -I & \widehat{\lambda}(\xi t, \xi\gamma) - \lambda^* \end{bmatrix} \begin{bmatrix} t \\ \gamma \end{bmatrix} \mathrm{d}\xi. \end{aligned} \tag{9.101}$$

由于对所有 $\gamma \in [0, 1/\bar{r}]$, 矩阵 (9.93) 是非奇异的, 对充分小的 δ, $A(t, \gamma)$ 在 $\{(t, \gamma) | \|t\| < \delta, \gamma \in [0, 1/\bar{r}]\}$ 上是一致有界的. 令 μ 满足对所有的 $\|t\| < \delta, \gamma \in [0, 1/\bar{r}]$ 有 $\|A(t, \gamma)\| \leqslant \mu$, 如有必要不妨取 δ 充分小使得 $\mu\delta < 1$. 则由 (9.101) 可得

$$(\|\widehat{x}(t, \gamma) - x^*\|^2 + \|\widehat{\lambda}(t, \gamma) - \lambda^*\|^2)^{1/2} \leqslant \mu\left(\|t\| + \max_{0 \leqslant \xi \leqslant 1} \|\widehat{\lambda}(\xi t, \xi\gamma) - \lambda^*\|\gamma\right). \tag{9.102}$$

由此, 对所有的满足 $\|t\| < \delta$, $\gamma \in [0, 1/\bar{r}]$ 与 $\gamma < \delta$ 的 (t, γ),

$$\|\widehat{\lambda}(t, \gamma) - \lambda^*\| \leqslant \mu\|t\| + \mu\gamma \max_{0 \leqslant \xi \leqslant 1} \|\widehat{\lambda}(\xi t, \xi\gamma) - \lambda^*\|.$$

将上述不等式中的 t, γ 替换为 ξt, $\xi\gamma$, $\xi \in [0, 1]$, 可得

$$\max_{0 \leqslant \xi \leqslant 1} \|\widehat{\lambda}(\xi t, \xi\gamma) - \lambda^*\| \leqslant \frac{\mu}{1 - \mu\gamma}\|t\|. \tag{9.103}$$

结合 (9.102) 与 (9.103), 对满足 $\|t\|<\delta$, $\gamma\in[0,1/\bar{r}]$ 与 $\gamma<\delta$ 的所有 (t,γ),

$$(\|\widehat{x}(t,\gamma)-x^*\|^2+\|\widehat{\lambda}(t,\gamma)-\lambda^*\|^2)^{1/2}\leqslant\left(\mu+\frac{\mu^2\gamma}{1-\mu\gamma}\right)\|t\|\leqslant\frac{\mu}{1-\mu\delta}\|t\|.$$

如果必要可取 δ 充分小, 得到

$$(\|\widehat{x}(t,\gamma)-x^*\|^2+\|\widehat{\lambda}(t,\gamma)-\lambda^*\|^2)^{1/2}\leqslant 2\mu\|t\|.$$

由 (9.91), 记 $x(\lambda,r)=\widehat{x}(t,\gamma)$ 与 $\widetilde{\lambda}(\lambda,r)=\widehat{\lambda}(t,\gamma)$, 对满足 $\|\lambda-\lambda^*\|<\delta r$ 与 $r>\max\{\bar{r},1/\delta\}$ 的所有 (λ,r), 成立着

$$\|x(\lambda,r)-x^*\|\leqslant 2\mu\|\lambda-\lambda^*\|/r,\quad \|\widetilde{\lambda}(\lambda,r)-\lambda^*\|\leqslant 2\mu\|\lambda-\lambda^*\|/r.$$

令 $M=2\mu$, 对满足 $\|\lambda-\lambda^*\|<\delta r$ 与 $r>\max\{\bar{r},1/\delta\}$ 的所有 (λ,r), (9.87) 与 (9.88) 成立. 由于 $x(\cdot,\cdot)$ 是连续可微的, 存在 M, 对满足 $\|\lambda-\lambda^*\|<\delta r$ 与 $\bar{r}\leqslant r\leqslant\max\{\bar{r},1/\delta\}$ 的所有 (λ,r), 估计 (9.87) 与 (9.88) 成立. ■

对于含有不等式约束的优化问题 $(\mathrm{P_G})$, 其中 $q<n$. 在下述条件 (S^+) 下, 也有关于增广 Lagrange 方法收敛速度的类似于命题 9.9 的结果, 我们把证明留给读者.

假设 (S^+) 向量 x^* 是一严格局部极小点, 线性无关约束规范成立, f, G 在 x^* 的某一开球上是二阶连续可微的. 进一步, 与 x^* 相联系的 Lagrange 乘子向量 λ^* 满足

$$z^{\mathrm{T}}\left[\nabla^2 f(x^*)+\sum_{i=1}^{p}\lambda_i^*\nabla^2 g_i(x^*)\right]z>0,$$

对满足 $\nabla g_i(x^*)^{\mathrm{T}}z=0, i=1,\cdots,q$, 与 $\nabla g_j(x^*)^{\mathrm{T}}z=0$, $\forall j\in A(x^*)=\{j\,|\,g_j(x^*)=0, j=q+1,\cdots,p\}$ 的所有 $z\neq 0$ 成立, 并且 λ^* 满足严格互补条件:

$$g_j(x^*)\lambda_j^*=0,\quad g_j(x^*)+\lambda_j^*>0,\quad j=q+1,\cdots,p.$$

注记 9.1 如果不等式约束问题 $(\mathrm{P_G})$ 在 KKT 点 (x^*,λ^*) 处满足二阶充分性条件, x^* 是正则点 (即 LICQ 在 x^* 处成立), 严格互补条件成立, 则辅助问题

$$\begin{aligned}\min_{x,z}\quad & f(x)\\ \text{s.t.}\quad & G_E(x)=0_q,\\ & G_I(x)+z^2=0_{p-q},\end{aligned}$$

在 $(x^*,z^*)=(x^*,\sqrt{-G_I(x^*)})$ 处满足等式约束问题二阶充分性条件, (x^*,z^*) 是正则点 (即 LICQ 在 (x^*,z^*) 处成立).

9.5.6 对偶收敛率

我们可以从对偶问题的求解角度来分析 $\{\lambda^k\}$ 的收敛率, 还以等式约束问题 (P_E) 为例.

考虑对偶问题

$$(\mathrm{D}_r) \qquad \max_{\lambda} \underline{L}_r(\lambda), \quad \underline{L}_r(\lambda) := \min_{x\in\mathbf{B}(x^*,\varepsilon)} L_r(x,\lambda).$$

令

$$x_r(\lambda) = \mathrm{argmin}_{x\in\mathbf{B}(x^*,\varepsilon)} L_r(x,\lambda),$$

则 $x_r(\cdot)$ 在 λ^* 的一邻域内是连续可微的, 显然

$$\underline{L}_r(\lambda) = L_r(x_r(\lambda),\lambda),$$

容易得到

$$\nabla_\lambda \underline{L}_r(\lambda) = G(x_r(\lambda)),$$

以及 (请读者自己验证)

$$\nabla^2_{\lambda\lambda}\underline{L}_r(\lambda) = -[\mathcal{J}_x G(x_r(\lambda))][\nabla^2_{xx}L_r(x_r(\lambda),\lambda)]^{-1}[\mathcal{J}_x G(x_r(\lambda))]^{\mathrm{T}}.$$

$\underline{L}_r(\cdot)$ 在 λ^* 的值为

$$\nabla^2_{\lambda\lambda}\underline{L}_r(\lambda^*) = -A[H+rA^{\mathrm{T}}A]^{-1}A^{\mathrm{T}},$$

其中 $A=\mathcal{J}G(x^*)$, $H=\nabla^2_{xx}L(x^*,\lambda^*)$. 可以证明下面命题.

命题 9.10 矩阵 $-r\nabla^2_{\lambda\lambda}\underline{L}_r(\lambda^*)$ 当 $r\to\infty$ 时, 收敛到单位矩阵 I.

证明 为证明方便, 不失一般性, 设 H 是非奇异的, 则

$$[H+rA^{\mathrm{T}}A]^{-1} = H^{-1} - H^{-1}A^{\mathrm{T}}[r^{-1}I_p + AH^{-1}A^{\mathrm{T}}]^{-1}AH^{-1}.$$

记 $Q=AH^{-1}A^{\mathrm{T}}$, 有

$$-r\nabla^2_{\lambda\lambda}\underline{L}_r(\lambda^*) = Q - Q[r^{-1}I_p+Q]^{-1}Q.$$

应用下述公式

$$(I_p+\epsilon S)^{-1} = I_p - \epsilon S + \epsilon^2 S^2 - \epsilon^3 S^3 + \cdots$$

可得

$$\begin{aligned}
[Q+r^{-1}I_p]^{-1} &= [Q(I_p + r^{-1}Q^{-1})]^{-1}\\
&= [I_p + r^{-1}Q^{-1}]^{-1}Q^{-1}\\
&= [I_p - r^{-1}Q^{-1} + \mathrm{o}(r^{-1})]Q^{-1}\\
&= Q^{-1} - r^{-1}Q^{-2} + \mathrm{o}(r^{-1}),
\end{aligned}$$

从而

$$-\nabla^2_{\lambda\lambda}\underline{L}_r(\lambda^*) = Q - Q[Q^{-1} - r^{-1}Q^{-2} + \mathrm{o}(r^{-1})]Q = r^{-1}I_p + \mathrm{o}(r^{-1}),$$

命题得证. ■

定理 9.19 设 r 充分大, λ^0 充分接近 λ^*, 则迭代

$$\lambda^{k+1} = \lambda^k + rG(x_r(\lambda^k)) \tag{9.104}$$

生成的序列 $\{\lambda^k\}$ 线性收敛到 λ^*, 其中收敛率当 $r \to 0$ 时收敛到 0.

证明 序列 $\{\lambda^k\}$ 的收敛性的证明, 与对偶目标函数为下述二次形式是类似的

$$\psi(\lambda) = \frac{1}{2}(\lambda - \lambda^*)^{\mathrm{T}}\nabla^2_{\lambda\lambda}\underline{L}_r(\lambda^*)(\lambda - \lambda^*),$$

这里略去技术细节. 显然迭代 (9.104) 就是梯度上升方法步长取 r 时作用于 ψ 得到的, 从而

$$\lambda^{k+1} - \lambda^* = \lambda^k - \lambda^* + r\nabla_\lambda\psi(\lambda^k) = (I_p + r\nabla^2_{\lambda\lambda}\underline{L}_r(\lambda^*))(\lambda^k - \lambda^*);$$

则由命题 9.10 可得结论. ■

9.6 锥约束优化的增广 Lagrange 方法

9.6.1 一般锥优化问题

增广 Lagrange 方法可用于求解下述最优化问题 (OP)

$$\min\ f(x) \quad \text{s.t.} \quad h(x) = 0, \quad g(x) \in K,$$

其中 $f : X \to \Re$, $h : X \to \Re^m$ 与 $g : X \to Y$ 是二次连续可微函数, X 与 Y 是两个有限维的 Hilbert 空间, 它们赋予内积都记为 $\langle\cdot,\cdot\rangle$, 引导的范数为 $\|\cdot\|$, K 是 Y 中的一闭凸锥. 对任何给定的 $\overline{x} \in X$ 与 $\varepsilon > 0$, 定义开球 $\mathbb{B}_\varepsilon(\overline{x}) := \{x \in X \mid \|x - \overline{x}\| < \varepsilon\}$. 设 X' 与 Y' 是两个有限维 Hilbert 空间, $F : X \times X' \to Y'$. 若 F 在 $(x, x') \in X \times X'$ 处是 Fréchet- 可微的, 用 $\mathcal{J}F(x, x')$ ($\mathcal{J}_xF(x, x')$) 记 F 在 (x, x') 处的 Fréchet- 导数 (F 在 (x, x') 处关于 x 的 Fréchet- 导数), 记 $\nabla F(x, x') := \mathcal{J}F(x, x')^*$ 为 $\mathcal{J}F(x, x')$ 的伴随 ($\nabla_xF(x, x') := \mathcal{J}_xF(x, x')^*$, 记 $\mathcal{J}_xF(x, x')$ 的伴随). 进一步, 如果 F 在 $(x, x') \in X \times X'$ 处是二次 Fréchet- 可微的, 定义

$$\mathcal{J}^2F(x, x') := \mathcal{J}(\mathcal{J}F)(x, x'), \quad \mathcal{J}^2_{xx}F(x, x') := \mathcal{J}_x(\mathcal{J}_xF)(x, x'),$$

$$\nabla^2F(x, x') := \mathcal{J}(\nabla F)(x, x'), \quad \nabla^2_{xx}F(x, x') := \mathcal{J}_x(\nabla_xF)(x, x').$$

称 (OP) 的可行点 $x \in X$ 是稳定点, 如果存在 $\zeta \in \Re^m$ 与 $\xi \in Y$, 在 (x,ζ,ξ) 处满足下述 Karush-Kuhn-Tucker (KKT) 条件:

$$\nabla_x L_0(x,\zeta,\xi)=0, \quad h(x)=0, \quad g(x)\in K, \quad \xi\in K^*, \quad \langle g(x),\xi\rangle=0, \tag{9.105}$$

其中 Lagrange 函数 $L_0: X\times\Re^m\times Y\to\Re$ 定义为

$$L_0(x,\zeta,\xi):=f(x)+\langle\zeta,h(x)\rangle-\langle\xi,g(x)\rangle.$$

K^* 是 K 的对偶锥, 即

$$K^*:=\{v\in Y:\langle v,z\rangle\geqslant 0,\ \ \forall z\in K\}.$$

称任何满足 (9.105) 的点 $(x,\zeta,\xi)\in X\times\Re^m\times Y$ 为 KKT 点, 相应的 (ζ,ξ) 称为 x 处的 Lagrange 乘子. 用 $\mathcal{M}(x)$(可能是空集) 记 x 处所有 Lagrange 乘子的集合.

设 $c>0$ 是一参数. 与惩罚参数 c 相联系的问题 (OP) 的增广 Lagrange 函数定义为 (见文献 [46, Section 11.K])

$$L_c(x,\zeta,\xi):=f(x)+\langle\zeta,h(x)\rangle+\frac{c}{2}\|h(x)\|^2+\frac{1}{2c}\left[\|\Pi_{K^*}(\xi-cg(x))\|^2-\|\xi\|^2\right], \tag{9.106}$$

其中 $(x,\zeta,\xi)\in X\times\Re^m\times Y$, $\Pi_{K^*}(\cdot)$ 记到集合 K^* 上的投影算子. 观察到 (见文献 [68])

$$\Pi_{K^*}(y)=\Pi_K(-y)+y, \quad \langle\Pi_K(-y)+y,\Pi_K(-y)\rangle=0, \quad \forall y\in Y,$$

对任何 $(x,\zeta,\xi)\in X\times\Re^m\times Y$ 有

$$\lim_{c\downarrow 0}L_c(x,\zeta,\xi)=L_0(x,\zeta,\xi)-\lim_{c\downarrow 0}\frac{1}{2c}\|\Pi_K(cg(x)-\xi)\|^2=\begin{cases}L_0(x,\zeta,\xi), & \text{如果}\ \ \xi\in K^*,\\ -\infty & \text{否则}.\end{cases}$$

求解问题 (OP) 的增广 Lagrange 方法可以如下描述. 给定 $c_0>0$, 取 $(\zeta^0,\xi^0)\in\Re^m\times K^*$ 为初始的 Lagrange 乘子. 在第 k 次迭代, 极小化 $L_{c_k}(x,\zeta^k,\xi^k)$ 得到 x^k. 用下述公式计算 (ζ^{k+1},ξ^{k+1})

$$\begin{cases}\zeta^{k+1}:=\zeta^k+c_kh(x^k),\\ \xi^{k+1}:=\Pi_{K^*}(\xi^k-c_kg(x^k)),\end{cases}$$

校正 c_{k+1}

$$c_{k+1}:=c_k \quad \text{或} \quad c_{k+1}:=\kappa c_k,$$

其中 $\kappa>1$ 是一预先给定的正数. 如果选取的序列 $\{c_k\}$ 满足 $c_k\to+\infty$, 则增广 Lagrange 方法的全局收敛性可类似于惩罚函数方法的收敛性那样讨论[1]. 如果 c_k

具有有限的极限, 则存在一正整数 N_0 满足 $c_k \equiv c$ 对 $k \geqslant N_0$ 成立, 其中 c 是某一正数. 本节不考虑全局收敛性质, 我们考虑第二种参数选取情况下 (即 $c_k \equiv c$) 的求解 (OP) 增广 Lagrange 方法的局部收敛性质, 为简便起见把 x^k 取为 $L_c(\cdot, \zeta^k, \xi^k)$ 的精确局部极小点.

这一节的主要目的在于研究严格互补条件不成立时求解下述半定规划问题的增广 Lagrange 方法的收敛速度 (NLSDP)

$$\min\ f(x) \quad \text{s.t.} \quad h(x) = 0, \qquad g(x) \in \mathbb{S}^p_+.$$

下述结果是 Debreu 定理的变形, 它用于研究 $\nabla_x L_c(\cdot)$ 的 B-次微分.

引理 9.4　令 $\phi : X \to \Re$ 是连续的 2 度正齐次函数:

$$\phi(td) = t^2\phi(d), \quad \forall t \geqslant 0 \quad \text{与}\ d \in X.$$

设存在正数 $\eta_0 > 0$ 满足对任何满足 $\mathcal{L}d = 0$ 的任何 d, 有 $\phi(d) \geqslant \eta_0\|d\|^2$, 其中 $\mathcal{L} : X \to Y$ 是一给定的线性算子. 则存在正数 $\underline{\eta} \in (0, \eta_0]$ 与 $c_0 > 0$ 使得

$$\phi(d) + c_0\langle \mathcal{L}d, \mathcal{L}d\rangle \geqslant \underline{\eta}\langle d, d\rangle, \quad \forall\, d \in X.$$

下述结果将用于 9.6.4 节中.

引理 9.5　设 a, b, c 与 c_0 是四个正数, $c \geqslant c_0$. 令

$$\psi(t; c, a, b, c_0) := a - \frac{1}{c}t + \frac{t^2}{b + (c - c_0)t}, \quad t \in [0, 1]. \tag{9.107}$$

则对任何 $c \geqslant \max\left\{c_0, (b - c_0)^2/c_0\right\}$, $\psi(\cdot; c, a, b, c_0)$ 是 $[0, 1]$ 上的凸函数,

$$\min_{t\in[0,1]} \psi(t; c, a, b, c_0) = a - \frac{1}{c}\frac{b}{(\sqrt{c} + \sqrt{c_0})^2}, \tag{9.108}$$

$$\max_{t\in[0,1]} \psi(t; c, a, b, c_0) = \max\Big\{\psi(0; c, a, b, c_0), \psi(1; c, a, b, c_0)\Big\}. \tag{9.109}$$

证明　对任何 $t \in [0, 1]$,

$$\nabla_t\psi(t; c, a, b, c_0) = \frac{c_0}{c(c - c_0)} - \frac{b^2}{(c - c_0)(b + (c - c_0)t)^2}$$

与

$$\nabla^2_{tt}\psi(t; c, a, b, c_0) = \frac{2b^2}{(b + (c - c_0)t)^3}.$$

则因为对 $c \geqslant c_0$, 对所有的 $t \in [0, 1]$ 有 $\nabla^2_{tt}\psi(t, c, a, b, c_0) \geqslant 0$, $\psi(\cdot; c, a, b, c_0)$ 是 $[0, 1]$ 的一凸函数. 故 (9.109) 成立.

令 $\underline{t} := b/(c_0 + \sqrt{cc_0})$. 则 $\nabla_t \psi(\underline{t}; c, a, b, c_0) = 0$. 因为对任何 $c \geqslant \max\{c_0, (b-c_0)^2/c_0\}$, $\underline{t} \in (0,1]$ 与 $\psi(\cdot; c, a, b, c_0)$ 在 $[0,1]$ 上的凸性, 有

$$\min_{t\in[0,1]} \psi(t; c, a, b, c_0) = \psi(\underline{t}; c, a, b, c_0),$$

由此推出 (9.108) 成立. ■

9.6.2 收敛速度的一般性讨论

这一节总假设优化问题 (OP) 中的锥 K 是自对偶的, 即 $K = K^*$; 还设 $\Pi_K(\cdot)$ 是处处半光滑的. 尤其闭的对称锥就是这种情况, 因为闭对称锥总是自对偶的[14], 投影算子 $\Pi_K(\cdot)$ 是处处强半光滑的[58]. 锥 $\Re^p_+$ 与 $\mathbb{S}^p_+$ 是对称锥的特殊情形.

设 $c > 0$, $\overline{x}$ 是问题 (OP) 的稳定点. 则在 $\overline{x}$ 处的 Lagrange 乘子的集合 $\mathcal{M}(\overline{x})$ 非空. 因为假设 f, h, g 是二次连续可微的, 由 (9.106) 与文献 [68] 可知增广 Lagrange 函数 $L_c(\cdot)$ 是连续可微的, 对任何 $(x, \zeta, \xi) \in X \times \Re^m \times Y$,

$$\nabla_x L_c(x, \zeta, \xi) = \nabla f(x) + \nabla h(x)(\zeta + ch(x)) - \nabla g(x)\Pi_K(\xi - cg(x)). \tag{9.110}$$

因此由 (9.105) 与文献 [12], 对任何 $(\zeta, \xi) \in \mathcal{M}(\overline{x})$ 有 $\nabla_x L_c(\overline{x}, \zeta, \xi) = 0$.

定义 $F_c : X \times \Re^m \times Y \to Y$

$$F_c(x, \zeta, \xi) = \xi - cg(x), \quad (x, \zeta, \xi) \in X \times \Re^m \times Y.$$

由假设 $\Pi_K(\cdot)$ 是处处半光滑的, $\Pi_K(\cdot)$ 在任何点 $y \in Y$ 处是方向可微的. 由于对任何 $(x, \zeta, \xi) \in X \times \Re^m \times Y$, $\mathcal{J}F_c(x, \zeta, \xi) : X \times \Re^m \times Y \to Y$ 是映上的, 根据引理 4.6 得

$$\partial_B(\Pi_K * F_c)(x, \zeta, \xi) = \partial_B \Pi_K(\xi - cg(x))\mathcal{J}F_c(x, \zeta, \xi). \tag{9.111}$$

对任何 $(x, \zeta, \xi) \in X \times \Re^m \times Y$, 令

$$\Psi_c(x, \zeta, \xi) := \nabla g(x)(\Pi_K * F_c)(x, \zeta, \xi) = \nabla g(x)\Pi_K(\xi - cg(x)).$$

令 $(x, \zeta, \xi) \in X \times \Re^m \times Y$, 由 $\Pi_K(\cdot)$ 的半光滑性得对任何 $(\Delta x, \Delta\zeta, \Delta\xi) \in X \times \Re^m \times Y$,

$$\begin{aligned}\partial_B \Psi_c(x, \zeta, \xi)(\Delta x, \Delta\zeta, \Delta\xi) &= \nabla^2 g(x)(\Delta x)\Pi_K(\xi - cg(x)) \\ &\quad + \nabla g(x)\partial_B(\Pi_K * F_c)(x, \zeta, \xi)(\Delta x, \Delta\zeta, \Delta\xi).\end{aligned} \tag{9.112}$$

由 (9.110) 与 $\Psi_c(\cdot)$ 的定义可得

$$\begin{aligned}\partial_B(\nabla_x L_c)(x, \zeta, \xi) =& (\nabla^2 f(x), 0, 0) - \partial_B \Psi_c(x, \zeta, \xi) \\ &+ \left(\sum_{i=1}^m (\zeta_i + ch_i(x))\nabla^2 h_i(x) + c\nabla h(x)\mathcal{J}h(x), \nabla h(x), 0\right)\end{aligned}$$

连同 (9.111) 与 (9.112) 可推出, 对任何 $\Delta x \in X$,

$$
\begin{aligned}
&(\pi_x \partial_B(\nabla_x L_c)(x,\zeta,\xi))\,(\Delta x)\\
=&\nabla_{xx}^2 L_0(x,\zeta+ch(x),\Pi_K(\xi-cg(x)))(\Delta x)+c\nabla h(x)\mathcal{J}h(x)(\Delta x)\\
&+c\,\nabla g(x)\partial_B\Pi_K(\xi-cg(x))\mathcal{J}g(x)(\Delta x)\,,
\end{aligned}
\tag{9.113}
$$

其中

$$
\begin{aligned}
&\nabla_{xx}^2 L_0(x,\zeta+ch(x),\Pi_K(\xi-cg(x)))(\Delta x)\\
=&\nabla^2 f(x)(\Delta x)+\nabla^2 h(x)(\Delta x)(\zeta+ch(x))-\nabla^2 g(x)(\Delta x)\Pi_K(\xi-cg(x))\,.
\end{aligned}
$$

设 $(\overline{\zeta},\overline{\xi})\in\mathcal{M}(\overline{x})$ 是在点 $\overline{x}$ 处的一个 Lagrange 乘子. 对 $W:Y\to Y$, 令

$$
\mathcal{A}_c(\overline{\zeta},\overline{\xi},W):=\nabla_{xx}^2 L_0(\overline{x},\overline{\zeta},\overline{\xi})+c\nabla h(\overline{x})\mathcal{J}h(\overline{x})+c\nabla g(\overline{x})W\mathcal{J}g(\overline{x}). \tag{9.114}
$$

则对任何 $\Delta x\in X$,

$$
\begin{aligned}
&\left(\pi_x\partial_B(\nabla_x L_c)(\overline{x},\overline{\zeta},\overline{\xi})\right)(\Delta x)\\
=&\left\{\mathcal{A}_c(\overline{\zeta},\overline{\xi},W)(\Delta x):W\in\partial_B\Pi_K(\overline{\xi}-cg(\overline{x}))\right\}.
\end{aligned}
\tag{9.115}
$$

下面对约束优化问题 (OP) 给出两个基本假设. 第一个假设是关于矩阵 $\mathcal{A}_c(\overline{\zeta},\overline{\xi},\cdot)$ 的正定性的.

假设 B1 设 $(\overline{\zeta},\overline{\xi})$ 是 $\overline{x}$ 处的唯一的 Lagrange 乘子, 即 $\mathcal{M}(\overline{x})=\{(\overline{\zeta},\overline{\xi})\}$, 设存在两个正数 c_0 与 $\underline{\eta}$ 满足对任何 $c\geqslant c_0$ 与任意 $W\in\partial_B\Pi_K(\overline{\xi}-cg(\overline{x}))$,

$$
\langle d,\mathcal{A}_c(\overline{\zeta},\overline{\xi},W)d\rangle\geqslant\underline{\eta}\,\langle d,d\rangle\,,\quad\forall\, d\in X\,.
$$

假设 B1 与约束优化问题 (OP) 的充分性条件相关联. 将在命题 9.16 证明, 在约束非退化条件与强二阶充分性条件之下假设 B1 对问题 (NLSDP) 是成立的.

在本节的后半部分, 设假设条件 B1 成立. 令 $\overline{y}:=(\overline{\zeta},\overline{\xi})$. 则 $\nabla_x L_c(\overline{x},\overline{y})=0$. 令 c_0 与 $\underline{\eta}$ 是假设 B1 中的两个正数, $c\geqslant c_0$ 是一正数. 由 (9.115) 与假设 B1, $\pi_x\partial_B(\nabla_x L_c)(\overline{x},\overline{y})$ 中的每一元素均是正定的, 由引理 4.8 得存在 $\overline{y}$ 的一开域 $\mathcal{O}_{\overline{y}}$ 与定义于 $\mathcal{O}_{\overline{y}}$ 上的局部 Lipschitz 连续函数 $x_c(\cdot)$ 满足对任何 $y\in\mathcal{O}_{\overline{y}}$, $\nabla_x L_c(x_c(y),y)=0$. 进一步, 由于假设 $\Pi_K(\cdot)$ 是处处半光滑的, $x_c(\cdot)$ 在 $\mathcal{O}_{\overline{y}}$ 中的任何点处均是半光滑的 (如果 $\nabla^2 f$, $\nabla^2 g$ 与 $\nabla^2 h$ 是局部 Lipschitz 连续的且 $\Pi_K(\cdot)$ 是处处强半光滑的, 它还是强半光滑的). 进一步, 存在两个正数 $\varepsilon>0$ 与 $\delta_0>0$(均依赖于 c) 满足对任何 $x\in\mathbb{B}_\varepsilon(\overline{x})$ 与 $y\in\mathbb{B}_{\delta_0}(\overline{y}):=\{y\in\Re^m\times Y\mid\|y-\overline{y}\|<\delta_0\}\subset\mathcal{O}_{\overline{y}}$, $\pi_x\partial_B(\nabla_x L_c)(x,y)$ 中的每一元素是正定的. 因此对任何 $y\in\mathbb{B}_{\delta_0}(\overline{y})$, $x_c(y)$ 是 $L_c(\cdot,y)$ 在 $\mathbb{B}_\varepsilon(\overline{x})$ 上的唯一极小点, 即,

$$
\{x_c(y)\}=\operatorname{argmin}\left\{L_c(x,y):x\in\mathbb{B}_\varepsilon(\overline{x})\right\}. \tag{9.116}
$$

我们把结论表述在下述命题中.

命题 9.11 设假设 B1 成立, 令 $c \geqslant c_0$. 则存在两个正数 $\varepsilon > 0$ 与 $\delta_0 > 0$(二者均依赖于 c) 与一定义于开球 $\mathbb{B}_{\delta_0}(\overline{y})$ 上的局部 Lipschitz 连续函数 $x_c(\cdot)$, 由 (9.116) 给出, 使得下述结论成立:

(a) 函数 $x_c(\cdot)$ 在 $\mathbb{B}_{\delta_0}(\overline{y})$ 中的每一点处均是半光滑的.

(b) 如果 $\nabla^2 f, \nabla^2 g$ 与 $\nabla^2 h$ 是局部连续的, $\Pi_K(\cdot)$ 是处处强半光滑的, 则 $x_c(\cdot)$ 在 $\mathbb{B}_{\delta_0}(\overline{y})$ 中的每一点处均是强半光滑的.

(c) 对任意 $x \in \mathbb{B}_{\varepsilon}(\overline{x})$ 与 $y \in \mathbb{B}_{\delta_0}(\overline{y})$, $\pi_x \partial_B(\nabla_x L_c)(x,y)$ 中的每一个元素均是正定的.

(d) 对任意 $y \in \mathbb{B}_{\delta_0}(\overline{y})$, $x_c(y)$ 是下述问题的唯一最优解

$$\min\ L_c(x,y) \quad \text{s.t. } x \in \mathbb{B}_{\varepsilon}(\overline{x}).$$

设 $\vartheta_c : \Re^m \times Y \to \Re$ 定义为

$$\vartheta_c(\zeta,\xi) := \min_{x \in \mathbf{B}_{\varepsilon}(\overline{x})} L_c(x,\zeta,\xi), \quad (\zeta,\xi) \in \Re^m \times Y. \tag{9.117}$$

因为对每一固定的 $x \in X$, $L_c(x,\cdot)$ 是一凹函数, 因为 $\vartheta_c(\cdot)$ 是一族凹函数的极小值函数, 它也是凹函数. 由于对任何 $y \in \mathbb{B}_{\delta_0}(\overline{y})$, $x_c(y)$ 是 $L_c(\cdot,y)$ 在 $\mathbb{B}_{\varepsilon}(\overline{x})$ 上的唯一极小点, 有

$$\vartheta_c(y) = L_c(x_c(y),y), \quad y \in \mathbb{B}_{\delta_0}(\overline{y}).$$

对任何 $y \in \mathbb{B}_{\delta_0}(\overline{y})$, $y = (\zeta,\xi) \in \Re^m \times Y$, 令

$$\begin{pmatrix} \zeta_c(y) \\ \xi_c(y) \end{pmatrix} := \begin{pmatrix} \zeta + ch(x_c(y)) \\ \Pi_K(\xi - cg(x_c(y))) \end{pmatrix}. \tag{9.118}$$

则

$$\nabla_x L_0(x_c(y),\zeta_c(y),\xi_c(y)) = \nabla_x L_c(x_c(y),y) = 0, \quad y \in \mathbb{B}_{\delta_0}(\overline{y}). \tag{9.119}$$

命题 9.12 设假设 B1 成立. 令 $c \geqslant c_0$. 则由 (9.117) 定义的凹函数 $\vartheta_c(\cdot)$ 在 $\mathbb{B}_{\delta_0}(\overline{y})$ 上是连续可微的,

$$\nabla\vartheta_c(y) = \begin{pmatrix} h(x_c(y)) \\ -c^{-1}\xi + c^{-1}\Pi_K(\xi - cg(x_c(y))) \end{pmatrix}, \quad y = (\zeta,\xi) \in \mathbb{B}_{\delta_0}(\overline{y}). \tag{9.120}$$

进一步, $\nabla\vartheta_c(\cdot)$ 在 $\mathbb{B}_{\delta_0}(\overline{y})$ 中的每一点处均是半光滑的. 如果 $\nabla^2 f$, $\nabla^2 g$ 与 $\nabla^2 h$ 是局部 Lipschitz 连续的, $\Pi_K(\cdot)$ 是处处强半光滑的, $\nabla\vartheta_c(\cdot)$ 在 $\mathbb{B}_{\delta_0}(\overline{y})$ 中的每一点处是强半光滑的.

证明　令 $y=(\zeta,\xi)\in\mathbb{B}_{\delta_0}(\overline{y})$. 由 (9.119) 与文献 [9, Theorem 2.6.6], 对任何 $(\Delta\zeta,\Delta\xi)\in\Re^m\times Y$ 有

$$\begin{aligned}\partial\vartheta_c(y)(\Delta\zeta,\Delta\xi)=&\mathcal{J}_xL_c(x_c(y),y)(\partial x_c(y)(\Delta\zeta,\Delta\xi))\\&+\mathcal{J}_\zeta L_c(x_c(y),y)(\Delta\zeta)+\mathcal{J}_\xi L_c(x_c(y),y)(\Delta\xi)\\=&\langle h(x_c(y)),\Delta\zeta\rangle-c^{-1}\langle\xi,\Delta\xi\rangle+\langle c^{-1}\Pi_K(\xi-cg(x_c(y))),\Delta\xi\rangle.\end{aligned}$$

因此, 对每一 $(\Delta\zeta,\Delta\xi)\in\Re^m\times Y$, $\partial\vartheta_c(y)(\Delta\zeta,\Delta\xi)$ 是一单点集合. 这意味着 $\partial\vartheta_c(y)$ 是一单点. 因此 $\vartheta_c(\cdot)$ 在 y 处是 Fréchet- 可微的且 $\nabla\vartheta_c(y)$ 由 (9.120) 给出. 映射 $\nabla\vartheta_c(\cdot)$ 的连续性由 $x_c(\cdot)$ 的连续性得到.

映射 $\nabla\vartheta_c(\cdot)$ 在 y 处的强半光滑性直接由 (9.120) 与命题 9.11 得到. ■

对任何 $c\geqslant c_0$ 与 $\Delta y:=(\Delta\zeta,\Delta\xi)\in\Re^m\times Y$, 定义

$$\begin{aligned}&\overline{\mathcal{V}}_c(\Delta y)\\:=&\left\{\begin{pmatrix}\mathcal{J}h(\overline{x})\\-W\mathcal{J}g(\overline{x})\end{pmatrix}\mathcal{A}_c(\overline{y},W)^{-1}\left(-\nabla h(\overline{x})(\Delta\zeta)+\nabla g(\overline{x})W(\Delta\xi)\right)\right.\\&\left.+\begin{pmatrix}0\\-c^{-1}\Delta\xi+c^{-1}W(\Delta\xi)\end{pmatrix}\,\middle|\,W\in\partial_B\Pi_K(\overline{\xi}-cg(\overline{x}))\right\}.\end{aligned}\tag{9.121}$$

因为由假设 B1 可得, 对任何 $W\in\partial_B\Pi_K(\overline{\xi}-cg(\overline{x}))$, $\mathcal{A}_c(\overline{y},W)$ 是正定的, $\overline{\mathcal{V}}_c(\cdot)$ 是有定义的. 下述命题建立了 $\overline{\mathcal{V}}_c(\cdot)$ 与 $\partial_B(\nabla\vartheta_c)(\overline{y})(\cdot)$ 的重要关系. 注意到由 (9.120) 定义的函数 $\nabla\vartheta_c(\cdot)$ 涉及两个非光滑函数 $\Pi_K(\cdot)$ 与 $x_c(\cdot)$, 它们相互关联.

命题 9.13　*设假设 B1 成立. 令 $c\geqslant c_0$. 则对任何 $\Delta y:=(\Delta\zeta,\Delta\xi)\in\Re^m\times Y$,*

$$\partial_B(\nabla\vartheta_c)(\overline{y})(\Delta y)\subseteq\overline{\mathcal{V}}_c(\Delta y).\tag{9.122}$$

证明　设 $\Delta y=(\Delta\zeta,\Delta\xi)\in\Re^m\times Y$ 是任意的固定点. 由命题 9.12, 有 $\nabla\vartheta_c(\cdot)$ 在任何点 $y\in\mathbb{B}_{\delta_0}(\overline{y})$ 处均是半光滑的. 令 $\mathcal{D}_{\nabla\vartheta_c}$ 记 $\nabla\vartheta_c(\cdot)$ 在 $\mathbb{B}_{\delta_0}(\overline{y})$ 中的所有 Fréchet- 可微点的集合. 则对任何 $y=(\zeta,\xi)\in\mathcal{D}_{\nabla\vartheta_c}$, 有

$$\begin{aligned}&\nabla^2\vartheta_c(y)(\Delta y)\\=&\begin{pmatrix}\mathcal{J}h(x_c(y))(x_c)'(y;\Delta y)\\-c^{-1}\Delta\xi+c^{-1}\Pi_K'\Big(\xi-cg(x_c(y));\Delta\xi-c\mathcal{J}g(x_c(y))(x_c)'(y;\Delta y)\Big)\end{pmatrix}.\end{aligned}\tag{9.123}$$

令 $y\in\mathbb{B}_{\delta_0}(\overline{y})$. 现在来推导 $(x_c)'(y;\Delta y)$ 的公式. 由 (9.119) 与 (9.118) 得

$$\begin{aligned}0=&\nabla^2_{xx}L_0(x_c(y),\zeta_c(y),\xi_c(y))(x_c)'(y;\Delta y)\\&+c\nabla h(x_c(y))\mathcal{J}h(x_c(y))(x_c)'(y;\Delta y)+\nabla h(x_c(y))(\Delta\zeta)\\&-\nabla g(x_c(y))\Pi_K'\Big(\xi-cg(x_c(y));\Delta\xi-c\mathcal{J}g(x_c(y))(x_c)'(y;\Delta y)\Big).\end{aligned}\tag{9.124}$$

因为 $\Pi_K(\cdot)$ 是处处为半光滑的映射, 存在一元素 $\widehat{W}\in\partial_B\Pi_K(\xi-cg(x_c(y)))$ 满足

$$\begin{aligned}&\Pi_K'\Big(\xi-cg(x_c(y));\Delta\xi-c\mathcal{J}g(x_c(y))(x_c)'(y;\Delta y)\Big)\\&=\widehat{W}(\Delta\xi-c\mathcal{J}g(x_c(y))(x_c)'(y;\Delta y)).\end{aligned}\tag{9.125}$$

对任何 $W\in\partial_B\Pi_K(\xi-cg(x_c(y)))$, 令

$$\begin{aligned}\mathcal{A}_c(y,W):=&\nabla^2_{xx}L_0(x_c(y),\zeta_c(y),\xi_c(y))+c\nabla h(x_c(y))\mathcal{J}h(x_c(y))\\&+c\nabla g(x_c(y))W\mathcal{J}g(x_c(y)).\end{aligned}$$

由 (9.113) 与 δ_0 的定义, 对任何 $W\in\partial_B\Pi_K(\xi-cg(x_c(y)))$, $\mathcal{A}_c(y,W)$ 是正定的. 则由 (9.124) 与 (9.125) 可得

$$(x_c)'(y;\Delta y)=\mathcal{A}_c(y,\widehat{W})^{-1}\Big(-\nabla h(x_c(y))(\Delta\zeta)+\nabla g(x_c(y))\widehat{W}(\Delta\xi)\Big).\tag{9.126}$$

因此, 根据 (9.126) 与 (9.123), 对任何 $y=(\zeta,\xi)\in\mathcal{D}_{\nabla\vartheta_c}$,

$$\begin{aligned}\nabla^2\vartheta_c(y)(\Delta y)\in\Bigg\{&\begin{pmatrix}\mathcal{J}h(x_c(y))\\-W\mathcal{J}g(x_c(y))\end{pmatrix}\mathcal{A}_c(y,W)^{-1}\left(-\nabla h(x_c(y))(\Delta\zeta)\right.\\&\left.+\nabla g(x_c(y))W(\Delta\xi)\right)+\begin{pmatrix}0\\-c^{-1}(\Delta\xi)+c^{-1}W(\Delta\xi)\end{pmatrix}\Bigg|\ W\in\partial_B\Pi_K(\xi-cg(x_c(y)))\Bigg\},\end{aligned}$$

连同 $x_c(\cdot)$ 的连续性以及 $\partial_B\Pi_K(\cdot)$ 的外半连续性可得, 对任何 $V\in\partial_B(\nabla\vartheta_c)(\overline{y})$, 有 $V(\Delta y)\in\overline{\mathcal{V}}_c(\Delta y)$. 因此, (9.122) 成立. ■

这一节所需的基本假设可表述如下.

假设 B2 存在正数 $\overline{c}\geqslant c_0$, $\mu_0>0$, $\varrho_0>0$ 与 $\tau>1$ 满足, 对任何 $c\geqslant\overline{c}$ 与 $\Delta y\in\Re^m\times Y$,

$$\|(x_c)'(\overline{y};\Delta y))\|\leqslant\varrho_0\|\Delta y\|/c\tag{9.127}$$

与

$$\left\langle V(\Delta y)+c^{-1}\Delta y,\Delta y\right\rangle\in\mu_0\,[-1,1]\,\|\Delta y\|^2/c^\tau,\quad\forall\,V(\Delta y)\in\overline{\mathcal{V}}_c(\Delta y).\tag{9.128}$$

假设 B2 中的关系 (9.127) 是关于 $x_c(\cdot)$ 在 $\overline{y}$ 处的方向导数的估计, (9.128) 是关于 $\nabla\vartheta_c(\cdot)$ 在 $\overline{y}$ 处的广义 Jacobi 的估计. 下节将要证明当约束非退化条件与强二阶充分条件成立时, 假设 B2 对于问题 (NLSDP) 是成立的.

在假设 B1 与 B2 成立的前提下, 可以给出关于约束优化问题 (OP) 的增广 Lagrange 方法收敛速度的主要结果.

定理 9.20 设 K 是自对偶锥, $\Pi_K(\cdot)$ 是处处半光滑的. 设假设 B1 与 B2 成立. 令 c_0, $\underline{\eta}$, $\overline{c}$, μ_0, ϱ_0 与 τ 是定义这两个假设的正数. 定义

$$\varrho_1 := 2\varrho_0 \quad 与 \quad \varrho_2 := 4\mu_0.$$

则对任何 $c \geqslant \overline{c}$, 存在两个正数 ε 与 δ(都依赖于 c) 满足对任何 $(\zeta,\xi) \in \mathbb{B}_\delta(\overline{\zeta},\overline{\xi})$, 问题

$$\min\ L_c(x,\zeta,\xi) \quad \text{s.t.}\, x \in \mathbb{B}_\varepsilon(\overline{x}) \tag{9.129}$$

具有唯一解, 记为 $x_c(\zeta,\xi)$. 函数 $x_c(\cdot,\cdot)$ 在 $\mathbb{B}_\delta(\overline{\zeta},\overline{\xi})$ 上是 Lipschitz 连续的, 在 $\mathbb{B}_\delta(\overline{\zeta},\overline{\xi})$ 的每一点处均是半光滑的, 且对任何 $(\zeta,\xi) \in \mathbb{B}_\delta(\overline{\zeta},\overline{\xi})$, 有

$$\|x_c(\zeta,\xi) - \overline{x}\| \leqslant \varrho_1\|(\zeta,\xi) - (\overline{\zeta},\overline{\xi})\|/c \tag{9.130}$$

与

$$\|(\zeta_c(\zeta,\xi),\xi_c(\zeta,\xi)) - (\overline{\zeta},\overline{\xi})\| \leqslant \varrho_2\|(\zeta,\xi) - (\overline{\zeta},\overline{\xi})\|/c^{\tau-1}, \tag{9.131}$$

其中 $\zeta_c(\zeta,\xi)$ 与 $\xi_c(\zeta,\xi))$ 由 (9.118) 定义, 即

$$\zeta_c(\zeta,\xi) := \zeta + ch(x_c(\zeta,\xi)) \quad 与 \quad \xi_c(\zeta,\xi) := \Pi_K(\xi - cg(x_c(\zeta,\xi)))\,.$$

证明 令 $c \geqslant \overline{c}$. 由命题 9.11 可知存在两个正数 $\varepsilon > 0$ 与 $\delta_0 > 0$(均依赖于 c) 与一定义在 $\mathbb{B}_{\delta_0}(\overline{\zeta},\overline{\xi})$ 上的局部 Lipschitz 连续函数 $x_c(\cdot,\cdot)$ 满足函数 $x_c(\cdot,\cdot)$ 在 $\mathbb{B}_{\delta_0}(\overline{\zeta},\overline{\xi})$ 中的任意点均是半光滑的, 对 $(\zeta,\xi) \in \mathbb{B}_{\delta_0}(\overline{\zeta},\overline{\xi})$, $x_c(\zeta,\xi)$ 是问题 (9.129) 的唯一解.

记 $y := (\zeta,\xi) \in \Re^m \times Y$. 因为 $x_c(\cdot)$ 在 $\mathbb{B}_{\delta_0}(\overline{y})$ 上是局部 Lipschitz 连续的, 在 $\overline{y}$ 处是方向可微的, 由文献 [52] 可得 $x_c(\cdot)$ 在 $\overline{y}$ 处是 Bouligand- 可微的, 即 $x_c(\cdot)$ 在 $\overline{y}$ 处是方向可微的, 且

$$\lim_{y\to\overline{y}} \frac{\|x_c(y) - x_c(\overline{y}) - (x_c)'(y;y-\overline{y})\|}{\|y-\overline{y}\|} = 0\,.$$

根据命题 9.12, $\nabla\vartheta_c(\cdot)$ 在 $\overline{y}$ 处是半光滑的, 在 $\overline{y}$ 处也是 Bouligand- 可微的. 则存在 $\delta \in (0,\delta_0]$ 满足对任何 $y \in \mathbb{B}_\delta(\overline{y})$,

$$\|x_c(y) - x_c(\overline{y}) - (x_c)'(\overline{y};y-\overline{y})\| \leqslant \varrho_0\|y-\overline{y}\|/c \tag{9.132}$$

与

$$\|\nabla\vartheta_c(y) - \nabla\vartheta_c(\overline{y}) - (\nabla\vartheta_c)'(\overline{y};y-\overline{y})\| \leqslant \mu_0\|y-\overline{y}\|/c^\tau\,. \tag{9.133}$$

设 $y := (\zeta,\xi) \in \mathbb{B}_\delta(\overline{y})$ 是任意点. 由 (9.127), (9.132), 并注意 $x_c(\overline{y}) = \overline{x}$, 有

$$\|x_c(y) - \overline{x}\| \leqslant \|(x_c)'(\overline{y};y-\overline{y})\| + \varrho_0\|y-\overline{y}\|c = \varrho_1\|y-\overline{y}\|/c,$$

这证得 (9.130) 成立.

因为 $\nabla\vartheta_c(\cdot)$ 在 $\overline{y}$ 处是半光滑的, 存在一元素 $V\in\partial_B(\nabla\vartheta_c)(\overline{y})$ 满足 $(\nabla\vartheta_c)'(\overline{y};y-\overline{y})=V(y-\overline{y})$. 由于 V 是自伴随的 (见引理 4.2), 由假设 B2 中的 (9.128) 与命题 9.13 可得

$$\|V(y-\overline{y})+c^{-1}(y-\overline{y})\|\leqslant 3\mu_0\|y-\overline{y}\|/c^{\tau}. \tag{9.134}$$

所以, 由 (9.133) 与 (9.134) 可得

$$\begin{aligned}
&\|y+c\nabla\vartheta_c(y)-\overline{y}\|\\
&=c\|\nabla\vartheta_c(y)-\nabla\vartheta_c(\overline{y})-(\nabla\vartheta_c)'(\overline{y};y-\overline{y})+(\nabla\vartheta_c)'(\overline{y};y-\overline{y})+c^{-1}(y-\overline{y})\|\\
&\leqslant c\|\nabla\vartheta_c(y)-\nabla\vartheta_c(\overline{y})-(\nabla\vartheta_c)'(\overline{y};y-\overline{y})\|+c\|V(y-\overline{y})+c^{-1}(y-\overline{y})\|\\
&\leqslant \mu_0\|y-\overline{y}\|/c^{\tau-1}+3\mu_0\|y-\overline{y}\|/c^{\tau-1}=\varrho_2\|y-\overline{y}\|/c^{\tau-1},
\end{aligned}$$

连同 (9.120) 与 $\zeta_c(\zeta,\xi)$ 和 $\xi_c(\zeta,\xi))$ 的定义, 即得 (9.131). 证毕. ■

定理 9.20 表明, 在假设 B1 与 B2 的前提下, 如果对充分大的 k, $c_k\equiv c$ 大于一阈值, 如果 (x^k,ζ^k,ξ^k) 充分接近于 $(\overline{x},\overline{\zeta},\overline{\xi})$, 则增广 Lagrange 方法可局部地视为对偶问题

$$\max\ \vartheta_c(\zeta,\xi)\quad \text{s.t. } (\zeta,\xi)\in\Re^m\times Y$$

的步长为常数 c 的梯度方法, 即对充分大的所有 k,

$$\begin{pmatrix}\zeta^{k+1}\\ \xi^{k+1}\end{pmatrix}=\begin{pmatrix}\zeta^{k}\\ \xi^{k}\end{pmatrix}+c\nabla\vartheta_c(\zeta^k,\xi^k).$$

由假设 B2 中的 (9.127), 增广 Lagrange 方法可局部地理解为近似的广义 Newton 方法应用于下述的非光滑方程

$$\nabla\vartheta_c(\zeta,\xi)=0;$$

这是由于 $\partial\nabla\vartheta_c(\overline{\zeta},\overline{\xi})$ 中的每一元素均具有形式 $-c^{-1}I+O(c^{-\tau})$, 其中 $\mathcal{I}$ 是 $\Re^m\times Y$ 的单位算子, 对充分接近于 $(\overline{\zeta},\overline{\xi})$ 的所有 (ζ^k,ξ^k), $-c^{-1}\mathcal{I}$ 是 $\partial\nabla\vartheta_c(\zeta^k,\xi^k)$ 中元素的一个好的近似. 因为 $\nabla\vartheta_c(\cdot,\cdot)$ 在 $(\overline{\zeta},\overline{\xi})$ 处是半光滑的 (见命题 9.12), 如果熟悉由文献 [19] 与文献 [34] 发展的半光滑方程组广义 Newton 法的超线性收敛性, 就会清楚为什么增广 Lagrange 方法具有快速收敛速度了.

定理 9.20 中建立的 $\{(\zeta^k,\xi^k)\}$ 的局部收敛速率当 $c\to\infty$ 时是趋于 0 的, 因为它和 $1/c^{\tau-1}$ 成正比. 当然随着 c 的增大局部收敛域会收缩. 在下面的两节, 我们会检验对于非线性二阶锥优化与半定规划情形, 本节提出的假设 B1 与 B2 均是成立的.

9.6.3　二阶锥优化问题情形

本节的选材来自文献 [21]. 考虑含有等式约束和二阶锥约束的优化问题

$$\text{(NLSOP)}\qquad \min\ f(x)\quad \text{s.t.}\quad h(x)=0,\quad g^j(x)\in Q_{m_j+1},\quad j=1,\cdots,J,$$

其中 $f:\Re^n\to\Re$, $h:\Re^n\to\Re^p$ 与 $g^j:\Re^n\to\Re^{m_j+1}, j=1,\cdots,J$ 是二次连续可微的函数, $Q_{m_j+1}\subset\Re^{m_j+1}$ 是二阶锥. 记 $Q:=Q_{m_1+1}\times Q_{m_2+1}\times\cdots\times Q_{m_J+1}$ 和

$$\begin{aligned}g(x) &:= (g^1(x);g^2(x);\cdots;g^J(x))\in\Re^q,\quad g^j(x)\in\Re^{m_j+1},\\ z &:= (z_1;z_2;\cdots;z_J)\in\Re^q,\quad z_j\in\Re^{m_j+1},\end{aligned}$$

其中 $q:=\sum_{j=1}^{J}(m_j+1)$, 则二阶锥约束可以表示为 $g(x)\in Q$. 问题 (NLSOP) 的 Lagrange 函数定义为

$$L_0(x,y,z):=f(x)+y^{\mathrm T}h(x)-z^{\mathrm T}g(x).$$

问题 (NLSOP) 的一个可行点 $x\in\Re^n$ 被称为一稳定点, 如果存在 $y\in\Re^p$ 与 $z\in\Re^q$ 满足 Karush-Kuhn-Tucker(KKT) 条件

$$\nabla_x L_0(x,y,z)=0,\quad h(x)=0,\quad \langle g(x),z\rangle=0,\quad g(x)\in Q,\quad z\in Q,\tag{9.135}$$

称 (y,z) 为 x 处的 Lagrange 乘子, 用 $\Lambda(x)$ 记 x 处的所有 Lagrange 乘子的集合.

设 $\tau>0$ 是一参数, 由于 Q 是一自对偶锥, (NLSOP) 的增广 Lagrange 函数可定义为

$$L_\tau(x,y,z):=f(x)+\langle y,h(x)\rangle+\frac{\tau}{2}\|h(x)\|^2+\frac{1}{2\tau}(\|\Pi_Q(z-\tau g(x))\|^2-\|z\|^2),\tag{9.136}$$

其中 $\Pi_Q(\cdot)$ 记到 Q 上的投影算子.

设 (x^*,y^*,z^*) 是 (NLSOP) 的一 KKT 点, 记

$$S:=\{j\mid g^j(x^*)+z_j^*\in\operatorname{int}Q_{m_j+1}, j=1,2,\cdots,J\}\ \text{与}\ N:=\{1,2,\cdots,J\}\setminus S.$$

则 (S,N) 构成 $\{1,2,\cdots,J\}$ 的一个分划. 再定义 S 的三个指标集合

$$S_1:=\{j\mid g^j(x^*)=0, j\in S\},\tag{9.137a}$$

$$S_2:=\{j\mid g^j(x^*)\in\operatorname{bdry}Q_{m_j+1}\setminus\{0\}, z_j^*\in\operatorname{bdry}Q_{m_j+1}\setminus\{0\}, j\in S\},\tag{9.137b}$$

$$S_3:=\{j\mid g^j(x^*)\in\operatorname{int}Q_{m_j+1}, j\in S\}\tag{9.137c}$$

和 N 的三个指标集合

$$N_1 := \{j \mid g^j(x^*) = z_j^* = 0, \}, \tag{9.138a}$$

$$N_2 := \{j \mid g^j(x^*) = 0, z_j^* \in \mathrm{bdry}\, Q_{m_j+1} \setminus \{0\}\}, \tag{9.138b}$$

$$N_3 := \{j \mid g^j(x^*) \in \mathrm{bdry}\, Q_{m_j+1} \setminus \{0\}, z_j^* = 0\}. \tag{9.138c}$$

由命题 7.1 可得到下述结论.

引理 9.6 设 x^* 是一稳定点, $(y^*, z^*) \in \Lambda(x^*)$. 则对每一 $j = 1, 2, \cdots, J$, 或者 $z_j^* = 0$, 或者 $g^j(x^*) = 0$, 或存在 $\sigma_j > 0$ 满足 $z_j^* = \sigma_j(g_0^j(x^*); -\overline{g}^j(x^*))$.

根据引理 7.2, 得到下述引理.

引理 9.7 设 x^* 是一稳定点, $(y^*, z^*) \in \Lambda(x^*)$, S_1, S_2, S_3 与 N_1, N_2, N_3 分别由 (9.137) 与 (9.138) 定义.

情况 1 如果 $j \in S_1$, 则有 $\partial_B \Pi_{Q_{m_j+1}}(z_j^* - \tau g^j(x^*)) = \{I_{m_j+1}\}$.

情况 2 如果 $j \in S_2$, 则有

$$\partial_B \Pi_{Q_{m_j+1}}(z_j^* - \tau g^j(x^*))$$
$$= \left\{ \frac{1}{2} \begin{pmatrix} 1 & \overline{z^*}_j^{\mathrm{T}} / \|\overline{z^*}_j\| \\ \overline{z^*}_j / \|\overline{z^*}_j\| & [2\sigma_j/(\tau+\sigma_j)] I_{m_j} + (\tau - \sigma_j)/(\tau+\sigma_j) \overline{z^*}_j \overline{z^*}_j^{\mathrm{T}} / \|\overline{z^*}_j\|^2 \end{pmatrix} \right\}.$$

情况 3 如果 $j \in S_3$, 则有 $\partial_B \Pi_{Q_{m_j+1}}(z_j^* - \tau g^j(x^*)) = \{0\}$.

情况 4 如果 $j \in N_1$, 则有

$$\partial_B \Pi_{Q_{m_j+1}}(z_j^* - \tau g^j(x^*))$$
$$= \left\{0, I_{m_j+1}\right\} \cup \left\{ \frac{1}{2} \begin{pmatrix} 1 & w^{\mathrm{T}} \\ w & 2\alpha(I_{m_j} - ww^{\mathrm{T}}) + ww^{\mathrm{T}} \end{pmatrix} \middle| \alpha \in \{0, 1\}, \|w\| = 1 \right\}.$$

情况 5 如果 $j \in N_2$, 则有

$$\partial_B \Pi_{Q_{m_j+1}}(z_j^* - \tau g^j(x^*)) = \left\{ I_{m_j+1}, \begin{pmatrix} 1/2 & \overline{z^*}_j / (2\|\overline{z^*}_j\|) \\ \overline{z^*}_j^{\mathrm{T}} / (2\|\overline{z^*}_j\|) & I_{m_j} - \overline{z^*}_j \overline{z^*}_j^{\mathrm{T}} / (2\|\overline{z^*}_j\|^2) \end{pmatrix} \right\}.$$

情况 6 如果 $j \in N_3$, 则有

$$\partial_B \Pi_{Q_{m_j+1}}(z_j^* - \tau g^j(x^*))$$
$$= \left\{ 0, \frac{1}{2} \begin{pmatrix} 1 & -\overline{g^j}(x^*)^{\mathrm{T}} / \|\overline{g^j}(x^*)\| \\ -\overline{g^j}(x^*) / \|\overline{g^j}(x^*)\| & \overline{g^j}(x^*) \overline{g^j}(x^*)^{\mathrm{T}} / \|\overline{g^j}(x^*)\|^2 \end{pmatrix} \right\}.$$

增广 Lagrange 函数 $L_\tau(\cdot)$ 在任何点 $(x, y, z) \in \Re^n \times \Re^p \times \Re^q$ 处均是连续可微的

$$\nabla_x L_\tau(x, y, z) = \nabla f(x) + \nabla h(x)(y + \tau h(x)) - \nabla g(x) \Pi_Q(z - \tau g(x)). \tag{9.139}$$

根据 (9.115) 可得下述引理.

引理 9.8 设 (x^*,y^*,z^*) 是问题 (NLSOP) 的 KKT 点. 则对任何 $\Delta x\in\Re^n$, 有

$$(\pi_x\partial_B(\nabla_x L_\tau)(x^*,y^*,z^*))(\Delta x)=\left\{\mathcal{A}_\tau(y^*,z^*,W)(\Delta x)\mid W\in\partial_B\Pi_Q(z^*-\tau g(x^*))\right\},\tag{9.140}$$

其中对任何 $W:\Re^q\to\Re^q$, $\mathcal{A}_\tau(y^*,z^*,W)$ 定义为

$$\mathcal{A}_\tau(y^*,z^*,W):=\nabla^2_{xx}L_0(x^*,y^*,z^*)+\tau\nabla h(x^*)\mathcal{J}h(x^*)+\tau\nabla g(x^*)W\mathcal{J}g(x^*).\tag{9.141}$$

为了叙述的方便, 引入下述记号:

$$\begin{aligned}
&a_j:=(1/\sqrt{2})(1;\overline{z^*}_j/\|\overline{z^*}_j\|),\quad j\in S_2,\\
&b_j:=(1/\sqrt{2})(1;-\overline{z^*}_j/\|\overline{z^*}_j\|),\quad j\in N_2,\\
&c_j:=(1/\sqrt{2})(1;-\overline{g^j}(x^*)/\|\overline{g^j}(x^*)\|),\quad j\in N_3
\end{aligned}$$

以及

$$D_j:=[\sigma_j/(\tau+\sigma_j)]\mathrm{Diag}\big(I_{m_j}-\overline{z^*}_j(\overline{z^*}_j)^{\mathrm{T}}/\|\overline{z^*}_j\|^2;0\big),\quad j\in S_2,\tag{9.142}$$

$$A:=[\mathcal{J}h(x^*);-(\mathcal{J}g^{S_1}(x^*);M_{S_2}\mathcal{J}g^{S_2}(x^*);\mathcal{J}g^{N_1}(x^*);\mathcal{J}g^{N_2}(x^*);M_{N_3}\mathcal{J}g^{N_3}(x^*))]\tag{9.143}$$

和

$$E:=\mathrm{Diag}(I_p;I_{q_{S_1}};I_{q_{S_2}};W_{N_1};W_{N_2};\widehat{W}_{N_3})^{①},$$

其中对 $i=1,2,3$,

$$\begin{aligned}
&q_{S_i}:=\sum_{j\in S_i}(m_j+1),\quad q_{N_i}:=\sum_{j\in N_i}(m_j+1),\\
&g^{S_i}(x):=(g^j(x))_{j\in S_i},\quad g^{N_i}(x):=(g^j(x))_{j\in N_i},\\
&W_{N_i}:=\mathrm{Diag}(W_j)_{j\in N_i},\quad W_j\in\partial_B\Pi_{Q_{m_j+1}}(z_j^*-\tau g^j(x^*));\\
&M_{S_2}:=\mathrm{Diag}(a_j^{\mathrm{T}})_{j\in S_2},\quad M_{N_3}:=\mathrm{Diag}(c_j^{\mathrm{T}})_{j\in N_3};\\
&\widehat{W}_{N_3}:=\mathrm{Diag}(\widehat{W}_j)_{j\in N_3},\quad j\in N_3,
\end{aligned}$$

$$\widehat{W}_j=\begin{cases}0, & \text{如果}W_j=0,\\ I_{m_j+1}, & \text{否则}.\end{cases}$$

于是, 结合 (9.141) 与引理 9.7, 可得下述引理.

① $\mathrm{Diag}(A;B;C)$ 表示以矩阵 A,B,C 为块对角元素的块对角矩阵; $\mathrm{Diag}(A_j)_{j\in I}$ 表示以下标 j 在指标集 I 中的所有矩阵 A_j 为块对角元素的块对角矩阵.

引理 9.9 设 $(y^*, z^*) \in \Lambda(x^*)$ 与 $W \in \partial_B \Pi_Q(z^* - \tau g(x^*))$. 则 $\mathcal{A}_\tau(y^*, z^*, W)$ 可以表示为

$$\mathcal{A}_\tau(y^*, z^*, W) = \nabla_{xx}^2 L_0(x^*, y^*, z^*) + \tau A^{\mathrm{T}} E A + \tau \nabla g^{S_2}(x^*) D_{S_2} \mathcal{J} g^{S_2}(x^*), \quad (9.144)$$

其中 $D_{S_2} := \mathrm{Diag}(D_j)_{j \in S_2}$.

在分析求解问题 (NLSOP) 的增广 Lagrange 方法的收敛性时, 需要下述两个基本假设.

假设(nlsop-A1) 约束非退化条件在点 x^* 处成立

$$\begin{pmatrix} \mathcal{J}h(x^*) \\ \mathcal{J}g(x^*) \end{pmatrix} \Re^n + \begin{pmatrix} \{0\} \\ \mathrm{lin} T_Q(g(x^*)) \end{pmatrix} = \begin{pmatrix} \Re^p \\ \Re^q \end{pmatrix}.$$

问题 (NLSOP) 在 x^* 点处的临界锥为

$$C(x^*) = \{d \mid \mathcal{J}h(x^*)d = 0, \mathcal{J}g(x^*)d \in T_Q(g(x^*)), \langle \mathcal{J}g(x^*)d, z^* \rangle = 0\}.$$

不难验证临界锥 $C(x^*)$ 与它的仿射包 $\mathrm{aff}(C(x^*))$, 可分别表示为

$$C(x^*) = \left\{ d \in \Re^n \;\middle|\; \begin{array}{r} \mathcal{J}h(x^*)d = 0; \mathcal{J}g^j(x^*)d = 0, j \in S_1; \langle a_j, \mathcal{J}g^j(x^*)d \rangle = 0, j \in S_2; \\ \mathcal{J}g^j(x^*)d \in Q_{m_j+1}, j \in N_1; \mathcal{J}g^j(x^*)d \in \Re_+ b_j, j \in N_2; \\ (\bar{g^j}(x^*)^{\mathrm{T}}, -g_0^j(x^*)) \mathcal{J}g^j(x^*)d \leqslant 0, j \in N_3 \end{array} \right\}$$

与

$$\begin{aligned} \mathrm{aff}(C(x^*)) = \{d \in \Re^n | \mathcal{J}h(x^*)d = 0; \mathcal{J}g^j(x^*)d = 0, j \in S_1; \\ \langle a_j, \mathcal{J}g^j(x^*)d \rangle = 0, j \in S_2; \mathcal{J}g^j(x^*)d \in \Re b_j, j \in N_2\}. \end{aligned}$$

由于 $d \in \{d \mid \mathcal{J}g^j(x^*)d \in \Re b_j, j \in N_2\}$ 等价于

$$d \in \{d \mid B_j \mathcal{J}g^j(x^*)d = 0, j \in N_2\}, \quad \text{其中} B_j := I_{m_j+1} - b_j b_j^{\mathrm{T}}, j \in N_2,$$

可得 $\mathrm{aff}(C(x^*))$ 可等价地表达为

$$\begin{aligned} \mathrm{aff}(C(x^*)) = \{d \in \Re^n \mid \mathcal{J}h(x^*)d = 0; \mathcal{J}g^j(x^*)d = 0, j \in S_1; \\ \langle a_j, \mathcal{J}g^j(x^*)d \rangle = 0, j \in S_2; B_j \mathcal{J}g^j(x^*)d = 0, j \in N_2\}. \end{aligned} \quad (9.145)$$

本节需要的第二个假设如下

假设(nlsop-A2) 强二阶充分条件在 (x^*, y^*, z^*) 处成立:

$$d^{\mathrm{T}} \nabla_{xx}^2 L_0(x^*, y^*, z^*)d + d^{\mathrm{T}} \mathcal{H}(x^*, z^*)d \geqslant \eta_0 \|d\|^2, \quad \forall d \in \mathrm{aff}(C(x^*)), \quad (9.146)$$

其中 $\eta_0>0$, 线性空间 $\operatorname{aff}(C(x^*))$ 由 (9.145) 定义, $n\times n$ 矩阵 $\mathcal{H}(x^*,z^*)$ 定义为 $\mathcal{H}(x^*,z^*)=\sum_{j=1}^{J}\mathcal{H}^j(x^*,z^*)$, 对 $j=1,\cdots,J$, $\mathcal{H}^j(x^*,z^*)$ 定义为

$$\mathcal{H}^j(x^*,z^*):=\begin{cases}\dfrac{-(z_j^*)_0}{g_0^j(x^*)}\nabla g^j(x^*)\mathrm{Diag}(1;-I_{m_j})\mathcal{J}g^j(x^*), & g^j(x^*)\in\operatorname{bdry}Q_{m_j+1}\setminus\{0\},\\ 0, & \text{否则}.\end{cases} \tag{9.147}$$

命题 9.14　设条件 (nlsop-A1) 与 (nlsop-A2) 成立. 则对唯一的 Lagrange 乘子 (y^*,z^*), 存在 $\tau_0>0$ 与 $\underline{\eta}>0$, 满足对任何 $\tau\geqslant\tau_0$ 与 $W\in\partial_B\Pi_Q(z^*-\tau g(x^*))$,

$$d^{\mathrm{T}}\mathcal{A}_\tau(y^*,z^*,W)d\geqslant d^{\mathrm{T}}\mathcal{B}_{\tau_0,\tau}(y^*,z^*,W)d\geqslant\underline{\eta}\|d\|^2,$$

其中对任何 $\tau',\tau>0$, $\mathcal{B}_{\tau',\tau}(y^*,z^*,W)$ 定义为

$$\mathcal{B}_{\tau',\tau}(y^*,z^*,W):=\nabla_{xx}^2L_0(x^*,y^*,z^*)+\tau'A^{\mathrm{T}}EA+\tau\nabla g^{S_2}(x^*)D_{S_2}\mathcal{J}g^{S_2}(x^*). \tag{9.148}$$

证明　根据条件 (nlsop-A2), 存在 $\eta_0>0$ 满足

$$d^{\mathrm{T}}\nabla_{xx}^2L_0(x^*,y^*,z^*)d+d^{\mathrm{T}}\mathcal{H}(x^*,z^*)d\geqslant\eta_0\|d\|^2,\quad\forall d\in\operatorname{aff}(C(x^*)). \tag{9.149}$$

对于任何 $d\in\Re^n$, 记 $h^j:=\mathcal{J}_xg^j(x^*)d$. 设 $\tau_1>0$, 满足对任何 $\tau\geqslant\tau_1$,

$$(\max_{j\in S_2}\|\mathcal{J}g^j(x^*)\|^2)\sum_{j\in S_2}[\sigma_j^2/(\tau+\sigma_j)]\leqslant\eta_0/2.$$

则对任何 $d\in\operatorname{aff}(C(x^*))$, 由 (9.142) 与 $\mathcal{H}(x^*,z^*)$ 的定义可得

$$\begin{aligned}&\tau d^{\mathrm{T}}\nabla g^{S_2}(x^*)D_{S_2}\mathcal{J}g^{S_2}(x^*)d-d^{\mathrm{T}}\mathcal{H}(x^*,z^*)d\\ =&\sum_{j\in S_2}\Big[[\tau\sigma_j/(\tau+\sigma_j)]\big(\|\overline{h^j}\|^2-\|(\overline{h^j})^T\overline{z_j^*}\|^2/\|\overline{z_j^*}\|^2\big)-\sigma_j\big(\|\overline{h^j}\|^2-(h_0^j)^2\big)\Big]\\ =&-\sum_{j\in S_2}\big[[\sigma_j^2/(\tau+\sigma_j)]\big(\|\overline{h^j}\|^2-(h_0^j)^2\big)\big]\\ \geqslant&-(\eta_0/2)\|d\|^2,\end{aligned}$$

其中第二个等式由 $\langle a_j,\mathcal{J}g^j(x^*)d\rangle=0,\ j\in S_2$ 得到. 因此对任何 $d\in\operatorname{aff}(C(x^*))$, 由 (9.149) 得到

$$\begin{aligned}&d^{\mathrm{T}}\nabla_{xx}^2L_0(x^*,y^*,z^*)d+\tau d^{\mathrm{T}}\nabla g^{S_2}(x^*)D_{S_2}\mathcal{J}g^{S_2}(x^*)d\\ =&d^{\mathrm{T}}\nabla_{xx}^2L_0(x^*,y^*,z^*)d+d^{\mathrm{T}}\mathcal{H}(x^*,z^*)d+(\tau d^{\mathrm{T}}\nabla g^{S_2}(x^*)D_{S_2}\mathcal{J}g^{S_2}(x^*)d-d^{\mathrm{T}}\mathcal{H}(x^*,z^*)d)\\ \geqslant&(\eta_0/2)\|d\|^2.\end{aligned}$$

根据引理 9.4, 存在 $\tau_0 \geqslant \tau_1$ 与 $\underline{\eta} \in (0, \eta_0/2]$ 满足对任何 $\tau \geqslant \tau_0$ 与 $d \in \Re^n$,

$$\begin{aligned}&d^{\mathrm{T}}\nabla^2_{xx}L_0(x^*,y^*,z^*)d+\tau d^T\nabla g^{S_2}(x^*)D_{S_2}\mathcal{J}g^{S_2}(x^*)d+\tau_0\|\mathcal{J}h(x^*)d\|^2\\&+\tau_0\|\mathcal{J}g^{S_1}(x^*)d\|^2+\tau_0\sum_{j\in S_2}(d^T\mathcal{J}g^j(x^*)a_j)^2+\tau_0\sum_{j\in N_2}\|B_j\mathcal{J}g^j(x^*)d\|^2\geqslant\underline{\eta}\|d\|^2.\end{aligned} \tag{9.150}$$

根据引理 9.7 中的情况 5, 可得 $W_j \in \{I_{m_j+1}, B_j\}, j \in N_2$, 再由 B_j 的定义可得

$$W_j - B_j \in \{b_j b_j^{\mathrm{T}}, 0\}, \quad j \in N_2. \tag{9.151}$$

注意到 W_{N_1} 与 W_{N_3} 是半正定的, 由 (9.150) 与 (9.151), 可得到

$$d^{\mathrm{T}}\mathcal{B}_{\tau_0,\tau}(y^*,z^*,W)d \geqslant \underline{\eta}\|d\|^2, \quad \forall d \in \Re^n. \tag{9.152}$$

再注意到

$$\mathcal{A}_\tau(y^*,z^*,W) = \mathcal{B}_{\tau_0,\tau}(y^*,z^*,W) + (\tau-\tau_0)A^{\mathrm{T}}EA, \tag{9.153}$$

即证得命题的结论. ■

设条件 (nlsop-A1) 与 (nlsop-A2) 成立, $\tau_0 > 0$ 与 $\underline{\eta} > 0$ 由命题 9.14 定义. 根据

$$\lim_{\tau\to\infty} \tau\sigma_j/(\tau+\sigma_j) = \sigma_j, \quad j \in S_2,$$

由 $\mathcal{B}_{\tau_0,\tau}(y^*,z^*,W)$ 的定义可得, 存在 $\overline{\eta} > 0$ 满足, 对任何 $W \in \partial_B \Pi_Q(z^* - \tau g(x^*))$,

$$d^{\mathrm{T}}\mathcal{B}_{\tau_0,\tau}(y^*,z^*,W)d \leqslant \overline{\eta}\|d\|^2, \quad \forall d \in \Re^n, \quad \tau \geqslant \tau_0. \tag{9.154}$$

不难验证, 如果条件 (nlsop-A1) 成立, 由 (9.143) 定义的 A 是行满秩的. 设矩阵 A 具有如下的奇异值分解:

$$A = U(\Sigma, 0)R^{\mathrm{T}}, \tag{9.155}$$

其中 $U \in \Re^{n_1\times n_1}$ 与 $R \in \Re^{n\times n}$ 是正交矩阵, $n_1 := p + p_{S_1} + p_{N_1} + p_{N_2} + |S_2| + |N_3|$, $\Sigma := \mathrm{Diag}(\sigma_i(A))_{1\leqslant i\leqslant n_1}$, $\sigma_1(A) \geqslant \sigma_2(A) \geqslant \cdots \geqslant \sigma_{n_1}(A) > 0$ 是 A 的奇异值.

完全类似引理 9.14, 可以得到下述结论:

引理 9.10 令 $\tau \geqslant \tau_0$. 设条件 (nlsop-A1) 与 (nlsop-A2) 成立. 则

$$\mathcal{A}_\tau(y^*,z^*,W)^{-1} \preceq R\begin{pmatrix}\Sigma^{-1}U^{\mathrm{T}}\left(\underline{\sigma}\underline{\eta}I_{n_1}+(\tau-\tau_0)E\right)^{-1}U\Sigma^{-1} & 0\\ 0 & \underline{\sigma}^{-1}\underline{\eta}^{-1}I_{q_{n_2}}\end{pmatrix}R^{\mathrm{T}}, \tag{9.156}$$

$$\mathcal{A}_\tau(y^*,z^*,W)^{-1} \succeq R\begin{pmatrix} \Sigma^{-1}U^{\mathrm{T}}\big(\overline{\sigma}\,\overline{\eta}I_{n_1}+(\tau-\tau_0)E\big)^{-1}U\Sigma^{-1} & 0 \\ 0 & \overline{\sigma}^{-1}\overline{\eta}^{-1}I_{q_{n_2}} \end{pmatrix}R^{\mathrm{T}}, \tag{9.157}$$

与

$$\|\mathcal{A}_\tau(y^*,z^*,W)^{-1}A^{\mathrm{T}}Eu\| \leqslant \sqrt{2}(\overline{\sigma}+(\underline{\sigma}\underline{\eta})^{-2}(\overline{\sigma}\,\overline{\eta})^{-2})(\tau-\tau_0)^{-1}\|u\|, \quad \forall u\in\Re^{n_1}, \tag{9.158}$$

其中 $n_2:=n-n_1$, $\underline{\sigma}$ 与 $\overline{\sigma}$ 定义为

$$\underline{\sigma}:=\min\{1,\sigma_1^{-2}(A)\}, \quad \overline{\sigma}:=\max\{1,\sigma_{n_1}^{-2}(A)\}. \tag{9.159}$$

设 (x^*,y^*,z^*) 是问题 (NLSOP) 的 KKT 点. 则结合命题 9.14 与引理 4.8, 可得下述结论.

引理 9.11 设条件 (nlsop-A1) 与 (nlsop-A2) 成立. 令 $\tau\geqslant\tau_0$. 则存在 $\epsilon>0$ 与 $\delta_0>0$(二者均依赖 τ) 与一定义在 $\mathbb{B}_{\delta_0}(y^*,z^*)$ 上的局部 Lipschitz 连续函数 $x_\tau(\cdot)$ 满足:

(a) 函数 $x_\tau(\cdot)$ 在 $\mathbb{B}_{\delta_0}(y^*,z^*)$ 内的每一点均是半光滑的;

(b) 对任何 $x\in\mathbb{B}_\epsilon(x^*)$ 与 $(y,z)\in\mathbb{B}_{\delta_0}(y^*,z^*)$, $\pi_x\partial_B(\nabla_x L_\tau)(x,y,z)$ 中的每一元素均是正定的;

(c) 对任何 $(y,z)\in\mathbb{B}_{\delta_0}(y^*,z^*)$, $x_\tau(y,z)$ 是极小化问题

$$\min\ L_\tau(x,y,z) \quad \text{s.t.} \quad x\in\mathbb{B}_\epsilon(x^*)$$

的唯一的最优解.

定义 $\vartheta_\tau:\Re^p\times\Re^q\to\Re$

$$\vartheta_\tau(y,z):=\min_{x\in\mathbb{B}_\epsilon(x^*)} L_\tau(x,y,z), \quad (y,z)\in\Re^p\times\Re^q. \tag{9.160}$$

由于对每一固定的 $x\in\Re^n$, $L_\tau(x,\cdot)$ 是一凹函数, 作为一族凹函数的逐点极小值函数, $\vartheta_\tau(\cdot)$ 也是一凹函数. 由引理 9.11 可得

$$\vartheta_\tau(y,z)=L_\tau(x_\tau(y,z),y,z), \quad (y,z)\in\mathbb{B}_{\delta_0}(y^*,z^*). \tag{9.161}$$

对每一 $w\in\mathbb{B}_{\delta_0}(y^*,z^*)$, $w:=(y,z)\in\Re^p\times\Re^q$, 令

$$\big(y_\tau(w);z_\tau(w)\big):=\big(y+\tau h(x_\tau(w));\Pi_Q(z-\tau g(x_\tau(w)))\big). \tag{9.162}$$

可以得到

$$\nabla_x L_0(x_\tau(w),y_\tau(w),z_\tau(w))=\nabla_x L_\tau(x_\tau(y,z),y,z)=0, \quad w\in\mathbb{B}_{\delta_0}(w^*), \tag{9.163}$$

其中 $w^*:=(y^*,z^*)$.

下述引理是命题 9.12 的一个直接结果.

引理 9.12 设条件 (nlsop-A1) 与 (nlsop-A2) 成立. 取 $\tau \geqslant \tau_0$. 则由 (9.160) 定义的凹函数 $\vartheta(\cdot)$ 在 $\mathbb{B}_{\delta_0}(w^*)$ 上是连续可微的,

$$\nabla\vartheta_\tau(w) = \big(h(x_\tau(w)); -\tau^{-1}z + \tau^{-1}\Pi_Q(z - \tau g(x_\tau(w)))\big), \quad w \in \mathbb{B}_{\delta_0}(w^*). \quad (9.164)$$

进一步, $\nabla\vartheta_\tau(\cdot)$ 在 $\mathbb{B}_{\delta_0}(w^*)$ 中的任何一点处均是半光滑的. 如果 $\nabla^2 f$, $\nabla^2 h$ 与 $\nabla^2 g$ 是局部 Lipschitz 连续的, 则它在 $\mathbb{B}_{\delta_0}(w^*)$ 中的任何一点处均是强半光滑的.

对 $\tau \geqslant \tau_0$ 与 $\Delta w := (\Delta y, \Delta z) \in \Re^p \times \Re^q$, 定义

$$\begin{aligned}
&\mathcal{V}_\tau(\Delta w)\\
&:= \Big\{ \big(\mathcal{J}h(x^*); -W\mathcal{J}g(x^*)\big)\mathcal{A}_\tau(w^*, W)^{-1}(-\nabla h(x^*)(\Delta y) + \nabla g(x^*)W(\Delta z))\\
&\quad + \big(0; -\tau^{-1}\Delta z + \tau^{-1}W(\Delta z)\big) \Big| W \in \partial_B\Pi_Q(z^* - \tau g(x^*)) \Big\}. \quad (9.165)
\end{aligned}$$

根据命题 9.14, 对任何 $\tau \geqslant \tau_0$ 与 $W \in \partial_B\Pi_Q(z^* - \tau g(x^*))$, $\mathcal{A}_\tau(w^*, W)$ 是正定的, 集合 $\mathcal{V}_\tau(\Delta w)$ 是有定义的. 根据命题 9.13, 如果条件 (nlsop-A1) 与 (nlsop-A2) 成立, 对任何 $\tau \geqslant \tau_0$ 与 $\Delta w := (\Delta y, \Delta z) \in \Re^p \times \Re^q$, 有下述关系:

$$\partial_B(\nabla\vartheta_\tau)(w^*)(\Delta w) \subseteq \mathcal{V}_\tau(\Delta w). \quad (9.166)$$

令 $\overline{\nu} := \max_{j\in S_2}\{\|\mathcal{J}g^j(x^*)\|^2\}$, $\underline{\nu} := \min_{j\in S_2}\{\|\mathcal{J}g^j(x^*)\|^2\}$ 与 $\overline{\sigma}_0 := \max_{j\in S_2}\{\sigma_j\}$, $\underline{\sigma}_0 := \min_{j\in S_2}\{\sigma_j\}$, 定义

$$\varrho_0 := \Big(\max\{4\overline{\sigma}\tau_0^2(\underline{\sigma}\underline{\eta})^{-2}, 4\overline{\sigma}^2(\underline{\sigma}\underline{\eta})^{-2}\underline{\sigma}_0^{-2}\overline{\nu}, 16(\overline{\sigma} + (\underline{\sigma}\underline{\eta})^{-2}(\overline{\sigma}\,\overline{\eta})^{-2})^2\} \Big)^{1/2}, \quad (9.167)$$

$$\hat{\tau} := \max\{(2+\sqrt{2})\tau_0, \overline{\sigma}\,\overline{\eta}\}. \quad (9.168)$$

下面的结果对后面的分析是至关重要的.

命题 9.15 设条件 (nlsop-A1) 与 (nlsop-A2) 成立. 则存在 $\kappa_0 > 0$ 满足对任何 $\tau \geqslant \hat{\tau}$ 与 $\Delta w = (\Delta y, \Delta z) \in \Re^p \times \Re^q$, 有

$$\|(x_\tau)'(w^*; \Delta w)\| \leqslant \varrho_0\|\Delta w\|/\tau \quad (9.169)$$

与

$$\langle V(\Delta w) + \tau^{-1}\Delta w, \Delta w\rangle \in \kappa_0[-1, 1]\|\Delta w\|^2/\tau^2, \quad \forall V(\Delta w) \in \mathcal{V}_\tau(\Delta w). \quad (9.170)$$

证明 取 $\tau \geqslant \hat{\tau}$ 与 $\Delta w = (\Delta y, \Delta z) \in \Re^p \times \Re^q$. 取 $w \in \mathbb{B}_{\delta_0}(w^*)$. 由 (9.163) 可得

$$\begin{aligned}
&\nabla^2_{xx}L_0(x_\tau(w), y_\tau(w), z_\tau(w))(x_\tau)'(w; \Delta w) + \tau\nabla h(x_\tau(w))\mathcal{J}h(x_\tau(w))(x_\tau)'(w; \Delta w)\\
&+ \nabla h(x_\tau(w))(\Delta y) - \nabla g(x_\tau(w))\Pi_Q'\big(z - \tau g(x_\tau(w)); \Delta z\\
&- \tau\mathcal{J}g(x_\tau(w))(x_\tau)'(w; \Delta w)\big) = 0,
\end{aligned}$$

由此可推出

$$\begin{aligned}&\nabla_{xx}^2 L_0(x^*,y^*,z^*)(x_\tau)'(w^*;\Delta w)+\tau\nabla h(x^*)\mathcal{J}h(x^*)(x_\tau)'(w^*;\Delta w)\\&+\nabla h(x^*)(\Delta y)-\nabla g(x^*)\Pi_Q'\big(z^*-\tau g(x^*);\Delta z-\tau\mathcal{J}g(x^*)(x_\tau)'(w^*;\Delta w)\big)=0.\end{aligned} \tag{9.171}$$

因为 $\Pi_Q(\cdot)$ 是处处强半光滑的, 存在 $W\in\partial_B\Pi_Q(z^*-\tau g(x^*))$ 满足

$$\Pi_Q'\big(z^*-\tau g(x^*);\Delta z-\tau\mathcal{J}g(x^*)(x_\tau)'(w^*;\Delta w)\big)=W\big(\Delta z-\tau\mathcal{J}g(x^*)(x_\tau)'(w^*;\Delta w)\big). \tag{9.172}$$

结合 $\mathcal{A}_\tau(w^*,W)$ 的定义与 (9.171), 可得

$$(x_\tau)'(w^*;\Delta w)=\mathcal{A}_\tau(w^*,W)^{-1}(-\nabla h(x^*)(\Delta y)+\nabla g(x^*)W(\Delta z)). \tag{9.173}$$

令 $\Delta z_{S_i}:=(\Delta z_j)_{j\in S_i},\Delta z_{N_i}:=(\Delta z_j)_{j\in N_i},i=1,2,3$. 定义

$$\Delta d:=(\Delta y;\Delta z_{S_1};M_{S_2}\Delta z_{S_2};\Delta z_{N_1};\Delta z_{N_2};M_{N_3}\Delta z_{N_3}).$$

设 A 由 (9.143) 定义且有奇异值分解 (9.155). 则由 (9.173) 可得

$$\begin{aligned}&\langle(x_\tau)'(w^*;\Delta w),(x_\tau)'(w^*;\Delta w)\rangle\\=&\Big\langle A^{\mathrm T}E\Delta d+\nabla g^{S_2}(x^*)D_{S_2}(\Delta z_{S_2}),\mathcal{A}_\tau(w^*,W)^{-2}\big(A^{\mathrm T}E\Delta d+\nabla g^{S_2}(x^*)D_{S_2}(\Delta z_{S_2})\big)\Big\rangle\\\leqslant&2\langle A^{\mathrm T}E\Delta d,\mathcal{A}_\tau(w^*,W)^{-2}A^T E\Delta d\rangle\\&+2\langle\nabla g^{S_2}(x^*)D_{S_2}(\Delta z_{S_2}),\mathcal{A}_\tau(w^*,W)^{-2}\nabla g^{S_2}(x^*)D_{S_2}(\Delta z_{S_2})\rangle.\end{aligned} \tag{9.174}$$

由 (9.158), 得到

$$\begin{aligned}\big\langle A^{\mathrm T}E\Delta d,\mathcal{A}_\tau(w^*,W)^{-2}A^{\mathrm T}E\Delta d\big\rangle&=\|\mathcal{A}_\tau(w^*,W)^{-1}A^{\mathrm T}E\Delta d\|^2\\&\leqslant 2(\overline{\sigma}+(\underline{\sigma}\underline{\eta})^{-2}(\overline{\sigma}\,\overline{\eta})^{-2})^2(\tau-\tau_0)^{-2}\|\Delta d\|^2\\&\leqslant(1/4)\varrho_0^2\tau^{-2}\|\Delta d\|^2.\end{aligned} \tag{9.175}$$

令

$$\underline{\mathcal{E}}_\tau:=(\overline{\sigma}\,\overline{\eta}I_{n_1}+(\tau-\tau_0)E)^{-1},\quad \overline{\mathcal{E}}_\tau:=(\underline{\sigma}\,\underline{\eta}I_{n_1}+(\tau-\tau_0)E)^{-1}, \tag{9.176}$$

$$\underline{\Xi}_\tau:=\mathrm{Diag}\big(\underline{\mathcal{E}}_\tau;\overline{\sigma}^{-1}\overline{\eta}^{-1}I_{q_{n_2}}\big),\quad \overline{\Xi}_\tau:=\mathrm{Diag}\big(\overline{\mathcal{E}}_\tau;\underline{\sigma}^{-1}\underline{\eta}^{-1}I_{q_{n_2}}\big), \tag{9.177}$$

与

$$\tilde{R}:=R\mathrm{Diag}(\varSigma^{-1}U^{\mathrm T};I_{q_{n_2}}).$$

则根据引理 9.10, (9.177) 与 (9.142), 有

$$\begin{aligned}
&\left\langle\nabla g^{S_2}(x^*)D_{S_2}(\Delta z_{S_2}),\mathcal{A}_\tau(w^*,W)^{-2}\nabla g^{S_2}(x^*)D_{S_2}(\Delta z_{S_2})\right\rangle\\
=&\left\langle\mathcal{A}_\tau(w^*,W)^{-1/2}\nabla g^{S_2}(x^*)D_{S_2}(\Delta z_{S_2}),\right.\\
&\left.\mathcal{A}_\tau(w^*,W)^{-1}\mathcal{A}_\tau(w^*,W)^{-1/2}\nabla g^{S_2}(x^*)D_{S_2}(\Delta z_{S_2})\right\rangle\\
\leqslant&\left\langle\mathcal{A}_\tau(w^*,W)^{-1/2}\nabla g^{S_2}(x^*)D_{S_2}(\Delta z_{S_2}),\widetilde{R}\Xi_\tau\widetilde{R}^{\mathrm{T}}\mathcal{A}_\tau(w^*,W)^{-1/2}\nabla g^{S_2}(x^*)D_{S_2}(\Delta z_{S_2})\right\rangle\\
\leqslant&\overline{\sigma}\underline{\sigma}^{-1}\underline{\eta}^{-1}\left\langle\nabla g^{S_2}(x^*)D_{S_2}(\Delta z_{S_2}),\mathcal{A}_\tau(w^*,W)^{-1}\nabla g^{S_2}(x^*)D_{S_2}(\Delta z_{S_2})\right\rangle\\
\leqslant&\overline{\sigma}^2\underline{\sigma}^{-2}\underline{\eta}^{-2}\overline{\nu}\,\overline{\sigma}_0^2(\overline{\sigma}_0+\tau)^{-2}\|\Delta z_{S_2}\|^2\\
\leqslant&\overline{\sigma}^2\underline{\sigma}^{-2}\underline{\eta}^{-2}\overline{\nu}\,\overline{\sigma}_0^2\tau^{-2}\|\Delta z_{S_2}\|^2\\
\leqslant&(1/4)\varrho_0^2\tau^{-2}\|\Delta z_{S_2}\|^2,
\end{aligned}\tag{9.178}$$

再结合 (9.174) 与 (9.175) 可推出

$$\|(x_\tau)'(w^*;\Delta w)\|\leqslant\varrho_0\|\Delta w\|/\tau,$$

因此 (9.169) 成立.

下面证明 (9.170) 成立. 令 $V(\Delta w)\in\mathcal{V}_\tau(\Delta w)$. 由 (9.165) 可得, 存在 $W\in\partial_B\Pi_Q(z^*-\tau g(x^*))$ 满足

$$\begin{aligned}
V(\Delta w)=&\big(\mathcal{J}h(x^*);-W\mathcal{J}g(x^*)\big)\mathcal{A}_\tau(w^*,W)^{-1}(-\nabla h(x^*)(\Delta y)+\nabla g(x^*)W(\Delta z))\\
&+\big(0;-\tau^{-1}\Delta z+\tau^{-1}W(\Delta z)\big).
\end{aligned}$$

我们设这一 $W\in\partial_B\Pi_Q(z^*-\tau g(x^*))$ 是满足 (9.172) 的 B- 次微分. 于是有

$$\begin{aligned}
&-\big\langle V(\Delta w),\Delta w\big\rangle\\
=&\left\langle A^{\mathrm{T}}E\Delta d+\nabla g^{S_2}(x^*)D_{S_2}(\Delta z_{S_2}),\mathcal{A}_\tau(w^*,W)^{-1}(A^{\mathrm{T}}E\Delta d+\nabla g^{S_2}(x^*)D_{S_2}(\Delta z_{S_2}))\right\rangle\\
&+\tau^{-1}\|\Delta z\|^2-\tau^{-1}\big\langle\Delta z,W(\Delta z)\big\rangle\\
=&\left\langle A^{\mathrm{T}}E\Delta d,\mathcal{A}_\tau(w^*,W)^{-1}(A^TE\Delta d)\right\rangle\\
&+2\left\langle A^{\mathrm{T}}E\Delta d,\mathcal{A}_\tau(w^*,W)^{-1}\nabla g^{S_2}(x^*)D_{S_2}(\Delta z_{S_2})\right\rangle\\
&+\left\langle g^{S_2}(x^*)D_{S_2}(\Delta z_{S_2}),\mathcal{A}_\tau(w^*,W)^{-1}\nabla g^{S_2}(x^*)D_{S_2}(\Delta z_{S_2})\right\rangle\\
&+\tau^{-1}\|\Delta z\|^2-\tau^{-1}\big\langle\Delta z,W(\Delta z)\big\rangle.
\end{aligned}\tag{9.179}$$

根据引理 9.10 与 (9.176), 可以得到

$$\underline{\mathcal{E}}_\tau\preceq A\mathcal{A}_\tau(w^*,W)^{-1}A^{\mathrm{T}}\preceq\overline{\mathcal{E}}_\tau.\tag{9.180}$$

因此得到

$$
\begin{aligned}
&\langle A^{\mathrm{T}}E\Delta d, \mathcal{A}_\tau(w^*,W)^{-1}(A^{\mathrm{T}}E\Delta d)\rangle \geqslant \langle E\Delta d, \underline{\mathcal{E}}_\tau E\Delta d\rangle \\
&\geqslant \big(\overline{\sigma}\,\overline{\eta}+(\tau-\tau_0)\big)^{-1}\big(\|\Delta y\|^2+\|\Delta z_{S_1}\|^2+\|M_{S_2}\Delta z_{S_2}\|^2\big) \\
&\quad +\langle W_{N_1}\Delta z_{N_1}, (\overline{\sigma}\,\overline{\eta}I_{q_{N_1}}+(\tau-\tau_0)W_{N_1})^{-1}W_{N_1}\Delta z_{N_1}\rangle \\
&\quad +\langle W_{N_2}\Delta z_{N_2}, (\overline{\sigma}\,\overline{\eta}I_{q_{N_2}}+(\tau-\tau_0)W_{N_2})^{-1}W_{N_2}\Delta z_{N_2}\rangle \\
&\quad +\langle \hat{W}_{N_3}M_{N_3}\Delta z_{N_3}, (\overline{\sigma}\,\overline{\eta}I_{q_{N_3}}+(\tau-\tau_0)\hat{W}_{N_3})^{-1}\hat{W}_{N_3}M_{N_3}\Delta z_{N_3}\rangle
\end{aligned}
\tag{9.181}
$$

与

$$
\begin{aligned}
&\langle A^{\mathrm{T}}E\Delta d, \mathcal{A}_\tau(w^*,W)^{-1}(A^{\mathrm{T}}E\Delta d)\rangle \\
&\leqslant \langle E\Delta d, \overline{\mathcal{E}}_\tau E\Delta d\rangle \\
&\leqslant \big(\underline{\sigma}\,\underline{\eta}+(\tau-\tau_0)\big)^{-1}\big(\|\Delta y\|^2+\|\Delta z_{S_1}\|^2+\|M_{S_2}\Delta z_{S_2}\|^2\big) \\
&\quad +\langle W_{N_1}\Delta z_{N_1}, (\underline{\sigma}\,\underline{\eta}I_{q_{N_1}}+(\tau-\tau_0)W_{N_1})^{-1}W_{N_1}\Delta z_{N_1}\rangle \\
&\quad +\langle W_{N_2}\Delta z_{N_2}, (\underline{\sigma}\,\underline{\eta}I_{q_{N_2}}+(\tau-\tau_0)W_{N_2})^{-1}W_{N_2}\Delta z_{N_2}\rangle \\
&\quad +\langle \hat{W}_{N_3}M_{N_3}\Delta z_{N_3}, (\underline{\sigma}\,\underline{\eta}I_{q_{N_3}}+(\tau-\tau_0)\hat{W}_{N_3})^{-1}\hat{W}_{N_3}M_{N_3}\Delta z_{N_3}\rangle.
\end{aligned}
\tag{9.182}
$$

进一步, 由引理 9.10, (9.177) 与 (9.178) 可得

$$
\begin{aligned}
&\langle \nabla g^{S_2}(x^*)D_{S_2}(\Delta z_{S_2}), \mathcal{A}_\tau(w^*,W)^{-1}\nabla g^{S_2}(x^*)D_{S_2}(\Delta z_{S_2})\rangle \\
&\geqslant \langle \nabla g^{S_2}(x^*)D_{S_2}(\Delta z_{S_2}), \underline{\Xi}_\tau\nabla g^{S_2}(x^*)D_{S_2}(\Delta z_{S_2})\rangle \\
&\geqslant \big(\overline{\sigma}\,\overline{\eta}+(\tau-\tau_0)\big)^{-1}\langle \nabla g^{S_2}(x^*)D_{S_2}(\Delta z_{S_2}), \nabla g^{S_2}(x^*)D_{S_2}(\Delta z_{S_2})\rangle \\
&\geqslant \underline{\nu}\big(\overline{\sigma}\,\overline{\eta}+(\tau-\tau_0)\big)^{-1}\langle D_{S_2}(\Delta z_{S_2}), D_{S_2}(\Delta z_{S_2})\rangle \\
&\geqslant \underline{\nu}\big(\overline{\sigma}\,\overline{\eta}+(\tau-\tau_0)\big)^{-1}\underline{\sigma}_0^2(\underline{\sigma}_0+\tau)^{-2}\|\Delta z_{S_2}\|^2
\end{aligned}
\tag{9.183}
$$

与

$$
\begin{aligned}
&\langle \nabla g^{S_2}(x^*)D_{S_2}(\Delta z_{S_2}), \mathcal{A}_\tau(w^*,W)^{-1}\nabla g^{S_2}(x^*)D_{S_2}(\Delta z_{S_2})\rangle \\
&\leqslant \langle \nabla g^{S_2}(x^*)D_{S_2}(\Delta z_{S_2}), \overline{\Xi}_\tau\nabla g^{S_2}(x^*)D_{S_2}(\Delta z_{S_2})\rangle \\
&\leqslant \underline{\sigma}^{-1}\underline{\eta}^{-1}\langle \nabla g^{S_2}(x^*)D_{S_2}(\Delta z_{S_2}), \nabla g^{S_2}(x^*)D_{S_2}(\Delta z_{S_2})\rangle \\
&\leqslant \underline{\sigma}^{-1}\underline{\eta}^{-1}\overline{\nu}\,\overline{\sigma}_0^2(\overline{\sigma}_0+\tau)^{-2}\|\Delta z_{S_2}\|^2.
\end{aligned}
\tag{9.184}
$$

还有

$$
\begin{aligned}
\langle \nabla g^{S_2}(x^*)D_{S_2}(\Delta z_{S_2}), \nabla g^{S_2}(x^*)D_{S_2}(\Delta z_{S_2})\rangle &\leqslant \overline{\nu}\langle D_{S_2}(\Delta z_{S_2}), D_{S_2}(\Delta z_{S_2})\rangle \\
&\leqslant \overline{\nu}\,\overline{\sigma}_0^2(\overline{\sigma}_0+\tau)^{-2}\|\Delta z_{S_2}\|^2 \\
&\leqslant \overline{\nu}\,\overline{\sigma}_0^2\tau^{-2}\|\Delta z_{S_2}\|^2.
\end{aligned}
\tag{9.185}
$$

根据 (9.175) 与 (9.185), 得到

$$\begin{aligned}&\left|\left\langle A^{\mathrm{T}}E\Delta d,\mathcal{A}_\tau(w^*,W)^{-1}\nabla g^{S_2}(x^*)D_{S_2}(\Delta z_{S_2})\right\rangle\right|\\=&\left|\left\langle\mathcal{A}_\tau(w^*,W)^{-1}A^{\mathrm{T}}E\Delta d,\nabla g^{S_2}(x^*)D_{S_2}(\Delta z_{S_2})\right\rangle\right|\\\leqslant&\|\mathcal{A}_\tau(w^*,W)^{-1}A^{\mathrm{T}}E\Delta d\|\|\nabla g^{S_2}(x^*)D_{S_2}(\Delta z_{S_2})\|\\\leqslant&(1/2)\varrho_0\tau^{-1}\|\Delta d\|\sqrt{\overline{\nu}}\,\overline{\sigma}_0\tau^{-1}\|\Delta z_{S_2}\|\\\leqslant&(\varrho_0\sqrt{\overline{\nu}}\,\overline{\sigma}_0/4)\tau^{-2}(\|\Delta d\|^2+\|\Delta z_{S_2}\|^2).\end{aligned}\tag{9.186}$$

再由引理 9.7 得

$$\begin{aligned}\|\Delta z\|^2-\langle\Delta z,W\Delta z\rangle=&\|\Delta z_{S_3}\|^2+\left(\|\Delta z_{S_2}\|^2-\langle\Delta z_{S_2},W_{S_2}\Delta z_{S_2}\rangle\right)\\&+\sum_{i=1}^{3}\left(\|\Delta z_{N_i}\|^2-\langle\Delta z_{N_i},W_{N_i}\Delta z_{N_i}\rangle\right).\end{aligned}\tag{9.187}$$

给出记号:

$$\begin{aligned}\underline{\Upsilon}_j(W_j):=&\left\langle W_j\Delta z_j,(\overline{\sigma}\,\overline{\eta}I_{m_j+1}+(\tau-\tau_0)W_j)^{-1}W_j\Delta z_j\right\rangle\\&-\tau^{-1}\left\langle\Delta z_j,W_j\Delta z_j\right\rangle,\quad j\in N_1\cup N_2,\\\underline{\Upsilon}_j(\widehat{W}_j):=&\left\langle\widehat{W}_jc_j^{\mathrm{T}}\Delta z_j,(\overline{\sigma}\,\overline{\eta}I_{m_j+1}+(\tau-\tau_0)\widehat{W}_j)^{-1}\widehat{W}_jc_j^{\mathrm{T}}\Delta z_j\right\rangle\\&-\tau^{-1}\left\langle\Delta z_j,W_j\Delta z_j\right\rangle,\quad j\in N_3\end{aligned}\tag{9.188}$$

与

$$\begin{aligned}\overline{\Upsilon}_j(W_j):=&\left\langle W_j\Delta z_j,(\underline{\sigma}\,\underline{\eta}I_{m_j+1}+(\tau-\tau_0)W_j)^{-1}W_j\Delta z_j\right\rangle\\&-\tau^{-1}\left\langle\Delta z_j,W_j\Delta z_j\right\rangle,\quad j\in N_1\cup N_2,\\\overline{\Upsilon}_j(\widehat{W}_j):=&\left\langle\widehat{W}_jc_j^{\mathrm{T}}\Delta z_j,(\underline{\sigma}\,\underline{\eta}I_{m_j+1}+(\tau-\tau_0)\widehat{W}_j)^{-1}\widehat{W}_jc_j^{\mathrm{T}}\Delta z_j\right\rangle\\&-\tau^{-1}\left\langle\Delta z_j,W_j\Delta z_j\right\rangle,\quad j\in N_3.\end{aligned}\tag{9.189}$$

用引理 9.7, 直接计算得

$$\begin{aligned}&\min\{\underline{\Upsilon}_j(W_j)|W_j\in\partial_B\Pi_{Q_{m_j+1}}(z_j^*-\tau g^j(x^*))\}=\underline{\Upsilon}_j(0)=0,\quad j\in N_1,\\&\min\{\underline{\Upsilon}_j(W_j)|W_j\in\partial_B\Pi_{Q_{m_j+1}}(z_j^*-\tau g^j(x^*))\}=\underline{\Upsilon}_j(I_{m_j+1}-b_jb_j^{\mathrm{T}})\geqslant0,\quad j\in N_2,\\&\min\{\underline{\Upsilon}_j(\widehat{W}_j)|\widehat{W}_j\in\{0,I_{m_j+1}\}\}=\underline{\Upsilon}_j(0)=0,\quad j\in N_3\end{aligned}\tag{9.190}$$

与

$$\begin{aligned}&\max\{\overline{\Upsilon}_j(W_j)|W_j\in\partial_B\Pi_{Q_{m_j+1}}(z_j^*-\tau g^j(x^*))\}\\=&\overline{\Upsilon}_j(I_{m_j+1})=[(\underline{\sigma}\,\underline{\eta}+(\tau-\tau_0))^{-1}-\tau^{-1}]\|\Delta z_j\|^2,\quad j\in N_1,\\&\max\{\overline{\Upsilon}_j(W_j)|W_j\in\partial_B\Pi_{Q_{m_j+1}}(z_j^*-\tau g^j(x^*))\}\end{aligned}\tag{9.191}$$

$$
\begin{aligned}
&= \overline{\Upsilon}_j(I_{m_j+1}) = [(\underline{\sigma}\,\underline{\eta} + (\tau - \tau_0))^{-1} - \tau^{-1}]\|\Delta z_j\|^2, \quad j \in N_2, \\
&\max\{\overline{\Upsilon}_j(\widehat{W}_j)|\widehat{W}_j \in \{0, I_{m_j+1}\}\} \\
&= \overline{\Upsilon}_j(I_{m_j+1}) = [(\underline{\sigma}\,\underline{\eta} + (\tau - \tau_0))^{-1} - \tau^{-1}](c_j^T \Delta z_j)^2 \\
&\leqslant [(\underline{\sigma}\,\underline{\eta} + (\tau - \tau_0))^{-1} - \tau^{-1}]\|\Delta z_j\|^2, \quad j \in N_3.
\end{aligned} \tag{9.192}
$$

把 (9.179) 与 (9.181), (9.183), (9.186), (9.187) 和 (9.190) 结合, 得

$$
\begin{aligned}
-\langle V(\Delta w), \Delta w\rangle \geqslant\, & \tau^{-1}\|\Delta z_{S_3}\|^2 + \underline{\kappa}_1(\tau)(\|\Delta y\|^2 + \|\Delta z_{S_1}\|^2) + \underline{\kappa}_2(\tau)\|\Delta z_{S_2}\|^2 \\
& + \underline{\kappa}_3(\tau)\|M_{S_2}\Delta z_{S_2}\|^2 + \underline{\kappa}_4(\tau)(\|\Delta z_{N_1}\|^2 + \|\Delta z_{N_2}\|^2) + \tau^{-1}\|\Delta z_{N_3}\|^2 \\
& - (\varrho_0\sqrt{\overline{\upsilon}}\,\overline{\sigma}_0/2)\tau^{-2}\|M_{N_3}\Delta z_{N_3}\|^2 + \sum_{j \in N_1 \cup N_2} \underline{\Upsilon}_j(W_j) + \sum_{j \in N_3} \underline{\Upsilon}_j(\hat{W}_j) \\
\geqslant\, & \tau^{-1}\|\Delta z_{S_3}\|^2 + \underline{\kappa}_1(\tau)(\|\Delta y\|^2 + \|\Delta z_{S_1}\|^2) + \underline{\kappa}_2(\tau)\|\Delta z_{S_2}\|^2 \\
& + \underline{\kappa}_4(\tau)(\|\Delta z_{N_1}\|^2 + \|\Delta z_{N_2}\|^2 + \|\Delta z_{N_3}\|^2),
\end{aligned} \tag{9.193}
$$

其中 $\underline{\kappa}_1(\tau), \underline{\kappa}_2(\tau), \underline{\kappa}_3(\tau), \underline{\kappa}_4(\tau)$ 定义为

$$
\begin{aligned}
&\underline{\kappa}_1(\tau) := (\overline{\sigma}\,\overline{\eta} + (\tau - \tau_0))^{-1} - (\varrho_0\sqrt{\overline{\upsilon}}\,\overline{\sigma}_0/2)\tau^{-2}, \\
&\underline{\kappa}_2(\tau) := \tau^{-1} - (\varrho_0\sqrt{\overline{\upsilon}}\,\overline{\sigma}_0/2)\tau^{-2} - \tau^{-1}\overline{\sigma}_0(\overline{\sigma}_0 + \tau)^{-1} + 2\underline{\nu}\big(\overline{\sigma}\,\overline{\eta} + (\tau - \tau_0)\big)^{-1}\underline{\sigma}_0^2(\underline{\sigma}_0 + \tau)^{-2}, \\
&\underline{\kappa}_3(\tau) := (\overline{\sigma}\,\overline{\eta} + (\tau - \tau_0))^{-1} - \tau^{-1}, \\
&\underline{\kappa}_4(\tau) := \tau^{-1} - (\varrho_0\sqrt{\overline{\upsilon}}\,\overline{\sigma}_0/2)\tau^{-2}.
\end{aligned}
$$

根据 $\underline{\kappa}_1(\tau), \underline{\kappa}_2(\tau), \underline{\kappa}_3(\tau), \underline{\kappa}_4(\tau)$ 的定义, 存在 $\underline{\kappa} > 0$, 满足对 $\tau \geqslant \tau_0$ 有

$$
\min\{\underline{\kappa}_1(\tau), \underline{\kappa}_2(\tau), \underline{\kappa}_3(\tau), \underline{\kappa}_4(\tau)\} \geqslant \tau^{-1} - \underline{\kappa}\tau^{-2},
$$

再结合 (9.193) 可推出

$$
-\langle V(\Delta w), \Delta w\rangle \geqslant (\tau^{-1} - \underline{\kappa}\tau^{-2})\|\Delta w\|^2. \tag{9.194}
$$

现在估计 $-\langle V(\Delta w), \Delta w\rangle$ 的上界. 根据式 (9.179), (9.182), (9.184), (9.186), (9.187) 与 (9.191), 得到

$$
\begin{aligned}
-\langle V(\Delta w), \Delta w\rangle \leqslant\, & \tau^{-1}\|\Delta z_{S_3}\|^2 + \overline{\kappa}_1(\tau)(\|\Delta y\|^2 + \|\Delta z_{S_1}\|^2) + \overline{\kappa}_2(\tau)\|\Delta z_{S_2}\|^2 \\
& + \overline{\kappa}_3(\tau)\|M_{S_2}\Delta z_{S_2}\|^2 + \overline{\kappa}_4(\tau)(\|\Delta z_{N_1}\|^2 + \|\Delta z_{N_2}\|^2) + \tau^{-1}\|\Delta z_{N_3}\|^2 \\
& + (\varrho_0\sqrt{\overline{\upsilon}}\,\overline{\sigma}_0/2)\tau^{-2}\|M_{N_3}\Delta z_{N_3}\|^2 + \sum_{j \in N_1 \cup N_2} \overline{\Upsilon}_j(W_j) + \sum_{j \in N_3} \overline{\Upsilon}_j(\hat{W}_j) \\
\leqslant\, & \tau^{-1}\|\Delta z_{S_3}\|^2 + \overline{\kappa}_1(\tau)(\|\Delta y\|^2 + \|\Delta z_{S_1}\|^2) + (\overline{\kappa}_2(\tau) + \overline{\kappa}_3(\tau))\|\Delta z_{S_2}\|^2 \\
& + \overline{\kappa}_4(\tau)(\|\Delta z_{N_1}\|^2 + \|\Delta z_{N_2}\|^2 + \|\Delta z_{N_3}\|^2),
\end{aligned} \tag{9.195}
$$

其中 $\overline{\kappa}_1(\tau),\overline{\kappa}_2(\tau),\overline{\kappa}_3(\tau),\overline{\kappa}_4(\tau)$ 定义为

$$\begin{aligned}
\overline{\kappa}_1(\tau) &:= (\underline{\sigma}\,\underline{\eta}+(\tau-\tau_0))^{-1}+(\varrho_0\sqrt{\overline{\upsilon}}\,\overline{\sigma}_0/2)\tau^{-2},\\
\overline{\kappa}_2(\tau) &:= \tau^{-1}+(\varrho_0\sqrt{\overline{\upsilon}}\,\overline{\sigma}_0/2)\tau^{-2}+2\underline{\sigma}^{-1}\underline{\eta}^{-1}\overline{\upsilon}\,\overline{\sigma}_0^2(\overline{\sigma}_0+\tau)^{-2},\\
\overline{\kappa}_3(\tau) &:= (\underline{\sigma}\,\underline{\eta}+(\tau-\tau_0))^{-1}-\tau^{-1},\\
\overline{\kappa}_4(\tau) &:= (\underline{\sigma}\,\underline{\eta}+(\tau-\tau_0))^{-1}+(\varrho_0\sqrt{\overline{\upsilon}}\,\overline{\sigma}_0/2)\tau^{-2}.
\end{aligned}$$

于是存在 $\overline{\kappa}>0$, 满足对 $\tau\geqslant\hat{\tau}$ 有

$$\max\{\overline{\kappa}_1(\tau),\overline{\kappa}_2(\tau),\overline{\kappa}_3(\tau),\overline{\kappa}_4(\tau)\}\leqslant\tau^{-1}+\overline{\kappa}\tau^{-2}.$$

由 (9.195) 可得

$$-\langle V(\Delta w),\Delta w\rangle\leqslant(\tau^{-1}+\overline{\kappa}\tau^{-2})\|\Delta w\|^2. \tag{9.196}$$

令 $\kappa_0:=\max\{\underline{\kappa},\overline{\kappa}\}>0$. 则根据 (9.246) 与 (9.248), 我们得到

$$-\kappa_0\tau^{-2}\|\Delta w\|^2\leqslant-\langle V(\Delta w)+\tau^{-1}\Delta w,\Delta w\rangle\leqslant\kappa_0\tau^{-2}\|\Delta w\|^2, \tag{9.197}$$

由此可推出 (9.170) 成立. ■

根据定理 9.20 与命题 9.15 可直接得到下述关于二阶锥优化问题的增广 Lagrange 方法收敛速度的定理.

定理 9.21 *设条件 (nlsop-A1) 与 (nlsop-A2) 成立. 设 $\underline{\eta}$ 与 κ_0 分别由命题 9.14 与命题 9.15 给出. 令 $\overline{\eta}$, ϱ_0 与 $\hat{\tau}$ 分别由 (9.154), (9.167) 与 (9.168) 定义. 记 $\rho_1:=2\varrho_0$ 与 $\rho_2:=4\kappa_0$. 则对任何 $\tau\geqslant\hat{\tau}$, 存在 $\epsilon>0$ 与 $\delta>0$(二者均依赖 τ), 满足对任何 $(y,z)\in\mathbb{B}_\delta(y^*,z^*)$, 问题*

$$\min\quad L_\tau(x,y,z)\quad \text{s.t.}\ \ x\in\mathbb{B}_\epsilon(x^*) \tag{9.198}$$

具有唯一最优解 $x_\tau(y,z)$. 映射 $x_\tau(\cdot,\cdot)$ 在 $\mathbb{B}_\delta(y^*,z^*)$ 中的任何点处均是半光滑的. 进一步, 对任何 $(y,z)\in\mathbb{B}_\delta(y^*,z^*)$, 下述估计式成立:

$$\|x_\tau(y,z)-x^*\|\leqslant\rho_1\|(y,z)-(y^*,z^*)\|/\tau, \tag{9.199}$$

$$\|(y_\tau(y,z),z_\tau(y,z))-(y^*,z^*)\|\leqslant\rho_2\|(y,z)-(y^*,z^*)\|/\tau, \tag{9.200}$$

其中 $y_\tau(y,z)$ 与 $z_\tau(y,z)$ 定义为

$$y_\tau(y,z):=y+\tau h(x_\tau(y,z))\ \ \text{与}\ \ z_\tau(y,z):=\Pi_Q(z-\tau g(x_\tau(y,z))).$$

9.6.4 半定规划情形

本节考虑下述非线性半定规划问题(NLSDP)

$$\min\ f(x) \quad \text{s.t.} \quad h(x)=0, \quad g(x)\in \mathbb{S}^p_+,$$

其中 $f:\Re^n\to\Re$, $h:\Re^n\to\Re^m$ 与 $g:\Re^n\to\mathbb{S}^p$ 是二次连续可微的. 非线性半定规划 (NLSDP) 是 (OP) 的特殊情形, 后者取 $X:=\Re^n$, $Y:=\mathbb{S}^p$ 与 $K:=\mathbb{S}^p_+$ 可得到半定规划问题. 问题 (NLSDP) 的 Lagrange 函数为

$$L_0(x,\zeta,\Xi)=f(x)+\langle\zeta,h(x)\rangle-\langle\Xi,g(x)\rangle, \quad (x,\zeta,\Xi)\in\Re^n\times\Re^m\times\mathbb{S}^p,$$

这里用 Ξ 替代 ξ 表示对应约束 $g(x)\in\mathbb{S}^p_+$ 的 Lagrange 乘子. 则对任何 $(x,\zeta,\Xi)\in\Re^n\times\Re^m\times\mathbb{S}^p$,

$$\nabla_x L_0(x,\zeta,\Xi)=\nabla f(x)+\nabla h(x)\zeta-\nabla g(x)\Xi.$$

令 $(\overline{x},\overline{\zeta},\overline{\Xi})\in\Re^n\times\Re^m\times\mathbb{S}^p$ 是一给定的 KKT 点. 则 $(\overline{x},\overline{\zeta},\overline{\Xi})$ 满足

$$\nabla_x L_0(\overline{x},\overline{\zeta},\overline{\Xi})=0, \quad h(\overline{x})=0, \quad \overline{\Xi}\succeq 0, \quad g(\overline{x})\succeq 0, \quad \langle\overline{\Xi},g(\overline{x})\rangle=0. \tag{9.201}$$

令 $\overline{Z}:=\overline{\Xi}-g(\overline{x})$. 设 $\overline{Z}$ 具有如下的谱分解:

$$\overline{Z}=\overline{P}\Lambda\overline{P}^{\mathrm{T}},$$

其中 Λ 是以 $\overline{Z}$ 的特征值为对角线元素的对角矩阵, $\overline{P}$ 是由相应的特征向量为列构成的正交矩阵. 定义 $\overline{Z}$ 的正、零和负特征值的指标集合分别为

$$\alpha:=\{i\,|\,\lambda_i>0\}, \quad \beta:=\{i\,|\,\lambda_i=0\}, \quad \gamma:=\{i\,|\,\lambda_i<0\}.$$

记

$$\Lambda=\begin{bmatrix}\Lambda_\alpha & 0 & 0\\ 0 & 0 & 0\\ 0 & 0 & \Lambda_\gamma\end{bmatrix} \text{ 与 } \overline{P}=[\ \overline{P}_\alpha \quad \overline{P}_\beta \quad \overline{P}_\gamma\ ],$$

其中 $\overline{P}_\alpha\in\Re^{p\times|\alpha|}$, $\overline{P}_\beta\in\Re^{p\times|\beta|}$ 与 $\overline{P}_\gamma\in\Re^{p\times|\gamma|}$. 由 (9.201) 得 $\overline{\Xi}g(\overline{x})=g(\overline{x})\overline{\Xi}=0$. 因此有

$$\overline{\Xi}=\overline{P}\begin{bmatrix}\Lambda_\alpha & 0 & 0\\ 0 & 0 & 0\\ 0 & 0 & 0\end{bmatrix}\overline{P}^{\mathrm{T}}, \quad g(\overline{x})=\overline{P}\begin{bmatrix}0 & 0 & 0\\ 0 & 0 & 0\\ 0 & 0 & -\Lambda_\gamma\end{bmatrix}\overline{P}^{\mathrm{T}}$$

且对任何 $t\in\Re$,

$$\overline{\Xi} - tg(\overline{x}) = \overline{P}\begin{bmatrix} \Lambda_\alpha & 0 & 0 \\ 0 & 0 & 0 \\ 0 & 0 & t\Lambda_\gamma \end{bmatrix}\overline{P}^{\mathrm{T}}. \tag{9.202}$$

令

$$\underline{\nu}_0 := \min_{i\in\alpha, j\in\gamma} \lambda_i/|\lambda_j|, \quad \overline{\nu}_0 := \max_{i\in\alpha, j\in\gamma} \lambda_i/|\lambda_j|. \tag{9.203}$$

记 $\mathcal{Q}$ 为所有 $|\beta|\times|\beta|$ 的正交矩阵的集合. 定义

$$\mathcal{P} = \left\{P\in\Re^{p\times p} \mid P = [\overline{P}_\alpha\ (\overline{P}_\beta Q)\ \overline{P}_\gamma],\ Q\in\mathcal{Q}\right\}.$$

现在给出本节需要的条件.

假设(nlsdp-A1) 约束非退化性条件在 $\overline{x}$ 处成立:

$$\begin{pmatrix} \mathcal{J}h(\overline{x}) \\ \mathcal{J}g(\overline{x}) \end{pmatrix}\Re^n + \begin{pmatrix} \{0\} \\ \mathrm{lin}\left(T_{\mathbb{S}^p_+}(g(\overline{x}))\right) \end{pmatrix} = \begin{pmatrix} \Re^m \\ \mathbb{S}^p \end{pmatrix}. \tag{9.204}$$

假设 (nlsdp-A1) 类似于非线性规划的线性无关约束规范. 这一假设可推出 $\mathcal{M}(\overline{x})$ 是一单点集合[4,Proposition 4.50].

假设(nlsdp-A2) 强二阶充分性条件在 $\overline{x}$ 处成立 [59]:

$$\left\langle d, \nabla^2_{xx}L_0(\overline{x},\overline{\zeta},\overline{\Xi})d\right\rangle + \Upsilon_{g(\overline{x})}(\overline{\Xi},\mathcal{J}g(\overline{x})d) > 0, \quad \forall\, d\in \mathrm{app}(\overline{\zeta},\overline{\Xi})\setminus\{0\},$$

其中

$$\mathrm{app}(\overline{\zeta},\overline{\Xi}) := \left\{d : \mathcal{J}h(\overline{x})d = 0,\ \mathcal{J}g(\overline{x})d\in \mathrm{aff}(C(g(\overline{x})-\overline{\Xi};\mathcal{S}^p_+))\right\}, \tag{9.205}$$

对任何给定的 $B\in\mathbb{S}^p$, 线性–二次函数 $\Upsilon_B(\cdot,\cdot)$ 定义为

$$\Upsilon_B(\Gamma,C) := 2\left\langle \Gamma, CB^{\dagger}C\right\rangle, \quad (\Gamma,C)\in\mathbb{S}^p\times\mathbb{S}^p,$$

其中 $B^{\dagger}$ 是 B 的 Moore-Penrose 广义逆.

注意到如果严格互补条件 (即 $\beta=\varnothing$) 成立, 则假设 (nlsdp-A2) 中的强二阶充分条件简化为所谓的 “无间隙” 二阶充分性最优条件[4, Section 5.3.5],因为此种情况下集合 $\mathrm{aff}(C(g(\overline{x})-\overline{\Xi};\mathbb{S}^p_+))$ 与 $C(g(\overline{x})-\overline{\Xi};\mathbb{S}^p_+)$ 相等. 一般情况下, 正如名字所示, 强二阶充分条件比二阶充分性最优条件要强.

令 $P\in\mathcal{P}$. 则存在 $Q\in\mathcal{Q}$ 使得 $P=[\overline{P}_\alpha\ (\overline{P}_\beta Q)\ \overline{P}_\gamma]$. 对指标集合 $\chi,\chi'\in\{\alpha,\beta,\gamma\}$, 令

$$C_{(\chi,\chi')}(P) := \left(\mathrm{vec}(P_\chi^{\mathrm{T}}\mathcal{J}_{x_1}g(\overline{x})P_{\chi'}),\cdots,\mathrm{vec}(P_\chi^{\mathrm{T}}\mathcal{J}_{x_n}g(\overline{x})P_{\chi'})\right)$$

与

$$\widehat{C}_{(\chi,\chi)}(P) := \Big(\mathrm{svec}(P_\chi^{\mathrm{T}}\mathcal{J}_{x_1}g(\overline{x})P_\chi), \cdots, \mathrm{svec}(P_\chi^{\mathrm{T}}\mathcal{J}_{x_n}g(\overline{x})P_\chi)\Big),$$

其中 $\mathrm{vec}(B)$ 为将矩阵 B 的列拉直得到的向量, $\mathrm{svec}(B)$ 为将对称矩阵 B 的上三角部分列拉直得到的向量. 因为 $P_\alpha = \overline{P}_\alpha$, $P_\gamma = \overline{P}_\gamma$, 所以分别用 $C_{(\chi,\chi')}$ 与 $\widehat{C}_{(\chi,\chi)}$ 替代 $C_{(\chi,\chi')}(P)$ 与 $\widehat{C}_{(\chi,\chi)}(P)$, 其中 $\chi, \chi' \in \{\alpha, \gamma\}$. 定义

$$n_1 := m + |\alpha|(|\alpha|+1)/2, n_2 := n_1 + |\beta|(|\beta|+1)/2 + |\alpha||\beta|, n_3 := n - n_2,$$

与

$$A(P) := \begin{pmatrix} \mathcal{J}h(\overline{x}) \\ -\widehat{C}_{(\alpha,\alpha)} \\ -\widehat{C}_{(\beta,\beta)}(P) \\ -C_{(\alpha,\beta)}(P) \end{pmatrix}.$$

设假设 (nlsdp-A1) 成立. 则由假设 (nlsdp-A1) 中的 (9.204) 可知 $A(P)$ 是行满秩的①. 设 $A(P)$ 具有下述的奇异值分解:

$$A(P) = U[\Sigma(P) \quad 0]R^{\mathrm{T}}, \tag{9.206}$$

其中 $U \in \Re^{n_2 \times n_2}$ 与 $R \in \Re^{n \times n}$ 是正交矩阵, $\Sigma(P) = \mathrm{Diag}\Big(\sigma_1(A(P)), \cdots, \sigma_{n_2}(A(P))\Big)$, $\sigma_1(A(P)) \geqslant \sigma_2(A(P)) \geqslant \cdots \geqslant \sigma_{n_2}(A(P)) > 0$ 是 $A(P)$ 的奇异值. 应该指出 U 与 R 也是依赖于 P 的.

令

$$\underline{\sigma} := \min\left\{1, \min_{P\in\mathcal{P}} \min_{1\leqslant i\leqslant n_2} \sigma_i^{-2}(A(P))\right\} \quad 与 \ \overline{\sigma} := \max\left\{1, \max_{P\in\mathcal{P}} \max_{1\leqslant i\leqslant n_2} \sigma_i^{-2}(A(P))\right\}.$$

则因为 $\mathcal{P}$ 是紧致集合, $\Sigma(P)$ 是 P 的连续函数, $\underline{\sigma}$ 与 $\overline{\sigma}$ 是两个有限正数. 因此存在两个正数 $\underline{\nu}$ 与 $\overline{\nu}$ 满足对任何 $P \in \mathcal{P}$ 与 $s \in \Re^{|\alpha||\gamma|}$,

$$\underline{\nu}\|s\|^2 \leqslant \max\left\{\left\langle s, \widetilde{C}_{(\alpha,\gamma)}(P)(\widetilde{C}_{(\alpha,\gamma)}^{\mathrm{T}}(P))s\right\rangle, \left\langle s, C_{(\alpha,\gamma)}C_{(\alpha,\gamma)}^{\mathrm{T}}s\right\rangle\right\} \leqslant \overline{\nu}\|s\|^2, \tag{9.207}$$

其中

$$\widetilde{C}_{(\alpha,\gamma)}(P) := C_{(\alpha,\gamma)}\widetilde{R} \quad 与 \quad \widetilde{R} := R\begin{bmatrix} \Sigma(P)^{-1}U^{\mathrm{T}} & 0 \\ 0 & I_{n_3} \end{bmatrix}.$$

为记号方便, 经常从 $A(P)$, $C_{(\chi,\chi')}(P)$ 与 $\widetilde{C}_{(\alpha,\gamma)}(P)$ 中删除 P.

令 $c > 0$ 与 $W \in \partial_B \Pi_{\mathcal{S}_+^p}(\Xi - cg(\overline{x}))$. 定义 $\lambda_c \in \Re^p$ 为

① 可参看文献 [4, Proposition 5.71] 的证明, 那里 Bonnans 与 Shapiro 仅考虑约束为 $g(x) \in \mathbb{S}_+^p$ 的情况. 对于约束还包含等式约束 $h(x) = 0$ 的情况, 可类似证明 $A(P)$ 是行满秩的.

$$(\lambda_c)_i := \begin{cases} \lambda_i, & \text{如果 } i \in \alpha \cup \beta, \\ c\lambda_i, & \text{如果 } i \in \gamma. \end{cases}$$

由投影算子 B-次微分中元素的刻画, 可得存在两个矩阵 $Q \in \mathcal{Q}$ 与 $\Theta_c \in \mathbb{S}^p$ 使得

$$W(H) = P\left(\Theta_c \circ (P^{\mathrm{T}} H P)\right) P^{\mathrm{T}}, \quad \forall\, H \in \mathbb{S}^p, \tag{9.208}$$

其中 $P = [\overline{P}_\alpha\ (\overline{P}_\beta Q)\ \overline{P}_\gamma]$, Θ_c 的元素定义为

$$\begin{cases} (\Theta_c)_{ij} = \dfrac{\max\{(\lambda_c)_i, 0\} + \max\{(\lambda_c)_j, 0\}}{|(\lambda_c)_i| + |(\lambda_c)_j|}, & \text{如果 } (i,j) \notin \beta \times \beta, \\ (\Theta_c)_{ij} \in [0,1], & \text{如果 } (i,j) \in \beta \times \beta. \end{cases} \tag{9.209}$$

对指标集合 $\chi, \chi' \in \{\alpha, \beta, \gamma\}$, 引入下述记号:

$$(\Theta_c)_{(\chi,\chi')} = \mathrm{Diag}\left(\mathrm{vec}((\Theta_c)_{\chi\chi'})\right), \quad (\widehat{\Theta}_c)_{(\chi,\chi)} = \mathrm{Diag}\left(\mathrm{svec}((\Theta_c)_{\chi\chi} \circ E_{\chi\chi})\right),$$

其中 “$\circ$” 是 Hadamard 积, E 是 $\mathbb{S}^p$ 中一矩阵, 它的元素由下式给出

$$E_{ij} := \begin{cases} 1, & \text{如果} i = j, \\ 2, & \text{如果} i \neq j. \end{cases}$$

令

$$D_c := \begin{bmatrix} I_m & 0 & 0 & 0 \\ 0 & (\widehat{\Theta}_c)_{(\alpha,\alpha)} & 0 & 0 \\ 0 & 0 & (\widehat{\Theta}_c)_{(\beta,\beta)} & 0 \\ 0 & 0 & 0 & 2I_{|\alpha||\beta|} \end{bmatrix}.$$

由 (9.114) 定义 $\mathcal{A}_c(\overline{\zeta}, \overline{\Xi}, W)$, 即

$$\mathcal{A}_c(\overline{\zeta}, \overline{\Xi}, W) = \nabla_{xx}^2 L_0(\overline{x}, \overline{\zeta}, \overline{\Xi}) + c\nabla h(\overline{x})\mathcal{J}h(\overline{x}) + c\nabla g(\overline{x}) W \mathcal{J} g(\overline{x}).$$

矩阵 $\mathcal{A}_c(\overline{\zeta}, \overline{\xi}, W)$ 一个紧凑的表达式由下述引理给出.

引理 9.13 矩阵 $\mathcal{A}_c(\overline{\zeta}, \overline{\xi}, W)$ 可等价地表示为

$$\begin{aligned} \mathcal{A}_c(\overline{\zeta}, \overline{\Xi}, W) = {} & \nabla_{xx}^2 L_0(\overline{x}, \overline{\zeta}, \overline{\Xi}) + c\,(\nabla h(\overline{x})\mathcal{J}h(\overline{x}) \\ & + \widehat{C}_{(\alpha,\alpha)}^T (\widehat{\Theta}_c)_{(\alpha,\alpha)} \widehat{C}_{(\alpha,\alpha)} + 2C_{(\alpha,\beta)}^T C_{(\alpha,\beta)} \\ & + 2C_{(\alpha,\gamma)}^T (\Theta_c)_{(\alpha,\gamma)} C_{(\alpha,\gamma)} + \widehat{C}_{(\beta,\beta)}^T (\widehat{\Theta}_c)_{(\beta,\beta)} \widehat{C}_{(\beta,\beta)} \Big). \end{aligned} \tag{9.210}$$

证明 设 d 是 $\Re^n$ 中的任意向量. 由 $\nabla g(\overline{x})$ 的定义, 对 $H := \mathcal{J}g(\overline{x})d$ 有

$$\nabla g(\overline{x})W(H) = \begin{bmatrix} \langle \mathcal{J}_{x_1} g(\overline{x}), W(H)\rangle \\ \langle \mathcal{J}_{x_2} g(\overline{x}), W(H)\rangle \\ \vdots \\ \langle \mathcal{J}_{x_n} g(\overline{x}), W(H)\rangle \end{bmatrix}. \tag{9.211}$$

注意, 由 (9.208) 与 (9.209), 对任何 $1 \leqslant l \leqslant p$,

$$\begin{aligned}
&\langle \mathcal{J}_{x_l} g(\overline{x}), W(H)\rangle = \Big\langle P^{\mathrm{T}}\mathcal{J}_{x_l}g(\overline{x})P, \sum_{i=1}^{p} P^{\mathrm{T}}W(\mathcal{J}_{x_i}g(\overline{x})d_i)P\Big\rangle \\
&= \Big\langle P^{\mathrm{T}}\mathcal{J}_{x_l}g(\overline{x})P, (\Theta_c)\circ\Big(\sum_{i=1}^{p} P^{T}\mathcal{J}_{x_i}g(\overline{x})Pd_i\Big)\Big\rangle \\
&= \langle (C_{(\alpha,\alpha)})_l, C_{(\alpha,\alpha)}d\rangle + \langle (C_{(\beta,\alpha)})_l, C_{(\beta,\alpha)}d\rangle + \langle (C_{(\alpha,\beta)})_l, C_{(\alpha,\beta)}d\rangle \\
&\quad + \langle (C_{(\gamma,\alpha)})_l, (\Theta_c)_{(\gamma,\alpha)}C_{(\gamma,\alpha)}d\rangle + \langle (C_{(\alpha,\gamma)})_l, (\Theta_c)_{(\alpha,\gamma)}C_{(\alpha,\gamma)}d\rangle \\
&\quad + \langle (C_{(\beta,\beta)})_l, (\Theta_c)_{(\beta,\beta)}C_{(\beta,\beta)}d\rangle \\
&= \langle (\widehat{C}_{(\alpha,\alpha)})_l, (\widehat{\Theta}_c)_{(\alpha,\alpha)}\widehat{C}_{(\alpha,\alpha)}d\rangle + \langle (C_{(\beta,\alpha)})_l, C_{(\beta,\alpha)}d\rangle + \langle (C_{(\alpha,\beta)})_l, C_{(\alpha,\beta)}d\rangle \\
&\quad + \langle (C_{(\gamma,\alpha)})_l, (\Theta_c)_{(\gamma,\alpha)}C_{(\gamma,\alpha)}d\rangle + \langle (C_{(\alpha,\gamma)})_l, (\Theta_c)_{(\alpha,\gamma)}C_{(\alpha,\gamma)}d\rangle \\
&\quad + \langle (\widehat{C}_{(\beta,\beta)})_l, (\widehat{\Theta}_c)_{(\beta,\beta)}\widehat{C}_{(\beta,\beta)}d\rangle,
\end{aligned}$$

我们由 (9.211) 可得

$$\begin{aligned}
\nabla g(\overline{x})W(\mathcal{J}_x g(\overline{x})d) = \Big(&\widehat{C}_{(\alpha,\alpha)}^{\mathrm{T}}(\widehat{\Theta}_c)_{(\alpha,\alpha)}\widehat{C}_{(\alpha,\alpha)} + 2C_{(\alpha,\beta)}^{\mathrm{T}}C_{(\alpha,\beta)} \\
&+ 2C_{(\alpha,\gamma)}^{\mathrm{T}}(\Theta_c)_{(\alpha,\gamma)}C_{(\alpha,\gamma)} + \widehat{C}_{(\beta,\beta)}^{\mathrm{T}}(\widehat{\Theta}_c)_{(\beta,\beta)}\widehat{C}_{(\beta,\beta)}\Big)d.
\end{aligned}$$

因为 d 是任意选取的, (9.210) 成立. ■

引理 9.13 表明, $\mathcal{A}_c(\overline{\zeta}, \overline{\Xi}, W)$ 可以写成下述形式

$$\mathcal{A}_c(\overline{\zeta}, \overline{\Xi}, W) = \nabla_{xx}^2 L_0(\overline{x}, \overline{\zeta}, \overline{\Xi}) + cA^{\mathrm{T}}D_cA + 2cC_{(\alpha,\gamma)}^{\mathrm{T}}(\Theta_c)_{(\alpha,\gamma)}C_{(\alpha,\gamma)}. \tag{9.212}$$

对任何 $c', c > 0$, 令

$$\mathcal{B}_{c',c}(\overline{\zeta}, \overline{\Xi}, W) := \nabla_{xx}^2 L_0(\overline{x}, \overline{\zeta}, \overline{\Xi}) + c'A^{\mathrm{T}}D_cA + 2cC_{(\alpha,\gamma)}^{\mathrm{T}}(\Theta_c)_{(\alpha,\gamma)}C_{(\alpha,\gamma)}. \tag{9.213}$$

下述命题表明, 在假设 (nlsdp-A1) 与 (nlsdp-A2) 成立的前提下, 9.6.2 节中的基本假设 B1 对于非线性半定规划是成立的.

命题 9.16 设假设 (nlsdp-A1) 与 (nlsdp-A2) 成立. 则存在两个正数 c_0 与 $\underline{\eta}$ 满足对任何 $c \geqslant c_0$ 与 $W \in \partial_B \Pi_{\mathbb{S}^p_+}(\overline{\Xi} - cg(\overline{x}))$,

$$\left\langle d, \mathcal{A}_c(\overline{\zeta}, \overline{\Xi}, W)d\right\rangle \geqslant \left\langle d, \mathcal{B}_{c_0,c}(\overline{\zeta}, \overline{\Xi}, W)d\right\rangle \geqslant \underline{\eta}\langle d, d\rangle, \quad \forall\, d \in \Re^n.$$

证明 由假设 (nlsdp-A2) 得, 存在 $\eta_0 > 0$ 使得

$$\langle d, \nabla^2_{xx} L_0(\overline{x}, \overline{\zeta}, \overline{\Xi})d\rangle + \Upsilon_{g(\overline{x})}(\overline{\Xi}, \mathcal{J}g(\overline{x})d) \geqslant \eta_0\|d\|^2, \quad \forall\, d \in \operatorname{app}(\overline{\zeta}, \overline{\Xi}). \tag{9.214}$$

根据临界锥的定义, (9.202), (9.205) 与等式 $g(\overline{x}) - \overline{\Xi} = -\overline{Z}$, 可得

$$\operatorname{app}(\overline{\zeta}, \overline{\Xi}) = \{d : \mathcal{J}h(\overline{x})d = 0,\ \overline{P}_\alpha^{\mathrm{T}}(\mathcal{J}g(\overline{x})d)\overline{P}_\alpha = 0,\ \overline{P}_\alpha^{\mathrm{T}}(\mathcal{J}g(\overline{x})d)\overline{P}_\beta = 0\},$$

或等价地

$$\operatorname{app}\,(\overline{\zeta}, \overline{\Xi}) = \{d : \mathcal{J}h(\overline{x})d = 0,\ \widehat{C}_{(\alpha,\alpha)}d = 0,\ C_{(\alpha,\beta)}(\overline{P})d = 0\}. \tag{9.215}$$

由于 (9.214) 与 (9.215) 成立, 用引理 9.4, 将 ϕ 与 $\mathcal{L}$ 分别定义为 $\phi(d) := \langle d, \nabla^2_{xx} L_0(\overline{x}, \overline{\zeta}, \overline{\Xi})d\rangle + \Upsilon_{g(\overline{x})}(\Xi, \mathcal{J}g(\overline{x})d)$ 与 $\mathcal{L}(d) := (\mathcal{J}h(\overline{x})d; \widehat{C}_{(\alpha,\alpha)}d; C_{(\alpha,\beta)}(\overline{P})d)$, $\forall d \in \Re^n$, 则存在两个正数 c_1 与 $\underline{\eta} \in (0, \eta_0/2]$ 使得对任何 $c \geqslant c_1$,

$$\begin{aligned}&\langle d, \nabla^2_{xx} L_0(\overline{x}, \overline{\zeta}, \overline{\Xi})d\rangle + \Upsilon_{g(\overline{x})}(\Xi, \mathcal{J}g(\overline{x})d)\\ &+c\|\mathcal{J}h(\overline{x})d\|^2 + c\|\widehat{C}_{(\alpha,\alpha)}d\|^2 + c\|C_{(\alpha,\beta)}(\overline{P})d\|^2 \geqslant 2\underline{\eta}\|d\|^2, \quad \forall\, d \in \Re^n.\end{aligned} \tag{9.216}$$

令 $c_0 \geqslant c_1$ 满足, 对任何 $c \geqslant c_0$ 有

$$\max_{1 \leqslant l \leqslant n} \|\mathcal{J}_{x_l} g(\overline{x})\|^2 \sum_{i \in \gamma, j \in \alpha} \frac{\lambda_j^2}{|\lambda_i|(\lambda_j + c|\lambda_i|)} \leqslant \underline{\eta}/2. \tag{9.217}$$

令 $c \geqslant c_0$ 与 $W \in \partial_B \Pi_{\mathcal{S}^p_+}(\overline{\Xi} - cg(\overline{x}))$. 则存在两个矩阵 $Q \in \mathcal{Q}$ 与满足 (9.209) 的 $\Theta_c \in \mathbb{S}^p$ 使得 (9.208) 成立, 即

$$W(H) = P\left(\Theta_c \circ (P^{\mathrm{T}} H P)\right) P^{\mathrm{T}}, \quad \forall\, H \in \mathbb{S}^p,$$

其中 $P = [\overline{P}_\alpha\ (\overline{P}_\beta Q)\overline{P}_\gamma]$. 容易从 (9.217) 看到, 对任何 $c \geqslant c_0$ 与 $d \in \Re^n$,

$$\begin{aligned}&\Upsilon_{g(\overline{x})}(\overline{\Xi}, \mathcal{J}g(\overline{x})d) - 2c\left\langle d, C^{\mathrm{T}}_{(\alpha,\gamma)}(\Theta_c)_{(\alpha,\gamma)}C_{(\alpha,\gamma)}d\right\rangle\\ &= 2\left\langle \overline{\Xi}, \mathcal{J}g(\overline{x})dg(\overline{x})^{\dagger}\mathcal{J}g(\overline{x})d\right\rangle - 2c\left\langle d, C^{\mathrm{T}}_{(\alpha,\gamma)}(\Theta_c)_{(\alpha,\gamma)}C_{(\alpha,\gamma)}d\right\rangle\\ &= 2\sum_{i \in \gamma, j \in \alpha} \frac{\lambda_j}{|\lambda_i|}\left(\sum_{l=1}^n P_i^{\mathrm{T}}\mathcal{J}_{x_l}g(\overline{x})P_j d_l\right)^2\\ &\quad -2c\sum_{i \in \gamma, j \in \alpha} \frac{\lambda_j}{\lambda_j + c|\lambda_i|}\left(\sum_{l=1}^n P_i^{\mathrm{T}}\mathcal{J}_{x_l}g(\overline{x})P_j d_l\right)^2\end{aligned}$$

$$
\begin{aligned}
&\leqslant 2\sum_{i\in\gamma,j\in\alpha}\left[\frac{\lambda_j^2}{|\lambda_i|(\lambda_j+c|\lambda_i|)}\sum_{l=1}^{n}\|\mathcal{J}_{x_l}g(\overline{x})\|^2\|P_i\|^2\|P_j\|^2d_l^2\right]\\
&\leqslant 2\max_{1\leqslant l\leqslant n}\|\mathcal{J}_{x_l}g(\overline{x})\|^2\sum_{i\in\gamma,j\in\alpha}\frac{\lambda_j^2}{|\lambda_i|(\lambda_j+c|\lambda_i|)}\|d\|^2\\
&\leqslant \underline{\eta}\|d\|^2,
\end{aligned}
$$

连同 (9.216) 可推出对任何 $c\geqslant c_0$ 有

$$
\begin{aligned}
&\langle d,\nabla_{xx}^2L_0(\overline{x},\overline{\zeta},\Xi)d\rangle+2c\left\langle d,C_{(\alpha,\gamma)}^{\mathrm{T}}(\Theta_c)_{(\alpha,\gamma)}C_{(\alpha,\gamma)}d\right\rangle\\
&+c_0\|\mathcal{J}h(\overline{x})d\|^2+c_0\|\widehat{C}_{(\alpha,\alpha)}d\|^2+c_0\|C_{(\alpha,\beta)}(\overline{P})d\|^2\geqslant\underline{\eta}\|d\|^2,\quad\forall\, d\in\Re^n. \qquad (9.218)
\end{aligned}
$$

用 "$\otimes$" 记 Kronecker 积. 因为对任何 $d\in\Re^n$,

$$
\begin{aligned}
&\|C_{(\alpha,\beta)}(P)d\|^2=\langle C_{(\alpha,\beta)}(P)d,C_{(\alpha,\beta)}(P)d\rangle\\
&=\left\langle\sum_{l=1}^{n}\mathrm{vec}(P_\alpha^{\mathrm{T}}\mathcal{J}_{x_l}g(\overline{x})P_\beta)d_l,\sum_{l=1}^{n}\mathrm{vec}(P_\alpha^{\mathrm{T}}\mathcal{J}_{x_l}g(\overline{x})P_\beta)d_l\right\rangle\\
&=\left\langle\sum_{l=1}^{n}\mathrm{vec}(\overline{P}_\alpha^{\mathrm{T}}\mathcal{J}_{x_l}g(\overline{x})\overline{P}_\beta Q)d_l,\sum_{l=1}^{n}\mathrm{vec}(\overline{P}_\alpha^{\mathrm{T}}\mathcal{J}_{x_l}g(\overline{x})\overline{P}_\beta Q)d_l\right\rangle\\
&=\left\langle(Q^{\mathrm{T}}\otimes I_{|\alpha|})\sum_{l=1}^{n}\mathrm{vec}(\overline{P}_\alpha^{\mathrm{T}}\mathcal{J}_{x_l}g(\overline{x})\overline{P}_\beta)d_l,(Q^{\mathrm{T}}\otimes I_{|\alpha|})\sum_{l=1}^{n}\mathrm{vec}(\overline{P}_\alpha^{\mathrm{T}}\mathcal{J}_{x_l}g(\overline{x})\overline{P}_\beta)d_l\right\rangle\\
&=\left\langle\sum_{l=1}^{n}\mathrm{vec}(\overline{P}_\alpha^{\mathrm{T}}\mathcal{J}_{x_l}g(\overline{x})\overline{P}_\beta)d_l,\sum_{l=1}^{n}\mathrm{vec}(\overline{P}_\alpha^{\mathrm{T}}\mathcal{J}_{x_l}g(\overline{x})\overline{P}_\beta)d_l\right\rangle\\
&=\langle C_{(\alpha,\beta)}(\overline{P})d,C_{(\alpha,\beta)}(\overline{P})d\rangle=\|C_{(\alpha,\beta)}(\overline{P})d\|^2,
\end{aligned}
$$

由 (9.213), (9.218) 与 $\widehat{C}_{(\beta,\beta)}^{\mathrm{T}}(\widehat{\Theta}_c)_{(\beta,\beta)}\widehat{C}_{(\beta,\beta)}\succeq 0$, 可见对任何 $c\geqslant c_0$ 有

$$
\langle d,\mathcal{B}_{c_0,c}(\overline{\zeta},\Xi,W)d\rangle\geqslant\underline{\eta}\|d\|^2,\quad\forall\, d\in\Re^n.
$$

注意到等式

$$
\mathcal{A}_c(\overline{\zeta},\Xi,W)=\mathcal{B}_{c_0,c}(\overline{\zeta},\Xi,W)+(c-c_0)A^{\mathrm{T}}D_cA,
$$

结论得证. ■

令假设 (nlsdp-A1) 与 (nlsdp-A2) 成立. 令 c_0 与 $\underline{\eta}$ 是命题 9.16 中定义的两个正数. 令 $c\geqslant c_0$. 根据命题 9.11 与命题 9.16 以及 $\Pi_{\mathbb{S}_+^p}(\cdot)$ 是处处强半光滑的这一事实, 存在两个正数 $\varepsilon>0$ 与 $\delta_0>0$(二者均依赖于 c) 和一定义于 $\mathbb{B}_{\delta_0}(\overline{\zeta},\Xi)$ 上的局部

Lipschitz 连续函数 $x_c(\cdot,\cdot)$ 满足, 对任何 $(\zeta,\Xi)\in\mathbb{B}_{\delta_0}(\overline{\zeta},\overline{\Xi})$, $x_c(\zeta,\Xi)$ 是 $L_c(\cdot,\zeta,\Xi)$ 在 $\mathbb{B}_\varepsilon(\overline{x})$ 上的唯一极小点, 且 $x_c(\cdot,\cdot)$ 在 (ζ,Ξ) 处是半光滑的. 令 $\vartheta_c:\Re^m\times\mathcal{S}^p\to\Re$ 由 (9.117) 定义, 即

$$\vartheta_c(\zeta,\Xi):=\min_{x\in\mathbb{B}_\varepsilon(\overline{x})}L_c(x,\zeta,\Xi),\quad (\zeta,\Xi)\in\Re^m\times\Re^p.$$

则

$$\vartheta_c(\zeta,\Xi)=L_c(x_c(\zeta,\Xi),\zeta,\Xi),\quad (\zeta,\Xi)\in\mathbb{B}_{\delta_0}(\overline{\zeta},\overline{\Xi}).$$

进一步, 由命题 9.12 与命题 9.16 可得, 凹函数 $\vartheta_c(\cdot,\cdot)$ 在 $\mathbb{B}_{\delta_0}(\overline{\zeta},\overline{\Xi})$ 上是连续可微的, 且

$$\nabla\vartheta_c(\zeta,\Xi)=\begin{pmatrix} h(x_c(\zeta,\Xi)) \\ c^{-1}\Big(-\Xi+\Pi_{\mathbb{S}^p_+}(\xi-cg(x_c(\zeta,\Xi)))\Big)\end{pmatrix},\quad (\zeta,\Xi)\in\mathbb{B}_{\delta_0}(\overline{\zeta},\overline{\Xi}).$$

对任何 $(\Delta\zeta,\Delta\Xi)\in\Re^m\times\mathbb{S}^p$, 用 (9.121) 定义 $\overline{\mathcal{V}}_c(\Delta\zeta,\Delta\Xi)$. 由命题 9.13 与命题 9.16, 对任何 $(\Delta\zeta,\Delta\Xi)\in\Re^m\times\mathbb{S}^p$ 有

$$\partial_B(\nabla\vartheta_c)(\overline{\zeta},\overline{\Xi})(\Delta\zeta,\Delta\Xi)\subseteq\overline{\mathcal{V}}_c(\Delta\zeta,\Delta\Xi).$$

因为

$$\lim_{c\to\infty}c(\Theta_c)_{ij}=\lim_{c\to\infty}c\frac{\lambda_i}{\lambda_i+c|\lambda_j|}=\frac{\lambda_i}{|\lambda_j|},\quad \forall(i,j)\in\alpha\times\gamma,$$

可知存在一正数 $\overline{\eta}$ 使得

$$\big\langle d,\mathcal{B}_{c_0,c}(\overline{\zeta},\overline{\Xi},W)d\big\rangle\leqslant\overline{\eta}\langle d,d\rangle,\quad \forall\, d\in\Re^n,\quad c\geqslant c_0\text{ 与 }W\in\partial_B\Pi_{\mathcal{S}^p_+}(\overline{\Xi}-cg(\overline{x})).\tag{9.219}$$

令 $c\geqslant c_0$ 与 $W\in\partial_B\Pi_{\mathcal{S}^p_+}(\overline{\Xi}-cg(\overline{x}))$. 则存在两个矩阵 $Q\in\mathcal{Q}$ 与满足 (9.209) 的 $\Theta_c\in\mathbb{S}^p$ 使得 (9.208) 成立. 设 $A(P)$ 具有 (9.206) 中的奇异值分解, 即

$$A(P)=U[\varSigma(P)\quad 0]R^{\mathrm{T}},\tag{9.220}$$

其中 $P=[\overline{P}_\alpha(\overline{P}_\beta Q)\ \overline{P}_\gamma]$.

令 $\overline{y}:=(\overline{\zeta},\overline{\Xi})$. 则下述关于 $\mathcal{A}_c(\overline{y},W)$ 的结论是成立的.

引理 9.14 令 $c>c_0$ 与 $W\in\partial_B\Pi_{\mathcal{S}^p_+}(\overline{\Xi}-cg(\overline{x}))$. 设假设(nlsdp-A1)与(nlsdp-A2)成立. 则

$$\mathcal{A}_c(\overline{y},W)^{-1}\preceq R\begin{bmatrix}\varSigma^{-1}U^T\Big(\underline{\sigma}\underline{\eta}I_{n_2}+(c-c_0)D_c\Big)^{-1}U\varSigma^{-1} & 0\\ 0 & \underline{\sigma}^{-1}\underline{\eta}^{-1}I_{n_3}\end{bmatrix}R^{\mathrm{T}},\tag{9.221}$$

$$\mathcal{A}_c(\overline{y},W)^{-1} \succeq R \begin{bmatrix} \Sigma^{-1}U^T\Big(\overline{\sigma\eta}I_{n_2}+(c-c_0)D_c\Big)^{-1}U\Sigma^{-1} & 0 \\ 0 & \overline{\sigma}^{-1}\overline{\eta}^{-1}I_{n_3} \end{bmatrix} R^{\mathrm{T}}, \tag{9.222}$$

与

$$\|\mathcal{A}_c(\overline{y},W)^{-1}A^T D_c u\| \leqslant \sqrt{2}\left(\overline{\sigma}+(\underline{\sigma\eta})^{-2}(\overline{\sigma\eta})^2\right)\|u\|/(c-c_0), \quad \forall u\in\Re^{n_2}, \tag{9.223}$$

其中 $\Sigma := \Sigma(P)$.

证明 令 $\widehat{c} := c - c_0$. 由 (9.212), (9.213) 和 $A := A(P)$ 的奇异值分解 (9.220), 有

$$\begin{aligned}
&\mathcal{A}_c(\overline{y},W)^{-1} = \Big(\mathcal{B}_{c_0,c}(\overline{y},W)+\widehat{c}A^{\mathrm{T}}D_cA\Big)^{-1}\\
&= \big(\mathcal{B}_{c_0,c}(\overline{y},W)+\widehat{c}R[\Sigma\quad 0]^{\mathrm{T}}U^{\mathrm{T}}D_cU[\Sigma\quad 0]R^{\mathrm{T}}\big)^{-1}\\
&= R\left(R^{\mathrm{T}}\mathcal{B}_{c_0,c}(\overline{y},W)R+\widehat{c}\begin{bmatrix}\Sigma & 0\\ 0 & I_{n_3}\end{bmatrix}\begin{bmatrix}U^{\mathrm{T}}D_cU & 0\\ 0 & 0\end{bmatrix}\begin{bmatrix}\Sigma & 0\\ 0 & I_{n_3}\end{bmatrix}\right)^{-1}R^{\mathrm{T}}\\
&= R\begin{bmatrix}\Sigma^{-1} & 0\\ 0 & I_{n_3}\end{bmatrix}\left(\mathcal{G}_{c_0}(\overline{y},W)+\widehat{c}\begin{bmatrix}U^{\mathrm{T}}D_cU & 0\\ 0 & 0\end{bmatrix}\right)^{-1}\begin{bmatrix}\Sigma^{-1} & 0\\ 0 & I_{n_3}\end{bmatrix}R^{\mathrm{T}},
\end{aligned} \tag{9.224}$$

其中

$$\mathcal{G}_{c_0}(\overline{y},W) := \begin{bmatrix}\Sigma^{-1} & 0\\ 0 & I_{n_3}\end{bmatrix}R^{\mathrm{T}}\mathcal{B}_{c_0,c}(\overline{y},W)R\begin{bmatrix}\Sigma^{-1} & 0\\ 0 & I_{n_3}\end{bmatrix}.$$

根据命题 9.16, $\underline{\sigma}$ 与 $\overline{\sigma}$ 的定义以及 (9.219) 有

$$\mathcal{G}_{c_0}(\overline{y},W) \succeq \underline{\eta}\begin{bmatrix}\Sigma^{-1} & 0\\ 0 & I_{n_3}\end{bmatrix}^2 \succeq \underline{\sigma\eta}I_n \tag{9.225}$$

与

$$\mathcal{G}_{c_0}(\overline{y},W) \preceq \overline{\eta}\begin{bmatrix}\Sigma^{-1} & 0\\ 0 & I_{n_3}\end{bmatrix}^2 \preceq \overline{\sigma\eta}I_n. \tag{9.226}$$

因此由 (9.224) 可得 (9.221) 与 (9.222).

现在来证明 (9.223). 令

$$\overline{\mathcal{G}}_{c_0}(\overline{y},W) := \begin{bmatrix}U & 0\\ 0 & I_{n_3}\end{bmatrix}\mathcal{G}_{c_0}(\overline{y},W)\begin{bmatrix}U^{\mathrm{T}} & 0\\ 0 & I_{n_3}\end{bmatrix} \quad 与\ \overline{\mathcal{H}}_{c_0}(\overline{y},W) := \overline{\mathcal{G}}_{c_0}(\overline{y},W)^{-1}.$$

将 $\overline{\mathcal{H}}_{c_0}(\overline{y},W)$ 分块为

$$\overline{\mathcal{H}}_{c_0}(\overline{y},W) = \begin{bmatrix}H_1(W) & H_2(W)^{\mathrm{T}}\\ H_2(W) & H_3(W)\end{bmatrix},$$

其中 $H_1(W)\in\mathbb{S}^{n_2}$, $H_2(W)\in\Re^{n_3\times n_2}$ 与 $H_3(W)\in\mathbb{S}^{n_3}$. 则由 (9.225) 与 (9.226) 可得

$$\|H_1(W)\|_2\leqslant(\underline{\sigma}\underline{\eta})^{-1},\quad \|H_1(W)^{-1}\|_2\leqslant\overline{\sigma}\overline{\eta},\quad 与\ \|H_2(W)H_1(W)^{-1}\|_2\leqslant(\underline{\sigma}\underline{\eta})^{-1}\overline{\sigma}\overline{\eta}. \tag{9.227}$$

对任意 $\varepsilon>0$, 令

$$D_{c,\varepsilon}:=D_c+\varepsilon I_{n_2},\quad \mathcal{A}_{c,\varepsilon}(\overline{y},W):=\mathcal{B}_{c_0,c}(\overline{y},W)+\widehat{c}A^{\mathrm{T}}D_{c,\varepsilon}A.$$

令 $\varepsilon>0$. 根据 (9.224), 得到

$$\begin{aligned}\mathcal{A}_{c,\varepsilon}(\overline{y},W)^{-1}=&R\begin{bmatrix}\Sigma^{-1}U^{\mathrm{T}} & 0\\ 0 & I_{n_3}\end{bmatrix}\left(\overline{\mathcal{G}}_{c_0}(\overline{y},W)+\widehat{c}\begin{bmatrix}D_{c,\varepsilon} & 0\\ 0 & 0\end{bmatrix}\right)^{-1}\\ &\cdot\begin{bmatrix}U\Sigma^{-1} & 0\\ 0 & I_{n_3}\end{bmatrix}R^{\mathrm{T}},\end{aligned}$$

连同 (9.220) 和 Sherman-Morrison-Woodbury 公式 (如文献 [15, Section 2.1]) 可推出

$$\begin{aligned}&\mathcal{A}_{c,\varepsilon}(\overline{y},W)^{-1}A^{\mathrm{T}}D_{c,\varepsilon}\\ =&R\begin{bmatrix}\Sigma^{-1}U^{\mathrm{T}} & 0\\ 0 & I_{n_3}\end{bmatrix}\begin{bmatrix}\left(H_1(W)^{-1}+\widehat{c}D_{c,\varepsilon}\right)^{-1}D_{c,\varepsilon}\\ H_2(W)H_1(W)^{-1}\left(H_1(W)^{-1}+\widehat{c}D_{c,\varepsilon}\right)^{-1}D_{c,\varepsilon}\end{bmatrix}.\end{aligned}$$

因为由 Sherman-Morrison-Woodbury 公式可得

$$\begin{aligned}&\left(H_1(W)^{-1}+\widehat{c}D_{c,\varepsilon}\right)^{-1}D_{c,\varepsilon}\\ =&\left(\widehat{c}I_{n_2}+D_{c,\varepsilon}^{-1}H_1(W)^{-1}\right)^{-1}\\ =&\widehat{c}^{-1}I_{n_2}-\widehat{c}^{-2}D_{c,\varepsilon}^{-1}\left(I_{n_2}+\widehat{c}^{-1}H_1(W)^{-1}D_{c,\varepsilon}^{-1}\right)^{-1}H_1(W)^{-1}\\ =&\widehat{c}^{-1}I_{n_2}-\widehat{c}^{-1}\left(\widehat{c}D_{c,\varepsilon}+H_1(W)^{-1}\right)^{-1}H_1(W)^{-1},\end{aligned}$$

我们有

$$\begin{aligned}&\mathcal{A}_c(\overline{y},W)^{-1}A^{\mathrm{T}}D_c=\lim_{\varepsilon\downarrow 0}\mathcal{A}_{c,\epsilon}(\overline{y},W)^{-1}A^{\mathrm{T}}D_{c,\epsilon}\\ =&R\begin{bmatrix}\Sigma^{-1}U^{\mathrm{T}}\\ H_2(W)H_1(W)^{-1}\end{bmatrix}\left(\widehat{c}^{-1}I_{n_2}-\widehat{c}^{-1}\left(\widehat{c}D_c+H_1(W)^{-1}\right)^{-1}H_1(W)^{-1}\right).\end{aligned}$$

因此, 由 $\overline{\sigma}$ 与 (9.227) 的定义, 对任何 $u\in\Re^{n_2}$ 有

$$
\begin{aligned}
&\|\mathcal{A}_c(\overline{y},W)^{-1}A^{\mathrm{T}}D_cu\|^2\\
\leqslant&\left(\overline{\sigma}+(\underline{\sigma\eta})^{-2}(\overline{\sigma\eta})^2\right)\left\|\left(\widehat{c}^{-1}I_{n_2}-\widehat{c}^{-1}\left(\widehat{c}D_c+H_1(W)^{-1}\right)^{-1}H_1(W)^{-1}\right)u\right\|^2\\
\leqslant&\left(\overline{\sigma}+(\underline{\sigma\eta})^{-2}(\overline{\sigma\eta})^2\right)\left(\widehat{c}^{-1}\|u\|+\widehat{c}^{-1}\left\|\left(\widehat{c}D_c+H_1(W)^{-1}\right)^{-1}\right\|_2\|H_1(W)^{-1}\|_2\|u\|\right)^2\\
\leqslant&\left(\overline{\sigma}+(\underline{\sigma\eta})^{-2}(\overline{\sigma\eta})^2\right)\widehat{c}^{-2}\left(1+\|H_1(W)\|_2\|H_1(W)^{-1}\|_2\right)^2\|u\|^2\\
\leqslant&\left(\overline{\sigma}+(\underline{\sigma\eta})^{-2}(\overline{\sigma\eta})^2\right)\widehat{c}^{-2}\left(1+(\underline{\sigma\eta})^{-1}(\overline{\sigma\eta})\right)^2\|u\|^2,
\end{aligned}
$$

注意到 $\overline{\sigma}\geqslant 1$, 可证得 (9.223). ■

令

$$
\overline{c}:=\max\left\{(2+\sqrt{2})c_0,\ (\overline{\sigma\eta}-c_0)^2/c_0,\ (\underline{\sigma\eta}/2-c_0)^2/c_0\right\} \tag{9.228}
$$

与

$$
\varrho_0:=\left(\max\left\{4\overline{\nu}\overline{\sigma}\underline{\sigma}^{-2}\underline{\eta}^{-2}\overline{\nu}_0^2,\ 4\kappa_0^2\right\}\right)^{1/2}, \tag{9.229}
$$

其中

$$
\kappa_0:=\sqrt{2}\left(\overline{\sigma}+(\underline{\sigma\eta})^{-2}(\overline{\sigma\eta})^2\right).
$$

命题 9.17 *设假设 (nlsdp-A1) 与 (nlsdp-A2) 成立. 则存在正数 μ_0 满足, 对任何 $c\geqslant\overline{c}$ 与 $\Delta y\in\Re^m\times\mathbb{S}^p$,*

$$
\|(x_c)'(\overline{y};\Delta y)\|\leqslant\varrho_0\|\Delta y\|/c \tag{9.230}
$$

与

$$
\left\langle V(\Delta y)+c^{-1}\Delta y,\Delta y\right\rangle\in\mu_0[-1,1]\|\Delta y\|^2/c^2,\quad\forall\, V(\Delta y)\in\overline{\mathcal{V}}_c(\Delta y). \tag{9.231}
$$

证明 设 $c\geqslant\overline{c}$. 令 $\Delta y:=(\Delta\zeta,\Delta\Xi)\in\Re^m\times\mathbb{S}^p$. 由命题 9.13 的证明可知, 存在一元素 $W\in\partial_B\Pi_{\mathbb{S}^p_+}(\Xi-cg(\overline{x}))$ 使得

$$
(x_c)'(\overline{y};\Delta y)=\mathcal{A}_c(\overline{y},W)^{-1}\left(-\nabla h(\overline{x})(\Delta\zeta)+\nabla g(\overline{x})W(\Delta\Xi)\right). \tag{9.232}
$$

对这一 $W\in\partial_B\Pi_{\mathbb{S}^p_+}(\Xi-cg(\overline{x}))$, 存在两个矩阵 $P\in\mathcal{P}$ 与 $\Theta_c\in\mathbb{S}^p$ 满足 (9.209) 使得

$$
W(H)=P\left(\Theta_c\circ(P^{\mathrm{T}}HP)\right)P^{\mathrm{T}},\quad\forall\, H\in\mathbb{S}^p.
$$

设 $A:=A(P)$ 具有 (9.206) 形式的奇异值分解, 即

$$
A=U[\varSigma\quad 0]R^{\mathrm{T}}, \tag{9.233}
$$

其中 $\varSigma:=\varSigma(P)$. 对任何两个指标集合 $\chi,\chi'\in\{\alpha,\beta,\gamma\}$, 令

$$
\omega_{(\chi,\chi')}:=\mathrm{vec}(P_\chi^{\mathrm{T}}\Delta\Xi P_{\chi'}),\quad\widehat{\omega}_{(\chi,\chi)}:=\mathrm{svec}(P_\chi^{\mathrm{T}}\Delta\Xi P_\chi).
$$

定义

$$\Delta d_0 := \begin{pmatrix} \Delta\zeta \\ \widehat{\omega}_{(\alpha,\alpha)} \\ \widehat{\omega}_{(\beta,\beta)} \\ \omega_{(\alpha,\beta)} \end{pmatrix}, \quad \Delta d := \begin{pmatrix} \Delta d_0 \\ \omega_{(\alpha,\gamma)} \end{pmatrix}.$$

则由 (9.232), 可得

$$\begin{aligned}
&\langle (x_c)'(\overline{y};\Delta y), (x_c)'(\overline{y};\Delta y)\rangle \\
=&\left\langle [A^{\mathrm{T}}D_c \ \ 2C^{\mathrm{T}}_{(\alpha,\gamma)}(\Theta_c)_{(\alpha,\gamma)}]\Delta d, \mathcal{A}_c(\overline{y},W)^{-2}[A^{\mathrm{T}}D_c \ \ 2C^{\mathrm{T}}_{(\alpha,\gamma)}(\Theta_c)_{(\alpha,\gamma)}]\Delta d\right\rangle \\
\leqslant& 2\left\langle A^{\mathrm{T}}D_c\Delta d_0, \mathcal{A}_c(\overline{y},W)^{-2}A^{\mathrm{T}}D_c\Delta d_0\right\rangle \\
&+8\left\langle C^{\mathrm{T}}_{(\alpha,\gamma)}(\Theta_c)_{(\alpha,\gamma)}\omega_{(\alpha,\gamma)}, \mathcal{A}_c(\overline{y},W)^{-2}C^{\mathrm{T}}_{(\alpha,\gamma)}(\Theta_c)_{(\alpha,\gamma)}\omega_{(\alpha,\gamma)}\right\rangle. \qquad (9.234)
\end{aligned}$$

由 (9.223), 对 $c\geqslant \overline{c}\quad (\geqslant (2+\sqrt{2})c_0)$ 有

$$\begin{aligned}
&\left\langle A^{\mathrm{T}}D_c\Delta d_0, \mathcal{A}_c(\overline{y},W)^{-2}A^{\mathrm{T}}D_c\Delta d_0\right\rangle \\
=&\|\mathcal{A}_c(\overline{y},W)^{-1}A^{\mathrm{T}}D_c\Delta d_0\|^2 \\
\leqslant& \kappa_0^2\widehat{c}^{-2}\left(\|\Delta d_0\|\right)^2 \\
\leqslant& \kappa_0^2\widehat{c}^{-2}\left(\|(\Delta\zeta,\omega_{(\alpha,\alpha)},\omega_{(\beta,\beta)})\|^2+2\|\omega_{(\alpha,\beta)}\|^2\right) \\
\leqslant& \frac{1}{2}\varrho_0^2c^{-2}\left(\|(\Delta\zeta,\omega_{(\alpha,\alpha)},\omega_{(\beta,\beta)})\|^2+2\|\omega_{(\alpha,\beta)}\|^2\right). \qquad (9.235)
\end{aligned}$$

令

$$\underline{\mathcal{E}}_c := (\overline{\sigma}\overline{\eta}I_{n_2}+(c-c_0)D_c)^{-1}, \quad \overline{\mathcal{E}}_c := (\underline{\sigma}\underline{\eta}I_{n_2}+(c-c_0)D_c)^{-1}$$

与

$$\underline{\mathcal{H}}_c := \begin{bmatrix} \underline{\mathcal{E}}_c & 0 \\ 0 & \overline{\sigma}^{-1}\overline{\eta}^{-1}I_{n_3} \end{bmatrix}, \quad \overline{\mathcal{H}}_c := \begin{bmatrix} \overline{\mathcal{E}}_c & 0 \\ 0 & \underline{\sigma}^{-1}\underline{\eta}^{-1}I_{n_3} \end{bmatrix}. \qquad (9.236)$$

回顾

$$\widetilde{C}_{(\alpha,\gamma)} = C_{(\alpha,\gamma)}\widetilde{R} \quad 与 \quad \widetilde{R} = R\begin{bmatrix} \Sigma^{-1}U^{\mathrm{T}} & 0 \\ 0 & I_{n_3} \end{bmatrix},$$

根据引理 9.14, (9.236), (9.207) 与 (9.203)(记 $\bar{M}=\mathcal{A}_c(\overline{y},W)$) 有

$$
\begin{aligned}
&\left\langle C^{\mathrm{T}}_{(\alpha,\gamma)}(\Theta_c)_{(\alpha,\gamma)}\omega_{(\alpha,\gamma)}, \mathcal{A}_c(\overline{y},W)^{-2}C^{\mathrm{T}}_{(\alpha,\gamma)}(\Theta_c)_{(\alpha,\gamma)}\omega_{(\alpha,\gamma)}\right\rangle\\
&= \left\langle \bar{M}^{-1/2}C^{\mathrm{T}}_{(\alpha,\gamma)}(\Theta_c)_{(\alpha,\gamma)}\omega_{(\alpha,\gamma)}, \bar{M}^{-1}\bar{M}^{-1/2}C^{\mathrm{T}}_{(\alpha,\gamma)}(\Theta_c)_{(\alpha,\gamma)}\omega_{(\alpha,\gamma)}\right\rangle\\
&\leqslant \left\langle \bar{M}^{-1/2}C^{\mathrm{T}}_{(\alpha,\gamma)}(\Theta_c)_{(\alpha,\gamma)}\omega_{(\alpha,\gamma)}, \widetilde{R}\overline{\mathcal{H}}_c\widetilde{R}^{\mathrm{T}}\bar{M}^{-1/2}C^{\mathrm{T}}_{(\alpha,\gamma)}(\Theta_c)_{(\alpha,\gamma)}\omega_{(\alpha,\gamma)}\right\rangle\\
&\leqslant \overline{\sigma}\underline{\sigma}^{-1}\underline{\eta}^{-1}\left\langle C^{\mathrm{T}}_{(\alpha,\gamma)}(\Theta_c)_{(\alpha,\gamma)}\omega_{(\alpha,\gamma)}, \mathcal{A}_c(\overline{y},W)^{-1}C^{\mathrm{T}}_{(\alpha,\gamma)}(\Theta_c)_{(\alpha,\gamma)}\omega_{(\alpha,\gamma)}\right\rangle\\
&\leqslant \overline{\sigma}\underline{\sigma}^{-2}\underline{\eta}^{-2}\left\langle \widetilde{C}^{\mathrm{T}}_{(\alpha,\gamma)}(\Theta_c)_{(\alpha,\gamma)}\omega_{(\alpha,\gamma)}, \widetilde{C}^{\mathrm{T}}_{(\alpha,\gamma)}(\Theta_c)_{(\alpha,\gamma)}\omega_{(\alpha,\gamma)}\right\rangle\\
&\leqslant \overline{\nu}\overline{\sigma}\underline{\sigma}^{-2}\underline{\eta}^{-2}\|(\Theta_c)_{(\alpha,\gamma)}\omega_{(\alpha,\gamma)}\|^2\\
&\leqslant \overline{\nu}\overline{\sigma}\underline{\sigma}^{-2}\underline{\eta}^{-2}\left(\max_{i\in\alpha,j\in\gamma}\lambda_i/(\lambda_i+c|\lambda_j|)\right)^2\|\omega_{(\alpha,\gamma)}\|^2\\
&\leqslant \overline{\nu}\overline{\sigma}\underline{\sigma}^{-2}\underline{\eta}^{-2}\overline{\nu}_0^2(\overline{\nu}_0+c)^{-2}\|\omega_{(\alpha,\gamma)}\|^2\\
&\leqslant \overline{\nu}\overline{\sigma}\underline{\sigma}^{-2}\underline{\eta}^{-2}\overline{\nu}_0^2c^{-2}\|\omega_{(\alpha,\gamma)}\|^2,\\
&\leqslant \frac{1}{8}\varrho_0^2c^{-2}(2\|\omega_{(\alpha,\gamma)}\|^2),
\end{aligned}
\tag{9.237}
$$

连同 (9.234) 与 (9.235) 可推出

$$\langle (x_c)'(\overline{y};\Delta y), (x_c)'(\overline{y};\Delta y)\rangle \leqslant \varrho_0^2\|\Delta y\|^2/c^2.$$

因此 (9.230) 成立.

令 $V(\Delta y)\in\overline{\mathcal{V}}_c(\Delta y)$. 由 $\overline{\mathcal{V}}_c(\Delta y)$ 的定义, 存在 $W\in\partial_B\Pi_{\mathbb{S}^p_+}(\Xi-cg(\overline{x}))$ 满足

$$
\begin{aligned}
V(\Delta y) = &\begin{pmatrix} \mathcal{J}h(\overline{x}) \\ -W\mathcal{J}g(\overline{x}) \end{pmatrix}\mathcal{A}_c(\overline{y},W)^{-1}\Big(-\nabla h(\overline{x})\Delta\zeta+\nabla g(\overline{x})W(\Delta\Xi)\Big)\\
&+\begin{pmatrix} 0 \\ -c^{-1}\Delta\Xi+c^{-1}W(\Delta\Xi) \end{pmatrix}.
\end{aligned}
$$

为记号的方便, 设这一 $W\in\partial_B\Pi_{\mathbb{S}^p_+}(\Xi-cg(\overline{x}))$ 与 (9.232) 中的相同. 直接计算 (见引理 9.13), 可得

$$
\begin{aligned}
&-\langle V(\Delta y),\Delta y\rangle\\
&= \left\langle [A^{\mathrm{T}}D_c\ \ 2C^{\mathrm{T}}_{(\alpha,\gamma)}(\Theta_c)_{(\alpha,\gamma)}]\Delta d, \mathcal{A}_c(\overline{y},W)^{-1}[A^{\mathrm{T}}D_c\ \ 2C^{\mathrm{T}}_{(\alpha,\gamma)}(\Theta_c)_{(\alpha,\gamma)}]\Delta d\right\rangle\\
&\quad +c^{-1}\|\Delta\Xi\|^2-c^{-1}\langle\Delta\Xi,W(\Delta\Xi)\rangle\\
&= \langle A^{\mathrm{T}}D_c\Delta d_0, \bar{M}^{-1}A^{\mathrm{T}}D_c\Delta d_0\rangle + 4\left\langle A^{\mathrm{T}}D_c\Delta d_0, \bar{M}^{-1}C^{\mathrm{T}}_{(\alpha,\gamma)}(\Theta_c)_{(\alpha,\gamma)}\omega_{(\alpha,\gamma)}\right\rangle\\
&\quad +4\left\langle C^{\mathrm{T}}_{(\alpha,\gamma)}(\Theta_c)_{(\alpha,\gamma)}\omega_{(\alpha,\gamma)}, \bar{M}^{-1}C^{\mathrm{T}}_{(\alpha,\gamma)}(\Theta_c)_{(\alpha,\gamma)}\omega_{(\alpha,\gamma)}\right\rangle\\
&\quad +c^{-1}\|\Delta\Xi\|^2-c^{-1}\langle\Delta\Xi,W(\Delta\Xi)\rangle.
\end{aligned}
\tag{9.238}
$$

下面来估计 (9.238) 的右端的下界与上界. 用 (9.233) 与引理 9.14 可得

$$\underline{\mathcal{E}}_c \preceq A\mathcal{A}_c(\overline{y},W)^{-1}A^{\mathrm{T}} \preceq \overline{\mathcal{E}}_c.$$

因此有

$$\begin{aligned}
&\left\langle A^{\mathrm{T}}D_c\Delta d_0, \mathcal{A}_c(\overline{y},W)^{-1}A^{\mathrm{T}}D_c\Delta d_0\right\rangle \geqslant \langle D_c\Delta d_0, \underline{\mathcal{E}}_c D_c\Delta d_0\rangle \\
&\geqslant (\overline{\sigma\eta}+(c-c_0))^{-1}\left\|(\Delta\zeta,\omega_{(\alpha,\alpha)})\right\|^2 + 4\left(\overline{\sigma\eta}+2(c-c_0)\right)^{-1}\|\omega_{(\alpha,\beta)}\|^2 \\
&\quad + \left\langle (\widehat{\Theta}_c)_{(\beta,\beta)}\widehat{\omega}_{(\beta,\beta)}, \left(\overline{\sigma\eta}I_{|\beta|(|\beta|+1)/2}+(c-c_0)(\widehat{\Theta}_c)_{(\beta,\beta)}\right)^{-1}(\widehat{\Theta}_c)_{(\beta,\beta)}\widehat{\omega}_{(\beta,\beta)}\right\rangle \\
&\geqslant (\overline{\sigma\eta}+(c-c_0))^{-1}\left\|(\Delta\zeta,\omega_{(\alpha,\alpha)})\right\|^2 + 4\left(\overline{\sigma\eta}+2(c-c_0)\right)^{-1}\|\omega_{(\alpha,\beta)}\|^2 \\
&\quad + \left\langle (\Theta_c)_{(\beta,\beta)}\omega_{(\beta,\beta)}, \left(\overline{\sigma\eta}I_{|\beta|}+(c-c_0)(\Theta_c)_{(\beta,\beta)}\right)^{-1}(\Theta_c)_{(\beta,\beta)}\omega_{(\beta,\beta)}\right\rangle
\end{aligned} \tag{9.239}$$

与

$$\begin{aligned}
&\left\langle A^{\mathrm{T}}D_c\Delta d_0, \mathcal{A}_c(\overline{y},W)^{-1}A^{\mathrm{T}}D_c\Delta d_0\right\rangle \leqslant \langle D_c\Delta d_0, \overline{\mathcal{E}}_c D_c\Delta d_0\rangle \\
&\leqslant \left(\underline{\sigma\eta}/2+(c-c_0)\right)^{-1}\left\|(\Delta\zeta,\omega_{(\alpha,\alpha)})\right\|^2 + 4\left(\underline{\sigma\eta}+2(c-c_0)\right)^{-1}\|\omega_{(\alpha,\beta)}\|^2 \\
&\quad + \left\langle (\widehat{\Theta}_c)_{(\beta,\beta)}\widehat{\omega}_{(\beta,\beta)}, \left(\underline{\sigma\eta}I_{|\beta|(|\beta|+1)/2}+(c-c_0)(\widehat{\Theta}_c)_{(\beta,\beta)}\right)^{-1}(\widehat{\Theta}_c)_{(\beta,\beta)}\widehat{\omega}_{(\beta,\beta)}\right\rangle \\
&\leqslant \left(\underline{\sigma\eta}/2+(c-c_0)\right)^{-1}\left\|(\Delta\zeta,\omega_{(\alpha,\alpha)})\right\|^2 + 4\left(\underline{\sigma\eta}+2(c-c_0)\right)^{-1}\|\omega_{(\alpha,\beta)}\|^2 \\
&\quad + \left\langle (\Theta_c)_{(\beta,\beta)}\omega_{(\beta,\beta)}, \left((\underline{\sigma\eta}/2)I_{|\beta|}+(c-c_0)(\Theta_c)_{(\beta,\beta)}\right)^{-1}(\Theta_c)_{(\beta,\beta)}\omega_{(\beta,\beta)}\right\rangle.
\end{aligned} \tag{9.240}$$

由引理 9.14, (9.236), (9.207) 与 (9.203) 可知

$$\begin{aligned}
&\left\langle C^{\mathrm{T}}_{(\alpha,\gamma)}(\Theta_c)_{(\alpha,\gamma)}\omega_{(\alpha,\gamma)}, \mathcal{A}_c(\overline{y},W)^{-1}C^{\mathrm{T}}_{(\alpha,\gamma)}(\Theta_c)_{(\alpha,\gamma)}\omega_{(\alpha,\gamma)}\right\rangle \\
&\geqslant \left\langle \widetilde{C}^{\mathrm{T}}_{(\alpha,\gamma)}(\Theta_c)_{(\alpha,\gamma)}\omega_{(\alpha,\gamma)}, \underline{\mathcal{H}}_c\widetilde{C}^{\mathrm{T}}_{(\alpha,\gamma)}(\Theta_c)_{(\alpha,\gamma)}\omega_{(\alpha,\gamma)}\right\rangle \\
&\geqslant \left(\overline{\sigma\eta}+2(c-c_0)\right)^{-1}\left\langle \widetilde{C}^{\mathrm{T}}_{(\alpha,\gamma)}(\Theta_c)_{(\alpha,\gamma)}\omega_{(\alpha,\gamma)}, \widetilde{C}^{\mathrm{T}}_{(\alpha,\gamma)}(\Theta_c)_{(\alpha,\gamma)}\omega_{(\alpha,\gamma)}\right\rangle \\
&\geqslant \underline{\nu}\left(\overline{\sigma\eta}+2(c-c_0)\right)^{-1}\left\|(\Theta_c)_{(\alpha,\gamma)}\omega_{(\alpha,\gamma)}\right\|^2 \\
&\geqslant \underline{\nu}\left(\overline{\sigma\eta}+2(c-c_0)\right)^{-1}\left(\min_{i\in\alpha,j\in\gamma}\lambda_i/(\lambda_i+c|\lambda_j|)\right)^2\|\omega_{(\alpha,\gamma)}\|^2 \\
&\geqslant \underline{\nu}\left(\overline{\sigma\eta}+2(c-c_0)\right)^{-1}\underline{\nu}_0^2(\underline{\nu}_0+c)^{-2}\|\omega_{(\alpha,\gamma)}\|^2,
\end{aligned} \tag{9.241}$$

$$\begin{aligned}
&\left\langle C^{\mathrm{T}}_{(\alpha,\gamma)}(\Theta_c)_{(\alpha,\gamma)}\omega_{(\alpha,\gamma)}, \mathcal{A}_c(\overline{y},W)^{-1}C^{\mathrm{T}}_{(\alpha,\gamma)}(\Theta_c)_{(\alpha,\gamma)}\omega_{(\alpha,\gamma)}\right\rangle \\
&\leqslant \left\langle \widetilde{C}^{\mathrm{T}}_{(\alpha,\gamma)}(\Theta_c)_{(\alpha,\gamma)}\omega_{(\alpha,\gamma)}, \overline{\mathcal{H}}_c\widetilde{C}^{\mathrm{T}}_{(\alpha,\gamma)}(\Theta_c)_{(\alpha,\gamma)}\omega_{(\alpha,\gamma)}\right\rangle
\end{aligned}$$

$$
\begin{aligned}
&\leqslant \underline{\sigma}^{-1}\underline{\eta}^{-1}\left\langle \widetilde{C}^{\mathrm{T}}_{(\alpha,\gamma)}(\Theta_c)_{(\alpha,\gamma)}\omega_{(\alpha,\gamma)}, \widetilde{C}^{\mathrm{T}}_{(\alpha,\gamma)}(\Theta_c)_{(\alpha,\gamma)}\omega_{(\alpha,\gamma)}\right\rangle \\
&\leqslant \overline{\nu}\underline{\sigma}^{-1}\underline{\eta}^{-1}\|(\Theta_c)_{(\alpha,\gamma)}\omega_{(\alpha,\gamma)}\|^2 \\
&\leqslant \overline{\nu}\underline{\sigma}^{-1}\underline{\eta}^{-1}\left(\max_{i\in\alpha,j\in\gamma}\lambda_i/(\lambda_i+c|\lambda_j|)\right)^2\|\omega_{(\alpha,\gamma)}\|^2 \\
&\leqslant \overline{\nu}\underline{\sigma}^{-1}\underline{\eta}^{-1}\overline{\nu}_0^2(\overline{\nu}_0+c)^{-2}\|\omega_{(\alpha,\gamma)}\|^2,
\end{aligned}
\tag{9.242}
$$

与

$$
\begin{aligned}
&\left\langle C^{\mathrm{T}}_{(\alpha,\gamma)}(\Theta_c)_{(\alpha,\gamma)}\omega_{(\alpha,\gamma)}, C^{\mathrm{T}}_{(\alpha,\gamma)}(\Theta_c)_{(\alpha,\gamma)}\omega_{(\alpha,\gamma)}\right\rangle \\
&\leqslant \overline{\nu}\|(\Theta_c)_{(\alpha,\gamma)}\omega_{(\alpha,\gamma)}\|^2 \\
&\leqslant \overline{\nu}\left(\max_{i\in\alpha,j\in\gamma}\lambda_i/(\lambda_i+c|\lambda_j|)\right)^2\|\omega_{(\alpha,\gamma)}\|^2 \\
&\leqslant \overline{\nu}\overline{\nu}_0^2 c^{-2}\|\omega_{(\alpha,\gamma)}\|^2 .
\end{aligned}
\tag{9.243}
$$

由 (9.235) 与 (9.243) 有

$$
\begin{aligned}
&\left|\left\langle A^{\mathrm{T}}D_c\Delta d_0, \mathcal{A}_c(\overline{y},W)^{-1}C^{\mathrm{T}}_{(\alpha,\gamma)}(\Theta_c)_{(\alpha,\gamma)}\omega_{(\alpha,\gamma)}\right\rangle\right| \\
&\leqslant \|\mathcal{A}_c(\overline{y},W)^{-1}A^{\mathrm{T}}D_c\Delta d_0\|\,\|C^{\mathrm{T}}_{(\alpha,\gamma)}(\Theta_c)_{(\alpha,\gamma)}\omega_{(\alpha,\gamma)}\| \\
&\leqslant \frac{\varrho_0}{\sqrt{2}}c^{-1}\left(\|(\Delta\zeta,\omega_{(\alpha,\alpha)},\omega_{(\beta,\beta)})\|^2+2\|\omega_{(\alpha,\beta)}\|^2\right)^{1/2}\left(\overline{\nu}_0\sqrt{\overline{\nu}}c^{-1}\|\omega_{(\alpha,\gamma)}\|\right) \\
&\leqslant \frac{\varrho_0\overline{\nu}_0\sqrt{\overline{\nu}}}{4}c^{-2}\left(\|(\Delta\zeta,\omega_{(\alpha,\alpha)},\omega_{(\beta,\beta)})\|^2+2\|\omega_{(\alpha,\beta)}\|^2+2\|\omega_{(\alpha,\gamma)}\|^2\right) .
\end{aligned}
\tag{9.244}
$$

直接计算得

$$
\begin{aligned}
&\|\Delta\Xi\|^2-\langle\Delta\Xi, W(\Delta\Xi)\rangle \\
&=\left(\|\omega_{(\gamma,\gamma)}\|^2+2\|\omega_{(\beta,\gamma)}\|^2\right)+2\left(\|\omega_{(\alpha,\gamma)}\|^2-\langle\omega_{(\alpha,\gamma)},(\Theta_c)_{(\alpha,\gamma)}\omega_{(\alpha,\gamma)}\rangle\right) \\
&\quad+\left(\|\omega_{(\beta,\beta)}\|^2-\langle\omega_{(\beta,\beta)},(\Theta_c)_{(\beta,\beta)}\omega_{(\beta,\beta)}\rangle\right) .
\end{aligned}
\tag{9.245}
$$

现在估计 $-\langle V(\Delta y),\Delta y\rangle$ 的下界与上界. 根据 (9.238), (9.239), (9.241), (9.244) 与 (9.245), 有

$$
\begin{aligned}
-\langle V(\Delta y),\Delta y\rangle \geqslant\, & c^{-1}\left(\|\omega_{(\gamma,\gamma)}\|^2+2\|\omega_{(\beta,\gamma)}\|^2\right) \\
&+\kappa_1(c)\|(\Delta\zeta,\omega_{(\alpha,\alpha)})\|^2+2\kappa_2(c)\|\omega_{(\alpha,\beta)}\|^2 \\
&+2\kappa_3(c)\|\omega_{(\alpha,\gamma)}\|^2+\kappa_4(c)\|\omega_{(\beta,\beta)}\|^2,
\end{aligned}
\tag{9.246}
$$

其中

$$
\begin{aligned}
&\kappa_1(c) := (\overline{\sigma\eta} + (c - c_0))^{-1} - \varrho_0\overline{\nu}_0\sqrt{\overline{\nu}}c^{-2},\\
&\kappa_2(c) := (\overline{\sigma\eta}/2 + (c - c_0))^{-1} - \varrho_0\overline{\nu}_0\sqrt{\overline{\nu}}c^{-2},\\
&\kappa_3(c) := c^{-1}[1 - \overline{\nu}_0(\overline{\nu}_0 + c)^{-1}] + 2\underline{\nu}\,(\overline{\sigma\eta} + 2(c - c_0))^{-1}\,\underline{\nu}_0^2(\underline{\nu}_0 + c)^{-2} - \varrho_0\overline{\nu}_0\sqrt{\overline{\nu}}c^{-2},
\end{aligned}
$$

与

$$
\kappa_4(c) := \min_{t\in[0,1]} \psi(t; c, a_c, b_c, c_0),
$$

其中 $\psi(\cdot;\cdot)$ 由引理 9.5 中的 (9.107) 定义,

$$
a_c := c^{-1} - \varrho_0\overline{\nu}_0\sqrt{\overline{\nu}}c^{-2}, \quad b_c := \overline{\sigma\eta}.
$$

由引理 9.5 中的 (9.108) 可得对 $c \geqslant \overline{c}$,

$$
\kappa_4(c) = c^{-1} - \rho_0\overline{\nu}_0\sqrt{\overline{\nu}}c^{-2} - \frac{\overline{\sigma\eta}}{c(\sqrt{c} + \sqrt{c_0})^2}.
$$

因此存在一正数 μ_1 满足对 $c \geqslant \overline{c}$,

$$
\min\{\kappa_1(c), \kappa_2(c), \kappa_3(c), \kappa_4(c)\} \geqslant c^{-1} - \mu_1 c^{-2}.
$$

所以由 (9.246) 可得

$$
-\langle V(\Delta y), \Delta y\rangle \geqslant \min\{c^{-1}, \kappa_1(c), \kappa_2(c), \kappa_3(c), \kappa_4(c)\}\|\Delta y\|^2 \geqslant (c^{-1} - \mu_1 c^{-2})\|\Delta y\|^2. \tag{9.247}
$$

另一方面, 注意到 (9.238), (9.240), (9.242), (9.244) 与 (9.245), 可得

$$
\begin{aligned}
-\langle V(\Delta y), \Delta y\rangle \leqslant{}& c^{-1}\left(\|\omega_{(\gamma,\gamma)}\|^2 + 2\|\omega_{(\beta,\gamma)}\|^2\right)\\
&+\mu_1(c)\|(\Delta\zeta, \omega_{(\alpha,\alpha)})\|^2 + 2\mu_2(c)\|\omega_{(\alpha,\beta)}\|^2\\
&+2\mu_3(c)\|\omega_{(\alpha,\gamma)}\|^2 + \mu_4(c)\|\omega_{(\beta,\beta)}\|^2,
\end{aligned} \tag{9.248}
$$

其中

$$
\begin{aligned}
&\mu_1(c) := \left(\underline{\sigma\eta}/2 + (c - c_0)\right)^{-1} + \varrho_0\overline{\nu}_0\sqrt{\overline{\nu}}c^{-2},\\
&\mu_2(c) := \mu_1(c),\\
&\mu_3(c) := c^{-1}[1 - \underline{\nu}_0(\underline{\nu}_0 + c)^{-1}] + 2\overline{\nu}\,\underline{\sigma}^{-1}\underline{\eta}^{-1}\overline{\nu}_0^2\left(\overline{\nu}_0 + (c - c_0)\right)^{-2} + \varrho_0\overline{\nu}_0\sqrt{\overline{\nu}}c^{-2},
\end{aligned}
$$

与

$$
\mu_4(c) := \max_{t\in[0,1]} \psi(t; c, a'_c, b'_c, c_0),
$$

这里

$$a'_c := c^{-1} + \varrho_0\overline{\nu}_0\sqrt{\overline{\nu}}c^{-2}, \quad b'_c := \underline{\sigma}\underline{\eta}/2\,.$$

由引理 9.5 中的 (9.109) 得对 $c \geqslant \overline{c}$,

$$\begin{aligned}\mu_4(c) &= \max\{\psi(0; c, a'_c, b'_c, c_0), \psi(1; c, a'_c, b'_c, c_0)\}\\ &= \varrho_0\overline{\nu}_0\sqrt{\overline{\nu}}c^{-2} + \max\{c^{-1}, \left(\underline{\sigma}\underline{\eta}/2 + (c-c_0)\right)^{-1}\},\end{aligned} \tag{9.249}$$

则存在一正数 $\mu_0 \geqslant \mu_1$ 使得对 $c \geqslant \overline{c}$ 有

$$\max\{\mu_1(c), \mu_2(c), \mu_3(c), \mu_4(c)\} \leqslant c^{-1} + \mu_0 c^{-2}\,.$$

因此由 (9.248) 可得

$$-\langle V(\Delta y), \Delta y\rangle \leqslant \max\{c^{-1}, \mu_1(c), \mu_2(c), \mu_3(c), \mu_4(c)\}\|\Delta y\|^2 \leqslant (c^{-1} + \mu_0 c^{-2})\|\Delta y\|^2\,. \tag{9.250}$$

由 (9.247) 与 (9.250), 并注意到 $\mu_0 \geqslant \mu_1$, 可得

$$\mu_0 c^{-2}\|\Delta y\|^2 \geqslant -\langle V(\Delta y) + c^{-1}\Delta y, \Delta y\rangle \geqslant -\mu_0 c^{-2}\|\Delta y\|^2\,.$$

这证得 (9.231) 成立. 证明完成. ■

现在叙述关于非线性半定规划的增广 Lagrange 方法的收敛速度的主要结果.

定理 9.22 设假设 (nlsdp-A1) 与 (nlsdp-A2) 成立. 令 c_0 与 $\underline{\eta}$ 是命题 9.16 中得到的两个正数. 设 $\overline{\eta}$, $\overline{c}$ 与 ϱ_0 分别定义为(9.219), (9.228)与(9.229). 设 μ_0 由命题 9.17 得到. 定义

$$\varrho_1 := 2\varrho_0 \quad 与 \quad \varrho_2 := 4\mu_0.$$

则对任何 $c \geqslant \overline{c}$, 存在两个正数 ε 与 δ(二者都依赖于 c) 满足对任何 $(\zeta, \Xi) \in \mathbb{B}_\delta(\overline{\zeta}, \overline{\Xi})$, 问题

$$\min\ L_c(x, \zeta, \Xi) \quad \text{s.t. } x \in \mathbb{B}_\varepsilon(\overline{x})$$

有唯一的解, 记为 $x_c(\zeta, \Xi)$. 函数 $x_c(\cdot,\cdot)$ 在 $\mathbb{B}_\delta(\overline{\zeta}, \overline{\Xi})$ 上是 Lipschitz 连续的, 在 $\mathbb{B}_\delta(\overline{\zeta}, \overline{\Xi})$ 中的任何点处均是半光滑的, 且对任何 $(\zeta, \Xi) \in \mathbb{B}_\delta(\overline{\zeta}, \overline{\Xi})$,

$$\|x_c(\zeta, \Xi) - \overline{x}\| \leqslant \varrho_1\|(\zeta, \Xi) - (\overline{\zeta}, \overline{\Xi})\|/c$$

与

$$\|(\zeta_c(\zeta, \Xi), \Xi_c(\zeta, \Xi)) - (\overline{\zeta}, \overline{\Xi})\| \leqslant \varrho_2\|(\zeta, \Xi) - (\overline{\zeta}, \overline{\Xi})\|/c,$$

其中 $\zeta_c(\zeta, \Xi)$ 与 $\xi_c(\zeta, \Xi))$ 定义为

$$\zeta_c(\zeta, \Xi) := \zeta + ch(x_c(\zeta, \Xi)) \quad 与 \quad \Xi_c(\zeta, \Xi) := \Pi_{\mathbb{S}^p_+}(\xi - cg(x_c(\zeta, \Xi))).$$

证明 如果假设 (nlsdp-A1) 与 (nlsdp-A2) 成立, 则由命题 9.16 与 9.17 知 9.6.2 节中的两个假设 B1 与 B2($\tau = 2$) 都成立. 本定理的结论由定理 9.20 得到. ■

9.6.5 严格互补条件成立的半定规划情形

对于非线性半定规划严格互补条件成立的情形, 增广 Lagrange 方法的收敛速度的证明可以采用直接的方式. 对 $\Re^{m\times n}$ 中的任意两个矩阵 C 与 D, 记

$$\langle C, D\rangle := \mathrm{Tr}\left(C^{\mathrm{T}}D\right)$$

为 C 与 D 间的 Frobenius 内积, 其中 "Tr" 记一方阵的迹. 因为此种情形有 $\mathbb{S}^p_+ = \{z^2 : z \in \mathbb{S}^p\}$, (NLSDP) 可以转化为下述约束优化问题:

$$\min\ f(x) \quad \text{s.t. } h(x) = 0, \quad z^2 - g(x) = 0, \quad (x, z) \in X \times \mathbb{S}^p. \tag{9.251}$$

令 $c > 0$. 设 $\widehat{L}_c(x, z, \zeta, \xi)$ 为 (9.251) 的增广 Lagrange 函数. 定义 $\widetilde{L}_c : X \times \mathbb{S}^p \times \Re^m \times \mathbb{S}^p \to \Re$

$$\widetilde{L}_c(x, v, \zeta, \xi) := f(x) + \langle \zeta, h(x)\rangle + \frac{c}{2}\|h(x)\|^2 + \langle \xi, v - g(x)\rangle + \frac{c}{2}\|v - g(x)\|^2.$$

则对任何 $(x, z, \zeta, \xi) \in X \times \mathbb{S}^p \times \Re^m \times \mathbb{S}^p$, 有

$$\begin{aligned}\widehat{L}_c(x, z, \zeta, \xi) &= \widetilde{L}_c(x, z^2, \zeta, \xi)\\ &= f(x) + \langle \zeta, h(x)\rangle + \frac{c}{2}\|h(x)\|^2 + \langle \xi, z^2 - g(x)\rangle + \frac{c}{2}\|z^2 - g(x)\|^2.\end{aligned}$$

对任何 $(x, \zeta, \xi) \in X \times \Re^m \times \mathbb{S}^p$, 令

$$\widetilde{v}(x, \xi, c) := \Pi_{\mathbb{S}^p_+}\left(g(x) - c^{-1}\xi\right) = \left(g(x) - c^{-1}\xi\right) + c^{-1}\Pi_{\mathbb{S}^p_+}(\xi - cg(x)).$$

因为

$$\begin{aligned}&\inf_{v\in\mathcal{S}^p_+} \widetilde{L}_c(x, v, \zeta, \xi)\\ &= f(x) + \langle \zeta, h(x)\rangle + \frac{c}{2}\|h(x)\|^2 + \inf_{v\in\mathcal{S}^p_+}\langle \xi, v - g(x)\rangle + \frac{c}{2}\|v - g(x)\|^2\\ &= f(x) + \langle \zeta, h(x)\rangle + \frac{c}{2}\|h(x)\|^2 + \langle \xi, \widetilde{v}(x, \xi, c) - g(x)\rangle + \frac{c}{2}\|\widetilde{v}(x, \zeta, \xi) - g(x)\|^2\\ &= \widetilde{L}_c(x, \widetilde{v}(x, \xi, c), \zeta, \xi)\\ &= L_c(x, \zeta, \xi),\end{aligned}$$

对任何 $(x, \zeta, \xi) \in X \times \Re^m \times \mathbb{S}^p$ 有

$$L_c(x, \zeta, \xi) = \widehat{L}_c(x, z_c(x, \zeta, \xi), \zeta, \xi) = \widetilde{L}(x, z_c^2(x, \zeta, \xi), \zeta, \xi), \tag{9.252}$$

其中 $z_c(x, \zeta, \xi)$ 是 $\Pi_{\mathcal{S}^p_+}\left(g(x) - c^{-1}\xi\right)$ 的一平方根, 即

$$z_c(x, \zeta, \xi) := \sqrt{\Pi_{\mathcal{S}^p_+}\left(g(x) - c^{-1}\xi\right)}. \tag{9.253}$$

定义 $\widehat{h}: X \times \mathbb{S}^p \mapsto \Re^m \times \mathbb{S}^p$

$$\widehat{h}(x,z) := \begin{pmatrix} h(x) \\ z^2 - g(x) \end{pmatrix}, \quad (x,z) \in X \times \mathbb{S}^p.$$

则有下述关于增广 Lagrange 方法收敛速度的结论.

定理 9.23　考虑 (NLSDP) 与它的等价问题 (9.251). 令 $(\overline{x},\overline{z},\overline{\zeta},\overline{\xi}) \in X \times \mathbb{S}^p \times \Re^m \times \mathbb{S}^p_+$ 为 (9.251) 的 KKT 点, $\overline{z} := \sqrt{g(\overline{x})}$. 设 $\mathcal{J}\widehat{h}(\overline{x},\overline{z}): X \times \mathbb{S}^p \to \Re^m \times \mathbb{S}^p$ 是映上的, $(\overline{x},\overline{z},\overline{\zeta},\overline{\xi})$ 处的二阶充分条件成立. 令 $\widehat{c}$ 是满足下式的正数

$$\left\langle d, \nabla^2_{(x,z)(x,z)} \widehat{L}_{\widehat{c}}(\overline{x},\overline{z},\overline{\zeta},\overline{\xi})d \right\rangle > 0, \quad \forall\, 0 \neq d \in X \times \mathbb{S}^p.$$

则存在正数 $\overline{c} \geqslant \widehat{c}$, δ, ε 与 ϱ_0 满足

(a) 对 D 中的任何点 (ζ,ξ,c), 其中集合 $D \subset \Re^m \times \mathbb{S}^p \times \Re$ 定义为

$$D := \{(\zeta,\xi,c) \in \Re^m \times \mathbb{S}^p \times \Re \mid \|(\zeta,\xi) - (\overline{\zeta},\overline{\xi})\| < \delta c,\ \overline{c} \leqslant c\},$$

问题

$$\min\ L_c(x,\zeta,\xi) \quad \text{s.t. } x \in \mathbb{B}_\varepsilon(\overline{x}) \tag{9.254}$$

具有唯一解, 记为 $x(\zeta,\xi,c)$. 函数 $x(\cdot,\cdot,\cdot)$ 在 D 的内部是连续可微的, 且对任何 $(\zeta,\xi,c) \in D$,

$$\|x(\zeta,\xi,c) - \overline{x}\| \leqslant \varrho_0 \|(\zeta,\xi) - (\overline{\zeta},\overline{\xi})\|/c. \tag{9.255}$$

(b) 对任何 $(\zeta,\xi,c) \in D$, 有

$$\left\| \left(\widetilde{\zeta}(\zeta,\xi,c), \widetilde{\xi}(\zeta,\xi,c)\right) - (\overline{\zeta},\overline{\xi}) \right\| \leqslant \varrho_0 \|(\zeta,\xi) - (\overline{\zeta},\overline{\xi})\|/c, \tag{9.256}$$

其中

$$\widetilde{\zeta}(\zeta,\xi,c) := \zeta + ch\left(x(\zeta,\xi,c)\right), \quad \widetilde{\xi}(\zeta,\xi,c) := \Pi_{\mathcal{S}^p_+}\left(\xi - cg(x(\zeta,\xi,c))\right).$$

证明　由文献 [1, Section 2.2], 存在正数 $\hat{\delta}$, $\widehat{\varepsilon}$ 与 ϱ_0 使得对任何 $(\zeta,\xi,c) \in \widehat{D} \subset \Re^m \times \mathbb{S}^p \times \Re$, 其中 $\widehat{D}$ 定义为

$$\widehat{D} := \{(\zeta,\xi,c) \mid \|(\zeta,\xi) - (\overline{\zeta},\overline{\xi})\| < \widehat{\delta} c,\ \widehat{c} \leqslant c\},$$

问题

$$\min\ \widehat{L}_c(x,z,\zeta,\xi) \quad \text{s.t. } (x,z) \in \mathbb{B}_{\widehat{\varepsilon}}(\overline{x}) \times \mathbb{B}_{\widehat{\varepsilon}}(\overline{z}) \tag{9.257}$$

有唯一解, 记为 $(\hat{x}(\zeta,\xi,c), \widehat{z}(\zeta,\xi,c))$, $(\hat{x}(\zeta,\xi,c), \widehat{z}(\zeta,\xi,c))$, 满足

$$\begin{aligned} &\|(\widehat{x}(\zeta,\xi,c), \widehat{z}(\zeta,\xi,c)) - (\overline{x},\overline{z})\| \leqslant \varrho_0 \|(\zeta,\xi) - (\overline{\zeta},\overline{\xi})\|/c, \\ &\|(\widehat{\zeta}(\zeta,\xi,c), \widehat{\xi}(\zeta,\xi,c)) - (\overline{\zeta},\overline{\xi})\| \leqslant \varrho_0 \|(\zeta,\xi) - (\overline{\zeta},\overline{\xi})\|/c, \end{aligned} \tag{9.258}$$

其中

$$\widehat{\zeta}(\zeta,\xi,c) := \zeta + ch\left(\widehat{x}(\zeta,\xi,c)\right), \quad \widehat{\xi}(\zeta,\xi,c) := \xi + c\left(\widehat{z}^2(\zeta,\xi,c) - g(\widehat{x}(\zeta,\xi,c))\right). \tag{9.259}$$

设 rank $(g(\overline{x})) = r_0$, $g(\overline{x})$ 具有下述谱分解

$$g(\overline{x}) = P\begin{bmatrix} 0 & 0 \\ 0 & \Lambda_0 \end{bmatrix} P^{\mathrm{T}},$$

其中 $\Lambda_0 \in \mathbb{S}^{r_0}$ 是对角矩阵, 它的对角元素是 $g(\overline{x})$ 的 r_0 个正的特征值, P 是一正交矩阵. 则由

$$G(\Lambda) := \sqrt{\sqrt{\Lambda^2}}, \quad \Lambda \in \mathbb{S}^{r_0}.$$

定义的映射 $G : \mathbb{S}^{r_0} \to \mathbb{S}^{r_0}$ 在 Λ_0 处是解析的[63,Theorem 3.1].因此存在正数 $\hat{\varepsilon}_1 \in (0,\hat{\varepsilon})$ 使得对任何满足 $\|\Lambda - \Lambda_0\| \leqslant 2\widehat{\varepsilon}_1$ 的 $\Lambda \in \mathbb{S}^{r_0}$, Λ 是正定的, 且

$$\|\sqrt{\Lambda} - \sqrt{\Lambda_0}\| = \|G(\Lambda) - G(\Lambda_0)\| \leqslant 2\|\mathcal{J}G(\Lambda_0)\|\|\Lambda - \Lambda_0\|. \tag{9.260}$$

令 $\widehat{\varepsilon}_2 \in (0, \widehat{\varepsilon}_1]$ 满足

$$3\sqrt{p}\widehat{\varepsilon}_2 + 16\|\mathcal{J}G(\Lambda_0)\|^2\widehat{\varepsilon}_2^2 \leqslant \widehat{\varepsilon}_1^2. \tag{9.261}$$

因为 g 是连可微的, 存在 $l_g > 0$ 满足

$$\|g(x) - g(\overline{x})\| \leqslant l_g\|x - \overline{x}\|, \quad \forall x \in \mathbb{B}_{\widehat{\varepsilon}}(\overline{x}).$$

令 $\varepsilon \in (0, \widehat{\varepsilon}]$, $\delta \in (0, \widehat{\delta}]$ 与 $\overline{c} \geqslant \widehat{c}$ 满足

$$l_g\varepsilon + \delta + \|\overline{\xi}\|/\overline{c} \leqslant \widehat{\varepsilon}_2. \tag{9.262}$$

定义

$$D := \{(\zeta,\xi,c) \in \Re^m \times \mathbb{S}^p \times \Re \,|\, \|(\zeta,\xi) - (\overline{\zeta},\overline{\xi})\| < \delta c, \quad \overline{c} \leqslant c\}.$$

则对任何 $(\zeta,\xi,c) \in D$ 与满足 $\|x - \overline{x}\| \leqslant \varepsilon$ 的 $x \in X$, 由 (9.253) 与 (9.262) 得

$$\begin{aligned}\|z_c^2(x,\zeta,\xi) - g(\overline{x})\| &= \|\Pi_{\mathbb{S}_+^p}(g(x) - \xi/c) - \Pi_{\mathbb{S}_+^p}(g(\overline{x}))\| \\ &\leqslant \|g(x) - g(\overline{x}) - (\xi - \overline{\xi})/c - \overline{\xi}/c\| \\ &\leqslant \|g(x) - g(\overline{x})\| + \|(\xi - \overline{\xi})/c\| + \|\overline{\xi}/c\| \\ &\leqslant l_g\|x - \overline{x}\| + \delta + \|\overline{\xi}\|/c \leqslant \widehat{\varepsilon}_2. \end{aligned} \tag{9.263}$$

令 $v \in \mathbb{S}_+^p$ 满足 $v \in \mathbb{B}_{\widehat{\varepsilon}_2}(g(\overline{x}))$. 定义 $Z_{11} \in \mathbb{S}^{p-r_0}$, $Z_{12} \in \Re^{(p-r_0)\times r_0}$ 与 $Z_{22} \in \mathbb{S}^{r_0}$

$$\begin{bmatrix} Z_{11} & Z_{12} \\ Z_{12}^{\mathrm{T}} & Z_{22} \end{bmatrix} := P^{\mathrm{T}}\sqrt{v}P.$$

则

$$\left\| \begin{bmatrix} Z_{11} & Z_{12} \\ Z_{12}^T & Z_{22} \end{bmatrix}^2 - \begin{bmatrix} 0 & 0 \\ 0 & \Lambda_0 \end{bmatrix} \right\| = \|P^{\mathrm{T}} vP - P^{\mathrm{T}} g(\overline{x})P\| = \|v - g(\overline{x})\| \leqslant \widehat{\varepsilon}_2.$$

因此,

$$\langle Z_{11}^2, Z_{11}^2\rangle \leqslant \widehat{\varepsilon}_2^2, \quad \langle Z_{12}Z_{12}^{\mathrm{T}}, Z_{12}Z_{12}^{\mathrm{T}}\rangle \leqslant \widehat{\varepsilon}_2^2, \quad \langle Z_{22}^2 + Z_{12}^{\mathrm{T}}Z_{12} - \Lambda_0, Z_{22}^2 + Z_{12}^{\mathrm{T}}Z_{12} - \Lambda_0\rangle \leqslant \widehat{\varepsilon}_2^2,$$

由此推出

$$\mathrm{Tr}(Z_{11}^2) \leqslant \sqrt{p}\widehat{\varepsilon}_2, \quad \mathrm{Tr}(Z_{12}Z_{21}^{\mathrm{T}}) = \mathrm{Tr}(Z_{12}^{\mathrm{T}}Z_{12}) \leqslant \sqrt{p}\widehat{\varepsilon}_2. \tag{9.264}$$

令 $\Gamma_0 := Z_{22}^2 - \Lambda_0$. 则

$$\|\Gamma_0\| = \| \left(Z_{22}^2 + Z_{12}^{\mathrm{T}}Z_{12} - \Lambda_0\right) - Z_{12}^{\mathrm{T}}Z_{12}\| \leqslant \widehat{\varepsilon}_2 + \|Z_{12}Z_{12}^{\mathrm{T}}\| \leqslant 2\widehat{\varepsilon}_2.$$

由 (9.260),

$$\|Z_{22} - \sqrt{\Lambda_0}\| = \|\sqrt{\Lambda_0 + \Gamma_0} - \sqrt{\Lambda_0}\| \leqslant 2\|\mathcal{J}G(\Lambda_0)\|\|\Gamma_0\| \leqslant 4\widehat{\varepsilon}_2\|\mathcal{J}G(\Lambda_0)\|. \tag{9.265}$$

因此由 (9.264), (9.265) 与 (9.261), 可得

$$\begin{aligned}
\left\|\sqrt{v} - \sqrt{g(\overline{x})}\right\|^2 &= \left\| \begin{bmatrix} Z_{11} & Z_{12} \\ Z_{12}^T & Z_{22} \end{bmatrix} - \begin{bmatrix} 0 & 0 \\ 0 & \sqrt{\Lambda_0} \end{bmatrix} \right\|^2 \\
&= \left\| \begin{bmatrix} Z_{11} & Z_{12} \\ Z_{12}^{\mathrm{T}} & Z_{22} - \sqrt{\Lambda_0} \end{bmatrix} \right\|^2 \\
&= \mathrm{Tr}(Z_{11}^2 + Z_{12}Z_{12}^{\mathrm{T}}) + \mathrm{Tr}(Z_{12}^{\mathrm{T}}Z_{12}) + \mathrm{Tr}((Z_{22} - \sqrt{\Lambda_0})^2) \\
&\leqslant 3\sqrt{p}\widehat{\varepsilon}_2 + 16\widehat{\varepsilon}_2\mathcal{J}G(\Lambda_0)\|^2 \leqslant \widehat{\varepsilon}_1^2,
\end{aligned}$$

由此推出对任何满足 $v \in \mathbb{B}_{\widehat{\varepsilon}_2}(g(\overline{x}))$ 的 $v \in \mathbb{S}_+^p$, 有

$$\|\sqrt{v} - \overline{z}\| \leqslant \widehat{\varepsilon}_1.$$

尤其, 根据 (9.263), 对任何 $(\zeta, \xi, c) \in D$ 与满足 $\|x - \overline{x}\| \leqslant \varepsilon$ 的 $x \in X$, 有

$$z_c(x, \zeta, \xi) \in \mathbb{B}_{\widehat{\varepsilon}_1}(\overline{z}).$$

所以由 (9.252) 可知对任何 $(\zeta, \xi, c) \in D$,

$$\begin{aligned}\min_{x\in\mathbb{B}_\varepsilon(\overline{x})} L_c(x,\zeta,\xi) &= \min_{x\in\mathbb{B}_\varepsilon(\overline{x})} \widehat{L}_c(x,z_c(x,\zeta,\xi),\zeta,\xi)\\ &\geqslant \min_{(x,z)\in\mathbb{B}_\varepsilon(\overline{x})\times\mathbb{B}_{\widehat{\varepsilon}_1}(\overline{z})} \widehat{L}_c(x,z,\zeta,\xi)\\ &\geqslant \min_{x\in\mathbb{B}_\varepsilon(\overline{x})}\left(\min_{z\in\mathbb{S}^p}\widehat{L}_c(x,z,\zeta,\xi)\right)\\ &= \min_{x\in\mathbb{B}_\varepsilon(\overline{x})}\left(\min_{v\in\mathcal{S}^p_+}\widetilde{L}_c(x,v,\zeta,\xi)\right)\\ &= \min_{x\in\mathbb{B}_\varepsilon(\overline{x})} L_c(x,\zeta,\xi).\end{aligned} \tag{9.266}$$

令

$$x(\zeta,\xi,c) := \widehat{x}(\zeta,\xi,c), \quad (\zeta,\xi,c)\in D.$$

则由 (9.266), 对任何 $(\zeta,\xi,c)\in D$, $x(\zeta,\xi,c)$ 是问题 (9.254) 的一解. $x(\zeta,\xi,c)$ 的唯一性由 $(\widehat{x}(\zeta,\xi,c),\widehat{z}(\zeta,\xi,c))$ 的唯一性得到.

对任何 $(\zeta,\xi,c)\in D$, 由 (9.259), (9.266) 与 $(\widehat{x}(\zeta,\xi,c),\widehat{z}(\zeta,\xi,c))$ 是问题 (9.257) 的唯一解这一事实, 可知

$$\hat{\zeta}(\zeta,\xi,c) = \zeta + ch(\widehat{x}(\zeta,\xi,c)) = \zeta + ch(x(\zeta,\xi,c)) = \widetilde{\zeta}(\zeta,\xi,c)$$

与

$$\begin{aligned}\widehat{\xi}(\zeta,\xi,c) &= \xi + c\left(\widehat{z}^2(\zeta,\xi,c) - g(\widehat{x}(\zeta,\xi,c))\right)\\ &= \xi + cz_c^2(x(\zeta,\xi,c),\zeta,\xi) - cg(x(\zeta,\xi,c))\\ &= \xi - cg(x(\zeta,\xi,c)) + c\Pi_{\mathcal{S}^p_+}\left(g(x(\zeta,\xi,c)) - c^{-1}\xi\right)\\ &= \Pi_{\mathbb{S}^p_+}\left(\xi - cg(x(\zeta,\xi,c))\right) = \widetilde{\xi}(\zeta,\xi,c).\end{aligned}$$

最后, 估计 (9.255) 与 (9.256) 可由 (9.258) 得到. ■

9.7 邻近点方法

本节前面的部分先给出和邻近点方法相关的概念和结论.

9.7.1 单调映射

定义 9.5 (单调性) 称映射 $T:\Re^n \rightrightarrows \Re^n$ 是单调的 (monotone), 如果对于 $v_0\in T(x_0), v_1\in T(x_1)$, 有

$$\langle v_1 - v_0, x_1 - x_0\rangle \geqslant 0;$$

称映射 T 是严格单调的 (strictly monotone), 如果对于 $x_0 \neq x_1$, 上述不等式成为严格不等式.

定义 9.6 (极大单调性) 称单调映射 $T:\Re^n \rightrightarrows \Re^n$ 是极大单调的 (maximal monotone), 如果在不破坏单调性的前提下映射的图在 $\Re^n\times\Re^n$ 中不可能被扩大, 或等价地, 对每一点 $(\widehat{x},\widehat{v})\in(\Re^n\times\Re^n)\setminus\mathrm{gph}\,T$, 存在 $(\widetilde{x},\widetilde{v})\in\mathrm{gph}\,T$ 满足 $\langle\widehat{v}-\widetilde{v},\widehat{x}-\widetilde{x}\rangle<0$.

更一般地, 映射 T 在点 $(\bar{x},\bar{v})\in\mathrm{gph}\,T$ 附近是局部极大单调的, 如果存在 $(\bar{x},\bar{v})$ 的一邻域 V, 满足对每一点 $(\widehat{x},\widehat{v})\in V\setminus\mathrm{gph}\,T$, 存在 $(\widetilde{x},\widetilde{v})\in V\cap\mathrm{gph}\,T$ 满足 $\langle\widehat{v}-\widetilde{v},\widehat{x}-\widetilde{x}\rangle<0$.

命题 9.18 (极大扩展的存在性) 对任何单调映射 $T:\Re^n\rightrightarrows\Re^n$, 存在一极大单调映射 $\overline{T}:\Re^n\rightrightarrows\Re^n$(不一定唯一) 满足$\mathrm{gph}\,\overline{T}\supset\mathrm{gph}\,T$.

证明 令 $\mathcal{T}$ 记所有满足 $\mathrm{gph}\,T'\supset\mathrm{gph}\,T$ 的单调映射 $T':\Re^n\rightrightarrows\Re^n$ 的集合. 在 $\mathcal{T}$ 中引入用图包含关系定义的偏序关系, 根据 Zorn 引理, 存在 $\mathcal{T}$ 的一极大线性序的子集合 $\mathcal{T}_0$. 令 $\overline{T}$ 为满足 $\mathrm{gph}\,\overline{T}=\cup_{T'\in\mathcal{T}_0}\mathrm{gph}\,T'$ 的映射. 显然有 $\overline{T}$ 是单调的, 而且不会存在一单调映射 T' 满足 $\mathrm{gph}\,\overline{T}\subset\mathrm{gph}\,\overline{T}'$, $\overline{T}\neq T'$. 因此 $\overline{T}$ 是一极大单调的映射. ■

例 9.5 (连续单调映射的极大单调性) 如果连续映射 $F:\Re^n\to\Re^n$ 是单调的, 则它是极大单调的. 尤其, 每一可微的单调映射是极大单调的, 当然每一仿射单调映射也是极大单调的.

证明 设 $(\widehat{x},\widehat{v})$ 具有性质: 对所有 x, $\langle\widehat{v}-F(x),\widehat{x}-x\rangle\geqslant 0$. 如果可以证明 $\widehat{v}=F(\widehat{x})$, 即证得极大单调性. 取 $x=\widehat{x}+\varepsilon u$, 其中 $\varepsilon>0$, $u\in\Re^n$, 可得 $\langle\widehat{v}-F(\widehat{x}+\varepsilon u),u\rangle\geqslant 0$. 根据 F 的连续性, 当 $\varepsilon\searrow 0$ 时, $F(\widehat{x}+\varepsilon u)\to F(\widehat{x})$, 从而有 $\langle\widehat{v}-F(\widehat{x}),u\rangle\geqslant 0$. 因为这一不等式对所有的 $u\in\Re^n$ 都成立, 因此必有 $\widehat{v}-F(\widehat{x})=0$. ■

9.7.2 Minty 参数化

用集值映射的图的术语, 称映射 $S:\Re^n\rightrightarrows\Re^n$ 是非扩张的 (nonexpansive), 如果对 $w_1\in S(z_1), w_0\in S(z_0)$,

$$\|w_1-w_0\|\leqslant\|z_1-z_0\|.$$

如果 $z_1\neq z_0$ 时, 不等式是严格的, 则称集值映射是压缩的 (contractive).

命题 9.19 (单调映射与非扩张性映射的关系) 对一对一的线性映射 $J:\Re^n\times\Re^n\to\Re^n\times\Re^n$, $J(x,v)=(v+x,v-x)$, 通过

$$\mathrm{gph}S=J(\mathrm{gph}T),\quad \mathrm{gph}T=J^{-1}(\mathrm{gph}S)$$

可以引导映射 $T:\Re^n\rightrightarrows\Re^n$ 与 $S:\Re^n\rightrightarrows\Re^n$ 的一对一的对应关系且映射 S 是非扩张的充分必要条件是 T 是单调的. 进一步, S 是压缩的当且仅当 T 是严格单调的

且在dom T 上是单值的. 在这样的对应之下, 有

$$S = I - 2I \circ (I+T)^{-1}, \quad T = (I-S)^{-1} \circ 2I - I. \tag{9.267}$$

证明 对 $(z_0, w_0) = J(x_0, v_0)$ 与 $(z_1, w_1) = J(x_1, v_1)$, 计算

$$\begin{aligned}\|z_1 - z_0\|^2 - \|w_1 - w_0\|^2 &= \langle (z_1 - z_0) + (w_1 - w_0), (z_1 - z_0) - (w_1 - w_0) \rangle \\ &= \langle (z_1 + w_1) - (z_0 + w_0), (z_1 - w_1) - (z_0 - w_0) \rangle \\ &= \langle 2v_1 - 2v_0, 2x_1 - 2x_0 \rangle \\ &= 4\langle v_1 - v_0, x_1 - x_0 \rangle,\end{aligned}$$

由此可得

$$\|w_1 - w_0\| \leqslant \|z_1 - z_0\| \Longleftrightarrow \langle v_1 - v_0, x_1 - x_0 \rangle \geqslant 0. \tag{9.268}$$

因为上述不等式对所有的点对 $(z_i, w_i) \in \mathrm{gph}\ S$ 与 $(x_i, v_i) \in \mathrm{gph}\ T$ 成立, 映射 S 的非扩张性等价于 T 的单调性.

进一步, 注意 S 是压缩的当且仅当如果 $(z_0, w_0) \neq (z_1, w_1)$, (9.268) 的左端的不等式是严格的. 同时, T 是严格单调的且在 dom T 是单值的, 当且仅当如果 $(x_0, v_0) \neq (x_1, v_1)$, (9.268) 的右端的不等式是严格的.

为得到 gph $S = J(\mathrm{gph}\ T)$ 时 (9.267) 的第一公式, 观察到 $(z, w) \in J(\mathrm{gph}\ T)$ 意味着存在 x 与 $v \in T(x)$ 满足 $z = v + x$ 与 $w = v - x$. 这等价于存在 x 满足 $z \in (I+T)(x)$ 与 $w = (z - x) - x = z - 2x$. 因此, $w \in S(z)$ 当且仅当存在 $x \in (I+T)^{-1}(z)$, 满足 $w = z - 2x$, 因此有 $S = I - 2I \circ (I+T)^{-1}$.

于是得到 $(I - S) = 2I \circ (I+T)^{-1}$, 即有 $(I+T) = (I-S)^{-1} \circ 2I$, 这是 (9.267) 的第二公式. ■

定理 9.24(极大性与单值预解算子) *设映射 $T : \Re^n \rightrightarrows \Re^n$ 是单调的, $\lambda > 0$. 则 $(I + \lambda T)^{-1}$ 是单调的且非扩张的. 进一步, T 是极大单调的当且仅当 $\mathrm{rge}(I + \lambda T) = \Re^n$, 或等价地 $\mathrm{dom}\ (I + \lambda T)^{-1} = \Re^n$. 此种情况, $(I + \lambda T)^{-1}$ 也是极大单调的, 它是从 $\Re^n$ 到 $\Re^n$ 的单值映射.*

证明 T 的单调性推出映射 λT 是单调的, 这一映射是极大单调的当且仅当 T 也是极大单调的. 因此, 不失一般性, 可用 λT 代替 T, 即设 $\lambda = 1$. 映射 T 的单调性可推出 $I + T$ 与 $(I+T)^{-1}$ 的单调性(因为单调映射的逆也是单调映射). 根据命题 9.19, 对某一非扩张的映射 S, 有 $(I+T)^{-1} = \dfrac{1}{2}(I - S)$. 因为 I 是非扩张的, 有 $\dfrac{1}{2}I - \dfrac{1}{2}S$ 也是非扩张的. 因此 $(I+T)^{-1}$ 是非扩张的, 在 $D = \mathrm{dom}(I+T)^{-1}$ 上, 它是单值的且是 Lipschitz 连续的, 常数为 1.

在命题 9.19 的框架下, T 是极大单调的当且仅当 S 是极大非扩张的映射. 任何非扩张映射可扩展到整个空间 $\Re^n$ 上. 因此, S 是极大非扩张的映射当且仅当 $\mathrm{dom}S = \Re^n$, 根据公式, 这等价于 dom $(I+T)^{-1} = \Re^n$. 因为 $(I+T)^{-1}$ 在 dom $(I+T)^{-1}$ 上是单值的, 连续的且是单调的, 有 T 是极大单调的. ■

在定理 9.24 中的映射 $(I+\lambda T)^{-1}(\lambda > 0)$ 被称为 T 的预解算子 (resolvant). 预解算子的图可以通过 T 的图作如下的线性变换得到

$$\text{gph } (I+\lambda T)^{-1} = J_\lambda(\text{gph } T) \text{ 其中} J_\lambda : (x, v) \to (x + \lambda v, x). \tag{9.269}$$

这是因为 $x = (I+\lambda T)^{-1}(z)$ 当且仅当 $\lambda^{-1}(z-x) \in T(x)$.

定理 9.25 (Yosida 正则化)　对任何映射 $T : \Re^n \rightrightarrows \Re^n$ 与正数 $\lambda > 0$, 相应的 T 的 Yosida λ-正则化是映射

$$(\lambda I + T^{-1})^{-1} = (I + \lambda^{-1}T^{-1})^{-1} \circ \lambda^{-1} I.$$

当 $\lambda \searrow 0$ 时, $(\lambda I + T^{-1})^{-1}$ 图收敛到cl T, 因此当 T 是外半连续时 (如 T 是极大单调的情况), 图收敛到 T 自身.

当 T 是极大单调时, $(\lambda I + T^{-1})^{-1}$ 不但是极大单调的, 也是单值的以常数 λ^{-1} 为全局 Lipschitz 连续的.

证明　容易验证, 对任何 S, 当 $\lambda \searrow 0$ 时, $\lambda I + S \xrightarrow{g} \mathrm{cl}S$(其中 $\mathrm{cl}S$ 定义为图是 cl(gph S) 的映射). 于是取 $S = T^{-1}$, 由逆运算关于图收敛的连续性有当 $\lambda \searrow 0$ 时, $(\lambda I + T^{-1})^{-1} \xrightarrow{g} \mathrm{cl}\, T$. 将定理 9.24 应用于映射 T^{-1} 可得其余的结论; 预解算子 $(\lambda I + T^{-1})^{-1}$ 是极大单调和非扩张的. ■

引理 9.15　　每一映射 $T : \Re^n \rightrightarrows \Re^n$, 有

$$I - (I+T)^{-1} = (I + T^{-1})^{-1}.$$

事实上, T 的 Yosida 正则化与 T 的预解算子有下述关系

$$(\lambda I + T^{-1})^{-1} = \lambda^{-1}[I - (I + \lambda T)^{-1}], \quad \forall \lambda > 0.$$

证明　由于第一恒等式是 $\lambda = 1$ 时的第二恒等式的特殊情况, 我们考虑第二恒等式即可. 直接推导可得

$$\begin{aligned} z \in \lambda^{-1}[I - (I+\lambda T)^{-1}](w) &\Longleftrightarrow \lambda z \in w - (I + \lambda T)^{-1}(w) \\ &\Longleftrightarrow w - \lambda z \in (I + \lambda T)^{-1}(w) \\ &\Longleftrightarrow w \in (w - \lambda z) + \lambda T(w - \lambda z) \\ &\Longleftrightarrow z \in T(w - \lambda z) \\ &\Longleftrightarrow w - \lambda z \in T^{-1}(z) \end{aligned}$$

$$\Longleftrightarrow w \in (\lambda I + T^{-1})(z)$$

$$\Longleftrightarrow z \in (\lambda I + T^{-1})^{-1}(w),$$

结论得证. ■

定理 9.26(图的 Minty 参数化) **设 $T:\Re^n \rightrightarrows \Re^n$ 是极大单调的, 则映射**

$$P = (I+T)^{-1}, \quad Q = (I+T^{-1})^{-1}$$

是单值的、极大单调的与非扩张的, 且 $z \to (P(z), Q(z))$ 是从 $\Re^n$ 到gph$T$ 的一对一的映射. 这给出gph T 的一个参数化, 它在两个方向上都是 Lipschitz 连续的,

$$(P(z), Q(z)) = (x, v) \Longleftrightarrow z = x + v, (x, v) \in \text{gph}T.$$

证明 容易证明, 像 T 那样, T^{-1} 也是单调的, 因此根据定理 9.24 可得 P 与 Q 均是单值的、极大单调的、非扩张的, 因而是 Lipschitz 连续的. 进一步, $P+Q=I$. 当 $(P(z), Q(z)) = (x, v)$ 时, 有 $x+v=z$ 和 $z \in (I+T)(x)$, 从而 $z-x \in T(x)$, 即 $(x, v) \in \text{gph}T$.

相反的, 如果 $(x, u) \in \text{gph}\ T$ 与 $x+v=z$, 有 $z-x \in T(x)$, 或者 $z \in (I+T)(x)$, 从而 $x = P(z)$. 由对称性得 $v = Q(z)$. 由于 P 与 Q 是 Lipschitz 连续的, 映射 $z \to (P(z), Q(z))$ 也是 Lipschitz 连续的. 因为 $(x, v) \to x+v$ 是线性映射, 它是 Lipschitz 连续的. ■

9.7.3 单调性与凸性

定理 9.27(单调性与凸性) **对任何正常的凸函数 $f:\Re^n \to \overline{\Re}$, 映射 $\partial f:\Re^n \rightrightarrows \Re^n$ 是单调的.**

实际上, 一正常的下半连续函数 f 是凸的充分必要条件是 ∂f 为单调的, 此种情况下 ∂f 是极大单调的.

证明 首先设 f 是一凸函数. 如果 $v_0 \in \partial f(x_0)$, $v_1 \in \partial f(x_1)$, 有 $f(x_1) \geqslant f(x_0) + \langle v_0, x_1 - x_0 \rangle$ 与 $f(x_0) \geqslant f(x_1) + \langle v_1, x_0 - x_1 \rangle$, 这里的 $f(x_0)$ 与 $f(x_1)$ 均是有限值. 将两个不等式的两端分别相加并消掉 $f(x_0) + f(x_1)$, 可得 $0 \geqslant \langle v_0, x_1 - x_0 \rangle + \langle v_1, x_0 - x_1 \rangle$, 这表明 ∂f 是单调的.

现在设 f 是正常的下半连续函数, 且 ∂f 是单调的. 先假设 f 是下方有界的, 因而是邻近有界的, 且邻近阈值为 $\lambda_f = \infty$. 对任何 $\lambda \in (0, \lambda_f)$, 根据例 5.6 有 $P_\lambda f \subset (I + \lambda\partial f)^{-1}$. 这里 dom $P_\lambda f = \Re^n$, 即 dom $(I+\lambda\partial f)^{-1} = \Re^n$. 根据定理 9.24 可知 ∂f 是极大单调的, 且 $P_\lambda f$ 是单值的. 根据例 4.2 中关于连续函数 $-e_\lambda f$ 的次微分的表达式, 可知在每一点 x 处, 这一函数具有唯一的次梯度, 因此是处处可微的. 事实上有

$$\begin{aligned}\nabla e_\lambda f(x) &= -\lambda^{-1}[P_\lambda f(x)-x]\\ &= \lambda^{-1}[I-(I+\lambda\partial f)^{-1}](x)\\ &= (\lambda I+\partial f^{-1})^{-1}(x),\end{aligned}$$

其中最后的等式由引理 9.15 得到. ∂f 的单调性可推出 ∂f^{-1} 的单调性, 从而也可推出映射 $\lambda I+\partial f^{-1}$ 与它的逆映射 $(\lambda I+\partial f^{-1})^{-1}$ 的单调性. 于是可得梯度映射 $\nabla e_\lambda f$ 是单调的. 根据凸函数的判定条件可得 $e_\lambda f$ 必是凸函数. 因为这一性质对任何的 $\lambda\in(0,\lambda_f)$ 都成立, 且当 $\lambda\searrow 0$ 时, $e_\lambda f(x)\nearrow f(x)$, 可得 f 本身是凸函数.

余下要去掉 f 为邻近有界的条件. 我们只假设 f 是下半连续的正常的函数. 对每一 $\rho>0$, 令 $f_\rho=f+g_\rho$, 其中

$$g_\rho(x):=\begin{cases}(\rho^2-\|x\|^2)^{-1}, & \|x\|<\rho,\\ \infty, & \|x\|\geqslant\rho.\end{cases}$$

函数 g_ρ 在其有效域开球 $\rho\mathrm{int}\mathbf{B}$ 上是凸的光滑函数, 从而 (只要 ρ 足够大使得这个球与 $\mathrm{dom}\, f$ 相交) 函数 f_ρ 是正常的且下半连续的,

$$\partial f_\rho(x)=\begin{cases}\partial f(x)+\nabla g_\rho(x), & 当\|x\|<\rho,\\ \varnothing, & 当\|x\|\geqslant\rho,\end{cases}$$

由 g_ρ 的凸性可得 ∇g_ρ 的单调性, 因此 ∂f_ρ 是单调的. 另外, 只要 $\mathrm{dom}\, f_\rho\subset\rho\mathbf{B}$ 就有 f_ρ 是下方有界的, 可得 f_ρ 是邻近有界的. 因此, 由前述证明 ∂f_ρ 的单调性可推出 f_ρ 的凸性. 因为当 $\rho\nearrow\infty$ 时, 有 $f_\rho\searrow f(x)$, f_ρ 的凸性可推出 f 的凸性. 可见 f 本身即是邻近有界的, ∂f 是极大单调的. ■

推论 9.4 (法锥映射)　对任何 $\Re^n$ 中的闭凸集合 $C\neq\varnothing$, 映射 $N_C:\Re^n\rightrightarrows\Re^n$ 是极大单调的, 其中

$$N_C(x):=\varnothing,\quad \forall x\notin C. \tag{9.270}$$

证明　函数 $f=\delta_C$ 是正常的下半连续的凸函数, $\partial f=N_C$. ■

命题 9.20 (邻近映射)　对正常的下半连续函数 $f:\Re^n\to\overline{\Re}$ 与任何 $\lambda>0$, 邻近映射 $P_\lambda f:\Re^n\rightrightarrows\Re^n$ 是单调的.

如果 f 是凸函数, 则 $P_\lambda f$ 是极大单调的与非扩张的 (因此是单值的), 满足当 $\lambda=1$ 时

$$I-P_\lambda f=P_\lambda f^*.$$

从而 ∂f 具有 Lipschitz 连续的参数化

$$(P_1 f(z), P_1 f^*(z))=(x,v)\Longleftrightarrow z=x+v, v\in\partial f(x).$$

一般地, 在没有凸性的情况下, 对给定的 $\lambda > 0$, 下述性质等价:

(a) $P_\lambda f$ 是极大单调的,

(b) 对于 $j = \frac{1}{2}\|\cdot\|^2, f + \lambda^{-1}j$ 是凸函数,

(c) $I + \lambda\partial f$ 是单调的.

这些条件可推出 $P_\lambda f = (I + \lambda\partial f)^{-1}$, 且对任何 $\mu \in (0, \lambda)$, 映射 $P_\mu f$ 是 Lipschitz 连续的, Lipschitz 常数为 $\lambda/[\lambda - \mu]$.

证明 对凸函数 f 的性质容易由例 5.2, 定理 9.26, 以及定理 9.27 中的 ∂f 的极大单调性得到. 与 f^* 相关的结论由等式 $\partial f^* = (\partial f)^{-1}$ 得到, 见命题 5.1.

对一般情况, 观察到 $\bar{x}$ 与 $\bar{w}$ 满足 $\bar{x} \in P_\lambda f(\bar{w})$ 当且仅当对所有的 x, $f(\bar{x}) + (1/2\lambda)\|\bar{x} - \bar{w}\|^2 \leqslant f(x) + (1/2\lambda)\|x - \bar{w}\|^2$. 定义 $g = j + \lambda f$, 这一不等式可以等价地表示为 $g(x) \geqslant g(\bar{x}) + \langle \bar{w}, x - \bar{x}\rangle$, $\forall x$. 后者等价于

$$\text{对}\bar{g} := \text{cl}(\text{con } g), \quad \text{有}\bar{w} \in \partial\bar{g}(\bar{x})\text{与}\bar{g}(x) = g(\bar{x}).$$

于是可得 $(P_\lambda f)^{-1} \subset \partial\bar{g}$, 由定理 9.27, 映射 $\partial\bar{g}$ 是极大单调的. 尤其 $(P_\lambda f)^{-1}$ 是单调的, $P_\lambda f$ 也是单调的. 进一步, 这些映射是极大单调的充分必要条件是对所有 $x \in \text{dom } \partial\bar{g}$, 有 $\bar{g}(x) = g(x)$. 然而 $\text{dom } \bar{g} \supset \text{dom } \partial\bar{g} \supset \text{rint dom } \bar{g}$. 这一条件要求在 rint $(\text{dom } \bar{g})$ 上, g 与 $\bar{g}$ 重合. 当 g 自身是凸函数, 这一条件是成立的, 因为 g 是下半连续的, $\bar{g}$ 是凸的正常的下半连续函数, 它完全由在 rint$(\text{dom } \bar{g})$ 上的函数值确定. 因此 (a) 中的极大单调性对应着 (b) 中的凸性. 另一方面, 根据定理 9.27, g 的凸性等价于 ∂g 的单调性, 即 $I + \lambda\partial f$ 是单调的, 因此 (b) 与 (c) 的等价性也是成立的.

根据例 5.6, 总有 $P_\lambda f \subset (I + \lambda\partial f)^{-1}$, (a) 中的 $P_\lambda f$ 的极大单调性与由 (c) 推出的 $(I + \lambda\partial f)^{-1}$ 的单调性, 可推出 $P_\lambda f = (I + \lambda\partial f)^{-1}$. 对 $\mu \in (0, \lambda)$, 我们可得 $f + \mu^{-1}j = f + \lambda^{-1}j + [\mu^{-1} - \lambda^{-1}]j$ 的凸性. 由此可得

$$(P_\mu f)^{-1} = I + \mu\partial f = \mu\lambda^{-1}[(\mu^{-1}\lambda - 1)I + (I + \lambda\partial f)].$$

所以, 对 $\tau = \mu^{-1}\lambda - 1 > 0$, 我们得到 $P_\mu f = [\tau I + (P_\lambda f)^{-1}]^{-1} \circ \mu^{-1}\lambda I$. 由于 $[\tau I + (P_\lambda f)^{-1}]^{-1}$ 是极大单调映射 $(P_\lambda f)^{-1}$ 的 Yosidaτ-正则化, 由例 9.25 可知它是 Lipschitz 连续的, Lipschitz 常数为 τ^{-1}. 所以 $P_\mu f$ 是 Lipschitz 连续的, Lipschitz 常数为 $\tau^{-1}\mu^{-1}\lambda = \lambda/(\lambda - \mu)$. ■

推论 9.5 (投影映射) 对非空闭集合 $C \subset \Re^n$, 映射 $P_C : \Re^n \rightrightarrows C$ 是单调的, 且下述性质是等价的:

(a) C 是凸集合;

(b) P_C 是单值的;

(c) P_C 是非扩张的;

(d) P_C 是极大单调的;

(e) 存在 ρ, $N_C + \rho I$ 是单调的.

证明 函数 $f = \delta_C$ 是正常的下半连续的, 满足 $\partial f = N_C$, 它是凸函数当且仅当 C 是凸集合. 对任何 $\lambda > 0$ 有 $\lambda N_C = N_C$ 与 $P_\lambda f = P_C$. 根据命题 9.20 可得 P_C 的单调性. 命题 9.20 中的 (a), (b) 与 (c) 分别对应着这里的条件 (d), (a) 与 (e). 因此 (d), (a) 与 (e) 是等价的. 根据命题 9.20, 由 (a) 可推出 (c). 显然有 (c) 可推出 (b). 再由于 P_C 是外半连续的且局部有界的, (b) 确保 P_C 实际上是连续的 (见推论 2.5). 通过例 9.5 可得 (d), 从而得到五个条件的等价性. ■

练习 9.2 设 $K \subset \Re^n$ 是一闭凸锥, 它的极锥为 K^-, 则任何点 $z \in \Re^n$ 可唯一地表示为下述形式

$$z = x + v, \quad 其中 x \in K, \quad v \in K^-, \quad \langle x, v\rangle = 0,$$

即 $x = P_K(z)$ 与 $v = P_{K^-}(z)$ 分别是 z 到 K 与 K^- 上的投影. 这些投影映射是极大单调的与非扩张的.

证明 在推论 9.4 与推论 9.5 中取 $C = K$. 用结论: 由 δ_K 与 δ_{K^-} 的彼此共轭性可推出 N_K 与 N_K^- 是互为逆映射. ■

练习 9.3 (Moreau 包络与 Yosida 正则化) 对任何正常的下半连续的凸函数 $f : \Re^n \to \overline{\Re}$, 对任何 $\lambda > 0$, 次梯度映射 ∂f 的 Yosida 正则化是与 Moreau 包络 $e_\lambda f$ 相联系的梯度映射 $\nabla e_\lambda f$: $\nabla e_\lambda f = (\lambda I + (\partial f)^{-1})^{-1}$.

这一映射是 $\Re^n$ 上的极大单调的、单值的、全局 Lipschitz 连续映射, Lipschitz 常数为 λ^{-1}. 因此 $e_\lambda f$ 是 $\mathcal{C}^{1+}$ 类的.

证明 注意到定理 9.14 中的梯度公式, 用例 9.25 与定理 9.27 的结论. 再由引理 9.15 的准则得到结论. ■

定义 9.7(循环单调性) 映射 $T : \Re^n \rightrightarrows \Re^n$ 是循环单调的 (cyclically monotone), 如果对任何点 $x_0, x_1, \cdots, x_m$(对任意正整数 $m \geqslant 1$) 与元素 $v_i \in T(x_i)$, 有

$$\langle v_0, x_1 - x_0\rangle + \langle v_1, x_2 - x_1\rangle + \cdots + \langle v_m, x_0 - x_m\rangle \leqslant 0. \tag{9.271}$$

称该集值映射是极大循环单调的, 如果它是循环单调的且它的图在不破坏循环单调性质的前提下是不能被扩张的.

定理 9.28 (凸函数次梯度映射的刻画) 映射 $T : \Re^n \rightrightarrows \Re^n$ 具有形式 $T = \partial f$, 其中 $f : \Re^n \to \overline{\Re}$ 是某一正常的下半连续的凸函数, 一个充分必要条件是 T 为极大循环单调的. 此时, 除了差一常数, f 可被 T 唯一地确定.

证明 如果 f 是一正常的凸函数, $v_i \in \partial f(x_i)$, $i = 0, 1, \cdots, m$, 则有 $f(x_{i+1}) \geqslant f(x_i) + \langle v_i, x_{i+1} - x_i\rangle$, 其中 x_{m+1} 约定为 x_0, 因此

$$\sum_{i=0}^{m}\langle v_i, x_{i+1}-x_i\rangle \leqslant \sum_{i=0}^{m}[f(x_{i+1})-f(x_i)]=0.$$

可见 ∂f 是循环单调的. 如果 f 还是下半连续的, 则 ∂f 必为极大循环单调的, 因为根据定理 9.27, ∂f 是极大单调的, ∂f 的任何循环单调扩展也是一单调扩展.

相反地, 如果 $T:\Re^n \rightrightarrows \Re^n$ 是任何的循环单调映射, (x_0,v_0) 是 $\mathrm{gph}T$ 中的任意向量, 定义函数 $f:\Re^n\to\overline{\Re}$:

$$f(x)=\sup_{(x_i,v_i)\in \mathrm{gph}T, i=1,\cdots,m}\Big\{\langle v_m, x-x_m\rangle+\langle v_{m-1}, x_m-x_{m-1}\rangle+\cdots+\langle v_0, x_1-x_0\rangle\Big\},$$

其中上确界是对 m 与所有的点 (x_i,v_i), $i>0$ 取的. 由于这一公式把 f 表示为一族 x 的线性函数的逐点上确界, 函数 f 是凸的且下半连续的. 映射 T 的循环单调性等价于 $f(x_0)=0$, 因此 f 也是正常的, 因此, 映射 ∂f 本身是循环单调的. 对任何 $(\bar{x},\bar{v})\in \mathrm{gph}\,T$, 根据 f 的定义有

$$\begin{aligned}f(x)\geqslant &\sup_{(x_i,v_i)\in \mathrm{gph}T, i=1,\cdots,m}\Big\{\langle \bar{v}, x-\bar{x}\rangle+\langle v_m, \bar{x}-x_m\rangle\\ &+\langle v_{m-1}, x_m-x_{m-1}\rangle+\cdots+\langle v_0, x_1-x_0\rangle\Big\}\\ =\,& f(\bar{x})+\langle \bar{v}, x-\bar{x}\rangle,\end{aligned}$$

由此得 $\bar{v}\in\partial f(\bar{x})$. 所以有 $\mathrm{gph}T\subset \mathrm{gph}\partial f$. 如果 T 是极大循环单调的, 有 $\mathrm{gph}\,T=\mathrm{gph}\partial f$, 即 $T=\partial f$.

最后, 如果 f_1 与 f_2 是正常的, 下半连续的凸函数, 满足 $\partial f_1=\partial f_2$, 根据例 5.6, 映射 $P_\lambda f_1$ 与 $P_\lambda f_2$ 分别等于 $(I+\lambda\partial f_1)^{-1}$ 与 $(I+\lambda\partial f_2)^{-1}$, 因此对任何 $\lambda>0$, 它们必重合. 由于除了差一常数, 正常的下半连续凸函数被它的邻近映射所唯一决定. 因此 f_1 与 f_2 仅差一常数. ■

9.7.4 邻近点方法介绍

本节介绍的邻近点方法取材于经典论文[42], 是求解下述广义方程

$$0\in T(x)$$

的重要方法, 其中 $T:H\rightrightarrows H$ 是集值映射, H 是一 Hilbert 空间. 集值映射 T 是一单调算子, 如果

$$\langle z-z', w-w'\rangle\geqslant 0,\quad \forall w\in T(z),\quad w'\in T(z'). \tag{9.272}$$

映射 T 的图是下述集合

$$G(T)=\{(z,w)\in H\times H: w\in T(z)\}.$$

映射 T 是极大单调的, 如果 $G(T)$ 不真包含在其他任何的单调算子 $T': H \rightrightarrows H$ 的图 $G(T')$ 中. 广义方程 $0 \in T(x)$ 包含许多重要的数学模型, 比如, 如果 T 是下半连续凸函数 $f: H \to (-\infty, \infty]$ 的次微分 ∂f, 则 T 是极大单调的, $0 \in T(x)$ 意味着 $f(z) = \min f$. 如果 T 具有下述形式:

$$T(z) = \begin{cases} T_0(z) + N_D(z), & z \in D, \\ \varnothing, & z \notin D, \end{cases}$$

其中 $D \subset H$ 是一非空闭凸子集合, $T_0: D \to H$ 是单值的单调的连续的映射, 则这样的算子是极大单调的, 关系 $0 \in T(x)$ 对应着下述变分不等式

$$z \in D, \quad \langle u - z, T_0(z) \rangle \geqslant 0, \quad \forall u \in D. \tag{9.273}$$

如果 D 是一锥, 则 (9.273) 即是著名的互补问题

$$z \in D, \quad -T_0(z) \in D^-, \quad \langle z, T_0(z) \rangle = 0.$$

另一个例子对应着极大极小问题. 设 $H = H_1 \times H_2$, 其中 H_1 与 H_2 是 Hilbert 空间, 令 $L: H \to [-\infty, \infty]$ 满足 $L(x, y)$ 是 $x \in H_1$ 的凸函数, 是 $y \in H_2$ 的凹函数. 对每一 $z = (x, y)$, 令 $T_L(z)$ 是满足下式的关于 $w = (v, u)$ 的集合

$$\begin{aligned} L(x', y) - \langle x', v \rangle + \langle y, u \rangle &\geqslant L(x, y) - \langle x, v \rangle + \langle y, u \rangle \\ &\geqslant L(x, y') - \langle x, v \rangle + \langle y', u \rangle, \quad \forall x' \in H_1,\, y' \in H_2. \end{aligned} \tag{9.274}$$

若 L 是闭的正常的, 则 T_L 是一极大单调的, 见文献 [43]. 函数 L 的全局鞍点是满足 $0 \in T_L(z)$ 的 $z = (x, y)$.

本节研究求解 $0 \in T(z)$ 的一基本算法, 其中 T 是任意一极大单调算子. 算法基于文献 [25] 证明的一事实, 即对每一 $z \in H, c > 0$, 存在唯一的 $u \in H$ 满足 $z - u \in cT(u)$, 或换言之

$$z \in [I + cT](u).$$

算子 $P = (I + cT)^{-1}$ 是从 H 到 H 的一单值映射, 它是非扩张的,

$$\|P(z) - P(z')\| \leqslant \|z - z'\|,$$

且 $P(z) = z$ 当且仅当 $0 \in T(z)$. 映射 P 被称为与 cT 相联系的邻近映射, 这里采用当 $T = \partial f$ 时 Moreau(1969) 给出的称谓.

邻近点算法 对任意 $x^0 \in H$, 置 $k = 0$. 令

$$z^{k+1} \approx P_k(z^k), \quad P_k = (I + c_k T)^{-1}, \tag{9.275}$$

这里 $\{c_k\}$ 是一正实数序列.

如果 $T=\partial f$, 这一过程即

$$z^{k+1}\approx \mathrm{argmin}_z \phi_k(z), \tag{9.276}$$

其中

$$\phi_k(z)=f(z)+\frac{1}{2c_k}\|z-z^k\|^2. \tag{9.277}$$

如果 T 对应凸–凹函数 L, 这一过程为

$$(x^{k+1},y^{k+1})\approx \arg\min_x \max_y \Phi_k(x,y), \tag{9.278}$$

其中

$$\Phi_k(x,y)=L(x,y)+\frac{1}{2c_k}\|x-x^k\|^2-\frac{1}{2c_k}\|y-y^k\|^2. \tag{9.279}$$

关于邻近点算法的收敛性结果由文献 [23, 24] 得到, 他证明, 如果 $c_k\equiv c$,

$T=T_0+N_D$, D 是有界集合

$z^{k+1}=P_k(z^k)$, $P_k=(I+c_kT)^{-1}$,

则 z^k 弱收敛到某一 z^∞, 满足 $0\in T(z^\infty)$.

类似地, 若 $T=\partial f$, 水平集合

$$\{z\in H: f(z)\leqslant\alpha\},\quad \alpha\in\Re$$

均是弱紧致的, 此时还有 $f(z^k)\downarrow f(z^\infty)=\inf f$.

Martinet 的这些结果基于更一般的定理, 这一定理关于满足下述性质的算子 V

$$\|V(z)-V(z')\|^2\leqslant\|z-z'\|^2-\|(I-V)(z)-(I-V)(z')\|^2. \tag{9.280}$$

这样的算子包含 $(I+cT)^{-1}$.

如果 $V:C\to C$ 满足 (9.280), 其中 C 是 H 中的非空的有界闭凸子集合, 则对任何初始点 $z^0\in C$, 由 $z^{k+1}=V(z^k)$ 生成的序列 $\{z^k\}$ 弱收敛到 V 的某一不动点. 这一定理是文献 [28] 中的一推论. 这篇论文处理 $\lambda I+(1-\lambda)U$ 的迭代, 其中 U 是非扩张算子.

Martinet 建立的弱收敛是否能改进到强收敛的结果, 还是一未解决的问题. 如果 f 是二次函数, $T=\partial f$, 这一问题的答案是肯定的. 在二次函数的情况, ∂f 简化为一稠密定义的单值映射, 具有形式 $x\to A(x)-b$, 其中 A 是非负的, 闭的, 自伴随的线性算子. 则关系 $0\in T(z)$ 等价于 $A(z)=b$.

邻近点算法具有如下的强收敛性:

$$\left.\begin{array}{l} z^{k+1}=P_k(z^k) \\ c_k\geqslant \underline{c}\,(\underline{c}>0) \\ T\text{是强单调的} \end{array}\right\}\Longrightarrow \text{强收敛}.$$

现简要证明. 设映射 T 是模为 $\alpha>0$ 的强单调的, 即

$$\langle z-z',w-w'\rangle\geqslant\alpha\|z-z'\|^2,\quad w\in T(z),\quad w'\in T(z'). \tag{9.281}$$

上述条件意味着 $T'=T-\alpha I$ 是单调的, 因此对任何 $c_k'>0$, 映射 $P_k'=(I+c_k'T')^{-1}$ 是非扩张的. 如果选取 $c_k'=c_k(1+\alpha c_k)^{-1}$, 有

$$\begin{aligned} P_k'&=(I+c_k'(T-\alpha I))^{-1} \\ &=\left(I+\frac{c_k}{1+\alpha c_k}(T-\alpha I)\right)^{-1} \\ &=\left(\left(1-\frac{\alpha c_k}{1+\alpha c_k}\right)I+\frac{c_k}{1+\alpha c_k}T\right)^{-1} \\ &=\left(\frac{1}{1+\alpha c_k}(I+c_kT)\right)^{-1} \\ &=(1+\alpha c_k)P_k. \end{aligned}$$

因此有 $P_k=(1+\alpha c_k)^{-1}P_k'$, 即

$$P_k(z)=P_k'((1+\alpha c_k)^{-1}z),\quad \forall z.$$

由 P_k' 的非扩张性, 可得

$$\|P_k(z)-P_k(z')\|\leqslant(1+\alpha c_k)^{-1}\|z-z'\|,\quad \forall z,z'\in H. \tag{9.282}$$

这意味着 P_k 具有唯一的不动点, 它存在唯一的不动点 z^∞ 满足 $0\in T(z^\infty)$, 且有

$$\|z^{k+1}-z^\infty\|=\|P_k(z^k)-P_k(z^\infty)\|\leqslant(1+\alpha c_k)^{-1}\|z^k-z^\infty\|,\quad \forall k. \tag{9.283}$$

因此, 如果 $c_k\geqslant c>0$ 对充分大 k 成立, 则序列 $\{z^k\}$ 强收敛到问题的解 z^∞, 收敛速度是线性的, 收敛率是 $(1+\alpha c)^{-1}<1$. 若 $c_k\to\infty$, 则收敛速度是超线性的

$$\lim_{k\to\infty}\frac{\|z^{k+1}-z^\infty\|}{\|z^k-z^\infty\|}=0.$$

上述结果的问题在于: 1)T 是强单调的假设条件太强; 2) 从计算的角度, 应将 $z^{k+1}=P_k(z^k)$ 用较宽松的条件代替.

$P_k(z^k)$ 的近似计算的两个原则

$$\text{(A)} \qquad \|z^{k+1} - P_k(z^k)\| \leqslant \varepsilon_k, \quad \sum_{k=0}^{\infty} \varepsilon_k < \infty,$$

$$\text{(B)} \qquad \|z^{k+1} - P_k(z^k)\| \leqslant \delta_k \|z^{k+1} - z^k\|, \quad \sum_{k=0}^{\infty} \delta_k < \infty.$$

定义

$$S_k(z) = T(z) + c_k^{-1}(z - z^k), \tag{9.284}$$

则后面的命题 9.23 证明: 下面的 (A′) 可推出 (A), (B′) 可推出 (B):

$$\text{(A}'\text{)} \qquad d(0, S_k(z^{k+1})) \leqslant \varepsilon_k / c_k, \quad \sum_{k=0}^{\infty} \varepsilon_k < \infty,$$

$$\text{(B}'\text{)} \qquad d(0, S_k(z^{k+1})) \leqslant (\delta_k / c_k)\|z^{k+1} - z^k\|, \quad \sum_{k=0}^{\infty} \delta_k < \infty.$$

显然, 若 $z^{k+1} = P_k(z^k)$, 则 $S_k(z^{k+1}) = 0$, (A′) 与 (B′) 成立.

在合适的条件下, 可以证明 (定理 9.29): 从任何初始点出发, 即使 $T^{-1}(0)$ 不是单点集合的情况, (A)(或 (A′)) 能保证 $\{z^k\}$ 弱收敛到某一点 z^∞, z^∞ 是 $0 \in T(z)$ 的解. 可见 Martinet 的结果可被推广到更大类的问题的求解, 而且 $z^{k+1} \approx P_k(z^k)$.

当 (B′)(或 (B′)) 也是成立的, T^{-1} 在 0 处 Lipschitz 连续, 可以证明 (定理 9.30), 收敛速度至少是线性的, c_k 充分大可使收敛率模任意程度接近于 0; 若 $c_k \to \infty$ 时, 收敛率是超线性的.

换言之, 上述关于强单调性的相同的收敛性结果在较弱的条件之下是成立的. 算法的有限终止性在定理 9.31 中讨论.

邻近点算法在凸规划中有三种不同类型的应用:

(i) $T = \partial f$, 其中 f 是问题的本质目标函数;

(ii) $T = -\partial g$, 其中 g 是对偶问题的凹的目标函数;

(iii) 对应凸–凹 Lagrange 函数的单调算子 T_L.

第二类应用对应 Hestenes 与 Powell 的 "乘子方法". 乘子方法与邻近点方法的关系在文献 [45]中已有讨论. 第三类应用产生乘子方法的一种新的形式, 这一形式在某些方面更具有优越性.

9.7.5 一般算法的收敛性

这里总假设映射 T 是极大单调的. 对 $P_k = (I + c_k T)^{-1}$, 定义

$$Q_k = I - P_k = (I + (c_k T)^{-1})^{-1}. \tag{9.285}$$

可得

$$0 \in T(z) \Longleftrightarrow P_k(z) = z \Longleftrightarrow Q_k(z) = 0. \tag{9.286}$$

命题 9.21 下述结论成立

(a) 对所有 z, $z = P_k(z) + Q_k(z)$, $c_k^{-1}Q_k(z) \in T(P_k(z))$.

(b) 对所有 z, z', $\langle P_k(z) - P_k(z'), Q_k(z) - Q_k(z')\rangle \geqslant 0$.

(c) 对所有 z, z', $\|P_k(z) - P_k(z')\|^2 + \|Q_k(z) - Q_k(z')\|^2 \leqslant \|z - z'\|^2$.

证明 先证明 (a). 由 P_k 的定义 $P_k(z) = (I + c_kT)^{-1}(z)$ 得 $z = (I + c_kT)(P_k(z))$, 那么 $z - P_k(z) \in c_kT(P_k(z))$, 因此 $c_k^{-1}Q_k(z) \in T(P_k(z))$.

下证 (b). 由于 $c_k^{-1}Q_k(z') \in T(P_k(z'))$, $c_k^{-1}Q_k(z) \in T(P_k(z))$. 由 T 的单调性可得

$$\langle c_k^{-1}Q_k(z') - c_k^{-1}Q_k(z), P_k(z') - P_k(z)\rangle \geqslant 0,$$

由于 $c_k^{-1} > 0$, 可得 (b).

最后证明 (c). 由 $z = P_k(z) + Q_k(z)$, $z' = P_k(z') + Q_k(z')$, 则

$$\begin{aligned}\|z - z'\|^2 &= \|P_k(z) - P_k(z') + Q_k(z) - Q_k(z')\|^2 \\ &= \|P_k(z) - P_k(z')\|^2 + \|Q_k(z) - Q_k(z')\|^2 \\ &\quad + 2\langle P_k(z) - P_k(z'), Q_k(z) - Q_k(z')\rangle,\end{aligned}$$

于是由 (b) 可得结论 (c). ■

根据命题 9.21 的 (c), 有性质 (9.280) 对 P_k 与 Q_k 成立, 若 $c_k \equiv c > 0$, 映射 P_k 退化为 (9.280) 式中的 V, 使得我们可以应用 Opial 定理的 Martinet 的推论, 对任一非空有界闭凸集合 C 满足 $V(C) \subset C$. 当然, 如果知道 V 具有不动点 $\overline{z}$, 对任意 $z^0 \in H$, 可选取 C 是以 $\overline{z}$ 为球心, 半径为 $\|z^0 - \overline{z}\|$ 的闭球即可.

以这样一种方式, 立即得到 Martinet 结果在 $T = \partial f$ 或变分不等式的情况下的推广. 如果至少存在一 z 满足 $0 \in T(z)$, 则从任意初始点 z^0 出发, 按迭代 $z^{k+1} = P_k(z^k)$, 其中 $c_k \equiv c$ 的邻近点算法生成的序列弱收敛到某点 z^∞ 满足 $0 \in T(z^\infty)$.

命题 9.22[39] 设存在 $\widetilde{z} \in H$, $\rho \geqslant 0$, 满足:

$$\text{对所有满足 } \|z - \widetilde{z}\| \geqslant \rho,\quad w \in T(z) \text{ 的 } z, w,\quad \text{有 } \langle z - \widetilde{z}, w\rangle \geqslant 0. \tag{9.287}$$

那么存在至少一个 z 满足 $0 \in T(z)$ (这一条件不仅是存在性的充分条件, 而且是必要的).

注记 9.2 下面是关于命题 9.22 中的条件的两个特殊情况:

1) 如果有效域

$$\operatorname{dom} T = \{z \in H : T(z) \neq \varnothing\}$$

是一有界集, 则命题 9.22 中的条件是平凡成立的.

2) 当 $T=\partial f$, 命题 9.22 中的条件的充分条件是水平集 $\{z\in H: f(z)\leqslant\beta\}, \beta\in\Re$ 是弱紧致的.

命题 9.23 设 S_k 由 (9.284) 定义, 则有估计式

$$\|z^{k+1}-P_k(z^k)\|\leqslant c_k d(0,S_k(z^{k+1}))$$

成立. 因此由 (A′) 可推出 (A), 由 (B′) 可推出 (B).

证明 对于 $w\in S_k(z^{k+1})=T(z^{k+1})+c_k^{-1}(z^{k+1}-z^k)$, 有

$$\begin{aligned}c_k w&\in c_kT(z^{k+1})+z^{k+1}-z^k,\\ z^k+c_kw&\in c_kT(z^{k+1})+z^{k+1},\\ z^{k+1}&\in[I+c_kT]^{-1}(z^k+c_kw),\\ z^{k+1}&=P_k(z^k+c_kw).\end{aligned}$$

因此, 由 P_k 的非扩张性质得到

$$\|z^{k+1}-P_k(z^k)\|=\|P_k(z^k+c_kw)-P_k(z^k)\|\leqslant c_k\|w\|.$$

因此有

$$\begin{aligned}\|z^{k+1}-P_k(z^k)\|&\leqslant c_k\min\{\|w\|:w\in S_k(z^{k+1})\}\\&=c_kd(0,S_k(z^{k+1})).\end{aligned}$$

■

定理 9.29 设 $\{z^k\}$ 是在准则 (A)(或 (A′)) 之下的邻近点算法生成的序列, 其中 $\{c_k\}$ 是下确界大于 0 的序列. 设 $\{z^k\}$ 是有界的 (在前述之假设之下, $\{z^k\}$ 有界的充分必要条件是 $0\in T(z)$ 至少有一解), 则 $\{z^k\}$ 按弱拓扑意义收敛到一点 z^∞, 满足 $0\in T(z^\infty)$, 且

$$0=\lim_{k\to\infty}\|Q_k(z^k)\|=\lim_{k\to\infty}\|z^{k+1}-z^k\|. \tag{9.288}$$

证明 首先验证确保 $\{z^k\}$ 有界的充分条件. 必要性由定理的最后一部分得到. 设存在 $\overline{z}$ 满足 $0\in T(\overline{z})$. 有

$$\|z^{k+1}-\overline{z}\|-\varepsilon_k\leqslant\|P_k(z^k)-\overline{z}\|=\|P_k(z^k)-P_k(\overline{z})\|\leqslant\|z^k-\overline{z}\|, \tag{9.289}$$

从而对所有的 l,

$$\|z^l-\overline{z}\|\leqslant\|z^0-\overline{z}\|+\sum_{k=0}^{l-1}\varepsilon_k\leqslant\|z^0-\overline{z}\|+\alpha.$$

因此 $\{x^k\}$ 必是有界的.

现在证明余下部分, 假设 $\{z^k\}$ 是一有界序列且满足 (A). 令 $s>0$ 满足对所有的 k

$$\|z^k\|\leqslant s,\quad \varepsilon_k<s. \tag{9.290}$$

则 $\{z^k\}$ 至少有一弱聚点 z^∞, $\|z^\infty\|\leqslant s$.

下面要证 $0\in T(z^\infty)$, 为此先证明这一结论可简化到事先已知 $T^{-1}(0)\neq\varnothing$ 的情况. 定义如下集值映射 T':

$$T'(z)=T(z)+\partial h(z),\quad z\in H,$$

其中

$$h(z)=\begin{cases}0, & 若\ \|z\|\leqslant 2s,\\ +\infty, & 若\ \|z\|>2s.\end{cases}$$

因此

$$\partial h(z)=\begin{cases}\{0\}, & 若\ z\in \text{int}\ 2s\mathbf{B},\\ \{\lambda z:\lambda\geqslant 0\}, & 若\ z\in \text{bdry}\ 2s\mathbf{B},\\ \varnothing, & 若\ z\notin 2s\mathbf{B}.\end{cases}$$

因为 h 是下半连续的正常凸函数, 故 ∂h 是极大单调算子, 它的有效域是

$$\text{dom}\ \partial h=2s\mathbf{B}.$$

进一步, 有

$$T'(z)=T(z),\quad 若\|z\|<2s. \tag{9.291}$$

由于对所有的 k, 根据 (9.290) 与 (A), 有 $\|P_k(z^k)\|<2s$(这是因为根据 $\|z^{k+1}-P_k(z^k)\|\leqslant\varepsilon_k$ 可知, $\|P_k(z^k)\|\leqslant\|z^{k+1}\|+\varepsilon_k<2s$), 而根据命题 9.21(a),

$$c_k^{-1}(z^k-P_k(z^k))\in T(P_k(z^k)),$$

于是有

$$P_k(z^k)\in\text{dom}\ T\cap\text{int}\ (\text{dom}\ \partial h),\quad \forall k, \tag{9.292}$$

$$P_k(z^k)\in(I+c_kT')^{-1}(z^k),\quad \forall k. \tag{9.293}$$

由 (9.292) 有 $\text{dom}\ T\cap\text{int}(\text{dom}\ \partial h)\neq\varnothing$, 作为两个极大单调算子 T 与 ∂h 的和, T' 亦是极大单调的, 见文献 [44]. 因此 $P_k'=(I+c_kT')^{-1}$ 实际上是单值的, 由 (9.293) 可推出, 对充分大的 k,

$$P_k(z^k)=P_k'(z^k).$$

因此, 序列 $\{z^k\}$ 可视为邻近点方法用于 T' 生成的序列. 这样做的优势在于有效域 $\mathrm{dom}\, T'$ 是有界的, 从而由命题 9.22 得 $(T')^{-1}(0) \neq \varnothing$. 因为由 (9.291) 有 $T'(z^\infty) = T(z^\infty)$, 不失一般性, 为验证 $0 \in T(z^\infty)$, 可将 T 替换为 T'.

因此, 从现在开始, 设存在 $\overline{z}$ 满足 $0 \in T(\overline{z})$. 将命题 9.21(c) 用于 $z = z^k, z' = \overline{z}$:

$$\|P_k(z) - P_k(z')\|^2 + \|Q_k(z) - Q_k(z')\|^2 \leqslant \|z - z'\|^2,$$

可推出

$$\|P_k(z^k) - \overline{z}\|^2 + \|Q_k(z^k)\|^2 \leqslant \|z^k - \overline{z}\|^2, \quad \forall k. \tag{9.294}$$

由于

$$\begin{aligned}
&\|Q_k(z^k)\|^2 - \|z^k - \overline{z}\|^2 + \|z^{k+1} - \overline{z}\|^2\\
\leqslant\ & \|z^{k+1} - \overline{z}\|^2 - \|P_k(z^k) - \overline{z}\|^2\\
=\ & \|z^{k+1} - P_k(z^k) + P_k(z^k) - \overline{z}\|^2 - \|P_k(z^k) - \overline{z}\|^2\\
=\ & \|z^{k+1} - P_k(z^k)\|^2 + 2\langle z^{k+1} - P_k(z^k), P_k(z^k) - \overline{z}\rangle\\
=\ & \langle z^{k+1} - P_k(z^k), z^{k+1} - P_k(z^k) + 2P_k(z^k) - 2\overline{z}\rangle\\
=\ & \langle z^{k+1} - P_k(z^k), (z^{k+1} - \overline{z}) + (P_k(z^k) - \overline{z})\rangle\\
\leqslant\ & \|z^{k+1} - P_k(z^k)\|[\|z^{k+1} - \overline{z}\| + \|z^k - \overline{z}\|],
\end{aligned}$$

因此可得

$$\|Q_k(z^k)\|^2 \leqslant \|z^k - \overline{z}\|^2 - \|z^{k+1} - \overline{z}\|^2 + 2\varepsilon_k(s + \|\overline{z}\|). \tag{9.295}$$

与此同时有

$$\|z^{k+1} - \overline{z}\| \leqslant \|P_k(z^k) - \overline{z}\| + \varepsilon_k \leqslant \|z^k - \overline{z}\| + \varepsilon_k,$$

由 $\sum\limits_{k=0}^{\infty} \varepsilon_k < \infty$, 可得存在 μ, 使得

$$\lim_{k\to\infty} \|z^k - \overline{z}\| = \mu < \infty. \tag{9.296}$$

在 (9.295) 的两边取 $k \to \infty$, 由于

$$\|Q_k(z^k)\| = \|(z^k - z^{k+1}) + (z^{k+1} - P_k(z^k))\| \geqslant \|z^{k+1} - z^k\| - \varepsilon_k,$$

可得 $\|z^{k+1} - z^k\| \to 0$, 因此 (9.288) 式成立.

再由于 c_k 的下确界是严格正数, 故

$$c_k^{-1} Q_k(z^k) \to 0 \qquad (\text{强收敛}). \tag{9.297}$$

由 T 是单调的, $c_k^{-1}Q_k(z^k) \in T(P_k(z^k))$, 得到

$$0 \leqslant \langle z - P_k(z^k), w - c_k^{-1}Q_k(z^k)\rangle \text{对任何 } k \text{ 与 } w \in T(z)\text{成立}. \tag{9.298}$$

因为 z^∞ 是 $\{z^k\}$ 的一弱聚点, $\|z^{k+1} - P_k(z^k)\| \to 0$, z^∞ 亦是 $\{P_k(z^k)\}$ 的弱聚点. 由 (9.297) 与 (9.298) 得

$$0 \leqslant \langle z - z^\infty, w\rangle \text{对任何满足 } w \in T(z) \text{ 的 } z \text{ 与 } w \text{ 成立}.$$

根据 T 的极大单调性可得 $0 \in T(z^\infty)$.

下面证明 $\{z^k\}$ 不存在多于一个的弱聚点. 假设有两个点 $z_1^\infty \neq z_2^\infty$, 则 $0 \in T(z_i^\infty), i = 1, 2$, 每一 z_i^∞ 起着 (9.296) 中的 $\overline{z}$ 的作用, 则存在 μ_1, μ_2, 满足

$$\lim_{k\to\infty} \|z^k - z_i^\infty\| = \mu_i < \infty, \quad i = 1, 2. \tag{9.299}$$

由

$$\|z^k - z_2^\infty\|^2 = \|z^k - z_1^\infty\|^2 + 2\langle z^k - z_1^\infty, z_1^\infty - z_2^\infty\rangle + \|z_1^\infty - z_2^\infty\|^2,$$

可见 $\langle z^k - z_1^\infty, z_1^\infty - z_2^\infty\rangle$ 的极限存在,

$$2 \lim_{k\to\infty} \langle z^k - z_1^\infty, z_1^\infty - z_2^\infty\rangle = \mu_2^2 - \mu_1^2 - \|z_1^\infty - z_2^\infty\|^2.$$

由于 z_1^∞ 是 $\{z^k\}$ 的弱聚点, 这一极限是 0, 从而可得

$$\mu_2^2 - \mu_1^2 = \|z_1^\infty - z_2^\infty\|^2 > 0.$$

将 z_1^∞ 与 z_2^∞ 交换, 用同样的推证可得

$$\mu_1^2 - \mu_2^2 = \|z_2^\infty - z_1^\infty\|^2 > 0,$$

这是一矛盾, 从而得 z^∞ 是 $\{z^k\}$ 的唯一的弱极限点. ■

9.7.6 收敛速度

称 T^{-1} 在 0 处以 $a \geqslant 0$ 为模是 Lipschitz 连续的, 若 $0 \in T(z)$ 有唯一解 $\overline{z}$(即 $T^{-1}(0) = \{\overline{z}\}$), 且存在 $\tau > 0$,

$$\text{当}\|w\| \leqslant \tau, z \in T^{-1}(w) \text{ 时}, \quad \|z - \overline{z}\| \leqslant a\|w\|. \tag{9.300}$$

定理 9.30 设 $\{z^k\}$ 是采用原则 (B)(或 (B$'$)) 的邻近点算法生成的序列, $\{c_k\}$ 是非减的, $c_k \nearrow c_\infty \leqslant +\infty$, 设 $\{z^k\}$ 是有界的 (如定理 9.29) 且 T^{-1} 在 0 处是以 a 为模 Lipschitz 连续的. 令

$$\mu_k = a/(a^2 + c_k^2)^{1/2} < 1.$$

则 $\{z^k\}$ 强收敛到 $0\in T(z)$ 的唯一解 $\overline{z}$. 进一步, 存在 $\bar{k}$ 满足

$$\|z^{k+1}-\overline{z}\|\leqslant \theta_k\|z^k-\overline{z}\|,\quad \forall k\geqslant \overline{k}, \tag{9.301}$$

其中

$$1>\theta_k\equiv(\mu_k+\delta_k)/(1-\delta_k)\geqslant 0,\quad \forall k\geqslant \overline{k}, \tag{9.302}$$

$$\theta_k\to\mu_\infty\quad (\text{如果} c_\infty=\infty,\ \text{则} \mu_\infty=0). \tag{9.303}$$

证明 由于 $\{z^k\}$ 有界, 取 $\varepsilon_k=\delta_k\|z^{k+1}-z^k\|$, 则 (A) 成立, 因此定理 9.29 的结论成立. 所以有

$$\|Q_k(z^k)\|=\|z^k-P_k(z^k)\|\leqslant\|z^k-z^{k+1}\|+\|z^{k+1}-P_k(z^k)\|.$$

因此

$$\|c_k^{-1}Q_k(z^k)\|\leqslant c_k^{-1}(1+\delta_k)\|z^{k+1}-z^k\|,\quad \forall k,$$

其中 $\|z^k-z^{k+1}\|\to 0$(定理 9.29). 选取 $\widetilde{k}$ 满足

$$c_k^{-1}(1+\delta_k)\|z^{k+1}-z^k\|<\tau,\quad \forall k\geqslant \widetilde{k}. \tag{9.304}$$

则对 $k\geqslant\widetilde{k}$, $\|c_k^{-1}Q_k(z^k)\|\leqslant\tau$. 根据命题 9.21(a), $P_k(z^k)\in T^{-1}(c_k^{-1}Q_k(z^k))$. 由 Lipschitz 连续条件 (9.300), 在 (9.300) 中取 $z=P_k(z^k)$, $w\in c_k^{-1}Q_k(z^k)$, 当 k 充分大时, 有

$$\|P_k(z^k)-\overline{z}\|\leqslant a\|c_k^{-1}Q_k(z^k)\|,\quad \forall k\geqslant\widetilde{k}. \tag{9.305}$$

用命题 9.21(c) 与式 (9.286), 取 $z=\overline{z}$, $z'=z^k$, 可得

$$\|\overline{z}-P_k(z^k)\|^2+\|Q_k(z^k)\|^2\leqslant\|\overline{z}-z^k\|^2,$$

由 (9.305) 得

$$\|P_k(z^k)-\overline{z}\|^2\leqslant\left[\frac{(a/c_k)^2}{1+(a/c_k)^2}\right]\|z^k-\overline{z}\|^2,$$

或换言之,

$$\|P_k(z^k)-\overline{z}\|\leqslant\mu_k\|z^k-\overline{z}\|,\quad \forall k\geqslant\widetilde{k}. \tag{9.306}$$

而由

$$\|z^{k+1}-\overline{z}\|\leqslant\|z^{k+1}-P_k(z^k)\|+\|P_k(z^k)-\overline{z}\|,$$

根据 (B)($\|z^{k+1}-P_k(z^k)\|\leqslant\delta_k\|z^{k+1}-z^k\|$),

$$\|z^{k+1}-P_k(z^k)\|\leqslant\delta_k\|z^{k+1}-z^k\|\leqslant\delta_k\|z^{k+1}-\overline{z}\|+\delta_k\|z^k-\overline{z}\|.$$

根据 (9.306) 可得

$$\|z^{k+1}-\overline{z}\| \leqslant \delta_k\|z^{k+1}-\overline{z}\|+\delta_k\|z^k-\overline{z}\|+\mu_k\|z^k-\overline{z}\|, \quad \forall k \geqslant \widetilde{k},$$

即

$$(1-\delta_k)\|z^{k+1}-\overline{z}\| \leqslant (\delta_k+\mu_k)\|z^k-\overline{z}\|,$$

$$\|z^{k+1}-\overline{z}\| \leqslant \theta_k\|z^k-\overline{z}\|, \quad \theta_k=(\delta_k+\mu_k)/(1-\delta_k), \quad \forall k \geqslant \widetilde{k},$$

因此 (9.301) 成立. 由于 $\delta_k \to 0, 1>\mu_k \searrow \mu_\infty$, 有 (9.302) 与 (9.303) 成立. ■

注记 9.3　由上述证明可知, 对任何使 (9.302) 式成立的 $\overline{k}$, 存在 $\widetilde{k} \leqslant \overline{k}$ 使 (9.304) 成立. 考虑一种简单情况, 设对所有 k,

$$\delta_k \leqslant \frac{1}{4},$$

若有效域 $\mathrm{dom}\, T$ 是有界的, 存在 $d>0$ 满足

$$\|z^{k+1}-z^k\| \leqslant d.$$

则如果 $\overline{k}$ 满足

$$c_k \geqslant 2\max\{a, d/\tau\}, \quad \forall k \geqslant \overline{k},$$

定理 9.30 中的估计成立.

注记 9.4　如果将 (B) 中关于 δ_k 的条件替代为假设 (A), 且

$$\delta_k \to \delta_\infty < \frac{1}{2}(1-\mu_\infty), \tag{9.307}$$

则定理 9.30 的所有的结论均成立.

下面的两个结果可用于说明定理 9.30 中的 Lipschitz 条件. 称集值映射 $S: H \rightrightarrows H$ 在一点 $\overline{w}$ 处是可微的, 若 $S(\overline{w})$ 包含单个元素 $\overline{z}$ 且存在连续的线性变换 $A: H \to H$, 满足存在 $\delta>0$,

$$\varnothing \neq S(\overline{w}+w)-\overline{z}-Aw \subset \mathrm{o}(\|w\|)\mathbf{B}, \quad 若\|w\| \leqslant \delta,$$

其中 $\mathbf{B}$ 是闭单位球,

$$\mathrm{o}(\|w\|)/\|w\| \searrow 0, \quad 若\|w\| \searrow 0.$$

此时记 $A=DS(\overline{w})$.

命题 9.24　若 T^{-1} 在 0 处可微, 则定理 9.30 的 Lipschitz 连续条件成立. 尤其, 如果存在 $\overline{z}$ 满足 $0 \in T(\overline{z})$, T 在 $\overline{z}$ 的一邻域内是单值的连续可微映射, 且 $\mathrm{D}T(\overline{z})$ 是可逆的 (即 $\mathrm{rge}\mathrm{D}T(\overline{z})=H$), 则这一条件是成立的.

证明 如果 T^{-1} 在 0 处可微, $A=\mathrm{D}T^{-1}(0)$, 存在唯一的 $\bar{z}$ 满足 $0\in T(\bar{z})$, 有

$$T^{-1}(w)-\bar{z}-Aw\subset \mathrm{o}(\|w\|)\mathbf{B},\quad 若\|w\|\leqslant\delta.$$

则存在 $a_0\geqslant 0, \varepsilon>0$ 满足

$$当\|w\|\leqslant\varepsilon,\ z\in T^{-1}(w)\ 时,\quad \|z-\bar{z}-Aw\|\leqslant a_0\|w\|.$$

所以有

$$\|z-\bar{z}\|\leqslant a_0\|w\|+\|A\|\|w\|,\quad 若w\in T(z),\quad \|w\|\leqslant\varepsilon.$$

令 $a=a_0+\|A\|$, 则 (9.300) 成立. 由隐函数定理, 在这些假设之下, T^{-1} 在 0 的一邻域内是单值的连续可微的, 则第二个结论可由第一个结论得到. ■

命题 9.25 设 T^{-1} 是全局 Lipschitz 连续的, 即 T^{-1} 是处处单值的且满足

$$\|T^{-1}(w)-T^{-1}(w')\|\leqslant a\|w-w'\|,\quad \forall w,w',$$

其中 $a>0$ 是常数; 若 T 是强单调的, 模为 $\alpha>0$, 则有上述条件成立, 其中 $a=\alpha^{-1}$. 则定理 9.30 中去掉序列 $\{z^k\}$ 有界的假设仍是成立的. 且对使 (9.302) 成立的充分大的 $\bar{k}$, 估计式 (9.301) 成立.

证明 命题假设下, 若 $\widetilde{k}=0$, 定理 9.30 的证明仍然成立.

如果 T 是强单调的, 存在 $\alpha>0$ 满足 (9.281). 则算子 $T'=T-\alpha I$ 是单调的, 因此 $P=(I+\alpha^{-1}T')^{-1}$ 是非扩张的. 由于 $T=\alpha P^{-1}$, 因此对任意的 w,

$$T^{-1}(w)=P(\alpha^{-1}w).$$

由 P 的非扩张性得

$$\|T^{-1}(w)-T^{-1}(w')\|\leqslant\alpha^{-1}\|w-w'\|,\quad \forall w,w'. \tag{9.308}$$

■

下面的定理给出算法的有限步终止性结果.

定理 9.31 设 $\{z^k\}$ 由邻近点算法生成, 算法按 (A),(A′),(B) 或 (B′) 中的准则之一执行, $\{c_k\}$ 的下确界是严格的正数. 设 $\{z^k\}$ 是有界的 (如定理 9.29 的条件), 存在 $\bar{z}$ 满足 $0\in \mathrm{int}T(\bar{z})$. 则

$$z^\infty=\bar{z}=P_k(z^k)\ 对充分大的\ k\ 成立. \tag{9.309}$$

在条件 (A)(或 (A′)) 之下, 有

$$\|z^k-\bar{z}\|\leqslant\varepsilon_k\ 对充分大的\ k\ 成立,$$

而在 (B)(或 (B′)) 之下, $c_k \nearrow c_\infty \leqslant \infty$, 有估计 (9.301) 与 (9.304) 成立, 其中

$$\theta_k = \delta_k/(1-\delta_k) \to 0.$$

因此, 尤其是精确的邻近点算法 (即 $z^{k+1} = P_k(z^k)$), 从任意初始点 z^0 出发, 算法经过有限次迭代生成 $\overline{z}$.

证明 先证明 T^{-1} 在 0 的一邻域上是单值的且取常值:

$$T^{-1}(w) = \overline{z}, \quad 若\|w\| < \varepsilon. \tag{9.310}$$

令 $\varepsilon > 0$ 满足由 $\|w\| < \varepsilon$ 可推出 $w \in \operatorname{int} T(\overline{z})$. 任取 $z, w \in T(z)$, 取 w' 满足 $\|w'\| < \varepsilon$, 有 (根据 T 的单调性)

$$0 \leqslant \langle z - \overline{z}, w - w' \rangle.$$

因此,

$$当w \in T(z), \|w'\| < \varepsilon时, \quad \sup\langle z - \overline{z}, w' \rangle \leqslant \langle z - \overline{z}, w \rangle,$$

于是当 $w \in T(z)$ 时

$$\varepsilon\|z - \overline{z}\| \leqslant \|z - \overline{z}\|\|w\|.$$

所以, 如果 $z \neq \overline{z}$, 有 $\|w\| \geqslant \varepsilon, \forall w \in T(z)$. 换言之, 若 $\|w\| < \varepsilon, z \in T^{-1}(w)$, 则 $z = \overline{z}$. 即 (9.310) 成立.

定理中的假设满足定理 9.29 的假设, 由定理 9.29 得

$$\|c_k^{-1} Q_k(z^k)\| \to 0.$$

然而, 由命题 9.21(a), $P_k(z^k) \in T^{-1}(c_k^{-1} Q_k(z^k))$. 因此, (9.310) 可推出 (9.309), 定理 9.31 的其他结果也立即得到, 定理 9.30 的 Lipschitz 条件也满足, 其中 $a = 0$. ∎

9.7.7 在极小化中的应用

设 $f: H \to (-\infty, \infty]$ 是正常的下半连续凸函数, 则 $T = \partial f$ 是一极大单调算子, 其中

$$\begin{aligned} w \in \partial f(x) &\Longleftrightarrow f(z') \geqslant f(z) + \langle z' - x, w \rangle, \quad \forall z' \\ &\Longleftrightarrow x \in \operatorname{argmin}\{f - \langle \cdot, w \rangle\}. \end{aligned} \tag{9.311}$$

由于, 尤其有

$$0 \in \partial f(z) \Longleftrightarrow z \in \operatorname{argmin} f,$$

所以对 $T = \partial f$ 的邻近点算法是极小化 f 的方法.

回顾, $\phi : H \to (-\infty, +\infty]$ 是模为 $\alpha > 0$ 的强凸函数,

$$\phi((1-\lambda)z + \lambda z') \leqslant (1-\lambda)\phi(z) + \lambda\phi(z') - \frac{1}{2}\alpha\lambda(1-\lambda)\|z - z'\|^2, \quad \forall z, z', \lambda \in (0,1). \tag{9.312}$$

定理 9.32 令 $T = \partial f$. 则 $S_k = \partial\phi_k$(是 (A′) 与 (B′) 中的 S_k), 其中 ϕ_k 由 (9.292) 定义, 即

$$\phi_k(z) = f(z) + \frac{1}{2c_k}\|z - z^k\|^2,$$

ϕ_k 是下半连续的, 以 $1/c_k$ 为模的强凸函数. 进一步, 如果 $\{z^k\}$ 是由邻近点算法生成, 采用原则 (A'), 且定理 9.29 的假设条件成立, 则 z^k 弱收敛到 z^∞, $f(z^\infty) = \min f$, 且

$$f(z^{k+1}) - f(z^\infty) \leqslant c_k^{-1}\|z^{k+1} - z^\infty\|(\varepsilon_k + \|z^{k+1} - z^k\|) \to 0. \tag{9.313}$$

证明 由公式 (9.277) 可直接证得 ϕ 的强凸性质. 把 (9.277) 两边取微分, 得到

$$\partial\phi_k(z) = \partial f(z) + c_k^{-1}(z - z^k) \equiv S_k(z), \quad \forall z.$$

为建立 (9.313), 令 w^k 是 $\partial\phi_k(z^{k+1})$ 中距离原点最近的元素 (由 (A′), $\partial\phi_k(z^{k+1})$ 是非空凸闭集合). 则

$$w^k - c_k^{-1}(z^{k+1} - z^k) \in T(z^{k+1}) = \partial f(z^{k+1}),$$

其中 (由 (A′))

$$\|w^k\| \leqslant \varepsilon_k / c_k \to 0. \tag{9.314}$$

令 z^∞ 是 $\{z^k\}$ 的弱极限 (定理 9.29), 则 $0 \in \partial f(z^\infty)$, 根据次梯度的定义, 得

$$f(z^{k+1}) + \langle z^\infty - z^{k+1}, w^k - c_k^{-1}(z^{k+1} - z^k)\rangle \leqslant f(z^\infty) = \min f,$$

因此,

$$f(z^{k+1}) - f(z^\infty) \leqslant \|z^{k+1} - z^\infty\|(\|w^k\| + c_k^{-1}\|z^{k+1} - z^k\|).$$

由 (9.314) 与 (9.288)($\lim_{k\to\infty}\|Q_k(z^k)\| = \lim_{k\to\infty}\|z^{k+1} - z^k\| = 0$), 可得 (9.313) 中的结论. ■

注记 9.5 准则 (A′) 与 (B′) 中的对应 $T = \partial f$ 的量 $d(0, \partial\phi_k(z^{k+1}))$ 可做为 z^{k+1} 距离 ϕ_k 的极小点的度量. 精确极小对应着 $d(0, \partial\phi_k(z^{k+1})) = 0$. 有许多基于梯度或次梯度的方法用于极小化 ϕ_k, 有下述估计成立

$$d(0, \partial\phi_k(z^{k+1})) \leqslant \|u\|, \quad \forall u \in \partial\phi_k(z^{k+1}).$$

现在考虑一特殊情况

$$f(z) = \begin{cases} f_0(z), & z \in D, \\ \infty, & z \notin D, \end{cases}$$

其中 D 是一非空闭凸集合, f_0 是 D 上的凸函数, 它在 D 的邻域上是可微的. 则

$$\min f_0(x) \quad \text{s.t. } x \in D \Longleftrightarrow \min f(x) \quad \text{s.t. } x \in H,$$

$$\min_{z \in H} \phi_k(z) \Longleftrightarrow \min_{z \in D} \phi_k^0(z),$$

其中

$$\phi_k^0(z) = f_0(z) + \frac{1}{2c_k}\|z - z^k\|^2.$$

进一步,

$$\partial\phi_k(z) = \nabla\phi_k^0(z) + N_D(z),$$

因此有

$$d(0, \partial\phi_k(z^{k+1})) = \|\Pi_{T_D(z^{k+1})}(-\nabla\phi_k^0(z^{k+1}))\|,$$

其中 $z^{k+1} \in D$. 尤其, 如果 $D = H$, 若 f 本身在 H 上是可微的, 则 (A′) 与 (B′) 中的

$$d(0, S_k(z^{k+1})) = \|\nabla\phi_k(z^{k+1})\|.$$

下面讨论定理 9.30 与 9.31 中的假设. 令 f^* 是与 f 共轭的下半连续凸函数. 对于 $T = \partial f$, 有 $\partial f^* = T^{-1}$.

命题 9.26 对于 $T = \partial f$, 下述条件是等价的:

(a) T 是以 α 为模的强单调的集值映射,

(b) f 是以 α 为模的强凸函数,

(c) 对 $w \in \partial f(z)$, $\forall z' \in H$ 有

$$f(z') \geqslant f(z) + \langle z' - z, w\rangle + \frac{\alpha}{2}\|z' - z\|^2.$$

证明 (b) $\Longrightarrow$ (a). 对于 $w \in T(z)$, $w' \in T(z')$, $0 < \lambda < 1$, 有

$$\begin{aligned} f((1-\lambda)z + \lambda z') &\geqslant f(z) + \langle [(1-\lambda)z + \lambda z'] - z, w\rangle \\ &= f(z) + \lambda\langle z' - z, w\rangle, \end{aligned}$$

由 (9.312)(强凸性),

$$-\lambda f(z) + \lambda f(z') - \frac{1}{2}\alpha\lambda(1-\lambda)\|z - z'\|^2 \geqslant \lambda\langle z' - z, w\rangle,$$

或等价地

$$\langle z-z',w\rangle \geqslant \frac{1}{2}\alpha(1-\lambda)\|z-z'\|^2+f(z)-f(z').$$

由对称性有

$$\langle z'-z,w'\rangle \geqslant \frac{1}{2}\alpha(1-\lambda)\|z'-z\|^2+f(z')-f(z).$$

将上述两个不等式相加可得

$$\langle z-z',w-w'\rangle \geqslant \alpha(1-\lambda)\|z'-z\|^2.$$

这一不等式对任何 $\lambda\in(0,1)$ 成立, 它对 $\lambda=0$ 亦成立, 即得 (a).

(a) $\Longrightarrow$ (c). 观察到命题 9.25 的证明, 强单调性可推出 T^{-1} 是单值的且满足全局 Lipschtiz 条件 (9.308). 但 $T^{-1}=\partial f^*$. 尤其有 ∂f^* 是单值的且处处连续的, 于是 f^* 是处处可微的, ∇f^* 即为 f^* 的梯度映射. 对任何 w,w', 有

$$\|\nabla f^*(w+t(w'-w))-\nabla f^*(w)\|\leqslant \frac{t}{\alpha}\|w'-w\|,\quad \forall t>0,$$

因而有

$$\langle \nabla f^*(w+t(w'-w)),w'-w\rangle \leqslant \langle \nabla f^*(w),w'-w\rangle+\frac{t}{\alpha}\|w'-w\|^2,\quad \forall t>0.$$

由此得到

$$\begin{aligned}f^*(w')-f^*(w)&=\int_0^1\langle \nabla f^*(w+t(w'-w)),w'-w\rangle \mathrm{d}t\\&\leqslant \langle \nabla f^*(w),w'-w\rangle+\frac{1}{2\alpha}\|w'-w\|^2.\end{aligned}$$

固定任意满足 $w\in\partial f(z)$ 的 z 与 w, 有 $z=\nabla f^*(w)$, $f(z)+f^*(w)=\langle w,z\rangle$. 所以对任意 z',

$$\begin{aligned}f(z')&=f^{**}(z')=\sup_{w'\in H}\{\langle z',w'\rangle-f^*(w')\}\\&\geqslant \sup_{w'\in H}\left\{\langle z',w'\rangle-f^*(w)-\langle \nabla f^*(w),w'-w\rangle-\frac{1}{2\alpha}\|w'-w\|^2\right\}\\&=\sup_{w'\in H}\left\{f(z)+\langle z'-z,w'\rangle-\frac{1}{2\alpha}\|w'-w\|^2\right\}\\&=f(z)+\langle z'-z,w\rangle+\frac{\alpha}{2}\|z'-z\|^2,\end{aligned}$$

即 (c) 成立.

(c) $\Longrightarrow$ (b). 令 $G=\operatorname{gph}\partial f$, 对每一 $(z,w)\in G$, 定义 $g_{z,w},h_{z,w}$ 为

$$\begin{aligned}g_{z,w}(z')&=f(z)+\langle z'-z,w\rangle+\frac{1}{2}\alpha\|z'-z\|^2,\\h_{z,w}(z')&=f(z)+\langle z'-z,w\rangle.\end{aligned}$$

则 $f \geqslant g_{z,w} \geqslant h_{z,w}$. 而且还有

$$f(z') = \sup_{(z,w)\in G} g_{z,w}(z').$$

每一函数 $g_{z,w}$ 均是模为 α 的强凸函数, 因此, f 具有这一性质. ■

命题 9.27 对于 $T = \partial f, \overline{z} \in H$. 下述条件是等价的:

(a) T^{-1} 在 0 处是 Lipschitz 连续的, $\overline{z}$ 是 $0 \in T(z)$ 的唯一解;

(b) $\overline{z}$ 是函数 f 的唯一极小点,

$$\liminf_{z\to\overline{z}} \frac{f(z) - f(\overline{z})}{\|z - \overline{z}\|^2} > 0;$$

(c) $\overline{z}$ 是 $\partial f^*(0)$ 的唯一元素, 且

$$\limsup_{u\to 0}[f^*(u) - f^*(0) - \langle \overline{z}, u\rangle]/\|u\|^2 < \infty.$$

证明 (a) $\Longrightarrow$ (c). 因 $T^{-1} = \partial f^*$, 有

$$\text{只要}\|w\| \leqslant \varepsilon,\ z \in \partial f^*(w), \quad \text{则}\|z - \overline{z}\| \leqslant a\|w\|. \tag{9.315}$$

这意味着

$$\bigcup_{\|w\|\leqslant\varepsilon} \partial f^*(w) \tag{9.316}$$

是有界的且包含 $\overline{z}$; 换言之, ∂f^* 在 0 处是局部有界的, 0 是下述有效域中的一点:

$$\mathrm{dom}\ \partial f^* = \{w : \partial f^*(w) \neq \varnothing\}. \tag{9.317}$$

因 ∂f^* 是一极大单调算子, 必有 $0 \in \mathrm{int}\ (\mathrm{dom}\ \partial f^*)$. 因为

$$\mathrm{dom}\ \partial f^* \subset \mathrm{dom}\ f^* = \{w : f^*(w) < \infty\}, \tag{9.318}$$

有 f^* 在 0 点的一邻域上是有限的. 这可推出 f^* 在 0 的一邻域上是连续的, 因此对 $\|u\| \leqslant \delta(0 < \delta \leqslant \varepsilon)$, $\partial f^*(u)$ 是非空弱紧致的, 且

$$f^{*'}(w; u) = \max\{\langle z, u\rangle : z \in \partial f^*(w)\}, \quad \text{对}u \in H, \tag{9.319}$$

其中

$$f^{*'}(w; u) = \lim_{\lambda\searrow 0}[f^*(w + \lambda u) - f^*(w)]/\lambda.$$

进一步, 由 (9.315) 与 (9.319) 可推出如下估计

$$f^{*'}(w; u) \leqslant \langle \overline{z}, u\rangle + a\|w\|\|u\|, \quad \text{若}\|w\| \leqslant \delta. \tag{9.320}$$

观察到, 若 $\|u\|\leqslant\delta$, $\xi(t)=f^*(tu)$, 则 ξ 是 $[0,1]$ 上的有限的连续凸函数, 因而

$$\xi(1)=\xi(0)+\int_0^1\xi'_+(t)\mathrm{d}t,$$

其中 ξ'_+ 是 ξ 的右导数. 由此公式推出

$$f^*(u)=f^*(0)+\int_0^1 f^{*'}(tu;u)\mathrm{d}t,$$

因而由 (9.320) 可得

$$f^*(u)\leqslant f^*(0)+\langle\overline{z},u\rangle+\frac{a}{2}\|u\|^2,\quad 若\|u\|\leqslant\delta. \tag{9.321}$$

所以 (c) 成立.

(c) $\Longrightarrow$ (b). 若 (c) 成立, 存在 $a>0$ 与 $\delta>0$ 有 (9.321) 成立. 令

$$\xi(s)=\begin{cases}\dfrac{1}{2}as^2, & 若|s|\leqslant\delta,\\ +\infty, & 若|s|>\delta.\end{cases}$$

则 (9.321) 可表示为

$$f^*(u)-f^*(0)-\langle\overline{z},u\rangle\leqslant\xi(\|u\|),\quad\forall u\in H, \tag{9.322}$$

其中 $\xi(\|u\|)$ 是 u 的凸函数. 上式两边取共轭, 得

$$f(\overline{z}+v)+f^*(0)\geqslant\xi^*(\|v\|),\quad\forall v\in H,$$

其中

$$\xi^*(r)=\begin{cases}\dfrac{1}{2}a^{-1}r^2, & 若|r|\leqslant a\delta,\\ \delta|r|-\dfrac{1}{2}a\delta^2, & 若|r|\geqslant a\delta.\end{cases} \tag{9.323}$$

因为 $\overline{z}\in\partial f^*(0)$, 有

$$f(\overline{z})+f^*(0)=\langle\overline{z},0\rangle. \tag{9.324}$$

所以有

$$f(z)-f(\overline{z})\geqslant\xi^*(\|z-\overline{z}\|),\quad\forall z\in H, \tag{9.325}$$

尤其有

$$若\|z-\overline{z}\|\leqslant a\delta,\quad 则 f(z)-f(\overline{z})\geqslant\frac{1}{2}a^{-1}\|z-\overline{z}\|^2.$$

因此有 (b) 成立.

(b) $\Longrightarrow$ (a). 根据假设, 存在 $a>0,\delta>0$, 若 $\|z-\overline{z}|\leqslant 2a\delta$, 则

$$f(z)-f(\overline{z})\geqslant \frac{1}{2}a^{-1}\|z-\overline{z}\|^2. \tag{9.326}$$

先证明此关系式可推出 (9.325). 由于对所有的 $s\in\Re$, $\xi(s)\geqslant\frac{1}{2}as^2$, 此式两边取共轭, 得到对 $r\in\Re$, $\xi^*(r)\leqslant\frac{1}{2}a^{-1}r^2$, 因此 (9.325) 中的不等式由 (9.326) 中的不等式对 $\|z-\overline{z}\|\leqslant 2a\delta$ 时成立, 下述不等式成立

$$\frac{1}{2}a^{-1}\|z-\overline{z}\|^2\leqslant\|z-\overline{z}\|\|w\|.$$

因此可推出

$$当\|w\|\leqslant\delta/2, w\in T(z)时,\quad \|z-\overline{z}\|\leqslant 2a\|w\|,$$

得到 (a). ■

注记 9.6 命题 9.27 的证明可推出, 使定理 9.30 中的 Lipschitz 条件成立的数 $a\geqslant 0$ 的最小值 $\overline{a}$(对 $T=\partial f$) 满足 $b^{-1}/2\leqslant\overline{a}\leqslant b^{-1}$, 其中

$$b=\liminf_{z\to\overline{z}}\frac{f(z)-f(\overline{z})}{\|z-\overline{z}\|^2}=\left[\limsup_{u\to 0}\frac{f^*(u)-f^*(0)-\langle\overline{z},u\rangle}{\|u|^2}\right]^{-1}$$

($\overline{z}$ 是 f 的唯一的极小点; 约定 $0^{-1}=\infty$, $\infty^{-1}=0$).

命题 9.28 设 H 是有限维空间, f 是多面凸函数 (即 f 的上图是多面凸集合). 若 $\overline{z}$ 是 f 的唯一极小点, 则 $0\in\text{int}\partial f(\overline{z})$, 因此取 $T=\partial f$, 可用定理 9.31. 然而, 即使 f 不在唯一点处取极小值, 而它仅仅是下方有界的, 每一步精确极小化 ϕ_k 的邻近点算法在有限步迭代之内收敛到 f 的极小值点.

证明 共轭函数 f^* 是多面凸函数. 若 $\overline{z}$ 是 f 的唯一极小值点, 则它是 $\partial f^*(0)$ 的唯一元素. 则 f^* 在 0 处是可微的 (见文献 [41, p242]), 由多面凸性, 它在 0 的一开邻域 W 上实际上是仿射的, 可推出对所有 $w\in W$, 有 $\overline{z}=\nabla f^*(w)$. 因此对所有 $w\in W$,$w\in\partial f(\overline{z})$.

一般地, 若 f 仅是下方有界的凸的多面函数, 有 $f^*(0)=-\inf f$ 是有限的, 而且是可达的 (见文献 [41, p268]). 根据定理 9.29, 若 c_k 的下确界是严格正数, 从初始点 z^0 出发的邻近点算法生成的序列 $\{z^k\}$ 满足 $Q_k(z^k)\to 0$. 我们依然可以证明, (A′) 中 $\varepsilon_k=0$ 的精确极小化情形, 有限次迭代收敛性也可获得.

不失一般性, 余下的证明中设 $\min f=0$, 从而 $f^*(0)=0$. 令

$$M=\partial f^*(0)=\{z:f(z)=\min f\},$$

$$h(z)=\delta_M(z).$$

则 M 是多面凸集合, 因而 h 是多面凸函数. 共轭函数 h^* 也是多面凸函数, 有[41,Page 216]

$$h^*(w) = f^{*'}(0; w) = \lim_{\lambda \searrow 0} [f^*(\lambda w) - f^*(0)]/\lambda,$$

由 f^* 的多面性质可推出 $f^{*'}(0; \cdot)$ 的多面性质. 由上述公式得, 在 0 的一开邻域上, h^* 与 f^* 是重合的. 进一步, 对充分大的 k, $c_k^{-1} Q_k(z^k)$ 在这一邻域内, 这是因为 c_k 的下确界是严格正数, $Q_k(z^k) \to 0$. 于是对充分大的 k,

$$\partial h^*(c_k^{-1} Q_k(z^k)) = \partial f^*(c_k^{-1} Q_k(z^k)).$$

对于 $T = \partial f$, 由于 $\partial f^* = T^{-1}$, 根据命题 9.21(a) 可得, 对充分大 k,

$$c_k^{-1} Q_k(z^k) \in [\partial h^*]^{-1}(P_k(z^k)) = \partial h(P_k(z^k)).$$

这表明, 最终 $\{z^k\}$ 即算法把 $T = \partial f$ 替换为 $T = \partial h$ 生成的, 或等价地, 只需要将 f 代替为 h. 此时, $P_k(z^k)$ 即 M 中距离 z^k 最近的点.

因此, 只要 $c_k^{-1} Q_k(z^k)$ 落在 f^* 与 $h^* = f^{*'}(0; \cdot)$ 重合的邻域内, 就有 $z^{k+1} = P_k(z^k) \in M$. 因 M 由映射 P_k 的不动点构成, 则序列 $\{z^k\}$ 自此之后即是常值点. ■

9.7.8 鞍点计算的应用

设 $L(x, y)$ 是 Hilbert 空间 $H_1 \times H_2$ 的凸–凹函数, 它是闭的正常函数, T_L 是 9.7.4 中定义的对应 L 的极大单调算子. 则

$$(0, 0) \in T_L(x, y) \Longleftrightarrow (x, y) \in \operatorname{argminmax} L.$$

对 $T = T_L$ 的邻近点算法可用于计算 L 的鞍点, 此种情形, 有类似于上一节的结果.

称函数 $\Phi: H_1 \times H_2 \to [-\infty, +\infty]$ 是模为 α 的强凸 – 凹函数, 若 $\Phi(x, y)$ 是关于 x 以 α 为模的强凸函数, 关于 y 是以 α 为模的强凹函数.

定理 9.33 令 $T = T_L$. 则在 (A′) 与 (B′) 中的 $S_k = T_{\Phi_k}$, 其中 Φ_k 是由 (9.279) 定义的函数, Φ_k 是闭的正常的以 $1/c_k$ 为模的强凸–凹函数. 进一步, 若 $\{z^k = (x^k, y^k)\}$ 是由邻近点算法按 (A') 的原则生成的序列, 且定理 9.29 的条件成立, 则 (x^k, y^k) 弱收敛到 (x^∞, y^∞), 其中 (x^∞, y^∞) 是 L 的鞍点, 且

$$\lim_{k \to \infty} L(x^k, y^k) = L(x^\infty, y^\infty) = \operatorname{minimax} L. \tag{9.327}$$

证明 这是将定理 9.32 应用到 $T = \partial f$ 的情况的扩展, 但验证 (9.327) 是需要一些技巧的. 因 (x^∞, y^∞) 是鞍点, 有

$$L(x^{k+1}, y^\infty) \geqslant L(x^\infty, y^\infty) \geqslant L(x^\infty, y^{k+1}), \quad \forall k. \tag{9.328}$$

令 $w^k = (v^k, u^k)$ 记 $S_k(x^k, y^k)$ 距离原点最近的元素. 则 $(v^k, u^k) \to (0,0)$(强收敛), 且

$$(v^k - c_k^{-1}(x^{k+1} - x^k), u^k - c_k^{-1}(y^{k+1} - y^k)) \in T_L(x^{k+1}, y^{k+1}). \tag{9.329}$$

上述关系推出

$$\begin{aligned} L(x^\infty, y^{k+1}) &\geqslant L(x^{k+1}, y^{k+1}) + \langle x^\infty - x^{k+1}, v^k - c_k^{-1}(x^{k+1} - x^k)\rangle, \\ L(x^{k+1}, y^\infty) &\leqslant L(x^{k+1}, y^{k+1}) - \langle y^\infty - y^{k+1}, u^k - c_k^{-1}(y^{k+1} - y^k)\rangle. \end{aligned}$$

将这些不等式与 (9.328) 相结合, 可得到

$$\begin{aligned} -\langle y^\infty - y^{k+1}, u^k - c_k^{-1}(y^{k+1} - y^k)\rangle &\geqslant L(x^\infty, y^\infty) - L(x^{k+1}, y^{k+1}) \\ &\geqslant \langle x^\infty - x^{k+1}, v^k - c_k^{-1}(x^{k+1} - x^k)\rangle, \end{aligned}$$

由上述的各不等式及定理 9.29 中的 (9.288) 可得 (9.327). ■

9.7.9　非线性互补问题的邻近点方法

这一节介绍文献 [65] 的求解非线性互补问题的邻近点方法. 考虑非线性互补问题: 找到一个向量 $x \in \Re^n$ 使得

$$\text{NCP(F)} \qquad F(x) \geqslant 0, \quad x \geqslant 0, \quad \langle x, F(x)\rangle = 0,$$

这里 $F : \Re^n \to \Re^n$. 本节的讨论中假设映射 F 是连续可微的, 单调的.

令 $N : \Re^n \rightrightarrows \Re^n$ 是 $\Re^n_+$ 的法锥映射如下定义:

$$N(x) := \begin{cases} \{y \in \Re^n : \langle x - z, y\rangle \geqslant 0, \forall z \geqslant 0\}, & \text{若} x \geqslant 0, \\ \varnothing, & \text{否则}. \end{cases}$$

令 $T : \Re^n \rightrightarrows \Re^n$,

$$T(x) := F(x) + N(x) \tag{9.330}$$

是一个极大单调映射, 那么非线性互补问题 NCP(F) 就等价于找到点 x 使得

$$0 \in T(x). \tag{9.331}$$

任意选取初始点 x^0, 由邻近点算法生成的序列 $\{x^k\}$ 收敛到 (9.331) 的解, 其中 x^k 具有迭代格式

$$x^{k+1} \approx P_k(x^k),$$

$P_k : \Re^n \to \Re^n$, $P_k := (I + c_k T)^{-1}$, $\{c_k\}$ 是一正数序列. 式子 $x^{k+1} \approx P_k(x^k)$ 意味着 x^{k+1} 是 $P_k(x^k)$ 的近似. 对 NCP(F) 问题, $P_k(x^k)$ 由下式给出

$$P_k(x^k) = (I + c_k(F + N))^{-1}(x^k).$$

从而有

$$0 \in F(P_k(x^k)) + c_k^{-1}(P_k(x^k) - x^k) + N(P_k(x^k)).$$

因此, 对 NCP(F) 问题, 找到 $x^{k+1} \approx P_k(x^k)$ 意味着近似求解 NCP(F^k) 的子问题, 即找到 $x \in \Re^n$ 使得

$$F^k(x) \geqslant 0, \quad x \geqslant 0, \quad \langle x, F^k(x) \rangle = 0, \tag{9.332}$$

这里 $F^k(x) := F(x) + c_k^{-1}(x - x^k)$. 注意到, 当 c_k 很大时, 子问题很接近原始问题. 另一方面, 当 c_k 趋于 0 时, 子问题的解与 x^k 距离很近, 从而子问题可能更容易求解.

为保证邻近点算法的收敛性, x^{k+1} 要求充分接近子问题 (9.332) 的解 $P_k(x^k)$. 文献中已经提出了一系列求解子问题近似解的终止准则, 其中文献 [42] 中提出, 本书 9.7.4 节中也介绍过的 $P_k(z^k)$ 的近似计算的两个原则 (A) 与 (B), 原则 (A) 保证全局收敛性, 原则 (B) 保证邻近点算法的超线性收敛率. 根据定理 9.29 可得下述收敛性定理.

定理 9.34 [42, Theorem 1] *假设序列 $\{x^k\}$ 由邻近点算法生成, 终止准则采用原则 (A), $\{c_k\}$ 是下确界大于 0 的序列. 若 NCP(F) 至少有一个解, 则 x^k 收敛到 NCP(F) 的一个解 x^*.*

注意到在全局收敛性结论中不一定要求 $\{c_k\}$ 趋于 $+\infty$, 因此, 可以通过保证 F^k 是一致强单调的使得子问题 (9.332) 在数值计算上是良态的.

另一方面, 如果令 $\{c_k\}$ 趋于 $+\infty$, 我们期望邻近点算法具有更快的收敛速度, Luque 证明了在不要求 NCP(F) 问题解的唯一性假设下, 邻近点算法的超线性收敛性.

定理 9.35 [22] *假设 $\{x^k\}$ 由邻近点算法生成, 终止准则采用原则 (A) 与原则 (B), $c^k \to +\infty$. 若存在常数 δ 与 C 满足*

$$d(x, \overline{X}) \leqslant C\|w\|, \quad x \in T^{-1}(w), \quad \|w\| < \delta,$$

这里 $\overline{X}$ 表示 NCP(F) 问题的解集合, 那么序列 $\{d(x^k, \overline{X})\}$ 超线性收敛到 0.

证明 由假设可知定理 9.29 中的结论成立. 由 (9.288) 知, 存在 $k_1 \in \mathbf{N}$, 使得当 $k \geqslant k_1$ 时, $\|c_k^{-1}Q_k(x^k)\| < \delta$. 结合命题 9.21(a) 有

$$d(P_k(x^k), \overline{X}) \leqslant c_k^{-1}C\|Q_k(x^k)\|, \quad \forall k \geqslant k_1. \tag{9.333}$$

令命题 9.21(c) 中 $z = x^k$, $z' = \overline{x^k} \in \Pi_{\overline{X}}(x^k)$(此时 $P_k(z') = z'$, $Q_k(z') = 0$), 结合 $d(P_k(x^k), \overline{X}) \leqslant \|P_k(x^k) - \overline{x^k}\|$, 有

$$\|Q_k(x^k)\|^2 \leqslant \big(d(x^k, \overline{X})\big)^2 - \big(d(P_k(x^k), \overline{X})\big)^2, \quad \forall k \geqslant 0. \tag{9.334}$$

将 (9.334) 代入 (9.333), 整理可得

$$\left(d(P_k(x^k),\overline{X})\right)^2 \frac{c_k^2+C^2}{C^2} \leqslant \left(d(x^k,\overline{X})\right)^2, \quad \forall k \geqslant k_1.$$

记 $\mu_k = C/\left(C^2+c_k^2\right)^{\frac{1}{2}} < 1$, 有

$$d(P_k(x^k),\overline{X}) \leqslant \mu_k d(x^k,\overline{X}), \quad \forall k \geqslant k_1. \tag{9.335}$$

由 (9.334) 有

$$\|Q_k(x^k)\| \leqslant d(x^k,\overline{X}), \quad k \geqslant 0. \tag{9.336}$$

令 $\overline{P_k(x^k)} \in \Pi_{\overline{X}}(P_k(x^k))$. 又三角不等式

$$\|x^k - \overline{P_k(x^k)}\| \leqslant \|x^k - \overline{x^k}\| + \|\overline{x^k} - \overline{P_k(x^k)}\|, \quad \forall k \geqslant 0$$

成立. 由于非空闭凸集 (这里指 $\bar{X}$) 上的投影算子是非扩张的, 有 $\|\overline{x^k} - \overline{P_k(x^k)}\| \leqslant \|x^k - P_k(x^k)\|$, 结合 (9.336) 有

$$\|x^k - \overline{P_k(x^k)}\| \leqslant 2d(x^k,\overline{X}), \quad k \geqslant 0. \tag{9.337}$$

由定理 9.29, $\|x^{k+1}-x^k\| \to 0$, 因此存在指标 $k_2 \in \mathbf{N}$ 使得对所有的 $k \geqslant k_2$, $\|x^{k+1}-x^k\| < 1$. 若 $r \geqslant 1$, 对所有的 $k \geqslant k_2$ 有 $\|x^{k+1}-x^k\|^r \leqslant \|x^{k+1}-x^k\|$, 根据终止原则 (A) 与 (B) 可得下面的估计

$$\begin{aligned}\|x^{k+1} - \overline{P_k(x^k)}\| &\leqslant \|x^{k+1} - P_k(x^k)\| + \|P_k(x^k) - \overline{P_k(x^k)}\| \\ &\leqslant \varepsilon_k \|x^{k+1} - x^k\| + d(P_k(x^k),\overline{X}) \\ &\leqslant \varepsilon_k \|x^{k+1} - \overline{P_k(x^k)}\| + \varepsilon_k \|x^k - \overline{P_k(x^k)}\| + d(P_k(x^k),\overline{X}).\end{aligned}$$

但 $\|x^{k+1} - \overline{P_k(x^k)}\| \geqslant d(x^{k+1},\overline{X})$. 由终止原则 (A) 与 (B), 令 $\varepsilon_k \to 0$, 因此存在某个 $k_3 \in \mathbf{N}$ 使得对所有的 $k > k_3$, $\varepsilon_k < 1$. 令 $\tilde{k} = \max\{k_2, k_3\}$. 结合等式 (9.337) 并整理可得

$$d(P_k(x^k),\overline{X}) \geqslant (1-\varepsilon_k) d(x^{k+1},\overline{X}) - 2\varepsilon_k d(x^k,\overline{X}), \quad k \geqslant \tilde{k}. \tag{9.338}$$

令 $\overline{k} = \max\{k_1, \tilde{k}\}$. 结合 (9.335) 与 (9.338) 有

$$d(x^{k+1},\overline{X}) \leqslant \frac{\mu_k + 2\varepsilon_k}{1-\varepsilon_k} d(x^k,\overline{X}), \quad \forall k \geqslant \overline{k}.$$

因此线性收敛率 β 满足

$$\beta \leqslant \limsup_{k\to\infty} \frac{d(x^{k+},\overline{X})}{d(x^k,\overline{X})} \leqslant \lim_{k\to\infty} \frac{\mu_k + 2\varepsilon_k}{1-\varepsilon_k} = \lim_{k\to\infty} \mu_k = 0.$$

结论得证. ■

9.8 乘子交替方向方法

这一节的素材取自文献 [5].

9.8.1 方法的迭代格式

考虑下述问题

$$\begin{aligned} \min \quad & f(x)+g(z) \\ \text{s.t.} \quad & Ax+Bz=c, \end{aligned} \tag{9.339}$$

其中 $f:\Re^{n_1}\to\overline{\Re}$ 与 $g:\Re^{n_2}\to\overline{\Re}$ 是凸函数, $A\in\Re^{m\times n_1}, B\in\Re^{m\times n_2}$, $c\in\Re^m$. 这一问题有两组变量, 它们有分离的目标, 它的增广 Lagrange 函数为

$$L_\rho(x,z,y)=f(x)+g(z)+y^{\mathrm{T}}(Ax+Bz-c)+(\rho/2)\|Ax+Bz-c\|_2^2.$$

乘子交替方向方法 (ADMM) 由下述迭代格式定义

$$\begin{aligned} x^{k+1} &:= \mathrm{argmin}_x L_\rho(x,z^k,y^k) && (x\text{- 极小化}) \\ z^{k+1} &:= \mathrm{argmin}_z L_\rho(x^{k+1},z,y^k) && (z\text{- 极小化}) \\ y^{k+1} &:= y^k+\rho(Ax^{k+1}+Bz^{k+1}-c) && (\text{对偶迭代}). \end{aligned}$$

设 (x^*,z^*) 是问题 (9.339) 的最优解, 则存在 $y^*\in\Re^m$ 满足

$$\begin{aligned} & Ax^*+Bz^*-c=0 \quad \text{原始可行性}, \\ & \left.\begin{aligned} 0\in\partial f(x^*)+A^{\mathrm{T}}y^* \\ 0\in\partial g(z^*)+B^{\mathrm{T}}y^* \end{aligned}\right\} \quad \text{对偶可行性}. \end{aligned} \tag{9.340}$$

由于 z^{k+1} 是 $L_\rho(x^{k+1},z,y^k)$ 的极小点, 有

$$\begin{aligned} 0 &\in \partial g(z^{k+1})+B^{\mathrm{T}}y^k+\rho B^{\mathrm{T}}(Ax^{k+1}+Bz^{k+1}-c) \\ &= \partial g(z^{k+1})+B^{\mathrm{T}}y^k+\rho B^{\mathrm{T}}r^{k+1} \\ &= \partial g(z^{k+1})+B^{\mathrm{T}}y^{k+1}, \end{aligned}$$

因此 (9.340) 中的第三式成立对 (z^{k+1},y^{k+1}) 总是成立.

由于 x^{k+1} 是 $L_\rho(x,z^k,y^k)$ 的极小点, 有

$$\begin{aligned} 0 &\in \partial f(x^{k+1})+A^{\mathrm{T}}y^k+\rho A^{\mathrm{T}}(Ax^{k+1}+Bz^k-c) \\ &= \partial f(x^{k+1})+A^{\mathrm{T}}(y^k+\rho r^{k+1}+\rho B(z^k-z^{k+1})) \\ &= \partial f(x^{k+1})+A^{\mathrm{T}}y^{k+1}+\rho \mathrm{A}^{\mathrm{T}}B(z^k-z^{k+1}), \end{aligned}$$

等价于

$$\rho A^{\mathrm{T}}B(z^{k+1}-z^k)\in\partial f(x^{k+1})+A^{\mathrm{T}}y^{k+1}. \tag{9.341}$$

定义

$$r^{k+1} = Ax^{k+1} + Bz^{k+1} - c, \quad s^{k+1} = \rho A^{\mathrm{T}} B(z^{k+1} - z^k).$$

则包含关系 (9.341) 等价于

$$s^{k+1} \in \partial f(x^{k+1}) + A^{\mathrm{T}} y^{k+1}.$$

因此 $(x^{k+1}, z^{k+1}, y^{k+1})$ 满足最优性条件对应着 $r^{k+1} = 0$ 与 $s^{k+1} = 0$. 我们把 r^{k+1} 与 s^{k+1} 分别称为原始残量与对偶残量.

因此定义算法的终止准则为

$$\|r^k\| \leqslant \epsilon^{\text{pri}}, \quad \|s^k\| \leqslant \epsilon^{\text{dual}}.$$

由 9.8.2 节收敛性的证明可得

$$\begin{aligned} f(x^k) + g(z^k) - p^* &\leqslant -(y^k)^{\mathrm{T}} r^k + (x^k - x^*)^T s^k \\ &\leqslant \|y^k\| \|r^k\| + d\|s^k\| (\text{假设 } \|x^k - x^*\| \leqslant d) \\ &\leqslant \|y^k\| \epsilon^{\text{pri}} + d\epsilon^{\text{dual}}. \end{aligned}$$

定义残量 $r = Ax + Bz - c$, 有

$$\begin{aligned} y^T r + (\rho/2)\|r\|_2^2 &= (\rho/2)\|r + (1/\rho)y\|_2^2 - (1/2\rho)\|y\|_2^2 \\ &= (\rho/2)\|r + u\|_2^2 - (\rho/2)\|u\|_2^2, \end{aligned}$$

其中 $u = (1/\rho)y$ 被称为尺度化对偶变量. 尺度化的乘子交替方向方法可以表示为

$$\begin{aligned} x^{k+1} &:= \operatorname{argmin}_x \left(f(x) + (\rho/2)\|Ax + Bz^k - c + u^k\|_2^2 \right), \\ z^{k+1} &:= \operatorname{argmin}_z \left(g(z) + (\rho/2)\|Ax^{k+1} + Bz - c + u^k\|_2^2 \right), \\ u^{k+1} &:= u^k + Ax^{k+1} + Bz^{k+1} - c. \end{aligned}$$

9.8.2 收敛性定理

下面的定理表明, 函数 f 与 g 不需要很强的条件, ADMM 方法生成的 (x^k, z^k) 趋于原始可行点, 函数值 $f(x^k) + g(z^k)$ 趋于问题 (9.339) 的最优值.

定理 9.36 (ADDM 的收敛性) 设 f, g 是正常的下半连续的凸函数. 设 L_0 有一鞍点, 即存在 (x^*, z^*, y^*) 满足

$$L_0(x^*, z^*, y) \leqslant L_0(x^*, z^*, y^*) \leqslant L_0(x, z, y^*), \quad \forall x, z, y.$$

则乘子交替方向方法具有下述性质

a) 迭代趋于可行性: $Ax^k + Bz^k - c \to 0$;

b) 目标趋于最优值: $f(x^k) + g(z^k) \to p^*$, 其中 p^* 是问题 (9.339) 的最优值.

证明 我们将证明, 如果 f, g 是正常的闭凸函数, Lagrange 函数 L_0 有一鞍点, 则原始残量是收敛的, 即 $r_k \to 0$, 目标是收敛的, 即 $p^k \to p^*$, 其中 $p^k = f(x^k)+g(z^k)$. 还会证明对偶残量 $s^k = \rho A^{\mathrm{T}}B(z^k - z^{k-1})$ 收敛到 0.

令 (x^*, z^*, y^*) 是 L_0 的一鞍点, 定义

$$V^k = (1/\rho)\|y^k - y^*\|_2^2 + \rho\|B(z^k - z^*)\|_2^2.$$

将要证明, V^k 是算法的 Lyapunov 函数, 即是一非负的量, 每一次迭代这一量都是递减的.

首先给出证明的思想. 证明依赖于三个关键的不等式, 第一个不等式是

$$V^{k+1} \leqslant V^k - \rho\|r^{k+1}\|_2^2 - \rho\|B(z^{k+1} - z^k)\|_2^2. \tag{9.342}$$

因为 $V^k \leqslant V^0$, 有 y^k 与 Bz^k 是有界的. 将第一不等式相加可得

$$\rho\sum_{k=0}^{\infty}\left(\|r^{k+1}\|_2^2 + \|B(z^{k+1} - z^k)\|_2^2\right) \leqslant V^0,$$

意味着当 $k \to \infty$ 时, $r^k \to 0$ 与 $B(z^{k+1} - z^k) \to 0$. 用 ρA^{T} 左乘 $B(z^{k+1} - z^k)$ 可得 $s^k = \rho A^{\mathrm{T}}B(z^{k+1} - z^k)$ 收敛到 0.

第二个关键不等式是

$$p^{k+1} - p^* \leqslant -(y^{k+1})^{\mathrm{T}}r^{k+1} - \rho(B(z^{k+1} - z^k))^{\mathrm{T}}(-r^{k+1} + B(z^{k+1} - z^*)), \tag{9.343}$$

第三个不等式为

$$p^* - p^{k+1} \leqslant y^{*\mathrm{T}}r^{k+1}. \tag{9.344}$$

因为 $B(z^{k+1} - z^*)$ 是有界的, r^{k+1} 与 $B(z^{k+1} - z^k)$ 均收敛到 0, 当 $k \to \infty$ 时, (9.343) 的右端趋于 0. 因为 r^k 收敛到 0, (9.344) 的右端当 $k \to \infty$ 时趋于 0. 因此有 $\lim\limits_{k\to\infty} p^k = p^*$, 即目标收敛.

(9.344) 的证明 因为 (x^*, z^*, y^*) 是 L_0 的鞍点, 有

$$L_0(x^*, z^*, y^*) \leqslant L_0(x^{k+1}, z^{k+1}, y^*).$$

由于 $Ax^* + Bz^* = c$, 可得上式的左端是 p^*. 根据 $p^{k+1} = f(x^{k+1}) + g(z^{k+1})$, 上式可重新表达如下

$$p^* \leqslant p^{k+1} + y^{*\mathrm{T}}r^{k+1},$$

即 (9.344) 成立.

(9.343) 的证明　由定义, x^{k+1} 是 $L_\rho(x, z^k, y^k)$ 的极小点. 因为 f 是正常的闭凸的次可微函数, L_ρ 也是这样的函数. 最优性条件 (充分必要条件) 是

$$0 \in \partial L_\rho(x^{k+1}, z^k, y^k) = \partial f(x^{k+1}) + A^{\mathrm{T}} y^k + \rho A^{\mathrm{T}}(Ax^{k+1} + Bz^k - c).$$

因为 $y^{k+1} = y^k + \rho r^{k+1}$, 在最优条件中插入 $y^k = y^{k+1} - \rho r^{k+1}$ 可得

$$0 \in \partial f(x^{k+1}) + A^{\mathrm{T}}(y^{k+1} - \rho B(z^{k+1} - z^k)).$$

这意味着 x^{k+1} 是函数

$$f(x) + (y^{k+1} - \rho B(z^{k+1} - z^k))^{\mathrm{T}} Ax$$

的极小点. 类似的推理可得 z^{k+1} 是 $g(z) + y^{(k+1)\mathrm{T}} Bz$ 的极小点. 于是有

$$\begin{aligned} & f(x^{k+1}) + (y^{k+1} - \rho B(z^{k+1} - z^k))^{\mathrm{T}} Ax^{k+1} \\ \leqslant\ & f(x^*) + (y^{k+1} - \rho B(z^{k+1} - z^k))^{\mathrm{T}} Ax^* \end{aligned}$$

以及

$$g(z^{k+1}) + y^{(k+1)\mathrm{T}} Bz^{k+1} \leqslant g(z^*) + y^{(k+1)\mathrm{T}} Bz^*.$$

将上面两个不等式相加, 并用 $Ax^* + Bz^* = c$, 可得 (9.343) 成立.

(9.342) 的证明　将 (9.343) 与 (9.344) 相加, 重新组织各项, 并乘上 2, 可得

$$\begin{aligned} & 2(y^{k+1} - y^*)^{\mathrm{T}} r^{k+1} - 2\rho(B(z^{k+1} - z^k))^{\mathrm{T}} r^{k+1} \\ & + 2\rho(B(z^{k+1} - z^k))^{\mathrm{T}}(B(z^{k+1} - z^*)) \leqslant 0. \end{aligned} \tag{9.345}$$

(9.342) 可以从这一不等式推得. 先重新表示第一项. 代入 $y^{k+1} = y^k + \rho r^{k+1}$ 可得

$$2(y^k - y^*)^{\mathrm{T}} r^{k+1} + \rho\|r^{k+1}\|_2^2 + \rho\|r^{k+1}\|_2^2,$$

将 $r^{k+1} = (1/\rho)(y^{k+1} - y^k)$ 代入上式的前两项中, 得到

$$(2/\rho)(y^k - y^*)^{\mathrm{T}}(y^{k+1} - y^k) + (1/\rho)\|y^{k+1} - y^k\|_2^2 + \rho\|r^{k+1}\|_2^2.$$

因为 $y^{k+1} - y^k = (y^{k+1} - y^*) - (y^k - y^*)$, 上式可表示为

$$(1/\rho)\left(\|y^{k+1} - y^*\|_2^2 - \|y^k - y^*\|_2^2\right) + \rho\|r^{k+1}\|_2^2. \tag{9.346}$$

再表示余下的项, 即

$$\rho\|r^{k+1}\|_2^2 - 2\rho(B(z^{k+1} - z^k))^{\mathrm{T}} r^{k+1} + 2\rho(B(z^{k+1} - z^k))^{\mathrm{T}}(B(z^{k+1} - z^*)),$$

其中 $\rho\|r^{k+1}\|_2^2$ 来自 (9.346). 将

$$z^{k+1}-z^*=(z^{k+1}-z^k)+(z^k-z^*)$$

代入最后一项可得

$$\begin{aligned}&\rho\|r^{k+1}-B(z^{k+1}-z^k)\|_2^2+\rho\|B(z^{k+1}-z^k)\|_2^2\\&+\rho(B(z^{k+1}-z^k))^{\mathrm{T}}(B(z^k-z^*)),\end{aligned}$$

将

$$z^{k+1}-z^k=(z^{k+1}-z^*)-(z^k-z^*)$$

代入最后两项, 有

$$\rho\|r^{k+1}-B(z^{k+1}-z^k)\|_2^2+\rho\Big(\|B(z^{k+1}-z^*)\|_2^2-\|B(z^k-z^*)\|_2^2\Big).$$

结合前面的步骤, 由此可推出 (9.345) 可以表示为

$$V^k-V^{k+1}\geqslant\rho\|r^{k+1}-B(z^{k+1}-z^k)\|_2^2. \tag{9.347}$$

为证明 (9.342), 只需要证明在 (9.347) 右端中展式的中间项 $-2\rho r^{(k+1)\mathrm{T}}(B(z^{k+1}-z^k))$ 是正的. 回顾, z^{k+1} 是 $g(z)+y^{(k+1)\mathrm{T}}Bz$ 的极小点, z^k 是 $g(z)+y^{k\mathrm{T}}Bz$ 的极小点, 可以把

$$g(z^{k+1})+y^{(k+1)\mathrm{T}}Bz^{k+1}\leqslant g(z^k)+y^{(k+1)\mathrm{T}}Bz^k$$

与

$$g(z^k)+y^{k\mathrm{T}}Bz^k\leqslant g(z^{k+1})+y^{k\mathrm{T}}Bz^{k+1}$$

相加, 得到

$$(y^{k+1}-y^k)^{\mathrm{T}}(B(z^{k+1}-z^k))\leqslant 0.$$

因为 $\rho>0$, 代入 $y^{k+1}-y^k=\rho r^{k+1}$ 即得结果. ■

注记 9.7 我国学者何炳生教授建立了凸规划和单调变分不等式收缩算法框架, 他和他的合作者从这一框架出发研究了有结构的凸优化问题的乘子交替方法的收敛性. 比较早地, 文献 [17] 已经给出类似定理 9.36 的交替方向方法的收敛性证明. 对收缩算法感兴趣的读者, 可以参看何炳生教授的系列论文.

9.8.3 几个例子

例 9.6 对下述几个函数 f, 容易计算 $P_\lambda f(x)$.

a) $f=\delta_C$, $P_\lambda f(x)=\Pi_C(x)$.

b) $f(x)=\dfrac{1}{2}x^{\mathrm{T}}Gx+q^{\mathrm{T}}x+r$, $P_\lambda(x)=(G+\lambda A^{\mathrm{T}}A)^{-1}(\lambda A^{\mathrm{T}}x-q)$.

c) $f=r\|\cdot\|_1$, $[P_\lambda f(x)]_i:=S_{r/\lambda}(x_i)$(soft thresholding), 其中 $S_t(v)=[v-t]_+-[-v-t]_+$.

例 9.7 考虑抽象约束结合的凸约束优化问题

$$\min\ f(x) \quad \text{s.t.}\ x \in \mathcal{C}, \tag{9.348}$$

其中 f 是凸函数, $\mathcal{C}$ 是凸集合. 这个问题等价表示为

$$\begin{aligned} \min \quad & f(x) + \delta_{\mathcal{C}}(z) \\ \text{s.t.} \quad & x - z = 0. \end{aligned}$$

该等价问题的增广 Lagrange 函数为

$$L_\rho(x, z, u) = f(x) + \delta_{\mathcal{C}}(z) + \frac{\rho}{2}\|x - z + u\|^2.$$

如果 C 具有结构使得 Π_C 容易计算, 可以采用下述乘子交替方向方法求解问题 (9.348):

$$\begin{aligned} x^{k+1} &:= \operatorname{argmin}\left\{ f(x) + \frac{\rho}{2}\|x - z^k + u^k\|^2 \right\}, \\ z^{k+1} &:= \Pi_{\mathcal{C}}(x^{k+1} + u^k), \\ u^{k+1} &:= u^k + x^{k+1} - z^{k+1}. \end{aligned}$$

问题的原始残量为 $r^k = x^k - z^k$, 对偶残量为 $s^k = -\rho(z^k - z^{k-1})$.

例 9.8 可行点问题为求两个凸集合的交点, 即求

$$x \in \mathcal{C} \cap \mathcal{D}.$$

von Neŭmann 交替投影方法的迭代格式为

$$\begin{aligned} x^{k+1} &:= \Pi_{\mathcal{C}}(z^k), \\ z^{k+1} &:= \Pi_{\mathcal{D}}(x^{k+1}). \end{aligned}$$

从形式上看是一交替方向方法. 如果把可行点问题表达为一极小化问题

$$\begin{aligned} \min \quad & \delta_{\mathcal{C}}(x) + \delta_{\mathcal{D}}(z) \\ \text{s.t.} \quad & x - z = 0. \end{aligned}$$

则可以得到相应的 ADMM 迭代格式

$$\begin{aligned} x^{k+1} &:= \Pi_{\mathcal{C}}(z^k - u^k), \\ z^{k+1} &:= \Pi_{\mathcal{D}}(x^{k+1} + u^k), \\ u^{k+1} &:= u^k + x^{k+1} - z^{k+1}. \end{aligned}$$

例 9.9 考虑线性二次规划问题

$$\begin{aligned} \min \quad & (1/2)x^{\mathrm{T}}Px + q^{\mathrm{T}}x \\ \text{s.t.} \quad & Ax - b = 0, \quad x \geqslant 0. \end{aligned}$$

其中 P 是半正定对称矩阵. 问题可以等价地表示为

$$\begin{aligned} \min \quad & f(x) + \delta_{\Re_+^n}(z) \\ \text{s.t.} \quad & x - z = 0, \end{aligned}$$

其中 $f(x) = (1/2)x^{\mathrm{T}}Px + q^{\mathrm{T}}x + \delta_{\mathrm{dom}\, f}(x)$, $\mathrm{dom}\, f = \{x : Ax = b\}$. 对应的 ADMM 的迭代格式为

$$\begin{aligned} x^{k+1} &:= \operatorname{argmin}\left\{ f(x) + \frac{\rho}{2}\|x - z^k + u^k\|^2 \right\}, \\ z^{k+1} &:= (x^{k+1} + u^k)_+, \\ u^{k+1} &:= u^k + x^{k+1} - z^{k+1}. \end{aligned}$$

容易验证 x^{k+1} 是下述方程组的解

$$\begin{bmatrix} P + \rho I & A^{\mathrm{T}} \\ A & 0 \end{bmatrix} \begin{bmatrix} x^{k+1} \\ \nu \end{bmatrix} + \begin{bmatrix} q - \rho(z^k - u^k) \\ -b \end{bmatrix} = 0.$$

例 9.10 最小绝对偏离问题为下述 l_1- 模最小化问题

$$\min \|Ax - b\|_1.$$

这个问题等价表示为

$$\begin{aligned} \min \quad & \|z\|_1 \\ \text{s.t.} \quad & Ax - z - b = 0. \end{aligned}$$

此种情况 $f = 0, g = \|\cdot\|_1$. 对应的 ADMM 迭代为

$$\begin{aligned} x^{k+1} &:= (A^{\mathrm{T}}A)^{-1}A^{\mathrm{T}}(b + z^k - u^k), \\ z^{k+1} &:= S_{1/\rho}(Ax^{k+1} - b + u^k), \\ u^{k+1} &:= u^k + Ax^{k+1} - z^{k+1} - b. \end{aligned}$$

例 9.11 Huber Fitting问题为

$$\min g^{\mathrm{hub}}(Ax - b),$$

其中

$$g^{\mathrm{hub}}(t) = \begin{cases} t^2/2, & |t| \leqslant 1, \\ |t| - 1/2, & |t| > 1. \end{cases}$$

这个问题等价表示为

$$\begin{aligned} \min \quad & g^{\mathrm{hub}}(z) \\ \text{s.t.} \quad & Ax - z - b = 0. \end{aligned}$$

此种情况 $f=0$, $g=g^{\text{hub}}$. 问题的 ADMM 迭代为

$$
\begin{aligned}
x^{k+1} &:= (A^{\mathrm{T}}A)^{-1}A^{\mathrm{T}}(b+z^k-u^k),\\
z^{k+1} &:= \frac{\rho}{1+\rho}(Ax^{k+1}-b+u^k)+\frac{1}{1+\rho}S_{1+1/\rho}(Ax^{k+1}-b+u^k),\\
u^{k+1} &:= u^k+Ax^{k+1}-z^{k+1}-b.
\end{aligned}
$$

例 9.12　基追踪 (basis pursuit) 问题为

$$
\begin{aligned}
\min \quad & \|x\|_1\\
\text{s.t.} \quad & Ax=b.
\end{aligned}
$$

这个问题等价表示为 (ADMM 形式)

$$
\begin{aligned}
\min \quad & \delta_{\operatorname{dom} f}(x)+\|z\|_1\\
\text{s.t.} \quad & x-z=0,
\end{aligned}
$$

其中 $\operatorname{dom} f=\{x: Ax-b=0\}$. 问题的 ADMM 迭代为

$$
\begin{aligned}
x^{k+1} &:= \Pi_{\operatorname{dom} f}(z^k-u^k),\\
z^{k+1} &:= S_{1/\rho}(x^{k+1}+u^k),\\
u^{k+1} &:= u^k+x^{k+1}-z^{k+1}.
\end{aligned}
$$

例 9.13　l_1-正则化损失极小化问题为

$$
\min l(x)+\lambda\|x\|_1,
$$

其中 l 是凸的损失函数, $\lambda>0$. 这个问题等价表示为 (ADMM 形式)

$$
\begin{aligned}
\min \quad & l(x)+\|z\|_1\\
\text{s.t.} \quad & x-z=0.
\end{aligned}
$$

问题的 ADMM 迭代为

$$
\begin{aligned}
x^{k+1} &:= \operatorname{argmin}_x\Big(l(x)+\rho/2\|x-z^k+u^k\|^2\Big),\\
z^{k+1} &:= S_{\lambda/\rho}(x^{k+1}+u^k),\\
u^{k+1} &:= u^k+x^{k+1}-z^{k+1}.
\end{aligned}
$$

例 9.14　著名 Lasso 问题为

$$
\min(1/2)\|Ax-b\|_2^2+\lambda\|x\|_1,
$$

其中 $\lambda > 0$. 该问题可以等价地写成

$$\begin{aligned} \min \quad & (1/2)\|Ax-b\|_2^2+\lambda\|z\|_1 \\ \text{s.t.} \quad & x-z=0. \end{aligned}$$

问题的 ADMM 格式为

$$\begin{aligned} x^{k+1} &:= (A^{\mathrm{T}}A+\rho I)^{-1}(A^{\mathrm{T}}b+\rho z^k-y^k), \\ z^{k+1} &:= S_{\lambda/\rho}(x^{k+1}+y^k/\rho), \\ y^{k+1} &:= y^k+\rho(x^{k+1}-z^{k+1}). \end{aligned}$$

例 9.15 广义 Lasso 问题为

$$\min(1/2)\|Ax-b\|_2^2+\lambda\|Fx\|_1,$$

其中 $\lambda > 0$, F 是任意线性变换. 该问题可以等价地表示为

$$\begin{aligned} \min \quad & (1/2)\|Ax-b\|_2^2+\lambda\|z\|_1 \\ \text{s.t.} \quad & Fx-z=0. \end{aligned}$$

问题的 ADMM 迭代为

$$\begin{aligned} x^{k+1} &:= (A^{\mathrm{T}}A+\rho F^{\mathrm{T}}F)^{-1}(A^{\mathrm{T}}b+\rho F^{\mathrm{T}}(z^k-u^k)), \\ z^{k+1} &:= S_{\lambda/\rho}(Fx^{k+1}+u^k), \\ u^{k+1} &:= u^k+Fx^{k+1}-z^{k+1}. \end{aligned}$$

全变差去燥 (total variation denoising) 问题对应着广义 Lasso 题模型中 $A=I$, $F\in\Re^{(n-1)\times n}$ 如下定义的情况:

$$F_{ij}=\begin{cases} 1, & j=i+1, \\ -1, & j=i, \\ 0, & \text{其他情况}, \end{cases}$$

问题为

$$\min\frac{1}{2}\|x-b\|_2^2+\lambda\sum_{i=1}^{n-1}|x_{i+1}-x_i|.$$

例 9.16 考虑稀疏协方差阵逆的选择问题. 设 S 是从 $N(0,\Sigma)$ 抽样的经验协方差矩阵, 其中 Σ^{-1} 是稀疏的. 用 l_1 正则化极大似然方法估计 Σ^{-1} 的优化模型为

$$\min \mathrm{Tr}(SX)-\log\det X+\lambda\|X\|_1.$$

可以用 ADMM 求解稀疏协方差阵逆的选择问题. 这一问题可以等价地表示为

$$\begin{aligned} \min \quad & \mathrm{Tr}(SX) - \log\det(X) + \lambda\|Z\|_1 \\ \text{s.t.} \quad & X - Z = 0. \end{aligned}$$

问题的 ADMM 迭代为

$$\begin{aligned} & X^{k+1} := \mathrm{argmin}_X (\mathrm{Tr}(SX) - \log\det(X) + (\rho/2)\|X - Z^k + U^k\|^2), \\ & Z^{k+1} := S_{\lambda/\rho}(X^{k+1} + U^k), \\ & U^{k+1} := U^k + (X^{k+1} - Z^{k+1}). \end{aligned}$$

上述的 X^{k+1} 具有解析解, 可以通过下述的方法得到. 设 $\rho(Z^k - U^k) - S$ 具有特征值分解 $\rho(Z^k - U^k) - S = Q\Lambda Q^{\mathrm{T}}$, 构造对角矩阵 $\widetilde{X}$

$$\widetilde{X}_{ii} = \frac{\lambda_i + \sqrt{\lambda_i^2 + 4\rho}}{2\rho},$$

则 $X^{k+1} := Q\widetilde{X}Q^{\mathrm{T}}$.

参 考 文 献

[1] Bertsekas D P. *Constrained Optimization and Lagrange Multiplier Methods*. New York: Academic Press, 1982.

[2] Bhatia R. *Matrix Analysis*. New York: Springer-Verlag, 1997.

[3] Bonnans J F and Ramírez C H. *Perturbation analysis of second order cone programming problems*. Mathematical Programming, Series B, 2005, **104**: 205–227.

[4] Bonnans J F and Shapiro A. *Perturbation Analysis of Optimization Problems*. New York: Springer-Verlag, 2000.

[5] Boyd S, Parikh N, Chu E, Peleato B and Eckstein J. *Distributed optimization and statistical learning via the alternating direction method of multipliers*. Foundations and Trends in Machine Learning, 2010, **3**: 1–122.

[6] Chan Z X and Sun D. *Constraint nondegeneracy, strong regularity and nonsingularity in semidefinite programming*. SIAM Journal on Optimization, 2008, **19**: 370–396.

[7] Chen X D, Sun D and Sun J. *Complementarity functions and numerical experiments for second-order-cone complementarity problems*. Computational Optimization and Applications, 2003, **25**: 39–56.

[8] Clarke F H. *On the inverse function theorem*. Pacific Journal of Mathematics, 1976, **64**: 97–102.

[9] Clarke F H. *Optimization and Nonsmooth Analysis*. New York: John Wiley and Sons, 1983.

[10] Ding C, Sun D and Toh K C. *An introduction to a class of matrix cone programming*. National University of Singapore, Depertment of mathematics, 2012.

[11] Dontchev A L and Rockafellar R T. *Characterizations of strong regularity for variational inequalities over polyhedral convex sets*. SIAM J. Optim., 1996, **6**: 1087–1105.

[12] Eaves B C. *On the basic theorem of complementarity*. Mathematical Programming, 1971, **1**: 68–75.

[13] Facchinei F and Pang J S. *Finite-Dimensional Variational Inequalities and Complementarity Problems: Volume I, Volume II*. New York: Springer, 2003.

[14] Faraut J and Korányi A. *Analysis on Symmetric Cones*. London: Clarendon Press, 1994.

[15] Golub G and Van Loan C F. *Matrix Computations*. Baltimore: The Johns Hopkins University Press, 1996.

[16] Gowda M S. *Inverse and implicit function theorems for H-differentiable and semismooth functions*. Optimization Methods and Software, 2004, **19**: 443–461.

[17] He B S, Liao L Z, Han D R and Yang H. *A new inexact alternating directions method for monotone variational inequalities*. Math. Program., Ser. A, 2002, **92**: 103–118.

[18] Kummer B. *Lipschitzian inverse functions, directional derivatives, and applications in $C^{1,1}$-optimization*. Journal of Optimization Theory and Applications, 1991, **70**: 559–580.

[19] Kummer B. *Newton's method for non-differentiable functions*// Guddat J et al.. Advances in Mathematical Optimization. Berlin: Akademie-Verlag, 1988: 114–125.

[20] Lancaster P. *Theory of Matrices*. New York: Academic Press, 1969.

[21] Liu Y J and Zhang L W. *On the convergence of the augmented Lagrangian method for nonlinear optimization problems over second-order cones*. Journal of Optimization Theory and Applications, 2008, **139**: 557–575.

[22] Luque F J. *Asymptotic convergence analysis of the proximal point algorithm*. SIAM J. Control

Optim., 1984, **22**: 277–293.

[23] Martinet B. *Regularisation d'inéquations uariationelles par approximations successioes*. Rev. Francaise Inf. Rech. Oper., 1970: 54–159.

[24] Martinet B. *Determination approchée d'un point fixe d'une application pseudo-contractante*. C.R. Acad. Sci. Paris. 1972, **274:** 163–165.

[25] Minty G J. *Monotone (nonlinear) operators in Hilbert space*. Duke Math. J., 1962, **29**: 341–346.

[26] Mordukhovich B S. *Variational Analysis and Generalized Differentiation, I: Basic Theory, II: Applications*. Berlin: Springer, 2006.

[27] Nocedal J and Wright S J. *Numerical Optimization*. Springer Press, 1999.

[28] Opial Z. *Weak convergence of the successive approximations for nonexpansive mappings in Banach spaces*. Bull. Amer. Math. Soc., 1967, **73**: 591–597.

[29] Outrata J and Sun D F. *On the coderivative of the projection operator onto the second order cone*. Set-Valued Analysis, 2008, **16**: 999-1014.

[30] Pang J S. *Error bounds in mathematical programming*. Mathematical Programming, 1997, **79**: 299–332.

[31] Pang J S, Sun D F and Sun J. *Semismooth homeomorphisms and strong stability of semidefinite and Lorentz cone complementarity problems*. Mathematics of Operations Research, 2003, **28**: 39–63.

[32] Qi L. *Convergence analysis of some algorithms for solving nonsmooth equations*. Mathematics of Operations Research, 1993, **18**: 227–244.

[33] Qi L, Sun D and Zhou G L. *A new look at smoothing Newton methods for nonlinear complementarity problems and box constrained variational inequalities*. Math. Programming, 2000, **87**: 1–35.

[34] Qi L and Sun J. *A nonsmooth version of Newton's method*. Mathematical Programming, 1993, **58**: 353-367.

[35] Robinson S M. *An implicit-function theorem for a class of nonsmooth functions*. Mathematics of Operations Research, 1991, **16**: 292–309.

[36] Robinson S M. *Normal maps induced by linear transformations*. Math. of Oper. Res., 1992, **17**: 691–714.

[37] Robinson S M. *Some continuity properties of polyhedral multifunctions*. Mathematical Programming Study, 1981, **14**: 206-214.

[38] Robinson S M. *Strongly regular generalized equations*. Mathematics of Operations Research, 1980, **5**: 43–62.

[39] Rockafellar R T. *Local boundedness of nonlinear monotone operators*. Michigan Math. J., 1969, **16**: 397–407.

[40] Rockafellar R T. *A dual approach to solving nonlinear programming problems by unconstrained optimization*. Mathematical Programming, 1973, **5**: 354–373.

[41] Rockafellar R T. *Convex Analysis*. Princeton University Press, 1970.

[42] Rockafellar R T. *Monotone operators and the proximal point algorithm*. SIAM J. Control and Optimization, 1976, **14**: 877–898.

[43] Rockafellar R T. *Monotone operators associated with saddle functions and minimax problems*// Browder F E. Nonliear Functional Analysis, Part 1, Symposia in Pure Math. vol.18, Amer. Math. Soc., Providence, R.I., 1970: 397–407.

[44] Rockafellar R T. *On the maximality of sums of nonlinear monotone operators*. Trans. Amer. Math. Soc., 1970, **149**: 75-88.

[45] Rockafellar R T. *The multiplier method of Hestenes and Powell applied to convex programming*. Journal of Optimization Theory and Applications, 1973, **12**: 555–562.

[46] Rockafellar R T and Wets R J B. *Variational Analysis*. New York: Springer-Verlag, 1998.

[47] Ruszczynski A. *Nonlinear Optimization*. Princeton and Oxford: Princeton University Press, 2006.

[48] Scheel H and Scholtes S. *Mathematical programs with complementarity constraints: stationarity, optimality, and sensitivity*. Mathematics of Operations Research, 2000, **25**: 1-22.

[49] Schirotzek W. *Nonsmooth Analysisi*. Berlin Heidelberg: Springer-Verlag, 2007.

[50] Scholtes S. *Introduction to Piecewise Differentiable Equations*. Springer, 2012.

[51] Shapiro A, Dentcheva D and Ruszczynski A. *Lectures on Stochastic Programming: Modeling and Theory*. SIAM, Philadelphia, 2009.

[52] Shapiro A. *On concepts of directional differentiability*. Journal of Optimization Theory and Applications, 1990, **66**: 477–487.

[53] Stewart G W and Sun J. *Matrix Perturbation Theory*. New York: Academic Press, 1990.

[54] Sun D F. *A further result on an implicit function theorem for locally Lipschitz functions*. Operations Research Letters, 2001, **28**: 193–198.

[55] Sun D F. *A short summer school course on modern optimization theory: Optimality conditions and perturbation analysis, Part I, Part II, Part III*. Singapore: National University of Singapore, 2006.

[56] Sun D F. *Matrix Cone Programming, Lecture II, Löwner's Operator:The Symmetric Case*. Summer School at Dalian University of Technology, 2011: 12–16.

[57] Sun J, Sun D and Qi L. *A squared smoothing Newton method for nonsmooth matrix equations and its applications in semidefinite optimization problems*. SIAM Journal on Optimization, 2004, **14**: 783–806.

[58] Sun D F and Sun J. *Löwner's operator and spectral functions in Euclidean Jordan algebras*. Mathematics of Operations Research, 2008, **33**: 421–445.

[59] Sun D F. *The strong second order sufficient condition and constraint nondegeneracy in nonlinear semidefinite programming and their implications*. Mathematics of Operations Research, 2006, **31**: 761–776.

[60] Thibault L. *On generalized differentials and subdifferentials of Lipschitz vector-valued functions*. Nonlinear Analysis: Theory, Methods, and Applications, 1982, **6**: 1037–1053.

[61] Thibault L. *Subdifferentials of compactly Lipschitzian vector-valued functions*. Annali di Matematica Pura ed Applicata, 1980, **125**: 157–192.

[62] Torki M. *Second-order directional derivatives of all eigenvalues of a symmetric matrix*. Nonlinear Analysis, 2001, **46**: 1133–1150.

[63] Tsing N K, Fan M K H and Verriest E I. *On analyticity of functions involving eigenvalues*. Linear Algebra and Its Applications, 1994, **207**: 159–180.

[64] Walkup D W and Wets R J B. *A Lipschitzian characterization of convex polyhedra*. Proceedings of the American Mathematical Society, 1969, **23**: 167–173.

[65] Yamashita N and Fukushima M. *The proximal point algorithm with genuine superlinear convergence for the monotone complementarity problem*. SIAM J. Optim., 2000, **11**: 364–379.

[66] Ye J J. *Necessary and sufficient optimality conditions for mathematical programs with equilibrium constraints.* Journal of Mathematical Analysis and Applications, 2005, **307**: 350–369.

[67] Ye Y Y. *Interior Point Algorithm: Theory and Analysis.* New York: John Wiley and Sons, 1997.

[68] Zarantonello E H. *Projections on convex sets in Hilbert space and spectral theory I and II*// Zarantonello E H. Contributions to Nonlinear Functional Analysis. Academic Press, 1971: 237–424.

索　引

《运筹与管理科学丛书》已出版书目

1. 非线性优化计算方法　袁亚湘　著　2008 年 2 月
2. 博弈论与非线性分析　俞　建　著　2008 年 2 月
3. 蚁群优化算法　马良等　著　2008 年 2 月
4. 组合预测方法有效性理论及其应用　陈华友　著　2008 年 2 月
5. 非光滑优化　高　岩　著　2008 年 4 月
6. 离散时间排队论　田乃硕　徐秀丽　马占友　著　2008 年 6 月
7. 动态合作博弈　高红伟　〔俄〕彼得罗相　著　2009 年 3 月
8. 锥约束优化——最优性理论与增广 Lagrange 方法　张立卫　著　2010 年 1 月
9. Kernel Function-based Interior-point Algorithms for Conic Optimization　Yanqin Bai　著　2010 年 7 月
10. 整数规划　孙小玲　李　端　著　2010 年 11 月
11. 竞争与合作数学模型及供应链管理　葛泽慧　孟志青　胡奇英　著　2011 年 6 月
12. 线性规划计算(上)　潘平奇　著　2012 年 4 月
13. 线性规划计算(下)　潘平奇　著　2012 年 5 月
14. 设施选址问题的近似算法　徐大川　张家伟　著　2013 年 1 月
15. 模糊优化方法与应用　刘彦奎　陈艳菊　刘　颖　秦　蕊　著　2013 年 3 月
16. 变分分析与优化　张立卫　吴　佳　张　艺　著　2013 年 6 月